再生混凝土创新研究与进展

肖建庄　编著

科学出版社

北　京

内 容 简 介

本书分为上下两篇：上篇为再生混凝土材料，共5章，主要内容包括再生混凝土材料的配合比、损伤机理、力学性能及耐久性能等；下篇为再生混凝土结构，共5章，主要内容包括再生混凝土的本构关系、黏结性能、构件及结构性能等。通过本书，读者不仅能够领略过去十年国内再生混凝土研究与创新工作，而且能够展望未来再生混凝土科学与技术的发展趋势与方向。

本书适合高等院校土木工程和材料科学与工程及相关专业师生使用，也可供有关工程技术人员参考。

图书在版编目(CIP)数据

再生混凝土创新研究与进展/肖建庄编著. —北京：科学出版社，2020.9
ISBN 978-7-03-066035-0

Ⅰ.①再… Ⅱ.①肖… Ⅲ.①再生混凝土—研究 Ⅳ.①TU528.59

中国版本图书馆CIP数据核字(2020)第168378号

责任编辑：刘宝莉 乔丽维 / 责任校对：王萌萌
责任印制：吴兆东 / 封面设计：陈 敬

科学出版社 出版
北京东黄城根北街16号
邮政编码：100717
http://www.sciencep.com
北京凌奇印刷有限责任公司 印刷
科学出版社发行 各地新华书店经销
*
2020年9月第 一 版 开本：B5(720×1000)
2023年2月第二次印刷 印张：40 3/4
字数：819 000

定价：328.00元
(如有印装质量问题，我社负责调换)

前　　言

在生态环境问题日益严峻的今天，作为最主要的建筑材料之一，混凝土需要践行可持续发展理念。因此，再生混凝土将会迎来前所未有的发展机遇。

混凝土一百多年的发展是一段不断开拓、不断创新的历史。再生混凝土作为未来混凝土绿色创新发展方向的代表，在为我们提供了更多机遇和挑战的同时，也使得我们看到了混凝土作为基础材料的更多的可能性。

中国土木工程学会混凝土及预应力混凝土分会再生混凝土专业委员会于2008年7月18日在同济大学成立。之后围绕再生混凝土材料与结构的基础研究，大家彼此鼓励、相互支持，呈现出“百花齐放、百家争鸣”的良好学术氛围。国家自然科学基金委员会对再生混凝土研究方向的资助项目逐年增加，而且资助项目的研究内容覆盖面也越来越广，不仅包括再生混凝土材料的配合比、骨料性能、本构关系、科学改性，还包括再生混凝土的长期性能以及再生混凝土结构的抗震性能等。

为了展示各位专家的学术创新成果，交流再生混凝土材料与结构领域的学术智慧，特编撰了这本《再生混凝土创新研究与进展》。本书展示了国内科研工作者们在再生混凝土方面的学术创新成果，是对再生混凝土专业委员会过去研究工作的总结和提炼。全书分为上下两篇，分别介绍再生混凝土材料与再生混凝土结构。其中，上篇包括再生混凝土配合比、细微观结构与损伤机理、力学性能与阻尼、耐久性能和改性机理；下篇包括再生混凝土本构关系、黏结性能、梁、板、柱和结构性能。

出版这本书的初衷是希望整理这十多年间再生混凝土的研究工作，回顾再生混凝土材料与结构领域的学术研究，并发现目前再生混凝土领域研究的不足之处。希望借助本书与读者的交流，促进相互学习、相互启发的学术氛围，发现新的问题，把握再生混凝土未来的发展趋势，在推进自身发展的同时，不断探索继而引领国际学术前沿。本书也为想要深入了解再生混凝土研究进展的广大学者提供平台，希望协助指明未来再生混凝土领域的研究方向。

本书作为一次创新成果的展示，其工作主要是撰写、收录和整理，所收录的全部文章的著作权均为文章原作者所有。在此衷心感谢再生混凝土专业委员会各位专家、学者和工程管理者长期以来的大力支持和无私奉献！此外，向参与本书编辑、审阅和修改的各位老师和研究生表示感谢，他们是：朱亚光、李秋义、李飞、彭一江、高建明、郭樟根、黄一杰、李坛、梁超锋、周静海、范玉辉、雷斌、应敬伟、朋改非、元成方、秦拥军、邓志恒、王长青、陈宗平、商怀帅、杨海峰、邹超英、赵羽习、刘超、董江峰、李丽娟、王玉银、周英武、刘坚、郭宏超、马辉、薛建阳。特别感谢我的研究生刘浩然同学的辛勤劳动和付出。

由于时间所限，有些专家的成果未能收录到本书，编著者表示诚挚的歉意。也由于学识所限，对各位专家的工作理解不够，不当之处欢迎各位专家批评和指正。

肖建庄

2019年7月18日

目　　录

上篇　再生混凝土材料

第1章　再生混凝土配合比

1.1　微生物矿化沉积对再生细骨料性能的影响

朱亚光*，吴春然，吴延凯，徐培蓁

利用微生物矿化沉积技术对再生细骨料进行改性研究。使用假坚强芽孢杆菌H4浸泡处理再生细骨料，微生物在细骨料孔隙内部矿化生成碳酸钙，降低再生细骨料孔隙率和吸水率，利用扫描电子显微镜(scanning electron microscope, SEM)观察矿化处理前后的再生细骨料表面形貌变化并利用能谱(energy dispersive spectroscopy, EDS)分析细骨料表面物质元素组成；利用微生物处理的再生细骨料，分别按照水灰比0.35和0.5制备再生砂浆，研究对再生砂浆流动度和抗压强度的影响。研究表明，微生物矿化沉积技术对再生细骨料起到很好的强化效果，可以大幅提高再生砂浆的流动度和抗压强度。

1.1.1　国内外研究现状

1. 再生骨料性能改善研究

我们将由废弃混凝土制备的骨料定义为再生混凝土骨料(简称再生骨料)。与天然骨料相比，再生骨料具有吸水率高、孔隙率大、压碎指标高、骨料表面附着大量水泥浆体以及骨料品质离散性大的特点，因此使用再生骨料制备的再生骨料混凝土具有工作性能下降、力学性能下降且离散性大、渗透性增加、抗碳化能力差、抗冻性差、氯离子扩散系数大等特点，严重影响所配制的混凝土性能，限制了再生混凝土的应用。众多研究人员通过技术手段对再生骨料的性能进行改善，使其满足工程应用要求，来实现骨料资源的再利用。

再生骨料与天然骨料的性能差异主要是由存在的附着砂浆导致的，附着砂浆孔隙率大、强度低，从而导致再生骨料性能差，另外，附着砂浆-水泥浆体过渡区界面疏松多孔[1]，影响了再生混凝土的性能。针对再生骨料表面附着砂浆的问题，国内外学者对再生骨料采取的强化措施主要分为两类，即物理强化法与化学强化法。

---

* 第一作者：朱亚光(1974—)，男，博士，副教授，主要研究方向为建筑废弃物资源化。

基金项目：国家自然科学基金面上项目(51578342)。

1）物理强化法

日本株式会社竹中工务店[1,2]利用立式偏心研磨设备对再生粗骨料进行研磨，以去除附着砂浆。日本太平洋水泥株式会社[3,4]将再生粗骨料放入卧式研磨设备中，通过研磨去除附着砂浆。这两种强化方法称为立式偏心研磨法和卧式强制研磨法。为了使处理效果更明显，日本三菱公司[5]机械去除附着砂浆，再生粗骨料的基本性能得到大幅改善。

李秋义等[6]研发的颗粒整形技术，将再生骨料投入机械设备中，使骨料与骨料之间、骨料与设备之间互相碰撞摩擦，来去除附着砂浆，进而改善再生骨料性能。

2）化学强化法

Tam 等[7]利用酸性溶液可以与附着砂浆中的主要物质（CaO、Al_2O_3、Fe_2O_3）进行反应并溶于水这一特点，提出了酸液处理法，将再生粗骨料浸渍到酸液中，利用中和反应来达到去除附着砂浆的目的。陈德玉等[8]利用盐酸对再生粗骨料进行处理，再次研究了酸液处理法对再生粗骨料性能的改善效果。

Kou 等[9]利用 PVA 的憎水性，采用抽真空的方法将不同浓度的 PVA 抽入再生粗骨料内部，对不同浓度 PVA 改善再生粗骨料性能的效果进行了研究，选出了最优 PVA 浓度。PVA 不仅能够填充再生粗骨料孔隙，降低孔隙率，还有助于改善附着砂浆-水泥浆体界面过渡区的黏结性。

程海丽等[10,11]利用再生粗骨料中的氢氧化钙可以与水玻璃反应形成 C-S-H 凝胶这一特性，研究不同浓度的水玻璃溶液对再生粗骨料进行不同时间的处理，优化出最佳处理方案，并得出水玻璃强化法可以大幅提高再生混凝土的强度和耐冻性能。

朱勇年等[12]通过将纳米二氧化硅渗入孔隙内部，使其在孔隙中充分发挥火山灰效应和填充效应，从而达到降低孔隙率的目的，已有研究表明这种方法可以明显改善再生混凝土力学性能和界面过渡区。

Kou 等[13]利用附着砂浆中的氢氧化钙和水化硅酸钙与二氧化碳反应，来强化附着砂浆，通过对处理前后的再生粗骨料的吸水率、压碎指标，拌合物的坍落度，再生混凝土的抗压强度等进行分析，得出了二氧化碳碳化法对再生粗骨料的处理效果。

Zhu 等[14]通过将再生粗骨料浸泡于不同浓度的硅烷乳液中，对不同浓度硅烷乳液的处理效果进行研究。将再生粗骨料浸泡于硅烷乳液中会使粗骨料表面形成憎水层，从而降低再生粗骨料的吸水率。

杜婷等[15]分别利用纯水泥、水泥＋Kim 粉浆液、水泥＋硅粉浆液、水泥＋粉煤灰浆液对再生粗骨料进行改性处理，通过数据分析得出，水泥＋Kim 粉浆液改性再生粗骨料的效果优于其他处理方式。

2. 微生物矿化沉积技术在水泥基材料中的研究

微生物矿化沉积技术是指利用自然界一些矿化微生物所具有的碳酸钙诱导沉积功能，选择性地填塞或黏结具有渗透性的有孔介质，达到改善材料的孔隙结构、加固风化石质建筑以及修复混凝土材料微裂缝的目的。自1973年微生物矿化沉积现象被发现后[16]，经历了几十年的探索研究，矿化沉积技术已经在众多领域得以应用，并且在水泥基材料中得到了应用。

目前研究人员更多地将微生物矿化沉积技术用于混凝土裂缝修复的研究之中，使微生物在混凝土裂缝中进行矿化反应产生附有黏性的沉淀晶体，进而填补黏结裂缝，从而达到修复混凝土裂缝的目的。Bang等[17~19]、Wiktor等[22]、Wang等[21,22]、Qian等[23,24]利用不同的菌种、不同的微生物载体和不同的营养质对矿化技术修复裂缝进行了大量的研究；von Tittelboom等[25]研究得出微生物矿化作用可以很好地对裂缝进行修补，提出对混凝土耐久性的影响还需要进一步的研究；徐晶[26]通过研究得出微生物修复混凝土裂缝可以很好地改善混凝土的耐久性。王瑞兴等[27]通过浸泡、喷涂、固载涂刷等工艺对水泥基材料进行微生物覆膜，研究表明微生物在水泥基表面的矿化反应可以很好地改善水泥基材料表面的缺陷。

Jonkers等[28~30]提出了将微生物矿化作用应用于混凝土裂缝的自修复当中，他们将特定的细菌通过载体预先埋入混凝土中，菌种处于长期休眠状态，当混凝土开裂时，细菌接触水分、氧气而被激活，进而进行矿化反应生成沉淀修复裂缝。陈怀成等[31]从矿化产物、pH、O_2、底物四个方面对微生物矿化沉积技术应用于混凝土裂缝自修复进行了研究。邢锋等[32]对自修复中容器的选择、胶黏剂的选择和优化、自修复混凝土的制备和自修复性能的多指标表征等关键问题进行了探讨分析。高礼雄等[33]通过对不同菌种进行对比研究，阐述了混凝土中不同菌种的裂缝自修复机理、影响裂缝自修复效果的因素，并且对通过微生物矿化沉积技术修复完混凝土裂缝后的混凝土性能进行了试验分析。

Grabiec等[34]通过对微生物矿化沉积技术处理前后再生粗骨料吸水率和SEM分析，证实微生物矿化沉积技术可以大幅改善再生粗骨料的吸水率，并对未来微生物矿化沉积技术应用于再生粗骨料强化保持乐观态度；Qiu等[35]对用于改善再生粗骨料所用的菌种、细菌生存环境以及详细处理方法做了研究探索，并且以粗骨料增重来反映矿化沉积技术的处理效果。

1.1.2　微生物矿化沉积对再生细骨料性能的影响

长期以来，研究人员对混凝土的研究主要停留在宏观尺度，通过物理、力学方法对其宏观性能进行研究。混凝土属于多相复合材料，细观结构对宏观力学性能起到了决定性的作用，只有通过微观角度对混凝土材料性能进行本质上的研究分析，混凝土技术才能摆脱经验的束缚，取得创新性的突破。

本节将微生物矿化沉积技术应用到再生细骨料强化之中。附着砂浆的孔隙率过高是导致再生细骨料与天然细骨料性能差异的主要原因，利用微生物的矿化沉积来优化再生细骨料的孔结构，微生物会在细骨料孔隙内部自由活动或附着在细骨料表面，矿化沉积生成碳酸钙的过程是以微生物自身为成核点，在孔隙内部或细骨料表面进行矿化反应生成碳酸钙，在细骨料孔隙内部矿化反应生成的碳酸钙起到堵塞细骨料孔隙的作用，在细骨料表面进行矿化反应生成的碳酸钙黏结在细骨料表面，起到封闭细骨料孔隙的作用。

在宏观力学数据的基础上，利用 SEM 对细骨料表面的形貌变化进行观察分析，对比处理前后的再生细骨料表面的形貌变化；通过压汞试验对细骨料的内部孔隙结构变化进行表征分析，以获取处理前后再生细骨料的孔结构变化。

本节采用三种不同的细骨料进行试验对照：D1，未经过处理的细骨料；D2，经矿化培养液浸泡的细骨料(不加入菌种)；D3，经微生物矿化处理的细骨料。

1. 试验材料

1) 再生细骨料

再生细骨料与天然细骨料性能差异主要是由附着砂浆的孔隙率过高导致的，考虑到试验样品的均一性，为了更直观地反映出再生细骨料性能的改变，本次试验所用再生细骨料为人工破碎砂浆块所得。原砂浆块水灰比为 0.35，砂率为 0.5，所用水泥为 P·O52.5 普通硅酸盐水泥，经养护 90d 后破碎。

2) 菌种

本节采用的矿化菌为假坚强芽孢杆菌 H4，菌种的最佳生存环境已测得：细菌浓度为 1×10^{8} cell/mL；pH 为 10；温度为 20～40℃；钙离子浓度为 10g/L。矿化培养液为菌种提供了合适的 pH 环境以及钙源。

2. 试验方法

1) 微生物矿化沉积处理方式

利用微生物的矿化沉积技术来改善再生细骨料的性能，将再生细骨料浸泡在含有菌种的矿化培养液中，浸泡时间为 20d，环境温度为 26℃左右。如图 1.1.1 所示，采用同种方式制备经矿化培养液浸泡的细骨料(不加入菌种)。

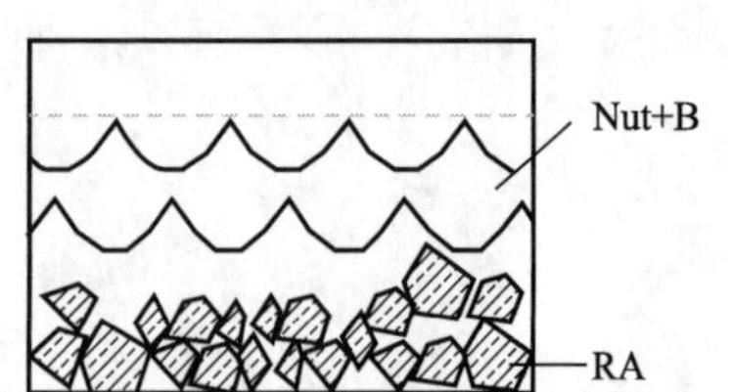

图 1.1.1　D2 处理方式示意图

RA：再生细骨料；Nut：矿化培养液；B：菌种

2) 孔隙率分析

考虑到孔隙率是反映再生细骨料强度性能的重要指标，本节利用压汞试验对处理前后的再生细骨料进行孔结构分析，通过孔隙率等对细骨料孔结构进行表征。压汞试验中，压汞软件通过进汞量和孔径的关系，计算给出所测试材料的孔隙率。

3）再生细骨料表面 SEM-EDS 分析

SEM 放大倍率为 5～300000 倍。通过对不同试验组细骨料表面进行观察分析，并且利用 SEM 对其进行元素分析，以研究微生物在细骨料表面的矿化沉积现象。

3. 试验结果与分析

1）细骨料吸水率

本节对试验组中粒径小于 5mm 的再生细骨料的吸水率进行了测试，得出的数据如图 1.1.2 所示。

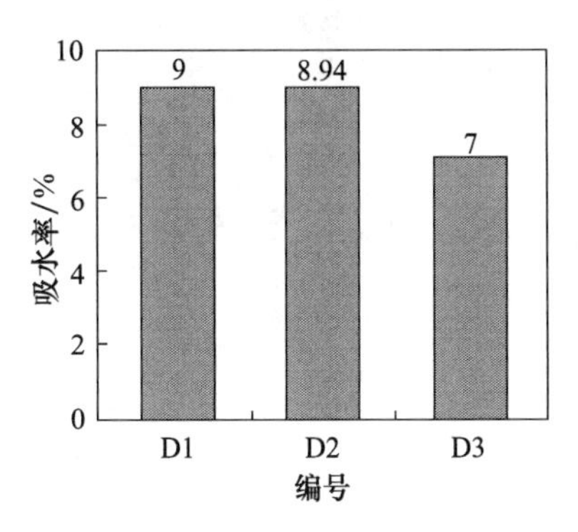

图 1.1.2　各试验组吸水率对比

通过对比分析，D2 组与 D1 组性能上没有明显的差别；D3 组相对于 D1 组，细骨料吸水率降低了 22.22%。可以得出结论：经微生物矿化沉积技术处理之后，再生细骨料的吸水率有明显的降低。

2）细骨料表面矿化沉积现象

通过 SEM 对处理前后的细骨料表面进行观察分析，如图 1.1.3 和图 1.1.4 所示。可以看出，D1 组和 D2 组细骨料表面没有太大的差异，样品处理过程中将细骨料表面的可溶性杂质清除干净，在 D2 组细骨料表面并没有找到类似碳酸钙的物质。图 1.1.5 所示的 D3 组细骨料表面覆盖了大量的碳酸钙，但所生成碳酸钙的大小、形貌差别较大。

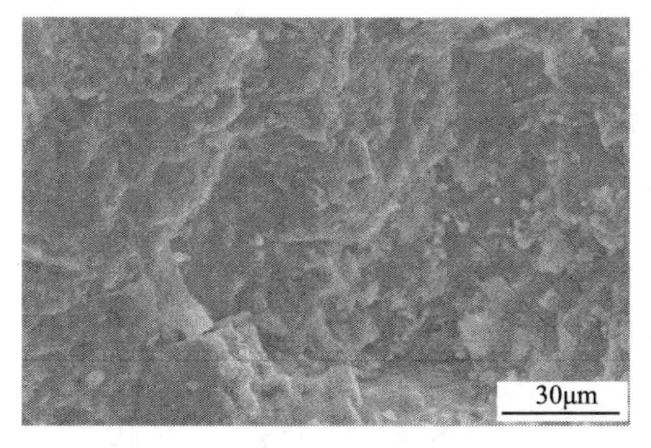

图 1.1.3　D1 组细骨料表面 SEM 图

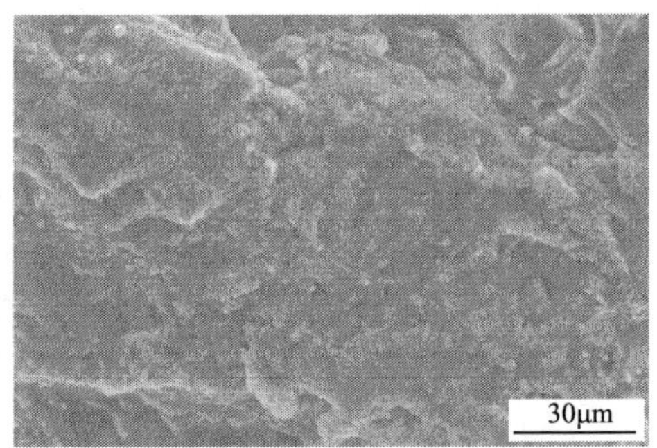

图 1.1.4　D2 组细骨料表面 SEM 图

3）孔隙率

本节对各试验组的细骨料孔结构进行了测量和整理，得到的数据如表 1.1.1 所示。

图 1.1.5　D3 组细骨料表面 SEM-EDS 图

表 1.1.1　细骨料孔结构数据

细骨料	孔隙率/%	总进汞体积/(mL/g)	总孔表面积/(m^2/g)	平均孔径/nm
D1	10.17	0.0442	2.961	0.0597
D2	10.28	0.0455	3.252	0.0560
D3	8.39	0.0375	1.789	0.0838

由表 1.1.1 可以看出，经过微生物处理后的 D3 组再生细骨料所测得的孔隙率相对于强化前再生细骨料(D1 组)降低了 17.5%，所测得的总进汞体积、总孔表面积、平均孔径等参数与孔隙率数据形成对应。D2 组处理方式并没有对再生细骨料孔隙率产生较大的影响，微生物矿化沉积技术明显地降低了再生细骨料的孔隙率。

1.1.3　微生物处理再生细骨料对砂浆性能的影响

1. 试验材料与配合比

本次试验主要目的是采用未处理的再生细骨料(recycled fine aggregate，RFA)和经微生物处理后的再生细骨料分别制备再生砂浆，分别比较二者的工作性能和力学性能。水灰比分别为 0.35 和 0.5 且粒径小于 5mm 的再生细骨料分别记为 D1(未处理的再生细骨料)和 D3(经微生物处理后的再生细骨料)，采用 40mm×40mm×160mm 的三联模，根据胶砂比和三联模总体积计算配合比。通过对比不同水灰比之间以及不同类型砂浆的工作性能及力学性能来观测其性能变化情况。再生细骨料的基本性能如表 1.1.2 所示，具体的配合比如表 1.1.3 所示。

表 1.1.2　试验用再生细骨料基本性能

细骨料	吸水率/%	表观密度/(kg/m^3)	压碎指标/%
D1	9	2560	23
D3	7	2570	20.7

表 1.1.3　再生砂浆试验配合比

砂浆类型	有效水灰比	胶砂比	水泥用量/g	再生细骨料/g	用水量/g
D1-0.35	0.35	1∶2.5	527	1318	184.5
D1-0.5	0.5	1∶2.5	492	1230	246.0
D3-0.35	0.35	1∶2.5	527	1318	184.5
D3-0.5	0.5	1∶2.5	492	1230	246.0

注：砂浆类型编号中，D1代表未经过任何处理的再生细骨料制成的再生砂浆；D3代表经H4菌种浸泡处理后的再生细骨料制成的再生砂浆；0.35和0.5代表水灰比。

2. 试验结果与分析

1）工作性能

依据《建筑砂浆基本性能试验方法标准》(JGJ/T 70—2009)[36]和《水泥胶砂流动度测定方法》(GB/T 2419—2005)[37]，得出各类型砂浆的分层度、稠度、流动度，如图1.1.6所示。

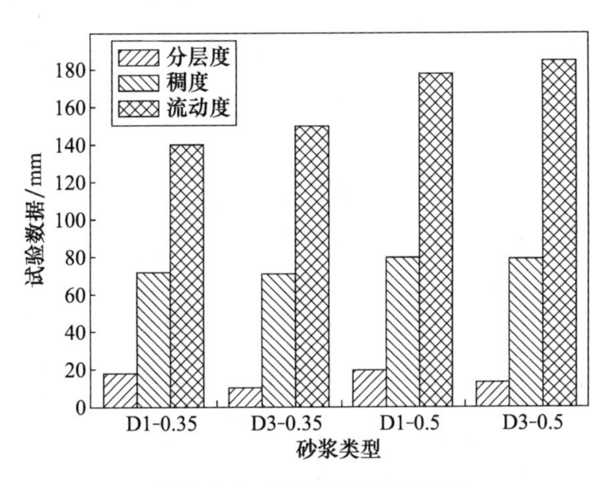

图1.1.6　再生砂浆工作性能

经过微生物处理的再生细骨料能减少再生砂浆的分层度，同时稠度和流动度也有一定的改善，能充分保证再生砂浆的和易性和施工性能。主要原因是，再生细骨料上附着的微生物形成碳酸钙晶体，吸引水泥颗粒吸附在再生细骨料上，起到了增稠和保水的作用，因而分层度减少。另外，碳酸钙晶体填充了细骨料表面的孔隙，使得再生细骨料之间的相对移动变得容易，就此改善了再生砂浆的流动度。

2）抗压强度

按照《水泥胶砂强度检验方法(ISO法)》(GB/T 17671—1999)[38]的规定，采用养护室中养护，即砂浆先在温度为(20±3)℃的环境下养护24h之后再放入养护室中养护(温度为(20±2)℃，相对湿度为95%)。每个试验组做三组再生砂浆，分别测试其在3d、7d、14d、28d、56d、90d龄期之后的抗压强度，试验结果如图1.1.7和图1.1.8所示。

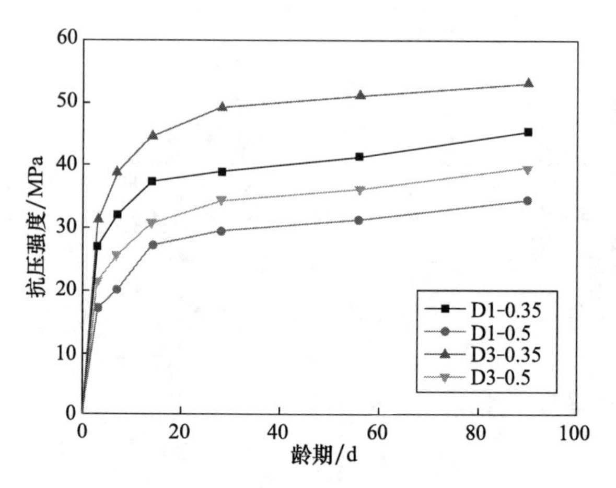

图1.1.7 再生砂浆抗压强度曲线

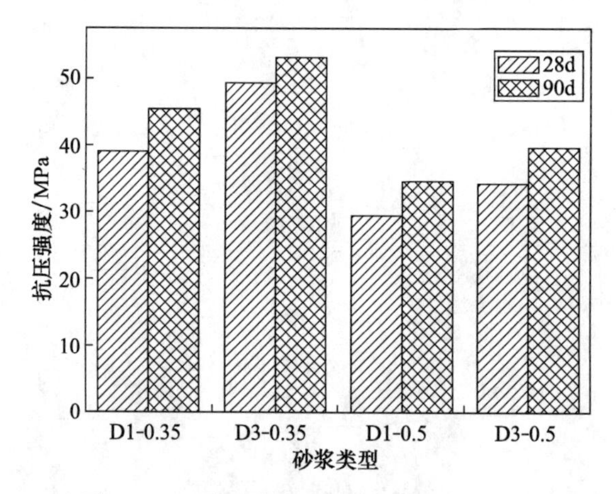

图1.1.8 再生砂浆28d和90d的抗压强度

由图1.1.7可以看出，使用D1和D3再生细骨料制备的再生砂浆具有相同的强度增长规律，都是在28d龄期之前抗压强度迅速提高，28d之后抗压强度增长缓慢并趋向于平稳。由图1.1.8可以看出，与未处理的再生细骨料(D1)制成的砂浆相比，当水灰比为0.35时，经微生物处理后的再生细骨料(D3)制备的再生砂浆在28d和90d的抗压强度分别提高了26%和17%；当水灰比为0.5时，经微生物处理后的再生细骨料(D3)制备的再生砂浆在28d和90d的抗压强度分别提高了16%和15%。

1.1.4 结论

本节使用假坚强芽孢杆菌H4对再生细骨料进行微生物矿化沉积处理，通过再生细骨料性能和再生砂浆性能的试验研究，得出以下结论：

（1）使用假坚强芽孢杆菌H4对再生细骨料进行浸泡处理，可以有效降低再生细骨料的吸水率，填补了再生细骨料表面的孔隙，通过对再生细骨料表面观察可以发现覆盖了大量的碳酸钙晶体。

（2）使用微生物矿化沉积处理的再生细骨料制备再生砂浆，在水灰比分别为0.35和0.5的条件下，不仅提高了再生砂浆的稠度和流动度，而且再生砂浆28d和90d的抗压强度也有大幅提高。

（3）从生物学的角度来看，矿化菌种的选择是多种多样的，在今后的研究中，应该通过大量的试验研究，来选择更适用于再生细骨料改性的矿化菌。

参 考 文 献

[1] 堀内康史，清水憲一，嵩英雄ほか．高度化処理による再生骨材の品質改善效果[C]//日本建築学会学術講演集，1999：143-144.

[2] 工藤貴寛，嵩英雄，清水憲一．再生骨材の品質に及ぼす付着モルタルの影響に関する実験研究(その1～3)[C]//日本建築学会学術講演集，1997：1095-1102.

[3] 西祐宜，假屋園礼文，嵩英雄，他．高度化処理による再生骨材の品質改善効果(第2報)[C]//日本建築学会学術講演集，2000：143-144.

[4] 立屋敷久志，嵩英雄ほか．各種のセメントを用いた高強度コンクリートから回収した高度化処理再生骨材の諸性質(その1～3)[C]//日本建築学会学術講演集，2001：777-780.

[5] 全洪珠，立屋敷久志，嵩雄ほか．各種のセメントを用いた高強度コンクリートから回収した高度化処理再生骨材の諸性質(その1～2)[C]//日本建築学会学術講演集，2002：1017-1020.

[6] 李秋义，李云霞，朱崇绩，等．再生混凝土骨料强化技术研究[J]．混凝土，2006，(1)：74-77.

[7] Tam V W Y, Tam C M, Le K N. Removal of cement mortar remains from recycled aggregate using pre-soaking approaches[J]. Resources Conservation & Recycling, 2007, 50(1): 82-101.

[8] 陈德玉，袁伟，刘欢．再生粗骨料改性的试验研究[J]．新型建筑材料，2009，36(2)：20-23.

[9] Kou S C, Poon C S. Properties of concrete prepared with PVA-impregnated recycled concrete aggregates[J]. Cement and Concrete Composites, 2010, 32(8): 649-654.

[10] 程海丽，王彩彦．水玻璃对混凝土再生骨料的强化试验研究[J]．新型建筑材料，2004，(12)：12-14.

[11] 程海丽，张迪．水玻璃强化再生骨料混凝土的抗冻性和抗侵蚀性探析[J]．新型建筑材料，2008，35(8)：5-7.

[12] 朱勇年，张鸿儒，孟涛，等．纳米SiO_2改性再生骨料混凝土工程应用研究及实体性能监测[J]．混凝土，2014，(7)：138-144.

[13] Kou S C, Zhan B J, Poon C S. Use of a CO_2 curing step to improve the properties of concrete prepared with recycled aggregates[J]. Cement and Concrete Composites, 2014,

45(1):22-28.

[14] Zhu Y G,Kou S C,Poon C S,et al. Influence of silane-based water repellent on the durability properties of recycled aggregate concrete[J]. Cement and Concrete Composites,2013,35(1):32-38.

[15] 杜婷,李惠强,吴贤国.混凝土再生骨料强化试验研究[J].新型建筑材料,2002,(3):6-8.

[16] Boquet E,Boronat A,Ramos C A. Production of calcite(calcium carbonate) crystal by soil bacteria is a general phenomenon[J]. Nature,1973,246:527-529.

[17] Bang S S,Ramakrishnan V. Microbiologically-enhanced crack remediation(MECR)[C]//Proceedings of the International Symposium on Industrial Application of Microbial Genomes,Daegu,2001:3-13.

[18] Bang S S,Galinat J K,Ramakrishnan V. Calcite precipitation induced by polyurethane-immobilized Bacillus pasteurii[J]. Enzyme and Microbial Technology,2001,28(4-5):404-409.

[19] Day J L,Ramakrishnan V,Bang S S. Microbiologically induced sealant for concrete crack remediation[C]//The 16th ASCE Engineering Mechanics Conference,Seattle,2003:1-8.

[20] Wiktor V,Jonkers H M. Quantification of crack-healing in novel bacteria-based self-healing concrete[J]. Cement and Concrete Composites,2011,33(7):763-770.

[21] Wang J Y,van Tittelboom K,de Belie N,et al. Use of silica gel or polyurethane immobilized bacteria for self-healing concrete[J]. Construction and Building Materials,2012,26(1):532-540.

[22] Wang J Y,de Belie N,Verstraete W. Diatomaceous earth as a protective vehicle for bacteria applied for self-healing concrete[J]. Journal of Industrial Microbiology & Biotechnology,2012,39(4):567-577.

[23] Qian C X,Wang R X,Wang J Y. Bio-deposition of a calcite layer on cement-based materials by brushing with agar-immobilised bacteria[J]. Advances in Cement Research,2011,23(4):185-192.

[24] 王剑云,钱春香,王瑞兴,等.海藻酸钠固载菌株在水泥基材料表面防护中的应用研究[J].功能材料,2009,40(2):348-351.

[25] van Tittelboom K,de Belie N,Muynck W D,et al. Use of bacteria to repair cracks in concrete[J]. Cement and Concrete Research,2010,40(1):157-166.

[26] 徐晶.基于微生物矿化沉积的混凝土裂缝修复研究进展[J].浙江大学学报(工学版),2012,46(11):2020-2027.

[27] 王瑞兴,钱春香,王剑云,等.水泥石表面微生物沉积碳酸钙覆膜的不同工艺[J].硅酸盐学报,2008,36(10):1378-1384.

[28] Jonkers H M,Schlangen E. Development of a bacteria-based self-healing concrete[C]//Walraven J C,Stoelhorst D. Tailor Made Concrete Structures:New Solutions for our Society. London:CRC Press,2008:425-430.

[29] Jonkers H M,Schlangen E. A two component bacteria-based self-healing concrete[C]//

Alexander M G,Beushausen H D,Dehn F,et al. Concrete Repair,Rehabilitation and Retrofitting Ⅱ. London:CRC Press,2008:215-220.

[30] Jonkers H M,Thijssen A,Muyzer G,et al. Application of bacteria as self-healing agent for the development of sustainable concrete[J]. Ecological Engineering,2010,36(2):230-235.

[31] 陈怀成,钱春香,任立夫. 基于微生物矿化技术的水泥基材料早期裂缝自修复[J]. 东南大学学报(自然科学版),2016,46(3):606-611.

[32] 邢锋,倪卓,汤皎宁,等. 自修复混凝土系统的研究进展[J]. 深圳大学学报(理工版),2013,(5):486-494.

[33] 高礼雄,孙国文. 微生物技术在混凝土裂缝自修复中应用的研究进展[J]. 硅酸盐学报,2013,41(5):627-636.

[34] Grabiec A M,Klama J,Zawal D,et al. Modification of recycled concrete aggregate by calcium carbonate biodeposition[J]. Construction and Building Materials,2012,34:145-150.

[35] Qiu J S,Qin S,Yang E H. Surface treatment of recycled concrete aggregates through microbial carbonate precipitation[J]. Construction and Building Materials,2014,57:144-150.

[36] 中华人民共和国行业标准. 建筑砂浆基本性能试验方法标准(JGJ/T 70—2009)[S]. 北京:中国建筑工业出版社,2009.

[37] 中华人民共和国国家标准. 水泥胶砂流动度测定方法(GB/T 2419—2005)[S]. 北京:中国标准出版社,2005.

[38] 中华人民共和国国家标准. 水泥胶砂强度检验方法(ISO法)(GB/T 17671—1999)[S]. 北京:中国标准出版社,1999.

1.2 再生混凝土配合比设计理论

李秋义*,郭远新

针对再生骨料性能差、品质波动大和再生混凝土应用范围小等问题,利用颗粒整形强化技术制备涵盖再生骨料标准的各类再生骨料,从而有效控制再生混凝土性能和提高再生混凝土配合比设计理论的适用性。基于复合理论和数值分析方法,系统研究各种因素对再生混凝土用水量以及抗压强度的影响规律,探索再生骨料影响因子与再生骨料各性能指标之间的函数关系,从而建立包含普通混凝土用水量及抗压强度、再生骨料影响因子和取代率等影响因素在内的适用范围广、精确度高的再生混凝土用水量公式和抗压强度公式。在建立数据库并进行相关试验验证后,最终形成全新的再生混凝土配合比设计理论,用于指导再生骨料和再生混凝土的生产与应用。

1.2.1 国内外研究现状

近年来,世界各国都在加强废弃混凝土再生利用的技术研究,再生混凝土技术[1]已成为国内外工程界和学术界共同关注的热点和前沿课题。

国外的研究主要集中在废弃混凝土制备再生骨料技术方面,努力提升再生骨料的性能,降低再生骨料与天然骨料差异[2~4]。日本在再生骨料强化方面做了大量工作:竹中工务店研制开发的立式偏心装置研磨法、太平洋水泥株式会社提出的卧式强制研磨法、三菱公司研制开发的加热研磨法等,都可有效除去再生骨料中的水泥石残余物[5]。Sui 等[6]也开展了用热-机械研磨方法回收用过的混凝土研究。目前,日本、美国、欧盟(德国、丹麦、荷兰等)以及韩国等均制定了再生骨料及再生混凝土相关技术标准。

与国外相比,我国前期的再生骨料制备技术相对简单、工艺落后,导致再生骨料品质较低、性能波动较大,再生混凝土品质很难保证,限制了再生混凝土的大规模推广应用,再生骨料还主要用于强度较低的混凝土制品[7]。为了提高再生混凝土的性能,需对简单破碎获得的低品质再生骨料进行强化处理[8]。我国在高品质骨料的制备技术方面也有突破性成果,李秋义等[9]提出颗粒整形强化法,利用简单破碎再生骨料之间的多次高速撞击(相对线速度可高达 100m/s)与摩擦作用来有效除去骨料表面的硬化水泥石,并改善再生骨料的粒形。

---

* 第一作者:李秋义(1963—),男,博士,教授,主要研究方向为固体废弃物综合利用。
基金项目:国家自然科学基金面上项目(51378270)。

为了引导、规范再生骨料的研发和生产，促进再生骨料品质提升，加快再生骨料产业化进程，由中国建筑科学研究院、青岛理工大学、同济大学等单位主编了国家标准《混凝土用再生粗骨料》(GB/T 25177—2010)[10]。根据再生粗骨料(recycled coarse aggregate，RCA)的特点，在《建筑用卵石、碎石》(GB/T 14685—2001)[11]的基础上，适当调整了颗粒级配、微粉含量、泥块含量、针片状颗粒含量、表观密度、堆积密度、坚固性、压碎指标、硫化物含量和硫酸盐含量等技术指标，还增加了吸水率、氯离子含量和杂物含量三项新技术指标，将再生粗骨料划分为Ⅰ类、Ⅱ类、Ⅲ类。中国建筑科学研究院、青岛理工大学、中国建筑材料科学研究总院等单位主编了国家标准《混凝土和砂浆用再生细骨料》(GB/T 25176—2010)[12]。该标准根据再生细骨料的特点，适当调整了颗粒级配、微粉含量、泥块含量、表观密度、堆积密度和孔隙率等技术指标，创造性地增加了再生胶砂需水量比、再生胶砂强度比两项新技术指标，将再生细骨料也分成Ⅰ类、Ⅱ类、Ⅲ类。

由于废弃混凝土强度等级和再生骨料制备方法的不同，通常再生骨料的品质差异巨大，导致再生混凝土性能的差异也大。废弃混凝土来源的复杂性，是限制再生混凝土推广应用的主要原因之一。提升再生混凝土的性能，应首先提高再生骨料的品质和降低再生骨料的品质波动。因此，再生骨料品质控制技术是再生混凝土研究与工程应用需要解决的关键性问题之一。

目前，再生骨料各种因素对再生混凝土抗压强度影响的相关研究，都是针对特定的再生骨料进行的有限研究，没有涵盖所有品质的再生骨料和考虑不同取代天然骨料方式及取代率的再生混凝土抗压强度关系式，也没有形成再生混凝土配合比设计理论。《再生骨料应用技术规程》(JGJ/T 240—2011)[13]只给出了再生混凝土的配制原则，导致再生混凝土配合比设计耗时长、劳动量大，所需试验多，不利于再生骨料的工程应用。因此，系统研究再生骨料品质(包括再生粗骨料的吸水率、表观密度、压碎指标，再生细骨料的胶砂需水量比、强度比、表观密度等)、再生骨料取代天然骨料的方式及取代率、水胶比(或有效水胶比)等因素对再生混凝土抗压强度的影响规律，在此基础上科学建立再生混凝土配合比设计理论，是推动再生混凝土及其制品应用的理论基础，是迫切需要解决的另一个关键问题。这对于引导再生骨料和再生混凝土的生产与应用，对于推广再生混凝土和确保工程质量都具有十分重要的意义。

1.2.2 研究方案

1. 试验材料

水泥采用 P·O42.5 普通硅酸盐水泥；天然细骨料为Ⅱ级河砂；天然粗骨料(natural coarse aggregate，NCA)为 5～25mm 连续级配的花岗岩碎石；再生骨料来源于青岛某拆除现场的废弃混凝土，在颚式破碎机简单破碎后通过颗粒整形设备分别进行一次和二次物理强化处理[14,15]，将制得的再生骨料分别参照《混凝土用再生粗骨料》(GB/T 25177—2010)[10]、《混凝土和砂浆用再生细骨料》(GB/T 25176—2010)[12]进行各项性能指标的测定；外加剂为聚羧酸高性能减水剂；水为市政饮用水。

2. 试验方案

在不同的胶凝材料用量体系下，采用不同品质的再生骨料在不同的取代率下替代天然骨料制备再生骨料混凝土，取代方式为单掺，聚羧酸高性能减水剂的用量为胶凝材料总量的1.2%，试验过程中通过调整再生混凝土拌合物的坍落度控制在160～200mm内来确定用水量，在试验中同时考虑了以下三个因素对再生骨料混凝土工作性能和力学性能的影响：

(1) 胶凝材料的用量。胶凝材料的用量为300kg/m^3、350kg/m^3、400kg/m^3、450kg/m^{3}和500kg/m^3。

(2) 再生骨料的种类。再生粗骨料分别以RCA-A、RCA-B和RCA-C表示，再生细骨料分别以RFA-A、RFA-B和RFA-C表示。

(3) 再生骨料的取代率。再生粗骨料的取代率分别取0、20%、40%、60%、80%和100%，再生细骨料的取代率分别取0、25%、50%、75%和100%。

3. 试验方法

参照《普通混凝土拌合物性能试验方法标准》(GB/T 50080—2016)[16]和《普通混凝土力学性能试验方法标准》(GB/T 50081—2002)[17]分别测定再生骨料混凝土的工作性能(拌合物用水量)及力学性能(3d、7d和28d立方体抗压强度)。试件尺寸选用100mm×100mm×100mm，试件拆模后放入温度为(20±2)℃、相对湿度为95%以上的标准养护室中进行养护。在养护至规定龄期后，采用YAW-3000D型混凝土全自动压力试验机测试再生骨料混凝土的抗压强度，要求试件承压面的平面度公差不得超过0.0005d(d为边长)，各边长、高度的公差不得超过1mm。

1.2.3 研究结果

1. 试验现象

普通混凝土和再生粗骨料混凝土试件受压破坏情况如图1.2.1所示。可以看出，普通混凝土试件的破坏断面绝大多数为骨料破坏，天然骨料与水泥浆体之间的界面破坏现象很少；由RCA-A制备的再生粗骨料混凝土，其试件的破坏断面较多为新旧砂浆界面处的破坏，并且骨料也没有起到骨架支撑作用而被压碎，其力学性能较差;由 RCA-B 制备的再生粗骨料混凝土,其试件的界面破坏明显减少,而骨料破坏所占比例加大,再生粗骨料混凝土的力学性能有所提升;由 RCA-C 制备的再生粗骨料混凝土,其试件的骨料被剥离情况明显减少,界面破坏的情况降低,多数破坏为再生粗骨料被压碎,再生粗骨料混凝土的力学性能得到明显提升。

图 1.2.1　普通混凝土和再生粗骨料混凝土试件受压破坏情况

2. 试验结果及分析

1) 再生混凝土的用水量

(1) 再生粗骨料混凝土。

根据再生粗骨料在使用时的不同状态,可将再生粗骨料混凝土拌合物的用水量分为绝对用水量、外加用水量和有效用水量三种情况[18]。但为了突显再生粗骨料混凝土用水量与普通混凝土用水量的最大差异，在此以再生粗骨料混凝土的绝对用水量为研究对象，其与再生粗骨料取代率的线性回归关系如图 1.2.2 所示。

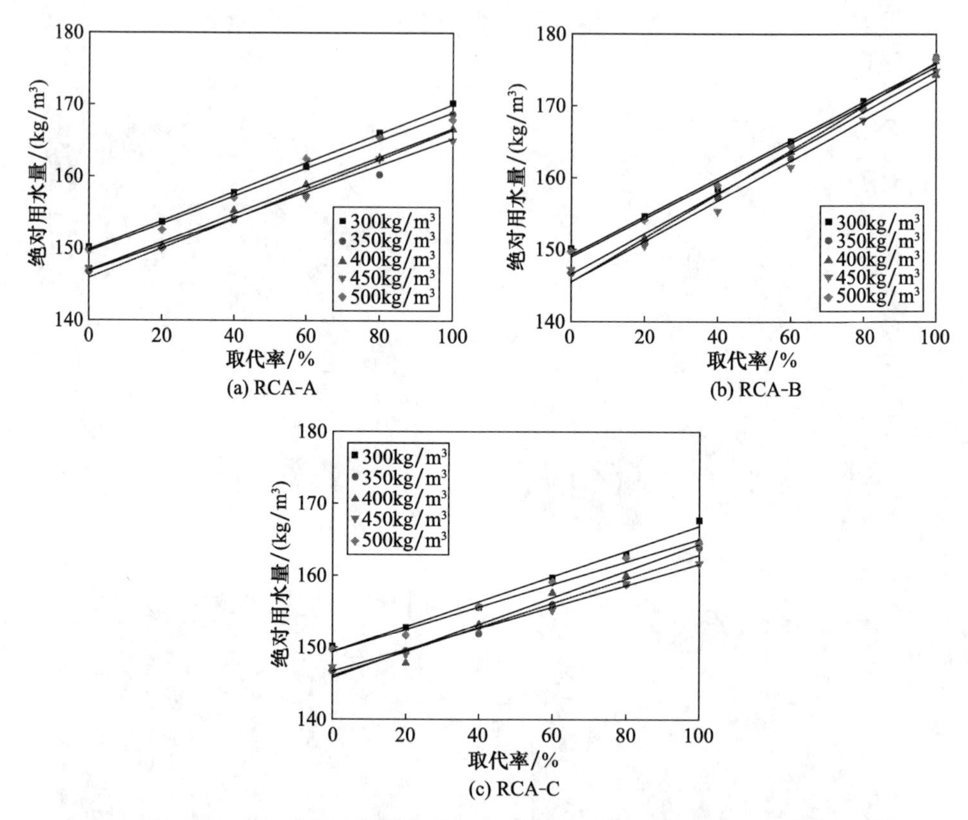

图 1.2.2　再生粗骨料混凝土绝对用水量与再生粗骨料取代率的关系

(2) 再生细骨料混凝土。

根据再生细骨料在使用时的不同状态，并且考虑到再生细骨料的吸水率难以测定，可将再生细骨料混凝土拌合物的用水量分为绝对用水量和外加用水量两种情况。同样，为了突显再生细骨料混凝土用水量与普通混凝土用水量的最大差异，在此以再生细骨料混凝土的绝对用水量为研究对象，其与再生细骨料取代率的线性回归关系如图 1.2.3 所示。

由图 1.2.2 和图 1.2.3 可以看出，在不同的胶凝材料用量下，再生混凝土的绝对用水量均随着再生骨料取代率的增大而逐渐增加，并且呈现出较好的线性关系，可以说明再生骨料取代率是影响再生混凝土绝对用水量的重要因素之一。另外，随着再生骨料品质的提升，再生混凝土的绝对用水量有所降低，即在相同的胶凝材料用量和再生骨料取代率下，三种再生粗骨料混凝土的绝对用水量由多到少依次为:RCA-B>RCA-A>RCA-C,三种再生细骨料混凝土的绝对用水量由多到少依次为:RFA-B>RFA-A>RFA-C。

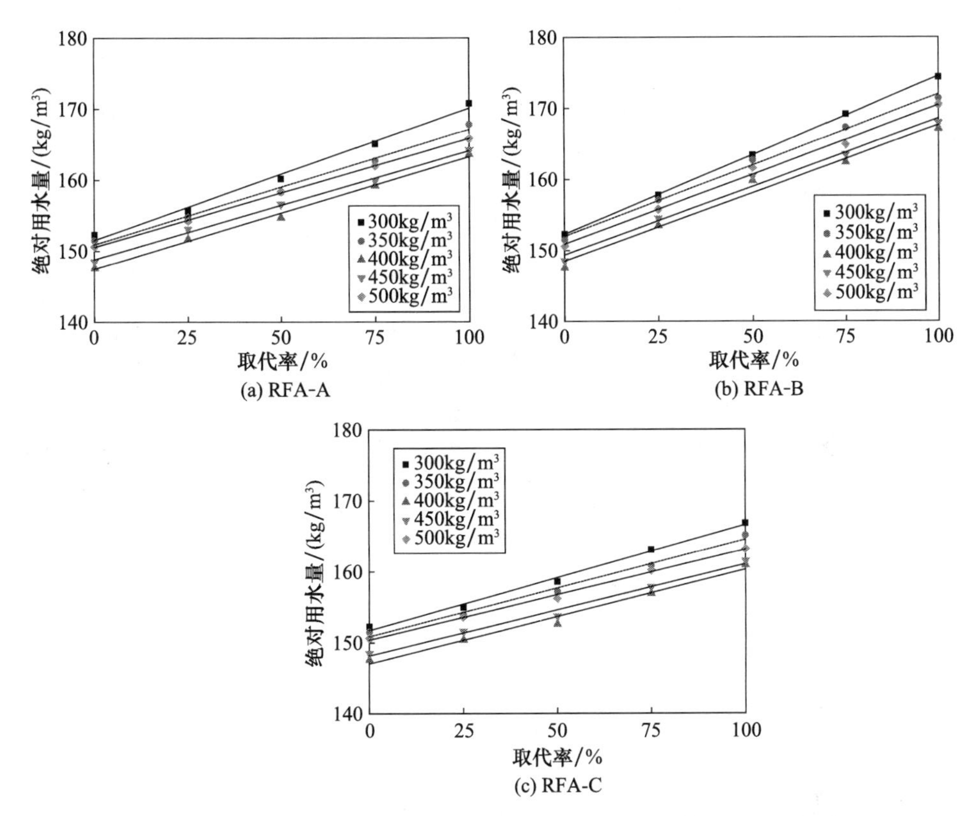

图 1.2.3　再生细骨料混凝土绝对用水量与再生细骨料取代率的关系

2）再生混凝土的抗压强度

(1）再生粗骨料混凝土。

不同胶凝材料用量下三种再生粗骨料制备的再生混凝土试件 28d 抗压强度与其取代率的关系如图 1.2.4 所示。

(2）再生细骨料混凝土。

不同胶凝材料用量下三种再生细骨料制备的再生混凝土试件 28d 抗压强度与其取代率的关系如图 1.2.5 所示。

由图 1.2.4 和图 1.2.5 可以看出,在不同胶凝材料用量下,再生混凝土试件抗压强度与再生骨料取代率之间均呈现出较好的线性关系,随着再生骨料取代率的增大,再生混凝土抗压强度均逐渐降低,总体变化规律一致,线性相关度较高。因此再生骨料取代率对再生混凝土抗压强度的影响较大,是影响再生混凝土抗压强度的重要因素之一[19]。

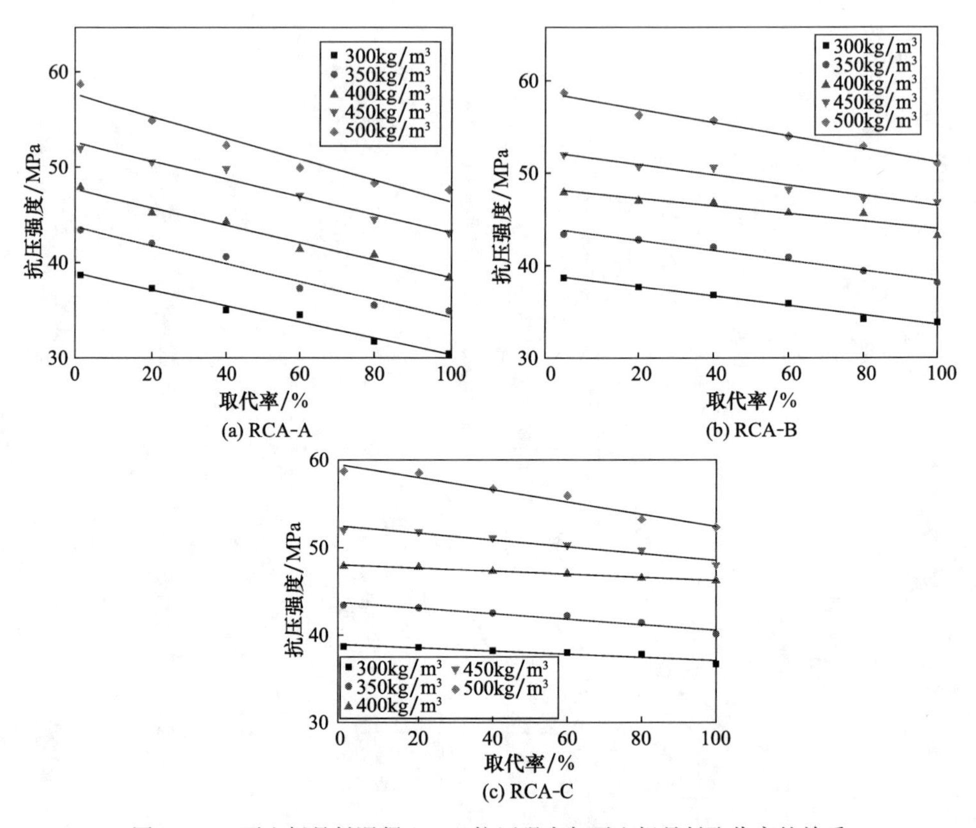

图 1.2.4 再生粗骨料混凝土 28d 抗压强度与再生粗骨料取代率的关系

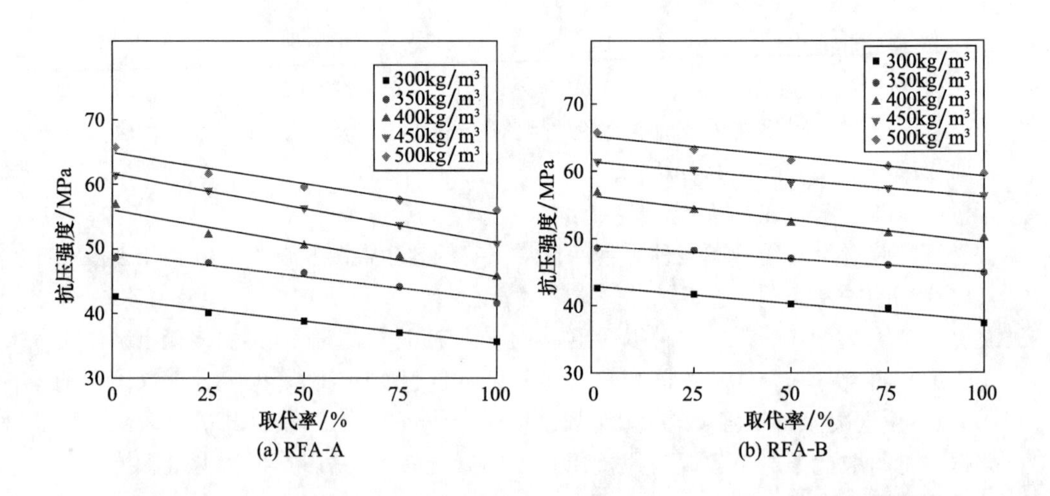

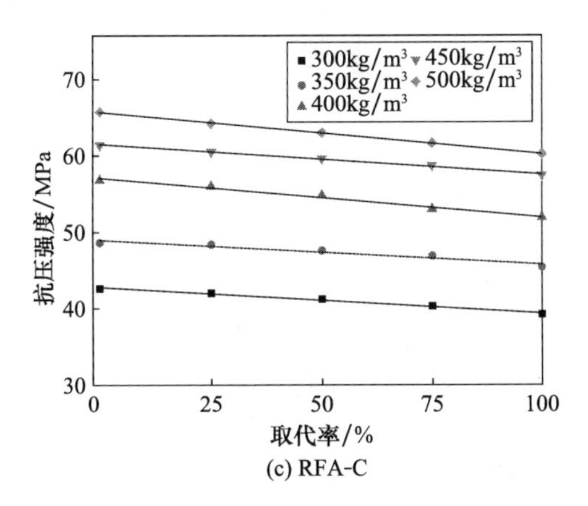

(c) RFA-C

图 1.2.5　再生细骨料混凝土 28d 抗压强度与再生细骨料取代率的关系

1.2.4　再生混凝土用水量及抗压强度公式的建立

1. 再生混凝土的用水量公式

与普通混凝土相比，再生混凝土绝对用水量的增加主要与再生骨料的品质和取代率有关。因此，这里以普通混凝土的绝对用水量为基准，引入绝对用水量影响系数 β_g 来反映再生粗骨料的掺加对再生混凝土绝对用水量的影响，引入绝对用水量影响系数 β_s 来反映再生细骨料的掺加对再生混凝土绝对用水量的影响。再生粗骨料混凝土和再生细骨料混凝土绝对用水量公式的预期形式分别为

$$W_{rg} = W + \beta_g \lambda_g \tag{1.2.1}$$

$$W_{rs} = W + \beta_s \lambda_s \tag{1.2.2}$$

式中，W_{rg} 为再生粗骨料混凝土的绝对用水量，kg/m³；W_{rs} 为再生细骨料混凝土的绝对用水量，kg/m³；W 为普通混凝土的用水量，kg/m³；λ_g 为再生粗骨料取代率；λ_s 为再生细骨料取代率。

考虑到再生混凝土试验的离散性较大，采用平均绝对用水量法(即在相同再生骨料取代率时，五种胶凝材料用量体系下所对应的再生混凝土绝对用水量的平均值)，得到再生混凝土平均绝对用水量与再生骨料取代率的线性回归关系。通过线性转化计算处理后，即得到三种再生粗骨料混凝土和三种再生细骨料混凝土的绝对用水量影响系数。

而再生混凝土的绝对用水量影响系数又与再生骨料的品质有关，故可选用相关性最大的再生骨料性能指标来表示其绝对用水量影响系数。然后将两者的函数关系式分别代入式(1.2.1)和式(1.2.2)，即可得到再生粗骨料混凝土和再生细骨料混凝土的绝对用水量公式，即

$$W_{rg} = W + (540.9\omega_a + 6.635)\lambda_g \tag{1.2.3}$$

$$W_{rs} = W + (130.3\beta_w - 149.8)\lambda_s \tag{1.2.4}$$

式中，ω_a 表示再生粗骨料的吸水率；β_w 表示再生细骨料的再生胶砂需水量比。

2. 再生混凝土的抗压强度公式

再生混凝土的性能与再生骨料的品质、使用方式和取代率等多种因素有关，尤其是其抗压强度随着再生骨料取代率的增加而下降显著[20]，呈较好的线性关系。因此，这里将再生混凝土视为复合材料，普通混凝土作为基相，再生骨料为负增强相，引入再生粗骨料影响因子 α_g 来反映再生粗骨料的掺加对再生混凝土性能的影响，引入再生细骨料影响因子 α_s 来反映再生细骨料的掺加对再生混凝土性能的影响。根据复合材料理论，再生粗骨料混凝土和再生细骨料混凝土抗压强度公式的预期形式分别为

$$f_{rg} = f_0(1 - \alpha_g\lambda_g) = Af_{ce}(C/W - B)(1 - \alpha_g\lambda_g) \tag{1.2.5}$$

$$f_{rs} = f_0(1 - \alpha_s\lambda_s) = Af_{ce}(C/W - B)(1 - \alpha_s\lambda_s) \tag{1.2.6}$$

式中，f_{rg}为再生粗骨料混凝土的抗压强度，MPa；f_{rs}为再生细骨料混凝土的抗压强度，MPa；f_0 为普通混凝土的抗压强度，MPa；f_{ce}为胶凝材料的强度，MPa；λ_g 为再生粗骨料取代率；λ_s 为再生细骨料取代率；C 为胶凝材料用量，kg/m^3；W 为普通混凝土的绝对用水量，kg/m^3；A、B 为普通混凝土的线性回归系数。

当再生骨料的取代率一定时，只要再生混凝土的试验抗压强度与普通混凝土的抗压强度已知，便可计算出不同配合比下的影响因子。由于再生骨料的品质波动性较大，在此取再生骨料在不同配合比下影响因子的算术平均值作为每种再生骨料的影响因子。

而再生骨料的影响因子与骨料表面附着的硬化水泥石的性质和数量有关，故可选用相关性最大的再生骨料性能指标来表示其影响因子。然后将两者的函数关系式分别代入式(1.2.5)和式(1.2.6)，即可得到再生粗骨料混凝土和再生细骨料混凝土的抗压强度公式，分别为

$$f_{rg} = Af_{ce}(C/W - B)[1 - (7.607\omega_a - 0.074)\lambda_g] \tag{1.2.7}$$

$$f_{rs} = Af_{ce}(C/W - B)[1 - (1.829\beta_w - 2.218)\lambda_s] \tag{1.2.8}$$

1.2.5 对比与分析

1. 绝对用水量公式计算误差

1) 再生粗骨料混凝土

为了验证再生粗骨料混凝土绝对用水量公式的精确度与适用性，将三种再生粗骨料混凝土绝对用水量的计算值与试验值进行比较，其具体误差分布情况如图 1.2.6 所示。

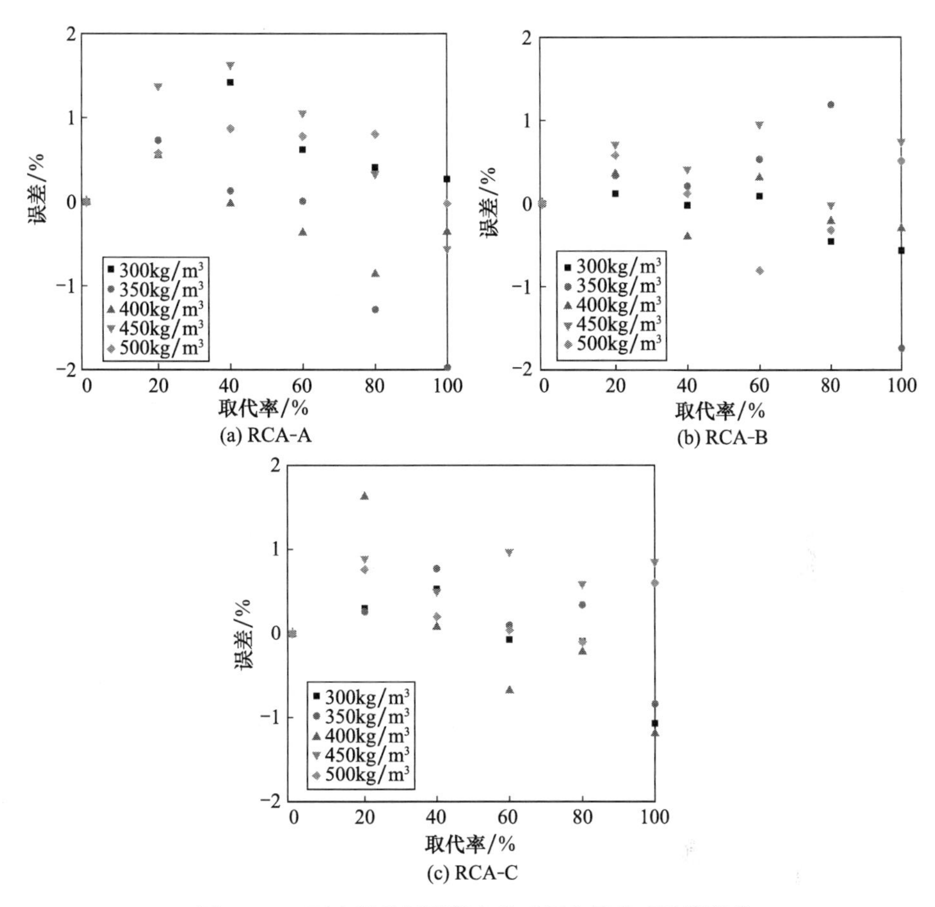

图 1.2.6　再生粗骨料混凝土绝对用水量公式计算误差

由图 1.2.6 可以看出，三种再生粗骨料混凝土绝对用水量的计算值与试验值之间均存在一定的误差。经计算，再生粗骨料混凝土绝对用水量公式的误差总范围为－1.97%～1.63%，所存在的计算误差总体较小，所计算的再生粗骨料混凝土绝对用水量总体上较接近于试验值。因此，基于再生粗骨料品质和取代率所建立的再生粗骨料混凝土绝对用水量公式具有较高的精确度和较好的适用性。

2）再生细骨料混凝土

为了验证再生细骨料混凝土绝对用水量公式的精确度与适用性，将三种再生细骨料混凝土绝对用水量的计算值与试验值进行比较，其具体误差分布情况如图 1.2.7 所示。

由图 1.2.7 可以看出，三种再生细骨料混凝土绝对用水量的计算值与试验值之间均存在一定的误差。经计算，再生细骨料混凝土绝对用水量公式的误差总范围为－1.63%～0.98%，所存在的计算误差总体较小，所计算的再生细骨料混凝土绝对用水量总体上较接近于试验值。由此可以说明，基于再生细骨料品质和取代率所建立的再生细骨料混凝土绝对用水量公式具有较高的精确度和较好的适用性。

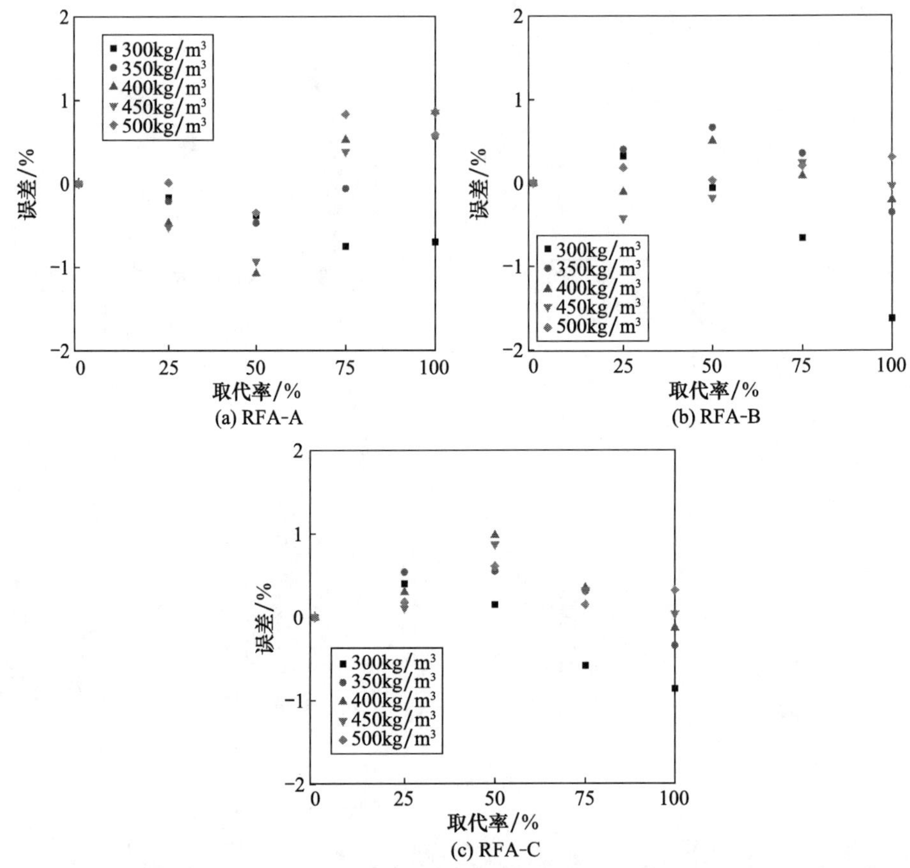

图 1.2.7　再生细骨料混凝土绝对用水量公式计算误差

2. 抗压强度公式计算误差

1）再生粗骨料混凝土

为了验证再生粗骨料混凝土抗压强度公式的精确度与适用性，将三种再生粗骨料混凝土抗压强度的计算值与试验值进行比较，其具体误差分布情况如图 1.2.8 所示。

由图 1.2.8 可以看出，再生粗骨料混凝土抗压强度公式所计算的三种抗压强度最大误差分别为－4.43％、3.88％和 4.90％，抗压强度计算值总体上接近于试验值，再生粗骨料混凝土抗压强度公式所存在的计算误差总体较小。因此，基于再生粗骨料品质和取代率所建立的再生粗骨料混凝土抗压强度公式具有较高的精确度和较好的适用性。

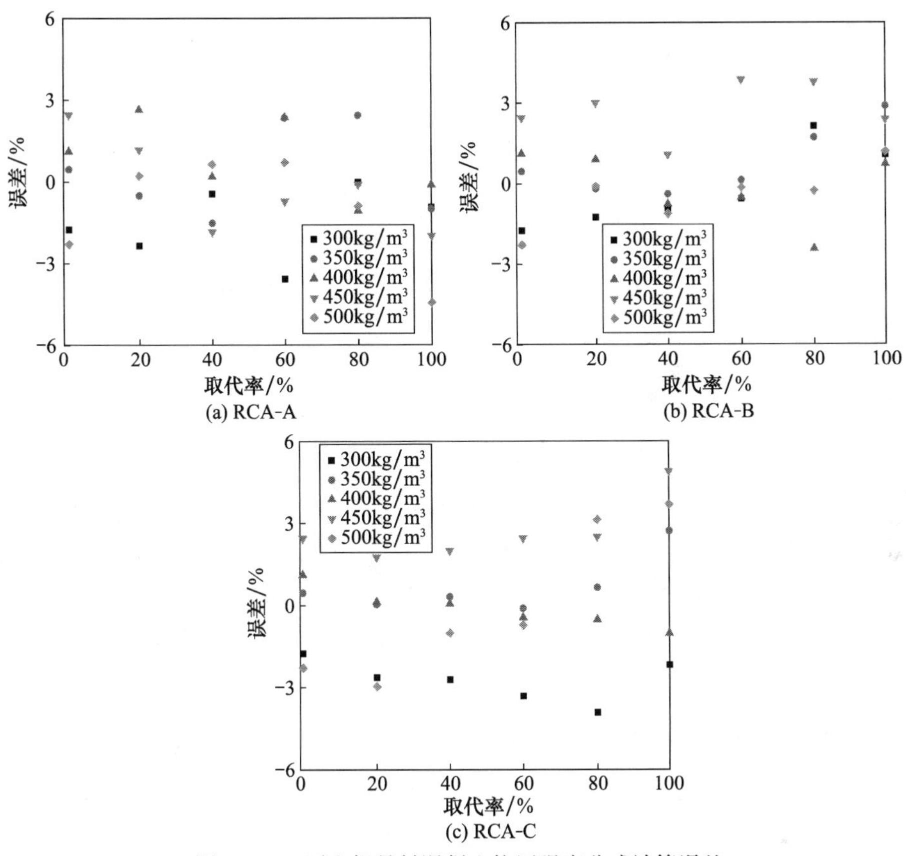

(a) RCA-A　(b) RCA-B　(c) RCA-C

图 1.2.8　再生粗骨料混凝土抗压强度公式计算误差

2）再生细骨料混凝土

为了验证再生细骨料混凝土抗压强度公式的精确度与适用性，将三种再生细骨料混凝土抗压强度的计算值与试验值进行比较，其具体误差分布情况如图 1.2.9 所示。

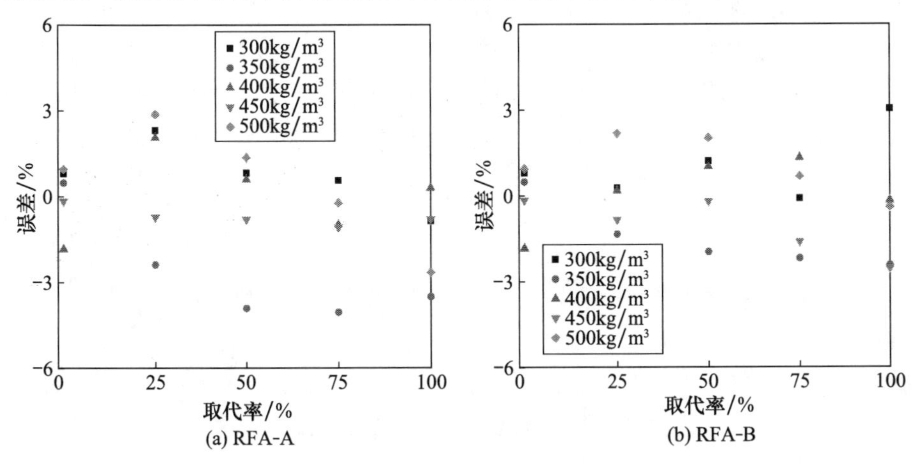

(a) RFA-A　(b) RFA-B

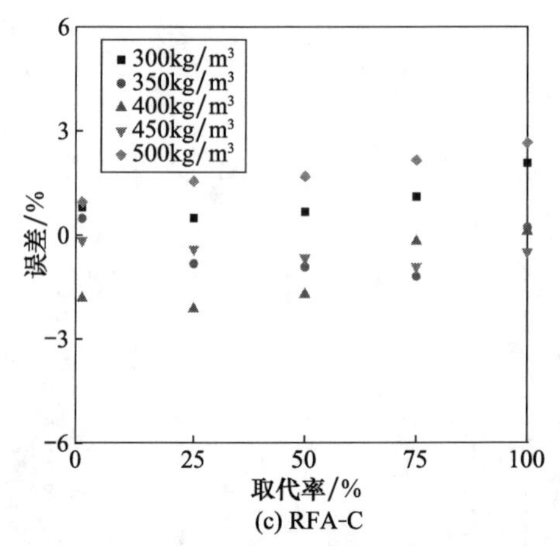

(c) RFA-C

图 1.2.9 再生细骨料混凝土抗压强度公式计算误差

由图 1.2.9 可以看出，再生细骨料混凝土抗压强度公式所计算的三种抗压强度最大误差分别为−4.05%、3.05%和 2.65%，抗压强度计算值总体上接近于试验值，再生细骨料混凝土抗压强度公式所存在的计算误差总体较小。因此，基于再生细骨料品质和取代率所建立的再生细骨料混凝土抗压强度公式具有较高的精确度和较好的适用性。

1.2.6 再生混凝土配合比的提出

1. 配合比设计的基本思路

参照普通混凝土配合比设计时所遵循的基本原则和要求(用水量原则、水胶比原则、耐久性要求和经济性要求)，再生混凝土的适用范围还仅限于非承重结构的低强度等级的混凝土制品，故在进行配合比设计时主要考虑有效用水量原则和绝对水胶比原则。参照《普通混凝土配合比设计规程》(JGJ 55—2011)[21]，普通混凝土用粗骨料含水率应小于 0.2%，细骨料含水率应小于 0.5%。但考虑到品质不一的再生粗骨料吸水率过大，在使用时可使再生粗骨料接近于吸水饱和面干状态，再生粗骨料吸水率与含水率之差应控制在小于 0.5%。而考虑到再生细骨料的饱和面干状态难以表征，再生细骨料的吸水率难以有效测定，所采用的再生细骨料宜为绝干状态，且含水率宜控制在小于 0.5%。

2. 简易配合比设计的具体步骤

(1) 根据已有技术资料和混凝土性能要求，确定再生粗骨料取代率 λ_g 或再生细骨料取代率 λ_s。

(2) 确定再生混凝土的抗压强度标准差 σ，可按下列规定进行：

① 对于不掺用再生细骨料的混凝土，当仅使用Ⅰ类再生粗骨料或Ⅱ类、Ⅲ类

再生粗骨料取代率 $\lambda_g<30\%$ 时，其抗压强度标准差 σ 可按现行行业标准《普通混凝土配合比设计规程》(JGJ 55—2011)[21]的规定取值；当Ⅱ类、Ⅲ类再生粗骨料取代率 $\lambda_g\geqslant30\%$ 时，其抗压强度标准差 σ 可按现行行业标准《再生骨料应用技术规程》(JGJ/T 240—2011)[13]的规定取值。

② 对于掺用再生细骨料的混凝土，其抗压强度标准差 σ 可按现行行业标准《再生骨料应用技术规程》(JGJ/T 240—2011)[13]的规定取值。

(3) 再生混凝土配制强度的确定。

$$f_r \geqslant f_{cu,k} + 1.645\sigma \tag{1.2.9}$$

(4) 再生混凝土配制强度与绝对水胶比之间的关系式为

$$f_r = Af_{ce}(C/W_r - B) \tag{1.2.10}$$

(5) 普通混凝土拌合物用水量 W 的确定。在普通混凝土的试验过程中，为了保证拌合物的坍落度控制在工程具体需要的范围内，需要对普通混凝土拌合物的用水量进行调整，调整后的用水量即为普通混凝土拌合物的用水量 W。

(6) 再生混凝土拌合物用水量的确定。

① 对于再生粗骨料混凝土拌合物的绝对用水量 W_{rg}，应基于普通混凝土拌合物的用水量 W，并根据再生粗骨料的使用状态和用量来确定。

② 对于再生细骨料混凝土拌合物的绝对用水量 W_{rs}，应基于普通混凝土拌合物的用水量 W，并根据再生细骨料的含水率和用量来确定。

(7) 胶凝材料、矿物掺合料和水泥用量的计算。1m^3 再生混凝土的胶凝材料用量应按式(1.2.11)来确定，如若掺加矿物掺合料，应根据其掺量计算矿物掺合料用量和水泥用量。

$$m_{rb} = \frac{W_r}{W_r/C} \tag{1.2.11}$$

(8) 砂率的确定。应根据再生骨料的技术指标、混凝土拌合物的性能和施工要求来确定，但宜采用较低的砂率。

(9) 粗、细骨料用量的计算。以普通混凝土配合比中的粗、细骨料用量为基础，根据已确定的再生骨料取代率来计算再生骨料的用量，天然骨料用量为骨料总量与再生骨料用量之差。

(10) 配合比的试配。在计算配合比的基础上进行试拌，计算水胶比宜保持不变，通过调整配合比的其他参数使再生混凝土拌合物性能符合设计和施工要求，然后修正计算配合比，提出再生混凝土的试拌配合比。

(11) 配合比的调整与确定。在再生混凝土试拌配合比的基础上，根据确定的水胶比调整用水量和外加剂用量，其他参数也应进行相应调整，确定再生混凝土的最终配合比。但在配制时，应根据工程具体要求采取控制再生混凝土拌合物坍落度损失的相应措施。

3. 精确配合比设计的具体步骤

(1)～(3) 同简易配合比设计具体步骤中的(1)～(3)。

(4) 再生混凝土抗压强度公式的表现形式分别如式(1.2.7)和式(1.2.8)所示，当 f_r、f_{ce}、A 和 B 均已知时，即可转化计算出普通混凝土的胶水比。

(5) 同简易配合比设计具体步骤中的(5)。

(6) 再生混凝土拌合物用水量的确定按式(1.2.3)和式(1.2.4)来计算。

(7) 胶凝材料、矿物掺合料和水泥用量的计算。1m³ 再生混凝土的胶凝材料用量应按式(1.2.12)来确定，如若掺加矿物掺合料，应根据其掺量计算矿物掺合料用量和水泥用量。

$$m_{rb}=\frac{W}{W/C} \tag{1.2.12}$$

(8)～(11) 同简易配合比设计具体步骤中的(8)～(11)。

1.2.7 结论

(1) 再生骨料制备方法多样化、高性能化，通过颗粒整形技术使再生骨料的性能相对于传统的再生骨料有显著改善和提高。

(2) 再生混凝土作为一种复合材料，再生骨料的品质、取代率和胶水比等都是影响再生混凝土性能的直接因素。

(3) 通过系统的试验研究，首次提出以再生粗骨料吸水率来表征再生粗骨料影响因子，以再生胶砂需水量比来表征再生细骨料影响因子。

(4) 以再生骨料影响因子和取代率反映再生骨料对混凝土抗压强度的影响作用，最终建立出包含多种影响因素的高精度、适用范围广的再生混凝土绝对用水量和抗压强度计算公式。

(5) 所提出的配合比设计方法可以解决当前再生混凝土配合比设计复杂、耗时长等问题，使再生混凝土配合比设计具有简单的可操作性。

参考文献

[1] 李秋义，全洪珠，秦原. 再生混凝土性能与应用技术[M]. 北京：中国建材工业出版社，2011.

[2] Etxeberria M, Vázquez E, Marí A, et al. Influence of amount of recycled coarse aggregates and production process on properties of recycled aggregate concrete[J]. Cement and Concrete Research, 2007, 37(5): 735-742.

[3] Li J S, Xiao H N, Zhou Y. Influence of coating recycled aggregate surface with pozzolanic powder on properties of recycled aggregate concrete[J]. Construction and Building Materials, 2009, 23(3): 1287-1291.

[4] コンクリート再生材高度利用研究会. 平成 2016 年度活動報告書[N]. 2017.

[5] Shima H, Tateyashiki H, Matsuhashi R, et al. An advanced concrete recycling technology and its applicability assessment through input-output analysis[J]. Journal of Advanced Concrete Technology, 2005, 3(1): 53-67.

[6] Sui Y W, Mueller A. Development of thermo-mechanical treatment for recycling of used concrete[J]. Materials and Structures, 2012, 45(10): 1487-1495.

[7] 中国建筑材料科学研究院. 绿色建材和建材绿色化[M]. 北京：化学工业出版社，2003.

[8] 李秋义，全洪珠，秦原. 混凝土再生骨料[M]. 北京：中国建筑工业出版社，2011.

[9] 李秋义，朱亚光，高嵩. 我国高品质再生骨料制备技术及质量评定方法[J]. 青岛理工大学学报，2009，30(4)：1-4，23.

[10] 中华人民共和国国家标准. 混凝土用再生粗骨料(GB/T 25177—2010)[S]. 北京：中国标准出版社，2011.

[11] 中华人民共和国国家标准. 建筑用卵石、碎石(GB/T 14685—2001)[S]. 北京：中国标准出版社，2002.

[12] 中华人民共和国国家标准. 混凝土和砂浆用再生细骨料(GB/T 25176—2010)[S]. 北京：中国标准出版社，2011.

[13] 中华人民共和国行业标准. 再生骨料应用技术规程(JGJ 240—2011)[S]. 北京：中国建筑工业出版社，2011.

[14] 郭远新，李秋义，汪卫琴，等. 再生粗骨料品质提升技术研究[J]. 混凝土，2015，(6)：134-138.

[15] 郭远新，李秋义，孔哲，等. 再生粗骨料强化处理工艺对再生混凝土性能的影响[J]. 混凝土与水泥制品，2015，(6)：11-17.

[16] 中华人民共和国国家标准. 普通混凝土拌合物性能试验方法标准(GB/T 50080—2016)[S]. 北京：中国建筑工业出版社，2017.

[17] 中华人民共和国国家标准. 普通混凝土力学性能试验方法标准(GB/T 50081—2002)[S]. 北京：中国建筑工业出版社，2003.

[18] 郭远新，李秋义，苏敦磊，等. 基于多重因素的再生粗骨料混凝土用水量预测公式[J]. 硅酸盐通报，2018，37(6)：1936-1940.

[19] 郭远新，李秋义，李倩倩，等. 高品质再生粗骨料混凝土配合比优化[J]. 沈阳建筑大学学报(自然科学版)，2017，33(1)：19-25.

[20] 肖建庄，范玉辉，林壮斌，等. 再生细骨料混凝土抗压强度试验[J]. 建筑科学与工程学报，2011，28(4)：26-29.

[21] 中华人民共和国行业标准. 普通混凝土配合比设计规程(JGJ 55—2011)[S]. 北京：中国建筑工业出版社，2011.

1.3 再生废砖骨料吸水返水特性及其影响

李飞*,张士杰,周理安

我国建筑垃圾产生量巨大,资源化利用的主要途径是制备再生骨料用于生产再生建材。再生骨料由于其表面附着的老砂浆结构疏松、孔隙率大,特别是再生骨料中的废砖瓦成分往往具有较高的吸水率,可能会对混凝土收缩产生不利的影响,这关系到混凝土能否保持其整体性,进一步影响到混凝土工程的结构耐久性。本节结合废砖瓦类再生骨料的高吸水率特点,开展再生混凝土收缩机理的研究,旨在探索再生废砖骨料吸水返水行为对混凝土界面结构和体积稳定性影响的机理,从而为再生混凝土的工程应用提供必要的基础支持。

目前主要开展了再生废砖骨料吸水返水特性研究。采用U形管微压测定装置,结合毛细管负压测试,研究了不同预湿程度的再生废砖骨料在不同水灰比净浆中的吸水返水特性。研究结果表明,再生废砖骨料接触水泥浆体后开始吸水,随着水泥水化反应的进行,水分不断消耗,浆体毛细管不断细化,孔内负压增大,骨料开始返水,当毛细管负压达到峰值后,骨料返水速度变慢,直至达到新的平衡时返水结束。

1.3.1 国内外研究现状

再生废砖骨料作为利用建筑垃圾制备的主要再生粗骨料之一,与天然粗骨料相比,具有孔隙率大、吸水性强等特征,研究者就再生粗骨料的高吸水性对混凝土性能的影响开展了大量研究。

Poon等[1]研究了再生粗骨料的吸水状态对混凝土坍落度、强度的影响;Topcu等[2]通过再生混凝土的配合比设计和制备研究得出,再生粗骨料的高吸水性会显著降低混凝土拌合物的工作性;Juan等[3]研究了再生粗骨料表面砂浆层的吸水性对混凝土性能的影响。耐久性方面,Malhotra[4]进行了不同水灰比再生混凝土的冻融试验,结果表明再生混凝土的抗冻融性并不低于普通混凝土。Nishibayashi等[5]的研究表明,再生粗骨料混凝土的抗冻性与再生粗骨料的含水率有关,含水率高的再生粗骨料配制的再生混凝土的抗冻性较差。Kenai等[6]通过试验研究了不同比例(25%、50%、75%、100%)的再生粗骨料和废砖骨料代替天然粗骨料对混凝土耐久性的影响,结果表明,再生废砖骨料混凝土的单轴抗压强度可以达到

* 第一作者:李飞(1981—),男,博士,副教授,主要研究方向为建筑垃圾资源化、高性能混凝土。
基金项目:国家自然科学基金青年科学基金项目(51608028)。

20MPa，而抗渗性和吸水性要高于再生废砖骨料混凝土，且吸水性强的混凝土收缩也相应较大。Poon 等[7,8]、Jankovic 等[9]和 Cachim 等[10]的研究结果也表明，再生废砖骨料的高吸水性和低强度是影响再生混凝土强度和抗渗性的主要因素。

国内研究者针对再生骨料的缺陷也开展了劣化机理研究，并试图通过各种强化手段缩小其与天然骨料的差异。朋改非等[11]采用 620℃高温处理，剔除再生粗骨料上的附着砂浆，研究其对混凝土抗压强度、劈裂抗拉强度和断裂能的影响，并提出在低水胶比和高水胶比条件下，导致再生混凝土力学性能下降的主要因素为石子损伤和石子表面的附着砂浆，吸水率与断裂能指标可敏锐地反映再生粗骨料的缺陷特征。李秋义等[12~14]通过试验和分析比较，提出对再生细骨料进行分类的建议，强调了再生胶砂需水量比、再生胶砂强度比和坚固性三项指标；还强调了通过颗粒整形与强化，可以制备高品质的再生骨料，为国家标准《混凝土用再生粗骨料》(GB/T 25177—2010)[15]、《混凝土和砂浆用再生细骨料》(GB/T 25176—2010)[16]的制定提供了有力的支持；并采用物理和化学的方法对再生粗骨料进行强化，粗骨料吸水率降低幅度可达 76%[16]。

在耐久性方面，崔正龙等[17]研究了不同强度砂浆再生粗骨料对 C30 再生混凝土强度及干燥收缩耐久性能的影响，他们还采用混凝土表面粘贴式应变片和内埋式应变片，对有约束的再生粗骨料混凝土剪力墙的干燥收缩应变进行了测试，认为混凝土自由收缩时粗、细骨料置换率为 50%的干燥收缩长度变化率比普通混凝土大，在有约束条件下，再生混凝土表面裂纹比普通混凝土更明显。曹勇等[18]的试验结果表明，由于再生粗骨料表层的水泥砂浆吸水后产生收缩，再生混凝土早龄期的干燥收缩率大于与之对比的普通混凝土的干燥收缩率。

国内外学者就再生骨料的高吸水性对混凝土性能的影响开展了大量研究，探索了再生骨料缺陷的影响机理，对指导实践具有重要意义，但对于再生骨料的返水特性及其对混凝土收缩和内养护的研究尚不多见。探究再生骨料吸水返水的特性，可以从理论上探索其对混凝土性能影响的机理，从而为再生混凝土的工程应用提供必要的基础支持，因此对骨料吸水返水特性进行深入研究是很有必要的。

1.3.2　研究方案

1. 试验材料

水泥采用 P·O42.5 普通硅酸盐水泥；再生粗骨料选取再生废砖骨料，吸水率为 17%；混凝土拌合物用水采用自来水。

2. 试验方案

本次试验根据宋绍铭等[19]提出的 U 形管微压测定原理与方法，采用 U 形管微压测定装置，结合毛细管负压测试，通过骨料及浆体的孔压变化，探究再生废砖骨料在不同预湿程度、不同水灰比净浆中的吸水返水规律。

3. 试验方法

试验采用U形管微压测定装置，将U形管内注入密度为860kg/m³ 的液态石蜡，选取直径为30mm的再生废砖骨料，将与U形管连接的导管插入骨料内，然后将连有U形管的再生骨料放入试模中，注入不同水灰比的水泥净浆。由于再生废砖骨料在30min可达吸水饱和程度的95%，试验选取两种不同预湿状态的再生废砖骨料，其中一组为干燥状态，另一组预湿30min后将骨料表面擦至饱和面干状态。通过观测U形管液面的高度变化，得出再生废砖骨料内部的孔压变化，以此探究再生废砖骨料在不同条件下的吸水返水规律。同时将毛细管负压测试仪器探头放置于浆体中，紧靠再生废砖骨料，通过水泥浆体的毛细管负压变化，与U形管法共同探究再生废砖骨料的吸水返水规律。试验装置如图1.3.1所示。

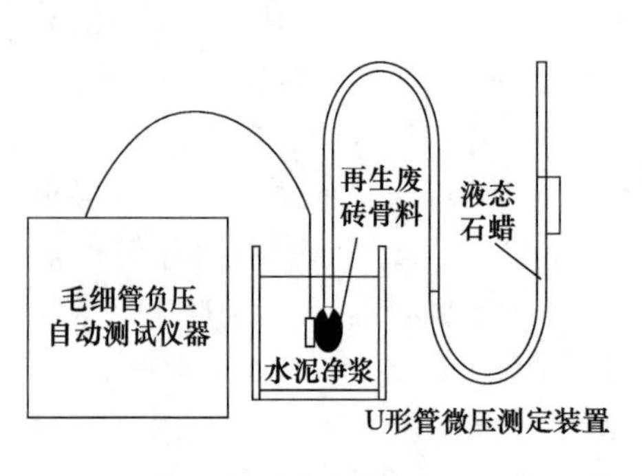

(a) 装置示意图

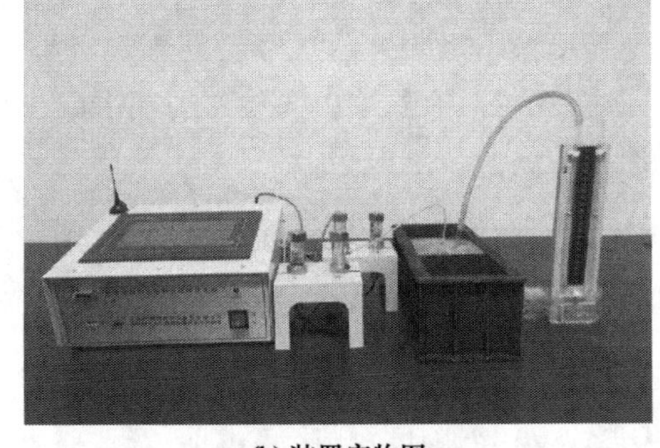

(b) 装置实物图

图1.3.1 吸水返水特性试验装置

1.3.3 研究结果

1. 试验结果

利用U形管法测得再生废砖骨料在不同预湿程度、不同水灰比的水泥净浆中的内部孔压变化曲线如图1.3.2所示。可以看出，再生废砖骨料在水泥净浆中的内部孔压变化曲线可以归纳为快速上升、持平、快速下降、持平、缓慢上升五个阶段。骨料在干燥条件下及水灰比高的浆体中，早期内部孔压大，后期内部孔的负压小；而在预湿条件下及水灰比低的浆体中，早期内部孔压小，后期内部孔的负压大。

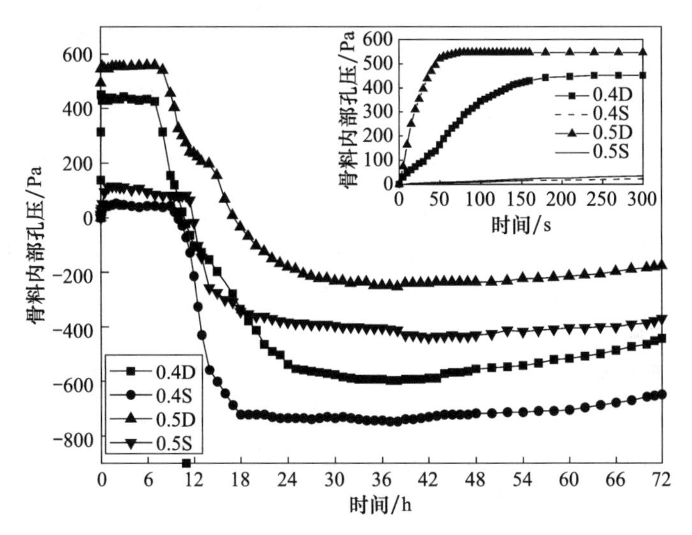

图 1.3.2　再生废砖骨料的内部孔压变化曲线

编号中 0.4、0.5 为浆体水灰比，D 为骨料干燥状态，S 为骨料预湿状态

结合水泥浆体中的毛细管负压变化，干燥的再生废砖骨料在 0.4 水灰比净浆中的内部孔压变化及毛细管负压变化曲线如图 1.3.3 所示。可以看出，水泥浆体的毛细管负压在 7h 时开始快速升高，而再生废砖骨料的内部孔压在 7h 时开始快速降低；在 12h 左右，水泥浆体的毛细管负压迅速降低，与此同时，骨料内部孔压的下降趋势变缓。

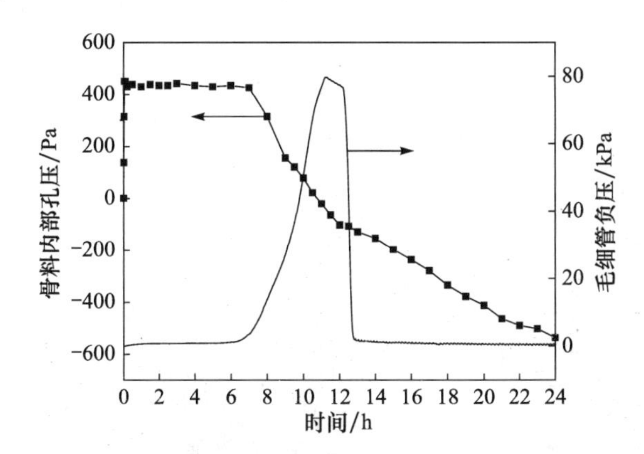

图 1.3.3　0.4D 骨料内部孔压及水泥浆体毛细管负压变化曲线

2. 试验分析

通过 U 形管法测得再生废砖骨料在不同预湿程度、不同水灰比的水泥净浆中的内部孔压变化曲线，经分析，再生废砖骨料表面及内部存在孔隙，水泥浆在硬化

过程中也会存在毛细孔，当再生废砖骨料和水泥石之间存在湿度差时，水分就会发生迁移，产生U形管中的压力差。水分迁移取决于毛细孔水力半径 r 和相对湿度RH[20]。

将再生废砖骨料放入水泥净浆中，由于骨料孔隙率高、吸水性强的特性，会快速吸收水泥浆中的水，使骨料内部迅速产生正压力；当再生废砖骨料通过吸水与水泥浆达到相对湿度平衡后，骨料内部孔压不变；随着水泥的进一步水化，水分大量消耗，水泥浆相对湿度降低，形成水泥石结构，水泥石毛细孔减小，孔内负压增大，而再生废砖骨料内部的孔径大于水泥石毛细孔，使水由再生废砖骨料向水泥石中迁移，骨料内部孔压逐渐降低，形成负压；当水泥石中的相对湿度不再降低时，会与再生废砖骨料内部的相对湿度达到新的平衡，再生废砖骨料内部孔压稳定不变；由于水泥石的化学减缩作用，其孔结构逐渐减小，孔压逐渐降低，且水泥石毛细孔含水量较少，气体逐渐渗透扩散，水泥石及骨料内的孔压将逐渐与大气压趋于平衡。

结合水泥浆体中的毛细管负压变化，水泥浆体的毛细管负压在7h时开始快速升高，而再生废砖骨料的内部孔压在7h时开始快速降低，毛细管负压的形成对应着水泥石自干燥收缩的开始，在此阶段水泥水化反应剧烈，水化速度加快，毛细管网络结构体系不断细化，水分消耗由较大的毛细孔迅速转入较小的毛细孔中进行，毛细管负压迅速增大，此时，水泥水化处于休止期向凝结期的过渡阶段，水分大量消耗，再生废砖骨料开始向浆体中返水，骨料内部的孔压开始降低；在12h左右，浆体的毛细管负压迅速降低，与此同时，骨料内部孔压的下降趋势变缓，这是因为在毛细管负压达到峰值及相对稳定后，由于气蚀作用，毛细管负压曲线快速下降，同时导致浆体体系应力松弛，使骨料返水速度变慢，内部孔压下降变缓。

1) 再生废砖骨料在不同水灰比净浆中的吸水返水特性

由图1.3.4可以看出，再生骨料在不同水灰比的水泥净浆中，孔压变化曲线不同。毛细孔水力半径与毛细管力的关系为[21]

$$P=\frac{2\sigma\cos\theta}{r} \tag{1.3.1}$$

式中，P 为毛细管力，Pa；σ 为液-气界面的表面张力，N/m；r 为毛细孔水力半径，m；θ 为液-固接触角，完全浸润时取0。

在骨料干燥的条件下，0.5水灰比的骨料内部孔压在1h时能达到546Pa，而0.4水灰比的骨料内部孔压仅有430Pa；在骨料预湿的条件下，0.5和0.4水灰比的骨料在1h时的内部孔压分别为112Pa和43Pa，这是因为水灰比越低，对应的浆体毛细孔水力半径越小，由Laplace公式可知浆体的毛细管力越大，骨料因此越难吸水，且水灰比低时，水泥浆稠度大，故而再生废砖骨料在水灰比较低的浆体中早期吸水能力较弱，内部孔压升高较小。在干燥条件下，0.5和0.4水灰比的骨料内部孔压下降点分别在8h和7h，预湿条件下则分别在11.5h和9h，因为水灰比较低

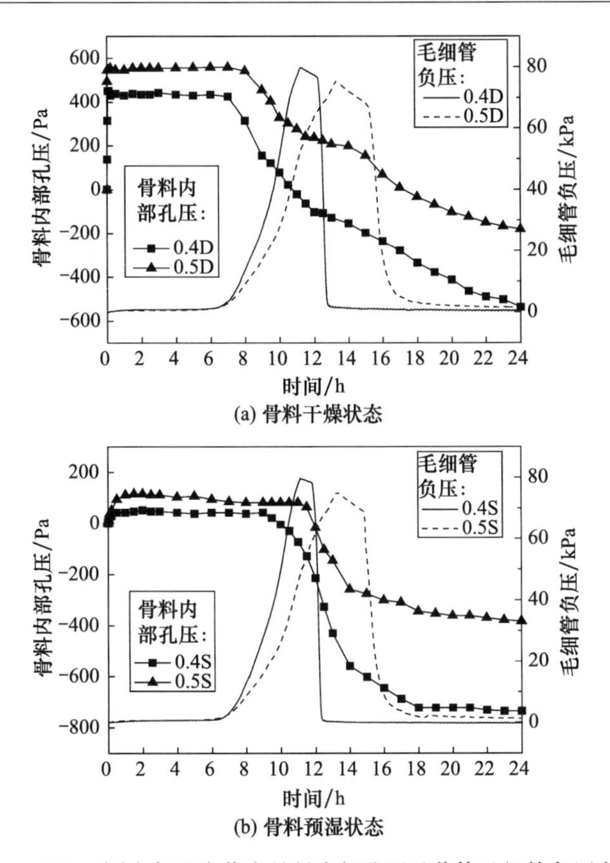

图 1.3.4　24h 不同水灰比净浆中骨料内部孔压及浆体毛细管负压变化曲线

的水泥浆形成水泥石结构的速度较快，可以较早地形成毛细孔，所以骨料返水的时间较早，内部孔压降低的时间较早。干燥条件下，0.5 水灰比的骨料内部孔压在 24h 时为－181Pa，相对于 1h 时降低了 727Pa，而 0.4 水灰比对应的 24h 孔压则为－538Pa，相对于 1h 时降低了 968Pa；预湿条件下，0.5 和 0.4 水灰比的 24h 骨料内部孔压相对于 1h 时分别降低了 495Pa 和 778Pa。这是因为水灰比较低的水泥浆形成水泥石结构时，形成的毛细孔数量较多且孔径较小，故而浆体毛细管的作用力较强，骨料返水量较大，内部孔压降低较多。

结合毛细管负压变化曲线，水灰比较高时，毛细管负压上升速度较缓，峰值较低，此时水泥石水化反应较慢，毛细管网络结构体系细化程度较低，对应骨料返水时间较晚，返水量较少；且水灰比较高时，毛细管负压下降时间较晚，气蚀作用导致浆体体系的应力松弛出现较晚，对应骨料返水速度变慢的时间段也就较晚。

2）不同预湿状态的再生废砖骨料在水泥浆中的吸水返水特性

由图 1.3.5 可以看出，再生废砖骨料在不同预湿状态下的孔压变化曲线不同。相对湿度与毛细管力之间的关系为[21]

$$P=-\frac{RT\ln(\mathrm{RH})}{MV} \tag{1.3.2}$$

式中,R 为理想气体常数,J/(mol·K);T 为热力学温度,K;RH 为相对湿度,%;M 为水的摩尔质量,g/mol;V 为单位物质的量水的体积,m^3/mol。

在0.4水灰比的条件下,预湿与干燥的骨料内部孔压在1h时分别为43Pa和430Pa,在0.5水灰比的条件下则分别为112Pa和546Pa。从式(1.3.2)中可以看出,相对湿度越低,毛细管力越大,未预湿的再生废砖骨料的吸水能力比预湿骨料强,内部孔压上升较大。在0.4水灰比净浆中,预湿与干燥的骨料内部孔压下降点分别在9h和7h,预湿骨料自18h开始,内部孔压基本稳定,而干燥骨料的内部孔压直至24h也没有呈现稳定不变的趋势;在0.5水灰比净浆中,预湿与干燥骨料的内部孔压下降点分别在11.5h和8h,预湿骨料的内部孔压在18h时已开始趋于稳定,而干燥骨料的内部孔压在24h时仍有下降趋势。这是因为预湿的再生废砖骨料由于含有丰富的自由水,吸水较少,因此其周围浆体的相对湿度明显高于未预湿骨料,故而骨料返水时间较晚,返水过程较快,骨料内部孔压的降低时间较迟缓且降低过程较短。

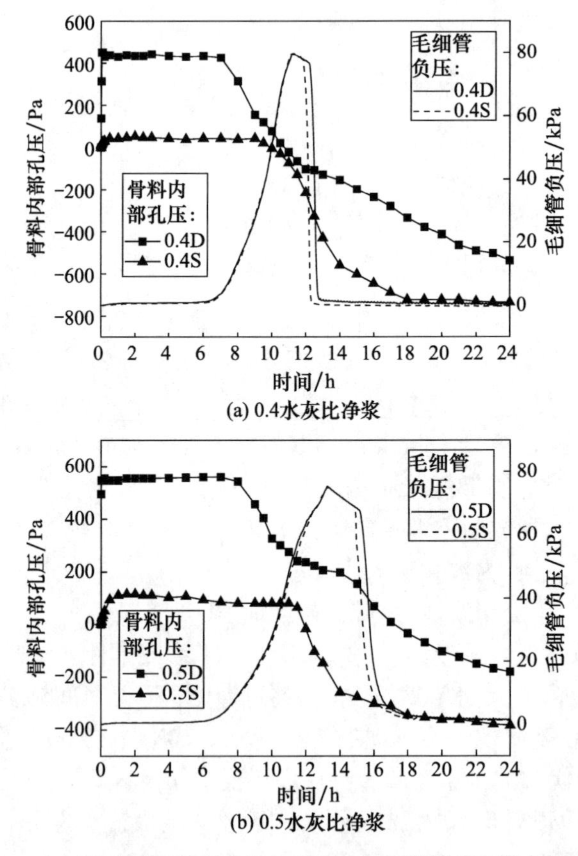

图1.3.5　24h不同预湿程度的骨料内部孔压及浆体毛细管负压变化曲线

结合毛细管负压变化曲线，不同预湿程度的上升曲线基本一致，这是由于水泥水化处于休止期向凝结期的过渡阶段时，水分大量消耗，而骨料的预湿程度不足以影响剧烈的水泥水化反应；在下降阶段，由于未预湿的再生废砖骨料周围浆体的水分迁移更多，故而浆体达到相对稳定的时间段更晚，气蚀作用导致毛细管负压降低的时间也就更晚。

1.3.4　结论

本节采用U形管微压测定装置及毛细管负压测试仪器，通过骨料内部的孔压变化及水泥浆体的毛细管负压变化，得到再生废砖骨料的吸水返水规律如下：

(1) 再生废砖骨料进入浆体后开始吸水；自干燥收缩开始时，水泥水化反应剧烈，消耗大量水分，浆体毛细管不断细化，孔内负压增大，使毛细管负压快速上升，此时骨料开始返水；在毛细管负压达到峰值时，由于气蚀作用，毛细管负压快速下降，浆体体系应力松弛，使骨料返水速度变慢；当骨料与浆体的水达到新的平衡时，返水结束。

(2) 再生废砖骨料的吸水返水特性和骨料的预湿程度及浆体的水灰比相关，当浆体水灰比相同时，预湿的骨料吸水能力较弱，返水能力较强；当骨料预湿程度相同时，骨料在水灰比高的浆体中吸水能力较强，返水能力较弱。

参考文献

[1] Poon C S, Shui Z H, Lam L, et al. Influence of moisture states of natural and recycled aggregates on the slump and compressive strength of concrete[J]. Cement and Concrete Research, 2004, 34(1): 31-36.

[2] Topcu I B, Sengel S. Properties of concretes produced with waste concrete aggregate[J]. Cement and Concrete Research, 2004, 34(8): 1307-1312.

[3] Juan M S D, Gutiérrez P A. Study on the influence of attached mortar content on the properties of recycled concrete aggregate[J]. Construction and Building Materials, 2009, 23(2): 872-877.

[4] Malhotra V M. Use of recycled concrete as a new aggregate[C]// Canada Center for Mineral and Energy Technology, Ottawa, 1976.

[5] Nishibayashi S, Yamura K. Mechanical properties and durability of concrete from recycled coarse aggregate prepared by crushing concrete[C]// Proceedings of the 2nd International RILEM Symposium on Demolition and Reuse of Concrete and Masonry, Tokyo, 1988: 652-657.

[6] Kenai S, Debieb F. Characterization of the durability of recycled concretes using coarse and fine crushed bricks and concrete aggregates[J]. Materials and Structures, 2011, 44(4): 815-824.

[7] Poon C S, Chan D. Paving blocks made with recycled concrete aggregate and crushed clay brick[J]. Construction and Building Materials, 2006, 20(8): 569-577.

[8] Poon C S, Chan D. Feasible use of recycled concrete aggregates and crushed clay brick as unbound road sub-base[J]. Construction and Building Materials, 2006, 20(8): 578-585.

[9] Jankovic K, Nikolic D, Bojovic D. Concrete paving blocks and flags made with crushed brick as aggregate[J]. Construction and Building Materials, 2012, 28(1): 659-663.

[10] Cachim P B. Mechanical properties of brick aggregate concrete[J]. Construction and Building Materials, 2009, 23(3): 1292-1297.

[11] 朋改非，黄艳竹，张九峰. 骨料缺陷对再生混凝土力学性能的影响[J]. 建筑材料学报，2012，15(1)：80-84.

[12] 李秋义，李云霞，姜玉丹. 再生细骨料质量标准及检验方法的研究[J]. 青岛理工大学学报，2005，26(6)：6-9.

[13] 李秋义，朱亚光，高嵩. 我国高品质再生骨料制备技术及质量评定方法[J]. 青岛理工大学学报，2009，30(4)：1-4，23.

[14] 郭远新，李秋义，孔哲，等. 强化工艺对建筑垃圾再生粗集料吸水率的影响[J]. 粉煤灰，2015，27(6)：20-23.

[15] 中华人民共和国国家标准. 混凝土用再生粗骨料(GB/T 25177—2010)[S]. 北京：中国标准出版社，2011.

[16] 中华人民共和国国家标准. 混凝土和砂浆用再生细骨料(GB/T 25176—2010)[S]. 北京：中国标准出版社，2011.

[17] 崔正龙，庄宇，汪振双. 再生骨料钢筋混凝土剪力墙干燥收缩性能[J]. 建筑材料学报，2011，14(2)：275-277.

[18] 曹勇，柳炳康，夏琴. 再生混凝土的干燥收缩试验研究[J]. 工程与建设，2009，23(1)：47-49.

[19] 宋绍铭，田倩. 陶粒吸水性能的讨论[C]//2002年全国轻骨料及轻骨料混凝土生产、应用、技术研讨会，西安，2002：6-10.

[20] Bentz D P, Snyder K A. Protected paste volume in concrete: Extension to internal curing using saturated lightweight fine aggregate[J]. Cement and Concrete Research, 1999, 29(11): 1863-1867.

[21] Hua C, Acker P, Ehrlacher A. Analyses and models of the autogenous shrinkage of hardening cement paste: Ⅰ. Modelling at macroscopic scale[J]. Cement and Concrete Research, 1995, 25(7): 1457-1468.

第2章 再生混凝土细微观结构与损伤机理

2.1 再生混凝土材料的细观损伤分析

彭一江*,应黎坪

针对再生混凝土材料的细观结构,从细观层次上将其视为由天然粗骨料、老硬化水泥砂浆、新硬化水泥砂浆,以及天然粗骨料与老硬化水泥砂浆的老黏结带、老硬化水泥砂浆与新硬化水泥砂浆的新黏结带组成的五相非均质复合材料,提出了静、动态损伤分析问题的基面力单元法,分别建立和研究了二维随机圆骨料模型、二维随机凸骨料模型、三维随机球骨料模型、基于真实骨料分布的数字图像模型和再生混凝土材料细观结构的均质化模型,给出损伤分析的静、动态损伤双折线模型,修改了分段曲线损伤本构模型,运用多轴本构模型探索再生混凝土材料的细观单元等效化分析方法。分别针对平面圆骨料试件、平面凸骨料试件、真实骨料试件、空间球形骨料试件的静动态力学性能、应力应变软化曲线、试件破坏过程的最大和最小应力分布规律、损伤断裂过程及破坏机理进行数值模拟与分析,讨论了应变率对再生混凝土动强度的影响规律,探讨了将再生混凝土细观结构进行均质化处理,提高计算效率的可行性。研究结果表明,数值分析结果与试验结果较为吻合,试件的破坏机理符合一般规律,此种细观损伤分析方法为再生混凝土试件强度性能的数值模拟提供了一种新的技术途径。

2.1.1 引言

再生骨料混凝土简称再生混凝土,是将废弃混凝土经过清洗、破碎、分级和按一定比例与级配混合形成再生骨料,部分或者全部代替砂石等天然骨料配制成的新混凝土,它作为一种绿色环保型建筑材料,已经得到广泛的重视。再生混凝土技术可实现对废弃混凝土的再加工,使其恢复原有的性能,形成新的建材产品,从而既能使有限的资源得以再利用,又解决了部分环保问题。目前,再生混凝土新技术是世界各国共同关心的课题,已成为国内外工程界和学术界关注的热点和前沿问

---

* 第一作者:彭一江(1962—),男,博士,教授,主要研究方向:(再生)混凝土材料细观损伤分析。

基金项目:国家自然科学基金面上项目(11172015)。

题之一。

目前再生混凝土的研究主要集中在基本性能的试验研究方面，对再生混凝土这种复合材料的细观力学研究、分析工作尚未深入、系统地开展。对再生混凝土材料的细观力学分析方法，以及静动态损伤破坏机理、动态强度、多轴强度、本构关系及变形的研究工作还远远不够，尚不能满足工程的需要，工程界也迫切需要得到关于再生混凝土材料力学性能和机理分析方面的理论指导和分析手段。因此，深入研究再生混凝土材料的细观静、动力学分析方法，利用有效的数值分析手段，从再生混凝土的细观结构入手，构建再生混凝土细观静、动态力学分析模型，考察再生混凝土各组分对再生混凝土静、动态力学性能的影响，建立再生混凝土细观静、动态损伤理论，从细观层次上分析再生混凝土的破坏机理是极具开拓性和挑战性的课题，且具有较重要的理论意义及工程应用价值。

由于试验条件的限制，混凝土力学试验结果不能全部反映试件的材料特性。细观力学理论的发展和高速度大容量电子计算机的出现，为数值模拟再生混凝土的力学性能及破坏机理提供了一种新的分析途径。细观力学数值模拟可以取代部分试验，可得到试验手段无法分析的细观损伤及破坏机理。用计算机模拟和预测材料的破坏过程已成为混凝土力学研究的热点。20 世纪 90 年代，以基本试验数据和静动力学理论为基础，用数值方法模拟混凝土细观结构裂纹产生、扩展及与宏观力学性能相关的细观力学已经发展成为主要研究方向之一。细观层次上，混凝土是由粗骨料、细骨料、水泥水化产物、未水化水泥颗粒、孔隙、裂缝等组成的连续非均质多相复合材料。为了对各相材料的力学性质进行细观力学数值模拟，人们提出了许多研究混凝土断裂过程的细观力学模型，典型模型主要有以下几种。

(1) 格构模型。在细观尺度上，格构模型将连续介质离散成由弹性杆或梁单元连接而成的格构系统，每个单元代表材料的一小部分(如岩石、混凝土的固体基质)。单元采用简单的本构关系(如弹脆性本构关系)和破坏准则，并考虑骨料分布及各相力学特性分布的随机性。Lilliu 等[1]应用格构模型模拟了混凝土的断裂过程，研究了骨料含量对极限荷载及其延性的影响。

(2) 随机骨料模型。刘光廷等[2]将混凝土看成由骨料、硬化水泥胶体以及两者之间的黏结带组成的三相非均质复合材料，采用将有限元网格投影到该骨料结构上，计算分析了混凝土材料的力学性能。宋玉普[3]基于随机骨料模型模拟计算了单轴抗拉、抗压的各种本构行为，计算了双轴下的强度及劈裂破坏过程，并引入断裂力学的强度准则，模拟了各种受力状态下的裂纹扩展。彭一江等[4,5]借助由 Fuller 三维骨料级配曲线转化到二维骨料级配曲线的 Walraven 公式，确定骨料级配，按照蒙特卡罗方法在试件内随机生成骨料分布模型，根据骨料在网格中的位置判定单元类型，分析了碾压混凝土细观损伤断裂过程，模拟了碾压混凝土静力特性及试件尺寸效应。杜修力等[6,7]研究了全级配混凝土梁弯拉应力-应变全曲线，以及三级配混凝土梁在动荷载作用下的应力-应变全曲线。

(3) 随机力学特性模型。唐春安等[8]为了考虑混凝土各相组分力学特性分布的随机性，将各组分的材料特性按照某个给定的 Weibull 分布来赋值。各个组分(包括砂浆基质、骨料和界面)投影在网格上进行有限元分析，并赋予各相材料单元以不同的力学参数，从数值上得到一个力学特性随机分布的混凝土数值试样。用有限元法进行细观单元的应力分析。按照弹性损伤本构关系描述细观单元的损伤演化。按最大拉应力(或者拉应变准则)和莫尔-库仑准则分别作为细观单元发生拉伸损伤和剪切损伤的阈值条件。

关于再生混凝土这种非均质复合材料的细观损伤分析方法及应用研究仍是目前混凝土理论研究的前沿课题。由于再生混凝土材料细观结构的复杂性，数值模拟较为困难。研究者在这方面开展了系列研究工作[9~20]，但是目前的研究工作以利用大型商业软件对试件进行计算分析居多。而对这一课题的研究，尚缺少对再生混凝土材料细观结构的细观动力学分析方法、建立动态损伤分析模型、二维任意多边形随机骨料模型和三维随机骨料模拟生成软件开发，再生混凝土动态本构关系，应力应变静动态软化曲线，静、动态多轴强度，静、动态尺寸效应，以及再生混凝土的静动态变形等科学问题的深入、系统研究。因此，针对再生混凝土的细观力学分析方法、理论模型、数值模拟技术及软件研究工作与试验研究工作水平相比，还较为落后，需要进行深入、系统的研究和开发。

本节拟将基于基面力概念的新型有限元法——基面力单元法[21~24]应用于再生混凝土材料的大规模科学计算和分析领域，结合再生混凝土材料的细观结构与宏观力学性能关系的分析方法课题，探索基面力单元法在再生混凝土这种非均质复合材料破坏机理分析领域的应用，建立基于势能原理的再生混凝土细观静、动态损伤基面力单元分析法，探索一种可用于模拟再生混凝土细观静、动态损伤破坏过程的大规模和高效计算的数值分析方法。针对再生混凝土的细观损伤与宏观力学性能关系这一学科前沿课题开展深入系统研究，从理论上探索再生混凝土材料细观结构的细观力学分析方法，建立静、动态损伤分析模型；利用数值模拟技术模拟再生混凝土的静、动态力学性能，从细观层次分析再生混凝土这种非均质复合材料的破坏机理，研究再生混凝土的本构关系、应力-应变软化曲线、多轴强度、尺寸效应以及再生混凝土的变形。通过数值分析结果与试验结果的对比分析，揭示再生混凝土的破坏机理。

2.1.2　再生混凝土细观分析模型

1. 再生混凝土随机骨料模型

再生骨料与天然骨料相比，其外层比天然骨料多附着一层老水泥砂浆，因此本节在细观层次上将再生骨料混凝土视为由骨料、老砂浆、新砂浆、骨料与老砂浆之间的老黏结带、老砂浆与新砂浆之间的新黏结带组成的五相分均匀复合材料。因此,可将再生骨料简化为两个同心圆,如图 2.1.1 所示。

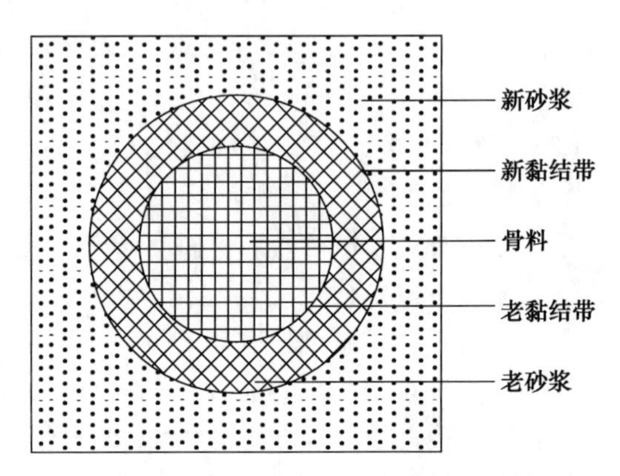

图 2.1.1　再生混凝土圆骨料细观结构

模型建立的步骤如下：

(1) 骨料,即在混凝土中起骨架或填充作用的粒状松散材料,分为粗骨料和细骨料。粒径小于 5mm 的为细骨料,本节将细骨料视为砂浆均质体。在研究中可根据 Walraven 公式计算出相应的二维横断面骨料级配,即各种骨料粒径 D 的粗骨料颗粒数[25]。

粒径 $D<D_0$ 的骨料的累积分布概率为

$$P_c(D<D_0)=P_k\left[1.065\left(\frac{D_0}{D_{\max}}\right)^{1/2}-0.053\left(\frac{D_0}{D_{\max}}\right)^4-0.012\left(\frac{D_0}{D_{\max}}\right)^6-0.0045\left(\frac{D_0}{D_{\max}}\right)^8+0.0025\left(\frac{D_0}{D_{\max}}\right)^{10}\right] \tag{2.1.1}$$

式中,P_k 为骨料体积与混凝土总体积的比值,一般取 0.75;P_c 为粒径小于 D_0 的骨料的累积分布概率。

(2) 采用的蒙特卡罗方法生成“伪随机数”,进而确定投放骨料的圆心坐标,具体投放过程如下：

① 根据试件的尺寸确定边界范围,并选定坐标系。

② 根据蒙特卡罗法得到(0,1)区间上的均匀分布随机数 R 和 E。

③ 由生成的随机数求骨料颗粒的圆心坐标(x_n,y_n),即

$$\begin{cases}x_n=R_nb\\ y_n=E_nh\end{cases} \tag{2.1.2}$$

式中,b 为试件截面的宽度;h 为试件截面的长度。

④ 按骨料的圆心坐标依次投放骨料，所投放的骨料保证在试件尺寸范围内，后投放的骨料与已投放的骨料之间不出现交叉重叠，以及相邻骨料圆心之间的距离大于1.05倍的两骨料半径之和，以保证两骨料间必须有一定厚度的水泥砂浆层。

2. 细观单元刚度计算

基于势能原理的基面力单元法的单元刚度矩阵为[26]

$$\boldsymbol{K}^{IJ}=\frac{E}{2V(1+\nu)}\left(\frac{2\nu}{1-2\nu}\boldsymbol{m}^{I}\otimes\boldsymbol{m}^{J}+\boldsymbol{m}^{IJ}\boldsymbol{U}+\boldsymbol{m}^{J}\otimes\boldsymbol{m}^{I}\right) \tag{2.1.3}$$

式中，V 为单元的体积；E 为材料的弹性模量；ν 为泊松比；$\boldsymbol{U}$ 为单位张量；$\boldsymbol{m}^{IJ}=\boldsymbol{m}^{I}\boldsymbol{m}^{J}$，其中 $\boldsymbol{m}^{I}$ 和 $\boldsymbol{m}^{J}$ 为与单元形状和尺寸有关的矢量。

对于势能原理的基面力单元法，空间单元模型和平面单元模型均可用式(2.1.3)表达，其优点是推导简单、表达简洁、使用方便，不需要构造单元的插值函数。

对于平面问题，本节采用三角形网格剖分方法，通过输入试件的截面尺寸和网格剖分步长，自动生成密度信息一致的节点，连接节点形成平面单元，然后将有限元网格投影到已生成的随机骨料分布模型上。有限元网格投影后，通过判断单元结点的相对位置来确定其单元类型。模型中有五种类型的单元，即粗骨料单元、老黏结带单元、老砂浆单元、新黏结带单元和新砂浆单元。根据不同的单元类型，分别给各个单元赋予弹性模量、泊松比和抗拉强度等单元属性，利用基面力单元法计算单元的刚度矩阵。

对于平面应变问题，在直角坐标系中，单元刚度矩阵中任意元素 $\boldsymbol{K}^{IJ}$ 的表达式可通过式(2.1.3)展开得到，即

$$\begin{aligned}\boldsymbol{K}^{IJ}=&\frac{E}{2V(1+\nu)}\\&\cdot\Big[\frac{2\nu}{1-2\nu}(m_x^I m_x^J\boldsymbol{e}_x\otimes\boldsymbol{e}_x+m_x^I m_y^J\boldsymbol{e}_x\otimes\boldsymbol{e}_y+m_y^I m_x^J\boldsymbol{e}_y\otimes\boldsymbol{e}_x+m_y^I m_y^J\boldsymbol{e}_y\otimes\boldsymbol{e}_y)\\&+(m_x^I m_x^J+m_y^I m_y^J)(\boldsymbol{e}_x\otimes\boldsymbol{e}_x+\boldsymbol{e}_y\otimes\boldsymbol{e}_y)\\&+(m_x^I m_x^J\boldsymbol{e}_x\otimes\boldsymbol{e}_x+m_x^I m_y^J\boldsymbol{e}_y\otimes\boldsymbol{e}_x+m_y^I m_x^J\boldsymbol{e}_x\otimes\boldsymbol{e}_y+m_y^I m_y^J\boldsymbol{e}_y\otimes\boldsymbol{e}_y)\Big]\end{aligned} \tag{2.1.4}$$

其中，$\boldsymbol{m}^{I}$ 和 $\boldsymbol{m}^{J}$ 的表达式为(如图2.1.2所示)

$$\begin{aligned}\boldsymbol{m}^{I}&=m_i^I\boldsymbol{e}_i=\frac{1}{2}(L_{IJ}\boldsymbol{n}^{IJ}+L_{LI}\boldsymbol{n}^{LI})=\frac{1}{2}(L_{IJ}n_i^{IJ}\boldsymbol{e}_i+L_{LI}n_i^{LI}\boldsymbol{e}_i)\\&=\frac{1}{2}(L_{IJ}n_i^{IJ}+L_{LI}n_i^{LI})\boldsymbol{e}_i\end{aligned} \tag{2.1.5}$$

$$\boldsymbol{m}^{J}=m_i^J\boldsymbol{e}_i=\frac{1}{2}(L_{JK}\boldsymbol{n}^{JK}+L_{IJ}\boldsymbol{n}^{IJ})=\frac{1}{2}(L_{JK}n_i^{JK}\boldsymbol{e}_i+L_{IJ}n_i^{IJ}\boldsymbol{e}_i)$$

$$=\frac{1}{2}(L_{JK}n_i^{JK}+L_{IJ}n_i^{IJ})\boldsymbol{e}_i \tag{2.1.6}$$

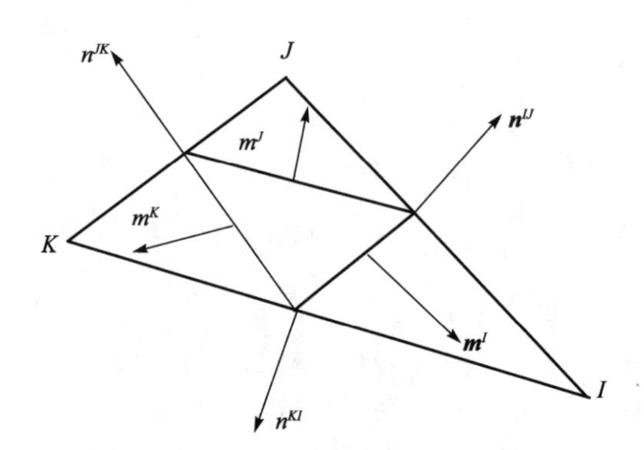

图 2.1.2　三角形单元刚度的构建

3. 细观单元的损伤本构关系

对于各向同性弹性的双折线损伤模型，引入标量损伤变量 d。受损材料的名义应力 σ_{ij}（柯西应力）可以通过其有效应力 $\bar{\sigma}_{ij}$（$\bar{\sigma}_{ij}=\sigma_{ij}/(1-d)$）在无损材料中的应变来表示。

$$\sigma=E_0(1-d)\varepsilon \tag{2.1.7}$$

若忽略损伤对泊松比的影响，损伤后的弹性模量可以用初始弹性模量表示，即

$$E=E_0(1-d) \tag{2.1.8}$$

式中，E 为损伤后的弹性模量；E_0 为初始弹性模量；d 为损伤变量。

由此可得各向同性弹性的双折线损伤模型如图 2.1.3 所示。

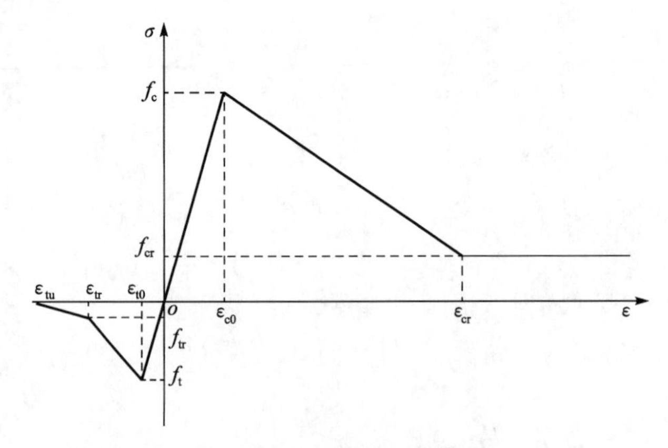

图 2.1.3　双折线损伤模型

ε_0 为峰值应变；ε_r 为残余应变；ε_u 为极限拉应变；

f_t 和 f_c 分别为单轴拉伸和单轴压缩强度；下标 t 和 c 分别表示拉伸和压缩

受拉损伤因子 d_t 和受压损伤因子 d_c 分别为

$$d_t=\begin{cases}0, & \varepsilon_{max}\leqslant\varepsilon_{t0}\\ 1-\dfrac{\eta_t-\lambda_t}{\eta_t-1}\dfrac{\varepsilon_{t0}}{\varepsilon_{max}}+\dfrac{1-\lambda_t}{\eta_t-1}, & \varepsilon_{t0}<\varepsilon_{max}\leqslant\varepsilon_{tr}\\ 1-\dfrac{\lambda_t\xi_t}{\xi_t-\eta_t}\dfrac{\varepsilon_{t0}}{\varepsilon_{max}}+\dfrac{\lambda_t}{\xi_t-\eta_t}, & \varepsilon_{tr}<\varepsilon_{max}\leqslant\varepsilon_{tu}\\ 1, & \varepsilon_{max}>\varepsilon_{tu}\end{cases}\tag{2.1.9}$$

$$d_c=\begin{cases}0, & \varepsilon_{max}\leqslant\varepsilon_{c0}\\ 1-\dfrac{\eta_c-\lambda_c}{\eta_c-1}\dfrac{\varepsilon_{c0}}{\varepsilon_{max}}+\dfrac{1-\lambda_c}{\eta_c-1}, & \varepsilon_{c0}<\varepsilon_{max}\leqslant\varepsilon_{cr}\\ 1-\lambda_c\dfrac{\varepsilon_{c0}}{\varepsilon_{max}}, & \varepsilon_{cr}<\varepsilon_{max}\leqslant\varepsilon_{cu}\\ 1, & \varepsilon_{max}>\varepsilon_{cu}\end{cases}\tag{2.1.10}$$

式中，残余应变 $\varepsilon_r=\eta\varepsilon_0$，$\eta$ 为残余应变系数，$1<\eta\leqslant5$；极限应变 $\varepsilon_u=\xi\varepsilon_0$，$\xi$ 为极限应变系数，$\xi>\eta$；残余强度 $f_r=\lambda f$，λ 为残余强度系数，$0<\lambda\leqslant1$；ε_{max}为单元在加载史上的最大主应变值。

2.1.3　案例分析

1. 再生混凝土二维随机圆骨料试件单轴压缩和单轴拉伸破坏机理静态模拟

针对 150mm×150mm×150mm 的二级配再生混凝土立方体试件，生成二维随机圆骨料模型。试件粗骨料最大粒径为 40mm，最小粒径为 5mm，骨料含量为 75%，其中大于 5mm 的粗骨料含量为 46.6%，骨料附着砂浆含量选取 42%。选取三种骨料代表粒径，采用蒙特卡罗方法进行骨料投放，变换不同的随机数，生成三组试件模型，同时基于尺寸网格 0.75mm 的背景网格区分出各相介质单元，如图 2.1.4 所示。

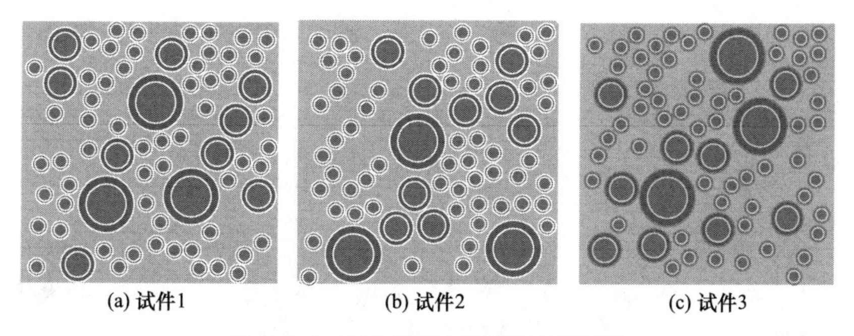

(a) 试件1　(b) 试件2　(c) 试件3

图 2.1.4　再生混凝土随机圆骨料模型

不考虑试件端与加载端的摩擦等因素对混凝土强度等力学性能造成的影响，数值模拟加载过程中，约束底部所有节点的竖向位移，采用位移逐级加载，模拟单轴压缩所选用的加载步长为 0.0045mm，模拟单轴拉伸所选用的加载步长为 0.00045mm。

在数值计算中，采用双折线本构模型，根据五相介质本构试验的结果，各相材料参数按表 2.1.1 赋值。

表 2.1.1　双折线本构模型材料参数

材料	弹性模量/GPa	泊松比	强度(抗拉/抗压)/MPa	λ	η	ξ
天然骨料	80	0.16	10/80	0.1	5	10
老黏结带	15	0.2	2/16	0.1	3	10
老砂浆	20	0.22	2.8/22.5	0.1	4	10
新黏结带	18	0.2	2.5/20	0.1	3	10
新砂浆	23	0.22	3.2/25	0.1	4	10

运用自编的基于基面力概念的再生混凝土细观损伤分析程序，对这三个试件进行平面应力分析，得到峰值平均压应力为 19.58MPa，平均拉应力为 2.80MPa。以 $\sigma/f_c(\sigma/f_t)$ 为纵坐标、$\varepsilon/\varepsilon_c(\varepsilon/\varepsilon_t)$ 为横坐标得到无量纲应力-应变曲线，如图 2.1.5 和图 2.1.6 所示，并分别与肖建庄试验拟合得到的单轴压缩的无量纲应力-应变曲线[27]和单轴拉伸的无量纲应力-应变曲线[28]进行对比，二者基本吻合。

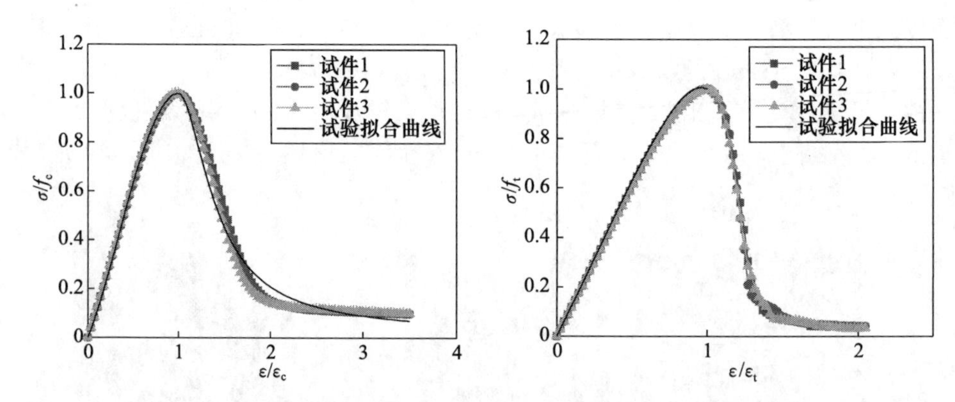

图 2.1.5　单轴压缩的无量纲应力-应变曲线　　图 2.1.6　单轴拉伸的无量纲应力-应变曲线

以单轴压缩为例，表 2.1.2 为试件 1 单轴压缩破坏过程图。可以看出，试件沿加载方向开裂，呈现平行的多条裂缝，这主要是由于自由面向外膨胀，产生不均匀的拉伸应变，应力集中导致试件开裂损伤破坏。

表 2.1.2　试件 1 单轴压缩破坏过程图

应变 应力	单元破坏过程图	最大主应力云图	最小主应力云图
$\varepsilon=600\times10^{-6}$ $\sigma=16.00$MPa	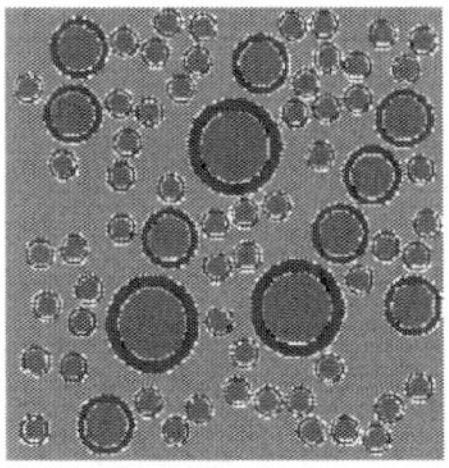	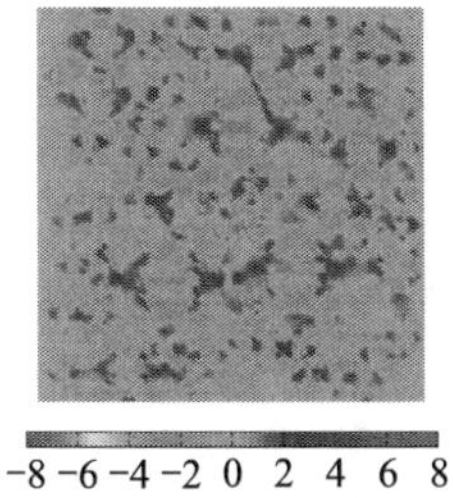 −8 −6 −4 −2 0 2 4 6 8	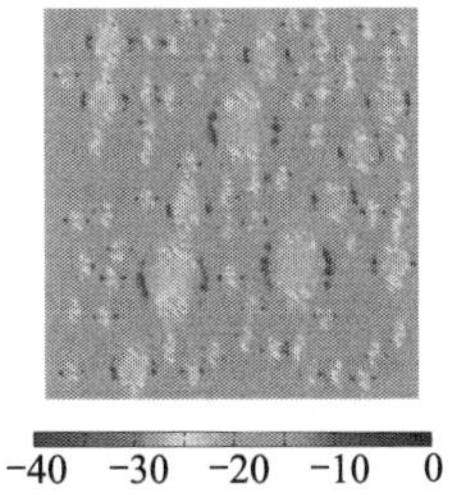 −40 −30 −20 −10 0
$\varepsilon=900\times10^{-6}$ $\sigma=19.55$MPa	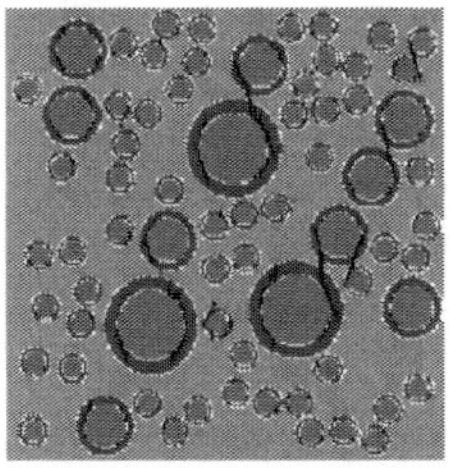	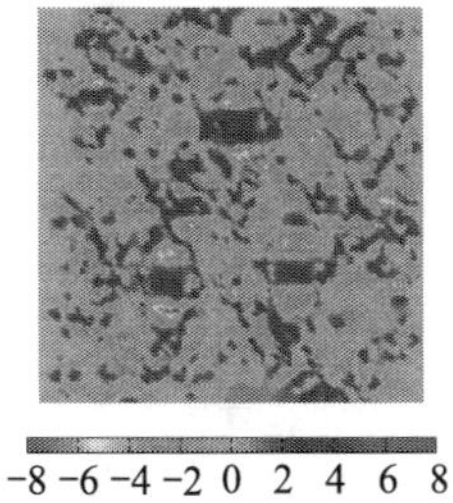 −8 −6 −4 −2 0 2 4 6 8	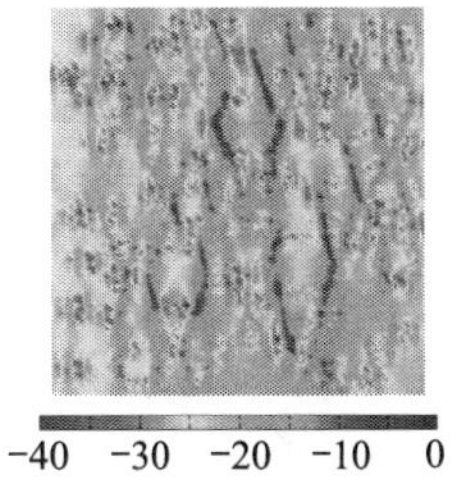 −40 −30 −20 −10 0
$\varepsilon=1350\times10^{-6}$ $\sigma=10.24$MPa	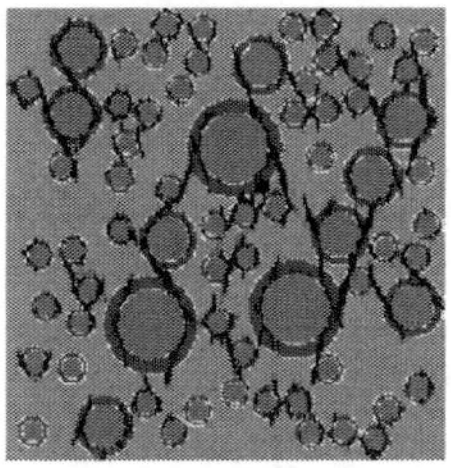	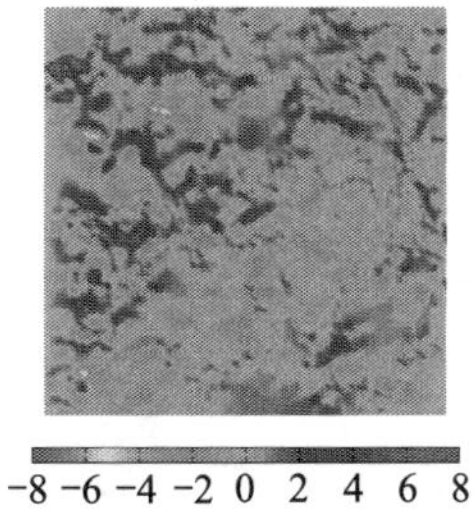 −8 −6 −4 −2 0 2 4 6 8	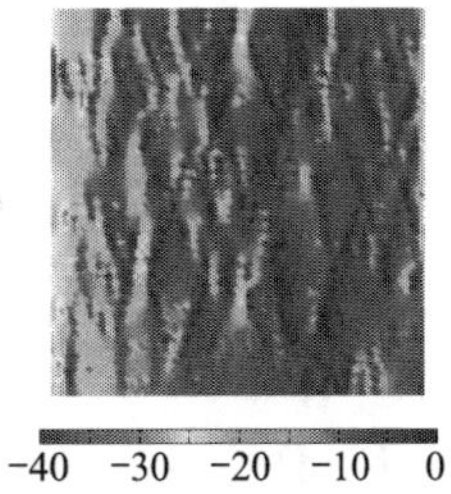 −40 −30 −20 −10 0
$\varepsilon=1800\times10^{-6}$ $\sigma=3.00$MPa	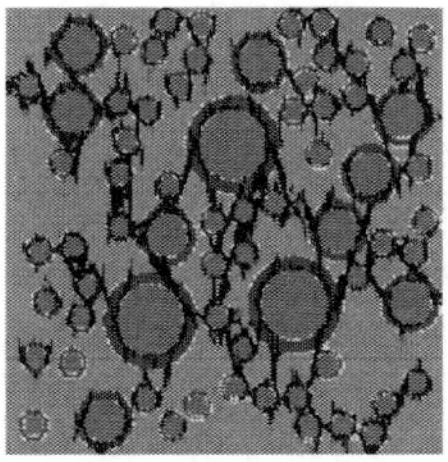	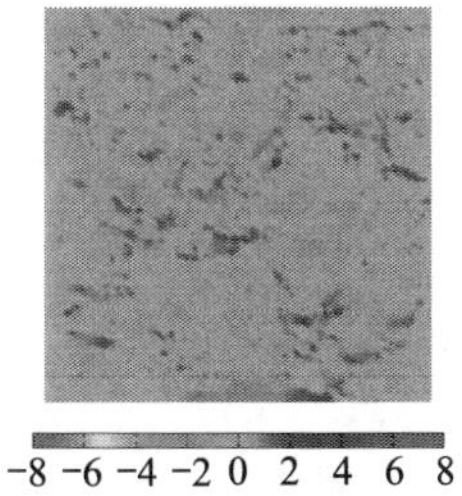 −8 −6 −4 −2 0 2 4 6 8	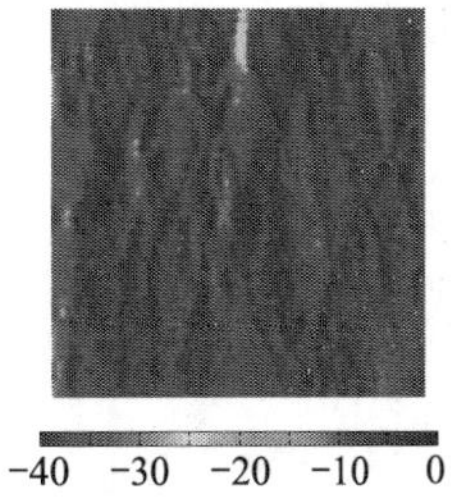 −40 −30 −20 −10 0

2. 其他单元本构模型计算分析

1) 分段曲线本构关系

在钱济成等[29]的混凝土损伤本构模型的基础上，修改得到分段曲线损伤模

型，其损伤变量函数可表示为

$$D=\begin{cases}A_1\left(\dfrac{\varepsilon}{\varepsilon_f}\right)^{B_1}, & 0\leqslant\varepsilon<\varepsilon_f\\ 1-\dfrac{A_2}{C_2\sigma_f^2(\varepsilon/\varepsilon_f-1)^{B_2}+\varepsilon/\varepsilon_f}, & \varepsilon\geqslant\varepsilon_f\end{cases} \tag{2.1.11}$$

式中，$A_1=1-\dfrac{\sigma_f}{E_0\varepsilon_f}$，$B_1=\dfrac{\sigma_f}{E_0\varepsilon_f-\sigma_f}$，$A_2=\dfrac{\sigma_f}{E_0\varepsilon_f}$。

由此得到分段曲线损伤模型如图 2.1.7 所示。

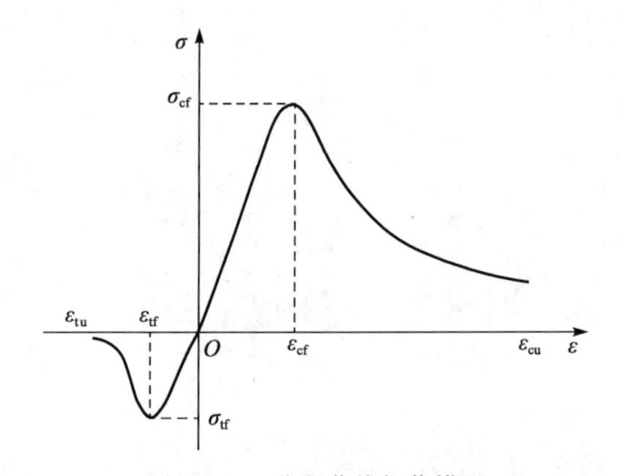

图 2.1.7　分段曲线损伤模型

σ_f 为各相单元的压缩或拉伸峰值应力；ε_f 为与峰值应力对应的峰值应变；ε_u 为极限拉应变；下标 t 和 c 分别表示拉伸和压缩

采用上述分段曲线损伤模型，各相材料参数按表 2.1.3 赋值。静载单轴压缩作用下，采用 0.0045mm 的加载步长模拟再生混凝土的单轴压缩损伤过程。图 2.1.8 为三个试件的单轴压缩应力-应变曲线，图 2.1.9 为试件 1 单轴压缩破坏图。

表 2.1.3　分段曲线损伤模型材料参数

材料	初始弹性模量/GPa	泊松比	σ_{cf}/MPa	ε_{cf}	B_{c2}	C_{c2}	σ_{tf}/MPa	ε_{tf}	B_{t2}	C_{t2}
天然骨料	80	0.16	80	0.0030	2	0.0010	10	0.00015	2	0.1
老黏结带	15	0.2	16	0.0040	2	0.0035	2	0.0003	2	0.3
老砂浆	20	0.22	22.5	0.0035	2	0.0030	2.8	0.00025	2	0.2
新黏结带	18	0.2	20	0.0040	2	0.0035	2.5	0.0003	2	0.3
新砂浆	23	0.22	25	0.0035	2	0.0030	3.2	0.00025	2	0.2

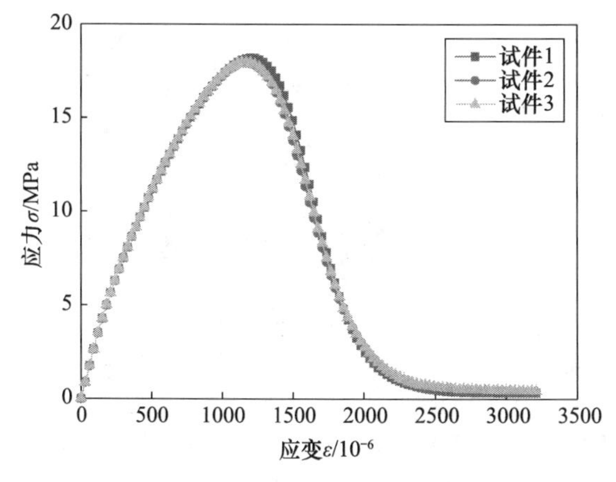

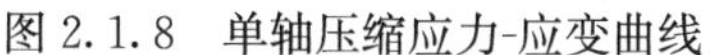
图 2.1.8　单轴压缩应力-应变曲线

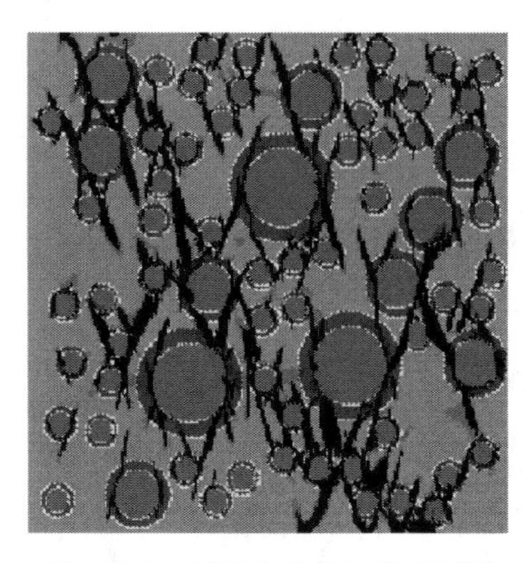
图 2.1.9　试件 1 单轴压缩破坏图

2) 多轴双折线本构关系

上述本构关系是基于单元在单轴应力状态下得出的，当单元出现损伤以后，在平面及三维应力状态下，单元将变为各向异性，而计算模型中仍假定为各向同性，单元的弹性模量取其最小值，这样在一定程度上加速了计算模型的损伤破坏。因此，应用唐欣薇等[30]提出的模型，在考虑单元各向异性的同时，仍假设计算模型在平面及三维应力状态下的损伤是各向同性的，将本构关系推广至平面及三维应力状态。

一般的多轴空间中应力-应变关系式定义为

$$\boldsymbol{\sigma}=(1-D)\boldsymbol{D}_0^{\mathrm{el}}:\boldsymbol{\varepsilon} \tag{2.1.12}$$

式中，$\boldsymbol{D}_0^{\mathrm{el}}$ 为相应二维或三维空间中的初始弹性矩阵。

$$D=r(\tilde{\sigma})D_{\mathrm{t}} \tag{2.1.13}$$

式中，D_{t} 为单轴拉伸损伤变量；$r(\tilde{\sigma})$定义如下：

$$r(\tilde{\sigma})=\frac{\sum_{i=1}^{n}\langle\tilde{\sigma}_i\rangle}{\sum_{i=1}^{n}|\tilde{\sigma}_i|},\quad 0\leqslant r(\tilde{\sigma})\leqslant 1 \tag{2.1.14}$$

式中，$\tilde{\sigma}_i$ 为主应力分量；$\langle\rangle$为 Macauley 算符，定义$\langle x\rangle=\frac{1}{2}(|x|+x)$。

以单轴受拉为例，采用多轴双折线本构关系，模拟 150mm×150mm×150mm 的二级配再生混凝土立方体试件，各相材料参数按表 2.1.1 赋值。图 2.1.10 为数值模拟得到的应力-应变曲线，并在各相材料含量和材料属性相同的情况下，与按单轴双折线本构关系数值模拟得到的应力-应变曲线对比，每条曲线均取自三组不同随机数产生的模型试件的曲线均值。图 2.1.11 为试件 1 单轴拉伸破坏图。

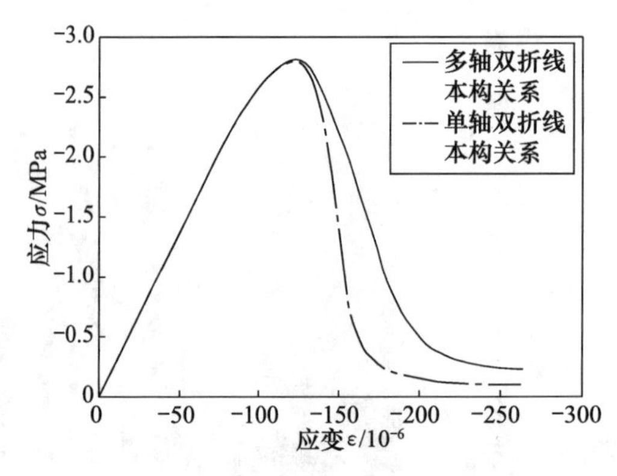

图 2.1.10 单轴拉伸应力-应变曲线

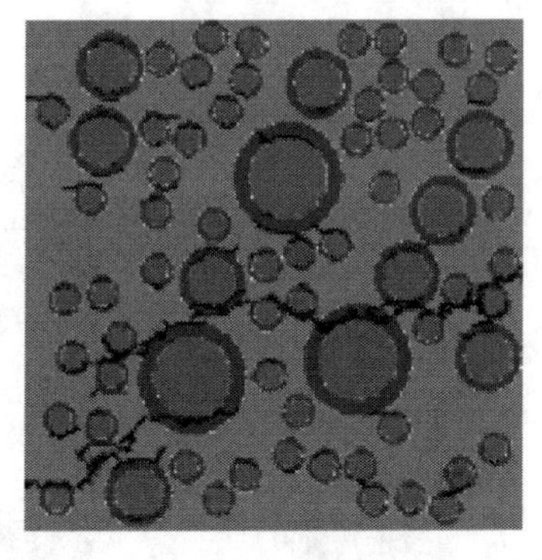

图 2.1.11 试件 1 单轴拉伸破坏图

2.1.4 其他细观模型计算分析

1. 再生混凝土二维随机凸骨料试件破坏机理模拟

骨料及再生骨料一般采用破碎的方法得到,使碎石骨料和包裹其外的老砂浆形状基本呈现凸形,因而假定骨料和其外的老砂浆均为凸形,在随机圆骨料模型的基础上,建立再生混凝土二维随机凸多边形骨料模型。

多边形骨料生成过程如图 2.1.12 所示。

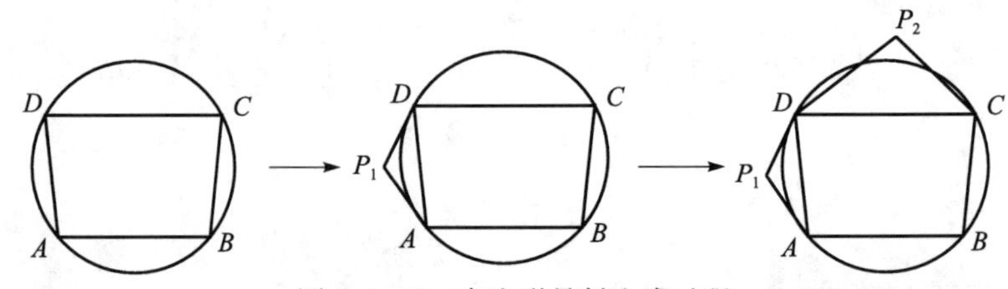

图 2.1.12 多边形骨料生成过程

在每个随机圆骨料的圆周上根据粒径大小随机生成数个点构成多边形基框架,生成的基框架多边形为圆骨料圆周的内接多边形,在再生圆骨料的外圆即老砂浆的边界生成多边形基框架,如图 2.1.13 所示。骨料基框架多边形生成后,优先选择多边形骨料面积与对应圆面积差值较大的骨料开始延凸,并优先在以多边形边长较长的边为直径的外半圆内插入新顶点,如图 2.1.14 所示。

采用上述模型,模拟 150mm×150mm×150mm 立方体试件的单轴拉伸试验过程,图 2.1.15 给出了其应力-应变曲线,并与二维随机圆骨料应力-应变曲线对比,每条曲线均取自三个不同随机数产生的模型试件的曲线均值,在各相材料性能及骨料含量相同的情况下,圆骨料的抗拉强度要高于凸骨料的抗拉强度。其中一个模型试件的单轴拉伸破坏图如图 2.1.16 所示。

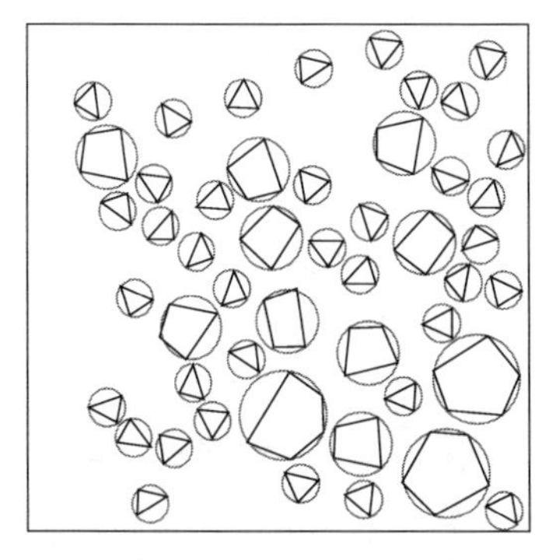

图 2.1.13　多边形基框架

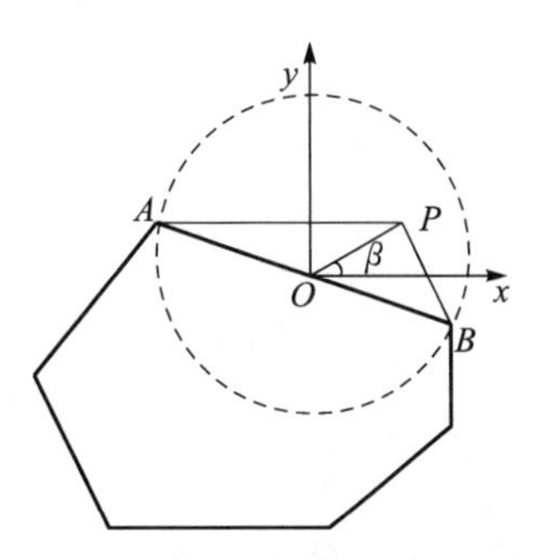

图 2.1.14　新顶点生成

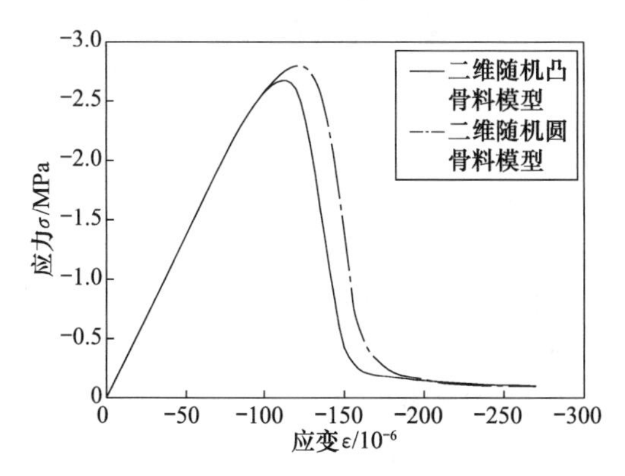

图 2.1.15　二维随机骨料试件单轴拉伸应力-应变曲线

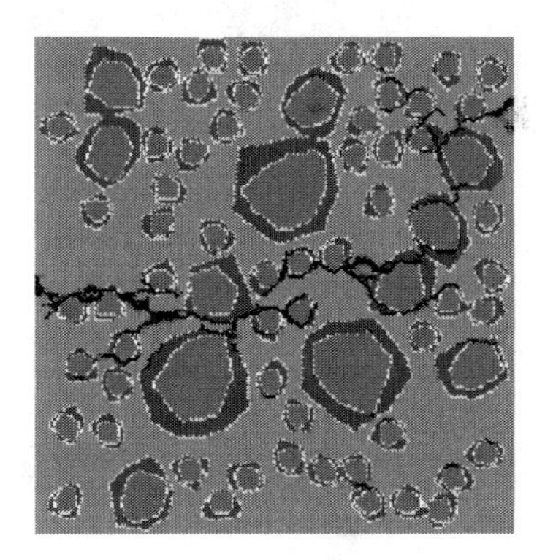

图 2.1.16　二维随机骨料试件单轴拉伸破坏图

2. 基于数字图像技术的再生混凝土破坏机理模拟

基于数字图像技术的再生混凝土细观模型可以得到真实的骨料形状和分布情况，能够很好地表征再生混凝土细观的非均质性。图 2.1.17 为肖建庄等[9]制作的再生混凝土试件切割后得到的照片，黑色是天然骨料，面积百分比为 25.1%，白色是老砂浆，面积百分比为 22.6%，灰色是新砂浆，面积百分比为 52.3%。

图 2.1.17 中各相材料边界区分不明显，由于杂质的干扰，照片灰度值分布不均匀，需要对图片进行数字图像处理：

(1) 三值化处理，将骨料、新砂浆和老砂浆以不同的灰度值进行处理。

(2) 滤波除燥，去除骨料和砂浆区域的杂质信息。

(3) 边界处理，消除骨料和老砂浆之间在三值化处理时因灰度值的过渡而误判的“新砂浆”。

(4) 对骨料、老砂浆和新砂浆进行黏结带处理，使骨料、老砂浆和新砂浆之间存在一定大小的黏结带。

图 2.1.17　再生混凝土试件截面照片

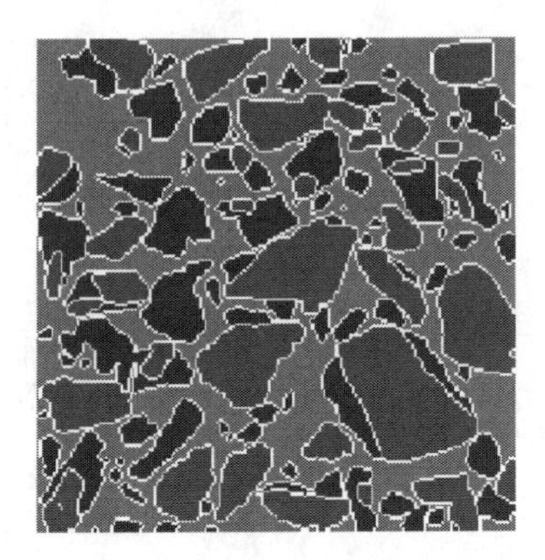

图 2.1.18　真实骨料细观数值模型

经过上述处理后，骨料、新老砂浆及其之间的黏结带已经基本清晰，接下来对各相进行提取，记录相应的灰度代码，以一个像素点对应一个有限元单元的形式，读入自编的 FORTRAN 程序中，附上相应的材料属性，形成再生混凝土的真实细观数值模型，从而进行再生混凝土细观数值模拟，如图 2.1.18 所示。

针对上述模型，采用双折线本构模型，材料参数见表 2.1.1，模拟该试件单轴拉伸试验过程。图 2.1.19 为试件单轴拉伸应力-应变曲线，并在骨料砂浆含量和各相材料性能相同的情况下，与二维随机圆骨料模型应力-应变曲线对比，每条曲线均取自三个不同随机数产生的模型试块的曲线均值，图 2.1.20 为试件单轴拉伸破坏图。

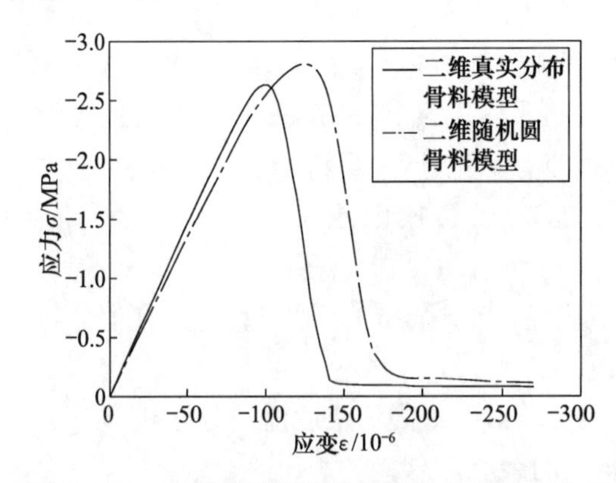

图 2.1.19　二维骨料试件单轴拉伸应力-应变曲线

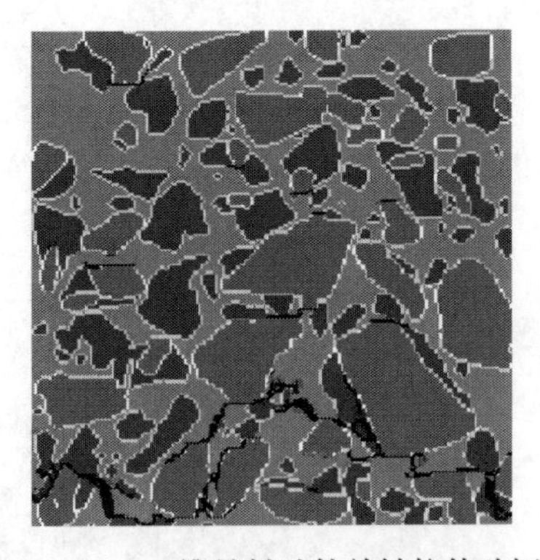

图 2.1.20　二维骨料试件单轴拉伸破坏图

3. 再生混凝土三维随机球骨料试件单轴拉压破坏机理静态模拟

为了更真实地模拟再生混凝土试件，针对 100mm×100mm×100mm 立方体试件进行三维抗拉、抗压数值模拟。试件粗骨料最大粒径为 20mm，最小粒径为 5mm，骨料含量为 65%，其中大于 5mm 的粗骨料含量为 32.5%，选取三种骨料粒径，采用富勒颗粒级配计算骨料颗粒数，并按照附着老砂浆质量含量为 42%计算老砂浆厚度。试件颗粒数及老砂浆厚度如表 2.1.4 所示，采用蒙特卡罗方法进行骨料投放，投放模型如图 2.1.21 所示。

表 2.1.4 一级配试件颗粒数及老砂浆厚度

粒径范围/mm	代表粒径/mm	颗粒数/个	附着砂浆厚度/mm
20～15	17.5	23	2.48
15～10	12.5	77	1.76
10～5	7.5	486	1.06

运用自编的 FORTRAN 程序，根据需要输入试件尺寸及合理的剖分步长，形成四节点四面体单元空间背景网格。将随机分布的再生骨料颗粒投影到空间背景网格上，从而实现再生混凝土三维网格的自动剖分，建立有限元模型。空间背景网格如图 2.1.22 所示。

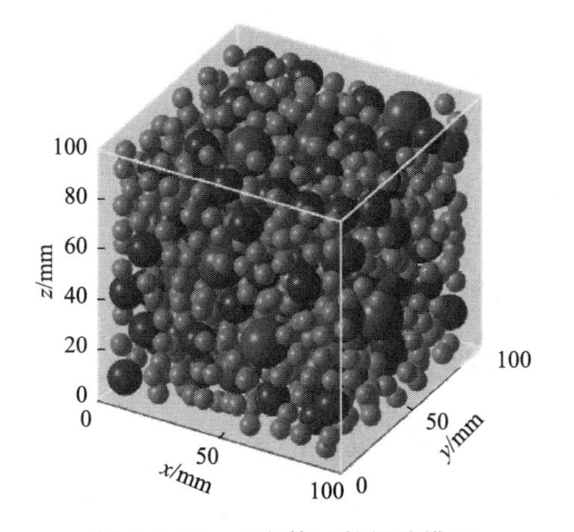

图 2.1.21 立方体试件投放模型

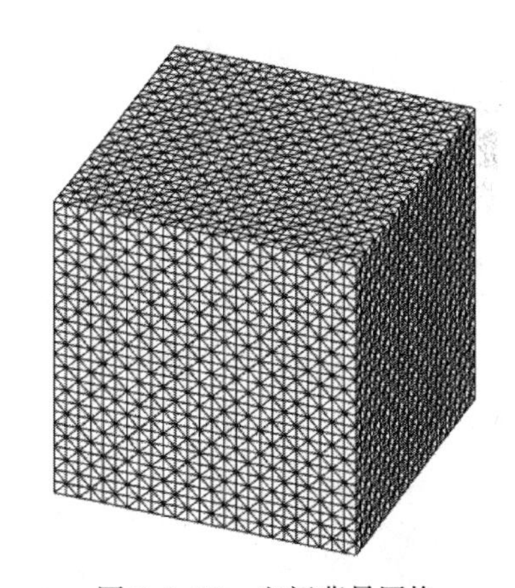
图 2.1.22 空间背景网格

引入双折线损伤模型，各相材料参数见表 2.1.1。约束试件底部所有节点的竖向位移以及中间节点的水平位移，模拟再生混凝土单轴拉伸试验。图 2.1.23 为试件在单轴拉伸作用下的应力-应变曲线，并在骨料含量和材料参数相同的情况下与二维随机圆骨料模型应力-应变曲线进行对比，每条曲线均取自三个不同随机数产生的不同模型试件的应力-应变曲线均值。

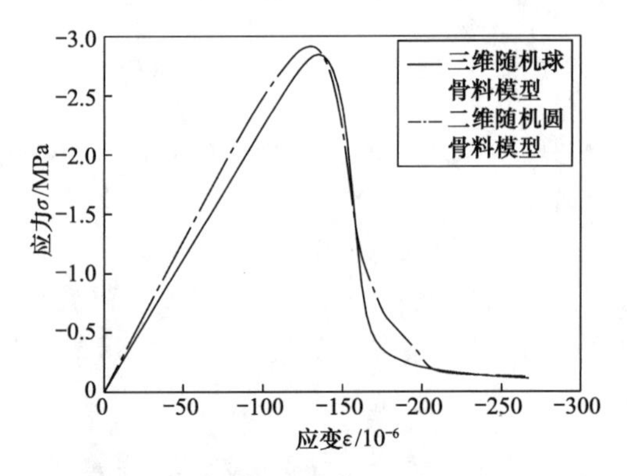

图 2.1.23　三维随机骨料单轴拉伸应力-应变曲线

2.1.5　再生混凝土破坏机理动态模拟

在不同的加载速率下，混凝土的强度会发生明显的变化，称为动力率相关效应。混凝土的动力率相关效应构成了混凝土受力力学行为的本质随机性、显著非线性之外的第三种基本特征。结合李庆斌等[31]的动损伤本构模型和双折线损伤本构模型，形成动态双折线损伤本构模型，作为再生混凝土单轴动态压缩和拉伸条件下细观单元的损伤本构关系，研究再生混凝土的动态破坏机理。

$$\sigma_d = E_s \varepsilon K(1 - D_s) \tag{2.1.15}$$

式中，K 为峰值应力提高系数，$K = \sigma_d^u / \sigma_s^u$，$\sigma_d^u$、$\sigma_s^u$ 分别为动、静态条件下混凝土类材料的峰值应力；D_s 为静态损伤因子。

Rossi 等[32]认为，当应变率小于临界应变率时，影响混凝土类材料物理特性的主要是黏性机制(简称 Stefan 效应)，而惯性力可忽略不计。文献[14]中对直径为75mm、长度为 320mm 的圆柱形试件进行了不同应变率、不同取代率下的试验研究，当取代率为 100%时，试件在各应变率下的试验结果如表 2.1.5 所示。

表 2.1.5　模型中峰值应力提高系数

应变率/s^{-1}	K
10^{-1}	1.42
10^{-2}	1.23
10^{-3}	1.17
10^{-4}	1.08
10^{-5}	1

对试件 1 进行不同应变率下的单轴压缩数值模拟分析，得到应力-应变曲线如图 2.1.24。

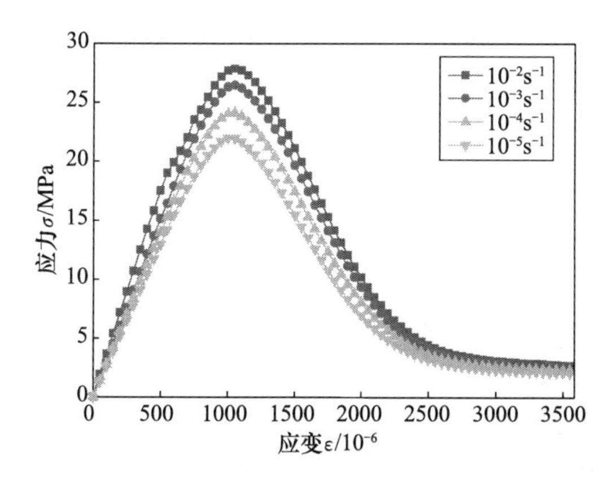

图 2.1.24　不同应变率下试件 1 单轴压缩应力-应变曲线

2.1.6　再生混凝土细观单元等效化模拟

在运用细观力学模型研究混凝土材料的宏观力学特性时，重点在于通过细观层次结构模型建立再生混凝土材料与宏观层次力学特性的桥梁纽带关系，以便于研究再生骨料不均匀性对材料宏观力学特性的影响。因此，上述随机骨料模型可采用粗网格剖分，各网格单元的力学特性可采用复合材料等效化方法——Voigt 并联模型来确定。

1. Voigt 单元等效化方法

对于再生混凝土复合材料模型，网格单元所占据的空间域中，设各相介质所占的体积分数为 $C_1, C_2, \cdots, C_n$，图 2.1.25 所示的并联模型中，在外荷载作用下，各相介质的变形相同，均为网格单元的平均应变 ε_m，即 $\varepsilon_r=\varepsilon_m(r=0,1,\cdots,n)$。从而平均应力 $\sigma_m=\sum\limits_{r=1}^{n}C_r\sigma_r$，而 $\sigma_r=E_r\varepsilon_r=E_r\varepsilon_m$，又由 $\sigma_m=E_m\varepsilon_m$ 得到复合体的等效弹性模量 E_m、体积模量 K_m 和剪切模量 G_m，即

$$E_m=\sum_{r=1}^{n}C_rE_r,\quad K_m=\sum_{r=1}^{n}C_rK_r,\quad G_m=\sum_{r=1}^{n}C_rG_r \tag{2.1.16}$$

由

$$G=\frac{E}{2(1+\nu)},\quad G_m=\sum_{r=1}^{n}C_rG_r=\sum_{r=1}^{n}C_r\frac{E_r}{2(1+\nu_r)}$$

可得到等效单元的泊松比为

$$\nu_m=\frac{E_m}{2G_m}-1=\frac{\sum\limits_{r=1}^{n}C_rE_r}{\sum\limits_{r=1}^{n}C_r\dfrac{E_r}{1+\nu_r}}-1 \tag{2.1.17}$$

2. 计算分析

采用 150mm×150mm×150mm 二维随机圆骨料模型试件，网格单元尺寸水平向和竖向均为 0.75mm，共 80000 个单元，细观单元等效化模型采用 2.5mm 单元网格，共 7200 个单元，等效后的模型如图 2.1.26 所示。采用双折线模型，材料参数见表 2.1.1，对该模型分别进行单轴拉伸和单轴压缩数值模拟，得到应力-应变曲线如图 2.1.27 所示，每条曲线均取自三个不同随机数产生的不同模型试件的曲线平均值。可以看出，由于并联模型中，单元等效化后刚度被放大，数值计算结果中试件的弹性模量高于细观模型的结果，另外，试件的单轴压缩峰值应力高于细观模型，而单轴拉伸峰值应力基本相同。

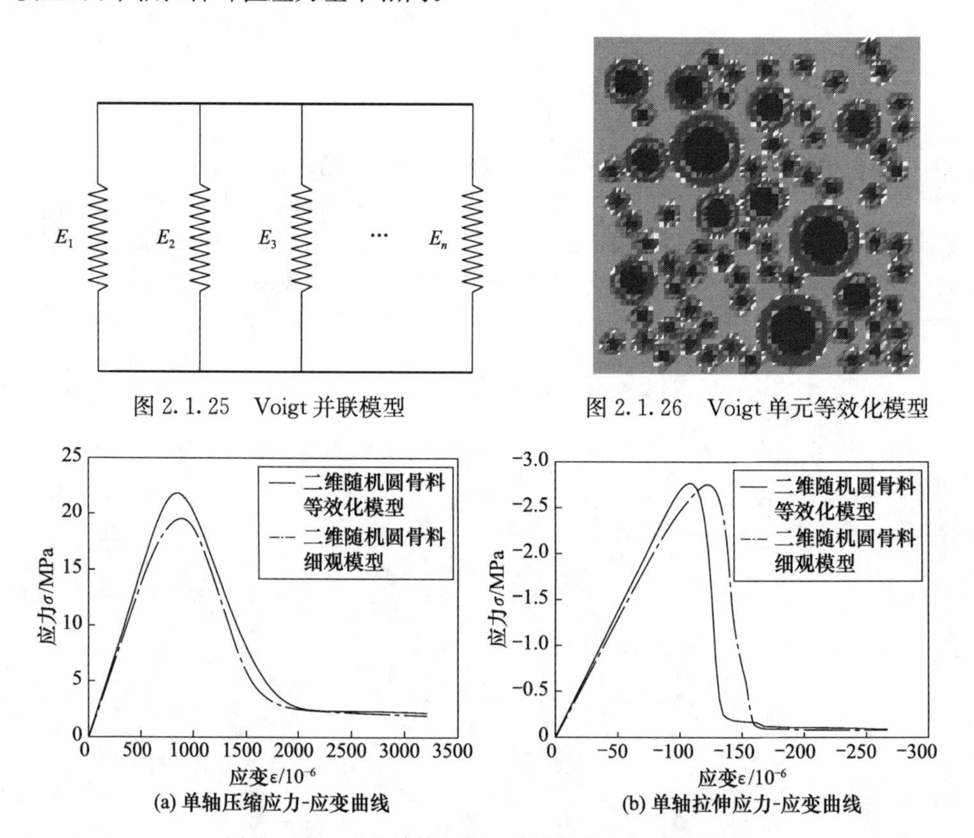

图 2.1.25　Voigt 并联模型

图 2.1.26　Voigt 单元等效化模型

图 2.1.27　试件单轴压缩和单轴拉伸应力-应变曲线

2.1.7　结论

（1）从再生混凝土细观结构的特点出发，基于瓦拉文公式和随机骨料模型理论，构建了再生混凝土随机骨料模型。

（2）基于基面力单元法得到再生混凝土单轴拉伸、压缩应力-应变曲线，与肖建庄试验拟合曲线[9]对比分析表明，在选取适当参数的前提下，随机圆骨料模型能够较好地反映再生混凝土单轴拉伸、压缩的力学性能。

（3）模拟了二维随机凸骨料模型、基于数字图像技术的二维真实骨料分布模型及三维随机球骨料模型的力学性能，并在各相材料力学特性和骨料含量相同的情况下，与二维随机圆骨料模型单轴受拉力学性能对比分析。

（4）再生混凝土是一种非均质材料，内部存在许多细观损伤和缺陷，在静力荷载作用下，微裂纹首先从这些缺陷处产生，如新老黏结带，然后缓慢沿着混凝土内最薄弱的环节扩展，当这些微裂纹逐渐扩展连通形成宏观裂纹时，试件破坏。

（5）再生混凝土试件破坏前后，新老砂浆界面都是应力最大的区域，其对试件的强度有较大影响。

（6）与细观分析方法相比，采用细观等效均质化方法可明显减少网格数量，在保证一定精度的同时，大大提高了数值模拟的计算效率。

参考文献

[1] Lilliu G, van Mier J G M. 3D lattice type fracture model for concrete[J]. Engineering Fracture Mechanics, 2003, 70(7-8): 927-941.

[2] 刘光廷，王宗敏. 用随机骨料模型数值模拟混凝土材料的断裂[J]. 清华大学学报(自然科学版)，1996，36(1)：84-89.

[3] 宋玉普. 多种混凝土材料的本构关系和破坏准则[M]. 北京：中国水利水电出版社，2002，132-178.

[4] 彭一江，黎保琨，刘斌. 碾压混凝土细观结构力学性能的数值模拟[J]. 水利学报，2001，(6)：19-22.

[5] 黎保锟，彭一江. 碾压混凝土试件细观损伤断裂的强度与尺寸效应分析[J]. 华北水利水电学院学报，2001，22(3)：50-53.

[6] 田瑞俊，杜修力，彭一江. 全级配混凝土梁弯拉应力-应变全曲线的细观力学模拟[J]. 水利发电，2008，34(2)：1-3.

[7] 杜修力，田瑞俊，彭一江. 三级配混凝土梁在动荷载作用下的数值模拟[J]. 世界地震工程，2008，24(1)：1-5.

[8] 唐春安，朱万成. 混凝土损伤与断裂：数值试验[M]. 北京：科学出版社，2003.

[9] 肖建庄，刘琼，李文贵，等. 再生混凝土细微观结构和破坏机理[J]. 青岛理工大学学报，2009，30(4)：24-30.

[10] 肖建庄，杜江涛，刘琼. 基于格构模型再生混凝土单轴受压数值模拟[J]. 建筑材料学报，2009，12(5)：511-518.

[11] 肖建庄，袁俊强，李龙. 模型再生混凝土单轴受压动态力学特性试验[J]. 建筑结构学报，2014，35(3)：201-207.

[12] 肖建庄，李宏，袁俊强. 数字图像技术在再生混凝土性能分析中的应用[J]. 建筑材料学报，

2014,17(3):459-464.

[13] Xiao J Z,Ying J W,Shen L M. FEM simulation of chloride diffusion in modeled recycled aggregate concrete[J]. Construction and Building Materials,2012,29(4):12-23.

[14] Li L,Xiao J Z,Poon C S. Dynamic compressive behavior of recycled aggregate concrete [J]. Materials and Structures,2016,49(11):4451-4462.

[15] 党娜娜,彭一江,周化平,等. 基于随机骨料模型的再生混凝土材料细观损伤分析方法[J]. 固体力学学报,2013,33(s1):58-62.

[16] Peng Y J,Liu Y H,Pu J W,et al. Application of base force element method to mesomechanics analysis for recycled aggregate concrete[J]. Mathematical Problems in Engineering,2013,2013:1-8.

[17] Peng Y J,Pu J W. Micromechanical investigation on size effect of tensile strength for recycled aggregate concrete using BFEM[J]. International Journal of Mechanics and Materials in Design,2016,12(4):525-538.

[18] Peng Y J,Chu H,Pu J W. Numerical simulation of recycled concrete using convex aggregate model and base force element method[J]. Advances in Materials Science and Engineering,2016,2016:1-10.

[19] 罗冬梅,杨虹,肖依英,等. 随机再生骨料增强混凝土受压应力-应变关系[J]. 辽宁工程技术大学学报(自然科学版),2014,33(1):88-93.

[20] 秦拥军,田盼盼,于江,等. 再生混凝土细观层次的数字图像模型分析[J]. 河南科技大学学报(自然科学版),2017,38(2):54-58.

[21] 彭一江,刘应华. 基面力单元法[M]. 北京:科学出版社,2017.

[22] Peng Y J,Liu Y H. Base force element method of complementary energy principle for large rotation problems[J]. Acta Mechanica Sinica,2009,25(4):507-515.

[23] Peng Y J,Dong Z L,Peng B,et al. The application of 2D base force element method (BFEM) to geometrically nonlinear analysis[J]. International Journal of Non-Linear Mechanics,2012,47(3):153-161.

[24] Peng Y J,Zhang L J,Pu J W,et al. A two-dimensional base force element method using concave polygonal mesh[J]. Engineering Analysis with Boundary Elements,2014,42:45-50.

[25] von Mier J G M. Fracture Processes in Concrete: Assessment of Material Parameters for Fracture Models[M]. Boca Raton:CRC Press,1997.

[26] Peng Y J,Dong Z L,Peng B,et al. Base force element method(BFEM) on potential energy principle for elasticity problems[J]. International Journal of Mechanics and Materials in Design,2011,7(3):245-251.

[27] 肖建庄. 再生混凝土单轴受压应力-应变全曲线试验研究[J]. 同济大学学报(自然科学版),2007,35(11):1445-1449.

[28] 肖建庄,兰阳. 再生混凝土单轴受拉性能试验研究[J]. 建筑材料学报,2006,9(2):154-158.

[29] 钱济成,周建方. 混凝土的两种损伤模型及其应用[J]. 河海大学学报,1989,17(3):40-47.

[30] 唐欣薇,秦川,张楚汉. 基于细观力学的混凝土类材料破损行为研究[M]. 北京:中国建筑工业出版社,2012.

[31] 李庆斌,张楚汉,王光纶. 单轴状态下混凝土的动力损伤本构模型[J]. 水利学报,1994,(12):55-60.

[32] Rossi P,Toutlemonde F. Effect of loading rate on the tensile behaviour of concrete: Description of the physical mechanisms[J]. Materials and Structures,1996,29(2):116-118.

2.2 再生混凝土抗硫酸盐侵蚀性能

高建明*,祁兵

混凝土中采用再生粗骨料引起的混凝土微结构的变化,包括再生混凝土中存在的多个界面过渡区将对微结构损伤、侵蚀介质的传输过程、再生混凝土的吸湿与干燥过程有较大影响。再生混凝土抗硫酸盐侵蚀研究是再生混凝土耐久性研究的重要方面,其损伤劣化过程是十分复杂的物理与化学反应过程。影响硫酸盐侵蚀破坏的因素很多,主要包括再生混凝土自身材料因素及外部环境因素。针对再生混凝土干湿循环-硫酸钠溶液耦合作用下再生混凝土的损伤演变与性能退化这一核心问题,完成了双重因素作用下再生混凝土性能退化机理研究,分析了再生粗骨料取代率、水灰比、矿物掺和料以及干湿循环制度对损伤劣化过程的影响。再生粗骨料取代率不改变再生混凝土的损伤劣化过程,仍然包括初始下降段、增加段以及加速下降段,但对于损伤初速度以及加速度有较为明显的影响。降低水灰比和掺入矿物掺和料可以有效地改善再生混凝土抗硫酸盐侵蚀性能。

2.2.1 国内外研究现状

1. 国外研究情况

再生混凝土在实际服役过程中会受到硫酸盐侵蚀。硫酸盐侵蚀对再生混凝土的破坏作用较大,当环境中硫酸根离子侵入再生混凝土内部后,会与再生混凝土中的水化产物发生化学反应,膨胀性腐蚀产物会导致再生混凝土膨胀开裂,再生混凝土开裂后又会加速硫酸根离子的传输,使损伤劣化加速。

Bulatović等[1]以抗压强度和线膨胀率为损伤指标,研究再生混凝土在5%硫酸钠溶液中浸泡90d、180d和365d的损伤过程,并采用SEM、背散射电子成像-SEM、X射线衍射(X-rays diffraction,XRD)和傅里叶变换红外线光谱分析仪研究硫酸盐侵蚀反应生成的腐蚀产物特征。研究结果表明,在长期浸泡下水泥类型和水灰比对混凝土抗硫酸盐侵蚀性能的影响比粗骨料更大,在浸泡180d后再生粗骨料对混凝土抗硫酸盐侵蚀性能的影响会变得明显。试验中采用CEM I水泥和0.55水灰比时,再生混凝土抗压强度的最大降幅为34%,最大线性膨胀率为

* 第一作者:高建明(1961—),男,博士,教授,主要研究方向为高性能水泥基材料的耐久性机理与测试技术,生态与环境工程材料。

基金项目:国家自然科学基金面上项目(51578141)。

0.27‰。再生混凝土的抗硫酸盐侵蚀性能比普通混凝土更为敏感，采用符合标准要求的再生粗骨料和合适的水泥可以使再生混凝土的抗硫酸盐侵蚀性能满足要求。

Zega等[2]将再生混凝土试件半埋入含1%硫酸钠的土壤中10年时间，主要研究了再生混凝土取代率、水灰比、水泥类型对试件的外观、质量变化和动弹性模量的影响，并通过立体显微镜和光学显微镜研究再生混凝土的浆体与粗骨料界面。试验结果表明，水灰比为0.50时再生混凝土和普通混凝土在硫酸盐侵蚀下，其质量和动弹性模量下降趋势一致。水灰比为0.35并采用复合硅酸盐水泥，再生混凝土和普通混凝土的质量和动弹性模量均呈现上升趋势，侵蚀3000d后，再生混凝土与普通混凝土的质量均增加100g左右，动弹性模量为40～45GPa。试验结果表明，侵蚀10年后，再生粗骨料取代率对再生混凝土抗硫酸盐侵蚀并无较大影响，在降低水灰比和采用复合硅酸盐水泥后，再生混凝土的抗硫酸盐侵蚀性能与普通混凝土并无差异。

2. 国内研究情况

王忠星等[3]从微观层次解释了再生混凝土在硫酸盐作用下的损伤劣化机理。再生混凝土微观结构包含天然粗骨料与新砂浆的界面过渡区(ITZ_1)、天然粗骨料与附着砂浆的界面过渡区(ITZ_2)、附着砂浆与新砂浆的界面过渡区(ITZ_3)，采用显微硬度仪测试硫酸钠侵蚀不同时间时再生混凝土中三种界面过渡区的显微硬度。随着硫酸盐侵蚀龄期的延长，ITZ_1、ITZ_2和ITZ_3的硬度先增大后减小，而宽度先减小后增大。但在高强度等级再生混凝土中，界面过渡区宽度前后有差异但变化幅度不大。

聂宇等[4]以抗压强度为损伤变量，研究了不同粉煤灰掺量对再生混凝土抗硫酸盐侵蚀性能的影响。再生粗骨料取代率为10%、25%和50%，粉煤灰掺量为10%、20%、30%和40%。通过对比试验结果发现，粉煤灰掺量为10%、再生粗骨料掺量为25%时，具有相对较好的抗硫酸盐侵蚀性能。唐灵等[5]以抗压强度、质量和动弹性模量为损伤指标，研究了不同再生粗骨料取代率的碱激发粉煤灰基地聚合物再生混凝土和普通再生混凝土的抗硫酸盐侵蚀性能。试验结果表明，普通再生混凝土与地聚合物再生混凝土的质量变化较小，分别为1.8%和0.7%。由普通再生混凝土抗压强度试验结果可以看出，当再生粗骨料取代率为50%时，再生混凝土的抗硫酸盐侵蚀性能最好，而地聚合物再生混凝土抗压强度随着侵蚀龄期的增加呈上升趋势。动弹性模量试验结果与抗压强度一致。

张凯等[6]以抗压强度、抗剪强度、劈裂抗拉强度、动弹性模量和质量损失为损伤变量，研究了不同再生粗骨料取代率下再生混凝土在冻融循环和硫酸盐作用下的损伤劣化。试验结果表明,再生混凝土的损伤随着取代率的增加而增大,经过280次循环后,以100%取代率的再生混凝土测试结果为基准,0、30%、50%、70%取代率的再生混凝土抗压强度损失率减小13%~36%,抗剪强度损失率减小9%~25%,动弹性模量损失率减小10%~23%,质量损失率减小2%~7%。安新正等[7]以线膨胀率和相对动弹性模量为损伤变量,研究再生混凝土在干湿循环和硫酸盐作用下的损伤劣化,并考虑了不同硫酸钠溶液浓度对其损伤过程的影响。试验结果表明,在5%硫酸钠溶液作用下,线膨胀率随着再生粗骨料取代率的增加而增大,且随着硫酸钠溶液浓度的提高而增大。再生混凝土的最大相对动弹性模量为1.07,随着再生粗骨料取代率的增加,达到最大相对动弹性模量所需时间减小,相对动弹性模量的下降速率随着硫酸钠浓度的提高而加快。

3. 国内外研究小结

综上所述,关于再生混凝土耐久性尤其是抗硫酸盐侵蚀性能的研究较少,主要集中在单因素作用下的研究,单因素作用下再生混凝土耐久性的研究不能真实地反映再生混凝土在复杂环境作用下的情况,外部复杂环境条件以及再生混凝土自身结构特性都直接影响再生混凝土的耐久性。因此,多因素耦合作用下再生混凝土的耐久性是当前研究的重点。

盐类的侵蚀首先是一个传输问题,扩散、对流等多种因素使盐类传输进入混凝土内部,对于再生混凝土必须考虑再生混凝土微结构变化对盐类侵蚀介质传输过程的影响。其次是盐类侵蚀介质同再生混凝土中水化产物的化学反应和结合,生成膨胀性产物,这将影响再生混凝土中水化产物的物相组成、结构及分布。而干湿循环的复杂环境条件加速了盐类侵蚀介质在再生混凝土中的传输过程,加剧了再生混凝土的性能退化。因此,本节主要研究硫酸盐溶液和干湿循环双重因素耦合作用下再生混凝土在硫酸盐侵蚀下的性能退化机理。

2.2.2 试验概况

1. 试验材料

水泥采用P·O42.5普通硅酸盐水泥,水泥化学成分及物理力学性能如表2.2.1和表2.2.2所示。粉煤灰采用Ⅰ级粉煤灰,矿渣粉采用S95级磨细矿渣,水泥主要化学成分如表2.2.3所示。

表2.2.1 水泥化学成分 (单位:%(质量分数))

SiO_2	Al_2O_3	CaO	MgO	SO_3	Fe_2O_3
21.20	5.32	64.37	0.55	2.00	4.42

表 2.2.2　水泥物理力学性能

比表面积/(m^2/kg)	安定性	标准稠度/%	凝结时间/min		抗折强度/MPa		抗压强度/MPa	
			初凝	终凝	3d	28d	3d	28d
370	合格	29.0	140	195	5.5	8.5	27.5	55.0

表 2.2.3　粉煤灰化学成分

类型	粉煤灰化学成分/%(质量分数)					
	SiO_2	Al_2O_3	CaO	MgO	SO_3	Fe_2O_3
FA	52.85	29.25	6.11	0.78	1.45	5.63
GBFS	32.89	16.36	37.36	7.02	2.90	0.37

细骨料采用天然河砂,表观密度为 2.61g/cm^3,细度模数为 2.8。再生粗骨料和天然粗骨料均为连续级配,颗粒级配为 5～20mm,粗骨料物理性能如表 2.2.4 所示。根据《混凝土用再生粗骨料》(GB/T 25177—2010)[8]对再生粗骨料的技术要求,本节所用再生粗骨料为Ⅱ类。

表 2.2.4　天然粗骨料与再生粗骨料物理性能

类型	表观密度/(kg/m^3)	吸水率/%	压碎指标/%
天然粗骨料	2690	0.4	8.9
再生粗骨料	2580	3.6	15.5

采用高效减水剂的减水率达到 25%以上,经测试固含率为 30%。控制高效减水剂掺量,保证不同取代率下再生混凝土的坍落度在 150～180mm。

2. 再生混凝土配合比设计及试件制备

参照《再生骨料应用技术规程》(JGJ/T 240—2011)[9]中配合比设计步骤,按照《普通混凝土配合比设计规程》(JGJ 55—2011)[10]计算基准配合比,以再生混凝土坍落度为控制指标,通过调整高效减水剂用量,确定再生混凝土最终配合比。再生粗骨料取代率为 0、30%、50%、70%和 100%,水灰比为 0.45、0.50、0.55。粉煤灰和矿渣粉为外掺,掺量均为水泥质量的 30%。以水灰比 0.50 和再生粗骨料取代率 100%的再生混凝土(B100)为基准。再生混凝土配合比如表 2.2.5 所示。

将水泥、砂、石、掺合料置于混凝土搅拌机中干拌 60s,再将外加剂和水混合均匀,加入搅拌机中,再进行 120s 的搅拌,最后将再生混凝土装入模具内。在标准养护条件(温度(20±2)℃,相对湿度≥95%)下养护 60d 后进行试验。为建立再生混凝土离子传输模型,仅考虑一维方向的离子传输,因此在试验前用环氧树脂密封试件,仅留两个侧面(70mm×280mm)作为试验的扩散面。

表 2.2.5　再生混凝土配合比

配合比编号	水灰比	取代率/%	水/kg	水泥/kg	粉煤灰/kg	矿粉/kg	细骨料/kg	天然粗骨料/kg	再生粗骨料/kg	减水剂/%
B0	0.5	0	195	390	—	—	740	1026	—	—
B30	0.5	30	195	390	—	—	740	717	307	0.15
B50	0.5	50	195	390	—	—	740	512	512	0.18
B70	0.5	70	195	390	—	—	740	307	717	0.20
B100	0.5	100	195	390	—	—	740	—	1024	0.25
B100F30	0.5	100	195	273	117	—	740	—	1024	0.25
B100S30	0.5	100	195	273	—	117	740	—	1024	0.25
A100	0.45	100	195	433	—	—	706	—	1016	0.25
C100	0.55	100	195	354	—	—	774	—	1026	0.20

由于混凝土长期浸泡于腐蚀溶液中的侵蚀过程十分缓慢，需要采用合理的措施来加速再生混凝土侵蚀过程。通常采用干湿循环加速侵蚀过程，但干湿循环制度并不一致。本节采用三种侵蚀制度：①循环周期 3d，干湿比为 2∶1，即室温下试件在溶液中浸泡 21h，然后室温下风干 3h，接着在 60℃温度下干燥 45h，之后室温下冷却 3h，以此为一个干湿循环周期；②循环周期 3d，干湿比为 1∶2，即室温下试件在溶液中浸泡 45h，然后在室温下风干 3h，接着在 60℃温度下干燥 21h，之后在室温下冷却 3h，以此为一个干湿循环周期；③室温下将试件长期浸泡在腐蚀溶液中。

本节采用的腐蚀溶液为硫酸钠溶液，试验研究方案如表 2.2.6 所示。

表 2.2.6　双重因素作用下再生混凝土耐久性能试验研究方案

配合比编号	腐蚀溶液	干湿循环制度	考察因素
B100	5%Na_2SO_4	1d 湿 2d 干	基准
B0 B30 B50 B70	5%Na_2SO_4	1d 湿 2d 干	取代率
B100	5%Na_2SO_4	1d 湿 2d 干	循环次数
B100 B100	5%Na_2SO_4	长期浸泡 2d 湿 1d 干	干湿制度
A100 C100	5%Na_2SO_4	1d 湿 2d 干	水灰比
B100F30 B100S30	5%Na_2SO_4	1d 湿 2d 干	矿物掺合料

2.2.3 试验方法

1. 相对动弹性模量

本节采用NM-4A型非金属超声检测分析仪，测定再生混凝土在不同侵蚀龄期的声时。根据干湿循环制度，考虑与长期浸泡下的试件进行对比分析，选择在浸泡阶段结束后，试件在室温下风干至表面干燥后测试。再生混凝土试件的尺寸为70mm×70mm×280mm，因此取测定长度为280mm。由于试件表面随着侵蚀过程的进行会变得不平整，采用凡士林作为耦合剂保证所测声时的准确性。

参考《普通混凝土长期性能和耐久性能试验方法标准》(GB/T 50082—2009)[11]关于抗冻试验的相关规定，多因素耦合作用下再生混凝土耐久性试验出现以下三种情况时可以停止试验：①达到规定的循环次数；②试件的相对动弹性模量下降到60%；③试件的质量损失率达5%。为了定量表征再生混凝土侵蚀后的损伤程度，需将声时值转换为相对动弹性模量，转换公式为

$$E_{\mathrm{d}}=\frac{(1+\nu)(1-2\nu)\rho V^2}{1-\nu}=\frac{(1+\nu)(1-2\nu)\rho L^2}{(1-\nu)t^2} \tag{2.2.1}$$

$$E_{\mathrm{rd}}=\frac{E_{\mathrm{d}n}}{E_{\mathrm{d}0}}=\frac{V_n^2}{V_0^2}=\frac{t_0^2}{t_n^2} \tag{2.2.2}$$

式中，E_{d}为动弹性模量；E_{rd}为相对动弹性模量；V_0为试件腐蚀前的超声声速，m/s；V_n为试件经过n个干湿循环的超声声速，m/s；ρ为再生混凝土试件的密度，kg/m^3；ν为泊松比；t_0为试件腐蚀前的声时，μs；t_n为试件经过n个干湿循环的声时，μs。

2. 质量损失

再生混凝土在干湿循环过程中的物理结晶和化学腐蚀产物生成，导致试件表面开裂、剥落，从而引起试件质量的变化，因此可以用试件的质量损失率来表征试件的剥落情况。在试件达到计划腐蚀龄期时，将试件取出在室温下风干3h后进行称量，精确到0.1g。试件的质量损失率ΔW按以下公式进行计算：

$$\Delta W=\frac{W_n-W_0}{W_0}\times 100\% \tag{2.2.3}$$

式中，ΔW为第n个干湿循环后混凝土试件的质量损失率，%；W_0为腐蚀前混凝土试件的质量，g；W_n为第n个干湿循环后混凝土试件的质量，g。

3. 腐蚀产物

将腐蚀前和经历过一定腐蚀周期的试件放于50℃的真空干燥箱中干燥2d后，用台式多用钻床钻取2～7mm深度的粉末，过0.075mm的筛后作为测试样品。

采用 D8-Discover 型 X 射线衍射仪进行测试。试验中靶材为 Cu 靶，工作电压为 40kV，电流为 30mA，扫描角度范围为 5°～40°，扫描速度为 0.15s/step，步长为 0.02°。

4. 微观结构

试件在多因素耦合作用下，腐蚀前后的基体以及界面过渡区中水化产物和腐蚀产物的形态与结构特征可通过环境 SEM 进行观察。将腐蚀前和经历过一定腐蚀周期的试件在 50℃真空干燥箱中烘干后，取出大小约 $1cm^3$ 的样品，在试验前需进行喷金处理，采用 Quanta 3D FEG 场发射环境 SEM 进行观测，配备 EDAX 能谱，可对产物进行元素分析。腐蚀前后的孔结构变化采用 AutoPore Ⅳ 9500 型压汞仪进行测试，可测孔径范围为 3.6nm～400μm，最大压力可达 414MPa。分别选取侵蚀前后试件中砂浆部分，在 50℃的真空干燥箱中烘干，装入密封袋中待测。试件在多因素耦合作用下，腐蚀前后的微结构二维及三维演变可通过 X 射线计算机断层扫描(X-rays computed tomography，X-CT)技术进行检测，样品制备简单，不需要对样品进行特殊处理，在 50℃真空干燥箱中烘干即可。

2.2.4 研究结果

1. 再生混凝土在干湿循环-硫酸盐作用下相对动弹性模量等参数的变化规律

再生混凝土在干湿循环-硫酸盐作用下的相对动弹性模量变化如图 2.2.1 所示。可以看出，再生混凝土在干湿循环-硫酸盐作用下的相对动弹性模量变化主要包括初始下降段、增加段和加速下降段三个阶段。试验结果表明，再生混凝土在干湿循环与硫酸盐耦合作用下，相对动弹性模量下降段在 24d 左右，相对动弹性模量下降值可取 0.9。增加段出现的主要原因是硫酸根离子传输至混凝土内部，与混凝土内部水化产物反应生成膨胀性腐蚀产物，填充混凝土孔隙，使混凝土微结构更为密实，从而相对动弹性模量有所提高。加速下降段出现的主要原因是腐蚀反应进行到一定程度，膨胀性腐蚀产物产生的应力大于再生混凝土抗拉强度时，再生混凝土内部会出现微裂纹，并随着干湿循环的累积，微裂纹不断扩张，加速了硫酸根离子的传输速度，导致其相对动弹性模量加速下降。

1) 再生粗骨料取代率对再生混凝土损伤劣化规律的影响

再生粗骨料对混凝土抗硫酸盐侵蚀性能的影响是本节研究的重点，为了建立再生粗骨料取代率与硫酸盐引起损伤劣化的定量关系，对干湿循环-硫酸盐作用下再生混凝土相对动弹性模量损伤演变方程进行了系统研究。本节采用的再生粗骨料取代率为 0、30%、50%、70%和 100%，对应编号为 B0、B30、B50、B70 和 B100。硫酸盐溶液浓度为 5%，干湿循环制度为干燥 2d、浸泡 1d。

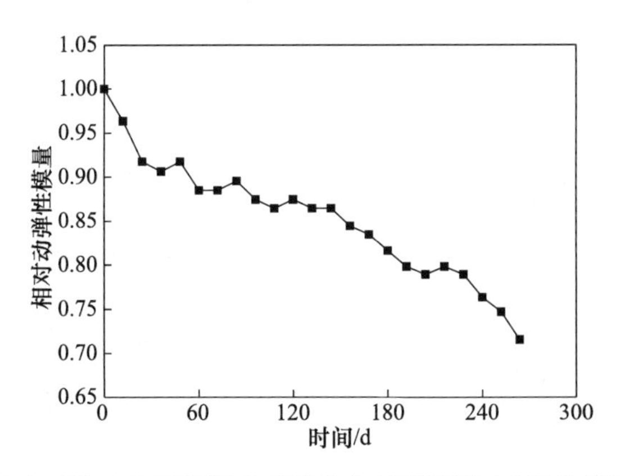

图 2.2.1　B100 在干湿循环-硫酸盐作用下的相对动弹性模量变化

不同再生粗骨料取代率再生混凝土在干湿循环-硫酸盐作用下的相对动弹性模量变化如图 2.2.2 所示。可以看出,不同再生粗骨料取代率再生混凝土在干湿循环-硫酸盐作用下的损伤过程基本一致,其损伤过程也可分为三个阶段。对于初始下降段,在不同再生粗骨料取代率下,再生混凝土的相对动弹性模量下降幅度和腐蚀时间基本相同,相对动弹性模量下降值可取 0.9,腐蚀时间可取 24d,主要原因是初始下降段主要是由干湿循环引起的损伤,再生粗骨料对其影响极小。再生粗骨料的掺入对增加段和加速下降段有较为明显的影响。再生粗骨料掺入会对混凝土产生正向效应和负向效应。正向效应主要是由于再生粗骨料的吸水率普遍高于天然粗骨料,再生粗骨料较高的吸水率使混凝土有效水灰比降低,提高了混凝土的密实性。负向效应主要是由于再生粗骨料自身缺陷及特性,再生粗骨料的掺入导致混凝土内部存在更多缺陷。当再生粗骨料取代率较小时,正向效应大于负向效应,使再生混凝土的抗硫酸盐侵蚀性能相较于普通混凝土有所改善;当再生粗骨料取代率较大时,负向效应大于正向效应,使再生混凝土的抗硫酸盐侵蚀性能相较于普通混凝土有所下降。临界掺量的确定主要取决于再生粗骨料自身特性,包括压碎指标和吸水率等。由图 2.2.2 可以看出,当再生粗骨料取代率为 30%和 50%时,再生混凝土的相对动弹性模量下降速率相较于普通混凝土有所减缓;当再生粗骨料取代率为 70%和 100%时,再生混凝土的相对动弹性模量下降速率相较于普通混凝土明显增加。

不同再生粗骨料取代率再生混凝土在干湿循环-硫酸盐作用下的质量变化如图 2.2.3 所示。可以看出,不同再生粗骨料取代率再生混凝土在干湿循环-硫酸盐作用下的质量变化规律基本一致,质量变化可分为线性增加段和线性下降段两个阶段。线性增加段出现的主要原因是在硫酸盐侵蚀过程中产生的腐蚀产物填充了再生混凝土孔隙,导致再生混凝土试件质量增加。线性下降段出现的主要原因与相对动弹性模量加速下降段出现的原因相同。在 240d 时 B70 和 B100 开始出现质量下降，再生粗骨料取代率较高时再生混凝土出现质量降低的时间提前，再生粗骨料取代率较低时质量的变化趋势与普通混凝土相似。

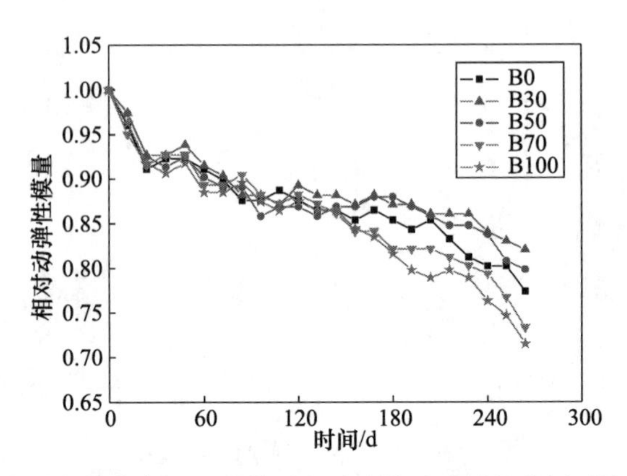

图 2.2.2 不同再生粗骨料取代率再生混凝土在干湿循环-硫酸盐作用下的相对动弹性模量变化

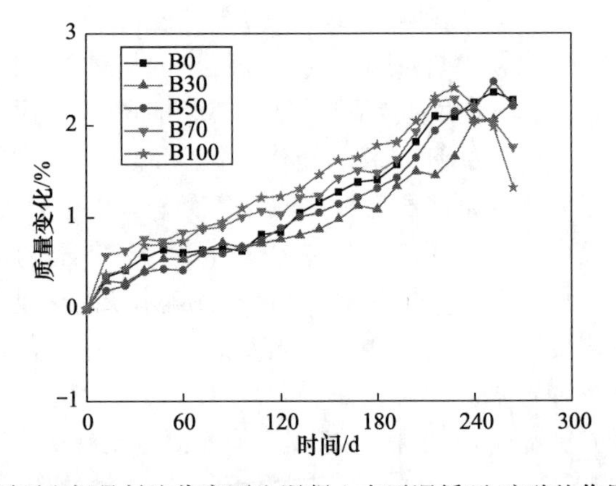

图 2.2.3 不同再生粗骨料取代率再生混凝土在干湿循环-硫酸盐作用下的质量变化

2）水灰比对再生混凝土损伤劣化规律的影响

再生混凝土自身性能是影响其抗硫酸盐侵蚀性能的重要因素之一。为了研究水灰比对再生混凝土在干湿循环-硫酸盐作用下相对动弹性模量损伤演变方程的影响，建立水灰比与再生混凝土硫酸盐侵蚀损伤的定量关系，本节采用水灰比为0.45、0.50和0.55，对应编号为A100、B100和C100。硫酸盐溶液浓度为5%，干湿循环制度为干燥2d、浸泡1d。

不同水灰比再生混凝土在干湿循环-硫酸盐作用下的相对动弹性模量变化如图2.2.4所示。可以看出，水灰比的变化不改变再生混凝土在干湿循环-硫酸盐作用下的相对动弹性模量变化趋势，其损伤过程包括初始下降段、增加段和加速下降段。水灰比的减小对初始下降段的影响较小，如前面所述，初始下降段产生的原因主要是干湿循环作用,因此不同水灰比下初始下降段的变化趋势相似。而水灰比的减小明显延缓了加速下降段出现的时间,A100 加速下降段在耦合作用 72d 后出现,相较于 B100 出现时间有所延迟。而 C100 加速下降段出现的时间与 B100 相近,但 C100 相对动弹模量下降速率快于 B100。显然,减小水灰比是改善再生混凝土抗硫酸盐侵蚀性能的有效途径之一。

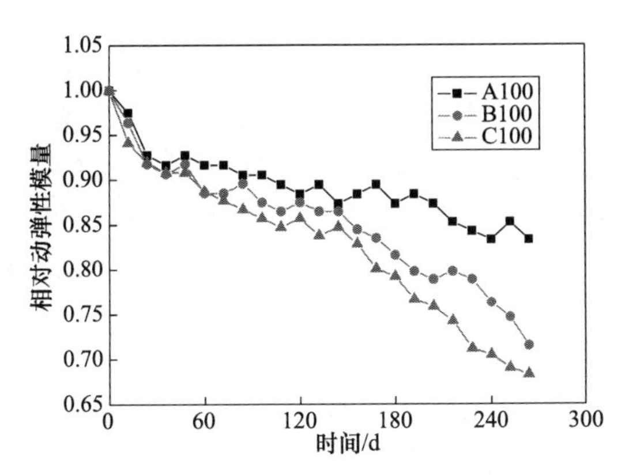

图 2.2.4　不同水灰比再生混凝土在干湿循环-硫酸盐作用下的相对动弹性模量变化

不同水灰比再生混凝土在干湿循环-硫酸盐作用下的质量变化如图 2.2.5 所示。可以看出,水灰比为 0.50 和 0.55 时,再生混凝土质量变化可分为线性增加段和线性下降段两个阶段。线性增加段出现的原因主要是硫酸盐侵蚀产生的膨胀性腐蚀产物填充于再生混凝土孔隙中;线性下降段出现的原因主要是硫酸盐侵蚀产物产生的应力大于再生混凝土的抗拉强度,再生混凝土内部出现微裂纹并不断扩张,混凝土试件遭到破坏,同时再生混凝土试件表面开始剥落。在 225d 时,B100 和 C100 开始出现质量下降,而 A100 在硫酸盐溶液-干湿循环作用 270d 后,仍呈现线性增加趋势。

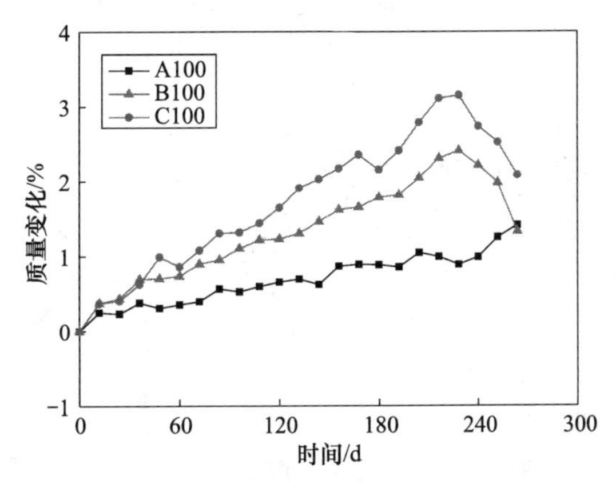

图 2.2.5　不同水灰比再生混凝土在干湿循环-硫酸盐作用下的质量变化

3）矿物掺合料对再生混凝土损伤劣化规律的影响

矿物掺合料作为现代混凝土中不可缺少的组成部分，可以降低混凝土水泥用量，改善混凝土性能。为了研究矿物掺合料对再生混凝土在干湿循环-硫酸盐作用下相对动弹性模量损伤演变方程的影响，本节掺粉煤灰和矿渣粉30%（质量分数），对应编号为B100F和B100S，硫酸盐溶液浓度以及干湿循环制度同上。

掺入粉煤灰和矿渣粉后再生混凝土在干湿循环-硫酸盐作用下的相对动弹性模量变化如图2.2.6所示。可以看出，B100F和B100S的相对动弹性模量变化趋势相似，粉煤灰和矿渣粉对再生混凝土抗硫酸盐侵蚀性能均有一定的改善作用，这与粉煤灰和矿渣粉对普通混凝土的改善作用相同。在耦合作用270d后，B100F和B100S的相对动弹性模量分别为0.80和0.81，比未掺入矿物掺合料的再生混凝土高12.7%和14%。主要原因是粉煤灰和矿渣粉的微骨料效应和形态效应可以改善再生混凝土的孔结构，使再生混凝土的浆体更为密实，同时粉煤灰和矿渣粉的火山灰反应会消耗部分氢氧化钙，减少石膏和钙矾石的生成量。

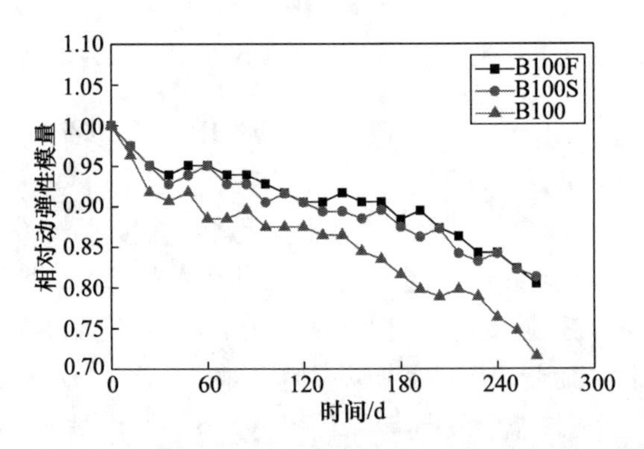

图2.2.6 掺入粉煤灰和矿渣粉后再生混凝土在干湿循环-硫酸盐作用下的相对动弹性模量变化

掺入粉煤灰和矿渣粉后再生混凝土在干湿循环-硫酸盐作用下的质量变化如图2.2.7所示。可以看出，B100F和B100S的质量变化趋势相似，与B100相比，它们的最大质量变化值明显减小，仅为1.01%和1.07%。主要原因与相对动弹性模量变化的原因相似，矿物掺合料的填充效应和火山灰反应可以改善混凝土微结构，减少腐蚀产物生成量，从而改善再生混凝土抗硫酸盐侵蚀性能。这与矿物掺合料在普通混凝土中的影响机理一致。

4）干湿循环制度对再生混凝土损伤劣化规律的影响

干湿循环制度下再生混凝土硫酸盐侵蚀是十分复杂的物理化学过程，干湿循环制度对混凝土硫酸盐侵蚀有较大影响。本节为研究不同干湿循环制度对硫酸盐侵蚀产生的影响，主要采用三种干湿循环制度，即干燥 2d 浸泡 1d(t_d ∶ t_w=2 ∶ 1)、干燥 1d 浸泡 2d(t_d ∶ t_w=1 ∶ 2)和长期浸泡。

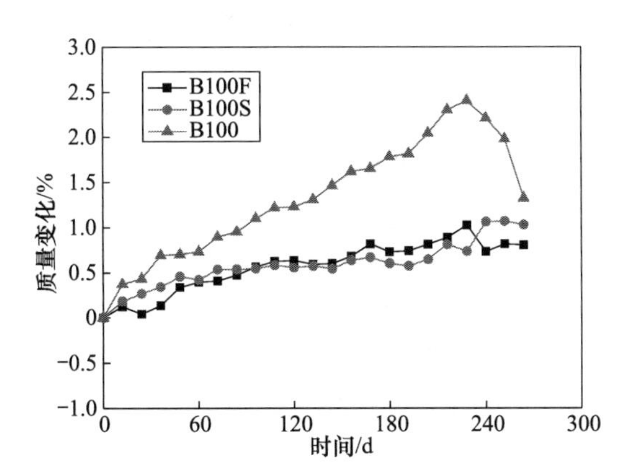

图 2.2.7　掺入粉煤灰和矿渣粉后再生混凝土在干湿循环-硫酸盐作用下的质量变化

以 B100 为例，在不同干湿循环制度作用下再生混凝土的相对动弹性模量变化如图 2.2.8 所示。可以看出，在长期浸泡条件下，再生混凝土的相对动弹性模量相对比较平缓，在 1.05 处波动。而干湿循环作用下再生混凝土相对动弹性模量的变化包含初始下降段、增加段和加速下降段三个阶段。干湿比不同时，再生混凝土相对动弹性模量初始下降段时间节点相似，但增加段和加速下降段时间节点明显不同。在 t_d ∶ t_w=1 ∶ 2 条件下，在 60d 时出现加速下降段，而在 t_d ∶ t_w=2 ∶ 1 条件下，在 90d 时才出现加速下降段，说明在干湿循环周期相同时，干燥阶段时间的增加会加速再生混凝土损伤。主要原因是在干燥阶段，硫酸根离子达到过饱和度而产生结晶并对混凝土微结构产生应力，同时温度的升高会加速硫酸根离子的传输速度，使硫酸根离子更快传至再生混凝土内部，干燥阶段时间的延长使之作用效果更为明显。同时，随着干湿循环次数的增加，其效果更为显著。

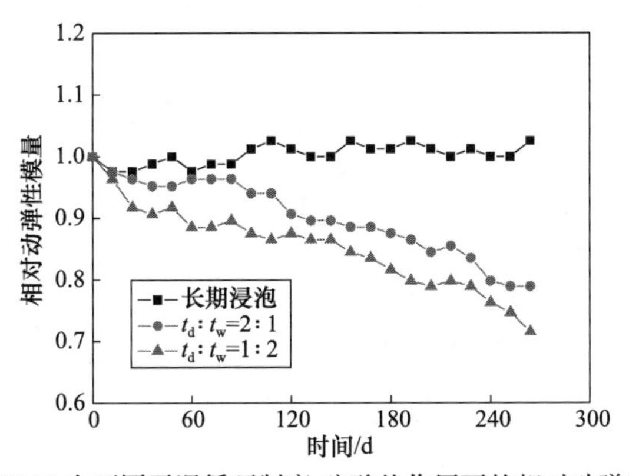

图 2.2.8　B100 在不同干湿循环制度-硫酸盐作用下的相对动弹性模量变化

再生混凝土在不同干湿循环制度-硫酸盐作用下的质量变化如图 2.2.9 所示。可以看出，在长期浸泡条件下，再生混凝土的质量变化呈现上升趋势，但上升速率比干湿循环制度下的上升速率小，在浸泡 260d 后，质量变化仍处于上升阶段，未出现明显下降。主要原因是在长期浸泡下，硫酸盐与再生混凝土内水化产物发生化学反应，产生的拉应力小于再生混凝土的抗拉强度，再生混凝土质量增加且未产生破坏。同时在长期浸泡过程中，再生混凝土内部饱和度会上升直至完全饱和，质量也会有所增加。在 $t_d:t_w=2:1$ 和 $t_d:t_w=1:2$ 条件下，再生混凝土质量变化速率明显增大，主要原因是干湿循环会使硫酸盐侵蚀变为物理和化学共同作用的复杂过程，在干燥阶段会使硫酸盐结晶，同时使再生混凝土内部硫酸盐浓度提高，温度的升高也会加速化学反应的进行，使干湿循环制度下再生混凝土质量变化速率远远大于长期浸泡条件下。当腐蚀产物产生的拉应力大于再生混凝土的抗拉强度时，再生混凝土内部产生微裂纹，随着干湿循环次数的增加，质量变化呈现下降趋势。在 $t_d:t_w=2:1$ 条件下，干湿循环 270d 左右出现质量变化下降，而在 $t_d:t_w=1:2$ 条件下，至 270d 质量变化仍处于上升阶段。

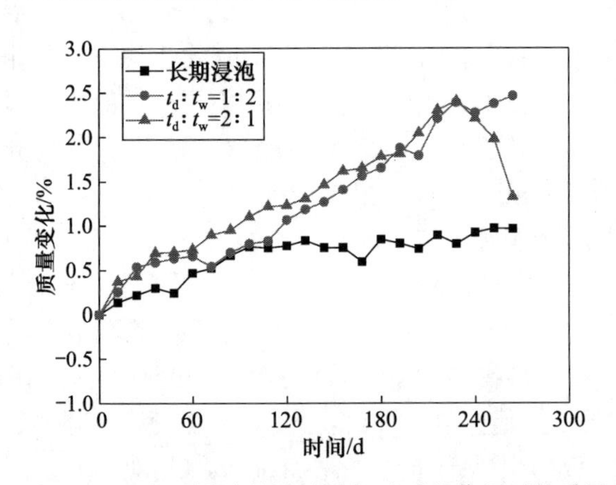

图 2.2.9　B100 在不同干湿循环制度-硫酸盐作用下的质量变化

2. 再生混凝土在干湿循环-硫酸盐作用下微结构演变

再生混凝土在硫酸盐溶液侵蚀下会发生化学反应生成膨胀性腐蚀产物，腐蚀产物的累积会造成再生混凝土的剥落或破坏。为研究再生粗骨料取代率、水灰比、矿物掺合料和干湿循环制度对再生混凝土腐蚀产物以及微结构变化的影响，在腐蚀一定龄期后，采用 XRD 对腐蚀产物进行分析，采用环境 SEM、X-CT 和最大密度投影(maximum intensity projection，MIP)对微观结构演变进行分析。

1) XRD 结果分析

以 B100 为基准样，在干湿循环-硫酸盐作用 0d、90d、270d 后，采用 XRD 对不同龄期的再生混凝土样品进行研究，XRD 图谱如图 2.2.10 所示。可以看出，在不同龄期下硫酸盐侵蚀反应产生的腐蚀产物基本一致，主要是峰强的差异。随着侵蚀龄期的增加，18°与 34°左右氢氧化钙的特征峰峰强有所下降，且龄期越长，氢氧化钙的特征峰峰强下降越明显。这表明随着腐蚀反应的进行，氢氧化钙被大量消耗，钙矾石持续增加。当钙矾石产生的膨胀应力大于再生混凝土的抗拉强度时，再生混凝土出现裂缝。随着硫酸根离子的扩散，会在裂缝处生成大量石膏，石膏的生成并不会产生明显的膨胀。

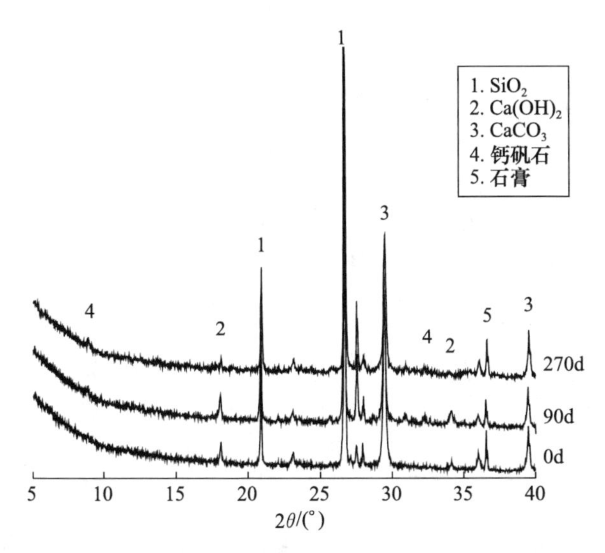

图 2.2.10　B100 在干湿循环-硫酸盐作用下不同侵蚀龄期的 XRD 图谱

θ 为 XRD 的测量角

为研究再生粗骨料取代率对腐蚀产物的影响，在干湿循环-硫酸盐作用 270d 后，取 B0、B50、B100 中浆体部分样品进行 XRD 测试，结果如图 2.2.11 所示。可以看出，在侵蚀 270d 后，可以观察到 9°和 32°左右钙矾石的特征峰。再生混凝土 B100 与普通混凝土 B0 相比较，XRD 图谱中特征峰基本一致，区别在于 B100 样品中钙矾石特征峰峰强更强，而氢氧化钙特征峰峰强更弱。B100 中再生粗骨料掺入会导致混凝土内部结构存在更多缺陷，为钙矾石的生长提供更多的空间，同时再生粗骨料的掺入会加速硫酸根离子的传输，混凝土内部硫酸根离子浓度的增加也会加快侵蚀反应的进行，产生更多的腐蚀产物。当腐蚀产物产生的膨胀应力大于再生混凝土的抗拉强度时，会造成混凝土内部微结构破坏。

2）环境 SEM 结果分析

将再生混凝土试件浸泡在 5% Na_2SO_4 溶液中，干湿循环作用 0d、90d 和 270d 后，观察再生混凝土微观形貌演变，如图 2.2.12 所示。图 2.2.12(a)是侵蚀前的再生混凝土微观形貌，很难发现针状钙矾石或者短柱状石膏，在孔隙中可以发现大量六方板状氢氧化钙。图 2.2.12(b)是侵蚀 90d 后的再生混凝土微观形貌，可以观察到再生混凝土孔隙中存在明显的针棒状腐蚀产物，氢氧化钙含量有所减少。随着侵蚀龄期的增加，当侵蚀 270d 后，由图 2.2.12(c)可以看出，再生混凝土孔隙中充满了大量的针棒状腐蚀产物并观察到部分碳酸钙，很难发现氢氧化钙的存在。

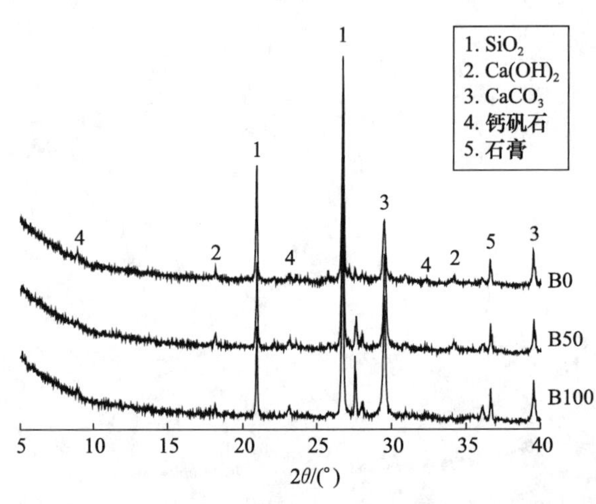

图 2.2.11 B0、B50 和 B100 在干湿循环-硫酸盐作用 270d 后的 XRD 图谱

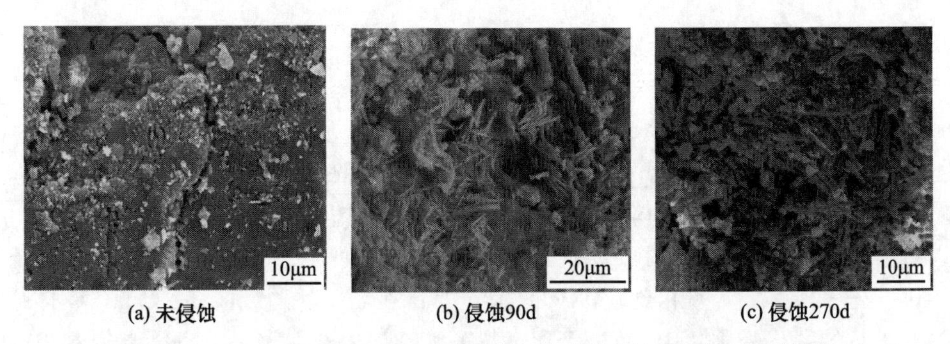

图 2.2.12 B100 在干湿循环-硫酸盐作用不同侵蚀龄期的微观形貌演变

在硫酸盐和干湿循环作用 270d 后，再生混凝土 B100 与普通混凝土 B0 在侵蚀 270d 的界面过渡区微观形貌如图 2.2.13 所示。可以看出，再生混凝土界面过渡区中存在大量的针棒状腐蚀产物，在普通混凝土界面过渡区中同样可以发现针棒状腐蚀产物的存在，但含量明显小于再生混凝土，孔隙中仍能发现少量的氢氧化钙，这与之前的 XRD 测试结果一致。针棒状腐蚀产物的能谱如图 2.2.14 所示，可确定针棒状腐蚀产物为钙矾石。

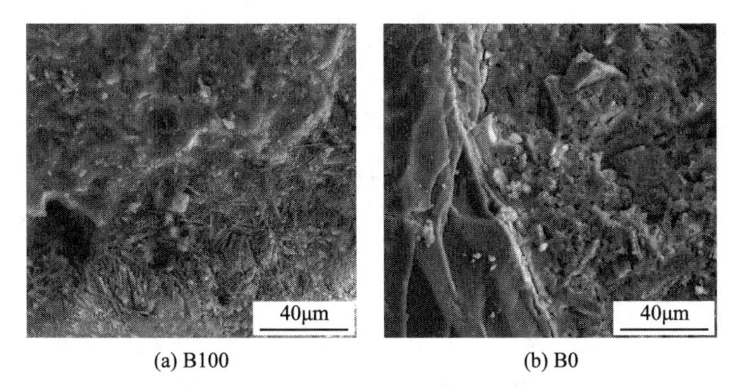

图 2.2.13　B0 和 B100 在干湿循环-硫酸盐作用 270d 时界面过渡区微观形貌

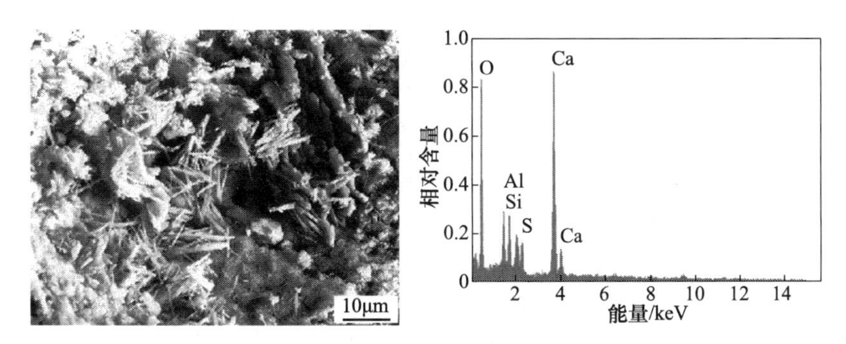

图 2.2.14　针棒状腐蚀产物能谱

3）MIP 结果分析

再生混凝土在硫酸盐侵蚀作用下，腐蚀产物的生成会改变混凝土内部孔结构，这里采用 MIP 对侵蚀前后再生混凝土孔结构进行分析。B100 在不同侵蚀龄期的 MIP 试验结果如图 2.2.15 所示。按孔径大小水泥基材料一般分为四类：无害孔（<20nm）、少害孔（20～100nm）、有害孔（100～200nm）和多害孔（>200nm）。MIP 可以定量分析再生混凝土的孔径分布。B100 在侵蚀龄期为 0d、90d 和 270d 的孔隙率分别为 13.79%、14.01%和 14.52%。由图 2.2.15 可以看出，侵蚀龄期为 90d 时，试件中孔径小于 100nm 的少害孔数量与未侵蚀试件相近，而大于 100nm 的有害孔数量相对减少，原因是侵蚀初期腐蚀产物可以填充试件内部孔隙。当侵蚀龄期为 270d 时，试件中大于 100nm 的有害孔数量急剧增加，原因是当腐蚀产物产生的膨胀应力大于再生混凝土的抗拉强度时，会使再生混凝土内部产生微裂缝，随着侵蚀反应的继续进行，微裂缝不断扩张，有害孔明显增加。

不同取代率再生混凝土在侵蚀龄期为 270d 的 MIP 试验结果如图 2.2.16 所示。B0、B50 和 B100 的孔隙率分别为 12.99%、12.48%和 14.52%。B0 和 B50 的孔隙率差别不大的原因是再生粗骨料的吸水作用降低了混凝土的有效水灰比，从而抵消了部分因再生粗骨料掺入引起的性能退化，但是孔径分布却有很大区别。由图 2.2.16 可以看出，再生粗骨料的引入对混凝土孔结构有较为明显的影响，随着取代率的增加，在侵蚀 270d 后，B50 和 B100 中大于 100nm 有害孔数量明显大于 B0，说明再生粗骨料的掺入对硫酸盐侵蚀过程（包括侵蚀过程中的孔结构）有显著的影响，主要原因是再生粗骨料在破碎过程中不可避免地会引入微裂纹，同时附着砂浆含量越高，其性能越差。

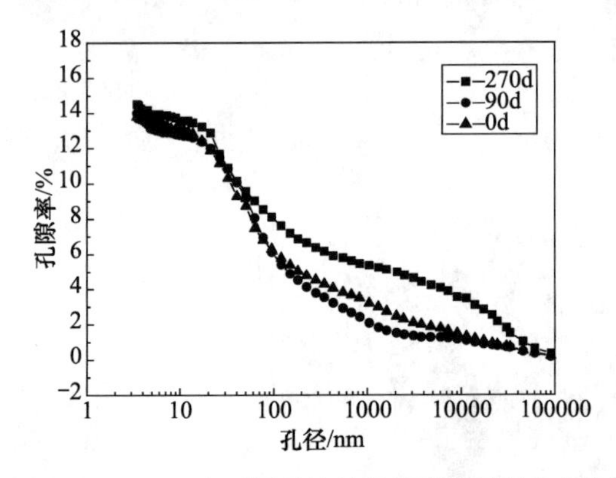

图 2.2.15　B100 在不同侵蚀龄期的孔径累积分布曲线

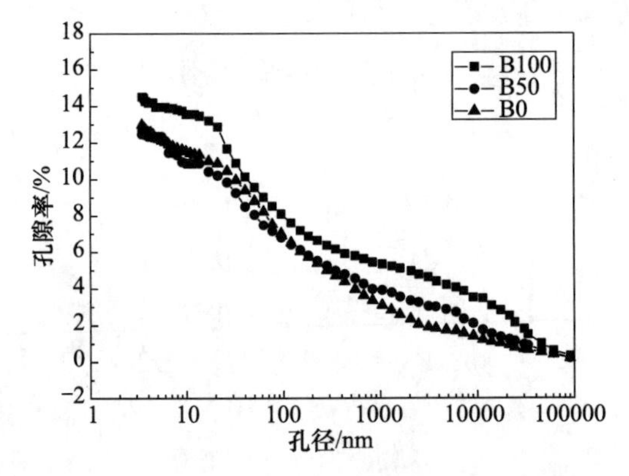

图 2.2.16　B0、B50 和 B100 在干湿循环-硫酸盐作用 270d 后的孔径累积分布曲线

4) X-CT 结果分析

X-CT 作为一种无损检测手段，已在水泥基材料研究中得到了广泛应用，本节采用 X-CT 技术研究再生混凝土微结构演变，在硫酸盐侵蚀 0d、90d 和 270d 后取出样品进行检测，B100 在干湿循环-硫酸盐作用后的 X-CT 图片如图 2.2.17 所示。可以看出，在侵蚀 90d 后，再生混凝土试件表面出现少数裂缝，与侵蚀前相比，微结构仍然较为完整；在侵蚀 270d 后，再生混凝土试件表面严重剥落，微结构破坏严重，且发现再生混凝土试件的破坏多发生在界面过渡区，界面过渡区仍然是再生混

图 2.2.17 B100 在干湿循环-硫酸盐作用 0d、90d、270d 后 X-CT 图片

凝土中最为薄弱的环节，改善界面过渡区可能是提高再生混凝土耐久性能的有效方向之一。随着侵蚀龄期的增加，试件中大于 20mm^3 的缺陷明显增大，在硫酸盐侵蚀作用进行到一定阶段，腐蚀产物膨胀应力大于试件抗拉强度时会对微结构产生破坏，同时微结构的破坏会加速硫酸根离子的传输，随着侵蚀龄期的增加，其作用更为明显。

为了探究不同取代率再生混凝土在硫酸盐侵蚀 270d 后的微结构演变，在样品侵蚀 0d、90d 和 270d 后取出进行检测，其 X-CT 图片如图 2.2.18 所示。可以看出，B50 与 B0 在硫酸盐侵蚀 270d 后，硫酸盐侵蚀破坏大多表现为表面混凝土剥落和外层混凝土界面过渡区的破坏，微结构破坏程度相似，主要原因在于本节在配制再生混凝土时并未采用附加水或者提高单位用水量的方式，而是采用调整减水剂用量保持再生混凝土良好的工作性能，因此再生粗骨料较大的吸水率会降低有效水灰比,提高再生混凝土的密实性。然而,再生粗骨料在破碎过程中产生的微裂缝以及与附着砂浆之间的界面过渡区为再生混凝土引入更多的缺陷,正负效应的综合作用决定了再生混凝土性能。在取代率较低时,再生粗骨料产生的密实效果大于引入的缺陷会提高再生混凝土性能。当取代率较高时,如图 2.2.18(c)所示,再生混凝土缺陷远大于 B50 和 B0,在再生混凝土内部界面过渡区发生了破坏,主要原因在于再生粗骨料产生的密实效果小于引入的缺陷,再生混凝土的耐久性能有所降低,使硫酸根离子更易传至再生混凝土内部。

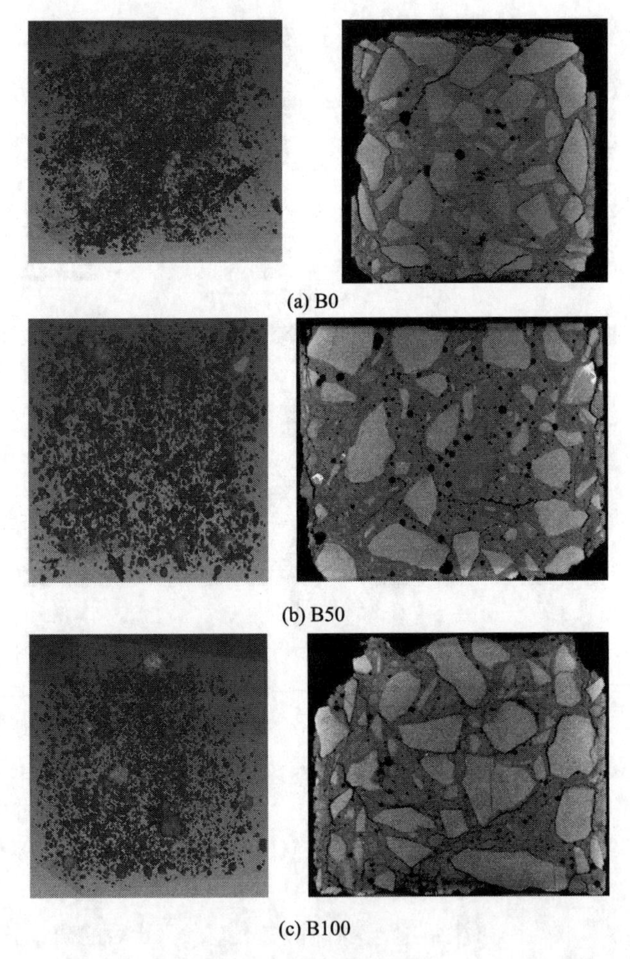

图 2.2.18 B0、B50 和 B100 干湿循环-硫酸盐作用 270d 后 X-CT 图片

2.2.5 结论

本节对再生混凝土在干湿循环-硫酸盐作用下的性能劣化进行了试验研究,分

析了各因素对再生混凝土损伤劣化规律以及微结构演变规律的影响，得到如下相关结论：

(1) 再生粗骨料取代率对再生混凝土在干湿循环作用下的抗硫酸盐侵蚀性能有显著影响，一方面由于再生粗骨料较高的吸水率，降低了再生混凝土有效水灰比，提高了其密实度，另一方面再生粗骨料中存在的微裂缝为再生混凝土引入更多缺陷，正负效应的综合作用决定了再生混凝土抗硫酸盐侵蚀性能。再生粗骨料的掺入不改变再生混凝土在干湿循环作用下的损伤劣化过程，损伤劣化过程包括初始下降段、增加段和加速下降段，与普通混凝土相似。

(2) 再生混凝土腐蚀产物与普通混凝土一致，主要腐蚀产物为钙矾石。硫酸根离子与水泥水化产物反应生成钙矾石，随着侵蚀龄期的增加，钙矾石持续增加，当钙矾石结晶产生的膨胀应力大于再生混凝土的抗拉强度时，再生混凝土出现裂缝，随着硫酸根离子的扩散，会在裂缝处生成大量钙矾石。

(3) 降低水灰比可以提高再生混凝土密实度，阻碍硫酸根离子传输，同时降低水灰比可以提高再生混凝土抗拉强度，延缓由膨胀性腐蚀产物导致微裂缝的出现，从而改善再生混凝土的抗硫酸盐侵蚀性能。

(4) 矿物掺合料的掺入可以填充孔隙，降低初始孔隙率，阻碍硫酸根离子传至再生混凝土内部，同时可以减少水泥用量，减少水化产物(氢氧化钙和水化铝酸盐)的生成量。矿物掺合料中活性组分与水泥水化产物氢氧化钙发生化学反应，生成的水化硅酸钙等水化产物对再生混凝土有一定增强作用，氢氧化钙的消耗也会减少膨胀性腐蚀产物的生成。因此，再生混凝土中掺入矿物掺合料是改善其抗硫酸盐侵蚀性能的重要途径之一。

参考文献

[1] Bulatović V, Melešev M, Radeka M, et al. Evaluation of sulfate resistance of concrete with recycled and natural aggregates[J]. Construction and Building Materials, 2017, 152: 614-631.

[2] Zega C J, Santos G S C D, Villagran-Zaccardi Y A, et al. Performance of recycled concrete exposed to sulphate soil for 10 years[J]. Construction and Building Materials, 2016, 102: 714-721.

[3] 王忠星，李秋义，曹瑜斌，等. 硫酸盐侵蚀对再生混凝土多重界面显微结构的影响[J]. 硅酸盐通报，2017，36(2)：443-448.

[4] 聂宇，杜文汉，王孟，等. 不同掺量粉煤灰及再生粗骨料混凝土在硫酸盐侵蚀下的抗压强度研究[J]. 江西建材，2014，(20)：4-5.

[5] 唐灵，张红恩，黄琪，等. 粉煤灰基地质聚合物再生混凝土的抗硫酸盐性能研究[J]. 四川大学学报(工程科学版)，2015，47(s1)：164-170.

[6] 张凯，陈亮亮，侍克斌. 不同取代率再生骨料混凝土在硫酸盐侵蚀和冻融循环共同作用下

的力学性能研究[J]. 科学技术与工程，2017，17(7)：257-262.

[7] 安新正，易成，赵长彪，等. 硫酸盐环境下再生混凝土的损伤演化研究[J]. 河北工程大学学报(自然科学版)，2012，29(2)：1-6.

[8] 中华人民共和国国家标准. 混凝土用再生粗骨料(GB/T 25177—2010)[S]. 北京：中国标准出版社，2011.

[9] 中华人民共和国行业标准. 再生骨料应用技术规程(JGJ 240—2011)[S]. 北京：中国建筑工业出版社，2011.

[10] 中华人民共和国行业标准. 普通混凝土配合比设计规程(JGJ 55—2011)[S]. 北京：中国建筑工业出版社，2011.

[11] 中华人民共和国国家标准. 普通混凝土长期性能和耐久性能试验方法标准(GB/T 50082—2009)[S]. 北京：中国建筑工业出版社，2009.

2.3　再生混凝土多重界面结构与性能损伤机理

李秋义*，岳公冰

目前，对再生混凝土中各类界面过渡区性能定量研究的报道较少，尚未建立再生混凝土界面微观性能与宏观性能的关系，因而有必要系统研究再生混凝土各类界面结构特征，建立科学反映再生混凝土多重界面结构性能损伤的研究方法，探索再生混凝土性能劣化机理，并找出相应的改善途径。本节依据再生粗骨料性能和再生混凝土界面结构特点，创新性地提出了再生混凝土多重界面结构重构模型，实现了再生混凝土中的老界面、老浆体-新浆体界面、天然粗骨料-新浆体界面的准确定位；基于再生混凝土多重界面结构重构模型，利用显微硬度计及 SEM 等测试技术，提出了再生混凝土多重界面结构微观研究方法，研究分析废弃混凝土强度差异对再生混凝土多重界面结构特征、显微结构及性能的影响规律，以及硫酸盐及氯盐侵蚀等因素对再生混凝土多重界面显微结构和性能的影响，揭示再生混凝土界面破坏特征及性能劣化机理，并探索再生混凝土性能提升技术。

2.3.1　国内外研究现状

近年来，世界各国都在加强再生混凝土利用技术研究，再生混凝土技术已成为国内外工程界和学术界共同关注的热点及前沿课题。目前开展再生混凝土结构宏观力学性能及耐久性研究的报道较多，但是针对再生混凝土界面结构的损伤机理微观结构方面的研究内容相对较少，专家学者正在不断地进行再生混凝土微观方面的研究。如 Poon 等[1]通过 SEM 研究发现，由高性能混凝土制备得到的再生混凝土骨料-浆体界面的过渡区要比普通混凝土制得的再生混凝土骨料-浆体界面更为密实，且水化产物排列更加紧密，大孔隙较少。

再生骨料由于受制备技术和制造成本的限制，通常为含有多种结构缺陷的复合体，其中原骨料与硬化水泥石之间的老界面是复合体内部的最大缺陷，对再生混凝土的力学性能和耐久性有着重要的影响。混凝土是一种复合材料，可以将其视为骨料（粗骨料＋细骨料）均匀分布在水泥浆体中形成的一种复合材料，其中骨料为非连续的增强相，水泥浆体则为连续的基体材料相（介质），混凝土中界面包括粗骨料-水泥浆体界面和细骨料-水泥浆体界面两种。混凝土中的界面是一种疏松的多孔结构，其间往往还存在大量 $Ca(OH)_2$ 的富集与取向，是混凝土中的最薄弱环节，对混凝土的力学性能和耐久性影响显著[2~5]。由于粗骨料表面积较大，粗骨料-

* 第一作者：李秋义（1963—），男，博士，教授，主要研究方向为再生混凝土。
基金项目：国家自然科学基金面上项目（51578297）。

水泥浆体界面在混凝土中可以形成大尺度的结构缺陷，因此对混凝土性能损伤作用远远大于细骨料-水泥浆体界面结构[6,7]。基于上述原因，一般只研究粗骨料-水泥浆体界面对混凝土性能的影响，即将混凝土视为粗骨料均匀分布在水泥砂浆中形成的一种复合材料，此时粗骨料为不连续的增强相，砂浆则为连续的基体相（介质）。

几十年前混凝土生产量很少，混凝土所用骨料资源丰富，骨料的性能并不比现在差，混凝土强度主要受水胶比（或水灰比）控制，水胶比不仅影响硬化水泥石的孔结构，更影响老界面结构。通常混凝土强度低于C40，因此硬化水泥石和老界面结构均较为疏松，成为再生骨料中的最薄弱环节。废混凝土的强度等级越低，再生骨料表层附着的硬化浆体含量越多，则再生骨料的性能越差：表观密度、堆积密度和坚固性越低，压碎指标值和吸水率越大[8~10]。再生骨料的内部缺陷主要是再生骨料中存在大量强度低、吸水率高的砂浆和结构疏松的老界面结构，缺陷程度与原混凝土性能和再生骨料制备技术与工艺有关。因此，老界面是再生混凝土中的最薄弱环节，可以视为再生骨料的内部缺陷，受再生混凝土中新浆体性能的影响作用一般较小，不易在再生混凝土制备过程中得到改善，不仅影响再生混凝土的力学性能，更成为侵蚀性介质侵入的通道，显著影响再生混凝土的耐久性[11~14]。总之，由于再生骨料中存在性能较差的界面结构，即再生骨料表面含有大量的强度低、吸水率高且与骨料结合较弱的硬化水泥石，导致再生骨料性能与天然骨料的差异较大，不仅影响再生混凝土的强度，更影响其耐久性。

再生骨料由废混凝土（也称原混凝土）加工而成，骨料表面往往存在一部分硬化水泥石或砂浆（见图2.3.1），因此再生骨料本身也是一种复合体，内部也存在部分界面，可将其称为老界面[15~17]。如前所述，混凝土中的硬化水泥浆体或砂浆（以下统称为浆体）是连续的、而粗骨料是非连续的，但是再生骨料中的天然粗骨料一般则是连续的，而浆体则是不连续的，老界面也只是局部存在的，如图2.3.2所示。

图2.3.1 再生粗骨料形貌

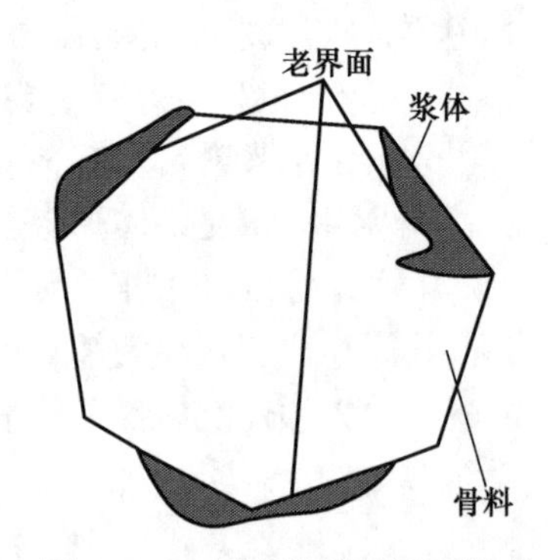

图2.3.2 再生粗骨料界面组成

再生混凝土中的界面包括天然粗骨料-老砂浆界面和老砂浆-新砂浆界面两种，如图 2.3.3 所示。骨料是地方性材料，一个地区骨料的变化不大，再生骨料中的新表面(不含浆体的部分)与新骨料没有太大的差异，即使是再生骨料部分取代天然骨料，再生混凝土中也只存在老骨料-新浆体界面、老浆体-新浆体界面、老骨料-老浆体界面三种界面结构，如图 2.3.4 所示。

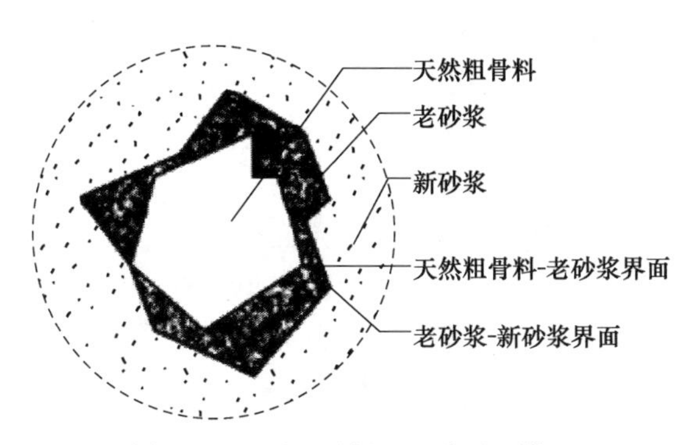

图 2.3.3　再生混凝土两种界面模型

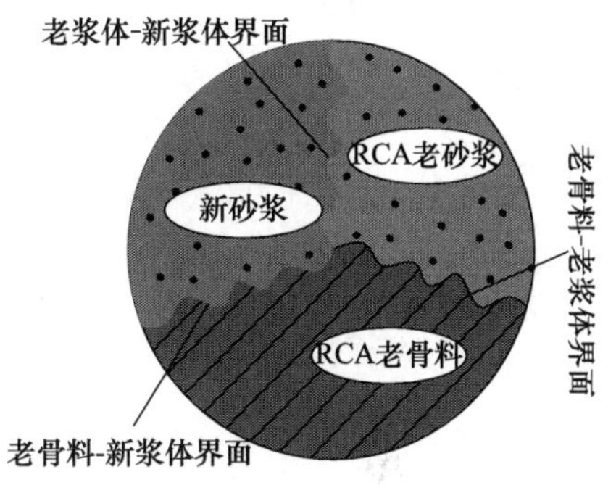

图 2.3.4　再生混凝土三种界面模型

2.3.2　再生混凝土多重界面结构模型的建立

1. 重构模型的提出

基于再生混凝土内部结构的特点，再生混凝土的多重界面结构是其性能劣化的根源所在，如何改善多重界面结构，对提升再生混凝土性能，尤其是耐久性具有重要的意义。目前，针对再生混凝土微观结构性能的研究，无法确定界面结构的种类，从再生混凝土中选取老骨料-老浆体界面、老骨料-新浆体界面和老浆体-新浆体界面时，人为因素使选取界面具有盲目性，另外，再生粗骨料在使用过程中仅部分取代天然粗骨料，因此老骨料-老浆体数量相对较少。另外，在混凝土浇筑过程中，统一骨料上下界面的结构及性能存在较大差异，诸多研究表明，骨料上部界面比下部界面密实。

因此，本研究利用界面显微硬度技术研究外裹砂浆层的旧混凝土芯样新/旧界面硬度；结合芯样切片、微裂缝观测及微结构观测技术，研究再生混凝土在多种环境因素作用下界面结构劣化直观变化；建立了多重界面结构模型来揭示不同侵蚀性介质的侵入过程、界面破坏及耐久性能劣化机理。并进一步研究了再生混凝土界面细/微观结构特征、微观硬度、界面力学性能及耐久性能的影响规律，验证了该模型的精准度及实用有效性。

2. 多重界面结构模型的重构方法

根据再生混凝土多重界面结构的特点，采用旧混凝土(或预先特制的“原混凝土”)芯样代替随机分布的再生骨料，实现再生混凝土多重界面结构的空间定位，简化研究工作并提高研究结论的准确性，可采用模型切片进行各种因素作用下的微观力学和耐久性试验研究。

根据设计制备“原混凝土”，试件为500mm×100mm×100mm的长方体，标准养护数月后钻取直径75mm、高100mm的圆柱体芯样。由于混凝土具有较高的吸水率，使用自然状态或干燥状态下的芯样混凝土制备试件，相应芯样混凝土会吸收浆体中的水分，影响界面结构和性能，因此对芯样混凝土进行保水处理(浸泡24h，除污并擦干表面)后，再将芯样放入规格为100mm×100mm×100mm的试模中心，浇筑水泥砂浆(见图2.3.5)，标准养护至养护龄期后切取100mm×100mm×20mm切片(见图2.3.6)。该切片包含再生混凝土中的三种界面结构：老骨料-老浆体界面(LG-LJ界面)、老骨料-新浆体界面(LG-XJ界面)、老浆体-新浆体界面(LJ-XJ界面)，其中LG-LJ界面仅位于芯样混凝土的内部，LG-XJ界面和LJ-XJ界面只存在于芯样与新浆体的接触面上，不仅实现了空间定位，而且十分容易判别。

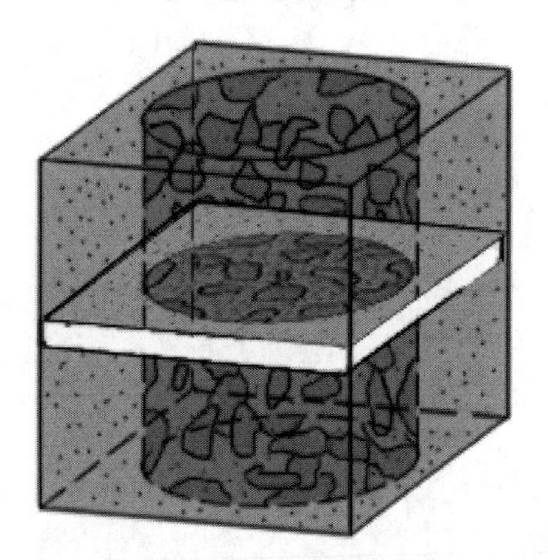

图2.3.5 芯样混凝土试件

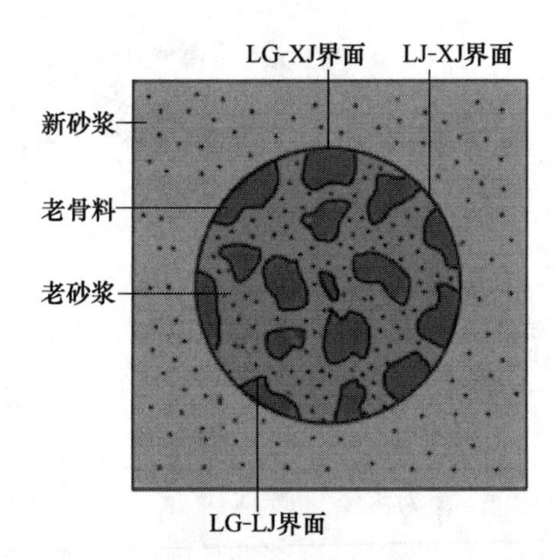

图2.3.6 芯样混凝土切片

3. 多重界面结构模型的应用

研究者在进行再生混凝土的界面结构研究时，主要是采取在再生混凝土中随机选取界面进行相关研究的方法。再生混凝土多重界面结构模型重构技术实现了老骨料-老浆体界面、老浆体-新浆体界面、老骨料-新浆体界面三种界面的空间定位设计。在此基础上，利用试件切片可以研究水灰比、龄期等对再生混凝土老骨料-老浆体界面、老骨料-新浆体界面、老浆体-新浆体界面三种界面的影响规律；利用显微硬度法从微观力学方面研究不同界面过渡区的宽度及显微硬度的影响规律；也可以利用SEM-EDS联合法，从界面微观形貌及水化产物变化分析界面过渡区显微硬度变化。

2.3.3　研究方案

1. 试验材料

(1) 水泥。采用 P·O42.5 普通硅酸盐水泥，基本性能指标如表 2.3.1 所示，水泥 X 射线荧光分析结果如表 2.3.2 所示。

表 2.3.1　水泥的基本性能指标

水泥品种	抗压强度/MPa		抗折强度/MPa		安定性(沸煮法)
	3d	28d	3d	28d	
P·O42.5	18.7	48.1	4.6	7.1	合格

表 2.3.2　水泥 X 射线荧光分析结果　(单位：%(质量分数))

CaO	SiO_2	Al_2O_3	Fe_2O_3	SO_3	CO_2	Na_2O	K_2O	MgO	TiO_2	P_2O_5	Cl
53.16	19.78	7.20	3.64	3.27	9.34	0.94	0.48	1.38	0.46	0.11	0.03

(2) 粗骨料。采用 5～25mm 连续级配的石灰岩碎石，技术指标如表 2.3.3 所示。

表 2.3.3　粗骨料技术指标

吸水率/%	含水率/%	针片状含量/%	压碎指标/%	堆积密度/(kg/m³)	表观密度/(kg/m³)
1.6	0.41	3.74	12.4	1450	2590

(3) 细骨料。采用细度模数为 2.4 的天然河砂，Ⅱ级砂，表观密度为 2590kg/m³。
(4) 外加剂。采用聚羧酸高性能减水剂，减水率为 30%。
(5) 水。采用自来水。

2. 试验方案

同等强度的再生混凝土各项性能均差于普通混凝土，这主要与再生粗骨料的类别及使用量有关，再生粗骨料内部存在大量的内部缺陷，且基本性能离散性较大，导致再生混凝土的水灰比偏大，力学性能及耐久性能较差，但也有部分专家认为再生混凝土的性能与天然混凝土无明显差异。本节研究发现，使用低强度废弃混凝土生产的再生粗骨料来配制较高强度再生混凝土时，其力学性能差于天然混凝土；反之，使用高强度等级废弃混凝土生产的再生粗骨料来配制同等强度或较低强度再生混凝土时，二者之间的差异较小。

因此，依据再生混凝土多重界面结构模型，选用废弃混凝土强度等级为 C40，简称 DC40；再生混凝土强度等级为 C30、C40 和 C50，外裹砂浆即为再生混凝土中的新砂浆，简称 FC30、FC40 和 FC50。芯样混凝土尺寸为直径 75mm、高度为

100mm 的圆柱体芯样，由芯样混凝土代替再生混凝土中随机分布的再生粗骨料，新砂浆确定原则按照《普通混凝土配合比设计规程》(JGJ 55—2011)[19]，将混凝土配合比去除粗骨料，并且原水灰比减去 0.02 后，制备再生混凝土多重界面结构模型试件，具体配制方案为 DC40（废弃混凝土芯样）-FC30、DC40-FC40 和 DC40-FC50，混凝土基准配合比如表 2.3.4 所示。

表 2.3.4　混凝土基准配合比

混凝土强度等级	水泥/(kg/m³)	细骨料/(kg/m³)	粗骨料/(kg/m³)	水胶比	减水剂/(kg/m³)	28d 抗压强度/MPa
C30	300	780	1170	0.39	3.6	38.6
C40	375	750	1125	0.35	4.5	49.3
C50	467	713	1070	0.31	5.6	61.8

将预先处理的芯样混凝土放置于尺寸为 100mm×100mm×100mm 的试模中心并固定，在芯样混凝土与模具内壁之间分别浇筑强度等级为 C30、C40 和 C50 的无粗骨料外裹砂浆，振动成型后覆盖表面 24h 拆模，放置于标准养护室养护 28d，制得不同强度等级的再生混凝土多重界面结构模型试件。

3. *试验方法*

将待测面预磨抛光至显微硬度测试要求，由于老骨料-老浆体界面与老浆体-新浆体界面存在于芯样混凝土与新浆体的接触面上，在 100 倍显微镜下均近似于一条直线，较易判别，打点方式为矩阵点，选择 9 个压痕区域，每个区域为 4×15 的点阵，如图 2.3.7(a)和(b)所示。老骨料-老浆体界面仅存在于芯样混凝土内部，且骨料形貌致使老骨料-老浆体界面呈现为不规则曲线，则打点方式为纵向单线式，选择 45 个压痕区域，每个区域为 4×3 的点阵，左右相邻两点的高度差均为 10μm，如图 2.3.7(c)所示。

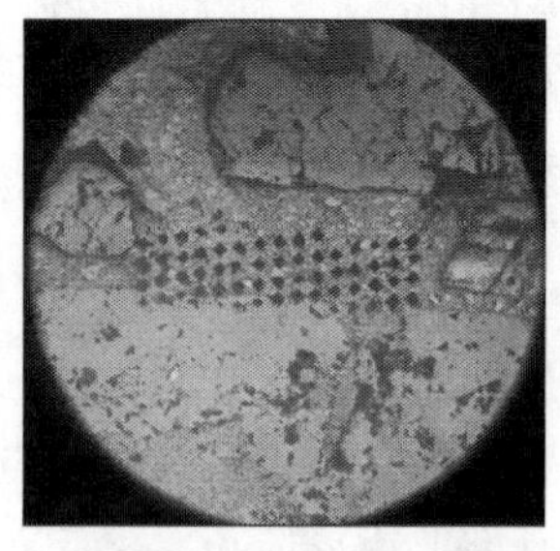

(a) 老骨料-新浆体界面矩阵点群

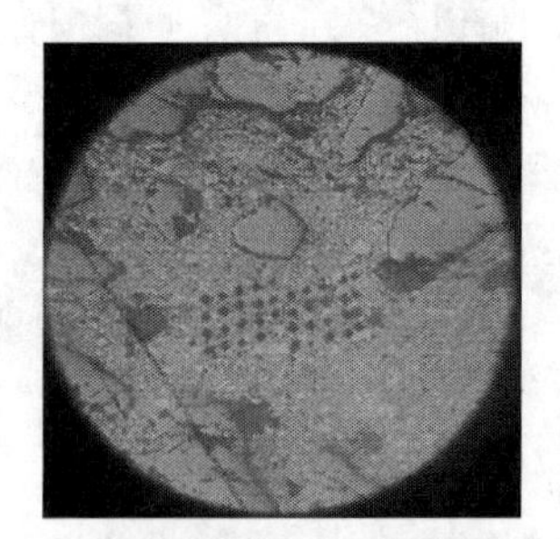

(b) 老浆体-新浆体界面矩阵点群

(c) 老骨料-老浆体界面纵向单线式点群

图 2.3.7　三种界面的定位与打点方式

砂浆基体及界面过渡区的表面平整度、细骨料分布、未水化水泥熟料及孔洞的影响导致显微硬度值离散性较大，因此采用箱形图处理打点数据，去除异常值，利用上四分位数和下四分位数确定砂浆基体的显微硬度标准区域值，低于该值的宽度则为界面过渡区宽度，以老骨料-老浆体界面为例，标准区域箱形图如图 2.3.8 所示，界面显微硬度如图 2.3.9 所示。

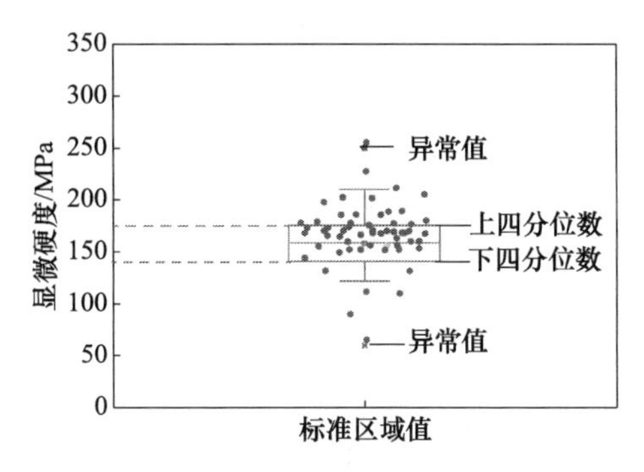

图 2.3.8　标准区域箱形图

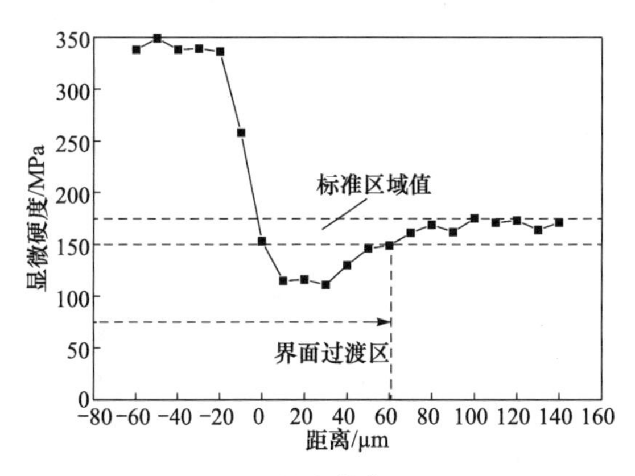

图 2.3.9　老骨料-老浆体界面显微硬度

将模型切片试件切割成 10mm×10mm×10mm 的立方体，干燥至恒重后进行喷金处理，采用 EVO18 型 SEM 观察界面过渡区的微观形貌与结构。

2.3.4　试验结果分析

1. 界面过渡区显微硬度分析

对 DC40-FC30、DC40-FC40 和 DC40-FC50 的芯样混凝土标准养护 28d 后进行显微硬度分析，如图 2.3.10～图 2.3.12 所示。

由图 2.3.10 可以看出，老骨料-老浆体界面过渡区及砂浆基体的显微硬度值大于老骨料-新浆体界面和老浆体-新浆体界面，这是由于废弃混凝土芯样的强度等

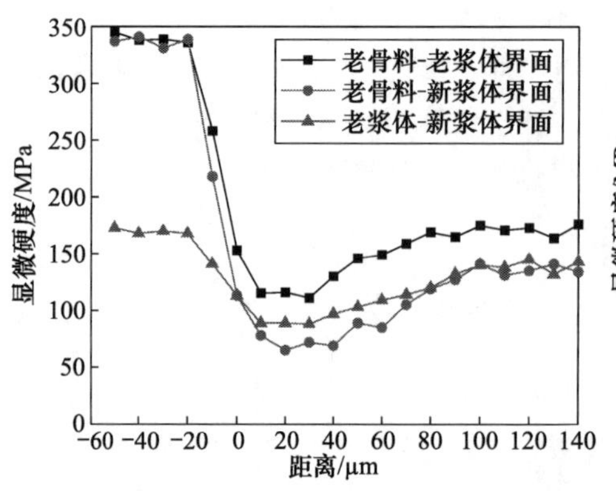

图 2.3.10 DC40-FC30 标准养护 28d 三界面显微硬度

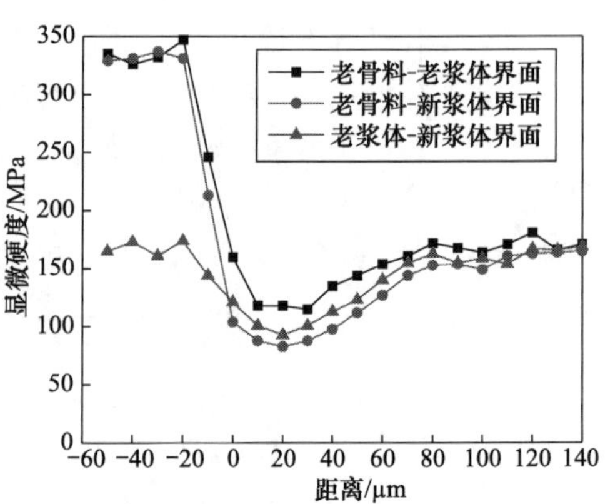

图 2.3.11 DC40-FC40 标准养护 28d 三界面显微硬度

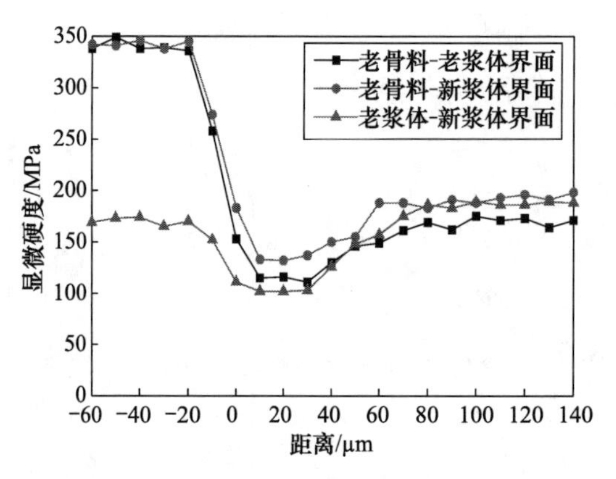

图 2.3.12 DC40-FC50 标准养护 28d 三界面显微硬度

级为 C40，与老骨料-新浆体界面和老浆体-新浆体界面相比，老骨料-老浆体界面过渡区及砂浆基体内水化产物较为丰富，废弃混凝土的养护龄期长，砂浆基体及界面过渡区内微观结构及密实性要好于新界面。在混凝土制备过程中，老骨料-新浆体界面存在边壁效应，使骨料表面水分增多且水泥颗粒的堆积密度减小，骨料与浆体界面的孔隙率明显高于基体中的孔隙率，界面过渡区内部 Ca^{2+}、Al^{3+} 等随水分迁移并大量富集，因而使界面过渡区处 $Ca(OH)_2$ 与 $Al(OH)_3$ 数量明显增多[19]，显微硬度值小于老骨料-老浆体界面和老浆体-新浆体界面。由于老浆体与新浆体性质相似，再生粗骨料表面附着砂浆上的微细孔隙会吸收新砂浆中的水分，使老浆体-新浆体界面过渡区水灰比明显减小，内部水化产物丰富，微观结构性能优于老骨料-新浆体界面。

由图 2.3.11 可以看出，DC40-FC40 再生混凝土养护龄期 28d 时界面过渡区存在明显平滑凹谷，三种界面过渡区的变化规律与 DC40-FC30 基本一致，但 DC40-FC40 中新砂浆基体和老骨料-新浆体界面及老浆体-新浆体界面过渡区显微硬度值明显增大，界面过渡区宽度有所减小。老骨料-新浆体界面和老浆体-新浆体界面过渡宽度在 75～80μm，并且砂浆基体的显微硬度值波动幅度较小。老砂浆基体的显微硬度值为 165～180MPa，而新砂浆养护龄期仅为 28d，水化龄期较短，基体的显微硬度值为150～175MPa，由于边壁效应的存在，老骨料-新浆体界面的显微硬度值最小，老骨料-老浆体界面过渡区的显微硬度值明显高于新界面，因此对于来源于较高强度等级的废弃混凝土经破碎加工处理后制得的再生粗骨料，用其制备相对较低强度等级的再生混凝土时，薄弱界面为老骨料-新浆体界面，而老骨料-老浆体界面性能良好，再生粗骨料表面的附着砂浆无须去除。

由图2.3.12可以发现，老骨料-老浆体界面和老骨料-新浆体界面过渡区存在明显的凹谷，由于C40废弃混凝土的水化龄期长，水化产物丰富，老骨料-老浆体界面过渡区密实性较好，三个界面的边壁效应由小到大依次为：老骨料-新浆体界面＜老骨料-老浆体界面＜老骨料-新浆体界面，从界面过渡区显微硬度来看，老骨料-老浆体界面与老浆体-新浆体界面较为薄弱，并且老砂浆基体显微硬度值偏低，因此采用较低强度等级的废弃混凝土制备的再生粗骨料配制较高强度等级的再生混凝土时，应将再生粗骨料表面的附着砂浆清除后使用。

2. 界面定位及微观形貌

通过SEM对再生混凝土的骨料微观形貌、砂浆基体微观形貌和老骨料-新浆体、老浆体-新浆体界面的定位进行观察，如图2.3.13～图2.3.16所示。

图2.3.13　骨料微观形貌

图2.3.14　砂浆基体微观形貌

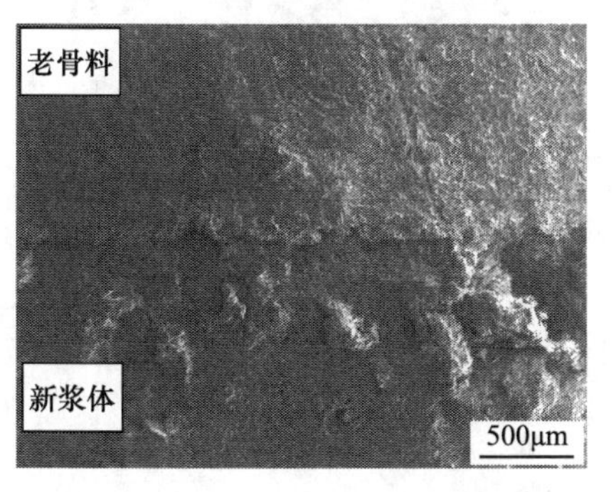

图2.3.15　老骨料-新浆体界面

图2.3.16　老浆体-新浆体界面

由图 2.3.13～图 2.3.16 可以看出，骨料的微观结构非常密实，水化产物较少，无微细裂缝及孔隙，在 SEM 中极易分辨。与骨料相比，砂浆基体微观形貌较为粗糙，水化产物十分丰富，在高倍显微镜下能清晰地观测到水化产物的种类及形貌，并存有部分孔洞和微细裂缝。基于骨料和砂浆的微观形貌，在低倍显微镜下较容易分辨出老骨料-新浆体界面，且界面过渡区形貌较为明显，较为平整且无水化产物的部分为骨料。由于老砂浆与新砂浆性质相同，界面过渡区黏结较为紧密，在低倍显微镜下不易分辨，因此在观测试样前将老浆体-新浆体界面做出明显标记。

3. 界面过渡区裂缝种类及分布

界面过渡区裂缝种类及分布如图 2.3.17～图 2.3.20 所示。

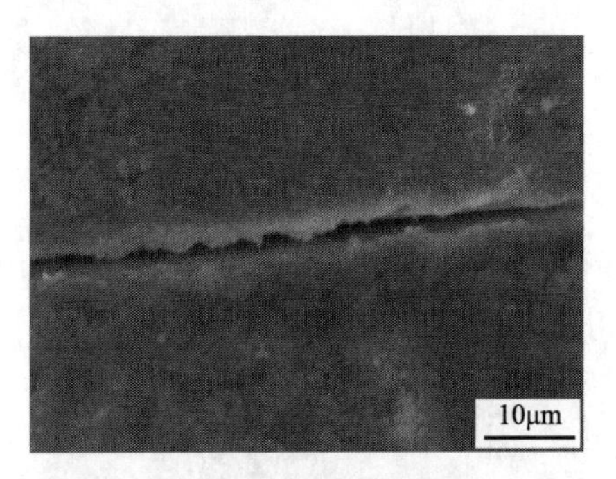

图 2.3.17 次生裂缝

图 2.3.18 原生裂缝

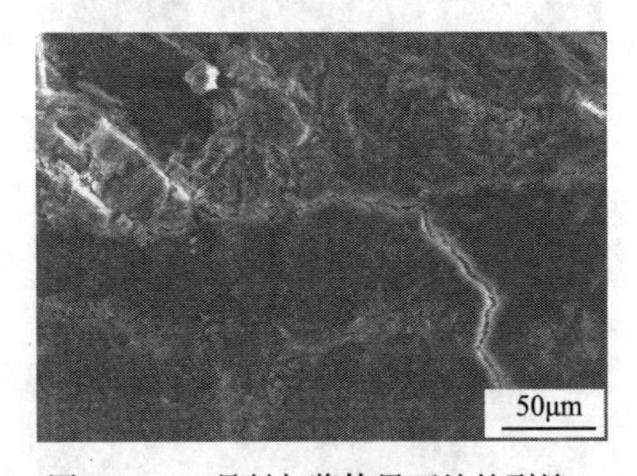

图 2.3.19 骨料与浆体界面处的裂缝一

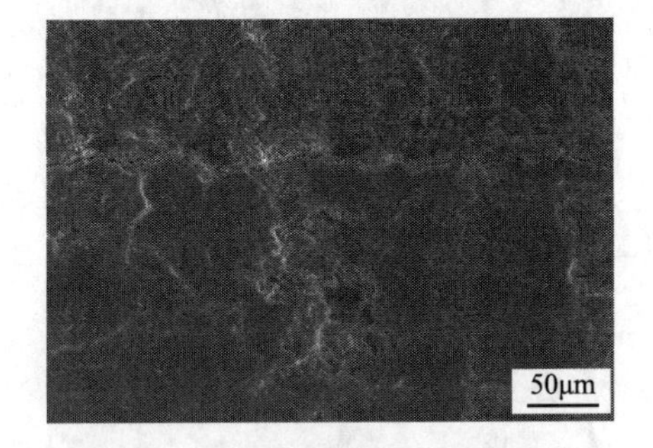

图 2.3.20 骨料与浆体界面处的裂缝二

由图 2.3.17 可以看出，界面结合处存在明显裂缝，且裂缝中无水化产物存在，说明这些裂缝是在制备试样时产生的(本节称为次生裂缝)，同时可以判断，再生骨料的颗粒整形在剥离再生骨料附着砂浆的同时也会对再生骨料本身产生性能损伤，会在老骨料-老浆体界面和残留的再生骨料附着砂浆上产生裂缝。由图 2.3.18 可以看出，界面结合处虽存在裂缝，但发现裂缝中有水化产物填充，说明这些裂缝是混凝土自身产生的(本节称为原生裂缝)，原生裂缝作为试验研究的主要对象。

再生骨料混凝土与天然骨料混凝土一样，在界面过渡区内，从再生骨料与水泥浆的界面到砂浆基体呈逐渐变强的梯度分布。在骨料与水泥砂浆的界面结合处和界面过渡区内部存在长短不一的裂缝，且裂缝从该区域向水泥砂浆基体内延伸和扩展，其原因可能主要有以下几个方面：

(1) 再生骨料与水泥砂浆材质的不同导致弹性模量和热膨胀系数存在差异。界面过渡区的强度远远低于水泥砂浆基体和再生骨料，因此当所处环境温度、相对湿度变化时，两者的热、湿膨胀变形和冷、干收缩变形不一致，从而导致水泥砂浆与再生骨料界面结合处产生微裂缝。

(2) 水泥砂浆中的水分向亲水的再生骨料表面迁移，在再生骨料表面形成一层水膜，导致水泥砂浆不能与骨料紧密结合，也会在界面处产生微裂缝，或在再生骨料和水泥砂浆界面结合处生成结构疏松的水化产物(如 $Ca(OH)_2$ 等)，这些都发生在水泥砂浆基体与再生骨料的界面结合处。

4. 界面过渡区形貌

图 2.3.21 为低倍显微镜(×200)下老浆体-新浆体界面的微观形貌，将图中界面处放大至高倍显微镜(×1800)下观察，如图 2.3.22 所示。老浆体-新浆体界面较为密实，水化产物相互渗透交错。老浆体-新浆体界面结合处有直径为 5μm 左右的片状水化产物，以层状排列形式存在且垂直于界面，是连接两种浆体的主要水化产物，在界面连接处有 0.5～1.5μm 的裂缝，内部有少量水化产物填充。

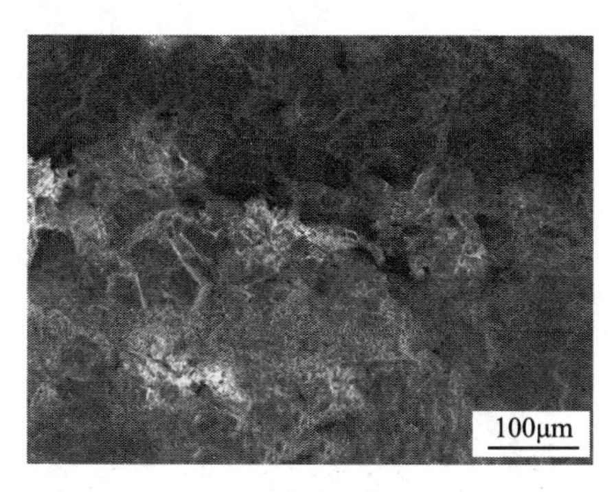

图 2.3.21　低倍显微镜下老浆体-新浆体界面微观形貌

图 2.3.22　高倍显微镜下老浆体-新浆体界面微观形貌

图 2.3.23 为低倍显微镜(×600)下骨料与浆体界面结合处的微观形貌，将图中界面标示处放大至高倍显微镜(×2000)下观察，如图 2.3.24 所示。骨料-浆体界面结合处比浆体-浆体界面结合处存在更多的微细裂缝，界面连接主要以片状水化产物垂直连接，界面结合处水化产物较为疏松，界面连接密实程度比老浆体-新浆体界面连接要弱。

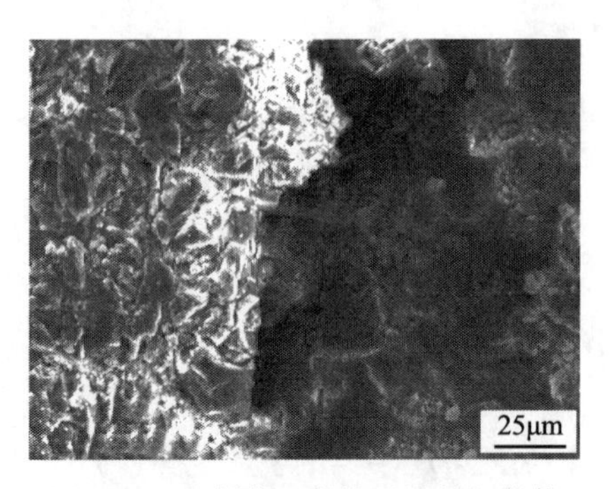

图 2.3.23 低倍显微镜下骨料与浆体界面微观形貌

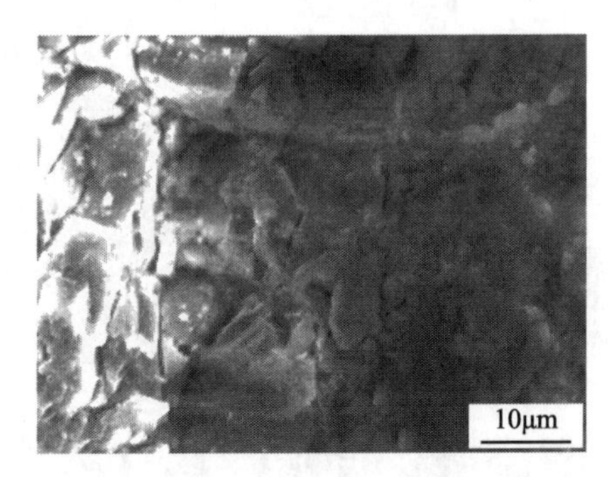

图 2.3.24 高倍显微镜下骨料与浆体界面微观形貌

对骨料与浆体界面过渡区、浆体与浆体界面过渡区进行微观形貌观察，如图 2.3.25 和图 2.3.26 所示。骨料与浆体界面过渡区存在一条明显的裂缝，浆体与浆体界面过渡区较为密实。再生混凝土界面过渡区有不同程度的微细裂缝和孔洞，界面过渡区处的水化产物堆积较为疏松。同时，界面过渡区部分区域会存在水化产物单一的情况，由于单一水化产物结晶的大小和晶体取向，会增加界面过渡区微小孔洞的数量，使界面过渡区的填充不密实，降低界面过渡区的相对弹性模量和界面强度，成为再生混凝土内部的薄弱区域。界面结合处主要是以层状水化产物垂直连接，且界面结合处也会有裂缝存在，裂缝中会发现有水化产物填充。

图 2.3.25 骨料与浆体界面过渡区的微观形貌

图 2.3.26 浆体与浆体界面过渡区的微观形貌

2.3.5 结论

本节从宏观性能和微观尺度出发，采用试验研究和微观结构理论分析相结合的研究方法，引入统计学、图像学等多学科技术与理论，基于再生粗骨料性能及再生混凝土界面结构特点，创新性地建立了再生混凝土多重界面结构模型，实现了再生混凝土内部不同界面过渡区宽度及性能的定量分析。本节主要研究结论如下：

(1) 基于再生混凝土多重界面结构模型及研究方法,利用旧混凝土芯样代替随机分布的再生粗骨料可以准确实现再生混凝土中老骨料-老浆体界面、老浆体-新浆体界面及老骨料-新浆体界面的空间定位,消除界面研究过程中随机选取界面的不确定性和盲目性,并结合芯样切片、微裂缝观测及显微硬度测试技术,实现了界面过渡区性能的定量分析,可直观地揭示再生混凝土界面破坏及耐久性能劣化机理。

(2) 随着再生混凝土强度等级的提高,砂浆基体及界面过渡区的显微硬度值增大,延伸至基体方向 70～80μm 逐渐趋于稳定,而骨料的显微硬度值基本保持不变。C40-FC30 再生混凝土的薄弱界面为老骨料-新浆体界面,而 C40-FC50 再生混凝土的薄弱界面为老骨料-老浆体界面和老浆体-新浆体界面,试件破坏时断面形式主要体现在老界面及再生粗骨料表面的附着砂浆上,因此在使用来源于低强度等级废弃混凝土的再生粗骨料制备高强再生混凝土时,应尽量去除表面的附着砂浆,提升再生粗骨料品质。

(3) 通过 SEM 观测界面过渡区的微观形貌变化,研究了再生混凝土界面结构特征、裂缝种类及分布、界面过渡区密实程度等的影响规律,探讨了再生混凝土性能损伤机制,建立了科学反映再生混凝土多重界面结构耐久性的研究方法。

参考文献

[1] Poon C S, Azhar S, Kou S C. Recycled aggregates for concrete applications[C]// Proceedings of the Conference Materials Science and Technology in Engineering, Hong Kong, 2003: 16.

[2] Li X P. Recycling and reuse of waste concrete in China: Part Ⅱ. Structural behaviour of recycled aggregate concrete and engineering applications[J]. Resources, Conservation and Recycling, 2009, 53(3): 107-112.

[3] Xiao J Z, Li J B, Zhang C. Mechanical properties of recycled aggregate concrete under uniaxial loading[J]. Cement and Concrete Research, 2005, 35(6): 1187-1194.

[4] 陈惠苏,孙伟,Piet S. 水泥基复合材料集料与浆体界面研究综述(二):界面微观结构的形成、劣化机理及其影响因[J]. 硅酸盐学报,2004,32(1):70-79.

[5] Shima H, Tateyashiki H, Matsuhashi R, et al. An advanced concrete recycling technology and its applicability assessment through input-output analysis[J]. Journal of Advanced Concrete Technology, 2005, 3(1): 53-67.

[6] 耿欧,陈辞,顾荣军,等. 再生粗集料混凝土界面微观结构的发展规律[J]. 建筑材料学报,2012,15(3):340-344.

[7] 陈惠苏,孙伟,Stroeven P. 水泥基复合材料界面对材料宏观性能的影响[J]. 建筑材料学报,2005,8(1):51-62.

[8] Debieb F, Courard L, Kenai S, et al. Mechanical and durability properties of concrete using contaminated recycled aggregates[J]. Cement and Concrete Composites, 2010, 32(6): 421-426.

[9] Corinaldesi V. Mechanical and elastic behaviour of concretes made of recycled-concrete coarse aggregates[J]. Construction and Building Materials,2010,24(9):1616-1620.

[10] 寇世聪,潘智生.不同强度混凝土制造的再生骨料对高性能混凝土力学性能的影响[J].硅酸盐学报,2011,40(1):7-11.

[11] 朱万成,唐春安,滕锦光,等.混凝土细观力学性质对宏观断裂过程影响的数值试验[J].三峡大学学报(自然科学版),2004,26(1):22-26.

[12] 何伟,彭勃.新老混凝土界面粘结试验研究[J].混凝土,2004,(5):34-36.

[13] 阮雪琴,赵全振.再生混凝土耐久性与界面结构性质研究[J].工业建筑,2012,42(1):577-582.

[14] 水中和,潘智生,朱文琪.再生集料混凝土的微观结构特征[J].武汉理工大学学报,2003,25(12):99-102.

[15] 董淑慧,张宝生,葛勇.轻骨料-水泥石界面区微观结构特征[J].建筑材料学报,2009,12(6):737-740.

[16] Ding Z K,Zhu M,Vivian W Y,et al. A system dynamics-based environmental benefit assessment model of construction waste reduction management at the design and construction stages[J]. Journal of Cleaner Production,2016,176:676-692.

[17] Pedro D,Brito J,Evangelista L. Influence of the use of recycled concrete aggregates from different sources on structural concrete[J]. Construction and Building Materials,2014,71:141-151.

[18] 中华人民共和国行业标准.普通混凝土配合比设计规程(JGJ 55—2011)[S].北京:中国建筑工业出版社,2011.

[19] 祁景玉,高燕萍,邙静哲,等.混合型粗集料轻混凝土的微观结构(Ⅱ)[J].同济大学学报,2001,29(8):946-953.

2.4　模型再生混凝土概念及其拓展应用

肖建庄*，丁陶，张蕾

再生混凝土中存在两种类型的界面过渡区，即老界面过渡区和新界面过渡区。界面过渡区对再生混凝土力学性能具有重要影响。因此，运用模型再生混凝土的方法，简化再生混凝土组成特点，突出再生混凝土界面特征，实现对再生混凝土的科学研究具有必要性。模型再生混凝土由天然粗骨料、老水泥砂浆、新水泥砂浆、老界面过渡区和新界面过渡区五部分组成。本节总结了作者近些年关于模型再生混凝土的相关研究，包括单轴受压性能、单轴受压动态力学特性、徐变特性、氯离子扩散性能、再生粗骨料碳化改性、高温后损伤机理等方面的内容。通过基于模型再生混凝土的方法，得到了再生混凝土力学性能降低的一般规律，获得了强化和改性再生混凝土性能的一般方法，进而得以调控再生混凝土的力学性能。在今后的研究中，可通过模型再生混凝土的方法，分析再生混凝土的疲劳性能、受拉受剪性能以及长期性能和环境与荷载耦合效应。

2.4.1　引言

与天然粗骨料混凝土相比，再生粗骨料混凝土普遍存在强度低和离散性高等力学性能劣化现象。这些问题的根源是再生粗骨料的初始缺陷以及来源的不确定性或性能变异[1]。

如何定量描述再生粗骨料的初始缺陷和离散性？如何解释再生混凝土力学性能损伤劣化？如何合理模拟再生粗骨料周围存在的复杂界面过渡区细微观破坏的过程？如何提升和控制再生混凝土材料和结构的力学性能劣化趋势？这些基本问题的解决，是推动再生混凝土从材料向结构发展的基础和关键。

在深入了解和掌握再生混凝土与普通混凝土细微观结构的基础上，建立可以反映再生混凝土裂缝形成和扩展特点的模型化再生混凝土理论及方法；通过试验研究和数值仿真的手段，揭示再生混凝土力学性能损伤劣化的机理，从而确定控制再生混凝土力学性能劣化的基本原理和有效方法。

2.4.2　模型再生混凝土的概念

1. 混凝土模型化研究回顾

为了简化混凝土分析，Shah 等[2]提出含1颗粗骨料的混凝土模型，进行了单

---

* 第一作者：肖建庄(1968—)，男，博士，教授，主要研究方向为再生混凝土。

基金项目：国家自然科学基金面上项目(51178340)。

轴受压试验研究，发现微裂缝最先在混凝土界面过渡区处出现。Buyukozturk 等[3]和 Liu 等[4]对含有 9 颗圆柱形粗骨料的混凝土模型进行了单轴和双轴加载试验，深入研究了混凝土的裂缝开展和破坏机理。Maji 等[5]采用声发射技术和激光全息摄影技术实时观测并记录模型化混凝土在加载过程中的裂缝开展信息。Choi 等[6,7]证实数字图像处理技术是一种可以实现观测混凝土裂缝破坏过程的技术，Lawler 等[8]采用数字图像处理技术研究了含有 1 颗、5 颗和 13 颗粗骨料的模型混凝土在受压荷载下的破坏特征。Tregger 等[9]采用单粗骨料和双粗骨料混凝土模型，研究混凝土中界面过渡区的相关力学性能，并根据混凝土中各相材料的细观力学性能，对模型化混凝土的破坏机理和应变局部化反应进行细观仿真分析。Corr 等[10]采用数字图像处理技术观测到混凝土试件表面的裂缝和变形信息。因此，通过模型化混凝土试件，可以有效地观测混凝土在受力作用下的裂缝开展信息，为混凝土破坏机理研究提供一种有效方法。

2. 再生混凝土细微观结构

界面过渡区是混凝土中处于天然粗骨料和水泥砂浆之间的狭窄区域，其相关性能与众多因素有关，在再生混凝土界面过渡区存在大量的孔隙和氢氧化钙晶体。纳米压痕试验表明，当水灰比约为 0.45 且水化龄期大于 90d 时，老界面过渡区和新界面过渡区的厚度范围分别为 40～50μm 和 55～65μm。老界面过渡区的弹性模量和硬度为相应老砂浆的 70%～80%，新界面过渡区的弹性模量和硬度为相应新砂浆的 80%～90%，如图 2.4.1 所示。

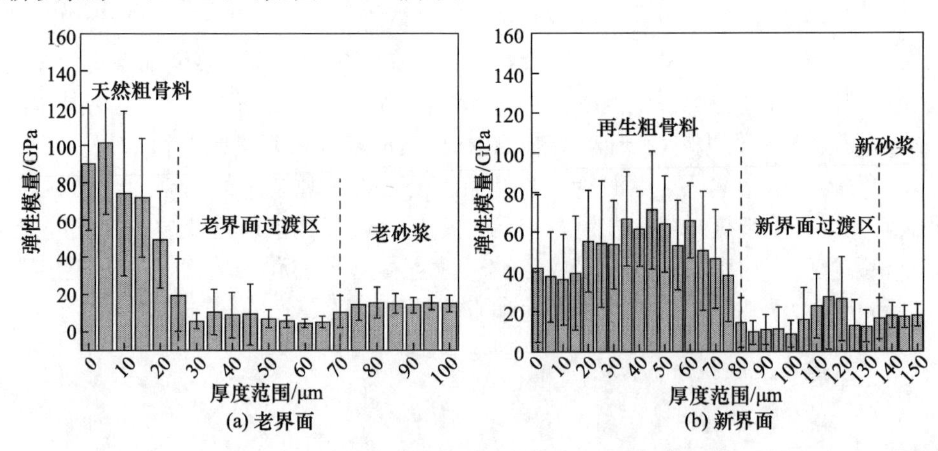

图 2.4.1 再生混凝土界面过渡区纳米压痕测试模量

再生混凝土的细微观结构对再生混凝土的强度有重要影响。当再生混凝土受压或承受动态荷载时，裂缝往往出现在界面处。而再生混凝土界面过渡区的力学性能和微观结构特征与粗骨料类型、粗骨料大小、配合比设计、水化龄期和搅拌工艺有关。因此，再生混凝土中由于再生粗骨料表面附着老砂浆，对再生混凝土材料和结构行为的研究变得更加复杂。

本节发展了模型化混凝土理论，建立了模型再生混凝土的理论和方法，如图 2.4.2 所示。通过模型化再生混凝土的方法，可以更好地揭示再生混凝土中各相材料特性的影响，实现对再生混凝土力学性能劣化机理以及改善方法的研究。

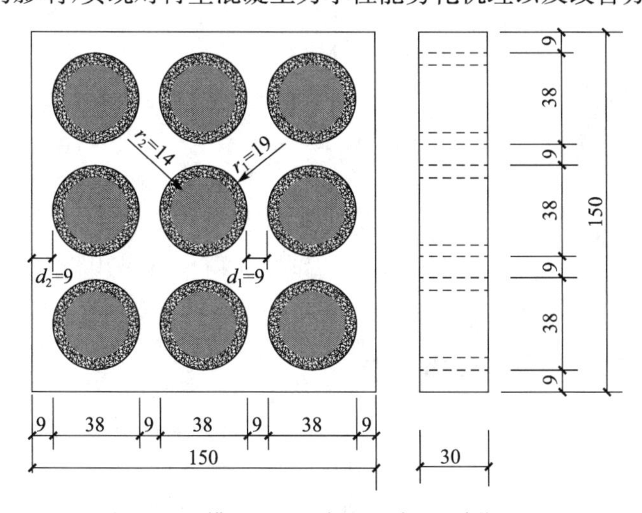

图 2.4.2　模型再生混凝土示意图(单位:mm)

3. 模型再生混凝土及其实现

一般的再生混凝土虽然有真实的组成和结构，但内部是一个“黑箱”，无法了解内部的变化和损伤演化过程。通过在圆柱形天然粗骨料(见图 2.4.3(a))外围附着不同组分、不同厚度、不同强度、不同龄期的老砂浆，形成模型再生粗骨料(见图 2.4.3(b))，以一定的取代率(0、50%、100%)制备出模型再生混凝土(见图 2.4.3(c))。这个模型可以充分地反映再生混凝土多界面的特点，可以跟踪测试在不同荷载和环境下的受力开裂过程，为揭示再生混凝土的性能劣化与提升原理提供一种新的手段。

(a) 模型天然粗骨料

(b) 模型再生粗骨料

(c) 模型再生混凝土模板

图 2.4.3　模型再生混凝土的实现过程

2.4.3　模型再生混凝土的应用

1. 单轴受压性能

1）试验分析

试验模型由 9 颗圆柱形再生粗骨料和水泥砂浆浇筑而成。粗骨料在砂浆中呈现网格状均匀排列，再生粗骨料之间的间距保持不变。试件尺寸为 150mm×150mm×30mm，再生粗骨料的粒径为 38mm，粗骨料之间的间距为 9mm，再生粗骨料外包裹的老砂浆厚度为 5mm，如图 2.4.4 所示。

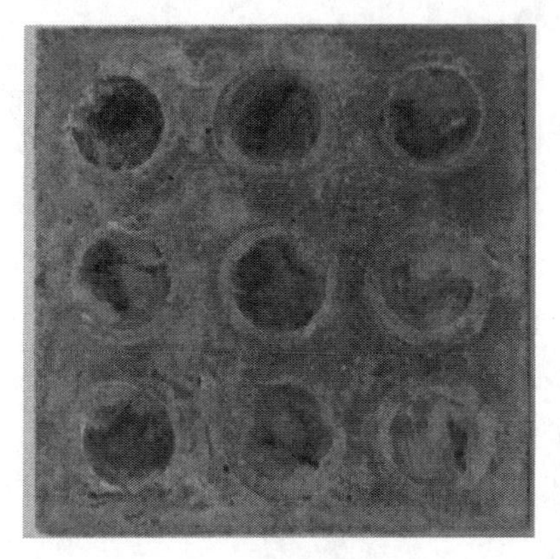

图 2.4.4　模型再生混凝土

试验加载设备采用 Instron-559 刚性试验机进行受压加载。在加载过程中以高速拍照技术记录试件表面的信息，用于数字图像处理技术分析，最终获得试件表面的裂缝开展信息。另外，在试件两侧贴有应变片，获取峰值荷载试件的竖向应变值。

模型再生混凝土单轴受压加载装置如图 2.4.5 所示。在加载过程中，需要保持试件的上下表面相互平行，防止试件在加载过程中出现局部受压和整体失稳等现象。采用与数字图像技术相匹配的高速摄像仪，在试验加载过程中每 5s 拍摄一张图片。另外，在试件旁边放置一个刻度尺，用于图像处理技术中有关试件变形数值的标定。为了减小试件和试验机压块之间的摩擦力，在它们之间设置一层特氟龙薄膜，来减少摩擦力效应。通过以上措施，实时观测并记录试件在加载过程中各级荷载下的裂缝和变形发展情况。

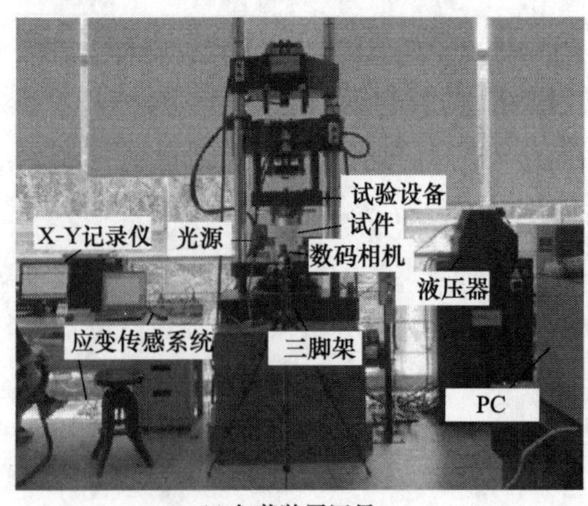

(a) 加载装置远景

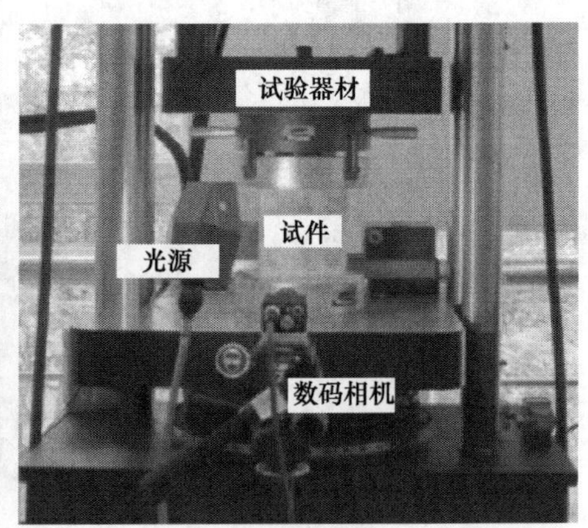

(b) 加载装置近景

图 2.4.5　单轴受压加载装置全景

试件应力-应变全曲线的上升段采用应变仪采集的应变数据，下降段则采用试验机得到的变形计算试件的应变。模型再生混凝土的单轴受压应力-应变曲线如图 2.4.6 所示。

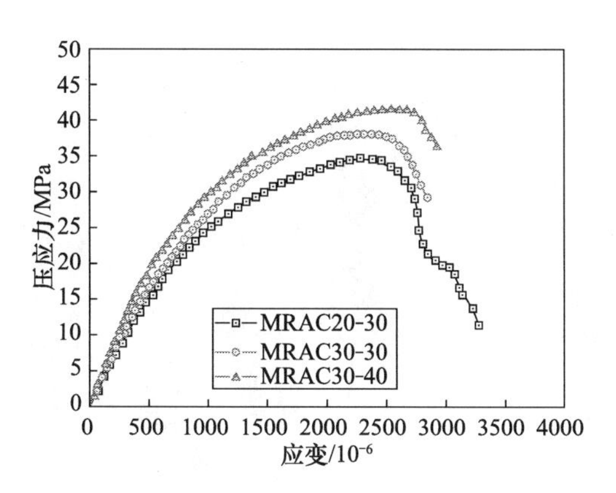

图 2.4.6　模型再生混凝土单轴受压应力-应变曲线

对模型再生混凝土进行了单轴受压试验研究，分析再生混凝土的裂缝开展和破坏机理，并对比了不同模型化混凝土的力学性能和破坏特征，得到以下结论：

(1) 模型再生混凝土和再生混凝土中界面过渡区均存在大量的孔隙，是微观结构中的薄弱环节。在受力过程中再生混凝土的初始微裂缝通常最先出现在界面过渡区。

(2) 模型再生混凝土是再生混凝土研究的一种简化试件模型，它能真实反映再生混凝土应力-应变曲线的非线性特征，是研究再生混凝土裂缝开展和破坏机理的有效方法。

(3) 模型再生混凝土中的微裂缝最先出现在界面过渡区，并随着荷载增大，向砂浆区域延伸扩展。微裂缝最先出现在老界面过渡区还是新界面过渡区，与新老界面过渡区的相对力学性能有关。

(4) 比较不同粗骨料的模型化混凝土和水泥砂浆的受压试验结果，发现裂缝开展和破坏形态与粗骨料类型有关。由于再生粗骨料的力学性能比天然粗骨料差，再生混凝土的力学性能和破坏特征与普通混凝土有明显差别[11]。

2) 数值模拟

基于线弹性和非线性有限元方法，对模型再生混凝土在单轴受力下的性能进行仿真分析，采用 ABAQUS 建立有限元模型，如图 2.4.7 所示。

在线弹性有限元分析中，模型再生混凝土中天然粗骨料、新老砂浆的力学性能(弹性模量和泊松比等)通过力学试验获得。新老界面过渡区与相应新老砂浆的相对弹性模量采用纳米压痕技术获取，但新老界面过渡区的泊松比取值均为 0.20。改变老砂浆的厚度，分别取 3mm、5mm 和 7mm，老砂浆的体积分数为 11.68%、20.72%和 30.77%。在此线弹性有限元分析中，模型再生混凝土中的各相材料均处于弹性状态。

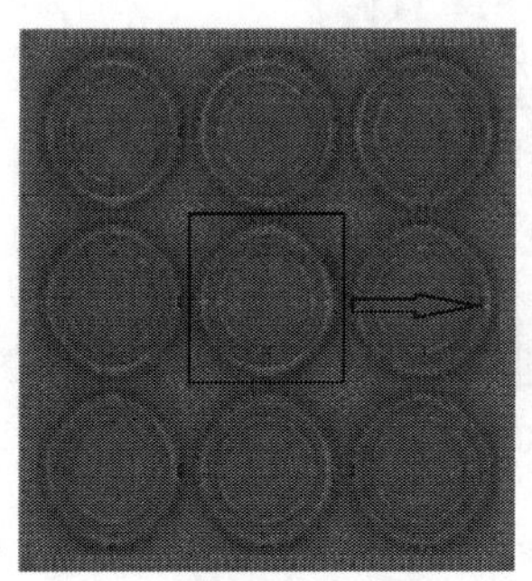

(a) 有限元整体模型

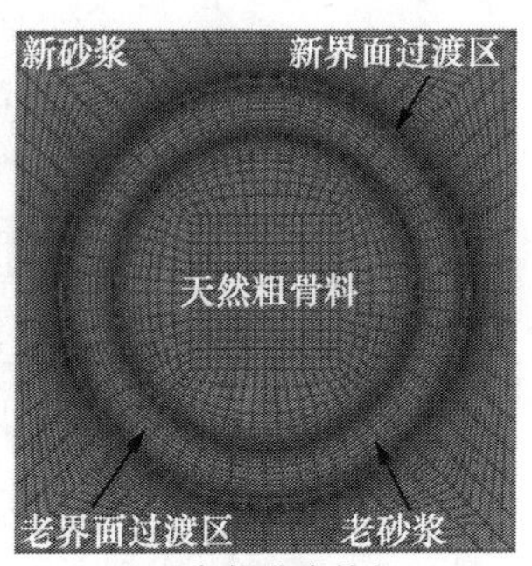

(b) 各相分布特征

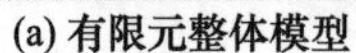

图 2.4.7　模型再生混凝土有限元模型

模型再生混凝土线弹性仿真各相材料力学性能参数如表 2.4.1 所示。对模型顶部施加 30N/mm^2 的竖向受压荷载，该荷载值的确定是考虑试件在此荷载作用下未进入明显的非线性阶段。模型再生混凝土应力云图如图 2.4.8 所示。模拟发现，在再生混凝土中，界面过渡区是薄弱环节，在拉应力和剪应力集中的部位往往最先出现微裂缝。模型再生混凝土中拉应力集中位置主要在新老界面过渡区，加上再生混凝土界面过渡区是再生混凝土中的薄弱环节，微裂缝在界面过渡区最先出现并随着荷载的增加发展成为宏观裂缝。

表 2.4.1　模型再生混凝土线弹性仿真各相材料力学性能参数

各相材料	体积分数/%	弹性模量/GPa	泊松比
天然粗骨料	24.62/24.62/24.62	40.0/70.0/100.0	0.16
老水泥砂浆	11.68/20.72/30.77	17.5/25.0/40.0	0.22
新水泥砂浆	63.09/54.00/43.90	16.1/17.5/25.0	0.22
老界面过渡区	0.18/0.18/0.18	10.0/17.5/25.0	0.20
新界面过渡区	0.43/0.48/0.53	9.2/16.1/23.0	0.20

注：体积分数分别为老砂浆厚度分别为 3mm、5mm 和 7mm 时对应的体积分数；弹性模量分别为老砂浆厚度分别为 3mm、5mm 和 7mm 时对应的弹性模量。

在非线性有限元分析中，采用 ABAQUS 软件的显式准静态求解方法。砂浆和界面过渡区采用塑性损伤力学本构关系，天然粗骨料采用线弹性本构。仿真计算中有两组参数需要输入，第一组是有关材料的力学本构关系，从力学试验中获得；第二组是损伤变量和非弹性变形的关系，一旦损伤变量确定下来，材料的非弹性应变和塑性应变均可确定。模型再生混凝土非线性仿真各相材料力学参数如表 2.4.2 所示。

表 2.4.2　非线性仿真各相材料力学参数

各相材料	厚度/μm	弹性模量/GPa	泊松比	受压强度/MPa	抗拉强度/MPa
天然粗骨料	—	70	0.16	—	—
老水泥砂浆	—	25	0.22	45.0	3.00
新水泥砂浆	—	23	0.22	41.4	2.76
老界面过渡区	50	20	0.20	36.0	2.40
新界面过渡区	60	18	0.20	33.1	2.21

以 MRAC30-30 为例，模型再生混凝土试验研究和仿真分析所得的应力-应变曲线如图 2.4.9 所示。

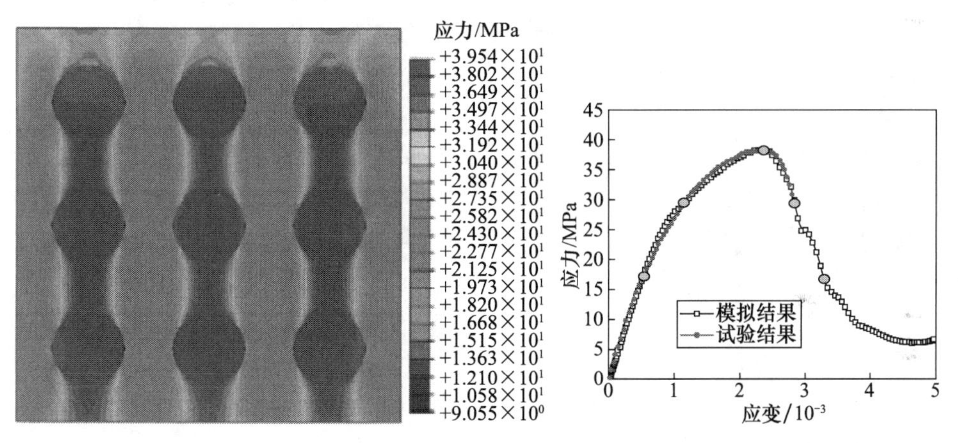

图 2.4.8　模型再生混凝土 von Mises 应力分布

图 2.4.9　模型再生混凝土(MRAC30-30)单轴受压应力-应变曲线

通过建立模型再生混凝土有限元仿真模型，讨论各相材料的力学性能对模型再生混凝土的应力-应变关系和破坏特征的影响，得到以下结论：

(1) 新砂浆对模型再生混凝土的单轴应力-应变曲线和破坏特征具有重要影响。当新砂浆的力学性能提高时，模型再生混凝土的强度提高，微裂缝出现的位置由新界面过渡区逐渐转移到老界面过渡区。

(2) 老界面过渡区和老砂浆的相对力学性能对模型再生混凝土的应力-应变曲线和破坏特征的影响明显。当增加老界面过渡区和老砂浆的力学性能比值时，模型再生混凝土的强度提高，但下降段变形能力降低。

(3) 新界面过渡区和新砂浆的相对力学性能对模型再生混凝土的受压强度影

响不明显，但受拉强度随着相对力学性能的提高而增大，而相对力学性能对模型再生混凝土的微裂缝开展和破坏特征有明显影响。

(4) 基于变参数分析，发现界面过渡区和砂浆的力学性能对再生混凝土的力学性能和破坏特征具有重要影响，随着新砂浆和界面过渡区力学性能的提高，再生混凝土的强度明显增大[12]。

2. 单轴受压动态力学特性

1) 试验分析

参照 9 骨料再生混凝土模型，设计不同类型的模型试件，进行不同应变速率下的单轴受压试验，研究不同应变速率对再生混凝土单轴受压力学性能的影响。试验设计了模型再生混凝土试件，其再生粗骨料取代率为 100%，由于再生混凝土的裂缝开展和破坏形态与新老砂浆强度的相对比值有关，试验中老砂浆强度等级均为 M30，新砂浆强度等级分别为 M20、M30 和 M40，得到了 3 种强度等级的试件；模型普通混凝土试件相当于再生粗骨料取代率为 0 的模型再生混凝土，其砂浆强度等级为 M30；并且了再生粗骨料取代率为 55% 的模型再生混凝土试件，其新老砂浆强度等级均为 M30，如图 2.4.10 所示。此外，还设计了相同几何尺寸的模型砂浆试件，其强度等级为 M30，每种工况 3 个试件。不同强度等级砂浆各组分含量如表 2.4.3 所示。

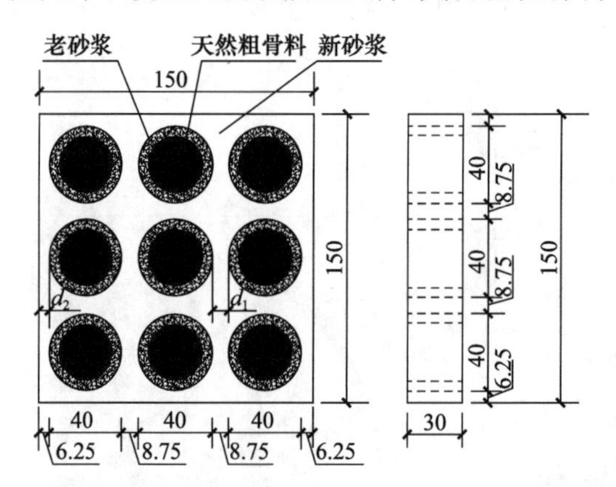

图 2.4.10　试件几何尺寸及构造(单位：mm)

表 2.4.3　砂浆各组分含量

混凝土强度等级	水灰比	材料用量/(kg/m³)		
		水	水泥	砂
M20	0.58	160	275.9	589.2
M30	0.45	160	355.6	565.3
M40	0.36	190	527.8	403.7

采用 MTS815.02 电液伺服试验系统进行加载，通过试验机高精度力传感器实测荷载，通过试验机位移传感器实测试验系统和试件的总位移，将 MTS 系统自带的引伸计安置在试件两侧以测量试件轴向应变，如图 2.4.11 所示。不同应变速率下试件应力-应变曲线如图 2.4.12 所示。

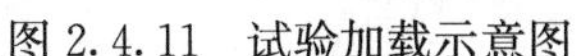
图 2.4.11　试验加载示意图

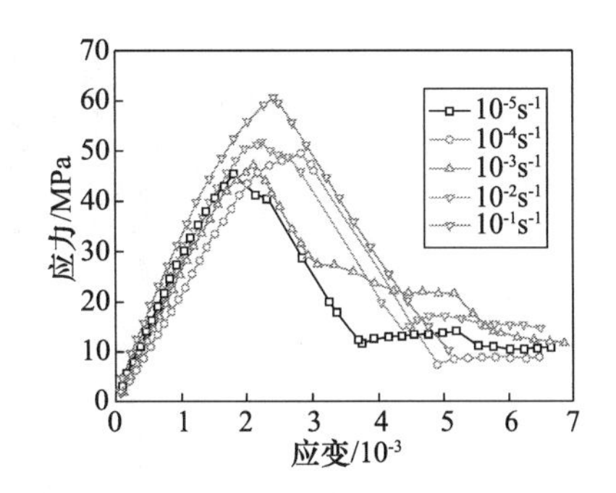

图 2.4.12　不同应变速率下试件应力-应变曲线

通过对模型再生混凝土的单轴受压动态力学特性的分析，得出以下结论：

(1) 在低应变速率下，模型再生混凝土试件裂缝首先在界面区附近形成，发展缓慢，逐渐贯通，有些裂缝斜向贯通，但试件基本没有完全断裂，且裂缝并不完全出现于试件中部。在高应变速率下，试件迅速开裂，裂缝开展速度较快，沿加载方向贯通形成若干主裂缝，裂缝相对较宽。

(2) 随着应变速率的提高，模型再生混凝土试件的应力-应变曲线形状相似，峰值应力和弹性模量均有增大的趋势。

(3) 模型再生混凝土试件新砂浆强度越低，峰值应力和弹性模量的动态效应越显著。

(4) 当再生粗骨料取代率为 55%时，峰值应力和弹性模量的动态效应最明显，取代率为 0 和 100%时动态效应差别不大。

(5) 砂浆的峰值应力和弹性模量的动态效应最显著；再生混凝土峰值应力的动态效应比普通混凝土大，而弹性模量的动态效应差别不大[13]。

2) 数值模拟

运用 ABAQUS 软件进行数值模拟分析，在数值模拟中，再生混凝土试件采用平面几何模型。天然粗骨料用直径为 30mm 的圆形来表示，老界面过渡区为天然粗骨料外围的一层薄层单元，老界面过渡区外围设定为厚度 5mm 的老砂浆，新界面过渡区为老砂浆外围的一层薄层单元，其余全部为新砂浆。老界面过渡区和新界面过渡区的厚度分别设置为 50μm 和 60μm，沿径向划分为两个单元。再生混凝土模型网格划分如图 2.4.13 所示。砂浆和界面过渡区的本构关系均采用 ABAQUS 中的混凝土损伤塑性模型，采用 ABAQUS/Explicit 显式求解器求解。在试件顶部定义均匀分布位移荷载，通过位移控制模式加载。

这里分别比较了试验和模拟的峰值应力、弹性模量和峰值应变随应变率的变化情况，其中新老砂浆强度均为 M30 的试件峰值应力与应变率关系对比如图 2.4.14 所示。

为了研究取代率对再生混凝土率敏感性的影响，该模拟中考虑了 5 个取代率，

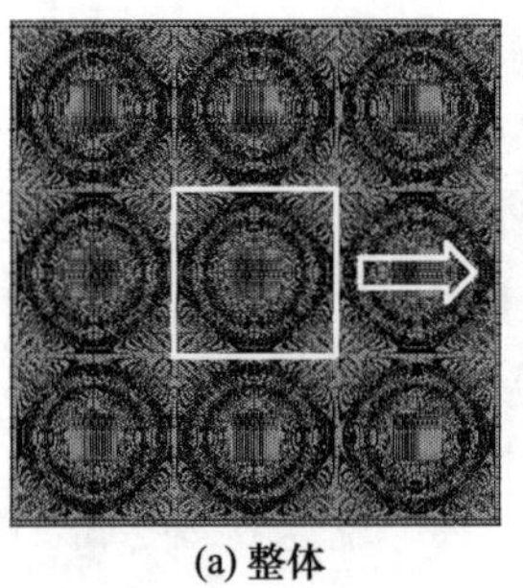
(a) 整体

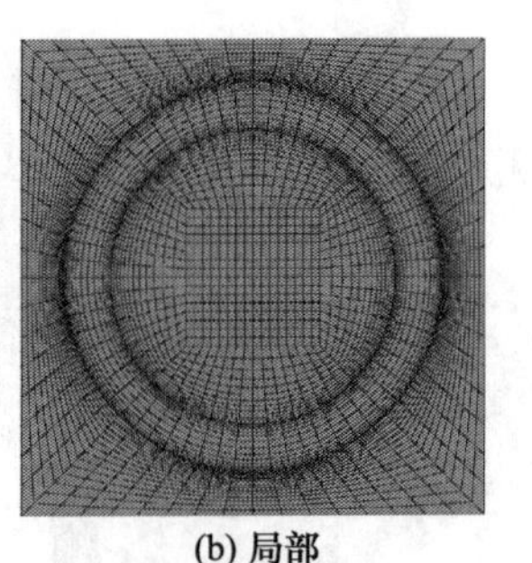
(b) 局部

图 2.4.13　再生混凝土模型网格划分

即 0、33%、55%、66%和 100%。在该模拟中,所有的材料参数均不发生改变,只是将 MRAC30-30 中的部分老砂浆和老界面过渡区的材料参数赋予为骨料的材料参数,这就相当于将再生粗骨料替换成了天然粗骨料。

为了研究新砂浆强度对再生混凝土率敏感性的影响,模拟设置了不同新砂浆的 3 种试件,即 MRAC30-20、MRAC30-30 和 MRAC30-40,分别代表老砂浆为 M30,新砂浆为 M20、M30 和 M40 的再生混凝土试件。为了研究老砂浆强度对再生混凝土动态力学性能的影响,模拟设置了不同老砂浆的三种试件,即 MRAC20-30、MRAC30-30 和 MRAC40-30,分别代表新砂浆为 M30,老砂浆为 M20、M30 和 M40 的再生混凝土试件。模拟中 M20、M30 和 M40 砂浆的强度和弹性模量的比值均为 0.75∶1∶1.25。考虑到混凝土类材料的强度越低,其率敏感性越显著的特征[14],通过将 M20 砂浆和 M40 砂浆的峰值应力以及弹性模量分别增加 15%和 5%的方式来考虑每增加一级应变率的影响。

分别研究取代率、新砂浆强度、老砂浆强度对再生混凝土率敏感性的影响,其中不同取代率的再生混凝土峰值应力与应变率的关系如图 2.4.15 所示。

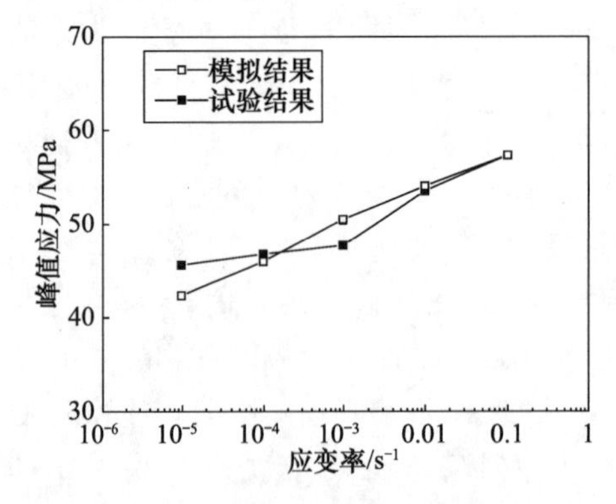

图 2.4.14　试验结果与模拟结果的峰值应力与应变率关系对比

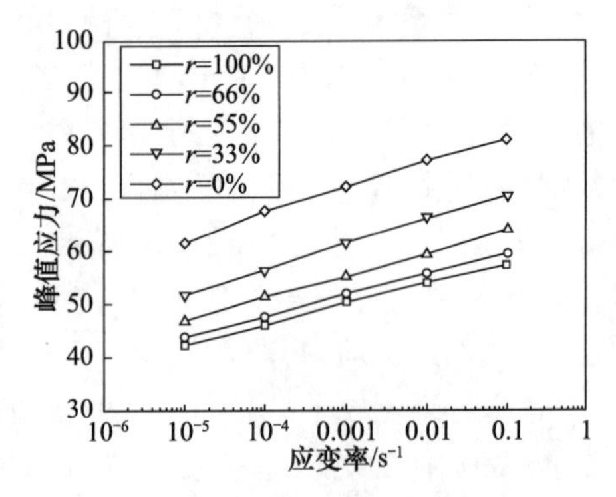

图 2.4.15　不同取代率的再生混凝土峰值应力与应变率的关系

对模型再生混凝土的单轴受压动态力学性能进行了细观数值模拟与计算分析，可得到以下结论：

(1) 该有限元模型可以较好地模拟再生混凝土的率敏感性，且模拟结果中也得到了与试验结果类似的规律。再生混凝土的峰值应力和弹性模量随着应变率的增大近乎线性增大，且弹性模量的增长更加均匀；峰值应变随应变率的增大没有明显变化。

(2) 砂浆部分的率敏感性对再生混凝土整体的峰值应力和弹性模量率敏感性影响起主要作用，而界面过渡区和骨料部分的率敏感性对其影响较小。

(3) 再生粗骨料取代率越大，再生混凝土弹性模量的率敏感性越大；再生粗骨料取代率为 33%、55%、66% 和 100% 的再生混凝土的峰值应力率敏感性差别不大，且均比普通混凝土高。

(4) 随着新、老砂浆强度降低，再生混凝土的弹性模量率敏感性增大；而峰值应力率敏感性随新砂浆强度的降低而增大，随老砂浆强度的降低并未呈现增大趋势[14]。

3. 徐变特性的试验与数值分析

再生混凝土中，再生粗骨料中老砂浆的存在使再生混凝土的徐变问题变得复杂。一方面，老砂浆使再生粗骨料弹性模量低于天然粗骨料，降低了骨料对混凝土徐变的约束；另一方面，老砂浆本身也将产生一定的徐变，这些都将增加再生混凝土的徐变，使再生混凝土的徐变高于普通混凝土。本节在对再生混凝土徐变试验研究的基础上，通过将再生混凝土模型化为单骨料的平面混凝土模型，利用 ANSYS 软件研究老砂浆对再生混凝土徐变的影响机理，并与试验结果进行对比分析。

每种配合比分别制作 9 个 100mm×100mm×100mm 的棱柱体试件、3 个 100mm×100mm×400mm 的立方体试件。其中 3 个棱柱体试件用于测量极限抗压强度以计算徐变试验持荷应力，3 个棱柱体试件用于测量弹性模量，2 个棱柱体试件用于徐变试验，1 个棱柱体试件用于收缩试验，立方体试件用于测量混凝土的 28d 抗压强度。混凝土的配合比如表 2.4.4 所示，试验结果如图 2.4.16 所示。

表 2.4.4　混凝土配合比

试件编号	混凝土配合比/(kg/m³)						
	水泥	水	细骨料	天然粗骨料	天然细骨料	减水剂	附加水
NC	426	170	609	1152	0	4.26	0
RAC50	426	170	609	576	529	5.11	18.7
RAC100	426	170	609	0	1058	5.11	37.4

注：NC 为天然混凝土，RAC50 和 RAC100 为再生粗骨料取代率为 50%和 100%的再生混凝土。

采用 ANSYS 软件时，新砂浆和老砂浆采用 Solid185 实体单元模拟，新砂浆、老砂浆单元徐变模型采用时间硬化模型。图 2.4.17 为模型再生混凝土的有限元模型。图 2.4.18 为模型再生混凝土徐变试验值与有限元计算值的对比。

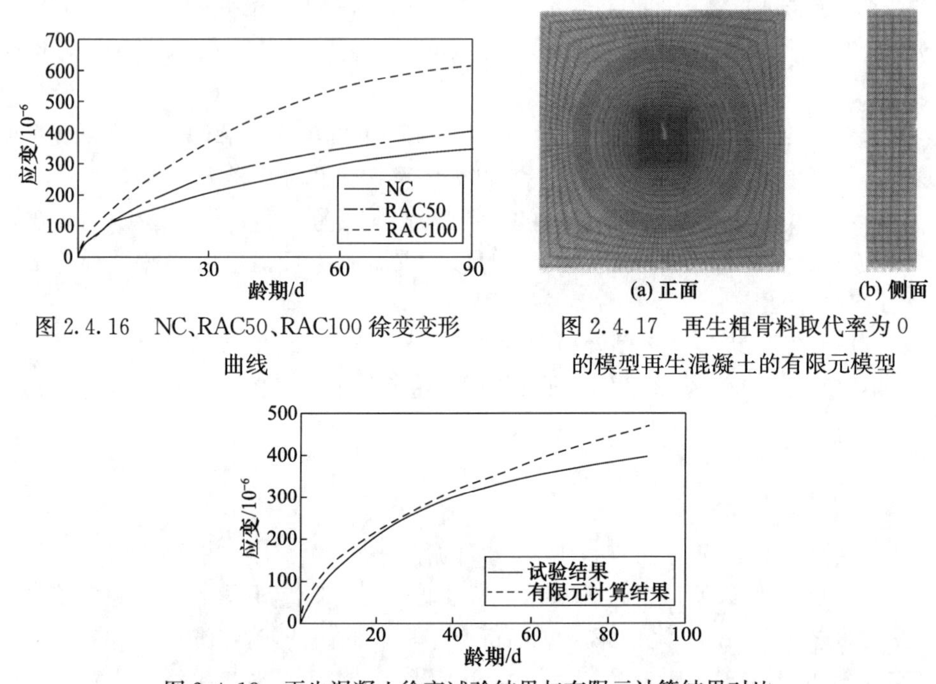

图 2.4.16　NC、RAC50、RAC100 徐变变形曲线

图 2.4.17　再生粗骨料取代率为 0 的模型再生混凝土的有限元模型

图 2.4.18　再生混凝土徐变试验结果与有限元计算结果对比

通过对模型再生混凝土的徐变试验和数值模拟，得到以下结论：

(1) 再生混凝土的徐变变形高于普通混凝土，且随再生粗骨料取代率的增加而增加。

(2) 通过将再生混凝土模型化为单骨料的平面模型，可以利用 ANSYS 有限元软件计算并预测再生混凝土的徐变变形，其中普通混凝土及再生混凝土徐变有限元计算值和试验值相差不大；再生粗骨料取代率为 50%的再生混凝土前期徐变的预测结果和试验值基本一致，后期预测结果略高于试验值。

(3) 模型再生混凝土中砂浆的应力随时间而减小，粗骨料的应力却随时间而增加。老砂浆的存在使新砂浆和天然粗骨料应力随时间的变化而减小，这使得再生混凝土的徐变高于普通混凝土。

4. 氯离子扩散性能

1) 试验分析

与普通混凝土相比，再生粗骨料表面附着老砂浆，其孔隙率比普通粗骨料高，再生混凝土界面过渡区的微观结构不同于普通混凝土[15]。随着再生粗骨料取代率的增加，再生混凝土总的孔隙率和孔隙半径也增加[16]。Otsuki 等[17]研究表明，再生混凝土的抗氯离子渗透性略低于普通混凝土[19]。然而，再生混凝土的抗氯离子渗透性可以通过增加强度等级[18,19]、矿物掺合料[18]和搅拌方式[20,21]来控制。Villagrán-Zaccardi 等[22]的研究也显示，沿海暴露环境下的再生粗骨料对再生混凝土有双重作用，它可以同时提高氯离子的渗透性和结合能力。但针对再生混凝土多相复合非均质结构相关的氯离子扩散细节的研究较少。在一些研究中，普通混凝土被看成两相[23]、三相[24]或者四相[25]复合材料。再生混凝土的微观结构比普通混凝土要复杂得多，因此为了更好地了解氯离子的扩散细节，将再生混凝土看成非均质材料是合理的。本节将再生混凝土看成由天然粗骨料、老界面、新界面、老砂浆、新砂浆组成的多相材料。

本次试验将混凝土看成一个复合材料，粗骨料镶嵌在一个连续的砂浆基体里面，两者通过界面过渡区相连。选择尺寸为 26mm×18mm 的矩形骨料作为再生混凝土中的再生砂浆骨料和天然砂浆骨料。选择附着砂浆的厚度为 5mm，且其在真实老砂浆厚度的范围内。粗骨料之间的水平距离为 10mm，竖向距离为 15mm，粗骨料距离模型再生混凝土底部、竖直面和上表面的距离依次为 2mm、19mm、6mm。将模型再生混凝土里面的粗骨料分为 2 列和 2 行，以体积计算再生粗骨料取代率，体积取代率为 0(100%)对应全天然(再生)粗骨料模型混凝土，体积取代率为 50%对应包含两个再生砂浆骨料和两个天然砂浆骨料的模型混凝土。新砂浆和老砂浆的配合比如表 2.4.5 所示，新砂浆的砂粒含水率为 3.6%，减水剂为聚羧酸减水剂。

表 2.4.5　新砂浆和老砂浆的配合比

系列	水泥	水	砂子	龄期/d	振捣情况
新砂浆	1	0.35	1.64	110～123	轻微振捣
老砂浆-1	1	0.40	3.5	341～354	充分振捣
老砂浆-2	1	0.67	3.5	341～354	充分振捣

通过混凝土氯离子扩散系数快速测定方法，测试了模型再生混凝土的表观氯离子扩散系数，测试结束后，被测试件被劈裂成两半，其中一半用 5%的硝酸银溶液进行显色，另一半用于对比。每个模型再生混凝土中 3 个相同试件的平均氯离子扩散系数如表 2.4.6 所示。

表 2.4.6　RCM 法测定的氯离子扩散系数

样本	氯离子扩散系数/(10^{-6}mm/s)	老砂浆类型	模型再生混凝土数目
RCA0	6.12	老砂浆-1	4
RCA50-11-12	9.57	老砂浆-1	4
RCA50-11-22	11.1	老砂浆-1	4

续表

样本	氯离子扩散系数/(10^{-6}mm/s)	老砂浆类型	模型再生混凝土数目
RCA50-21-12	12.6	老砂浆-1	4
RCA50-11-21	11.3	老砂浆-1	4
RCA100	13.0	老砂浆-1	4
新砂浆	14.8	—	0
老砂浆-1	9.57	—	0
老砂浆-2	18.0	—	0
RCA 老砂浆-1	11.0	老砂浆-1	1
RCA 老砂浆-2	14.0	老砂浆-2	1
天然粗骨料	—	—	—

通过采用特定骨料分布的模型混凝土,研究氯离子扩散的特征,这有助于了解氯离子在再生混凝土中扩散的过程。受到氯离子浓度驱动的模型再生混凝土,用来反映粗骨料分布对再生混凝土中氯离子扩散的影响。得到以下结论:

(1) 模型再生混凝土氯离子扩散率通常随着再生粗骨料体积取代率的增加而变大。对于相同的体积取代率,由于模型再生粗骨料的不同组合作用,模型再生混凝土中氯离子浓度的分布也不相同。

(2) 尽管氯离子通常向再生混凝土内部扩散,在不同位置,氯离子扩散的大小和方向也不相同。与砂浆和天然粗骨料相比,界面过渡区中氯离子浓度的变化率更大。

(3) 对于氯离子扩散率和浓度,模型再生混凝土的变异系数随着体积取代率的变化是一致的,即它们均出现低—高—低的形式[26]。

2) 数值模拟

采用有限元软件 ABAQUS 建立模型再生混凝土的有限元模型,模拟二维自由氯离子扩散的过程。通过变参数分析不同细观层次的扩散系数对再生混凝土氯离子浓度分布的影响。

为反映氯离子在再生混凝土中的扩散特征,假设从半无限体再生混凝土中取出单位厚度且边长为 100mm 的正方体,其表面暴露在氯盐环境中,考虑真实再生混凝土的几何特征,数值分析的相关参数如表 2.4.7 所示。建立 9 骨料规则分布的再生混凝土模型,并用有限元软件 ABAQUS 对其进行有限元网格划分,网格采用自由网格,网格单元形状以四边形为主,算法为进阶算法,并在合适的地方使用映射网格,如图 2.4.19 所示。

表 2.4.7 数值分析的相关参数

最大扩散深度/mm	最大横向距离/mm	天然粗骨料直径/mm	老界面厚度/mm	老砂浆厚度/mm	新界面厚度/mm	再生粗骨料体积分数/%
100	100	11.894	0.05	0.5	0.05	40

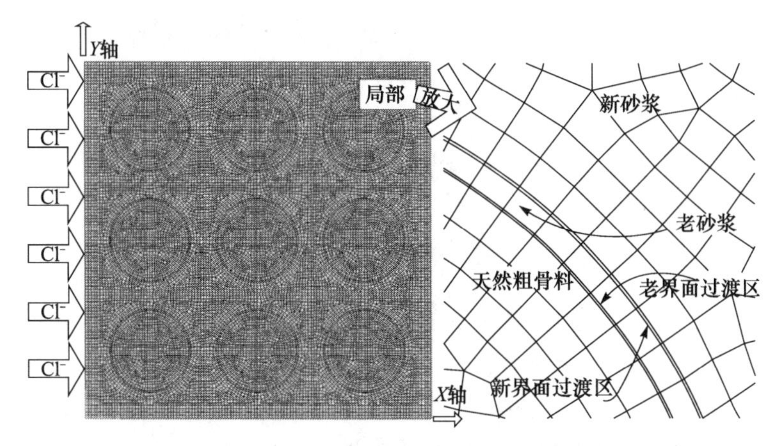

图 2.4.19　带网格的模型再生混凝土

在计算完成时，提取相对氯离子浓度在不同位置的分布云图，如图 2.4.20 所示。不同界面过渡区扩散率下相对氯离子浓度沿扩散深度的分布如图 2.4.21 所示。

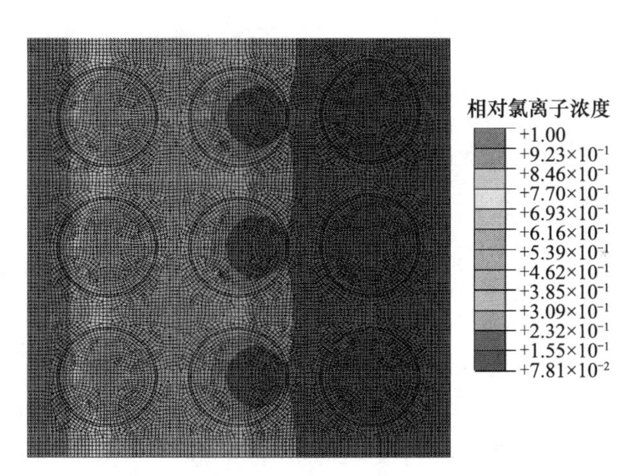

图 2.4.20　相对氯离子浓度在不同位置的分布

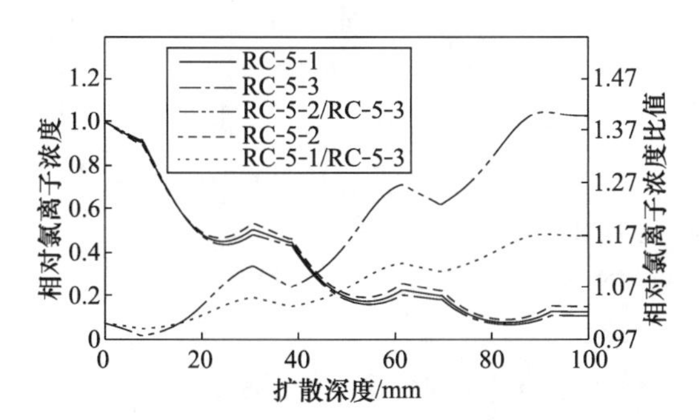

图 2.4.21　不同界面过渡区扩散率下相对氯离子浓度沿扩散深度的分布

再生混凝土的非均质性，使氯离子在混凝土内部的扩散呈现不均匀性。在附着老砂浆和界面过渡区扩散较快，在遇到天然粗骨料阻挡时，大部分氯离子“走向”发生改变，绕过天然粗骨料扩散，天然粗骨料内部的相对氯离子浓度一般小于相邻相的浓度，界面过渡区内部的相对氯离子浓度一般大于相邻相的浓度，再生混凝土内的氯离子浓度分布随着龄期增长而变大。随着再生粗骨料取代率的增加，氯离子在再生混凝土中扩散的速度加快，再生粗骨料取代率对较深部位的氯离子浓度影响比较明显。新(老)硬化水泥砂浆的氯离子扩散系数的变化影响再生混凝土中氯离子浓度分布，扩散部位越深，变化越明显。增加附着砂浆的厚度，模型再生混凝土内氯离子浓度明显增加，沿着扩散方向的起伏较大。界面过渡区氯离子扩散率的提高，使再生混凝土的氯离子浓度有所提高，且扩散深度越大，变化越明显。采用骨料改性的措施降低老砂浆附着率和附着老砂浆孔隙率，可以降低其氯离子扩散系数；采用低水灰比搅拌再生混凝土可以降低新砂浆的扩散率，同时采用骨料强化等措施减小界面过渡区的厚度和孔隙也可以便降低其氯离子扩散系数[27,28]。

5. 再生粗骨料碳化改性

1) 试验分析

与天然粗骨料相比，由于再生粗骨料附着老砂浆的影响，再生粗骨料具有孔隙率高、密度小、吸水性大和强度低等特点[29]，进而大大降低再生混凝土的力学性能和耐久性能，这些不利因素导致再生粗骨料的大规模使用受到限制。因此，为了克服这些不利因素，需要对再生粗骨料进行改性强化处理，目前主要有物理强化法和化学强化法两类。碳化能够有效地增强再生粗骨料附着老砂浆的密实性能，并降低其孔隙率和吸水性，提高再生粗骨料的密度和强度[30]。而老砂浆的吸水性是影响再生粗骨料和新砂浆黏结性能的关键，因此可以预测碳化能够改善再生粗骨料和新砂浆的黏结性能，从而使碳化能够达到改性的目的。

碳化试验所采用的试件有模型再生粗骨料以及用于检测碳化深度的纯砂浆体。模型再生粗骨料老砂浆的水灰比分别为 0.37、0.45 和 0.68，而对应的纯砂浆体的水灰比也是这三种类型。试验在以往研究的基础上对模型再生混凝土试件进行优化设计，每个试件的尺寸均为 120×120×30mm，且每个试件只有一个模型骨料，并位于试件的正中心，老砂浆的厚度为 5mm，其强度等级分为 M20、M30 和 M40。沿着老砂浆的外围再浇筑新砂浆，新砂浆强度等级也分为 M20、M30 和 M40。试验中砂浆的配合比按照《普通混凝土配合比设计规程》(JGJ 55—2000)进行设计，如表 2.4.8 所示。

将碳化和未碳化的模型再生粗骨料都用来制作模型再生混凝土试件。各类模型骨料及其对应的模型混凝土试件的具体信息如表 2.4.9 所示。

表 2.4.8　不同强度等级砂浆的配合比

强度等级	水灰比	材料用量/(kg/m³)		
		水泥	水	砂
M20	0.68	529	353	1224
M30	0.45	680	333	1098
M40	0.37	835	316	974

表 2.4.9　各类模型骨料及其对应的模型混凝土试件

模型骨料编号	附着老砂浆水灰比	附着老砂浆厚度/mm	老砂浆是否碳化	模型骨料对应的模型混凝土试件编号	模型混凝土试件中新砂浆水灰比	数量/个
MRA1	0.37	5	是	MRC1	0.45	4
MRA2	0.37	5	否	MRC2	0.45	4
MRA3	0.68	5	是	MRC3	0.45	4
MRA4	0.68	5	否	MRC4	F0.45	4
MRA5	0.45	5	是	MRC5	0.37	4
MRA6	0.45	5	否	MRC6	0.37	4
MRA7	0.45	5	是	MRC7	0.45	4
MRA8	0.45	5	否	MRC8	0.45	4
MRA9	0.45	5	是	MRC9	0.68	4
MRA10	0.45	5	否	MRC10	0.68	4

注:(1) 老砂浆是否碳化一列中,“是”和“否”分别表示对应的模型再生骨料经过二氧化碳碳化和不经过二氧化碳碳化。

(2) 模型骨料养护 28d 之后,若不经过二氧化碳碳化,则仍然放在养护室中直至其他骨料碳化完成后再一同浇筑新砂浆。

采用实验室加速碳化法,二氧化碳强化骨料试验装置如图 2.4.22 所示,当碳化箱的温度、湿度和二氧化碳浓度均达到设定值并保持恒定时,即可将干燥后的模型再生骨料转入碳化箱中进行碳化试验。

碳化结束之后,将所有碳化和未碳化的模型再生粗骨料都用来制作模型再生混凝土试件,随后用推出试验来研究模型再生粗骨料的碳化对推出强度的影响,以反映在模型再生混凝土试件中界面区的黏结性能。

采用型号为 YHD-30 的位移传感器,测量模型骨料底部中心的竖向位移,测量精度为 0.003mm。将位移计固定在试验机上,并将位移计的触头与模型骨料底部正中心相接触,用于测量在加载过程中模型骨料底部的竖向位移,如图 2.4.23 所示。

在外力的作用下,模型再生混凝土试件中心的模型骨料将会被推出去,观察界面区的破坏形式并记录相应的推出力。

模型再生粗骨料的碳化试验表明,随着碳化龄期的增长,砂浆的碳化深度逐渐增大,碳化程度也逐渐增强。碳化深度较大的区域主要集中在砂浆的侧面和底部,越靠近砂浆的底部,碳化深度越大,砂浆的顶部由于在浇筑过程中变得密实,其碳化深度相对较小。当碳化龄期达到 21d 时,砂浆的最大碳化深度已有 20mm,经酚

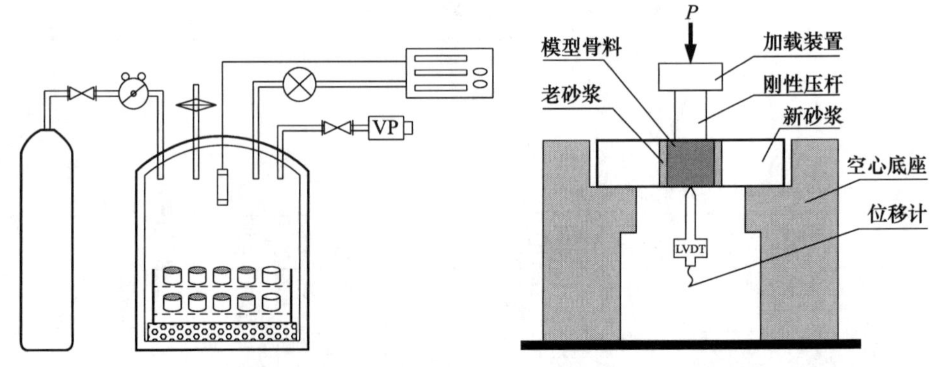

图 2.4.22　二氧化碳强化骨料的试验装置　　　图 2.4.23　模型骨料推出试验装置

酞测试的结果也表明此时未碳化区的红色范围很小，而且颜色较浅，说明碳化龄期21d时砂浆的碳化程度已经很高，模型再生粗骨料即可用于制作模型再生混凝土试件。

模型再生混凝土试件的推出试验表明，模型再生骨料经过碳化改性之后，其对应模型试件的推出强度普遍有所提高，而峰值推出力所对应的峰值位移则有所减小，说明模型再生骨料经过碳化改性之后，不仅能提高界面区的黏结性能，同时也能改善界面区的脆性性能。不管模型再生骨料碳化与否，随着新老砂浆水灰比的减小，模型试件的推出强度随之增大，而峰值位移的变化规律则表现不明显。模型再生混凝土试件的破坏过程中，除了模型骨料被推出去之外，部分试件的底面还会出现不同类型的裂缝，每种类型的裂缝具有各自的特征，如裂缝的条数、裂缝的分布等。

2）数值模拟

在有限元模拟中，将再生混凝土看成由天然粗骨料、老界面、老砂浆、新界面、新砂浆组成，这里将这五个部分分开建模。本构关系采用损伤塑性模型，界面和砂浆的本构关系如图 2.4.24 所示，认为天然粗骨料是线性各向同性材料。模型再生混凝土的各项力学参数如表 2.4.10 所示。

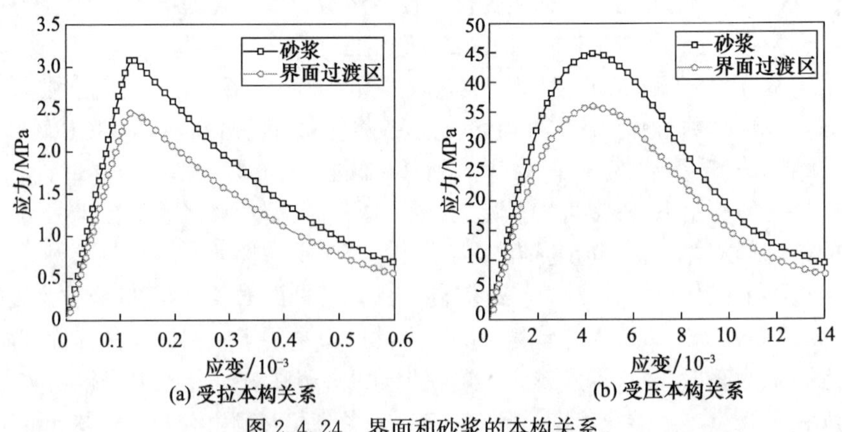

图 2.4.24　界面和砂浆的本构关系

表 2.4.10　模型再生混凝土各项力学参数

材料	厚度/μm	弹性模量/GPa	泊松比
天然粗骨料	—	70	0.16
老硬化砂浆	—	25	0.22
新硬化砂浆	—	23	0.22
老界面过渡区	50	20	0.20
新界面过渡区	60	18	0.20

采用 ABAQUS 建立数值模型，模拟模型再生混凝土试件的推出试验，并将模拟结果与试验结果进行对比和分析。由于模型再生混凝土的对称性，这里建立四分之一模型以减少计算时间，并采用 ABAQUS/Explicit 进行求解计算。

运用该模型进行推出试验，并与试验结果进行比较，结果如图 2.4.25 和图 2.4.26 所示。

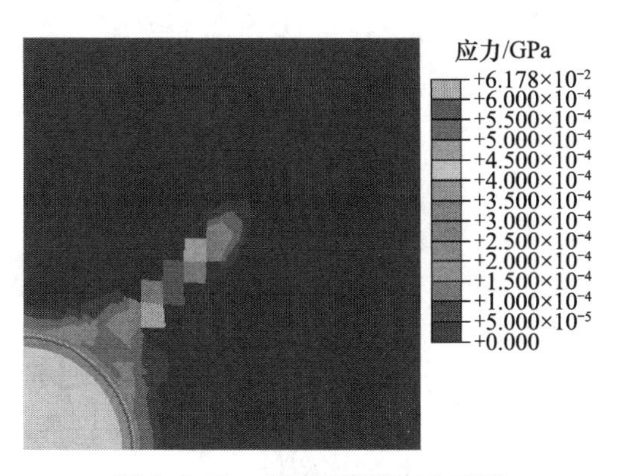

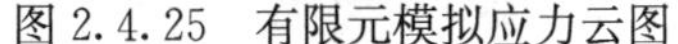
图 2.4.25　有限元模拟应力云图

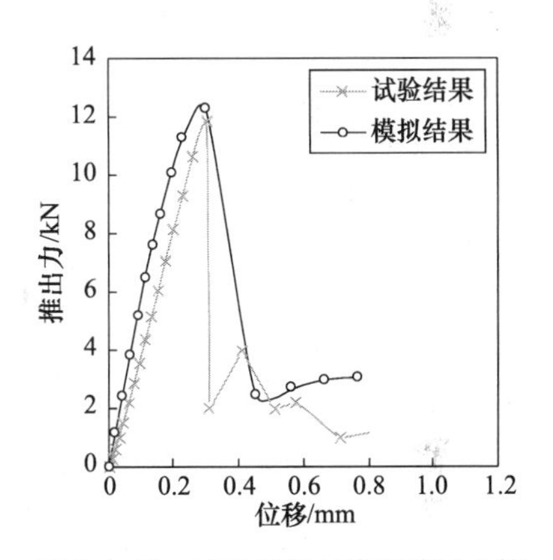

图 2.4.26　试验结果与模拟结果比较

试件的模拟结果如下：模型骨料顶面加载点处的应力较大，底面则几乎不受力；老砂浆顶面和底面处的应力接近，中部区域应力较大；新砂浆靠近模型骨料上部处的应力较小且分布小，靠近模型骨料下部处的应力则相对较大且分布很广，因此新砂浆中的应力分布呈锥体状。模型试件在受压过程中出现了四角翘起的现象，模型骨料整体被推出，新砂浆底部靠近模型骨料处的应力较大，试件实质上是冲切破坏。

从推出力-位移曲线来看，模拟结果和试验结果基本一致，曲线的上升段包括弹性阶段和塑性阶段，曲线下降段包括突变段和平稳段。试验中突变段的斜率要比模拟的更大，说明界面区的脆性性能在试验中的表现更明显。模拟和试验的峰值推出力基本接近，但是模拟的峰值位移要比试验值小。总体来说，模拟结果和试验结果吻合度较高[31]。

2.4.4 结论

经过对模型再生混凝土的系列研究，得到以下结论：

(1) 通过模型再生混凝土的手段，可以得到再生混凝土力学性能降低的一般规律。模型再生混凝土和真实再生混凝土具有相似的力学规律，运用模型再生混凝土，对再生混凝土进行简化分析，可得到应力-应变曲线等力学特性，从而得到力学性能降低的一般规律。

(2) 通过模型再生混凝土的方法，可得到再生混凝土的微观结构和力学性能，也可通过模型混凝土对改性方法进行研究。将两类研究成果相结合，从宏观层面对再生混凝土的性能进行改性和调整，从而达到控制力学性能的目的。

(3) 未来可以利用模型再生混凝土的概念，研究再生混凝土受拉和受剪性能、再生混凝土长期性能以及环境与荷载耦合效应等。

参 考 文 献

[1] 肖建庄. 再生混凝土[M]. 北京：中国建筑工业出版社，2008.

[2] Shah S P, Winter G. Inelastic behavior and fracture of concrete[J]. ACI Materials Journal, 1966, 63(9): 5-28.

[3] Buyukozturk O, Nilson A H, Slate F O. Stress-strain response and fracture of a concrete model in biaxial loading[J]. ACI Materials Journal, 1971, 68(8): 590-599.

[4] Liu T Y, Nilson A H, Slate F O. Stress-strain response and fracture of concrete in uniaxial and biaxial compression[J]. ACI Journal Proceedings, 1972, 69(31): 291-295.

[5] Maji A K, Shah S P. Application of acoustic emission and laser holography to study microfracture in concrete[J]. ACI Materials Journal, 1989, 112: 83-110.

[6] Choi S, Shah S P. Measurement of deformations on concrete subjected to compression using image correlation[J]. Experimental Mechanics, 1997, 37(3): 307-313.

[7] Choi S, Shah S P. Propagation of microcracks in concrete studied with subregion scanning computer vision(SSCV)[J]. ACI Materials Journal, 1999, 96(2): 255-260.

[8] Lawler J S, Keane D T, Shah S P. Measuring three-dimensional damage in concrete under compression[J]. ACI Materials Journal, 2001, 98(6): 465-475.

[9] Tregger N, Corr D, Graham-Brady L, et al. Modeling the effect of mesoscale randomness on concrete fracture[J]. Probabilistic Engineering Mechanics, 2006, 21(3): 217-225.

[10] Corr D, Accardi M, Graham-Brady L, et al. Digital image correlation analysis of interfacial debonding properties and fracture behavior in concrete[J]. Engineering Fracture Mechanics, 2007, 74(1-2): 109-121.

[11] 李文贵，肖建庄，袁俊强. 模型再生混凝土单轴受压应力分布特征[J]. 同济大学学报(自然科学版)，2012，40(6)：906-913.

[12] 肖建庄，李文贵，刘琼. 模型再生混凝土单轴受压性能细观数值模拟[J]. 同济大学学报(自

然科学版),2011,39(6):791-797.

[13] 肖建庄,袁俊强,李龙.模型再生混凝土单轴受压动态力学特性试验[J].建筑结构学报,2014,35(3):201-207.

[14] 李龙,肖建庄,黄凯文.再生混凝土力学性能的应变率敏感性数值模拟[J].东南大学学报(自然科学版),2017,47(4):776-784.

[15] Poon C S,Shui Z H,Lam L. Effect of microstructure of ITZ on compressive strength of concrete prepared with recycled aggregates[J]. Construction and Building Materials,2004,18(6):461-468.

[16] Kou S,Poon C S. Compressive strength,pore size distribution and chloride-ion penetration of recycled aggregate concrete incorporating class-F fly ash[J]. Journal of Wuhan University of Technology-Materials Science Edition,2006,21(4):130-136.

[17] Otsuki N,Miyazato S,Yodsudjai W. Influence of recycled aggregate on interfacial transition zone,strength,chloride penetration and carbonation of concrete[J]. Journal of Materials in Civil Engineering,2003,15(5):443-451.

[18] Du T,Fang L,Liu Z,et al. The chloride ion penetrability in recycled aggregate concrete with mineral admixtures[C]//Proceedings of the 10th International Symposium on Structural Engineering for Young Experts,Changsha,2008:1835-1842.

[19] 吴瑾,王浩.再生混凝土抗氯离子渗透性试验研究[C]//首届全国再生混凝土研究与应用学术交流会,上海,2008.

[20] Tam V W Y,Tam C M. Assessment of durability of recycled aggregate concrete produced by two-stage mixing approach[J]. Journal of Materials Science,2007,42(10):3592-3602.

[21] Kong D,Lei T,Zheng J,et al. Effect and mechanism of surface-coating pozzalanics materials around aggregate on properties and ITZ microstructure of recycled aggregate concrete[J]. Construction and Building Materials,2010,24(5):701-708.

[22] Villagrán-Zaccardi Y A,Zega C J,Di Maio A A. Chloride penetration and binding in recycled concrete[J]. Journal of Materials in Civil Engineering,2008,20(6):449-455.

[23] Zeng Y W. Modeling of chloride diffusion in hetero-structured concretes by finite element method[J]. Cement and Concrete Composites,2007,29(7):559-565.

[24] Zheng J J,Zhou X Z. Three-phase composite sphere model for the prediction of chloride diffusivity of concrete[J]. Journal of Materials in Civil Engineering,2008,20(3):205-211.

[25] Li G Q,Zhao Y,Pang S S. Four-phase sphere modeling of effective bulk modulus of concrete[J]. Cement and Concrete Research,1999,29(6):839-845.

[26] Xiao J Z,Ying J W,Shen L M. FEM simulation of chloride diffusion in modeled recycled aggregate concrete[J]. Construction and Building Materials,2012,29:12-23.

[27] 应敬伟,肖建庄.模型再生混凝土氯离子非线性扩散细观仿真[J].建筑材料学报,2013,16(5):863-868.

[28] 肖建庄,应敬伟.再生混凝土二维 Cl^- 扩散细观数值模拟[J].同济大学学报(自然科学版),2012,40(7):1051-1057.

[29] 孙跃东,王涛.再生骨料强化对再生混凝土基本力学性能的影响[J].四川建筑科学研究,2010,36(4):212-215.

[30] 方永浩,张亦涛,莫祥银.碳化对水泥石和砂浆的结构及砂浆渗透性的影响[J].河海大学学报(自然科学版),2005,33(1):104-107.

[31] Wang C H,Xiao J Z,Zhang G Z,et al. Interfacial properties of modeled recycled aggregate concrete modified by carbonation[J]. Construction and Building Materials,2016,105:307-320.

第3章 再生混凝土力学性能与阻尼

3.1 再生混凝土砌块和多孔砖砌体受力性能及设计方法

郭樟根*，涂安，江涛，孙伟民，陈晨

本节研究开发性能满足规范要求的、面向建筑的再生混凝土砌体材料。在实验室及工厂分别制作了再生粗骨料替代率为75%的再生混凝土空心砌块和多孔砖；研究了再生混凝土墙体材料的力学性能、收缩和抗冻融性能；进行了再生混凝土砌块和多孔砖砌体的基本力学性能试验，包括应力-应变曲线及弹性模量、抗压及抗剪强度等；进行了再生混凝土砌块和多孔砖砌体轴心及偏心受压试验以及在低周反复荷载作用下的试验，研究了砌体的破坏形态、极限强度、滞回曲线、延性及耗能能力等抗震性能。研究结果表明，再生混凝土砌块和多孔砖的强度及耐久性能符合相关规范要求；再生混凝土砌块及多孔砖砌体的基本力学性能和普通砌块及砖砌体基本相似，但抗剪强度略低，建立了再生混凝土空心砌块和多孔砖砌体抗压和抗剪强度计算公式；再生混凝土空心砌块和多孔砖砌体在轴心及偏心竖向荷载作用下的受力性能和普通砌体基本相同，抗震性能和普通砌体墙基本相似，并提出了砌体的抗震受剪承载力计算公式。本节研究成果可为再生混凝土墙体材料的推广应用提供依据。

3.1.1 国内外研究现状

1. 国外研究现状

2002年，Poon等[1]对采用再生粗、细骨料制作的混凝土砖和铺地砌块的基本力学性能进行了试验研究。结果表明，再生粗、细骨料取代率为25%和50%时对块体的抗压强度影响不大，但是取代率更高时抗压强度有明显的降低，试块的横向强度(抗弯强度)随着再生粗骨料取代率的增加而增大。2006年，Poon等[2]又对采用再生混凝土及黏土砖骨料制作的铺地砌块进行了试验研究。结果表明，添加再生黏土砖骨料会明显降低砌块的密度、抗压强度及抗拉强度。这主要是因为再生

---

* 第一作者：郭樟根(1977—)，男，博士，教授，主要研究方向为绿色生态混凝土、结构加固改造。

基金项目：国家自然科学基金面上项目(50708045)。

黏土骨料的高吸水率导致再生砌块的吸水率大大增加。但是添加取代率为 50%的再生砖骨料制作的铺地砌块的强度满足相关规定的最低要求。2007 年，Poon 等[3]通过试验研究了不同污染材料含量(黏土、陶瓷、废玻璃碎片、木材)的再生粗骨料对再生铺地砌块受力性能和耐久性能的影响。研究结果表明，再生粗骨料中允许含有较多的污染材料，且对砌块力学性能的影响有限。此外，Lam 等[4]探讨了添加废弃玻璃来改善再生混凝土砌块力学性能。研究结果表明，添加少于 25%的废弃玻璃不会引起明显的碱-硅反应，当添加废弃玻璃较多时，掺入矿物掺合料(如粉煤灰和偏高岭土)可以有效控制碱-硅反应。添加废弃玻璃可以降低混凝土的吸水率，提高再生混凝土砌块的强度。2008 年，Poon 等[5]研究了粗骨料与水泥比值(骨灰比)和三种粗骨料(天然粗骨料、再生混凝土粗骨料及再生玻璃粗骨料)对预制混凝土砌块的受力性能。研究结果表明，砌块的强度随着骨灰比的增加而降低，砌块强度与粗骨料的抗压强度呈比例关系，砌块的吸水率与骨料颗粒的吸水率有良好的相关性，使用再生玻璃可以有效改善再生砌块的吸水率。2009 年，Poon 等[6]通过试验研究了添加低强度再生粗骨料对再生混凝土砌块密度、抗压强度、抗弯强度和收缩性能的影响规律。研究结果表明，低等级再生粗骨料中含有的土料等杂质会严重影响再生砌块的力学性能。2009 年，Corinaldesi[7]对采用再生粗骨料制作的再生砂浆和普通烧结黏土砖砌筑的砌体黏结强度、抗压强度及抗剪强度进行了试验研究。研究结果表明，虽然再生砂浆的力学性能较差，但再生砂浆与砖的黏结强度及抗剪强度大于普通砖砌体，主要是因为再生砂浆和黏土砖的界面区域结合密实。2011 年，Soutsos 等[8]研究了添加再生粗骨料制作建筑砌块、铺路砌块及路牙石的可能性，考察了分别添加粗骨料、细骨料以及粗细骨料对再生混凝土砌块受力性能(抗压强度和劈裂强度)的影响规律。研究结果表明，采用再生粗骨料制作再生混凝土砌块是可行的。2012 年，Matar 等[9]通过试验研究了再生粗骨料对预制混凝土空心砌块抗压强度的影响规律，探讨了再生粗骨料的合理取代率。研究结果表明，可以制作与普通混凝土砌块同等强度的再生粗骨料混凝土砌块；完全采用再生粗骨料制作混凝土时需要添加额外的水泥，经济性较差。2016 年，Bogas 等[10]对再生混凝土的材料及结构性能进行了系统的试验研究和理论分析，并将再生混凝土成功应用于工程实践。

2. 国内研究现状

近十多年来，国内同济大学、南京工业大学、北京工业大学、郑州大学、西安建筑科技大学等高校开展了再生混凝土砌体材料的研究，研究内容涉及块体力学性能和砌体的结构性能等。肖建庄等[11]、白国良等[12]、郭樟根等[13]制作了不同的再生粗骨料取代率的再生混凝土小型空心砌块，并进行了力学性能和耐久性能试验。试验结果表明，再生混凝土小型空心砌块的抗压强度低于普通混凝土小型空心砌块，但是，通过优化再生粗细骨料的比例，可以获得较为理想的抗压强度，满足承重砌块的强度要求，再生混凝土小型空心砌块的收缩性能和抗冻融性能均满足规范要求。郭樟根等[14~16]、肖建庄等[17]进行的再生混凝土空心砌块砌体基本力学性能试验表明，再生混凝土小型空心砌块砌体的受压性能、破坏特征及应力-应变曲线上升段和普通混凝土空心砌块砌体基本相似，再生混凝土空心砌块砌体的抗压强度平均值和弹性模量均可以按照《砌体结构设计规范》(GB 50003—2011)[18]推荐的公式进行计算；再生混凝土小型空心砌块砌体的抗剪性能低于普通混凝土空心砌块砌体。这主要是因为砌体的抗压强度主要取决于块体和砂浆强度，所以再生混凝土空心砌块对砌体的抗压强度影响不大，而砌体的抗剪强度主要取决于砂浆强度，再生混凝土空心砌块由于添加了结构松散、吸水率较大的再生粗骨料，砌块的吸水率大于普通砌块，造成砂浆水分流失较多，降低了砌体的抗剪强度。肖建庄等[17]进行的再生混凝土砌块砌体柱抗压承载能力试验研究以及郭樟根等[19]进行的再生混凝土空心砌块砌体轴心抗压承载力试验表明，再生混凝土空心砌块砌体柱及砌体的受压性能和破坏特征与普通混凝土空心砌块砌体柱及砌体相似，可以用《砌体结构设计规范》(GB 50003—2011)[18]中普通轴压构件的承载能力计算公式、砌体的受压承载力计算公式估算再生混凝土空心砌块砌体柱和砌体的轴压承载能力。倪天宇等[20]、肖建庄等[21]、张锋剑等[22]进行了再生混凝土空心砌块砌体抗震性能试验。研究结果表明，再生混凝土空心砌块砌体的抗震性能和普通混凝土空心砌块基本相同，耗能能力较强，延性等符合规范要求。刘立新等[23,24]、曹万林等[25]制作了不同再生粗骨料取代率的再生混凝土多孔砖，研究了再生粗骨料取代率对再生混凝土多孔砖抗压强度、抗折强度和耐久性能(收缩性能及抗冻融性能)的影响规律。研究结果表明，再生混凝土多孔砖的抗压强度随再生粗骨料取代率的增加而降低，但基本满足规范对砌体材料最低强度要求，再生混凝土多孔砖的收缩变形、冻融循环试验结果均符合规范要求。此外，郭樟根[26,27]、郝彤等[28]还对再生混凝土多孔砖砌体的抗压及抗剪性能、再生混凝土多孔砖砌体的受压性能及抗震性能进行了系统的试验研究和理论分析。研究结果表明，再生混凝土多孔砖砌体和砌体的抗压破坏全过程及抗压强度和普通混凝土多孔砖相差不大，但再生混凝土多孔砖砌体的抗剪强度低于普通混凝土多孔砖，再生混凝土多孔砖砌体的抗压强度平均值和弹性模量及砌体的轴心抗压承载力可以按照《砌体结构设计规范》(GB 50003—2011)[18]推荐的相应公式进行计算，通过对试验结果的回归分析，提出了再生混凝土多孔砖砌体的抗剪强度计算公式。郑山锁等[29]、周中一等[30]和郭樟根等[31]开展了再生混凝土多孔砖砌体在低周反复荷载作用下的试验研究，考察了砌体的破坏过程及模式、延性及耗能能力等抗震性能。研究结果表明，再生混凝土多孔砖砌体的抗震性能和普通混凝土多孔砖砌体基本相同，砌体延性较好，耗能能力较强，具有良好的抗震性能。近年来，国内有关科研院所开展了再生混凝土砌体材料的工程实践。

3. 国内外研究小结

和天然骨料相比,再生骨料由于经过破碎过程及表面附着砂浆,具有结构松散、孔洞多、吸水率大及强度低等缺陷。采用再生骨料制作混凝土时一般需要额外增加水分,导致再生混凝土的坍落度等流动性比较难控制,硬化混凝土的收缩及徐变通常较大、强度较低。当采用再生骨料制作砌体材料时,上述问题可以得到有效解决。这主要是因为砌体材料采用机械化成型机制作,即混凝土拌合物在钢结构磨具中受到压实和振动的混合作用。这种制作方法对混凝土的坍落度等流动性能要求不高。因此,在制作再生混凝土砌体材料过程中不需要添加多余的水分,从而可以提高再生混凝土砌体材料的强度,减少其收缩和徐变。因此,用再生混凝土粗骨料制作再生混凝土砌体材料具有一定优势。

国内外现有研究结果表明,采用再生混凝土粗、细骨料可以制作出强度、收缩及抗冻融性能均满足规范要求的再生混凝土空心砌块及多孔砖。当前,再生混凝土砌体材料的研究与应用主要存在以下几方面问题:①再生混凝土砌体材料的吸水率比普通砌体材料大,导致砌体中砂浆的水分流失较多,降低了砌体的抗剪强度;②缺乏再生混凝土砌体材料产品标准,再生混凝土砌体材料使用的原材料、块体的验收标准无明确要求;③缺乏再生混凝土砌体材料应用技术规程及施工验收规范。以上问题制约了再生混凝土砌体材料在房屋建筑中的推广应用。

3.1.2 研究方案

1. 试验材料

本节试验研究所采用的材料主要有细骨料、天然粗骨料、再生粗骨料、水泥、水等。细骨料为天然砂,表观干密度为 2615kg/m^3,饱和吸水率为 1.3%,细度模数为 2.6。天然粗骨料为破碎石灰石,粒径范围为 5~12mm。再生粗骨料为原始混凝土强度为 30MPa 的实验室检测混凝土立方体试件经过破碎、筛分而成,且符合规范的连续级配要求。水泥采用 P·O42.5 普通硅酸盐水泥。再生粗骨料和天然粗骨料的性能如表 3.1.1 所示,骨料的级配曲线如图 3.1.1 所示。

表 3.1.1 再生粗骨料和天然粗骨料的性能

材料特性	再生粗骨料	天然粗骨料
干密度/(kg/m^3)	2627	2725
表面干密度/(kg/m^3)	2748	2843
干容重/(N/m^3)	1405	1522
吸水率/%	3.8	0.5
公称尺寸/mm	4.75~12	4.75~12

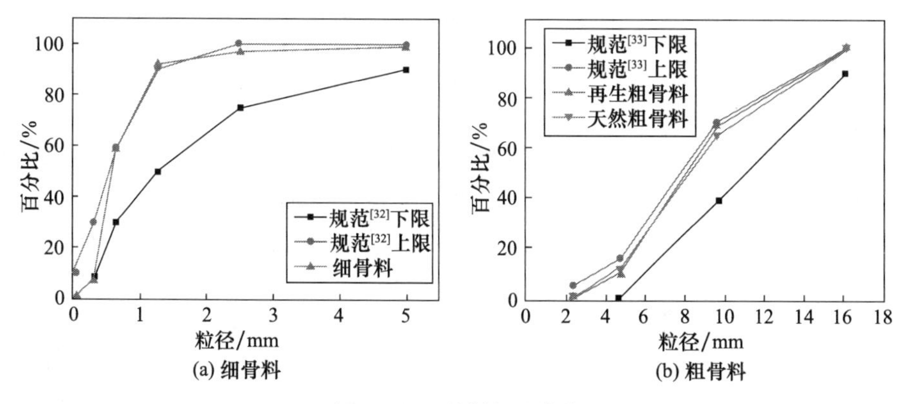

图 3.1.1　骨料级配曲线

2. 再生混凝土配合比及再生混凝土砌体材料的制作

为了最大化利用废弃混凝土，本节再生混凝土中再生粗骨料的设计取代率取为 75%。再生混凝土砌体材料的目标强度为 10MPa，预配制混凝土目标强度等级为 C25。选定的制作再生混凝土空心砌块和多孔砖的再生混凝土配合比如表 3.1.2 所示。

表 3.1.2　制作再生混凝土空心砌块和多孔砖的再生混凝土配合比

类型	水灰比	水/L	砂/kg	天然粗骨料/kg	废弃粗骨料/kg	水泥/kg
空心砌块	0.6	190	738.40	1154.93	886.20	316.17
多孔砖	0.55	180	738.40	268.73	886.20	327.27

本节分别进行了实验室制作和工厂制作。实验室采用专用块体制作机制作再生混凝土砌体材料，模拟实际工业生产过程，在钢模中浇筑混凝土块体，块体承受压力和振动的联合作用。工厂采用的制作再生混凝土砌体材料的生产设备如图 3.1.2(a)所示。再生混凝土空心砌块及多孔砖尺寸及普通混凝土空心砌块及多孔砖完全相同。生产线上的再生混凝土砌块如图 3.1.2(b)所示。

(a)

(b)

图 3.1.2　生产设备及生产线上的再生混凝土砌体材料

3. 试验方案

本节主要研究再生混凝土砌体材料(块体)的力学性能(抗压性能、抗折性能)及耐久性能(收缩性能及抗冻融性能)、再生混凝土空心砌块及多孔砖砌体的基本力学性能(抗压性能、弹性模量、应力-应变曲线及抗剪性能)、再生混凝土空心砌块及多孔砖砌体的轴心和偏心受压性能、再生混凝土砌块及多孔砖砌体的抗震性能。

1) 块体力学及耐久性能试验方案

按照《砌墙砖试验方法》(GB/T 2542—2012)[34]进行试验,分别测试了5块块体的抗压性能和抗折性能。再生混凝土空心砌块及多孔砖的收缩及冻融循环试验按照《普通混凝土长期性能和耐久性能试验方法标准》(GB/T 50082—2009)[35]进行。测试了块体长达90d的收缩变形。采用慢冻法对28d养护期的再生混凝土多孔砖进行25次冻融循环试验,以"强度降低不超过25%或重量损失不大于5%"的要求来确定其抗冻性能。

2) 砌体基本力学性能试验方案

基本力学性能测试按照《砌体基本力学性能试验方法》(GBT 50129—2011)[36]进行。本节共制作了三种砂浆强度的试件,分别编号为A、B、C。空心砌块砌体中三组试件砂浆实测强度分别为3.74MPa、5.48MPa、6.50MPa,多孔砖砌体中三组试件砂浆实测强度分别为4.81MPa、7.24MPa、9.84MPa。抗压性能试验中每种砂浆各制作了9个共27个试件,每组的3个试件进行抗压试验,另外6个试件抗压同时测量弹性模量。抗剪性能试验中每种砂浆分别制作了12个共36个试件。再生混凝土空心砌块、多孔砖砌体的抗压和抗剪试件尺寸及加载装置分别如图3.1.3～图3.1.7所示。

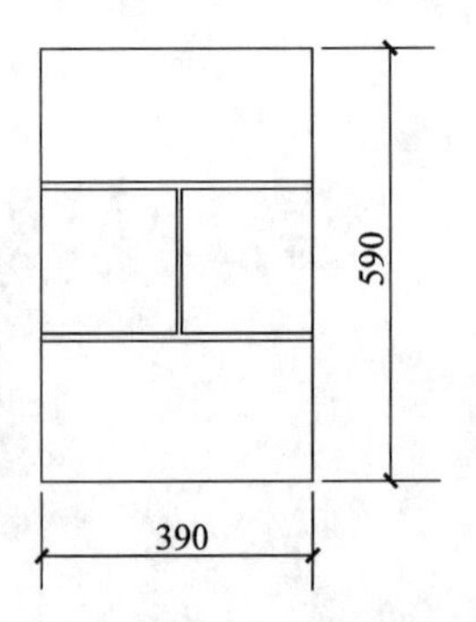

图3.1.3　空心砌块的试件尺寸
(单位:mm)

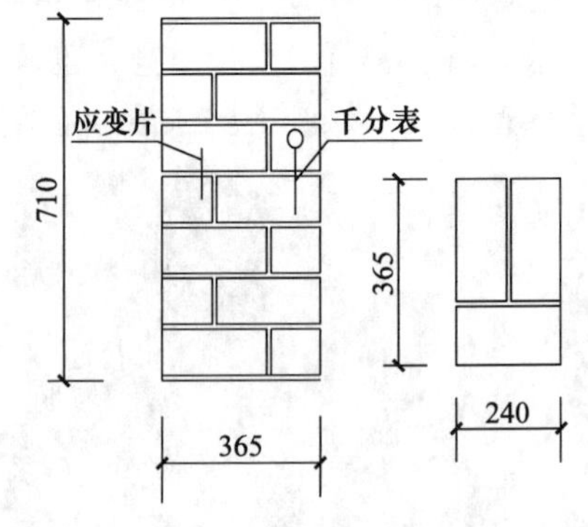

图3.1.4　多孔砖砌体的抗压试件尺寸
(单位:mm)

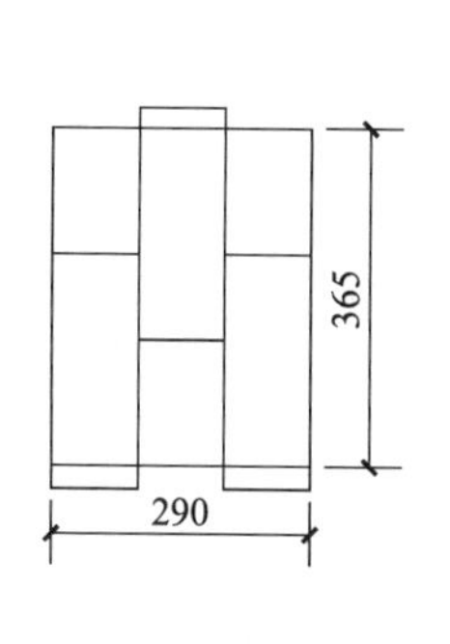

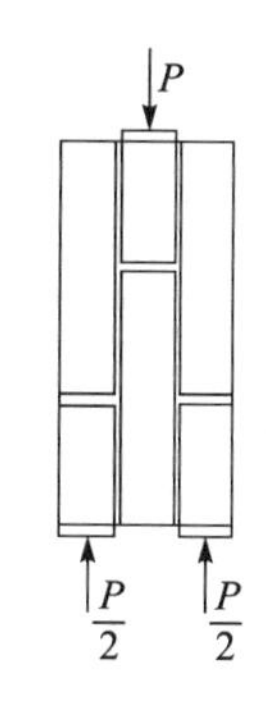

图 3.1.5　多孔砖砌体的抗剪试件尺寸(单位:mm)

图 3.1.6　抗压加载装置

图 3.1.7　抗剪加载装置

3）砌体轴心及偏心受压性能试验方案

本节分别对再生混凝土砌块及多孔砖砌体的轴心及偏心受压性能进行了试验研究和理论分析。制作了 4 片(W-1、W-2、W-3、W-4)尺寸为 2000mm×1000mm×190mm 的再生混凝土空心砌块砌体,其中 W-1、W-2 为轴心受压,W-3、W-4 为偏心受压,偏心距均为 15mm。制作了 2 片(DW-1、DW-2)尺寸为 1000mm×2000mm×240mm 的再生混凝土多孔砖砌体。所有砌体均采用抗压强度为 9.64MPa 的混合砂浆砌筑,砌体顶部均设有钢筋混凝土圈梁。试件具体尺寸及加载装置分别如图 3.1.8～图 3.1.10 所示。

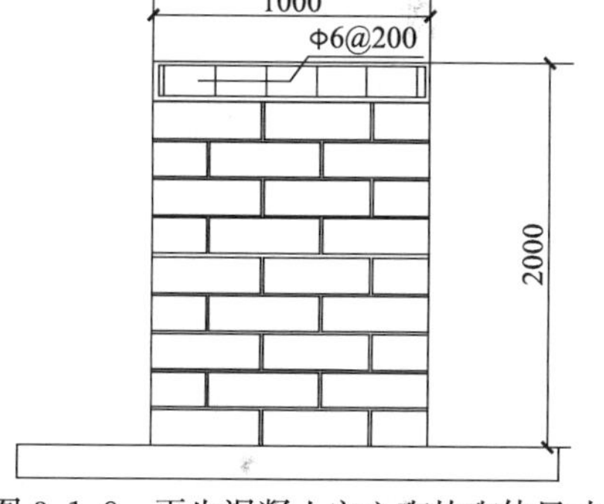

图 3.1.8　再生混凝土空心砌块砌体尺寸(单位:mm)

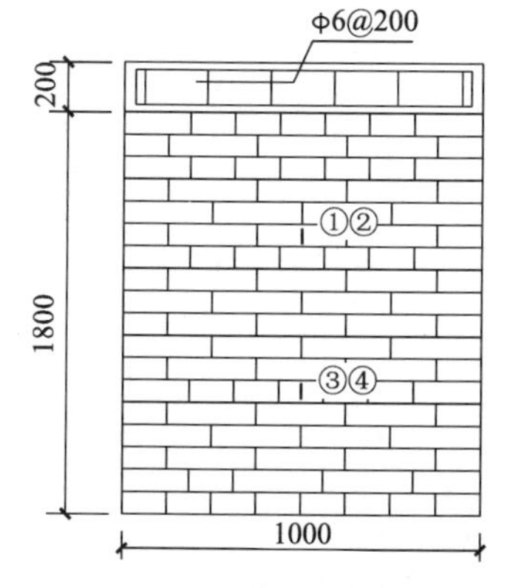

图 3.1.9　再生混凝土多孔砖砌体尺寸(单位:mm)

图 3.1.10　试验加载装置

4）砌体抗震性能试验

本节分别对再生混凝土空心砌块及多孔砖砌体的抗震性能进行了试验研究。

分别制作了3片再生混凝土空心砌块砌体和3片再生混凝土多孔砖砌体。砌体两端分别设置尺寸为200mm×200mm、240mm×220mm的构造柱，墙顶分别设置尺寸为200mm×200mm、240mm×200mm的钢筋混凝土圈梁。砌体与构造柱之间均留设小马牙槎及设置拉结钢筋进行连接。砌块砌体及多孔砖砌体的具体尺寸及配筋图如图3.1.11和图3.1.12所示。水平低周反复荷载通过电液伺服加载装置施加，竖向荷载采用液压千斤顶施加。

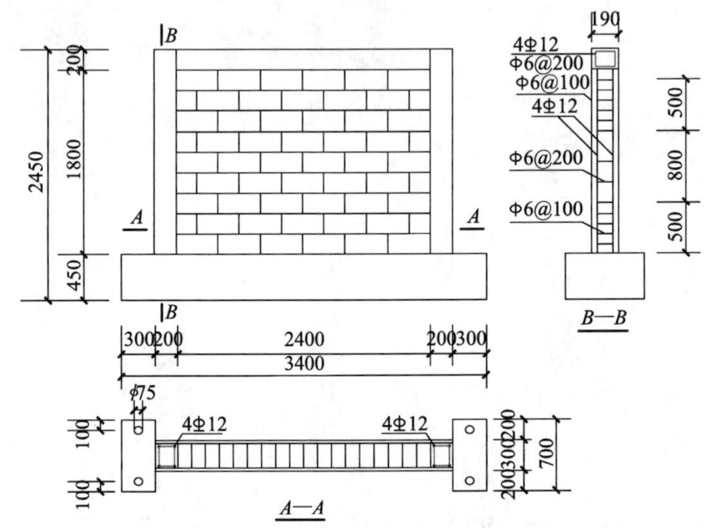

图3.1.11　空心砌块砌体具体尺寸及配筋图(单位:mm)

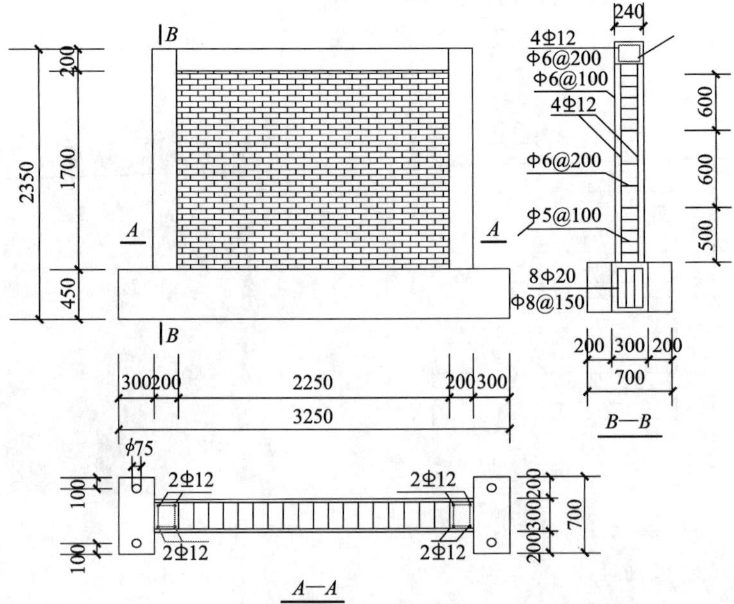

图3.1.12　多孔砖砌体具体尺寸及配筋图(单位:mm)

3.1.3　研究结果及分析

1. 块体力学性能及耐久性能

试验测试得到的实验室制作和工厂制作的再生混凝土空心砌块及多孔砖的强度及耐久性能如表 3.1.3 所示。可以看出，再生混凝土空心砌块和多孔砖的抗压强度平均值分别达到 8.76MPa 和 8.51MPa，抗折强度平均值分别达到 1.43MPa 和 3.30MPa。再生混凝土小型空心砌块和多孔砖的强度均满足砌体规范关于块材最低强度(M7.5)的要求。此外，再生混凝土多孔砖的收缩及抗冻融性能均满足规范要求。由于工厂制作时配合比不易控制以及制作过程中振动程度稍差，工厂制作的再生混凝土砌体材料强度偏低。

表 3.1.3　再生混凝土空心砌块及多孔砖的强度及耐久性能

试件		抗压强度/MPa	抗折强度/MPa	收缩率/%		抗冻融性能	
				35d	90d	质量损失率/%	强度损失率/%
空心砌块	实验室制作	9.38	1.55	—	—	—	—
	工厂制作	8.76	1.43	0.038	0.042	0.82	11.8
多孔砖	实验室制作	9.28	3.56	—	—	—	—
	工厂制作	8.51	3.30	0.031	0.037	0.86	13.3

2. 砌体基本力学性能

1）再生混凝土空心砌块砌体抗压性能

再生混凝土空心砌块砌体的破坏过程和普通混凝土砌块砌体基本相似。试件整个受力过程大致可以分为三个阶段：弹性工作阶段、带裂缝即弹塑性工作阶段和破坏阶段。达到极限状态时，贯通的几条竖向主裂缝将试件分隔成独立的小立柱。试件裂缝分布如图 3.1.13 所示。

图 3.1.13　空心砌块砌体试件裂缝分布图

再生混凝土空心砌块砌体抗压强度试验结果如表 3.1.4 所示。可以看出，再生混凝土空心砌块砌体的抗压强度随着砂浆强度的增加而增大。此外，还可以看出，再生混凝土小型空心砌块砌体的弹性模量随着砂浆强度的提高而增加。这主要是因为砌体的竖向变形主要取决于砂浆的强度等级。

表 3.1.4　再生混凝土空心砌块砌体抗压强度试验结果

试件编号	A 组(3.74MPa)				B 组(5.48MPa)				C 组(6.50MPa)			
	开裂荷载/kN	弹性模量/MPa	破坏荷载/kN	抗压强度/MPa	开裂荷载/kN	弹性模量/MPa	破坏荷载/kN	抗压强度/MPa	开裂荷载/kN	弹性模量/MPa	破坏荷载/kN	抗压强度/MPa
1	—	—	388.0	5.24	—	—	311.5	4.20	—	—	274.0	3.69
2	—	—	272.0	3.67	—	—	293.0	3.95	—	—	329.0	4.44
3	—	—	303.5	4.09	—	—	392.0	5.29	—	—	422.5	5.70
4	147.5	3966	345.0	4.66	170.5	2456	423.0	5.71	242.0	2601	367.5	4.96
5	209.0	2756	309.0	4.17	191.5	5680	347.5	4.69	184.5	3481	305.0	4.12
6	226.0	3264	380.0	5.13	185.5	2755	321.0	4.33	225.0	6173	409.5	5.53
7	198.0	—	345.5	4.66	198.0	3268	369.0	4.98	256.0	6301	373.0	5.03
8	210.0	3341	245.0	3.31	194.0	4780	362.5	4.89	249.0	4403	369.0	4.98
9	188.0	2001	294.0	3.98	138.0	2878	335.0	4.52	265.5	4232	393.0	5.30
平均值	196.4	3065.6	320.2	4.32	179.6	3636.2	350.5	4.73	237	4531.8	360.3	4.86
均方差	27.1	656.5	—	0.61	22.5	1293.5	—	0.52	29.1	1467.1	—	0.62
变异系数	0.138	0.214	—	0.142	0.125	0.356	0.110	0.110	0.123	0.324	0.128	0.128

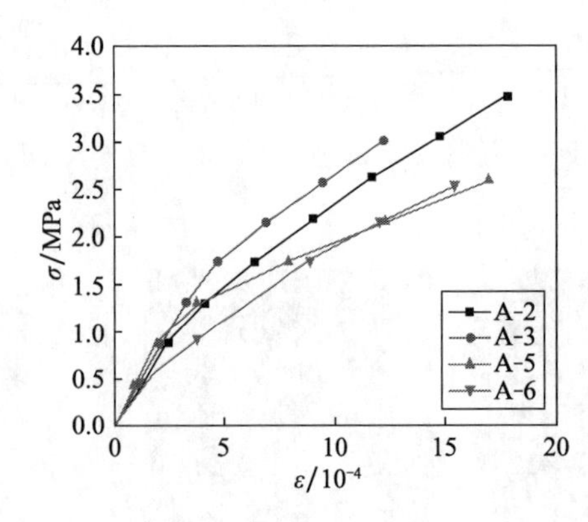

图 3.1.14　A 组空心砌块砌体试件应力-应变曲线

测试得到的三组空心砌块砌体试件的应力-应变关系如图 3.1.14～图 3.1.16 所示。可以看出，再生混凝土砌块砌体的应力-应变规律和普通混凝土砌块砌体基本相似。加载初期，试件的应力-应变关系近似为直线。试件开裂后，曲线形状向 Y 轴倾斜，曲线斜率逐渐减小，说明砌体已进入弹塑性工作阶段。荷载继续增加，曲线斜率进一步减小，砌体表现出明显的塑性性能。

《砌体结构设计规范》(GB 50003—2011)[18]中的混凝土小型空心砌块砌体轴

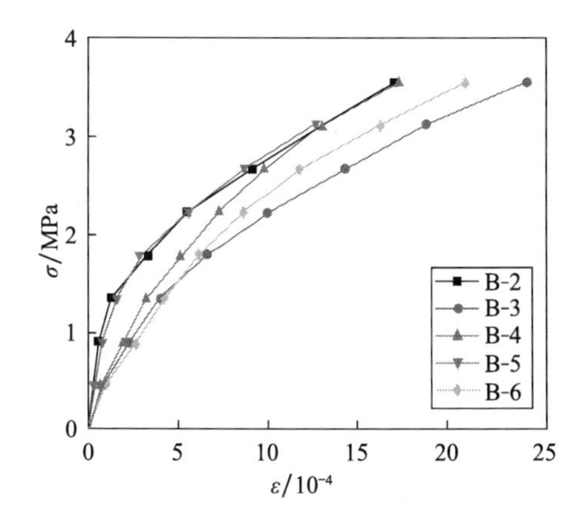

图 3.1.15　B组空心砌块砌体试件应力-应变曲线

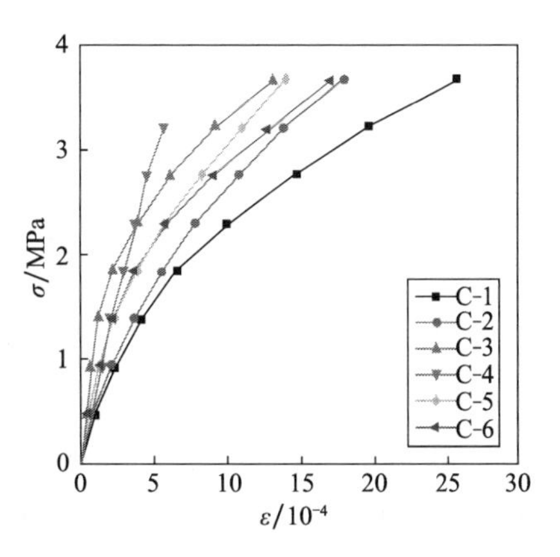

图 3.1.16　C组空心砌块砌体试件应力-应变曲线

心抗压强度平均值计算公式为

$$f_{\mathrm{m}}=k_1 f_1{}^{\alpha}(1+0.07 f_2) k_2 \tag{3.1.1}$$

式中，k_1、k_2、α 为参数，根据砌体种类与 f_2 的值而变化；f_1 为块体(砖、石、砌块)的强度等级值，MPa；f_2 为砂浆抗压强度平均值，MPa。

按式(3.1.1)计算得到的再生混凝土小型空心砌块砌体的轴心抗压强度平均值及与试验值的对比如表3.1.5所示。可以看出，试验值与规范计算值吻合较好，且试验值均大于计算值。因此，再生混凝土空心砌块砌体的轴心抗压强度平均值可以按《砌体结构设计规范》(GB 50003—2011)[18]推荐的公式计算。

表 3.1.5　再生混凝土空心砌块砌体轴心抗压强度计算值及与试验值的对比

砂浆组别	砂浆强度/MPa	试验值/MPa	规范计算值/MPa	试验值/规范计算值
A	3.74	4.32	4.02	1.07
B	5.48	4.73	4.41	1.07
C	6.50	4.86	4.64	1.05

砌体的应力-应变关系是砌体结构的一项基本力学性能，是砌体结构内力分析、强度计算及有限元分析的基础。砖砌体应力-应变关系表达式为

$$\varepsilon=-\frac{1}{\xi}\ln\left(1-\frac{\sigma}{f_{\mathrm{m}}}\right) \tag{3.1.2}$$

式中，ξ 为与砌体类别和砂浆强度有关的弹性特征值。

简化的砌体应力-应变公式为

$$\frac{\sigma}{f_{\mathrm{m}}}=\frac{\varepsilon/\varepsilon_0}{0.2+0.8\varepsilon/\varepsilon_0},\quad \varepsilon\leqslant\varepsilon_0 \tag{3.1.3}$$

采用式(3.1.2)对测试得到的应力-应变曲线进行线性回归，得到 ξ 的取值为

$404.5\sqrt{f_m}$，即

$$\varepsilon=-\frac{1}{404.5\sqrt{f_m}}\ln\left(1-\frac{\sigma}{f_m}\right) \tag{3.1.4}$$

采用式(3.1.3)对测试得到的应力-应变曲线进行非线性回归，得到参数取值分别为0.26和1.07，即

$$\frac{\sigma}{f_m}=\frac{\varepsilon/\varepsilon_0}{0.26+1.07\varepsilon/\varepsilon_0},\quad \varepsilon\leqslant\varepsilon_0 \tag{3.1.5}$$

按式(3.1.4)和式(3.1.5)计算得到的曲线与试验结果的对比分别如图3.1.17和图3.1.18所示。可以看出，本节回归得到的应力-应变本构模型预测曲线与试验测试曲线吻合较好，试验测试数据基本上分布在计算曲线的四周。

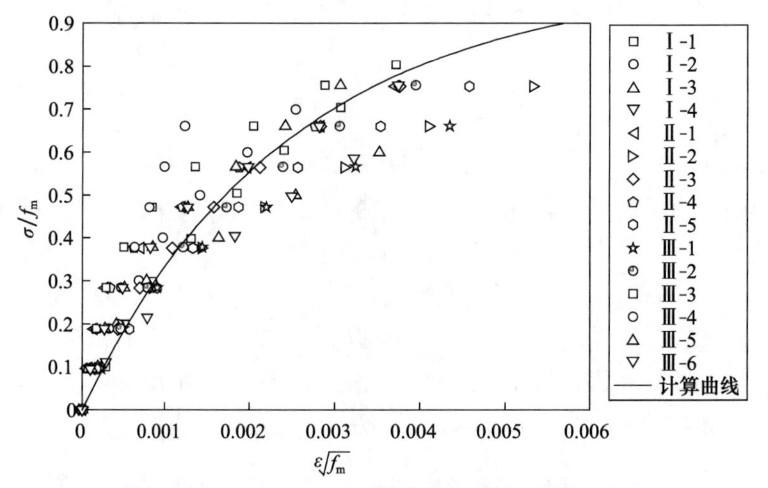

图3.1.17　式(3.1.4)计算曲线与试验结果的对比

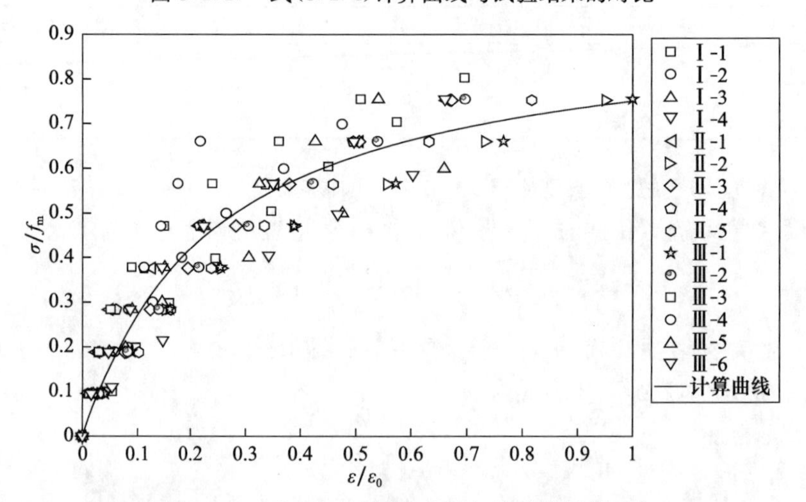

图3.1.18　式(3.1.5)计算曲线与试验结果的对比

《砌体结构设计规范》(GB 50003—2011)[18]推荐的混凝土小型空心砌块砌体弹性模量计算公式为

$$E=\alpha f \tag{3.1.6}$$

式中，α 为修正系数；f 为抗压强度。

当受压应力上限不超过砌体抗压强度平均值的 0.4～0.5 倍时，构件残余变形不大，弹性模量变化不大，所以一般可取砌体应力 $\sigma=0.43f_{\mathrm{m}}$ 时的割线模量作为砌体弹性模量的试验值，即

$$E=\frac{0.43f_{\mathrm{m}}}{\varepsilon_{0.43}} \tag{3.1.7}$$

式中，$\varepsilon_{0.43}$为砌体应力为 0.43 倍抗压强度平均值时的砌体应变。

将式(3.1.2)代入式(3.1.7)，可得弹性模量计算公式为

$$E=\frac{0.4f_{\mathrm{c,m}}}{\varepsilon_{0.4}}=\frac{0.4f_{\mathrm{c,m}}}{-\frac{1}{\xi}\ln\left(1-\frac{\sigma}{f_{\mathrm{m}}}\right)}=316.7f_{\mathrm{c,m}}^{3/2} \tag{3.1.8}$$

式中，$\varepsilon_{0.4}$为砌体应力为 0.4 倍抗压强度平均值时的砌体应变；$f_{\mathrm{c,m}}$为砌体标准试件抗压强度平均值。

按式(3.1.6)和式(3.1.8)分别对试件的弹性模量进行计算，计算值及与试验值对比如表 3.1.6 所示。可以看出，规范推荐公式和式(3.1.8)计算值均小于试验值。因此，再生混凝土砌块砌体的弹性模量可以按照《砌体结构设计规范》(GB 50003—2011)[18]推荐的公式进行计算。

表 3.1.6　再生混凝土空心砌块砌体弹性模量计算值及与试验值的对比

砂浆编号	试验值/MPa	式(3.1.6)计算值/MPa	式(3.1.8)计算值/MPa	式(3.1.6)计算值/试验值	式(3.1.8)计算值/试验值
A	3064	3004	2843.9	0.98	0.92
B	3636	3260	3258.4	0.90	0.90
C	4532	3463	3398.2	0.76	0.75

2）再生混凝土空心砌块砌体抗剪性能

再生混凝土小型空心砌块的通缝受剪破坏形态和普通混凝土小型空心砌块的破坏形态基本相似。各个试件实测得到的抗剪试验结果如表 3.1.7 所示。可以看出，砌体的抗剪强度平均值随着砂浆强度的增加而增大。这主要是因为砌体的抗剪强度取决于砂浆强度。

《砌体结构设计规范》(GB 50003—2011)[18]中的混凝土砌块砌体抗剪强度平均值计算公式为

$$f_{\mathrm{v,m}}=k_5\sqrt{f_2} \tag{3.1.9}$$

式中，k_5 为砌体种类。

表 3.1.7　再生混凝土空心砌块砌体抗剪试验结果

砂浆组别	试件编号	剪力值/kN	抗剪强度/MPa	砂浆组别	试件编号	剪力值/kN	抗剪强度/MPa	砂浆组别	试件编号	剪力值/kN	抗剪强度/MPa
A	A11	10.5	0.071	B	B11	14.6	0.099	C	C11	20.3	0.140
	A12	11.9	0.081		B12	10.2	0.069		C12	18.3	0.123
	A13	9.5	0.064		B13	13.9	0.094		C13	11.9	0.080
	A14	11.8	0.080		B14	13.6	0.092		C14	22.0	0.148
	A15	10.0	0.067		B15	12.8	0.086		C15	16.6	0.112
	A16	12.3	0.083		B16	10.4	0.070		C16	24.6	0.166
	A21	11.0	0.074		B21	15.7	0.106		C21	12.5	0.084
	A22	12.5	0.084		B22	8.1	0.055		C22	26.4	0.178
	A23	9.3	0.063		B23	10.0	0.067		C23	16.8	0.113
	A24	11.9	0.080		B24	10.6	0.072		C24	22.7	0.153
	A25	11.6	0.078		B25	13.6	0.092		C25	18.6	0.126
	A26	10.2	0.069		B26	12.3	0.083		C26	16.1	0.109
	均值	11.5	0.078		均值	13.8	0.093		均值	18.9	0.127
	方差	1.06	0.007		方差	2.17	0.015		方差	4.31	0.029
	变异系数	0.096	—		变异系数	0.178	—		变异系数	0.228	—

按式(3.1.9)计算的再生混凝土小型空心砌块的抗剪强度平均值及与试验值的对比如表 3.1.8 所示。从表可以看出，三组试件模型的抗剪强度计算值均大于试验值，且差值较大。主要是因为再生混凝土空心砌块吸水率较大，砂浆水分流失较多，导致砌体的抗剪强度较低。

按式(3.1.9)对试验数据进行非线性回归分析，得到参数 k_5 的取值为 0.044，即

$$f_{v,m}=0.044\sqrt{f_2} \tag{3.1.10}$$

按式(3.1.10)计算得到的再生混凝土砌块砌体的抗剪强度平均值及与试验值对比如表 3.1.8 所示。可以看出，计算值与试验值吻合较好。

表 3.1.8　再生混凝土小型空心砌块的抗剪强度规范计算值及与试验值的对比

砂浆组别	砂浆强度/MPa	试验值/MPa	规范计算值/MPa	试验值/规范计算值	式(3.1.10)计算值/MPa	试验值/式(3.1.10)计算值
A	3.74	0.078	0.133	0.59	0.085	0.92
B	5.48	0.093	0.161	0.58	0.103	0.903
C	6.50	0.127	0.175	0.73	0.112	1.13

3) 再生混凝土多孔砖砌体抗压性能

再生混凝土多孔砖砌体的抗压破坏过程和普通混凝土多孔砖的破坏过程基本相似。试件整个受力过程大致可以分为三个阶段：弹性工作阶段、带裂缝即弹塑性工作阶段和破坏阶段。贯通的主裂缝将试件分隔成几个独立的小立柱后试件达到极限状态。试件裂缝分布如图 3.1.19 所示。

图 3.1.19　多孔砖砌体试件裂缝分布图

再生混凝土多孔砖砌体抗压试验结果如表 3.1.9 所示。可以看出，再生混凝土多孔砖砌体的抗压强度及弹性模量均随着砂浆强度的增加而增大，且弹性模量增加幅度更大。这主要是因为砌体的竖向变形性能主要取决于砂浆。

表 3.1.9　再生混凝土多孔砖砌体抗压试验结果

试件编号	A 组(4.81MPa)				B 组(7.24MPa)				C 组(9.84MPa)			
	开裂荷载/kN	弹性模量/MPa	破坏荷载/kN	抗压强度/MPa	开裂荷载/kN	弹性模量/MPa	破坏荷载/kN	抗压强度/MPa	开裂荷载/kN	弹性模量/MPa	破坏荷载/kN	抗压强度/MPa
2	172.3	2363	218.4	2.49	268.2	3507	321.5	3.67	249.5	3081	290.2	3.31
3	220.8	2570	243.1	2.85	235.4	—	295.4	3.37	242.4	5692	305.2	3.48
4	178.5	2400	208.9	2.38	232.8	3481	280.5	3.20	246.8	3683	289.3	3.30
5	184.7	2700	225.3	2.57	243.9	3617	270.1	3.08	232.8	3872	298.5	3.41
6	181.1	1846	210.6	2.40	251.2	3556	286.3	3.27	250.6	3049	409.5	3.59
平均值	186.5	2369.8	220.1	2.52	243.9	3601.2	288.1	3.28	245.7	3875.4	322.4	3.50
均方差	17.31	291.66	—	0.025	14.01	130.42	—	0.038	7.22	964.48	—	0.042
变异系数	0.093	0.123	—	0.0099	0.057	0.036	—	0.012	0.029	0.249	—	0.012

试验测试得到的三组试件在整个加载过程中的应力-应变关系如图 3.1.20～图 3.1.22 所示。可以看出，再生混凝土多孔砖砌体的应力-应变曲线和普通混凝土多孔砖砌体基本相似。曲线的斜率随荷载的增加而降低，即试件刚度随着荷载的增加而降低，砌体的变形模量将随应力的增大而降低。

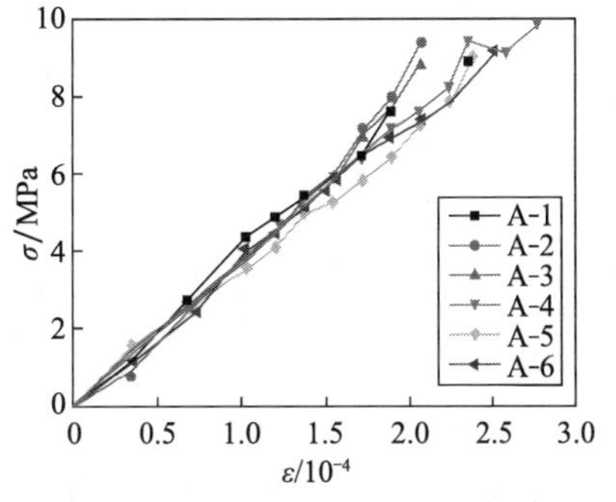

图 3.1.20　A 组多孔砖砌体试件应力-应变曲线

《砌体结构设计规范》(GB 50003—2011)[18]中混凝土多孔砖砌体轴心抗压强

度平均值计算公式见式(3.1.1),对于再生混凝土多孔砖砌体,α 取 0.5,修正系数 k_2 取 1.0。通过对试验数据的回归分析,得到参数 k_1 的取值为 0.71,即

$$f_{\mathrm{m}}=0.71f_1^{0.5}(1+0.07f_2) \tag{3.1.11}$$

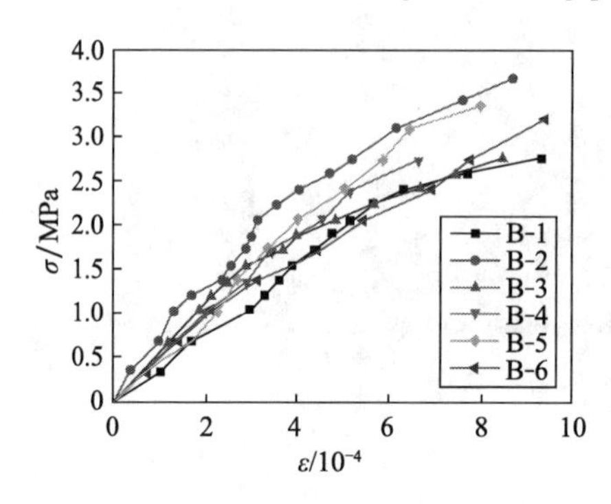

图 3.1.21　B组多孔砖砌体试件应力-应变曲线

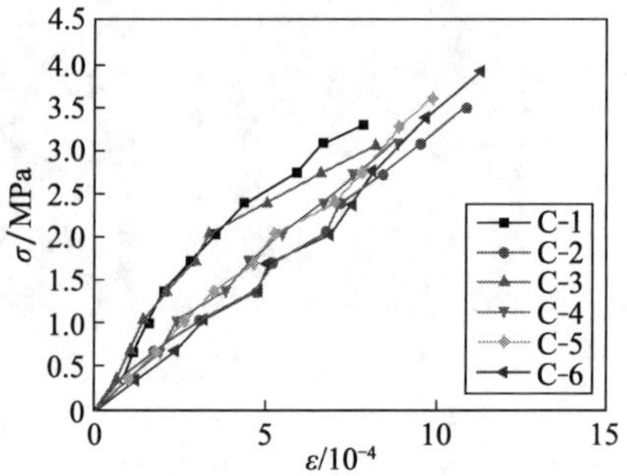

图 3.1.22　C组多孔砖砌体试件应力-应变曲线

按式(3.1.1)和回归得到的式(3.1.11)计算得到的再生混凝土多孔砖砌体的轴心抗压强度平均值及与试验值的对比如表 3.1.10 所示。可以看出,规范计算值均大于试验值,且误差较大,而式(3.1.11)计算值与试验值吻合较好。

表 3.1.10　再生混凝土多孔砖砌体轴心抗压强度计算值及与试验值对比

砂浆组别	砂浆强度/MPa	试验值/MPa	式(3.1.11)计算值/MPa	规范计算值/MPa	试验值/规范计算值	试验值/式(3.1.11)计算值
A	4.81	2.52	2.74	3.01	0.84	0.92
B	7.24	3.28	3.08	3.38	0.97	1.06
C	9.84	3.50	3.45	3.79	0.92	1.01

《砌体结构设计规范》(GB 50003—2011)[18]中混凝土多孔砖砌体的弹性模量计算公式见式(3.1.6),弹性模量规范计算值与试验值对比如表 3.1.11 所示。从表中可以看出,试验值略高于规范计算值,因此偏于安全考虑,再生混凝土多孔砖砌体的弹性模量可参照《砌体结构设计规范》(GB 50003—2011)[18]公式进行计算。

表 3.1.11　再生混凝土多孔砖砌体弹性模量规范计算值及与试验值对比

砂浆编号	试验值/MPa	规范计算值/MPa	试验值/规范计算值
A	2369.8	2417.2	1.02
B	3601.2	4177.6	1.16
C	3875.4	4533.7	1.17

采用式(3.1.2)分别对再生混凝土多孔砖砌体的应力-应变曲线进行非线性回归,得到 ξ 的取值为 $1085\sqrt{f_{\mathrm{m}}}$,即

$$\varepsilon=-\frac{1}{1085\sqrt{f_{\mathrm{m}}}}\ln\left(1-\frac{\sigma}{f_{\mathrm{m}}}\right) \tag{3.1.12}$$

采用式(3.1.3)对测试得到的应力-应变曲线进行非线性回归,得到参数取值分别为0.321和0.375,即

$$\frac{\sigma}{f_{\mathrm{m}}}=\frac{\varepsilon/\varepsilon_0}{0.321+0.375\varepsilon/\varepsilon_0},\quad \varepsilon\leqslant\varepsilon_0 \tag{3.1.13}$$

按式(3.1.12)和式(3.1.13)计算得到的曲线与试验结果的对比分别如图3.1.23和图3.1.24所示。可以看出,本节回归得到的应力-应变本构模型预测曲线与试验测试曲线吻合较好,试验测试数据基本上分布在计算曲线周围。

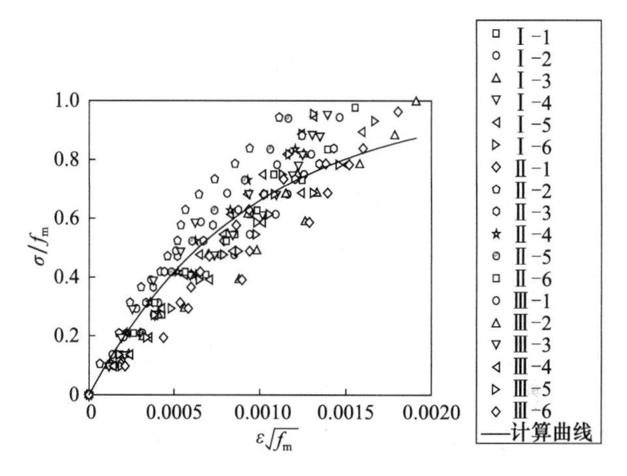

图3.1.23　式(3.1.12)计算曲线与试验结果的对比

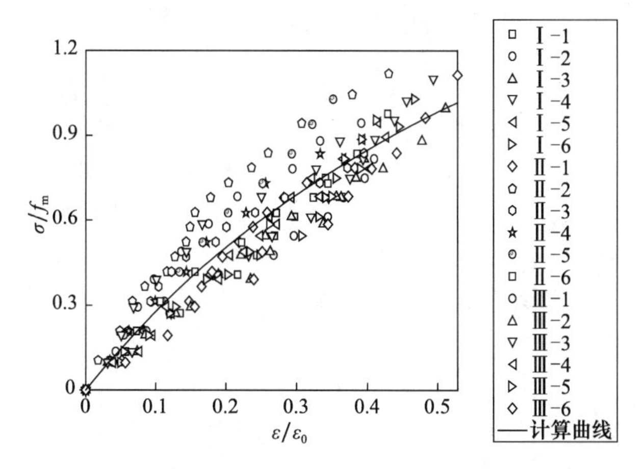

图3.1.24　式(3.1.13)计算曲线与试验结果的对比

4) 再生混凝土多孔砖砌体抗剪性能

再生混凝土多孔砖的通缝受剪破坏形态和普通混凝土多孔砖砌体的破坏形态基本相似。极限状态时,绝大多数试件受剪面发生剪切破坏。各个试件抗剪试验结果如表 3.1.12 所示。从表中可以看出,再生混凝土多孔砖砌体通缝抗剪强度随着砂浆强度的增大而增加。

表 3.1.12 再生混凝土多孔砖砌体抗剪试验结果

砂浆组别	试件编号	剪力值/kN	抗剪强度/MPa	砂浆组别	试件编号	剪力值/kN	抗剪强度/MPa	砂浆组别	试件编号	剪力值/kN	抗剪强度/MPa
A	A11	31	0.181	B	B11	43	0.251	C	C11	50	0.291
	A12	30	0.177		B12	40	0.231		C12	55	0.323
	A13	41	0.236		B13	38	0.224		C13	53	0.305
	A14	35	0.206		B14	46	0.264		C14	45	0.265
	A15	30	0.177		B15	41	0.237		C15	60	0.345
	A16	35	0.203		B16	48	0.277		C16	49	0.286
	A21	38	0.221		B21	45	0.261		C21	58	0.335
	A22	48	0.276		B22	48	0.278		C22	47	0.277
	A23	29	0.167		B23	39	0.227		C23	55	0.318
	A24	31	0.182		B24	40	0.234		C24	62	0.360
	A25	28	0.165		B25	38	0.223		C25	49	0.288
	A26	30	0.175		B26	43	0.248		C26	53	0.307
平均值			0.197	平均值			0.246	平均值			0.308
均方差			0.032	均方差			0.0698	均方差			0.031
变异系数			0.107	变异系数			0.082	变异系数			0.089

《砌体结构设计规范》(GB50003—2011)[18]中多孔砖砌体抗剪强度平均值计算公式见式(3.1.9),按规范公式计算得到的再生混凝土多孔砖砌体抗剪强度平均值及与试验值的对比列于表 3.1.13。可以看出,三组试验模型的抗剪强度计算值均大于试验值,且误差较大。这主要是因为再生混凝土多孔砖吸水率较高,砂浆由于水分丧失而导致砌体抗剪强度偏低。

参考式(3.1.9)的形式,通过对试验数据的非线性回归分析,得到参数 k_5 的取值为 0.093,即

$$f_{v,m}=0.093\sqrt{f_2} \tag{3.1.14}$$

按式(3.1.14)计算的再生混凝土多孔砖砌体的抗剪强度平均值及与试验值的对比同样列于表 3.1.13。可以看出,计算值与试验值吻合较好。

表 3.1.13　再生混凝土多孔砖砌体抗剪强度规范计算值及与试验值的对比

砂浆组别	试验平均值/MPa	规范计算值/MPa	试验值/规范值	式(3.1.17)计算值/MPa	试验值/计算值
A	0.197	0.262	0.76	0.200	0.985
B	0.246	0.325	0.78	0.250	0.984
C	0.308	0.387	0.81	0.291	1.06

3. 再生混凝土空心砌块、多孔砖砌体受压性能

再生混凝土小型空心砌块及多孔砖砌体在竖向荷载作用下的受力全过程及破坏形态和普通混凝土小型空心砌块砌体的受力性能基本相似。所有试件整个受压过程可以分为三个阶段:弹性阶段、裂缝发展阶段、破坏阶段。达到极限状态,竖向裂缝延伸贯通成主裂缝,砌体被分隔成多个独立小立柱,最后独立的小砌体柱被压碎,砌体丧失承载力。砌体裂缝贯通以及被压碎时,伴随有较大的响声。破坏时的裂缝分布形态如图 3.1.25 和图 3.1.26 所示。

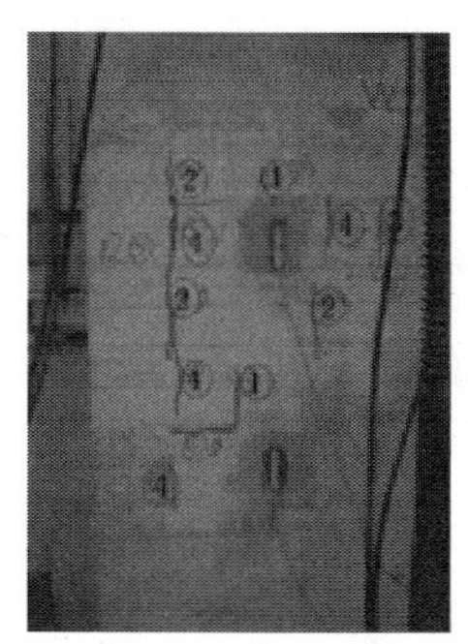

图 3.1.25　再生混凝土砌块砌体裂缝分布

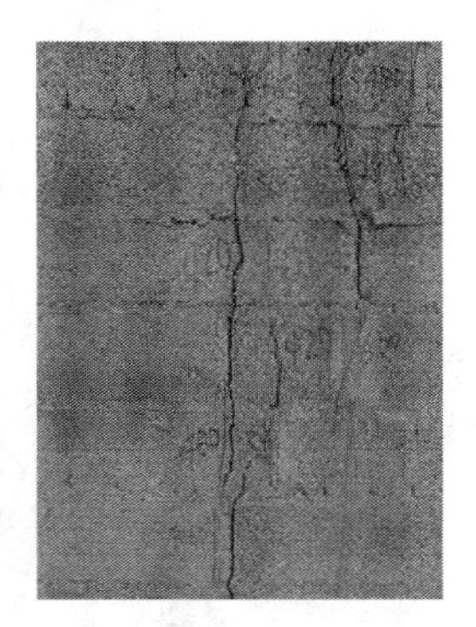

图 3.1.26　再生混凝土多孔砖砌体裂缝分布

砌体的开裂荷载和极限荷载如表 3.1.14 所示。可以看出,轴心受压试件和偏心受压试件的开裂荷载比较接近,轴心受压砌体的极限荷载大于偏心受压砌体的

极限荷载。

采用《砌体结构设计规范》(GB 50003—2011)[18]中关于砌体受压承载力计算公式对本节试验模型进行了极限承载力计算：

$$N=\varphi fA \tag{3.1.15}$$

式中，φ为影响系数，与砌体高厚比β和荷载偏心距e有关；f为砌体材料抗压强度设计值；A为砌体受压截面面积。

各试件受压承载力计算结果详见表 3.1.14。从表中可以看出，按规范计算的再生混凝土砌块及多孔砖砌体的受压承载力均小于试验值。因此，偏于安全考虑，再生混凝土砌块及多孔砖砌体的受压承载力可以按《砌体结构设计规范》(GB 50003—2011)[20]的相关公式计算。

表 3.1.14　试验值及与理论计算值的对比

试件编号	开裂荷载/kN	极限荷载/kN	A/m²	β	e/mm	φ	计算值/kN	试验值/kN	计算值/试验值
W-1	493.4	800.0	0.19	11.579	0	0.831	678.7	800.0	0.848
W-2	763.9	864.5	0.19	11.579	0	0.831	678.7	864.5	0.785
W-3	493.4	731.6	0.19	11.579	15	0.661	539.9	731.6	0.738
W-4	493.4	663.5	0.19	11.579	15	0.661	539.9	663.5	0.813
DW-1	270	640	0.24	12.5	0	0.81	639.58	640	1.00
DW-2	240	680	0.24	12.5	0	0.81	639.58	680	1.06

4. 再生混凝土砌体抗震性能

1) 再生混凝土空心砌块砌体抗震性能

再生混凝土空心砌块砌体在低周反复荷载作用下的破坏形态和普通砌体基本相似。各砌体破坏时的裂缝分布形态如图 3.1.27 所示。砌体呈现明显的 X 交叉形斜裂缝。构造柱外侧钢筋应变超过 2×10^{-3}，已经屈服。

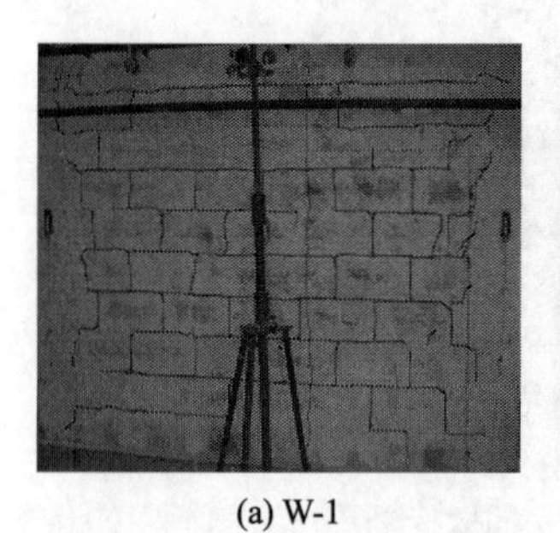

(a) W-1

(b) W-2

(c) W-3

图 3.1.27　再生混凝土空心砌块砌体试件破坏时的裂缝分布

各个试件的主要试验结果如表 3.1.15 所示。可以看出，砌体的开裂荷载及极限承载力随着竖向压应力的增大而提高。

表 3.1.15　再生混凝土空心砌块砌体低周反复荷载试验主要结果

试件编号	开裂荷载/kN	开裂位移/mm	极限荷载/kN	极限荷载位移/mm	极限位移/mm	开裂荷载/极限荷载
W-1	78.27	0.70	89.196	8.128	13.417	0.88
W-2	136.48	0.801	144.304	3.223	6.323	0.95
W-3	172.11	1.168	205.608	3.503	6.110	0.84

再生混凝土空心砌块砌体的荷载-位移滞回曲线如图 3.1.28 所示。可以看出，再生混凝土空心砌块砌体的滞回环较饱满，表明砌体具有良好的耗能能力。

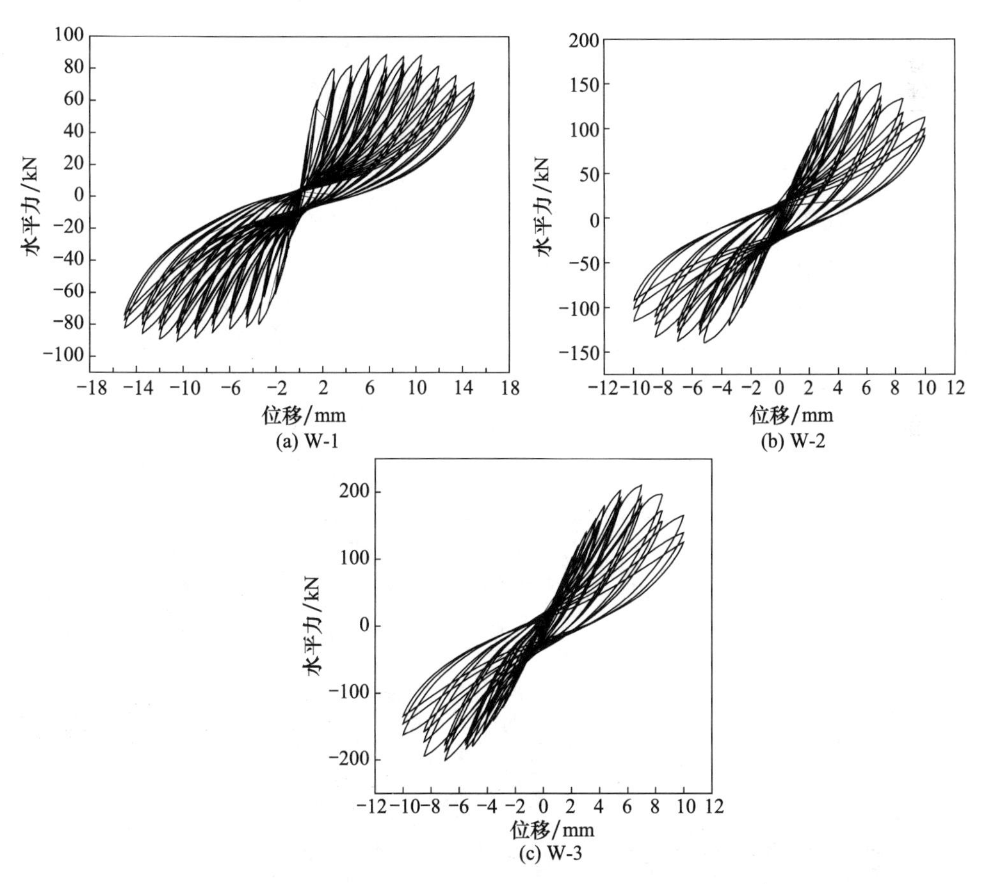

图 3.1.28　再生混凝土空心砌块砌体的荷载-位移滞回曲线

采用面积互等法计算得到砌体的等效屈服荷载、等效屈服位移、极限位移和延性系数，如表 3.1.16 所示。可以看出，再生混凝土空心砌块具有良好的耗能能力。

表 3.1.16　空心砌块砌体试件的等效屈服荷载、等效屈服位移、极限位移和延性系数

试件编号	等效屈服荷载/kN	等效屈服位移/mm	极限位移/mm	延性系数
W-1	81.05	2.03	13.417	6.61
W-2	140.13	0.81	6.323	7.81
W-3	198.44	1.21	6.110	5.04

各砌体在开裂状态、极限状态和破坏状态时的等效黏滞阻尼系数如表 3.1.17 所示。可以看出，再生混凝土空心砌块砌体的耗能能力较好，且随着竖向压应力的增大而提高。

表 3.1.17　等效黏滞阻尼系数

试件编号	等效黏滞阻尼系数/%		
	开裂状态	极限状态	破坏状态
W-1	10.5	6.73	6.13
W-2	7.85	8.62	10.03
W-3	6.19	7.52	8.60

砌体的受剪承载力主要由砌体、混凝土构造柱斜截面及竖向钢筋销栓作用抗剪等组成。《建筑抗震设计规范》(GB 50011—2010)[37]中设置构造柱砌体的抗剪承载力计算公式为

$$V_u = f_{vE,m}A_m + (0.3f_{t,m}A_c + 0.05f_{yv}A_{sv}) = \zeta_N f_{v,m}A_m + (0.3f_{t,m}A_c + 0.05f_{yv}A_{sv}) \tag{3.1.16}$$

式中，$f_{vE,m}$为砖砌体沿阶梯形截面破坏的抗震抗剪强度设计值，MPa；A_m 为砌体横截面面积，m^2；$f_{t,m}$为混凝土轴心抗拉强度设计值，MPa；A_c 为中部构造柱的横截面总面积，m^2；f_{yv}为砌体抗剪强度设计值，MPa；A_{sv}芯柱钢筋截面面积，m^2。

按照式(3.1.16)计算得到的再生混凝土砌块砌体抗剪承载力及与试验值的对比如表 3.1.18 所示。可以看出，规范计算值与试验值吻合较好，表明可以按《建筑抗震设计规范》(GB 50011—2010)[37]相关公式计算再生混凝土空心砌块砌体的抗剪承载力。

表 3.1.18　再生混凝土空心砌块砌体抗剪承载力计算值与试验值比较

试件编号	竖向荷载/MPa	试验值/kN	计算值/kN	计算值/试验值
W-1	0	89.20	101.23	1.135
W-2	0.319	144.30	137.72	0.954
W-3	0.624	205.61	167.35	0.814

2) 再生混凝土多孔砖砌体的抗震性能

再生混凝土多孔砖砌体的抗震性能和普通混凝土多孔砖砌体基本相似。极限状态时，砌体产生了明显的 X 交叉形主裂缝，砌体两端的构造柱出现了水平裂缝，

构造柱外测钢筋的测试应变超过了 2000$\mu\varepsilon$，已经屈服。各砌体裂缝分布如图 3.1.29 所示。

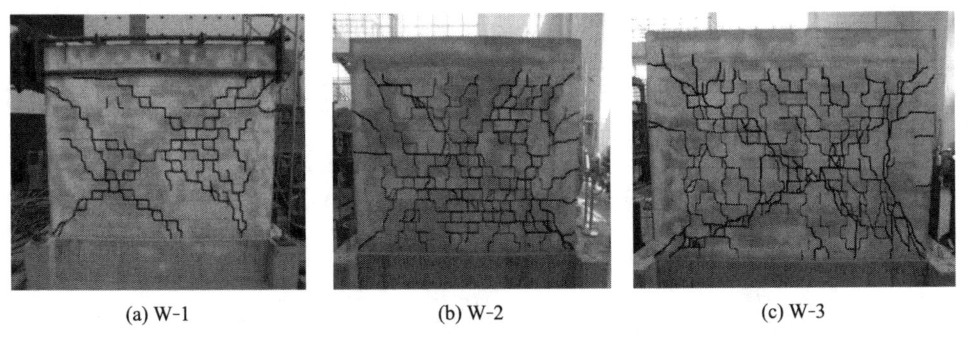

(a) W-1　(b) W-2　(c) W-3

图 3.1.29　多孔砖砌体试件裂缝分布图

各试件水平低周反复荷载试验的开裂位移、极限荷载等主要试验结果如表 3.1.19 所示。可以看出，再生混凝土多孔砖砌体的抗震抗剪承载力与普通混凝土多孔砖砌体无显著差别，说明再生混凝土多孔砖砌体具有和普通混凝土多孔砖砌体相当的承载力。

表 3.1.19　多孔砖砌体低周反复荷载试验主要结果

试件编号	开裂荷载 P_c/kN	开裂位移 Δ_c/mm	极限荷载 P_u/kN	极限荷载位移 Δ_u/mm	极限位移 $\Delta_{0.85}$/mm
W-1	119.80	1.062	208.50	7.398	10.258
W-2	139.58	0.861	339.04	8.551	12.552
W-3	179.70	0.842	453.29	8.460	13.654

各砌体的荷载-位移滞回曲线如图 3.1.30 所示。可以看出，再生混凝土多孔砖砌体的滞回曲线较饱满，表明再生混凝土多孔砖砌体具有良好的耗能能力。

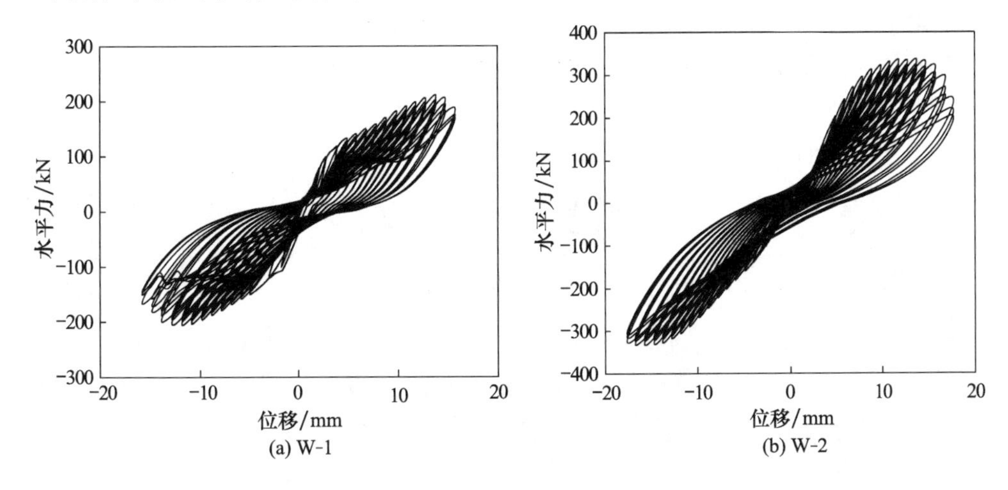

(a) W-1　(b) W-2

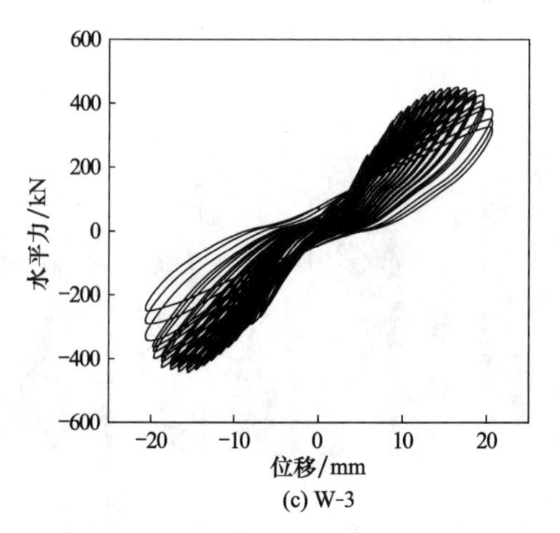

(c) W-3

图 3.1.30　多孔砖砌体的荷载-位移滞回曲线

各砌体计算得到的等效屈服位移、等效屈服荷载极限位移和延性系数如表 3.1.20 所示。可以看出，再生混凝土多孔砖砌体延性系数较高，满足规范对砌体的延性要求；再生混凝土多孔砖砌体具有较好的变形能力。

表 3.1.20　多孔砖砌体的等效屈服荷载、等效屈服位移、极限位移和延性系数

砌体编号	等效屈服荷载/kN	等效屈服位移/mm	极限位移/mm	延性系数
W-1	189.76	3.12	10.258	5.06
W-2	322.43	3.06	12.552	5.83
W-3	430.52	2.76	13.654	6.34

砌体的抗震受剪承载力主要由砌体抗剪、混凝土构造柱斜截面抗剪、竖向钢筋销栓作用抗剪等几部分组成。为了建立再生混凝土多孔砖砌体抗剪承载力计算公式，假设：①再生混凝土多孔砖砌体的抗剪极限承载力等于无筋砌体与构造柱所承担的剪力之和；②砌体高宽比的影响采用高宽比影响系数来反映；③再生混凝土多孔砖砌体的抗剪强度采用前面回归的计算公式计算。

参考《建筑抗震设计规范》(GB 50011—2010)[37]中的公式，建立了再生混凝土多孔砖砌体的抗剪承载力计算公式：

$$V_u=\frac{\varphi_m}{\gamma_{RE}}(\eta_c V_m+V_c)=\frac{\varphi_m}{\gamma_{RE}}(\eta_c f_{vE,m}A_m+\zeta f_{t,m}A_c+0.08f_{yv}A_{sv})$$

$$=\frac{\varphi_m}{\gamma_{RE}}(\eta_c\zeta_N f_{v,m}A_m+\zeta f_{t,m}A_c+0.08f_{yv}A_{sv}) \tag{3.1.17}$$

式中，φ_m 为高宽比影响系数，$\varphi_m=0.96-0.68\lg(H/2B)$；$\eta_c$ 为砌体约束修正系数系数；$f_{v,m}$为再生混凝土多孔砖砌体非抗震设计抗剪强度平均值，$f_{v,m}=0.093\sqrt{f_2}$；ζ 为构造柱参与工作系数。

按照式(3.1.17)计算得到的再生混凝土多孔砖砌体抗剪承载力及与试验值的对比如表3.1.21所示。可以看出,计算值与试验值吻合较好。

表3.1.21　再生混凝土多孔砖砌体抗剪承载力计算值与试验值比较

砌体编号	竖向荷载/MPa	试验值/kN	计算值/kN	计算值/试验值
W-1	0	208.50	227.45	1.091
W-2	0.319	339.04	320.64	0.946
W-3	0.624	453.29	414.73	0.914

3.1.4　结论

(1) 采用再生粗骨料制作再生混凝土空心砌块及多孔砖是可行的,再生粗骨料取代率为75%的再生混凝土空心砌块及多孔砖的强度和耐久性能(收缩及抗冻融性能)均符合规范要求。

(2) 再生混凝土空心砌块及多孔砖砌体的基本力学性能与普通砌体基本相同,再生混凝土砌块及多孔砖砌体的轴心抗压承载力可以按照《砌体结构设计规范》(GB 50003—2011)[18]的公式计算;通过对试验数据进行回归分析,提出了再生混凝土砌块及多孔砖砌体通缝抗剪承载力、弹性模量及应力-应变曲线上升段计算公式。

(3) 再生混凝土砌块及多孔砖砌体在轴心及偏心荷载作用下的受力性能与破坏形态和普通混凝土砌体基本相似,再生混凝土砌块及多孔砖砌体轴心及偏心受压承载力可以按照《砌体结构设计规范》(GB 50003—2011)[18]的公式计算。

(4) 再生混凝土砌块及多孔砖砌体在水平低周反复荷载作用下的受力全过程与破坏形态和普通混凝土砌体基本相似,具有良好的变形能力和抗震性能,参考相关公式,建立了再生混凝土砌块及多孔砖砌体抗剪承载力计算公式。

参考文献

[1] Poon C S,Kou S C,Lam L. Use of recycled aggregates in molded concrete bricks and blocks[J]. Construction and Building Materials,2002,16(5):281-289.

[2] Poon C S,Chan D. Paving blocks made with recycled concrete aggregate and crushed clay brick[J]. Construction and Building Materials,2006,20(8):569-577.

[3] Poon C S,Chan D. Effects of contaminants on the properties of concrete paving blocks prepared with recycled concrete aggregates[J]. Construction and Building Materials,2007,21(1):164-175.

[4] Lam C S,Poon C S,Chan D. Enhancing the performance of pre-cast concrete blocks by incorporating waste glass-ASR consideration[J]. Cement and Concrete Composites,2007,29(8):616-625.

[5] Poon C S, Lam C S. The effect of aggregate-to-cement ratio and types of aggregates on the properties of pre-cast concrete blocks[J]. Cement and Concrete Composites, 2008, 30(4): 283-289.

[6] Poon C S, Kou S C, Wan H W. Properties of concrete blocks prepared with low grade recycled aggregates[J]. Waste Management, 2009, 29(26): 2369-2377.

[7] Corinaldesi V. Mechanical behavior of masonry assemblages manufactured with recycled-aggregate mortars[J]. Cement and Concrete Composites, 2009, 31(7): 505-510.

[8] Soutsos M N, Tang K K, Millard S G. Use of recycled demolition aggregate in precast products, phase Ⅱ: Concrete paving blocks[J]. Construction and Building Materials, 2011, 25(7): 3131-3143.

[9] Matar P, El Dalati R. Using recycled concrete aggregates in precast concrete hollow blocks[J]. Materialwissenschaft und Werkstofftechnik, 2012, 43(5): 388-391.

[10] Bogas J A, de Brito J, Ramos D. Freeze-thaw resistance of concrete produced with fine recycled concrete aggregates[J]. Journal of Cleaner Production, 2016, 115: 294-306.

[11] 肖建庄，黄健，王幸，等. 再生混凝土空心砌块砌体受压试验[C]//2005年全国砌体结构基本理论与工程应用学术会议，上海，2005.

[12] 白国良，张锋剑，安昱峰，等. 再生混凝土砌块抗压强度和配合比试验研究[J]. 建筑结构，2010，40(12)：128-130.

[13] 郭樟根，陈建龙，孙伟民，等. 再生混凝土多孔砖砌体轴心抗压强度试验[J]. 南京工业大学学报(自然科学版)，2011，33(5)：51-54.

[14] Guo Z, Tu A, Chen C, et al. Mechanical properties, durability, and life-cycle assessment of concrete building blocks incorporating recycled concrete aggregates[J]. Journal of Cleaner Production, 2018, 199: 136-149.

[15] 郭樟根，孙伟民，彭阳，等. 再生混凝土小型空心砌块砌体抗剪性能试验[J]. 南京工业大学学报(自然科学版)，2010，32(5)：12-15.

[16] 郭樟根，孙伟民，李悯粟，等. 再生混凝土空心砌块砌体受压变形性能试验[J]. 江苏大学学报(自然科学版)，2014，35(5)：583-588.

[17] 肖建庄，王幸，胡永忠，等. 再生混凝土空心砌块砌体受压性能[J]. 结构工程师，2006，22(3)：68-71.

[18] 中华人民共和国国家标准. 砌体结构设计规范(GB 50003—2011)[S]. 北京：中国计划出版社，2012.

[19] 郭樟根，孙伟民，沈丹，等. 再生混凝土小型空心砌块墙体受压承载力试验研究[J]. 四川建筑科学研究，2011，37(2)：5-8.

[20] 倪天宇，郭樟根，孙伟民，等. 再生混凝土空心砌块墙体的抗震性能[J]. 东南大学学报(自然科学版)，2009，39(s2)：212-216.

[21] 肖建庄，黄江德，姚燕. 再生混凝土砌块墙体抗震性能试验研究[J]. 建筑结构学报，2012，33(2)：100-109.

[22] 张锋剑，白国良，冯向东，等. 再生混凝土砌块墙体抗震性能试验研究[J]. 工业建筑，2012，

42(4):37-43.
[23] 刘立新,谢丽丽,郝彤.再生混凝土多孔砖配合比和基本性能的试验研究[J].建筑砌块与砌块建筑,2006,(2):50-52.
[24] 郝彤,刘立新,杨广宁.再生骨料混凝土多孔砖的配合比和基本性能试验研究[J].砖瓦,2007,(6):8-10.
[25] 曹万林,王卿,周中一,等.再生混凝土砖砌体抗压性能试验研究[J].世界地震工程,2011,27(3):17-22.
[26] 郭樟根,王剑,孙伟民,等.再生混凝土多孔砖砌体抗剪性能试验研究[J].混凝土与水泥制品,2011,(2):49-52.
[27] 郭樟根,徐一凡,孙伟民,等.再生混凝土多孔砖墙体受压承载力试验研究[J].新型建筑材料,2011,38(2):61-63.
[28] 郝彤,刘立新,杨广宁.再生混凝土多孔砖砌体抗压强度试验研究[J].郑州大学学报(工学版),2007,28(3):19-21.
[29] 郑山锁,商效瑀,张奎,等.冻融循环作用后再生混凝土砖墙体抗震性能试验研究[J].建筑结构学报,2015,36(3):64-70.
[30] 周中一,曹万林,董宏英,等.带竖向构造钢筋再生混凝土砖砌体抗震性能[J].北京工业大学学报,2013(4):554-561.
[31] 郭樟根,吴灿炜,孙伟民,等.再生混凝土多孔砖墙体抗震性能试验[J].应用基础与工程科学学报,2014,22(3):539-547.
[32] 中华人民共和国国家标准.建设用砂(GB/T 14684—2011)[S].北京:中国建筑工业出版社,2011.
[33] 中华人民共和国国家标准.混凝土用再生粗骨料(GB/T 25177—2010)[S].北京:中国建筑工业出版社,2010.
[34] 中华人民共和国国家标准.砌墙砖试验方法(GB/T 2542—2012)[S].北京:中国建筑工业出版社,2012.
[35] 中华人民共和国国家标准.普通混凝土长期性能和耐久性能试验方法标准(GB/T 50082—2009)[S].北京:中国建筑工业出版社,2009.
[36] 中华人民共和国国家标准.砌体基本力学性能试验方法(GB/T 50129—2011)[S].北京:中国建筑工业出版社,2011.
[37] 中华人民共和国国家标准.建筑抗震设计规范(GB 50011—2010)[S].北京:中国建筑工业出版社,2010.

3.2 交互被动式约束再生混凝土受力机理

黄一杰*,何绪家,肖建庄

介绍了钢管再生混凝土与FRP约束再生混凝土的研究现状,总结了现阶段研究成果。分析了各种研究方法的特点并指出目前研究存在的问题。分析结果表明,以往研究未能有效考虑核心混凝土与外部管材之间的交互被动作用机制和再生粗骨料的定量影响,导致对混凝土与约束材料之间交互被动作用的发展变化规律以及再生粗骨料因素对核心混凝土力学性能的影响分析并不深入。另外,在对约束再生混凝土进行数值理论分析时,其核心混凝土力学模型未充分考虑交互被动作用下再生粗骨料的影响,分析模型有待进一步优化。基于以上分析,提出了针对分析再生粗骨料影响及交互被动约束作用的研究方案,以此为依据开展相关研究。研究结果表明,再生混凝土裂纹沿薄弱区域及界面过渡区域发展;交互被动约束作用并不保持恒定不变而是逐渐变化。

3.2.1 研究现状

再生混凝土有着广阔的发展前景,却未得到广泛推广,原因之一就在于相对于普通混凝土,再生混凝土的力学性能较差。而采用约束再生混凝土构件-钢管再生混凝土和FRP约束再生混凝土可以有效解决以上问题,外部管材对内部核心混凝土提供约束与围护,核心混凝土对管材提供支撑,弥补了再生混凝土较差的力学性能的不足且充分发挥了组合作用。但现阶段在约束再生混凝土构件受力研究中主要存在以下问题:①未能有效考虑核心混凝土与外部管材之间的交互被动作用机制;②再生粗骨料的影响未能深入研究。

当前,针对以上问题及其影响下核心混凝土的受力机理研究并不深入。现有的研究主要集中在宏观和唯象上进行分析,没有深入探讨其本质和机理。并且在进行受力性能数值分析及计算时,反映核心混凝土受力机理的力学模型仍然主要是基于恒定围压与普通混凝土数据得到的,仅给出其应力-应变关系的拟合表达式,未形成统一的分析模型与设计方法。为此,充分认识存在于约束管材与核心混凝土之间的交互被动式相互作用及再生粗骨料影响对揭示核心混凝土的受力机理以及进一步深入研究约束再生混凝土构件的受力性能具有重要意义。基于此,本节对此研究方向进行探讨,为钢管再生混凝土与FRP约束再生混凝土的受力性能

---

* 第一作者:黄一杰(1983—),男,博士,副教授,主要研究方向为再生混凝土与海洋混凝土。

基金项目:国家自然科学基金青年科学基金项目(51408346)。

研究提供依据。

约束再生混凝土构件目前较常采用的有钢管再生混凝土与 FRP 约束再生混凝土两种形式,其受力性能是现阶段研究的热点问题。对钢管再生混凝土与 FRP 约束再生混凝土的受力性能研究[1,2]基本上采取了与普通混凝土构件相同的研究方法和思路,即考虑核心混凝土与外部约束材料之间的组合作用,以某个或少数几个(如再生粗骨料取代率等)特定指数反映其特性[3~8]。这种研究主要从宏观上描述其受力性能,没有深入探讨其本质,存在核心混凝土受力机理不清晰、力学本构模型研究不深入的问题,制约了进一步的发展。为此,对约束再生混凝土构件的受力性能研究由宏观与表象转向本质与机理是必然的,即研究核心再生混凝土的力学特性。本节主要是针对核心混凝土与约束材料之间的交互被动约束作用机制、再生粗骨料的影响以及可以反映核心混凝土受力机理的力学本构模型等方面进行探讨与分析。

1. 交互被动约束作用

考虑混凝土与约束材料之间的交互被动约束作用是研究核心再生混凝土受力性能的前提。交互被动约束作用是指核心混凝土与外部管材之间的相互作用,该作用是以存在于两种材料之间的围压应力来表征的。因此,交互被动式约束混凝土即处于交互被动式围压约束下的核心混凝土。

钢管混凝土和 FRP 约束混凝土中,核心混凝土与外部约束材料之间的相互作用是被动的、交互的。被动是指在外力作用下当混凝土与外部材料的横向变形有差异时,二者之间才会产生相互作用(围压);交互是指组成材料的非线性特性使这种相互作用不是恒定的而是变化的,而这种变化又使组成材料的性能发生改变,反过来又影响了相互作用(围压)的大小和发展。由于混凝土的力学性能与受力机理受这种相互作用的影响而发生改变,因此需首先对这种相互作用的变化规律进行系统研究。研究者主要采用试验分析、半经验半理论计算和数值模拟三种方法进行分析。

1) 试验分析

对于外部约束材料和核心混凝土之间的交互被动约束作用,苗若愚[9]早在 1981 年就采用液压比拟法来测定钢管与核心混凝土之间围压的发展规律。他通过模拟钢管混凝土构件中钢管的受力和变形情况,从而得出整个加荷过程中围压实际数值的试验测量方法。依据试验数据,发现围压在整个受力过程中,并非保持恒定或理想弹塑性变化趋势,而是随着外部荷载的变化而变化。

液压比拟法的特点是可以直接获得围压的大小,不需要再进行换算,但构件的受力状态与实际受力情况有所差异,且基于这种方法的研究结果数量和范围有限,所得结果不够系统,未提出相关规律模型。

2）半经验半理论分析

为得出钢管/FRP管材与核心混凝土之间相互作用的大小与变化趋势，较多研究人员采取半经验半理论分析方法。该方法的思路是提取外力作用下实测的钢管混凝土/FRP约束混凝土的纵向应变与横向应变，然后利用相关材料性能与弹塑性力学理论计算外部管材的竖向与横向应力，从而得出围压的大小与变化趋势。

对于钢管混凝土，文献[10]～[12]采用试验结合力学分析的方法对其进行了研究。文献[13]～[17]给出了在不同因素作用下，钢管与核心混凝土之间相互作用的发展趋势。对于FRP约束混凝土，文献[18]～[22]基于分析得出了FRP约束混凝土中环向变形相对于轴向变形变化规律的显示表达，同时提出围压演化全过程公式；文献[23]～[28]对FRP约束材料与核心混凝土之间的相互作用给出了隐式表达方法；文献[29]～[33]采用有效系数来反映FRP约束混凝土中相互作用的实际大小。

采用试验计算方法的特点是基于实际试验中约束材料的变形数据，但需先设定外部约束材料的性能再通过间接力学计算，受材料性能和力学模型准确度等较多因素限制，不能直接获取，且基于这种研究方法所得结论与模型变化较大。

3）数值模拟

在数值模拟与分析方面，文献[34]和[35]采用ABAQUS有限元分析给出了钢管与核心混凝土之间相互作用的发展变化趋势；文献[36]和[37]采用弹塑性力学理论建模研究了这种作用的发生发展规律；文献[38]～[43]利用相关商用数值计算软件对相互作用的影响进行了深入研究。

数值模拟计算的特点是避免了复杂的数学计算，通过参数调整获取与总体反应相符合的结果；但在进行分析时，反映混凝土塑性流动、微缺陷演化等方面的力学本构模型仍是基于恒定围压条件所得出的，模拟得出的约束材料与核心混凝土之间的相互作用与实际值有所差异，可信度与准确度有待提高。

2. 再生粗骨料的影响

对于约束再生混凝土构件，其受力、变形与耐久性等性能深受再生粗骨料的影响。因此，深入分析再生粗骨料对再生混凝土力学机理的作用，是研究约束再生混凝土构件中核心再生混凝土受力性能的基础。

由于含有较多的再生粗骨料，再生混凝土材料内部有较多的空洞、微裂缝等缺陷，其存在独特的微缺陷演化细观机理，这使得再生混凝土的损伤劣化性能有明显的特点。再生混凝土的这种特性导致交互被动式约束再生混凝土的受力机理与普通混凝土有所差异，力学性能发生变化，构件宏观反应改变。研究学者主要采用试验分析与数值模拟等方法对这方面进行探讨。

1）试验分析

（1）宏观性能试验。

人们较早采用轴压、轴拉、受弯、抗剪以及受扭等力学试验来研究再生粗骨料对混凝土力学性能的影响。Xiao等[44]与Poon等[45]分析了再生混凝土在轴压作用下的力学性能，发现再生混凝土的抗压强度随着再生粗骨料取代率的提高而逐步降低。Rao等[46]通过受拉试验发现，再生混凝土的抗拉强度低于普通混凝土，受拉变形有较大改变。Folino等[47]调查了在三轴围压作用下再生混凝土的力学性能，其强度与变形有明显提高。另外，Ravindrarajah等[48]、李云霞等[49]、宋灿等[50]、朋改非等[51]都通过力学试验分析了这种影响。

宏观性能试验可以直接得出在再生粗骨料作用影响下混凝土力学性能的变化，但这种方法只是在宏观与唯象上反映了再生粗骨料的作用，而在细观与机理方面有待提高。

（2）细微观性能试验。

Poon等[52]、Tam等[53]、肖建庄等[54]采用SEM、红外线分光镜和偏光显微镜等手段对再生混凝土的细观结构进行了分析，发现其内部有较多的孔洞、微裂缝、薄弱界面过渡区以及其他缺陷，从而导致再生混凝土的力学性能发生变化。但这些研究主要集中在材料细微观结构方面，分析引起再生混凝土受力机理以及损伤劣化发生变化的原因，而对受力机理全过程变化以及损伤劣化的发展方面未做全面分析。Li等[55]采用数字图像相关法，研究了再生混凝土在压力作用下全形变场的分布，描述了应变与位移场的发生、发展直至最终破坏，探讨了再生混凝土裂纹分布情况。

细微观性能试验可对再生混凝土材料的内部结构进行研究及分析，但这种方法主要集中在微观材料结构方面，未能有效研究再生混凝土受力全过程中性能的变化。

2）数值模拟

Li等[56]和肖建庄等[57]采用数值模拟方法对模型再生混凝土试件受力全过程进行了分析，刘琼等[58]利用图像分析技术并结合格构模型对实际再生混凝土的受力机理及劣化进行了有限元分析。但数值模拟存在尺寸效应的问题。并受到现阶段计算技术的限制，较难反映再生混凝土在细微观层次的情况，缺乏对微裂纹发展、损伤劣化的定量描述以及对多维受力条件下再生混凝土各向损伤劣化特性研究。

由以上分析可见，为研究再生粗骨料的影响，探讨再生混凝土的损伤劣化性能，以便从机理上对约束再生混凝土进行分析，需采取新的试验手段、分析方法和研究思路。

3. 力学本构模型

在对钢管再生混凝土与FRP约束再生混凝土进行理论分析与数值计算时，其内部核心混凝土的力学本构模型需考虑交互被动约束作用与再生粗骨料的影响。目前对约束再生混凝土本构模型的构造与阐述主要有经验关系式模型和基于力学理论建立的本构模型等。

1) 经验关系式模型

经验关系式模型是通过试验实测等方法所得出的约束核心混凝土受力变形关系曲线。Mander 等[59]早在 1988 年就提出了钢材约束核心混凝土的应力-应变关系数学表达式,现已被广泛采用。文献[10]、[60]～[62]给出了钢管混凝土与 FRP 约束混凝土中核心混凝土本构关系的函数表达式,并已在相关分析中得以应用。

但这些表达式是由试验数据拟合得出的,有较大的局限性,且不能准确反映核心混凝土的塑性流动、损伤演化等细观机理。为此,要想深入研究核心混凝土的受力机理,建立的力学模型必须基于完整力学理论框架体系。

2) 基于力学理论建立的本构模型

现阶段,研究人员通过线弹性力学、塑性力学、断裂力学和损伤力学等相关力学理论对混凝土性能进行阐述,建立基于完整力学理论框架体系的本构模型。

(1) 塑性断裂力学、内时理论与边界面理论。

钟善桐[63]、韩林海等[64]、查晓雄等[65]采用塑性断裂力学、内时理论和边界面理论建立了针对钢管混凝土中核心混凝土的力学模型,用于模拟受力过程和研究力学机理。在这些模型中,塑性断裂力学模型的塑性滑移由塑性理论计算,断裂变形基于微裂纹理论并按照应变空间中的势函数来处理,可以较好地描述硬化、软化等特性,但是需定义两种加载面,该模型计算困难、应用复杂。内时理论脱离了经典塑性理论,可用于模拟混凝土复杂性能,但该模型参数过多且不相互独立以及缺乏明确的物理意义。边界面模型可以描述材料由强化到弱化的全过程,通过当前应力状态与边界上点之间的距离控制混凝土应力应变的所有阶段,并将材料强度与塑性变形联系在一起;但这种模型缺乏对循环等荷载下目标响应描述的适应性检验,且为便于应用存在一些简化。Xiao 等[1]采用考虑再生粗骨料影响的核心混凝土经典塑性理论模型对钢管再生混凝土和 FRP 约束再生混凝土构件进行了受力分析,Jiang 等[66]、Yu 等[67]采用修正 D-P 塑性理论模型反映被动围压下 FRP 约束核心混凝土的性能。塑性模型可较有效地描述混凝土塑性流动、应变强化和屈服变化等物理现象且数学构造严格,但其基本假定中存在达到破坏面后材料完全破坏,因此无法有效地分析应变软化后的性能。

基于上述分析,核心混凝土塑性断裂模型、内时模型、边界面模型与塑性模型对分析和反映力学机理起到了推动作用,取得的一批研究成果对本节有着指导的作用,但相关本构模型存在一些问题,且研究成果未完整体现交互被动约束作用变化规律和再生粗骨料因素引起的机理变化。

(2) 塑性损伤理论。

采用塑性与损伤相结合的理论建立混凝土力学模型,从而对材料的性能进行分析与阐述是目前的发展趋势。塑性损伤理论具有较明确的物理意义和试验基础,且有完整的力学体系与数学构架。

Yu 等[68]、Tao 等[69]采用修正 D-P 塑性损伤模型反映被动围压下 FRP 约束核心混凝土的性能。研究发现,计算结果与试验结果吻合较好,可以用于后续研究。杨有福[70]采用塑性损伤模型研究约束再生混凝土的受力性能,探讨了不同条件作用下钢管再生混凝土力学性能的变化。Liu 等[71]采用损伤力学方法来反映再生粗骨料对钢管核心再生混凝土受力性能的影响,探讨了再生粗骨料对内部核心再生混凝土损伤过程的影响。

3.2.2 研究现状小结

通过上述分析内容可以看出,对钢管再生混凝土与 FRP 约束再生混凝土受力机理的研究现已取得了一定的进展,但在试验方法、分析手段和研究思路等方面仍存在一些问题。

(1) 现有外部约束管材与核心再生混凝土之间的交互被动约束作用(围压)研究,未能深入考虑材料的多向受力状态,导致该作用的变化规律与趋势并不清晰。需提出新的试验方法和思路对其进行探讨。

(2) 再生粗骨料添加进混凝土中后,其内部含有较多的初始裂缝与损伤,使再生混凝土的性能发生改变,结构/构件的性能也随之发生变化。因此,需对其在外部作用下的整体损伤裂化过程进行分析与探讨。

3.2.3 研究方案

为解决上述问题,结合材料特性与相关物理学理论,针对再生粗骨料的影响与交互被动约束作用,采取以下研究方案。

1. 再生混凝土损伤裂化机理细微观试验研究

再生混凝土中含有较多的空洞、微裂缝等缺陷,其存在独特的微缺陷演化细观机理,这使再生混凝土的损伤劣化有着明显的特点。再生混凝土的这种特性导致交互被动式约束再生混凝土的受力机理与普通混凝土有所差异,力学性能发生变化,使得构件宏观反应改变。作为影响核心混凝土力学特性的重要影响因素,需从细微观层次上对再生混凝土的损伤劣化特性进行研究,以便于揭示受力机理,建立可以从本质上反映受力机理的力学本构模型。

1) 试验参数

试验参数为再生粗骨料取代率,有 0、50%与 100%三种。

2) 试件制作与加工

再生混凝土单轴抗压、抗拉试验均采用板式试件(见图 3.2.1),以便从细微观上分析再生混凝土的损伤劣化特性。

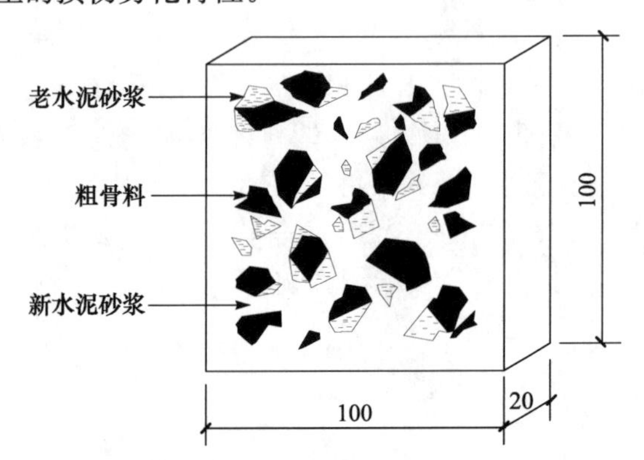

图 3.2.1　板式试件示意图(单位:mm)

在制作加工板式试件时,为便于后期的观测与图像处理分析,采用不同颜色的材料进行加工制作。保证加工出的板式试件中,水泥砂浆与粗骨料的颜色有明显区分,便于下一步的分析工作。

3) 加载与量测装置

单轴抗压、抗拉试验加载示意图如图 3.2.2 所示。以电阻应变片或位移计量测试件的变形,以试验机对试件施加外力,得出受力-变形全曲线。

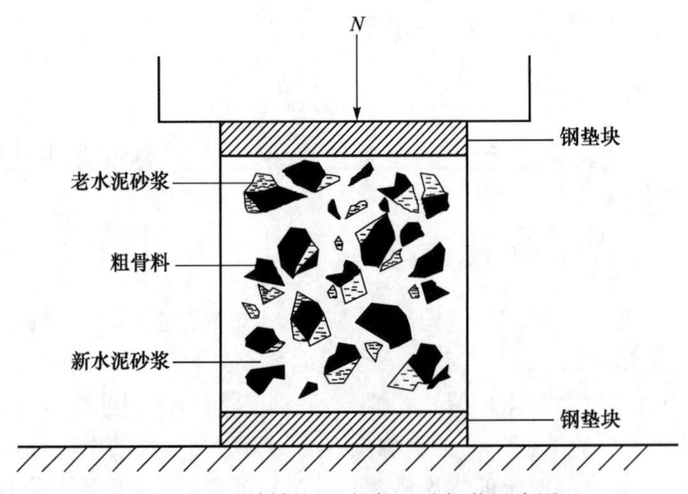

图 3.2.2　单轴抗压、抗拉试验加载示意图

4) 基于数字图像相关法的混凝土损伤劣化机理细微观定量分析

数字图像相关法是近些年来用于混凝土研究的热点方法,该方法利用混凝土

中各相在数值图像中灰度值的不同,采用相关算法对图像进行处理及识别分析,可有效得出各相的含量、位置及边界信息等,常用于反映实际受力情况的数值仿真等情况。随着数字图像分辨率的提高和相关计算机技术的改进,采用这种方法可以有效捕捉到混凝土材料在细微观结构层次的发展变化情况。相对于传统的反映细微观层次的方法,数字图像相关法具有简洁方便、直观描述、便于定量分析与试件观测范围较大等优点。利用数字图像相关法的这些优点,对再生混凝土的损伤劣化进行分析。

2. 核心混凝土与外部管材之间的交互被动约束作用测定

以往研究钢管混凝土与 FRP 约束再生混凝土中核心混凝土与外部约束材料之间相互作用(围压)变化主要是依据通用商业软件的数值分析结果和管材内液压试验数据。这些方法大多属于间接方法,按照这些方法获得的数据受较多因素的限制,不能真实准确地反映研究对象的大小及发展规律,这对研究构件受力性能有较大影响。确定围压发展变化的准确规律是研究约束再生混凝土构件受力性能的前提。

基于此,本节采用试验分析与理论推导相结合的方法,确定交互被动约束作用的发展规律与显式表达式。

1) 试验分析方法

(1) 试验参数。

考虑将再生粗骨料掺量、径厚比、截面尺寸、套箍系数和外部约束材料作为试验参数进行轴压试验,测取交互被动约束作用的变化趋势。试验参数如下:再生粗骨料掺量有 0、50%、100%三种;径厚比选用 20、40、60;截面尺寸采用 200mm、300mm;外部约束材料为钢管与 FRP 管材。拟制作 40 个钢管再生混凝土与 40 个 FRP 约束再生混凝土试件。

(2) 试件制作与加工。

约束再生混凝土构件在制作加工时,首先将外部管材切割至规定尺寸,而后制拌混凝土。待混凝土拌合物流动性满足要求后,浇筑试件。浇筑试件时,先将外部管材一端用盖板封闭,混凝土拌合物从试件另一端浇筑管内。搅拌振捣密实之后,在实验室内养护 28d,然后采用高强砂浆将试件表面抹平,并将管材另一端用盖板封闭。

(3) 测试方法。

对于钢管再生混凝土与 FRP 约束再生混凝土轴压试验,采用反力架加载系统和液压千斤顶加载,通过控制油泵油压使整个试验中的轴压荷载保持稳定变化,并且采用力与位移混合加载方式。试验中详细观测试件的完整破坏过程。荷载变化与极限荷载由液压千斤顶与 DH3815N 数据采集系统测得,利用 LVDT 位移传感器与电阻应变片测量试件的纵向及横向变形。

(4) 计算方法。

依据钢管与 FRP 管材的材料性能,并结合弹性力学与塑性力学理论,对通过试验实测得到的管材环向应变与轴向应变进行分析,得出轴向应力和环向应力的数值大小与变化规律;而后通过转化,得出外部管材与内部核心混凝土之间的围压变化。

2) 理论分析与计算

在相关力学理论基础上,建立钢管再生混凝土与 FRP 约束再生混凝土的力学模型,采取迭代计算方法,使用 FORTRAN 语言编写相关程序,分析围压作用的变化规律[72]。

将理论计算出的结果与试验分析相对比,待变形及受力满足精度要求后,进行变参数分析,得出在各种条件下的围压变化规律与趋势。最后,采用最小二乘法等方法得出交互被动约束作用的显式表达式。

3.2.4 研究结果

1. 再生混凝土损伤劣化试验研究

采用数字图像散斑方法,对再生混凝土在外力条件下的损伤劣化过程以及试件形变场的分布规律进行分析,得到再生混凝土全场应变变化以及裂纹发生发展趋势,具体情况如图 3.2.3～图 3.2.5 所示。

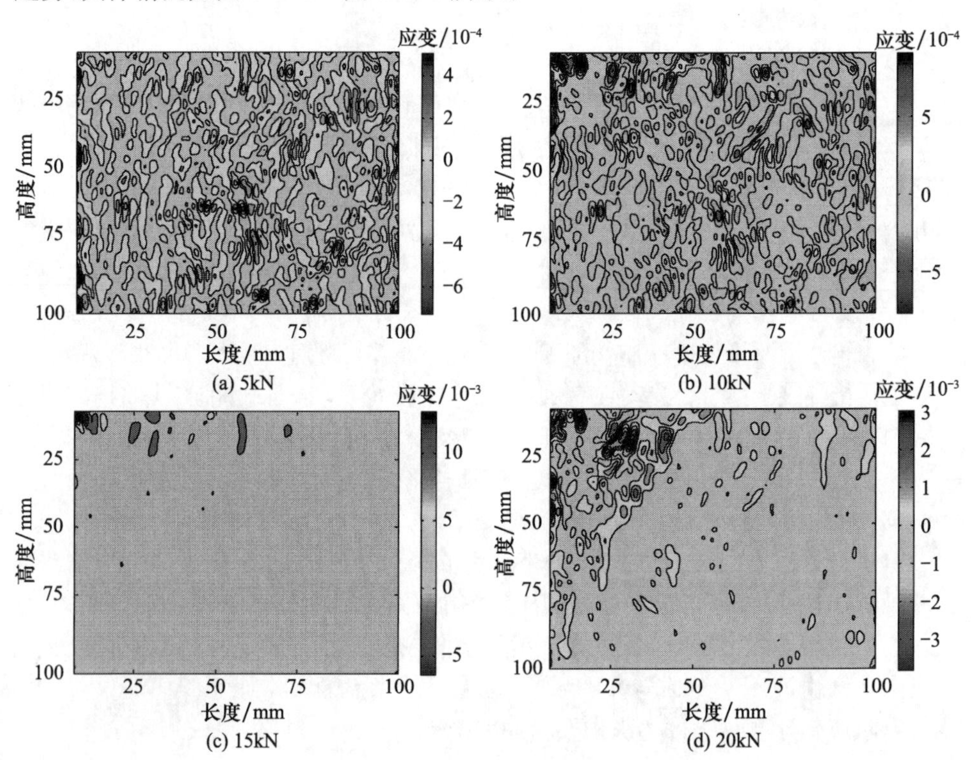

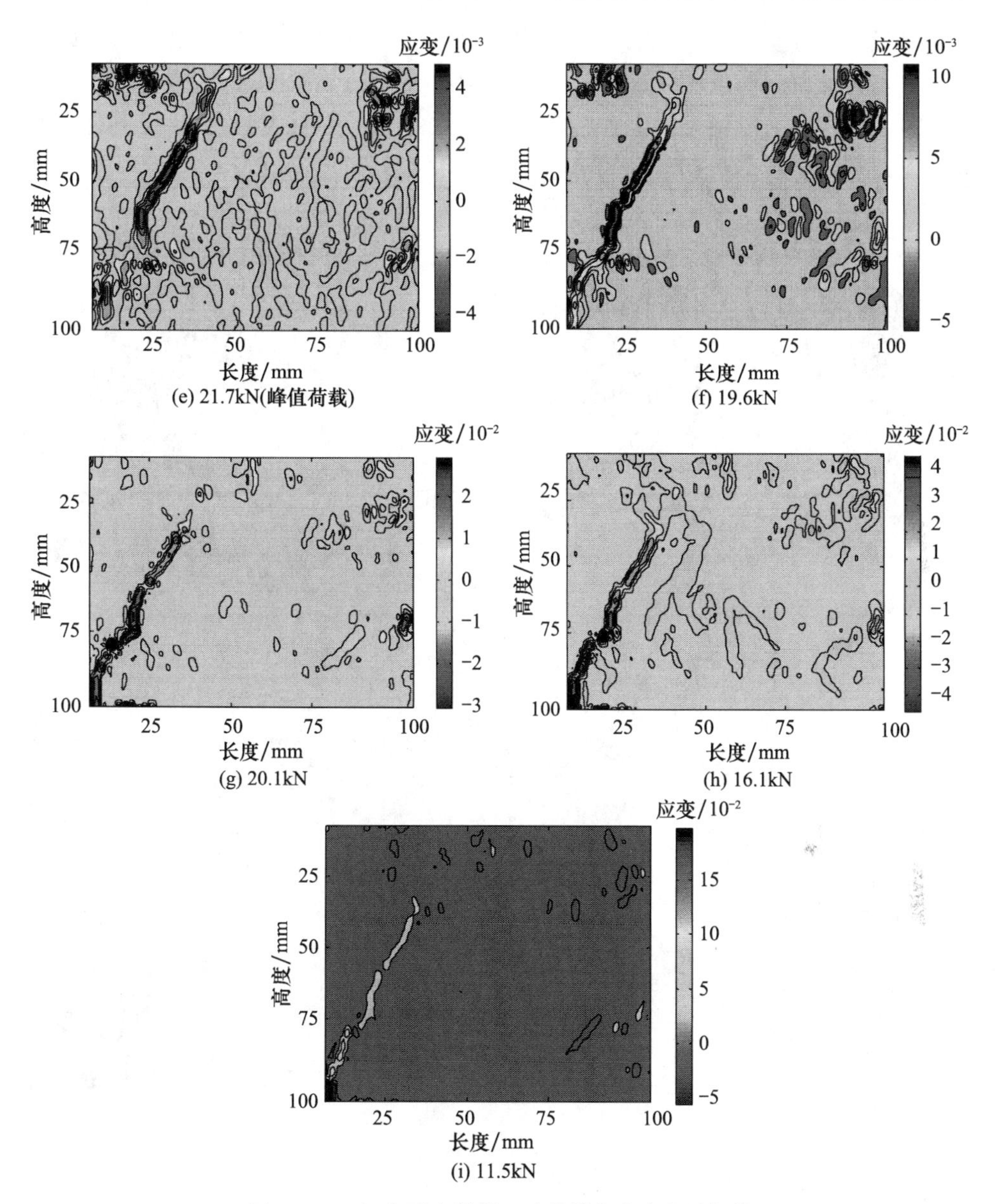

图 3.2.3　切片再生混凝土试件横向应变发展规律

由图 3.2.3 可以看出，对于再生混凝土，其变形在加载初期并不是沿全截面保持不变，而是存在较大差异，这主要是材料与几何不均匀引发的。随着加载的进行，会在薄弱位置处、粗骨料与水泥砂浆交界面处产生变形集中现象，在此区域，混凝土的微裂纹开始发生。随着荷载继续增大，部分变形集中区域数值增大并逐步连通，形成连续区域，裂纹主要集中在此连续区域。在该加载阶段，混凝土的裂纹数量和长度不断扩展，并有部分裂纹肉眼可见。当外力超过峰值荷载以后，沿砂浆与骨料交界面以及薄弱位置处，产生了一个明显的变形集中区域，即主裂纹发生区域(见图 3.2.3(f)～(g))。随着加载的进行，试件变形不断增加，裂纹开展更加明显。最终裂纹分布图形如图 3.2.4 和图 3.2.5 所示。

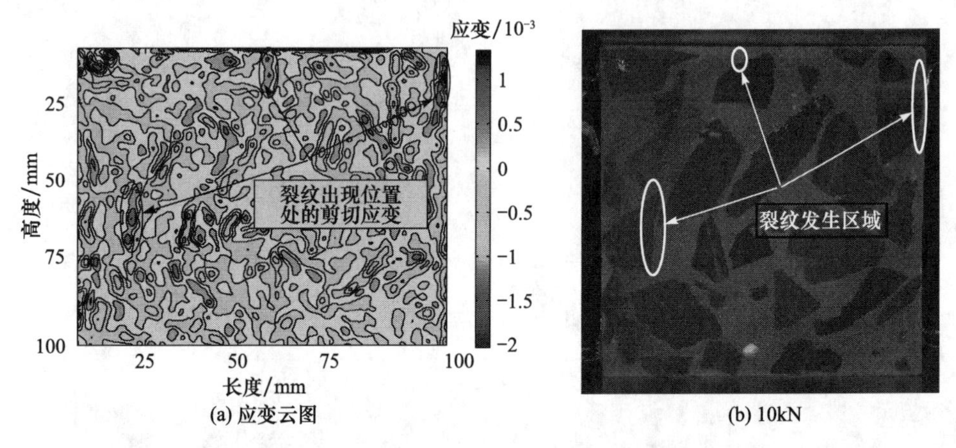

图 3.2.4　加载初期裂纹与剪切应变对比

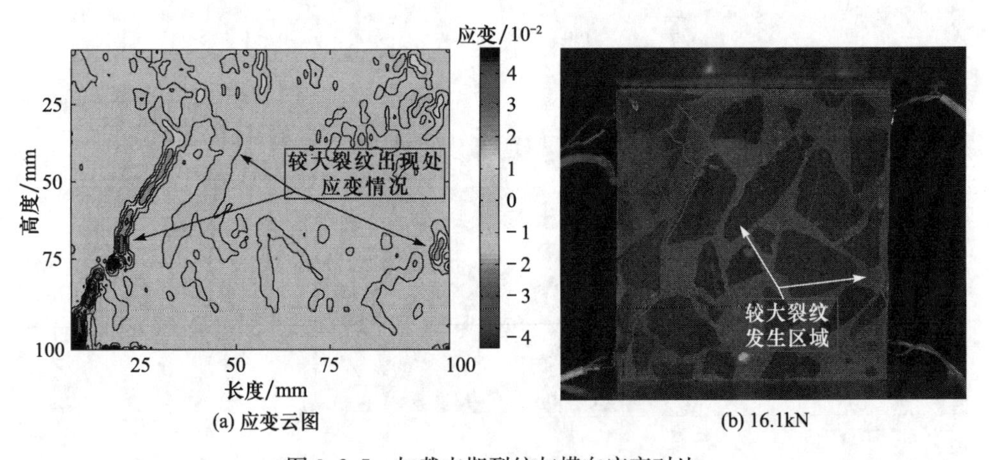

图 3.2.5　加载末期裂纹与横向应变对比

2. 交互被动约束作用的变化规律

通过相关试验数据与力学理论得出了约束再生混凝土构件的内部围压变化规律，同时将理论模型分析所得到的结果与试验结果进行对比可以发现，本节所建立的力学模型可以较好地反映约束再生混凝土构件的宏观受力性能(见图 3.2.6)，且理论计算得出的应变、应力等结果与试验值符合良好(见图 3.2.7)，可用于变参数分析。通过后期大量的计算，最终得出钢管再生混凝土内部的交互被动约束作用变化规律，如图 3.2.8 所示。可以看出,交互被动约束作用可以划分为五个阶段:受拉阶段、线性增长阶段、塑性屈服阶段、非线性增长阶段和平稳变化阶段。受此影响,核心再生混凝土的受力与变形性能也随着约束围压的变化而变化,如图 3.2.9 所示。

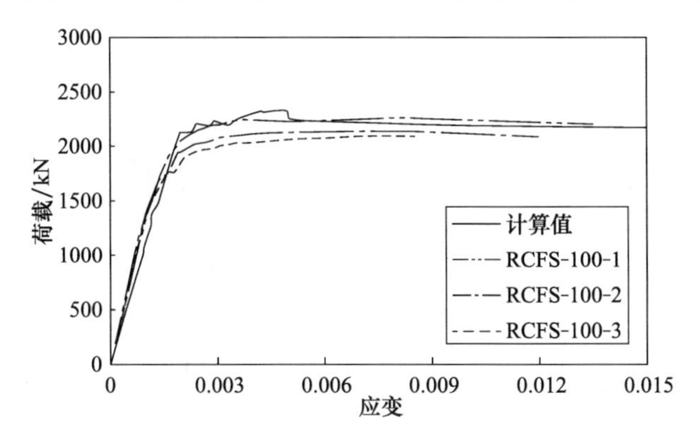

图 3.2.6　荷载-应变曲线计算值与试验值对比

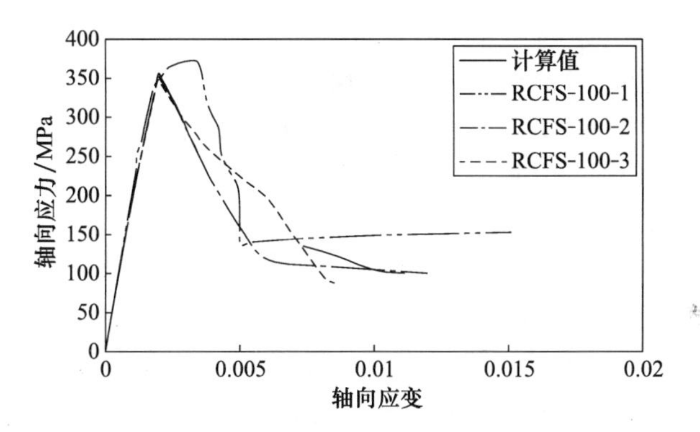

图 3.2.7　钢管轴向应力-应变曲线计算值与试验值对比

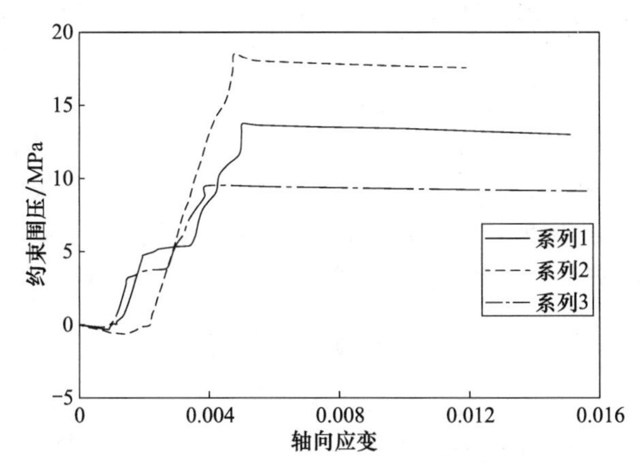

图 3.2.8　交互被动约束作用变化规律

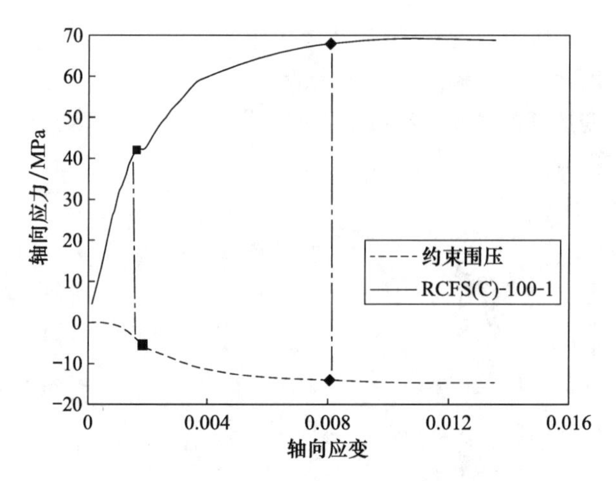

图 3.2.9　围压与混凝土轴向应力-应变的关系

3.2.5　结论

（1）本节阐述了交互被动式约束再生混凝土受力机理的研究现状，指出了在此研究领域存在的主要问题，探讨了产生这些问题的主要原因。

（2）针对目前研究中未能有效考虑再生粗骨料影响与交互被动约束作用，提出了相应的研究方案与分析思路。采用基于数字图像相关法、图像处理技术以及力学理论的方法，分析再生粗骨料对混凝土性能的影响。采用轴压试验与力学模型分析相结合的方法探讨交互被动约束作用的发生和发展规律。

（3）基于数字图像相关法和切片再生混凝土轴压试验，得出了试件在整个受力过程中的位移、应变场分布情况，探讨了初始裂纹及其损伤发生、发展直至最终破坏的全过程。研究结果表明，在初始受力状态，应变沿全截面并不均匀，而是略有差异。随着加载的进行，在粗骨料与水泥砂浆交界面处以及初始薄弱截面处发生变形集中现象。加载后期，离散变形区域逐步连接，并形成连通区域，宏观裂纹出现。

（4）采用钢管再生混凝土构件轴压试验与力学模型分析相结合的方法，分析了交互被动约束作用的变化趋势。分析结果表明，交互被动约束作用可以划分为五个阶段：受拉阶段、线性增长阶段、塑性屈服阶段、非线性增长阶段和平稳变化阶段。核心再生混凝土的受力和变形性能也随着约束围压的变化而变化。

参 考 文 献

［1］ Xiao J Z, Huang Y J, Yang J, et al. Mechanical properties of confined recycled aggregate concrete under axial compression[J]. Construction and Building Materials, 2012, 26(1): 591-603.

[2] Yang Y. Performance of recycled aggregate concrete-filled steel tubular members under various loadings[C]//Proceedings of the 2nd International Conference on Waste Engineering and Management, Shanghai, 2010:475-484.

[3] Konno K, Sato Y. Property of recycled aggregate concrete column encased by steel tube subjected to axial compression[J]. Transaction of the Concrete Institute, 1997, 19(2):231-238.

[4] 肖建庄，杨洁. 玻璃纤维增强塑料约束再生混凝土轴压试验[J]. 同济大学学报(自然科学版)，2009，37(12)：1586-1591.

[5] Wu B, Zhao X Y, Liu Q X, et al. Full-scale axial loading tests of concrete-filled steel tubular columns incorporating demolished concrete slumps[C]//Proceedings of the 2nd International Conference on Waste Engineering and Management, Shanghai, 2010:559-567.

[6] 王玉银，陈杰，纵斌，等. 钢管再生混凝土与钢筋再生混凝土轴压短柱力学性能对比试验研究[J]. 建筑结构学报，2011，32(12)：170-177.

[7] 吴波，赵新宇，张金锁. 薄壁圆钢管再生混合中长柱的轴压与偏压试验研究[J]. 土木工程学报，2012，45(5)：65-77.

[8] 陈宗平，张士前，王妮，等. 钢管再生混凝土轴压短柱受力性能的试验与理论分析[J]. 工程力学，2013，30(4)：107-114.

[9] 苗若愚. 直接测定钢管混凝土轴压短柱紧箍力的方法——液压比拟法[J]. 哈尔滨建筑工程学院学报，1982，(1)：53-66.

[10] Mei H, Kiousis P D, Ehsani M R, et al. Confinement effects on high-strength concrete[J]. ACI Structural Journal, 2001, 98:548-553.

[11] McAteer P, Bonacci J F. Composite response of high strength concrete confined by circular steel tube[J]. ACI Structural Journal, 2004, 101:466-474.

[12] Huang Y J, Xiao J Z, Zhang C. Theoretical study on mechanical behavior of steel confined recycled aggregate concrete[J]. Journal of Constructional Steel Research, 2012, 76:100-111.

[13] 潘友光，钟善桐. 钢管混凝土的轴压本构关系(上)[J]. 建筑结构学报，1990，11(1)：10-20.

[14] Han L H, Zhao X L, Tao Z. Tests and mechanics model of concrete-filled SHS stub columns, columns and beam-columns[J]. Steel and Composite Structures, 2001, 1(1):51-74.

[15] 钟善桐. 钢管混凝土统一理论：研究与应用[M]. 北京：清华大学出版社，2006.

[16] 蔡绍怀. 现代钢管混凝土结构(修订版)[M]. 北京：人民交通出版社，2007.

[17] 王玉银，张素梅. 钢管混凝土轴压短柱性能三参数分析与计算[J]. 哈尔滨工业大学学报，2007，39(2)：210-215.

[18] Mirmiran A, Shahawy M. Dilation characteristics of confined concrete[J]. Mechanics of Cohesive-Frictional Materials, 1997, 2(3):237-249.

[19] Harries K A, Kharel G. Behavior and modeling of concrete subject to variable confining pressure[J]. ACI Materials Journal, 2002, 99(2):180-189.

[20] Teng J G, Huang Y L, Lam L, et al. Theoretical model for fiber-reinforced polymer-confined concrete[J]. Journal of Composites for Construction, 2007, 11(2):201-210.

[21] Jiang T, Teng J G. Analysis-oriented stress-strain models for FRP-confined concrete[J]. Engineering Structures, 2007, 29: 2968-2986.

[22] Xiao Q G, Teng J G, Yu T. Behavior and modeling of confined high-strength concrete[J]. Journal of Composites for Construction, 2010, 14(3): 249-259.

[23] Fam A Z, Rizkalla S H. Confinement model for axially loaded concrete confined by circular fiber-reinforced polymer tubes[J]. ACI Structural Journal, 2001, 98(4): 451-461.

[24] Spoelstra M R, Monti G. FRP-confined concrete model[J]. Journal of Composites for Construction, 1999, 3(3): 143-150.

[25] Marques S P C, Silva J L D. Model for analysis of short columns of concrete confined by fiber-reinforced polymer[J]. Journal of Composites for Construction, 2004, 8(4): 332-340.

[26] Chun S C, Park H C. Load carrying capacity and ductility of RC columns confined by carbon fiber reinforced polymer[C]//The 3rd International Conference on Composites in Infrastructure(CD-Rom), San Francisco, 2002.

[27] Elwi A A, Murray D W A. 3D hypoelastic concrete constitutive relationship[J]. Journal of the Engineering Mechanics Division, 1979, 105(4): 623-641.

[28] Binici B. An analytical model for stress-strain behavior of confined concrete[J]. Engineering Structures, 2005, 27(7): 1040-1051.

[29] Wu Y F, Jiang J F. Effective strain of FRP for confined circular concrete columns[J]. Composite Structures, 2013, 95: 479-491.

[30] Xiao Y, Wu H. Compressive behavior of concrete confined by carbon fiber composite jackets[J]. Journal of Material in Civil Engineering, 2000, 12: 139-146.

[31] Lam L, Teng J. Ultimate condition of fiber reinforced polymer-confined concrete[J]. Journal of Composites for Construction, 2004, 8: 539-548.

[32] Bisby L A, Take W A. Strain localisations in FRP-confined concrete: new insights[J]. Proceedings of the Institution of Civil Engineers-Structures and Buildings, 2009, 162: 301-309.

[33] Smith S T, Kim S J, Zhang H W. Behavior and effectiveness of FRP wrap in the confinement of large concrete cylinders[J]. Journal of Composites for Construction, 2010, 14(5): 573-582.

[34] Tao Z, Wang Z B, Yu Q. Finite element modelling of concrete-filled steel stub columns under axial compression[J]. Journal of Constructional Steel Research, 2013, 89: 121-131.

[35] Han L H, Liu W, Yang Y F. Behaviour of concrete-filled steel tubular stub columns subjected to axially local compression[J]. Journal of Constructional Steel Research, 2008, 64(4): 377-387.

[36] Ding F X, Yu Z Z, Bai Y, et al. Elasto-plastic analysis of circular concrete-filled steel tube stub columns[J]. Journal of Constructional Steel Research, 2011, 67(10): 1567-1577.

[37] Choi K K, Xiao Y. Analytical studies of concrete-filled circular steel tubes under axial compression[J]. Journal of Structural Engineering, 2010, 136(5): 565-573.

[38] Johansson M. The Efficiency of passive confinement in CFT columns[J]. Steel and Com-

posite Structures,2002,25:379-396.

[39] Hu H T,Huang C S,Wu M H,et al. Nonlinear analysis of axially loaded concrete-filled tube columns with confinement effect[J]. Journal of Structural Engineering, 2003, 129(10):1322-1329.

[40] Ellobody E,Young B,Lam D. Behaviour of normal and high strength concrete-filled compact steel tube circular stub columns[J]. Journal of Constructional Steel Research,2006, 62(7):706-765.

[41] Tang J,Hino S,Kuroda I,et al. Modeling of stress-strain relationships for steel and concrete in concrete filled circular steel tubular columns[J]. Steel Construction Engineering, 1996,3(11):35-46.

[42] Susantha K A S,Ge H,Usami T. Uniaxial stress-strain relationship of concrete confined by various shaped steel tubes[J]. Engineering Structures,2001,23:1331-1347.

[43] Liang Q Q,Fragomeni S. Nonlinear analysis of circular concrete-filled steel tubular short columns under axial loading[J]. Journal of Constructional Steel Research,2009,65(12): 2186-2196.

[44] Xiao J Z,Li J B,Zhang C. Mechanical properties of recycled aggregate concrete under uniaxial loading[J]. Cement and Concrete Research,2005,35(6):1187-1194.

[45] Poon C S,Kou S C,Wan H W,et al. Properties of concrete blocks prepared with low grade recycled aggregates[J]. Waste Management,2009,29(8):2369-2377.

[46] Rao M C,Bhattacharyya S K,Barai S V. Influence of field recycled coarse aggregate on properties of concrete[J]. Materials and Structures,2011,44(1):205-220.

[47] Folino P,Xargay H. Recycled aggregate concrete-mechanical behavior under uniaxial and triaxial compression[J]. Construction and Building Materials,2014,56:21-31.

[48] Ravindrarajah R S,Tam C T. Properties of concrete made with crushed concrete as coarse aggregate[J]. Magazine of Concrete Research,1985,37(130):29-38.

[49] 李云霞,李秋义,赵铁军. 再生骨料与再生混凝土的研究进展[J]. 青岛理工大学学报, 2005,26(5):16-19,44.

[50] 宋灿,邹超英,徐伟. 再生混凝土基本力学性能的试验研究[J]. 低温建筑技术,2007,(3):15-16.

[51] 朋改非,黄艳竹,张九峰. 骨料缺陷对再生混凝土力学性能的影响[J]. 建筑材料学报, 2012,15(1):80-84.

[52] Poon C S,Shui Z H,Lam L. Effect of microstructure of ITZ on compressive strength of concrete prepared with recycled aggregates[J]. Construction and Building Materials,2004, 18(6):461-468.

[53] Tam V W Y. Carbonation around near aggregate regions of old hardened concrete cement paste[J]. Cement and Concrete Research,2005,35(6):1180-1186.

[54] 肖建庄,刘琼,李文贵,等. 再生混凝土细微观结构和破坏机理研究[J]. 青岛理工大学学报,2009,30(4):24-30.

[55] Li W G,Sun Z H,Luo Z,et al. Influence of relative mechanical strength between new and

old cement mortars on the crack propagation of recycled aggregate concrete[J]. Journal of Advanced Concrete Technology,2017,15:110-125.

[56] Li W G,Xiao J Z,Sun Z H,et al. Failure processes of modeled recycled aggregate concrete under uniaxial compression[J]. Cement and Concrete Composites,2012,34(10):1149-1158.

[57] 肖建庄,李文贵,刘琼. 模型再生混凝土单轴受压性能细观数值模拟[J]. 同济大学学报(自然科学版),2011,39(6):906-913.

[58] 刘琼,肖建庄,李文贵. 再生混凝土轴心受拉性能试验与格构数值模拟[J]. 四川大学学报,2010,42(s1):119-124.

[59] Mander J B,Priestley M J N,Park R. Theoretical stress-strain model for confined concrete [J]. Journal of Structural Engineering,1988,114(8):1804-1826.

[60] 韩林海. 钢管混凝土结构——理论与实践[M]. 2 版. 北京:科学出版社,2007.

[61] 杨有福. 钢管再生混凝土构件荷载-变形关系的理论分析[J]. 工业建筑,2007,37(12):1-6.

[62] Teng J G,Hu Y M,Yu T. Stress-strain model for concrete in FRP-confined steel tubular columns[J]. Engineering Structures,2013,49:156-167.

[63] 钟善桐. 钢管混凝土结构[M]. 哈尔滨:黑龙江科学技术出版社,1994.

[64] 韩林海,冯九斌. 混凝土的本构关系模型及其在钢管混凝土数值分析中的应用[J]. 哈尔滨建筑大学学报,1998,28(5):26-32.

[65] 查晓雄,唐家祥. 钢管混凝土结构非线性有限元分析中混凝土边界面模型的研究及应用[J]. 工程力学,1999,16(6):29-35.

[66] Jiang J F,Wu Y F,Zhao X M. Application of drucker-prager plasticity model for stress-strain modeling of FRP confined concrete columns[J]. Procedia Engineering,2011,14:687-694.

[67] Yu T,Teng J G,Wong Y L,et al. Finite element modeling of confined concrete-II:Plastic-damage model[J]. Engineering Structures,2010,32(3):680-691.

[68] Yu T,Teng J G,Wong Y L,et al. Finite element modeling of confined concrete—Ⅰ:Drucker-Prager type plasticity model[J]. Engineering Structures,2010,32(3):665-679.

[69] Tao Z,Wang Z B,Yu Q. Finite element modeling of concrete-filled steel stub columns under axial compression[J]. Journal of Constructional Steel Research,2013,89:121-131.

[70] 杨有福. 钢管再生混凝土构件受力机理研究[J]. 工业建筑,2007,37(12):7-12.

[71] Liu Y X,Zha X X,Gong G B. Study on recycled concrete filled steel tube and recycled concrete based on damage mechanics[J]. Journal of Constructional Steel Research,2012,71:143-148.

[72] 黄一杰,孙跃东,孙黄胜. 基于新型力学分析程序的圆钢管混凝土轴压短柱受力性能研究[J]. 中国公路学报,2016,29(5):75-84.

3.3　再生混凝土阻尼机理与测试

李坛*,梁超锋,肖建庄

针对再生混凝土阻尼离散性较大、影响因素较多的特点,通过采用悬挂试件,并进行敲击的方法测得再生混凝土试件的阻尼比。通过对再生混凝土阻尼比数据的统计分析,分离出与老界面过渡区和新界面过渡区对应的阻尼部分。对不同再生粗骨料取代率的阻尼进行分析,发现当强度相近时,再生混凝土的频率约降低11%,再生混凝土的阻尼约提高17%。再生混凝土的频率和阻尼可以分解成和砂浆和粗骨料之间的老界面过渡区相关的黏滞阻尼比以及和新老砂浆界面过渡区相关的黏滞阻尼比,这两个阻尼比分别和两种界面的含量成正比。阻尼机制表明,随着再生粗骨料掺入量的增加,再生混凝土阻尼从老界面过渡区阻尼逐渐过渡到新界面过渡区的阻尼。基于阻尼比的变化规律,建立再生混凝土的黏滞阻尼模型。

3.3.1　国内外研究现状

Swamy等[1]用实验方法研究了硬化水泥浆、砂浆和混凝土的阻尼性质,获得了自由振动时混凝土的对数衰减方程。Suda等[2]对日本123个钢结构建筑和66个混凝土建筑的阻尼比和自振频率进行了分析,分析结果表明阻尼比较为分散,受到建筑高度、基础类型、振动幅度、振动测试和阻尼评估方法的影响。Jeary[3]研究了对于非常高的建筑当施加的力是函数形式时阻尼的特征。

Ma等[4]通过比例为1∶2.5的再生混凝土柱的低周加载试验测得在极限荷载循环中等效黏滞阻尼比的平均值为0.217,得出再生混凝土有较好的抗震能力。薛建阳等[5]通过4榀再生粗骨料取代率分别为0、30%、70%、100%的1∶2.5试件的低周反复加载试验,得到破坏时节点的等效黏滞阻尼比介于0.322～0.335;随着再生粗骨料取代率的增加,型钢再生混凝土框架中节点的抗剪承载力和耗能能力有所降低,延性减小。马俊等[6]采用相位差法测量再生混凝土阻尼。研究结果表明,随着施加荷载的逐渐增加,阻尼比也呈线性增大;随着再生粗骨料取代率的增大,再生混凝土强度降低,其阻尼比也相对增大。梁超锋等[7~10]在再生混凝土阻尼性能上进行了大量的研究,分别研究了简支梁和悬臂梁的阻尼,并对再生粗骨料的取代率、再生粗骨料粒径、改性掺合料、激振频率及幅值等因素进行了研究。研究结果表明,再生混凝土损耗因子分别随再生粗骨料取代率的增加及再生粗骨料平均粒径的

---

* 第一作者:李坛(1980—),男,博士,副教授,主要研究方向为再生混凝土阻尼和断裂。

基金项目:国家自然科学基金面上项目(51778463)。

减小而增加,随激振频率的增加及激振力幅值的减小而减小;与普通混凝土相比,再生混凝土的损耗因子增加 3%～10%;复掺钢纤维+橡胶粉、粉煤灰+矿粉再生混凝土改性后的损耗因子比改性前分别增加 45.8%和 30.3%,阻尼增强效果显著。

再生混凝土阻尼来自于微观的界面和缺陷。目前的研究均集中在宏观层面上,从构件层次对再生混凝土的阻尼比进行分析,对再生混凝土微观机制研究不够深入。目前普遍认为再生混凝土阻尼产生于微观的各种缺陷,但是大多通过 SEM 对微观结构的观察给出定性的解释,而没有从振动数据出发给出阻尼和微观结构的直接关系。

3.3.2　研究方案

1. 试验材料

试验采用 P·O42.5 普通硅酸盐水泥,细度模数为 2.7 的河砂,0～25mm 连续级配的玄武岩碎石,水采用自来水。为了增加再生混凝土的流动性,在再生混凝土中掺入聚羧酸减水剂。再生粗骨料的表观密度为 2536.7kg/m^3,吸水率为 5.8%,含水率为 3.3%。再生粗骨料的形状如图 3.3.1 所示。

2. 试验方案

试验采用再生混凝土试件自由衰减的方法获得再生混凝土的阻尼比。通过改变再生混凝土中再生粗骨料的含量研究再生粗骨料对再生混凝土阻尼的影响,并进一步从阻尼比和频率的分布特征获得再生混凝土的阻尼机制。

3. 试验方法

再生混凝土材料阻尼试验采用细绳悬挂再生混凝土棱柱体试件,并在中部敲击试件,通过安装在试件侧面和端部的加速度传感器获得再生混凝土的加速度信号,如图 3.3.2 所示。再生粗骨料的取代率分别为 0、30%、50%、70%和 100%。通过调整水灰比,使不同再生粗骨料取代率的试件具有相似的强度。

图 3.3.1　再生粗骨料形状

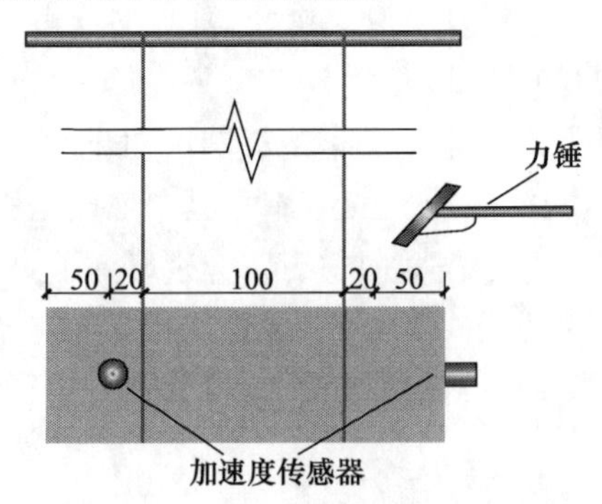

图 3.3.2　再生混凝土阻尼测试方法（单位:mm）

3.3.3　研究结果

1. 试验结果

试验获得的再生混凝土加速度傅里叶频谱如图 3.3.3 所示。可以看出，试件只有一个频率峰值，在 4000Hz 附近，表明采用悬挂方法测得的阻尼信号理想。

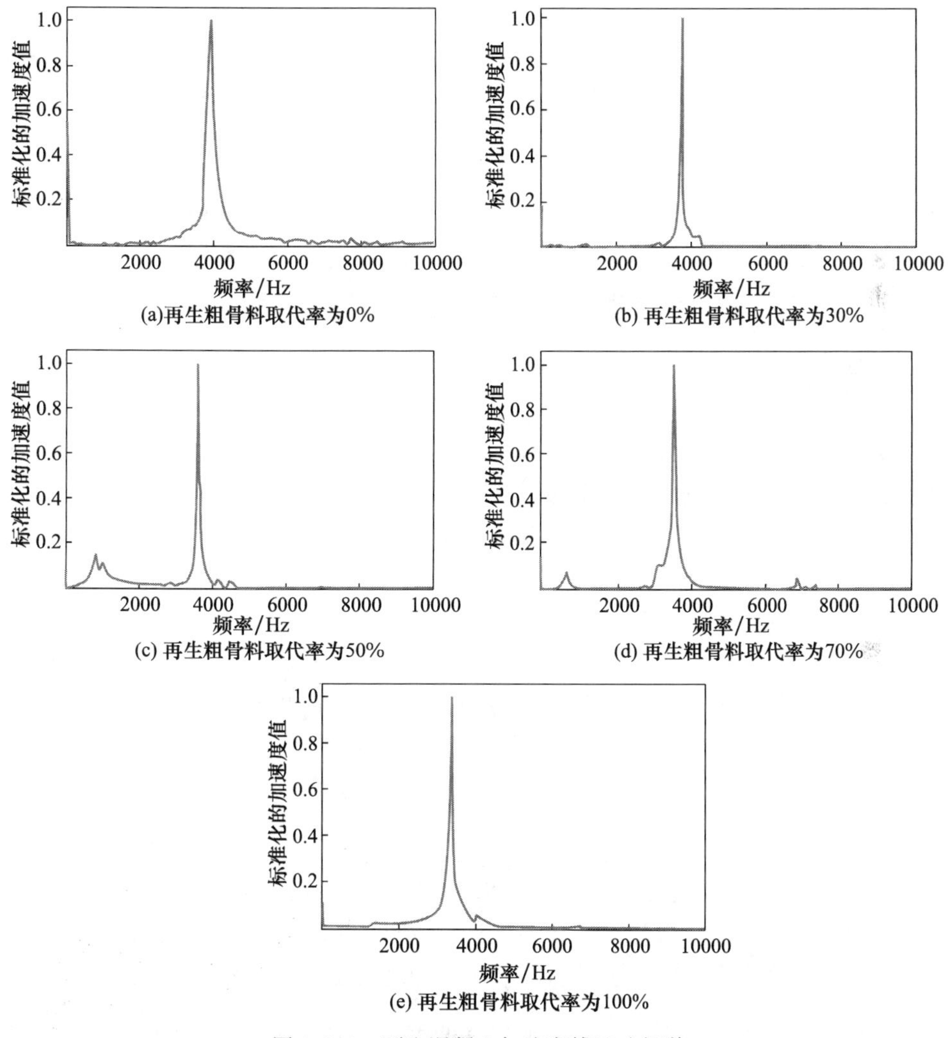

图 3.3.3　再生混凝土加速度傅里叶频谱

2. 试验分析

将试验结果进行整理，获得的频率和阻尼比变化规律如图 3.3.4 和图 3.3.5

所示。由图 3.3.4 可以看出，随着再生粗骨料取代率的增加，混凝土的频率呈现下降趋势，从拟合曲线可以看出频率下降趋势和再生粗骨料取代率有较好的线性关系。同时由图 3.3.5 可以看出，随着再生粗骨料取代率的增加，再生混凝土阻尼比呈现增加趋势。

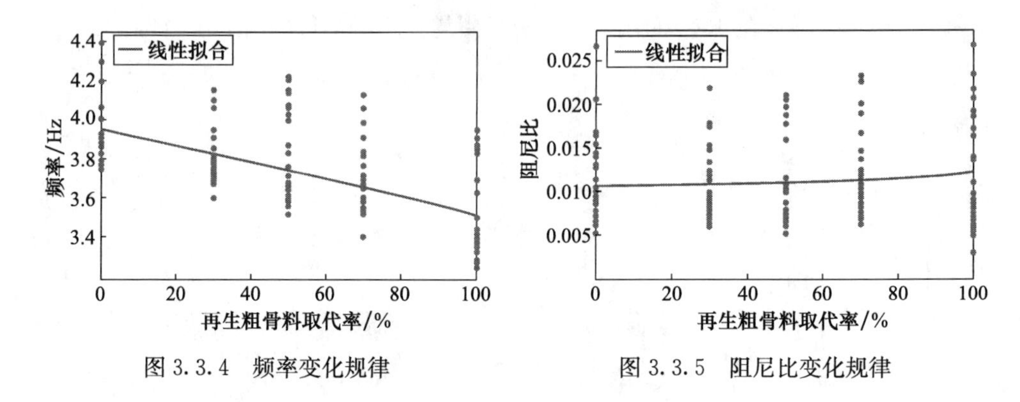

图 3.3.4　频率变化规律　　　图 3.3.5　阻尼比变化规律

再生混凝土频率随再生粗骨料取代率的变化关系为

$$f=-4.4467r+3960.1 \tag{3.3.1}$$

式中，r 为再生粗骨料的取代率。

从式(3.3.1)可以看出，每增加 1%的再生粗骨料掺入量，频率降低 4.45Hz。当再生粗骨料的取代率为 100%时，其频率降低了 1%。

在 95%强度保证率下，再生混凝土阻尼比随再生粗骨料取代率的变化关系为

$$\eta=2\times10^{-3}r+0.0117 \tag{3.3.2}$$

因此，在取代率为 0 和 100%时，阻尼比分别为 0.0117 和 0.0137。在再生粗骨料取代率为 100%时，再生混凝土阻尼比普通混凝土阻尼高 17%。

3.3.4　对比与分析

1. 再生混凝土阻尼比和频率相关分析

再生粗骨料取代率、频率和阻尼比的相关性如表 3.3.1 所示。可以看出，再生粗骨料取代率和频率的相关性较大，阻尼比和频率也有较好的相关性。而再生粗骨料取代率和阻尼比的相关性较小，这是因为再生混凝土阻尼比离散性较大。

表 3.3.1　再生粗骨料取代率、频率和阻尼比的相关性

显著度	取代率	频率	阻尼比
取代率	1	−0.587	0.098
	—	0	0.196

续表

显著度	取代率	频率	阻尼比
频率	−0.587	1	−0.261
	0	—	0.01
阻尼比	0.098	−0.261	
	0.196	0	—

2. 再生混凝土阻尼机制分析

将频率和阻尼比按照方差最小分成两组，可以获得图3.3.6和图3.3.7所示的两组曲线。由图3.3.7可以看出，将阻尼比数据分解成两个部分后，数据的离散性变小。在不同再生粗骨料取代率下，两个区域的频率变化基本相等，而阻尼比基本保持不变。这表明两个区域的阻尼比对应两个阻尼来源，但是阻尼比的机制大致相同。

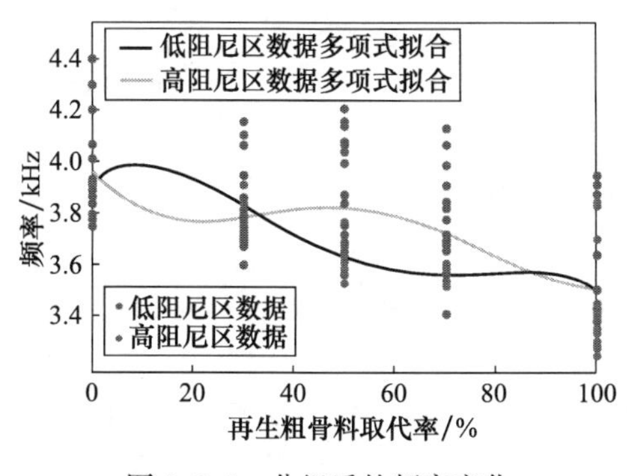

图3.3.6　分组后的频率变化

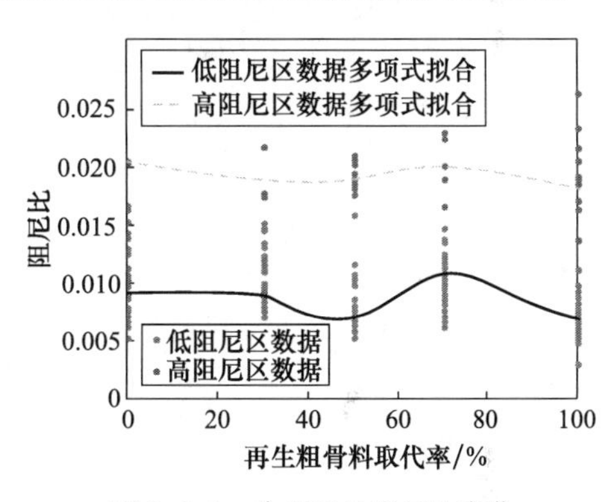

图3.3.7　分组后的阻尼比变化

分别对低阻尼区和高阻尼区数据进行线性回归可得

$$\eta_{ld} = -1\times10^{-5} r + 0.0095 \tag{3.3.3}$$

$$\eta_{hd} = -1\times10^{-5} r + 0.0202 \tag{3.3.4}$$

式中，η_{ld}为低阻尼区的阻尼比；η_{hd}为高阻尼区的阻尼比。对比可以发现，再生混凝土的阻尼比随再生粗骨料取代率增加的增加值相同。

3. 再生混凝土阻尼模型

Xiao等[11]的研究表明，新老砂浆之间的新界面过渡区、骨料和砂浆之间的老界面过渡区宽度分别为40～50μm和55～65μm，按照试验的配合比计算得到的体积约占混凝土总体积的1%。在线弹性阶段，按照Voigt模型[12]，可以认为混凝土的弹性模量是各相的均值，这样界面过渡区对再生混凝土弹性模量的影响约占1%。因此，这里认为界面过渡区主要对黏滞阻尼比有影响。由于阻尼比随再生骨

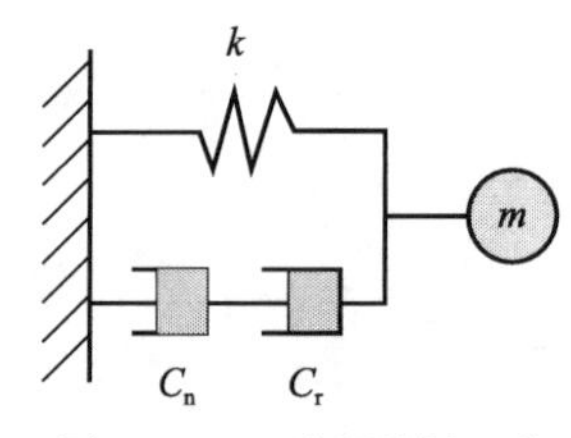

图 3.3.8 再生混凝土黏滞阻尼系统

料取代率的增加而线性增加,认为黏滞阻尼比与再生粗骨料取代率呈线性关系。因此,相同强度的再生混凝土可以使用图 3.3.8 所示的阻尼计算模型。其中,k 是试件的刚度,认为其不受再生粗骨料取代率的影响;C_n 和 C_r 分别是老界面过渡区和新界面过渡区的黏滞阻尼系数,可以在再生粗骨料取代率分别为 0 和 100% 时计算获得。

3.3.5 结论

本节对强度相近的普通混凝土和再生混凝土的阻尼比进行了研究。研究采用悬挂混凝土试件,并进行敲击的方法。通过对再生粗骨料取代率、再生混凝土频率和再生混凝土阻尼比进行研究,分析了再生混凝土的阻尼机制,得到以下结论:

(1) 采用悬挂的方法能较好地测试再生混凝土的阻尼性能。采用自由衰减方法测得的阻尼信号具有较好的对数衰减特征。

(2) 再生混凝土的频率随着再生粗骨料取代率的增加逐渐降低。与普通混凝土相比,当再生粗骨料取代率为 100%时,频率降低 11%。

(3) 再生混凝土的阻尼随着再生粗骨料取代率的增加逐渐增加。与普通混凝土相比,当再生粗骨料取代率为 100%时,阻尼比增加 17%。

(4) 再生混凝土的阻尼比可以划分为低阻尼区和高阻尼区两个部分,分别与老界面过渡区的阻尼和新界面过渡区的阻尼对应。

(5) 再生混凝土的阻尼振动可以简化为由与老界面过渡区对应的黏滞阻尼系数和与新界面过渡区对应的黏滞阻尼系数构成的振动系统,两个阻尼系数和界面的含量成正比。

参 考 文 献

[1] Swamy N,Rigby G. Dynamic properties of hardened paste, mortar and concrete[J]. Matériaux Et Construction,1971,4(1):13-40.

[2] Suda K,Satake N,Ono J,et al. Damping properties of buildings in Japan[J]. Journal of Wind Engineering and Industrial Aerodynamics,1996,59(2-3):383-392.

[3] Jeary A P. The description and measurement of nonlinear damping in structures[J]. Journal of Wind Engineering and Industrial Aerodynamics,1996,59(2-3):103-114.

[4] Ma H,Xue J Y,Zhang X C,et al. Seismic performance of steel-reinforced recycled concrete columns under low cyclic loads[J]. Construction and Building Materials,2013,48:229-237.

[5] 薛建阳,鲍雨泽,任瑞,等. 低周反复荷载下型钢再生混凝土框架中节点抗震性能试验研究[J]. 土木工程学报,2014,47(10):1-8.

[6] 马俊,程杨,刘平. 再生骨料混凝土大变形阻尼性能试验研究[J]. 价值工程,2015,(5):129-

130.

[7] 梁超锋,刘铁军,邹笃建,等.再生混凝土材料阻尼性能研究[J].振动与冲击,2013,32(9):160-164.

[8] Liang C F,Liu T J,Xiao J Z,et al. Effect of stress amplitude on the damping of recycled aggregate concrete[J]. Materials,2015,8(8):5298-5312.

[9] Liang C F,Liu T J,Xiao J Z,et al. The damping property of recycled aggregate concrete[J]. Construction and Building Materials,2016,102(1):834-842.

[10] 梁超锋,刘铁军,肖建庄,等.再生混凝土悬臂梁阻尼性能与损伤关系的试验研究[J].土木工程学报,2016,49(7):100-106.

[11] Xiao J Z,Li W G,Sun Z H,et al. Properties of interfacial transition zones in recycled aggregate concrete tested by nanoindentation[J]. Cement and Concrete Composites,2013,37(3):276-292.

[12] Simeonov P, Ahmad S. Effect of transition zone of the elastic behavior of cement-based composites[J]. Cement and Concrete Research,1996,25(1):165-176.

3.4 再生混凝土悬臂梁阻尼性能与损伤关系

梁超锋*,刘铁军,肖建庄,邹笃建,杨秋伟

再生混凝土结构构件非弹性阶段阻尼性能与其损伤程度密切相关。以再生粗骨料取代率及其粒级为主要参数,采用悬臂梁低周反复加载和自由衰减振动的交叉试验,研究再生混凝土悬臂梁在不同损伤阶段的阻尼性能,建立悬臂梁阻尼比与损伤指数的定量关系,探讨悬臂梁裂缝发展对其阻尼和损伤演变的影响。研究结果表明,再生混凝土悬臂梁阻尼比随损伤指数的增大先增大后减小,峰值阻尼比是初始弹性阶段阻尼比的2～3倍;损伤指数相同时,再生混凝土悬臂梁阻尼比随再生粗骨料取代率的增加而增大,随再生粗骨料粒径的减小而增大;再生粗骨料的基本性质、取代率及其粒级对再生混凝土结构构件的阻尼比和损伤指数影响显著;再生混凝土悬臂梁阻尼性能和损伤指数的演变与悬臂梁裂缝数量、开展高度及宽度的发展密切相关。

3.4.1 国内外研究现状

废弃混凝土经破碎、清洗、筛分分级可得不同粒级的再生粗骨料,部分或全部取代天然砂石粗骨料可配制再生混凝土。废弃混凝土的循环再生利用,不仅可解决建筑垃圾围城、处理困难等问题,而且可缓解天然粗骨料日益匮乏及砂石粗骨料肆意开采对生态环境的破坏。因此,利用再生粗骨料配制而成的再生混凝土是绿色、经济、环保的可持续建筑材料之一。

近年来,再生混凝土技术一直是国内外研究的热点之一。研究者针对再生粗骨料的生产工艺及其强化、再生混凝土基本物理力学性能与耐久性、再生混凝土构件的基本受力特性和抗震性能开展了大量的研究工作,取得了丰硕的研究成果。然而,针对再生混凝土材料及其构件动力特性的研究相对较少。Lu 等[1]测试发现,再生混凝土冲击性能(动态抗压强度、临界压应变、比吸能)的应变率效应显著,且随峰值应变率的增加而增加;再生混凝土的比吸能小于天然混凝土。Li 等[2]试验发现,纳米 SiO_2 和纳米 $CaCO_3$ 提高了再生混凝土的动态抗压强度;纳米颗粒降低了再生混凝土的应变率敏感性,并降低了动态增长因子。Li 等[3]发现含碳化再生粗骨料的再生混凝土的动态峰值应力和弹性模量比再生粗骨料未碳化的再生混

---

* 第一作者:梁超锋(1980—),男,硕士,副教授,主要研究方向为再生混凝土材料及其结构动力特性。
基金项目:国家自然科学基金青年科学基金项目(51308340)。
特别申明:本节主要内容已于2016年发表在《土木工程学报》49卷第7期。

凝土大，且其动态峰值应力和弹性模量的应变率敏感性小于再生粗骨料未碳化的再生混凝土。王长青等[4]试验研究了箍筋约束再生混凝土短柱在不同应变率下的动态力学性能。肖建庄等[5]数值模拟发现，模型再生混凝土的疲劳性能比普通混凝土低，且应力-疲劳寿命曲线的趋势与普通混凝土相近。

阻尼比作为材料和结构的重要动力特征参数之一，表征了材料或结构的耗能能力，对工程结构在地震或风荷载作用下的振动反应与结构损伤有重要的影响，因而材料和结构阻尼参数的合理取值十分重要。混凝土材料和构件阻尼的影响因素众多，内部因素主要有水灰比、含水率、骨料类型和数量、龄期、孔隙和微裂缝等，外部因素主要有应力水平、振动频率和方式、边界约束条件等。Ravindrarajah 等[6]早在 1985 年就发现，相比于天然混凝土，尽管再生混凝土的抗压强度下降了 25%，弹性模量下降了 30%，但是阻尼比却增加了 30%，并将阻尼比增长的原因归结于再生混凝土含更多的微裂缝和再生粗骨料界面的薄弱黏结。梁超锋等[7]通过三点弯曲动态测试研究了再生粗骨料取代率、粒径等因素对再生混凝土弹性阶段损耗因子的影响，发现再生混凝土损耗因子分别随再生粗骨料取代率的增加及再生粗骨料平均粒径的减小而增加；与普通混凝土相比，再生混凝土弹性阶段的损耗因子增加了 3%～10%。研究结果表明，再生混凝土阻尼增长的原因可能是再生粗骨料与新硬化水泥砂浆间薄弱界面层的黏滞滑移变形、界面层应力集中所致微裂缝的产生与发展、再生混凝土内部微裂隙间的摩擦作用等。

混凝土材料及其结构的阻尼不仅与骨料类型(天然砂石或再生粗骨料)有关，而且与其工作应力幅值或位移大小紧密相关。Lazan[8]试验研究发现，材料单位体积阻尼耗能是最大正应力幅值的指数幂函数。张相庭[9]对 5 种结构形式进行了简谐荷载作用下的强迫振动试验，发现基频阻尼系数与应力或变形大小相关，钢筋混凝土结构阻尼系数的变化幅度在 3 倍左右。王元丰等[10,11]采用数值计算方法研究了钢筋混凝土悬臂梁在弹性阶段循环正应力作用下的单位体积耗能，研究结果表明，其值随最大应力幅值的提高而增大；钢筋混凝土柱阻尼比随低周疲劳损伤的增大而增大。梁超锋等[7]试验测试表明，再生混凝土材料弹性阶段损耗因子随工作应力的增加而增加。肖建庄等[12]给出了 GFRP 约束再生混凝土柱等效黏滞阻尼比与柱端侧移的关系曲线。汪梦甫等[13]试验研究了高阻尼混凝土悬臂梁阻尼比与悬臂端位移角的关系，并给出了三折线理论模型。Celebi[14]就不同振幅对结构阻尼大小的影响及它们的随机分布等情况做了大量研究工作，建议按照不同结构和不同内力等级采用不同的阻尼比。Li 等[15]强调幅值相关阻尼对高层建筑动力响应的正确分析是极其重要的。

再生混凝土与普通混凝土的微观本质区别在于再生粗骨料表层老砂浆与新砂浆间的新界面过渡区和老砂浆与天然石子间的老界面过渡区。肖建庄等[16～19]进行的纳米压痕测试表明老界面过渡区厚度为 40～50mm，新界面过渡区厚度为

55～65mm；老界面过渡区的压痕模量是老砂浆的70％～80％，而新界面过渡区的压痕模量是新砂浆的80％～90％；再生混凝土老界面过渡区和新界面过渡区处存在拉应力和剪应力集中现象，因此，微裂缝的发展往往始于老界面过渡区或新界面过渡区，然后向相邻新砂浆和老砂浆扩展延伸。再生混凝土材料和构件在非线性阶段的裂缝发展和损伤演变将有别于普通混凝土。混凝土结构构件的阻尼性能与其裂缝发展、损伤演变密切相关。然而，现阶段有关再生混凝土材料及其构件阻尼性能的研究不多，关于再生混凝土构件的阻尼性能与其损伤程度关系的定量研究更少。

本节通过自由振动衰减法测试再生混凝土悬臂梁在不同损伤阶段的阻尼比和基频，建立再生混凝土悬臂梁阻尼比与损伤指数间的定量关系，分析再生粗骨料取代率及其粒级对悬臂梁阻尼比和损伤指数的影响，并探讨悬臂梁裂缝发展对阻尼比演变和刚度退化的影响机制。

3.4.2　试验概况

1. 试验材料

试验采用P·O42.5普通硅酸盐水泥、天然中砂、天然碎石、再生粗骨料及自来水等材料，其中再生粗骨料由实验室废弃试件破碎筛选而成。粗骨料按《普通混凝土用砂、石质量及检验方法标准》(JGJ 52—2006)[20]进行测试，试验结果如表3.4.1所示。

表3.4.1　粗骨料基本性能指标

名称	粒径/mm	级配情况	压碎指标/%	吸水率/%	表观密度/(kg/m³)	堆积密度/(kg/m³)
NCS	5～20	连续	9.8	1.06	2560	1380
RCA1	5～20	连续	15.6	5.48	2510	1255
RCA2	5～10	连续	—	5.77	2500	1370
RCA3	10～20	单粒级	15.6	5.10	2510	1220

注：压碎指标标准试样为粒径为10～20mm的颗粒；NCS为天然碎石，RCA为再生粗骨料。

2. 试验设计

本次试验共设计7组再生混凝土梁，每组2根试件。考虑用同一批试件测试弹性阶段再生混凝土材料阻尼和非弹性阶段再生混凝土悬臂梁阻尼比，而弹性阶段材料阻尼测试受激振器激振力的限制，因此试验梁尺寸设计为80mm×80mm×1000mm。梁截面四角对称配置4根直径为6mm的HPB235纵筋，配筋率为1.24％；箍筋采用直径4mm的钢丝，箍筋间距为200mm，配箍率为0.13％。再生混凝土基准配合比为 1∶0.5∶1.52∶2.83(水泥∶水∶砂∶粗骨料),控制混凝土坍落度在 30mm 左右,实际配合比见文献[7]。再生混凝土 28d 抗压强度如表 3.4.2 所示。

表 3.4.2　再生混凝土 28d 抗压强度

试件编号	再生粗骨料取代率/%	试件抗压强度/MPa	平均值/MPa	折减后抗压强度/MPa	相对抗压强度
S1	0(RCA1)	51.3,53.1,54.7	53.0	50.4	1.00
S2	30(RCA1)	49.1,52.2,52.7	51.4	48.8	0.97
S3	50(RCA1)	51.0,54.5,51.2	52.2	49.6	0.98
S4	70(RCA1)	49.2,49.9,49.3	49.5	47.0	0.93
S5	100(RCA1)	43.3,42.6,42.5	42.8	40.7	0.81
S6	100(RCA2)	41.7,43.7,41.6	42.3	40.2	0.80
S7	100(RCA3)	46.5,48.6,49.4	48.2	45.8	0.91

3. 试验加载

再生混凝土悬臂梁低周反复加载及自由衰减振动测试装置如图 3.4.1 所示,梁悬臂端长度 820mm。试验采用悬臂端位移控制加载,位移幅值分 0mm(弹性无损伤阶段)、5mm、10mm、20mm、30mm 及 40mm 共六个级别,记为 $y_0 \sim y_5$,其中 40mm 是超位移角极限级别。试验加载步骤为:

图 3.4.1　悬臂梁测试装置

(1) 先用千斤顶将梁悬臂端向上缓慢加载至位移幅值 y_i,等待 3min,卸载并将梁反转 180°,再次加载至 y_i,3min 后卸载,如此反复三次完成相应损伤级别的低周反复加载,并用力传感器和位移计测量最后一次加载时千斤顶实际作用力及悬臂端实际位移。

(2) 在梁悬臂端施加 200N 砝码,3min 后突然卸载使梁自由衰减振动,用加速度传感器测得梁悬臂端加速度时程。

(3) 如此交叉进行梁相应控制位移下的低周反复加载与自由衰减振动测试,直至完成全部试验。

3.4.3　试验结果及分析

1. 阻尼比与基本频率

混凝土悬臂梁在悬臂端 200N 砝码作用下的挠度曲线接近梁一阶振型,此初始状态下的自由衰减振动将以一阶振动为主，故通过梁悬臂端加速度时程的频谱分析，可以得到再生混凝土悬臂梁在各损伤阶段的基本频率 f。

一阶振型阻尼比 ξ 的计算式为[21]

$$\xi=\frac{1}{2n\pi}\ln\frac{a_i}{a_{i+n}} \tag{3.4.1}$$

式中，a_i、a_{i+n}分别为悬臂梁自由衰减振动第 i、$i+n$ 周期加速度峰值。

再生混凝土悬臂梁在各损伤阶段自由衰减振动的一阶振型阻尼比和基本频率如表 3.4.3 所示。随着控制位移的增加，悬臂梁的基本频率逐渐减小，而阻尼比则是先增大后减小。悬臂梁在初始弹性阶段，阻尼比为 0.97%～1.56%；控制位移为 5mm 时，梁根部有微小裂纹出现，但卸载后裂缝闭合，肉眼无法识别，此阶段阻尼比为 1.31%～3.61%；控制位移为 10mm 时，梁根部裂缝数量和开展高度增加，卸载后裂缝闭合，但肉眼可见，此阶段阻尼比为 1.72%～3.68%；控制位移为 20mm 时，裂缝发展为通缝，卸载后裂缝基本闭合，有很小一部分质量损失，此阶段阻尼比为 2.20%～4.48%；控制位移为 30mm 时，裂缝宽度达到 1mm 以上，卸载后裂缝不闭合，有部分质量损失，此阶段阻尼比为 1.93%～3.72%；控制位移为 40mm 时，卸载后有显著不可恢复变形和质量损失，卸载后裂缝宽度无明显减小，最大裂缝宽度达到 2mm，此阶段阻尼比为 1.95%～2.89%。

表 3.4.3　再生混凝土悬臂梁阻尼比与基本频率

y_i /mm	S1		S2		S3		S4		S5		S6		S7	
	ξ /%	f /Hz	ξ /%	f /Hz	ξ /%	f /Hz	ξ /%	f /Hz	ξ /%	f /Hz	ξ /%	f /Hz	ξ /%	f /Hz
0	1.09	51.3	1.21	51.3	1.23	51.8	1.37	51.3	1.37	54.1	1.56	54.7	0.97	51.8
5	1.36	47.4	1.86	48.2	1.98	47.7	2.29	47.3	2.57	46.8	3.61	44.3	1.31	48.7
10	1.75	46.8	2.12	47.3	2.58	42.0	3.41	42.7	3.47	43.5	3.68	37.5	1.72	47.3
20	2.30	42.0	2.46	42.0	3.34	34.3	3.48	34.5	3.83	26.5	4.48	33.8	2.20	38.6
30	1.99	35.8	2.17	35.8	2.86	20.5	2.99	20.6	2.92	23.2	3.72	29.5	1.93	35.3
40	1.97	31.2	1.99	33.8	2.69	16.9	2.76	18.4	2.69	21.0	2.89	28.0	1.95	31.2

悬臂梁阻尼比在控制位移为 20mm 时达到最大，相比初始弹性阶段，阻尼比增加了 1～2 倍，与文献[9]结论一致。悬臂梁阻尼比的变化与悬臂梁裂缝发展、根部质量损失密切相关。在一定裂缝宽度范围内，随着裂缝数量和裂缝开展高度的增加，裂缝界面面积增大，界面摩擦作用增强，阻尼比增加；当裂缝数量基本稳定，形成主裂缝且开展高度最大，主裂缝卸载基本闭合时，裂缝界面面积最大，界面摩擦作用最强，因而阻尼比最大；当主裂缝贯通后，随裂缝宽度的继续增加，悬臂梁根部开始有较大的质量损失，主裂缝卸载后不闭合，因而起摩擦作用的界面面积减小，

同时摩擦作用强度随振动频率的减小也不断减弱，故阻尼比开始下降。悬臂梁低周反复加载后各阶段固定端裂缝发展情况如图 3.4.2 所示。

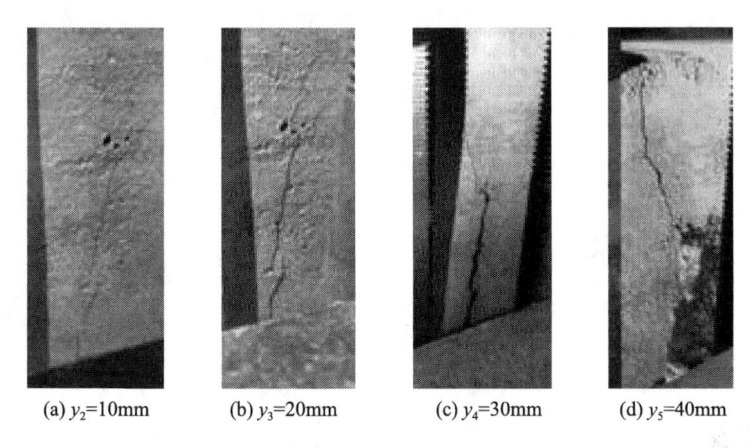

(a) y_2=10mm　(b) y_3=20mm　(c) y_4=30mm　(d) y_5=40mm

图 3.4.2　各阶段固定端裂缝发展情况

2. 截面弯曲动刚度

本次试验悬臂梁剪跨比约为 10，故悬臂梁以弯曲振动为主。等截面悬臂梁弹性阶段截面弯曲动刚度 EI_{d0} 计算公式[22]为

$$EI_{d0}=\frac{(2\pi f_0)^2}{12.36}\bar{m}l^4 \tag{3.4.2}$$

式中，$\bar{m}$ 为悬臂梁线质量，kg/m^2；l 为悬臂长度，m；f_0 为初始基本频率，Hz。

随着低周反复加载控制位移的增大，悬臂梁根部裂缝不断发展，根部受压区混凝土进入弹塑性阶段，根部截面弯曲动刚度不断减小。考虑到梁根部混凝土质量在各阶段的损失较小，且为简化计算，仍按无损伤等效悬臂梁计算第 i 控制位移阶段的截面弯曲动刚度 EI_{di}，其计算公式为

$$EI_{di}=\frac{(2\pi f_i)^2}{12.36}\bar{m}l^4 \tag{3.4.3}$$

式中，f_i 为悬臂梁第 i 控制位移阶段的基本频率，Hz。

由表 3.4.1 可以看出，四种再生粗骨料的表观密度差异不大，因此近似取各组再生混凝土的线质量相等，并由式(3.4.4)计算悬臂梁不同控制位移阶段的归一化截面弯曲动刚度 EI_{di}^*：

$$EI_{di}^*=\frac{EI_{di}}{EI_{d0}}=\frac{f_i^2}{f_0^2} \tag{3.4.4}$$

再生混凝土悬臂梁归一化截面弯曲动刚度与控制位移的关系如图 3.4.3 所示。可以看出，弯曲动刚度 EI_{di}^* 随控制位移的增加而下降，在控制位移 20mm 之

前，EI_{di}^{*}下降较快，之后下降较缓。随控制位移的逐级增加，悬臂梁裂缝数量和开展高度不断增加，并形成主裂缝，直至反复作用下主裂缝贯通，此过程悬臂梁截面弯曲中性轴不断上移，混凝土受压区高度不断减小，因而EI_{di}^{*}下降较快；当梁内纵筋屈服后，梁截面弯曲中性轴上移不大，混凝土受压区高度变化不大，主要是受压区混凝土的塑性发展，梁裂缝宽度较快增加，因而此阶段EI_{di}^{*}下降较缓。

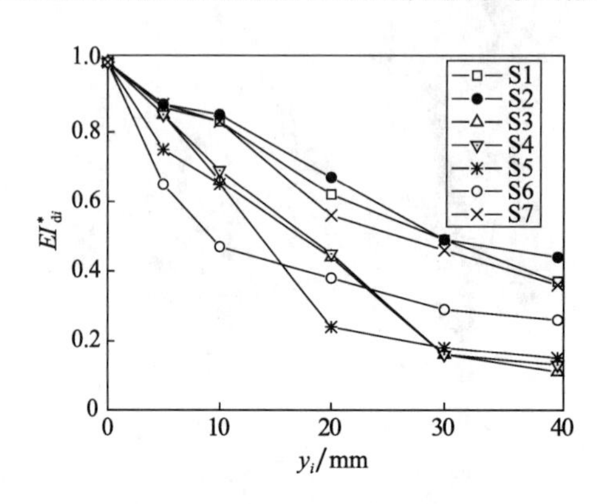

图 3.4.3　再生混凝土悬臂梁归一化截面弯曲动刚度与控制位移的关系

试件S2与普通混凝土试件S1的EI_{di}^{*}退化规律接近；试件S3与S4的EI_{di}^{*}退化规律接近，试件S5的EI_{di}^{*}退化程度比S3和S4更大。因此，相比于普通混凝土试件，再生粗骨料取代率在50％以上试件的EI_{di}^{*}退化速度和程度显著增大。再生粗骨料取代率越大，再生混凝土内部含更多的老界面过渡区、新界面过渡区，更多的微裂缝在老界面过渡区、新界面过渡区形成和发展。因此，高取代率时的再生混凝土刚度退化速度比天然骨料混凝土更快。

再生粗骨料取代率均为100％的试件S5、S6和S7，再生粗骨料粒径越大，其旧水泥砂浆含量和内部裂隙越小，粗骨料吸水率越小，相应再生混凝土强度越高，因而试件S7的EI_{di}^{*}退化速度和程度越小；再生粗骨料粒级为5～10mm的试件S6，EI_{di}^{*}在加载初期下降最快，当y_i＝10mm时，EI_{di}^{*}下降了53％。

3. 损伤指数

在地震反复作用下，钢筋混凝土结构构件损伤逐渐累积与增加，其损伤程度与工作应力幅值、位移幅值、累积耗能等因素有关，因而学者提出了考虑强度[22]、位移角[23]及变形与累积耗能[24]相关的损伤指数。钢筋混凝土结构构件在不同损伤阶段的振型、周期及阻尼也发生明显变化，基于基本周期变化定量描述损伤程度是方便有效的，损伤指数计算公式为[25]

$$\mathrm{DI}=1-\left(\frac{T_0}{T_i}\right)^2=1-\left(\frac{f_i}{f_0}\right)^2 \tag{3.4.5}$$

式中，T_0、T_i分别为混凝土结构构件初始弹性阶段的基本周期与第i损伤阶段的基本周期。

由式(3.4.4)与式(3.4.5)可知，周期相关损伤指数DI实际反映了EI_{di}^{*}的退化程度，因而也称为动刚度损伤指数，当EI_{di}^{*}＝1.0时，DI＝0。再生混凝土悬臂梁损伤指数DI与位移角($\theta_i=y_i/l$)的关系如图3.4.4所示。悬臂梁损伤指数随位移角的增大而增大，且在位移角 $\theta_i=0.024$ 之前，损伤指数增长较快，之后增速减缓。

试件 S2 与普通混凝土试件 S1 的损伤指数增长规律接近；试件 S3 与 S4 的损伤指数增长规律接近，试件 S5 的损伤指数比 S3 和 S4 更大。因此，相比于普通混凝土试件，再生粗骨料取代率在 50%以上试件的损伤指数的增长速度和程度显著增大。

再生粗骨料取代率均为 100%的试件 S5、S6 和 S7 中，试件 S7 的损伤指数增长速度和程度最小；试件 S6 的损伤指数在加载初期增长最快，当位移角为 0.012 时，损伤指数增加了 53%。

基于上述损伤指数的规律性分析，选取再生粗骨料取代率在 50%以上试件 S3～S6 的试验数据，统计再生混凝土悬臂梁损伤指数与位移角的关系，如图 3.4.5 所示。损伤指数与位移角的拟合公式为式(3.4.6)，相关系数 R 为 0.94，由此可见，再生混凝土悬臂梁损伤指数与位移角呈良好的线性关系。

$$\mathrm{DI}=0.114+0.171\theta_i \tag{3.4.6}$$

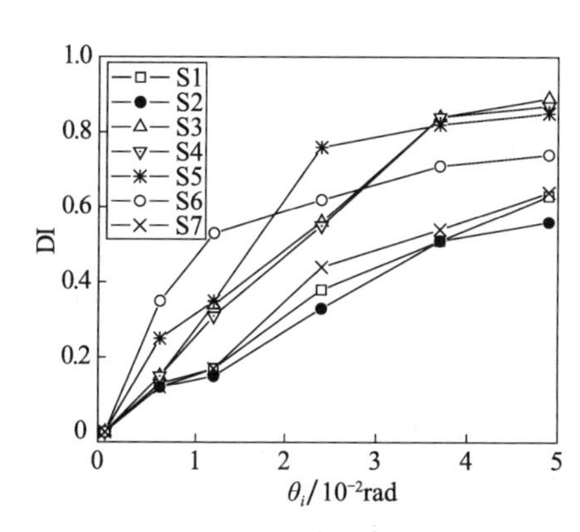

图 3.4.4　再生混凝土悬臂梁损伤指数与位移角的关系

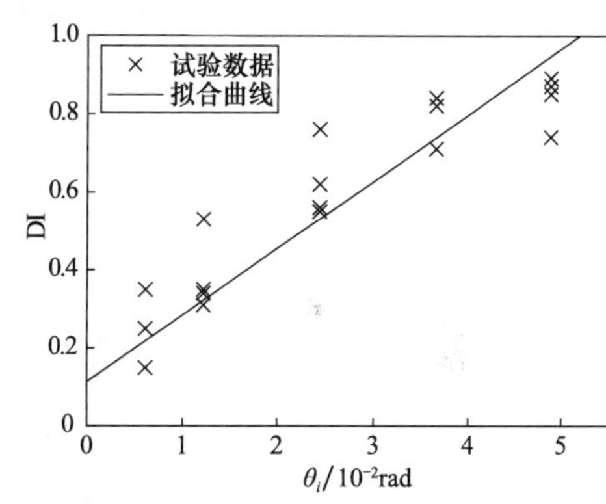

图 3.4.5　再生混凝土悬臂梁损伤指数与位移角的统计关系

4. 阻尼比与损伤指数关系

再生混凝土悬臂梁阻尼比与损伤指数的关系如图 3.4.6 所示。悬臂梁阻尼比随损伤指数先增大后减小；损伤指数相同时，阻尼比随再生粗骨料取代率的增加而增大；试件 S1 与 S2 出现峰值阻尼比时对应的损伤指数为 0.3～0.45，试件 S3～S5 出现峰值阻尼比时对应的损伤指数为 0.5～0.7；相比于试件 S1，试件 S2、S3、S4、S5 的峰值阻尼比分别提高了 7.0%、45.2%、51.3%及 66.5%。由此可见，随着再生粗骨料取代率的增加，再生混凝土悬臂梁在非弹性阶段的峰值阻尼比有显著增加，且出现峰值阻尼比时对应的损伤指数也明显增加。

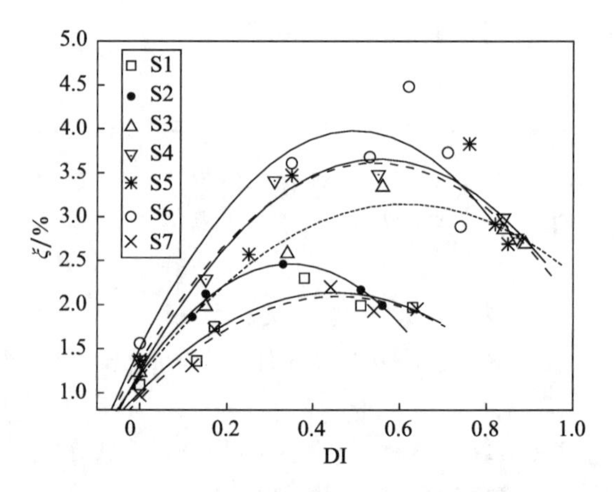

图 3.4.6 再生混凝土悬臂梁阻尼比与损伤指数的关系

当再生粗骨料取代率为100%时，试件S6的峰值阻尼比比试件S5增加了17%，S7的峰值阻尼比比试件S5下降了43%；试件S5与S6出现峰值阻尼比时对应的损伤指数比试件S7大10%左右。由此可见，再生粗骨料的粒级对悬臂梁非弹性阶段的峰值阻尼比有显著影响，尤其是单粒级10～20mm的粗骨料。

由以上分析可知，再生粗骨料取代率大于50%的试件S3～S6的峰值阻尼比比普通混凝土试件S1有显著增加，且增加幅度较为接近，故选取试件S3～S6的试验数据，统计再生混凝土悬臂梁阻尼比与损伤指数的关系，如图3.4.7所示，拟合公式为式(3.4.7)，相关系数R为0.87，再生混凝土悬臂梁阻尼比是损伤指数的二次函数。

$$\xi=1.27+8.53\mathrm{DI}-7.74\mathrm{DI}^2 \tag{3.4.7}$$

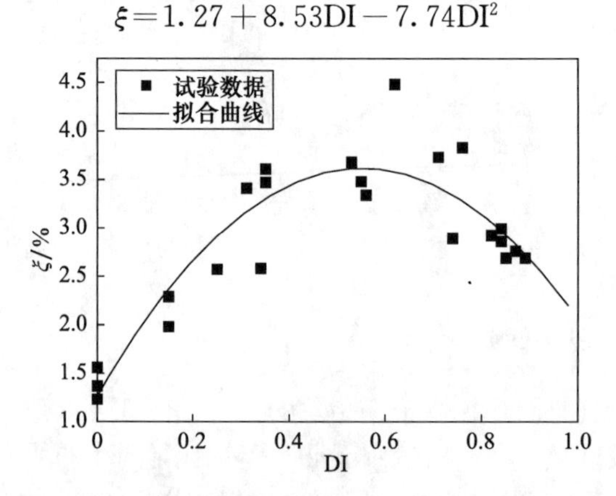

图 3.4.7 再生混凝土悬臂梁阻尼比与损伤指数的统计关系

5. 静力割线刚度与损伤指数关系

由力传感器和位移计实测的千斤顶作用力与位移可计算得到悬臂梁静力割线

刚度 K_s。静力割线刚度与损伤指数的关系如图 3.4.8 所示，图中各试件静力割线刚度与损伤指数线性拟合的相关系数 R 均大于 0.93。由图 3.4.8 可以看出，静力割线刚度随损伤指数的增加而线性退化，试件 S1、S2 的静力割线刚度退化速率一致；试件 S3、S4 与 S5 的静力割线刚度退化速率接近，但相比于试件 S1，其静力割线刚度退化速率明显变缓；相比于试件 S5，试件 S6 与 S7 的静力割线刚度退化速率均有所增加。

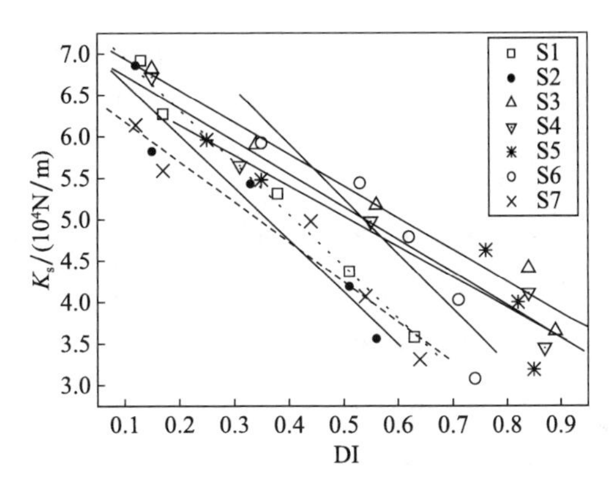

图 3.4.8　静力割线刚度与损伤指数的关系

6. 再生粗骨料对损伤指数的影响分析

随再生粗骨料取代率及其粒级的变化，再生混凝土抗压强度也随之变化，再生混凝土相对抗压强度见表 3.4.2。再生混凝土悬臂梁在相同控制位移 y_i 反复作用后，再生混凝土强度越低，累积损伤越大。为在相同混凝土强度条件下研究再生粗骨料对损伤指数的影响，将各组再生混凝土悬臂梁损伤指数按式(3.4.8)进行处理：

$$\mathrm{DI}_{\mathrm{S}ji}^{*}=\frac{\mathrm{DI}_{\mathrm{S}ji}}{\mathrm{DI}_{\mathrm{S1}i}}R_{\mathrm{S}j} \tag{3.4.8}$$

式中，$\mathrm{DI}_{\mathrm{S1}i}$、$\mathrm{DI}_{\mathrm{S}ji}$ 分别为试件 S1 和 Sj 在第 i 控制位移阶段的损伤指数，$\mathrm{DI}_{\mathrm{S}ji}^{*}$ 为在第 i 控制位移阶段试件 Sj 相比于 S1 的损伤指数增大系数。

各组再生混凝土悬臂梁的损伤指数增大系数如图 3.4.9 所示。相比于试件 S1($\mathrm{DI}_{\mathrm{S1}i}^{*}=1.0$)，试件 S2、S3、S4、S5、S6、S7 的损伤指数增大系数的平均值分别为 0.88、1.51、1.38、1.45、1.60 和 0.93。由此可见，即使在混凝土强度相同的情况下，相比于由天然碎石成型的普通混凝土悬臂梁 S1，再生粗骨料取代率在 50%以上的再生混凝土悬臂梁损伤指数平均增大近 45%；再生粗骨料取代率同为 100%的试件 S5～S7，试件 S6 的再生粗骨料粒径最小，其损伤指数增大系数平均值最大，而单粒级大粒径试件 S7 的损伤指数增大系数接近于试件 S1。因此，再生粗骨料的物理力学性质、取代率及其粒级对再生混凝土结构构件的损伤指数影响显著。

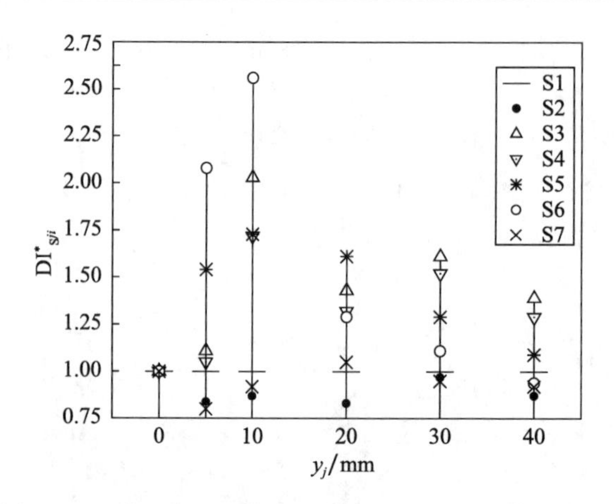

图 3.4.9　各组再生混凝土悬臂梁的损伤指数增大系数

7. 再生粗骨料对阻尼性能的影响分析

在相同控制位移 y_i 时，再生混凝土强度越低，损伤越大，再生混凝土悬臂梁阻尼比越大。为在混凝土强度相同条件下研究再生粗骨料对悬臂梁阻尼比的影响，将各组再生混凝土悬臂梁阻尼比按式(3.4.9)进行处理：

$$\xi_{Sji}^{*}=\frac{\xi_{Sji}}{\xi_{S1i}}R_{Sj} \tag{3.4.9}$$

式中，ξ_{S1i}、ξ_{Sji} 为试件 S1 和 Sj 在第 i 控制位移阶段的阻尼比；ξ_{Sji}^{*} 为在第 i 控制位移阶段试件 Sj 相比于 S1 的阻尼比增大系数。

各组再生混凝土悬臂梁阻尼比增大系数如图 3.4.10 所示。相比于试件 S1($\xi_{S1i}^{*}=1.0$)，试件 S2、S3、S4、S5、S6、S7 的阻尼比增大系数的平均值分别为 1.12、1.33、1.45、1.28、1.56、0.90。由此可见，即使在混凝土强度相同的情况下，相比于由天然碎石成型的普通混凝土悬臂梁 S1，再生粗骨料取代率在 50%以上的再生混凝土悬臂梁阻尼比平均增大近 41%，与相应悬臂梁损伤指数平均增大 45%接近；尽管试件 S2 的损伤指数增大系数平均值降为 0.88，但其阻尼比增大系数平均值为 1.12；再生粗骨料取代率同为 100%的试件 S5～S7，试件 S6 的再生粗骨料粒径最小，其阻尼比增大系数平均值最大，而单粒级大粒径试件 S7 的阻尼比增大系数反而小于试件 S1。即使在弹性阶段(控制位移 y_i=0mm)，由表 3.4.3 可以看出，相比于 S1，试件 S2、S3、S4、S5 的阻尼比分别增加了 11%、12.8%、25.7%、25.7%；相比于试件 S5，试件 S6 的阻尼比增加了 13.9%，而试件 S7 的阻尼比下降了 29.2%。因此，再生粗骨料的物理力学性质、取代率及其粒级对再生混凝土结构构件的阻尼比影响显著。

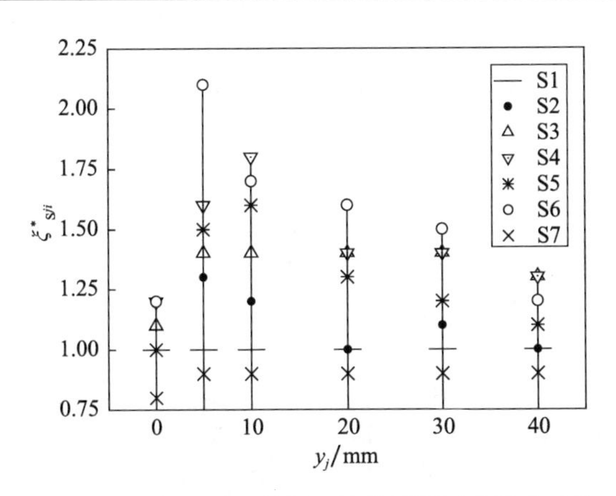

图 3.4.10　各组再生混凝土悬臂梁阻尼比增大系数

3.4.4　结论

本节通过试验测试、统计分析及阻尼机制探讨得到如下结论：

(1) 再生混凝土悬臂梁阻尼比随损伤指数先增大后减小，峰值阻尼比是初始弹性阶段阻尼比的 2～3 倍，统计分析建立了再生混凝土悬臂梁非线性阻尼比与损伤指数的定量关系。

(2) 损伤指数相同时，再生混凝土悬臂梁阻尼比随再生粗骨料取代率的增加而增大，随再生粗骨料粒径的减小而增大；试件 S3、S4、S5、S6 的峰值阻尼比分别比试件 S1 提高了 45.2%、51.3%、66.5%及 94.8%。

(3) 再生混凝土悬臂梁弯曲动刚度损伤指数随梁端位移角的增大而增大，统计分析建立了损伤指数与位移角的线性公式。

(4) 再生混凝土悬臂梁静力割线刚度随损伤指数的增大而线性退化。

(5) 在相同混凝土强度条件下，再生粗骨料取代率在 50%以上的再生混凝土悬臂梁的阻尼比增大系数平均值和损伤指数增大系数平均值比由天然碎石成型的普通混凝土悬臂梁相应参数大 40%左右，再生粗骨料的基本性质、取代率及其粒级对再生混凝土结构构件的阻尼比和损伤指数影响显著。

(6) 再生混凝土悬臂梁阻尼性能和损伤指数的演变与悬臂梁裂缝数量、开展高度及宽度的发展密切相关。

参考文献

[1] Lu Y B, Chen X, Teng X, et al. Impact behavior of recycled aggregate concrete based on split Hopkinson pressure bar tests[J]. Advances in Materials Science and Engineering, 2013, (1): 1-8.

[2] Li W G, Luo Z Y, Long C, et al. Effects of nanoparticle on the dynamic behaviors of recycled

aggregate concrete under impact loading[J]. Materials & Design,2016,112:58-66.

[3] Li L,Poon C S,Xiao J,et al. Effect of carbonated recycled coarse aggregate on the dynamic compressive behavior of recycled aggregate concrete[J]. Construction and Building Materials,2017,151:52-62.

[4] 王长青,肖建庄,孙振平. 动态单调荷载下约束再生混凝土单轴受压应力-应变全曲线方程[J]. 土木工程学报,2017,50(8):1-9.

[5] 肖建庄,黄凯文,李龙. 模型再生混凝土单轴受压静力与疲劳性能数值仿真[J]. 东南大学学报(自然科学版),2016,46(3):552-558.

[6] Ravindrarajah R S,Tam C T. Properties of concrete made with crushed concrete as coarse aggregate[J]. Magazine of Concrete Research,1985,37(130):29-38.

[7] 梁超锋,刘铁军,邹笃建,等. 再生混凝土材料阻尼性能研究[J]. 振动与冲击,2013,32(9):160-164.

[8] Lazan B J. Damping of Material and Members in Structural Mechanics[M]. London:Pergamon Press,1968.

[9] 张相庭. 结构阻尼耗能假设及在振动计算中的应用[J]. 振动与冲击,1982,(2):12-22.

[10] 文捷,王元丰. 钢筋混凝土悬臂梁材料阻尼值计算[J]. 土木工程学报,2008,41(2):77-80.

[11] 王元丰,钟铭,潘玉华. 钢筋混凝土柱低周疲劳损伤后的阻尼性能试验[J]. 中国公路学报,2011,24(5):32-39.

[12] 肖建庄,黄一杰. GFRP 管约束再生混凝土柱抗震性能与损伤评价[J]. 土木工程学报,2012,45(11):112-120.

[13] 汪梦甫,宋兴禹. 高阻尼混凝土构件阻尼性能研究[J]. 振动与冲击,2012,31(11):173-179.

[14] Celebi M. Comparison of damping in buildings under low-amplitude and strong motions[J]. Journal of Wind Engineering and Industrial Aerodynamics,1996,59(2-3):309-323.

[15] Li Q S,Yang K,Wong C K,et al. The effect of amplitude-dependent damping on wind-induced vibrations of a super tall building[J]. Journal of Wind Engineering and Industrial Aerodynamics,2003,91(9):1175-1198.

[16] 李文贵,肖建庄,袁俊强. 模型再生混凝土单轴受压应力分布特征[J]. 同济大学学报(自然科学版),2012,40(6):906-913.

[17] Xiao J Z,Li W G,Sun Z H,et al. Crack propagation in recycled aggregate concrete under uniaxial compressive loading[J]. ACI Materials Journal,2012,109(4):451-462.

[18] Li W G,Xiao J Z,Sun Z H,et al. Failure processes of modeled recycled aggregate concrete under uniaxial compression[J]. Cement and Concrete Composites,2012,34(10):1149-1158.

[19] Xiao J Z,Li W G,Sun Z H,et al. Properties of interfacial transition zones in recycled aggregate concrete tested by nanoindentation[J]. Cement and Concrete Composites,2013,37(3):276-292.

[20] 中华人民共和国行业标准. 普通混凝土用砂、石质量及检验方法标准(JGJ 52—2006)[S].

北京：中国建筑工业出版社，2006.
[21] Clough R W, Penzien J. Dynamics of Structures[M]. 2nd ed. New York: McGraw-Hill, 1993.
[22] Colombo A, Negro P. A damage index of generalized applicability[J]. Engineering Structures, 2005, 27(8): 1164-1174.
[23] Banon H, Veneziano D. Seismic safety of reinforced concrete members and structures[J]. Earthquake Engineering and Structural Dynamics, 2006, 10(2): 179-193.
[24] Park Y J, Ang H S. Mechanistic seismic damage model for reinforced concrete[J]. Journal of Structural Engineering, 1985, 111(4): 722-739.
[25] Rodriguez Gomez S, Cakmak A S. Evaluation of seismic damage indices for reinforced concrete structures[R]. Buffalo: State University of New York, 1990.

第4章 再生混凝土耐久性能

4.1 废弃纤维再生混凝土及其构件性能

周静海*，王凤池，丁向群，康天蓓，王建超，丁兆洋

本节提出采用废弃纤维增强再生混凝土的研究思路，形成由废弃纺织纤维和再生骨料组成的新型绿色环保建筑材料——废弃纤维再生混凝土(fiber recycled concrete，FRC)。系统研究了再生粗骨料取代率、废弃纤维长度、废弃纤维体积掺入量等对废弃纤维再生混凝土工作性能、材料力学性能及构件力学性能的影响。重点研究了废弃纤维再生混凝土单轴受压的本构关系，并分析了废弃纤维再生混凝土受压的损伤过程。在此基础上，制备了废弃纤维再生混凝土梁、柱及梁柱节点，开展了废弃纤维再生混凝土梁受弯和抗剪，柱的轴心受压和偏心受压，梁柱节点在低周反复荷载作用下的抗震性能等试验，并给出了废弃纤维再生混凝土梁、柱及其节点的设计计算方法。本节以“以废治废”的理念，为废弃混凝土和废弃纺织纤维在建筑中的综合利用提供试验基础和理论依据。

4.1.1 背景及现状

1. 研究背景

从建筑业的角度看，全球因建筑物的拆除、战争、地震等因素产生的建筑垃圾数量惊人，其中废弃混凝土的排放量是最高的。中国2006～2008年平均拆迁建筑面积达6亿m^2，拆除建筑垃圾约为7.8亿t，且呈逐年上升的趋势。现在建筑垃圾产生量已占到城市垃圾总量的80%～90%。同时，随着化工行业的发展，纤维在满足日益增长的日常生活需要同时，所带来的环境问题不容小觑。据统计，纤维废弃物占总废弃物的3.5%～4%，每年为4000万t以上。目前，纤维废弃物较多地作为垃圾处理，严重破坏了水、土壤环境。

如何将这些废弃物循环利用、合理搭配并应用于建筑构件中，以达到“变废为宝”的目的，不仅具有学术研究意义，而且还有很高的社会、经济和环境价值效益。

---

* 第一作者：周静海(1965—)，男，博士，教授，主要研究方向为废弃纤维再生混凝土。
基金项目：国家自然科学基金面上项目(51178275)。

“绿水青山就是金山银山”的发展理念,“以废治废”的发展方向,仍然是今后我国建筑产业发展的趋势,建筑垃圾和生活废弃物的再利用技术将会是未来我国乃至全世界的研究热点和重点。

2. 国内外研究现状

Nionx[1]、Wesche 等[2]通过研究发现,再生混凝土的力学强度要低于同配合比下的普通混凝土。然而,Yoda 等[3]、Silva 等[4]的试验却得出相反的结论。邢锋等[5]的研究发现再生混凝土的强度与再生粗骨料的取代率密切相关,当再生粗骨料取代率不超过 30%时,其强度与普通混凝土相差不大。Hashen[6]通过研究发现,再生混凝土的弹性模量比普通混凝土低。Buck[7]通过美国材料与试验协会(ASTM)试验方法测试了再生混凝土的抗冻性能,发现其要好于普通混凝土。对于收缩性能,Hashen[6]通过研究发现,只采用粗骨料的再生混凝土的干缩性能比普通混凝土高 40%,粗骨料和细骨料全部采用再生骨料的情况为 70%。综上所述,再生混凝土的研究还没有形成统一的结论,这主要是由于再生骨料自身的复杂性,而且各地区的废弃混凝土也不同。

纤维混凝土是纤维增强混凝土的简称。姚武等[8]系统研究了膜裂Ⅰ型聚丙烯纤维和拉丝聚丙烯纤维对混凝土抗压强度和抗折强度的影响,并比较了碳纤维、钢纤维和聚丙烯纤维在混凝土中的不同作用;王成启等[9]研究了不同弹性模量纤维的纤维混凝土断裂性能;刘卫东等[10]研究了单丝聚丙烯纤维和异性聚丙烯纤维对混凝土的增韧效果;邓宗才等[11]研究了不同纤维掺量对混凝土拉伸性能的影响。以上研究成果都认为,纤维混凝土的性能不仅仅受到骨料种类、水灰比、砂率、外加剂等因素的影响,还受到纤维种类、掺量、长度、长细比及分散性等因素的影响,由于变量因素太多,还不能归纳出一个比较完备的规律。

3. 研究目的和意义

通过上述分析发现,关于再生混凝土和纤维混凝土,目前还有以下问题需要研究:

(1) 废弃混凝土和废弃纺织纤维都是建筑或生活中产生的垃圾,目前还鲜有研究将二者同时应用于混凝土的制备技术中,更少有关于废弃纤维再生混凝土的相关技术研究。

(2) 目前关于纤维混凝土的研究,大多采用工业用聚丙烯纤维来作为增强材料,生活用废弃纤维对混凝土的增强效果是否与工业用纤维一样还不清楚。

本节提出一种由废弃纺织纤维和再生粗骨料等组成的新型废弃纤维再生混凝土。系统研究其力学性能、耐久性能和本构关系,并重点研究废弃纤维混凝土梁、柱及其节点的各种受力性能,给出废弃纤维再生混凝土梁、柱及节点的设计计算方法,为废弃混凝土和废弃纤维在建筑中的综合利用提供试验基础和理论依据。

4.1.2 研究方案

1. 试验材料

(1) 水泥,采用P·O42.5普通硅酸盐水泥。

(2) 砂,采用天然河砂,细度模数为2.8。

(3) 再生粗骨料,采用废弃混凝土,初始强度为C40。经清洗、筛分等处理,形成粒径为5～25mm的再生粗骨料,堆积密度为1380kg/m^3,表观密度为2550kg/m^3,24h吸水率为2.125%,压碎指标为14.6%。

(4) 天然粗骨料,采用碎石,粒径为5～25mm,堆积密度为1891kg/m^3,表观密度为2740kg/m^3,24h吸水率为0.402%,压碎指标为5.12%。

(5) 废弃纤维,采用废旧地毯作为废弃纤维来源,其成分为丙纶纤维,将其分别剪成12mm、19mm和30mm的尺寸。

2. 试验方法及说明

(1) 力学性能。按照《普通混凝土力学性能试验方法标准》(GB 50081—2002)[12]的方法进行。

(2) 废弃纤维再生混凝土本构关系研究。采用废弃纤维再生混凝土棱柱(100mm×100mm×300mm)进行试验,外套钢管(内径160mm,外径180mm,壁厚10mm,高度298mm),在钢管的中部对称位置打开10mm的孔,方便混凝土试件应变片部位导线的引出。当试验机开始施加压力时,由于混凝土试件的高度高于钢管,先是混凝土试件受力,当混凝土试件达到峰值应力左右时,钢管开始受力,加载至钢管屈服。试验结束以后,用压力机上的总荷载值减去钢管屈服之前相应钢管的荷载值,得到混凝土试件相应的荷载值,通过位移计的变形值可以得到混凝土的应变值,即可绘制出废弃纤维再生混凝土试件的轴心受压应力-应变曲线。

(3) 废弃纤维再生混凝土梁、柱及其节点静力承载试验。均按照《混凝土结构设计规范》(GB 50010—2010)[13]进行设计,详细试验方案及试件尺寸见文献[14]。

(4) 本节中,编号NC为普通混凝土,FC为纤维混凝土,FRC为废弃纤维再生混凝土,FRCa-b-c中a为再生粗骨料取代率,b为废弃纤维长度,c为废弃纤维体积掺入量。例如,FRC50-19-0.12为再生粗骨料取代率为50%、废弃纤维长度为19mm、废弃纤维体积掺入量为0.12%的废弃纤维再生混凝土。

4.1.3 废弃纤维再生混凝土本构关系及损伤分析

通过前期研究发现,纤维的掺入会明显改善废弃纤维再生混凝土的基本力学性能(抗压强度和劈裂抗压强度)及耐久性能(抗盐侵蚀性能和抗氯离子渗透性能)[14],确定了废弃纤维的体积掺入量和长度分别为 0.08%～0.16%及 12～30mm。在此基础上,研究不同水灰比(0.45、0.50 和 0.55)和再生粗骨料取代率(0、50%和 100%)条件下,废弃纤维再生混凝土本构关系和损伤行为。

1. 废弃纤维再生混凝土本构关系

试验的设计变量、分组及泊松比列于表 4.1.1 中。

表 4.1.1　废弃纤维再生混凝土试验的设计变量、分组及泊松比

分组	水灰比	纤维长度/mm	再生粗骨料掺量/%	纤维体积掺量/%	泊松比
A1	0.45	19	50	0.08	0.247
A2	0.5	19	50	0.08	0.255
A3	0.55	19	50	0.08	0.270
B1	0.5	19	0	0.08	0.277
B3	0.5	19	100	0.08	0.220
C1	0.5	12	50	0.08	0.286
C3	0.5	30	50	0.08	0.245
D1	0.5	19	50	0	0.280
D3	0.5	19	50	0.12	0.250
D4	0.5	19	50	0.16	0.245

1) 废弃纤维再生混凝土应力-应变曲线的几何特征

图 4.1.1 为废弃纤维再生混凝土的归一化应力-应变曲线。由图可以看出,其与普通混凝土的应力-应变曲线有相同的趋势,同样具有峰值点、临界应力点、比例极限点和反弯点等特征点,废弃纤维再生混凝土应力-应变曲线可以分为以下几个阶段。

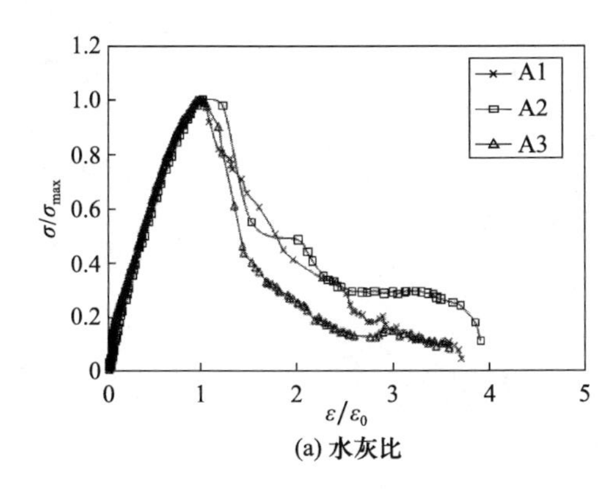

(a) 水灰比

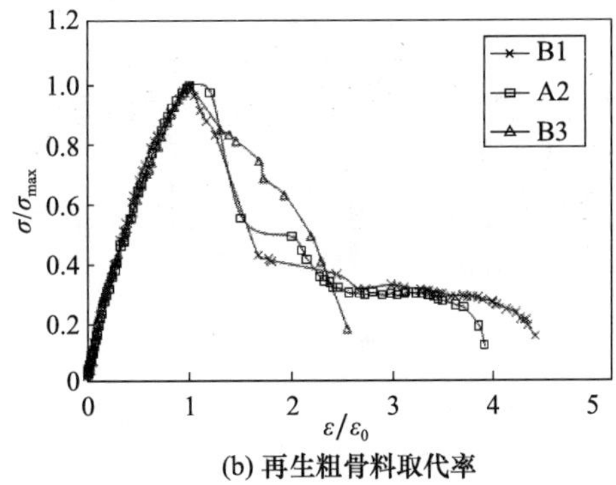

(b) 再生粗骨料取代率

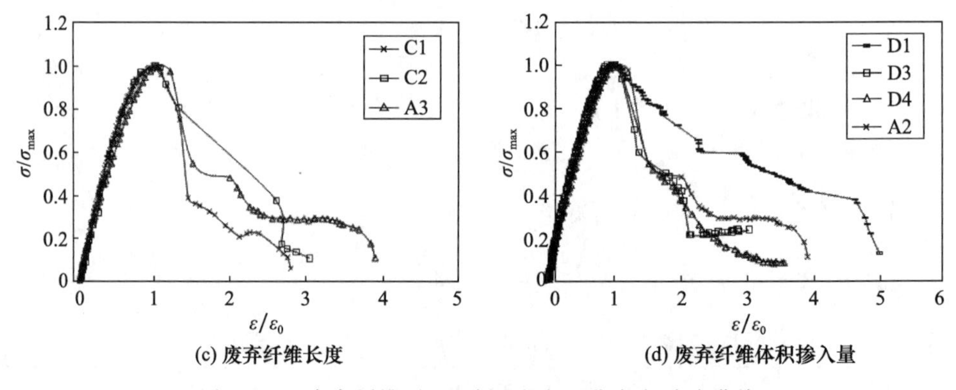

(c) 废弃纤维长度

(d) 废弃纤维体积掺入量

图 4.1.1 废弃纤维再生混凝土的归一化应力-应变曲线

(1) 弹性阶段。废弃纤维再生混凝土与普通混凝土的主要区别在于废弃纤维的增强阻裂作用。当应力低于峰值应力的 60%～80%时,废弃纤维的增强作用得不到充分发挥,应力与应变成比例增长,废弃纤维再生混凝土与普通混凝土、再生混凝土一样接近线性。

(2) 裂缝稳定发展阶段。混凝土进入裂缝稳定发展阶段,应力继续增加,塑性变形发展加快,曲线的斜率变小,黏结裂缝稳定扩展,并延伸到基体中,原先孤立的黏结裂缝开始连接起来,发展成为一个更为广泛和连续的裂缝体系,跨越裂缝的废弃纤维逐渐起到增强作用,至峰值应力时,曲线呈水平,但没有水平段。

(3) 裂缝失稳扩展阶段。峰值应力过后,曲线迅速下降,下降段较陡。随着纤维体积掺入量的增大,曲线下降段越来越陡。极限应力过后,沿棱柱体表面 45°方向附近出现纵向裂缝,标志着宏观裂缝的出现。当应力达到峰值应力的 20%～30%时,曲线转折,几乎呈水平。

(4) 破坏阶段。此时试件的主要破坏为剪切破坏,随着变形的增大,应力基本稳定地缓慢下降。

2) 废弃纤维再生混凝土单轴受压本构模型

废弃纤维再生混凝土应力-应变全曲线的上升段和下降段有明显区别,本节采用分段的形式给出其本构关系模型,上升段采用欧洲标准化委员会制定的欧洲规范给出的公式[15],下降段采用过镇海的公式[16]。废弃纤维再生混凝土试验数据点和公式曲线如图 4.1.2 所示。

废弃纤维再生混凝土应力-应变全曲线方程为

上升段[15]:

$$\frac{\sigma}{f_c}=\frac{K\frac{\varepsilon}{\varepsilon_0}-\left(\frac{\varepsilon}{\varepsilon_0}\right)^2}{1+(K-2)\frac{\varepsilon}{\varepsilon_0}},\quad 0\leqslant\frac{\varepsilon}{\varepsilon_0}<1 \tag{4.1.1}$$

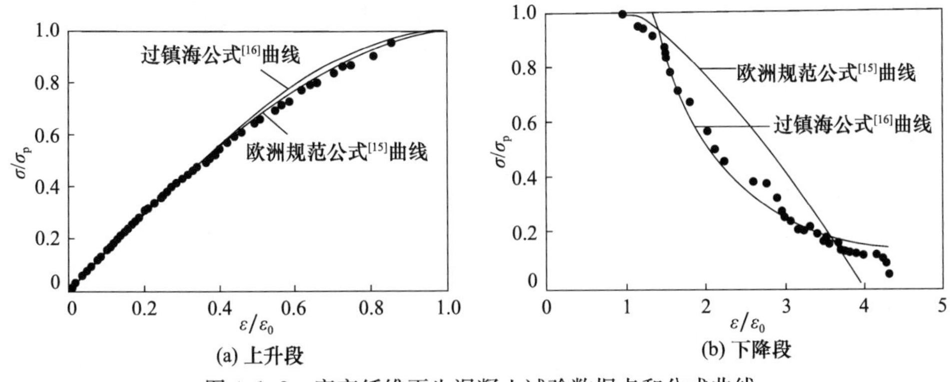

图 4.1.2　废弃纤维再生混凝土试验数据点和公式曲线

下降段[16]：

$$\frac{\sigma}{f_c}=\frac{\frac{\varepsilon}{\varepsilon_0}}{a\left(\frac{\varepsilon}{\varepsilon_0}-1\right)^2+\frac{\varepsilon}{\varepsilon_0}},\quad \frac{\varepsilon}{\varepsilon_0}\geqslant 1 \tag{4.1.2}$$

将试验数据利用最小二乘法进行拟合，可求出各棱柱体试件的参数 a 和 K。再经数据统计回归，可以进一步得到在水灰比为 0.5 时，参数 a 和 K 与再生粗骨料取代率 r 和废弃纤维体积掺入量特征参数 λ_f 的关系分别为

$$K=0.288r^2-0.3r+0.965(100\lambda_f)^5-7.913(100\lambda_f)^4+23.19(100\lambda_f)^3 \\ -28.53(100\lambda_f)^2+1221\lambda_f+1.815 \tag{4.1.3}$$

$$a=0.37r-45.34(100\lambda_f)^4+30.52(100\lambda_f)^3-65.74(100\lambda_f)^2 \\ +46.32(100\lambda_f)+1.386 \tag{4.1.4}$$

式中，$\lambda_f=V_f l$，V_f 为废弃纤维体积掺入量，l 为废弃纤维长度；r 为再生粗骨料取代率。

2. 废弃纤维再生混凝土受压破坏损伤分析

1）废弃纤维再生混凝土损伤演化规律

废弃纤维再生混凝土受压过程中上升段试件破坏损伤变量-应变关系曲线如图 4.1.3 所示。可以看出，其损伤变形规律与普通混凝土和再生混凝土相同，即在变形的同时，损伤变量也增加。如图 4.1.3(a)所示，水灰比越大，随着变形的增加，废弃纤维再生混凝土的损伤变量增加得越快。如图 4.1.3(b)所示，随着再生粗骨料掺入量的增加，斜率增大，其受损程度增加得越快。如图 4.1.3(c)所示，随着废弃纤维长度的增加，其塑性变形能力降低，斜率增大。当废弃纤维长度为 30mm 时，受损程度增加最快。如图 4.1.3(d)所示，随着废弃纤维体积掺入量的增加，其损伤阈值逐渐减小，废弃纤维再生混凝土的变形能力逐渐增强。其主要原因是废弃纤维使再生混凝土内部裂缝扩展受到了限制，推迟了裂缝区域的发展，增强了再生混凝土的韧性。

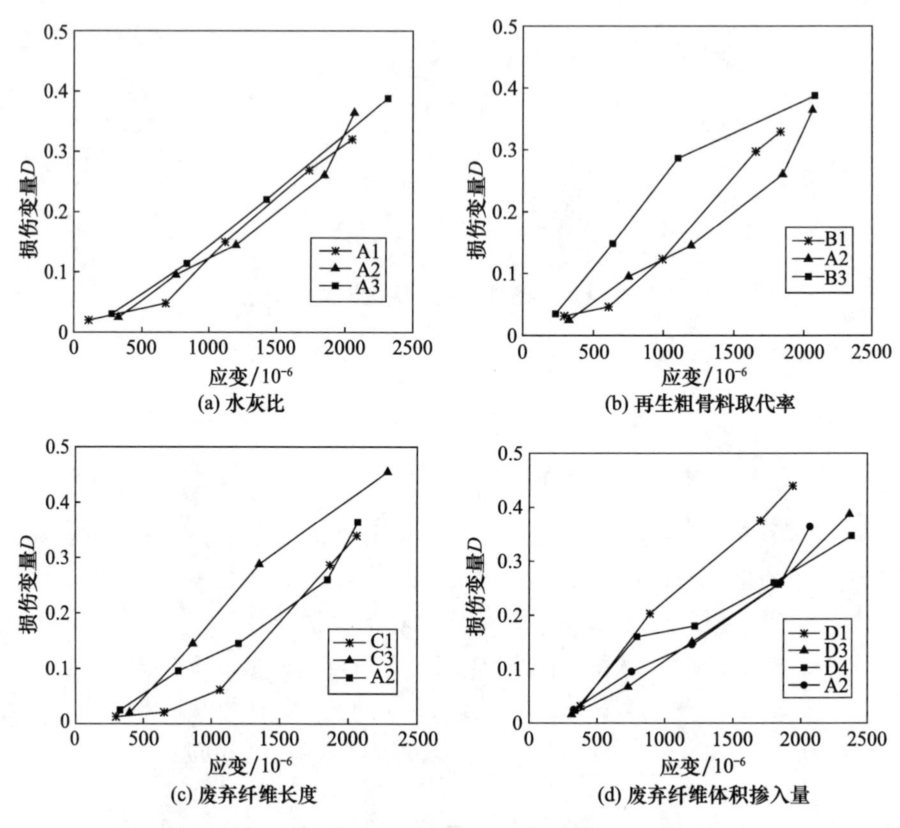

图 4.1.3 废弃纤维再生混凝土损伤变量-应变关系曲线

结合试验过程中的裂缝发生情况可以看出，在加载初期，废弃纤维再生混凝土损伤微小，其损伤值可以近似看成 0。当应变达到峰值应变的 20%左右时，试件开始有损伤发生，但是不连续，且损伤较小。继续加载，此时为损伤的真正开始阶段，试件表面有微裂缝产生，微裂缝的开裂方向与主应力方向平行。再继续加载，随着应变和荷载的增加，损伤值是递增的，损伤曲线的曲率很小，接近于直线。当试件强度接近峰值应力时，试件的损伤速度开始加快，损伤曲线的曲率增大，试件表面裂缝开始贯通，其损伤值为 0.32～0.455。

2) 废弃纤维再生混凝土损伤模型

根据 Lemaitre 的损伤模型[17]，材料的本构关系可以分为两段表述。刚开始受力时，试件无损伤发生或损伤很小，且损伤不扩展，此时损伤近似于 0。受力达到一定程度后，损伤开始扩展，并以较快的速度增长，此阶段损伤曲线类似于指数函数曲线。对试验数据点进行数据拟合,将废弃纤维再生混凝土单轴受压损伤演化方程用指数函数形式表示,拟合方程的相关系数可达0.993,因此,废弃纤维再生混凝土单相受压损伤模型为

$$D=\begin{cases}0, & \varepsilon=0\\ Ae^{\varepsilon}\times10^{-3}, & \varepsilon\leqslant\varepsilon_0\end{cases} \tag{4.1.5}$$

经过数据统计回归,可以得到水灰比为0.5时,参数 A 与再生粗骨料取代率 r 和废弃纤维体积掺入量特征参数 λ_f 的关系为

$$\begin{aligned}A=&0.044r^2-0.016r+100\times(10V_f)^4-85.11\times(10V_f)^3\\&+18.12\times(10V_f)^2-12.76V_f+0.023\end{aligned} \tag{4.1.6}$$

4.1.4 废弃纤维再生混凝土梁弯剪能力及其计算

图4.1.4为废弃纤维再生混凝土梁抗弯、抗剪试验破坏形态。通过对不同混凝土梁弯剪试验的对比分析发现:①废弃纤维再生混凝土的斜截面受剪和正截面受弯破坏形态与普通混凝土梁基本一致,因此可以参照普通混凝土梁的受力性能进行分析;②再生混凝土梁抗剪性能和抗弯性能比普通混凝土梁有所降低;③废弃纤维的掺入使抗剪性能和抗弯性能有所提高,因而废弃纤维再生混凝土表现出良好的抗剪和抗弯承载能力。

(a) 剪压破坏

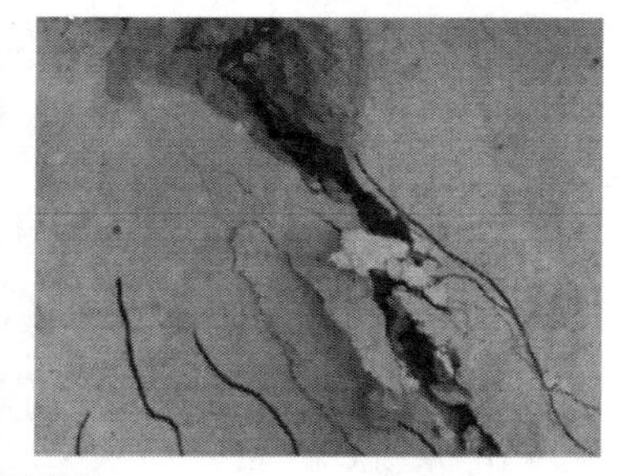

(b) 斜压破坏

图4.1.4　废弃纤维再生混凝土梁抗弯、抗剪试验破坏形态

1. 废弃纤维再生混凝土梁抗剪试验

1）混凝土应变分析

将剪跨比为1、2、3的试件荷载-应变变化曲线进行对比，如图4.1.5所示。

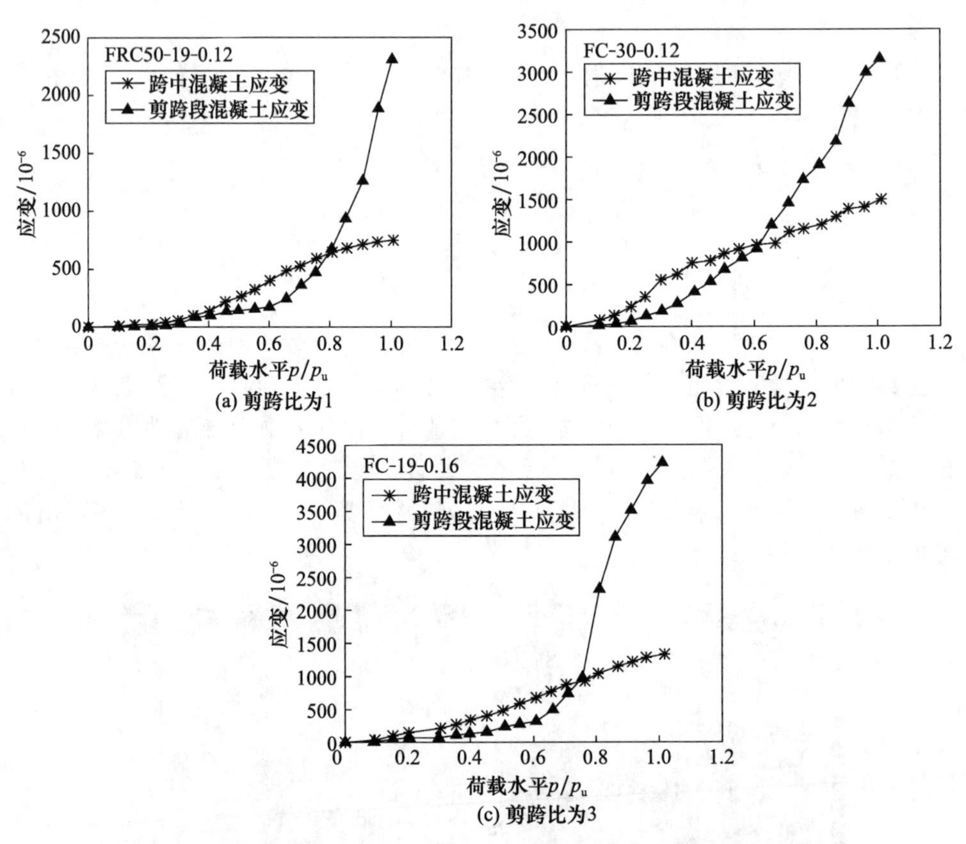

图4.1.5 不同剪跨比的试件剪跨段与纯弯段（跨中）荷载-应变变化曲线

跨中混凝土应变比剪跨段混凝土应变发展得早，但是其趋势却比较平稳，在试件变化过程中没有太过明显的急速变化。剪跨段的混凝土发展较晚，应变出现较明显的增长后，混凝土应变的发展速度就非常快。其原因并不是应变增长速度不同，而是裂缝出现的时间和裂缝发展速度不同。斜裂缝一般出现较晚，但它的发展速度却很快，因此斜裂缝的破坏属于脆性破坏，这也是工程中要尽量避免斜截面破坏的主要原因。

2）荷载-跨中挠度曲线

图4.1.6分别为剪跨比为1、2、3的试件荷载-跨中挠度曲线。由图4.1.6(a)可以看出，剪跨比为1时，掺入12mm的纤维比掺入19mm的纤维更有利于推迟

裂缝的产生，可以更好地限制裂缝的发展，提高了试件的刚度。由图 4.1.6(b)可以看出，剪跨比为 2 时，掺入 19mm 的纤维比掺入 30mm 的纤维更好。由图 4.1.6(c)可以看出，剪跨比为 3 时，随着废弃纤维体积掺入量的增加，梁的极限承载能力和跨中挠度都降低，说明废弃纤维的掺入可以有效推迟裂缝的产生。

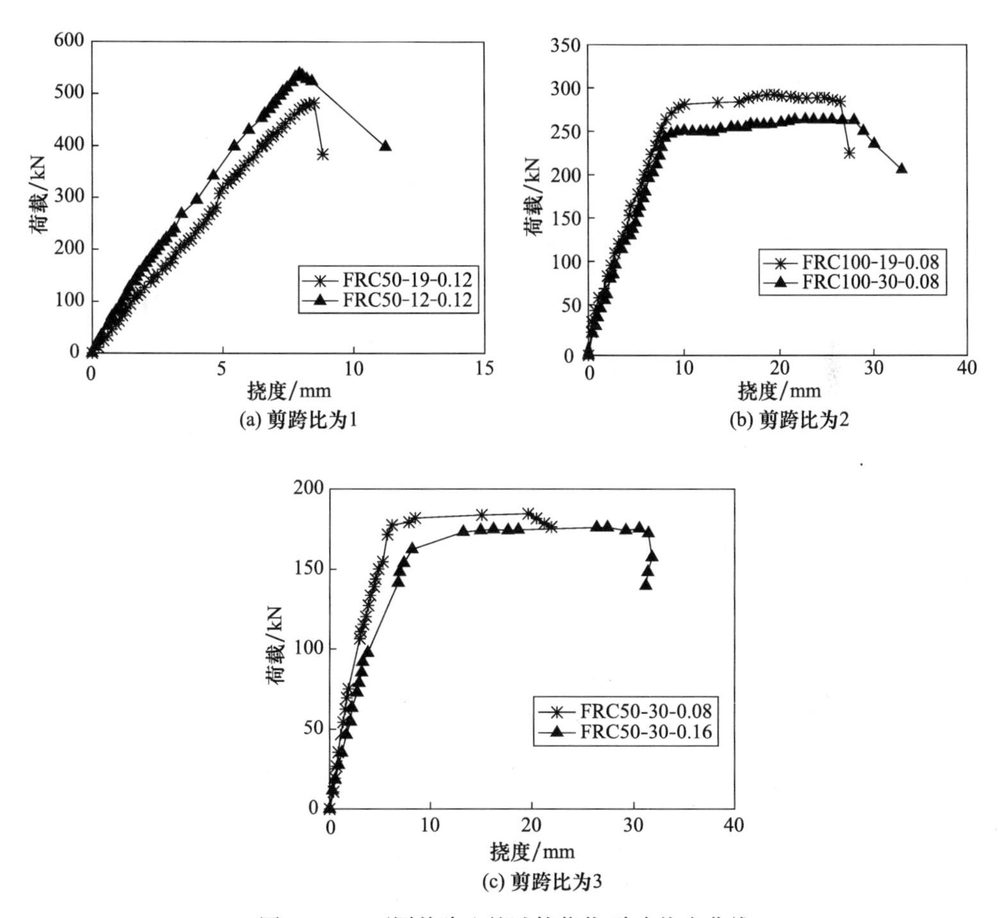

图 4.1.6　不同剪跨比的试件荷载-跨中挠度曲线

2. 废弃纤维再生混凝土梁抗弯试验

1) 荷载-跨中挠度曲线

在不同材料、不同再生粗骨料取代率和不同废弃纤维体积掺入量条件下，废弃纤维再生混凝土梁的荷载-跨中挠度曲线如图 4.1.7 所示。

由图 4.1.7(a)可以看出，普通混凝土梁、再生混凝土梁和废弃纤维再生混凝土梁的变化趋势一致，均可分为弹性阶段、带裂缝工作阶段、屈服阶段和破坏阶段。废弃纤维再生混凝土梁的屈服晚于再生混凝土梁，与普通混凝土一致。说明废弃纤维的掺入可以增强再生混凝土梁的延性。由图 4.1.7(b)可以看出,废弃纤维体积掺入量相同的情况下,跨中挠度随着再生粗骨料取代率的增大而增加,梁的延性和承载力随之降低。由图 4.1.7(c)可以看出,当废弃纤维体积掺入量为 0.08%和 0.12%时,其延性明显提高;当废弃纤维体积掺入量达到 0.16%时,其受弯性能明显下降。

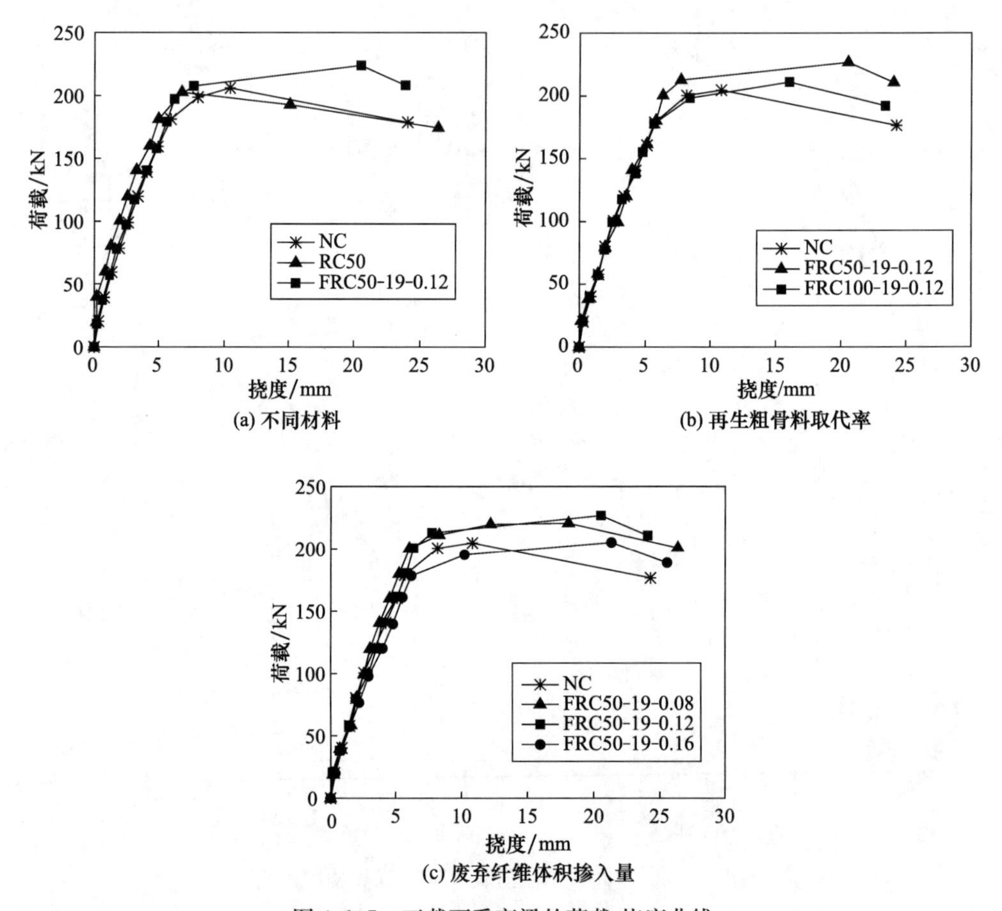

图 4.1.7　正截面受弯梁的荷载-挠度曲线

2) 最大裂缝宽度分析

最大裂缝宽度在一定程度上反映了混凝土与钢筋之间的黏结力及混凝土自身的阻裂性能。对废弃纤维再生混凝土梁的最大裂缝宽度进行分析,有助于更加全面地了解废弃纤维再生混凝土的受弯性能。

图 4.1.8 和图 4.1.9 为普通混凝土梁和再生混凝土梁、废弃纤维再生混凝土梁最大裂缝宽度。其规律为裂缝宽度随再生混凝土取代率的增加而增加,随废弃纤维的掺入而降低。再生混凝土梁的裂缝最大,掺入废弃纤维后明显得到改善。

其中,梁 FRC100-19-0.12 的裂缝宽度与普通混凝土梁一致。梁 FRC50-19-0.12 表现出良好的裂缝控制能力,其最大裂缝宽度最小,且随着荷载的增加,这种能力表现得越来越明显。

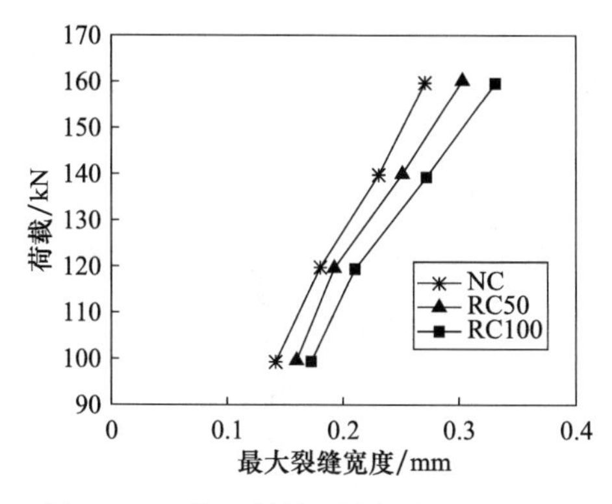

图 4.1.8　普通混凝土梁和再生混凝土梁最大裂缝宽度

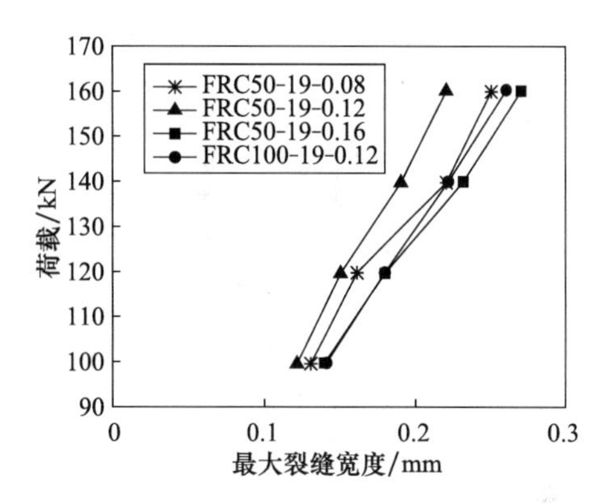

图 4.1.9　废弃纤维再生混凝土梁最大裂缝宽度

3) 承载力分析

由图 4.1.10 可以看出,再生混凝土梁无论开裂承载力、屈服承载力还是极限承载力均比普通混凝土梁有所降低,而掺入了废弃纤维的再生混凝土梁整体承载力均有明显的提升,且梁 FRC50-19-0.12 在各组试验梁中承载力提升最多。说明废弃纤维的掺入明显提升了再生混凝土梁的抗弯性能,增加其延性,但不是掺的越多越好,而是存在一个极值,试验得出废弃纤维的最优体积掺入量为 0.12%。

3. 废弃纤维再生混凝土梁承载力计算方法

1) 受剪承载力的计算方法

试验采用集中力对称加载方式,受剪承载力计算式为

$$V_{cs}=\frac{1.75}{\lambda+1}f_t bh_0+f_{yv}\frac{A_{sv}}{S}h \tag{4.1.7}$$

式中,b 为矩形截面宽度;h_0 为截面有效高度;f_t 为混凝土轴心抗拉强度设计值;f_{yv}为混凝土轴心抗拉强度设计值;A_{sv}为箍筋截面面积;S 为箍筋间距;h 为截面高度;λ 为计算截面的剪跨比,当 $\lambda<1.5$ 时取 1.5,当 $\lambda>3$ 时取 3,此时,在集中荷载作用点与支座之间的箍筋应均匀配置。

2) 受弯承载力的计算方法

采用《混凝土结构设计规范》(GB 50010—2010)[13]中的相关公式,计算废弃纤维再生混凝土梁的承载力、极限承载力及跨中挠度,发现试验值与设计值吻合较好,且试验值均大于计算值,计算结果偏于安全。因此,废弃纤维再生混凝土梁的相关性能可以按照规范公式计算,不需要进行修正。

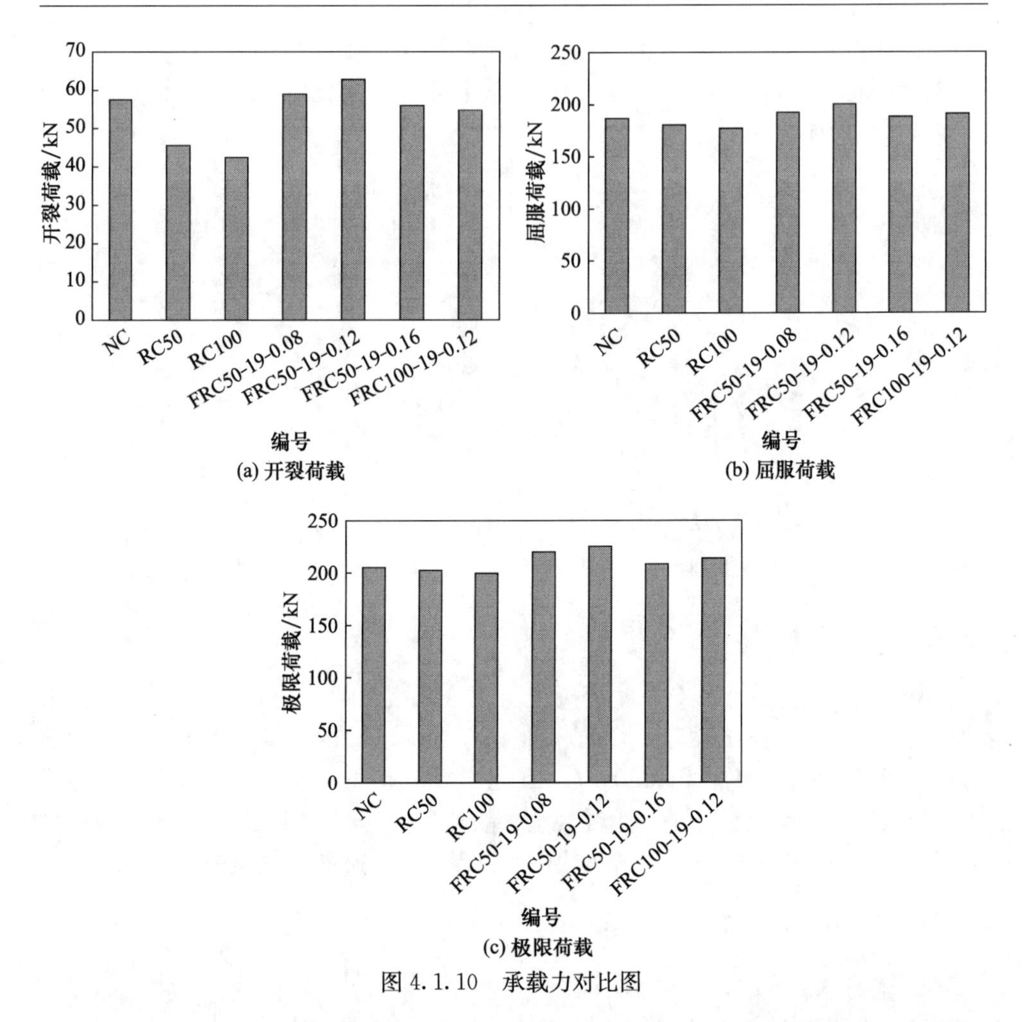

(a) 开裂荷载　(b) 屈服荷载

(c) 极限荷载

图 4.1.10　承载力对比图

《混凝土结构设计规范》(GB 50010—2010)[13]中关于最大裂缝宽度的计算公式是按照长期荷载作用条件下设计的，本次试验属于短期加载，不能完全按照该公式进行计算。引用短期荷载作用下的最大裂缝宽度验算公式：

$$\omega_{\mathrm{s,max}}=1.411\psi\frac{\sigma_{\mathrm{sk}}}{E_{\mathrm{s}}}\left(1.9c+0.08\frac{d_{\mathrm{eq}}}{\rho_{\mathrm{te}}}\right)\tag{4.1.8}$$

式中，符号含义与规范[13]相同。经计算，废弃纤维再生混凝土梁试验值与计算值的平均比值为 0.882，标准差为 0.064，变异系数为 7.30%，试验值与计算值总体吻合较好。因此，可以按照式(4.1.8)对最大裂缝宽度进行验算，不需要进行修正。

4.1.5　废弃纤维再生混凝土柱受力性能及其计算

图 4.1.11 和图 4.1.12 为废弃纤维再生混凝土柱轴心受压和偏心受压破坏形

态。可以看出,无论轴心受压还是偏心受压,废弃纤维再生混凝土的受压过程都存在三个阶段:弹性变形阶段、带裂缝工作阶段和破坏阶段,其破坏均属于典型的脆性破坏,表现出的破坏形态与普通混凝土柱相似。

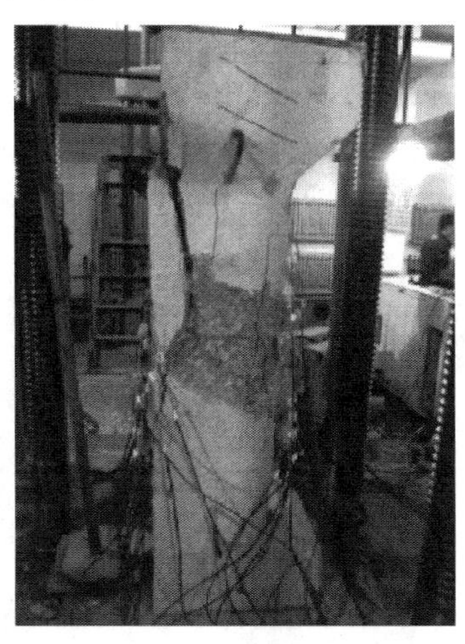

图 4.1.11　废弃纤维再生混凝土柱轴心受压破坏形态

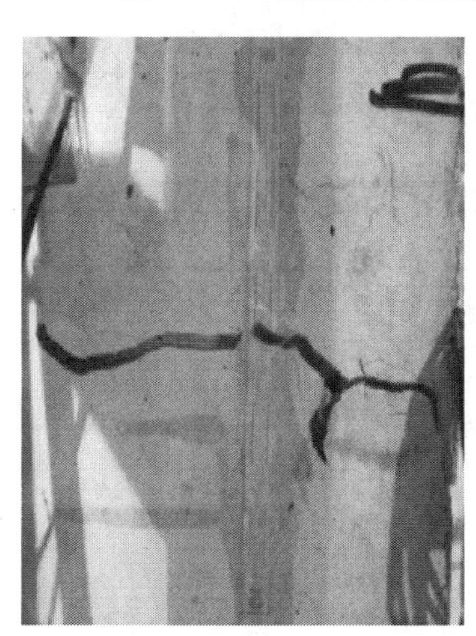

图 4.1.12　废弃纤维再生混凝土柱偏心受压破坏形态

通过试验还发现,在混凝土脱落后,断面处的纤维是被拉断而并非是被拔出,说明废弃纤维与混凝土的黏结性能良好。在试件受压过程中,纤维消耗其自身能量,起到增强的作用,裂缝之间的纤维有效地阻止了裂缝的扩展和延伸,限制了混凝土各组分之间裂缝的贯通。

1. 承载力分析

废弃纤维长度及体积掺入量对废弃纤维再生混凝土柱承载力的影响如

图 4.1.13 和图 4.1.14 所示。当废弃纤维长度和体积掺入量分别为 19mm 和 0.12%时,其开裂荷载和极限荷载均为最大值。

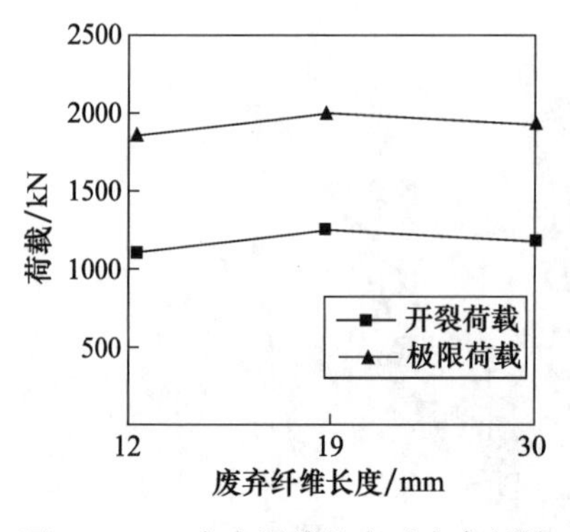

图 4.1.13　废弃纤维长度对废弃纤维再生混凝土柱承载力的影响

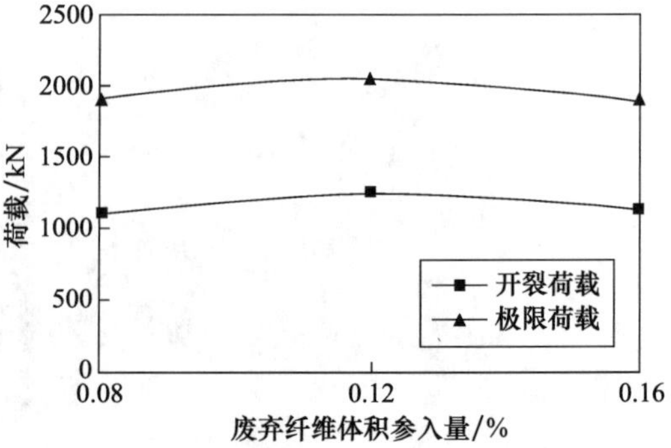

图 4.1.14　废弃纤维体积掺入量对废弃纤维再生混凝土柱承载力的影响

应用复合材料理论进行分析,当废弃纤维长度为 12mm 或体积掺入量为 0.08%时,由于废弃纤维长度较短、含量较少,对混凝土起到的增强作用较低。当废弃纤维长度在 12～19mm 内或体积掺入量在 0.08%～0.12%时,废弃纤维再生混凝土柱的开裂荷载和极限荷载均随着废弃纤维体积掺入量的增多而增大。而当废弃纤维长度在 19～30mm 或体积掺入量在 0.12%～0.16%时,废弃纤维再生混凝土柱的开裂荷载和极限荷载均随着废弃纤维体积掺入量的增多而减小。通过试验得出,当废弃纤维长度为 19mm、体积掺入量为 0.12%时,废弃纤维再生混凝土柱的承载力最高。

2. 侧向变形分析

图 4.1.15 和图 4.1.16 为废弃纤维长度和体积掺入量对荷载-跨中侧向变形曲线的影响。

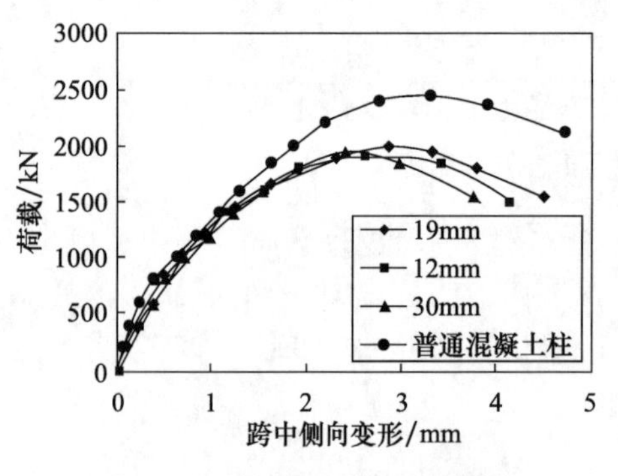

图 4.1.15　废弃纤维长度对荷载-跨中侧向变形曲线的影响

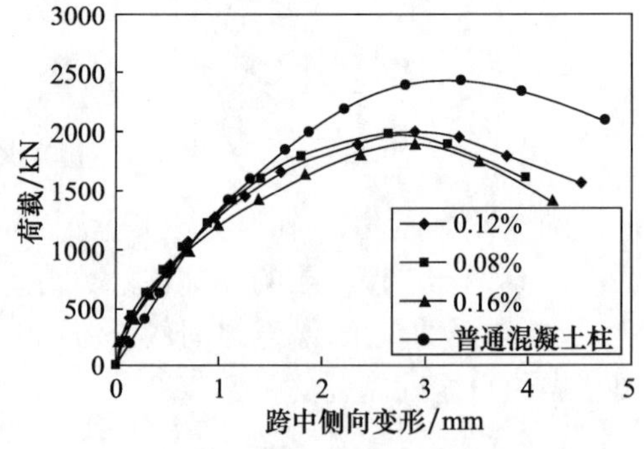

图 4.1.16　废弃纤维体积掺入量对荷载-跨中侧向变形曲线的影响

通过分析发现，并非掺入的纤维越长，废弃纤维再生混凝土柱的受力性能的改善就越好，而是存在一个临界值。当废弃纤维含量低于这一临界值时，柱中所分布的纤维在受压过程中被拉断拔出，承担了部分钢筋的作用，从而提升了柱的承载力和延性；当废弃纤维含量高于这一临界值时，由于纤维掺量过大，反而降低了混凝土中各相之间的黏结力，降低受力性能。最佳的废弃纤维为长度19mm、体积掺入量0.12%。

3. 废弃纤维再生混凝土柱的设计方法

根据《混凝土结构设计规范》(GB 50010—2010)[13]中第6.2.17条的规定，矩形截面偏心受压试件的正截面受压承载力计算应按以下公式进行：

$$N \leqslant \alpha_1 f_c b_x + f'_y A'_s - \sigma_s A_s \tag{4.1.9}$$

$$Ne \leqslant \alpha_1 f_c b_x \left(h_0 - \frac{x}{2}\right) + f'_y A'_s (h_0 - a'_s) \tag{4.1.10}$$

$$e = \eta e_i + \frac{h}{2} - a_s \tag{4.1.11}$$

$$e_i = e_0 + e_a \tag{4.1.12}$$

式中，σ_s 理论上可以按照应变的平面假设确定 ε_s，再根据 $\sigma_s = \varepsilon_s E_s$ 确定，但是计算太过复杂。由于 σ_s 与 ξ 有关，根据实际测得结果可以近似按照式(4.1.13)进行计算：

$$\sigma_s = f_y \frac{\xi - \beta_1}{\xi_b - \beta_1} \tag{4.1.13}$$

当初始偏心距为30mm及60mm时，先假定按照小偏心受压进行计算，然后验证 $\xi > \xi_b$。符合小偏心受压条件，最后计算出 N 的值。试验值和计算得出的理论值对比见表4.1.2。

表4.1.2　各试件正截面承载力试验值与理论值对比

试件编号	试验值/kN	理论值/kN	试验值/理论值
FC-19-0.12	2140	2085	1.026
FRC50-19-0.12	2004	1872	1.072
FRC100-19-0.12	1956	1928	1.014
FRC50-12-0.12	1868	1736	1.076
FRC50-30-0.12	1946	1872	1.039
FRC50-19-0.08	1974	1950	1.012
FRC50-19-0.16	1892	1783	1.061
NC	2274	2141	1.062

由表 4.1.2 可以看出，废弃纤维再生混凝土柱正截面受压承载力试验值与理论值比较接近，且普遍大于理论值。从安全方面考虑，废弃纤维再生混凝土柱可遵循普通混凝土柱的规范设计公式及相关规定进行设计和计算。

本节还对废弃纤维再生混凝土柱正截面承压过程的开裂荷载及最大裂缝宽度进行了分析，并与现行规范裂缝宽度的计算方法进行了对比，发现废弃纤维再生混凝土的裂缝宽度比理论值低 80%～90%。说明废弃纤维再生混凝土柱在偏心受压情况下的最大裂缝宽度可以按照《混凝土结构设计规范》(GB 50010—2010)[13]计算，且结果是偏于安全的。

4.1.6 废弃纤维再生混凝土节点受力性能分析

试验设计了 5 个废弃纤维再生混凝土框架梁柱节点。根据普通框架结构在水平荷载作用下的弯矩分布情况，试件柱的长度取上下柱的反弯点处，梁的长度同样按照跨中反弯点的位置进行选取，采用十字形试件，试件形状、尺寸及配筋情况均相同，试件尺寸及配筋情况见文献[14]。

1. 试验现象与破坏形态

节点核心区破坏形态如图 4.1.17 所示，经历了初裂、通裂、极限、破坏四个阶段，均为节点核心区发生剪切破坏。加载初期，梁身出现多条竖向微裂缝，试件呈

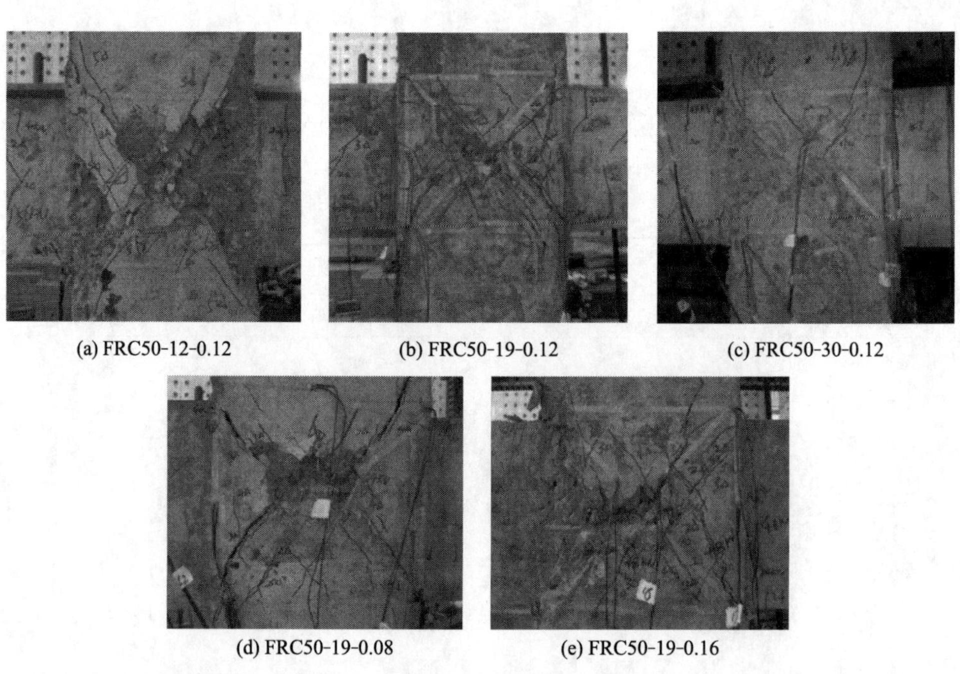

(a) FRC50-12-0.12 (b) FRC50-19-0.12 (c) FRC50-30-0.12

(d) FRC50-19-0.08 (e) FRC50-19-0.16

图 4.1.17 节点核心区破坏形态

弹性工作阶段，随着荷载的增加，梁端出现贯通裂缝，但是没有加宽，节点核心区出现微斜裂缝。继续加载，节点核心区通缝继续加宽。试验结束时，不同试件节点核心破坏区主要有三种现象：①剥落出部分新老砂浆，这说明新老砂浆与再生粗骨料之间的界面较为薄弱；②部分节点核心区的新老砂浆靠纤维与试件体相连，没有完全剥落，这说明纤维可以提高再生混凝土的抗裂性能；③少数有纤维被拉断的现象。

2. 试验结果分析

1）滞回曲线

图4.1.18为废弃纤维再生混凝土梁端的滞回曲线。加载初期，荷载和位移基本呈线性关系，残余变形小，试件处于弹性阶段。当位移增加时，滞回环的面积增大，位移回到零点时，水平荷载有一定值，表明试件进入了非线性阶段，整体刚度开始降低，且每次卸载后的残余应力越来越大，达到极限荷载后，节点核心区发生剪切破坏。

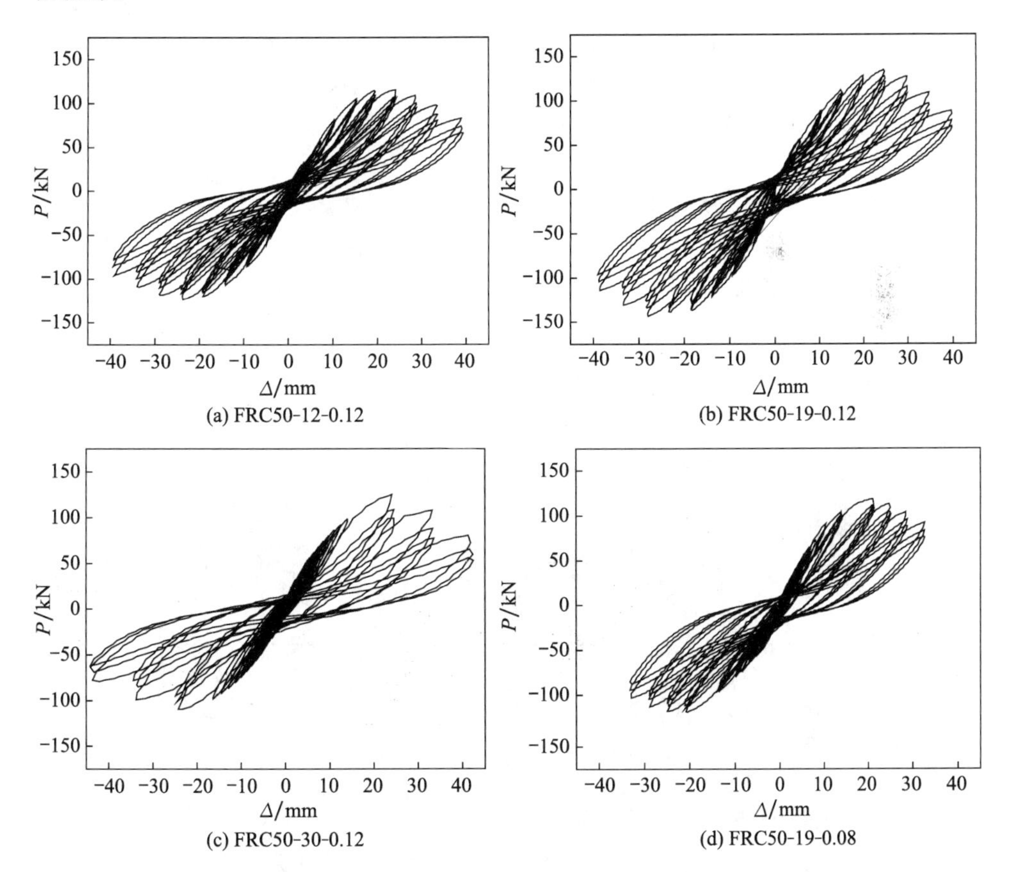

(a) FRC50-12-0.12　(b) FRC50-19-0.12

(c) FRC50-30-0.12　(d) FRC50-19-0.08

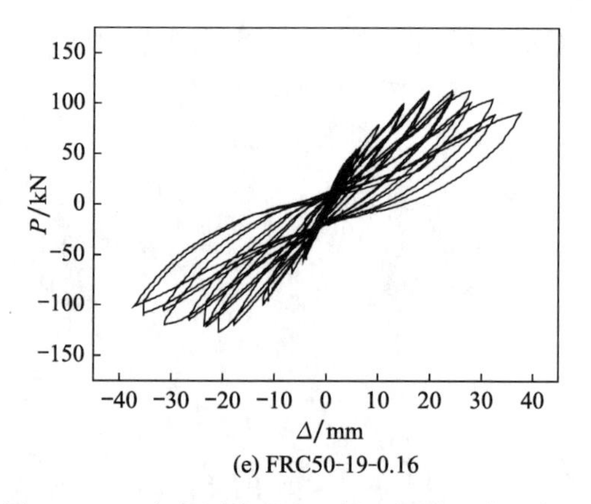

(e) FRC50-19-0.16

图 4.1.18 废弃纤维再生混凝土梁端的滞回曲线

由图 4.1.18(a)～(c)可以看出，当纤维长度为 12mm 和 19mm 时，滞回环的数量和形状基本相同，当纤维长度为 30mm 时，加载后期滞回环数量减少，表明其吸收地震能的作用差。由图 4.1.18(b)、(d)、(e)可以看出，纤维体积掺入量为 0.12%时，其滞回环的饱满程度明显好于 0.08%和 0.16%，表明纤维掺量过多或过少都会对试件的抗震性能产生不利影响。

2) 骨架曲线

试件的骨架曲线如图 4.1.19 所示。各试件骨架曲线呈 S 形，有明显的弹性段、强化段和强化退化段。当纤维长度较短或体积掺入量较大时，节点的承载力相对较低，不同纤维长度试件的骨架曲线重合段多于不同纤维体积掺入量试件的骨架曲线，说明纤维体积掺入量的多少对承载力的退化影响较大。

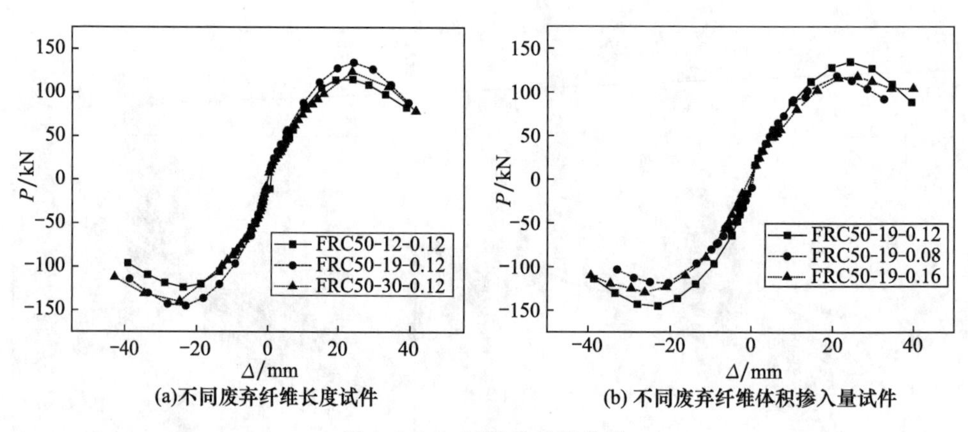

(a)不同废弃纤维长度试件　(b) 不同废弃纤维体积掺入量试件

图 4.1.19 试件的骨架曲线

3) 刚度退化曲线

试件的刚度退化曲线如图 4.1.20 所示。从弹性阶段到开裂阶段，刚度急剧下降，刚度退化曲线斜率较大。从开裂阶段到最后破坏阶段，刚度退化缓慢，刚度退化曲线较为平缓。试件 FRC50-19-0.12 刚度最大，并且各试件在整个加载过程中刚度退化持续、均匀、稳定。

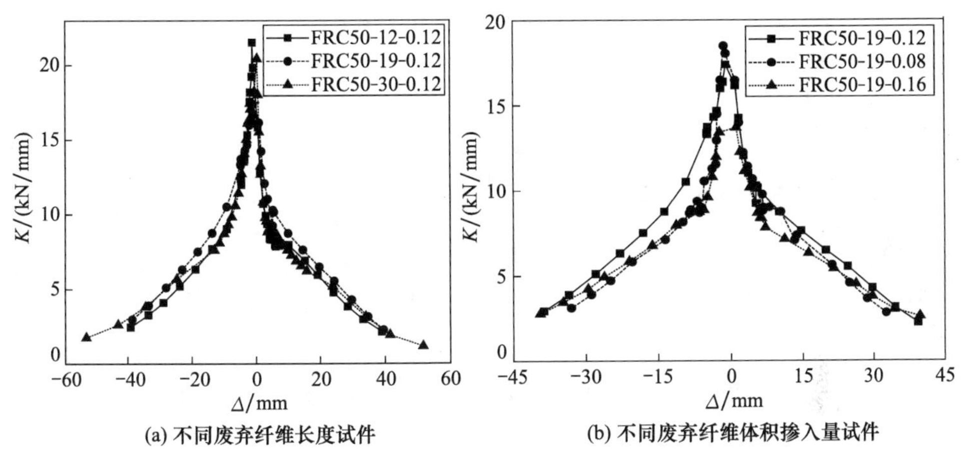

图 4.1.20　试件的刚度退化曲线

4）节点能量耗散能力

能量耗散能力以荷载-变形滞回曲线包围的面积来衡量。各试件的耗能曲线如图 4.1.21 所示。

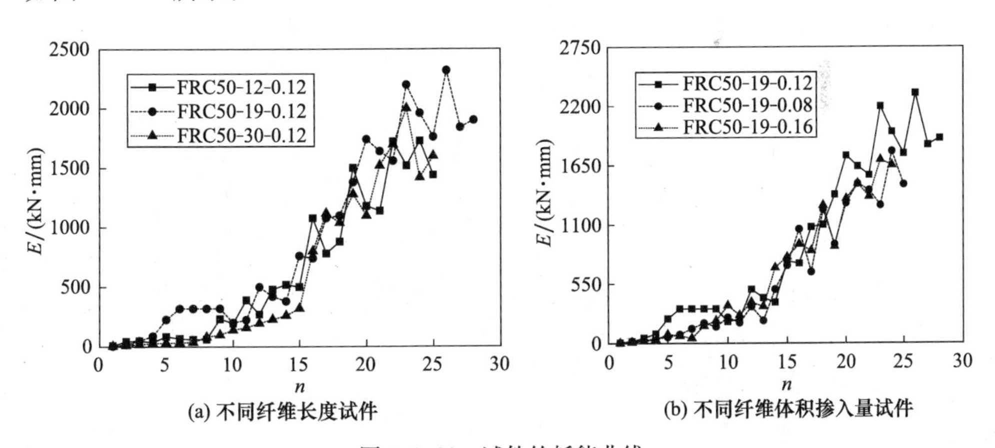

图 4.1.21　试件的耗能曲线

采用等效阻尼系数来反映耗能能力的大小。各试件的最大荷载所对应的等效黏滞阻尼系数如表 4.1.3 所示。可以看出，FRC50-19-0.12 的等效黏滞阻尼系数最大，纤维长度为 19mm、体积掺入量为 0.12%时，废弃纤维再生混凝土的耗能能力最佳，与累计耗能曲线所得出的结论一致。

表 4.1.3　最大荷载对应的等效黏滞阻尼系数

试件编号	等效黏滞阻尼系数
FRC50-12-0.12	0.17
FRC50-19-0.12	0.21
FRC50-30-0.12	0.18
FRC50-19-0.08	0.19
FRC50-19-0.16	0.15

3. 废弃纤维再生混凝土梁柱节点受剪承载能力计算

废弃纤维再生混凝土的抗剪承载力主要由混凝土抗剪承载力 V_c、箍筋抗剪承载力 V_s 和纤维抗剪承载力 V_f 三部分共同承担，纤维再生混凝土梁节点的抗剪承载力 V_u 按式(4.1.14)计算：

$$V_u = V_c + V_s + V_f \tag{4.1.14}$$

其中，

$$V_c = 0.1\left(1 + \frac{N}{f_c b_c h_c}\right) f_c b_j h_j \tag{4.1.15}$$

$$V_s = f_{yv} A_{svj} \frac{h_{b0} - a_s'}{s} \tag{4.1.16}$$

废弃纤维再生混凝土是将废弃纺织纤维均匀掺加在再生混凝土中制成的，因此纤维和再生混凝土可以看成一个整体共同承担剪力，纤维混凝土抗剪承载力 $V_{cf}=V_c(1+\beta)$，其中 β 为废弃纤维增强系数，根据文献[14]，纤维的加入可以提高抗剪承载力的 30%～40%，取 $\beta=0.175$，因此废弃纺织纤维再生混凝土抗剪承载力按式(4.1.17)计算。废弃纤维再生混凝土抗剪承载力试验值 V_j 与计算值 V_u 列于表 4.1.4 中。

$$V_u = 0.1(1+\beta)\left(1 + \frac{N}{f_c b_c h_c}\right) f_c b_j h_j + f_{yv} A_{svj} \frac{h_{b0} - a_s'}{s} \tag{4.1.17}$$

表 4.1.4　抗剪承载力计算值与试验值对比

试件编号	N/kN	V_{cf}/kN	V_s/kN	V_u/kN	V_jkN	V_j/V_u
FRC50-12-0.12	1500	440.69	109.5	550.19	698.4	1.27
FRC50-19-0.12	1543	453.16	109.5	562.66	770.57	1.37
FRC50-30-0.12	1489	437.36	109.5	546.86	732.32	1.34
FRC50-19-0.08	1446	424.66	109.5	534.16	733.54	1.37
FRC50-19-0.16	1482	435.27	109.5	544.77	715.27	1.31

从表 4.1.4 中可以看出，V_j/V_u 在 1.27～1.37，有一定的安全储备，因此纤维增强系数 β 取值合理，式(4.1.17)可以用于废弃纤维再生混凝土梁柱节点的抗剪

承载力计算。

4.1.7　结论

（1）通过研究发现，废弃纺织纤维的掺入会明显改善再生混凝土的基本力学性能（抗压强度和劈裂抗压强度）及耐久性能（抗盐侵蚀性能和抗氯离子渗透性能），纤维的最佳体积掺入量和长度分别为 0.08%～0.16%及 12～30mm。

（2）通过对废弃纤维再生混凝土应力-应变曲线的分析，发现其与普通混凝土的应力-应变曲线有相同的趋势，同样具有峰值点、临界应力点，比例极限点和反弯点等特征点，其本构关系模型分为上下两段，上段符合欧洲规范 CEB-FIP77 中的曲线，下段符合过镇海公式曲线。通过回归分析，建立了在水灰比为 0.5 时模型中相关参数与再生粗骨料取代率 r 和废弃纺织纤维特征参数 λ 之间的关系。

（3）通过单轴受压破坏损伤分析发现，废弃纤维再生混凝土的塑性变形能力要强于再生混凝土，随着废弃纤维掺量的增加，其损伤阈值逐渐减小，废弃纤维再生混凝土的变形能力逐渐增强，当应变达到峰值应变的 20%时，试件才开始有损伤发生，试件破坏时的损伤值为 0.32～0.455。

（4）给出了废弃纤维再生混凝土梁、柱及其节点的计算设计方法。通过研究发现，废弃纤维再生混凝土构件在合理的废弃纤维长度和废弃纤维体积掺入量的情况下，梁的受弯及抗剪性能、柱的轴心及偏心受压性能、梁柱节点的抗震性能均好于同配合比的普通混凝土，也好于同配合比的再生混凝土。

参 考 文 献

[1] Nixon P J. Rcycled concrete as an aggregate for concrete —A review[J]. Materials and Structures，1978，11(6)：371-378.

[2] Wesche K，Schulz K. Beton aus aufbereitetem altbeton-technologie und eigenschaften[J]. Betontechnische Berichte，1982，32：2-3.

[3] Yoda K，Yoshikane T. Recycled cement and recycled concrete in Japan[C]//Proceedings of the Second International RILEM Symposium on Demolition and Reuse of Concrete and Masonry，Tokyo，1988：527-536.

[4] Silva R V，de Brito J，Dhir R K. The influence of the use of recycled aggregates on the compressive strength of concrete：A review[J]. European Journal of Environmental and Civil Engineering，2015，19(7)：825-849.

[5] 邢锋，冯乃谦，丁建彤. 再生骨料混凝土[J]. 混凝土与水泥制品，1999，(2)：10-13.

[6] Hansen T C. Strength of recycled aggregate concrete made from crushed concrete course aggregate[J]. Concrete International，1983，(1)：79-83.

[7] Buck A D. Recycled concrete as a source of aggregate[J]. Journal of ACI，1977，74(5)：212-219.

[8] 姚武,马一平,谈慕华,等.聚丙烯纤维水泥基复合材料物理力学性能研究(Ⅱ)——力学性能[J].建筑材料学报,2000,3(3):235-239.

[9] 王成启,吴科如.不同弹性模量的纤维对高强混凝土力学性能的影响[J].混凝土与水泥制品,2002,(3):36-37.

[10] 刘卫东,王依民.异形聚丙烯纤维混凝土的韧性试验研究[J].建筑结构,2005,35(4):64-65.

[11] 邓宗才,李建辉,傅智,等.聚丙烯纤维混凝土直接拉伸性能的试验研究[J].公路交通科技,2005,22(7):45-48.

[12] 中华人民共和国国家标准.普通混凝土力学性能试验方法标准(GB 50081—2002)[S].北京:中国建筑工业出版社,2003.

[13] 中华人民共和国国家标准.混凝土结构设计规范(GB 50010—2010)[S].北京:中国建筑工业出版社,2011.

[14] 周静海,王凤池,孟宪宏,等.废弃纤维再生混凝土及构件[M].沈阳:东北大学出版社,2014.

[15] Committee EuroInternational du Beton. CEB－FIP Model Code 1990. Lausanne, Switzerland,1993.

[16] 过镇海,张秀琴,张达成,等.混凝土应力一应变全曲线的试验研究[J].建筑结构学报,1982,(1):1-12.

[17] Lemaitre J. A continuous damage mechanics model for ductile fracture[J]. Transactions of the ASME Journal of Engineering Materials & Technology,1985,107(107):83-89.

4.2 再生混凝土徐变机理

范玉辉*，张向冈，肖建庄

针对再生混凝土徐变高、离散性大的特点，采用分相研究的方法对再生混凝土的徐变机理进行了研究，重点研究了老砂浆的变形性能、力学性能等与再生混凝土徐变变形性能之间的关系。通过变参数的再生混凝土徐变试验，对再生混凝土徐变过程中天然粗骨料、老砂浆和新砂浆的相互作用机制进行了研究，从而揭示再生混凝土的徐变机理，并建立了反映老砂浆影响机理的徐变预测模型。在试验的基础上，利用有限元软件，采用模型混凝土的方法，研究了再生混凝土中各组成成分的含量和性能对再生混凝土徐变性能的影响，并通过建立再生混凝土的二维随机骨料模型，研究了再生粗骨料的级配、随机分布和老砂浆分布等因素对再生混凝土徐变的影响。研究结果表明，再生混凝土中再生粗骨料的分布、天然粗骨料的性能等对再生混凝土徐变的影响较小，再生混凝土中新砂浆、老砂浆的含量和徐变性能是影响再生混凝土徐变的主要因素。

4.2.1 国内外研究现状

混凝土徐变是指在持续应力作用下其变形随时间增加的现象，它是混凝土材料的重要性能之一。徐变可使钢筋混凝土结构及组合结构发生显著内力重分布、造成预应力结构的预应力损失、增加大跨度梁的挠度，改变静定结构的使用应力状态，给结构带来安全隐患；也能降低大体积混凝土中的温度应力从而减少收缩裂缝，降低结构中的局部应力集中现象，对结构产生有利影响；对于钢管混凝土，由于其经常应用于高速铁路，高速铁路较高的行车速度决定了桥梁结构必须具有较高的线路平顺性，这就对钢管混凝土组合结构在长期荷载作用下的徐变变形控制提出了更高的要求。因此，为加速再生混凝土的推广应用，对再生混凝土进行长期荷载作用下徐变应变与应力值之间关系的研究，并建立能准确计算再生混凝土在长期荷载作用下徐变变形的预测模型也成为当前研究者普遍关注的热点之一。

1. 国外研究现状

国外对再生混凝土徐变的研究相对较早，但大多数研究者仅仅考虑了再生粗骨料取代率对再生混凝土徐变的影响。Ravindrarajah 等[1]的试验结果表明，再生

---

* 第一作者：范玉辉(1983—)，男，博士，讲师，主要研究方向为再生混凝土耐久性。

基金项目：国家自然科学基金青年科学基金项目(51608179)。

混凝土的徐变随强度的增加而减小，随再生粗骨料附着砂浆含量的增加而增大。Mendes 等[2]的试验结果表明，影响再生混凝土徐变的主要因素为再生粗骨料取代率，再生混凝土的徐变比同配比的普通混凝土高 20%～60%。Kou 等[3]的试验结果表明，再生混凝土的徐变随再生粗骨料取代率的增加而增加，降低水胶比可以减小再生混凝土的徐变。Domingo-Cabo 等[4]试验研究了再生粗骨料取代率分别为 50%和 100%的再生混凝土的徐变性能，试验结果表明，再生粗骨料取代率为 50%和 100%，持荷 90d 时再生混凝土的徐变变形分别比普通混凝土增加了 25%和 62%；试验结果与 ACI209 模型、CEB-FIP 模型、RILEM B3 模型及 GL2000 模型的对比分析表明，模型预测值普遍高于试验值。Gómez-Soberón 等[5]对再生混凝土的基本徐变和干燥徐变进行了试验研究，试验结果表明，再生混凝土的干燥徐变系数远高于基本徐变系数，干燥徐变系数和基本徐变系数均随再生粗骨料取代率的增加而增加。Nishibayashi 等[6]的试验结果表明，再生混凝土的徐变度远高于普通混凝土，在龄期 250～300d 内两者差值逐渐增大。Pedro 等[7]研究了再生粗骨料来源和生产工艺对再生混凝土徐变的影响，研究结果表明，再生粗骨料取代率为 100%的再生混凝土，加载 91d 时采用二次破碎再生粗骨料的再生混凝土徐变比采用鳄式破碎再生粗骨料的再生混凝土徐变降低约 14%，而采用实验室生产混凝土破碎再生粗骨料的再生混凝土徐变比采用建筑物废弃混凝土破碎再生粗骨料的再生混凝土徐变低约 16%。Geng 等[8]对不同来源再生粗骨料再生混凝土的徐变进行了研究，研究结果表明，生产再生粗骨料的废弃混凝土水灰比越高，再生混凝土徐变越大，再生混凝土水灰比越低，再生粗骨料对再生混凝土徐变的影响越大。

由于再生混凝土的徐变远高于普通混凝土，国外研究者开始研究再生混凝土低徐变的实现方法。Fathifazl 等[9]的试验结果表明，采用传统的配合比方法时，再生混凝土的徐变远高于普通混凝土，而采用 Abbas 等[10]提出的同等砂浆体积法的配合比方法时，可以有效降低再生混凝土的徐变，采用同等砂浆体积法配制的再生混凝土的徐变和普通混凝土相差不大，再生混凝土的徐变变形甚至低于普通混凝土。Hiroshi 等[11]的试验结果表明，采用 DC-RR（decompression and rapid release）搅拌方法（即经过正常搅拌的程序后，再加上减压、快速释放这两道程序），可以改善再生粗骨料与新水泥基体间界面的质量，改善再生混凝土的徐变性能，使再生混凝土的徐变降低约 20%。

2. 国内研究现状

目前，国内对再生混凝土徐变的研究较少，尚处于起步阶段。肖建庄等[12,13]的试验结果表明，再生混凝土的徐变普遍高于普通混凝土，影响因素主要有再生混凝土的弹性模量和水灰比，并与水泥的水化程度有关，在加载早期，再生混凝土徐变发展较快,随后增长变慢,加载龄期越早,再生混凝土徐变值越大。邹超英等[14]的试验结果表明,再生粗骨料取代率为100%的再生混凝土在早期阶段徐变大于普通混凝土,而中后期时普通混凝土的徐变增长较快,将高于再生混凝土;矿渣可以降低再生混凝土的徐变,掺入矿渣后再生混凝土的徐变降低了约9%。叶禾[15]对经机械强化的高品质再生粗骨料混凝土的徐变性能进行了试验研究,结果表明,当再生粗骨料取代率为100%时,普通再生粗骨料混凝土的各龄期徐变均比普通混凝土高约50%;高品质再生粗骨料混凝土的徐变低于普通再生粗骨料混凝土,但仍高于普通混凝土。罗俊礼等[16]对再生粗骨料等级不同的再生混凝土的徐变性能进行了研究,结果表明,再生粗骨料混凝土的徐变远高于普通混凝土,再生粗骨料品质越高,再生混凝土徐变越小。文献[17]给出了比利时、荷兰以及国际材料与结构研究试验联合会规定的关于不同再生粗骨料取代率的再生混凝土与同强度普通混凝土徐变系数的比例系数,再生混凝土的徐变系数约是同强度普通混凝土的1.25倍。

3. 国内外研究小结

目前,国内外对再生混凝土徐变的研究,仅在考虑再生粗骨料取代率等因素基础上根据普通混凝土徐变预测模型建立了再生混凝土徐变预测模型。但现阶段再生混凝土徐变研究中尚存在一些问题,即对再生混凝土徐变机理分析不清晰,这导致再生混凝土徐变研究结果的离散性非常大,这是由于未能有效考虑再生混凝土老砂浆徐变性能的差异,且未对再生混凝土徐变过程中天然粗骨料、老砂浆和新砂浆的相互作用机制进行深入研究。这制约了再生混凝土的推广应用。因此,对再生混凝土徐变性能的研究由宏观与表象转向本质与机理是必然的。

4.2.2　研究方案

1. 试验材料

水泥采用P·O42.5普通硅酸盐水泥;细骨料采用天然河砂,细度模数为2.8,吸水率为14%,表观密度为2464kg/m^3;再生粗骨料的粒径5～25mm,连续级配,10min吸水率为3.5%,24h吸水率为4.8%,表观密度为2530kg/m^3,老砂浆含量为25.5%;天然粗骨料的粒径5～25mm,连续级配,吸水率为0.6%,表观密度为2730kg/m^3;水采用自来水。

2. 试验方案

本次试验中普通混凝土(NAC)的强度等级确定为C30,坍落度确定为120mm。普通混凝土的配合比根据《普通混凝土配合比设计规程》(JGJ 55—

2011)[18]计算并经试配确定。为保证普通混凝土和再生混凝土中粗骨料体积含量相同，再生混凝土的配合比在普通混凝土的基础上按体积由再生粗骨料(RCA)取代天然粗骨料(NCA)，并加入一定量的附加水，再生混凝土中再生粗骨料取代率分别为33%、66%和100%(即RAC33、RAC66和RAC100)。由于再生粗骨料在初期吸水速度极快，10min吸水率往往达到其饱和吸水率的80%，附加水按再生混凝土中再生粗骨料质量的3.5%计算，混凝土的配合比如表4.2.1所示。

表4.2.1　再生混凝土配合比

编号	水灰比/kg	水泥/kg	水/kg	细骨料/kg	天然粗骨料/kg	再生粗骨料/kg	附加水/kg
NAC	0.50	417	208	621	1153	0	0
RAC33	0.50	417	208	621	769	353	12.4
RAC66	0.50	417	208	621	384	707	24.7
RAC100	0.50	417	208	621	0	1060	37.1

砂浆试件采用M-0.5表示，M-0.5的成分与混凝土中砂浆成分相同，其配合比可根据表4.2.1中混凝土配合比计算，其配合比为水(W)：灰(C)：砂(S)=0.5：1：1.49。

再生混凝土包括100mm×100mm×400mm和100mm×100mm×100mm两种尺寸的试件，砂浆包括100mm×100mm×400mm和70.7mm×70.7mm×70.7mm两种尺寸的试件。其中再生混凝土和砂浆100mm×100mm×400mm试件均为9个，3个试件测量28d棱柱体抗压强度，3个试件测量弹性模量和泊松比，2个试件进行徐变试验，1个试件进行收缩试验；再生混凝土100mm×100mm×100mm试件6个，3个试件测量再生混凝土的7d立方体抗压强度，3个试件测量再生混凝土的28d立方体抗压强度；砂浆70.7mm×70.7mm×70.7mm试件6个，3个试件测量砂浆的7d立方体抗压强度，3个试件测量砂浆的28d立方体抗压强度。

3. 试验方法

抗压强度试验和弹性模量试验按照《普通混凝土力学性能试验方法标准》(GB/T 50081—2002)[19]进行。收缩徐变试验按照《普通混凝土长期性能和耐久性能试验方法标准》(GBT 50082—2009)[20]进行。再生混凝土和砂浆的徐变试验在自制的反力架上进行，通过螺旋千斤顶加载，应力水平为0.35，在再生混凝土两个侧面上对称设置两个千分表来读取再生混凝土变形，徐变加载示意图如图4.2.1所示。再生混凝土试验过程中环境温度和相对湿度变化曲线如图4.2.2所示。

图 4.2.1　混凝土和砂浆徐变试验装置示意图

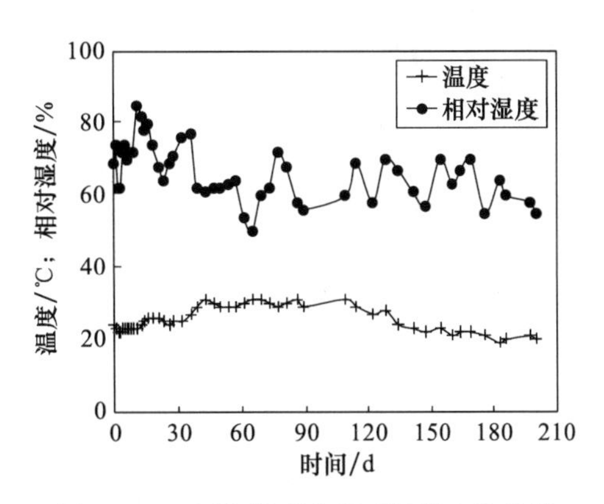

图 4.2.2　环境温度和相对湿度变化曲线

4.2.3　研究结果

1. 试验结果

1）力学性能试验结果

砂浆和再生混凝土的抗压强度、弹性模量和泊松比等力学性能试验结果如表 4.2.2 所示。

表 4.2.2　砂浆和再生混凝土力学性能试验结果

试件编号	立方体抗压强度/MPa		棱柱体抗压强度/MPa	弹性模量/MPa	泊松比
	7d	28d			
M-0.5	27.2	46.6	38.4	24660	0.219
NAC	21.8	36.0	28.3	35875	0.181
RAC33	20.9	32.3	27.2	32395	0.212
RAC66	22.1	37.5	30.3	29268	0.240
RAC100	19.1	30.9	26.2	27653	0.253

2）徐变试验结果

砂浆和再生混凝土的徐变试验结果分别如图 4.2.3 和图 4.2.4 所示。

2. 试验分析

1）试验结果分析

由图 4.2.3 可以看出，砂浆的徐变在早期增长较快，并随持荷时间的增加而增加，但砂浆徐变增长速率随持荷时间的增加明显降低，砂浆在 30d、60d 和 90d 时的徐变函数值分别为 200d 时的 80.0％、88.5％和 94.8％，徐变度分别为 200d 时的 70.3％、82.7％、87.6％。

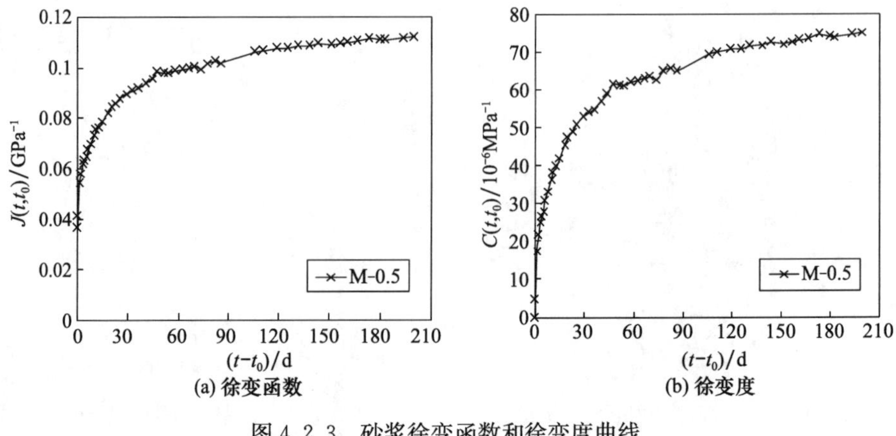

(a) 徐变函数　　(b) 徐变度

图 4.2.3　砂浆徐变函数和徐变度曲线

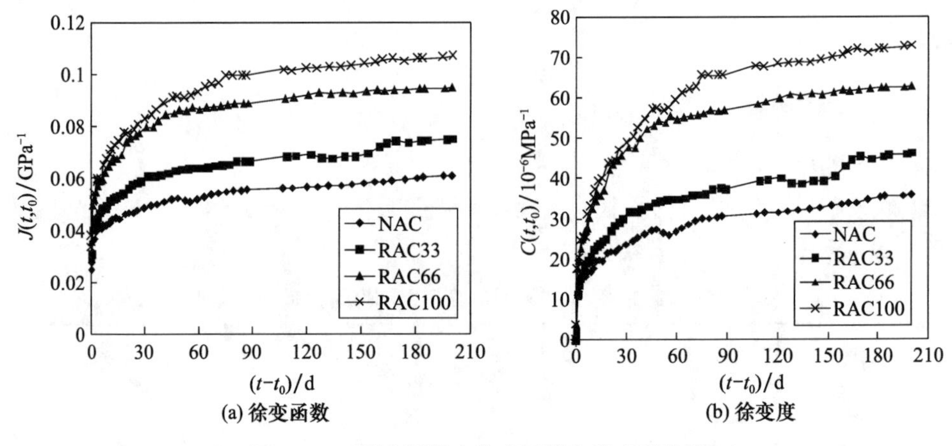

(a) 徐变函数　　(b) 徐变度

图 4.2.4　再生混凝土徐变函数和徐变度曲线

由图 4.2.4 可以看出，RAC33 在 60d、120d 和 200d 时的徐变函数值分别比 NAC 高 23.3%、22.2% 和 18.6%，徐变度分别比 NAC 高 29.8%、26.8% 和 28.7%；RAC66 在 60d、120d 和 200d 时的徐变函数值分别比 NAC 高 67.0%、62.4%和 55.8%，徐变度分别比 NAC 高 103.1%、89.4%和 75.0%；RAC100 在 60d、120d 和 200d 时的徐变函数值分别比 NAC 高 80.3%、80.9%、和 75.7%，徐变度分别比 NAC 高 121.4%、116.3%和 103.3%，这与文献[1]～[4]和[12]～[14]的试验结果基本相同。

2）再生混凝土试验结果与预测模型对比分析

为了研究常用徐变模型在预测再生混凝土徐变方面的适用性，分别采用 CEB-FIP 模型[21]、ACI 209 模型[22]、RILEM B3 模型[23]、GL2000 模型[24]、AASHTO-LRFD 2004 模型[25]和中国建筑科学研究院模型[26]等徐变预测模型，基于再生混凝土的配合比、坍落度、抗压强度和弹性模量等数据，计算了 NAC、RAC33、RAC66 和 RAC100 的徐变系数，并与试验结果进行了对比，结果如图 4.2.5～图 4.2.8 所示。

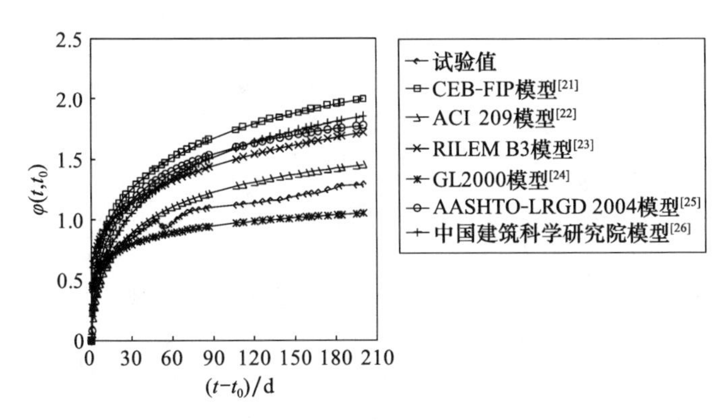

图 4.2.5　不同预测模型预测值与 NAC 试验值对比

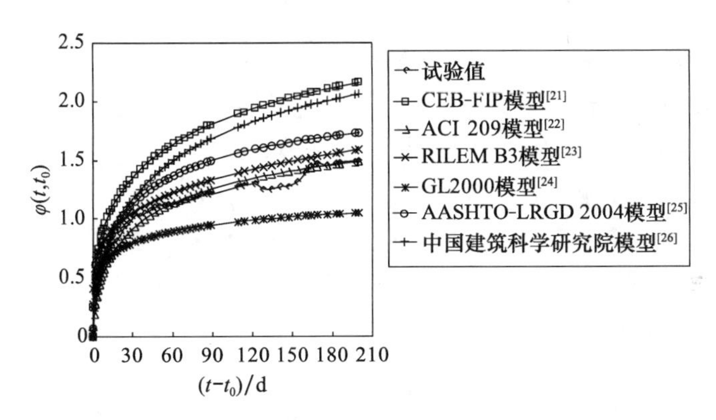

图 4.2.6　不同预测模型预测值与 RAC33 试验值对比

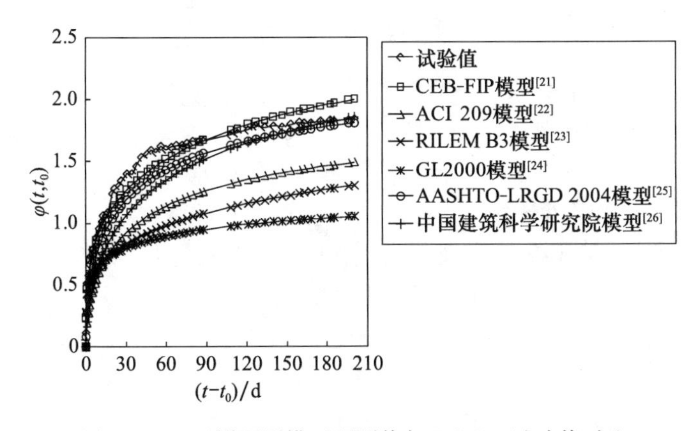

图 4.2.7　不同预测模型预测值与 RAC66 试验值对比

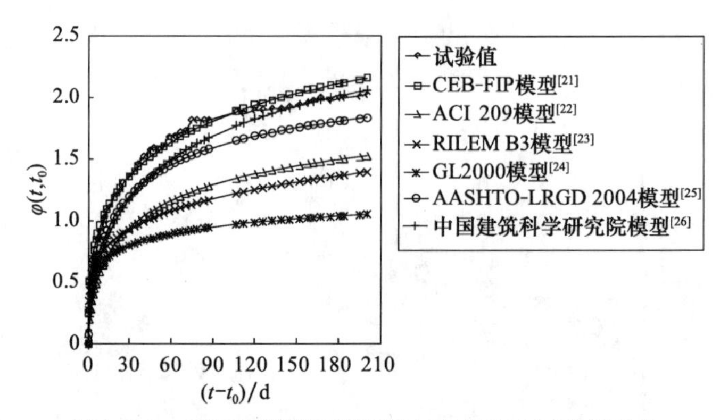

图 4.2.8 不同预测模型预测值与 RAC100 试验值对比

由图 4.2.5～图 4.2.8 可以看出，采用以上预测模型对再生混凝土徐变进行预测具有一定的适用性，但对于不同取代率的再生混凝土，某一特定的模型预测结果均不够稳定。这是再生混凝土中含有老砂浆造成的，因此在再生混凝土的预测模型中必须考虑老砂浆的影响，对原有模型进行修正。

3. 修正的再生混凝土徐变预测模型

为了研究混凝土收缩与砂浆收缩之间的关系，Pickett[27]将混凝土假设为一个球形模型，模型中央为一个球形弹性骨料，外围为砂浆，当外围砂浆发生收缩时，中央的球形骨料将对砂浆的收缩起到约束作用，从而得到混凝土中水泥砂浆收缩与混凝土收缩之间的关系式(式(4.2.1))。由于骨料对砂浆变形的约束与砂浆变形的原因(收缩、徐变)无关，式(4.2.1)同样适用于混凝土的徐变，即普通混凝土的徐变和砂浆的徐变满足式(4.2.2)。

$$S_{NAC}=S_{m}(1-g_{NCA})^{\alpha_{NCA}} \tag{4.2.1}$$

$$C_{NAC}=C_{m}(1-g_{NCA})^{\alpha_{NCA}} \tag{4.2.2}$$

$$\alpha_{NCA}=\frac{3(1-\mu_{NAC})}{1+\mu_{NAC}+2(1-2\mu_{NCA})\dfrac{E_{NAC}}{E_{NCA}}} \tag{4.2.3}$$

式中，S_{NAC}、C_{NAC}为普通混凝土收缩和徐变；S_{m}、C_{m} 为砂浆收缩和徐变；g_{NCA}为普通混凝土中天然粗骨料的体积含量；α_{NCA}为普通混凝土中天然粗骨料的弹性模量对普通混凝土徐变的影响系数；μ_{NAC}为普通混凝土泊松比；μ_{NCA}为天然粗骨料泊松比；E_{NAC}为普通混凝土弹性模量；E_{NCA}为天然粗骨料弹性模量。

如果忽略新砂浆和再生粗骨料中老砂浆性能的差异，则由式(4.2.2)和式(4.2.3)可得再生混凝土徐变和砂浆的徐变满足

$$C_{RAC}=C_{m}(1-g_{R,NCA})^{\alpha_{R,NCA}} \tag{4.2.4}$$

$$\alpha_{R,NCA}=\frac{3(1-\mu_{RAC})}{1+\mu_{RAC}+2(1-2\mu_{NCA})\dfrac{E_{RAC}}{E_{NCA}}} \tag{4.2.5}$$

$$g_{R,NCA}=\frac{m_{RCA}(1-MRC)}{SG_{NCA}} \tag{4.2.6}$$

式中，C_{RAC}为再生混凝土徐变；$\alpha_{R,NCA}$为未考虑老砂浆和新砂浆弹性模量差异时再生混凝土中天然粗骨料的弹性模量对再生混凝土徐变的影响系数；$g_{R,NCA}$为再生混凝土中天然粗骨料的体积含量；μ_{RAC}为再生混凝土泊松比；E_{RAC}为再生混凝土弹性模量；m_{RCA}为再生混凝土中再生粗骨料含量，kg；MRC 为再生粗骨料中老砂浆含量，按质量计算；SG_{NCA}为天然粗骨料的表观密度。

如果式(4.2.5)中 E_{NCA} 按文献[28]中混凝土弹性模量的计算模型(式(4.2.7))计算，μ_{NAC}、μ_{NCA}、μ_{RAC}取 0.2，则可根据式(4.2.4)～式(4.2.6)计算再生混凝土的徐变，计算结果如图 4.2.9 所示。

$$\frac{1}{E_{NAC}}=\frac{1-g_{NCA}^{0.5}}{E_m}+\left(\frac{1-g_{NCA}^{0.5}}{g_{NCA}^{0.5}}E_m+E_{NCA}\right)^{-1} \tag{4.2.7}$$

式中，E_m 为砂浆弹性模量。

由图 4.2.9 可以看出，再生混凝土徐变度的预测值总体上低于试验值，且随再生粗骨料取代率的增加，再生混凝土徐变度的预测值与试验值差异越来越大。这

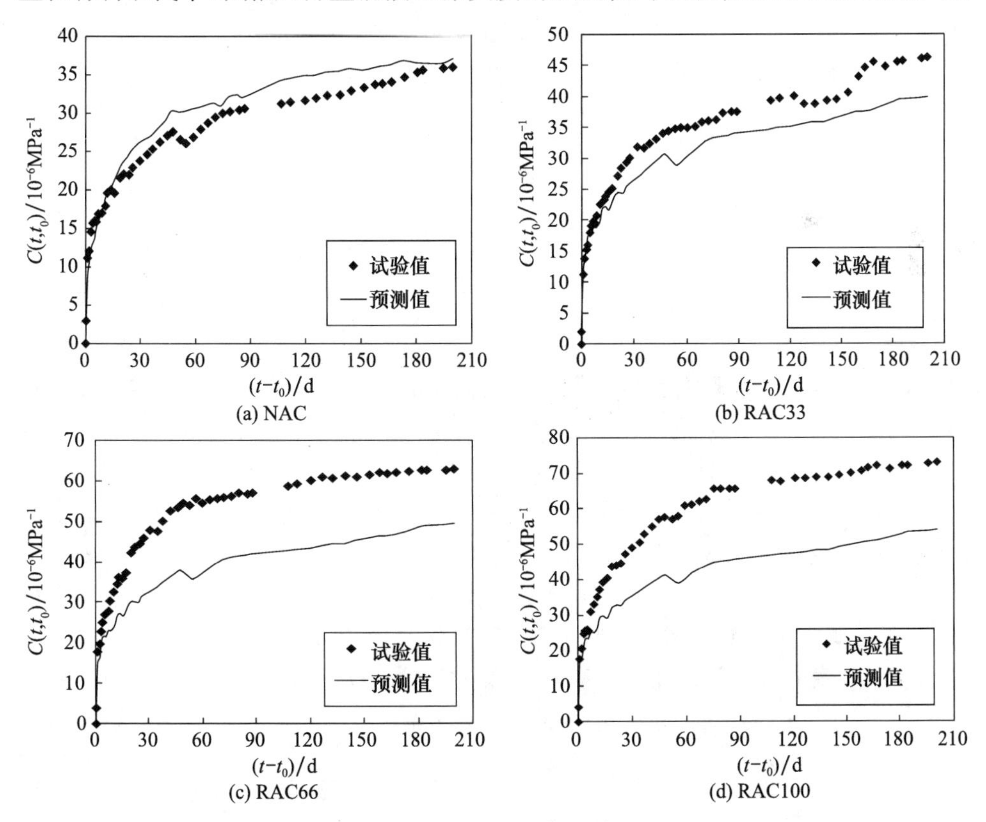

图 4.2.9　再生混凝土徐变度预测值与试验值对比

是由于式(4.2.4)～式(4.2.6)的预测模型中虽然考虑了砂浆含量增加对再生混凝土徐变的影响,但是没有考虑再生混凝土中老砂浆和新砂浆的性能不同造成的影响。在再生粗骨料破碎过程中,损伤积累使再生粗骨料内部存在大量的微裂缝,这导致再生粗骨料弹性模量降低,从而降低再生粗骨料对新砂浆徐变的约束作用,使再生混凝土中的新砂浆产生更大的徐变。另一方面,再生混凝土中老砂浆和新砂浆徐变性能的差异也是造成试验值和预测值差异的因素之一。因此,再生混凝土中直接按照砂浆总含量而不考虑老砂浆和新砂浆性能之间的差异应用式(4.2.4)～式(4.2.6)计算再生混凝土的徐变时,该徐变模型不能很好地预测再生混凝土的徐变,必须对其进行修订,将老砂浆的弹性模量和徐变性能考虑进去。

1) 老砂浆弹性模量

在再生混凝土中,弹性模量是由天然粗骨料、老砂浆和新砂浆的含量和弹性模量决定的,粗骨料对新砂浆徐变的约束是再生粗骨料中老砂浆和天然粗骨料共同作用的结果,为了考虑老砂浆弹性模量对再生混凝土中新砂浆徐变的约束,可认为再生混凝土中老砂浆弹性模量和新砂浆相同,再生混凝土中天然粗骨料的弹性模量($E_{R,NCA}$)随再生粗骨料取代率的增加而降低,此时再生混凝土中天然粗骨料弹性模量可按式(4.2.8)计算,只考虑老砂浆弹性模量而不考虑老砂浆徐变时的再生混凝土徐变度($C_{RAC,E}$)可按式(4.2.9)和式(4.2.10)计算。

$$\frac{1}{E_{RAC}}=\frac{1-g_{R,NCA}^{0.5}}{E_m}+\left(\frac{1-g_{R,NCA}^{0.5}}{g_{R,NCA}^{0.5}}E_m+E_{R,NCA}\right)^{-1} \tag{4.2.8}$$

$$C_{RAC,E}=C_m(1-g_{NCA})^{\alpha_{RCA,E}}=\frac{(1-g_{NCA})^{\alpha_{RCA,E}}}{(1-g_{NCA})^{\alpha_{NCA}}}C_{NAC} \tag{4.2.9}$$

$$\alpha_{RCA,E}=\frac{3(1-\mu_{RAC})}{1+\mu_{RAC}+2(1-2\mu_{NCA})\dfrac{E_{RAC}}{E_{R,NCA}}} \tag{4.2.10}$$

式中,$\alpha_{RCA,E}$为考虑老砂浆和新砂浆弹性模量差异后再生混凝土中天然粗骨料(包含再生粗骨料中的天然粗骨料)的弹性模量对再生混凝土徐变的影响系数。

2) 老砂浆徐变性能

为了在再生混凝土的徐变预测模型中考虑老砂浆的徐变性能,可采用 Pickett[27] 的方法,将再生混凝土考虑为一个球形模型,模型中央为一个球形老砂浆颗粒,外围为再生混凝土,则可得到再生混凝土的徐变度($C_{RAC,EC}$)和老砂浆的徐变度(C_{om})满足式(4.2.11)的关系。由式(4.2.9)和式(4.2.11)可得,当考虑老砂浆弹性模量和徐变时再生混凝土的徐变度可按式(4.2.13)计算。

$$C_{RAC,EC}=C_{om}-(C_{om}-C_{RAC,E})(1-g_{om})^{\alpha_{om}} \tag{4.2.11}$$

$$\alpha_{om}=\frac{3(1-\mu_{RAC})}{1+\mu_{RAC}+2(1-2\mu_{om})\dfrac{E_{RAC}}{E_{om}}} \tag{4.2.12}$$

$$C_{RAC,EC}=aC_{om}+(1+b)(1-g_{NCA})^{\alpha_{NCA}}C_m=aC_{om}+(1+b)C_{NAC} \quad (4.2.13)$$

式中，α_{om}为老砂浆弹性模量对再生混凝土徐变的影响系数；g_{om}为再生混凝土中老砂浆的体积含量，$g_{om}=g_{RCA}-g_{R,NCA}$；μ_{om}为老砂浆的泊松比，取0.2；E_{om}为老砂浆的弹性模量，$a=1-(1-g_{om})^{\alpha_{om}}$，$b=(1-g_{NCA})^{\alpha_{RAC,E}-\alpha_{NAC}}-1$。

如果假设再生混凝土的徐变度是普通混凝土的n倍(n为常数)，则再生混凝土中老砂浆的徐变度可按式(4.2.14)计算，即老砂浆的徐变度为普通混凝土的λ倍。

$$C_{om}=\frac{n-1-b}{a}C_{NAC}=\lambda C_{NAC} \quad (4.2.14)$$

为了研究再生混凝土中老砂浆的徐变性能，本节对文献[29]～[31]中的徐变试验结果进行了分析。文献[29]～[31]及本节试验中普通混凝土的力学性能、徐变性能、天然粗骨料含量、天然粗骨料性能以及再生粗骨料取代率为100%时再生混凝土的力学性能、徐变性能、再生粗骨料含量和再生粗骨料性能等数据如表4.2.3所示。由于再生混凝土和普通混凝土中粗骨料的体积含量基本相同，n的值可按式(4.2.15)计算。

$$n=\frac{C_{RAC100}(t,t_0)}{C_{NAC}(t,t_0)}\left(\frac{1-g_{NCA}}{1-g_{RCA}}\right)^{\alpha_{NCA}} \quad (4.2.15)$$

表4.2.3　普通混凝土和再生混凝土的物理、力学和徐变性能

系列	含量/kg		表观密度/(kg/m³)		0.1d应变		弹性模量/MPa		E_{RAC100}/E_{NAC}	$C_{RAC100}(t,t_0)/C_{NAC}(t,t_0)$
	NAC	RAC	NAC	RAC	NAC	RAC	NAC	RAC		
1[29]	1004	874	2666	2500	—	—	33308	30337	0.911	1.37
2[30]	1361	1361	2620	2475	300	320	—	—	—	1.41
3[31]	1014	903	2614	2416	—	—	29700	26700	0.899	1.55
4(本节方法)	1153	1060	2730	2530	212	267	35875	27653	0.771	2.03

注：表中系列2和系列3为90d徐变度，系列1和系列4中为200d徐变度。

由表4.2.3可以看出，$1/E_c$约为混凝土瞬时弹性应变的1.1倍，因此系列2中E_{RAC100}/E_{NAC}的值可取为0.938。假设$\mu_{NAC}=\mu_{RAC}=\mu_{NCA}=\mu_{om}=0.2$，$E_{NAC}/E_{NCA}=0.5$，再生粗骨料中老砂浆含量取为30%(质量比)[32]。通过以上方法即可求得式(4.2.14)中a、b、n和λ的值，如表4.2.4所示。通过数据拟合可得λ的值可按式(4.2.16)计算，λ的试验值与计算值对比如图4.2.10所示。

$$\lambda=-23.83\frac{E_{RAC100}}{E_{NAC}}+25.33 \quad (4.2.16)$$

表4.2.4　a、b、n和λ的值

系列	a	b	n	λ
1[29]	0.102	0.023	1.54	3.564
2[30]	0.136	0.054	1.50	4.175
3[31]	0.112	0.035	1.59	4.827
4(本节方法)	0.132	0.104	2.03	7.048

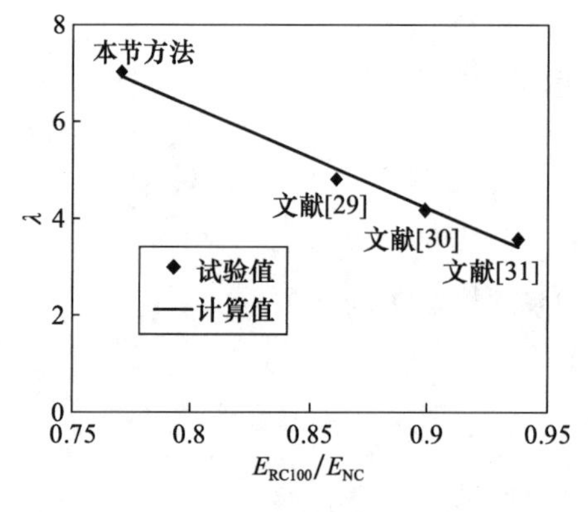

图 4.2.10 λ 试验值与计算值对比

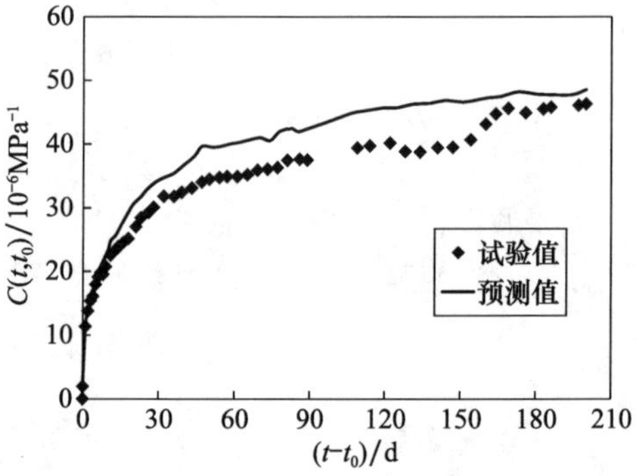

图 4.2.11 RAC33 徐变度预测值与试验值对比

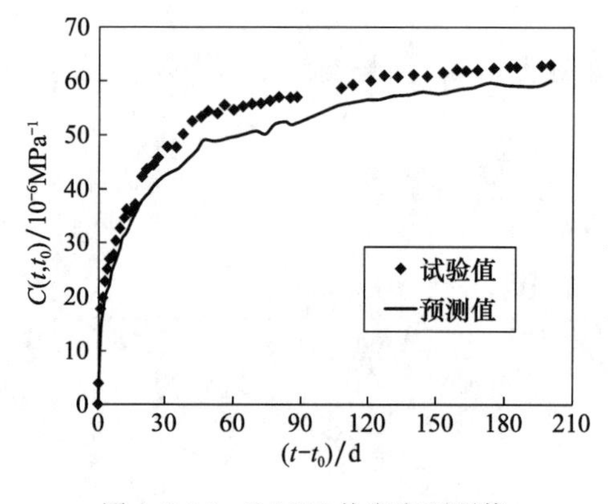

图 4.2.12 RAC66 徐变度预测值与试验值对比

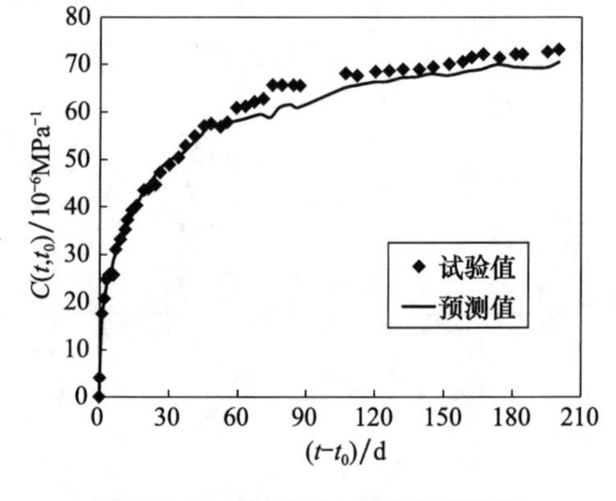

图 4.2.13 RAC100 徐变度预测值与试验值对比

通过式(4.2.13)即可对再生混凝土的徐变进行预测，试验值与预测值对比如图 4.2.11～图 4.2.13 所示。由图 4.2.11～图 4.2.13 可以看出，考虑了老砂浆对再生混凝土徐变的影响后，修正后的徐变预测模型可以较好地预测再生混凝土的徐变。

4.2.4 仿真分析

1. 模型再生混凝土变参数分析

本节采用文献[33]中模型再生混凝土的方法对再生混凝土的徐变性能进行分析，则对本节中的再生混凝土 RAC100 可采用如图 4.2.14 所示的模型，该模型中天然粗骨料半径为 45.5mm，老砂浆厚度为 9.5mm。砂浆的徐变可按式(4.2.17)计算[34]：

$$J_{\mathrm{m}}(t,t_0)=\frac{1}{1.1E_{\mathrm{m}}}\left\{1+(1-g_{\mathrm{s}})^{\alpha_0}\psi_0\frac{1}{E_{\mathrm{p}}}\ln\left[1+\psi_1(t_0^{-\frac{3}{4}}+0.016)(t-t_0)^n\right]\right\} \tag{4.2.17}$$

式中，$J_{\mathrm{m}}(t,t_0)$为徐变函数；E_{m} 为砂浆弹性模量；g_{s} 为砂浆中砂的体积含量；ψ_0、ψ_1 为常数；E_{p} 为与砂浆水灰比相同的水泥浆的弹性模量。

$$\alpha_0=\frac{3(1-\mu)}{1+\mu+2(1-2\mu_{\mathrm{a}})E_{\mathrm{m}}/E_{\mathrm{a}}} \tag{4.2.18}$$

式(4.2.17)对时间 t 求导可得砂浆在单位应力下的徐变率为

$$\dot{C}_{\mathrm{m}}=\left(\frac{1}{E_{\mathrm{m}}}\dot{+}C_{\mathrm{m}}\right)=\dot{J}_{\mathrm{m}}=(1-g_{\mathrm{s}})^{\alpha}\psi_0\frac{1}{E_{\mathrm{p}}}\psi_1(t_0^{-\frac{3}{4}}+0.016)n(t-t_0)^{n-1} \tag{4.2.19}$$

式中，μ、μ_{a} 分别为砂浆和砂的泊松比；E_{a} 为砂的弹性模量。

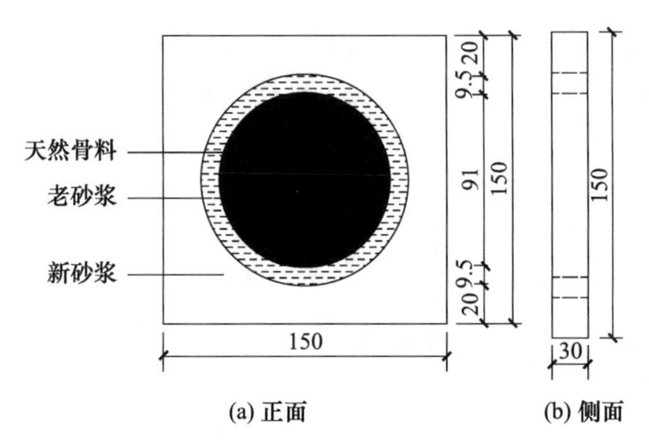

图 4.2.14　模型再生混凝土示意图(单位:mm)

由于老砂浆的含量、力学性能和徐变性能是再生混凝土的徐变与普通混凝土存在差异的主要原因，选择老砂浆的含量、弹性模量和徐变参数作为对比参数，利用 ANSYS 软件研究老砂浆对再生混凝土徐变的影响。模型中的新砂浆、老砂浆均采用 Solid185 实体单元，新老砂浆单元徐变模型采用时间硬化模型，如果选择新砂浆和老砂浆的配合比分别为 W∶C∶S=0.5∶1∶1.49 和 C∶W∶S=1∶0.7∶2.04，则由文献[34]和式(4.2.19)可得该模型中新砂浆的徐变相关参数 C_1、C_2、C_3、C_4 分别为 5.13×10^{-12}、1、-0.7047、0，老砂浆弹性模量可取为 22000MPa，老砂浆的徐变相关参数 C_1、C_2、C_3、C_4 分别为 30.89×10^{-12}、1、-0.4644、0。天然骨料弹性模量取为 50GPa。采用 CP 命令将有限元模型顶部平面中所有节点 Y 方向的自由度耦合，使其在整个计算过程中 Y 方向的位移始终相同。约束模型底部平面中节点 Y 方向的自由度，且约束底部平面中心节点 X、Y、Z 方向位移及底部平面沿 X 方向中线上节点的 X 方向位移。在有限元模型顶部 Y 方向上施加荷载，荷载大小根据模型混凝土徐变试验中持荷应力计算。采用位移收敛准则，收敛精度默认值是0.5%。采用完全的Newton-Raphson平衡迭代进行非线性求解，采用自动时间步长。利用rate命令将求解过程分两步：第一步为弹性变形阶段，这一阶段rate的值设置为off，不考虑砂浆的徐变变形，模型中各项材料只发生弹性变形，持续时间为0.1d；第二步将rate的值设置为on，模型再生混凝土中新砂浆和老砂浆开始发生徐变变形，这一阶段从0.1d到73d。

1）老砂浆含量

在模型再生混凝土中，老砂浆含量可以通过改变老砂浆厚度实现。选取老砂浆的体积含量分别为3%、6%、9%、12%、15%时，对应老砂浆的厚度分别为1.99mm、4.06mm、6.21mm、8.46mm、10.83mm，计算结果如图4.2.15所示。可以看出，模型再生混凝土的徐变随老砂浆含量的增加而增加，老砂浆的体积含量分别为3%、6%、9%、12%、15%，模型混凝土73d的单位应力下的弹性变形和徐变变形之和分别比普通混凝土高出9.06%、23.41%、37.86%、57.47%、70.87%，可见再生混凝土中老砂浆的存在对再生混凝土的徐变具有巨大影响。

2）老砂浆弹性模量

在模型再生混凝土中，选取老砂浆的弹性模量分别为13GPa、19GPa、25GPa，计算结果如图4.2.16所示。可以看出，模型再生混凝土的徐变随老砂浆弹性模量的增加而减小，但老砂浆弹性模量对再生混凝土的徐变变形影响不大，老砂浆的弹性模量分别为13GPa、19GPa时模型混凝土73d的单位应力下的弹性变形和徐变变形之和分别比老砂浆的弹性模量为25GPa时高出1.63%和4.57%。

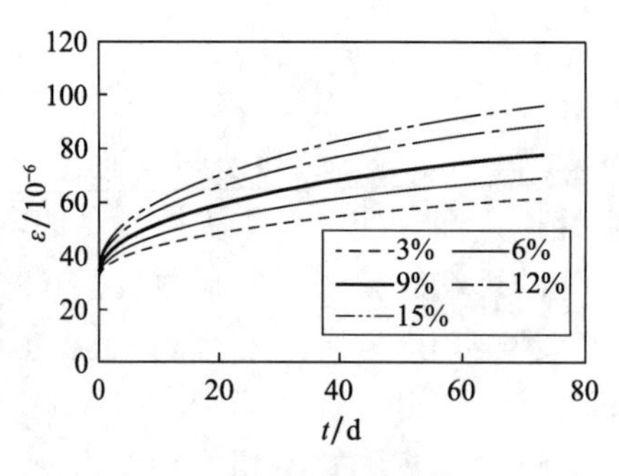

图4.2.15　不同老砂浆含量下的总变形曲线

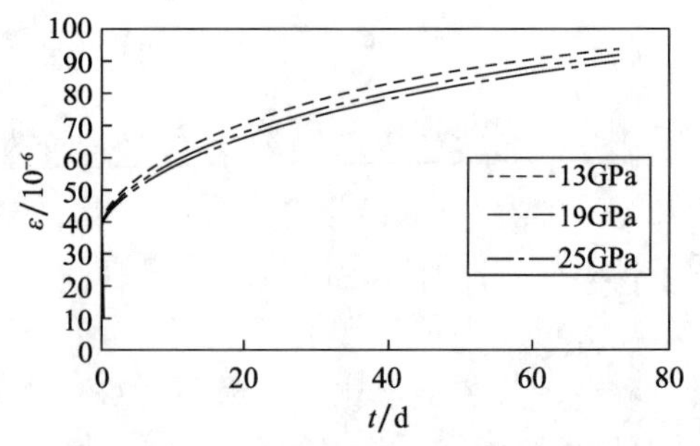

图4.2.16　不同老砂浆弹性模量下的总变形曲线

3）老砂浆徐变性能

选取老砂浆的徐变分别为新砂浆的1倍、2倍和3倍，计算结果如图4.2.17所示。可以看出，模型再生混凝土的徐变随老砂浆徐变的增加而增加，老砂浆的徐变为新砂浆的2倍和3倍时模型混凝土73d的单位应力下的弹性变形和徐变变形之和分别比老砂浆徐变为新砂浆徐变1倍时高出10.25%和13.27%。

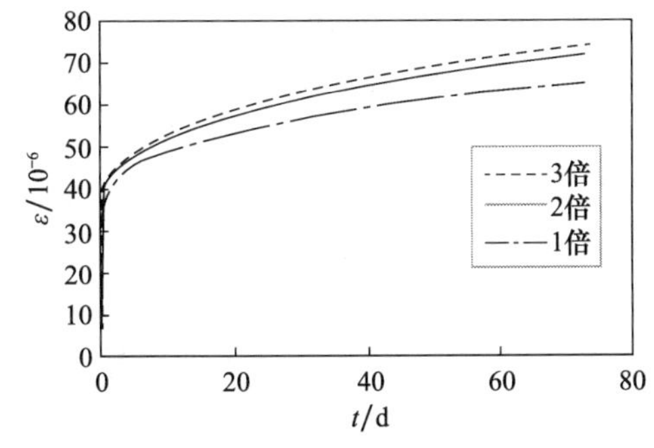

图4.2.17 不同老砂浆徐变下的总变形曲线

2. 二维随机粗骨料模型分析

1) 普通混凝土二维随机粗骨料模型

Walraven等[35]将Fuller的三维骨料连续级配曲线转化为二维平面内任意直径粗骨料出现的概率，使得二维数值模拟成为现实。研究结果表明，对于连续级配粗骨料，试件任一截面内粗骨料直径$D<D_0$的概率为$P_c(D<D_0)$。$P_c(D<D_0)$计算式为

$$P_c(D<D_0)=P_k\left[1.065\left(\frac{D_0}{D_{max}}\right)^{0.5}-0.053\left(\frac{D_0}{D_{max}}\right)^{4}-0.012\left(\frac{D_0}{D_{max}}\right)^{6}-0.0045\left(\frac{D_0}{D_{max}}\right)^{8}+0.0025\left(\frac{D_0}{D_{max}}\right)^{10}\right] \tag{4.2.20}$$

式中，D_0为孔筛直径，mm；D_{max}为最大粗骨料粒径，mm；P_k为粗骨料体积占混凝土总体积的百分比。

由式(4.2.20)可知，试件截面上相应粒径骨料的颗粒数可按式(4.2.21)计算：

$$n_i=(P_{ci}-P_{ci+1})\frac{A_a}{A_c} \tag{4.2.21}$$

式中，n_i为代表某粒径骨料的颗粒数；A_a为该骨料的截面面积mm^2；A_c为混凝土试件的截面面积，mm^2。

同时，在对混凝土进行切割时将产生许多小直径(粒径小于5mm)的圆形骨料，所以在采用Walraven公式[35]时还需要对其进行修正，Schlangen等[36]的随机骨料模型中将骨料的最小粒径取到3mm，而将小于3mm的骨料归入3～5mm计算。

按文献[37]中圆形骨料的生成与投放算法即可得普通混凝土的二维随机骨料模型。

2) 再生混凝土二维随机粗骨料模型

在普通混凝土中，粗骨料为单一材料，将粗骨料简化为最简单的圆形骨料面即可根据上述方法生成普通混凝土的二维随机粗骨料模型。而在再生混凝土中，再生粗骨料中不仅包含天然粗骨料，还包含大量老砂浆，再生混凝土中的再生粗骨料可按图4.2.18的方法进行简化。第一步，先将再生粗骨料简化为同心圆的形式，内部的小圆面代表再生粗骨料中的天然粗骨料，外围的圆环代表再生粗骨料中的

老砂浆，老砂浆的厚度可根据再生粗骨料中老砂浆的含量确定。第二步，考虑到老砂浆在再生粗骨料中分布的不均匀性和随机性，可将再生粗骨料中天然粗骨料的形心沿某一方向随机移动一段距离，且天然粗骨料不能超出再生粗骨料的边界，这样就得到了再生粗骨料的简化模型。考虑到再生粗骨料中粒径较小的再生粗骨料颗粒往往为天然粗骨料或老砂浆颗粒，而粒径较大的再生粗骨料颗粒往往是老砂浆和天然粗骨料的黏结体。因此，对于粒径小于 10mm 的粗骨料，可根据再生粗骨料中老砂浆的含量随机生成天然粗骨料颗粒或老砂浆颗粒；粒径大于 10mm 的再生粗骨料可按图 4.2.18 的方法进行简化。对于再生粗骨料体积含量为 30%、老砂浆体含量为 5.02%、级配为 5～25mm 的连续级配情况，通过以上方法可得再生混凝土二维随机粗骨料模型，如图 4.2.19 所示。

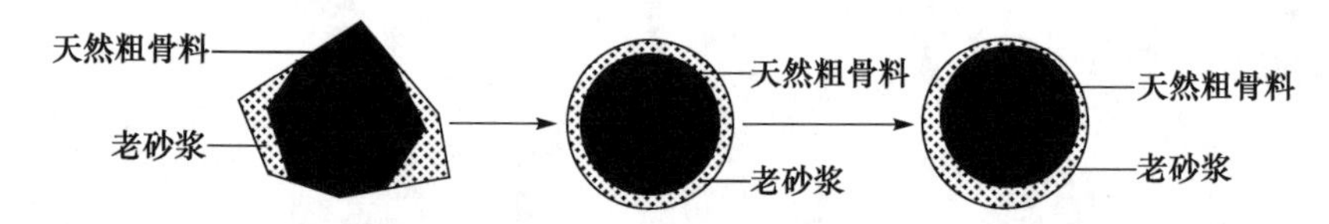

图 4.2.18　再生粗骨料简化模型

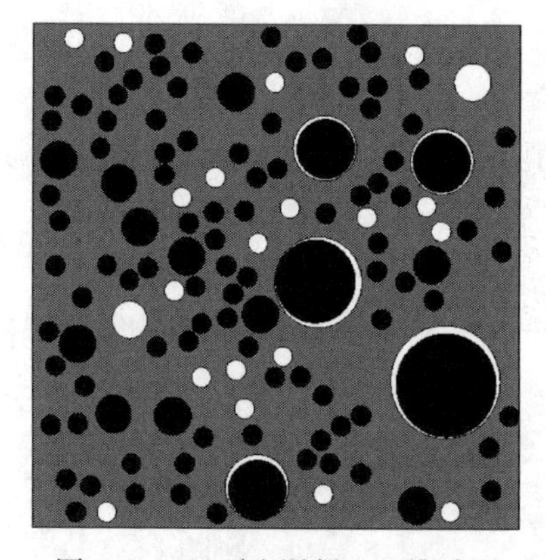
图 4.2.19　再生混凝土二维随机粗骨料模型

3) 粗骨料级配和随机分布对再生混凝土徐变的影响

(1) 粗骨料级配。

为了研究粗骨料级配对再生混凝土徐变性能的影响，利用二维再生混凝土随机粗骨料模型对四种不同级配(5～20mm、5～25mm、5～31.5mm 和 5～40mm)再生粗骨料的再生混凝土徐变进行了计算，并与模型再生混凝土徐变计算结果进行了对比分析。再生混凝土随机粗骨料模型中天然粗骨料、新砂浆和老砂浆的力学性能参数和表 4.2.2 中相同，加载应力 σ 取为 10MPa，$\mu_{om}=\mu_m=\mu_a=0.2$。

四种不同级配再生混凝土和模型再生混凝土在 30d、60d、90d、120d、150d 和 200d 的徐变度计算结果如表 4.2.5 所示。可以看出，再生混凝土二维随机粗骨料模型的徐变度计算结果和模型再生混凝土徐变度计算结果相差不大，在 200d 时，级配为 5～20mm、5～25mm、5～31.5mm 和 5～40mm 四种连续级配骨料再生混凝土的二维随机粗骨料模型徐变度计算结果分别比模型再生混凝土降低了 2.1%、0.8%、0.7%和 0.4%。显然，粗骨料级配对混凝土徐变的影响不大。

表 4.2.5　四种级配再生混凝土和模型再生混凝土徐变度计算结果

类型	30d	60d	90d	120d	150d	200d
模型再生混凝土	25.47	31.53	36.03	39.55	42.47	46.54
5～20mm	25.33	31.77	36.10	39.47	42.25	46.11
5～25mm	25.56	32.07	36.47	39.87	42.69	46.61
5～31.5mm	25.72	32.28	36.71	40.14	42.98	46.93
5～40mm	25.64	32.17	36.58	40.00	42.83	46.77

(2) 粗骨料和老砂浆随机分布。

为了研究再生混凝土中粗骨料和老砂浆的随机分布对再生混凝土徐变的影响，对再生粗骨料级配为 5～31.5mm 的连续级配再生混凝土，通过 5 次随机生成骨料圆心坐标，对再生混凝土的徐变进行了 5 次重复计算，再生混凝土二维随机粗骨料模型徐变度的计算结果如表 4.2.6 所示。可以看出，粗骨料级配为 5～31.5mm 的连续级配再生混凝土二维随机粗骨料模型 5 次徐变度的计算结果相差不大，最大相差不超过 1.8%，可见，再生混凝土中粗骨料和老砂浆的随机分布对再生混凝土徐变的影响不大。

表 4.2.6　5～31.5mm 级配再生混凝土徐变度计算结果

次数	30d	60d	90d	120d	150d	200d
1	32.15	40.28	45.76	50.02	53.53	58.43
2	31.65	39.63	45.01	49.19	52.64	57.45
3	32.10	40.21	45.69	49.94	53.46	58.35
4	31.89	39.96	45.41	49.64	53.14	58.01
5	32.14	40.27	45.77	50.04	53.57	58.48

4.2.5　结论

(1) 再生混凝土的抗压强度和弹性模量均低于普通混凝土，且再生混凝土的抗压强度和弹性模量随再生粗骨料取代率的增加而降低。而再生混凝土的收缩和徐变均高于普通混凝土，且再生混凝土的收缩和徐变随再生粗骨料取代率的增加而增加。

(2) 通过研究再生混凝土中骨料、老砂浆和新砂浆的相互作用，建立了反映老砂浆性能影响的再生混凝土徐变模型，该模型表明老砂浆含量和徐变性能对再生混凝土徐变性能具有较大影响。

(3) 通过模型再生混凝土变参数分析对老砂浆含量、弹性模量和徐变性能对再生混凝土徐变的影响进行了分析，分析结果表明，老砂浆含量对再生混凝土徐变影响最大，而老砂浆弹性模量对再生混凝土徐变影响最小。

(4) 通过建立再生混凝土二维随机粗骨料模型分析了再生粗骨料级配和随机分布对再生混凝土徐变的影响，分析结果表明，粗骨料的级配和随机分布对再生混凝土徐变的影响不大，再生混凝土二维随机粗骨料模型的徐变计算结果和模型再生混凝土相差不超过 2.5%。

参考文献

[1] Ravindrarajah R S, Tam C T. Properties of concrete made with crushed concrete as coarse aggregate[J]. Magazine of Concrete Research, 1985, 37(130): 29-38.

[2] Mendes T S, Morales G, Carbonari G. Study on ARC's aggregate utilization recycled of concrete[C]//Proceedings of the International Conference on Sustainable Waste Management and Recycling: Construction and Demolition Waste, London, 2004.

[3] Kou S C, Poon C S. Enhancing the durability properties of concrete prepared with coarse recycled aggregate[J]. Construction and Building Materials, 2012, 35: 69-76.

[4] Domingo-Cabo A, Lázaro C, López-Gayarre F, et al. Creep and shrinkage of recycled aggregate concrete[J]. Construction and Building Materials, 2009, 23(7): 2545-2553.

[5] Gómez-Soberón J M V. Creep of concrete with substitution of normal aggregate by recycled concrete aggregate[J]. ACI Special Publication, 2002, SP209-25: 461-474.

[6] Nishibayashi S, Yamura K. Mechanical properties and durability of concrete from recycled coarse aggregate by crushing concrete[C]//Proceedings of the 2nd International RILEM Symposium on Demolition and Reuse of Concrete and Masonary, Tokyo, 1988: 652-659.

[7] Pedro D, de Brito J, Evangelista L. Structural concrete with simultaneous incorporation of fine and coarse recycled concrete aggregates: Mechanical, durability and long-term properties[J]. Construction and Building Materials, 2017, 154: 294-309.

[8] Geng Y, Wang Y Y, Chen J. Creep behaviour of concrete using recycled coarse aggregates obtained from source concrete with different strengths[J]. Construction and Building Materials, 2016, 128: 199-213.

[9] Fathifazl G, Razaqpur A G, Isgor O B, et al. Creep and drying shrinkage characteristics of concrete produced with coarse recycled concrete aggregate[J]. Cement and Concrete Composites, 2011, 33(10): 1026-1037.

[10] Abbas A, Fathifazl G, Isgor O B, et al. Durability of recycled aggregate concrete designed with equivalent mortar volume method[J]. Cement and Concrete Composites, 2009, 31(8): 555-563.

[11] Hiroshi T, Atsushi N, Junichi O, et al. High quality Aggregate concrete (HiRCA) processed by decom-pression and rapid release[J]. ACI Special Publications, 2001, 500: 491-502.

[12] 肖建庄，杨洁. 玻璃纤维增强塑料约束再生混凝土轴压试验[J]. 同济大学学报(自然科学版)，2009，37(12)：1586-1591.

[13] 肖建庄,郑世同,王静. 再生混凝土长龄期强度与收缩徐变性能[J]. 建筑科学与工程学报,2015,32(1):21-26.

[14] 邹超英,王勇,胡琼. 再生混凝土徐变度试验研究及模型预测[J]. 武汉理工大学学报,2009,31(12):94-98.

[15] 叶禾. 高品质再生骨料混凝土的力学性能和耐久性试验研究[J]. 四川建筑科学研究,2009,35(5):195-199.

[16] 罗俊礼,徐志胜,谢宝超. 不同骨料等级再生混凝土的收缩徐变性能[J]. 中南大学学报,2013,44(9):3815-3822.

[17] 肖建庄. 再生混凝土[M]. 北京:中国建筑工业出版社,2008.

[18] 中华人民共和国行业标准. 普通混凝土配合比设计规程(JGJ 55—2011)[S]. 北京:中国建筑工业出版社,2011.

[19] 中华人民共和国国家标准. 普通混凝土力学性能试验方法标准(GB/T 50081—2002)[S]. 北京:中国建筑工业出版社,2003.

[20] 中华人民共和国国家标准. 普通混凝土长期性能和耐久性能试验方法标准(GB/T 50082—2009)[S]. 北京:中国建筑工业出版社,2009.

[21] Comité Euro-International du Béton. CEB-FIP model code[S]. Lausanne, Switzerland: Thomas Telford, 1990.

[22] American Concrete Institute. Prediction of creep, shrinkage and temperature effects in concrete structures, ACI 209 R-92[S]. Detroit, 1992.

[23] Bazant Z P, Baweja S. Creep and shrinkage prediction model for analysis and design of concrete structures: Model B3[J]. Materials & Structures, 1995, 28(6): 357-365.

[24] Gardner N J, Lockman M J. Design provisions for drying shrinkage and creep of normal strength concrete[J]. ACI Mater Journal, 200, 1(3-4): 159-167.

[25] American Association of State Highway and Transportation Officials. AASHTO LRFD Bridge Design Specifications[S]. Washington D. C. , 2004.

[26] 陈永春,马国强. 考虑混凝土收缩徐变和钢筋松弛相互影响的预应力损失的计算[J]. 建筑结构学报,1981,(6):31-46.

[27] Pickett G. Effect of aggregate on shrinkage of concrete and hypothesis concerning shrinkage[J]. ACI Journal, 1956, 27(5): 581-590.

[28] Counto U J. The effect of elastic modulus of the aggregate on the elastic modulus, creep and creep recovery of concrete[J]. Magazine of Concrete Research, 1964, 16(48): 129-138.

[29] Ghuraiz Y S, Swellam M H, Garas G, et al. The effect of recycled aggregates on creep behavior of structural concrete: Gaza strip a case study[J]. Journal of Emerging Trends in Engineering and Applied Sciences, 2011, 2(2): 308-313.

[30] Gómez Soberón J M V. Relationship between gas absorption and the shrinkage and creep of recycled aggregate concrete[J]. Cement Concrete and Aggregate, 2003, 25(2): 1301-1311.

[31] Kou S C, Poon C S. Enhancing the durability properties of concrete prepared with coarse

recycled aggregate[J]. Construction and Building Materials,2012,35:69-76.

[32] de Juan M S,Gutiérrez P A. Study on the influence of attached mortar content on the properties of recycled concrete aggregate[J]. Construction and Building Materials,2009,23(2):872-878.

[33] 肖建庄,范玉辉. 再生混凝土徐变试验及机理的模型化分析[J]. 建筑科学与工程学报,2009,29(4):18-24.

[34] 范玉辉,肖建庄,曹明. 再生骨料混凝土徐变特性基础试验[J]. 东南大学学报(自然科学版),2014,44(3):638-642.

[35] Walraven J C,Reinhardt H W. Theory and experiments on the mechanical behavior of cracks in plain and reinforced concrete subjected to shear loading[J]. Heron,1981,26(1):26-35.

[36] Schlangen E,van Mier J G M. Experimental and numerical analysis of micromechanics of fracture of cement-based composites[J]. Cement and Concrete Composites,1992,14(2):105-118.

[37] 宋玉普. 多种混凝土材料的本构关系和破坏准则[M]. 北京:中国水利水电出版社,2002.

4.3　多因素耦合作用下再生混凝土耐久性能

雷斌*，李召行，邹俊，熊进刚，丁成平

为了更好地研究混凝土在多因素耦合作用下的耐久性能，设计了一套简单易行的加载方法以代替传统加载模具来模拟混凝土冻融、腐蚀、荷载耦合作用，并对耦合作用下再生混凝土与普通混凝土进行了宏观和微细观试验研究。通过对比发现，在宏观方面，普通混凝土及再生混凝土的抗压强度损失率都随着应力水平、重复加载次数的增加而增加，且再生混凝土的表现比普通混凝土更佳，但高应力水平、多加载次数的加载机制会使普通混凝土及再生混凝土的劣化速度加快；在微观方面，界面过渡区是混凝土中较薄弱的环节，且在冻融循环作用前，天然粗骨料界面过渡区处黏结强度和塑性变形能力较强，冻融循环作用后，再生粗骨料界面过渡区处抗冻融腐蚀能力更好。

4.3.1　国内外研究现状

随着自然资源的消耗和建筑废弃物的堆积，再生粗骨料混凝土引起了广泛的关注和研究，一些研究发现普通混凝土的性能优于再生混凝土[1~3]，另一些研究认为再生粗骨料来源好[4]且经过预浸泡[5,6]，存在内养护机制[5,6]，砂浆的同性黏结大于粗骨料与砂浆之间的异性黏结[7]等特点导致再生混凝土性能强于普通混凝土。关于再生混凝土耐久性能，研究者从再生混凝土的氯离子渗透[8~10]、硫酸盐侵蚀[11~13]、冻融循环[14~17]等方面进行研究，而从冻融加腐蚀[18,19]、冻融加荷载[20~22]、荷载加腐蚀[23~25]等多因素耦合方面进行的研究，可以看出多因素耦合作用下会使再生混凝土劣化得更快，且各单因素会促进其他作用的影响。混凝土实际的工作状态大多是处于荷载与环境多因素耦合作用，单纯地考虑环境因素的影响无法模拟复杂环境下材料的真实状态。现有的荷载与环境多因素研究大多是通过给试件设计安装一套夹具，然后拧紧螺丝或者用千斤顶对试件施加荷载（应力），再用此带着夹具的试件进行耐久性试验，此方法操作困难、烦琐，极易发生应力损失，使研究的准确性急剧降低。本节提出一种具有操作简便、控制精准等优点的加载方法，采用先加载再腐蚀冻融，且以此循环作用的方式来模拟混凝土真实的工作状态，并对普通混凝土及再生混凝土在多因素耦合作用下的耐久性能进行研究，为普通混凝土耐久性改进及再生混凝土的推广应用提供了理论参考。

---

* 第一作者：雷斌（1980—），男，博士，副教授，主要从事再生混凝土材料与结构研究。

基金项目：国家自然科学基金地区科学基金项目（51668045）。

4.3.2　试验加载方法

本节采用重复荷载与冻融腐蚀交替进行的加载方法来模拟混凝土在荷载与复杂环境耦合作用下的真实应力状态。荷载和环境耦合作用对混凝土耐久性能影响的微观机理主要表现为：再生混凝土在重复荷载作用下产生的微结构损伤可能会加速腐蚀、冻融破坏，腐蚀冻融产生的非均匀劣化同样会导致加载过程的应力重分布及微结构损伤路径改变。

为了反映这两种损伤的影响，本次试验设计的加载方法如下：先将试件进行重复加载(加载卸载 5 次)，然后放入慢冻机中冻 6h，以保证试件在－19℃中冰冻 4h，再将其取出放入常温下盛满浓度为 10％的硫酸钠、氯化钠、氯化镁复合盐溶液中融化 4h 以上，当试件循环冻融至指定次数后再进行重复加载，如此交替循环，直至冻融到 50 次，耦合作用结束。其中试件重复加载的具体操作为：每组试件先用 15％破坏应力水平的荷载进行试压，确保压力机正常工作并使试件与压力机上下表面贴合，避免出现应力集中现象，然后均匀线性加载至目标应力水平，保载 30s，再均匀线性卸载至无应力状态，重复加载 5 次。

为了研究应力水平及腐蚀冻融到 50 次过程中重复荷载与腐蚀冻融交替次数的影响，本次试验考虑 0、40％和 70％应力水平和 1 次、2 次、5 次重复荷载与腐蚀冻融交替次数，试验加载方法如图 4.3.1 所示。

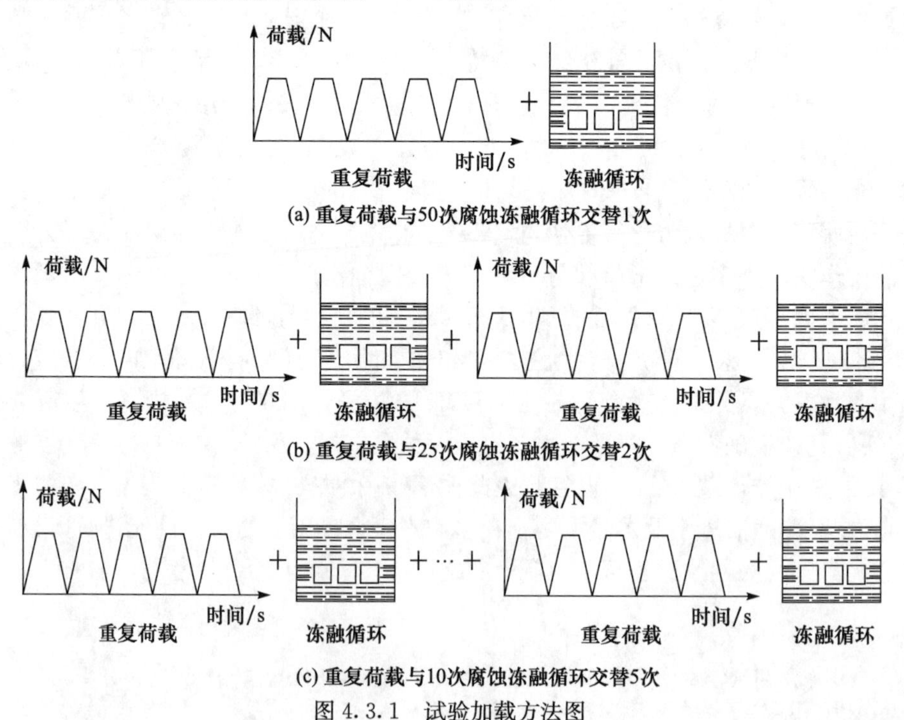

图 4.3.1　试验加载方法图

4.3.3　试验设计

在上述耦合机制下对再生混凝土强度损失进行宏观试验。同时，为了得出再生混凝土腐蚀冻融的劣化机制，通过 SEM 对再生粗骨料与水泥浆体界面冻融腐蚀产物进行观察，并对再生粗骨料与水泥浆体界面冻融腐蚀前后的显微硬度进行测试。

1. 试验材料

配制强度等级为 C40 的再生混凝土与普通混凝土，砂采用赣江河砂，为中砂，表观密度为 2687.9kg/m^3；水泥采用 P·O42.5 普通硅酸盐水泥，终凝时间为 237min，试验配合比如表 4.3.1 所示；再生粗骨料与天然粗骨料的粒径为 5～31.5mm，其中再生粗骨料通过人工破碎废弃 C30 混凝土获得，骨料性能如表 4.3.2 所示；试验用水为实验室自来水；腐蚀溶液为硫酸钠、氯化钠、氯化镁复合盐溶液(按 1∶1∶1 的比例配制成浓度为 10%的混合溶液)。试验及显微硬度试验使用掺骨料的水泥净浆试件，水灰比为 0.49。

表 4.3.1　混凝土配合比

水灰比	水泥/(kg/m^3)	砂子/(kg/m^3)	天然粗骨料/(kg/m^3)	再生粗骨料/(kg/m^3)	水/(kg/m^3)
0.49	398	546	1161	—	195
0.49	398	546	—	1161	195

表 4.3.2　骨料性能

骨料类型	表观密度/(kg/m^3)	吸水率/%	压碎指标/%
天然粗骨料	2721	0.49	9.5
再生粗骨料	2531	4.0	17.6

2. 试件制作

宏观试验试件采用表 4.3.1 所示的配合比，将天然粗骨料、再生粗骨料按应力水平、荷载交替次数分成不同组，每组 4 块，并浇筑于 100mm×100mm×100mm 的模具中，养护 28d。

细微观试验试件取水灰比 0.49，配制成水泥净浆，将其浇筑于 40mm×40mm×160mm 的棱柱体模具及半径 20mm 的圆形试验盒中，振捣密实，并将天然粗骨料、再生粗骨料按压入水泥净浆中，每组 4 块，然后将腐蚀冻融后的棱柱体、圆形试件用线切割机分别切割成 40mm×40mm×5mm、10mm×10mm×5mm 的芯样，分别进行显微硬度试验及 SEM 试验。试件编号如表 4.3.3 所示。SEM 试验及显微硬度试验试件制作如图 4.3.2 所示。

图 4.3.2 试件制作

表 4.3.3 试件编号

微观及显微硬度试件	普通混凝土试件	再生混凝土试件
NC-0	NC-0	RC-0
NC-50	NC-1-40	RC-1-40
RC-0	NC-1-70	RC-1-70
RC-50	NC-2-40	RC-2-40

注：RC 表示再生混凝土，NC 表示普通混凝土；0、50 表示冻融腐蚀 0 次与冻融腐蚀 50 次；1、2 分别表示重复荷载与 50 次腐蚀冻融循环交替 1 次、重复荷载与 25 次腐蚀冻融循环交替 2 次，40、70 表示加载时施加 40%、70%的应力。

3. 混凝土宏观腐蚀冻融试验

将试件从标准养护室取出后进行 28d 初始抗压强度测试，测得初始最大破坏应力后对不同组试件按各自设定的应力水平进行第一次加载，再将试件放入浓度为 10%的硫酸钠、氯化钠、氯化镁复合盐溶液中浸泡，擦干称重，随后放入慢动机中冷冻，进行冻融、腐蚀及荷载交替作用的试验加载。腐蚀、冻融、加载试验装置如图 4.3.3 所示。

(a) 腐蚀溶液浸泡图

(b) DW-40型慢冻试验机

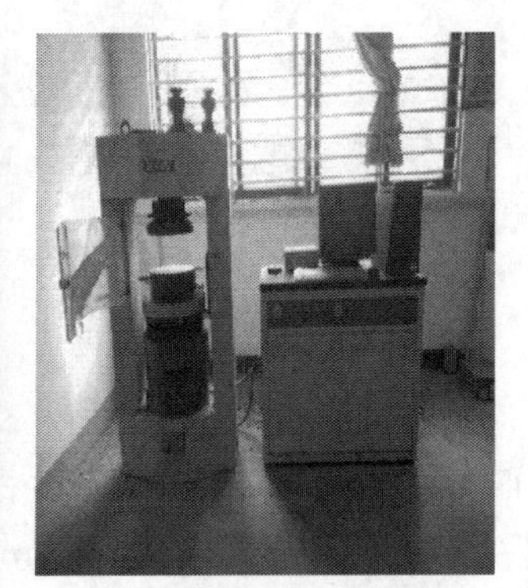

(c) YAW-2000型抗压试验机

图 4.3.3 腐蚀、冻融、加载试验装置

4. 混凝土腐蚀冻融细微观试验

将上述腐蚀冻融试件用切割机切割成横截面10mm×10mm、高5mm的芯样，选择较为平整的断口进行观察。将编好号的试件放入SEM中进行扫描，对试件的再生粗骨料、原生砂浆和新水泥净浆依次随机选取3个点进行观测，观测时依次选择1300、3000、6000、10000等放大倍数。

通过SEM对混凝土试件冻融腐蚀产物进行观察(为方便观测骨料与水泥介质的界面情况，本次试验采用水泥净浆代替水泥砂浆)，从而得出混凝土腐蚀冻融的劣化机制；通过对混凝土腐蚀冻融前后的显微硬度进行测试，得出各组混凝土材料抗冻融的能力大小。试验试件如图4.3.4所示。

图4.3.4　试验试件

4.3.4　耦合作用下混凝土宏观试验结果分析

1. 试验表观特征

经过30次、40次腐蚀冻融后破坏试件如图4.3.5和图4.3.6所示。随着腐蚀冻融次数及荷载交替次数的增加，试件表面都出现裂缝不断扩展、加深，且出现了明显的带状白色盐类结晶附着于裂缝表面，同时试件表面也出现了颗粒状的白色盐类结晶，部分试件在腐蚀冻融作用下变脆，表面出现片状砂浆剥落现象，提前破坏失效。

经过50次腐蚀冻融后的试件加载情况如图4.3.7所示。当腐蚀冻融进行到50次时，随着重复荷载交替次数的增加及加载应力水平的增大，混凝土试件裂缝的数量及宽度也在逐步增加，混凝土更易破坏失效，同时试件表面砂浆剥落现象也更加明显。普通混凝土在腐蚀冻融后脆性增大，骨料与砂浆的黏结力严重削弱，部分试件出现骨料剥离现象，且在腐蚀冻融后期出现明显的片状砂浆剥离现象。与普通混凝土相比，再生混凝土在耦合作用后试件较为密实，整体性表现良好。

图 4.3.5　30 次腐蚀冻融后破坏试件

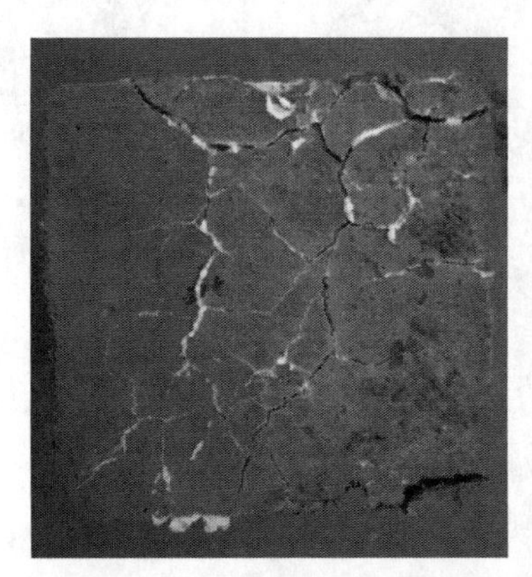

图 4.3.6　40 次腐蚀冻融后破坏试件

(a) RC-1-70

(b) RC-2-70

(c) NC-0

(d) NC-1-40

(e) NC-2-40　　(f) NC-1-70　　(g) NC-2-70

图 4.3.7　50 次腐蚀冻融后试件加载情况

2. 抗压强度损失分析

各试件经耦合作用后测得的抗压强度平均值如表 4.3.4 所示。

表 4.3.4　耦合作用后混凝土的抗压强度平均值

试件编号	抗压强度平均值/MPa	抗压强度损失率/%	试件编号	抗压强度平均值/MPa	抗压强度损失率/%
NC-0	45.23	0	NC-2-40	12.96	71.3
NC-1-40	19.85	56.1	NC-2-70	0	100
NC-1-70	11.11	75.4	NC-5-40	0	100
NC-5-70	0	100	RC-2-40	34.66	1.8
RC-0	42.27	0	RC-2-70	30.76	27.2
RC-1-40	41.59	1.6	RC-5-40	37.59	11.1
RC-1-70	31.58	25.3	RC-5-70	0	100

注：部分试件在冻融试验期间失效破坏，所以在耦合作用后的抗压强度平均值为 0。

本节定义混凝土在无荷载作用下腐蚀冻融和荷载与腐蚀冻融耦合作用下抗压强度的相对损失率，以在腐蚀冻融的基础上分析荷载和腐蚀冻融耦合作用对混凝土耐久性能损伤的影响，计算公式为

$$w_{\mathrm{cun}}=\frac{f_{\mathrm{cu50}}-f_{\mathrm{cun}}}{f_{\mathrm{cu50}}}\times 100\% \tag{4.3.1}$$

式中，w_{cun}为 50 次腐蚀冻融循环后不同耦合机制下混凝土试件抗压强度损失率；f_{cu50}为 50 次腐蚀冻融循环后未加荷载混凝土试件的抗压强度测定值，MPa；f_{cun}为 50 次腐蚀冻融循环后不同耦合机制下混凝土试件的抗压强度测定值，MPa。

1) 应力水平的影响

不同应力水平下混凝土抗压强度损失率如图 4.3.8 所示。由图 4.3.8(a)可以

看出，普通混凝土在70%加载应力水平下，除NC-1组试件抗压强度损失率未达到100%外，其余均达到100%，且重复加载交替5次时普通混凝土试件在40%、70%加载应力水平下都出现了破坏现象。

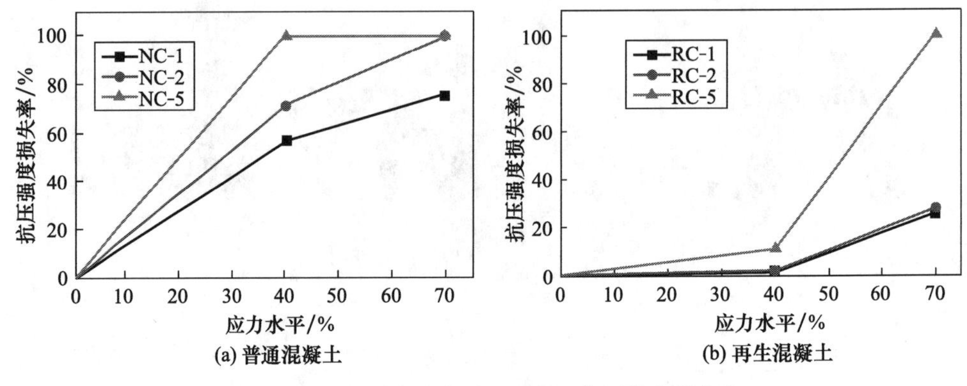

图 4.3.8　不同应力水平下混凝土抗压强度损失率

由图4.3.8(b)可以看出，再生混凝土在70%加载应力水平下，只有RC-5组试件抗压强度损失率达到100%，RC-1、RC-2组试件抗压强度损失率分别只有25.3%和27.2%，且在40%加载应力水平下RC-1、RC-2及RC-5组试件的抗压强度均只出现了小幅度的损失，分别只有1.6%、1.8%及11.1%。

因此，随着加载时应力水平的提高，各组混凝土的抗压强度损失率均表现出增大的趋势，其中重复荷载交替次数越多，抗压强度损失率越大。

为了进一步分析应力水平对耦合作用下混凝土抗压强度的影响，分别对重复荷载交替次数为1次、2次和5次时，不同应力水平作用下再生混凝土和普通混凝土抗压强度损失率进行对比，如图4.3.9所示。可以看出：

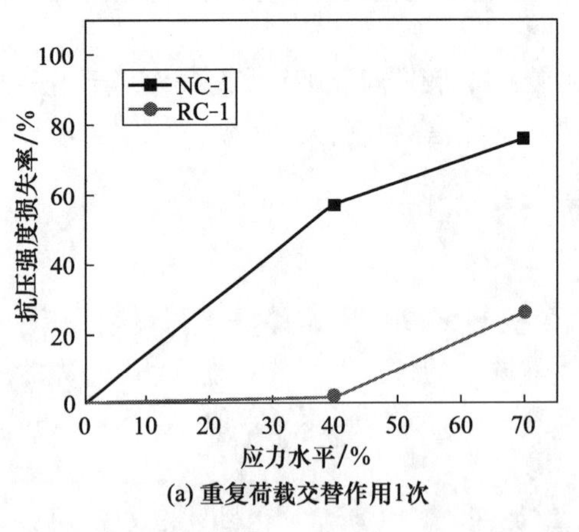

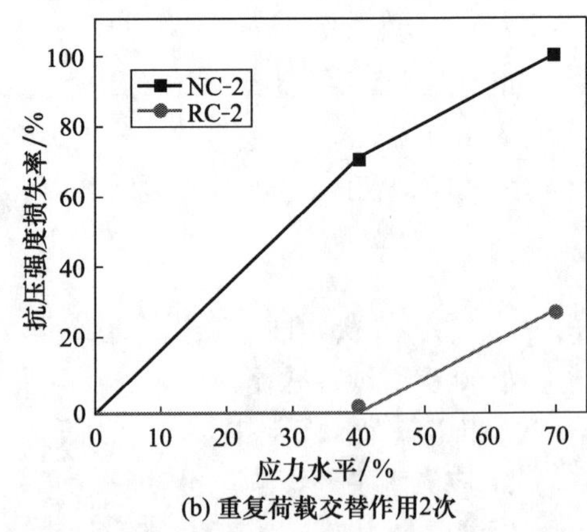

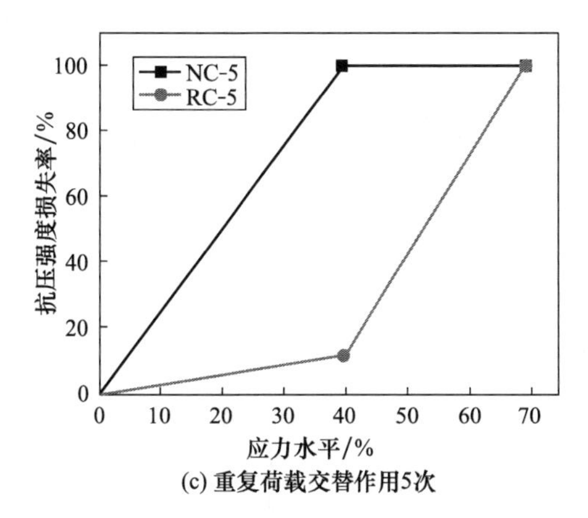

(c) 重复荷载交替作用5次

图 4.3.9　不同应力水平作用下再生混凝土和普通混凝土的抗压强度损失率对比

(1) 在重复荷载交替作用 1 次时，普通混凝土在 40%及 70%加载应力水平下均未出现破坏现象，抗压强度损失率已达到 56.1%和 75.4%；在重复荷载交替作用 2 次时，普通混凝土在 40%加载应力水平时损失了 71.3%，在 70%加载应力水平时破坏；在重复荷载交替作用 5 次时，普通混凝土在 40%加载应力水平下已破坏。

(2) 在重复荷载交替作用 1 次时，再生混凝土在 40%及 70%加载应力水平下抗压强度损失率分别只有 1.6%、25.3%；在重复荷载交替作用 2 次时，再生混凝土在 40%、70%加载应力水平下的抗压强度损失率为 1.8%、27.2%；在重复荷载交替作用 5 次时，再生混凝土在 40%加载应力水平下的抗压强度损失率只有 11.1%，70%加载应力水平时发生破坏现象。

通过对比分析可知，在重复荷载交替作用次数相同的条件下，随着加载应力水平的提高，普通混凝土抗压强度损失率大于再生混凝土。

2) 重复荷载交替次数的影响

不同交替次数重复荷载作用下混凝土抗压强度损失率如图 4.3.10 所示。可以看出，随着重复荷载交替作用次数的增加，各混凝土的抗压强度损失率也随之增大，其中应力水平越高，抗压强度损失率越大。普通混凝中重复加载 5 次的试件抗压强度损失率均达到 100%，重复加载 2 次且 70%加载应力水平下试件抗压强度损失率也均达到 100%，重复加载 1 次且应力水平为 40%、70%的试件抗压强度损失率分别达到 56.1%及 75.4%；再生混凝在应力水平为 70%时，除重复荷载加载 5 次时试件发生完全破坏外，其余各组试件均只有小幅度的强度损伤。

进一步分析重复荷载交替作用次数对耦合作用下混凝土抗压强度的影响，分别对应力水平为 40%和 70%时，不同交替次数重复荷载作用下再生混凝土和普通混凝土抗压强度损失率进行对比，如图 4.3.11 所示。可以看出，在相同应力水平条件下，随着重复荷载交替作用次数的增多，普通混凝土抗压强度损失率远大于再生混凝土。在 40%应力水平下，重复荷载交替作用 1 次、2 次、5 次时，再生混凝土抗压强度损失率分别只有 1.6%、1.8%、11.1%，而普通混凝土抗压强度损失率已达到 56.1%、71.3%、100%；在 70%应力水平下，重复荷载交替作用 5 次时，普通混凝土及再生混凝土均发生了破坏，其他各组中，普通混凝土的抗压强度均达到 70%以上的高程度损失，而再生混凝土的抗压强度损失率都在 30%以下。

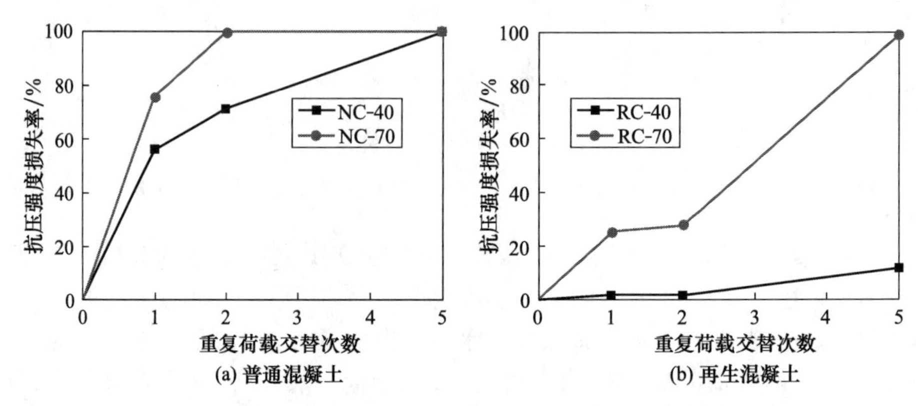

图 4.3.10 不同交替次数重复荷载作用下混凝土抗压强度损失率

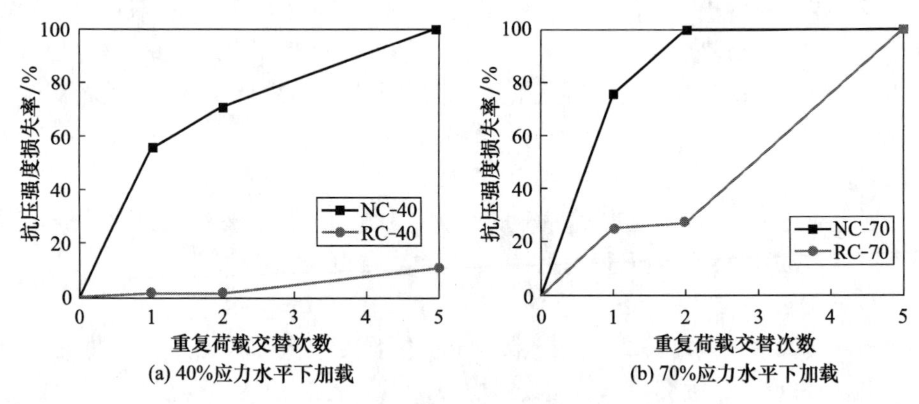

图 4.3.11 不同交替次数重复荷载作用下再生混凝土及普通混凝土的抗压强度损失率对比

综上所述，普通混凝土及再生混凝土的抗压强度损失率都随着应力水平、重复加载次数的增加而增加。在 70%应力水平和 5 次重复荷载的加载条件下，普通混凝土及再生混凝土的抗压强度损失率达到 100%，均发生了完全破坏失效的现象。当应力水平和加载次数相同时，普通混凝土的抗压强度损失率比再生混凝土更大，且再生混凝土在多因素耦合作用下的耐久性能表现更佳，这在 40%以下的低、中应力水平下表现更为明显。

4.3.5　耦合作用下混凝土微细观试验研究

1. 显微硬度试验

掺再生粗骨料及掺天然粗骨料试件在显微硬度仪中测得的打点成像如图 4.3.12 所示。

(a) 界面过渡区

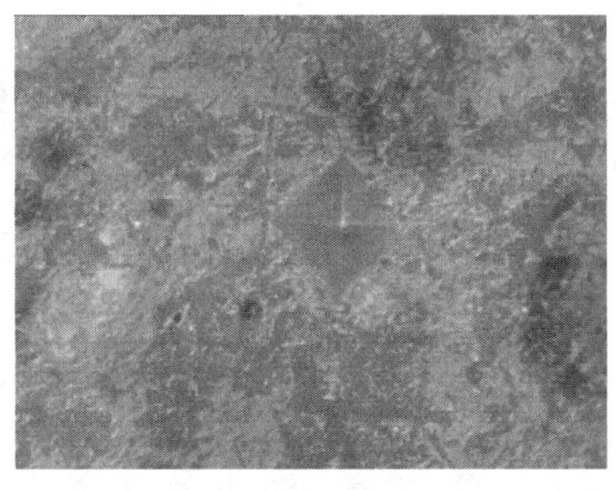

(b) 净浆

图 4.3.12　显微硬度试验试件不同区域取点图

各试件界面过渡区附近的显微硬度值及损失率如图 4.3.13 和图 4.3.14 所示。其中掺天然粗骨料与掺再生粗骨料试件在 0 刻度处分别为骨料-净浆界面与骨料-老砂浆界面，掺天然粗骨料水泥净浆在大于 0 刻度处为净浆，掺再生粗骨料水泥净浆在大于 0 刻度处为老砂浆与水泥净浆。

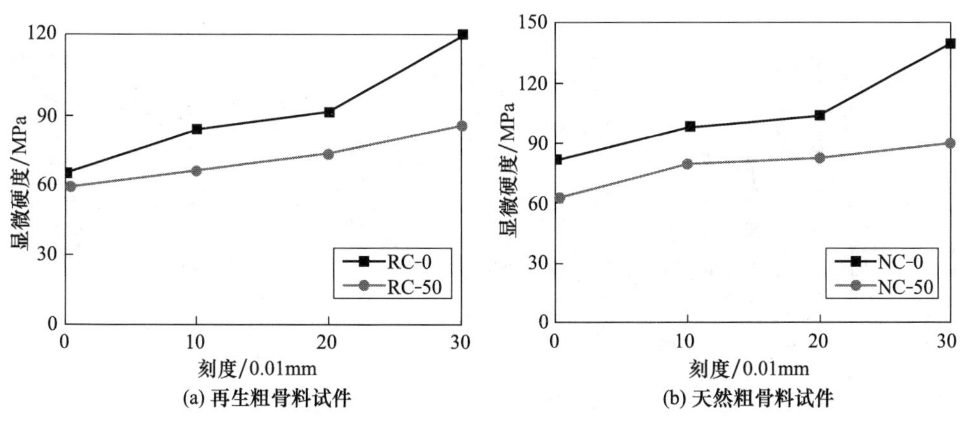

(a) 再生粗骨料试件　(b) 天然粗骨料试件

图 4.3.13　不同骨料试件的显微硬度值

由图 4.3.13 可以看出，再生粗骨料试件及天然粗骨料试件的显微硬度值均在界面过渡区最小，随着距离界面越远，显微硬度值逐渐增大，可以看出界面过渡区

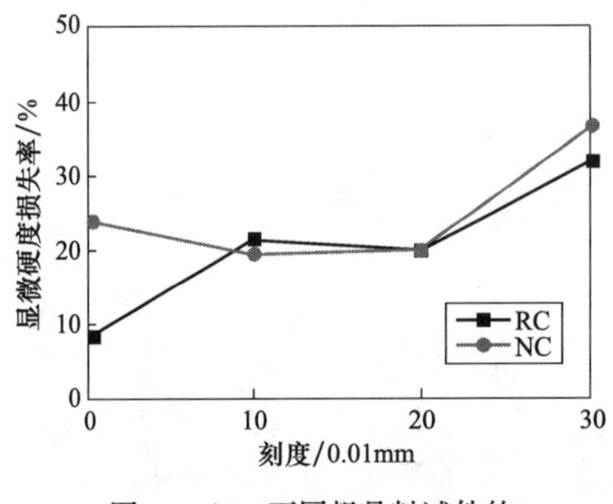

图 4.3.14　不同粗骨料试件的显微硬度损失率

是混凝土中最薄弱的环节，且冻融前试件显微硬度值均大于冻融后。

由图 4.3.14 可以看出，再生粗骨料试件及天然粗骨料试件界面过渡区处在 50 次腐蚀冻融前后的显微硬度损失率分别为 8.1%和 23.8%。可以看出，经过 50 次腐蚀冻融后，天然粗骨料试件界面处显微硬度降低较多、劣化越明显，再生粗骨料试件界面处抗冻融能力更强。两种粗骨料与砂浆界面较远处的显微硬度损失率很接近。

2. 微观扫描试验

微观试验结果如图 4.3.15 和图 4.3.16 所示。

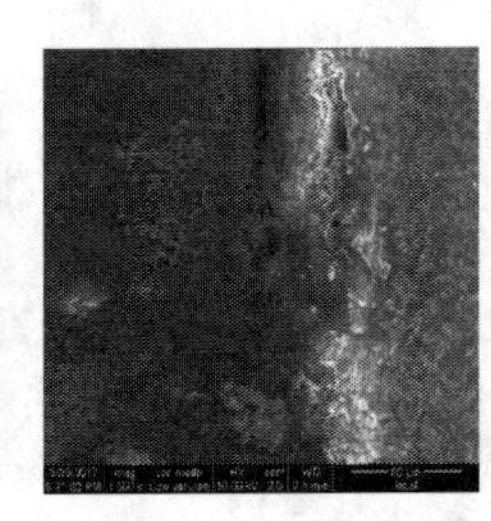

(a) 未腐蚀冻融(RC-0)

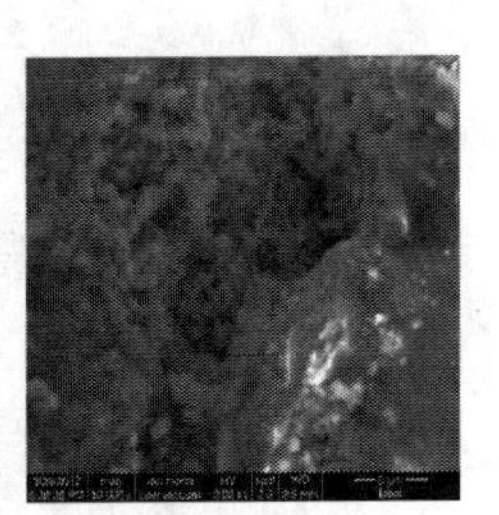

(b) 腐蚀冻融50次(RC-50)

图 4.3.15　再生粗骨料界面过渡区微观结构图

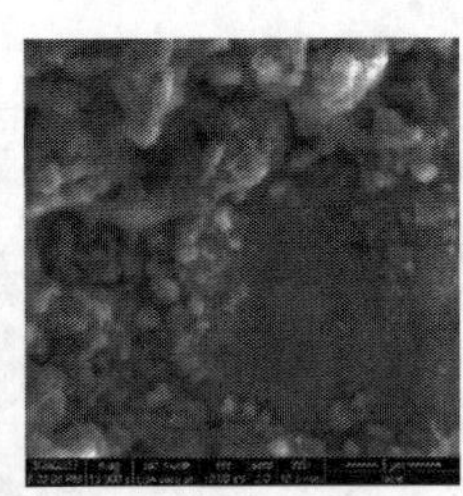

(a) 未腐蚀冻融(NC-0)

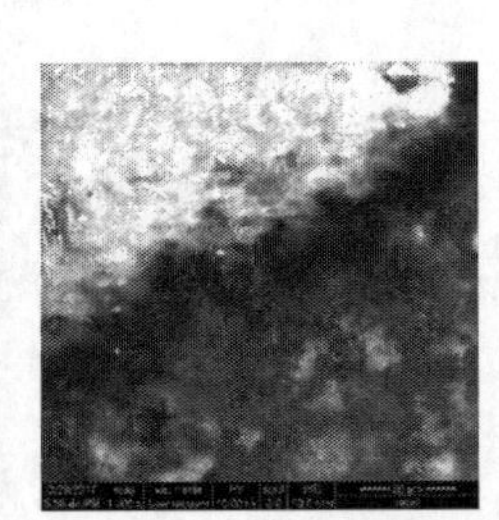

(b) 腐蚀冻融50次(NC-50)

图 4.3.16　天然粗骨料界面过渡区微观结构图

由图 4.3.15 可以看出，未腐蚀冻融时，再生粗骨料界面过渡区水泥净浆的结构呈颗粒状均布，颗粒成分主要为水化硅酸钙凝胶，各个颗粒凝胶之间结合松散，黏聚力不强；经过 50 次腐蚀冻融后，再生粗骨料界面过渡区出现长条形的裂缝，内部水化硅酸钙基团减少，水泥净浆与骨料黏结力降低，界面过渡区劣化明显。

由图 4. 3. 16 可以看出,未腐蚀冻融时,天然粗骨料界面过渡区水泥净浆中的水化硅酸钙凝胶形成了空间立体的基团,微观结构紧密,形成了较强的黏聚力,经过 50 次腐蚀冻融后,天然粗骨料界面过渡区出现许多孔洞,界面处水泥净浆黏结力变差。

通过对比可得,在未腐蚀冻融时,RC-0 试件与 NC-0 试件界面过渡区的微观结构相类似,两者都是由水化硅酸钙凝胶附着在粗骨料表面,但是 NC-0 试件在界面过渡区的水化硅酸钙凝胶更大,形成了粒径大小不一的凝胶基团,构成了空间立体的微观孔隙结构,其中,较小粒径的凝胶基团渗入大凝胶基团的缝隙中,起到了填充作用,使天然粗骨料周围的界面过渡区结构更加致密,而 RC-0 试件界面过渡区则覆盖着松散的水化硅酸钙凝胶,使天然粗骨料界面过渡区的黏结强度和塑性变形能力高于再生粗骨料界面过渡区;经过 50 次腐蚀冻融后,RC-50 试件和 NC-50 试件都出现了不同程度的劣化现象,在两者界面过渡区处都出现了明显的裂缝和孔隙,且 RC-50 试件出现了比 NC-50 试件更大的裂缝。但是在这种缝隙中,RC-50 试件产生了更多的水化硅酸钙凝胶将缝隙填充,而 NC-50 试件在界面过渡区处出现了许多不规则的细小孔洞。同时这些孔洞与内部大裂缝存在一定的连通,使 NC-50 试件界面过渡区结构松散,这使得在 50 次冻融腐蚀作用下,再生粗骨料界面过渡区的抗冻融能力要强于天然粗骨料界面过渡区。

4. 3. 6　结论

根据上述研究结果分析,可以得到以下结论:

(1) 随着重复荷载交替次数、加载时应力水平的增加,再生混凝土及普通混凝土试件裂缝的数量及宽度均有增加,且在相同耦合机制作用后,普通混凝土的脆性增大,抗耦合作用能力比再生混凝土差。

(2) 普通混凝土及再生混凝土的抗压强度损失率都随着应力水平、重复加载次数的增加而增加,且再生混凝土在多因素耦合作用下的耐久性能表现更佳,但高应力水平、多加载次数的加载机制会使再生混凝土的劣化速度加快。

(3) 界面过渡区是混凝土的薄弱环节,随着与界面过渡区距离的增加,显微硬度值越高,且在冻融循环作用下,再生粗骨料界面过渡区处的抗腐蚀冻融能力优于天然粗骨料。

(4) 在冻融腐蚀之前,天然粗骨料周围界面过渡区的黏结强度和塑性变形能力高于再生粗骨料;在 50 次冻融腐蚀后,再生粗骨料周边界面过渡区的抗冻融腐蚀能力比天然粗骨料更佳。

参考文献

[1]　李根涛,方从启. 荷载作用下混凝土桥墩耐久性研究进展[J]. 四川建筑科学研究,2014,

40(1):118-121.

[2] 牛建刚,牛荻涛.荷载作用下混凝土的耐久性研究[J].混凝土,2008,(8):30-33.

[3] 韩冰,曹健,董敬勋.持续荷载作用对粉煤灰混凝土冻融性能的影响[J].中国铁道科学,2012,33(2):33-37.

[4] 李根涛,方从启.海洋环境下混凝土墩柱的耐久性模拟[J].混凝土,2013,(7):11-14.

[5] 杨林德,潘洪科,祝彦知,等.多因素作用下混凝土抗碳化性能的试验研究[J].建筑材料学报,2008,11(3):345-348.

[6] Pan H, Yang Z, Xu F. Study on concrete structure's durability considering the interaction of multi-factors[J]. Construction and Building Materials, 2016, 118: 256-261.

[7] Jin Z Q, Zhao X, Zhao T J, et al. Interaction between compressive load and corrosive-ion attack on reinforced concrete with accelerated potentiostatic corrosion[J]. Construction and Building Materials, 2016, 113: 805-814.

[8] Bulatović V, Melešev M, Radeka M, et al. Evaluation of sulfate resistance of concrete with recycled and natural aggregates[J]. Construction and Building Materials, 2017, 152: 614-631.

[9] Qi B, Gao J M, Chen F, et al. Evaluation of the damage process of recycled aggregate concrete under sulfate attack and wetting-drying cycles[J]. Construction and Building Materials, 2017, 138: 254-262.

[10] Zega C J, Santos G S C D, Villagrán-Zaccardi Y A, et al. Performance of recycled concretes exposed to sulphate soil for 10 years[J]. Construction and Building Materials, 2016, 102: 714-721.

[11] Gao D Y, Zhang L J, Nokken M. Compressive behavior of steel fiber reinforced recycled coarse aggregate concrete designed with equivalent cubic compressive strength[J]. Construction and Building Materials, 2017, 141: 235-244.

[12] Li W G, Luo Z Y, Long C, et al. Effects of nanoparticle on the dynamic behaviors of recycled aggregate concrete under impact loading[J]. Materials & Design, 2016, 112: 58-66.

[13] He A, Cai J, Chen Q J, et al. Axial compressive behaviour of steel-jacket retrofitted RC columns with recycled aggregate concrete[J]. Construction and Building Materials, 2017, 141: 501-516.

[14] Shang H S, Zhao T J, Cao W Q. Bond behavior between steel bar and recycled aggregate concrete after freeze-thaw cycles[J]. Cold Regions Science and Technology, 2015, 118: 38-44.

[15] Bassani M, Tefa L. Compaction and freeze-thaw degradation assessment of recycled aggregates from unseparated construction and demolition waste[J]. Construction and Building Materials, 2018, 160: 180-195.

[16] Yildirim S T, Meyer C, Herfellner S. Effects of internal curing on the strength, drying shrinkage and freeze-thaw resistance of concrete containing recycled concrete aggregates[J]. Construction and Building Materials, 2015, 91: 288-296.

[17] Jiang L, Niu D, Yuan L, et al. Durability of concrete under sulfate attack exposed to freeze-thaw cycles[J]. Cold Regions Science and Technology, 2015, 112: 112-117.

[18] Ferreira M, Leivo M, Kuosa H, et al. The influence of freeze-thaw loading cycle on the ingress of chlorides in concrete[C]// International Rilem Conference on Materials, Systems and Structures in Civil Engineering, Copenhagen, 2016.

[19] Šeps K, Fládr J, Broukalová I. Resistance of Recycled Aggregate Concrete to Freeze-thaw and Deicing Salts[J]. Procedia Engineering, 2016, 151: 329-336.

[20] Qiao Y F, Sun W, Jiang J Y. Damage process of concrete subjected to coupling fatigue load and freeze/thaw cycles[J]. Construction and Building Materials, 2015, 93: 806-811.

[21] Kosior-Kazberuk M, Berkowski P. Surface scaling resistance of concrete subjected to freeze-thaw cycles and sustained load[J]. Procedia Engineering, 2017, 172: 513-520.

[22] Sun W, Zhang Y M, Yan H D, et al. Damage and damage resistance of high strength concrete under the action of load and freeze-thaw cycles[J]. Cement and Concrete Research, 1999, 29(9): 1519-1523.

[23] Schneider U, Chen S. Deterioration of high-performance concrete subjected to attack by the combination of ammonium nitrate solution and flexure stress[J]. Cement and Concrete Research, 2005, 35(9): 1705-1713.

[24] Idrees Z, Takafumi S. The influence of bending crack on rebar corrosion in fly ash concrete subjected to different exposure conditions under static loading[J]. Construction and Building Materials, 2018, 160: 293-307.

[25] Du Y G, Cullen M, Li C. Structural effects of simultaneous loading and reinforcement corrosion on performance of concrete beams[J]. Construction and Building Materials, 2013, 39: 148-152.

4.4 再生混凝土氯离子扩散系数多尺度预测模型

应敬伟*,蒙秋江,肖建庄

将再生混凝土看成由天然粗骨料、老界面过渡区、老砂浆、新界面过渡区和新砂浆组成的五相复合材料,采用(n+1)相球模型建立了再生混凝土氯离子扩散系数多尺度预测模型;通过 RCM 法测得硬化水泥浆体、新砂浆和再生混凝土的氯离子扩散系数,并将试验测试值与模型预测值进行对比,说明了预测模型的可靠性;基于建立的预测模型,对再生混凝土氯离子扩散的影响因素进行变参数分析,探究了老砂浆、界面过渡区、水灰比和养护龄期等对再生混凝土氯离子扩散的影响。

4.4.1 国内外研究现状

1. 再生混凝土氯离子渗透性的研究

Otsuki 等[1]的研究表明,再生混凝土的抗氯离子渗透性弱于天然粗骨料混凝土,但是可以采用双掺法来改善其性能。Kong 等[2]的研究表明,相对于双掺法,可以使用三掺法优化界面过渡区的微观结构并提高再生混凝土的抗氯离子渗透性。Kou 等[3]的研究表明,提高再生粗骨料的含量可以降低再生混凝土抗氯离子渗透性。Villagrán-Zaccardi 等[4]分析了暴露于海洋环境下再生粗骨料对氯离子渗透和氯离子结合的影响,他们混凝土被浇筑在模子里面并暴露于沿海大气环境下 6、12 和 18 个月。研究结果表明,再生粗骨料造成两个相反的作用,它既提高再生混凝土的氯离子渗透性又提高其氯离子结合能力。

2. 再生混凝土增强和改性研究

从细微观角度,再生混凝土可以看成由新砂浆、老砂浆、天然粗骨料、新界面过渡区和老界面过渡区组成的五相复合材料[5]。由于附着老砂浆的影响,相比天然粗骨料,再生粗骨料使混凝土孔隙率增加[6,7],并使混凝土的性能变差[8]。研究者通过三类方法改性再生混凝土:一是通过预处理法减少再生粗骨料中附着的老砂浆含量[9],但难以完全消除附着老砂浆;二是通过二氧化碳[10,11]、掺合料裹骨料工艺[2,12~14]等来强化再生粗骨料性能;三是通过增加矿物掺合料[15,16]的配合比方法

* 第一作者:应敬伟(1983—),男,博士,副教授,主要研究方向为再生混凝土。
基金项目:国家自然科学基金青年科学基金项目(51408138)。

或改进养护方法[17]等来增强再生混凝土性能。

3. 附着老砂浆含量的确定方法

不同学者提出了各自确定附着老砂浆含量的方法。例如，Abbas 等[18]提出了一种等砂浆体积法来确定再生粗骨料中附着老砂浆的含量，并用图像分析法确定老砂浆含量的频数分布直方图[19]；Akbarnezhad 等[20]采用酸处理法确定附着老砂浆含量；肖建庄[21]采用密度换算法来确定附着老砂浆含量；张雄等[22,23]提出了再生粗骨料砂浆含量的简易测定方法，即通过测定再生粗骨料取代率为 R 时的混合粗骨料吸水率，以及天然石子和纯砂浆块的吸水率，并代入相应公式计算出再生粗骨料砂浆含量。由于附着老砂浆含量受多种因素影响，更为精确地测定再生粗骨料中附着老砂浆含量的方法有待于进一步研究。

4. 国内外研究小结

每年产生的大量废混凝土为再生混凝土的推广应用提供了重要来源。国内外学者的试验研究得到如下结论：由于附着老砂浆的影响，再生粗骨料的增加通常会使混凝土氯离子渗透性能变差，可以采用不同方法来提高再生混凝土的抗氯离子渗透性。这些研究成果为进一步研究再生混凝土的氯离子扩散性提供了重要参考价值。与天然粗骨料混凝土类似，再生混凝土在细微观上可以被看成非均质材料。在混凝土氯离子扩散随机性方面和混凝土细微观结构对氯离子扩散影响方面，人们对再生混凝土的认识远不如天然粗骨料混凝土清楚，这阻碍了再生混凝土的推广应用。因此，有必要进行再生混凝土多尺度建模方法研究。

4.4.2　研究方案

1. 试验材料

试验材料主要有水泥、天然细骨料、天然粗骨料、再生粗骨料和水。将 28d 立方体抗压强度为 42.8MPa 的普通混凝土经人工破碎到合适的大小，再经颚式破碎机破碎，将破碎得到的骨料进行筛分，收集粒级为 5～10mm、10～16mm、16～20mm 和 20～25mm 的骨料作为单粒径的再生粗骨料；天然粗骨料采用粒径为 5～20mm 的石灰岩碎石，连续级配；天然细骨料采用粒径为 0.16～5mm、细度模数为 3 的天然河砂，级配属于Ⅱ区。三种骨料的基本性能如表 4.4.1 所示。水泥采用 P·O42.5 普通硅酸盐水泥，实测表观密度为 3097kg/m^3，水泥熟料的化学成分和矿物组成如表 4.4.2 所示。配合比中水为自来水。

表 4.4.1　骨料的基本性能

骨料种类	粒径/mm	表观密度/(kg/m³)	吸水率/%	含泥量/%	压碎指标/%
河砂	0.16～5	2640	3.88	1.4	—
天然粗骨料	5～20	2700	0.45	0.15	11.1
再生粗骨料	5～10	2385	5.6	0.24	17.2
	10～16	2405	5.2	0.20	16.5
	16～20	2420	4.7	0.25	15.3
	20～25	2450	4.1	0.18	14.2

表 4.4.2　水泥化学成分

化学成分	含量/%(质量分数)	化学成分	含量/%(质量分数)
SiO_2	21.58	SO_3	0.85
Al_2O_3	5.15	C_3S	49.9
Fe_2O_3	3.61	C_2S	24.3
CaO	62.91	C_3A	7.5
MgO	1.2	C_4AF	11.0

2. 试验方案

为了研究多尺度水泥基材料的氯离子扩散系数，本次试验设计了 0.4、0.5、0.6 三种水灰比的纯水泥浆体，编号分别为 C-0.4、C-0.5、C-0.6；设计了水灰比为 0.4、0.5、0.6，砂粒的体积分数为 42%的三种新砂浆，编号分别为 M-0.4、M-0.5、M-0.6；设计了水灰比为 0.4、0.5、0.6，再生粗骨料体积分数为 10%、20%、30%、40%，单粒径为 5～10mm、10～16mm、16～20mm 和 20～25mm 的再生混凝土，编号分别为 RC16-40-0.4、RC16-40-0.5、RC16-40-0.6、RC5-40-0.4、RC10-40-0.4、RC20-40-0.4、RC10-10-0.4、RC10-20-0.4、RC10-30-0.4。具体配合比设计如表 4.4.3 所示。

表 4.4.3　三种水泥基材料的配合比

水泥基材料类别	试件编号	水灰比	再生粗骨料体积分数/%	材料用量/(kg/m³)						
				水泥	水	砂	R5	R10	R16	R20
纯水泥浆体	C-0.4	0.4	—	546	1365	—	—	—	—	—
	C-0.5	0.5	—	600	1200	—	—	—	—	—
	C-0.6	0.6	—	643	1071	—	—	—	—	—

续表

水泥基材料类别	试件编号	水灰比	再生粗骨料体积分数/%	材料用量/(kg/m^3)						
				水泥	水	砂	R5	R10	R16	R20
新砂浆	M-0.4	0.4	—	795	318	1100	—	—	—	—
	M-0.5	0.5	—	700	350	1100	—	—	—	—
	M-0.6	0.6	—	625	375	1100	—	—	—	—
再生混凝土	RC16-40-0.4	0.4	40	474	190	656	—	—	978	—
	RC16-40-0.5	0.5	40	417	208	656	—	—	978	—
	RC16-40-0.6	0.6	40	372	223	656	—	—	978	—
	RC5-40-0.4	0.4	40	474	190	656	964	—	—	—
	RC10-40-0.4	0.4	40	474	190	656	—	972	—	—
	RC20-40-0.4	0.4	40	474	190	656	—	—	—	990
	RC10-10-0.4	0.4	10	680	272	940	—	349	—	—
	RC10-20-0.4	0.4	20	594	238	822	—	609	—	—
	RC10-30-0.4	0.4	30	527	211	729	—	811	—	—

水泥基材料氯离子扩散系数的测定方法为RCM法，RCM法快速氯离子渗透试验依据《普通混凝土长期性能和耐久性能试验方法标准》(GBT 50082—2009)[24]进行，RCM法快速氯离子渗透试验的试验装置如图4.4.1所示。该方法利用外加电场加速氯离子在水泥基复合材料中的扩散以减少测试时间，测定一定时间内氯离子的扩散深度，再通过扩散深度计算氯离子扩散系数，如图4.4.2所示。

图4.4.1　RCM法试验装置

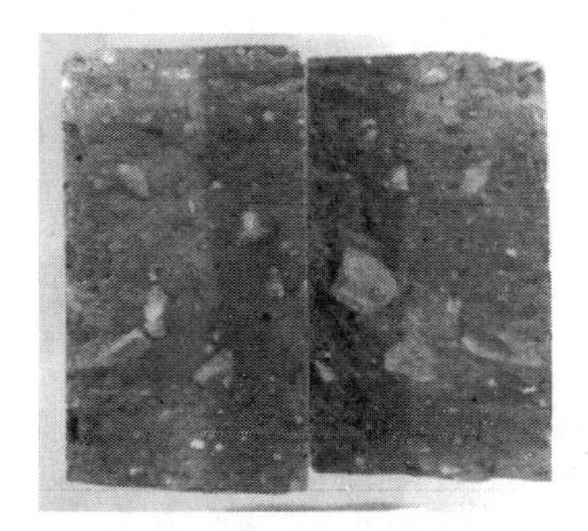

图4.4.2　氯离子渗透深度显色

用于测试的试件采用尺寸为Φ100mm×250mm的圆柱形PVC管作为试模成型，试件成型后，在端口覆盖保鲜膜并移至标准养护室，养护24h后浸没于标准养护室的水池中养护28d，每组配合比制作3个标准试件，在达到试验龄期前7d采用自动切石机将试件切割成直径为(100±1)mm、高度为(50±2)mm的圆柱体试件

图 4.4.3 切割后用于试验测试的试件

(见图 4.4.3),试件加工后用砂纸打磨光滑,然后继续浸水养护至试验龄期。

3. 试验结果分析

龄期为 28d 时,通过 RCM 法测得纯水泥浆体、新砂浆和再生混凝土三种水泥基材料的氯离子扩散系数,如表 4.4.4 所示。表中氯离子扩散系数取为同一材料 3 个试件的氯离子扩散系数实测值的算术平均值,实测值与平均值的差值小于 15%。

表 4.4.4 水泥基材料的氯离子扩散系数

水泥基材料类别	试件编号	水灰比	氯离子扩散系数/($10^{-12}m^2/s$)	
纯水泥浆体	C-0.4	0.4	D_E	6.74
	C-0.5	0.5		9.52
	C-0.6	0.6		12.92
新砂浆	M-0.4	0.4	$D_{NM,E}$	6.85
	M-0.5	0.5		10.51
	M-0.6	0.6		13.06
再生混凝土	RC16-40-0.4	0.4	$D_{RC,E}$	8.67
	RC16-40-0.5	0.5		11.52
	RC16-40-0.6	0.6		13.69
	RC5-40-0.4	0.4		9.19
	RC10-40-0.4	0.4		8.75
	RC20-40-0.4	0.4		7.35
	RC10-10-0.4	0.4		6.66
	RC10-20-0.4	0.4		7.14
	RC10-30-0.4	0.4		7.81

由表 4.4.4 可以看出,三种水泥基材料的氯离子扩散系数均受水灰比的影响,由 C-0.4、C-0.5、C-0.6、M-0.4、M-0.5、M-0.6 和 RC16-40-0.4、RC16-40-0.5、RC16-40-0.6 的测试数据可知,纯水泥浆体、新砂浆和再生混凝土的氯离子扩散系数均随水灰比的提高而增大,当水灰比由 0.4 增加到 0.5 和 0.6 时,纯水泥浆体的氯离子扩散系数试验值分别增大 41.2%和 91.7%,新砂浆的氯离子扩散系数试验值分别增大 53.4%和 90.7%,单粒径再生混凝土的氯离子扩散系数试验值分别增大 32.9%和 57.9%。其主要原因是随水灰比增大,混凝土拌合物用水量增加,水

泥水化后残余的水分增加，使得水泥基材料内部的孔隙率变大，导致其氯离子扩散系数变大。

由 RC5-40-0.4、RC10-40-0.4、RC20-40-0.4 和 RC16-40-0.4 四组单粒径骨料再生混凝土的氯离子扩散系数试验值可以看出，在给定的水灰比和再生粗骨料体积分数下，单粒径骨料再生混凝土的氯离子扩散系数随粒径的增大而减小。相对于再生粗骨料粒径的为 5～10mm 的单粒径再生混凝土，再生粗骨料粒径为 10～16mm、16～20mm 和 20～25mm 的单粒径再生混凝土氯离子扩散系数分别下降 4.8%、5.7%和 20%，因为粒径越大，界面过渡区体积分数越小，且附着老砂浆含量越低，再生混凝土的抗氯离子扩散性能提高。

再生粗骨料体积分数是影响再生混凝土氯离子扩散特性的另一个重要因素，由表 4.4.4 中 RC10-10-0.4、RC10-20-0.4、RC10-30-0.4 和 RC10-40-0.4 四组单粒径再生混凝土的氯离子扩散系数试验值可以看出，在相同的有效水灰比和再生粗骨料粒径情况下，单粒径再生混凝土的氯离子扩散系数随再生粗骨料体积分数的增加而增大。再生粗骨料体积分数从 10%依次增加到 20%、30%和 40%时，氯离子扩散系数分别增大 7.2%、17.3%和 31.4%。这是因为再生粗骨料体积分数越高，界面过渡区和附着老砂浆的体积分数增加，再生混凝土的抗氯离子扩散性能降低。

4.4.3　再生混凝土氯离子扩散系数多尺度预测模型

再生混凝土是一种多尺度（毫米、微米、纳米）和多相（固态、液态、气态）的水泥基复合材料，采用多尺度的方法将再生混凝土划分为四个尺度，如图 4.4.4 所示。尺度一为纳观尺度（10^{-8}～10^{-6}m），描述的是两类密度不同的水化硅酸钙凝胶层；尺度二为微观尺度（10^{-6}～10^{-4}m），水泥浆体为硬化水泥浆体；尺度三为细观尺度（10^{-4}～10^{-2}m），砂浆为新砂浆；尺度四为宏观尺度（10^{-2}～10^{-1}m），描述的是再生混凝土。

为建立再生混凝土氯离子扩散系数多尺度预测模型，从细观结构出发，考虑到各细观结构对再生混凝土氯离子扩散特性的影响，首先分析尺度一两类水化硅酸钙凝胶层的氯离子扩散系数，然后将尺度一的预测结果代入尺度二，得到硬化水泥浆体的氯离子扩散系数，再将尺度二的预测结果代入尺度三，得到新砂浆的氯离子扩散系数，最后再将尺度三的预测结果代入尺度四，得到再生混凝土的氯离子扩散系数。

1. 纯水泥浆体氯离子扩散系数预测模型

尺度一中，对于高密度水化硅酸钙凝胶层，可将水化产物固体（如 CH、AF）视为夹杂且均匀分布在高密度水化硅酸钙凝胶基体中。因此，可将这一微观层视为基体-夹杂模型，其氯离子有效扩散系数为[25]

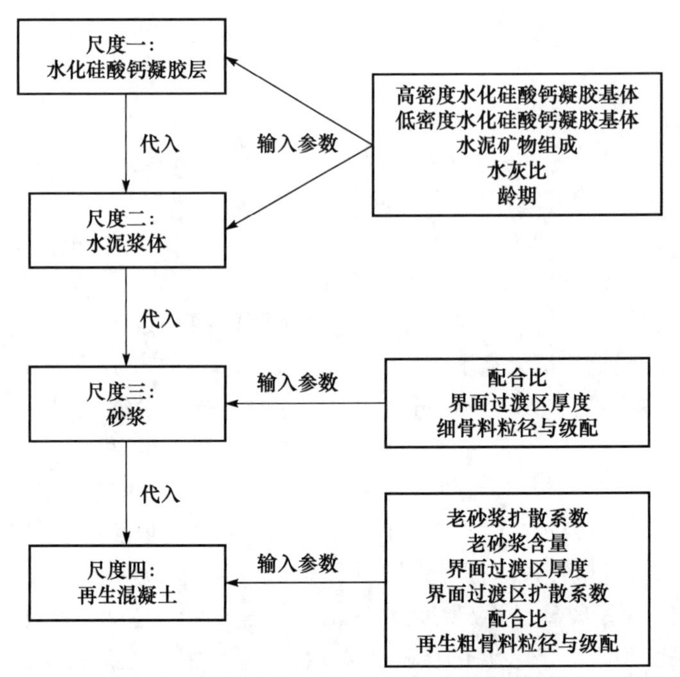

图 4.4.4 建立再生混凝土氯离子扩散系数多尺度预测模型的流程图

$$D_{\mathrm{hCSH}}=2D_{\mathrm{hCSH}}^{*}\frac{1-\phi_{\mathrm{CH}}^{\mathrm{h}}-\phi_{\mathrm{AF}}^{\mathrm{h}}}{2+\phi_{\mathrm{CH}}^{\mathrm{h}}+\phi_{\mathrm{AF}}^{\mathrm{h}}} \tag{4.4.1}$$

$$\phi_{\mathrm{CH}}^{\mathrm{h}}=\frac{V_{\mathrm{CH}}^{\mathrm{h}}}{V_{\mathrm{CH}}^{\mathrm{h}}+V_{\mathrm{AF}}^{\mathrm{h}}+V_{\mathrm{CSH}}^{\mathrm{h}}} \tag{4.4.2}$$

$$\phi_{\mathrm{AF}}^{\mathrm{h}}=\frac{V_{\mathrm{AF}}^{\mathrm{h}}}{V_{\mathrm{CH}}^{\mathrm{h}}+V_{\mathrm{AF}}^{\mathrm{h}}+V_{\mathrm{CSH}}^{\mathrm{h}}} \tag{4.4.3}$$

式中，$\phi_{\mathrm{CH}}^{\mathrm{h}}$、$\phi_{\mathrm{AF}}^{\mathrm{h}}$分别为 CH、AF 在高密度水化硅酸钙凝胶层中的体积分数；$V_{\mathrm{CH}}^{\mathrm{h}}$、$V_{\mathrm{AF}}^{\mathrm{h}}$分别为 CH、AF 在水泥浆体中的体积分数；$V_{\mathrm{CSH}}^{\mathrm{h}}$为高密度水化硅酸钙凝胶层在水泥浆体中的体积分数；$D_{\mathrm{hCSH}}^{*}$为高密度水化硅酸钙凝胶层的氯离子扩散系数，Jennings[26]、Bary 等[27]通过试验和数值计算得到 $D_{\mathrm{hCSH}}^{*}=0.83\times10^{-9}\,\mathrm{m^2/s}$。

对于低密度水化硅酸钙凝胶层，第一步先将水化产物固体 CH、AF 视为夹杂且分布在低密度水化硅酸钙凝胶基体中，则根据基体-夹杂模型可得低密度水化硅酸钙凝胶基体和水化产物固体 CH、AF 均匀化后的等效介质层的有效扩散系数模型为

$$D_{\mathrm{lCSH}}'=2D_{\mathrm{lCSH}}^{*}\frac{1-\phi_{\mathrm{CH}}^{\mathrm{l}}-\phi_{\mathrm{AF}}^{\mathrm{l}}}{2+\phi_{\mathrm{CH}}^{\mathrm{l}}+\phi_{\mathrm{AF}}^{\mathrm{l}}} \tag{4.4.4}$$

$$\phi_{\mathrm{CH}}^{\mathrm{l}}=\frac{V_{\mathrm{CH}}^{\mathrm{l}}}{V_{\mathrm{CH}}^{\mathrm{l}}+V_{\mathrm{AF}}^{\mathrm{l}}+V_{\mathrm{CSH}}^{\mathrm{l}}} \tag{4.4.5}$$

$$\phi_{\mathrm{AF}}^{\mathrm{l}}=\frac{V_{\mathrm{AF}}^{\mathrm{l}}}{V_{\mathrm{CH}}^{\mathrm{l}}+V_{\mathrm{AF}}^{\mathrm{l}}+V_{\mathrm{CSH}}^{\mathrm{l}}} \tag{4.4.6}$$

式中，ϕ_{CH}^{l}、ϕ_{AF}^{l}分别为 CH、AF 在低密度水化硅酸钙凝胶层中的体积分数；V_{CH}^{l}、V_{AF}^{l}分别为 CH、AF 在水泥浆体中的体积分数；V_{CSH}^{l}为低密度水化硅酸钙凝胶层在水泥浆体中的体积分数；D_{lCSH}^{*}为低密度水化硅酸钙凝胶层的氯离子扩散系数，Bejaoui 等[28]通过拟合氚水在硬化水泥浆体中的有效扩散系数，得到 $D_{lCSH}^{*}=9.0\times10^{-9}\,m^2/s$。

第二步将毛细孔视为球形夹杂，嵌入第一步得到的等效介质层中，形成两相复合材料。假定等效介质层和毛细孔球形夹杂是各向同性的，采用两相复合材料组成的 Mori-Tanaka 法表达式[29]可建立该两相复合材料(即低密度水化硅酸钙凝胶层)的氯离子扩散系数表达式：

$$D_{lCSH}=D'_{lCSH}\frac{2D'_{lCSH}+D_{cap}+2\phi_{cap}^{l}(D_{cap}-D'_{lCSH})}{2D'_{lCSH}+D_{cap}-\phi_{cap}^{l}(D_{cap}-D'_{lCSH})} \tag{4.4.7}$$

$$\phi_{cap}^{l}=\frac{V_{CAP}}{V_{CH}^{l}+V_{AF}^{l}+V_{CSH}^{l}+V_{cap}} \tag{4.4.8}$$

式中，D_{cap}为毛细孔的氯离子扩散系数，取 $D_{cap}=2.03\times10^{-9}\,m^2/s$[30]；$\phi_{cap}^{l}$为毛细孔在低密度水化硅酸钙凝胶层中的体积分数。

尺度二中，硬化水泥浆体在微观层次上可看成由未水化水泥颗粒作为核心，从内到外依次被高密度水化硅酸钙凝胶层、低密度水化硅酸钙凝胶层包裹的四相球模型，如图 4.4.5 所示。Christensen 等[31]提出了广义自洽模型，并用于求解复合材料的剪切模量。Herve 等[32]基于广义自洽模型提出了由 n 层球组成的$(n+1)$相球模型(见图 4.4.6)，以分析材料的应力-应变状态。Care 等[33]则将$(n+1)$相球模型用于预测材料的扩散系数，其解析解表达式为

$$D_i^{eff}=D_i+\frac{D_i(R_{i-1}^3/R_i^3)}{D_i/(D_{i-1}^{eff}-D_i)+(1/3)(R_i^3-R_{i-1}^3)/R_i^3},\quad D_1^{eff}=D_1 \tag{4.4.9}$$

式中，D_i 为第 i 相的扩散系数；D_i^{eff}、D_{i-1}^{eff}分别为第 1 层到第 i 层、第 $i-1$ 层组成的复合球体的有效扩散系数；R_i、R_{i-1}分别为第 i 层和第 $i-1$ 层的同心球半径。

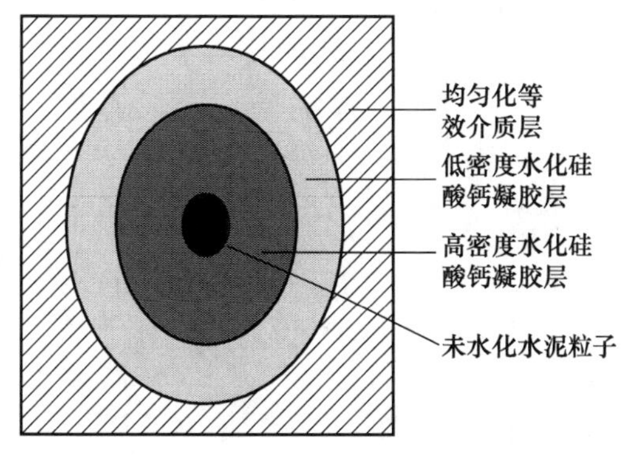

图 4.4.5　硬化水泥浆体四相球模型图

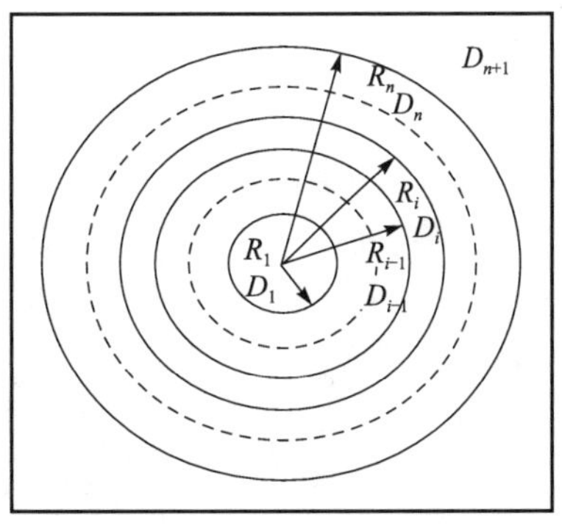

图 4.4.6　$(n+1)$相球模型

本节用该模型来预测硬化水泥浆体的氯离子扩散系数，预测模型的建立过程如下：

(1) 假定四相球模型的“核心”——未水化水泥颗粒是各向同性的，即

$$D_1^{\mathrm{eff}}=D_{\mathrm{U}} \tag{4.4.10}$$

(2) 将未水化水泥颗粒作为夹杂嵌入高密度水化硅酸钙凝胶层中，组成两相球模型。该复合球体的有效氯离子扩散系数为

$$D_2^{\mathrm{eff}}=D_{\mathrm{hCSH}}+\frac{D_{\mathrm{hCSH}}\dfrac{R_1^3}{R_2^3}}{\dfrac{D_{\mathrm{hCSH}}}{D_1^{\mathrm{eff}}-D_{\mathrm{hCSH}}}+\dfrac{1}{3}\dfrac{R_2^3-R_1^3}{R_2^3}} \tag{4.4.11}$$

$$\frac{R_1^3}{R_2^3}=\frac{\phi_{\mathrm{U}}}{\phi_{\mathrm{U}}+\phi_{\mathrm{hCSH}}},\quad \frac{R_2^3-R_1^3}{R_2^3}=\frac{\phi_{\mathrm{hCSH}}}{\phi_{\mathrm{U}}+\phi_{\mathrm{hCSH}}} \tag{4.4.12}$$

式中，D_{hCSH}为高密度水化硅酸钙凝胶层的氯离子扩散系数；ϕ_{U}、ϕ_{hCSH}为未水化水泥颗粒和高密度水化硅酸钙凝胶层在水泥浆体中的体积分数。

(3) 将被高密度水化硅酸钙凝胶层基体包裹的未水化水泥颗粒作为夹杂嵌入低密度水化硅酸钙凝胶层中，该复合球体的有效氯离子扩散系数为

$$D_3^{\mathrm{eff}}=D_{\mathrm{lCSH}}+\frac{D_{\mathrm{lCSH}}\dfrac{R_2^3}{R_3^3}}{\dfrac{D_{\mathrm{lCSH}}}{D_2^{\mathrm{eff}}-D_{\mathrm{lCSH}}}+\dfrac{1}{3}\dfrac{R_3^3-R_2^3}{R_3^3}} \tag{4.4.13}$$

$$\frac{R_2^3}{R_3^3}=\phi_{\mathrm{U}}+\phi_{\mathrm{hCSH}},\quad \frac{R_2^3-R_1^3}{R_2^3}=1-\phi_{\mathrm{U}}-\phi_{\mathrm{hCSH}} \tag{4.4.14}$$

式中，D_{lCSH}为低密度水化硅酸钙凝胶层的氯离子扩散系数。

将式(4.4.10)～式(4.4.12)和式(4.4.14)代入式(4.4.13)，得到硬化水泥浆体的氯离子扩散系数，即

$$D_{\mathrm{HCP}}=D_{\mathrm{lCSH}}\frac{N}{M} \tag{4.4.15}$$

式中，

$$\begin{aligned}N=&6D_{\mathrm{lCSH}}D_{\mathrm{hCSH}}(1-\phi_{\mathrm{U}})(\phi_{\mathrm{U}}+\phi_{\mathrm{hCSH}})+\phi_{\mathrm{hCSH}}(1+2\phi_{\mathrm{U}}+2\phi_{\mathrm{hCSH}})(D_{\mathrm{hCSH}}-D_{\mathrm{lCSH}})\\&\cdot(2D_{\mathrm{hCSH}}+D_{\mathrm{U}})+3D_{\mathrm{U}}[\phi_{\mathrm{hCSH}}D_{\mathrm{lCSH}}+\phi_{\mathrm{U}}D_{\mathrm{hCSH}}(1+2\phi_{\mathrm{U}}+2\phi_{\mathrm{hCSH}})]\end{aligned} \tag{4.4.16}$$

$$\begin{aligned}M=&3D_{\mathrm{lCSH}}D_{\mathrm{hCSH}}(2+\phi_{\mathrm{U}})(\phi_{\mathrm{U}}+\phi_{\mathrm{hCSH}})+\phi_{\mathrm{hCSH}}(1-\phi_{\mathrm{U}}-\phi_{\mathrm{hCSH}})(D_{\mathrm{hCSH}}-D_{\mathrm{lCSH}})\\&\cdot(2D_{\mathrm{hCSH}}+D_{\mathrm{U}})+3D_{\mathrm{U}}[\phi_{\mathrm{hCSH}}D_{\mathrm{lCSH}}+\phi_{\mathrm{U}}D_{\mathrm{hCSH}}(1-\phi_{\mathrm{U}}-\phi_{\mathrm{hCSH}})]\end{aligned} \tag{4.4.17}$$

式中，

$$\phi_{\mathrm{U}}=\frac{V_{\mathrm{U}}}{V_{\mathrm{CH}}+V_{\mathrm{AF}}+V_{\mathrm{hCSH}}+V_{\mathrm{lCSH}}+V_{\mathrm{U}}+V_{\mathrm{cap}}}=V_{\mathrm{U}} \tag{4.4.18}$$

$$\phi_{\mathrm{hCSH}}=\frac{V_{\mathrm{CH}}^{\mathrm{h}}+V_{\mathrm{AF}}^{\mathrm{h}}+V_{\mathrm{hCSH}}}{V_{\mathrm{CH}}+V_{\mathrm{AF}}+V_{\mathrm{hCSH}}+V_{\mathrm{lCSH}}+V_{\mathrm{U}}+V_{\mathrm{cap}}}=V_{\mathrm{CH}}^{\mathrm{h}}+V_{\mathrm{AF}}^{\mathrm{h}}+V_{\mathrm{hCSH}} \tag{4.4.19}$$

$$\phi_{\mathrm{lCSH}}=\frac{V_{\mathrm{CH}}^{\mathrm{l}}+V_{\mathrm{AF}}^{\mathrm{l}}+V_{\mathrm{lCSH}}+V_{\mathrm{cap}}}{V_{\mathrm{CH}}+V_{\mathrm{AF}}+V_{\mathrm{hCSH}}+V_{\mathrm{lCSH}}+V_{\mathrm{U}}+V_{\mathrm{cap}}}=V_{\mathrm{CH}}^{\mathrm{l}}+V_{\mathrm{AF}}^{\mathrm{l}}+V_{\mathrm{lCSH}}+V_{\mathrm{cap}}$$
$$=1-\phi_{\mathrm{U}}-\phi_{\mathrm{hCSH}} \tag{4.4.20}$$

式中，V_{U}、V_{cap}为硬化水泥浆体中未水化水泥颗粒、毛细孔在水泥浆体中的体积分数。

未水化水泥颗粒扩散系数很小，可视为非扩散相($D_{\mathrm{U}}=0$)，此时式(4.4.15)可写为

$$D_{\mathrm{HCP}}=D_{\mathrm{lCSH}}\frac{6D_{\mathrm{lCSH}}(1-\phi_{\mathrm{U}})(\phi_{\mathrm{U}}+\phi_{\mathrm{hCSH}})+2\phi_{\mathrm{hCSH}}(1+2\phi_{\mathrm{U}}+2\phi_{\mathrm{hCSH}})(D_{\mathrm{hCSH}}-D_{\mathrm{lCSH}})}{3D_{\mathrm{lCSH}}(2+\phi_{\mathrm{U}})(\phi_{\mathrm{U}}+\phi_{\mathrm{hCSH}})+2\phi_{\mathrm{hCSH}}(1-\phi_{\mathrm{U}}-\phi_{\mathrm{hCSH}})(D_{\mathrm{hCSH}}-D_{\mathrm{lCSH}})} \tag{4.4.21}$$

2. 新砂浆氯离子扩散系数多尺度预测模型

砂浆细观尺度上可以看成由细骨料、水泥浆体及两者之间的界面过渡区组成。砂浆的细观结构如图 4.4.7 所示，砂浆的代表性单元体也可看成四相球模型。采用广义自洽法进行预测，其表达式与式(4.4.15)类似，可得到新砂浆的氯离子扩散系数：

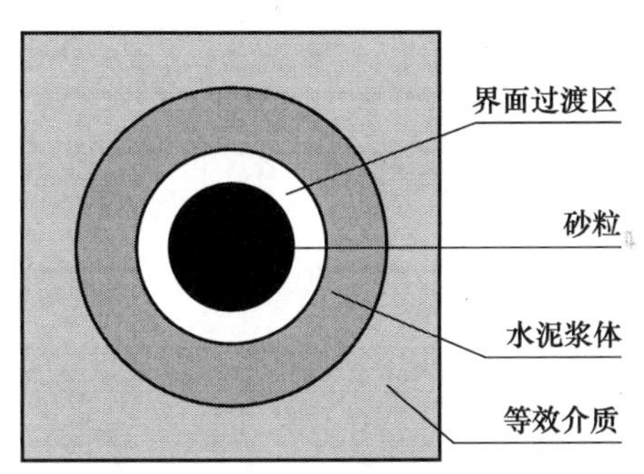

图 4.4.7　砂浆的细观结构

$$D_{\mathrm{NM}}=D_{\mathrm{HCP}}\frac{N}{M} \tag{4.4.22}$$

式中，

$$N=6D_{\mathrm{HCP}}D_{\mathrm{ITZ}}(1-V_{\mathrm{A}})(V_{\mathrm{A}}+V_{\mathrm{ITZ}})+V_{\mathrm{ITZ}}(1+2V_{\mathrm{A}}+2V_{\mathrm{ITZ}})(D_{\mathrm{ITZ}}-D_{\mathrm{HCP}})\cdot(2D_{\mathrm{ITZ}}+D_{\mathrm{A}})+3D_{\mathrm{A}}[V_{\mathrm{ITZ}}D_{\mathrm{HCP}}+V_{\mathrm{A}}D_{\mathrm{ITZ}}(1+2V_{\mathrm{A}}+2V_{\mathrm{ITZ}})] \tag{4.4.23}$$

$$M=3D_{\mathrm{HCP}}D_{\mathrm{ITZ}}(2+V_{\mathrm{A}})(V_{\mathrm{A}}+V_{\mathrm{ITZ}})+V_{\mathrm{ITZ}}(1-V_{\mathrm{A}}-V_{\mathrm{ITZ}})(D_{\mathrm{ITZ}}-D_{\mathrm{HCP}})\cdot(2D_{\mathrm{ITZ}}+D_{\mathrm{A}})+3D_{\mathrm{A}}[V_{\mathrm{ITZ}}D_{\mathrm{HCP}}+V_{\mathrm{A}}D_{\mathrm{ITZ}}(1-V_{\mathrm{A}}-V_{\mathrm{ITZ}})] \tag{4.4.24}$$

式中，D_{NM} 为新砂浆的氯离子扩散系数；D_{HCP}为水泥浆体的氯离子扩散系数；D_{ITZ}为砂粒与硬化水泥浆体之间的界面过渡区氯离子扩散系数；D_{A} 为细骨料的氯离子扩散系数；V_{A}、V_{ITZ}、V_{HCP}分别为新砂浆中细骨料、界面过渡区、硬化水泥浆体的体积分数。

细骨料不具有氯离子扩散性，即 $D_A=0$，此时有

$$D_{NM}=D_{HCP}\frac{6D_{HCP}(1-V_A)(V_A+V_{ITZ})+2V_{ITZ}(1+2V_A+2V_{ITZ})(D_{ITZ}-D_{HCP})}{3D_{HCP}(2+V_A)(V_A+V_{ITZ})+2V_{ITZ}(1-V_A-V_{ITZ})(D_{ITZ}-D_{HCP})} \tag{4.4.25}$$

3. 再生混凝土氯离子扩散系数多尺度预测模型

从细观尺度上，可将再生混凝土看成由天然粗骨料、老界面过渡区、老砂浆、新界面过渡区和新砂浆基体组成。将再生粗骨料近似为球形，取一代表性单元体如图 4.4.8 所示，再生混凝土的代表性单元体可看成六相球模型。采用 Care 等[33]提出的 $n+1$ 相球模型的扩散系数解析解表达式(4.4.9)，分步预测再生混凝土的氯离子扩散系数。

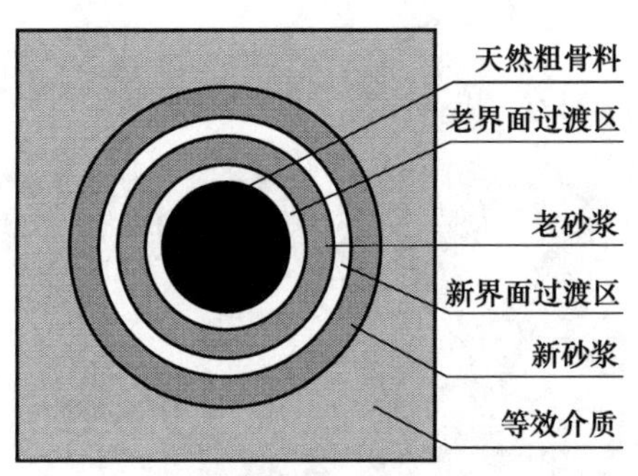

图 4.4.8 再生混凝土六相球模型

第一步，假定天然粗骨料各向同性，即

$$D_1^{eff}=D_{OA} \tag{4.4.26}$$

式中，D_{OA}为天然粗骨料的氯离子扩散系数。

第二步，天然粗骨料与老界面过渡区组成两相球模型，由式(4.4.11)可得

$$D_2^{eff}=D_{OITZ}+\frac{D_{OITZ}\dfrac{R_1^3}{R_2^3}}{\dfrac{D_{OITZ}}{D_1^{eff}-D_{OITZ}}+\dfrac{1}{3}\dfrac{R_2^3-R_1^3}{R_2^3}} \tag{4.4.27}$$

式中，D_{OITZ}为老界面过渡区的氯离子扩散系数。

第三步，将第二步中天然粗骨料与老界面过渡区组成两相球模型视为整体相嵌入老砂浆中，由式(4.4.11)可得

$$D_3^{eff}=D_{OM}+\frac{D_{OM}\dfrac{R_2^3}{R_3^3}}{\dfrac{D_{OM}}{D_2^{eff}-D_{OM}}+\dfrac{1}{3}\dfrac{R_3^3-R_2^3}{R_3^3}} \tag{4.4.28}$$

$$\frac{R_2^3}{R_3^3}=\frac{\phi_{OA}+\phi_{OITZ}}{\phi_{OA}+\phi_{OITZ}+\phi_{OM}},\quad \frac{R_3^3-R_2^3}{R_3^3}=\frac{\phi_{OM}}{\phi_{OA}+\phi_{OITZ}+\phi_{OM}} \tag{4.4.29}$$

式中，D_{OM}为老砂浆的氯离子扩散系数；ϕ_{OM}老砂浆的体积分数；ϕ_{OA}、ϕ_{OITZ}为天然粗骨料和老界面过渡区的体积分数。

第四步，将第三步得到两相球模型视为整体相嵌入新界面过渡区中，由式(4.4.9)可得

$$D_4^{eff}=D_{NITZ}+\frac{D_{NITZ}\dfrac{R_3^3}{R_4^3}}{\dfrac{D_{NITZ}}{D_3^{eff}-D_{NITZ}}+\dfrac{1}{3}\dfrac{R_4^3-R_3^3}{R_4^3}} \tag{4.4.30}$$

$$\frac{R_3^3}{R_4^3}=\frac{\phi_{OA}+\phi_{OITZ}+\phi_{OM}}{\phi_{OA}+\phi_{OITZ}+\phi_{OM}+\phi_{NITZ}},\quad \frac{R_4^3-R_3^3}{R_4^3}=\frac{\phi_{NITZ}}{\phi_{OA}+\phi_{OITZ}+\phi_{OM}+\phi_{NITZ}} \tag{4.4.31}$$

式中，D_{NITZ}为新界面过渡区的氯离子扩散系数；ϕ_{NITZ}为新界面过渡区的体积分数。

第五步，将第四步得到两相球模型视为整体相嵌入新砂浆中，由式(4.4.9)得

$$D_5^{eff}=D_{NM}+\frac{D_{NM}\dfrac{R_4^3}{R_5^3}}{\dfrac{D_{NM}}{D_4^{eff}-D_{NM}}+\dfrac{1}{3}\dfrac{R_5^3-R_4^3}{R_5^3}} \tag{4.4.32}$$

$$\frac{R_4^3}{R_5^3}=\phi_{OA}+\phi_{OITZ}+\phi_{OM}+\phi_{NITZ},\quad \frac{R_5^3-R_4^3}{R_5^3}=\phi_{NM} \tag{4.4.33}$$

式中，D_{NM}为新砂浆的氯离子扩散系数；ϕ_{NM}为新砂浆的体积分数。

将式(4.4.26)～式(4.4.31)和式(4.4.33)代入式(4.4.32)中，得到再生混凝土的氯离子扩散系数预测模型为

$$D_{RC}=D_5^{eff}=D(D_{OA},D_{OITZ},D_{OM},D_{NITZ},D_{NM},\phi_{OA},\phi_{OITZ},\phi_{OM},\phi_{NITZ},\phi_{NM}) \tag{4.4.34}$$

4.4.4　氯离子扩散系数模型预测值与试验值对比

根据式(4.4.21)可计算硬化水泥浆体的氯离子扩散系数预测值($D_{HCP\text{-}P}$)，将其与RCM法测得的硬化水泥浆体的氯离子扩散系数试验值($D_{HCP\text{-}E}$)进行对比，对比结果如表4.4.5所示。可以看出，预测值与试验值偏差(偏差值=|试验值－预测值|/预测值)为6.3%～13.7%，说明硬化水泥浆体氯离子扩散系数预测值与试验值大致吻合。为进一步验证预测方法的有效性，选取了Care等[33]和Ngala等[34]的试验结果，并与按本节方法预测得到的结果进行对比，对比结果如表4.4.5所示。可以看出，预测值与试验值的偏差为4.7%～29.7%，考虑到试验条件不同和试验误差，该偏差值处于合理的范围内，说明本节所建立的预测方法是有效的。

表 4.4.5　硬化水泥浆体的氯离子扩散系数预测值与试验值对比

试件编号	水灰比	t /d	体积分数 /%						氯离子扩散系数 /($10^{-12}m^2/s$)		偏差 /%
			V_{CSH}^{h}	V_{CSH}^{l}	V_U	V_{CH}	V_{AF}	V_{CAP}	$D_{HCP,P}$	$D_{HCP,E}$	
C-0.4	0.40	28	17.38	17.11	16.05	9.55	17.14	22.77	5.93	6.74	13.7
C-0.5	0.50	28	9.55	20.83	14.13	8.41	15.09	32.00	8.96	9.52	6.3
C-0.6	0.60	28	3.75	23.38	12.62	7.51	13.48	39.26	11.71	12.92	10.3
Care 等[33]	0.5	90	20.74	27.05	7.94	14.67	13.4	16.2	5.19	5.65	8.9
	0.4	90	20.65	19.34	11.95	10.85	20.00	17.20	4.49	4.28	4.7
Ngala 等[34]	0.5	90	10.61	24.64	10.54	9.57	17.63	27.02	7.40	8.43	13.9
	0.6	90	3.24	28.27	9.42	8.55	15.76	34.76	10.1	13.10	29.7

根据式(4.4.25)可计算新砂浆的氯离子扩散系数预测值($D_{NM,P}$),并与 RCM 法测得的试验值($D_{NM,E}$)进行对比,结果如表 4.4.6 所示。可以看出,新砂浆氯离子扩散系数预测值和试验值的最大偏差为 20.1%,该值在合理的范围内,说明新砂浆氯离子扩散系数预测值和试验值基本吻合。为进一步验证本节所建立的新砂浆氯离子扩散系数多尺度预测模型,引用 Hosseini 等[35]试验得到的砂浆氯离子扩散试验结果,并根据文献中给出的水泥矿物组成、养护龄期、砂浆配合比按本节的预测方法计算得到预测值,两者的对比结果如表 4.4.6 所示,从表中的偏差值可以看出,预测值与试验值相差较小,说明本节所建立的预测模型是合理的。

表 4.4.6　新砂浆的氯离子扩散系数预测值和试验值对比

试件编号		V_{ITZ} /%	氯离子扩散系数/($10^{-12}m^2/s$)				偏差 /%
			D_{HCP}	D_{ITZ}	$D_{NM\text{-}P}$	$D_{NM\text{-}E}$	
M-NG-0.4		9.91	5.93	41.69	5.80	6.85	18.1
M-NG-0.5		9.91	8.96	62.98	8.75	10.51	20.1
M-NG-0.6		9.91	11.71	82.31	11.44	13.06	14.2
Hosseini 等[35]	LI-O	19.1	8.53	59.93	11.27	10.56	6.3
	NI-O	19.1	5.60	39.34	7.40	7.27	1.8
	HI-O	19.1	3.14	22.07	4.18	5.40	29.2

根据式(4.4.34)可计算再生混凝土的氯离子扩散系数预测值($D_{RC,P}$),并与 RCM 法测得的试验值($D_{RC,E}$)进行对比,结果如表 4.4.7 所示。可以看出,再生混凝土氯离子扩散系数预测值和试验值的偏差为 6.3%～36.5%,该偏差值包含了对硬化水泥浆体和新砂浆的预测偏差,所以对再生混凝土氯离子扩散系数的预测偏差值高于对新砂浆和水泥浆体的预测偏差值,且由于再生混凝土具有比普通混

凝土更大的离散性和试验误差，该偏差值处于合理的范围内。

为进一步验证本节所建立的再生混凝土氯离子扩散系数多尺度预测模型，引用Ye等[36]对再生混凝土进行氯离子扩散试验的结果，并根据文献中给出的再生混凝土配合比、养护龄期等参数按本节的预测方法计算得到其对应的再生混凝土氯离子扩散系数预测值，两者的对比结果如表4.4.7所示。从表中的偏差值可以看出，预测值与试验值的最小偏差值仅为9.0%，证明了本节所建立的预测模型是合理的。

表4.4.7　再生混凝土氯离子扩散系数预测值和试验值对比

试件编号	体积分数/%				氯离子扩散系数/($10^{-12}m^2/s$)				偏差/%
	ϕ_{OA}	ϕ_{OM}	ϕ_{NITZ}	ϕ_{NM}	D_{NITZ}	D_{NM}	$D_{RC,P}$	$D_{RC,E}$	
RC16-40-0.4	26.83	13.16	0.74	59.26	20.43	5.80	6.67	8.67	30.0
RC16-40-0.5	26.83	13.16	0.74	59.26	30.86	8.75	8.51	11.52	35.4
RC16-40-0.6	26.83	13.16	0.74	59.26	40.33	11.44	10.03	13.69	36.5
RC5-40-0.4	25.15	14.84	1.90	58.10	20.43	5.80	7.17	9.19	28.2
RC10-40-0.4	26.11	13.88	1.05	58.95	20.43	5.80	6.86	8.75	27.6
RC20-40-0.4	28.23	11.76	0.59	59.41	20.43	5.80	6.32	7.35	16.3
RC10-10-0.4	6.53	3.47	0.26	89.74	20.43	5.80	5.72	6.66	16.4
RC10-20-0.4	13.05	6.94	0.53	79.47	20.43	5.80	6.09	7.14	17.2
RC10-30-0.4	19.58	10.41	0.79	69.21	20.43	5.80	6.47	7.81	20.7
Ye等[36] R35-C	26.98	15.92	1.50	55.60	15.51	4.40	7.94	5.04	36.5
R40-C	27.35	16.14	1.52	54.98	20.60	5.84	9.45	5.62	40.5
R45-C	27.54	16.25	1.53	54.67	25.45	7.22	10.69	9.73	9.0
R50-C	27.67	16.32	1.53	54.47	30.05	8.52	11.73	10.51	10.4
R55-C	27.67	16.32	1.53	54.47	34.40	9.76	12.64	15.32	21.2
R60-C	27.67	16.32	1.53	54.47	38.50	10.92	13.45	19.60	45.7

4.4.5　再生混凝土氯离子扩散系数变参数分析

根据建立的再生混凝土氯离子扩散系数多尺度预测模型，得到影响氯离子在再生混凝土中扩散的因素，包括水灰比、养护龄期、老砂浆含量及其氯离子扩散系数、界面过渡区氯离子扩散系数、水泥矿物组成和再生粗骨料体积分数。基于建立的再生混凝土氯离子扩散系数多尺度预测模型，通过变参数分析，探究主要因素对再生混凝土氯离子扩散系数的影响。

1. 水灰比的影响

水灰比对水泥基材料氯离子扩散系数的影响如图4.4.9所示。可以看出，再生混凝土、天然混凝土和砂浆的氯离子扩散系数基本上随水灰比的增加而线性增长，这是因为当水灰比增加时，在相同水化龄期的情况下，毛细孔和低密度水化硅酸钙凝胶层体积分数显著增大，高密度水化硅酸钙凝胶层和水化产物固相 CH、AF 减少，毛细孔和低密度水化硅酸钙凝胶层属于高扩散相，而高密度水化硅酸钙凝胶层和水化产物固相 CH、AF 属于低扩散和非扩散相，两类产物体积分数的增减引起硬化水泥浆体的氯离子扩散系数随水灰比的增加而增大。

2. 养护龄期的影响

养护龄期对水泥基材料氯离子扩散系数的影响如图 4.4.10 所示。可以看出，再生混凝土和砂浆的氯离子扩散系数都随养护龄期的增加而变小。其原因在于随着养护时间增加，水泥水化的程度提高，固相水化产物的体积分数随养护时间的增加而不断提高，毛细孔体积分数随养护时间增加的而逐渐减小，水化产物填充了原有水分所占据的体积，使水泥浆体的密实度提高。

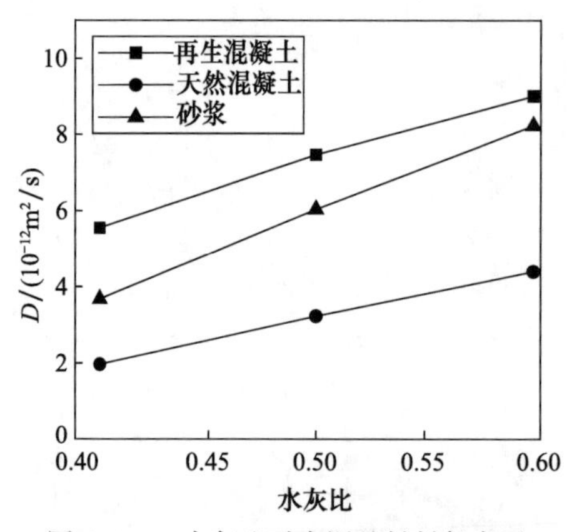

图 4.4.9 水灰比对水泥基材料氯离子扩散系数的影响

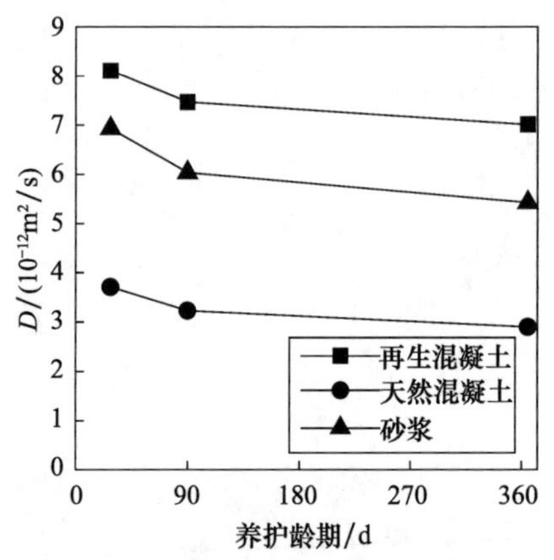

图 4.4.10 养护龄期对水泥基材料氯离子扩散系数的影响

3. 老砂浆的影响

老砂浆含量对混凝土氯离子扩散系数的影响如图 4.4.11 所示。可以看出，再生混凝土的氯离子扩散系数随着老砂浆含量的增加几乎呈线性增长的趋势。此外，不同的老砂浆有着不同的氯离子扩散系数，老砂浆的氯离子扩散系数也是影响再生混凝土氯离子扩散特性的重要因素之一，由图 4.4.12 可以看出，再生混凝土的氯离子扩散系数随着老砂浆氯离子扩散系数的变大而快速增加。

4. 界面过渡区的影响

图 4.4.13 为随界面过渡区氯离子扩散系数对水泥基材料氯离子扩散系数的

影响。可以看出，砂浆、普通混凝土和再生混凝土的氯离子扩散系数都随着界面过渡区氯离子扩散系数的增加而变大。当取界面过渡区氯离子扩散系数分别为基体氯离子扩散系数的5倍、10倍和15倍时，再生混凝土的氯离子扩散系数比不考虑界面过渡区影响时依次增加36.47%、73.4%和107.2%。由于界面过渡区的孔隙率数倍于基体，再生混凝土的氯离子扩散系数高于普通混凝土，说明界面过渡区对再生混凝土的影响程度更大。

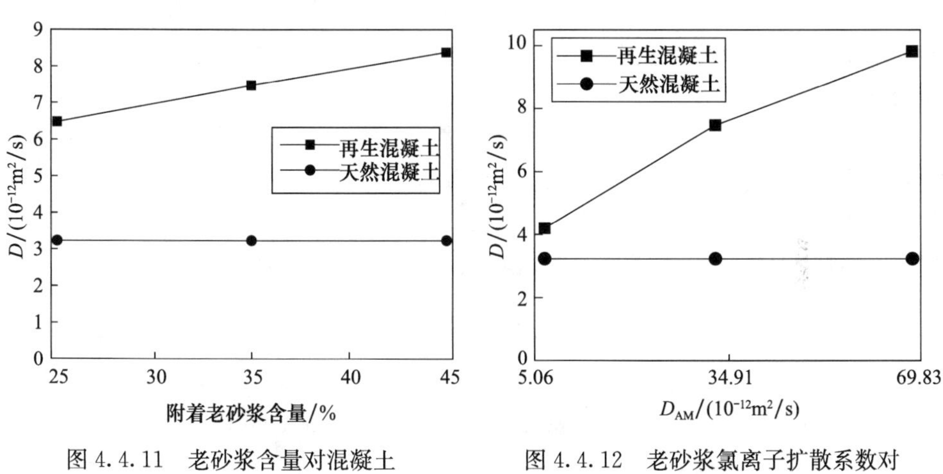

图4.4.11　老砂浆含量对混凝土氯离子扩散系数的影响

图4.4.12　老砂浆氯离子扩散系数对混凝土氯离子扩散系数的影响

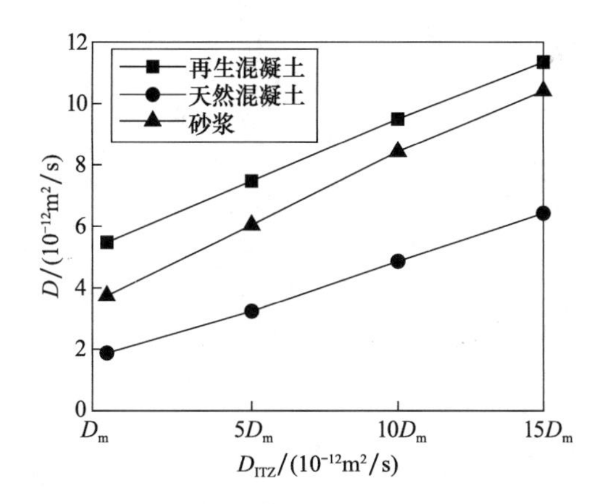

图4.4.13　界面过渡区氯离子扩散系数对水泥基材料氯离子扩散系数的影响

4.4.6　结论

本节考虑了纳观、微观、细观和宏观多尺度下再生混凝土组成结构对氯离子扩散的影响，从硬化水泥浆体出发，到砂浆，最后到再生混凝土，建立了再生混凝土氯离子扩散系数多尺度预测模型。根据建立的再生混凝土氯离子扩散系数多尺度预测模型进行了变参数分析。得到以下结论：

(1) 根据基体-夹杂模型、Mori-Tanaka 法和($n+1$)相球模型等相继建立了硬化水泥浆体、新砂浆和再生混凝土的氯离子扩散系数预测模型。通过试验验证发现，不同尺度水泥基材料的氯离子扩散系数预测值与试验值的偏差均在合理范围之内，说明了本节所建预测模型的可靠性。

(2) 总体来说，预测值与试验值偏差随着水泥基材料尺度的增大而增加，考虑到大尺度水泥基材料(再生混凝土)的预测偏差实际上包含了小尺度水泥基材料的预测偏差，所以对再生混凝土氯离子扩散系数的预测偏差高于对新砂浆和水泥浆体的预测偏差是合理的。

(3) 通过对再生混凝土氯离子扩散的影响因素进行变参数分析发现，对再生混凝土氯离子扩散影响最为显著的因素是附着老砂浆含量及其氯离子扩散系数。此外，界面过渡区的氯离子扩散系数、水灰比、水泥矿物组成和养护龄期也在不同程度上影响再生混凝土的氯离子扩散系数。

参 考 文 献

[1] Otsuki N, Miyazato S, Yodsudjai W. Influence of recycled aggregate on interfacial transition zone, strength, chloride penetration and carbonation of concrete[J]. Journal of Materials Civil Engineering, 2003, 15(5): 443-451.

[2] Kong D, Lei T, Zheng J J, et al. Effect and mechanism of surface-coating pozzalanics materials around aggregate on properties and ITZ microstructure of recycled aggregate concrete [J]. Construction and Building Materials, 2010, 24(5): 701-708.

[3] Kou S C, Poon C S. Compressive strength, pore size distribution and chloride-ion penetration of recycled aggregate concrete incorporating class-F fly ash[J]. Journal of Wuhan University of Technology (Materials Science), 2006, 21(4): 130-136.

[4] Villagrán-Zaccardi Y A, Zega C J, Di Maio Á A. Chloride Penetration and Binding in Recycled Concrete[J]. Journal of Materials in Civil Engineering, 2008, 20(6): 449-455.

[5] Ying J W, Xiao J Z, Shen L M, et al. Five-phase composite sphere model for chloride diffusivity prediction of recycled aggregate concrete[J]. Magazine of Concrete Research, 2013, 65(9): 573-588.

[6] 张金喜，张建华，邬长森. 再生混凝土性能和孔结构的研究[J]. 建筑材料学报，2006，9(2)：142-147.

[7] Gokce A, Nagataki S, Saeki T, et al. Identification of frost-susceptible recycled concrete aggregates for durability of concrete[J]. Construction and Building Materials, 2011, 25(5): 2426-2431.

[8] Kou S C, Poon C S, Chan D. Influence of fly ash as cement replacement on the properties of recycled aggregate concrete[J]. Journal of Materials Civil Engineering, 2007, 19(9): 709-717.

[9] Tam V W Y, Tam C M, Le K N. Removal of cement mortar remains from recycled aggregate using pre-soaking approaches[J]. Resources, Conservation and Recycling, 2007, 50(1): 82-101.

[10] Thiery M, Dangla P, Belin P, et al. Carbonation kinetics of a bed of recycled concrete aggregates: A laboratory study on model materials[J]. Cement and Concrete Research, 2013, 46: 50-65.

[11] Kou S C, Zhan B J, Poon C S. Use of a CO_2 curing step to improve the properties of concrete prepared with recycled aggregates[J]. Cement and Concrete Composites, 2014, 45: 22-28.

[12] 雷霆，孔德玉，郑建军. 掺合料裹骨料工艺对再生骨料混凝土性能的影响[J]. 混凝土，2007，(12)：38-41.

[13] Zhao Z H, Wang S D, Lu L C, et al. Evaluation of pre-coated recycled aggregate for concrete and mortar[J]. Construction and Building Materials, 2013, 43: 191-196.

[14] 李秋义，李云霞，朱崇绩，等. 再生混凝土骨料强化技术研究[J]. 混凝土，2006，1(1)：74-77.

[15] Hwang J P, Shim H B, Lim S, et al. Enhancing the durability properties of concrete containing recycled aggregate by the use of pozzolanic materials[J]. KSCE Journal of Civil Engineering, 2013, 17(1): 155-163.

[16] Kou S C, Poon C S. Enhancing the durability properties of concrete prepared with coarse recycled aggregate[J]. Construction and Building Materials, 2012, 35: 69-76.

[17] Zhan B J, Poon C S, Shi C J. CO_2 curing for improving the properties of concrete blocks containing recycled aggregates[J]. Cement and Concrete Composites, 2013, 42: 1-8.

[18] Abbas A, Fathifazl G, Isgor O B, et al. Proposed method for determining the residual mortar content of recycled concrete aggregates[J]. Journal of ASTM International, 2007, 5(7): 1-12.

[19] Abbas A, Fathifazl G, Fournier B, et al. Quantification of the residual mortar content in recycled concrete aggregates by image analysis[J]. Materials Characterization, 2009, 60(7): 716-728.

[20] Akbarnezhad A, Ong K C G, Zhang M, et al. Acid treatment technique for determining the mortar content of recycled concrete aggregates[J]. Journal of Testing Evaluation, 2013, 41(3): 441-450.

[21] 肖建庄. 再生混凝土[M]. 北京：中国建筑工业出版社，2008.

[22] 张雄，刘昕. 再生粗骨料砂浆含量测定方法及分级研究[C]//中国科学技术协会学会学术部. 自主创新与持续增长第十一届中国科协年会论文集. 重庆：中国科学技术协会学会学术部，2009：1085-1091.

[23] 苗春，刘昕，倪庆丰. 再生粗骨料砂浆含量测定方法及分级研究[J]. 四川建筑科学研究，2011，37(4)：219-222.

[24] 中华人民共和国国家标准. 普通混凝土长期性能和耐久性能试验方法标准(GB/T

50082—2009)[S]. 北京：中国建筑工业出版社，2009.

[25] Haecker C J, Garboczi E J, Bullard J W, et al. Modeling the linear elastic properties of Portland cement paste[J]. Cement and Concrete Research, 2005, 35(10): 1948-1960.

[26] Jennings H M. Colloid model of C-S-H and implications to the problem of creep and shrinkage[J]. Materials and Structures, 2004, 37(1): 59-70.

[27] Bary B, Béjaoui S. Assessment of diffusive and mechanical properties of hardened cement pastes using a multi-coated sphere assemblage model[J]. Cement and Concrete Research, 2006, 36(2): 245-258.

[28] Bejaoui S, Bary B. Modeling of the link between microstructure and effective diffusivity of cement pastes using a simplified composite model[J]. Cement and Concrete Research, 2007, 37(3): 469-480.

[29] Benveniste Y. A new approach to the application of Mori-Tanakan's theory in composite materials[J]. Mechanics of Materials, 1987, 6(2): 147-157.

[30] Zhang H R, Zhao Y X, Meng T, et al. The modification effects of a nano-silica slurry on microstructure, strength, and strain development of recycled aggregate concrete applied in an enlarged structural test[J]. Construction and Building Materials, 2015, 95: 721-735.

[31] Christensen R M, Lo K H. Solutions for effective shear properties in three phase sphere and cylinder models[J]. Journal of the Mechanics and Physics of Solids, 1979, 27(4): 315-330.

[32] Herve E, Zaoui A. N-layered inclusion-based micromechanical modeling[J]. International Journal of Engineering Science, 1993, 31(1): 1-10.

[33] Care S, Herve E. Application of a *n*-phase model to the diffusion coefficient of chloride in mortar[J]. Transport in Porous Media, 2004, 56(2): 119-135.

[34] Ngala V T, Page C L. Effects of carbonation on pore structure and diffusional properties of hydrated cement pastes[J]. Cement and Concrete Research, 1997, 27(7): 995-1007.

[35] Hosseini P, Booshehrian A, Delkash M, et al. Use of Nano-SiO_2 to improve microstructure and compressive strength of recycled aggregate concretes[J]. Nanotechnology in Construction 3, 2009, 1(1): 215-221.

[36] Ye Q, Zhang Z N, Kong D Y, et al. Influence of nano-SiO_2 addition on properties of hardened cement paste as compared with silica fume[J]. Construction and Building Materials, 2007, 21(3): 539-545.

4.5　再生粗骨料缺陷演变对再生混凝土力学性能的影响机理

朋改非*，张军，牛旭婧，黄艳竹，杨云淇，黄广华

采用基于石灰石母岩、来源于高低两种不同水胶比(0.59、0.25)的混凝土加工而成再生粗骨料(RA)，经620℃高温处理，剔除再生粗骨料的附着砂浆，得到加热后的再生粗骨料H-RA，然后配制再生粗骨料混凝土(RAC)，测定其抗压强度、劈裂抗拉强度和断裂能。结果表明，相对于基准混凝土，再生粗骨料混凝土的力学性能显著下降，其原因在于再生粗骨料的缺陷。在低水胶比条件下引起基于石灰石粗骨料混凝土力学性能下降的主要因素是再生粗骨料中的石子损伤，而在高水胶比条件下则是附着砂浆。采用基于花岗岩母岩、28d抗压强度约为80MPa的原生混凝土加工而成再生粗骨料，经3mol/L硫酸溶液浸泡7d后，剔除再生粗骨料的附着砂浆，得到硫酸溶液处理后的再生粗骨料RA-H，然后配制高低两种不同水胶比(0.60、0.26)的混凝土，测定其抗压强度。结果表明，相对于基准混凝土，再生粗骨料混凝土的力学性能显著下降，且附着砂浆是引起抗压强度下降的主要因素。

4.5.1　国内外研究现状

1. RAC与NAC的性能差异

RAC与天然粗骨料混凝土(NAC)存在明显的性能差异。在力学性能上，国内外研究普遍认为RAC的强度与弹性模量均低于NAC[1~5]。Casuccio等[1]探讨了RAC的破坏机理，试验测定了RAC的力学性能，发现RAC的强度比NAC低10%～15%，弹性模量低13%～18%，断裂能低27～45%，脆性增大，裂纹的分叉与拐弯减少。Xiao等[6]试验研究了RAC的钢筋握裹力，水灰比为0.43，随着再生粗骨料含量的增多，抗压强度由44MPa降至35MPa；随着再生粗骨料含量的增大，RAC与光圆钢筋的握裹力逐渐下降，但与变形钢筋的握裹力不受影响。Ajdukiewicz等[7]也得出了RAC与光圆钢筋的握裹力的类似结论。

RAC的耐久性也常低于NAC[2,8~10]。Zaharieva等[8]进行了RAC的渗透性试验研究，采用了多种渗透试验方法，发现RAC的性能劣化，渗透性较差，其原因在于再生粗骨料的孔隙率高。Olorunsogo等[9]认为RAC的耐久性较差的根源是在破碎加工中，再生粗骨料产生了很多裂纹与缝隙，使得再生粗骨料更易于发生渗透。Zaharieva等[10]研究了RAC的抗冻性，认为RAC的抗冻性较差，不宜用于有

---

* 第一作者：朋改非(1966—)，男，博士，教授，主要研究方向为再生混凝土、高性能及超高性能混凝土。
基金项目：国家自然科学基金面上项目(51078030)。

抗冻要求的条件下。

关于其他方面的性能如收缩与徐变，Ajdukiewicz 等[7]进行了用再生粗骨料配制高强-高性能混凝土的系统试验，测定徐变、收缩等。试验表明，RAC 的长期收缩大于 NAC，但徐变略小于 NAC。对于采用花岗岩或玄武岩的中、高强旧混凝土，完全可以用来配制高性能混凝土。Domingo-Cabo 等[11]试验研究了 RAC 的收缩与徐变，研究结果表明，RAC 的收缩与徐变规律与 NAC 相似，但 180d 后再生粗骨料含量对 RAC 的收缩与徐变有显著影响。

2. 再生粗骨料的强化技术研究

国内外也进行了大量关于再生粗骨料强化的研究，以提高 RAC 的综合性能。常见的有五种方法，即立式偏心装置研磨法、卧式回转研磨法、加热研磨法、颗粒整形强化技术[12]、掺合料裹骨料工艺[13]。通过颗粒整形与强化，高品质再生粗骨料的性能可以接近天然粗骨料[11]。采用掺合料裹骨料工艺，可在水泥裹骨料工艺基础上进一步大幅度提高早龄期强度和抗氯离子渗透性能，对后期强度和抗氯离子渗透性也有提高[12]。还有研究采用无机复合碱性激活剂和有机复合酸酯类激活剂对再生粗骨料做浸渍处理，进行改性强化试验，也取得了较好的效果[14]。

然而，即使采取上述强化措施改善再生粗骨料，进而改善 RAC 的综合性能，众多研究却只是将注意力集中放在最终 RAC 的宏观性能上，未见有研究报道揭示出再生粗骨料自身的缺陷在强化过程中是如何得到改变的，还缺乏深入的机理研究，揭示再生粗骨料的缺陷是如何在强化中得到克服、又是如何进一步提高 RAC 的力学性能。

3. 关于 RA 的缺陷及其演变过程的研究进展

如上所述，RAC 性能比 NAC 差的原因在于再生粗骨料的自身缺陷，这种缺陷来源于从旧混凝土破碎加工成再生粗骨料的过程中[10,15]。祝雯等[15]的研究发现用废弃混凝土块制造再生粗骨料的过程中，内部损伤积累使再生粗骨料内部存在大量微裂纹。

典型的再生粗骨料如图 4.5.1 所示[16]。可以看出，每一个再生粗骨料颗粒都是由天然粗骨料和附着砂浆组成的。Tam 等[17]认为可以用浓度为 0.1mol/L 的盐酸、硫酸或磷酸去除再生粗骨料上的附着砂浆，使再生粗骨料的品质大为改善，RAC 的性能也显著提高，可与 NAC 相当。而且，制约再生粗骨料品质的主要因素是附着砂浆，它造成的新的界面过渡区是 RAC 中的一个薄弱环节。

Etxeberria 等[18]认为，由于再生粗骨料吸水，形成的新界面过渡区的水胶比要略低于旧砂浆及新水泥砂浆，故新界面过渡区的密实度要高于再生粗骨料中的附着砂浆，新界面过渡区的结合力要强于再生粗骨料中的附着砂浆。因此，RAC 的最薄弱环节应该是再生粗骨料上的附着砂浆。

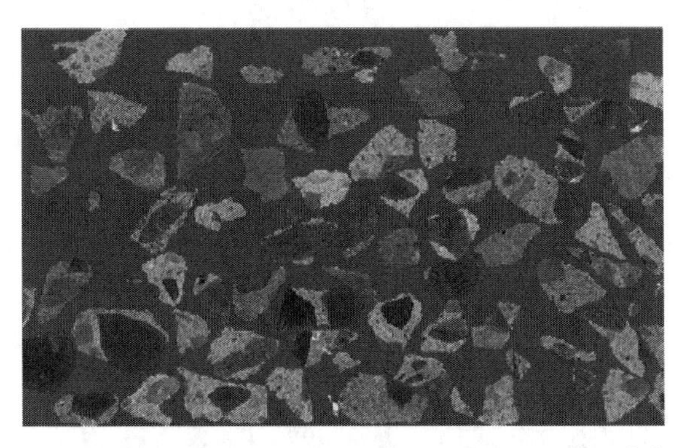

图 4.5.1　粒径为 12.7～19mm 的再生粗骨料照片[16]

Etxeberria 等[19]认为，再生粗骨料的物理性能取决于附着砂浆的数量与品质，而其数量又取决于破碎加工过程及再生粗骨料的粒径级别；作为多孔体，其孔隙率取决于原混凝土的水胶比。再生粗骨料的吸水性及表观密度受附着砂浆的影响，对 RAC 的和易性与硬化后性能均有显著影响。

Nagataki 等[20]将再生粗骨料中的裂纹分为三种：天然粗骨料（original coarse aggregate，OCA）裂纹、附着砂浆（adhered mortar，AM）裂纹和位于 OCA 与 AM 之间的 ITZ 裂纹，如图 4.5.2 所示。采用荧光显微镜与图像分析技术[20]，针对由破碎加工引起的再生粗骨料损伤开展了试验研究，发现附着砂浆并不总是再生粗骨料的首要影响因素。天然粗骨料本身即可能有缺陷，如孔隙与裂纹。既然每一个再生粗骨料颗粒都是由天然粗骨料和附着砂浆组成的，若要清晰地掌握再生粗骨料对 RAC 性能的影响，必须分别掌握每一个组分所起的作用。

朋改非等[21]的研究发现了以下规律：①石子损伤与附着砂浆对再生粗骨料的吸水率、压碎指标和再生粗骨料混凝土的强度与断裂能有一定的影响。吸水率与断裂能是能够敏锐反映再生粗骨料损伤的参数，但压碎指标、抗压强度与劈裂抗拉强度反映再生粗骨料损伤的敏锐性稍差。②在低水胶比条件下，再生粗骨料中石子损伤是引起混凝土断裂能下降（即抗裂性下降）的主要因素，附着砂浆的影响较小；在高水胶比条件下，再生粗骨料中石子损伤和附着砂浆对抗裂性下降均有一定的影响，后者甚至影响更为显著。③相对于天然粗骨料，再生粗骨料的吸水率显著增大，这归因于破碎加工导致的再生粗骨料损伤开裂及表面附着的砂浆，但附着砂浆和加工损伤对再生粗骨料压碎指标的影响则较为复杂，还需要进一步研究。

4. 国内外研究小结

不同水胶比、不同强度等级的原生混凝土破碎加工后得到的再生粗骨料品质有很大差异，再生粗骨料的品质既可表现为再生粗骨料本身的物理性能（如吸水性、压碎指标、表观密度等），也可引申表现为其所配制的 RAC 的力学性能。再生粗骨料的物理性能与 RAC 的力学性能均属其表，其里则为再生粗骨料的缺陷及其在“破碎—配制混凝土—承载”各阶段中逐渐演变的进程。如果不了解再生粗骨料的内在缺陷及其演变，仅试图从再生粗骨料的表象和 RAC 的宏观性能去捕捉再生粗骨料物理性能与 RAC 力学性能的联系与规律，很可能是难以奏效的。

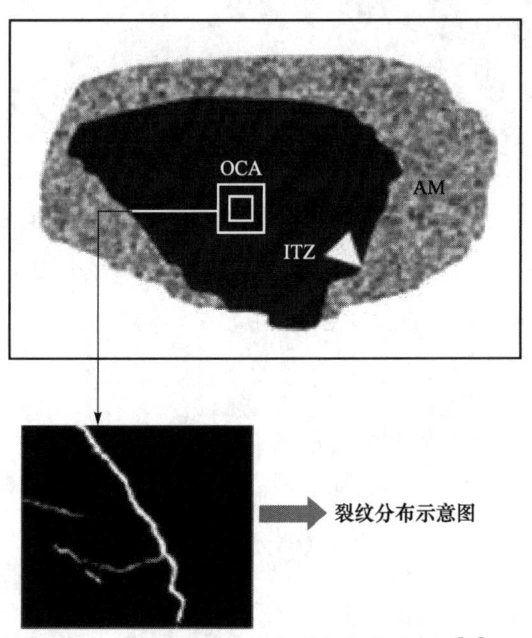

图 4.5.2　再生粗骨料中裂纹分类示意图[20]

德国对 RAC 的研究经验与制定的 RAC 标准规范表明，裂纹扩展是制约 RAC 在结构中(如预应力混凝土结构中)应用的一大障碍，而 RAC 的裂纹扩展与 NAC 不同的根源应该就在于粗骨料的区别上，RAC 中再生粗骨料的裂纹扩展极易始于再生粗骨料自身已有的缺陷[22]。然而，关于 RAC 裂纹扩展与再生粗骨料自身缺陷演变的相互关系的研究却鲜见报道。

目前关于再生粗骨料物理性能、RAC 力学性能的研究报道数量颇为庞大，但多为孤立的、各有自己适用范围的研究内容；关于再生粗骨料缺陷及其演变的研究报道也并不多见。而将再生粗骨料的物理性能、RAC 的力学性能和再生粗骨料缺陷演变这三方面统一在同一个研究项目中，开展一个自成一统的全面、完整的研究，更是基本未见报道。

由此可见，当前欲提高废弃混凝土资源的充分、有效、安全利用，克服 RAC 理论与技术的障碍，需要将再生粗骨料的缺陷(包括天然粗骨料的微裂纹、孔隙，附着砂浆的微裂纹、孔隙，界面过渡区的微裂纹)与混凝土的综合性能联系起来，开展系统、全面的研究，外探再生粗骨料的物理性能和 RAC 的力学性能，内窥再生粗骨料自身缺陷特征，明确再生粗骨料缺陷对再生混凝土力学性能的影响关系。另外，还需重视 RAC 内部的再生粗骨料缺陷在荷载作用下是否还有进一步的演变、是如何演变的、其演变对混凝土的力学性能有何定量的影响，在充分获取试验数据的基础上，建立再生粗骨料缺陷的演变对再生粗骨料混凝土力学性能的影响机理。

4.5.2　研究方案

1. 基于石灰石母岩的 NAC 和 RAC 研究

1）试验材料

（1）基准混凝土的配制。

水泥采用 P·O42.5 普通硅酸盐水泥；天然河砂，细度模数为 2.5；天然粗骨料为石灰岩碎石，粒径为 5～25mm；硅粉；萘系高效减水剂，外观为黄褐色，减水率为 15%～20%。

采用天然粗骨料（记为 NA）配制基准混凝土。为了分析热处理对天然粗骨料及所配制混凝土性能的影响，采用 H-NA 配制含热处理粗骨料（加热到 620℃，恒温 3h）的混凝土。混凝土配合比如表 4.5.1 所示。新拌混凝土的坍落度控制在 8～16cm 内。制作边长为 100mm 的立方体试件和 100mm×100mm×400mm 的切口梁试件。

表 4.5.1　基于石灰石母岩的基准混凝土与再生混凝土配合比

混凝土种类	水胶比	试验材料/(kg/m³)						粗骨料种类
		水泥	砂	天然粗骨料	再生粗骨料	水	硅灰	
25NAC	0.25	518	578	1119	0	145	62	NA
H-25NAC	0.25	518	578	1119	0	145	62	H-NA
25RAC-h	0.25	518	578	558.5	558.5	145	62	25RANA
25RAC	0.25	518	578	0	1119	145	62	25RA
H-25RAC-h	0.25	518	578	558.5	558.5	145	62	H-25RANA
H-25RAC	0.25	518	578	0	1119	145	62	H-25RA
59NAC	0.59	393	578	1119	0	257.8	47	NA
H-59NAC	0.59	393	578	1119	0	257.8	47	H-NA
59RAC-h	0.59	393	578	558.5	558.5	257.8	47	59RA
59RAC	0.59	393	578	0	1119	257.8	47	59RA
H-59RAC-h	0.59	393	578	558.5	558.5	257.8	47	H-59RA
H-59RAC	0.59	393	578	0	1119	257.8	47	H-59RA

注：NAC 和 RAC 分别为天然粗骨料混凝土和再生粗骨料混凝土；H-NAC 和 H-RAC 分别为掺加加热后天然粗骨料或加热后再生粗骨料的混凝土；RAC-h 为混掺天然粗骨料和再生粗骨料的混凝土；H-RAC-h 则为混掺天然粗骨料和加热后再生粗骨料的混凝土；数字 25 和 59 分别表示混凝土的水胶比为 0.25 和 0.59。另外，NA、H-NA、RA 和 H-RA 分别代表天然粗骨料、加热后的天然粗骨料、再生粗骨料和加热后的再生粗骨料；其中 RA 源自水胶比为 0.25 和 0.59 的天然粗骨料混凝土，分别对应表中 RA 前面的数字 25 和 59。

(2) 再生粗骨料的加工处理与性能测定。

将基准混凝土在28d龄期后破碎加工成碎块，用作再生粗骨料，粒径为5～30mm，记为RA。RA的加热处理是将RA加热到620℃[23]，恒温3h，然后取出，自然冷却，用1kg的小锤轻轻拍击RA表面的附着砂浆，从石子表面剥离附着砂浆，得到主要为石子的再生粗骨料H-RA。分别测定粗骨料的压碎指标与吸水率(泡水24h)。

(3) 再生混凝土的配制。

再生混凝土的配制采用再生粗骨料(RA或H-RA)，其余材料、试件制作过程和试件尺寸均与基准混凝土相同。配合比见表4.5.1。

鉴于再生粗骨料吸水率较大，在配制混凝土前，对表4.5.1所列出的干燥粗骨料进行吸水处理(泡水24h)，然后用吸水后的粗骨料配制混凝土，可使再生混凝土的实际水胶比与基准混凝土基本相同。表4.5.1所列出的粗骨料为干燥质量，水为配制混凝土拌合物的用水质量。

2) 试验方案

本节采用来源于高、低两种水胶比的常规混凝土为基准，以“破碎加工”与“加热处理、剥离石子表面的附着砂浆”两种不同的处理方法制备再生粗骨料，配制高、低两种水胶比的RAC，分别测定其抗压强度、劈裂抗拉强度和断裂能，探讨再生粗骨料的石子损伤与附着砂浆对RAC力学性能的影响。基于石灰石母岩的粗骨料加工及混凝土配制过程示意图如图4.5.3所示。

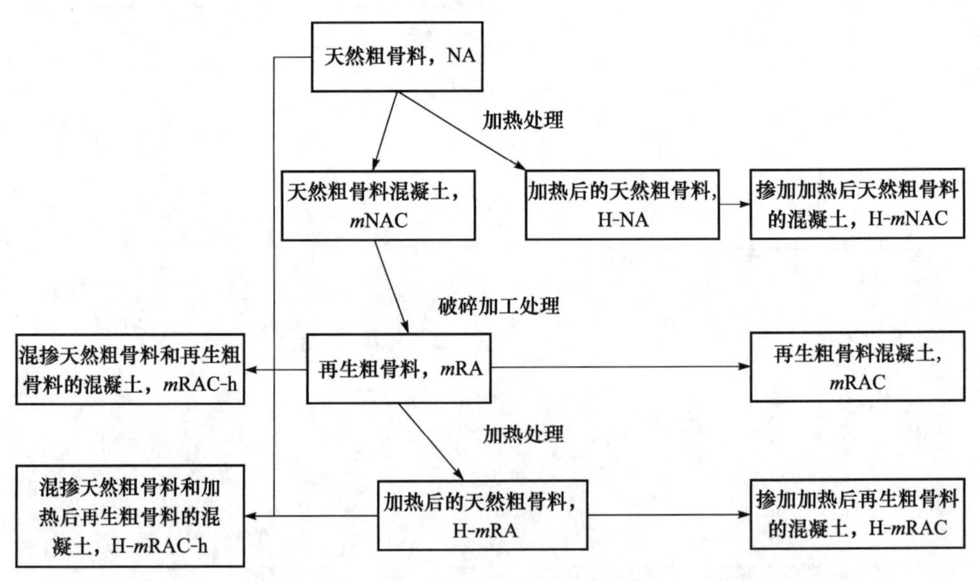

图4.5.3 基于石灰石母岩的粗骨料加工及混凝土配制过程示意图

m表示水胶比，如25代表水胶比为0.25；H表示粗骨料经过620℃加热处理3h；h表示混凝土中再生粗骨料的比例为总粗骨料的50%

3）试验方法

依据《普通混凝土力学性能试验方法标准》(GB/T 50081—2002)[24]测定混凝土28d的抗压强度与劈裂抗拉强度。采用三点弯曲切口梁，依据RILEM试验方法测定混凝土在28～35d龄期内的断裂能。

2. 基于花岗岩母岩的NAC和RAC研究

1）试验材料

(1) 基准混凝土的配制。

水泥：P·O52.5早强型硅酸盐水泥；细骨料：天然河砂，细度模数为2.5；粗骨料：花岗岩，粒径5～20mm；固含率为50%的聚丙烯酸酯高效减水剂，维持混凝土坍落度在8～16cm。制备水胶比为0.26和0.6的两种混凝土，配合比见表4.5.2。试件尺寸为100mm×100mm×100mm。

(2) 再生粗骨料的加工处理与性能测定。

将28d抗压强度为80.5MPa的废旧混凝土(粗骨料与上述基准混凝土所用的花岗岩粗骨料一致)破碎加工成碎块，用作再生粗骨料，粒径为5～25mm，记为RA；RA经3mol/L硫酸溶液浸泡7d后，取出、清洗并过4.75mm的筛，得到经硫酸处理后的再生粗骨料，记为RA-H。分别测定NA、RA和RA-H的压碎指标。

(3) 再生混凝土的配制。

采用再生粗骨料(RA或RA-H)，其余材料、试件制作过程和试件尺寸均与基准混凝土相同。配合比见表4.5.2。

表4.5.2 基于花岗岩母岩的基准混凝土与再生混凝土配合比

混凝土种类	水胶比/(kg/m³)	水泥/(kg/m³)	砂/(kg/m³)	天然粗骨料/(kg/m³)	再生粗骨料/(kg/m³)	硫酸处理后的再生粗骨料/(kg/m³)
26NAC	0.26	580	578	1119	0	0
26RAC-H	0.26	580	578	0	0	1119
26RAC	0.26	580	578	0	1119	0
60NAC	0.6	440	578	1119	0	0
60RAC-H	0.6	440	578	0	0	1119
60RAC	0.6	440	578	0	1119	0

注：NAC、RAC和RAC-H分别为天然粗骨料混凝土、再生粗骨料混凝土和掺加硫酸处理后再生粗骨料的混凝土。此外，混凝土编号中的数字代表其水胶比，如26表示相应混凝土的水胶比为0.26。

2）试验方案

本节采用来源于高、低两种水胶比的常规混凝土为基准，以“破碎加工”与“硫酸浸泡处理剥离石子表面的附着砂浆”两种不同的处理方法制备RA，配制高、低两种水胶比的RAC，测定其抗压强度，探讨RA的石子损伤与附着砂浆对RAC力学性能的影响。基于花岗岩母岩的粗骨料加工及混凝土配制过程示意图如图4.5.4所示。

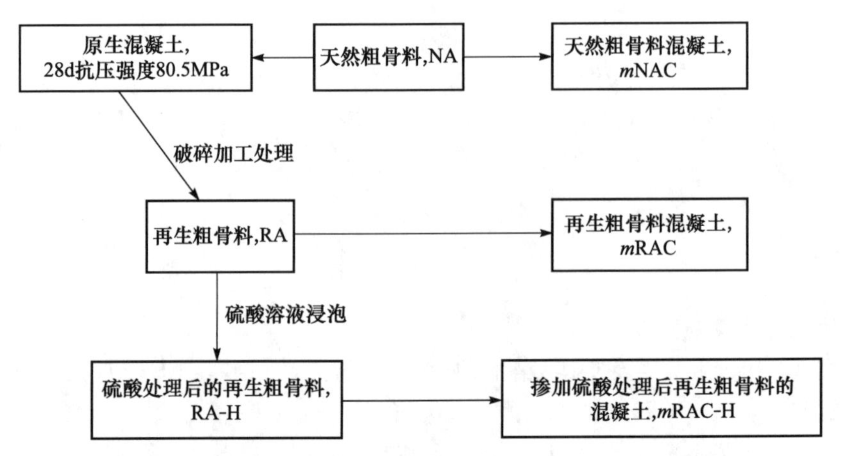

图 4.5.4 基于花岗岩母岩的粗骨料加工及混凝土配制过程示意图

m 表示水胶比,如 26 代表水胶比为 0.26;H 表示粗骨料在 3mol/L 的硫酸溶液中浸泡 7d

3) 试验方法

依据《普通混凝土力学性能试验方法标准》(GB/T 50081—2002)[24]测定混凝土 28d 时的抗压强度。

4.5.3 研究结果与分析

1. 基于石灰石母岩的再生粗骨料混凝土试验结果与分析

1) 粗骨料的吸水率与压碎指标

2 种天然粗骨料与 4 种再生粗骨料吸水率的测定结果如图 4.5.5 所示。可以看出,相对于天然粗骨料 NA,再生粗骨料 25RA 与 59RA 的吸水率均显著增大。一个再生粗骨料颗粒往往由石子和附着砂浆两部分组成,砂浆的吸水率高于石子,此外,再生粗骨料可能含有因破碎加工而造成的损伤开裂,本节认为再生粗骨料的吸水率增大来源于破碎加工导致的再生粗骨料损伤开裂及表面附着的砂浆。

由图 4.5.5 可以看出,天然粗骨料 NA 的吸水率为 1.12%,在剥离砂浆后再生粗骨料 H-25RA 与 H-59RA 的吸水率基本接近,在 2.8%附近。这表明,在剔除砂浆的影响后,石子的开裂凸现为一个独立因素,导致吸水率的增大。然而,除了 NA 自身固有的微裂纹外,加热处理还能使石子的固有裂纹有所扩展,相对于加热前的吸水率有所增大。假设 RA 中的石子与天然粗骨料 NA 因加热处理而引起的固有裂纹扩展程度是相同的,则剥离砂浆后再生粗骨料 H-25RA 的吸水率扣除加热处理后天然粗骨料 H-NA 的吸水率[(2.89+2.77)/2−1.56=1.27]即为再生粗骨料中石子因破碎处理而引起的吸水率增值,约为天然粗骨料 NA 吸水率(1.12%)的 1.13 倍。

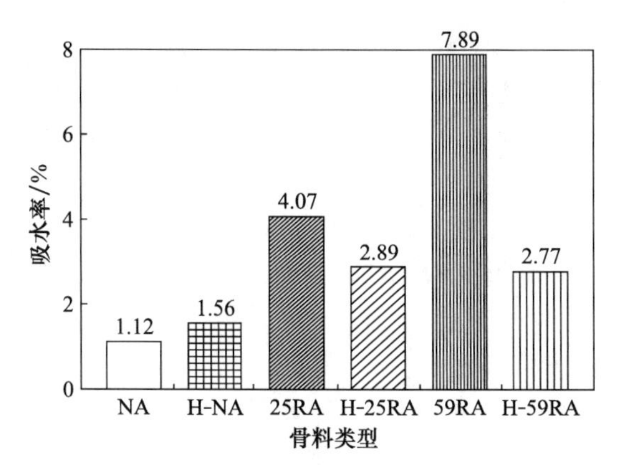

图 4.5.5　天然粗骨料和再生粗骨料的吸水率

2 种天然粗骨料与 4 种再生粗骨料压碎指标的测定结果如图 4.5.6 所示。可以看出,相对于天然粗骨料的压碎指标(6.82%),再生粗骨料的压碎指标均有所增大,如 25RA 的压碎指标为 10.28%,59RA 的压碎指标则为 15.54%。剥离附着砂浆后 H-25RA 与 H-59RA 的压碎指标较为接近,分别是 11.95%与 11.59%。如果考虑到加热处理造成的石子损伤,也会引起压碎指标有所增大,则剥离附着砂浆后再生粗骨料的压碎指标扣除加热处理后天然粗骨料 H-NA 的压碎指标[(11.95+11.59)/2−9.88=1.89]即可视为再生粗骨料中石子因破碎处理而产生的压碎指标增值。

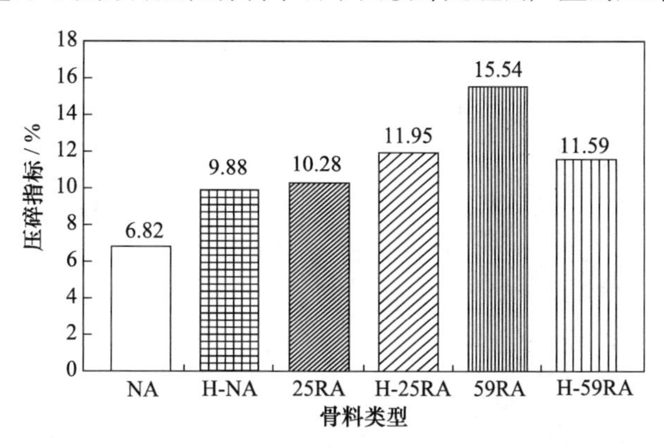

图 4.5.6　天然粗骨料和再生粗骨料的压碎指标

因破碎处理而产生的再生粗骨料压碎指标增值 1.89%仅占天然粗骨料压碎指标(6.82%)27%,与前述的再生粗骨料因破碎处理而产生的吸水率增值约为天然粗骨料吸水率的 1.13 倍的试验结果有明显的差异。这反映了破碎加工确实会造成再生粗骨料的损伤开裂,这种损伤开裂可充分体现为吸水率的增大,但在压碎指标的增值上体现得并不充分,其原因可能与压碎指标测定试验方法中的粗骨料受力方式有关,致使部分再生粗骨料损伤开裂不能在压碎指标上得到充分体现。

但是,再生粗骨料压碎指标的差异仍然可以反映附着砂浆和石子损伤这两种因素对再生粗骨料压碎指标的影响在高水胶比与低水胶比情况下具有不同的规律。

在低水胶比(0.25)情况下,再生粗骨料(25RA)与加热后再生粗骨料(H-25RA)的压碎指标大致接近,分别为10.28%与11.95%,加热后压碎指标的增大是由于加热处理导致石子中产生了新的损伤。这表明水胶比为0.25的砂浆具有较强的黏结力,附着砂浆的存在并没有使压碎指标显著增大,因此低水胶比再生粗骨料(25RA)的缺陷主要是石子本身的微裂纹;剥离砂浆后再生粗骨料中石子的压碎指标有所增大,是加热处理引起石子裂纹扩展的结果。

然而,在高水胶比(0.59)情况下,再生粗骨料(59RA)与加热后再生粗骨料(H-59RA)的压碎指标分别为15.54%与11.59%,这表明水胶比为0.59的砂浆黏结力较弱,故附着砂浆的存在使压碎指标显著增大,而剔除附着砂浆后再生粗骨料(H-59RA)的压碎指标仍可以回归到接近H-25RA的数值。这表明高水胶比再生粗骨料(59RA)的缺陷主要是附着砂浆,缺陷的具体方式可能是砂浆中的微裂纹与孔隙。

2) 混凝土的抗压强度

水胶比为0.25的混凝土抗压强度试验结果如图4.5.7(a)所示。可以看出,基准混凝土25NAC的抗压强度为80.9MPa,与此相比,再生粗骨料混凝土25RAC的抗压强度有所下降,为70.9MPa,这反映了破碎损伤对再生粗骨料的影响;剥离砂浆后再生粗骨料配制的混凝土H-25RAC的抗压强度进一步下降,为65.6MPa,这反映了破碎损伤与加热损伤同时作用对再生粗骨料的影响。

水胶比为0.59的混凝土抗压强度试验结果如图4.5.7(b)所示。可以看出,基准混凝土59NAC的抗压强度为31.9MPa,与此相比,再生粗骨料混凝土59RAC的抗压强度有所下降,为25.3MPa,这反映了附着砂浆对再生粗骨料混凝土抗压强度的影响。然而,剥离砂浆后再生粗骨料配制的混凝土H-59RAC的抗压强度却有所上升,为31.1MPa,这表明剔除附着砂浆可以使再生粗骨料混凝土的抗压强度恢复到接近基准混凝土。这也验证了上述高水胶比再生粗骨料(59RA)的缺陷主要是附着砂浆的观点。

3) 混凝土的劈裂抗拉强度

水胶比为0.25的混凝土劈裂抗拉强度试验结果如图4.5.8(a)所示。可以看出,基准混凝土25NAC的劈裂抗拉强度为5.31MPa,与此相比,再生粗骨料混凝土25RAC的劈裂抗拉强度有所下降,为4.12MPa,这表明再生粗骨料的缺陷导致劈裂抗拉强度下降。然而,剥离附着砂浆后再生粗骨料配制的混凝土H-25RAC的劈裂抗拉强度却又有所增大,为4.58MPa,这与图4.5.7(a)所示试验结果是不一致的,即剥离附着砂浆后再生粗骨料配制的混凝土H-25RAC的抗压强度比加热处理前的25RAC有所降低。因此,此处的H-25RAC劈裂抗拉强度数据属于异常,有待进一步的研究查明。

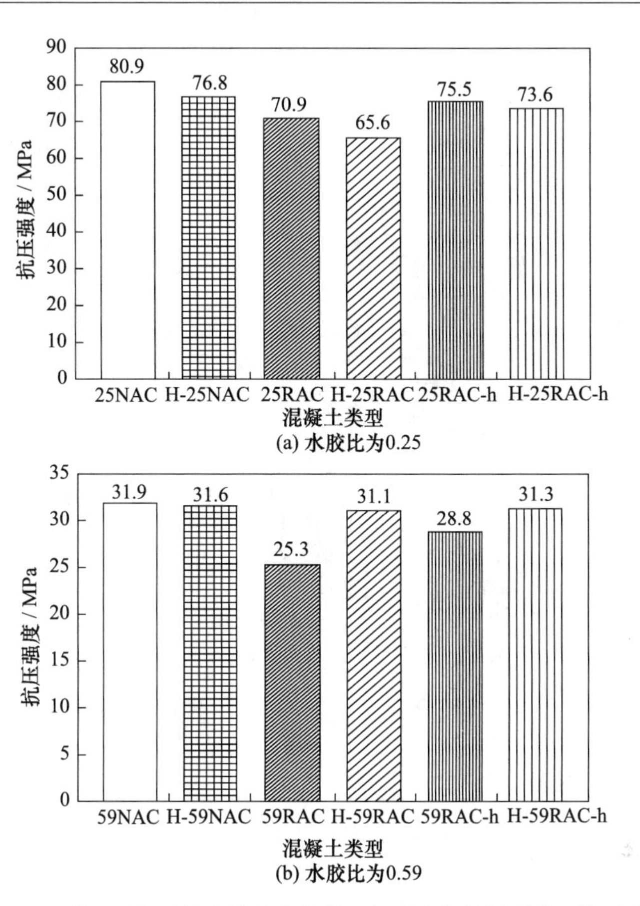

(a) 水胶比为0.25

(b) 水胶比为0.59

图 4.5.7　基于石灰石母岩的基准混凝土与再生粗骨料混凝土抗压强度

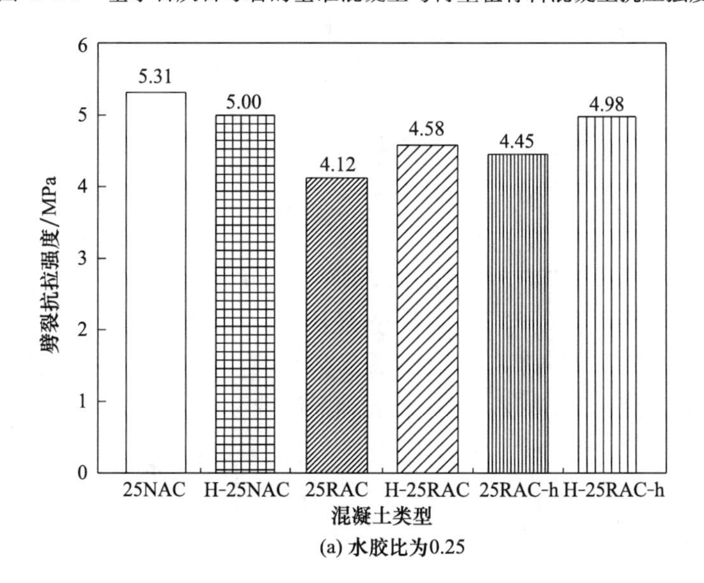

(a) 水胶比为0.25

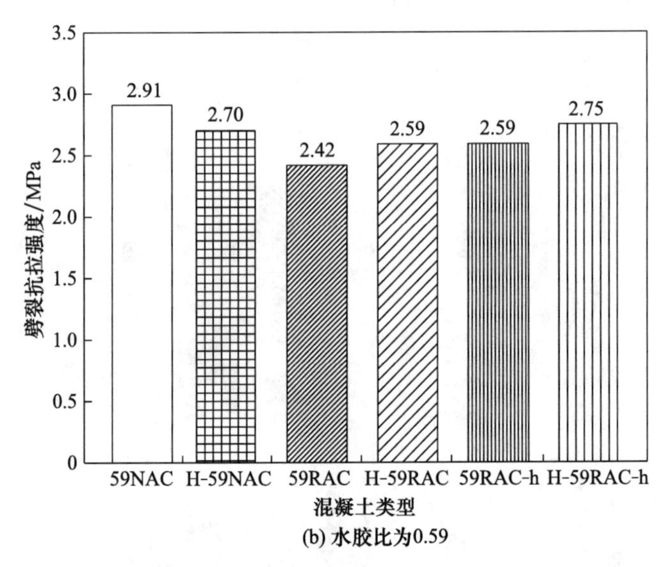

(b) 水胶比为0.59

图 4.5.8　基于石灰岩母岩的基准混凝土与再生粗骨料混凝土劈裂抗拉强度

水胶比为 0.59 的混凝土劈裂抗拉强度试验结果如图 4.5.8(b)所示。可以看出,其规律与上述 0.25 水胶比混凝土的基本相同,但唯一的不同是,在剥离附着砂浆后再生粗骨料配制的混凝土 H-59RAC 的劈裂抗拉强度有所提高,其原因是剔除黏结力较弱的附着砂浆有助于提高再生粗骨料混凝土的劈裂抗拉强度,这与前面关于 0.59 水胶比混凝土抗压强度的规律是基本一致的。

4) 混凝土的断裂能

水胶比为 0.25 的混凝土断裂能试验结果如图 4.5.9(a)所示。可以看出,基准混凝土 25NAC 的断裂能为 316.4J/m^2,与此相比,再生粗骨料混凝土 25RAC 的断裂能显著下降,为 194.2J/m^2,这反映了破碎加工损伤对混凝土断裂能的影响;剥离砂浆后再生粗骨料配制的混凝土 H-25RAC 的断裂能进一步下降,为 154.1J/m^2,这反映了破碎加工与加热处理共同作用造成了再生粗骨料中石子损伤的积累。显然,对于本节研究的低水胶比再生混凝土,石子损伤是引起断裂能下降的主要因素,附着砂浆对断裂能的影响较小。

水胶比为 0.59 的混凝土断裂能试验结果如图 4.5.9(b)所示。可以看出,基准混凝土 59NAC 的断裂能为 286.5J/m^2,与此相比,再生粗骨料混凝土 59RAC 的断裂能有所下降,为 218.9J/m^2,这反映了破碎加工损伤和黏结力较弱的附着砂浆对再生粗骨料的影响。然而,剥离砂浆后粗骨料配制的混凝土 H-59RAC 的断裂能却有所上升,为 229.8J/m^2,这表明剔除黏结力较弱的附着砂浆可以使再生粗骨料混凝土的断裂能有所增大,即使此时石子又多了一重加热引起的损伤。因此,对于本节研究的高水胶比再生混凝土,再生粗骨料的附着砂浆是引起抗裂性下降的主要因素。

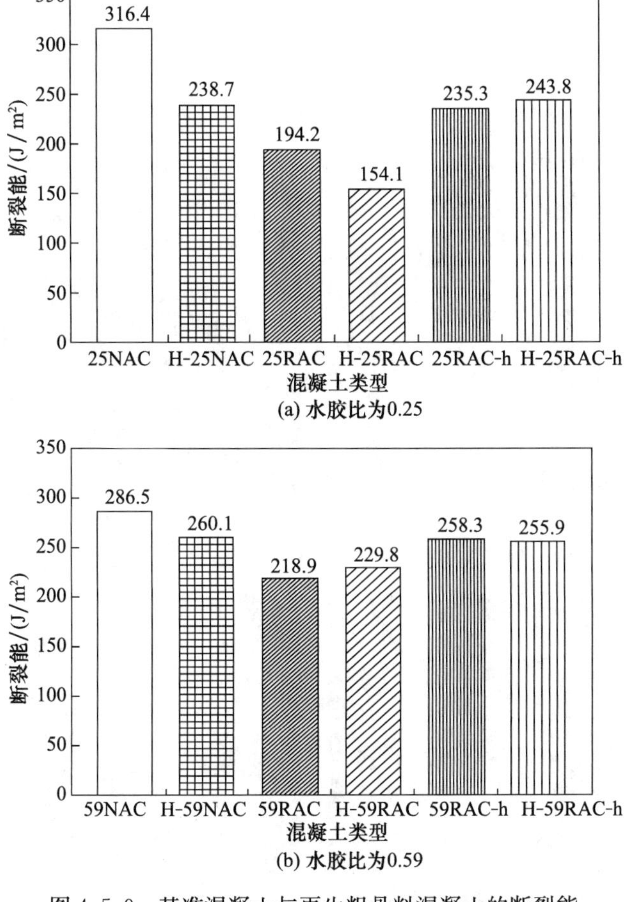

图 4.5.9　基准混凝土与再生粗骨料混凝土的断裂能

本节研究得到的抗压强度、劈裂抗拉强度、断裂能等力学性能试验数据中，再生粗骨料混凝土与天然粗骨料混凝土的差异在断裂能上表现得最为明显。

5）混凝土断裂面的观察结果

水胶比为 0.25 的混凝土断裂面观察结果如图 4.5.10 所示。可以看出，无论是天然粗骨料还是再生粗骨料，本节配制的低水胶比混凝土的断裂均呈现一种“穿越粗骨料”的方式，这种一致性证实了前面关于石子损伤与附着砂浆对低水胶比再生粗骨料混凝土抗裂性具有不同影响作用的判断，即石子损伤是引起断裂能下降的主要因素，附着砂浆对断裂能的影响较小。混凝土的断裂沿石子内的裂纹面进行，结果表现为混凝土断面具有“穿越粗骨料”的特征，而没有“环绕粗骨料”的特征，即再生粗骨料中的附着砂浆在断裂过程中仍保持完好。

水胶比为 0.59 的混凝土断裂面观察结果分别如图 4.5.11 和图 4.5.12 所示。由图 4.5.11(a)、(b)和图 4.5.12(a)可以看出，在剔除砂浆之前，本节配制的高水胶比混凝土的断裂均呈现“环绕粗骨料”的方式。这表明高水胶比混凝土的薄弱环节是砂浆与粗骨料之间的界面区，证实了前面关于石子损伤与附着砂浆对不同水胶比的再生粗骨料混凝土抗裂性具有不同影响作用的观点，即对于高水胶比再生混凝土，再生粗骨料的附着砂浆是引起抗裂性下降的主要因素。

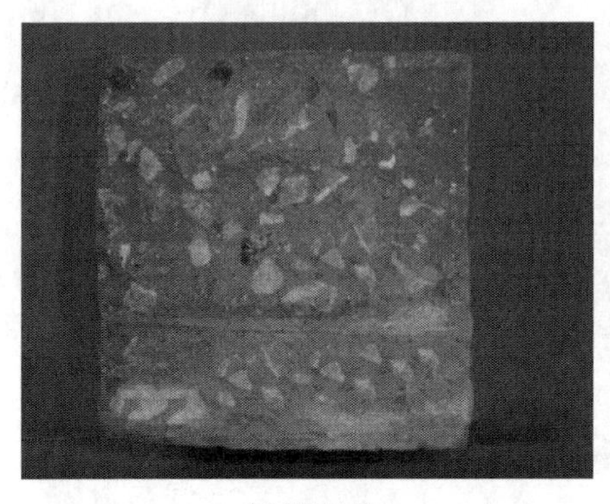

(a) 25NAC

(b) H-25RAC

图 4.5.10　水胶比为 0.25 的混凝土断裂面观察结果

(a) 59NAC

(b) H-59NAC

图 4.5.11　水胶比为 0.59、含天然粗骨料混凝土的断裂面观察结果

(a) 59RAC

(b) H-59RAC

图 4.5.12　水胶比为 0.59、含再生粗骨料混凝土的断裂面观察结果

在加热处理、剔除砂浆后，高水胶比再生混凝土（H-59RAC）的断裂反而呈现一种"穿越粗骨料"的方式，如图4.5.12(b)所示，表明石子的破碎加工损伤与加热损伤共同作用导致了再生粗骨料的石子成为混凝土中最脆弱的环节，当再生粗骨料混凝土受力破坏时，裂纹扩展沿石子里的裂纹面穿越而过。

基于上述石灰石粗骨料混凝土的研究结果可以看出，吸水率与断裂能可敏锐地反映再生粗骨料的损伤，而压碎指标、抗压强度与劈裂抗拉强度反映再生粗骨料损伤的敏锐性较低。

2. 基于花岗岩母岩的再生粗骨料混凝土试验结果与分析

1）粗骨料的压碎指标

1种天然花岗岩粗骨料和2种再生粗骨料的压碎指标测定结果如表4.5.3所示。可以看出，相对于天然粗骨料的压碎指标5.32%，再生粗骨料的压碎指标明显增大，达到12.86%，这与再生粗骨料表面大量的附着砂浆和骨料破碎过程中引起的石子损伤有关。同时，采用硫酸浸泡后的再生粗骨料压碎指标有所降低，如RA-H的压碎指标为8.44%，这主要是与硫酸浸泡可以去除再生粗骨料表面大量的附着砂浆有关。

表4.5.3　粗骨料的压碎指标

天然粗骨料(NA)	经硫酸处理后的再生粗骨料(RA-H)	再生粗骨料(RA)
5.32%	8.44%	12.86%

此外，从表4.5.3还可看出，由附着砂浆引起的再生粗骨料压碎指标的增值占总缺陷（附着砂浆和石子损伤）引起的增加值的58.6%[(12.86－8.44)/(12.86－5.32)]，超过了50%。因此，再生粗骨料表面的附着砂浆和破碎过程中引起的石子损伤均会对其压碎指标产生影响，且附着砂浆的影响更大。

2）混凝土的抗压强度

基于花岗岩母岩的基准混凝土与再生粗骨料混凝土的抗压强度如图4.5.13所示。可以看出，基准混凝土26NAC的抗压强度为81.2MPa，与此相比，再生粗骨料混凝土26RAC的抗压强度明显下降，为72.7MPa，这反映了附着砂浆和破碎损伤对再生粗骨料的影响；剥离砂浆后再生粗骨料配制的混凝土26RAC-H的抗压强度有所回升，为78.1MPa，这反映了去除附着砂浆有利于提高再生混凝土的抗压强度。同时，由附着砂浆引起的抗压强度下降量占总缺陷导致的抗压强度下降量的63.5%[(78.1－72.7)/(81.2－72.7)]，高于50%，即在低水胶比条件下，附着砂浆对基于花岗岩母岩的再生粗骨料混凝土的抗压强度影响更大。

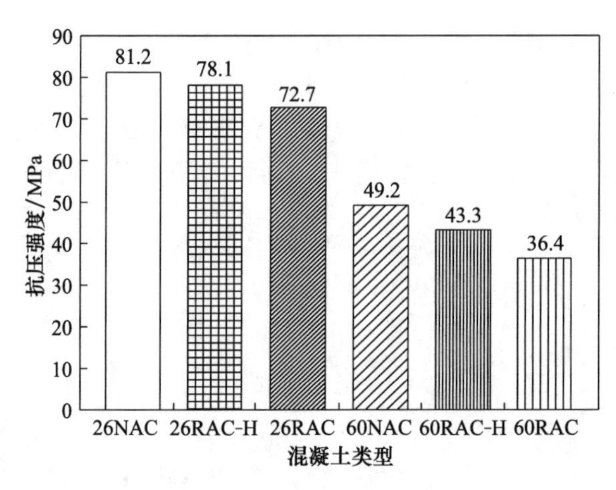

图 4.5.13 基于花岗岩母岩的基准混凝土与再生粗骨料混凝土的抗压强度

由图 4.5.13 还可看出，水胶比为 0.6 时混凝土抗压强度的变化规律与水胶比为 0.26 时相一致，即附着砂浆和破碎引起的石子损伤会引起抗压强度的下降，而使用硫酸溶液浸泡去除附着砂浆可以改善再生粗骨料的抗压强度。同时，由附着砂浆引起的抗压强度下降量占总缺陷导致的抗压强度下降量的 53.9%[(43.3－36.4)/(49.2－36.4)]，高于 50%，即在高水胶比条件下，附着砂浆也是引起基于花岗岩母岩的再生粗骨料混凝土抗压强度下降的主要因素。

4.5.4 结论

本节基于石灰石母岩的研究得到以下结论：

(1) 相对于基准混凝土，再生粗骨料混凝土的力学性能显著下降。这是由于再生粗骨料的缺陷，即破碎加工导致再生粗骨料中产生石子损伤和石子表面有附着的砂浆。在低水胶比条件下引起混凝土力学性能下降的主要因素是再生粗骨料中的石子损伤，而在高水胶比条件下则是附着砂浆。

(2) 剥离附着砂浆后，低水胶比的再生粗骨料混凝土力学性能进一步下降，但高水胶比的再生粗骨料混凝土力学性能则有所上升。

(3) 吸水率与断裂能是能够敏锐反映再生粗骨料损伤的参数，但压碎指标、抗压强度与劈裂抗拉强度反映再生粗骨料损伤的敏锐性稍差。

本节基于花岗岩母岩的研究得到以下结论：

(1) 在 0.26 和 0.6 水胶比下，附着砂浆和破碎加工引起的石子损伤均会引起再生粗骨料混凝土抗压强度的下降，且附着砂浆是主导因素。

(2) 采用硫酸溶液浸泡剔除附着砂浆后，高、低水胶比条件下，基于花岗岩的再生粗骨料混凝土的抗压强度均有所回升。

参考文献

[1] Casuccio M, Torrijos M C, Giaccio G, et al. Failure mechanism of recycled aggregate concrete[J]. Construction and Building Materials, 2008, 22(7): 1500-1506.

[2] 王军强,陈年和,蒲琪. 再生混凝土强度和耐久性能试验[J]. 混凝土, 2007, (5): 53-56.

[3] 邓宗才,王现卫,李建辉. 再生骨料混凝土研究述评[J]. 山东建材, 2006, 27(1): 59-63.

[4] Tu T T, Chen Y Y, Hwang C L. Properties of HPC with recycled aggregates[J]. Cement and Concrete Research, 2006, 36(5): 943-950.

[5] Tabsh S W, Abdelfatah A S. Influence of recycled concrete aggregates on strength properties of concrete[J]. Construction and Building Materials, 2009, 23(2): 1163-1167.

[6] Xiao J Z, Falkner H. Bond behaviour between recycled aggregate concrete and steel rebar [J]. Construction and Building Materials, 2007, 21(2): 395-340.

[7] Ajdukiewicz A, Kliszczewicz A. Influence of recycled aggregates on mechanical properties of HS/HPC[J]. Cement and Concrete Composites, 2002, 24(2): 269-279.

[8] Zaharieva R, Buyle-Bodin F, Skoczylas F, et al. Assessment of the surface permeation properties of recycled aggregate concrete[J]. Cement and Concrete Composites, 2003, 25(2): 223-232.

[9] Olorunsogo F T, Padayachee N. Performance of recycled aggregate concrete monitored by durability indices[J]. Cement and Concrete Research, 2002, 32(2): 179-185.

[10] Zaharieva R, Buyle-Bodin F, Wirquin E. Frost resistance of recycled aggregate concrete[J]. Cement and Concrete Research, 2004, 34(10): 1927-1932.

[11] Domingo-Cabo A, Lázaro C, López-Gayarre F, et al. Creep and shrinkage of recycled aggregate concrete[J]. Construction and Building Materials, 2009, 23(7): 2545-2553.

[12] 李秋义,杨向宁,朱亚光. 灾区建筑垃圾再生骨料与再生混凝土技术[J]. 建设科技, 2008, (15): 60-61.

[13] 雷霆,孔德玉,郑建军. 掺合料裹骨料工艺对再生骨料混凝土性能的影响[J]. 混凝土, 2007, (12): 38-41.

[14] 毋雪梅,高耀宾,杨久俊. 浸渍法强化再生骨料配制再生混凝土的试验[J]. 河南建材, 2009, (1): 56-57.

[15] 祝雯,任俊. 再生骨料及再生混凝土技术的研究进展[J]. 广州建筑, 2008, 36(5): 17-22.

[16] Abbas A, Fathifazl G, Fournier B, et al. Quantification of the residual mortar content in recycled concrete aggregates by image analysis[J]. Materials Characterization, 2009, 60(7): 716-728.

[17] Tam V W Y, Tam C M, Le K N. Removal of cement mortar remains from recycled aggregate using pre-soaking approaches[J]. Resources, Conservation and Recycling, 2007, 50(1): 82-101.

[18] Etxeberria M, Vázquez E, Marí A R. Microstructure analysis of hardened recycled aggregate concrete[J]. Magazine of Concrete Research, 2006, 58(12): 683-690.

[19] Etxeberria M, Vázquez E, Marí A, et al. Influence of amount of recycled coarse aggregates and production process on properties of recycled aggregate concrete[J]. Cement and Concrete Research, 2007, 37(5): 735-742.

[20] Nagataki S, Gokce A, Saeki T, et al. Assessment of recycling process induced damage sensitivity of recycled concrete aggregates[J]. Cement and Concrete Research, 2004, 34(6): 965-971.

[21] 朋改非，黄艳竹，张九峰. 骨料缺陷对再生混凝土力学性能的影响[J]. 建筑材料学报，2012，15(1)：80-84.

[22] 张传增，肖建庄，雷斌. 德国再生混凝土应用概述[C]//全国再生混凝土研究和应用学术交流会，上海，2008：44-50.

[23] Peng G, Chan S Y N, Anson M. Chemical Kinetics of C-S-H Decomposition in Hardened Cement Paste Subjected to Elevated Temperatures up to 800°C[J]. Advances in Cement Research, 2001, 13(2): 47-52.

[24] 中华人民共和国国家标准. 普通混凝土力学性能试验方法标准(GB/T 50081—2002)[S]. 北京：中国建筑工业出版社，2003.

4.6　纤维再生混凝土的抗冻性

元成方*，陈自豪，李爽，曾力

随着我国城市化进程的加快和建筑业的飞速发展，大量建筑垃圾的产生和处理催生了再生混凝土的研究、应用和发展。在我国北方广大地区以及华中部分地区的工程结构都不同程度地遭受到冻融循环作用的影响，开展再生混凝土抗冻性能研究具有重要意义。本节通过查阅近年来关于再生混凝土抗冻耐久性研究的相关文献，系统总结并分析了再生混凝土的冻融破坏机理、抗冻耐久性影响因素及主要措施。在此基础之上，设计制备聚丙烯纤维再生混凝土，深入开展纤维再生混凝土抗冻耐久性试验研究，揭示再生混凝土的冻融破坏规律及特征，旨在丰富和发展再生混凝土的理论研究，推动再生混凝土的工程应用。研究表明，聚丙烯纤维的添加主要起到抑制混凝土内部微裂缝的产生和发展、延缓其冻融破坏的作用，而在混凝土试件表层分布较少，对再生混凝土冻融作用后的表面剥蚀影响很小。聚丙烯纤维有效延缓了冻融循环作用带来的内部损伤，改善了再生混凝土的抗冻性能。在本节的试验条件下，改善再生粗骨料混凝土抗冻性能的最佳聚丙烯纤维掺量应在 1.2～1.8kg/m^3。

4.6.1　引言

随着我国城市化进程的加快和建筑业的飞速发展，我国每年产生的建筑垃圾达 1 亿 t 以上，已占到城市垃圾总量的 30%～40%，并以 8%的速度逐年递增。原先粗放式的露天堆放或填埋，不仅占用了大量的土地资源，同时粉尘、灰沙飞扬以及碱性废渣令土壤“失活”等问题也严重破坏了生态环境(见图 4.6.1)。因此，人类不得不积极面对废弃建筑垃圾的资源化利用问题。将建筑垃圾进行回收处理后制成再生粗骨料用于制备再生混凝土是近年来各个国家工程界的研究热点。在国家积极推进节能减排和环境治理、大力发展绿色建筑的战略背景下，这种新型建材的使用具有较好的经济效益和社会效益。

相对于天然粗骨料，再生粗骨料存在孔隙率大、表观密度低、吸水率高、微裂纹多、强度低等特点[1]，导致再生混凝土的耐久性能与同条件下的普通混凝土具有一定差距。抗冻性能作为混凝土耐久性评价的重要指标，直接影响工程结构的长期安全使用。对于我国“三北”以及高原等存在负温和干湿循环的地区，冻融破坏已

* 第一作者：元成方(1983—)，男，博士，副教授，主要研究方向为工程材料及结构耐久性。

基金项目：国家自然科学基金青年科学基金项目(51408553)。

图 4.6.1 露天堆放的建筑垃圾

经成为混凝土结构耐久性破坏的主要因素。因此,开展再生混凝土抗冻性能研究,揭示再生混凝土冻融破坏规律及特征,提出改善再生混凝土抗冻性的技术方法,对推进再生粗骨料混凝土的工程应用和理论研究具有重要意义。

4.6.2 研究现状

1. 混凝土冻融破坏机理

常温下,硬化混凝土是气-液-固三相平衡体系,当再生粗骨料混凝土处于负温环境时,其内部孔隙中的水分将发生从液相到固相的转变。连通的毛细孔是导致混凝土遭受冻害的主要因素[2]。Gokce 等[3]从微观的角度对再生粗骨料混凝土的冻融破坏进行了研究,认为再生粗骨料的附着砂浆若为非引气型,则会导致再生粗骨料首先破坏,进而导致基相的破坏,使整个体系的冻融破坏加剧。陈爱玖等[4]认为,再生粗骨料混凝土内部遭受周而复始的冻胀压力和渗透压力的联合作用,其内部微裂纹不断产生和发展,使再生混凝土材料的性能逐渐劣化,其内部水-冰的相变力随温度的变化过程类似于受循环荷载过程。

2. 再生粗骨料混凝土抗冻性能

1) 再生混凝土粗骨料混凝土

由废弃混凝土制得的再生粗骨料颗粒主要包含三部分,即绝大部分为表面附着部分老旧砂浆的次生颗粒,少部分为与老旧砂浆完全脱离的原状颗粒,其余为老旧砂浆颗粒。这些老旧水泥砂浆微观上是疏松多孔结构,加之再生粗骨料在制备过程中混凝土损伤积累等原因,导致再生粗骨料混凝土的各项力学性能指标均低于天然粗骨料混凝土[5]。再生粗骨料根据其品质可划分为三类[6],不同品质的再生粗骨料对再生混凝土的抗冻性有不同的影响。韩帅等[7]通过简单破碎与两次颗粒整形分别制成了Ⅱ类、准Ⅰ类和Ⅰ类再生粗骨料,在此基础上分别制成再生混凝土并与天然粗骨料混凝土进行对比，发现其抗冻性能排序为：二次颗粒整形再生混凝土＞天然粗骨料混凝土＞一次颗粒整形再生混凝土＞简单破碎再生混凝土，此外，随着再生粗骨料取代率的增大，只有Ⅰ类再生粗骨料混凝土的抗冻性表现出先增大后减小的趋势，其他两类再生混凝土的抗冻性均逐渐减小，表明再生粗骨料的品质优劣对再生混凝土的性能有直接影响。曹剑[8]的研究也得到类似结论：不同水胶比下，Ⅱ类再生粗骨料和经过颗粒整形处理得到的Ⅰ类再生粗骨料配置的混凝土进行比较，其抗冻性能排名为：Ⅱ类再生粗骨料混凝土的抗冻性能＜Ⅰ类再生粗骨料混凝土。陶桂东等[9]的研究表明，即使是Ⅲ类再生粗骨料，在配合比与取代率(15％)适宜的条件下也可制备出 C60 高强混凝土，其抗压强度、抗冻性能和抗氯离子渗透性能无明显削弱。

2）再生砖骨料混凝土

目前，国内拆除的老旧建筑大多为砖混结构，碎砖含量达到 30％以上。将废弃黏土砖制成再生粗骨料循环使用，不仅能实现建筑垃圾的资源化、无害化处理，还可缓解我国基础设施建设原料供应紧张的矛盾，具有较好的经济效益和社会效益。李飞等[10]通过试验研究发现，再生砖骨料仅对再生混凝土的强度有影响，而对其抗冻性影响较小，水胶比是影响抗冻性的更主要因素。汤贝贝等[11]配制了再生砖骨料取代率为 30％的 C40 再生混凝土，发现其抗压强度略低于天然粗骨料混凝土，抗冻等级可达到 D300。舒倩等[12]用再生砖骨料配制了水胶比为 0.42 的再生混凝土，通过试验发现再生砖骨料混凝土的抗渗透性能低于天然粗骨料混凝土，再生砖骨料取代率的增加对抗渗透性不利，再生砖骨料取代率为 40％时混凝土抗冻等级能够达到 D100。

3）纤维再生混凝土

细小的纤维在混凝土内部呈三维乱向分布，一方面通过密集分布限制气泡的大小，形成较密集的小气孔孔隙结构；另一方面有效跨越混凝土内部的微裂缝，承受初始收缩和冻融作用下的水压力与冰的膨胀力，抑制了微裂缝的产生与发展，起到提高再生混凝土抗冻性的作用。陈爱玖等[13,14]的研究表明，影响再生混凝土相对动弹性模量的因素依次为：引气剂＞粉煤灰＞聚丙烯纤维＞再生粗骨料＞矿粉，铣削波纹型钢纤维对再生混凝土抗冻性的改善明显优于剪切端钩型钢纤维和聚丙烯纤维。任磊等[15]研究发现，冻融循环 100 次后，纤维增强再生混凝土的抗压强度比天然粗骨料混凝土提高约 16％。王丽丹等[16]通过试验发现，随着再生粗骨料取代率的增大，混凝土抗压强度和抗冻性均逐渐下降，掺加聚丙烯纤维可明显提高混凝土的抗压强度和抗冻性能。

综上所述，再生混凝土作为一种新型建筑材料，本身具有一定的性能缺陷，抗冻性能比天然粗骨料混凝土稍差，但可以采取措施，依据其所具有的缺陷来针对性地改善其抗冻性能，使其达到甚至超过天然粗骨料混凝土的抗冻性指标。

与钢纤维相比，聚丙烯纤维具有成本低、耐腐蚀性佳、耐寒性好、分散性强、与波特兰水泥相容性好等特点，采用聚丙烯纤维对再生粗骨料混凝土进行改性具有良好的应用前景。因此，本节设计制备聚丙烯纤维再生混凝土，并开展纤维再生混凝土抗冻耐久性试验研究，旨在丰富和发展再生混凝土的理论研究，推动再生混凝土的工程应用。

4.6.3　纤维再生混凝土抗冻性试验

1. 试验概况

1) 试验材料

试验采用P·O42.5普通硅酸盐水泥、细度模数2.6的天然中砂、5～20mm连续级配碎石、减水率27%的聚羧酸系高性能减水剂，混凝土拌合物用水为普通自来水。废弃烧结砖来源于某城中村拆迁废弃的建筑垃圾，经测定，废弃烧结砖的抗压强度在MU10～MU25。将废弃烧结砖用颚式破碎机破碎，经过筛分后得到粒径为连续级配的再生砖骨料。废弃混凝土来自某检测站废弃的强度为C30～C40的商品混凝土试件，用颚式破碎机破碎后筛分成粒径为5～20mm连续级配的再生混凝土骨料。再生骨料的外观形貌如图4.6.2和图4.6.3所示，材料性能指标如表4.6.1所示。纤维采用束状单丝聚丙烯纤维(见图4.6.4)，经特殊技术处理，保证其良好的黏结性和分散性，主要技术指标如表4.6.2所示。

图4.6.2　再生混凝土骨料

图4.6.3　再生砖骨料

表4.6.1　骨料材料性能指标

骨料类型	表观密度/(kg/m^3)	堆积密度/(kg/m^3)	吸水率/%	压碎指标/%
天然粗骨料	2721	1526	1.2	8.6
再生混凝土骨料	2654	1335	5.4	13.9
再生砖骨料	2395	995	18.4	33.8

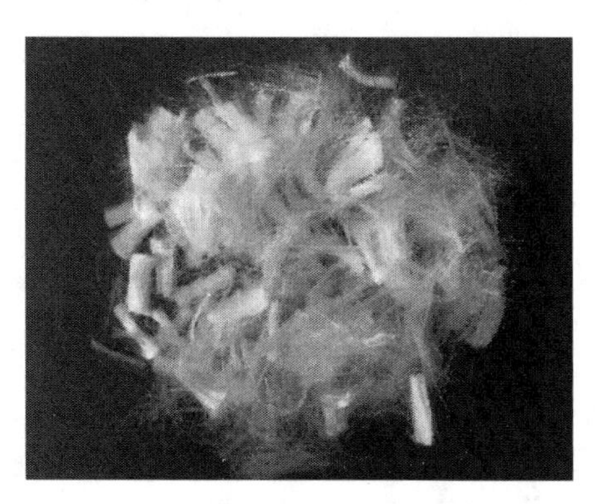

图 4.6.4　聚丙烯纤维

表 4.6.2　聚丙烯纤维主要技术指标

直径/μm	长度/mm	抗拉强度/MPa	弹性模量/MPa	极限延伸率/%	熔点/℃	燃点/℃	导热性	耐酸碱性	相对密度
48	19	350	3600	≥15	160	580	极低	极高	0.91

2）再生混凝土配合比设计

首先参照《普通混凝土配合比设计规程》(JGJ 55—2011)[17]设计强度等级为C50 的天然骨料混凝土(编号 N)，再用等体积的再生砖骨料和再生混凝土骨料的混合骨料(体积比 1∶1)100%取代天然骨料，制备再生骨料混凝土(编号 R)，最后分别添加 0.9kg/m³、1.2kg/m³、1.8kg/m³ 的聚丙烯纤维制备纤维再生混凝土(编号 R-0.9、R-1.2、R-1.8)。混凝土的配合比如表 4.6.3 所示。

表 4.6.3　混凝土试验配合比

配合比编号	水/(kg/m³)	水泥/(kg/m³)	砂/(kg/m³)	石子/(kg/m³)	再生混凝土骨料/(kg/m³)	再生砖骨料/(kg/m³)	减水剂/(kg/m³)	纤维/(kg/m³)
N	160	460	719	1112	0	0	2.03	0
R	160	460	719	0	491	544	2.03	0
R-0.9	160	460	719	0	491	544	2.03	0.9
R-1.2	160	460	719	0	491	544	2.03	1.2
R-1.8	160	460	719	0	491	544	2.03	1.8

3）试验方法

混凝土立方体抗压强度试验参照《普通混凝土力学性能试验方法标准》(GB/T 50081—2002)[18]规定的方法进行，试件尺寸为 100mm×100mm×100mm，试验设备采用 YAW-2000B 型压力试验机。混凝土抗冻性试验参照《普通混凝土长期性能和耐久性能试验方法标准》(GB/T 50082—2009)[19]中的快冻法进行，试件尺寸为100mm×100mm×400mm，试验设备为 YAW-2008B 型压力试验机(见图 4.6.5)、TDR-28 型混凝土快速冻融试验机(见图 4.6.6)、NEL-DTA 型动弹模测定仪(见如图 4.6.7)，通过测试计算混凝土的相对动弹性模量和质量损失率来评价其抗冻性能。

图 4.6.5　YAW-2000B 型压力试验机

图 4.6.6　TDR-28 型混凝土快速冻融试验机

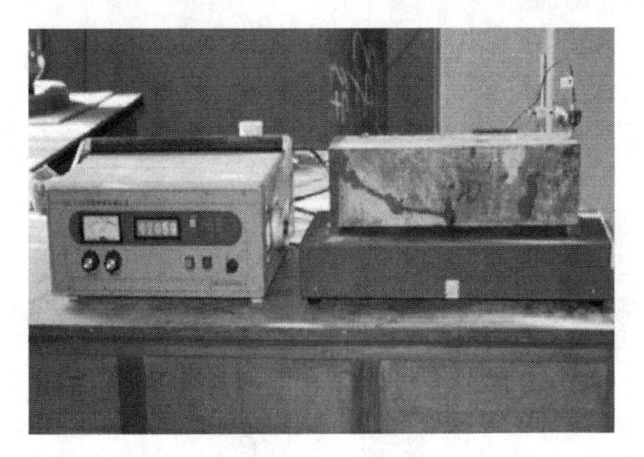

图 4.6.7　NEL-DTA 型动弹模测定仪

2. 试验结果及分析

1）混凝土立方体抗压强度

混凝土立方体抗压强度试验结果如表 4.6.4 所示。可以看出，天然骨料混凝土抗压强度达到了 C50 的设计强度等级。再生骨料混凝土的抗压强度与天然骨料混凝土有明显差距，这是因为再生骨料，特别是再生砖骨料自身强度低，导致再生混凝土抗压强度偏低。在本节的试验条件下，聚丙烯纤维并未提高再生混凝土的立方体抗压强度。

表 4.6.4　混凝土立方体抗压强度

配合比编号	立方体抗压强度/MPa
N	55.6
R	34.6
R-0.9	32.4
R-1.2	31.9
R-1.8	33.1

2）混凝土冻融后的表观情况

混凝土经历冻融循环后的表观情况如图 4.6.8 所示。可以看出，冻融循环初

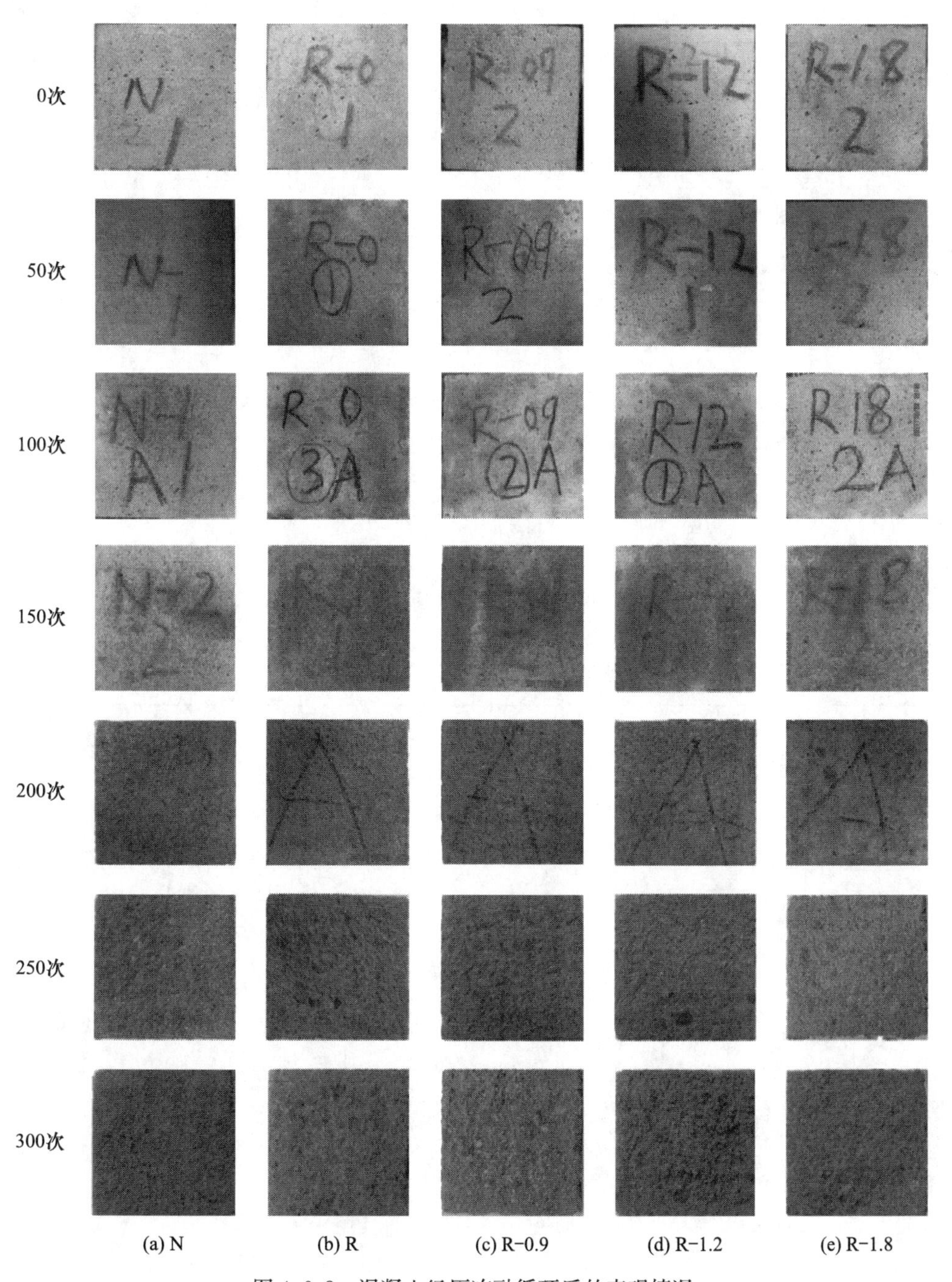

图 4.6.8　混凝土经历冻融循环后的表观情况

期，混凝土试件的外观变化并不明显，随着冻融循环次数的增加，天然骨料混凝土和再生骨料混凝土的外观开始出现一定差异。试验之初，天然骨料混凝土试件表面只有轻微剥蚀，直到经历 200 次冻融循环后，其表面才开始出现大片水泥砂浆剥落。再生骨料混凝土经历 150 次冻融循环后，试件表面水泥砂浆层几乎全部剥落，经历 200 次冻融循环后，试件表面损伤加剧，骨料外露较明显。此外，还可以观察到，再生骨料混凝土和三种纤维掺量的聚丙烯纤维再生混凝土表现出相似的剥蚀情况。这是由于混凝土试件表层纤维分布相对较少，聚丙烯纤维对再生混凝土的表面剥蚀影响较小。

3) 混凝土冻融后的相对动弹性模量

混凝土经历冻融循环后的相对动弹性模量计算结果如表 4.6.5 所示，相对动弹性模量的变化趋势如图 4.6.9 所示。

表 4.6.5 混凝土经历冻融循环后的相对动弹性模量

配合比编号	不同冻融循环次数下的相对动弹性模量/%												
	0	25	50	75	100	125	150	175	200	225	250	275	300
N	100	98.4	97.5	99.1	99.3	98.6	98.8	99.1	99.3	97.2	97.7	97.4	96.2
R	100	93.2	92.5	91.1	87.2	84.2	79.2	65.3	59.9	—	—	—	—
R-0.9	100	96.5	94.3	95.1	94.9	94.7	91.9	91.5	90.7	78.3	77.9	67.9	55.8
R-1.2	100	96.4	95.9	96.2	96.0	95.0	93.3	93.7	93.5	85.9	87.0	83.4	78.9
R-1.8	100	96.4	95.5	95.9	96.6	95.0	94.2	94.2	94.5	88.4	89.4	86.1	80.1

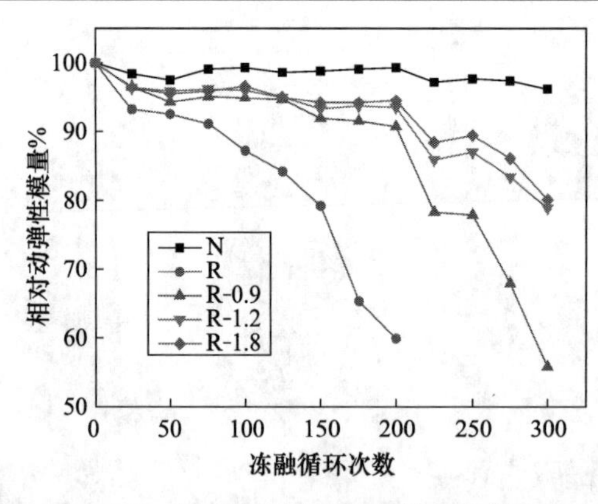

图 4.6.9 混凝土相对动弹性模量变化趋势

由图 4.6.9 可以看出，随着冻融循环次数的增加，天然骨料混凝土的相对动弹性模量下降十分缓慢，在经过 300 次冻融循环后，相对动弹性模量依然大于 96%，表现出良好的抗冻性能。相同试验条件下，再生骨料混凝土的相对动弹性模量远远低于天然骨料混凝土，经历 200 次冻融循环后，其相对动弹性模量已经低于 60%。

在冻融循环试验过程中，纤维再生混凝土的相对动弹性模量变化可分为两个阶段：①200 次冻融循环之前，三种纤维掺量的聚丙烯纤维再生混凝土的相对动弹性模量下降较为缓慢且十分接近。②经历 200 次冻融循环后，纤维掺量为 0.9kg/m^3 的聚丙烯纤维再生混凝土的相对动弹性模量下降显著，当冻融循环达到 300 次时，其相对动弹性模量已经低于

60%。而纤维掺量为 1.2kg/m³ 和 1.8kg/m³ 的聚丙烯纤维再生混凝土的相对动弹性模量依旧下降缓慢，并且接近。经历 300 次冻融循环后，其相对动弹性模量依然保持在 78%以上。

以冻融循环 200 次的试验结果为例，纤维掺量为 0.9kg/m³、1.2kg/m³ 和 1.8kg/m³ 的聚丙烯纤维再生混凝土的相对动弹性模量比再生骨料混凝土（未掺纤维）分别提高了 51.4%、56.1%和 57.8%。因此，聚丙烯纤维的阻裂、桥接作用有效延缓了冻融循环作用带来的内部损伤，改善了再生混凝土的抗冻性能。在本节的试验条件下，聚丙烯纤维掺量为 1.2kg/m³、1.8kg/m³ 时，纤维对再生混凝土抗冻性能的改善效果较好且接近，合理的纤维掺量不应低于 1.2kg/m³。

4) 混凝土冻融后的质量损失率

混凝土经历冻融循环后的质量损失率计算结果如表 4.6.6 所示，质量损失率的变化趋势如图 4.6.10 所示。

表 4.6.6　混凝土经历冻融循环后的质量损失率

配合比编号	不同冻融循环次数下的质量损失率/%												
	0	25	50	75	100	125	150	175	200	225	250	275	300
N	0	−0.12	−0.11	−0.16	−0.26	−0.26	−0.26	−0.03	−0.07	0.17	0.19	0.21	0.29
R	0	−0.30	−0.42	−0.43	−0.72	−0.82	−0.77	−0.82	−0.88	−0.76	−0.85	−0.69	−0.50
R-0.9	0	−0.27	−0.40	−0.09	−0.57	−0.60	−0.60	−0.66	−0.68	−0.62	−0.76	−0.52	−0.40
R-1.2	0	−0.24	−0.35	−0.42	−0.52	−0.50	−0.50	−0.30	−0.32	−0.09	−0.22	−0.20	−0.13
R-1.8	0	−0.25	−0.38	−0.45	−0.55	−0.58	−0.58	−0.60	−0.63	−0.51	−0.51	−0.48	−0.49

由图 4.6.10 可以看出，在冻融循环试验过程中，混凝土的质量损失率呈先减小后增大的趋势。这是由于在试验初期，混凝土表面剥蚀不明显，而内部冻胀作用产生的微裂缝提高了混凝土的吸水率，因此造成质量的增加。随着冻融循环作用的持续进行，混凝土表面剥蚀逐渐加剧，从而导致质量损失率逐渐增大。

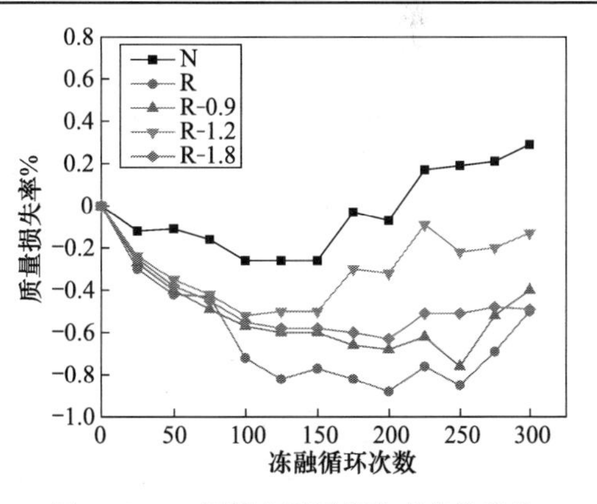

图 4.6.10　混凝土质量损失率变化趋势

冻融循环 150 次之前，各组混凝土的质量损失率均随着冻融循环次数的增加而逐步下降。冻融循环 150 次之后，混凝土质量损失率出现波动式下降，这与冻融循环后期混凝土表面损伤的加剧有关。这一现象与前述的表面损伤、相对动弹性模量变化规律是一致的。

在整个试验过程中,再生骨料混凝土和纤维再生混凝土的质量损失率始终为负值,即混凝土的质量一直在增加。这一现象表明,相对天然骨料混凝土,再生混凝土内部裂缝较多且发展更快,吸水率较高,质量增加始终大于表面剥蚀造成的质量损失,即再生混凝土内部冻融破坏比表面损伤更严重。纤维再生混凝土的质量损失率介于天然骨料混凝土和再生骨料混凝土之间。

试验结果表明,再生骨料混凝土的冻融破坏具有新的特征,《普通混凝土长期性能和耐久性能试验方法标准》(GB/T 50082—2009)4.2节第8条以“试件的质量损失率达5%”作为冻融循环试验停止的标志之一,这一规定并不适用于再生骨料混凝土,特别是再生砖骨料混凝土。

4.6.4 结论

通过开展快速冻融试验,深入研究分析了纤维再生混凝土的抗冻性能,讨论了纤维再生混凝土的冻融破坏规律及特征。得到以下结论:

(1) 再生骨料混凝土的抗压强度与天然骨料混凝土有明显差距,在本节的试验条件下,聚丙烯纤维并未提高再生混凝土的立方体抗压强度。

(2) 再生骨料混凝土和三种纤维掺量的聚丙烯纤维再生混凝土表现出相似的剥蚀情况,聚丙烯纤维对再生混凝土的表面剥蚀影响较小。

(3) 聚丙烯纤维有效延缓了冻融循环作用带来的内部损伤,改善了再生混凝土的抗冻性能。在本节的试验条件下,改善再生骨料混凝土抗冻性能的最佳聚丙烯纤维掺量应在1.2~1.8kg/m^3。

(4) 再生骨料混凝土的冻融破坏具有新的特征,现行规范中“试件的质量损失率达5%”[19]作为冻融循环试验停止的标志之一的规定并不适用于再生骨料混凝土,特别是再生砖骨料混凝土。

(5) 工程纤维的材质、规格较多,对再生混凝土抗冻性能的影响也必然不同。本节仅研究了合成纤维中的低弹模量纤维(聚丙烯纤维),高弹模量纤维(如PVA纤维)、植物纤维(纤维素纤维)等对再生混凝土抗冻性能的影响还有待研究。抗冻耐久性寿命预测模型也有待建立。

参考文献

[1] 李秋义,全洪珠,秦原.混凝土再生骨料[M].北京:中国建筑工业出版社,2011.

[2] 崔素萍,杜鑫,兰明章,等.不同矿物掺和料对再生细骨料混凝土耐久性影响的研究[J].混凝土世界,2011,(2):82-85.

[3] Gokce A, Nagataki S, Saeki T, et al. Freezing and thawing resistance of air-entrained concrete incorporating recycled coarse aggregate: The role of air content in demolished concrete [J]. Cement and Concrete Research, 2004, 34(5): 799-806.

[4] 陈爱玖，章青，王静，等. 再生混凝土冻融循环试验与损伤模型研究[J]. 工程力学，2009，26(11)：102-107.

[5] 王怀亮，张楠. 改性再生骨料对自密实混凝土性能的影响[J]. 哈尔滨工业大学学报，2016，48(6)：150-156.

[6] 中华人民共和国国家标准. 混凝土用再生粗骨料(GB/T 25177—2010)[S]. 北京：中国标准出版社，2011.

[7] 韩帅，李秋义，张修勤，等. 再生粗骨料品质和取代率对再生混凝土抗冻性能影响[J]. 中国海洋大学学报(自然科学版)，2017，47(1)：96-104.

[8] 曹剑. 再生粗骨料品质和取代率对再生混凝土抗冻性能的影响[J]. 青岛理工大学学报，2016，37(4)：17-20.

[9] 陶桂东，蒋开东，张劲松，等. Ⅲ类再生骨料对C60混凝土性能影响的研究[J]. 工程质量，2015，33(4)：39-43.

[10] 李飞，张晓奇，董汇标，等. 再生废砖粗骨料对混凝土性能的影响[J]. 混凝土，2015，(2)：56-58，62.

[11] 汤贝贝，王磊，宗兰，等. 碎砖骨料再生混凝土的抗冻性能试验研究[J]. 江苏建材，2015，(3)：26-29.

[12] 舒倩，姜新佩，董云婷. 富含砖粒再生骨料混凝土的耐久性试验研究[J]. 河北工程大学学报(自然科学版)，2017，34(1)：43-47.

[13] 陈爱玖，孙晓培，张敏，等. 活性掺合料再生混凝土抗冻性能试验[J]. 混凝土，2014，(6)：20-23.

[14] 陈爱玖，王静，杨粉，等. 纤维再生混凝土的抗冻性能试验研究[J]. 混凝土，2013，(2)：1-4.

[15] 任磊，赵洪林，袁书成，等. 玄武岩纤维增强再生混凝土冻融后基本力学性能试验研究[J]. 混凝土，2017，(8)：46-51.

[16] 王丽丹，周志云，叶林飞，等. 复合微粉和聚丙烯纤维对再生混凝土抗冻性研究[J]. 上海理工大学学报，2017，39(3)：301-306.

[17] 中华人民共和国行业标准. 普通混凝土配合比设计规程(JGJ 55—2011)[S]. 北京：中国建筑工业出版社，2011.

[18] 中华人民共和国国家标准. 普通混凝土力学性能试验方法标准(GB/T 50081—2002)[S]. 北京：中国建筑工业出版社，2003.

[19] 中华人民共和国国家标准. 普通混凝土长期性能和耐久性能试验方法标准(GB/T 50082—2009)[S]. 北京：中国建筑工业出版社，2009.

第5章　再生混凝土改性机理

5.1　再生混凝土改性方法

肖建庄①，侯少丹，陈祥磊，Vivian Tam②，Ali Akbarnezhad③

与天然粗骨料相比，再生粗骨料表面附有老砂浆，导致其孔隙率大、吸水率高，进而使得再生混凝土的力学性能、耐久性能较普通混凝土有较大程度的降低。本节从再生粗骨料和再生混凝土两个层次对再生混凝土改性研究的方法进行归纳和总结。在再生粗骨料层面，一方面通过研磨、加热等物理手段去除老砂浆，另一方面通过浸泡、碳化等化学手段强化老砂浆。在再生混凝土层面，从材料、结构和施工三个方面进行改性，通过添加纤维、纳米材料等优化微观结构和界面过渡区，通过合理配筋、增加约束和优化搅拌工艺、施工工艺改善再生混凝土的结构性能。

5.1.1　引言

随着近年来建筑产业的迅猛发展，建筑固废的产量逐年增长。目前我国建筑垃圾的数量已占到城市垃圾总量的30%～40%，据统计，我国每年产生的建筑垃圾约为1亿t，在目前的建筑废弃物组成中，混凝土占据了较大比重，约为41%。我国目前对于废弃混凝土的处理方式主要有两种，一种是作为道路和建筑物的基础垫层使用，但多数情况下，采用另一种方式，即未经处理直接采取堆放或填埋处理，这种处理方式不仅占用了大量的土地资源，而且会污染环境。

再生混凝土被称为实现建筑业可持续发展的绿色生态型混凝土，与天然粗骨料相比，再生粗骨料孔隙率大、吸水率高、堆积密度小[1]，这就使得再生混凝土的性能相对普通混凝土有较大程度的降低。大多数研究结果证明，相同配合比下的再生混凝土比天然粗骨料混凝土的强度低、弹性模量小，这些特点制约了再生混凝土的发展。为了改善再生混凝土的性能，促进再生混凝土的规模化应用，需要对再生

---

① 肖建庄(1968—)男，博士，教授，主要研究方向为再生混凝土。

② Vivian Tam，西悉尼大学教授。基金项目：国家自然科学基金国际(地区)合作与交流项目(51250110074)。

③ Ali Akbarnezhad，悉尼大学副教授。基金项目：国家自然科学基金国际(地区)合作与交流项目(51550110234)。

骨料和再生混凝土改性开展研究工作。

5.1.2　再生混凝土基本性能

对于再生混凝土的力学性能，肖建庄等[1~7]的研究发现：

(1) 再生混凝土的抗压强度低于普通混凝土，并且随着再生粗骨料取代率的增加而降低[1]。再生混凝土的单轴抗拉试验结果表明，随着再生粗骨料取代率的增加，再生混凝土的抗拉强度降低，当取代率为100%时，其抗拉强度为普通混凝土的69%～88%。再生粗骨料对再生混凝土的抗折强度影响并不明显。随着再生粗骨料取代率的增加，再生混凝土的弹性模量减小，峰值应变增加，当再生粗骨料取代率为100%时，峰值应变较普通混凝土的峰值应变增大约20%[2~5]。

(2) 对再生混凝土破坏机理的研究发现，再生混凝土中砂浆的增加是再生混凝土力学性能劣化的根本原因，模型再生混凝土单轴受压破坏时，初始微裂缝出现在界面过渡区部位，具体出现位置与新界面和老界面之间的相对力学性能有关[6,7]。

对于再生混凝土的耐久性能，肖建庄等[8~13]的研究发现：

(1) 当再生粗骨料取代率小于70%时，碳化深度随再生粗骨料的增加而增加；当取代率超过70%时，碳化深度随再生粗骨料的增加而减少。再生混凝土的碳化深度随水胶比的增大而增大，水胶比大于0.5之后增大速度更快。由于再生粗骨料表面附着老砂浆，因此再生混凝土的干缩量比普通混凝土大。随着再生粗骨料取代率和水灰比的增加，再生混凝土的干燥收缩值增加。徐变荷载90d时，再生粗骨料取代率为100%的再生混凝土徐变变形值较普通混凝土增加76%[8~10]。

(2) 对再生混凝土氯离子扩散的试验和模拟结果显示再生混凝土的氯离子扩散系数随着老砂浆含量、再生粗骨料替代率和旧界面过渡区厚度的增加而增加[11~13]。

5.1.3　再生混凝土微观结构

一般将再生混凝土简化为五相系统：天然粗骨料(NA)、老硬化砂浆(OHM)、新硬化砂浆(NHM)、新界面过渡区(NITZ)及老界面过渡区(OITZ)(见图5.1.1)。新界面过渡区一般指新砂浆与再生粗骨料之间的过渡区，其中包括新砂浆与再生粗骨料上包覆的老砂浆的过渡区和新砂浆与再生粗骨料中裸露的天然粗骨料的过渡区。老界面过渡区是指再生粗骨料内天然粗骨料与表面包覆的老砂浆的过渡区。

由图5.1.1可以看出，老界面过渡区比较密实，而新界面过渡区比较疏松，厚度范围也比较大。图5.1.2为天然粗骨料和新砂浆间的界面过渡区示意图，可以看出界面过渡区表现出结晶疏松、孔隙率高的特点，其厚度为15～30μm，局部可能出现较大孔洞造成界面过渡区范围变大[14]。因此，界面过渡区的性质对再生混凝土强度有显著影响。

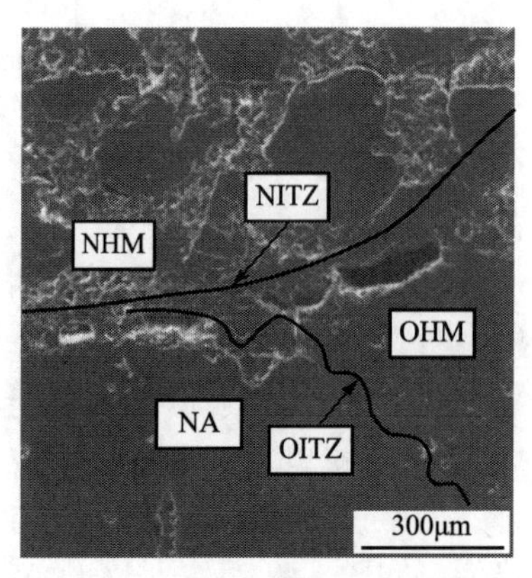

图 5.1.1 新老界面过渡区示意图[14]

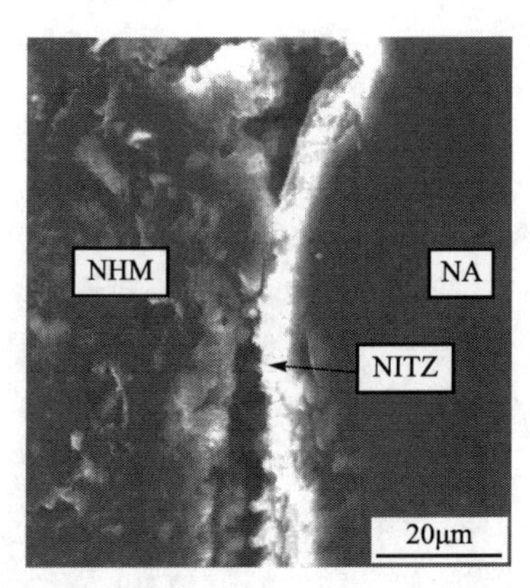

图 5.1.2 天然粗骨料和新砂浆界面过渡区示意图[14]

新老砂浆以及界面过渡区是再生混凝土的薄弱区，尤其是老砂浆和老界面过渡区，导致再生混凝土的工作性能、力学性能和耐久性能一般要比同配合比的普通混凝土更差。要提高再生混凝土性能，首先需要改善新老砂浆和界面过渡区的性质。改性方法可以从再生粗骨料和再生混凝土两个层次出发，寻求不同的手段，再生混凝土改性研究体系如图 5.1.3 所示。在再生粗骨料层面，可以通过机械研磨、微波加热等手段去除老砂浆，也可以通过浆液浸泡、碳化来强化老砂浆。在再生混凝土层面，材料上通过添加纤维、纳米材料等起优化作用，施工上通过合理配筋、增加约束、优化工艺来改善再生混凝土的结构性能。

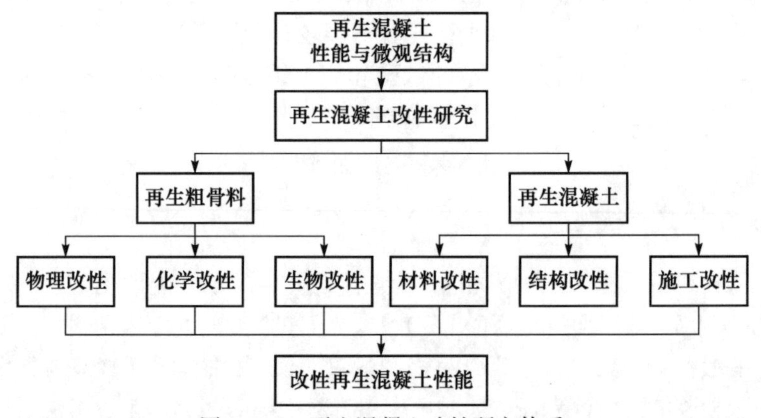

图 5.1.3 再生混凝土改性研究体系

5.1.4 再生粗骨料改性

1. 物理改性

1) 机械研磨、颗粒整形

Montgomery[15]的研究发现，球磨法能够很好地去除再生粗骨料表面的老砂浆。何德湛[16]的研究发现，在日本经立式偏心装置和卧式回转装置研磨处理的再生粗骨料性能都有很大提高。李秋义等[17]通过对粗骨料颗粒整形发现，再生粗骨料经颗粒整形强化后其性能显著提高，某些高品质再生粗骨料的性能甚至可以接近天然粗骨料，并且再生细骨料的性能也有大幅改善。

2) 加热研磨、微波加热

Bru 等[18]曾利用选择性加热研磨法对废弃混凝土块先微波辐射，再通过机械研磨去除粗骨料表面老砂浆，得到了品质良好的再生粗骨料。

肖建庄等[19]通过低功率微波加热(见图 5.1.4)循环去除再生粗骨料上附着的老砂浆，从而提高粗骨料品质。选用粒径为 4.75～31.5mm 的再生粗骨料，连续粒径且级配良好，表观密度为 2516kg/m^3，堆积密度为 1336kg/m^3，吸水率为 6.78%。微波一次加热时间为 5min，然后倒入冷水中进行冷却。对再生粗骨料进行微波循环加热 15 次和 20 次之后，砂浆含量分别降低 8.9%和 10.8%(见图 5.1.5)，吸水率分别降低 1.9%和 2.2%，压碎指标分别降低 30.5%和 27.6%。与外裹纯水泥浆法和机械研磨法相比，微波改性效果更为明显，尤其在砂浆含量方面。使用不同改性方法处理再生粗骨料，然后配制再生混凝土，对比 7d 和 28d 抗压强度，发现微波加热循环 15 次和 20 次后再生混凝土的 28d 抗压强度分别比未改性的再生混凝土抗压强度提高 9.4%和 10.4%。

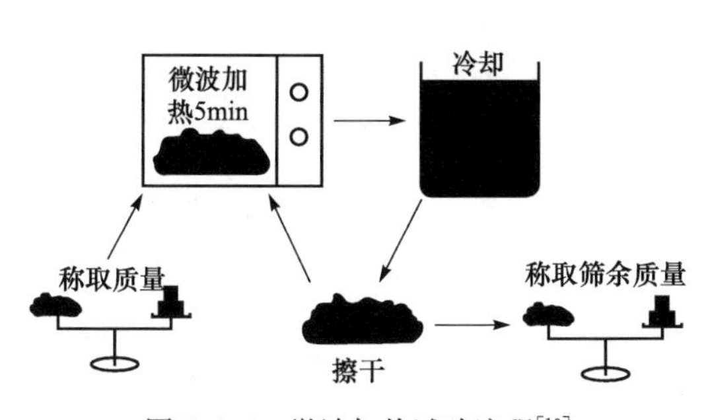

图 5.1.4　微波加热试验流程[19]

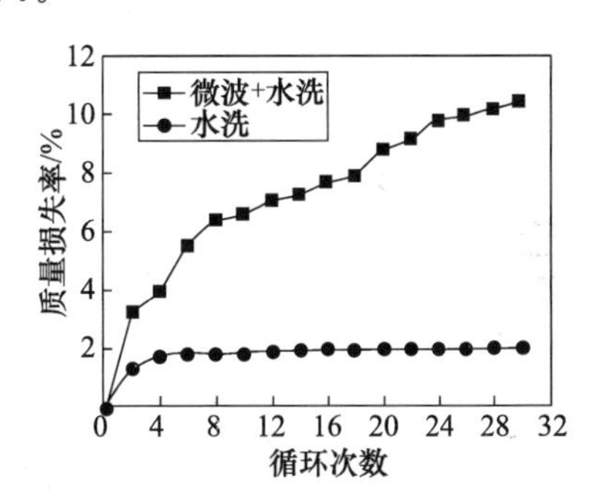

图 5.1.5　循环次数-质量损失率关系[19]

2. 化学改性

1) 化学溶液浸泡改性

Tam 等[20]使用盐酸、硫酸和磷酸三种溶液浸泡再生粗骨料以去除其表面的老砂浆，发现盐酸的去除效果最有效。Abbas 等[21]证实采用浓硫酸钠溶液浸泡再生粗骨料，再伴随机械搅拌，能很好地去除再生粗骨料表面的老砂浆，改善再生粗骨料性能。Shaikh 等[22]比较了纳米 SiO_2 溶液中预浸再生粗骨料与纳米 SiO_2 在混凝土中直接掺入的改进效果。与直接掺入相比，纳米 SiO_2 溶液浸泡再生粗骨料拌制的再生混凝土的抗压强度提高了约 5%，再生混凝土的渗透性孔隙体积降低约

28%,氯离子渗透系数显著降低。

2) 碳化改性

Wang 等[23]通过试验和模拟分析了碳化深度、老硬化砂浆的分布和再生粗骨料的形状对模型再生混凝土(见图 5.1.6)界面过渡区性质的影响(见图 5.1.7 和图 5.1.8),发现碳化改性能够提高碳化模型再生混凝土界面过渡区的性质,当水灰比更高时,碳化改性对新、老硬化砂浆的效果更为显著,另外,碳化能够降低模型再生混凝土的峰值位移。随着水胶比的增大,峰值荷载减小。有限元分析证明了模型再生混凝土界面过渡区的性质取决于碳化深度、老砂浆和再生粗骨料的形状。

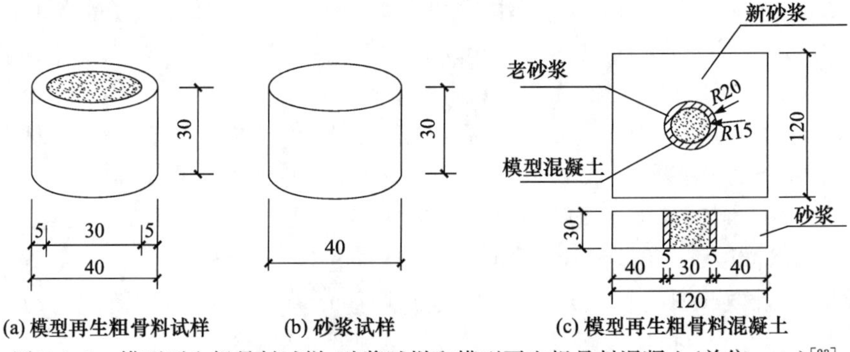

图 5.1.6　模型再生粗骨料试样、砂浆试样和模型再生粗骨料混凝土(单位:mm)[23]

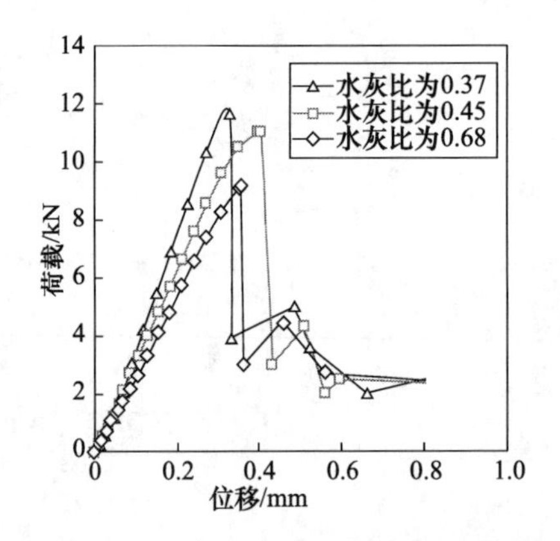

图 5.1.7　碳化后的荷载-位移曲线[23]

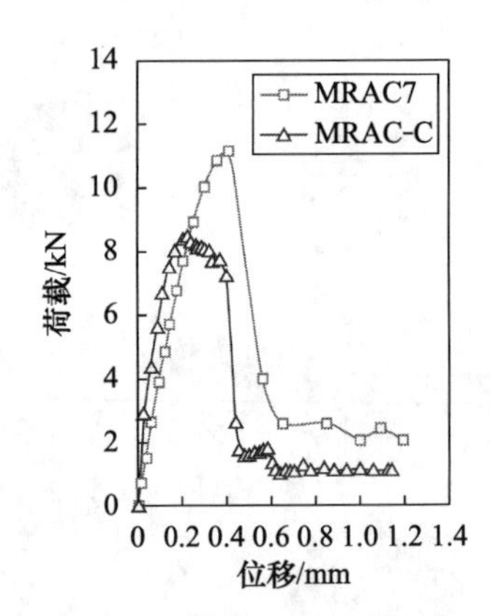

图 5.1.8　粗骨料形状的影响[23]

应敬伟等[24]先对再生粗骨料进行预湿处理,然后采用质量分数为 95%的 CO_2 气体强化再生粗骨料,持续时间为 72h(见图 5.1.9)。在 CO_2 强化前后分别将粒径约 80mm 的再生粗骨料试件劈开,并在劈裂面喷洒质量分数为 1%的酚酞酒精溶液指示剂,再根据其颜色的变化情况来判定 CO_2 强化效果。对碳化后再生混凝土工作性能和力学性能的研究发现,级配相同时,经过 CO_2 强化后再生粗骨料的表观密度和堆积密度均增大 1.2%,吸水率减小 27.3%,压碎指标降低 10.5%,均介于再生粗骨料和天然粗骨料之间,用碳化后的再生粗骨料配制混凝土可提高其抗压强度,且提高幅度随取代率的增加而增大(见图 5.1.10)。

图 5.1.9　快速碳化装置[24]

图 5.1.10　试件的典型受压破坏形态[24]

Li 等[25]用加速碳化方法对两种旧砂浆制备的模型再生粗骨料进行改性,研究了碳化对模型再生粗骨料微观硬度和模型再生混凝土力学性能的影响,发现碳化能够提高模型再生粗骨料中老砂浆和老界面过渡区的微观硬度,并且老界面过渡区的微观硬度提升更加明显。当水灰比较高时,模型再生混凝土的抗压强度和弹性模量会增加。数值分析表明,当新老砂浆差异较大时,提升效果不明显。

Li 等[26]开展了应变率在 $10^{-5}\,s^{-1}$～$10^{-1}\,s^{-1}$ 时含有碳化再生粗骨料的模型再生混凝土的单轴动态压缩性能研究。通过研究应变率对应力-应变曲线、峰值应力、峰值应变、极限应变、弹性模量、能量吸收能力和失效模式的影响,评价了再生混凝土和模型再生混凝土的应变率敏感性。通过对单轴动态抗压性能的研究(见图 5.1.11)发现,随着应变率的增加,再生混凝土和碳化再生混凝土的峰值应力、弹性模量和能量吸收能力均呈上升趋势,峰值应变基本保持不变。

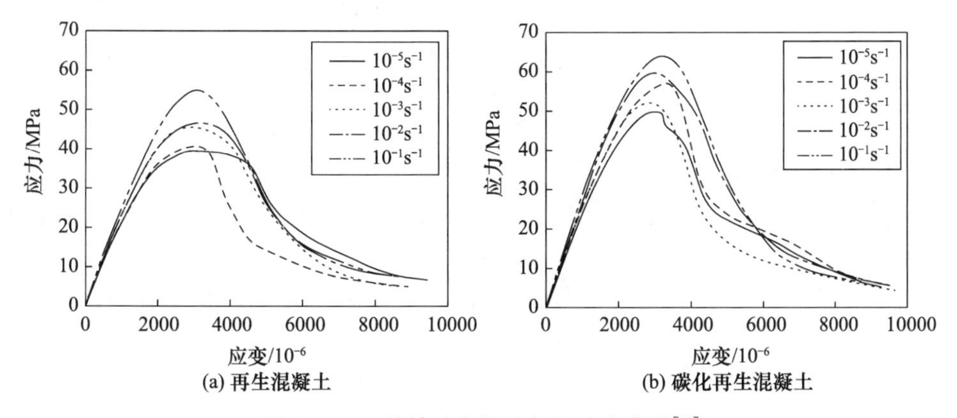

图 5.1.11　单轴动态抗压应力-应变曲线[26]

3）聚合物改性

聚合物改性利用聚合物对孔隙的填充作用和参与水泥水化反应改变其絮凝结构等方式来改善再生粗骨料混凝土的性能。Kou 等[27]的研究表明，用聚乙烯醇(PVA)浸渍再生粗骨料可显著提高再生粗骨料的物理性能，尤其是改善再生粗骨料的吸水性，PVA 浸渍再生混凝土的吸水率随着 PVA 浓度的增加而降低，10%的 PVA 溶液是再生混凝土浸渍的推荐浓度。Spaeth 等[28]对再生混凝土性能，特别是吸水性和抗碎裂性进行了试验研究，用专门的聚合物进行处理之后，再生混凝土的性能得到改善，具有较低的吸水性和较好的抗碎裂性。

3. 生物改性

碳酸钙生物沉积是基于存在足够的负 Zeta 电位，细菌在细胞壁表面上沉积碳酸钙的能力。Grabiec 等[29]采用生物沉积技术来处理再生粗骨料，使用接种来自尿素的液体培养基的 S. pasteurii 细胞。S. pasteurii 细胞可以吸引 Ca^{2+} 并通过与尿素水解产生的 CO_3^{2-} 反应产生碳酸钙。同时，氨离子提高了周围介质的 pH，从而提高了碳酸钙沉淀效率。这种方法能够有效降低再生粗骨料的吸水率。邢锋等[30,31]利用环氧树脂微胶囊制备自修复水泥砂浆，研究不同掺量下水泥砂浆的强度自修复率，并且比较分析了试样损伤发生时和修复后的结果。研究结果表明，试样含有微胶囊掺量越多、粒径越大，其孔结构参数修复率越高，修复效果越好。

5.1.5 再生混凝土改性

1. 材料改性

1）配合比优化

考虑到再生粗骨料的品质差异较大，可通过调整配合比来提高再生粗骨料混凝土强度。张亚梅等[32]以普通混凝土配合比设计方法为基准，同时进行再生粗骨料预吸水，并掺加粉煤灰、减水剂或二者复合使用，可使再生混凝土的工作性能和强度同时满足设计要求。肖建庄等[33]研究了再生粗细骨料的级配调整对再生混凝土抗压强度的影响，通过人工级配调整优化再生粗细骨料的级配，提高再生粗细骨料的堆积密度并降低压碎指标。级配调整前后的再生混凝土的立方体抗压强度总体上均随着再生粗骨料取代率的增加而下降，但再生粗骨料取代率为 60%时存在强度升高的变异现象。相同再生粗骨料取代率下抗压强度基本上呈正态分布，标准差在 1.0～3.0MPa(见图 5.1.12)。再生细骨料的加入也会提高抗压强度的变异性。

2）纤维增强改性

王军龙等[34]对不同再生粗骨料取代率的钢纤维再生混凝土的抗折性能进行

了研究，钢纤维的体积分数采用1%，试验中取再生粗骨料的含量分别占粗骨料总量的0、30%、50%、70%、100%，设计水灰比为0.41～0.49。研究发现，再生粗骨料的含量和水灰比等因素对钢纤维再生混凝土的抗折强度有较大影响，在设计抗折强度为6.0MPa、钢纤维掺量为1%的条件下，当再生粗骨料的取代率小于50%，水灰比在0.44～0.47时，钢纤维再生混凝土的28d抗折强度比较接近于普通钢纤维混凝土，而超出此范围时，钢纤维再生混凝土的抗折强度会明显降低。

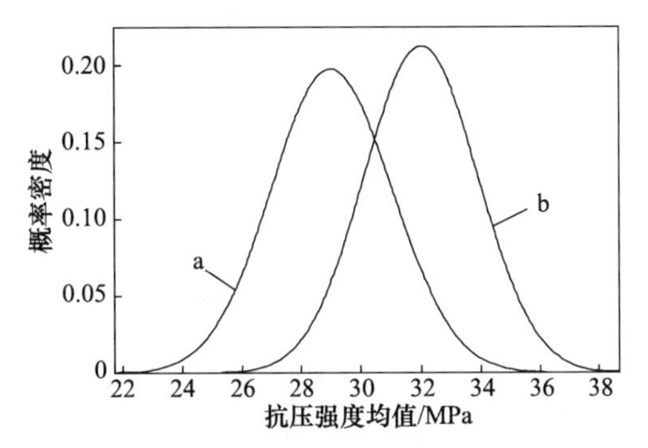

图5.1.12 级配调整前后取代率为60%时抗压强度正态分布曲线[33]

a. 级配调整前，均值为29，标准差为2.02；

b. 级配调整后，均值为32，标准差为1.88

周静海等[35]以普通混凝土配合比设计方法为基准，同时进行废混凝土骨料预吸水，并掺加粉煤灰、减水剂或二者混合使用，可使再生混凝土的工作性能和强度同时满足设计要求。

3）纳米改性

Ying等[36]将纳米SiO_2和纳米TiO_2颗粒掺入再生混凝土以提高其性能。通过压汞试验和快速氯离子迁移试验研究了再生混凝土的孔隙结构、扩散系数（见图5.1.13和图5.1.14），并以新旧砂浆和天然粗骨料为连续相，提出了再生混凝土三相复合球体模型。研究发现，纳米材料的加入改善了再生混凝土的孔结构，提高了再生混凝土的抗氯离子扩散能力，并验证了考虑再生混凝土微观结构的三相模型。

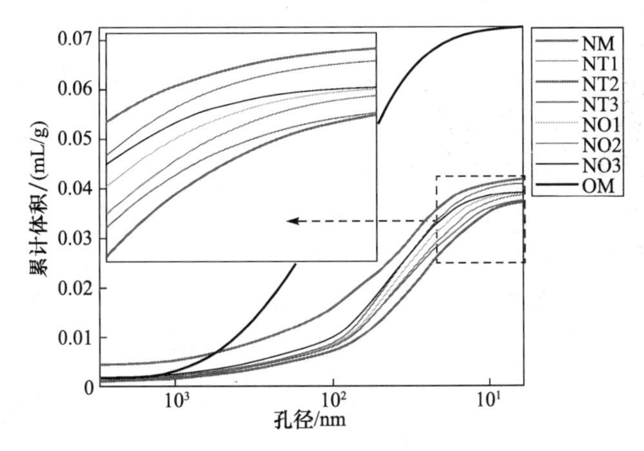

图5.1.13 砂浆孔径分布的累积曲线[36]

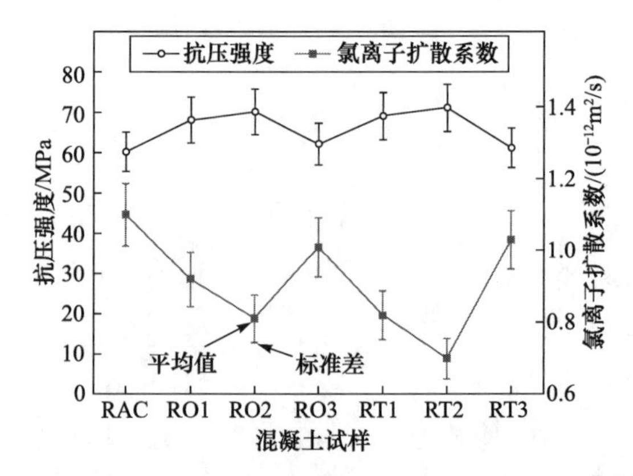

图 5.1.14　再生混凝土的抗压强度和氯离子扩散系数[36]

Zhang 等[37,38]验证了纳米 SiO_2 浆液能够增强再生混凝土梁在实际工程中的力学性能和抗变形性能。他们还使用两种纳米浆液(纳米 SiO_2＋纳米 $CaCO_3$ 浆液和水泥＋纳米 SiO_2 浆液)对再生粗骨料进行表面处理,发现两种纳米浆液都增强了再生粗骨料新界面过渡区的性能;尽管它们没有改善老界面过渡区,但老砂浆表面得到了强化。再生混凝土的工作性能、抗压强度和抗氯离子扩散性也得到了改善。

2. 结构改性

1) 再生混凝土构件最小配筋率

在再生混凝土结构层次,再生粗骨料来源的不确定性导致再生混凝土强度变异性提高,从而使再生混凝土结构的可靠度降低。为了从结构层次上改善再生混凝土的性能,推动其实际应用,张凯建等[39]研究了再生混凝土强度变异性对再生混凝土梁最小配筋率的影响,以普通混凝土梁最小配筋率为参照,保持规范目标可靠指标不变,分析了再生混凝土梁受弯时的最小配筋率和受剪时的最小配箍率。研究结果表明,再生混凝土梁受弯时,由于钢筋的存在,再生混凝土强度的变异性对其受弯承载力变异性的影响较小,再生混凝土梁的最小配筋率提高很小(见图 5.1.15)。对于再生混凝土梁受剪,当再生混凝土强度变异系数为 0.2 时,C30 再生混凝土梁的最小配箍率为 0.17%,比普通混凝土梁约增加 32%(见图 5.1.16)。通过合理增加配筋可以保证再生混凝土梁的受弯、受剪可靠指标与普通混凝土梁一致。

2) 结构约束改性

套箍混凝土的基本原理是通过对受压混凝土施加侧向约束,使其处于三向受压的应力状态,延缓其纵向微裂缝的发生和发展,从而提高其抗压强度和压缩变形能力。考虑到再生混凝土抗压强度低和收缩徐变大的特点,采用钢管约束再生混凝土或 FRP 约束再生混凝土构件,能够有效发挥不同材料的优点,形成一种有效的结构形式。

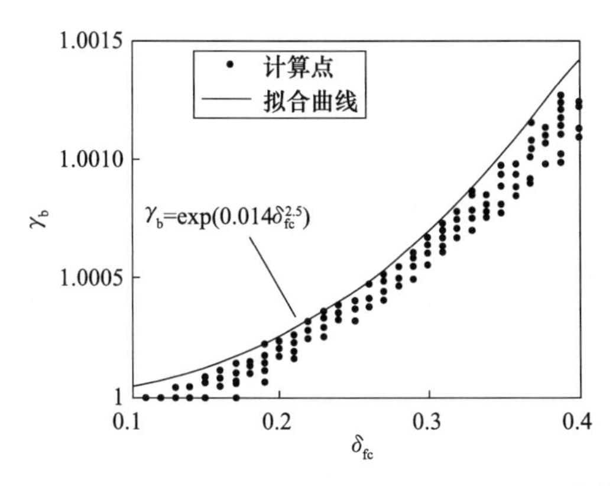

图 5.1.15　再生混凝土梁最小配筋率放大系数[39]

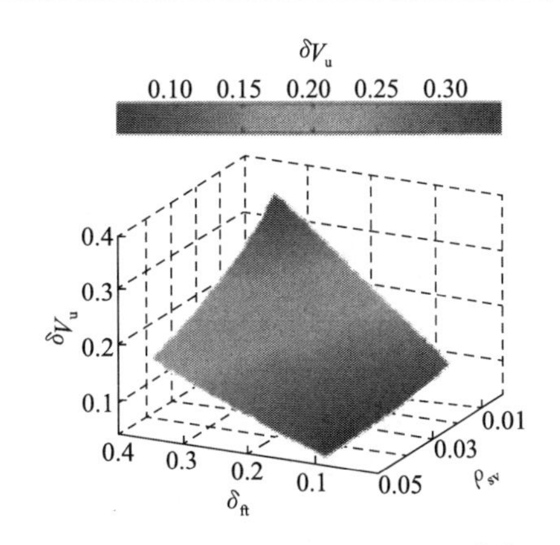

图 5.1.16　抗剪承载力变异系数[39]

(1) 钢管约束再生混凝土。

Huang 等[40~42]以再生粗骨料取代率为试验主要研究参数，完成了 15 个钢管约束再生混凝土圆柱试件的轴压试验，发现轴压情况下钢管约束再生混凝土的主要破坏形态为试件中部鼓曲，核心再生混凝土发生斜剪破坏；钢管约束再生混凝土与普通混凝土的受力过程基本相同，都分为弹性和塑性发展阶段；钢管约束使核心再生混凝土强度得到明显提高，变形性能得到改善；再生粗骨料取代率变化对钢管约束再生混凝土的横向变形系数影响不大(见图 5.1.17)；钢管再生混凝土轴压极限荷载随着再生粗骨料取代率的增加而降低(见图 5.1.18)。

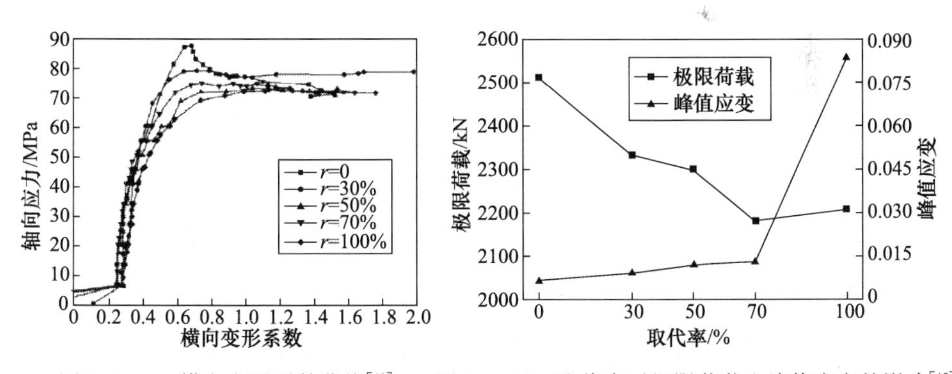

图 5.1.17　横向变形系数曲线[42]　　图 5.1.18　取代率对极限荷载和峰值应变的影响[42]

钢管再生混凝土柱的低周反复试验证明其具有良好的抗震性能，试件的耗能能力、延性、滞回特性随着再生粗骨料取代率、混凝土强度的改变而略有变化(见图 5.1.19 和图 5.1.20)；考虑黏结滑移与否对试件的抗震性能影响很小；钢管再生混凝土柱极限承载力受再生粗骨料取代率的影响并不明显[43,44]。

黄一杰等[45]在钢管约束再生混凝土的研究基础上以海砂代替再生混凝土中

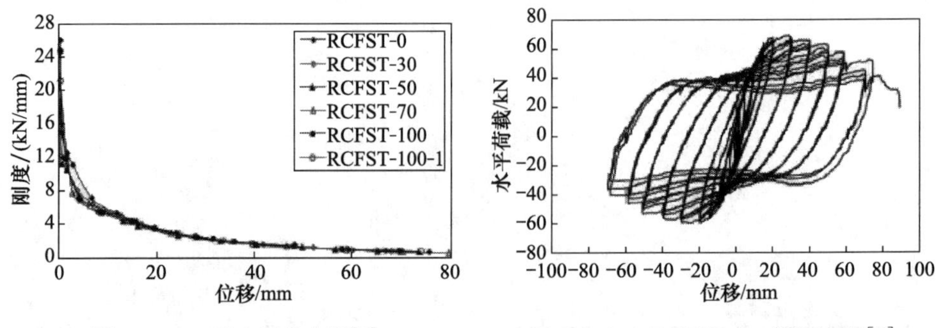

图 5.1.19　刚度退化曲线[44]　　　　图 5.1.20　RCFST-100 滞回曲线[44]

的细骨料，发现钢管海砂再生混凝土受力过程与普通钢管混凝土相似，均包含弹性、弹塑性和破坏三个阶段，其主要破坏模式为斜剪破坏；试件峰值应力随着再生粗骨料取代率和海砂中氯离子含量的增加而略有降低(见图 5.1.21)；峰值应变随着再生粗骨料取代率的增加而增大，随着氯离子含量的增加先增大后减小，同时基于试验数据建立了钢管海砂再生混凝土轴压应力-应变全曲线计算模型(见图 5.1.22)。

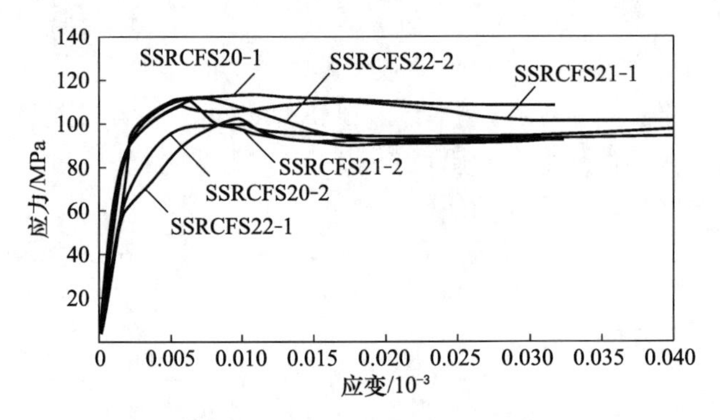

图 5.1.21　应力-应变全曲线[45]

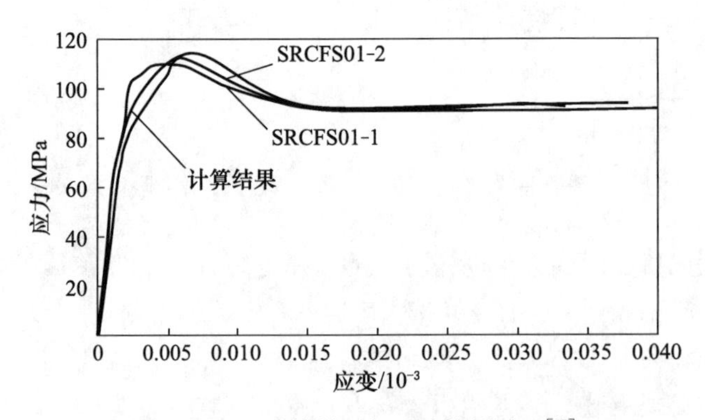

图 5.1.22　计算模型与试验结果对比[45]

(2) GFRP 约束再生混凝土

肖建庄等[46]以再生粗骨料取代率为研究参数，完成了玻璃纤维增强塑料(GFRP)约束再生混凝土圆柱试件的轴压和偏压试验，试验研究发现，GFRP约束再生混凝土纵向应力-应变关系呈弹性上升、弹塑性上升、下降、应变强化四个阶段，其抗压强度和变形性能均明显提升，核心再生混凝土和GFRP管之间的滑移较小，含再生粗骨料试件的横向变形系数普遍低于不含再生粗骨料的试件。随着再生粗骨料取代率的增加，GFRP约束试件的峰值应力减小，峰值应变增加。轴压试验中，由于GFRP的脆性性能，应力-应变曲线没有下降段；偏压试验中应力-应变曲线是非线性的，并且没有下降段，但有明显的硬化区。

添加外加剂是改善再生混凝土性能的一种措施。Xiao 等[47]在约束再生混凝土试件中添加了膨胀剂，研究发现膨胀剂的添加明显提高了再生混凝土的强度和变形性能。随着再生粗骨料取代率的增加，膨胀剂的作用减缓；同时相较于未掺加膨胀剂的试件，膨胀剂添加含量的增加也会提高试件的峰值应变。对于添加膨胀剂的试样，其横向变形系数较低。

进一步，肖建庄等[48]研究了GFRP约束再生混凝土柱的抗震性能，对试件的承载力、刚度退化过程、滞回特性、延性、耗能能力、破坏形态等抗震性能进行研究(见图5.1.23和图5.1.24)，发现约束试件的耗能能力、延性、滞回特性随着再生粗骨料取代率、混凝土强度的改变而略有变化；黏结滑移效应对试件的抗震性能影响很小；GFRP约束再生混凝土柱极限承载力受混凝土强度作用的影响并不明显。并且提出GFRP约束再生混凝土柱归一化损伤计算公式，该模型能较好地反映GFRP约束再生混凝土柱的损伤发展。

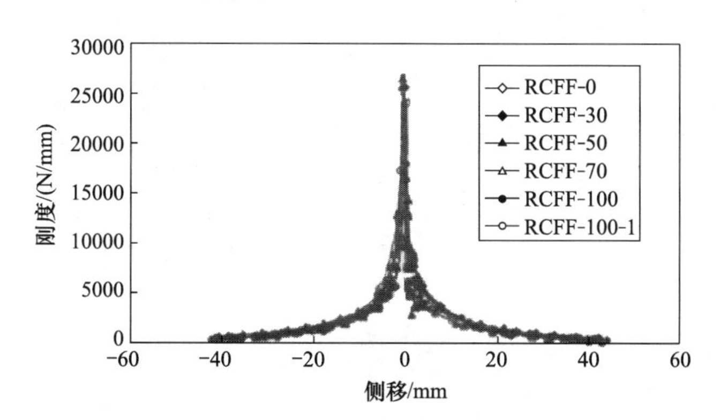

图5.1.23 GFRP约束再生混凝土柱刚度退化曲线[48]

Xiao 等[49~51]将钢管与GFRP约束再生混凝土柱的研究进行对比，发现混凝土强度相同时，GFRP约束再生混凝土试件偏心受压极限荷载比钢管约束试件低；膨胀剂

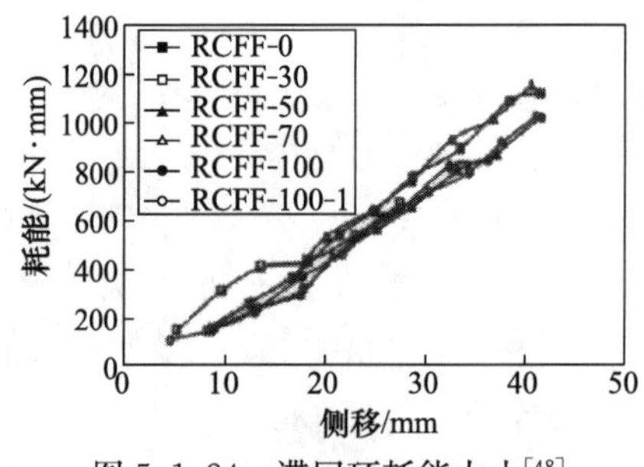

图 5.1.24 滞回环耗能大小[48]

可以提高钢管和 GFRP 约束试件的偏心受压极限荷载，并且对 GFRP 约束试件的作用更为显著；GFRP 约束试件的变形能力比钢管约束试件大。钢管约束再生混凝土构件的抗震性能优于 GFRP 约束再生混凝土构件，随着再生粗骨料取代率的变化，构件的耗能能力和延性略有变化，而黏结滑移对地震反应的影响不大(见图 5.1.25)。

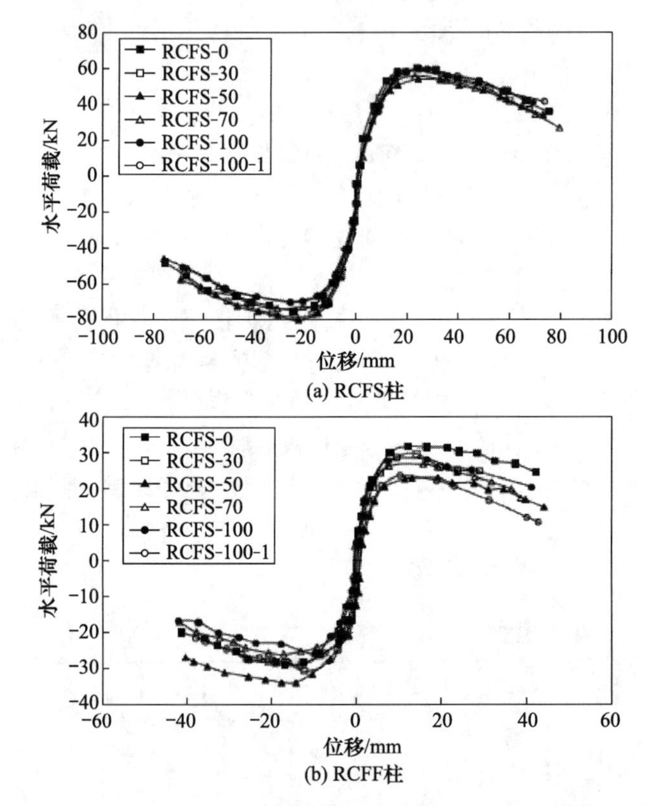

图 5.1.25 钢管/GFRP 约束再生混凝土柱滞回曲线[50]

3. 施工改性

1) 搅拌工艺

Tam 等[52]采用二次搅拌工艺，通过投料顺序及方式的改变加强再生混凝土的薄弱区。对于普通搅拌方法，依次加入 1/2 的粗骨料、细骨料、水泥、剩下的粗骨料，最后加入水，然后立即启动搅拌机。而二次搅拌法将材料搅拌过程分为两部分，并将所需的水按比例分成两部分，在不同的时间内加入(见图 5.1.26)。研究结果显示，预搅拌的过程能够填充再生粗骨料的孔隙和裂缝，使混凝土更加密实，加强了界面过渡区，有效提高了再生混凝土的抗压强度(见图5.1.27和图5.1.28)。

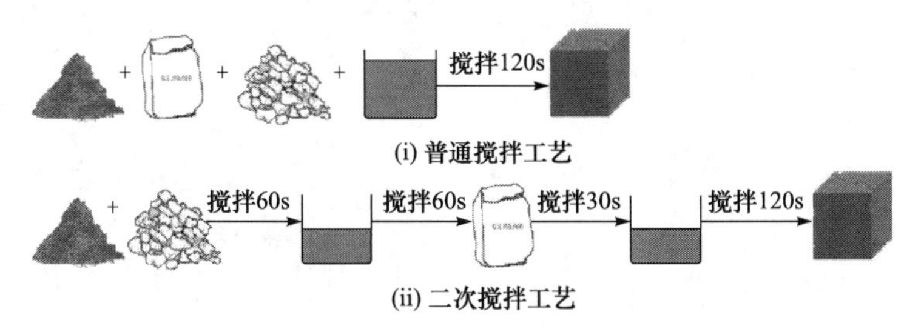

图5.1.26　搅拌工艺流程[52]

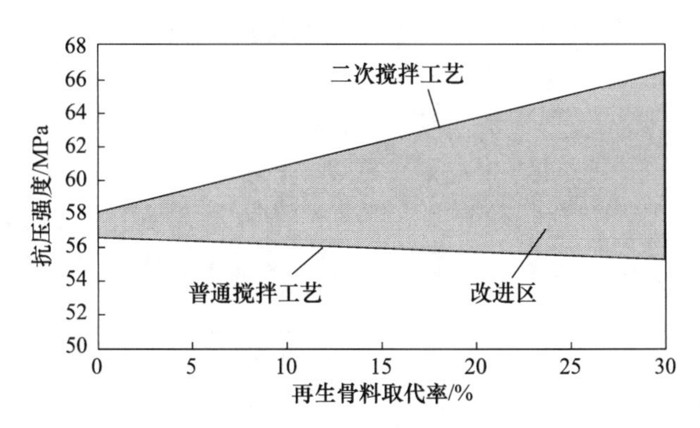

图5.1.27　不同搅拌方式的抗压强度对比[52]

界面过渡区是影响再生混凝土力学性能的重要因素，为了深入研究界面过渡区的微观性能，Li等[53]研究了不同的搅拌方式对再生混凝土界面过渡区性能的影响，使用纳米压痕和电镜扫描的方式研究了新老砂浆界面过渡区的纳微观性能(见图5.1.29)。研究结果发现，二次搅拌工艺有效减少了再生混凝土中的孔隙，促进了水化作用，提高了新界面过渡区的纳米力学性能。微观研究显示，相较于普通搅拌方式，二次搅拌后混凝土的微观结构呈现出明显的致密、均匀特征，在再生混凝土中，新砂浆界面过渡区附近存在一个更致密的区域(见图5.1.30)。

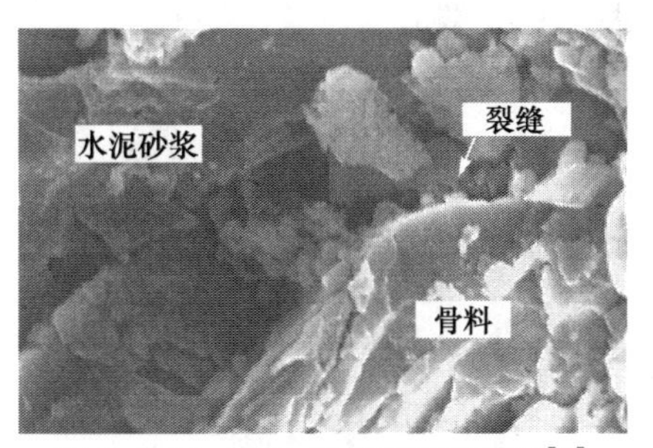

图5.1.28　二次搅拌后裂缝填充[52]

2）梯度再生混凝土板

Xiao等[54]将再生粗骨料按不同的受力状态在混凝土构件中进行梯度分布，首次将梯度功能材料概念运用到再生混凝土中。他们提出了梯度再生混凝土板的概

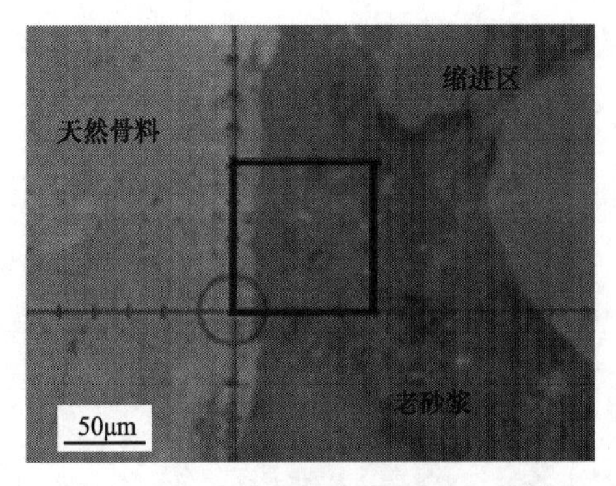

图 5.1.29　老界面过渡区缩进区域[53]

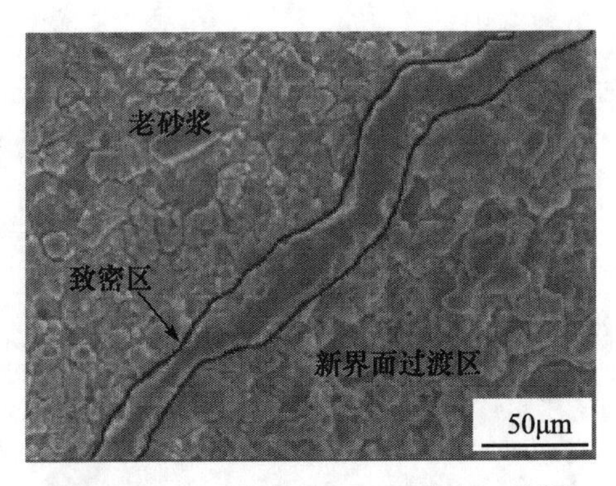

图 5.1.30　二次搅拌后出现致密区域[53]

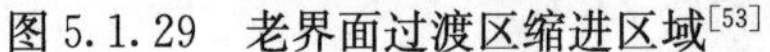

念(见图 5.1.31),试验设计的再生混凝土梯度板的跨度为 2m,截面尺寸为 400mm×90mm,每个再生混凝土梯度板均匀地分为三层,厚度为 30mm,试验通过分层浇筑、每层布料后振捣密实的方法浇筑再生混凝土梯度板。对梯度再生混凝土板进行四点抗弯试验,研究表明再生混凝土梯度板的受力性能和破坏特征与普通混凝土板相似,各层之间黏结完好,未发生界面处黏结滑移破坏(见图 5.1.32)。试验结果和有限元模拟结果均显示梯度分布方法可以提高再生混凝土板的抗弯性能。

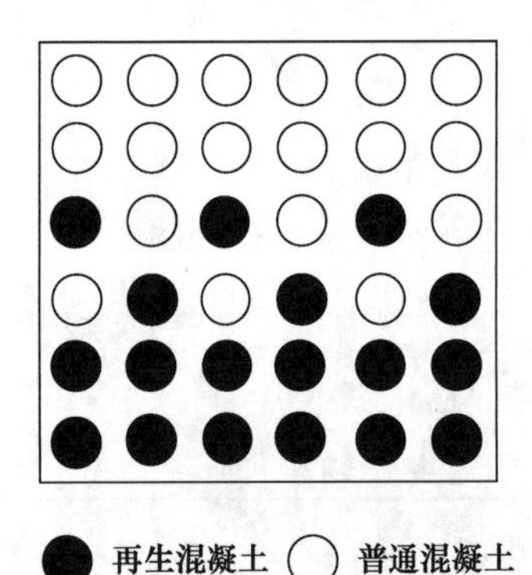

图 5.1.31　梯度再生混凝土板简化模型[54]

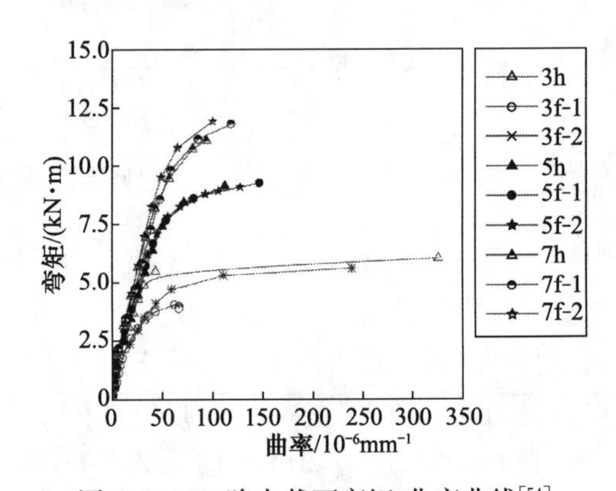

图 5.1.32　跨中截面弯矩-曲率曲线[54]

3) 组合再生混凝土

(1) 半预制再生混凝土梁受力性能。

肖建庄等[55~59]研究了 U 形和 C 形半预制再生混凝土梁(见图 5.1.33)的抗剪性能和抗弯性能,预制梁段由于考虑受力和耐久性,采用较低的再生粗骨料取代率。抗弯试验中,预制段为普通混凝土,后浇段为再生粗骨料取代率为 100%的再生混凝土;抗剪试验中,预制段为再生粗骨料取代率为 70%的再生混凝土,后浇段为再生粗骨料取代率为 100%的再生混凝土。试验结果发现,U 形和 C 形半预制再生混凝土梁的破坏形式和受力机理与现浇混凝土梁类似,影响再生混凝土梁抗弯性能的主要因素是配筋率，再生混凝土梁的承载能力和刚度随着配筋率的增加而增加，延性随配筋率的增加而减小；半预制再生混凝土梁的抗剪能力随着剪跨比的减小而增加，预制方式对梁的性能影响不明显。

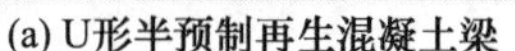

(a) U形半预制再生混凝土梁

(b) C形半预制再生混凝土梁

图 5.1.33　半预制再生混凝土梁[55]

(2) 口形半预制再生混凝土柱。

肖建庄等[55]设计了一种再生混凝土口形柱，研究施工方式（外部预制、内部预制）和再生混凝土含量等因素对构件抗震性能的影响（见图 5.1.34）。半预制再生混凝土柱的芯柱均采用再生粗骨料取代率为 100％的再生混凝土浇筑，外部为普通混凝土。对于外部预制柱，施工时先浇筑外部混凝土，待强度达到要求后再浇筑芯柱混凝土，而内部预制柱的施工方式与其相反。结果表明，在低周反复荷载作用下，破坏模式均表现为明显的弯曲破坏特征，即柱子根部受拉纵筋屈服，受压区混凝土压碎破坏。构件在正常配筋的情况下均具有良好的延性，其中全现浇柱的延性系数要优于叠合柱；在其他条件相同的情况下，外部预制试件的延性系数要高于内部预制试件。半预制再生混凝土柱的耗能能力随着再生混凝土含量的增加而降低，再生混凝土柱承载力随芯柱尺寸的变化发生改变。

(a) 口形柱

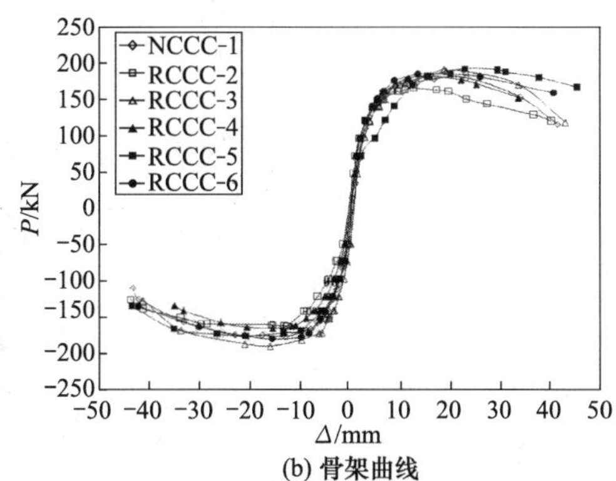

(b) 骨架曲线

图 5.1.34　半预制再生混凝土柱受力性能试验[55]

5.1.6　结论

(1) 老砂浆是造成再生粗骨料性能较差的根本原因,改性方法也是从再生粗骨料的薄弱区老砂浆入手。提高再生粗骨料性能的方法有两种:一是采用物理或化学等方法去除老砂浆,二是用化学浆液浸泡或炭化强化老砂浆。老砂浆去除或增强之后,再生粗骨料性能与天然粗骨料接近。

(2) 对再生混凝土,可以通过调整粗骨料级配、掺入纤维和纳米材料改善再生混凝土的性能,通过填充孔隙、促进水化反应等不同的手段优化再生混凝土的微观结构,改性之后可以有效地降低再生混凝土的孔隙率、增大密度,从而提高其力学性能和耐久性能。

(3) 再生混凝土的结构改性主要通过改善配筋和增加约束实现。通过合理增加配筋可以保证再生混凝土梁的受弯、受剪可靠指标与普通混凝土梁一致。采用钢管或GFRP约束再生混凝土构件,能够有效提高构件的强度,改善其变形性能,并且具有良好的抗震性能。

(4) 二次搅拌工艺能够使混凝土的细观结构更加密实,有效提高再生混凝土的强度。再生粗骨料在板中的梯度分布可以提高再生混凝土板的抗弯性能。半预制再生混凝土构件有效地提高了施工效率,并且施工方式的改变对其承载力和抗震性能影响不明显。

(5) 从目前的研究来看,再生粗骨料混凝土的改性方法主要从再生粗骨料和再生混凝土两个层次发展而来,许多改性方法已通过试验证明行之有效。接下来,不同改性方法对于再生混凝土综合性能的影响有待进一步研究;另外,考虑不同改性方法之间相互作用的复合改性手段也有待研究。

参考文献

[1] 肖建庄. 再生混凝土[M]. 北京:中国建筑工业出版社,2008.
[2] Xiao J Z, Li J B, Zhang C. Mechanical properties of recycled aggregate concrete under uniaxial loading[J]. Cement and Concrete Research, 2005, 35(6): 1187-1194.
[3] Liu Q, Xiao J Z, Sun Z H. Experimental study on the failure process of recycled concrete [J]. Cement and Concrete Research, 2011, 41(10): 1050-1057.
[4] Xiao J Z, Li J B, Zhang C. On relationships between the mechanical properties of recycled aggregate concrete: An overview[J]. Materials and Structures, 2006, 39(6): 655-664.
[5] 李佳彬,肖建庄,黄健. 再生粗骨料取代率对混凝土抗压强度的影响[J]. 建筑材料学报, 2006, 9(3): 297-301.
[6] Li W G, Xiao J Z, Sun Z H, et al. Failure processes of modeled recycled aggregate concrete under uniaxial compression[J]. Cement and Concrete Composites, 2012, 34(10): 1149-1158.
[7] 李文贵,肖建庄,易伟建,等. 模型再生混凝土单轴受压破坏机理试验研究[J]. 建筑结构学

报,2014,35(增2):340-348.

[8] Xiao J Z,Lei B,Zhang C Z. On carbonation behavior of recycled aggregate concrete[J]. Science China Technological Sciences,2012,55(9):2609-2616.

[9] 肖建庄,郑世同,王静. 再生混凝土长龄期强度与收缩徐变性能[J]. 建筑科学与工程学报,2015,32(1):21-26.

[10] 肖建庄,许向东,范玉辉. 再生混凝土收缩徐变试验及徐变神经网络预测[J]. 建筑材料学报,2013,16(5):752-757.

[11] Xiao J Z,Ying J W,Shen L M. FEM simulation of chloride diffusion in modeled recycled aggregate concrete[J]. Construction and Building Materials,2012,29:12-23.

[12] 肖建庄,应敬伟. 模型再生混凝土二维 Cl^- 扩散细观数值模拟[J]. 同济大学学报(自然科学版),2012,40(7):1051-1057.

[13] Ying J W,Xiao J Z,Shen L M,et al. Five-phase composite sphere model for chloride diffusivity prediction of recycled aggregate concrete[J]. Magazine of Concrete Research,2013,65(9):573-588.

[14] 肖建庄,刘琼,李文贵,等. 再生混凝土细微观结构和破坏机理研究[J]. 青岛理工大学学报,2009,30(4):24-30.

[15] Montgomery D G. Workability and compressive strength properties of concrete containing recycled concrete aggregate[C]//University of Wollongong. Sustainable Construction:Use of Recycled Concrete Aggregate. Wollongong:University of Wollongong,1998:287-296.

[16] 何德湛. 日本混凝土强化处理技术[J]. 特种结构,2000,17(3):39.

[17] 李秋义,李云霞,朱崇绩. 颗粒整形对再生粗骨料性能的影响[J]. 材料科学与工艺,2005,13(6):579-581,585.

[18] Bru K,Touzé S,Bourgeois F,et al. Assessment of a microwave-assisted recycling process for the recovery of high-quality aggregates from concrete waste[J]. International Journal of Mineral Processing,2014,126:90-98.

[19] 肖建庄,吴磊,范玉辉. 微波加热再生粗骨料改性试验[J]. 混凝土,2012,(7):55-57.

[20] Tam V W Y,Tam C M,Le K N. Removal of cement mortar remains from recycled aggregate using pre-soaking approaches[J]. Resources,Conservation and Recycling,2007,50(1):82-101.

[21] Abbas A,Fathifazl G,Fournier B,et al. Quantification of the residual mortar content in recycled concrete aggregates by image analysis[J]. Materials Characterization,2009,60(7):716-728.

[22] Shaikh F,Chavda V,Minhaj N,et al. Effect of mixing methods of nano silica on properties of recycled aggregate concrete[J]. Structural Concrete,2018,19(2):1-13.

[23] Wang C H,Xiao J Z,Zhang G Z,et al. Interfacial properties of modeled recycled aggregate concrete modified by carbonation[J]. Construction and Building Materials,2016,105:307-320.

[24] 应敬伟,蒙秋江,肖建庄. 再生骨料 CO_2 强化及其对混凝土抗压强度的影响[J]. 建筑材料

学报,2017,20(2):277-282.

[25] Li L,Xiao J Z,Xuan D X,et al. Effect of carbonation of modeled recycled coarse aggregate on the mechanical properties of modeled recycled aggregate concrete[J]. Cement and Concrete Composites,2018,89:169-180.

[26] Li L,Poon C S,Xiao J Z,et al. Effect of carbonated recycled coarse aggregate on the dynamic compressive behavior of recycled aggregate concrete[J]. Construction and Building Materials,2017,151:52-62.

[27] Kou S C,Poon C S. Properties of concrete prepared with PVA-impregnated recycled concrete aggregates[J]. Cement and Concrete Composites,2010,32(8):649-654.

[28] Spaeth V,Tegguer A D. Improvement of recycled concrete aggregate properties by polymer treatments[J]. International Journal of Sustainable Built Environment,2013,2(2):143-152.

[29] Grabiec A M,Klama J,Zawal D,et al. Modification of recycled concrete aggregate by calcium carbonate biodeposition[J]. Construction and Building Materials,2012,34:145-150.

[30] 王险峰,孙培培,邢锋,等. 微胶囊自修复水泥基材料的微观结构研究[J]. 防灾减灾工程学报,2016,36(1):126-131.

[31] 张鸣,陈令坤,邢锋,等. 用于自修复水泥基材料的微胶囊体系性能研究[J]. 建筑材料学报,2013,16(5):903-907,918.

[32] 张亚梅,秦鸿根,孙伟,等. 再生混凝土配合比设计初探[J]. 混凝土与水泥制品,2002,(1):7-9.

[33] 肖建庄,林壮斌,朱军. 再生骨料级配对混凝土抗压强度的影响[J]. 四川大学学报(工程科学版),2014,46(4):154-160.

[34] 王军龙,肖建庄. 钢纤维再生混凝土的抗折强度试验研究[J]. 工业建筑,2007,37(1):82-86.

[35] 周静海,李婷婷,杨国志. 废弃纤维再生混凝土强度的试验研究[J]. 混凝土,2013,(3):1-4.

[36] Ying J W,Zhou B,Xiao J Z. Pore structure and chloride diffusivity of recycled aggregate concrete with nano-SiO_2 and nano-TiO_2[J]. Construction and Building Materials,2017,150:49-55.

[37] Zhang H R,Zhao Y X,Meng T,et al. The modification effects of a nano-silica slurry on microstructure,strength,and strain development of recycled aggregate concrete applied in an enlarged structural test[J]. Construction and Building Materials,2015,95:721-735.

[38] Zhang H R,Zhao Y X,Meng T,et al. Surface treatment on recycled coarse aggregates with nanomaterials[J]. Journal of Materials in Civil Engineering,2016,28(2):1-11.

[39] 张凯建,肖建庄,丁陶,等. 基于可靠度的再生混凝土梁最小配筋率研究[J]. 同济大学学报(自然科学版),2016,44(2):213-219.

[40] Huang Y J,Xiao J Z,Yang Z,et al. Behaviour of concrete filled-steel tubes under axial load [J]. Proceedings of the Institution of Civil Engineers-Structures and Buildings,2016,

169(3):210-222.

[41] Huang Y J, Xiao J Z, Zhang C. Theoretical study on mechanical behavior of steel confined recycled aggregate concrete[J]. Journal of Constructional Steel Research, 2012, 76: 100-111.

[42] 肖建庄,杨洁,黄一杰,等. 钢管约束再生混凝土轴压试验研究[J]. 建筑结构学报,2011,32(6):92-98.

[43] Huang Y J, Xiao J Z, Shen L M. Damage assessment for seismic response of recycled concrete filled steel tube columns[J]. Earthquake Engineering and Engineering Vibration, 2016, 15(3):607-616.

[44] 黄一杰,肖建庄. 钢管再生混凝土柱抗震性能与损伤评价[J]. 同济大学学报(自然科学版),2013,41(3):330-335,354.

[45] 黄一杰,吴纪达,肖建庄,等. 钢管海砂再生混凝土轴压性能试验与分析[J]. 建筑材料学报,2018,21(1):85-90,130.

[46] 肖建庄,杨洁. 玻璃纤维增强塑料约束再生混凝土轴压试验[J]. 同济大学学报(自然科学版),2009,37(12):1586-1591.

[47] Xiao J Z, Tresserras J, Tam V W Y. GFRP-tube confined RAC under axial and eccentric loading with and without expansive agent[J]. Construction and Building Materials, 2014, 73:575-585.

[48] 肖建庄,黄一杰. GFRP管约束再生混凝土柱抗震性能与损伤评价[J]. 土木工程学报,2012,45(11):112-120.

[49] Xiao J Z, Huang Y J, Yang J, et al. Mechanical properties of confined recycled aggregate concrete under axial compression[J]. Construction and Building Materials, 2012, 26(1): 591-603.

[50] Xiao J Z, Huang Y J, Sun Z H. Seismic behavior of recycled aggregate concrete filled steel and glass fiber reinforced plastic tube columns[J]. Advances in Structural Engineering, 2014, 17(5):693-707.

[51] 肖建庄,刘胜,Tresserras J. 钢管/GFRP管约束再生混凝土柱偏心受压试验[J]. 建筑科学与工程学报,2015,32(2):21-26.

[52] Tam V W Y, Gao X, Tam C M. Microstructural analysis of recycled aggregate concrete produced from two-stage mixing approach[J]. Cement and Concrete Research, 2005, 35(6):1195-1203.

[53] Li W G, Xiao J Z, Sun Z H, et al. Interfacial transition zones in recycled aggregate concrete with different mixing approaches[J]. Construction and Building Materials, 2012, 35: 1045-1055.

[54] Xiao J Z, Sun C, Jiang X H. Flexural behavior of recycled aggregate concrete graded slabs [J]. Structural Concrete, 2015, 2(16):249-261.

[55] 肖建庄,姜兴汉,黄一杰,等. 半预制再生混凝土构件受力性能试验[J]. 土木工程学报,2013,46(5):99-104.

[56] Xiao J Z, Pham T L, Wang P J, et al. Behaviors of semi-precast beam made of recycled aggregate concrete[J]. The Structural Design of Tall and Special Buildings, 2014, 23(9): 692-712.

[57] 肖建庄,高歌,徐亚玲,等. 再生混凝土叠合梁受弯力学性能试验研究[J]. 结构工程师, 2012, 28(2): 122-126.

[58] 肖建庄,徐亚玲,王璞瑾. 再生混凝土叠合梁抗剪性能试验[J]. 混凝土, 2012, (5): 118-122.

[59] 肖建庄,朱永明,王璞瑾,等. 再生混凝土U形叠合梁抗剪性能[J]. 建筑科学与工程学报, 2012, 29(2): 1-6.

5.2 掺锂渣再生混凝土基本性能

秦拥军*,罗玲,侯勇辉,严文龙

本节通过将新疆地区废弃混凝土破碎成再生粗骨料,并利用工业废弃物锂渣作为掺合料配制掺锂渣再生粗骨料混凝土,对不同锂渣掺量及再生粗骨料取代率的混凝土进行基本力学性能研究,分析了掺锂渣再生粗骨料混凝土的立方体抗压强度、棱柱体抗压强度、劈裂抗拉强度、弹性模量、应力-应变曲线等基本力学指标,研究结果表明,适量再生粗骨料和锂渣可以改善混凝土的基本力学性能。相同条件下,龄期为3d、7d时,锂渣掺量和再生粗骨料取代率分别为10%和30%的混凝土立方体抗压强度达到最大,再生粗骨料取代率和锂渣掺量分别为70%和10%的混凝土劈裂抗拉强度达到最大。相同条件下,龄期为28d时,再生粗骨料取代率和锂渣掺量分别为30%和20%的混凝土立方体及棱柱体抗压强度、弹性模量、峰值应变最大,再生粗骨料取代率和锂渣掺量分别为70%和15%的混凝土劈裂抗拉强度最大。

5.2.1 国内外研究现状

Nixon[1]、Gerardu等[2]均研究发现,再生粗骨料混凝土的抗压强度没有普通混凝土好。Sagoe-Crentsil等[3]对再生粗骨料及再生粗骨料混凝土的工作性能、力学性能进行了研究,认为对于体积配合比和工作性能相近的再生混凝土和普通混凝土而言,其抗压强度没有显著变化。

邢振贤等[4]分析发现再生粗骨料混凝土的抗压、抗拉性能和弹性模量均随着再生粗骨料取代率的上升而下降。赵若鹏等[5,6]的研究发现,掺入20%锂渣,水灰比小于0.31可以制备出C80高强度混凝土,将锂渣应用到主楼加固工程中,实践发现,该工程质量较好,且工程技术有一定的优越性,也较为经济。张兰芳等[7]的研究表明,锂渣掺量在10%~50%之间,混凝土抗压性能均有所提高且掺20%锂渣时提高幅度最大。陈剑雄等[8]的研究发现,若将锂渣取代矿渣、硅灰,可以配制超高强混凝土。余方等[9]通过试验研究后发现,再生粗骨料取代率不大于50%时,再生粗骨料混凝土抗压性能随再生粗骨料取代率的上升而提高。王惊隆[10]的研究表明,再生粗骨料混凝土抗压强度随着再生粗骨料含量的上升而依次减弱。杨恒阳等[11]的研究表明:相同条件下,锂渣混凝土早期抗裂性较普通混凝土好,同时随锂渣细度上涨,早期抗裂性能逐渐增高。刘来宝[12]的研究发现锂渣对混凝土

---

* 第一作者:秦拥军(1970—),男,硕士,教授,主要研究方向混凝土材料、建设项目管理。
基金项目:国家自然科学基金地区科学基金项目(51668061)。

后期强度提高较为明显，且能有效减少徐变变形。吴福飞等[13]的研究发现，锂渣掺入后，可以细化混凝土界面区域和水泥石中凝胶孔，从而使得结构内部更加紧密，增强密实度。

综上所述，再生粗骨料混凝土因材料的成分与性质不同，造成其与普通混凝土在基本力学性能方面有所差异，但仍然满足工程实际应用的要求，因此，将再生粗骨料混凝土应用到建筑工程中具有可行性。锂渣可以明显改善混凝土一些性能上的不足。因此，对掺锂渣混凝土的研究具有一定的现实意义。

5.2.2 研究方案

1. 试验材料

1）水泥

采用P·O42.5普通硅酸盐水泥，其化学组成如表5.2.1所示。

2）锂渣

锂渣来自某锂盐厂堆存的固体工业废弃物，其化学成分如表5.2.1所示。

3）天然粗骨料

选取卵石，粒径大小为4.75～31.5mm且为连续级配，具体物理性能如表5.2.2所示。

4）再生粗骨料

收集不同来源的废弃混凝土，再进行破碎加工成粗骨料，其粒径大小为4.75～31.5mm且为连续级配。参考《普通混凝土用砂、石质量及检验方法标准》(JGJ 52—2006)[14]，将其进行类别划分，试验采用Ⅱ类再生粗骨料，具体物理性能如表5.2.2所示。

5）细骨料

细骨料选用中粗天然砂且其细度模数为2.9，表观密度为2640kg/m^3。

6）水

选用自来水。

表5.2.1 水泥及锂渣的化学成分

材料	水泥及锂渣的化学成分/%(质量分数)								
	SiO_2	Al_2O_3	Fe_2O_3	CaO	MgO	SO_3	K_2O	Na_2O	Li_2O
水泥	21.22	5.05	3.26	60.24	0.97	2.67	0.50	0.73	—
锂渣	54.39	19.83	1.40	7.98	0.24	8.30	0.14	0.26	0.17

表5.2.2 粗骨料性能

粗骨料类别	微粉含量/%	吸水率/%	针片状含量/%	坚固性/%	表观密度/(kg/m^3)
天然粗骨料	0.3	0.5	5	1	2640
Ⅱ类再生粗骨料	0.5	3.46	2	4.2	2825

2. 试验方案

本次试验的目的是分析掺锂渣再生粗骨料混凝土在不同锂渣掺量和不同再生粗骨料取代率下的基本力学性能，主要包括立方体抗压强度、棱柱体抗压强度、劈裂抗拉强度、弹性模量和应力-应变关系。为此，本次试验设计了20组相同配合比和强度等级的试件，但每组试件的锂渣掺量及再生粗骨料取代率各不相同，各组试件的配合比如表5.2.3所示。

表5.2.3　各组试件的配合比

试件编号	再生粗骨料取代率/%	锂渣掺量/%	锂渣用量/kg	水泥用量/kg	净用水量/kg	附加用水量/kg	砂用量/kg	卵石用量/kg	再生粗骨料用量/kg
JZ1	0	0	0	433.00	195	0	523.50	1221.40	0
JZ2	0	10	43.30	389.70	195	0	523.50	1221.40	0
JZ3	0	15	64.95	368.05	195	0	523.50	1221.40	0
JZ4	0	20	86.60	346.40	195	0	523.50	1221.40	0
JZ5	0	25	108.25	324.75	195	0	523.50	1221.40	0
JZ6	30	0	0	433.00	195	7.84	523.50	854.98	366.42
JZ7	50	0	0	433.00	195	13.07	523.50	610.70	610.70
JZ8	70	0	0	433.00	195	18.30	523.50	366.42	854.98
DB1	30	10	43.30	389.70	195	7.84	523.50	854.98	366.42
DB2	30	15	64.95	368.05	195	7.84	523.50	854.98	366.42
DB3	30	20	86.60	346.40	195	7.84	523.50	854.98	366.42
DB4	30	25	108.25	324.75	195	7.84	523.50	854.98	366.42
DB5	50	10	43.30	389.70	195	13.07	523.50	610.70	610.70
DB6	50	15	64.95	368.05	195	13.07	523.50	610.70	610.70
DB7	50	20	86.60	346.40	195	13.07	523.50	610.70	610.70
DB8	50	25	108.25	324.75	195	13.07	523.50	610.70	610.70
DB9	70	10	43.30	389.70	195	18.30	523.50	366.42	854.98
DB10	70	15	64.95	368.05	195	18.30	523.50	366.42	854.98
DB11	70	20	86.60	346.40	195	18.30	523.50	366.42	854.98
DB12	70	25	108.25	324.75	195	18.30	523.50	366.42	854.98

本次试验将JZ1组的配合比作为C30混凝土的基准配合比，各组试件均采用同一配比，锂渣及再生粗骨料的含量根据其掺量及取代率等质量取代水泥及天然粗骨料。

为减少因再生粗骨料吸水率大而影响混凝土力学指标，结合考虑再生粗骨料吸水率及含水率对配合比进行调整。依据《普通混凝土力学性能试验方法》(GB/T 50081—2002)[15]的设计方法，将实际用水量分为净用水量与附加用水量，试验前

需确定拌合物附加用水量。附加用水量M_{wa}的计算公式为

$$M_{wa}=M_g(W_{wg}-W_{wh}) \tag{5.2.1}$$

式中,M_g为每立方米拌合物中再生粗骨料的含量;W_{wg}为再生粗骨料吸水率;W_{wh}为再生粗骨料含水率。本次试验所采用的Ⅱ类再生粗骨料吸水率及含水率分别为3.46%、1.32%。

本次试验混凝土强度等级是C30且水灰比为0.45,坍落度控制在60~90mm内。

本次试验共制作360个150mm×150mm×150mm标准立方体试件及180个150mm×150mm×300mm标准棱柱体试件。每组试件根据配合比分别制作18个150mm×150mm×150mm立方体试件,用于测定3d、7d、28d立方体抗压强度和劈裂抗拉强度,以及9个150mm×150mm×300mm棱柱体试件,用于测定28d棱柱体抗压强度、弹性模量和应力-应变曲线。

3. 试验方法

本次所有试验均采用WHY-3000型压力机进行加载,其最大量程为3000kN。立方体和棱柱体抗压强度试验、劈裂抗拉强度试验、弹性模量试验均按照《普通混凝土力学性能试验方法》(GB/T 50081—2002)[15]中规定的"抗压强度试验"、"轴心抗压强度试验"、"劈裂抗拉强度试验"、"静力受压弹性模量试验"方法进行。应力-应变曲线关系试验采用《混凝土结构试验方法标准》(GB/T 50152—2012)[16]中制定的试验方法,试验过程中试件荷载量测均由计算机自动获得,应变值记录均采用DH3818型静态应变测试仪。本次试验压力机无专用刚性支座,故仅获得应力-应变曲线上升段。为测定试件轴向变形及横向变形,在试件两侧中央处对称粘贴纵向和横向应变片进行试验。

5.2.3 研究结果

1. 试验现象

立方体抗压强度试验结束后,对试件进行细致观察,发现试件表面的裂缝呈现"正"、"倒"相连的八字形,且出现外鼓、剥落的现象,试件整体呈现为上下连接的四角锥状,如图5.2.1所示。

棱柱体抗压强度试验结束后,发现在试件表面上形成了贯通整个试件截面的主斜裂缝,其角度为60°~75°,如图5.2.2所示。

相对于普通混凝土,掺锂渣再生粗骨料混凝土试件内部有部分粗骨料出现断裂,而普通混凝土断裂面主要集中在粗骨料与新水泥砂浆界面处,较少发生粗骨料自身断裂。这是因为再生粗骨料在废弃混凝土破碎过程中受到损伤,已产生轻微裂缝,降低了再生粗骨料自身强度,因此在压应力作用下,再生粗骨料较容易发生断裂。

图 5.2.1　立方体试件破坏形态

图 5.2.2　棱柱体试件破坏形态

劈裂抗拉试件在加载初始阶段，试件的表面没有出现裂缝，但荷载逐渐增大后，试件表面中央部位开始出现裂缝，并且当荷载持续增大时，裂缝逐渐向垫条附近延伸并扩展且其宽度也逐渐增大，最后在试件表面形成一条自上而下的贯通裂缝，如图 5.2.3 所示。

图 5.2.3　劈裂抗拉试件破坏形态

2. 试验结果

1）抗拉强度及抗压强度

试件在不同龄期下的抗压强度及抗拉强度试验结果如表 5.2.4 所示。通过试验结果发现，3d 与 7d 立方体抗压性能变化相似，28d 立方体与 28d 棱柱体抗压性能变化相似。

表 5.2.4　试件抗压强度及抗拉强度试验结果

试件编号	3d 立方体抗压强度 f_{cu}/MPa	7d 立方体抗压强度 f_{cu}/MPa	28d 立方体抗压强度 f_{cu}/MPa	3d 立方体抗拉强度 f_{ts}/MPa	7d 立方体抗拉强度 f_{ts}/MPa	28d 抗拉强度 f_{ts}/MPa	28d 棱柱体抗压强度 f_c/MPa
JZ1	19.06	28.93	35.56	1.32	2.21	3.20	27.85
JZ2	16.89	25.96	37.90	2.14	3.19	4.11	30.36
JZ3	14.43	23.42	39.90	1.94	2.95	4.30	32.65
JZ4	12.71	21.33	41.84	1.70	2.80	4.41	34.87
JZ5	11.70	19.98	37.70	1.41	2.65	3.80	31.07
JZ6	16.77	26.75	42.26	2.28	2.72	3.85	32.70
JZ7	15.11	24.30	39.58	2.18	2.54	3.57	29.32
JZ8	13.70	21.92	37.41	1.96	2.33	3.36	27.10
DB1	22.73	31.71	45.40	2.47	3.30	4.29	36.12

续表

试件编号	3d 立方体抗压强度 f_{cu}/MPa	7d 立方体抗压强度 f_{cu}/MPa	28d 立方体抗压强度 f_{cu}/MPa	3d 立方体抗拉强度 f_{ts}/MPa	7d 立方体抗拉强度 f_{ts}/MPa	28d 抗拉强度 f_{ts}/MPa	28d 棱柱体抗压强度 f_c/MPa
DB2	19.44	28.36	46.99	2.19	3.15	4.43	38.23
DB3	18.33	27.01	49.75	2.02	2.96	4.54	41.28
DB4	16.40	25.39	43.97	1.65	2.80	4.01	36.06
DB5	19.04	28.23	41.90	2.69	3.43	4.43	32.39
DB6	17.08	26.20	45.03	2.40	3.30	4.63	35.50
DB7	15.07	23.73	46.49	2.30	3.13	4.75	37.65
DB8	13.62	21.97	40.63	2.01	2.95	4.19	32.32
DB9	17.90	26.26	40.66	2.91	3.58	4.58	30.96
DB10	16.17	25.00	43.67	2.51	3.41	5.04	33.90
DB11	14.28	22.44	45.35	2.41	3.23	4.91	36.09
DB12	12.10	20.53	39.39	2.14	3.06	4.33	30.81

2）弹性模量

弹性模量反映了材料变形的性能，对结构分析与计算有重要影响。在棱柱体承受静态压力过程中，其应力-应变曲线上原点至切点处直线斜率为混凝土弹性模量，用 E_c 表示。根据《普通混凝土力学性能试验方法》(GB/T 50081—2002)[15]的要求，将混凝土弹性模量计算值和实际测量值相比较可以发现，弹性模量与抗压性能同步变化，说明混凝土的弹性模量与其强度正相关，最大值为 3.54×10^4MPa，最小值为 3.02×10^4MPa，均能满足 C30 普通混凝土弹性模量(3×10^4MPa)的要求。

3）应力-应变曲线

应力-应变曲线的峰值点横、纵坐标分别代表峰值应变和峰值应力，曲线斜率代表混凝土弹性模量。图 5.2.4 为试验测得混凝土应力-应变曲线上升段。可以

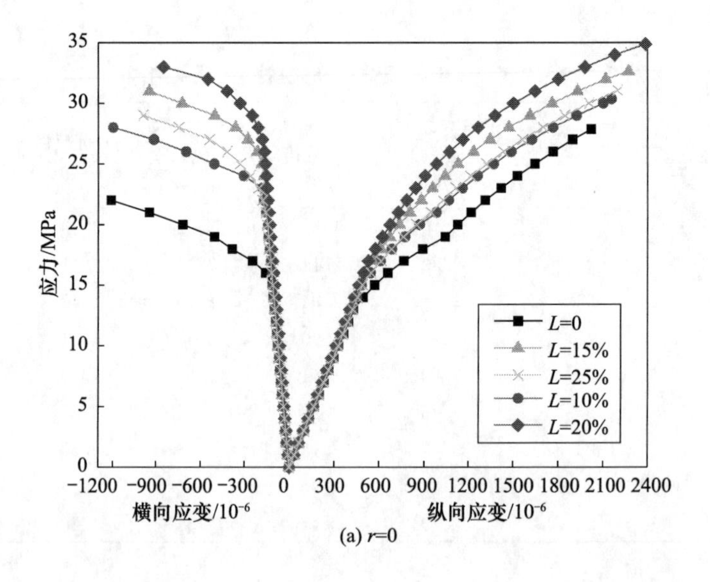

(a) r=0

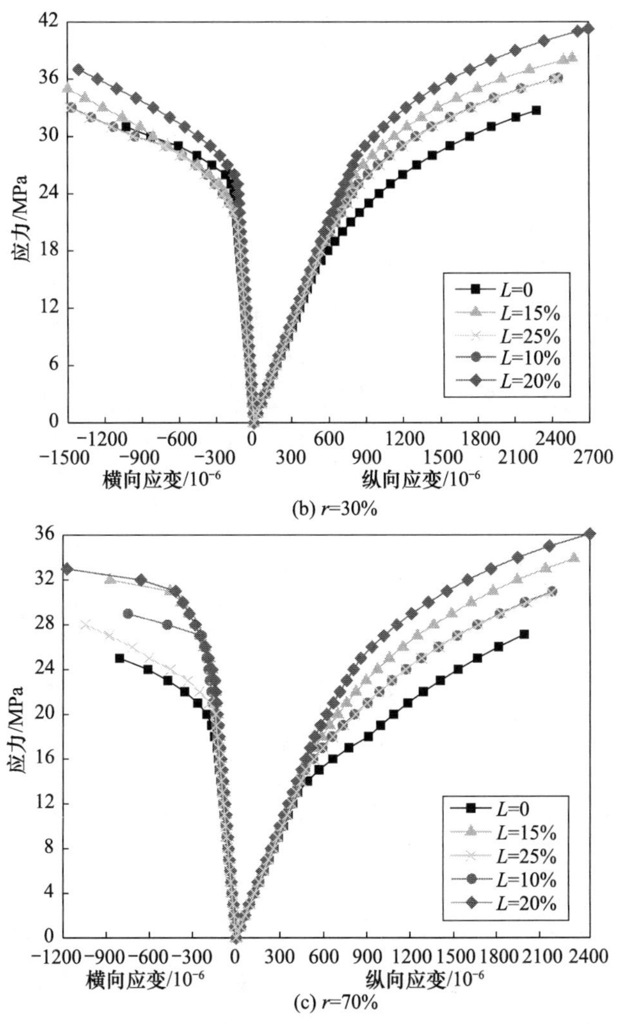

图 5.2.4　混凝土的应力-应变曲线上升段

r 为再生粗骨料取代率；L 为锂渣掺量

看出，掺锂渣再生粗骨料混凝土的应力-应变曲线上升段与普通混凝土差异不大，都存在比例极限点和峰值点等特征点，试验研究结果表明，锂渣及再生粗骨料对混凝土弹性模量、抗压性能及刚度的提升有一定功效，且最优配比是锂渣掺量为20%、再生粗骨料取代率为30%。此外，试件的轴心抗压强度越大，其应力-应变曲线表现为斜率越大，刚度也越好。

3. 试验分析

1）锂渣对立方体及棱柱体抗压强度的影响

锂渣对立方体及棱柱体抗压强度的影响如图 5.2.5 所示。可以看出，水化早期锂渣活性较低，水化速度随锂渣掺入而降低，故阻碍了早期抗压强度的增长。但再生粗骨料取代率为30%、50%、70%时，7d立方体抗压强度峰值出现在锂渣掺量为10%处。这说明再生粗骨料与适量锂渣拌和后，改善了其与新水泥浆体连接处的表观性能，进而提高了混凝土的抗压强度。由于锂渣早期活性较差，若掺量过多，势必会造成水化进程减慢，使其抗压性能下降。通过试验研究发现，当锂渣掺量为20%时，28d立方体抗压性能最优，说明在反应后期，锂渣完全水化且具有特殊的形貌、活性、填充效应，从而在混凝土中起到减水和提高密实度的作用，进而提高了后期强度。但锂渣掺量过大时，由于水泥含量降低且锂渣的水化过程是在水泥水化的基础上进行的，水泥在反应进程中所获得的$Ca(OH)_2$不足以支撑全部锂渣参与水化的需求，造成其剩余且不能够参与水化反应，故降低了混凝土的抗压强度。

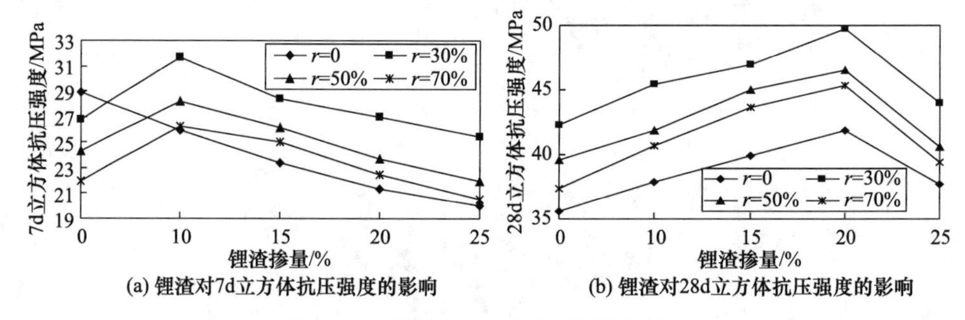

(a) 锂渣对7d立方体抗压强度的影响　(b) 锂渣对28d立方体抗压强度的影响

图 5.2.5　锂渣对立方体抗压强度的影响

2）再生粗骨料对立方体及棱柱体抗压强度的影响

再生粗骨料对立方体及棱柱体抗压强度的影响如图 5.2.6 所示。可以看出，对于未掺锂渣的混凝土，3d和7d立方体抗压强度与再生粗骨料含量呈负相关，而28d立方体、棱柱体抗压强度却呈先增强后减弱的趋势，在再生粗骨料取代率为30%时最优。因为早期时，再生粗骨料的掺入造成卵石含量下降，且由于其初始缺陷势必影响骨料整体强度，从而降低了抗压强度。后期时，随水化进程的发展，再生粗骨料所储存的水被渗透出来，使混凝土内部长期处于高湿环境中，相当于进行“二次养护”，由此提升了强度，但大量再生粗骨料必然会影响抗压性能。对于掺20%锂渣的混凝土，再生粗骨料对抗压性能的作用趋势都是先增高后下降，在再生粗骨料取代率为30%时最优。这是由于再生粗骨料表面不光滑，有棱角存在，但锂渣较好地填充了整个骨架体系的孔隙，从而形成最优级配，部分提升了抗压性能，但其自身缺陷又最终使抗压强度下降。锂渣掺量为10%及再生粗骨料取代率为30%时，3d和7d立方体抗压强度达到最优，比同龄期下未掺锂渣混凝土抗压强度增长19.3%和9.6%。锂渣掺量在20%且再生粗骨料取代率为30%时，28d立方体与棱柱体抗压强度达到峰值，比同龄期下未掺锂渣普通混凝土抗压强度增长39.9%和48.2%。

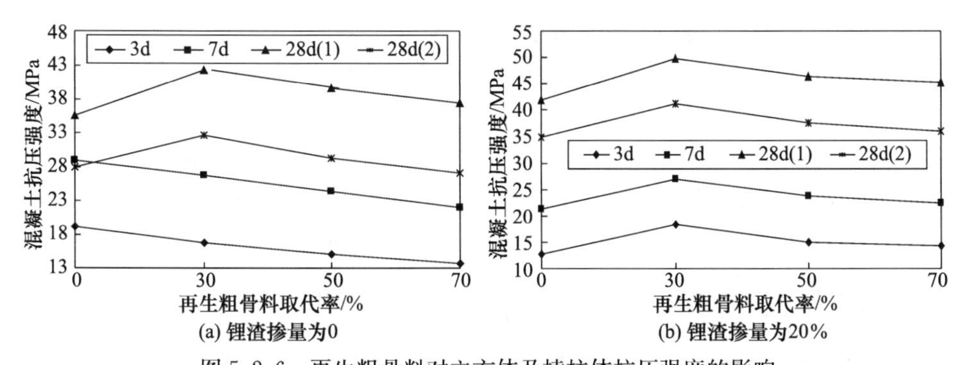

图 5.2.6　再生粗骨料对立方体及棱柱体抗压强度的影响

3d、7d、28d(1)和 28d(2)分别表示 3d、7d、28d 立方体抗压强度和 28d 棱柱体抗压强度

3）锂渣对立方体劈裂抗拉强度的影响

锂渣对立方体劈裂抗拉强度的影响如图 5.2.7 所示。由图 5.2.7(a)可以看出，掺有再生粗骨料的混凝土 3d 劈裂抗拉强度均高于普通混凝土。这是由于再生粗骨料吸水率大造成混凝土相对水灰比减小，从而提高劈裂抗拉强度。另外由于其表面有凹凸不平的特点，较为粗糙，能更好地与水泥砂浆相结合，提高界面黏结力。锂渣掺量为 10%时，混凝土劈裂抗拉强度达到最大值，这是由于锂渣的特殊形态效应在水泥石中既可以相当于未水化的水泥颗粒起到填充密实作用，又能够参与水化过程，故增强了混凝土的劈裂抗拉强度。水化初期由于锂渣活性低于水泥活性，掺量过多势必延缓整个体系的水化速度，从而降低混凝土的早期劈裂抗拉强度。对龄期为 7d 的混凝土而言可得到相同结论。

由图 5.2.7(b)可以看出，对于 28d 的混凝土，其劈裂抗拉强度峰值均出现在锂渣掺量为 20%处(再生粗骨料取代率 70%除外)。这说明在反应后期，水泥及锂渣充分水化，且锂渣可以有效提高混凝土的后期强度，因而锂渣掺量在从 0 增加至 20%的过程中，混凝土劈裂抗拉强度也随之增大，但锂渣掺量在 20%～25%时，混凝土劈裂抗拉强度逐渐降低，说明因锂渣掺量的增加，使得水泥相对含量降低，导致水泥水化后生成的 $Ca(OH)_2$ 含量减少，锂渣水化不完全，影响混凝土劈裂抗拉强度。

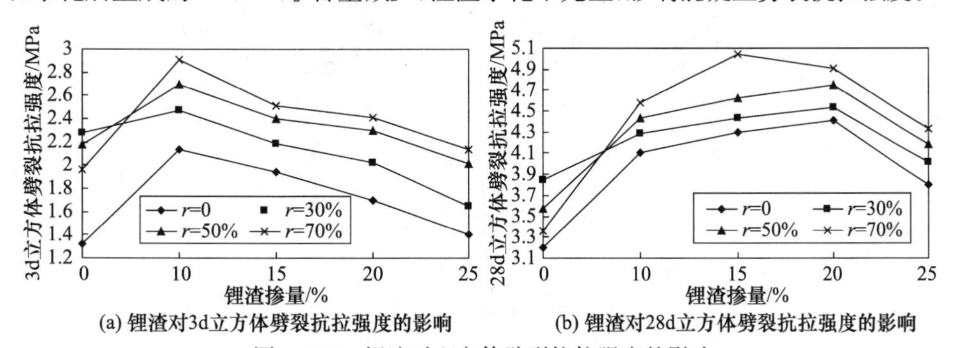

图 5.2.7　锂渣对立方体劈裂抗拉强度的影响

4）再生粗骨料对劈裂抗拉强度的影响

再生粗骨料对28d立方体劈裂抗拉强度的影响如图5.2.8所示。可以看出，对于未掺锂渣混凝土，随再生粗骨料取代率的增加，28d劈裂抗拉性能呈先增高后降低趋势，在再生粗骨料取代率为30％时最优，说明适量再生粗骨料能提高劈裂抗拉性能。而掺锂渣混凝土28d劈裂抗拉性能与再生粗骨料含量正相关，因为锂渣与再生粗骨料共同作用下，天然粗骨料骨架的紧密性提升，达到级配最优值，由此增强了劈裂抗拉强度。通过研究3d和7d劈裂抗拉性能，可以得到与之相似的结论。再生粗骨料取代率为70％且锂渣掺量为10％时，3d和7d劈裂抗拉强度达到最高，比未掺锂渣的普通混凝土增长119.66％和61.99％。而再生粗骨料取代率为70％及锂渣掺量为15％时，28d劈裂抗拉强度达到峰值，比未掺锂渣的普通混凝土增长57.50％。

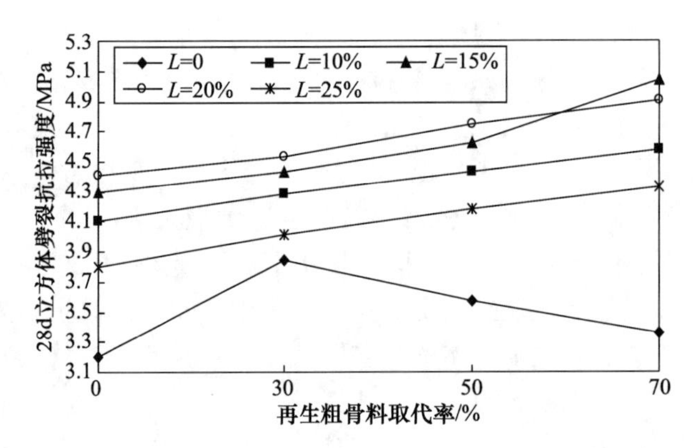

图5.2.8　再生粗骨料对28d立方体劈裂抗拉强度的影响

5）锂渣对弹性模量的影响

锂渣掺量对混凝土弹性模量的影响如图5.2.9所示。可以看出，无论取代多少再生粗骨料，混凝土的弹性模量均随锂渣掺量的增加而先升高后下降，锂渣掺量为20％时提高的幅度最优，且在相同再生粗骨料取代率下，掺锂渣混凝土的弹性模量均大于未掺锂渣混凝土。锂渣具有特殊的形貌、活性、填充效应，在混凝土中起到减水和提高密实度的作用，提高了混凝土强度，导致其弹性模量增高；由于锂渣的水化过程是在水泥水化的基础上进行的，当锂渣掺量过大时，水泥含量降低，降低了混凝土强度，故而影响弹性模量。对于锂渣掺量为20％的混凝土，当再生粗骨料取代率为0、30％、50％、70％时，其弹性模量比取代相同再生粗骨料的未掺锂渣混凝土分别提高6.3％、8.9％、8.6％、8.1％。

6）再生粗骨料对弹性模量的影响

再生粗骨料对混凝土弹性模量的影响如图5.2.10所示。可以看出，掺入锂渣后，弹性模量增大且均随再生粗骨料取代率的增加而先升高后下降。因为再生粗

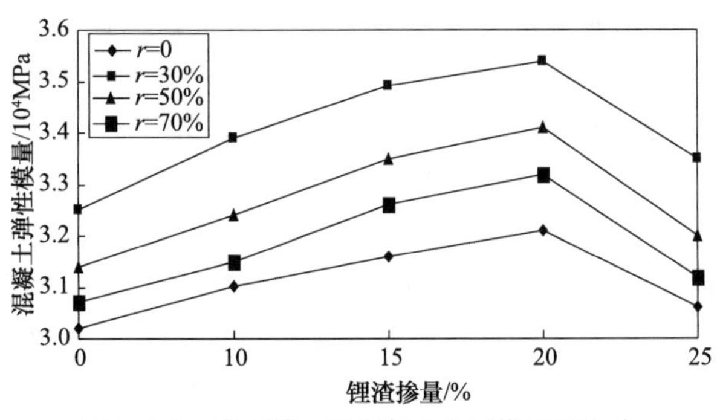

图 5.2.9　锂渣掺量对混凝土弹性模量的影响

骨料吸水率大造成混凝土拌合物相对水灰比减小，从而提高了强度，进而弹性模量相应增大。但取代率超过30%后，由于再生粗骨料孔隙率大，存在先天细微裂纹，且其表面附着较多砂浆，实际砂率较大，从而削弱了混凝土的弹性模量。再者其抗压强度受水灰比与初始缺陷的共同作用，故弹性模量逐渐降低。对于再生粗骨料取代率为30%的混凝土，当分别掺入0、10%、15%、20%、25%的锂渣时，其弹性模量比相同锂渣掺量的普通混凝土分别增加7.6%、9.4%、10.4%、10.3%、9.5%。当掺20%锂渣且取代30%再生粗骨料混凝土时，其弹性模量最大，比未掺锂渣普通混凝土增长17.2%。

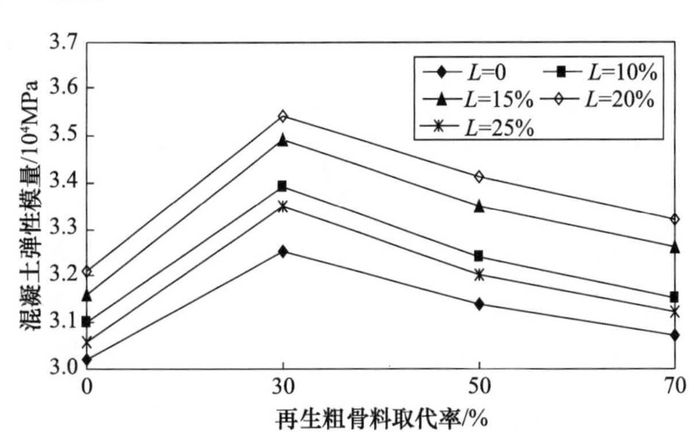

图 5.2.10　再生粗骨料对混凝土弹性模量的影响

5.2.4　对比与分析

1. 掺锂渣再生粗骨料混凝土强度比分析

强度比指混凝土棱柱体抗压强度与立方体抗压强度之比，对于普通混凝土，《混凝土结构设计规范》(GB 50010—2010)[17]偏于安全考虑取0.76，即

$$f_c = 0.76 f_{cu} \tag{5.2.2}$$

根据 f_c 和 f_{cu} 试验结果得到的强度比可知，掺锂渣再生粗骨料混凝土强度比

的最大值为 0.83,最小值为 0.72,均值为 0.79,标准差为 0.03,变异系数为 0.04。这是因为再生粗骨料较脆,从而导致混凝土材料质脆。因此,施加竖向荷载后,试件能承受的横向极限约束力较小,使得强度比较为稳定。

为了直观分析再生粗骨料对强度比的影响规律,绘制强度比与再生粗骨料取代率的折线关系,如图 5.2.11 所示。可以看出,强度比均随再生粗骨料取代率的增加而减小,这是由于再生粗骨料脆性较大,导致试件承压面所能承受的横向约束作用较小,因此相对于棱柱体,立方体强度上升空间较大,但是锂渣却可以明显提升强度比。在掺 20%锂渣处,其强度比提高幅度最大。可以理解为锂渣具备微集效应和形态效应使结构密实化,增强了混凝土的横向承载力,由此对棱柱体抗压强度有显著提高作用。通过试验研究还发现,掺锂渣再生粗骨料混凝土强度比均大于 0.76,表明将锂渣作为矿物掺合料配制出的再生粗骨料混凝土能够满足普通混凝土的强度比要求。因此,基于表 5.2.4 中的试验数据 f_c 和 f_{cu},通过统计回归(见图 5.2.12),给出掺锂渣再生粗骨料混凝土 28d 的棱柱体抗压强度与立方体抗压强度之间的关系,即

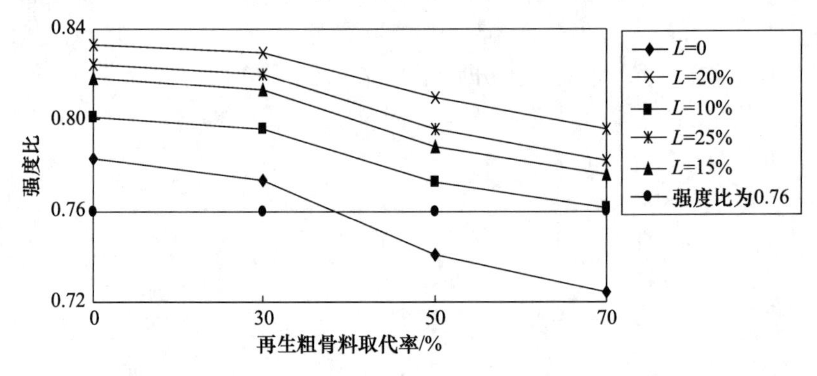

图 5.2.11　再生粗骨料取代率对强度比的影响

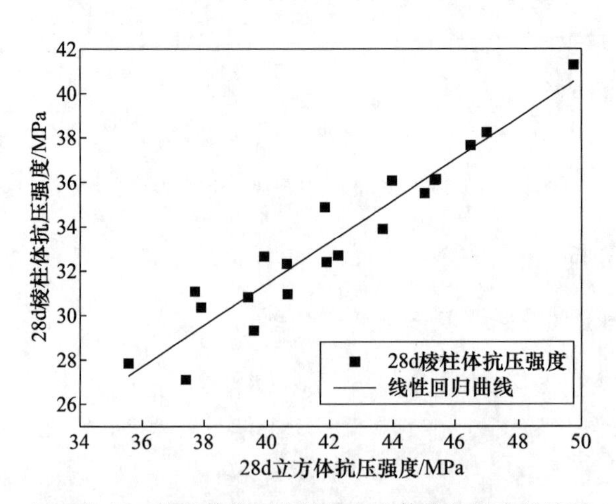

图 5.2.12　棱柱体抗压强度与立方体抗压强度的关系

$$f_c = 0.93 f_{cu} - 5.89,\quad R^2 = 0.91 \tag{5.2.3}$$

为了验证式(5.2.3)的准确性，本节将式(5.2.2)与式(5.2.3)计算的数值与测试值进行了对比。结果表明，式(5.2.2)计算的数值与测试值相差较远，而式(5.2.3)计算的数值更接近测试值，因此推荐使用式(5.2.3)来表述掺锂渣再生粗骨料混凝土棱柱体抗压强度与立方体抗压强度之间的转换。

2. 劈裂抗拉强度与立方体抗压强度的关系

对普通混凝土而言，《混凝土结构设计规范》(GB 50010—2010)[17]中规定的立方体抗压强度 f_{cu}与劈裂抗拉强度 f_{ts}的换算式为

$$f_{ts} = 0.19 f_{cu}^{3/4} \tag{5.2.4}$$

参照普通混凝土的公式，对表 5.2.4 中的试验数据 f_{ts}和 f_{cu}进行统计回归，总结出掺锂渣再生粗骨料混凝土劈裂抗拉强度与立方体抗压强度的换算式：

$$f_{ts} = 0.312 f_{cu}^{3/4} - 0.913 \tag{5.2.5}$$

3. 弹性模量与立方体抗压强度的关系

《混凝土结构设计规范》(GB 50010—2010)[17]采用式(5.2.6)计算混凝土的弹性模量，Dhir 等[18]提出了较为简单的计算公式(5.2.7)。

$$E_c = \frac{10^5}{2.2 + 34.7/f_{cu}} \tag{5.2.6}$$

$$E_c = 13100 + 370 f_{cu} \tag{5.2.7}$$

将式(5.2.6)和式(5.2.7)计算的混凝土弹性模量与测试值进行对比，得出按式(5.2.6)计算的数值比测试值偏大，而按式(5.2.7)计算的数值比测试值偏小。这表明常规弹性模量计算式不再满足掺锂渣再生粗骨料混凝土。

为此将试验结果 E_c 和 f_{cu}统计回归后(见图 5.2.13)，给出掺锂渣再生粗骨料混凝土弹性模量与立方体抗压强度之间的换算式，即

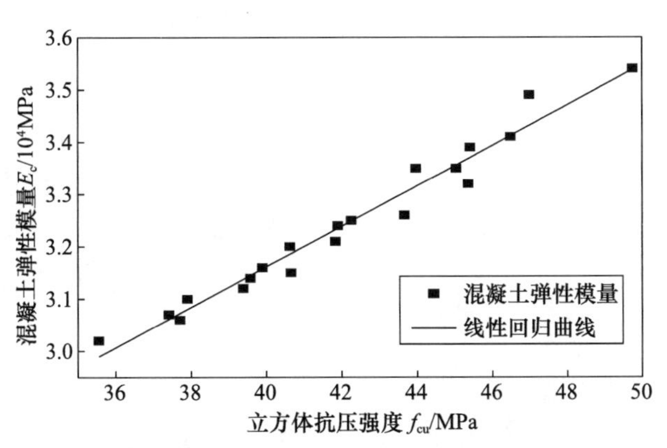

图 5.2.13　弹性模量与立方体抗压强度之间的关系

$$E_c = 386.7 f_{cu} + 16145.5, \quad R^2 = 0.97 \tag{5.2.8}$$

为验证式(5.2.8)的准确性,将式(5.2.8)计算的数值与测试值进行对比,发现式(5.2.8)计算的数值与测试值相差极小,因此推荐使用式(5.2.8)来表述掺锂渣再生粗骨料混凝土弹性模量与立方体抗压强度之间转换。

4. 峰值应力、应变及两者关系分析

峰值应变分布在 0.001995～0.0027,《混凝土结构设计规范》(GB 50010—2010)[17]规定 C20～C50 混凝土的峰值应变是 0.002,但掺锂渣再生粗骨料混凝土的峰值应变平均值是 0.0023,比规范值稍大。图 5.2.14 和图 5.2.15 分别为锂渣及再生粗骨料对峰值应变的影响。可以看出,峰值应变随锂渣及再生粗骨料的增加而先增大后减小,最大值是掺 20%锂渣及取代 30%再生粗骨料时,比未掺锂渣普通混凝土峰值应变增加 33.5%。且掺锂渣再生粗骨料混凝土的峰值应变普遍高于普通混凝土,说明掺适量再生粗骨料及锂渣可以有效填充混凝土结构内部孔隙,提高其密实性和抗压性能,减弱其脆性,增加其延性,故而增加了峰值应变。

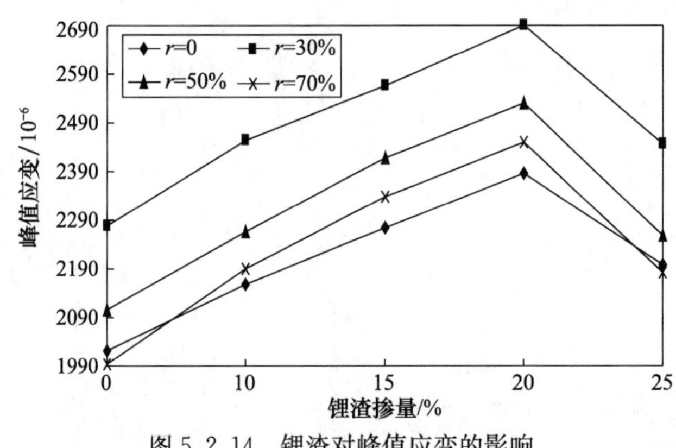

图 5.2.14　锂渣对峰值应变的影响

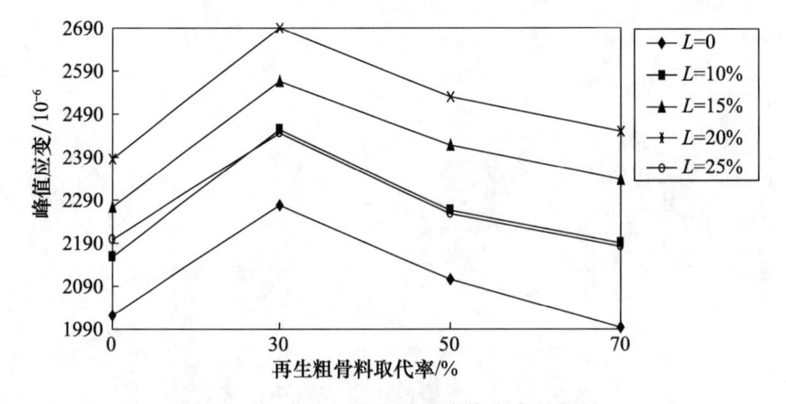

图 5.2.15　再生粗骨料对峰值应变的影响

由试验数据可知，掺锂渣再生粗骨料混凝土的峰值应力与峰值应变呈线性分布，a 值与立方体抗压强度也基本呈线性分布，为此进行回归分析，如图 5.2.16 和图 5.2.17 所示，得出如下公式：

$$\varepsilon_p = (50.58\sigma_p + 624.28) \times 10^{-6}, \quad R^2 = 0.999 \tag{5.2.9}$$

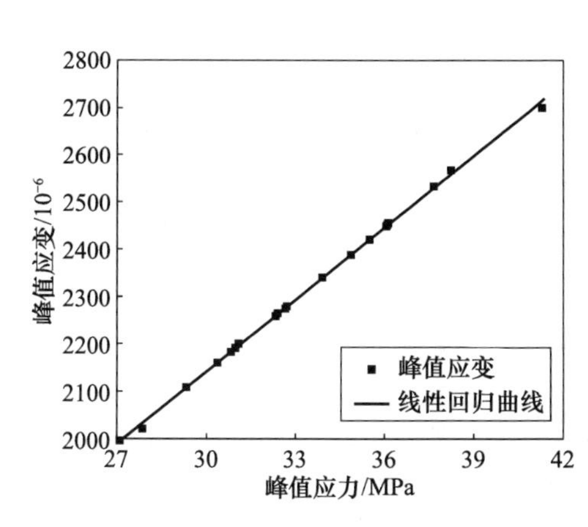

图 5.2.16　峰值应变与峰值应力的关系

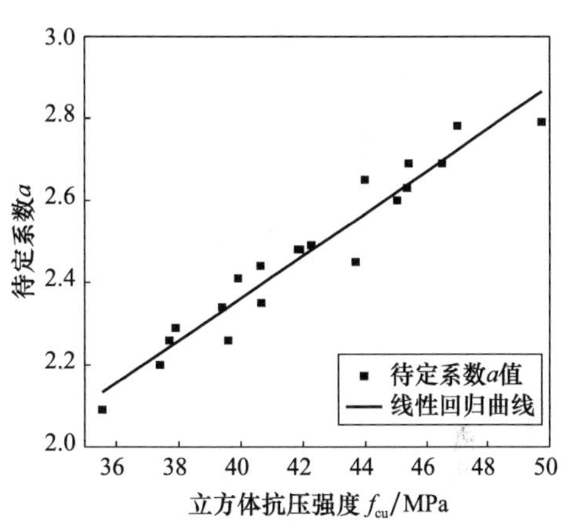

图 5.2.17　a 值与立方体抗压强度的关系

5. 应力比-泊松比曲线的特点

泊松比是反映混凝土侧向变形的基本属性之一，根据测量试件的横向正应变 ε 及轴向正应变 ε' 值便可以求出泊松比 $\nu = \varepsilon'/\varepsilon$，并绘制出每一种再生粗骨料取代率下泊松比和应力比（$\beta = \sigma/\sigma_p$）之间的关系曲线，如图 5.2.18 所示。可以看出，试件在受荷前期，泊松比首先在一固定数值范围内左右浮动，但当应力比超过一定数值后，试件内的不规则裂缝快速扩展，泊松比急剧上升，曲线形状是“倒 L”形，其发展经历了稳定、突变、离散三个阶段。

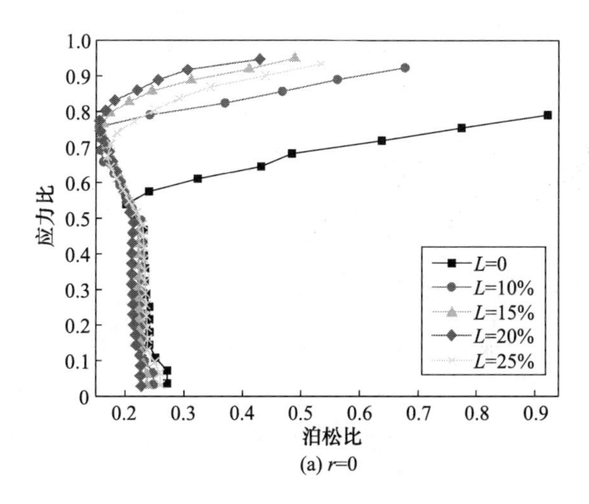

(a) r=0

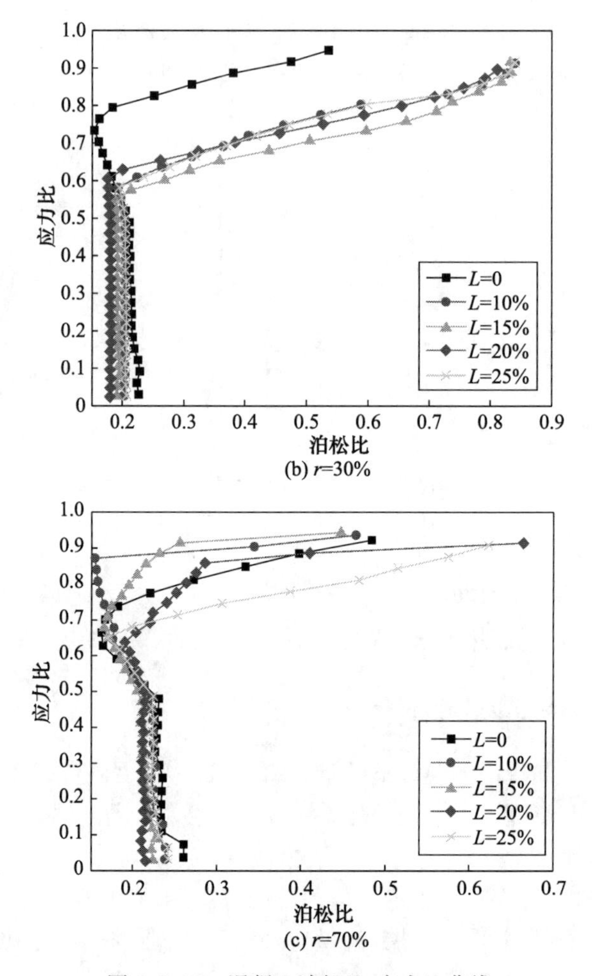

(b) r=30%

(c) r=70%

图 5.2.18　混凝土泊松比-应力比曲线

由图 5.2.18 还可以看出，在稳定阶段，锂渣掺量为 20%的曲线总是在最左侧，且再生粗骨料取代率为 30%的泊松比比其他取代率下的泊松比小，说明掺 20%锂渣且取代 30%再生粗骨料的混凝土泊松比最小，延性最好。其原因是掺适量锂渣和再生粗骨料使结构内部骨料黏结紧密，不容易发生横向变形，从微观上提升了混凝土的物理性质。

6. 掺锂渣再生粗骨料混凝土受压上升段本构关系

为了更方便地拟合掺锂渣再生粗骨料混凝土受压上升段本构方程，先将其应力-应变关系用无量纲坐标表示，即 $x=\varepsilon/\varepsilon_p$，$y=\sigma/\sigma_p$，并参照普通混凝土本构关系形式(见式(5.2.10))进行回归，拟合结果如图 5.2.19 所示。

$$y = ax + (3-2a)x^2 + (a-2)x^3,\quad 0 \leqslant x \leqslant 1 \tag{5.2.10}$$

式中，a 为待定系数。

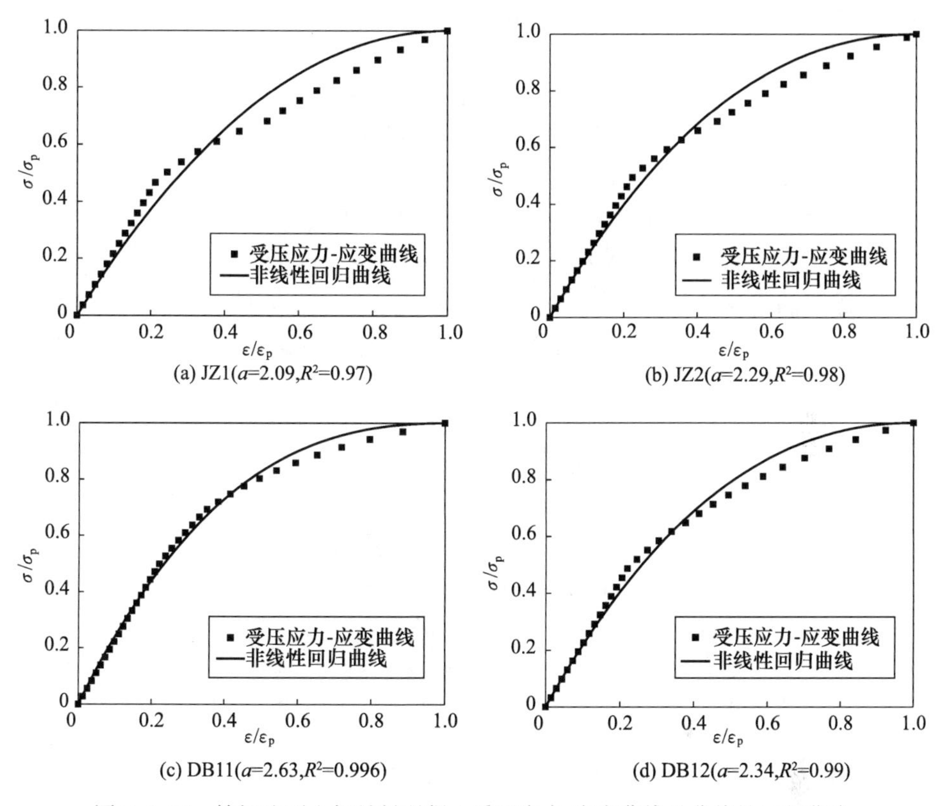

图 5.2.19　掺锂渣再生粗骨料混凝土受压应力-应变曲线及非线性回归曲线

由图 5.2.19 可以看出，采用式(5.2.10)回归出的应力-应变曲线与试验得到的曲线基本重合，吻合较好，但是每组回归出的待定系数 a 值不同。基于此，进一步回归分析出待定系数 a 和立方体抗压强度 f_{cu} 的转化式为

$$a = 0.0515 f_{cu} + 0.3,\quad R^2 = 0.93 \tag{5.2.11}$$

为了验证式(5.2.11)的准确性，对各组测试的 a 值和式(5.2.11)计算的数值进行比较，发现式(5.2.11)可以有效地表达待定系数 a 值。因此，掺锂渣再生粗骨料混凝土应力-应变曲线的上升段本构方程可以用式(5.2.10)和式(5.2.11)来表达。

5.2.5　结论

(1) 锂渣掺量为 20%且取代 30%再生粗骨料时，28d 立方体与棱柱体抗压强度达到峰值，比同龄期下未掺锂渣普通混凝土抗压强度增长 39.9%和 48.2%。取代 70%再生粗骨料且锂渣掺量为 10%时，3d 和 7d 劈裂抗拉强度达到最高，比未掺锂渣的普通混凝土增长 119.66%和 61.99%；而取代 70%粗骨料及掺 15%锂渣后，28d 劈裂抗拉强度达到峰值，比未掺锂渣普通混凝土增长 57.50%。掺 20%锂渣及取代 30%再生粗骨料时，混凝土峰值应变最大，比未掺锂渣普通混凝土峰值应变增长 33.5%。掺锂渣再生粗骨料混凝土 f_{ts}和 f_{cu}之间的换算公式可近似用式(5.2.5)表示，取代 30%再生粗骨料且锂渣掺量为 20%时，28d 弹性模量最大，比未掺锂渣普通混凝土弹性模量增长 17.2%。

(2) 掺锂渣再生粗骨料混凝土的 28d 棱柱体抗压强度 f_c 和 28d 立方体抗压强度 f_{cu}基本为线性关系，可近似用式(5.2.3)表示，弹性模量 E_c 和 28d 立方体抗压强度 f_{cu}之间的线性关系可近似用式(5.2.8)表示，混凝土峰值应力 σ_p 与峰值应变 ε_p 可近似用式(5.2.9)表示，受压本构方程上升段可以用式(5.2.10)和式(5.2.11)来描述且吻合较好，但其适用性有待进一步研究。

参 考 文 献

[1] Nixon P J. Recyeled concrete as an aggregate for concrete-a review[J]. Materials and Structures, 1978, 11(5): 371-378.

[2] Gerardu J J A, Hendriks C F. Recycling of road pavement materials in the Netherlands[J]. Rijkswaterstaat Communications, 1985, (38): 148.

[3] Sagoe-Crentsil K K, Brown T, Taylor A H. Performance of concrete made with commercially produced coarse recycled concrete aggregate[J]. Cement and Concrete Research, 2001, 31(5): 707-712.

[4] 邢振贤，周曰农. 再生混凝土性能研究与开发思路[J]. 建筑技术开发，1998，25(5)：28-31.

[5] 赵若鹏，郭自力，吴佩刚，等. 80MPa 高强度自流平混凝土的研究与应用[J]. 工业建筑，2000，30(7)：36-39.

[6] 赵若鹏，付书红，郭自力，等. 掺锂渣的 C80 高强度大流动性混凝土的试验研究[J]. 工业建筑，2001，31(1)：38-40.

[7] 张兰芳，陈剑雄，李世伟. 碱激发矿渣-锂渣混凝土试验研究[J]. 建筑材料学报，2006，9(4)：488-492.

[8] 陈剑雄，李鸿芳，陈鹏，等. 石灰石粉锂渣超早强超高强混凝土研究[J]. 硅酸盐通报，2007，26(1)：190-193.

[9] 余方，邓寿昌. 再生混凝土的抗压强度研究[J]. 产业与科技论坛，2009，8(1)：126-127.

[10] 王惊隆. 不同配合比对再生混凝土抗压强度的影响分析研究[J]. 中外建筑，2010，(8)：194-195.

[11] 杨恒阳，周海雷，侍克斌，等. 锂渣、粉煤灰高性能混凝土早期抗裂性能试验研究[J]. 混凝土，2012，(1)：65-67.

[12] 刘来宝. 掺锂渣 C50 高性能混凝土的力学与徐变性能[J]. 混凝土与水泥制品，2012，(1)：67-69.

[13] 吴福飞,陈亮亮,侍克斌,等.锂渣高性能混凝土的性能与微观结构[J].科学技术与工程,2015,(12):219-222.

[14] 中华人民共和国行业标准.普通混凝土用砂、石质量及检验方法标准(JGJ 52—2006)[S].北京:中国建筑工业出版社,2007.

[15] 中华人民共和国国家标准.普通混凝土力学性能试验方法(GB/T 50081—2002)[S].北京:中国建筑工业出版社,2003.

[16] 中华人民共和国国家标准.混凝土结构试验方法标准(GB/T 50152—2012)[S].北京:中国建筑工业出版社,2012.

[17] 中华人民共和国国家标准.混凝土结构设计规范(GB 50010—2010)[S].北京:中国建筑工业出版社,2010.

[18] Dhir R K,Limbachiya M C,Leelawat T,et al. Suitability of recycled aggregate for use in BS 5328 designated mixes[J]. Structures and Buildings,1999,134(3):257-274.

下篇　再生混凝土结构

第6章　再生混凝土本构关系

6.1　再生混凝土三轴抗压力学性能试验

邓志恒*，王玉梅，盛军，黄华秋

为研究再生混凝土在真三轴应力状态下的力学特性，利用高压伺服真三轴试验机（TAWZ-5000/3000）完成了5组再生粗骨料取代率（0、30%、50%、70%、100%）下混凝土试件的强度及变形等力学性能试验。试件尺寸选用100mm×100mm×100mm立方体，采用等比例加载方式，加载应力比分别为−0.1∶−0.25∶−1、−0.1∶−0.5∶−1、−0.1∶−0.75∶−1、−0.1∶−1∶−1，测试了4组应力比下再生混凝土试件的破坏形态、强度值、变形性能及应力-应变曲线。结果显示，再生混凝土试件在三轴压应力下发生两种典型的破坏方式：层状劈裂破坏和斜剪破坏。三轴强度值较单轴强度有显著提高，且受到再生粗骨料取代率和加载应力比两个因素的共同影响。通过方差计算，定量分析了再生粗骨料取代率和加载应力比对三轴强度和变形的影响。根据三轴压应力下测得的应力-应变曲线关系，分析了曲线随再生粗骨料取代率和应力比的变化规律。

6.1.1　国内外研究现状

1. 国外研究情况

国外学者对再生混凝土的微观结构特性以及在单轴应力状态下的力学性能研究较多，对多轴应力下的基本力学性能研究不多见。Poon等[1~3]对再生混凝土的微观特性及基本力学性能进行了系统的试验研究，对不同再生粗骨料来源以及不同再生粗骨料取代率等因素对混凝土强度和变形等性能的影响进行了分析，同时对骨胶比、养护条件以及过渡区界面对再生混凝土强度性能的影响进行了相关的研究和分析。Gokce等[4]通过对再生混凝土微观结构的观察，指出再生粗骨料附着砂浆以及粗骨料微观裂缝的存在使再生混凝土的微观结构比普通混凝土更为复杂，也极易破碎，通过改善再生粗骨料的微观结构可以有效提升混凝土的力学性

---

* 第一作者：邓志恒（1963—），男，博士，教授，主要研究方向为混凝土结构。

基金项目：国家自然科学基金面上项目（51478126）。

能。Kou等[5~7]通过试验分析认为再生粗骨料的使用对混凝土的强度产生了不利的影响,提出采用加入粉煤灰来改善再生混凝土质量的方法,并对再生混凝土的长期力学性能也进行了相关的试验研究,分析了不同再生粗骨料来源的混凝土试件经长期养护后抗压强度、劈裂抗拉强度和孔隙结构与普通混凝土的差别,并指出抗压强度和劈裂抗拉强度与孔隙率具有极高的相关性。Silva等[8~10]通过对再生混凝土相关文献的整理,系统分析了粗骨料来源、配制条件、外加剂的添加和时间等因素对再生混凝土力学性能的影响,指出再生混凝土与普通混凝土的差异,提出了抗压强度与劈裂抗拉强度之间的关系,同时也给出了弹性模量计算表达式以及弹性模量与混凝土强度之间的相关性。Hasan等[11]研究了添加玄武岩纤维以及将再生粗骨料表面用盐酸处理的方法来提升再生混凝土的力学性能。研究表明,纤维的加入对再生混凝土抗压强度的提升幅度不大,但对劈裂抗拉强度和弯曲强度的提高较为显著。另外,经盐酸处理后的再生混凝土抗压强度及劈裂抗拉强度均有所改善。Kwan等[12]指出,再生粗骨料的使用对混凝土抗压强度、劈裂抗拉强度和弹性模量都有不利的影响,再生粗骨料取代率的提高导致混凝土孔隙率的增大和过渡区界面黏结力的降低。Casuccio等[13]的研究发现,再生混凝土的强度和弹性模量低于普通混凝土,峰值应变高于普通混凝土,破坏断裂能比普通混凝土有明显的降低。Katz[14]的研究发现,再生粗骨料表面附着的旧水泥砂浆降低了粗骨料与新水泥砂浆间的黏结,同时指出通过注入硅粉或采用超声波清洗的办法可以不同程度地提高再生混凝土的强度。

2. 国内研究情况

国内学者对再生混凝土的力学性能也开展了大量的试验研究及理论分析。肖建庄等[15~20]通过试验系统研究了再生混凝土的微观特性和基本力学性能,分析了微观结构及再生粗骨料取代率对混凝土强度的影响,结合试验所测单轴受压及单轴受拉应力-应变曲线特征,提出了适用于再生混凝土的单轴受压及单轴受拉本构模型。宋灿等[21,22]对再生混凝土单轴受压条件下的力学性能进行了试验研究,探讨了水灰比、再生粗骨料类型、再生细骨料取代率和基体混凝土强度等因素对再生混凝土受压力学性能的影响规律,并提出添加矿物掺合料可改善再生混凝土强度和耐久性的建议。陈宗平等[23,24]对再生混凝土在不同粗骨料类型、不同再生粗骨料取代率和不同温度下的力学性能进行了试验研究,同时对再生混凝土在常规三轴应力下的力学性能进行了研究,分析了不同再生粗骨料取代率及不同围压值对混凝土强度、变形等力学性能的影响。李秋义等[25,26]对再生混凝土界面过渡区的显微结构特征进行了观察研究,分析了再生粗骨料品质和取代率对再生混凝土抗压强度的影响,提出了再生粗骨料的强化处理工艺,利用BP网络,建立了预测再生混凝土抗压强度的网络模型。He等[27]对自密实钢管再生混凝土及高性能混凝土的配合比设计方法进行了试验研究，并对再生混凝土在多轴应力下的强度性能和破坏准则进行了研究和分析。

3. 国内外研究小结

综上所述，关于再生混凝土基本力学性能的研究以单轴应力状态居多，对多轴应力状态下的力学性能研究较少。混凝土结构在实际工程中大多处于多向受力状态，因此混凝土多轴力学性能是最重要的基本理论问题和结构分析基础。再生混凝土由于微观结构与普通混凝土存在明显差异，必然导致其多轴应力强度及变形与普通混凝土存在差异，因此开展再生混凝土在多轴应力状态下的力学性能研究非常必要。

6.1.2　研究方案

1. 试验材料及配合比

再生粗骨料采用某路面废弃混凝土，先经机械破碎，再经人工二次破碎、筛分后得到级配粒径为 5～20mm 的骨料。天然粗骨料为碎石，经人工筛分取用粒径为 5～20mm 的连续级配。两种骨料的基本性能如表 6.1.1 所示。细骨料为邕江河砂，中砂，其主要性能指标如表 6.1.2 所示。水泥采用 P·O42.5 普通硅酸盐水泥；混凝土拌合物用水为普通自来水。考虑再生粗骨料质量取代不同天然粗骨料，共设计五种再生粗骨料取代率混凝土(0、30%、50%、70%、100%)，详细配合比见表 6.1.3。

表 6.1.1　粗骨料基本性能

骨料名称	堆积密度/(kg/m³)	表观密度/(kg/m³)	压碎指标/%	吸水率/%	砂浆附着率/%
天然粗骨料(NA)	1618	2708	4.6	0.3	—
再生粗骨料(RA)	1413	2485	13.4	3.0	30.55

表 6.1.2　细骨料基本性能

骨料名称	表观密度/(kg/m³)	最大粒径/mm	细度模数	吸水率/%
河砂	2605	4.75	2.8	1.05

表 6.1.3　再生混凝土配合比

配合比编号	水灰比	再生粗骨料取代率/%	材料用量/(kg/m³)				
			水泥	砂	天然粗骨料	再生粗骨料	水
NC0	0.47	0	415	631	1121	0	195
RC30	0.46	30	424	643	767	329	195
RC50	0.45	50	433	556	536	536	195
RC70	0.44	70	443	669	314	733	195
RC100	0.43	100	453	681	0	1021	195

2. 试验方法

三轴抗压试验是在高压伺服静动真三轴试验机(TAWZ-5000/3000)上进行的,试验设备如图 6.1.1 所示。加载试件在主应力 σ_3 方向上以 0.5MPa/s 施加压力,全程采用应力控制的加载模式。为减小试件与加载板接触面之间的摩擦力,先将试件进行机械磨面,加载前在混凝土试件表面均匀涂抹黄油。4 组加载应力比($\alpha=\sigma_1/\sigma_2/\sigma_3$)分别为$-0.1:-0.25:-1$、$-0.1:-0.5:-1$、$-0.1:-0.75:-1$、$-0.1:-1:-1$,应力值由系统自动采集,变形值由外置位移计与系统相连,与应力值同时采集。试验采用 100mm×100mm×100mm 的立方体试件,试件加载方向和形态如图 6.1.2 所示。试件的三轴应力、应变使用的符号和规定为:$\sigma_1\geqslant\sigma_2\geqslant\sigma_3$,$\varepsilon_1\geqslant\varepsilon_2\geqslant\varepsilon_3$,且拉为正,压为负。

图 6.1.1　试验设备

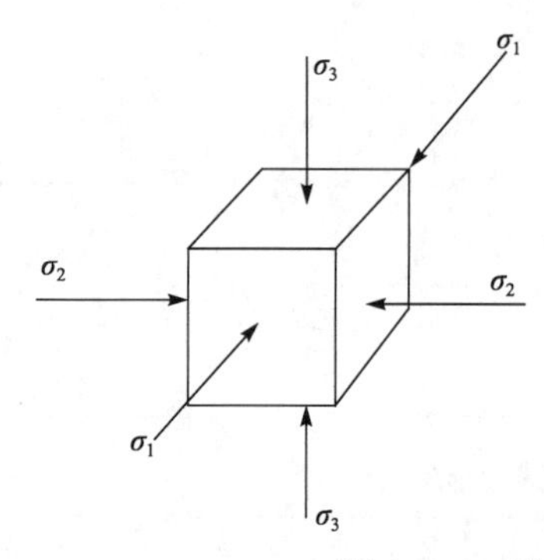

图 6.1.2　试件加载方向和形态

6.1.3　研究结果

1. 试验现象

再生混凝土在三轴压应力下发生两种典型的破坏形态:层状劈裂破坏和斜剪破

坏，破坏形态如图 6.1.3 所示。应力比为－0.1∶－1∶－1 时，由于中间应力 σ_2 较大，阻止了主压应力 σ_3 在 σ_2 方向产生的拉应变，试件在 σ_3 和 σ_2 的共同作用下，沿 σ_1 方向产生较大的拉应变 ε_1，并逐渐形成与 σ_2-σ_3 作用面平行的多个裂缝面，即发生层状劈裂破坏。在应力比为－0.1∶－0.25∶－1、－0.1∶－0.5∶－1 和－0.1∶－0.75∶－1 条件下，混凝土试件发生斜剪破坏，且由于剪应力$(\sigma_1-\sigma_3)/2$ 较大，导致试件沿平行于 σ_2 方向出现斜裂缝面，斜裂缝面通常有两个，与主压应力 σ_3 轴的夹角为 20°～30°。

(a) 层状劈裂破坏

(b) 斜剪破坏

图 6.1.3　再生混凝土三轴抗压破坏形态

2. 试验结果及分析

1）强度规律

再生混凝土三轴抗压强度值 σ_3 高达 160～290MPa，明显高于单轴压应力下的强度值 f_m，不同再生粗骨料取代率下再生混凝土单轴强度值如表 6.1.4 所示。在三轴压应力作用下，三轴抗压强度值 σ_3 受再生粗骨料取代率及应力比两个因素共同影响，影响规律如图 6.1.4 所示。图 6.1.4(a)给出了三轴抗压强度值随应力比的变化规律。可以看出，混凝土三轴抗压强度主要是受中间应力比的影响。当中间应力比从 0.25 增长至 0.5 时，三轴抗压强度值随之增大；当中间应力比从 0.5 增长至 1 时，三轴抗压强度值逐渐减小。即在应力比为－0.1∶－0.5∶－1 时三轴抗压强度值最大，在－0.1∶－1∶－1 时强度值最小。图 6.1.4(b)给出了三轴抗压强度值随再生粗骨料取代率的变化规律。可以看出，当取代率为 30%时，三轴抗压强度值略高于取代率为 0 时，当取代率大于 30%时，三轴抗压强度值随再生粗骨料取代率的增加而降低。RAC30 强度值略高于 RAC0 的原因是一方面 RAC30 与 RAC0 的单轴强度值很接近，RAC0 的强度值仅比 RAC30 高出 0.5%；另一方面再生混凝土在三轴压应力作用时，部分微裂缝受侧向压力的约束限制了裂缝的开展，再生粗骨料内部微裂缝对混凝土强度的不利影响在侧向约束作用下得到了削弱，部分微裂缝存在被压实的可能。

表 6.1.4　再生混凝土单轴强度值

试件编号	f_c/MPa	f_m/MPa
RAC0	36.71	46.81
RAC30	36.56	46.75
RAC50	33.37	45.40
RAC70	30.73	43.57
RAC100	30.09	42.00

注：f_c 为棱柱体抗压强度值；f_m 为 100mm 立方体抗压强度值。

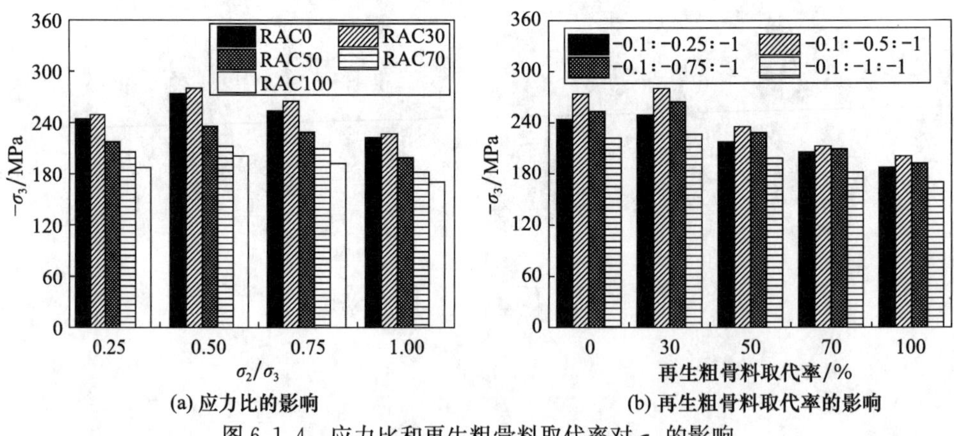

图 6.1.4　应力比和再生粗骨料取代率对 σ_3 的影响

图 6.1.5 给出了再生混凝土三轴抗压强度值相对于单轴强度的提高值 $-\sigma_3/f_m$ 的分布直方图。可以看出，强度提高值整体范围为 $3<-\sigma_3/f_m<7$，主要集中在 $4<-\sigma_3/f_m<6$ 这一区间，试件在这一区间的数量占试件总量的 90%以上。

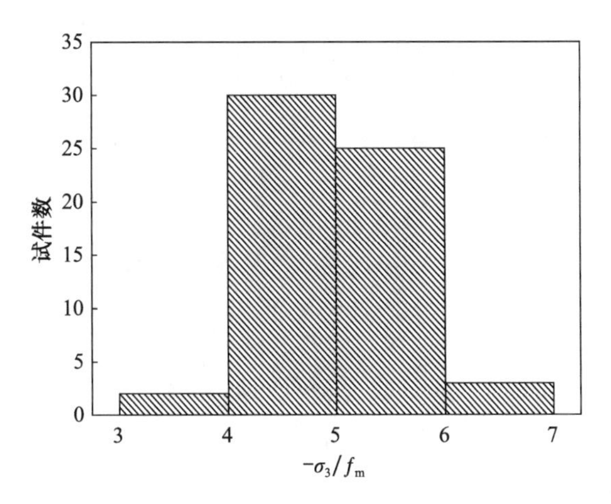

图 6.1.5 再生混凝土三轴抗压强度提高值分布直方图

图 6.1.6 给出了应力比和再生粗骨料取代率对三轴抗压强度提高值 $-\sigma_3/f_m$ 的影响。由图 6.1.6(a)可以看出,应力比为−0.1∶−0.5∶−1 时,$-\sigma_3/f_m$ 值最大,应力比为−0.1∶−1∶−1 时,$-\sigma_3/f_m$ 值最小。$-\sigma_3/f_m$ 随应力比的变化规律为 $\alpha_{-0.1:-0.5:-1}>\alpha_{-0.1:-0.75:-1}>\alpha_{-0.1:-0.25:-1}>\alpha_{-0.1:-1:-1}$。由图 6.1.6(b)可以看出,在 4 组应力比条件下,RAC30 强度提高值略高于普通混凝土,在其他组再生粗骨料取代率条件下满足强度提高值随取代率的增加而降低,即强度提高值满足 RAC30>RAC0>RAC50>RAC70>RAC100。

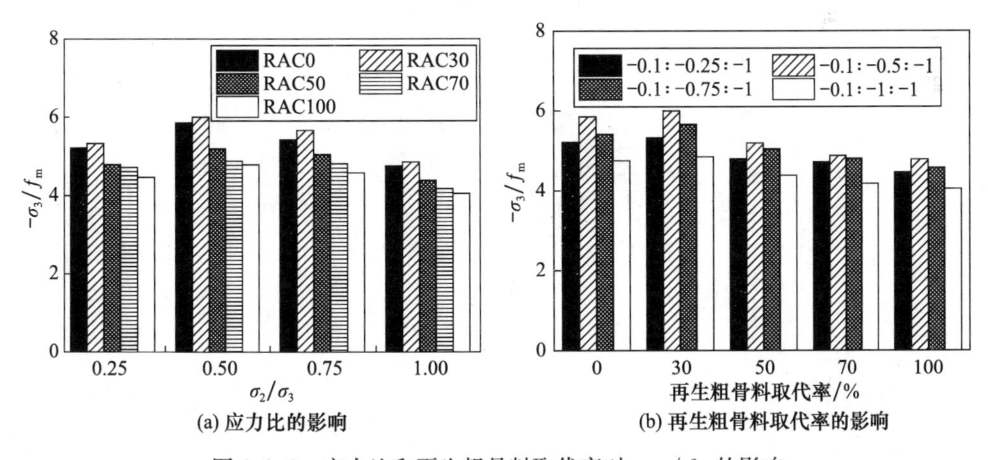

图 6.1.6 应力比和再生粗骨料取代率对 $-\sigma_3/f_m$ 的影响

根据试验数据,通过方差计算,定量分析再生粗骨料取代率和应力比两个因素对三轴抗压强度的影响。取三轴抗压强度提高值 $-\sigma_3/f_m$ 为方差分析的研究对象,两个自变量为中间应力比(A)和再生粗骨料取代率(B)。其中因素 A 的水平数为$r=4(0.25,0.5,0.75,1)$，因素B的水平数为$s=5(0,30\%,50\%,70\%,100\%)$。通过计算因素A和因素B下的三轴抗压强度提高值$-\sigma_3/f_{\mathrm{m}}$，可得各因素在不同应力水平下的平均值，如图6.1.7所示。由图6.1.7(a)可以看出，$-\sigma_3/f_{\mathrm{m}}$平均值在应力比为−0.1∶−0.5∶−1时最高(5.34)，在应力比为−0.1∶−1∶−1时最低(4.44)。由图6.1.7(b)可以看出，$-\sigma_3/f_{\mathrm{m}}$平均值在再生粗骨料取代率为30%时最高(5.46)，在取代率为100%时最低(4.47)，且对于含有再生粗骨料的混凝土，$-\sigma_3/f_{\mathrm{m}}$平均值随再生粗骨料取代率的提高而降低，即RAC30＞RAC50＞RAC70＞RAC100。

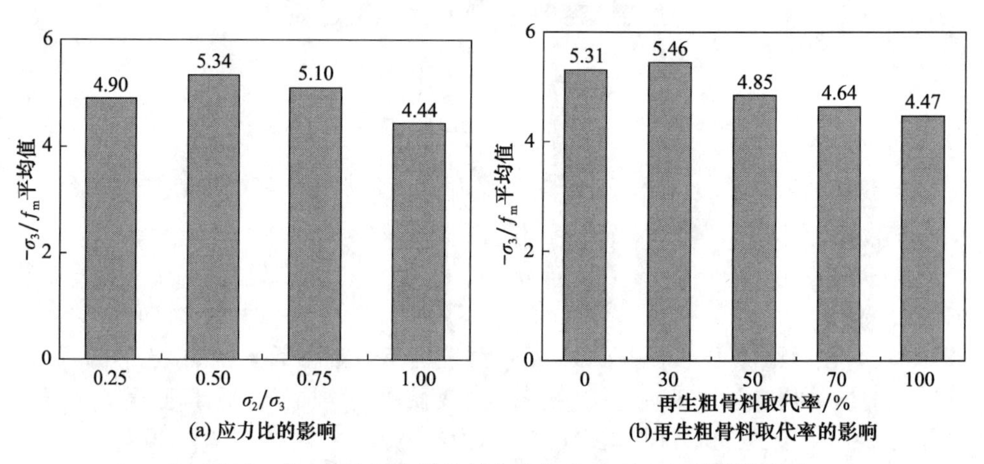

图6.1.7　应力比和再生粗骨料取代率对$-\sigma_3/f_{\mathrm{m}}$平均值的影响

由应力比和再生粗骨料取代率两个因素引起的强度提高值$-\sigma_3/f_{\mathrm{m}}$的变动可由下列公式计算得到：

$$\mathrm{SSA}=s\sum_{i=1}^{r}(\bar{X}_i-\bar{\bar{X}}_i)^2 \tag{6.1.1}$$

$$\mathrm{SSB}=r\sum_{j=1}^{s}(\bar{Y}_j-\bar{\bar{Y}}_j)^2 \tag{6.1.2}$$

$$\mathrm{SST}=\sum_{i=1}^{r}\sum_{j=1}^{s}(\bar{X}_{i,j}-\bar{\bar{X}}_i)^2 \tag{6.1.3}$$

$$\mathrm{SSE}=\mathrm{SST}-\mathrm{SSA}-\mathrm{SSB} \tag{6.1.4}$$

$$\mathrm{RA}=(\mathrm{SSA}/\mathrm{SST})\times100\% \tag{6.1.5}$$

$$\mathrm{RB}=(\mathrm{SSB}/\mathrm{SST})\times100\% \tag{6.1.6}$$

$$\mathrm{RE}=(\mathrm{SSE}/\mathrm{SST})\times100\% \tag{6.1.7}$$

式中，$\bar{X}_i$、$\bar{Y}_j$分别为应力比和再生粗骨料取代率两个因素在不同应力水平下的平均值；$\bar{\bar{X}}_i$、$\bar{\bar{Y}}_j$为总平均值；$X_{i,j}$为各组试验值；SSA、SSB为组间离差平方和，即因素变量不同水平引起的观测变量的变动；SSE 为组内离差平方和，即随机因素引起的观测变量的变动；SST 为总离差平方和；RA、RB 和 RE 分别表示 A、B 因素和残差占总的平方和的比率。

表 6.1.5 为根据式(6.1.1)～式(6.1.7)计算的结果，可见应力比和再生粗骨料取代率对三轴抗压强度提高值 $-\sigma_3/f_m$ 的变动均有影响，应力比因素对变动值的影响率为 41.78%，再生粗骨料取代率因素对变动值的影响率为 55.62%。

表 6.1.5　$-\sigma_3/f_m$ 影响因素分析

SSA	SSB	SST	SSE	RA	RB	RE
2.171	2.890	5.196	0.135	41.78%	55.62%	2.6%

2) 变形规律

在三轴压应力作用下，再生混凝土试件主应力方向的峰值应变受应力比和再生粗骨料取代率两个因素的共同影响。图 6.1.8 给出了应力比和再生粗骨料取代率对峰值应变 ε_3 的影响。由图 6.1.8(a)可以看出，主应力 σ_3 方向的峰值应变 ε_3 均高于单轴峰值应变 ε_0，当应力比为 −0.1：−0.25：−1 时，ε_3 值最大，当应力比为 −0.1：−1：−1 时，ε_3 值最小。在任意再生粗骨料取代率条件下，ε_3 均随中间应力比 σ_2/σ_3 的增大而减小，即 $\alpha_{0.25:1}>\alpha_{0.5:1}>\alpha_{0.75:1}>\alpha_{1:1}$。由图 6.1.8(b)可以看出，在任意应力比条件下，ε_3 均随再生粗骨料取代率的增加而增大，即 RAC100＞RAC70＞RAC50＞RAC30＞RAC0。

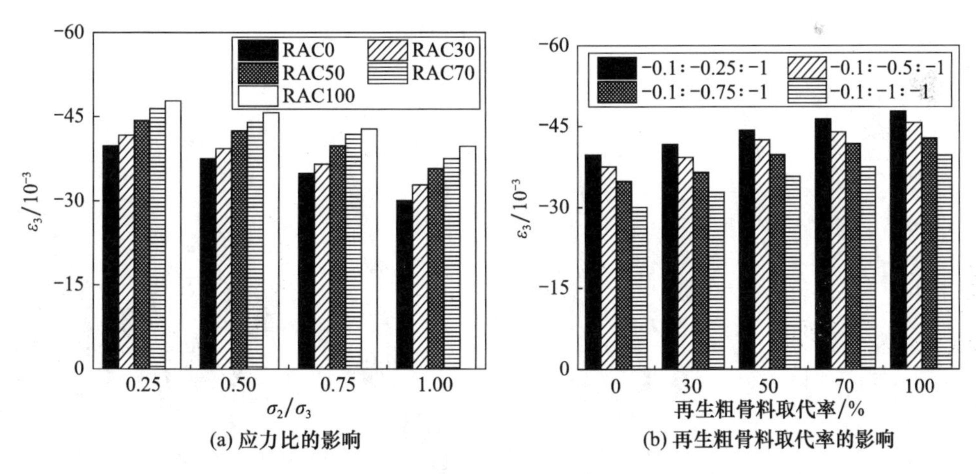

(a) 应力比的影响　　(b) 再生粗骨料取代率的影响

图 6.1.8　应力比和再生粗骨料取代率对 ε_3 的影响

图 6.1.9 给出了应力比和再生粗骨料取代率对峰值应变 ε_2 的影响。由图 6.1.9(a)可以看出，当应力比为 −0.1：−0.25：−1 时，ε_2 为正值，在其他应力比条件下，ε_2 均为负值。说明当横向约束较小时，沿 σ_2 方向出现拉应变，横向约束增大，

由拉转为压。由图 6.1.9(b)可以看出，与 ε_3 的变化规律相同，ε_2 也随再生粗骨料取代率的增加而增大。

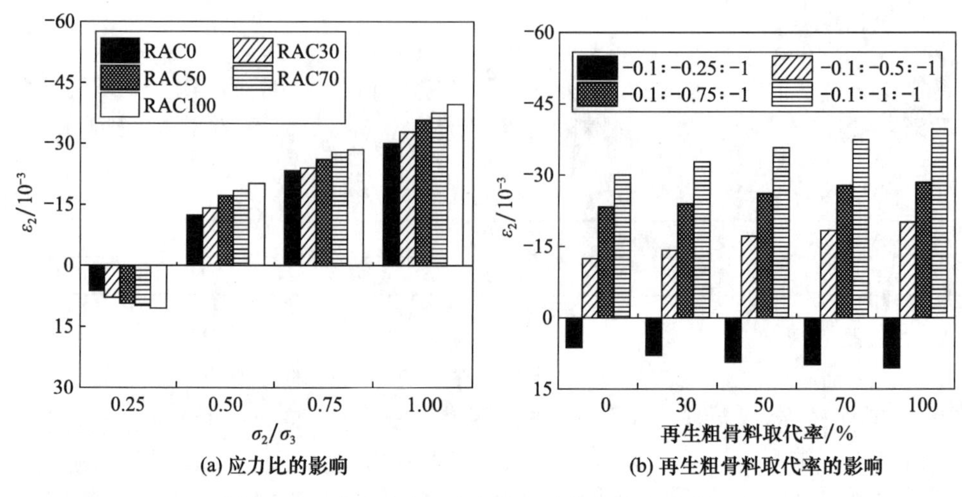

(a) 应力比的影响　(b) 再生粗骨料取代率的影响

图 6.1.9　应力比和再生粗骨料取代率对 ε_2 的影响

图 6.1.10 给出了应力比和再生粗骨料取代率对峰值应变 ε_1 的影响。由图 6.1.10(a)可以看出，在任意应力比条件下，ε_1 均为正值，即为拉应变，且 ε_1 的绝对值随中间应力比的增大而增大。由图 6.1.10(b)可以看出，ε_1 的绝对值随再生粗骨料取代率的增加而增大。

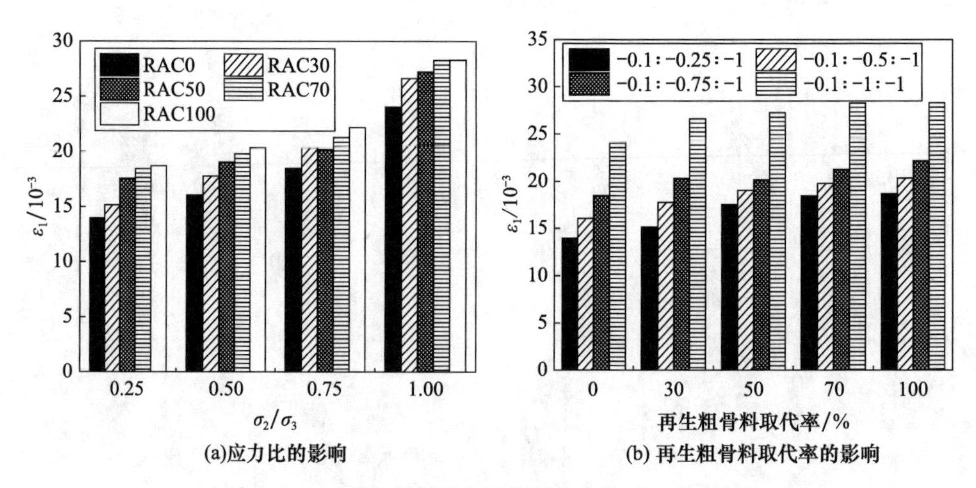

(a)应力比的影响　(b) 再生粗骨料取代率的影响

图 6.1.10　应力比和再生粗骨料取代率对 ε_1 的影响

综上分析，再生粗骨料取代率及应力比对三轴压应力作用下再生混凝土峰值应变的影响均有明显的规律性。ε_3、ε_2 及 ε_1 的绝对值均随再生粗骨料取代率的增加而增大，即 RAC100>RAC70>RAC50>RAC30>RAC0。ε_3 随中间应力比的增大而减小，即 $\alpha_{0.25:1}>\alpha_{0.5:1}>\alpha_{0.75:1}>\alpha_{1:1}$，$\varepsilon_2$ 和 ε_1 的绝对值均随中间应力比的增大而增大，即 $\alpha_{0.25:1}<\alpha_{0.5:1}<\alpha_{0.75:1}<\alpha_{1:1}$。

同样采用方差计算，取 ε_3 为方差分析的研究对象，定量分析再生粗骨料取代率和应力比两个因素对 ε_3 的影响。图 6.1.11 给出了峰值应变 ε_3 在应力比和再生粗骨料取代率两个因素下的平均值。由图 6.1.11(a)可以看出，ε_3 平均值在应力比为−0.1∶−0.25∶−1 时最大，在应力比为−0.1∶−1∶−1 时最小，且 ε_3 平均值随应力比的增加而降低。由图 6.1.11(b)可以看出，ε_3 平均值随再生粗骨料取代率的增加而增大。表 6.1.6 为根据式(6.1.1)～式(6.1.7)计算的结果，可见应力比对峰值应变 ε_3 的影响率为 52.92%，再生粗骨料取代率对 ε_3 的影响率为 46.76%。

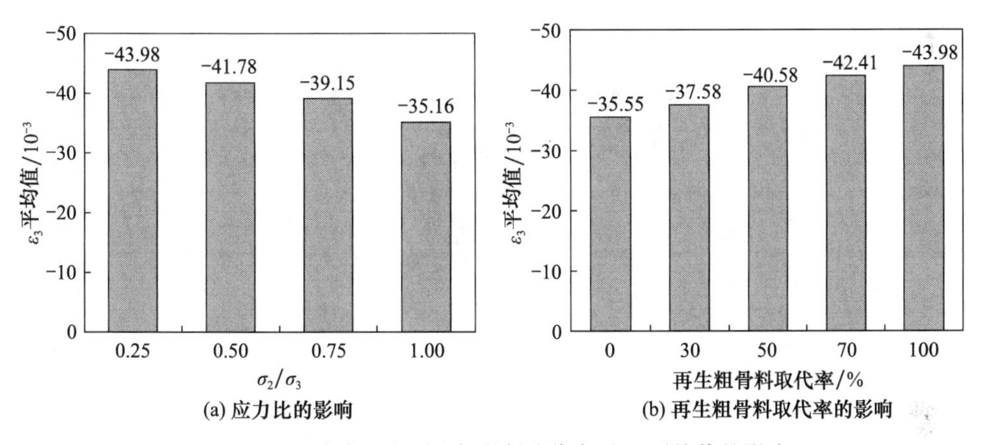

图 6.1.11　应力比和再生粗骨料取代率对 ε_3 平均值的影响

表 6.1.6　ε_3 影响因素分析

SSA	SSB	SST	SSE	RA	RB	RE
215.86	190.73	407.91	1.32	52.92%	46.76%	0.3%

3）应力-应变曲线

图 6.1.12 为不同再生粗骨料取代率混凝土试件在 4 组应力比下的三轴压应力-应变曲线。由于采用力控加载模式，试件在过峰值点后即刻发生破坏，未能采集到应力-应变曲线下降段。由图 6.1.12 可以看出，当试件应力较小时，应变基本按比例增长，应力-应变曲线近似为直线。随着应力增加，混凝土试件发生塑性变形，应变增长加速，曲线斜率减缓。主压应力 σ_3 在应力比为−0.1∶−0.5∶−1 时最大，最大主压应力方向的应变 ε_3 在应力比为−0.1∶−0.25∶−1 时最大。应变值 ε_2 在应力比为−0.1∶−0.25∶−1 时为正值，在其他应力比下为负值，说明在

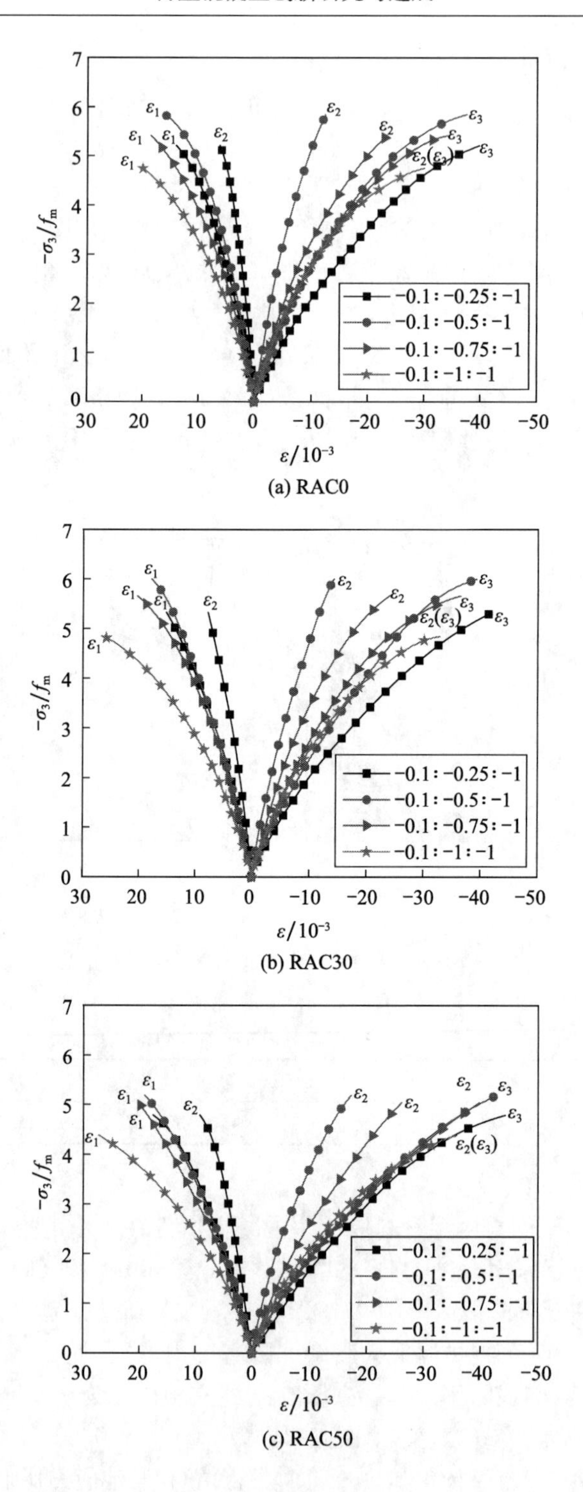

(a) RAC0

(b) RAC30

(c) RAC50

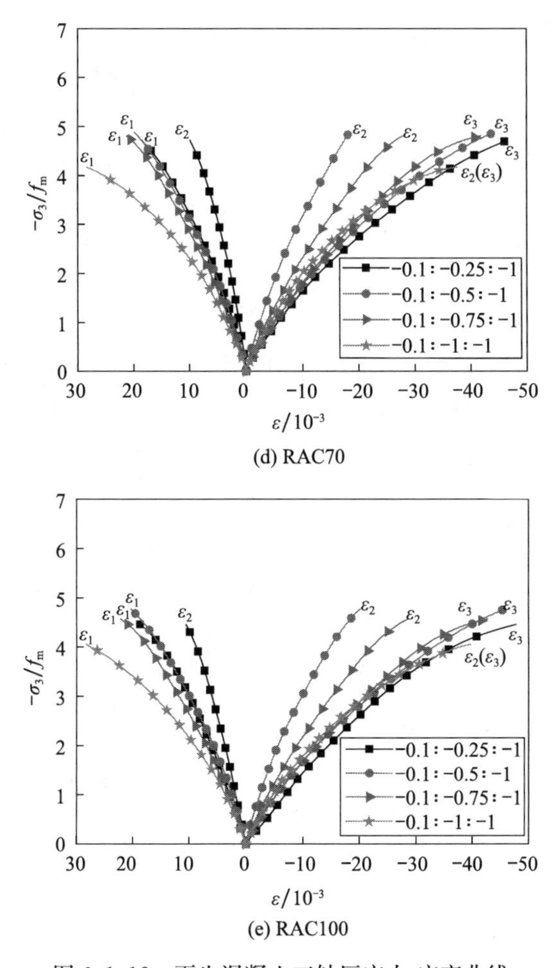

(d) RAC70

(e) RAC100

图 6.1.12　再生混凝土三轴压应力-应变曲线

中间应力比较小的情况下，在 σ_2 方向产生拉应力，随着中间应力比的增大，逐渐转为压应力。应变值 ε_1 在任意应力比下均为拉应力。

6.1.4　结论

基于对再生混凝土在三轴压应力作用下的强度和变形的试验研究和理论分析，得到以下结论：

(1) 再生混凝土在三轴应力状态下的破坏形态与普通混凝土相近。在应力比为－0.1∶－1∶－1 时发生层状劈裂破坏，在应力比为－0.1∶－0.25∶－1、－0.1∶－0.5∶－1 和－0.1∶－0.75∶－1 时发生斜剪破坏；再生粗骨料取代率对破坏形态的影响不明显。

(2) 在三轴压应力作用下，再生混凝土强度值明显高于单轴强度值，主应力方向的峰值应力及峰值应变受应力比和再生粗骨料取代率两个因素的共同影响，根据方差计算，定量分析了应力比和再生粗骨料取代率两个因素对三轴抗压强度及变形的影响率。

(3) 试验测得了再生混凝土试件在三轴压应力下的应力-应变曲线，随再生粗骨料取代率的提高，最大主压应力方向的应力-应变曲线线性段逐渐降低，说明该方向的初始弹性模量随再生粗骨料取代率的升高而降低，曲线渐趋扁平。

参考文献

[1] Poon C S, Chan D. Effects of contaminants on the properties of concrete paving blocks prepared with recycled concrete aggregates[J]. Construction and Building Materials, 2007, 21(1): 164-175.

[2] Poon C S, Lam C S. The effect of aggregate-to-cement ratio and types of aggregates on the properties of pre-cast concrete blocks[J]. Cement and Concrete Composites, 2008, 30(4): 283-289.

[3] Poon C S, Kou S C, Wan H W, et al. Properties of concrete blocks prepared with low grade recycled aggregates[J]. Waste Management, 2009, 29(8): 2369-2377.

[4] Gokce A, Nagataki S, Saeki T, et al. Identification of frost-susceptible recycled concrete aggregates for durability of concrete[J]. Construction and Building Materials, 2011, 25(5): 2426-2431.

[5] Kou S C, Poon C S. Properties of self-compacting concrete prepared with coarse and fine recycled concrete aggregates[J]. Cement and Concrete Composites, 2009, 31(9): 622-627.

[6] Kou S C, Poon C S. Effect of the quality of parent concrete on the properties of high performance recycled aggregate concrete[J]. Construction and Building Materials, 2015, 77: 501-508.

[7] Kou S C, Poon C S, Etxeberria M. Influence of recycled aggregates on long term mechanical properties and pore size distribution of concrete[J]. Cement and Concrete Composites, 2011, 33(2): 286-291.

[8] Silva R V, de Brito J, Dhir R K. Properties and composition of recycled aggregates from construction and demolition waste suitable for concrete production[J]. Construction and Building Materials, 2014, 65: 201-217.

[9] Silva R V, de Brito J, Dhir R K. Tensile strength behaviour of recycled aggregate concrete [J]. Construction and Building Materials, 2015, 83: 108-118.

[10] Silva R V, de Brito J, Dhir R K. Establishing a relationship between modulus of elasticity and compressive strength of recycled aggregate concrete[J]. Journal of Cleaner Production, 2016, 112: 2171-2186.

[11] Hasan K, Nasim S. Improving the mechanical properties of recycled concrete aggregate using chopped basalt fibers and acid treatment[J]. Construction and Building Materials, 2017, 140: 328-335.

[12] Kwan W H, Ramli M, Kam K J, et al. Influence of the amount of recycled coarse aggregate in concrete design and durability properties[J]. Construction and Building Materials, 2012, 26(1):565-573.

[13] Casuccio M, Torrijos M C, Giaccio G, et al. Failure mechanism of recycled aggregate concrete[J]. Construction and Building Materials, 2008, 22(7):1500-1506.

[14] Katz A. Properties of concrete made with recycled aggregate from partially hydrated old concrete[J]. Cement and Concrete Research, 2003, 33(5):703-711.

[15] 肖建庄,刘琼,李文贵,等. 再生混凝土细微观结构和破坏机理研究[J]. 青岛理工大学学报,2009,30(4):24-30.

[16] Xiao J Z, Li J B, Zhang C. Mechanical properties of recycled aggregate concrete under uniaxial loading[J]. Cement and Concrete Research, 2005, 35(6):1187-1194.

[17] Xiao J Z, Li H, Yang Z J. Fatigue behavior of recycled aggregate concrete under compression and bending cyclic loadings[J]. Construction and Building Materials, 2013, 38:681-688.

[18] Xiao J Z, Xie H, Yang Z J. Shear transfer across a crack in recycled aggregate concrete[J]. Cement and Concrete Research, 2012, 42(5):700-709.

[19] Xiao J Z, Ding T, Zhang Q T. Structural behavior of a new moment-resisting DfD concrete connection[J]. Engineering Structures, 2017, 132:1-13.

[20] 肖建庄. 再生混凝土[M]. 北京:中国建筑工业出版社,2008.

[21] 宋灿,邹超英,徐伟. 再生混凝土基本力学性能的试验研究[J]. 低温建筑技术,2007,(3):15-16.

[22] 胡琼,宋灿,邹超英. 再生混凝土力学性能试验[J]. 哈尔滨工业大学学报,2009,41(4):33-36.

[23] 陈宗平,徐金俊,郑华海,等. 再生混凝土基本力学性能试验及应力-应变本构关系[J]. 建筑材料学报,2013,16(1):24-32.

[24] 陈宗平,陈宇良,姚侃. 再生混凝土三轴受压力学性能试验及其影响因素[J]. 建筑材料学报,2014,35(12):72-81.

[25] 郭远新,李秋义,孔哲,等. 再生粗骨料强化处理工艺对再生混凝土性能的影响[J]. 混凝土与水泥制品,2015,(6):11-17.

[26] 王晓飞,李秋义,罗健林,等. 再生粗骨料品质和取代率对再生混凝土抗压强度的影响[J]. 混凝土与水泥制品,2015,(5):85-88.

[27] He Z J, Zhang J X. Strength characteristics and failure criterion of plain recycled aggregate concrete under triaxial stress states[J]. Construction and Building Materials, 2014, 54:354-362.

6.2　再生混凝土动态本构及其研究进展

王长青*,肖建庄

针对再生混凝土率敏感性问题,在再生混凝土短柱动态力学试验基础上,分析约束再生混凝土在不同应变率下的破坏特征。基于获得的应力-应变试验曲线,研究应变率效应、箍筋约束效应和再生粗骨料取代率对约束再生混凝土力学和变形性能的影响。根据应变率效应对约束再生混凝土力学和变形性能的影响规律,初步提出约束再生混凝土性能指标动态放大系数(DIF)模型。分析箍筋形式、箍筋间距、箍筋屈服强度和配箍率等因素对约束再生混凝土短柱力学行为的影响,初步提出约束再生混凝土性能指标约束放大系数(CIF)模型。分析表明,箍筋约束效应对再生混凝土力学和变形性能有重要的影响,在很大程度上改善了再生混凝土的延性。研究再生粗骨料取代率对约束再生混凝土力学和变形性能的影响规律,提出取代率影响因子(RIF)模型。基于约束再生混凝土短柱动态试验数据分析,提出考虑应变率效应、箍筋约束效应和再生粗骨料取代率影响的约束再生混凝土应力-应变分析模型,定义受压应力-应变全曲线特征点参数,确定约束再生混凝土受压应力-应变全曲线方程。研究表明,应力-应变计算曲线和试验曲线吻合较好,验证了分析模型的合理性,为再生混凝土结构动力非线性分析和抗震优化设计提供研究基础。

6.2.1　国内外研究现状

混凝土材料有一定的率敏感性,在不同应变率下具有不同的力学性能,包括材料的脆性、强度、刚度等性质均随加载速率而变化。在不同性质的动态荷载作用下,混凝土表现出不同的特性,如图 6.2.1 所示。可以看出,在地震作用下,混凝土的应变率一般能达到 $10^{-3}\sim10^{-2}\,s^{-1}$量级,最大能达到 $10^{-1}\,s^{-1}$左右[1]。

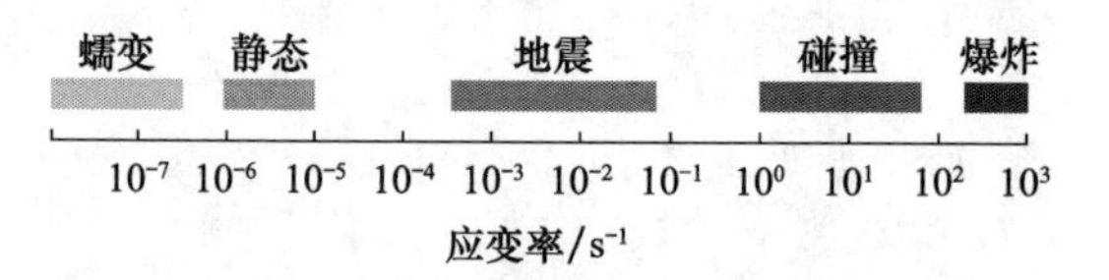

图 6.2.1　不同性质荷载下混凝土的应变率变化

关于混凝土动态特性的研究最早可上溯至 1917 年 Abrams[2]的工作。随后国

---

* 第一作者:王长青(1981—),男,博士,副教授,主要研究方向为再生混凝土结构抗震、再生混凝土动态本构。

基金项目:国家自然科学基金青年科学基金项目(51608383)。

内外学者对混凝土的动态受力性能进行了相关研究，如 Jones 等[3]、Watstein[4]、Norris 等[5]、曾莎洁等[6]、董毓利等[7]、肖诗云等[8]。由文献[3]～[8]可以得到随着应变率的提高，混凝土单轴抗压强度、初始弹性模量、峰值应力处的割线模量以及吸能能力随之增大，下降段的坡度趋于陡峭，泊松比无明显变化，应力-应变曲线的形状无明显区别。而峰值应力处的临界应变和极限应变的变化规律无定论。欧洲混凝土协会(CEB)[9]在总结多数试验成果的基础上，规定了一个准静态应变率，推荐了不同动态应变率下混凝土材料的抗压强度、峰值应变、弹性模量相对准静态应变率下的动态增大系数。

国内外学者关于再生粗骨料的基本性能[10,11]、再生混凝土材料的静态力学性能[12～14]、再生混凝土在静态荷载作用下的本构关系[15,16]开展了系统的试验研究和理论分析。国内外对再生混凝土材料力学性能敏感性方面的研究工作较少，肖建庄等[17,18]完成了不同应变率下模型再生混凝土单轴受压试验，研究结果表明，随着应变率的提高，各模型的应力-应变曲线形状相似，峰值应力和弹性模量表现出增大的趋势，峰值应变的变化无明显规律。

再生混凝土材料的脆性比普通混凝土略高，且随着再生粗骨料取代率的增加而变大[19]。相同条件下，再生混凝土构件斜截面开裂荷载要比普通混凝土构件小，而且随着再生粗骨料取代率的增大，开裂荷载随之降低；再生混凝土构件斜裂缝平均宽度略大于普通混凝土构件[20]。针对再生混凝土受力特点，同时考虑工程建造成本，在进行再生混凝土结构设计时，采用箍筋约束措施，可以在很大程度上改善再生混凝土的脆性，提高再生混凝土的抗剪性能、延性、塑性变形能力和耗能能力。

国内外学者针对约束再生混凝土在静态荷载作用下的力学性能[21～26]开展了一系列的研究工作。Xiao 等[21,22]完成了钢管约束和玻璃纤维增强塑料管约束再生混凝土静态受压试验，结果表明，约束效应对再生混凝土力学性能，尤其是延性性能有重要影响，通过试验初步确定了约束再生混凝土静态本构关系模型。Chen 等[23]完成了圆形钢管再生混凝土短柱静态试验，并提出了约束再生混凝土单轴受压本构方程。Yang 等[24]完成了 14 根钢管再生混凝土短柱和 14 根钢管再生混凝土梁的静态单调加载试验，结果表明，通过外部钢管约束，再生混凝土梁柱的力学性能有很大提高，尤其是构件的变形性能。目前，有关约束再生混凝土在不同应变率下动态特性的研究尚属空白。

Bairagi 等[27]指出不同再生粗骨料取代率下的再生混凝土本构关系具有相似性，但下降段有所不同；Topcu 等[28]通过试验获得了不同再生粗骨料取代率下再生混凝土的应力-应变曲线，但未给出其数学表达式。肖建庄[29]给出了静态荷载下再生混凝土单轴受压应力-应变全曲线方程，指出再生混凝土的应力-应变全曲线的总体形状与普通混凝土相似，但曲线上各特征点的应力和应变值有所区别；再生混凝土的棱柱体抗压强度与立方体抗压强度的比值高于普通混凝土，峰值应变大于普通混凝土,弹性模量明显低于普通混凝土。

本节通过约束再生混凝土短柱动态力学试验,分析约束再生混凝土在高应变率下的破坏机理;基于约束再生混凝土单轴受压试验曲线,研究应变率效应、箍筋约束效应和再生粗骨料取代率对约束再生混凝土力学和变形性能的影响规律,构建动态放大系数、约束放大系数和取代率影响因子模型;提出考虑应变率效应、箍筋约束效应和再生粗骨料取代率影响的约束再生混凝土动态本构关系模型,确定约束再生混凝土受压应力-应变全曲线方程。

6.2.2 研究方案

1. 材料性能

再生骨料对再生混凝土的力学性能有重要的影响,在进行配合比之前,首先完成了再生混凝土中天然粗骨料和再生粗骨料性能指标的测试,如表 6.2.1 所示。可以看出,再生粗骨料的吸水率要远高于天然粗骨料。细骨料选用粒径为 0.075～5mm 的河砂,如图 6.2.2 所示。按细度模数划分为中砂,在使用前通过筛子过滤掉砂中较大的杂质,通过水洗处理掉砂中的泥块等细微颗粒,通过风干除去砂中的水分,砂的含水率为 0。粗骨料选用天然和再生粗骨料,公称粒径范围为 5～10mm,如图 6.2.3 和图 6.2.4 所示。在使用前同样对天然粗骨料和再生粗骨料进行筛分过滤、水洗和风干处理。

表 6.2.1 粗骨料材料性能指标

粗骨料	含泥量/%	泥块含量/%	吸水率/%	含水率/%	松散堆积密度/(kg/m³)	紧密堆积密度/(kg/m³)	表观密度/(kg/m³)
再生粗骨料	0.712	0.5	5.4	1.6	1200	1290	2600
天然粗骨料	0.800	0.6	1.8	0.4	1415	1525	2680

图 6.2.2 河砂

图 6.2.3 天然粗骨料

图 6.2.4　再生粗骨料

2. 配合比设计

再生混凝土强度等级为C30。由于再生粗骨料有较高的吸水率,配合比设计时应考虑计入再生混凝土粗骨料的附加用水,再生粗骨料附加用水量根据其饱和面干时的含水量确定。在本次试验中测得的再生粗骨料吸水率为5.4%,含水率为1.6%(见表6.2.1)。水泥选用P·O42.5普通硅酸盐水泥,水选用自来水,外加剂采用VIVID-500(A)聚羧酸超塑化减水剂。混凝土坍落度控制在180～200mm。本次试验中按再生粗骨料取代率分别为0、30%和100%三种配合比进行设计,表6.2.2给出了不同取代率下每立方米混凝土各组分的用量。

表 6.2.2　再生混凝土配合比

再生粗骨料取代率/%	净水灰比	砂率/%	再生粗骨料/(kg/m³)	天然粗骨料/(kg/m³)	砂/(kg/m³)	水泥/(kg/m³)	净水量/(kg/m³)	附加用水量/(kg/m³)
0	0.45	41	0.0	852.5	592.3	485.5	218.5	0.0
30	0.45	41	255.4	597.2	592.3	485.5	218.5	9.7
100	0.45	41	852.5	0.0	592.3	485.5	218.5	32.0

3. 试件设计和制作

本节设计和制作了81个再生混凝土方形截面短柱,横截面边长为150mm,高度为450mm。非约束再生混凝土试件(URAC)制作了27个,其中包含再生粗骨料取代率为0、30%和100%的试件各9个。约束再生混凝土试件中配置A和B两种形式的箍筋,A代表方形箍筋,B代表菱形复合箍筋。A类箍筋约束试件(A-CRAC)和B类箍筋约束试件(B-CRAC)分别制作27个,每类约束试件包含再生粗骨料取代率为0、30%和100%的试件各9个。A-CRAC试件体积配箍率为0.675%,B-CRAC试件体积配箍率为1.013%。横向箍筋和纵向钢筋均选用镀锌铁丝代替，铁丝直径为 4mm，实测屈服强度为 387.81MPa，箍筋间距为 43mm。试件尺寸及配筋详图如图 6.2.5 所示。所有试件的制作均在实验室完成，在外界环境温度条件下分四批进行人工浇筑，机械振捣，采用木模板，24h 后拆模，并在混凝土标准养护室养护 28d。每批试件均预留出 3 组棱柱体试件（100mm×100mm×300mm）和 3 组立方体试件（150mm×150mm×150mm），测试再生混凝土的材料性能，钢筋笼制作如图 6.2.6 所示，试件设计参数如表 6.2.3 所示。

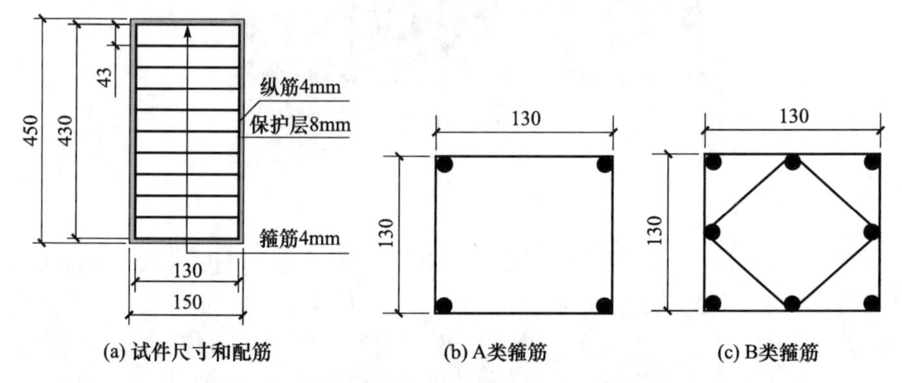

图 6.2.5　约束再生混凝土试件尺寸及配筋图（单位：mm）

图 6.2.6　钢筋笼制作

表 6.2.3　测试试件设计参数

试件编号	应变率/s^{-1}（加载速率/(mm/s)）	取代率/%	约束形式	体积配箍率/%	采集频率/Hz	试件个数
RACs-1	10^{-2}(4.5)	0	URAC	0	512	3
RACs-2	10^{-3}(0.45)	0	URAC	0	256	3
RACs-3	10^{-5}(0.0045)	0	URAC	0	12.8	3
RACs-4	10^{-2}(4.5)	30	URAC	0	512	3

续表

试件编号	应变率/s^{-1} (加载速率/(mm/s))	取代率/%	约束形式	体积配箍率/%	采集频率/Hz	试件个数
RACs-5	10^{-3}(0.45)	30	URAC	0	256	3
RACs-6	10^{-5}(0.0045)	30	URAC	0	12.8	3
RACs-7	10^{-2}(4.5)	30	URAC	0	512	3
RACs-8	10^{-3}(0.45)	30	URAC	0	256	3
RACs-9	10^{-5}(0.0045)	30	URAC	0	12.8	3
RACAs-1	10^{-2}(4.5)	0	A-CRAC	0.675	512	3
RACAs-2	10^{-3}(0.45)	0	A-CRAC	0.675	256	3
RACAs-3	10^{-5}(0.0045)	0	A-CRAC	0.675	12.8	3
RACAs-4	10^{-2}(4.5)	30	A-CRAC	0.675	512	3
RACAs-5	10^{-3}(0.45)	30	A-CRAC	0.675	256	3
RACAs-6	10^{-5}(0.0045)	30	A-CRAC	0.675	12.8	3
RACAs-7	10^{-2}(4.5)	100	A-CRAC	0.675	512	3
RACAs-8	10^{-3}(0.45)	100	A-CRAC	0.675	256	3
RACAs-9	10^{-5}(0.0045)	100	A-CRAC	0.675	12.8	3
RACBs-1	10^{-2}(4.5)	0	B-CRAC	1.013	512	3
RACBs-2	10^{-3}(0.45)	0	B-CRAC	1.013	256	3
RACBs-3	10^{-5}(0.0045)	0	B-CRAC	1.013	12.8	3
RACBs-4	10^{-2}(4.5)	30	B-CRAC	1.013	512	3
RACBs-5	10^{-3}(0.45)	30	B-CRAC	1.013	256	3
RACBs-6	10^{-5}(0.0045)	30	B-CRAC	1.013	12.8	3
RACBs-7	10^{-2}(4.5)	100	B-CRAC	1.013	512	3
RACBs-8	10^{-3}(0.45)	100	B-CRAC	1.013	256	3
RACBs-9	10^{-5}(0.0045)	100	B-CRAC	1.013	12.8	3

4. 试验设备和测点布置

试验在 MTS 815.04 液压伺服试验机上进行，试验机中自带一套数据采集系统、高精度荷载传感器和高精度位移传感器。试验中采用自带位移传感器测试压头之间试件的轴向变形；试验中附加的引伸计(见图 6.2.7)作为测试试件中部变形的应变传感器，测量在标定距离为 100mm 处的试件变形。引伸计与试验机自带的传感器均采用同一套数据采集系统，测量数据均由试验机配套程序自动记录，实现不同通道的数据同步采集。为获取箍筋在约束应力下的动态变形，在试验中，选取试件中间区域的 5 道箍筋，每隔 1 道箍筋上布置 2 个测点，采用电阻应变片测量箍筋的应变，每个试件共布置 6 个应变片，测点编号从上至下依次排序。试件测点布置位置如图 6.2.8 所示。所有数据通过 DH5922 动态信号测试分析系统自动采集，并与 MTS 815.04 试验设备数据采集系统保持同步。

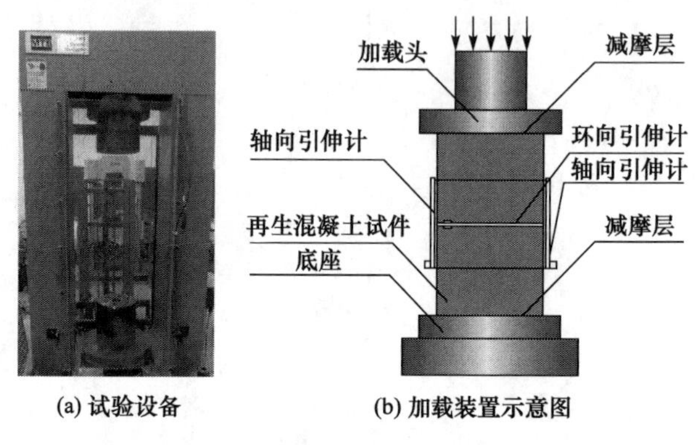

(a) 试验设备　　(b) 加载装置示意图

图 6.2.7　再生混凝土单轴受压加载试验设备

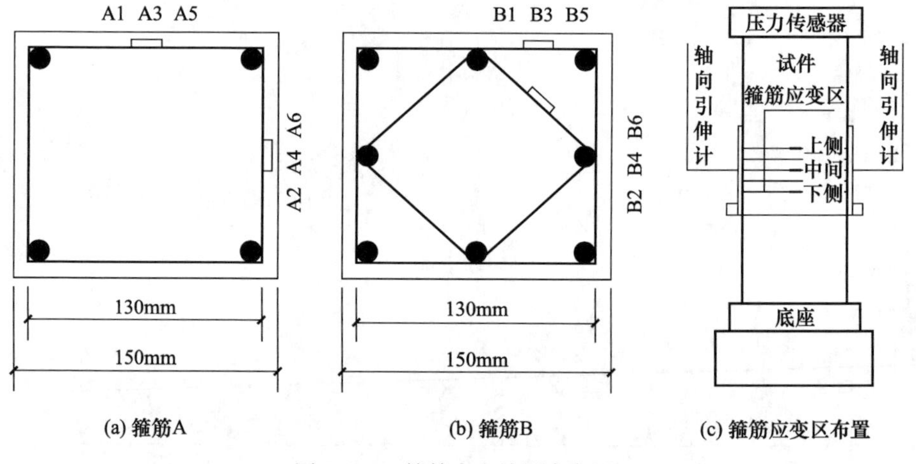

(a) 箍筋A　　(b) 箍筋B　　(c) 箍筋应变区布置

图 6.2.8　箍筋应变片测点布置

5. 加载方式

试验采用的加载方式为单轴动态单调受压加载，采用位移控制加载方式。试验中试件的纵向控制加载速率分别为 0.0045mm/s、0.45mm/s 和 4.5mm/s，相应的应变率分别为 $10^{-5}s^{-1}$、$10^{-3}s^{-1}$ 和 $10^{-2}s^{-1}$，加载方式和相应的试件编号详见表 6.2.3。不同性质的动态荷载作用下，混凝土表现出不同的特性，在地震作用下，混凝土的应变率一般能达到 $10^{-3} \sim 10^{-2}s^{-1}$ 量级，最大能达到 $10^{-1}s^{-1}$[1]。因此，本节在进行试验设计时，以 $10^{-5}s^{-1}$ 作为基准应变率（准静态应变率)，以 $10^{-3}s^{-1}$ 和 $10^{-2}s^{-1}$ 作为地震荷载作用下再生混凝土的应变率。通过与准静态应变率下再生混凝土强度和变形的比较，能够得到地震动下再生混凝土力学性能受应变率影响的变化规律。为消除加载钢板对试件产生的横向约束影响，正式加载前，在试件的底部和顶部分别放置2层0.1mm厚的聚四氟乙烯薄膜作为减摩层，将试样放置在试验机的底座上，进行几何和物理对中，进行两次反复预压。

本节重点分析应变率效应、箍筋约束效应和再生粗骨料取代率对再生混凝土本构关系的影响。由于MTS 815.04试验设备测试空间的限制，试验分析中没有考虑尺度效应的影响。

6.2.3　研究结果

1. 试验数据处理

再生混凝土受压试验过程中，试件会产生一定的附加变形，这些附加变形主要由以下几种可能因素引起：

(1) 为消除加载头对试件侧向约束的影响，试验中在试件上下两端分别放置了减摩层，由于减摩层自身刚度较小，在加载过程中会产生一定的变形。

(2) 由于试验机加载压盘由螺钉连接组成，其连接空隙在加载过程中会发生一定程度的变形。

(3)在试验前，采用不同细度的砂布对试件端部进行了抛光处理，但由于试件变形精度较高，试件上下端表面平整度不够，会产生一定程度的附加变形。

(4) 试验设备自身刚度不够，也会使试件产生一定程度的变形。

在试验数据处理时，通过附加的引伸计采集系统，对试验中产生的附加变形统一做了标定。图6.2.9给出了力与附加变形之间的关系，进而确定了力-附加变形数学关系表达式：

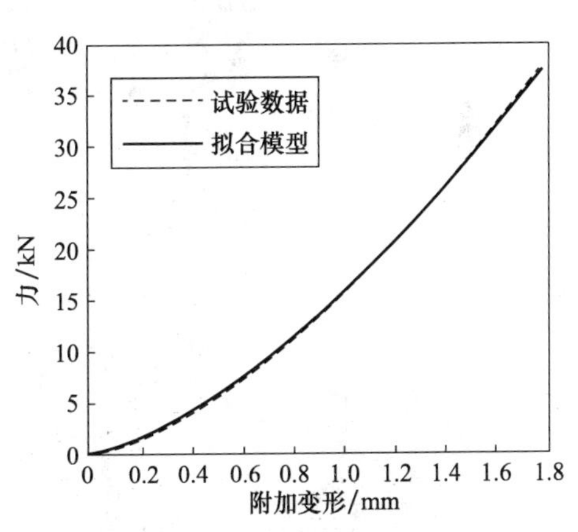

图6.2.9　力与附加变形的关系

$$\Delta_a = 0.1976P^{0.6146} - 0.0636 \tag{6.2.1}$$

由附加变形可以计算出试件的实际变形：

$$\Delta = \Delta_g - \Delta_a \tag{6.2.2}$$

式中，Δ_a、Δ_g 和 Δ 分别为附加变形、总变形和试件实际变形；P 为外加荷载。

2. 破坏特征

低应变率下，损伤主要发生在粗骨料和砂浆界面，而粗骨料鲜有发生断裂，断裂界面如图 6.2.10(a)所示；高应变率下，断裂界面比较平整，再生粗骨料在破坏截面会发生断裂，如图 6.2.10(b)所示。箍筋约束再生混凝土在动态荷载下的受力破坏过程经历了弹性变形、弹塑性变形、开裂、箍筋屈服、裂缝贯通、保护层剥落等阶段。对于非约束再生混凝土试件，当轴向应变达到 1.2×10^{-3}后，试件遭受严重损伤，产生一条或几条主控贯通裂缝，最终被压溃破坏。对于约束再生混凝土试件，当轴向应变达到 2.4×10^{-3}时，试件虽然遭受严重损伤，但仍能靠横向箍筋和纵向钢筋连成一体。单箍筋和复合箍筋约束再生混凝土试件的破坏过程和形态相似，图 6.2.11 为静态荷载下不同体积配箍率再生混凝土试件的破坏图。在加载初期，再生混凝土处于弹性阶段，箍筋的约束作用尚未体现，随着荷载的增加，试件内部遭受一定的损伤，两个端部开始出现竖向裂缝或斜裂缝；在最大荷载下，裂缝开裂明显，同时伴有混凝土的劈裂声；之后，由于保护层的外部剥落，试件承载力开始下降。裂缝开展与保护层的剥落速度明显加快，核心混凝土横向应变增加，箍筋开始外鼓，相邻箍筋之间的核心混凝土逐渐压碎破坏，但由于箍筋的约束作用，核心区再生混凝土的承载力下降缓慢。当轴向应变达到约 2.4×10^{-3}时，箍筋受核心混凝土的挤压而发生

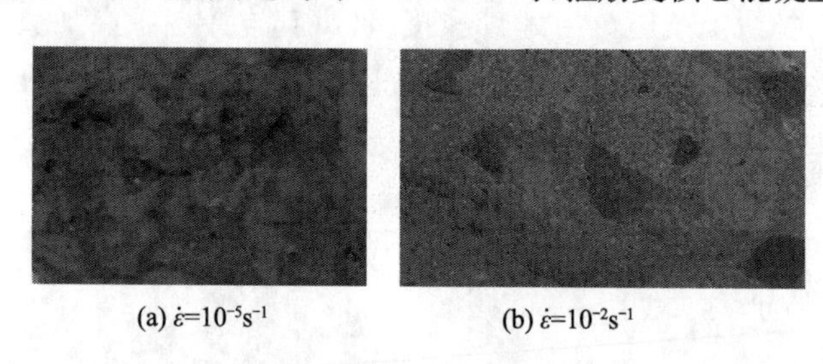

(a) $\dot{\varepsilon}=10^{-5}s^{-1}$　　(b) $\dot{\varepsilon}=10^{-2}s^{-1}$

图 6.2.10　断裂界面

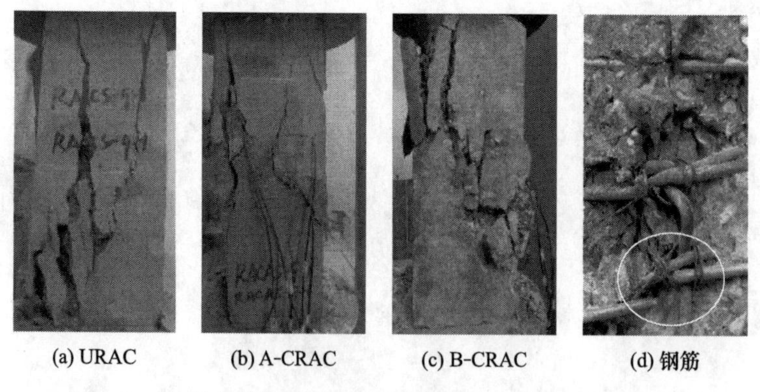

(a) URAC　(b) A-CRAC　(c) B-CRAC　(d) 钢筋

图 6.2.11　静态荷载下不同体积配箍率再生混凝土试件破坏图

水平弯曲，纵向钢筋压曲，箍筋外露，个别箍筋被拉断，图 6.2.11(d)所示。

3. 试验曲线

图 6.2.12～图 6.2.14 给出了动态荷载下典型的约束再生混凝土应力-应变试验曲线。由图 6.2.12 可以看出，动力加载条件下的单轴受压应力-应变试验曲线形状仍然符合经典单轴受压试验的基本描述，试验数据的均值曲线具有较好的连续性和光滑性，说明试验曲线具有内在的一致性。不同应变率下，试验曲线的上升段分布基本一致，而下降段分布差异较为明显，随着应变率的提高，初始弹性模量和峰值应力处的割线模量及耗能能力随之增大。由图 6.2.13 可以看出，不同配箍率下，试验曲线的上升段分布基本一致，而下降段分布差异较为明显，随着配箍率的提高，峰值点应力和应变随之增加，下降段曲线趋于平缓；随着配箍率的提高，再生混凝土的塑性变形能力和延性性能随之增大。由图 6.2.14 可以看出，再生粗骨料取代率为 0、30%

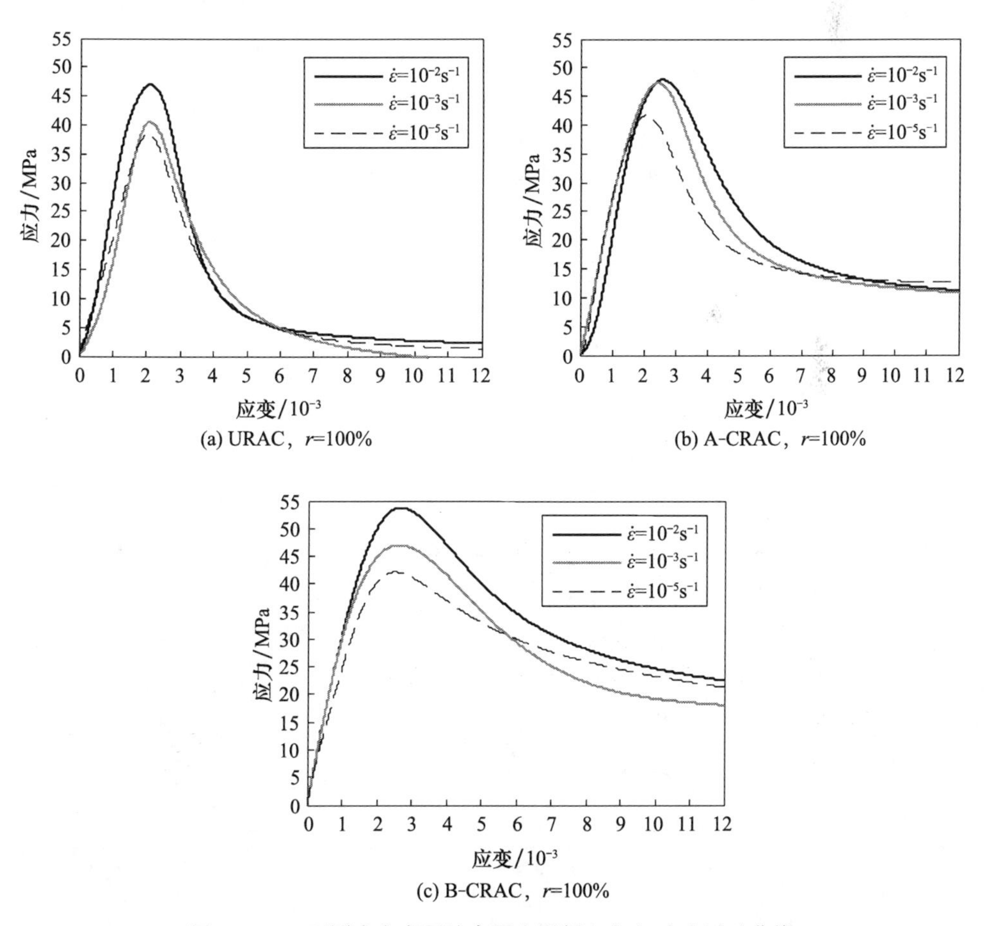

(a) URAC，r=100%

(b) A-CRAC，r=100%

(c) B-CRAC，r=100%

图 6.2.12　不同应变率下约束再生混凝土应力-应变试验曲线

和100%的再生混凝土应力-应变试验曲线形状无明显区别，曲线的上升段基本一致，而下降段差异较为明显。后面将对本构关系曲线特征点参数进行详细分析。

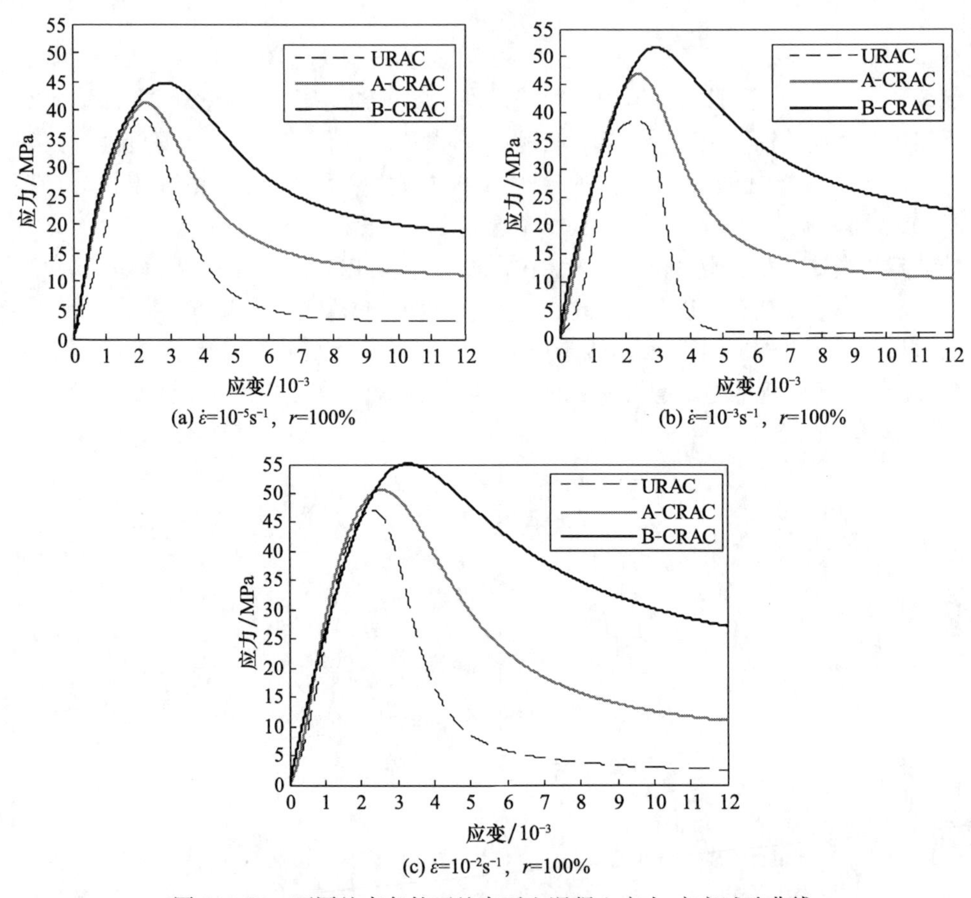

(a) $\dot{\varepsilon}=10^{-5}s^{-1}$，$r=100\%$　　(b) $\dot{\varepsilon}=10^{-3}s^{-1}$，$r=100\%$

(c) $\dot{\varepsilon}=10^{-2}s^{-1}$，$r=100\%$

图 6.2.13　不同约束条件下约束再生混凝土应力-应变试验曲线

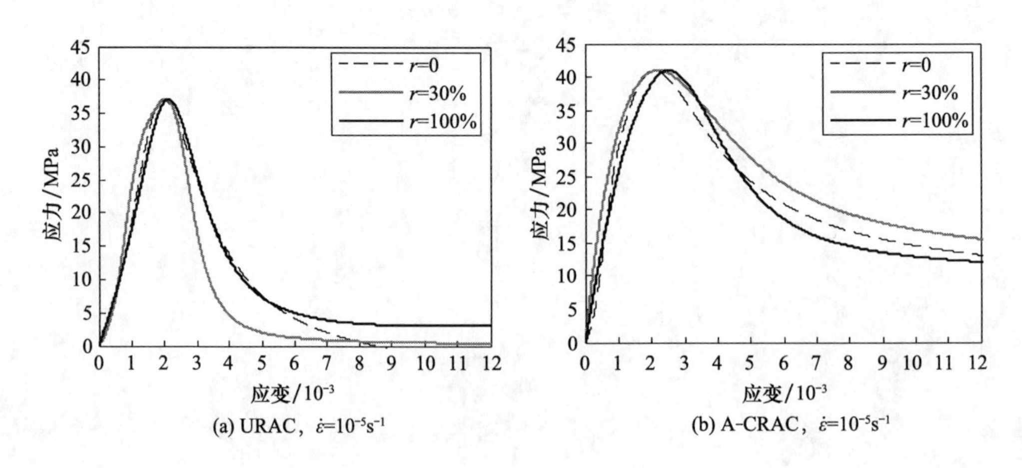

(a) URAC，$\dot{\varepsilon}=10^{-5}s^{-1}$　　(b) A-CRAC，$\dot{\varepsilon}=10^{-5}s^{-1}$

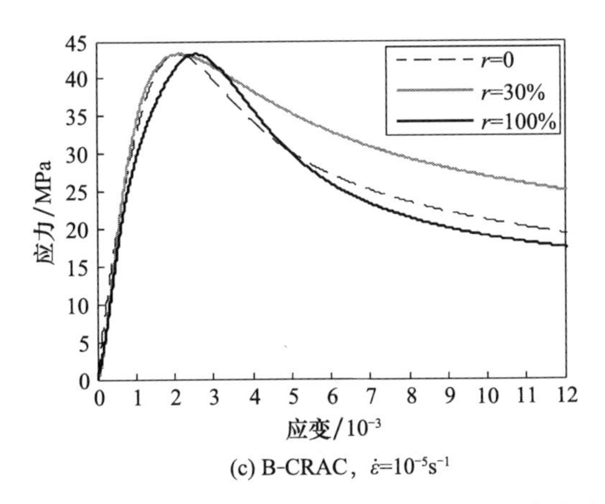

(c) B-CRAC，$\dot{\varepsilon}=10^{-5}s^{-1}$

图 6.2.14　不同取代率下约束再生混凝土应力-应变试验曲线

图 6.2.15 为典型 A、B 类再生混凝土试件的箍筋应变-轴向应变实测曲线。可以看出，在外荷载作用下，当箍筋约束再生混凝土试件达到峰值应力时，箍筋应力仍低于屈服强度；当试件轴向应变达到极限应变（下降段 85%峰值应力处的应变）时，箍筋应力开始进入硬化阶段。因此，再生混凝土通过箍筋约束后，当试件达到最大承载力时，箍筋仍有一定的富余量，可保证约束再生混凝土达到极限破坏状态之前具有良好延性的安全储备，很大程度上解决了再生混凝土延性比普通混凝土延性低的问题。试验结果表明，不同应变率下，箍筋应变分布曲线形式近似。

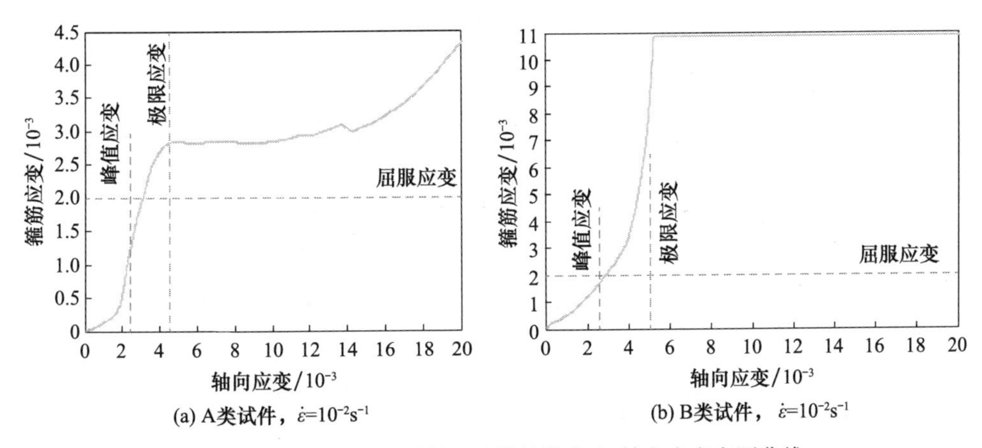

图 6.2.15　典型再生混凝土试件箍筋应变-轴向应变实测曲线

6.2.4　应变率效应分析

为了便于分析再生混凝土力学性能参数受应变率效应的影响规律，引入动态放大系数（dynamic increase factor，DIF），即动态荷载下力学性能指标与准静态加载下力学性能指标的比值。本节定义峰值应变为峰值应力处相应的应变,极限应变为应力-应变曲线下降段85%峰值应力处相应的应变。通过对图6.2.12中的试验曲线分析发现,应变率效应对再生混凝土力学性能参数的影响非常显著,随着加载速率的提高,再生混凝土受压峰值应力、受压峰值应变和受压极限应变均随之增大。通过约束再生混凝土在不同应变率下的试验数据回归分析,提出约束再生混凝土不同性能指标的DIF模型,相应的数学表达式为

$$k_{f_c}=\left(\frac{\dot{\varepsilon}_c}{\dot{\varepsilon}_{c0}}\right)^{\alpha_a\left(\frac{1}{\beta_a+\theta_a f_{cm}}\right)} \tag{6.2.3}$$

$$k_{\varepsilon_c}=\left(\frac{\dot{\varepsilon}_c}{\dot{\varepsilon}_{c0}}\right)^{\phi} \tag{6.2.4}$$

$$k_{\varepsilon_{2c}}=\left(\frac{\dot{\varepsilon}_c}{\dot{\varepsilon}_{c0}}\right)^{\varphi} \tag{6.2.5}$$

式中,k_{f_c}、k_{ε_c}和$k_{\varepsilon_{2c}}$分别为约束再生混凝土受压峰值应力、受压峰值应变和受压极限应变动态放大系数;$\dot{\varepsilon}_c$为加载控制应变率,s^{-1};$\dot{\varepsilon}_{c0}$为准静态荷载下的参考应变率,本节取值为$10^{-5}s^{-1}$;f_{cm}为再生混凝土的名义抗压强度,取值为30MPa。

通过试验数据回归分析,表6.2.4中列出了相应的DIF模型参数。

表6.2.4 DIF模型参数

α_a	β_a	θ_a	ϕ	φ
6.664	6.943	8.656	0.01597	0.002

图6.2.16给出了建议的DIF模型曲线。可以看出,随着应变率的提高,DIF随之增大。为了比较,在图6.2.16中也给出了其他研究者建议的DIF模型曲线[9,30~32],可以看出,本节所建议的DIF模型能很好地描述再生混凝土力学性能受应变率影响的变化规律。而且,应变率对再生混凝土受压峰值应力的影响最为明显,其次是受压峰值应变,相比较而言,对受压极限应变的影响最小。

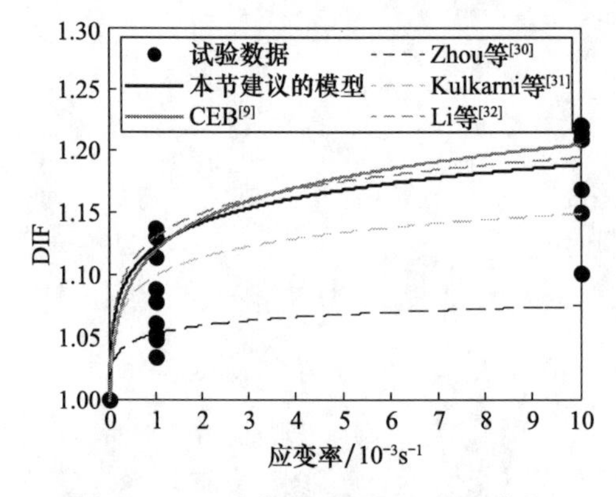

图6.2.16 峰值应变率-DIF模型曲线

6.2.5 箍筋约束效应分析

体积配箍率、箍筋屈服强度、箍筋构形、箍筋间距、混凝土抗压强度等因素对约束混凝土的力学和变形性能有重要的影响[33,34]。为便于分析，引入约束放大系数(confining increase factor，CIF)，即约束条件下的力学性能指标与非约束条件下相应力学性能指标的比值。通过对约束再生混凝土短柱在不同约束条件下的试验数据分析，提出约束再生混凝土不同性能指标的 CIF 模型，相应的数学表达式为

$$c_{f_c}=1+\psi\left(1-\frac{s}{2b_c}\right)\left(1-\frac{s}{2h_c}\right)\left(1-\frac{b_i}{3b_c}-\frac{h_i}{3h_c}\right)\frac{\rho_{sv}f_{y0}}{f_{c0}} \tag{6.2.6}$$

$$c_{\varepsilon_c}=1+\vartheta\left(1-\frac{s}{2b_c}\right)\left(1-\frac{s}{2h_c}\right)\left(1-\frac{b_i}{3b_c}-\frac{h_i}{3h_c}\right)\frac{\rho_{sv}f_{y0}}{300} \tag{6.2.7}$$

$$c_{\varepsilon_{2c}}=1+\varpi\left(1-\frac{s}{2b_c}\right)\left(1-\frac{s}{2h_c}\right)\left(1-\frac{b_i}{3b_c}-\frac{h_i}{3h_c}\right)\frac{\rho_{sv}f_{y0}}{300} \tag{6.2.8}$$

式中，c_{f_c}、c_{ε_c}、$c_{\varepsilon_{2c}}$ 分别为约束再生混凝土的受压峰值应力、受压峰值应变和受压极限应变约束放大系数；f_{c0}、f_{y0} 分别为准静态荷载下非约束再生混凝土的抗压强度和箍筋的屈服强度，MPa，由试验确定；ρ_{sv} 为体积配箍率，%；s 为箍筋间距，mm；b_c、h_c 分别为箍筋水平两个方向中心线间的距离(见图 6.2.17(a))；b_i、h_i 分别为同方向相邻纵筋之间的距离(见图 6.2.17(b))。

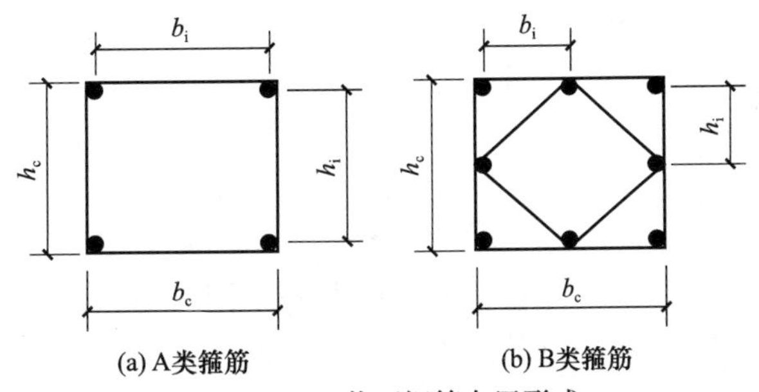

图 6.2.17　截面钢筋布置形式

通过试验数据回归，确定了 CIF 模型参数，如表 6.2.5 所示。

表 6.2.5　CIF 模型参数

ψ	ϑ	ϖ
3.2604	32.389	85.5436

在提出的再生混凝土 CIF 模型中，考虑了箍筋形式、箍筋间距、箍筋屈服强度和配箍率等因素的影响。图 6.2.18 给出了在其他影响因素不变的情况下，CIF 模型曲线随箍筋体积配箍率变化的分布特点。可以看出，箍筋约束效应对再生混凝土的力学和变形性能有重要的影响，在很大程度上改善了再生混凝土的延性。随

着体积配箍率的增加,受压峰值应力、受压峰值应变和受压极限应变均随之增大。由图 6.2.18 中的模型曲线可以看出,约束再生混凝土受压极限应变受箍筋约束效应的影响最为明显,其次是受压峰值应变,而受压峰值应力所受的影响最小。这与应变率效应对再生混凝土力学和变形性能的影响规律不同。

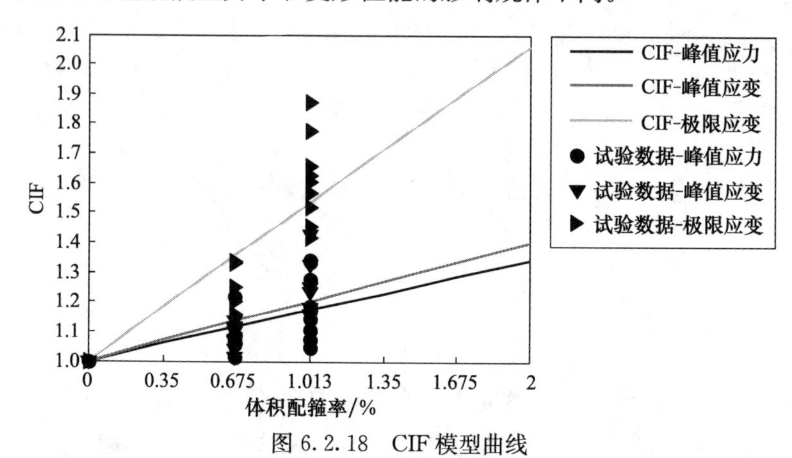

图 6.2.18 CIF 模型曲线

$s=43\text{mm}, b_c=130\text{mm}, h_c=130\text{mm}, b_i=61\text{mm}, h_i=61\text{mm}, f_{y0}=387.81\text{MPa}, f_{c0}=35.49\text{MPa}$

6.2.6 再生粗骨料取代率影响分析

由图 6.2.14 中的试验曲线可以看出,在动态荷载作用下,再生粗骨料取代率对再生混凝土受压峰值应力和受压极限应变的影响规律不明显,而对再生混凝土受压峰值应变的影响显著。随着再生粗骨料取代率的增加,受压峰值应变随之增大。

引入取代率影响因子(replacement influence factor,RIF),即不同取代率的再生混凝土性能指标与取代率为 0 的再生混凝土性能指标的比值。本节通过对约束再生混凝土在不同再生粗骨料取代率下的试验数据回归分析,提出再生混凝土受压峰值应变的 RIF 模型。由于取代率对再生混凝土受压峰值应力和受压极限应变的影响规律不明显,因此假定相应的取代率影响因子值均为 1。再生混凝土受压峰值应变的 RIF 模型数学关系表达式为

$$F_{\varepsilon_c}=\eta r+1.0 \tag{6.2.9}$$

式中,F_{ε_c} 为再生粗骨料取代率对受压峰值应变的影响因子;r 为再生粗骨料取代率;η 为模型常数,通过试验分析,取 0.1965。

图 6.2.19 给出了不同取代率下再生混凝土受压峰值应变的 RIF 模型曲线,描述了再生粗骨料取代率对再生混凝土变形性能的影响规律。可以看出,随着取代率的增加,受压峰值应变取代率影响因子随之增大。另外,试验数据存在一定的离散性,这主要由于再生粗骨料的来源不同。与普通混凝土相比,再生混凝土材料性能的离散性较为明显[19]。

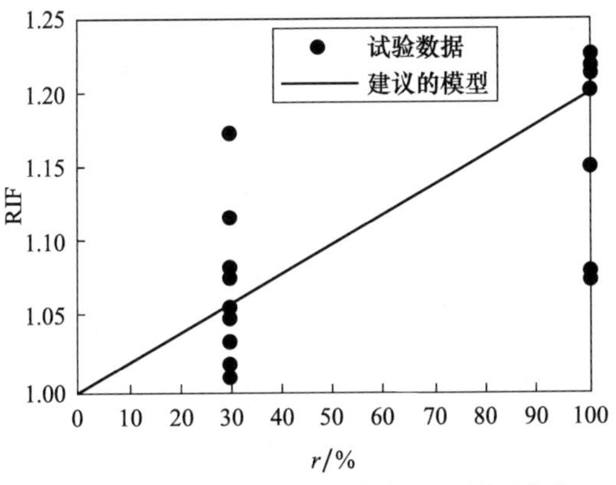

图 6.2.19　再生粗骨料取代率-RIF 模型曲线

6.2.7　动态本构关系模型

1. 曲线方程

基于约束再生混凝土短柱动态试验数据分析，根据应力-应变试验曲线分布特点，同时参考相关研究成果[35,36]，本节提出了约束再生混凝土动态应力-应变分析模型，在模型中考虑了应变率效应、箍筋约束效应和再生粗骨料取代率的影响，即将 DIF、CIF 和 RIF 应用到模型曲线特征点参数。约束再生混凝土模型曲线由四个区段组成，即 OA 区段、AB 区段、BC 区段和 CD 区段，如图 6.2.20 所示。式(6.2.10)～式(6.2.15)定义了约束再生混凝土受压应力-应变全曲线特征点参数。

受压峰值应力(特征点 A)：

$$f_{\mathrm{dcc0}}=k_{f_{\mathrm{c}}}c_{f_{\mathrm{c}}}f_{\mathrm{c0}} \tag{6.2.10}$$

受压峰值应变(特征点 A)：

$$\varepsilon_{\mathrm{dcc0}}=k_{\varepsilon_{\mathrm{c}}}c_{\varepsilon_{\mathrm{c}}}F_{\varepsilon_{\mathrm{c}}}\varepsilon_{\mathrm{c0}} \tag{6.2.11}$$

受压极限应力(特征点 B)：

$$f_{\mathrm{2dcc0}}=0.85f_{\mathrm{dcc0}} \tag{6.2.12}$$

受压极限应变(特征点 B)：

$$\varepsilon_{\mathrm{2dcc0}}=k_{\varepsilon_{\mathrm{2c}}}c_{\varepsilon_{\mathrm{2c}}}\varepsilon_{\mathrm{2c0}} \tag{6.2.13}$$

特征点 C 受压应力：

$$f_{\mathrm{3dcc0}}=0.20f_{\mathrm{dcc0}} \tag{6.2.14}$$

特征点 C 受压应变：

$$\varepsilon_{\mathrm{3dcc0}}=\frac{1}{3}(16k_{\varepsilon_{\mathrm{2c}}}c_{\varepsilon_{\mathrm{2c}}}\varepsilon_{\mathrm{2c0}}-13k_{\varepsilon_{\mathrm{c}}}c_{\varepsilon_{\mathrm{c}}}F_{\varepsilon_{\mathrm{c}}}\varepsilon_{\mathrm{c0}}) \tag{6.2.15}$$

式中，f_{dcc0}、$\varepsilon_{\mathrm{dcc0}}$分别为动态荷载下约束再生混凝土受压峰值应力和相应的应变；f_{2dcc0}、$\varepsilon_{\mathrm{2dcc0}}$分别为动态荷载下约束再生混凝土受压极限应力和相应的应变；f_{3dcc0}和

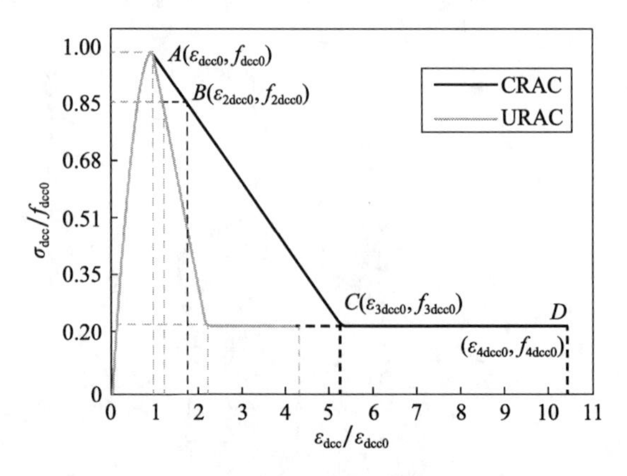

图 6.2.20　约束再生混凝土动态本构关系模型

ε_{3dcc0}分别为下降段 20%峰值应力处的应力和相应的应变;ε_{c0}和 ε_{2c0}分别为准静态荷载下非约束再生混凝土受压峰值应变和受压极限应变,由试验确定,本节取值分别为 1.97×10^{-3}和 3.27×10^{-3}。

每个区段的应力-应变关系数学表达式如下:

区段 OA:

$$\sigma_{dcc}=k_{f_c}c_{f_c}f_{c0}\left[2\frac{\varepsilon_{dcc}}{k_{\varepsilon_c}c_{\varepsilon_c}F_{\varepsilon_c}\varepsilon_{c0}}-\left(\frac{\varepsilon_{dcc}}{k_{\varepsilon_c}c_{\varepsilon_c}F_{\varepsilon_c}\varepsilon_{c0}}\right)^2\right],\quad \varepsilon_{dcc}\leqslant\varepsilon_{dcc0} \tag{6.2.16}$$

区段 AB:

$$\sigma_{dcc}=\frac{3(k_{f_c}c_{f_c}f_{c0})(\varepsilon_{dcc}-k_{\varepsilon_c}c_{\varepsilon_c}F_{\varepsilon_c}\varepsilon_{c0})}{20(k_{\varepsilon_c}c_{\varepsilon_c}F_{\varepsilon_c}\varepsilon_{c0}-k_{\varepsilon_{2c}}c_{\varepsilon_{2c}}\varepsilon_{2c0})}+k_{f_c}c_{f_c}f_{c0},\quad \varepsilon_{dcc0}<\varepsilon_{dcc}\leqslant\varepsilon_{2dcc0} \tag{6.2.17}$$

区段 BC:

$$\sigma_{dcc}=\frac{3(k_{f_c}c_{f_c}f_{c0})(\varepsilon_{dcc}-k_{\varepsilon_{2c}}c_{\varepsilon_{2c}}\varepsilon_{2c0})}{20(k_{\varepsilon_c}c_{\varepsilon_c}F_{\varepsilon_c}\varepsilon_{c0}-k_{\varepsilon_{2c}}c_{\varepsilon_{2c}}\varepsilon_{2c0})}+\frac{17k_{f_c}c_{f_c}f_{c0}}{20},\quad \varepsilon_{2dcc0}<\varepsilon_{dcc}\leqslant\varepsilon_{3dcc0} \tag{6.2.18}$$

区段 CD:

$$\sigma_{dcc}=0.2k_{f_c}c_{f_c}f_{c0},\quad \varepsilon_{dcc}>\varepsilon_{3dcc0} \tag{6.2.19}$$

相应每个区段应力-应变关系曲线的切线方程如下:

区段 OA:

$$E_{dcc}=2f_{dc0}\left(\frac{1}{\varepsilon_{dc0}}-\frac{\varepsilon_{dcc}}{\varepsilon_{dc0}^2}\right),\quad \varepsilon_{dcc}\leqslant\varepsilon_{dcc0} \tag{6.2.20}$$

区段 AB:

$$E_{dcc}=\frac{0.15f_{dc0}}{\varepsilon_{dc0}-\varepsilon_{2dc0}},\quad \varepsilon_{dcc0}<\varepsilon_{dcc}\leqslant\varepsilon_{2dcc0} \tag{6.2.21}$$

区段 BC：

$$E_{dcc}=\frac{0.15f_{dc0}}{\varepsilon_{dc0}-\varepsilon_{2dc0}},\quad \varepsilon_{2dcc0}<\varepsilon_{dcc}\leqslant\varepsilon_{3dcc0} \tag{6.2.22}$$

区段 CD：

$$E_{dcc}=0,\quad \varepsilon_{dcc}>\varepsilon_{3dcc0} \tag{6.2.23}$$

上述式中，σ_{dcc}、ε_{dcc}分别为约束再生混凝土受压应力和相应的应变；E_{dcc}为约束再生混凝土加载刚度。

2. 模型应用

为验证分析模型的合理性，将建议的应力-应变曲线方程应用于测试试件，得到不同条件下约束再生混凝土短柱的应力-应变全曲线，并与试验曲线进行比较，如图 6.2.21～图 6.2.23 所示。由图可以看出，计算曲线和试验曲线基本吻合，尤其是在曲线的上升段和峰值点至 85% 峰值应力处的下降段。这说明本节所建议的约束再生混凝土动态本构关系模型能很好地反映应变率效应、箍筋约束效应和再生粗骨料取代率对再生混凝土力学性能的影响；提出的再生混凝土应力-应变本构关系模型适用于再生混凝土结构在地震荷载作用下的动力非线性分析。

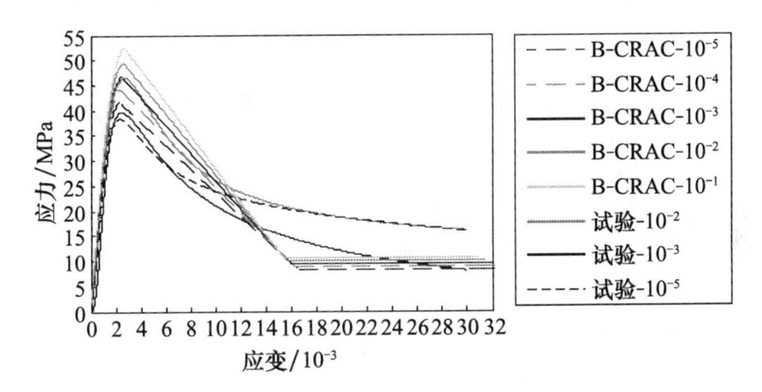

图 6.2.21　曲线比较(r=0)

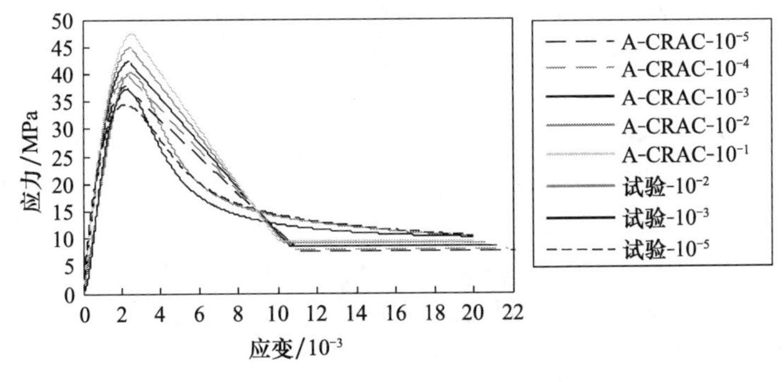

图 6.2.22　曲线比较(r=30%)

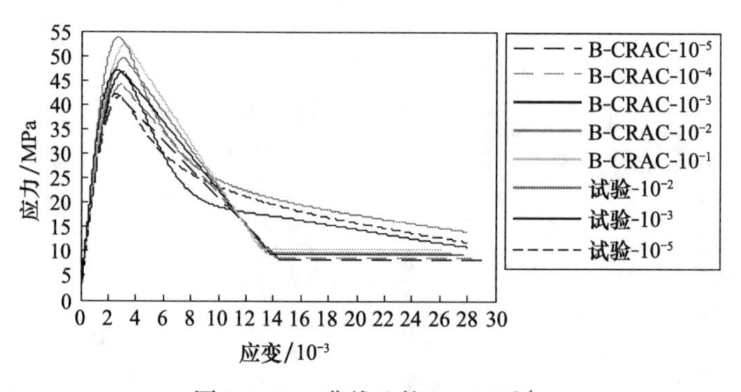

图 6.2.23　曲线比较(r=100%)

6.2.8　结论

本节基于应力-应变试验曲线，研究了应变率效应、箍筋约束效应和再生混凝土粗骨料取代率对约束再生混凝土力学和变形性能的影响，得到以下结论：

(1) 分析了应变率效应对约束再生混凝土力学和变形性能的影响规律，初步提出了约束再生混凝土 DIF 模型，经验证，模型较为合理。

(2) 分析了不同约束条件下约束再生混凝土短柱的力学行为，初步提出了约束再生混凝土 CIF 模型，经验证，模型较为合理。

(3) 分析了再生粗骨料取代率对约束再生混凝土力学和变形性能的影响规律，初步提出了约束再生混凝土 RIF 模型，经验证，模型较为合理。

(4) 基于试验结果分析，初步提出了考虑应变率效应、箍筋约束效应和再生粗骨料取代率影响的约束再生混凝土单轴受压应力-应变全曲线模型，经验证，模型较为合理。

参考文献

[1] Bischoff P H. Compressive behaviour of concrete at high strain rates[J]. Materials and Structures, 1991, 24(6): 425-450.

[2] Abrams D A. Effect of rate of application of load on the compressive strength of concrete [J]. Journal of American Society for Testing and Materials, 1917, 17: 364-377.

[3] Jones P G, Richart F E. The effect of testing speed on strength and elastic properties of concrete[J]. Journal of American Society for Testing and Materials, 1936, 36: 380-391.

[4] Watstein D. Effect of straining rate on the compressive strength and elastic properties of concrete[J]. ACI Journal Proceedings, 1953, 49(4): 729-744.

[5] Norris C H, Hansen R J, Holley M J, et al. Structural Design for Dynamic Loads[M]. New York: McGraw-Hill, 1959.

[6] 曾莎洁，李杰. 混凝土单轴受压动力全曲线试验研究[J]. 同济大学学报(自然科学版)，

2013,41(1):7-10.

[7] 董毓利,谢和平,赵鹏. 不同应变率下混凝土受压全过程的实验研究及其本构模型[J]. 水利学报,1997,(7):72-77.

[8] 肖诗云,张剑. 不同应变率下混凝土受压损伤试验研究[J]. 土木工程学报,2010,43(3):40-45.

[9] The Euro-International Committee for Concrete(CEB). CEB-FIP Model Code 1990[S]. Lausanne:Thomas Telford Ltd,1993.

[10] Hansen T C. Recycled aggregates and recycled aggregate concrete second state-of-the-art report developments 1945-1985[J]. Materials and Structures,1986,19(3):201-246.

[11] 李佳彬,肖建庄,孙振平. 再生粗集料特性及其对再生混凝土性能的影响[J]. 建筑材料学报,2004,7(4):390-395.

[12] ACI Committee 555. Removal and reuse of hardened concrete[J]. ACI Material Journal,2002,99(3):300-325.

[13] Frondistou Y. Waste concrete as aggregate concrete for new concrete[J]. Journal of ACI,1977,74(8):373-376.

[14] Sagoe-Crentsil K K,Brown T. Performance of concrete made with commercially produced coarse recycled concrete aggregate[J]. Cement and Concrete Research,2001,31(5):707-712.

[15] Topcu I B. Physical and mechanical properties of concrete produced with waste concrete [J]. Cement and Concrete Research,1997,27(12):1817-1823.

[16] Xiao J Z,Li J B,Zhang C. Mechanical properties of recycled aggregate concrete under uniaxial loading[J]. Cement and Concrete Research,2005,35(6):1187-1194.

[17] 肖建庄,袁俊强,李龙. 模型再生混凝土单轴受压动态力学特性试验[J]. 建筑结构学报,2014,35(3):201-207.

[18] Xiao J Z,Li L,Shen L M,et al. Compressive behaviour of recycled aggregate concrete under impact loading[J]. Cement and Concrete Research,2015,71:46-55.

[19] 肖建庄. 再生混凝土[M]. 北京:中国建筑工业出版社,2008.

[20] 肖建庄,孙畅,谢贺. 再生混凝土骨料咬合及剪力传递机理[J]. 同济大学学报(自然科学版),2014,42(1):13-18.

[21] Xiao J Z,Huang Y J,Yang J. Mechanical properties of confined recycled aggregate concrete under axial compression[J]. Construction and Building Materials,2012,26(1):591-603.

[22] Huang Y J,Xiao J Z,Zhang C. Theoretical study on mechanical behavior of steel confined recycled aggregate concrete[J]. Journal of Constructional Steel Research,2012,76:100-111.

[23] Chen Z P,Xu J J,Xue J P,et al. Performance and calculations of recycled aggregate concrete-filled steel tubular(RACFST) short columns under axial compression[J]. International Journal of Steel Structures,2014,14(1):31-42.

[24] Yang Y F,Ma G L. Experimental behaviour of recycled aggregate concrete filled stainless steel tube stub columns and beams[J]. Thin-Walled Structures,2013,66:62-75.

[25] Yang H F,Deng Z H,Huang Y. Analysis of stress-strain curve on recycled aggregate concrete under uniaxial and conventional triaxial compression[J]. Advanced Materials Research,2011,168-170:900-905.

[26] Zhao J,Yu T,Teng J. Stress-strain behavior of FRP-confined recycled aggregate concrete [J]. Journal of Composites for Construction,2015,19(3):1-11.

[27] Bairagi N K,Ravande K. Behavior of concrete with different proportions of natural and recycled aggregates[J]. Resource Conservation and Recycling,1993,9(3):109-126.

[28] Topcu I B,Güncan N F. Using waste concrete as aggregate[J]. Cement and Concrete Research,1995,25(7):1385-1390.

[29] 肖建庄. 再生混凝土单轴受压应力-应变全曲线试验研究[J]. 同济大学学报(自然科学版),2007,35(11):1445-1449.

[30] Zhou X Q,Hao H. Modelling of compressive behaviour of concrete-like materials at high strain rate[J]. International Journal of Solids and Structures 2008,45(17):4648-4661.

[31] Kulkarni S M,Shah S P. Response of reinforced concrete beams at high strain rates[J]. ACI Structural Journal,1998,95(6):705-715.

[32] Li M,Li H N. Effects of strain rate on reinforced concrete structure under seismic loading [J]. Advances in Structural Engineering,2012,15(3):461-475.

[33] 石庆轩,王南,田园,等. 高强箍筋约束高强混凝土轴心受压应力-应变全曲线研究[J]. 建筑结构学报,2013,34(4):144-151.

[34] Li B,Park R,Tanaka H. Constitutive behavior of high-strength concrete under dynamic loads[J]. ACI Structural Journal,2000,97(4):619-629.

[35] Kent D C,Park R. Flexural members with confined concrete[J]. Journal of the Structural Division,1971,97(ST7):1969-1990.

[36] Scott B D,Park R,Priestley M J N. Stress-strain behavior of concrete confined by overlapping hoops at low and high strain rates[J]. ACI Journal,1982,79(2):13-27.

第7章　再生混凝土耐高温性能与黏结性能

7.1　高温后再生混凝土构件力学性能分析

陈宗平*，梁厚燃，叶培欢，梁莹，郑巍，李伊

以再生粗骨料取代率、经历温度为变化参数，进行了120个再生混凝土棱柱体、57个钢筋再生混凝土和56个型钢再生混凝土试件的高温后物理力学性能试验，深入分析了再生混凝土材料、钢筋再生混凝土及型钢再生混凝土构件的高温后性能退化规律。研究结果表明，高温后，再生混凝土构件从青灰变成灰白色、表面皲裂、质量变轻；随经历温度的升高，再生混凝土及其构件承载力(压、弯、剪)均出现降低，但高温变化对其变形延性和耗能能力却影响不大；随着再生粗骨料取代率的增加，各再生混凝土及其构件的质量烧失率、极限承载力和峰值变形有小幅增大，钢筋再生混凝土构件的位移延性及耗能能力小幅下降，总体上，再生粗骨料取代率的增加对再生混凝土及其构件高温后力学性能影响不大，波动范围在20%之内。

7.1.1　国内外研究现状

1. 国外研究现状

再生混凝土是一种绿色环保建筑材料，可实现建筑垃圾的循环再利用，节能、环保，符合可持续发展的要求，具有很好的经济、环境和社会综合效益。再生混凝土在物理、力学性能等方面与普通混凝土有所差异，经过科学配制和生产的再生混凝土可以应用于工程结构中。

随着研究的不断深入和工程应用的现实需要，开展火灾及火灾后再生混凝土的力学性能研究也十分必要，毕竟火灾是一种多发性并且危险极大的灾害。

Zega等[1,2]研究了取代率为75%的再生混凝土的高温后力学性能，结果表明，遭受500℃高温1h后，再生混凝土的力学性能优于普通混凝土。此后，他们还研究了不同水灰比(0.40、0.70)、不同粗骨料类型(花岗岩碎石、硅质砾石和石英岩碎

---

* 第一作者：陈宗平(1975—)，男，博士，教授，主要研究方向为钢结构和钢-混凝土组合结构。

基金项目：国家自然科学基金面上项目(51578163)。

石)再生混凝土在遭受500℃高温1h后的力学性能,结果表明,石英岩碎石类再生混凝土高温后力学性能最好。Hachemi等[3]研究了不同水灰比、取代率30%再生砖块混凝土的高温后力学性能,结果表明,再生混凝土比普通混凝土具有更好的高温后力学性能。Terro[4]研究了取代率为0～100%的三种再生混凝土(再生玻璃粗骨料、再生玻璃细骨料以及粗细骨料均为再生玻璃)的高温后力学性能,结果表明,取代率为10%时再生混凝土具有更好的高温后力学性能,且再生细骨料混凝土高温后力学性能最好。Xiao等[5]研究了四种取代率(25%、50%、75%、100%)再生混凝土砌块的高温后力学性能,结果表明,与普通混凝土砌块相比,再生混凝土砌块具有更好的高温后力学性能。Kou等[6]研究了两种掺合料(粉煤灰和地聚合物)再生混凝土的高温后力学性能,结果表明,历经300℃后,掺合料再生混凝土的抗压强度有所提高,而历经500℃和800℃后掺合料再生混凝土的残余抗压强度有较大程度的下降,Kou认为这主要是高温后再生混凝土内部孔隙结构的粗化导致的。

2. 国内研究现状

肖建庄等[7,8]先后完成了310个不同取代率再生混凝土试件的高温后力学性能试验,结果表明,随温度的升高,再生混凝土的残余抗压强度、抗折强度逐渐下降,取代率的变化对高温后残余抗折强度的影响不明显;并根据试验数据提出了高温后再生混凝土的抗压强度、抗折强度的计算公式。徐明等[9]进行了144个再生混凝土棱柱体试件高温后的单轴受压试验,结果表明,随取代率的增加,高温后的再生混凝土的峰值应变增大,弹性模量减小,峰值应力减小,脆性增大。万夫雄等[10]进行了66个不同取代率再生混凝土棱柱体试件高温后的单轴受压加载试验,结果表明,相同取代率下,历经温度越高,应力-应变曲线上升段与下降段越平缓,其弹性模量降低,峰值应变增大。谢汇等[11]进行了再生混凝土历经450℃后的力学性能试验,结果表明,高温后再生混凝土强度、质量损失率比普通混凝土大,并且混凝土强度、质量损失率随再生粗骨料取代率的增加而增大。董宏英等[12～15]进行了再生混凝土试件的抗火性能试验,结果表明:对于相同轴压力和截面尺寸再生混凝土柱,混凝土强度低的试件其抗火性能更好,与同等强度普通混凝土柱相比,再生混凝土柱具有更好的抗火性能。随取代率的增加,再生混凝土内部温度的增加速率减小,相同受力和受火条件下,同一位置再生混凝土比普通混凝土的温度低。随着再生混凝土强度的提高,全再生钢筋混凝土筒体的耐火性能逐渐降低,耐火极限下降,易发生高温膨胀破坏。壁厚相同时,再生混凝土筒体比普通混凝土筒体的耐火极限相对短些,耐火性能相对差些;随着筒体壁厚的增加,再生混凝土筒体在高温作用下的承载力增大,耐火极限增长,抗火性能增强,与普通混凝土筒体有相似的规律。肖建庄等[16]对高强混凝土剪力墙和预制再生混凝土防火牺牲层的叠合高强混凝土剪力墙进行了火灾试验,结果表明,现浇高强混凝土剪力墙在火灾作用下发生严重爆裂，而采用再生混凝土防火牺牲层可以明显减轻高强混凝土剪力墙的爆裂，并提高耐火极限。徐明等[17]进行了 9 根再生混凝土梁火灾后的受剪试验，结果表明，高温后再生混凝土梁的破坏特征与普通混凝土梁相似，随取代率的增加，表面混凝土剥落程度越明显，试件的耐火极限随取代率的增加而提高，与普通混凝土梁相比，再生混凝土梁具有更好的耐火性能。黄正等[18]完成了 6 根钢筋再生混凝土梁的抗火性能试验，实测了截面温度场、跨中挠度和极限耐火时间，并基于截面温度场探讨了高温下钢筋混凝土梁耐火极限的计算方法。

杨有福等[19]研究了高温后钢管再生混凝土柱的轴压性能，分析了其承载力和组合弹性模量以及钢管与核心再生混凝土关键位置的应力-应变关系。罗超宁等[20]进行了 1 个实心和 2 个空心钢管再生混凝土柱的耐火试验，结果表明，钢管再生混凝土柱的耐火极限优于钢管普通混凝土柱。贾璞等[21]进行了 500℃、700℃高温后型钢再生混凝土柱的轴压性能试验，揭示了其失效模式、极限承载力和变形性能，结果表明，高温后型钢再生混凝土柱出现干缩裂缝，温度越高，干缩裂缝越多，极限承载力越低。高璐等[22]对高温后型钢再生混凝土柱的截面温度场及剩余承载力进行了数值分析，结果表明，火灾后试件承载力显著降低，取代率的变化对高温后的承载能力影响不明显，当取代率大于 50％且受火时间超过 60min 时，剩余承载力下降幅度不大甚至略有提高。

3. 国内外研究小结

目前，国内外学者关于再生混凝土结构火灾行为的研究尚不够深入系统，且对于再生混凝土结构抗火及高温后性能的研究也是处于起步阶段，基于此，陈宗平等[23～27]考虑再生粗骨料取代率、温度等变化参数，先后完成 120 个再生混凝土棱柱体试件、25 个钢筋再生混凝土短柱试件、32 个钢筋再生混凝土梁试件、24 个型钢再生混凝土短柱试件和 32 根型钢再生混凝土梁试件的高温模拟火灾后的力学试验，本节在前期试验数据基础上，重点分析再生混凝土材料及钢筋、型钢再生混凝土梁和柱构件在经历高温作用后的受力性能退化规律，定量分析各自之间的差异，以期能为再生混凝土构件的进一步研究和工程应用提供参考。

7.1.2　研究方案

1. 试验材料

再生粗骨料由废弃混凝土经机械破碎、清洗和筛分而得，再生粗骨料和天然粗骨料同条件筛分，粒径为 5～20mm，连续级配。再生粗骨料堆积密度为 1432kg/m^3，吸水率为 3.27％。配合比设计以再生粗骨料取代率 0 为基准，对不同取代率的再生混凝土，在粗骨料总质量不变的前提下仅改变再生粗骨料与天然粗骨料的比例，其他材料保持不变。

2. 试件设计及制作

试验中共设计制作了120个150mm×150mm×300mm再生混凝土棱柱体试件(分40组,每组3个)、25个钢筋再生混凝土短柱试件、32个钢筋再生混凝土梁试件、24个型钢再生混凝土短柱试件、32个型钢再生混凝土梁试件,截面尺寸及配钢(筋)形式如图7.1.1所示,变化参数为高温温度T和再生粗骨料取代率r。其中梁分为受弯梁和受剪梁,对应剪跨比为2.0和1.2。试件设计参数及主要试验结果如表7.1.1～表7.1.5所示[25~27],表7.1.1中各数据为3个相同试件的均值。

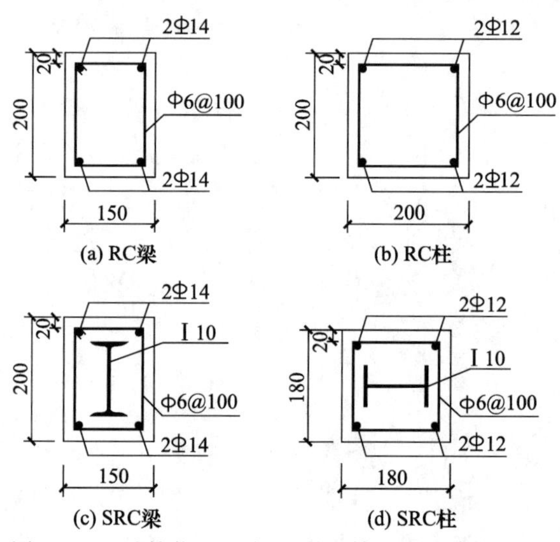

图7.1.1 试件截面尺寸及配钢(筋)形式(单位:mm)

表7.1.1 再生混凝土棱柱体试件设计参数及主要试验结果[23]

试件编号	r/%	T/℃	β_m/%	N_p/kN	Δ_p/mm	μ	η
P0-0	0	20	—	623.5	0.78	1.45	1.54
P0-2	0	200	1.35	420.1	1.00	1.75	1.41
P0-3	0	300	1.13	506.7	0.72	1.20	1.67
P0-4	0	400	5.91	469.6	1.02	1.31	1.59
P0-5	0	500	6.03	442.6	0.98	1.38	1.64
P0-6	0	600	6.04	337.1	1.38	1.35	1.61
P0-7	0	700	7.43	225.7	1.59	1.53	1.49
P0-8	0	800	8.24	181.1	1.55	1.40	1.54
P30-0	30	20	—	644.0	0.85	1.44	1.54
P30-2	30	200	1.13	565.0	0.82	1.55	1.47
P30-3	30	300	3.50	586.8	0.77	1.42	1.54

续表

试件编号	r/%	T/℃	β_m/%	N_p/kN	Δ_p/mm	μ	η
P30-4	30	400	5.77	580.3	0.86	1.17	1.67
P30-5	30	500	6.85	480.6	1.16	1.35	1.59
P30-6	30	600	7.14	365.2	1.44	1.39	1.56
P30-7	30	700	7.91	250.2	1.80	1.43	1.54
P30-8	30	800	8.99	177.3	1.78	1.48	1.56
P50-0	50	20	—	640.1	0.84	1.55	1.43
P50-2	50	200	0.74	518.6	0.84	1.73	1.43
P50-3	50	300	3.60	567.7	0.98	1.52	1.49
P50-4	50	400	6.63	536.9	1.11	1.35	1.59
P50-5	50	500	7.11	460.4	1.16	1.27	1.64
P50-6	50	600	6.73	396.7	1.48	1.30	1.69
P50-7	50	700	8.17	258.8	1.90	1.45	1.54
P50-8	50	800	9.27	130.3	1.92	1.44	1.54
P70-0	70	20	—	602.6	0.88	1.33	1.61
P70-2	70	200	1.48	522.2	0.79	1.87	1.56
P70-3	70	300	5.22	565.4	0.86	1.23	1.64
P70-4	70	400	7.54	496.8	1.24	1.25	1.64
P70-5	70	500	8.19	405.0	1.26	1.32	1.67
P70-6	70	600	9.16	267.5	1.70	1.37	1.56
P70-7	70	700	7.83	216.9	2.24	1.30	1.64
P70-8	70	800	9.52	174.8	2.31	1.41	1.54
P100-0	100	20	—	788.6	1.08	1.24	1.69
P100-2	100	200	1.37	681.5	0.88	1.2	1.64
P100-3	100	300	5.06	614.7	0.82	1.25	1.54
P100-4	100	400	6.08	498.8	0.81	1.46	1.69
P100-5	100	500	8.67	450.2	1.21	1.32	1.61
P100-6	100	600	9.29	295.2	1.81	1.41	1.56
P100-7	100	700	10.20	196.7	2.13	1.39	1.59
P100-8	100	800	9.97	208.6	2.48	1.53	1.49

注：P 表示棱柱体试件；β_m 为质量烧失率；N_p 为承载力；Δ_p 为峰值变形；μ 为位移延性系数；η 为耗能系数。

3. 高温装置

高温装置采用 RX-45-9 工业箱型电阻炉，最高升温温度为 950℃。根据试件设计，分别设定目标温度进行分批升温，为使试件内部温度分布均匀，当炉膛内温度升至目标温度后，恒温 1h。然后打开炉门，让试件在自然条件下降至常温。根据电阻炉内自身的温度采集系统可获得试件在炉膛内的升降温曲线如图 7.1.2 所示。

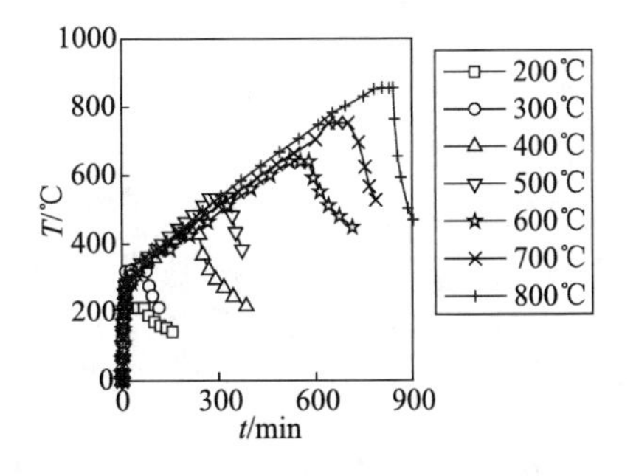

图 7.1.2　试件在炉膛内的升降温曲线

表 7.1.2　型钢再生混凝土柱试件设计参数及主要试验结果[24]

试件编号	r/%	T/℃	β_m/%	N_p/kN	Δ_p/mm	μ	η
SRCC0-0	0	20	—	1476.5	3.60	2.27	0.78
SRCC0-2	0	200	1.49	1199.8	2.40	1.75	0.70
SRCC0-3	0	300	3.92	1180.7	2.80	0.82	0.60
SRCC0-4	0	400	4.22	1166.5	3.00	1.27	0.62
SRCC0-5	0	500	5.06	991.3	4.10	1.71	0.74
SRCC0-6	0	600	5.64	933.7	4.20	1.68	0.70
SRCC0-7	0	700	5.86	835.1	5.20	1.73	0.70
SRCC0-8	0	800	6.40	729.5	6.00	1.76	0.69
SRCC30-0	30	20	—	1444.4	2.40	1.36	0.64
SRCC30-4	30	400	4.26	1130.9	3.40	1.90	0.73
SRCC30-6	30	600	5.83	949.1	5.00	1.84	0.74
SRCC30-8	30	800	6.67	734.3	6.00	0.89	0.61
SRCC70-0	70	20	—	1433.9	2.70	2.23	0.75
SRCC70-4	70	400	4.88	1262.4	2.30	1.21	0.58
SRCC70-6	70	600	5.92	970.7	4.30	1.53	0.68
SRCC70-8	70	800	7.87	702.9	6.80	1.02	0.63
SRCC100-0	100	20	—	1480.9	3.50	1.93	0.68
SRCC100-2	100	200	1.49	1195.6	3.00	1.92	0.71
SRCC100-3	100	300	5.05	1229.9	2.40	1.37	0.63
SRCC100-4	100	400	5.74	1287.9	3.05	1.21	0.59
SRCC100-5	100	500	6.66	1125.6	3.90	1.68	0.70
SRCC100-6	100	600	7.54	963.2	4.60	1.75	0.72
SRCC100-7	100	700	7.79	837.1	4.80	1.74	0.67
SRCC100-8	100	800	8.08	747.3	5.60	2.17	0.63

表 7.1.3　钢筋再生混凝土柱试件设计参数及主要试验结果[25]

试件编号	r/%	T/℃	β_m/%	N_p/kN	Δ_p/mm	μ	η
RCC0-0	0	20	—	1372.00	2.197	1.23	1.33
RCC0-2	0	200	1.34	1128.06	2.018	1.17	1.24
RCC0-4	0	400	5.60	1273.38	1.979	1.54	1.83
RCC0-6	0	600	7.26	748.05	2.501	1.50	2.01
RCC0-8	0	800	8.22	478.17	3.555	1.75	1.98
RCC30-0	30	20	—	1454.00	2.099	1.28	1.49
RCC30-2	30	200	2.57	1034.16	1.620	1.23	1.34
RCC30-4	30	400	5.26	1047.15	1.746	1.46	1.59
RCC30-6	30	600	7.64	757.53	3.685	1.89	2.06
RCC30-8	30	800	8.57	428.40	3.317	1.52	1.66

续表

试件编号	r/%	T/℃	β_m/%	N_p/kN	Δ_p/mm	μ	η
RCC50-0	50	20	—	1469.00	1.907	1.56	1.50
RCC50-2	50	200	3.95	1172.85	2.074	1.10	1.09
RCC50-4	50	400	5.39	1152.27	2.042	1.46	1.69
RCC50-6	50	600	8.08	784.59	3.213	1.93	2.41
RCC50-8	50	800	8.75	423.15	4.328	1.83	1.93
RCC70-0	70	20	—	1613.00	2.094	1.22	1.32
RCC70-2	70	200	1.36	1117.14	1.705	1.09	1.11
RCC70-4	70	400	6.67	1233.24	1.885	1.16	1.21
RCC70-6	70	600	9.07	755.64	4.492	1.41	1.58
RCC70-8	70	800	9.60	410.55	5.074	1.59	1.71
RCC100-0	100	20	—	1702.50	1.951	1.18	1.26
RCC100-2	100	200	1.15	1284.21	1.773	1.07	1.07
RCC100-4	100	400	6.72	1268.61	1.857	1.01	1.01
RCC100-6	100	600	9.82	793.98	4.354	1.46	1.63
RCC100-8	100	800	10.21	417.33	4.647	1.26	1.36

表 7.1.4　型钢再生混凝土梁试件设计参数及主要试验结果[26]

试件编号	剪跨比	r/%	T/℃	β_m/%	N_p/kN	Δ_p/mm	μ	η
SRCMB0-0	2.0	0	20	—	249.5	4.06	3.01	0.82
SRCMB0-2	2.0	0	200	0.32	255.4	3.39	2.36	0.77
SRCMB0-4	2.0	0	400	3.77	234.0	4.37	2.50	0.8
SRCMB0-6	2.0	0	600	5.81	188.4	4.67	3.83	0.86
SRCMB30-0	2.0	30	20	—	257.2	5.75	5.31	0.89
SRCMB30-2	2.0	30	200	0.62	230.0	4.76	4.89	0.89
SRCMB30-4	2.0	30	400	4.47	227.6	3.50	2.34	0.77
SRCMB30-6	2.0	30	600	6.61	194.5	5.85	3.29	0.81
SRCMB70-0	2.0	70	20	—	255.3	7.11	7.23	0.91
SRCMB70-2	2.0	70	200	0.88	237.9	5.15	5.52	0.89
SRCMB70-4	2.0	70	400	4.19	242.7	5.64	2.99	0.83
SRCMB70-6	2.0	70	600	7.12	202.8	6.95	3.32	0.83
SRCMB100-0	2.0	100	20	—	256.7	2.99	2.16	0.76
SRCMB100-2	2.0	100	200	0.72	263.0	4.80	2.55	0.79
SRCMB100-4	2.0	100	400	4.66	248.0	4.90	2.13	0.76
SRCMB100-6	2.0	100	600	7.91	170.0	4.71	2.11	0.76
SRCSB0-0	1.2	0	20	—	336.9	2.23	2.51	0.79
SRCSB0-2	1.2	0	200	0.28	360.1	2.07	2.52	0.78
SRCSB0-4	1.2	0	400	4.03	317.1	2.73	1.62	0.68

续表

试件编号	剪跨比	r/%	T/℃	β_m/%	N_p/kN	Δ_p/mm	μ	η
SRCSB0-6	1.2	0	600	5.67	250.0	4.24	2.35	0.78
SRCSB30-0	1.2	30	20	—	398.4	2.89	2.37	0.77
SRCSB30-2	1.2	30	200	0.9	364.4	3.33	2.73	0.8
SRCSB30-4	1.2	30	400	4.37	368.0	3.49	1.68	0.7
SRCSB30-6	1.2	30	600	6.78	266.0	5.21	3.10	0.84
SRCSB70-0	1.2	70	20	—	357.7	3.08	2.42	0.77
SRCSB70-2	1.2	70	200	0.86	350.9	4.14	2.46	0.79
SRCSB70-4	1.2	70	400	3.96	362.7	3.34	1.84	0.73
SRCSB70-6	1.2	70	600	7.18	272.0	3.74	2.60	0.79
SRCSB100-0	1.2	100	20	—	400.0	2.88	2.81	0.78
SRCSB100-2	1.2	100	200	0.47	375.5	3.11	1.36	0.63
SRCSB100-4	1.2	100	400	4.83	336.0	3.00	1.84	0.71
SRCSB100-6	1.2	100	600	7.81	247.0	3.75	2.50	0.77

表 7.1.5 钢筋再生混凝土梁试件设计参数及主要试验结果[27]

试件编号	剪跨比	r/%	T/℃	β_m/%	N_p/kN	Δ_p/mm	μ	η
RCMB0-0	2.0	0	20	—	102.5	6.88	2.09	1.70
RCMB0-2	2.0	0	200	0.89	106.0	5.16	1.67	1.40
RCMB0-4	2.0	0	400	3.77	114.2	5.98	3.40	1.71
RCMB0-6	2.0	0	600	6.40	84.6	3.61	2.87	1.65
RCMB30-0	2.0	30	20	—	92.6	8.12	4.29	1.77
RCMB30-2	2.0	30	200	0.49	97.2	7.66	3.66	1.73
RCMB30-4	2.0	30	400	4.74	113.0	3.88	2.12	1.53
RCMB30-6	2.0	30	600	6.63	79.1	5.15	3.34	1.70
RCMB70-0	2.0	70	20	—	113.0	7.51	3.44	1.71
RCMB70-2	2.0	70	200	0.44	110.0	8.52	3.90	1.74
RCMB70-4	2.0	70	400	5.83	128.0	6.35	2.64	1.62
RCMB70-6	2.0	70	600	8.18	89.2	7.23	3.00	1.15
RCMB100-0	2.0	100	20	—	132.9	9.80	2.84	1.65
RCMB100-2	2.0	100	200	0.56	120.3	6.69	3.46	1.71
RCMB100-4	2.0	100	400	4.91	120.0	6.30	3.10	1.49
RCMB100-6	2.0	100	600	8.76	106.0	6.70	3.05	1.63
RCSB0-0	1.2	0	20	—	210.0	7.39	3.34	1.68
RCSB0-2	1.2	0	200	0.48	180.0	1.47	1.66	1.92
RCSB0-4	1.2	0	400	4.57	142.0	1.73	1.71	1.58
RCSB0-6	1.2	0	600	6.46	124.0	1.88	1.54	1.35
RCSB30-0	1.2	30	20	—	211.3	4.63	2.14	1.53

续表

试件编号	剪跨比	r/%	T/℃	β_m/%	N_p/kN	Δ_p/mm	μ	η
RCSB30-2	1.2	30	200	0.86	192.3	2.50	2.06	1.51
RCSB30-4	1.2	30	400	4.73	177.0	1.84	1.75	1.43
RCSB30-6	1.2	30	600	6.83	115.0	1.37	1.56	1.36
RCSB70-0	1.2	70	20	—	207.0	6.82	4.74	1.79
RCSB70-2	1.2	70	200	0.55	210.0	4.87	3.65	1.73
RCSB70-4	1.2	70	400	5.41	196.0	1.90	1.44	1.30
RCSB70-6	1.2	70	600	8.49	122.0	2.27	1.77	1.44
RCSB100-0	1.2	100	20	—	230.0	16.02	3.44	1.71
RCSB100-2	1.2	100	200	0.69	200.0	4.57	3.05	1.67
RCSB100-4	1.2	100	400	3.92	178.0	1.54	1.77	1.44
RCSB100-6	1.2	100	600	7.59	109.5	2.28	1.44	1.30

7.1.3　高温损伤

1. 表观变化

再生混凝土在高温作用下发生了一系列的物理和化学反应。棱柱体试块、梁和柱试件均出现了颜色变化、混凝土表面开裂和剥落等现象，且不同类型试件的物理现象基本相似。随着温度的升高，试件颜色由深变浅。温度为 200～400℃时，试件为青灰色，无可见裂缝；温度达 600℃后，试件呈棕灰色，且表面出现细小的不规则裂缝；温度为 800℃时，试件呈灰白色，表面爆裂，表皮疏松且有块状脱落现象。高温后棱柱体试件的表观形态如图 7.1.3 所示。

图 7.1.3　高温后棱柱体试件的表观形态

2. 质量烧失率

试件经历高温作用后，其质量减轻。为反映这一物理变化，现定义质量烧失率 β_m 为

$$\beta_m = \frac{M - M_T}{M} \times 100\% \tag{7.1.1}$$

式中，M 为高温前试件的质量；M_T 为高温后试件的质量。

试件的质量烧失率随温度和取代率的变化趋势如图 7.1.4 所示。可以看出，试件的质量烧失率 β_m 均随温度的升高而增大，当温度为 200～400℃时，试件的质量烧失率增长最快，其原因在于温度达到 200℃后，混凝土内保有的水分大量蒸发以及其内绝大部分可燃物因达到燃点而燃烧。试件在电炉内进行高温作用过程中，当温度升高至 200～400℃时，电阻炉有大量白雾冒出，该现象反映出再生混凝土的内部水分在 200～400℃内蒸发最显著。当 $T \geqslant 600$℃时，试件的质量烧失率增速有所放缓，表明温度上升至一定程度后，因水分及可燃物的烧失殆尽，试件的质量烧失率会趋于稳定。

对各类试件经历同一温度的质量烧失率取平均值，绘制了图 7.1.4(f)。可以

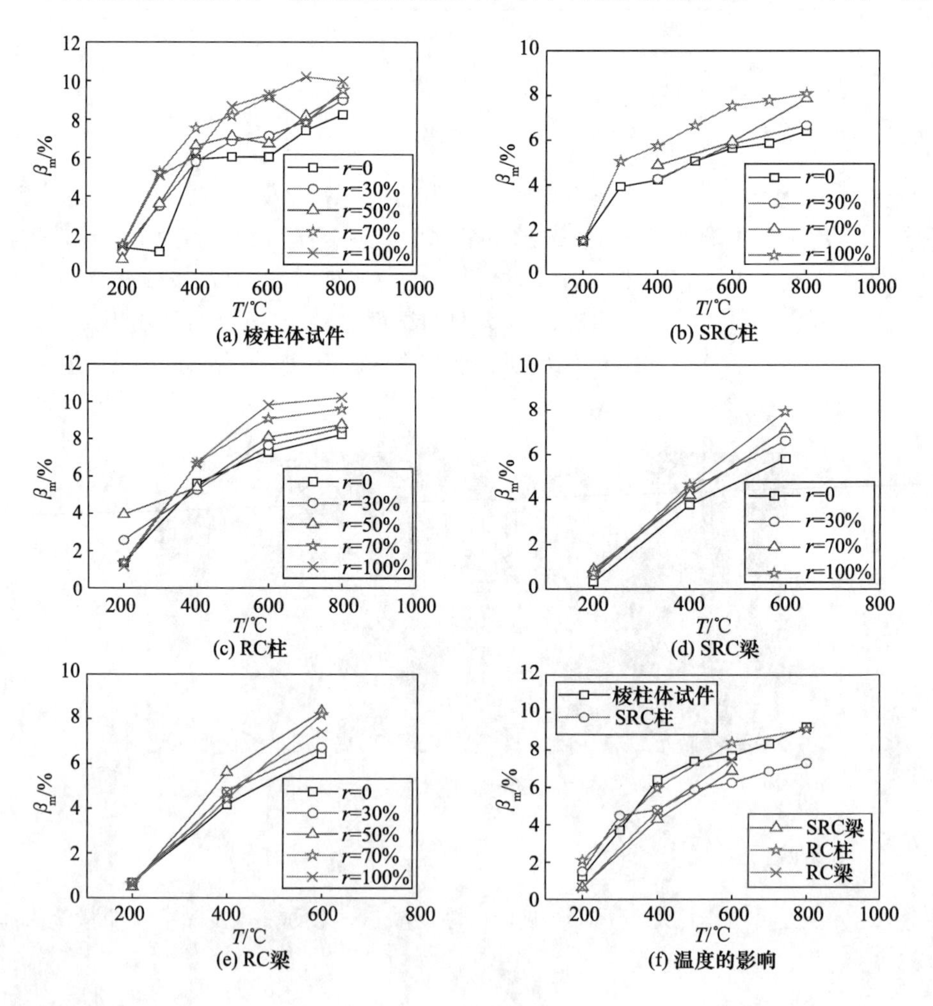

(a) 棱柱体试件　　(b) SRC柱

(c) RC柱　　(d) SRC梁

(e) RC梁　　(f) 温度的影响

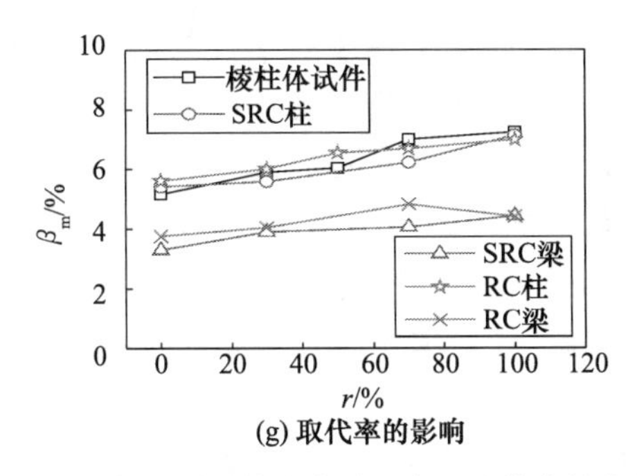

(g) 取代率的影响

图 7.1.4 试件的质量烧失率随温度和取代率的变化趋势

看出，棱柱体试件的质量烧失率增幅最显著，梁的质量烧失率增幅最小，这可能是由于棱柱体体积最小，最容易受高温温度场影响。对相同取代率下所有试件的质量烧失率取平均值，绘制了图 7.1.4(g)。可以看出，质量烧失率随取代率的增大呈现增大趋势，这是由于再生粗骨料表面附着大量的旧水泥浆体，在搅拌过程中能吸收较多的自由水分，再生粗骨料含量越多，再生混凝土中吸收的自由水分越多，高温作用后蒸发的水分也会越多，质量烧失率越大。

对比 RC 试件与 SRC 试件发现，其质量烧失率随温度升高的变化过程大致相当，但 RC 试件的质量烧失率比 SRC 试件略大，这可能是由于 SRC 试件中配置了较多的钢材(钢材受高温后质量几乎不变)。

7.1.4 受力性能分析

为定性分析再生混凝土及型钢再生混凝土试件经历高温作用后其受力性能退化情况，根据试验中获取的棱柱体试件、短柱的轴心荷载-变形曲线和受弯、受剪梁的荷载-跨中挠度曲线[23~27]，确定了各类型试件对应的承载力 N_p、峰值变形 Δ_p、位移延性系数 μ 和耗能系数 η 等力学性能指标，各力学性能指标的确定方法详见文献[23]～[27]，各力学性能指标变化规律如表 7.1.1～表 7.1.5 和图 7.1.5～图 7.1.8 所示。为对比分析不同试件的性能退化，对每类试件在同一温度下，不同取代率的所有试件的性能指标取平均值，并以常温下的性能指标为基准进行归一化处理，得到各性能的退化系数(β_N、β_Δ、β_K、β_μ 和 β_η)。同理，以取代率为 0 的性能指标为基准，定义各性能的取代率影响系数(α_N、α_Δ、α_K、α_μ 和 α_η)。

1. 承载力退化

图 7.1.5 给出了各试件在经历不同高温后的承载力退化变化规律。由图 7.1.5(a)～(g)可以看出，随温度的上升，棱柱体试件的高温后抗压强度呈现明显下降趋势，在温度为 200～400℃内下降了 18%，600℃时下降了 48%，800℃时仅

为常温下的26%。棱柱体试件强度最能直接反映再生混凝土的材料强度，再生混凝土经历高温后其抗压强度退化的现象可归因于：高温作用后，混凝土中游离水和结合水的蒸发形成了内部界面裂缝，使水泥石结构受到破坏，而粗骨料和混凝土的热工性能不一致，受热膨胀和脱水收缩的微变形不协调，导致界面裂缝不断发展；又由于混凝土在冷却的过程中，外部温度下降较快，中心温度下降较慢，两者之间形成不均匀的温度应力场而产生新的裂缝，经历的温度越高，这些裂缝损伤越显著，强度降低幅度越大。由图7.1.5(h)可以看出，不同再生混凝土构件的承载力均随经历的高温温度的提高而显著下降，但是其下降幅度比棱柱体试件有所减缓。其中SRC梁的受弯和受剪承载力退化规律基本一致，当$T\leqslant$400℃时，承载力退化缓慢；当$T>$400℃时，承载力退化加快；当$T=$600℃时，承载力退化幅度约为30%，仅为棱柱体试件的50%。而RC梁的受弯和受剪承载力退化规律有所差异，随着温度的升高，RC受剪梁的承载力逐渐下降，而RC受弯梁的峰值荷载呈现减—增—减的变化趋势，在−19%～−8%波动。再生混凝土柱的受压承载力退化规律与棱柱体试件相近，当$T>$400℃时，承载力退化比棱柱体试件缓慢。从退化结果来看，对于经历同样高温后的SRC构件，受压构件的承载力退化程度比受弯构件严重，当$T=$200～600℃时，SRC受压构件的承载力退化系数β_N比受弯构件小11%～22%，RC受压构件的承载力退化系数β_N比受弯构件小16%～20%。

由图7.1.5(i)可以看出，再生粗骨料取代率对再生混凝土高温后抗压强度和SRC构件高温后承载力的影响均不显著，随取代率提高，棱柱体试件抗压强度变化范围为1%～16%；对于SRC构件，柱受压承载力变化范围为−1%～4%，梁受弯承载力变化范围为−2%～1%，梁受剪承载力变化范围为6%～10%；对于RC构件，柱受压承载力变化范围为−6%～9%，梁受弯承载力变化范围为−6%～18%，梁受剪承载力变化范围为6%～12%。总体来看，各构件的抗压强度或承载力随取代率的提高而呈小幅增加的趋势，也就是说，经历高温后再生混凝土构件的抗压强度并不比经历高温后的普通混凝土构件差。

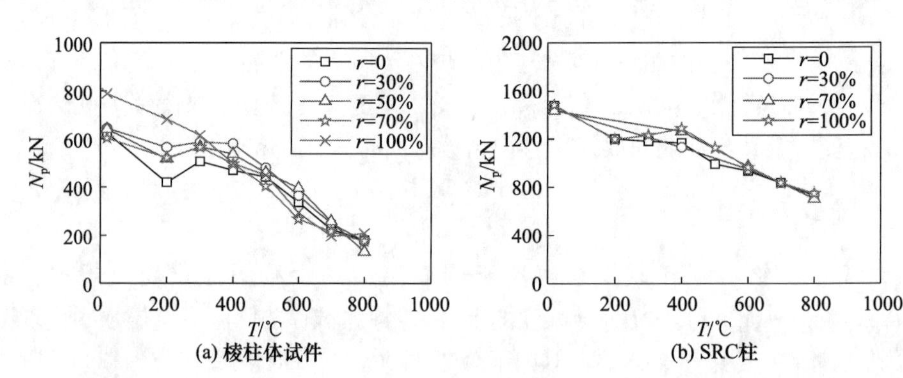

(a) 棱柱体试件　　(b) SRC柱

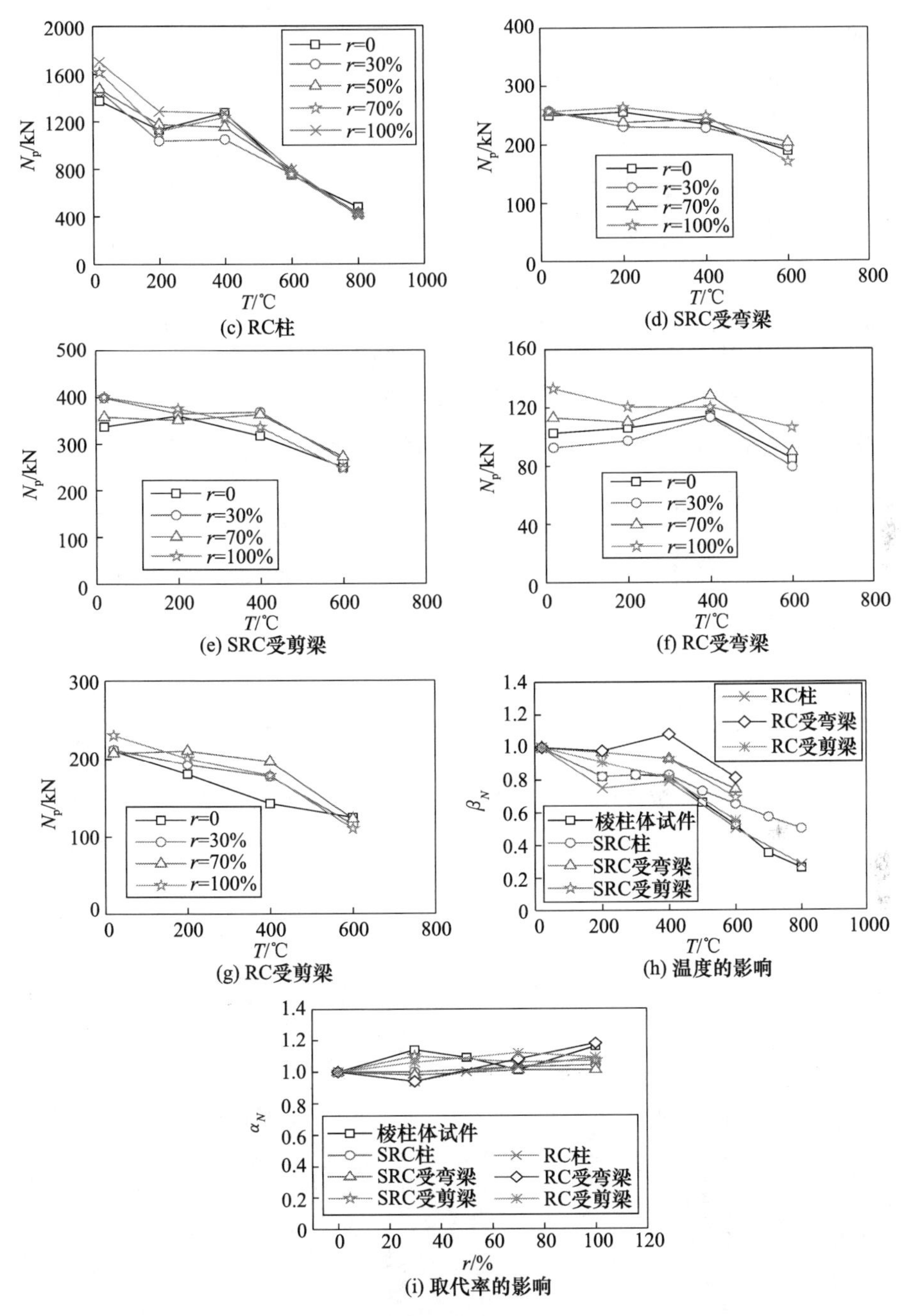

图 7.1.5　承载力退化的变化规律

对比 RC 试件与 SRC 试件可知，RC 柱试件承载力随温度升高的变化过程与 SRC 试件大致相当，但 RC 梁试件的承载力退化比 SRC 试件严重。取代率对 RC

试件承载力的影响与 SRC 试件基本一致。

2. 峰值变形

图 7.1.6 为各试件在经历不同高温后的峰值变形变化规律。对于棱柱体试件和柱，峰值变形是指与峰值荷载对应的轴向变形；对于受弯和受剪梁，峰值变形是指与峰值荷载对应的跨中挠度。由图 7.1.6 可以看出，当 $T\leqslant400$℃时，棱柱体试件、柱和 SRC 梁的峰值变形受高温温度影响不明显，而 RC 梁的峰值变形不断下降，变化幅度为−80%～−13%；当 $T>400$℃时，棱柱体试件、柱和 SRC 受剪梁的峰值变形均随温度的升高快速增大，当 $T=800$℃时，棱柱体试件的峰值变形约为常温时的 2.26 倍，而 SRC 受弯梁的峰值变形受温度的影响较小，当 $T=600$℃时，其峰值变形仅为常温时的 1.24 倍。棱柱体试件、柱和 SRC 梁峰值变形的增大与

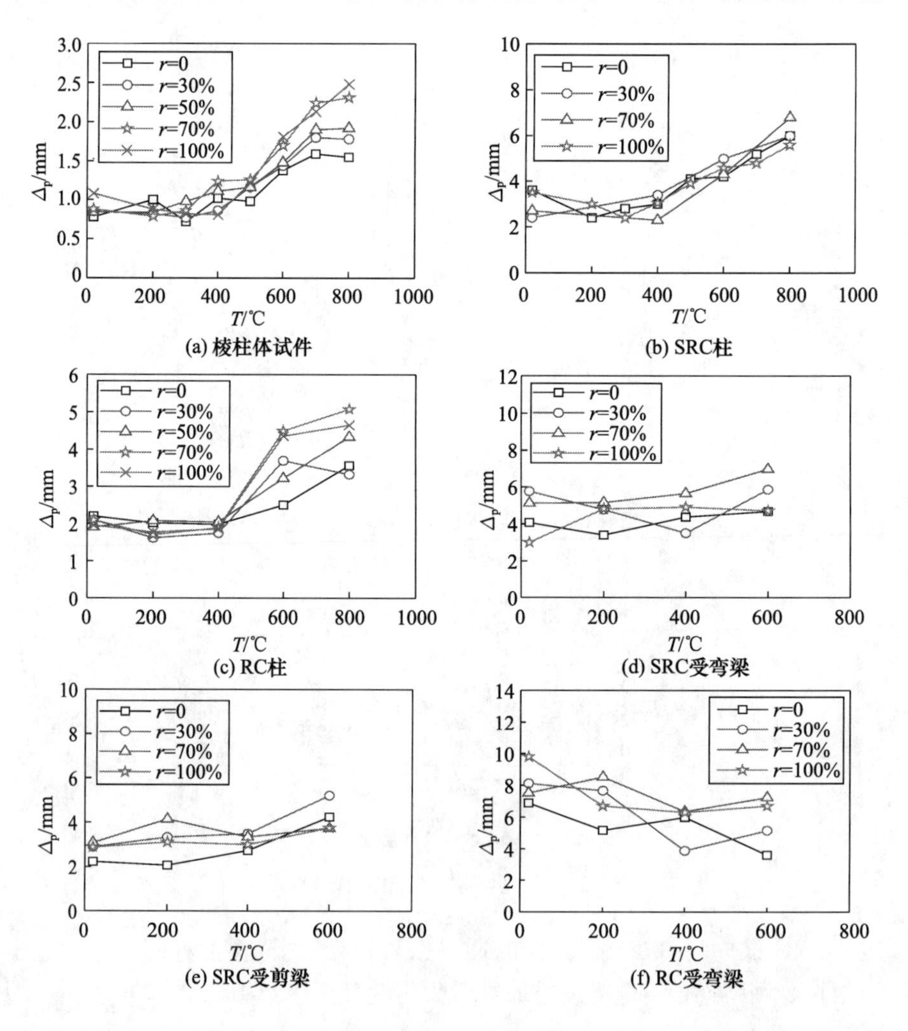

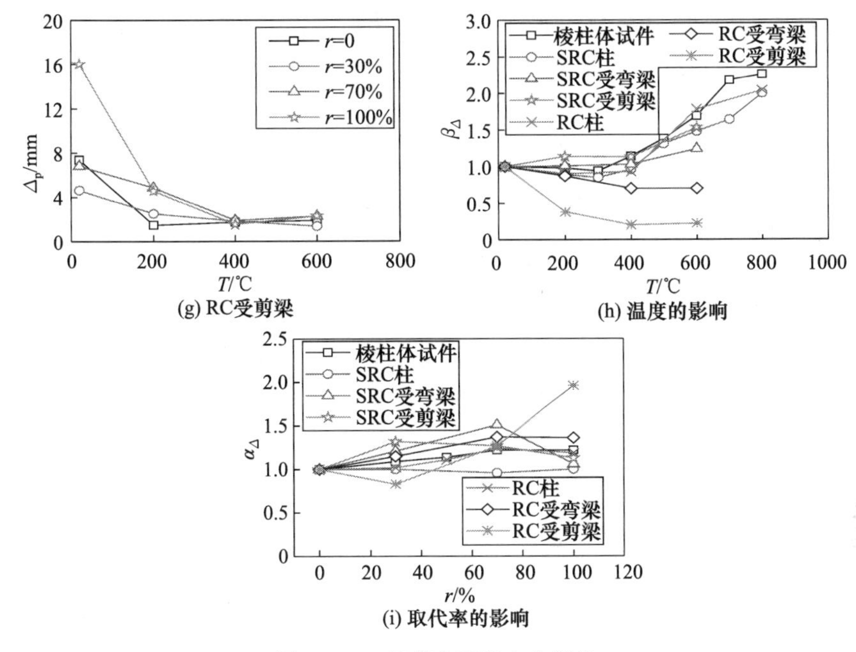

图 7.1.6　峰值变形的变化规律

混凝土经历高温后其内部孔隙增大、细微观结构酥松相关，而 RC 梁峰值变形的下降是因为其延性随着温度的升高而变差，发生了脆性破坏。

由图 7.1.6(i)可以看出，取代率对不同试件峰值变形的影响规律有所差异。棱柱体试件的峰值变形几乎随取代率呈线性增大的趋势，取代率 $r=100\%$时的峰值变形约为 $r=0$ 时的 1.22 倍；SRC 受弯梁和受剪梁的峰值变形出现了先增后减的变化规律，最大增幅分别为 39%和 32%；RC 受弯梁的峰值变形随取代率的提高，其变化幅度为 15%～37%，受剪梁的峰值变形呈先减后增的变化趋势；取代率对 SRC 轴压柱峰值变形的影响不大，在 $r=70\%$时，其峰值变形仅下降 4%，而 RC 轴压柱的峰值变形随取代率的增大而增大，增大幅度为 2%～24%。

对比 RC 试件与 SRC 试件发现，二者的峰值变形随温度升高的变化过程大致相当；但温度的增大使 RC 梁试件的变形能力逐渐下降，而有利于 SRC 试件变形能力的提高。取代率对 RC 试件承载力的影响与 SRC 试件大致相当。

3. 延性

图 7.1.7 给出了各试件在经历不同高温后的位移延性系数变化规律。由图 7.1.7(a)～(h)可见，各试件的位移延性系数随历经最高温度而呈上下浮动状态。总体上，在 $T=200\sim400$℃时，各类试件的位移延性系数均随温度的提高呈降低趋势，当 $T=400$℃时，棱柱体试件位移延性系数下降 10%；SRC 柱、受弯梁、受剪梁位移

延性系数分别下降了28%、44%、31%；RC柱位移延性系数提高了2%，而受弯梁、受剪梁位移延性系数分别下降了11%、51%。当$T>400$℃时，各试件的位移延性系数有所增加，SRC试件、RC试件的位移延性系数变化幅度分别为−25%～4%、−54%～27%。

由图7.1.7(i)可以看出，取代率对不同试件的位移延性系数的影响规律有所差异。棱柱体试件的位移延性系数受取代率的影响较小，变化幅度为−5%～2%。对于SRC试件，受弯梁的位移延性系数出现先增后减，$r=70\%$时增大了63%，$r=100\%$时下降了24%；柱和受剪梁的位移延性系数随取代率的变化幅度较小，变化范围为−5%～10%。而对于RC试件，随取代率的提高，柱的位移延性系数呈现先增后减的变化，$r=50\%$时增大了10%，$r=100\%$时下降了17%；受弯梁和受剪梁的位移延性系数受取代率的影响较大，变化幅度分别为24%～34%、−9%～41%，$r=30\%$时受剪梁下降了9%，其余各取代率下均有所增大，说明再生粗骨料的增加在一定程度上提高了梁的延性。

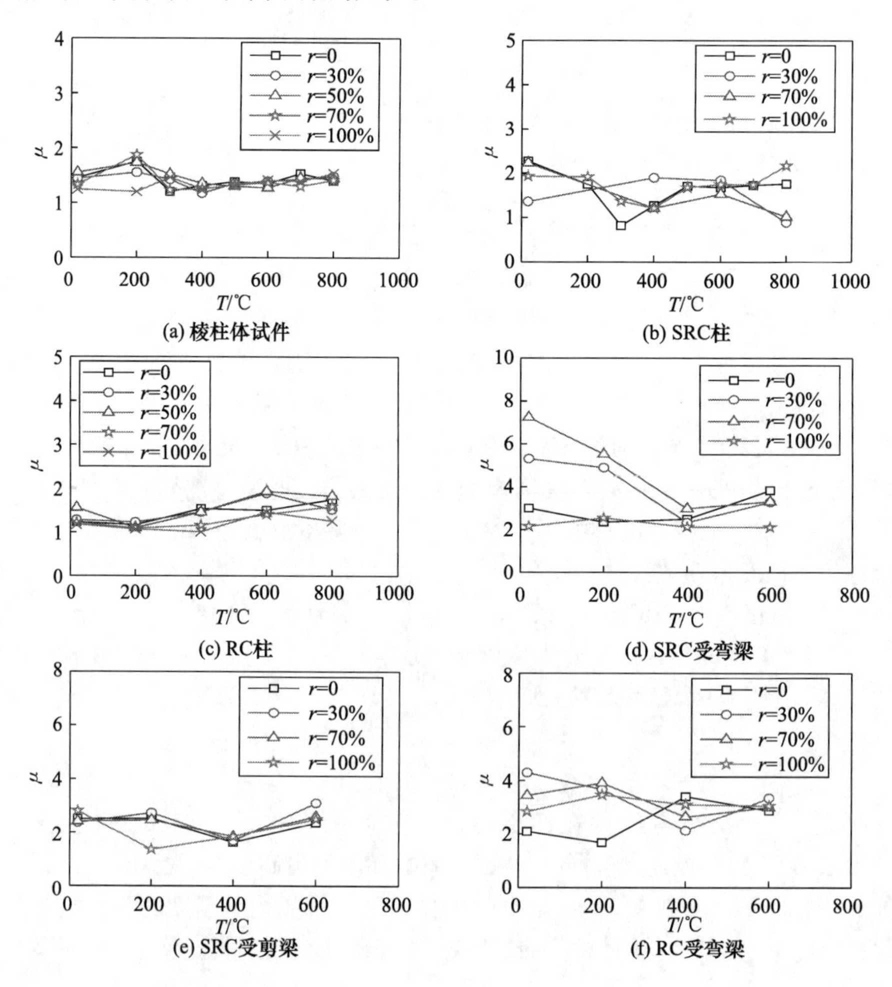

(a) 棱柱体试件　(b) SRC柱　(c) RC柱　(d) SRC受弯梁　(e) SRC受剪梁　(f) RC受弯梁

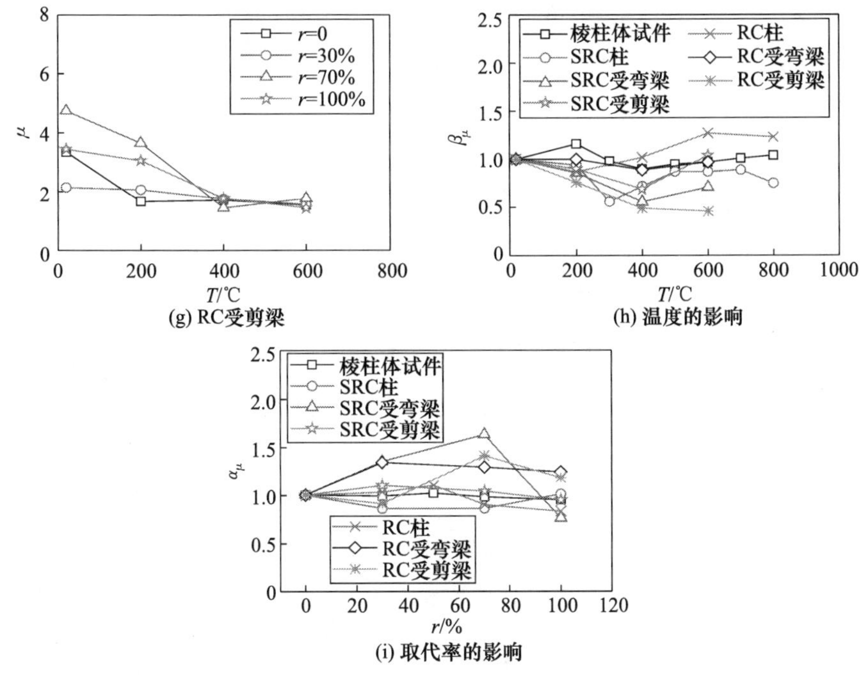

图 7.1.7　位移延性系数的变化规律

综上，对比 RC 试件与 SRC 试件发现，随着温度的升高，RC 柱、受弯梁的延性比 SRC 试件略好，但其受剪梁的延性比 SRC 试件差。取代率对 RC 受剪梁位移延性系数的影响比 SRC 试件大，而其柱、受弯梁试件的位移延性系数随取代率提高的变化过程大致相当。

4. 耗能

图 7.1.8 给出了各试件在经历不同高温后的耗能系数变化规律。由图 7.1.8(a)～(h)可见，SRC 试件耗能系数的变化规律与其延性变化规律相似，当 $T \leqslant 400$℃时，耗能系数随温度的升高呈下降趋势，当 $T=400$℃时，棱柱体试件、柱、受弯梁和受剪梁的耗能系数下降幅度分别为 13%、11%、7%和 10%；当 $T=400\sim600$℃时，耗能系数有小幅增大；当 $T>600$℃时，耗能系数快速下降，$T=800$℃时棱柱体试件和柱的耗能系数分别下降 36%和 10%。随着温度的升高，RC 试件的耗能系数变化规律与 SRC 试件有所差异，柱的耗能系数呈增—减—增的变化趋势，变化幅度为−27%～18%，而梁的耗能系数有增大的趋势。

由图 7.1.8(i)可以看出，取代率对不同试件耗能系数的影响规律有所差异。棱柱体试件、SRC 试件的耗能系数受取代率的影响不明显，随取代率的提高，耗能系数在−10%～16%内波动；RC 试件的耗能系数受取代率的影响波动较大，柱的耗能系数有增大趋势，增大幅度为 0～31%，而受弯梁、受剪梁的耗能系数变化幅度分别为－20%～6%、4%～10%。

总体上，RC 试件的耗能系数受温度和取代率的影响均比 SRC 试件大。

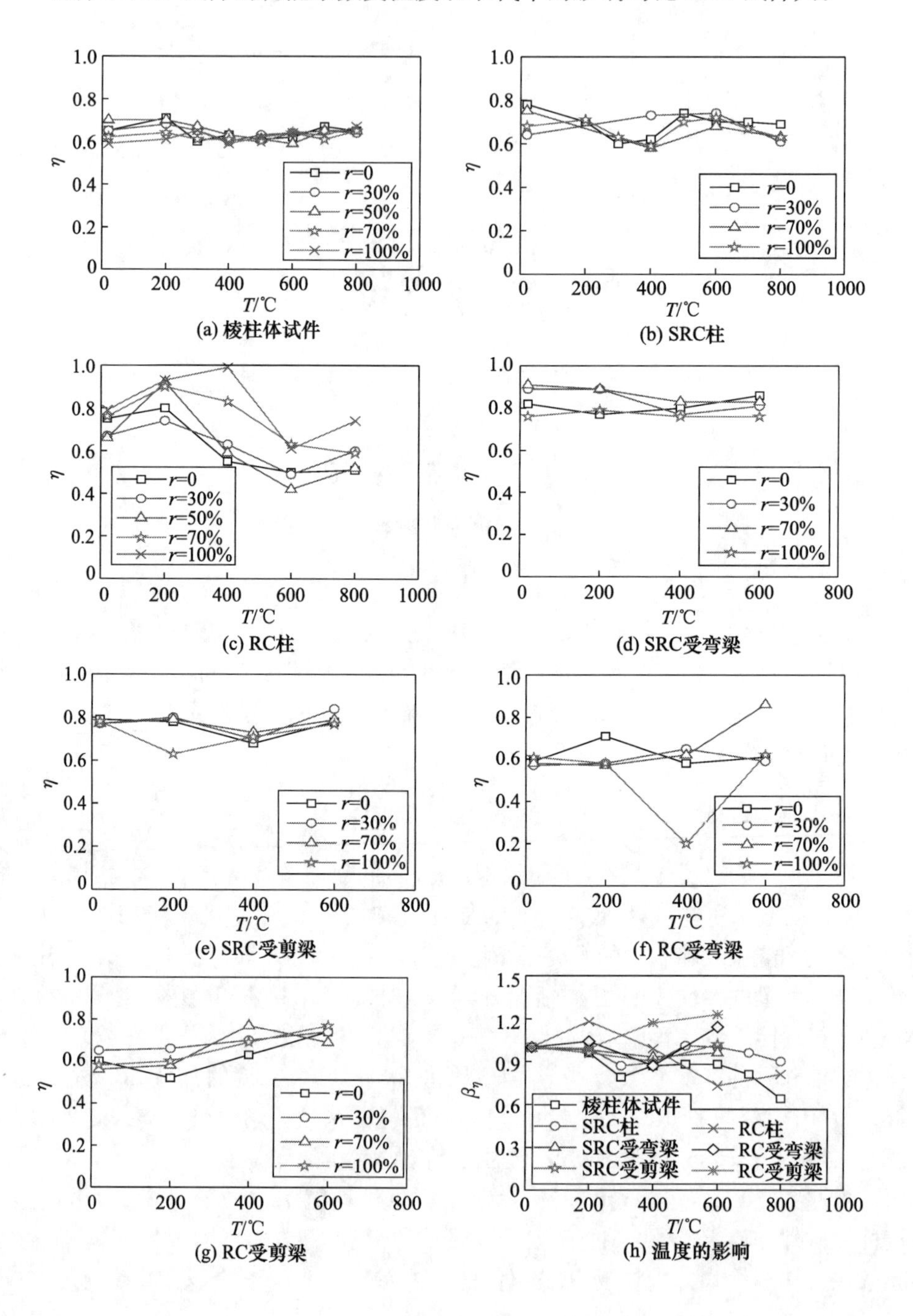

(a) 棱柱体试件　(b) SRC柱　(c) RC柱　(d) SRC受弯梁　(e) SRC受剪梁　(f) RC受弯梁　(g) RC受剪梁　(h) 温度的影响

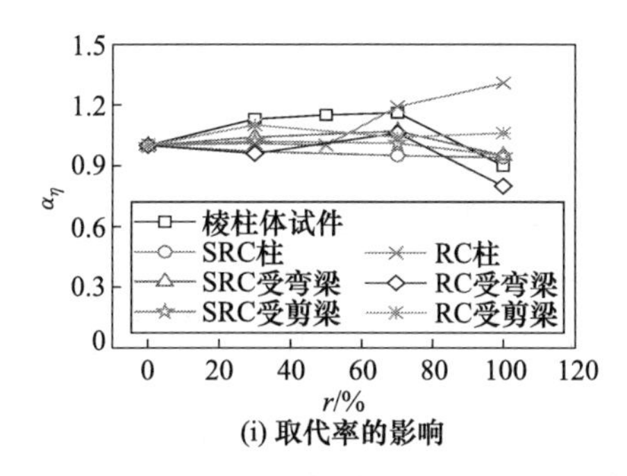

(i) 取代率的影响

图 7.1.8　耗能系数的变化规律

7.1.5　结论

(1) 再生混凝土经历高温作用后,其表观发生显著物理变化:颜色由青灰向灰白转变;温度达 600℃时开始出现皲裂现象,800℃时出现爆裂剥落现象;再生混凝土发生质量减轻现象,且随温度的升高和取代率的增加更加显著。

(2) 再生混凝土试件及再生混凝土构件经历高温作用后,其力学性能发生显著退化现象,其中承载力退化最明显,且在不同构件中,棱柱体试件和钢筋再生混凝土梁受剪性能退化最快,而钢筋再生混凝土梁和型钢再生混凝土梁受弯力学性能退化最缓慢。

(3) 在不同构件中,随着温度的升高,钢筋再生混凝土构件的质量烧失率比型钢再生混凝土构件略大。

(4) 钢筋再生混凝土柱的承载力随温度升高的变化过程与型钢再生混凝土构件大致相当,但钢筋再生混凝土梁的承载力退化比型钢再生混凝土构件严重。取代率对钢筋再生混凝土构件承载力的影响与型钢再生混凝土构件基本一样。

(5) 钢筋再生混凝土柱的峰值变形随温度升高的变化过程与型钢再生混凝土构件大致相当;但温度的增大使钢筋再生混凝土梁构件的变形能力逐渐下降,而有利于型钢再生混凝土构件变形能力的提高。取代率对钢筋再生混凝土构件承载力的影响与型钢再生混凝土构件大致相当。

(6) 随着温度的升高,钢筋再生混凝土柱、受弯梁构件的延性比型钢再生混凝土构件抗退化性能略好,但其受剪梁构件的延性比型钢再生混凝土构件差。取代率对钢筋再生混凝土受剪梁构件位移延性系数的影响比型钢再生混凝土构件大,而其柱、受弯梁构件的位移延性系数随取代率提高的变化过程大致相当。

(7) 钢筋再生混凝土构件的耗能系数受温度和取代率的影响均比型钢再生混凝土构件大。

参考文献

[1] Zega C J, Di Maio A A. Recycled concrete exposed to high temperatures[J]. Magazine of Concrete Research, 2006, 58: 675-682.

[2] Zega C J, Di Maio A A. Recycled concrete made with different natural coarse aggregates exposed to high temperature[J]. Construction and Building Materials, 2009, 23(5): 2047-2052.

[3] Hachemi S, Ounis A. Performance of concrete containing crushed brick aggregate exposed to different fire temperatures[J]. European Journal of Environmental and Civil Engineering, 2015, 19(7): 805-824.

[4] Terro M J. Properties of concrete made with recycled crushed glass at elevated temperatures [J]. Building and Environment, 2006, 41(5): 633-639.

[5] Xiao Z, Ling T C, Poon C S, et al. Properties of partition wall blocks prepared with high percentages of recycled clay brick after exposure to elevated temperatures[J]. Construction and Building Materials, 2013, 49: 56-61.

[6] Kou S C, Poon C S, Etxeberria M. Residue strength, water absorption and pore size distributions of recycled aggregate concrete after exposure to elevated temperatures[J]. Cement and Concrete Composites, 2014, 53: 73-82.

[7] 肖建庄，黄运标. 高温后再生混凝土残余抗压强度[J]. 建筑材料学报，2006，9(3)：255-259.

[8] 肖建庄，黄运标，郑永朝. 高温后再生混凝土的残余抗折强度[J]. 建筑科学与工程学报，2009，26(3)：32-36.

[9] 徐明，张牟，唐永辉，等. 高温后再生混凝土抗压强度的试验研究[J]. 混凝土，2012，(11)：42-44.

[10] 万夫雄，赵鹏辉，柴栋，等. 高温后再生混凝土的变形性能试验[J]. 混凝土，2016，(11)：4-7.

[11] 谢汇，耿欧，袁江. 再生混凝土高温后性能试验研究[J]. 混凝土，2010，(10)：18-19，59.

[12] 董宏英，王攀峰，曹万林，等. 再生混凝土筒体耐火性能试验研究与理论分析[J]. 建筑结构学报，2013，34(8)：65-71.

[13] 董宏英，王攀峰，曹万林，等. 再生混凝土强度对筒体耐火性能的影响[J]. 北京工业大学学报，2013，39(6)：869-874.

[14] 董宏英，王攀峰，曹万林，等. 再生混凝土筒体壁厚对抗火性能的影响[J]. 工程力学，2013，30(s1)：72-77.

[15] Dong H, Cao W, Bian J, et al. The fire resistance performance of recycled aggregate concrete columns with different concrete compressive strengths[J]. Materials, 2014, 7(12): 7843-7860.

[16] 肖建庄，侯一钊，谢青海. 高强混凝土剪力墙抗火性能试验研究[J]. 建筑结构学报，2015，36(12)：91-98.

[17] 徐明，高海平，陈忠范. 高温下再生混凝土梁受剪性能试验研究[J]. 建筑结构学报，2014，

35(6):42-52.

[18] 黄正,徐明.火灾下再生混凝土梁抗弯性能的试验研究与分析[J].江苏建筑,2012,23(5):16-19.

[19] 杨有福,侯睿.高温后钢管再生混凝土短柱的理论分析与试验研究[J].防灾减灾工程学报,2012,32(1):77-82.

[20] 罗超宁,查晓雄.钢管再生混凝土柱耐火性能研究[J].建筑结构学报,2015,36(s2):35-41.

[21] 贾璞,董江峰,袁书成,等.高温后钢骨再生混凝土柱的加固行为分析[J].四川大学学报(工程科学版),2016,48(2):66-73.

[22] 高璐,刘晓,王文达,等.火灾后型钢再生混凝土轴压短柱受力性能研究[J].建筑结构学报,2015,36(s1):292-297.

[23] 陈宗平,陈俊睿,薛建阳,等.高温后钢材及再生混凝土的力学性能试验研究[J].工业建筑,2014,44(11):1-4.

[24] 陈宗平,周春恒,谭秋虹.高温后型钢再生混凝土柱轴压性能及承载力计算[J].建筑结构学报,2015,36(12):70-81.

[25] 陈宗平,叶培欢,徐金俊,等.高温后钢筋再生混凝土轴压短柱受力性能试验研究[J].建筑结构学报,2015,36(6):117-127.

[26] 陈宗平,郑巍,陈宇良.高温后型钢再生混凝土梁的受力性能及承载力计算[J].土木工程学报,2016,49(2):49-58.

[27] 陈宗平,周春恒,梁莹,等.高温后钢筋再生混凝土梁受力性能试验及承载力计算[J].建筑结构学报,2017,38(4):98-108.

7.2 冻融循环后钢筋再生混凝土间黏结性能

商怀帅*，任国盛

对常规环境下钢筋-再生混凝土及冻融环境下钢筋-普通混凝土黏结性能的国内外研究现状进行了系统性的归纳总结，并通过拉拔试验研究了冻融环境下钢筋与再生混凝土的黏结性能，观察了试件的破坏模式、裂缝特征，分析了冻融循环、钢筋类型和直径对钢筋与再生混凝土黏结强度的影响以及冻融循环对再生混凝土抗压强度的影响。结果表明，再生混凝土的抗压强度、钢筋和再生混凝土间的黏结强度均随着冻融循环次数的增加而降低，且钢筋和再生混凝土间黏结强度的下降程度大于再生混凝土抗压强度的下降程度。

7.2.1 引言

目前，全世界每年产生大量的废弃混凝土，废弃混凝土会对环境造成严重的负面影响，如何有效处理废弃混凝土成为我国乃至全世界的难题。此外，我国正处于基础建设的高潮中，对混凝土的需求量非常巨大，而混凝土的生产需要消耗大量的砂、石等自然资源，对生态环境造成严重的破坏。于是人们将废弃混凝土破碎处理后作为粗骨料部分或全部取代天然粗骨料制成再生混凝土[1]，有效地解决了上述难题。我国已将再生粗骨料应用到工程建设中，例如，合宁（合肥—南京）高速公路采用再生粗骨料混凝土浇筑混凝土路面，其质量达到优良[2]。

钢筋和混凝土的黏结是钢筋与外围混凝土之间的一种复杂的相互作用，是钢筋和混凝土两种材料共同工作的基础。在承载能力极限状态下，钢筋混凝土之间的黏结性能决定了钢筋强度的利用程度。寒冷地区的钢筋混凝土结构常常由于冻融循环作用而造成工作性能的下降，如混凝土强度降低、内部结构发生变化和裂缝产生等，进而对钢筋混凝土之间的黏结性能产生影响，引起钢筋混凝土构件可靠性能的降低。随着再生混凝土的推广应用，对冻融环境下钢筋-再生混凝土黏结性能的退化规律及劣化机理进行研究具有尤为重要的理论意义和实际价值。

7.2.2 钢筋-再生混凝土黏结性能的国内外研究现状

随着再生混凝土的使用，文献[3]～[7]对常规条件下钢筋-再生混凝土的黏结性能进行了试验研究。Choi 等[3]研究了以 30%、50%和 100%再生粗骨料取代率

---

* 第一作者：商怀帅（1980—），男，博士，副教授，主要研究方向为钢筋再生混凝土的黏结性能。
基金项目：国家自然科学基金青年科学基金项目（51208273）。

制作而成的再生混凝土和变形钢筋的黏结性能以及普通混凝土和变形钢筋的黏结性能，结果表明，以 30%、50%再生粗骨料取代率制作而成的再生混凝土和变形钢筋的黏结应力-滑移曲线与普通混凝土和变形钢筋的黏结应力-滑移曲线类似。Xiao 等[5]研究了不同再生粗骨料取代率和钢筋类型对再生混凝土与钢筋之间黏结强度的影响，结果表明，在配合比相同的情况下，与普通混凝土相比，对于 HPB235 钢筋，当再生粗骨料取代率为 50%和 100%时，再生混凝土与钢筋之间的黏结强度分别降低约 12%和 6%；对于 HRB335 钢筋，它与普通混凝土和再生混凝土之间的黏结强度接近，与再生粗骨料取代率的关系不明显。而在抗压强度相同的情况下，当再生粗骨料取代率为 100%时，钢筋与再生混凝土之间的黏结强度均高于钢筋与普通混凝土之间的黏结强度。安新正等[6]采用梁式黏结试件研究了以 10%、30%和 50%再生粗骨料取代率制作的再生混凝土和钢筋的黏结性能，结果表明，随着再生粗骨料取代率的增加，钢筋与再生粗骨料混凝土之间的黏结性能降低。

对于冻融环境下钢筋-普通混凝土的黏结性能，国内外已有研究者开展了试验研究及理论分析[8~11]。Hanjari 等[8]采用中心拔出试件进行了冻融循环作用对钢筋与普通混凝土之间的黏结强度以及黏结-滑移曲线影响的试验研究，结果表明，黏结强度最大值处的滑移值随冻融循环次数的增加而增大；当混凝土抗压强度分别下降 25%和 50%时，与此对应的钢筋-混凝土黏结强度分别下降 14%和 50%。Shih 等[9]采用近似梁式黏结试件对经过 0 次、1 次、10 次、30 次冻融循环作用后的钢筋-普通混凝土黏结强度进行了试验研究，结果表明，黏结强度最大值随冻融循环作用次数的增加而下降；黏结因子(最大黏结强度值与相同冻融循环作用后的混凝土圆柱体抗压强度值之比)随冻融循环作用次数的增加而下降。冀晓东等[10,11]采用中心拔出试件研究了冻融循环对钢筋-普通混凝土黏结强度的影响，试验结果表明，极限黏结强度随着冻融循环次数的增加而降低，相同冻融循环次数作用后，光圆钢筋-普通混凝土黏结强度的下降程度远大于螺纹钢筋-普通混凝土黏结强度的下降程度；光圆钢筋多发生拔出破坏，螺纹钢筋多发生劈裂破坏；对于光圆钢筋，与极限黏结强度对应的峰值滑移随冻融循环次数的增加而成倍增大，对于螺纹钢筋，与极限黏结强度对应的峰值滑移随冻融循环次数的增加而下降。孙洋等[12]通过室内模拟试验，研究了混合侵蚀与冻融环境下钢筋与混凝土黏结强度的退化规律，结果表明，钢筋的直径越大，混凝土的强度越低，水灰比越大，钢筋与混凝土间的极限黏结强度就越小。

以上针对冻融循环作用对钢筋-普通混凝土黏结性能影响的研究结果表明，无论采用近似梁式黏结试件还是采用中心拔出试件，钢筋-普通混凝土的黏结强度均会随冻融循环作用次数的增加而降低，钢筋-普通混凝土黏结机理也会因冻融循环作用而发生改变。因此，更加有必要对冻融环境下钢筋-再生混凝土黏结性能的退化规律及劣化机理进行研究。本节通过试验研究钢筋(直径 12mm 的光圆钢筋,直径 14mm、18mm、22mm 的变形钢筋)与再生混凝土(再生粗骨料取代率为 30%)分别经过 0 次、15 次、25 次、50 次、75 次冻融循环后的黏结性能。

7.2.3 试验概况

1. 试验材料

本次试验中水泥采用 P·O42.5 普通硅酸盐水泥,细骨料使用的是细度模数大于 2.6 并且含泥量不大于 2%的天然河砂,天然粗骨料使用的是 5～31.5mm 连续级配的玄武岩碎石,再生粗骨料来自混凝土搅拌站,水使用自来水。天然粗骨料和再生粗骨料的基本性能如表 7.2.1 所示。HPB300 级光圆钢筋直径为 12mm,屈服强度为 300MPa,月牙肋变形钢筋直径分别为 14mm、18mm、22mm,屈服强度为 400MPa。再生混凝土配合比如表 7.2.2 所示。

表 7.2.1 骨料基本性能

骨料种类	堆积密度/(kg/m^3)	表观密度/(kg/m^3)	吸水率/%	压碎指标/%
天然粗骨料	1395	2730	0.41	3.52
再生粗骨料	1280	2431	7.33	12.12

表 7.2.2 再生混凝土配合比

水灰比	水泥/(kg/m^3)	细骨料/(kg/m^3)	天然粗骨料/(kg/m^3)	再生粗骨料/(kg/m^3)	水/(kg/m^3)
0.56	372	603	866	360	210

2. 试验方法

本次试验采用边长为 150mm 的立方体中心拔出试件来研究冻融后钢筋与再生混凝土的黏结性能,中心拔出试件示意图如图 7.2.1 所示。浇筑混凝土前将钢筋固定在模具的指定位置,钢筋的加载端和自由端各有一段无黏结区,用 PVC 管套住无黏结区钢筋,并用石蜡将 PVC 管两端密封,防止水泥浆体流入管内影响实际的黏结强度。

对于遭受冻融循环的试件,在冻融循环试验前先在水中浸泡 4d,然后再放入冻融循环箱内,根据《普通混凝土长期性能和耐久性能试验方法标准》(GB/T 50082—2009)[13]的要求进行冻融循环试验。冻融循环过程中的温度由埋入棱柱体试件中的铂温度传感器控制。一次冻融循环需要 3h,试件中心温度最高为(8±2)℃,最低为(−17±2)℃。冻融循环试验结束后,对所有试件进行中心拔出试验,中心拔出试验装置示意图如图 7.2.2 所示。

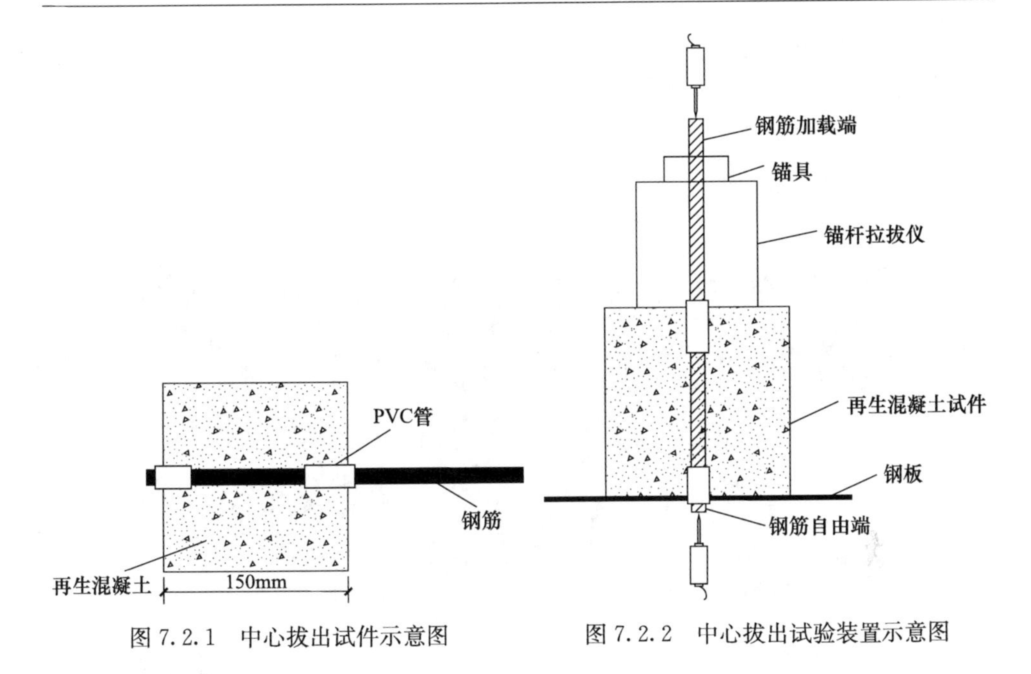

图 7.2.1　中心拔出试件示意图　　　　图 7.2.2　中心拔出试验装置示意图

7.2.4　试验结果与分析

1. 再生混凝土抗压强度

不同冻融循环次数后再生混凝土立方体试件的抗压强度如表 7.2.3 所示。

表 7.2.3　冻融循环后再生混凝土抗压强度

冻融循环次数	抗压强度/MPa
0	33.5
15	31.8
25	30.4
50	28.3
75	25.2

冻融循环对再生混凝土抗压强度的影响如图 7.2.3 所示。可以看出，随着冻融循环次数的增加，再生混凝土的抗压强度减小。在遭受 15 次、25 次、50 次、75 次冻融循环作用后，再生混凝土的抗压强度比未遭受冻融循环作用时减小了 5.1%、9.3%、15.5%、24.8%。

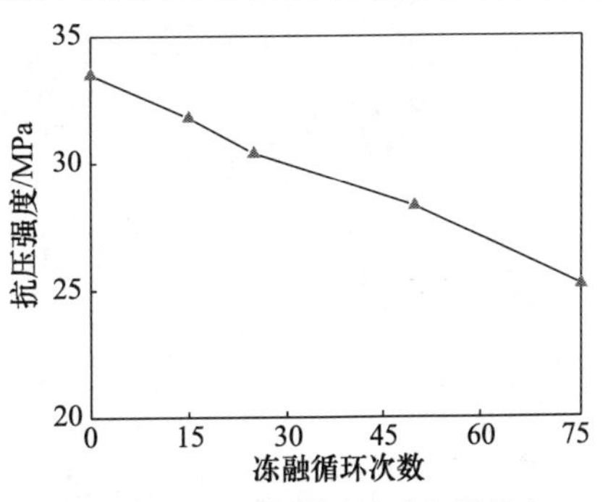

图 7.2.3　冻融循环对再生混凝土抗压强度的影响

2. 试件破坏模式

中心拔出试验的试件共有两种破坏模

式:拔出破坏和劈裂破坏。光圆钢筋再生混凝土试件和直径为 14mm 的变形钢筋再生混凝土试件在遭受不同次数的冻融循环作用后的破坏模式都为钢筋拔出破坏,如图 7.2.4 所示。对于光圆钢筋再生混凝土试件,其侧面没有出现裂缝;而对于直径为 14mm 的变形钢筋再生混凝土试件,大多数试件的侧面没有裂缝,只有少数的试件侧面出现裂缝。

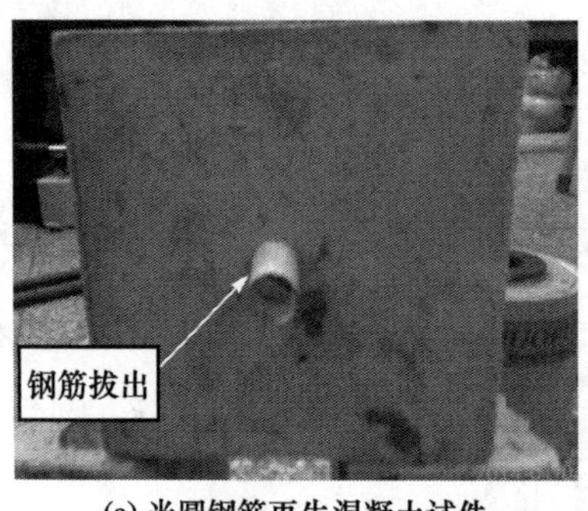

(a) 光圆钢筋再生混凝土试件

(b) 直径14mm的变形钢筋再生混凝土试件

图 7.2.4 试件拔出破坏

对于直径为 18mm、22mm 的变形钢筋再生混凝土试件,在遭受不同次数的冻融循环作用后,其破坏模式均为混凝土劈裂破坏。试件在中心拔出试验过程中突然劈裂,并伴随一声脆响,在试件的侧面、加载端和自由端均出现裂缝,如图 7.2.5 所示。

(a) 直径18mm的变形钢筋再生混凝土试件

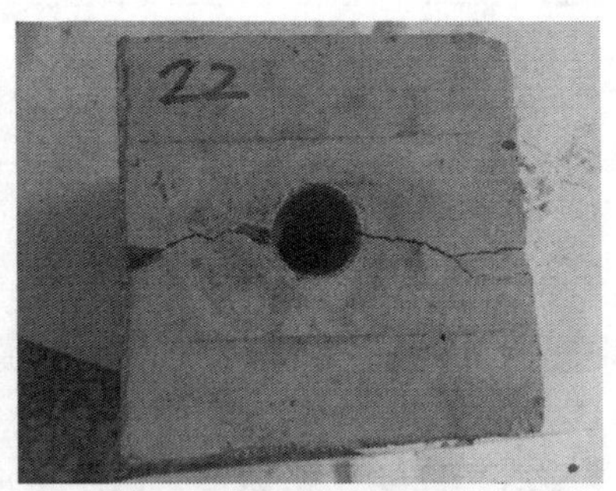

(b) 直径22mm的变形钢筋再生混凝土试件

图 7.2.5 试件劈裂破坏

3. 黏结强度

遭受不同次数冻融循环作用后钢筋与再生混凝土的黏结强度如表 7.2.4 所示。

表 7.2.4　中心拔出试验结果

钢筋类型	钢筋直径/mm	冻融循环次数	黏结长度/mm	拉拔力/kN	黏结强度/MPa
光圆钢筋	12	0	60	4.6	2.00
		15	60	2.8	1.24
		25	60	1.9	0.84
		50	60	1.4	0.62
		75	60	1.2	0.53
	14	0	70	40.3	12.99
		15	70	32.5	10.39
		25	70	25.4	8.12
		50	70	20.2	6.49
		75	70	17.6	5.53
变形钢筋	18	0	90	54.5	10.61
		15	90	37.8	7.27
		25	90	33.6	6.48
		50	90	23.5	4.52
		75	90	19.9	3.73
	22	0	110	72.3	9.47
		15	110	60.7	7.89
		25	110	46.2	6.05
		50	110	25.8	3.29
		75	110	19.4	2.50

1）冻融循环对黏结强度的影响

冻融循环对钢筋-再生混凝土黏结强度的影响如图 7.2.6 所示。由图 7.2.6 和表 7.2.4 可以看出，钢筋和再生混凝土之间的黏结强度随冻融循环次数的增加而降低。在经过 25 次冻融循环作用后，直径为 14mm、18mm、22mm 的变形钢筋与再生混凝土之间的黏结强度减小到未遭受冻融循环作用时的 62.5%、61.1%、63.9%，而光圆钢筋与再生混凝土之间的黏结强度减小到未遭受冻融循环作用时的 42%；经过 75 次冻融循环作用后，直径为 14mm、18mm、22mm 的变形钢筋与再生混凝土之间的黏结强度减小到未遭受冻融循环作用时的 42.6%、35.2%、26.4%，而光圆钢筋与再生混凝土之间的黏结强度减小到未遭受冻融循环作用时的 26.5%。冀晓东[10]的试验结果表明，在经过 50 次冻融循环作用后，光圆钢筋与普通混凝土之间的黏结强度减小到未遭受冻融循环作用时的 27.3%；在经过 50 次冻融循环作用后，直径为 12mm、14mm、18mm、22mm 的变形钢筋与普通混凝土间的黏结强度减小到未遭受冻融循环作用时的 36.9%、31.1%、31.8%。

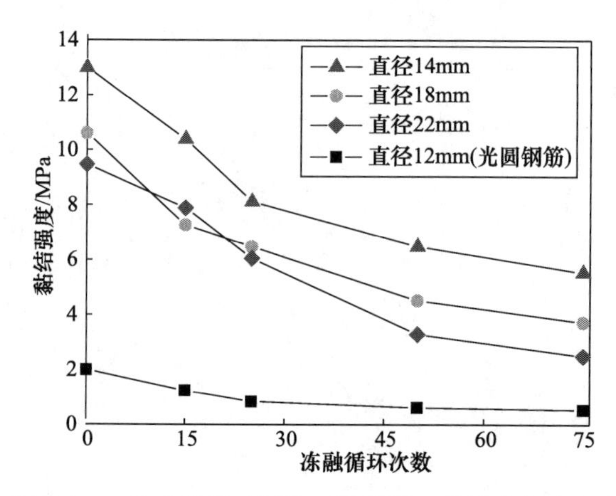

图 7.2.6　冻融循环对钢筋-再生混凝土黏结强度的影响

表 7.2.5 给出了冻融循环后光圆钢筋、变形钢筋与再生混凝土之间黏结强度及再生混凝土抗压强度减小比例。

表 7.2.5　冻融循环后钢筋与再生混凝土间黏结强度及再生混凝土抗压强度减小比例

钢筋直径与类型	不同冻融循环次数黏结强度与抗压强度减小比例/%				
	0	15	25	50	75
12mm 光圆钢筋	0	38.0	58.0	69.0	73.5
14mm 变形钢筋	0	20.0	37.5	50.0	57.4
18mm 变形钢筋	0	31.5	38.9	57.4	64.8
22mm 变形钢筋	0	16.7	36.1	65.3	73.6
抗压强度	0	5.1	9.3	15.5	24.8

由表 7.2.5 可以看出，在经过相同次数的冻融循环作用后，钢筋与再生混凝土间黏结强度的降低程度要大于再生混凝土抗压强度的降低程度，即冻融循环作用对钢筋与再生混凝土间黏结强度的损伤要大于对再生混凝土抗压强度的损伤。例如，在经过 25 次冻融循环作用后，直径 14mm、18mm、22mm 变形钢筋与再生混凝土间的黏结强度减小了 37.5%、38.9%、36.1%，而再生混凝土的抗压强度仅减小了 9.3%；经过 75 次冻融循环作用后，直径 14mm、18mm、22mm 变形钢筋与再生混凝土间的黏结强度减小了 57.4%、64.8%、73.6%，而再生混凝土的抗压强度仅减小了 24.8%。因此，对于遭受冻融循环作用的钢筋再生混凝土建筑物、构筑物，要着重考虑冻融循环对钢筋-再生混凝土黏结强度的影响。

2）钢筋类型和直径对黏结强度的影响

由表 7.2.4 可以看出，在经过相同次数的冻融循环后，变形钢筋和再生混凝土之间的黏结强度大于光圆钢筋和再生混凝土之间的黏结强度。例如，当试件未遭受冻融循环作用时，光圆钢筋和再生混凝土之间的黏结强度分别为直径 14mm、18mm 变形钢筋与再生混凝土间黏结强度的 15.4%、18.9%；当试件遭受 50 次冻融循环作用后，光圆钢筋和再生混凝土之间的黏结强度仅为直径 14mm、18mm 变形钢筋与再生混凝土间黏结强度的 9.6%、13.7%。

对于变形钢筋，在经过相同次数冻融循环作用后，随着钢筋直径的增大，黏结强度减小。例如，未遭受冻融循环作用时，直径为 14mm 的变形钢筋与再生混凝土之间的黏结强度是直径为 18mm、22mm 变形钢筋与再生混凝土之间黏结强度的 1.22、1.37 倍；在经过 50 次冻融循环作用后，直径为 14mm 的变形钢筋与再生混凝土之间的黏结强度是直径为 18mm、22mm 变形钢筋与再生混凝土之间黏结强度的 1.44、1.97 倍。冀晓东[11]观察到了同样的下降趋势，其试验结果表明，试件未遭受冻融循环作用时，直径 12mm 的变形钢筋与普通混凝土间的黏结强度是直径 16mm、20mm 的变形钢筋与普通混凝土间黏结强度的 1.28、1.52 倍；当试件遭受 50 次冻融循环作用后，直径 12mm 的变形钢筋与普通混凝土间的黏结强度是直径 18mm、22mm 的变形钢筋与普通混凝土间黏结强度的 1.52、1.71 倍。

7.2.5　结论

(1) 经过相同次数的冻融循环后，钢筋与再生混凝土间黏结强度的损失程度要大于再生混凝土抗压强度的损失程度。

(2) 随着冻融循环次数的增加，钢筋与再生混凝土间的黏结强度降低，且光圆钢筋与再生混凝土间黏结强度的降低程度要大于变形钢筋与再生混凝土间黏结强度的降低程度。

(3) 在经过相同次数的冻融循环作用后，变形钢筋与再生混凝土间的黏结强度大于光圆钢筋与再生混凝土间的黏结强度。对于变形钢筋，钢筋直径越大，黏结强度就越小。

参考文献

[1] 李惠强，杜婷，吴贤国. 混凝土资源再生骨料技术经济可行性与发展研究[J]. 土木工程学报(工程管理分册)，2002，1(1)：36-40.

[2] 肖益民，唐凛，鲍传富，等. 合宁高速公路水泥混凝土路面再生利用的研究[C]//第四届国际道路和机场路面技术大会，昆明，2002：324-328.

[3] Choi H B，Kang K I. Bond behaviour of deformed bars embedded in RAC[J]. Magazine of Concrete Research，2008，60(6)：399-410.

[4] Mukai T，Kikuchi M，Koizumi H. Fundamental study on bond properties between recycled

aggregate concrete and steel bar[J]. Cement Association of Japan,1978,32.

[5] Xiao J,Falkner H. Bond behaviour between recycled aggregate concrete and steel rebars[J]. Construction and Building Materials,2007,21(2):395-401.

[6] 安新正,易成,刘燕,等. 再生混凝土与钢筋的黏结性能试验研究[J]. 河北工程大学学报(自然科学版),2010,31(3):1-4.

[7] 胡琼,陈伟伟,邹超英. 再生混凝土黏结性能试验研究[J]. 哈尔滨工业大学学报,2010,42(12):1849-1854.

[8] Hanjari K Z,Utgenannt P,Lundgren K. Experimental study of the material and bond properties of frost-damaged concrete[J]. Cement and Concrete Research,2011,41(3):244-254.

[9] Shih T S,Lee G C,Chang K. Effect of freezing cycles on bond strength of concrete[J]. Journal of Structural Engineering,1988,114(3):717-726.

[10] 冀晓东,宋玉普. 冻融循环后光圆钢筋与混凝土黏结性能退化机理研究[J]. 建筑结构学报,2011,32(1):70-74.

[11] 冀晓东,赵宁,宋玉普. 冻融循环作用后变形钢筋与混凝土黏结性能退化研究[J]. 工业建筑,2010,40(1):87-91.

[12] 孙洋,刁波. 混合侵蚀与冻融环境下钢筋与混凝土黏结强度退化的试验研究[J]. 建筑结构学报,2007,28(s1):242-246.

[13] 中华人民共和国国家标准. 普通混凝土长期性能和耐久性能试验方法标准(GB/T 50082—2009)[S]. 北京:中国标准出版社,2009.

7.3　单向侧压作用下再生混凝土-钢筋黏结性能

杨海峰*，吕梁胜，邓志恒

为研究单向侧压作用下再生混凝土与钢筋的黏结性能，通过改变再生粗骨料取化率（0、30%、50%、70%、100%）及横向侧压应力水平（0、0.1f_{cu}、0.2f_{cu}、0.3f_{cu}），完成了60个单向侧压试件的中心拉拔试验。分析了再生粗骨料取代率及侧压应力水平对再生混凝土与钢筋黏结性能的影响规律，并建立了不同侧压状态下再生混凝土-钢筋黏结-滑移全曲线方程。研究结果表明，施加侧压后，钢筋再生混凝土拉拔构件逐渐从劈裂破坏过渡到劈裂拔出破坏；在相同强度条件下，再生混凝土试件的相对黏结强度随再生粗骨料取代率的变化不明显，而残余黏结强度及峰值滑移量整体小于普通钢筋混凝土。随着侧压力的增加，相对黏结强度和滑移量逐渐增加，应力场的存在改变了黏结-滑移曲线下降段参数。

7.3.1　国内外研究现状

再生粗骨料由废弃混凝土破碎而成，母材服役及加工过程中产生了一定的裂隙，且其表面包含一层厚度不均的砂浆层，因此再生粗骨料具有密度相对较低、吸水率高等特点。再生混凝土中新-旧砂浆层界面的出现直接影响其内裂缝的发展，对再生混凝土力学及结构行为产生一定影响。随着我国再生粗骨料规范的出台，钢筋再生混凝土结构应用将越来越广泛，而再生混凝土与钢筋的黏结性能是保证构件正常工作的前提，对钢筋再生混凝土协同工作具有重要影响。

目前学者对再生混凝土与钢筋黏结性能的研究主要集中在再生粗骨料取代率、锚固长度、保护层厚度的影响等方面。Choi 等[1]、Guerra 等[2]、Prince 等[3]通过对未带箍筋构件的简单拉拔试验研究了再生粗骨料取代率对钢筋-再生混凝土的黏结性能，研究结果表明，掺入再生粗骨料降低了再生混凝土的力学性能及其与钢筋的黏结强度。Xiao 等[4]采用相同的方法进行了研究，研究结果表明，再生粗骨料取代率对黏结强度的影响并不明显。Butler 等[5]、曹万林等[6]、王晨霞等[7]在试验中考虑再生粗骨料取代率、混凝土强度及钢筋锚固长度等参数对黏结强度的影响，试验发现添加再生粗骨料后，相对黏结强度下降；与普通混凝土相似，随着混凝土强度和锚固长度的增大，相对黏结强度分别呈增大和降低趋势。Yun 等[8]改变钢筋与再生混凝土之间的黏结位置进行拉拔试验，研究结果表明，钢筋的位置越高，最大黏结强度越小且钢筋与再生混凝土之间的滑移量越大。王博等[9]基于损伤和能量耗散分析了钢

---

* 第一作者：杨海峰（1984—），男，博士，副教授，主要研究方向为混凝土材料及结构性能。

基金项目：国家自然科学基金青年科学基金项目（51308135）。

筋-再生混凝土界面的黏结性能，认为随着取代率的增加，界面黏结没有一致的规律。

综上所述，目前关于再生混凝土-钢筋黏结性能的研究大多以简单拉拔为主，实际工程结构中，再生混凝土结构往往处于多轴应力或复杂应力状态下，简单拉拔试验研究明显不太符合实际受力状况，且由于再生粗骨料与普通粗骨料存在差异，是否影响整体的力学性能，都需要进一步研究。为此，本节试验研究横向压力作用下钢筋-再生混凝土拉拔试件的黏结性能，为实际工程应用提供参考依据。

7.3.2 研究方案

1. 试验材料及配合比

试验选取的水泥为 P·O32.5 复合硅酸盐水泥；砂为普通天然河沙；再生粗骨料来源于废弃路面混凝土经破碎和筛分而成，按《混凝土用再生粗骨料》(GB/T 25177—2010)[10]的分类标准，为Ⅱ级骨料，天然粗骨料为普通碎石，粗骨料性能如表 7.3.1 所示。主要受力钢筋选用热轧带肋钢 HRB400，钢筋直径为 20mm。试验按同强度等级要求试配了 0、30%、50%、70%、100%共 5 种不同再生粗骨料取代率下的再生混凝土，设计时考虑再生粗骨料吸水率较高的特点，增加附加水。每个配合比下分别制作 3 个 150mm×150mm×150mm 立方体抗压及劈拉试件，最终配合比、试件编号及强度如表 7.3.2 所示。

表 7.3.1 粗骨料性能

骨料类型	粒径 /mm	表观密度 /(kg/m^3)	堆积密度 /(kg/m^3)	吸水率 /%	压碎指标 /%
再生粗骨料	5～26.5	3105	1325	4.54	12.6
天然粗骨料	5～26.5	2340	1521	0.35	11.4

表 7.3.2 混凝土配合比、试件编号及强度

配合比编号	r /%	水灰比	材料用量/(kg/m^3)						f_{cu} /MPa	f_t /MPa
			C	S	NCA	RCA	W	AW		
NC0	0	0.46	402	544	1269	0	185	0	43.75	2.88
RC30	30	0.39	475	522	853	365	185	18	43.46	2.73
RC50	50	0.38	487	518	605	605	185	30	47.12	2.67
RC70	70	0.37	500	515	360	840	185	42	44.34	2.54
RC100	100	0.35	529	506	0	1180	185	59	45.11	2.80

注：r 为再生粗骨料取代率；C 为水泥；S 为砂；NCA 为天然粗骨料；RCA 为再生粗骨料；W 为水；AW 为附加水；f_{cu}、f_t 分别为混凝土立方体抗压强度及劈裂抗拉强度。

2. 试验方案及方法

试件按不同取代率、不同应力比(p/f_{cu}=0,0.1,0.2,0.3)共分 20 组，每组 3 个，共 60 个试件，试件按照应力比和组别进行编号，如 0.1RC50 表示侧压应力为 0.1f_{cu}、混凝土配合比为 RC50 组的试件。钢筋与再生混凝土的黏结长度 l_a=5d(d 为钢筋直径),黏结段设置在试件中部,两端用PVC塑料管包裹形成无黏结段。混凝土拌合物采用机械搅拌,并将拌合物注入模板中采用振动台振捣密实,浇筑完成48h后拆模进行28d养护,最后进行拉拔试验。试件尺寸及侧向压力示意图如图7.3.1所示。

试件的加载在高压伺服静动载真三轴试验机(TAWZ-5000/3000)上进行。本次试验加载所需的竖向反力装置如图7.3.2所示,此反力装置将施加在装置上的竖向压力转换为拉力作用于钢筋。

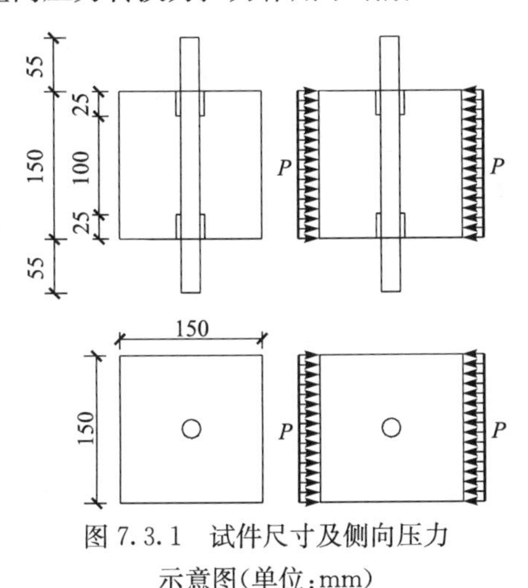

图7.3.1　试件尺寸及侧向压力示意图(单位:mm)

图7.3.2　拉拔试验竖向反力装置

7.3.3　研究结果

1. 黏结破坏形态

通过对破坏试件的观察、实测黏结-滑移曲线对比发现,施加侧向压力前后,试件主要发生劈裂破坏和劈裂-拔出破坏,如图7.3.3所示。由图7.3.3(a)可以看出,无侧压试件破坏时沿径向产生了多道裂缝,裂缝主要的表现形态为以钢筋为中心多道

(a) 劈裂破坏

(b) 劈裂-拔出破坏

图7.3.3　破坏模式

裂缝向四周发散,裂缝宽度较大。在单向侧压力作用下,拉拔试件呈现明显的垂直于压板的裂缝,且裂缝宽度较小(见图 7.3.3(b)),试件的破坏模式由劈裂破坏转为劈裂-拔出破坏。

2. 黏结-滑移曲线

实测不同侧压状态下再生混凝土-钢筋黏结-滑移曲线如图 7.3.4 所示,部分试件未能完整测试下降段曲线。

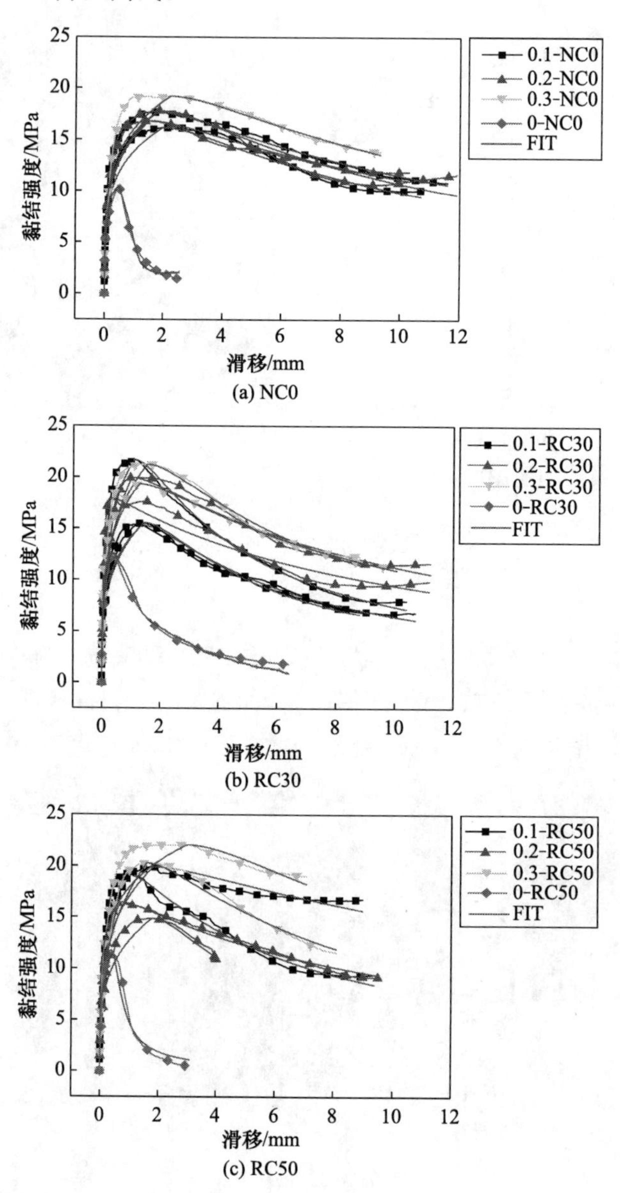

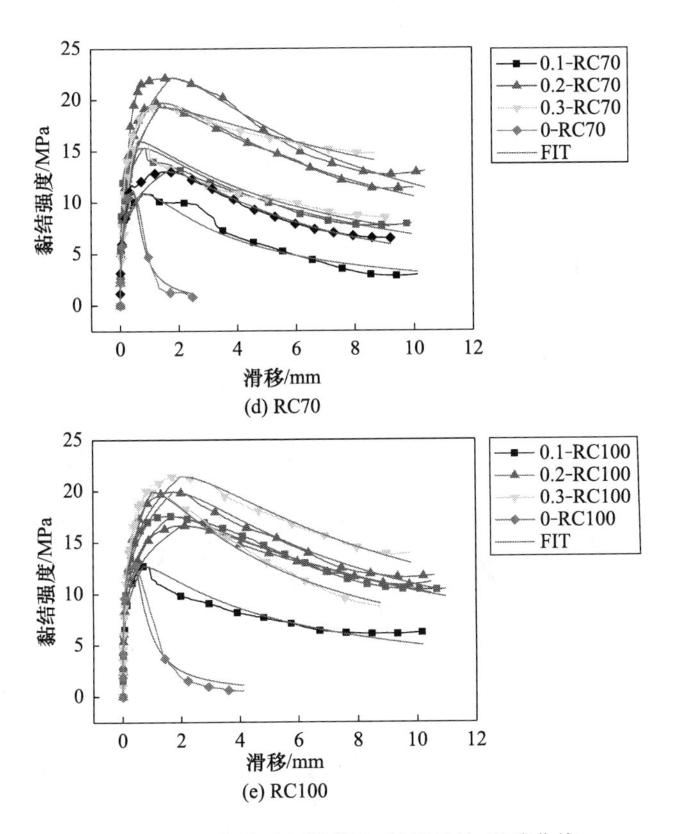

图 7.3.4　实测再生混凝土-钢筋黏结-滑移曲线

3. 黏结强度

再生混凝土相对黏结强度($\tau_u/\sqrt{f_{cu}}$)与普通混凝土相对黏结强度的比值随取代率的变化关系如图 7.3.5 所示。可以看出,在应力比 p/f_{cu}为 0、0.1、0.2、0.3 作用下,相对黏结强度比值分别为 1.03～1.13、0.79～1.10、0.87～1.17、0.90～1.06,说明取代率对黏结强度提高幅度的影响规律不明显。试件的相对黏结强度与应力比 p/f_{cu}的关系如图 7.3.6 所示,当侧向压力作用时,应力比 p/f_{cu}为 0、0.1、0.2、0.3 时五组试件的黏结强度 τ_u 平均值分别为 11.54MPa、16.74MPa、18.64MPa、19.80MPa,施加侧向压力后比施加侧向压力前分别提高了 1.45、1.62、1.72 倍,增加幅度逐渐减小。试验结果表明,相对黏结强度随着侧向压力的增加呈现线性增长关系,相对黏结强度 $\tau_u/\sqrt{f_{cu}}$ 拟合公式为

$$\frac{\tau_u}{\sqrt{f_{cu}}}=2.278\sqrt{\frac{p}{f_{cu}}}+1.737 \tag{7.3.1}$$

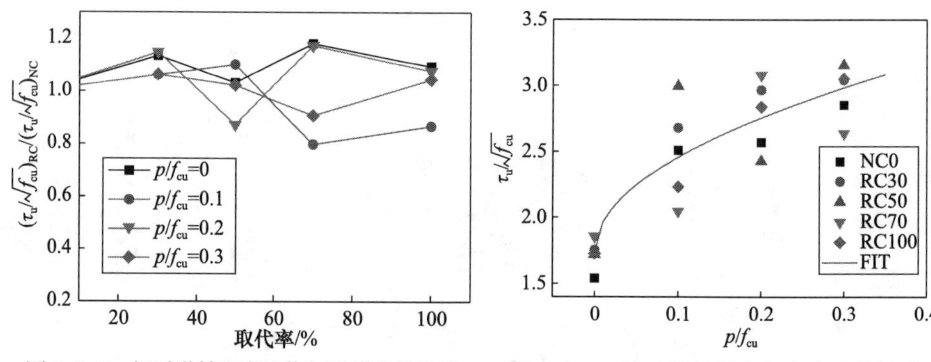

图 7.3.5 相对黏结强度比值与取代率的关系　　图 7.3.6 相对黏结强度与应力比的关系

4. 峰值滑移

再生粗骨料取代率对钢筋-再生混凝土峰值滑移量的影响规律如图 7.3.7 所示。可以看出，应力比 p/f_{cu}为 0 时，不同取代率下的峰值滑移量较为接近，仅取代率为 100％时出现下降，这可以认为是试验离散所致。由于无侧向压力作用时，试件劈裂破坏随机性较大，因此无侧向压力时，这些特性并不明显；RC30、RC50、RC70、RC100 试件在应力比为 0.1、0.2、0.3 作用下，除了应力比为 0.2 的 RC100 和应力比为 0.3 的 RC50 两点外，其余试件相对黏结强度对应的峰值滑移量均小于 NC0，这主要是因为再生混凝土新-旧砂浆界面存在薄弱环节，使得普通混凝土相对于再生混凝土在达到黏结强度时，裂缝开展更迅速，延性降低。

当侧向压力作用时，应力比 p/f_{cu}为 0、0.1、0.2、0.3 作用下，五组试件的相对黏结强度对应的峰值滑移量 s_f 平均值分别为 0.4mm、1.24mm、1.42mm、1.69mm，施加侧向压力后比施加侧向压力前分别提高了 3.1、3.55、4.22 倍。随着侧向压力的增大，峰值滑移量增大，事实上侧向压力作用下试件的峰值滑移量与其相对黏结强度 $\tau_u/\sqrt{f_{cu}}$ 有关。如图 7.3.8 所示，随着相对黏结强度 $\tau_u/\sqrt{f_{cu}}$ 的增加，其对应的峰值滑移量也在增加，二者大致存在线性关系。对数据回归分析得到式(7.3.2)，由此得到的计算值和试验值如图 7.3.8 所示，虽然数据有一定离散，但也能大致表征峰值滑移量的统计关系。

$$s_f = 0.821\frac{\tau_u}{\sqrt{f_{cu}}} + 1.333 \tag{7.3.2}$$

5. 残余黏结应力及残余滑移

当变形钢筋与混凝土的黏结-滑移曲线过峰值点后便进入衰减阶段，黏结应力开始随着滑移量的增加而减小，直至达到水平段的残余强度。此过程中横肋间的混凝土已经破碎，钢筋与混凝土接触界面上，钢筋肋与混凝土咬合部位出现明显的

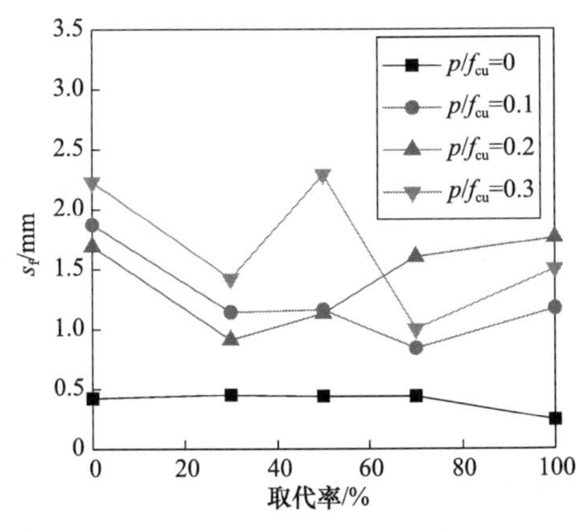

图 7.3.7　取代率与峰值滑移量的关系

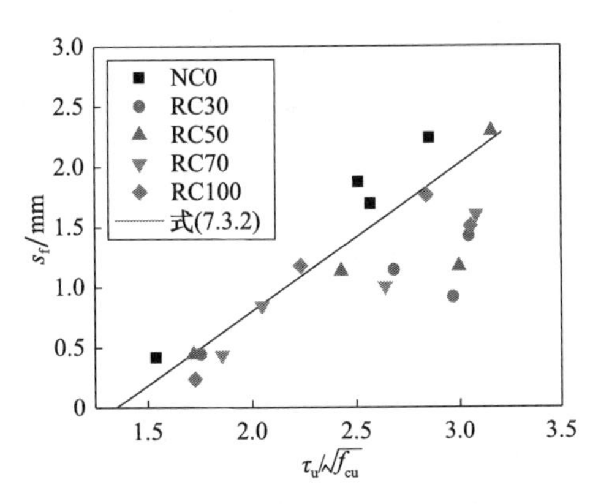

图 7.3.8　峰值滑移量与相对黏结强度的关系

局部压碎情形，而非咬合部位并没有破碎的痕迹，逐渐使整个混凝土齿被剪碎，如图 7.3.9 所示。黏结应力主要是被剪碎的混凝土与外围混凝土基体之间的摩擦力。通过计算可知，残余黏结强度也受到应力场的影响，侧向压应力越大，残余黏结强度也越大，其原因是破碎区的混凝土与周围混凝土基体存在相互作用的正应力，在侧向压应力作用下，其界面上的正应力增加，使残余强度随之提高。在侧向压力作用下，应力比 p/f_{cu} 为 0.1、0.2、0.3 时，残余黏结强度 τ_r 平均值分别为 8.82MPa、11.71MPa、12.77MPa。试验数据显示，极限黏结强度 τ_u 和残余黏结强度 τ_r 都是随着侧向应力场的约束增大而提高。因此，采用残余黏结强度 τ_r 与极限黏结强度 τ_u 的比值作为研究对象，即 $K=\tau_r/\tau_u$，应力比 p/f_{cu}为 0.1、0.2、0.3 时，五种取代率下 K 的平均值分别为 0.52、0.63、0.64，总体上 K 值随侧向压应力的增大而增加。如图 7.3.10 所示，在应力比 p/f_{cu}为 0.1、0.2、0.3 时，除了应力比 p/f_{cu}为 0.2 时 RC30 的 K 值高于 NC0 的 K 值外，其余再生混凝土试件的 K 值均低于普通混凝土。这说明虽然强度接近，但是由于薄弱界面的存在，再生混凝土的残余黏结强度要低于普通混凝土。

图 7.3.9　肋间破坏形式

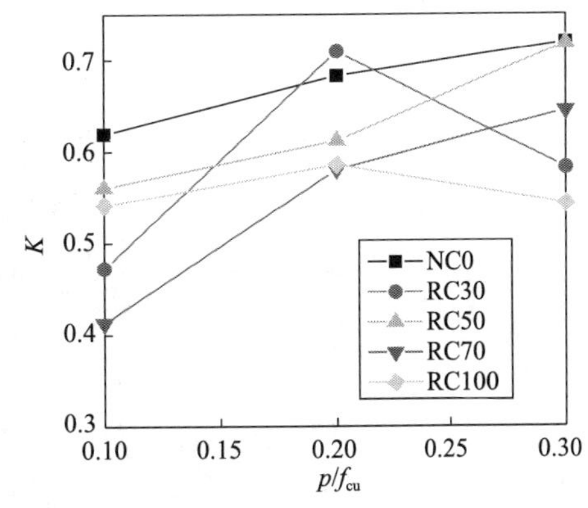

图 7.3.10　K 值与应力比的关系

赵卫平等[11]的研究发现，变形钢筋产生滑移后，钢筋横肋之间的混凝土齿产生相互挤压作用，肋间混凝土经历局部挤压破碎、开裂和滑移等过程，当钢筋残余应力所对应的残余滑移量 s_r 接近一个完整横肋间距时，混凝土齿的“抗剪”能力完全耗尽，此时黏结-滑移曲线进入残余阶段[11]。因此，将残余滑移量 s_r 与横肋间距 C 进行比较，钢筋直径为 20mm 的变形钢筋横肋间距 C 为 10mm，根据测试结果计算得出，残余滑移量 s_r 的平均值为 $0.931C$，标准差为 $0.117C$，变异系数为 0.125，钢筋残余滑移量 s_r 的统计关系为

$$s_r = 0.931C \tag{7.3.3}$$

7.3.4 黏结-滑移曲线方程

由图 7.3.5 可以看出，施加侧向压力前后的黏结-滑移曲线相似，因此本节建议采用如下公式[4]：

$$\begin{cases} \dfrac{\tau}{\tau_u} = \left(\dfrac{s}{s_f}\right)^a, & 0 \leqslant s \leqslant s_f \\ \dfrac{\tau}{\tau_u} = \dfrac{\dfrac{s}{s_f}}{b\left(\dfrac{s}{s_f} - 1\right)^2 - \dfrac{s}{s_f}}, & s > s_f \end{cases} \tag{7.3.4}$$

式中，τ_u 为极限黏结强度；s_f 为极限黏结强度对应的滑移量；a 为上升段参数；b 为下降段参数。

按式(7.3.4)拟合结果如图 7.3.4 所示，所得部分 a、b 值如图 7.3.11 所示。可以看出，实测曲线与计算曲线相近，说明式(7.3.4)对施加侧向压力前后的黏结-滑移曲线均有较好的拟合效果。

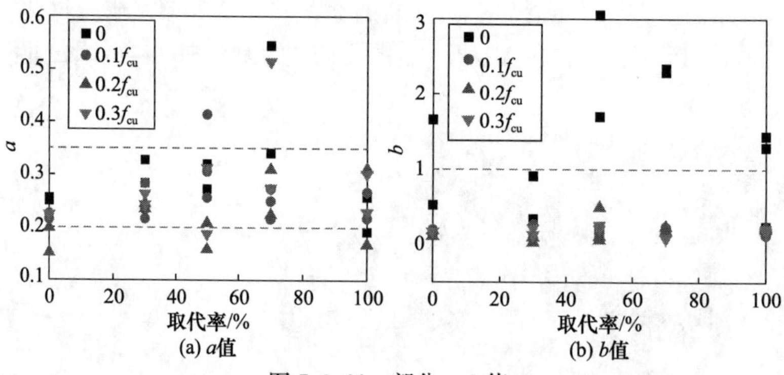

图 7.3.11 部分 a、b 值

由拟合结果可知，应力比为 0、0.1、0.2、0.3 时 a 的平均值分别为 0.3、0.26、0.26、0.28，b 的平均值分别为 1.44、0.16、0.18、0.17。施加侧向压力后 a 值比施加侧向压力前有所减小，但减小幅度不大，而 b 值数据比施加侧向压力前显著减

少，这主要是因为施加侧向压力前由于混凝土开裂后随机性较大，造成下降段参数 b 值不统一，而在施加侧向压力后，由于侧向应力场的约束作用，混凝土开裂更集中。b 值由大到小表明由脆性破坏逐渐过渡到延性破坏。侧向压力的存在改善了试件受力的均匀性，使黏结-滑移曲线各项参数的离散性都比较小。因此，在实际应用中，建议 a 值在施加侧向压力前后都可以取 0.2～0.35，而可以取 $b=1$ 作为施加侧向压力前后由劈裂破坏转为劈裂-拔出破坏的分界值。

7.3.5　结论

（1）施加侧向压力后钢筋-再生混凝土黏结破坏模式由劈裂破坏过渡到劈裂-拔出破坏。

（2）不同侧压状态下，同强度再生混凝土试件的相对黏结强度随再生粗骨料取代率的变化不明显，钢筋-再生混凝土峰值滑移量及残余黏结强度整体比普通钢筋-混凝土小。

（3）钢筋-再生混凝土相对黏结强度随着侧向压力的增加不断增大，且增长幅度随侧向压力的增加不断减小，峰值滑移量随相对黏结强度的增加呈线性增长。

（4）施加侧向压力前后钢筋-再生混凝土黏结-滑移曲线的总体形状相似，且施加侧向压力后下降段更平缓，两者可采用同一方程来表达。

（5）在实际应用中，建议 a 值在施加侧向压力前后都可以取 0.2～0.35，同时可以取 $b=1$ 作为施加侧向压力前后由劈裂破坏过渡到劈裂-拔出破坏的分界值。

参 考 文 献

[1] Choi H B, Kang K I. Bond behavior of deformed bars embedded in RAC[J]. Magazine of Concrete Research, 2008, 60: 399-410.

[2] Guerra M, Ceia F, de Brito J, et al. Anchorage of steel rebars to recycled aggregates concrete [J]. Construction and Building Materials, 2014, 72: 113-123.

[3] Prince M J R, Singh B. Bond behaviour between recycled aggregate concrete and deformed steel bars[J]. Materials and Structure, 2014, 47(3): 503-516.

[4] Xiao J Z, Falkner H. Bond behavior between recycled aggregate concrete and steel rebars [J]. Construction and Building Materials, 2007, 21: 395-401.

[5] Butler I, West J S, Tighe S I. The effect of recycled concrete aggregate properties on the bond strength between RCA concrete and steel reinforcement[J]. Cement and Concrete Research, 2011, 41(10): 1037-1049.

[6] 曹万林，林栋朝，乔崎云，等. 钢筋与再生混凝土黏结性能及影响因素研究[J]. 自然灾害学报，2017，(5)：36-44.

[7] 王晨霞，魏宏刚，吴瑾，等. 钢筋再生混凝土的黏结滑移试验研究与数值模拟[J]. 广西大学学报（自然科学版），2013，38(4)：996-1002.

[8] Yun H,Kim S W. Evaluation of the bond behavior of steel reinforcing bars in recycled fine aggregate concrete[J]. Cement and Concrete Composites,2014,46:8-18.

[9] 王博,白国良,代慧娟,等.再生混凝土与钢筋黏结滑移性能的试验研究及力学分析[J].工程力学,2013,30(10):54-64.

[10] 中华人民共和国国家标准.混凝土用再生粗骨料(GB/T 25177—2010)[S].北京:中国标准出版社,2011.

[11] 赵卫平.横向压力对钢筋与混凝土黏结性能的影响[J].工程力学,2012,29(4):168-177.

第 8 章　再生混凝土梁和板

8.1　再生混凝土梁剪-扭复合受力性能

邹超英*，刘凯华，胡琼，黄铭

本节以剪扭比和再生粗骨料取代率为研究变量，完成了 7 根再生混凝土梁剪-扭复合受力性能的试验研究和模拟分析，分析了试件的受力过程和破坏形态，对比了不同设计参数对试件剪-扭复合受力性能的影响。结果表明，再生混凝土梁的破坏形态与普通混凝土梁相近，试件的破坏形态随剪扭比的增加由剪型破坏向扭型破坏过渡；试件的初始抗扭刚度和开裂荷载均随着再生粗骨料取代率的增加逐渐降低，同时破坏时的脆性明显，但承载力降幅不大；有限元模拟结果和现行《混凝土结构设计规范》(2015 年版)(GB 50010—2010)[1] 计算结果均与试验结果吻合较好，且现行规范计算结果偏于安全。

8.1.1　引言

随着我国城镇化进程的不断推进，不断减少的天然砂石资源和日渐增长的城市建筑垃圾等一系列问题逐渐显现出来。在此背景之下，再生混凝土技术作为处理废弃混凝土和节约建筑材料的有效手段引起了广泛关注。与天然粗骨料混凝土相比，再生混凝土采用了废弃混凝土制备的再生粗骨料替代天然砂石。再生粗骨料表面残余砂浆的存在使其表现出表观密度低、吸水率高、压碎指标大等特征，从而导致再生混凝土的力学性能和耐久性能比普通混凝土要差。

在实际建筑工程中，钢筋混凝土结构构件处于单一受拉或受压的工况较少，经常处于轴力、弯矩、剪力和扭矩等复合受力状态，如吊车梁、框架边梁、窗台梁、雨棚挑梁等。现阶段针对再生混凝土结构层面已经开展了再生混凝土梁的受弯[2~4]、受剪[5,6]和受扭[7]及再生混凝土柱的受压[8,9]等研究工作。相比之下，再生粗混凝土梁复合受力性能的相关研究则较少[10]。

本节以剪扭比和再生粗骨料取代率为试验参数，设计了 7 根再生混凝土梁进

---

* 第一作者：邹超英(1958—)，男，博士，教授，主要研究方向为混凝土结构，再生混凝土。

基金项目：国家自然科学基金面上项目(51278151)。

行复合受力加载试验，研究再生混凝土结构构件的剪-扭复合受力性能，为再生混凝土结构在实际工程中的应用提供设计指导。

8.1.2　试验概况

1. 试件设计

本节试件编号和具体设计参数如表 8.1.1 所示。其中，试件编号由混凝土类别(NC 表示普通混凝土，RAC 表示再生混凝土)、再生粗骨料取代率和剪扭比三部分组成，如 RAC-50-1 代表再生粗骨料取代率为 50%、剪扭比为 1 的再生混凝土梁。

表 8.1.1　试件设计参数

试件编号	再生粗骨料取代率/%	剪扭比
NC-0-1	0	1
RAC-30-1	30	1
RAC-50-1	50	1
RAC-50-∞	50	∞(弯剪)
RAC-50-2	50	2
RAC-50-0.67	50	0.67
RAC-50-0	50	0(纯扭)

试件的尺寸及配筋如图 8.1.1 所示。试件总长度为 2600mm，截面尺寸为 200mm×300mm，试件中部 1600mm 为试验区。为防止试件在加载过程中出现弯曲破坏，在梁底配置了一定数量的抗弯纵筋。中间试验区箍筋为Φ6@100mm，梁端加密区纵筋为Φ6@50mm。其中，底部配置 2Φ8 的截面代表剪扭比为 0 的纯扭试件，底部纵筋 4Φ18 的截面代表剪扭比大于 1 的试件，其余试件截面底部纵筋均为 3Φ18。

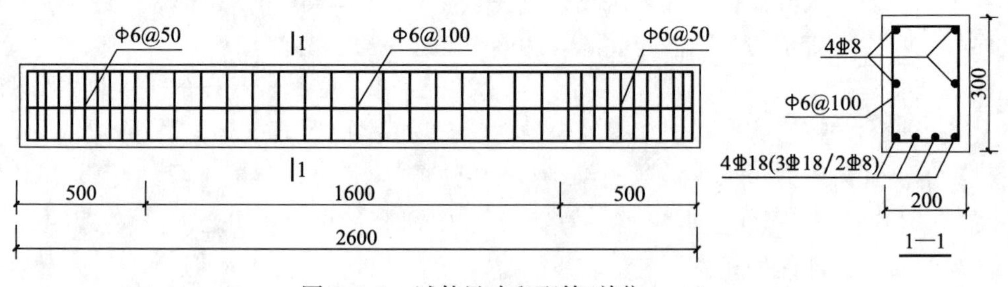

图 8.1.1　试件尺寸和配筋(单位：mm)

2. 材料性能

试验中采用 P·O42.5 普通硅酸盐水泥(28d 标准抗压强度为 42.5MPa)，细骨料为天然河砂(细度模数为2.48,含泥量为2.1%),混凝土拌合物用水为自来水。天然粗骨料为粒径5～31.5mm连续级配的碎石,再生粗骨料由某废弃路面的混凝土破碎筛分处理后得到。两种粗骨料的性质如表8.1.2所示。本节采用附加水法制备再生混凝土[11]。试件的配合比设计如表8.1.3所示。混凝土和钢筋的基本力学性能指标如表8.1.4和表8.1.5所示。

表8.1.2　粗骨料性质

骨料类型	表观密度/(kg/m³)	吸水率/%	压碎指标/%	残浆含量/%
天然粗骨料	2660	1.5	3.4	—
再生粗骨料	2560	4.8	13.0	38.5

注:再生粗骨料的残浆含量采用酸洗冻融法测定。

表8.1.3　再生混凝土配合比设计

取代率/%	水灰比	水泥/(kg/m³)	水/(kg/m³)	砂子/(kg/m³)	天然碎石/(kg/m³)	再生粗骨料/(kg/m³)
0	0.52	375	195	631	1171	0
30	0.52	375	200.4	631	819.7	368.9
50	0.52	375	204	631	585.5	614.8

表8.1.4　再生混凝土材料力学性能指标

取代率/%	立方体抗压强度平均值/MPa	劈裂抗拉强度平均值/MPa
0	37.4	2.79
30	36.3	2.51
50	35.6	2.77

表8.1.5　钢筋材料力学性能指标

牌号	直径	屈服强度/MPa	抗拉强度/MPa	弹性模量/MPa
HPB300	Φ6	412.7	526.7	1.99×10^5
HRB400	⏀8	521.0	662.7	2.34×10^5
HRB400	⏀18	510.3	626.0	2.40×10^5

3. 加载过程

1) 试验方案

本次试验加载装置如图8.1.2所示。加载和固定装置通过多功能加载架来实现。加载架一端为带有转轴的转动支座,试件通过带刚臂的夹具固定,用以提供试验所需要的扭矩;加载架另一端是固定端,试件通过夹具固定在加载架上。转动端的刚臂和电液伺服作动器相连接,通过控制作动器施加荷载于刚臂上带动夹具转动，实现扭矩加载。竖向力则是通过千斤顶施加，同时在其底部设置了球铰支座，使梁在发生扭转时保持竖向力的方向不变。

本节依据《混凝土结构试验方法标准》(GB/T 50152—2012)[12]采用荷载控制的分级加载制度进行试验。对于剪-扭复合受力工况加载时，竖向集中力和扭矩依据设定的剪扭比按等比例进行分级加载，先施加竖向力至每级荷载的设定水平后，维持竖向力不变，再施加扭矩；观察并记录各级荷载下裂缝和变形的发展以及钢筋的应变，直至试件破坏。

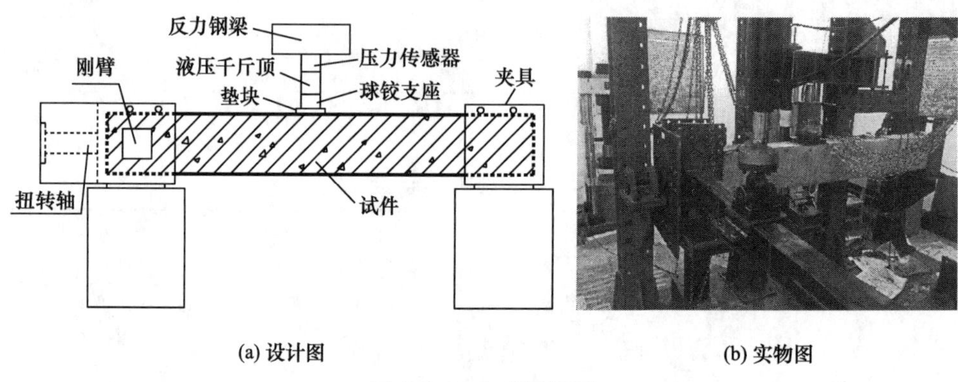

图 8.1.2　加载装置图

2) 测点布置

试验中主要量测内容为加载过程中试件的跨中挠度、扭转角及混凝土和钢筋的应变。量测仪器和应变片的布置如图 8.1.3 所示。在竖向力作用位置的试件底部布置百分表测量梁的挠度，在梁两端布置两只 LE-60 倾角仪用以测定梁的扭转角，混凝土梁侧面中间位置对称布置混凝土应变花测定混凝土表面主应变的大小和方向。纵筋和箍筋的应变由预先贴在纵筋和箍筋上的应变片和 DH3816 静态应变采集仪测定，箍筋按上左下右编号分别为 G1～G4 和 G5～G8，纵筋由上到下编号分别为 Z1～Z8。

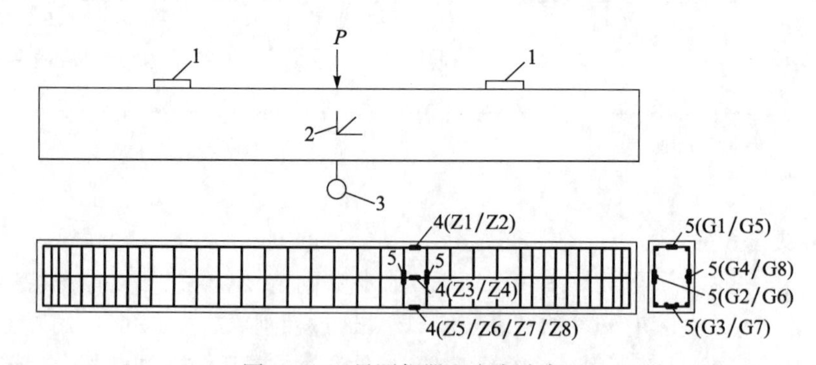

图 8.1.3　量测仪器和应变片布置

1. LE-60 倾角仪；2. 混凝土应变花；3. 百分表；4. 纵筋应变片；5. 箍筋应变片

8.1.3　试验现象

图 8.1.4 为各试件的裂缝开展图。试件破坏形态根据裂缝的开展及最终分布情况分为三类:剪型破坏、扭型破坏和剪扭型破坏。试件 RAC-50-∞为典型的剪型破坏(见图 8.1.4(d)),即随着荷载的增加,首先在试件正面和背面出现斜裂缝,然后与斜裂缝相交的箍筋应力达到受拉屈服强度,在梁顶部集中力作用的剪压区混凝土被压碎;试件 RAC-50-0 为典型的扭型破坏(见图 8.1.4(g)),即随着荷载的增加,在试件各边先后出现数条大约呈 45°的斜裂缝,其中一条斜裂缝发展成为主斜

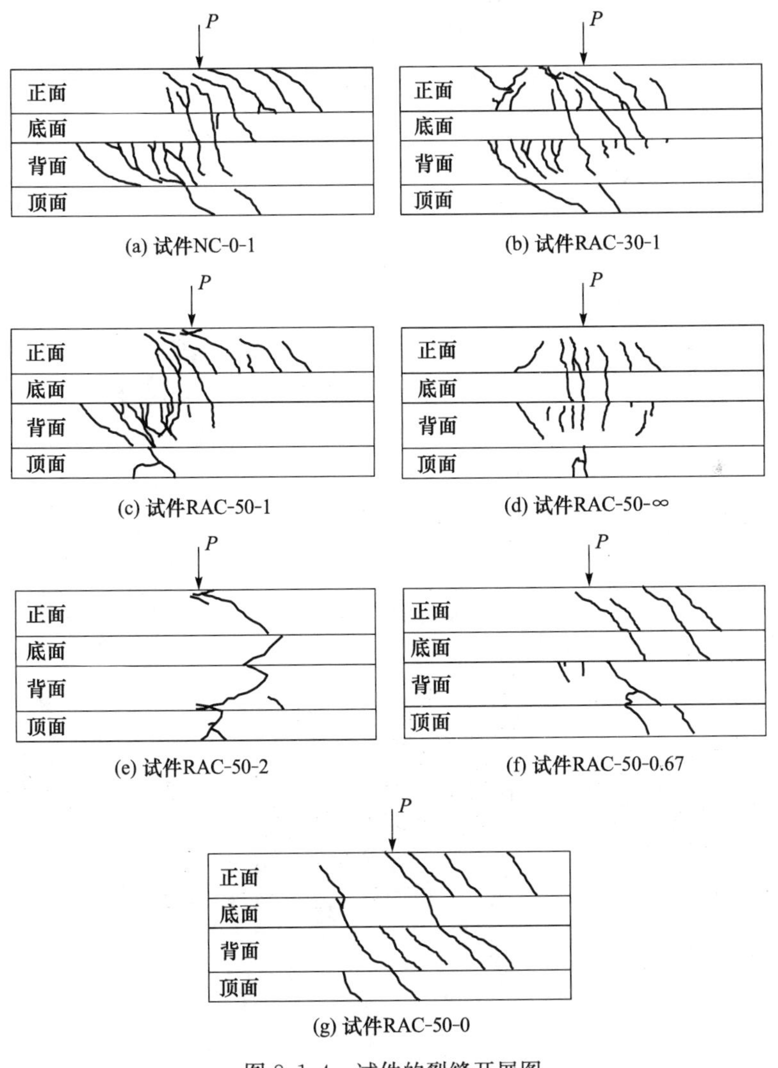

(a) 试件NC-0-1
(b) 试件RAC-30-1
(c) 试件RAC-50-1
(d) 试件RAC-50-∞
(e) 试件RAC-50-2
(f) 试件RAC-50-0.67
(g) 试件RAC-50-0

图 8.1.4　试件的裂缝开展图

裂缝，直到与主斜裂缝相交的纵筋和箍筋相继屈服后，试件最终破坏。除此之外，其余试件都是在扭剪应力和弯剪应力叠加的试件正面首先出现第一条裂缝，并由此裂缝向试件顶部和底部逐渐开展延伸，而在试件背面剪扭应力和弯剪应力方向相反，斜裂缝的出现比正面晚，且裂缝发展缓慢。试件破坏时斜裂缝密集，在正面形成一条明显的主拉斜裂缝，顶面和底面也有明显的斜裂缝，在背面形成了多条由斜裂缝分割的混凝土受压条带，当主斜裂缝相交的纵筋和箍筋相继屈服后，另一侧面的混凝土受压条带压碎，这种破坏形态为扭剪型破坏。主斜裂缝的倾角随剪扭比而变化，试件破坏时呈现明显的脆性。

随着试件剪扭比的增大，试件背面的斜裂缝发展趋势逐渐向正面过渡，受压区由试件背面逐渐转移至顶面，试件的两侧立面裂缝也逐渐垂直于试件纵轴并向集中力作用点靠近。因此，试件的破坏形态由扭型破坏转为剪型破坏并不是突然发生的，而是一个渐变的过程。

8.1.4 试验结果及分析

1. 开裂荷载和极限荷载

试件的开裂荷载与极限荷载如表 8.1.6 所示。试件的开裂扭矩和极限扭矩随着再生粗骨料取代率的增加呈现下降趋势，且达到破坏状态时裂缝宽度越来越大。取代率为 30% 和 50% 的再生混凝土梁的开裂扭矩比普通混凝土梁分别下降了 1.37kN · m、2.07kN · m，这是因为再生混凝土的强度比同配比的普通混凝土强度要稍低；极限扭矩则分别下降了 0.63kN · m、0.79kN · m，降幅在 5% 以内，可见再生粗骨料取代率对再生混凝土梁的剪-扭复合承载力影响不大。试件的开裂扭矩随着剪扭比的增加也随之增大，这是由于试件正面的剪应力叠加区在剪扭应力相同的情况下，随着剪扭比的增加，弯剪应力会相应减小，从而使总剪应力减小，因而开裂扭矩会有所提高。试件 RAC-50-0 因加载装置出现异常，导致极限荷载偏低。

表 8.1.6 试件的开裂荷载与极限荷载

试件编号	剪扭比	开裂荷载		极限荷载	
		剪力 V_{cr}^{t}/kN	扭矩 T_{cr}^{t}/(kN · m)	剪力 V_{u}^{t}/kN	扭矩 T_{u}^{t}/(kN · m)
NC-0-1	1	30.9	6.2	79.1	15.9
RAC-30-1	1	24.1	4.8	75.6	15.2
RAC-50-∞	∞	112.5	0	229.1	0
RAC-50-2	2	52.8	3.9	176.0	12.9
RAC-50-1	1	20.6	4.1	75.2	15.1
RAC-50-0.67	0.67	18.4	4.8	48.3	14.5
RAC-50-0	0	0	6.5	0	8.4

2. 变形性能

1）剪力-挠度曲线

试件的剪力-挠度曲线如图 8.1.5 所示。在开裂之前，剪力-挠度曲线基本呈一条直线，在产生裂缝后，曲线斜率会稍有变化，但变化幅度不大。图 8.1.5(a)为不同剪扭比的再生混凝土梁剪力-挠度曲线。由图 8.1.5(a)可以看出，试件 RAC-50-∞、RAC-50-2 与试件 RAC-50-1、RAC-50-0.67 相比，曲线的斜率在开裂前差异较大，这是因为在试件 RAC-50-∞、RAC-50-2 两根梁的底部配置了抗弯纵筋4⌽18来确保试件的抗弯能力，因而减小了弯曲挠度，在一定程度上降低了总挠度。图 8.1.5(b)为不同再生粗骨料取代率的再生混凝土梁剪力-挠度曲线，可以看出，各试件曲线相差不大；在试件开裂前，试件挠度随着再生粗骨料取代率的增加逐渐增大，但差距并不明显，试件开裂后，NC-0-1 挠度增长略快于其他试件，但差别很小。

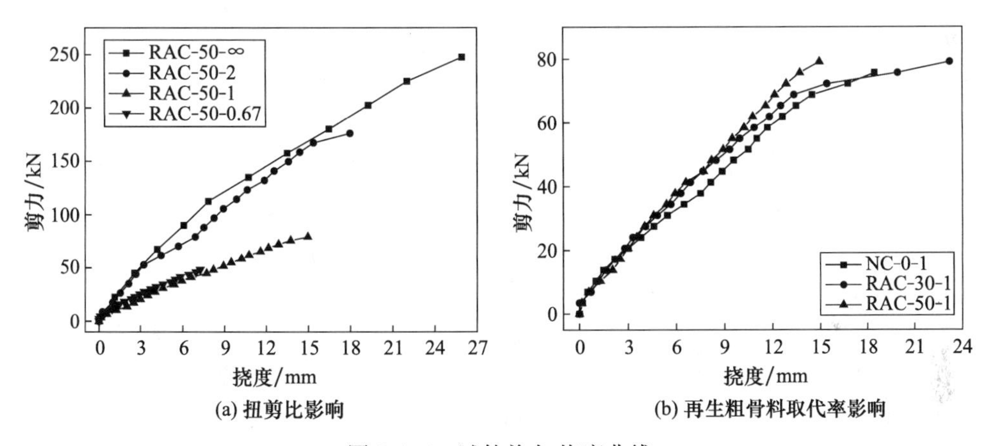

图 8.1.5　试件剪力-挠度曲线

2）扭矩-扭转角曲线

各试件的扭矩-扭转角曲线如图 8.1.6 所示。图 8.1.6(a)为剪扭比对试件扭矩-扭转角曲线的影响。由图 8.1.6(a)可以看出，开裂前曲线斜率基本呈线性变化，在开裂后试件的抗扭刚度随着荷载的增加而降低，曲线斜率降低。可以看出，随着试件剪扭比的变化，试件扭转角的变化趋势大体一致，开裂后各个不同剪扭比复合受力试件曲线的斜率大体相同，相差不超过 3%。因此，剪扭比对试件的抗扭刚度并没有太大的影响，这是因为剪力虽然加速了斜裂缝的开展，但是它对试件两侧的裂缝均有相同的影响，并不影响试件的扭转变形。剪-扭复合受力试件在开裂后的抗扭刚度与纯扭试件的抗扭刚度基本相等。由图 8.1.6(b)可以看出，试件扭转角在试件开裂前随着再生粗骨料取代率的增加逐渐增大；试件开裂后，各试件扭转角发展趋势大体相同，曲线斜率基本一致。这是由于试件开裂前，梁的扭矩主要由混凝土承担，在试件开裂之后，梁的扭矩转由箍筋和纵筋来承担，由于各试件的抗扭配筋相同，随着荷载的增加，各试件的变形增长基本保持一致。

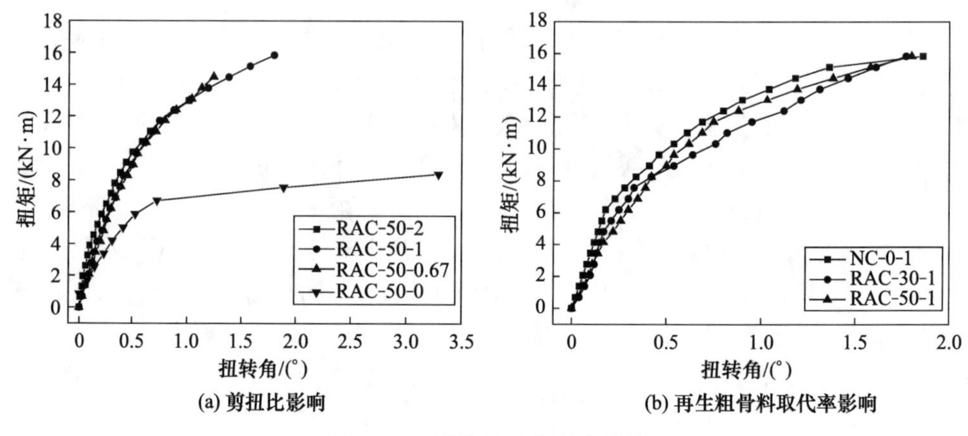

图 8.1.6　试件扭矩-扭转角曲线

3）箍筋变形特征

各试件的荷载(扭矩/剪力)-箍筋应变曲线如图 8.1.7 所示。可以看出，试件出现斜裂缝时是在曲线斜率改变处，在斜裂缝出现之前，箍筋的应变呈线性增长，且应变较小，在斜裂缝出现之后，箍筋应变明显增加，且随着荷载的增大其增幅较大。不同位置的箍筋应变的变化规律也不尽相同。在弯剪应力和剪扭应力叠加面(试件正面)的箍筋应变(G2 和 G6)增长较快，其中与主斜裂缝相交的箍筋首先达到屈服，而另一侧面(试件背面)由于斜裂缝出现较晚，其箍筋应变(G4 和 G8)增长也相对较为缓慢。而顶面(G1 和 G5)和底面(G3 和 G7)的箍筋应变变化则相对较小，这是由于顶面和底面并没有弯剪应力的参与，只受剪扭应力影响。对于不同取代率的再生混凝土梁，箍筋应变的变化趋势基本相近。随着粗骨料取代率的增加，

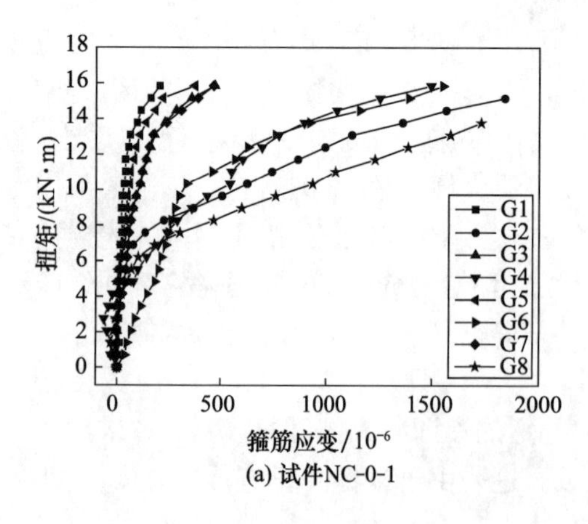

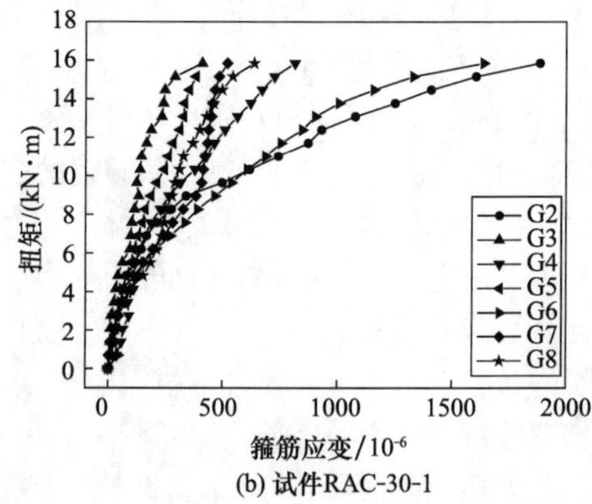

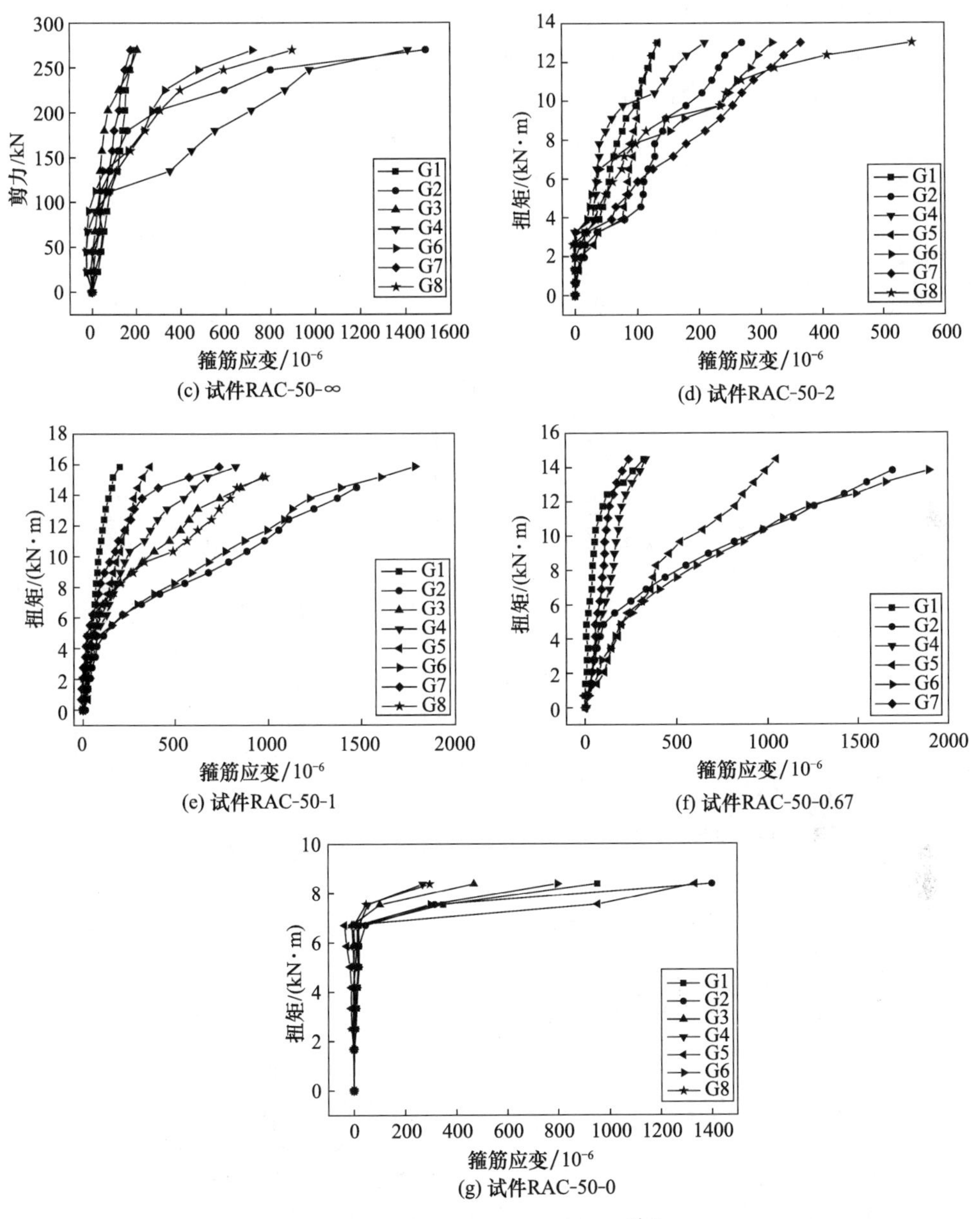

图 8.1.7　试件荷载-箍筋应变曲线

试件达到极限荷载时箍筋的极限拉应变逐渐变小，表明试件随粗骨料取代率增加而出现更加显著的脆性破坏特征。

4) 纵筋变形特征

再生混凝土梁试件的荷载(扭矩/剪力)-纵筋应变曲线如图 8.1.8 所示。在试件开裂前纵筋应变较小。试件开裂后，底部纵筋的拉应变(Z5、Z6、Z7、Z8)有明显的增长，而顶部纵筋应变(Z1、Z2)除了纯扭试件，其他均处于受压状态。中部钢筋应变(Z3、Z4)大部分为受拉应变，少数出现受压应变。底部纵筋中，角部钢筋拉应变(Z5、Z6)一般比中部钢筋拉应变(Z7、Z8)增长快。不同再生粗骨料取代率下各试件纵筋应变变化规律相近。

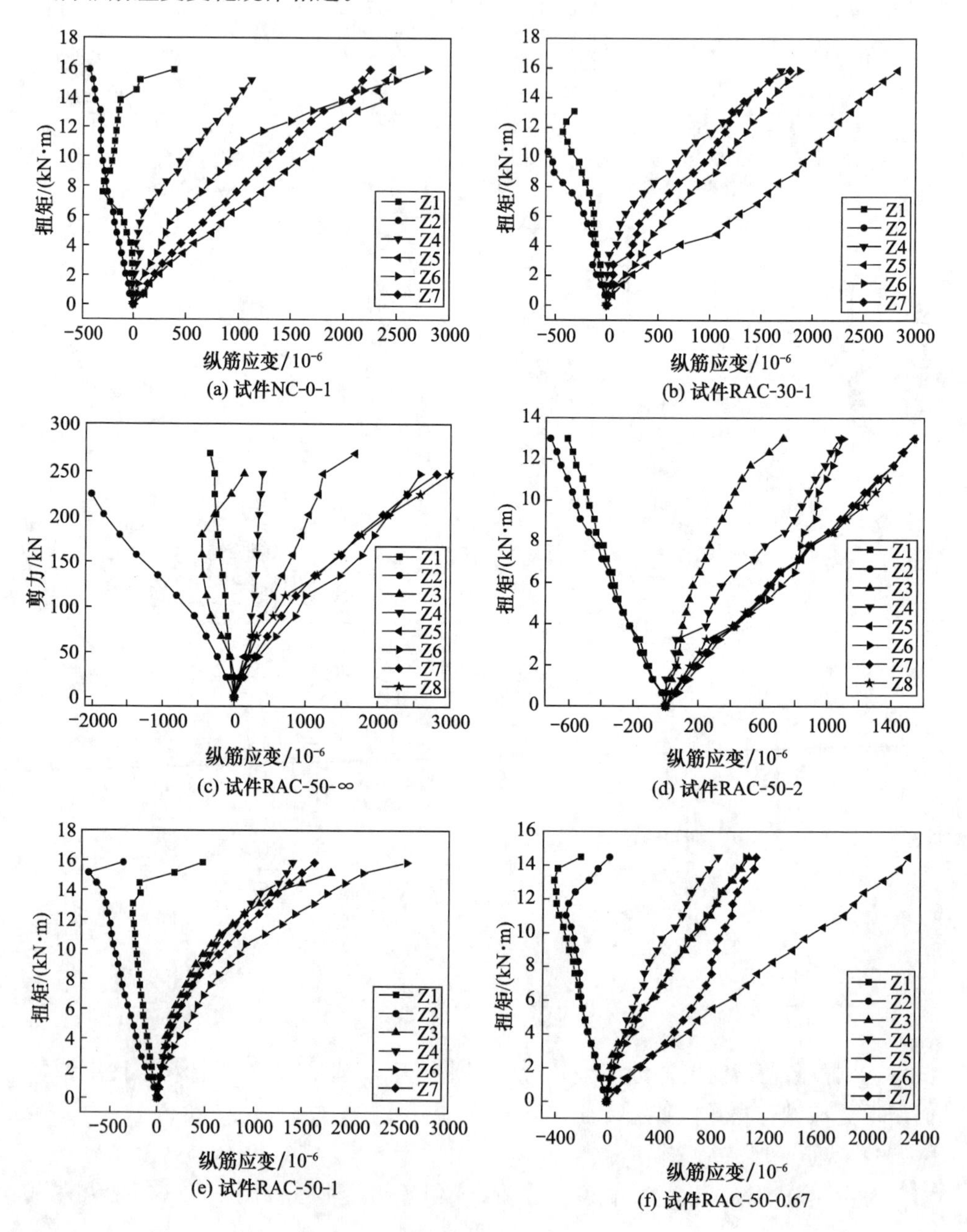

(a) 试件NC-0-1

(b) 试件RAC-30-1

(c) 试件RAC-50-∞

(d) 试件RAC-50-2

(e) 试件RAC-50-1

(f) 试件RAC-50-0.67

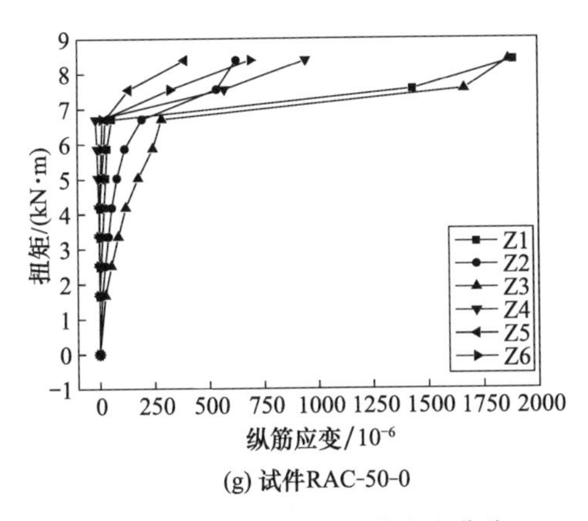

(g) 试件RAC-50-0

图 8.1.8　试件荷载-纵筋应变曲线

3. 有限元分析

1）建模过程

本节采用 ABAQUS 有限元分析软件对再生混凝土梁的剪-扭复合受力性能进行模拟分析。混凝土模型采用塑性损伤本构模型，采用过镇海的两段式模型[13]定义曲线的相关参数。钢筋采用理想弹塑性本构模型，即只有线性段和屈服段的本构模型。采用分离式建模方法，用 C3D8R 单元模拟混凝土实体，用 Truss 单元模拟钢筋，钢筋与混凝土采用嵌入式连接。

在建模时，为了改善加载处的应力集中情况，防止构件发生局部破坏或不收敛，在作用梁端铰支座和中部剪力加载处共加 3 个钢垫块，并限制梁端两垫块的位移，中部添加一个参考点约束并连接垫块以定义混凝土和垫块的约束和集中力的加载。再生混凝土梁模型如图 8.1.9 所示。建模时，将纵筋和箍筋利用 ABAQUS 软件中合并实例操作将二者合并为钢筋骨架整体，便于后面的分析操作，钢筋骨架模型如图 8.1.10 所示。

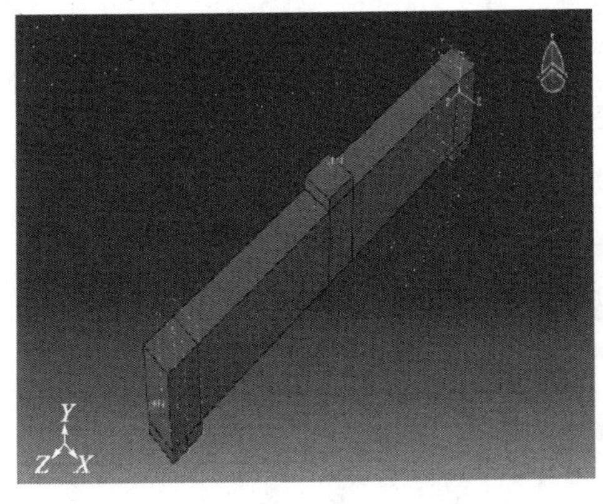

图 8.1.9　再生混凝土梁模型

图 8.1.10　钢筋骨架模型

在使用 ABAQUS 建模过程中，坐标系使用全局坐标系，由于坐标系的正负方向与加载时集中力和扭矩的方向刚好相反，在模拟施加荷载时，集中力和扭矩的大小都以负数表示。

2）模拟结果分析

通过有限元分析得到的有限元模拟值与试验值的对比如表 8.1.7 所示。可以看出，各试件有限元模拟值与试验值比值的平均值为 1.18，标准差为 0.19；剔除误差较大的 1.76，可得各试件有限元模拟值与试验值比值的平均值为 1.13，标准差为 0.04；有限元模拟值比试验值偏大，表明模拟结果与试验结果虽然吻合较好，但安全系数偏低。

表 8.1.7 有限元模拟值与试验值对比

试件编号	剪扭比	模拟值		试验值		模拟值/试验值	
		V_u^s/kN	T_u^s/(kN·m)	V_u^t/kN	T_u^t/(kN·m)	V_u^s/V_u^t	T_u^s/T_u^t
NC-0-1	1	90.6	18.1	79.1	15.9	1.15	1.14
RAC-30-1	1	88.9	17.8	75.6	15.2	1.18	1.17
RAC-50-∞	∞	247.5	0	229.1	0	1.08	—
RAC-50-2	2	143.1	14.3	129.1	12.9	1.11	1.11
RAC-50-1	1	87.2	17.4	75.2	15.1	1.16	1.15
RAC-50-0.67	0.67	51.9	15.6	48.3	14.5	1.07	1.08
RAC-50-0	0	0	14.8	0	8.4	—	1.76

8.1.5 再生混凝土梁剪-扭复合承载力计算

《混凝土结构设计规范》(GB 50010—2010)[1]中矩形截面剪-扭复合承载力计算公式为

$$T=0.35\beta_t f_t W_t+1.2\sqrt{\zeta}\frac{A_{st1}f_{yv}}{s}A_{cor} \tag{8.1.1}$$

$$V=\frac{1.75}{\lambda+1}(x-\beta_t)f_t bh_0+\frac{A_{sv}f_{yv}}{s}h_0 \tag{8.1.2}$$

$$\beta_t=\frac{x}{1+0.2(\lambda+1)\dfrac{VW_t}{Tbh_0}} \tag{8.1.3}$$

上述公式中参数的具体定义可参见规范说明。对于普通混凝土梁，规范中对 x 的取值为 1.5。该数值是在理论推导基础上结合大量工程实践所确定的取值，鉴于本次试验再生混凝土梁的承载力与普通混凝土梁的差距并不明显，因此本节建议再生混凝土梁 x 的取值与规范中普通混凝土梁一致，为 1.5。

采用式(8.1.1)～式(8.1.3)对本节的 7 根再生混凝土梁进行承载力计算，计算结果如表 8.1.8 所示。可以看出，各试件剪-扭复合承载力规范计算值与试验值比值的平均值为 0.99，标准差为 0.26；剔除误差较大的 1.77，可得各试件规范计算值与试验值比值的平均值为 0.92，标准差为 0.03；规范计算值均比试验值略小（试件 RAC-50-0 除外），表明规范计算值与试验结果吻合较好且具有一定的安全储备，采用现行规范计算公式进行再生混凝土梁剪-扭复合承载力的计算是可行的。

表 8.1.8　规范计算值与试验值对比

试件编号	剪扭比	规范值		试验值		规范值/试验值	
		V_u^c/kN	T_u^c/(kN·m)	V_u^t/kN	T_u^t/(kN·m)	V_u^c/V_u^t	T_u^c/T_u^t
NC-0-1	1	72.7	14.6	79.1	15.9	0.92	0.92
RAC-30-1	1	69.7	13.9	75.6	15.2	0.92	0.91
RAC-50-∞	∞	193.2	0	229.1	0	0.84	—
RAC-50-2	2	115.2	11.5	129.1	12.9	0.89	0.89
RAC-50-1	1	71.5	14.3	75.2	15.1	0.95	0.95
RAC-50-0.67	0.67	46.0	13.8	48.3	14.5	0.95	0.95
RAC-50-0	0	0	14.9	0	8.4	—	1.77

8.1.6　结论

（1）随着剪扭比的增加，再生混凝土梁在剪-扭复合受力状态下的破坏形态与普通混凝土梁相近，呈现剪型破坏、扭型破坏和剪扭型破坏三种形态，且试件的破坏形态随着剪扭比的增加由剪型破坏向扭型破坏过渡。

（2）随着再生粗骨料取代率的增加，再生混凝土梁的开裂荷载和抗扭刚度逐渐降低，破坏时的脆性特征更加明显。随着再生粗骨料取代率的增加，承载力略有下降；箍筋应变和纵筋应变的变化规律是相近且一致的。

（3）基于 ABAQUS 完成了再生混凝土梁剪-扭复合受力性能的有限元模拟，模拟结果与试验结果整体吻合较好但安全系数偏低。《混凝土结构设计规范》(GB 50010—2010)用于再生混凝土梁剪-扭复合承载力的计算是可行的，并且具有一定的安全储备。

参考文献

[1]　中华人民共和国国家标准. 混凝土结构设计规范(GB 50010—2010)[S]. 北京：中国建筑工业出版社，2011.

[2]　刘超，白国良，冯向东，等. 再生混凝土梁抗弯承载力计算适用性研究[J]. 工业建筑，2012，42(4)：25-30.

[3]　Kang T H，Kim W，Kwak Y，et al. Flexural testing of reinforced concrete beams with recy-

cled concrete aggregates[J]. ACI Structural Journal,2014,111(3):607-616.

[4] 李彬彬,王社良. 多种因素影响下的再生混凝土梁受弯性能试验研究[J]. 工业建筑,2014,44(9):114-118.

[5] Rahal K N,Alrefaei Y T. Shear strength of longitudinally reinforced recycled aggregate concrete beams[J]. Engineering Structures,2017,145:273-282.

[6] Arezoumandi M,Smith A,Volz J S,et al. An experimental study on shear strength of reinforced concrete beams with 100% recycled concrete aggregate[J]. Construction and Building Materials,2014,53:612-620.

[7] 王晓菡,柳炳康,周徽,等. 低周反复扭矩下再生混凝土受扭构件抗震性能试验研究[J]. 地震工程与工程振动,2012,32(1):62-67.

[8] Breccolotti M,Materazzi A L. Structural reliability of eccentrically-loaded sections in RC columns made of recycled aggregate concrete[J]. Engineering Structures,2010,32(11):3704-3712.

[9] Choi W C,Yun H D. Compressive behavior of reinforced concrete columns with recycled aggregate under uniaxial loading[J]. Engineering Structures,2012,41:285-293.

[10] 王晓菡,柳炳康,陆国,等. 再生混凝土复合受扭构件的抗震性能试验研究[J]. 工业建筑,2012,42(4):21-24.

[11] 中华人民共和国国家标准. 工程施工废弃物再生利用技术规范(GB/T 50753—2012)[S]. 北京:中国建筑工业出版社,2012.

[12] 中华人民共和国国家标准. 混凝土结构试验方法标准(GB/T 50152—2012)[S]. 北京:中国建筑工业出版社,2011.

[13] 过镇海. 混凝土的强度和变形——试验基础和本构关系[M]. 北京:清华大学出版社,1997.

8.2　荷载与环境耦合作用下再生混凝土梁裂缝开展

赵羽习*,张鸿儒,曾维来

为了实现再生粗骨料混凝土在工程结构中的应用,在掌握再生粗骨料混凝土材料耐久性能的基础上,还应了解再生粗骨料混凝土带钢筋构件的耐久性能时变规律。本节针对0、50%和100%三种再生粗骨料取代率的混凝土梁进行荷载裂缝与锈胀裂缝发展规律的观测与研究;通过锚固加载和氯盐溶液干湿循环的方法,实现对氯盐侵蚀环境作用下钢筋混凝土梁的服役环境模拟;监测长期耦合损伤作用下试验梁表面裂缝以及试验梁内部裂缝的开展规律,并据此对再生粗骨料混凝土梁的耐久性能进行了分析讨论。研究结果表明,随着再生粗骨料取代率的增加,再生粗骨料混凝土抵抗锈胀开裂的能力下降,再生粗骨料混凝土梁的损伤程度更严重。因此,若在服役环境恶劣条件下进行再生粗骨料混凝土的应用,应慎重考虑再生粗骨料混凝土的耐久性问题。

8.2.1　国内外研究现状

建筑垃圾的过量排放已经成为世界各国共同关注的问题,不仅占据了大量的填埋用地,还对生态环境带来了污染。将废混凝土制成再生粗骨料循环利用到混凝土结构,是解决这个问题的重要途径之一。对再生粗骨料混凝土材料的性能已有了大量的研究[1~9],但是为了将再生粗骨料混凝土结构应用于工程,对再生粗骨料混凝土结构的力学性能和耐久性能的研究是非常重要的。各国学者对再生粗骨料混凝土构件力学性能的研究已经有了较多的成果,大部分的研究结论也基本一致[10~18]:再生粗骨料混凝土构件的极限承载力与天然粗骨料混凝土构件相比下降程度很小,基本可以认为二者的抗弯承载力基本相当。

目前,对再生粗骨料混凝土结构构件耐久性能的研究相对较少。当再生粗骨料混凝土构件受到环境中有害物质(氯离子、二氧化碳等)侵蚀时,会诱发构件内部的钢筋锈蚀,而钢筋锈蚀产物的体积会是非锈蚀钢筋体积的2～6倍[19]。锈蚀产物膨胀会使钢筋附近的混凝土受到拉应力,从而导致混凝土产生锈胀裂缝,降低了结构的服役性能。已有研究表明,与同配比普通混凝土相比,在相同的环境条件下,再生粗骨料混凝土带筋构件抵抗氯离子侵蚀的能力比天然粗骨料混凝土差,因此再生粗骨料混凝土中钢筋锈蚀时间会提前,钢筋锈蚀速率会加快,进而导致带钢

---

* 第一作者:赵羽习(1973—),女,博士,教授,从事混凝土结构耐久性与再生混凝土结构研究。

基金项目:国家自然科学基金面上项目(51578489)。

筋的再生粗骨料混凝土表面锈裂时刻前移[20,21]。

在上述的研究中，再生粗骨料混凝土构件受到的损伤单一，如荷载损伤或者氯盐环境损伤。但是在实际工程中，混凝土结构服役的环境复杂多变，在服役期间必定受到荷载与环境耦合作用。以往荷载与环境耦合作用下对天然粗骨料混凝土构件性能的研究发现，在耦合损伤的作用下，天然粗骨料混凝土构件的抗弯刚度下降更快，钢筋锈蚀程度更高，产生的锈胀裂缝也更宽[22]。因此可以推测，当再生粗骨料混凝土构件受到耦合损伤时，其构件的行为表现必然与受到单一损伤下的表现不同，但相关的研究目前相对较少。

本节为了探索再生粗骨料混凝土构件在荷载和环境耦合作用下性能劣化的规律和机理，设置了 0、50%、100%三种取代率的再生粗骨料混凝土梁，并通过锚固加载和氯盐干湿循环来模拟沿海浪溅区的服役环境；对损伤梁表面裂缝和内部裂缝的开展情况进行长期监测；并在此基础上分析研究再生粗骨料混凝土梁的耐久性能。

8.2.2 研究方案

1. 试验材料

本节中天然粗骨料为粒径 5～25mm 的天然碎石，再生粗骨料的颗粒级配与天然粗骨料相同。配置混凝土所用的砂为天然中砂，水泥为 P·O42.5 普通硅酸盐水泥，混凝土拌合物用水为自来水。本次试验三组不同取代率的再生粗骨料混凝土的配合比如表 8.2.1 所示。混凝土的设计强度为 30MPa。表 8.2.1 中 NC 为天然粗骨料混凝土，RC50 表示再生粗骨料取代率为 50%的再生粗骨料混凝土，RC100 则为取代率为 100%的再生粗骨料混凝土。

表 8.2.1 再生粗骨料混凝土配合比设计

混凝土编号	水泥 /(kg/m³)	再生粗骨料 /(kg/m³)	天然粗骨料 /(kg/m³)	砂 /(kg/m³)	水 /(kg/m³)
NC	400	0	1125	648	177.6
RC50	400	563	563	648	177.6+5.63*
RC100	400	1125	0	648	177.6+11.25

注：*表示试验测得再生粗骨料和天然粗骨料在气干状态的 24h 吸水率分别为 1.2%和 0.2%，则再生粗骨料混凝土拌合物用水需增加的质量=再生粗骨料的质量×1%。

本节中再生粗骨料混凝土梁所用的钢筋相同，主筋为直径 12mm 的 HRB335 热轧带肋钢筋，架立筋和箍筋均为直径 8mm 的 HPB235 热轧光圆钢筋。

2. 试验方案

1) 试件尺寸

本次试验共设计 12 根钢筋混凝土梁，每种取代率下的钢筋混凝土梁各 4 根。梁试件的几何尺寸及配筋信息如图 8.2.1 所示。

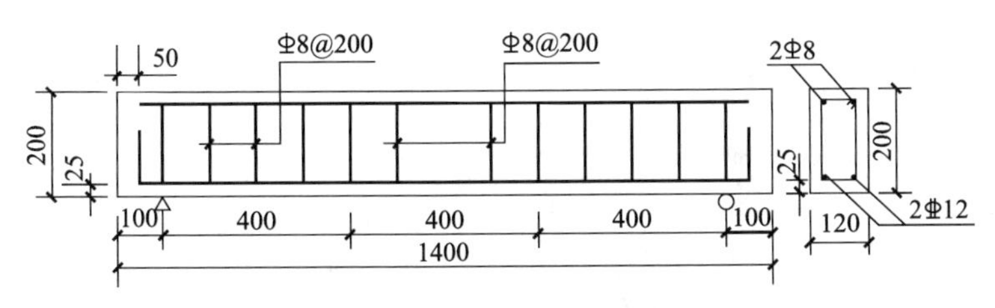

图 8.2.1　梁试件几何尺寸及配筋信息(单位:mm)

2) 耦合损伤方案

通过成对锚固的方式对梁施加恒载,成对加载的上下两根梁再生粗骨料取代率相同。锚固加载的锚固位置及支座位置示意图如图 8.2.2 所示,长期荷载值取为按极限弯矩下最大剪力计算值的 60%;在成对加载梁上搭覆饱浸 NaCl 溶液的棉胎,通过将棉胎打开吹风或绑扎并外覆塑料雨布来实现成对加载梁的 NaCl 溶液干湿循环损伤,如图 8.2.2 所示。干湿循环的周期为 14d,采用"湿 4 干 10"的循环模式,NaCl 溶液的质量浓度为 3.5%。

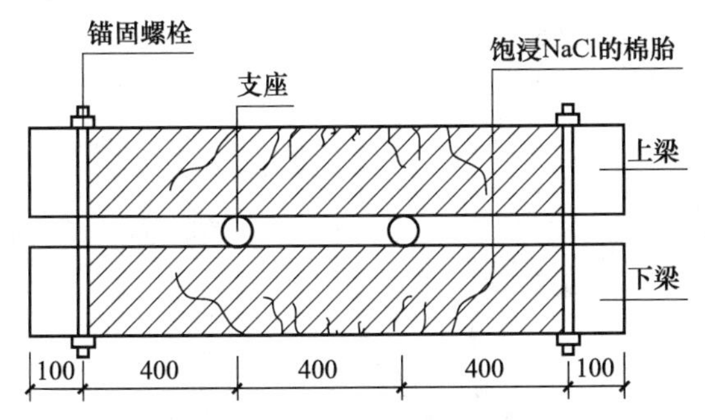

图 8.2.2　梁耦合损伤锚固加载的锚固位置及支座位置示意图(单位:mm)

3) 试验梁分组

研究对象仅为锚固损伤的上梁,并根据用途将 6 根损伤上梁分为两组,梁的损伤历史及试件用途如表 8.2.2 所示。

表 8.2.2　梁的损伤历史及试件用途

组编号	试件编号	损伤历史	试件用途
损伤 1 组	NC-1 RC50-1 RC100-1	荷载损伤 20 个月;在损伤龄期 2 个月时施加氯盐侵蚀,干湿循环持续 10 个月	损伤龄期 20 个月时内部裂缝开展观测
损伤 2 组	NC-2 RC50-2 RC100-2	荷载损伤 40 个月;在损伤龄期第 2 个月时施加氯盐侵蚀,干湿循环持续 10 个月	损伤龄期内表面裂缝开展观测

注:NC-X(1/2)中的 1 表示损伤 1 组,2 表示损伤 2 组。

3. 试验方法

1) 长期耦合损伤下梁表面裂缝开展

本节对损伤2组的上梁分别进行了40个损伤龄期的长期梁表面裂缝观测。为便于理解,将梁表面的横向裂缝称为荷载裂缝,纵向裂缝称为锈胀裂缝。在损伤龄期2个月、12个月、20个月、28个月、34个月和40个月时,对损伤2组上梁,进行损伤梁表面各裂缝形态的描绘记录及裂缝宽度的测试。

2) 长期耦合损伤下梁内部裂缝开展

本节选择损伤1组的三根上梁,在损伤龄期第20个月时进行切片观测。为了尽可能使损伤梁的内部荷载裂缝及锈胀裂缝保持原始形态,在解锚之前,需要在所有裂缝中滴入环氧树脂,待环氧树脂完全凝固后再进行解锚。此外,为了避免在切割过程中,机械振动对脆性混凝土材料造成扰动破坏,在切割之前,应对切割部位混凝土梁表面包裹一定厚度的环氧树脂,从而增强混凝土这一脆性材料的刚度。本节只取损伤梁纯弯段进行荷载裂缝及锈胀裂缝的切片取样。损伤梁切割方案和内部裂缝测量方案如图8.2.3所示。

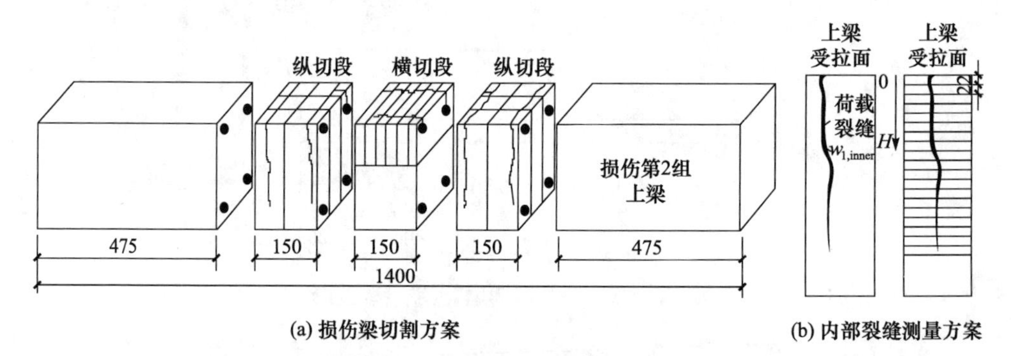

图8.2.3　损伤梁切割方案和内部裂缝测量方案示意图(单位:mm)

8.2.3　研究结果与讨论

1. 长期耦合损伤梁表面裂缝开展

1) 表面裂缝形态开展

损伤2组上梁在各损伤龄期时的表面裂缝开展形态如图8.2.4所示。由图8.2.4(a)可以看出,由于前2个月试验梁仅发生荷载损伤,因此在三组试验梁顶面、侧面出现横向荷载裂缝,并且这些横向荷载裂缝大多都出现在箍筋的周围。此外,在梁弯剪段侧面出现了斜向的弯剪裂缝。比较三根梁可以发现,随着再生粗骨料取代率的增加,梁表面裂缝的数目增加,损伤梁在弯剪段产生的弯剪裂缝的数

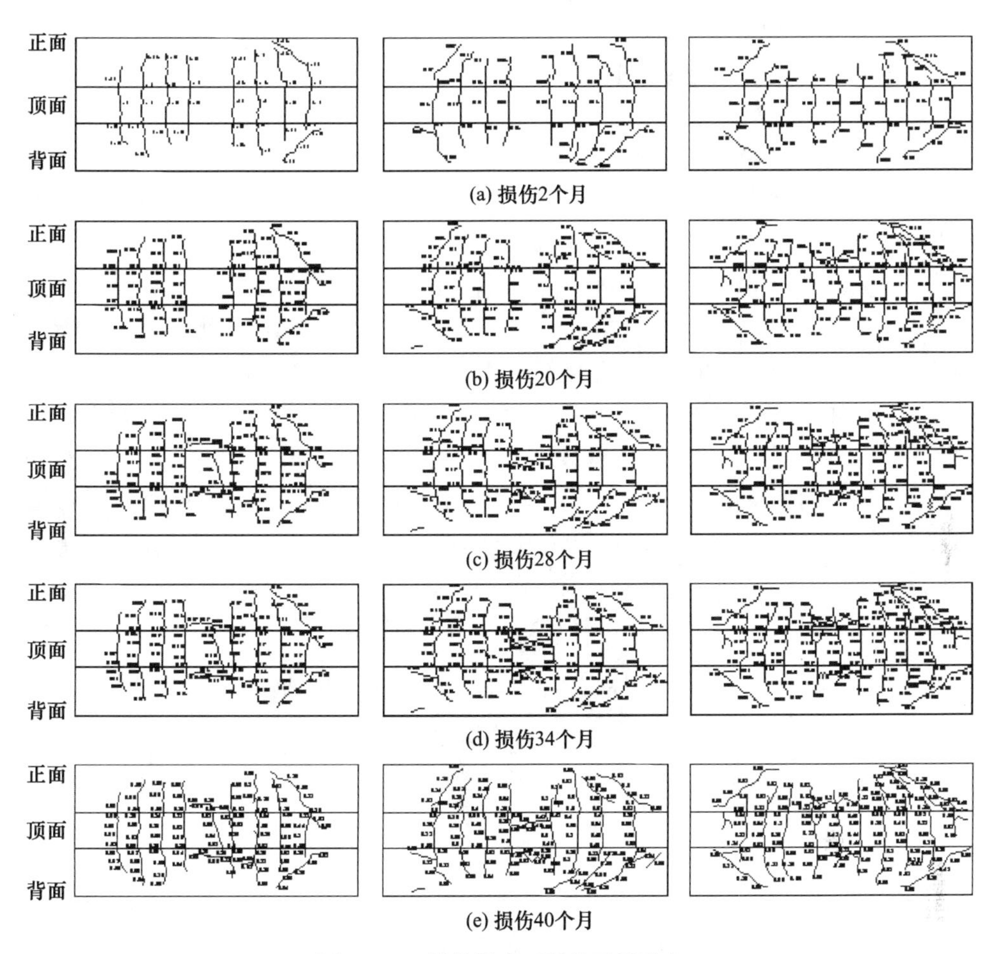

图 8.2.4　损伤梁表面裂缝开展形态

从左到右依次为 NC-2、RC50-2、RC100-2

目和长度也逐渐增加。由图 8.2.4(b)可以看出，在损伤龄期 20 个月时，梁表面的荷载裂缝持续开展。同时，在氯盐干湿循环的作用下，氯离子从梁表面的荷载裂缝渗入混凝土内部，导致钢筋生锈产生钢筋锈蚀产物。因此，在损伤梁 RC100-2 的纯弯段侧面还产生了纵向锈胀裂缝。由图 8.2.4(c)可以看出，尽管已经停止了氯盐干湿循环，但部分横向裂缝的高度仍有发展，横向裂缝的宽度也得到了很大的发展，在梁 NC-2 和 RC50-2 的纯弯段也开始出现锈胀裂缝。由图 8.2.4(d)可以看出，继续在大气中静置 6 个月后，三组损伤梁表面的横向裂缝和纵向裂缝的宽度继续发展，而裂缝的高度基本保持稳定不变。由图 8.2.4(e)可以看出，在损伤龄期 40 个月时，三组损伤梁表面的横向裂缝和纵向裂缝发展速度变缓。

此外，随着再生粗骨料取代率的增加，梁表面裂缝更加密集，开展的数量也增多。这可能是因为再生粗骨料混凝土中各类界面过渡区的总数量更多，从而为荷载开裂及锈胀开裂提供了更多路径[22]。

2）表面荷载裂缝间距

主要的荷载裂缝一经出现，其间距基本保持不变。不考虑斜向弯剪裂缝，损伤2组梁在损伤龄期为2个月时所产生的垂直于受拉纵筋的横向裂缝间距及其平均值如表8.2.3所示。为方便起见，横向裂缝的间距主要参考受拉面裂缝间距。

由表8.2.3可以看出，对于损伤2组梁，当取代率为0和50%时，表面荷载裂缝的间距比较接近，而取代率为100%时，梁表面裂缝间距均值最小。这是因为当再生粗骨料取代率为100%时，混凝土内界面过渡区的数量最多，混凝土的力学性能最差，从而使混凝土梁在承受荷载作用时，内部产生更多的破坏路径，即产生更多的荷载裂缝，相应的荷载裂缝间距就会减小。根据《混凝土结构设计规范》(GB 50010—2010)中钢筋混凝土受弯构件荷载裂缝平均间距的计算公式，可得天然粗骨料混凝土梁试件在单纯锚固加载作用下的最小裂缝间距约为65.71mm，最小裂缝间距值的两倍为131.42mm，由表8.2.3可以看出，三组混凝土梁的平均裂缝间距均在这两个值之间，与黏结滑移理论的裂缝开裂机理相符。

表8.2.3　损伤梁受拉面不同位置的荷载裂缝间距

梁编号	裂缝条数	受拉面不同位置的裂缝间距/mm									间距均值/mm
		1	2	3	4	5	6	7	8	9	
NC-2	8	100	105	98	187	101	122	96	—	—	115.57
RC50-2	8	110	108	97	173	110	102	141	—	—	120.14
RC100-2	10	102	76	120	110	102	100	91	111	78	98.89

3）表面荷载裂缝平均宽度

本节将损伤梁受拉面、两个侧面的垂直于纵筋的荷载裂缝及斜向裂缝进行统计得到表面荷载裂缝的平均宽度。损伤2组梁的表面荷载裂缝平均宽度随损伤龄期的发展曲线如图8.2.5所示。

由图8.2.5可以看出，在损伤阶段的初期，损伤2组梁表面荷载裂缝平均宽度有一段增长缓慢的时期，这是因为氯离子侵入混凝土内，诱发钢筋锈蚀并积累锈蚀产物需要一定的时间，从而在损伤初期荷载裂缝平均宽度的增长较慢。在损伤龄期20～34个月，损伤2组梁表面荷载裂缝平均宽度飞速增长，但在损伤后期，其增长速度变缓。在损伤后期，随着取代率的增加，梁表面荷载裂缝的平均宽度升高。这是因为裂缝开展的开始阶段，梁表面荷载裂缝的平均宽度会受到梁表面裂缝数量的影响，RC100梁裂缝数量较多导致裂缝宽度较小；但裂缝数量多也意味着有更多的通道使氯离子、氧气和水分侵入混凝土内部而腐蚀钢筋，因而随时间增加，有钢筋锈蚀导致钢筋与混凝土之间的黏结滑移性能退化，梁刚度下降，致使RC100-2

梁呈现出裂缝宽度增加，超过另外两根混凝土梁裂缝宽度的现象。

4）表面锈胀裂缝平均宽度

对损伤梁表面的锈胀裂缝进行统计得到表面锈胀裂缝平均宽度，损伤 2 组梁表面锈胀裂缝平均宽度随损伤龄期的发展曲线如图 8.2.6 所示。

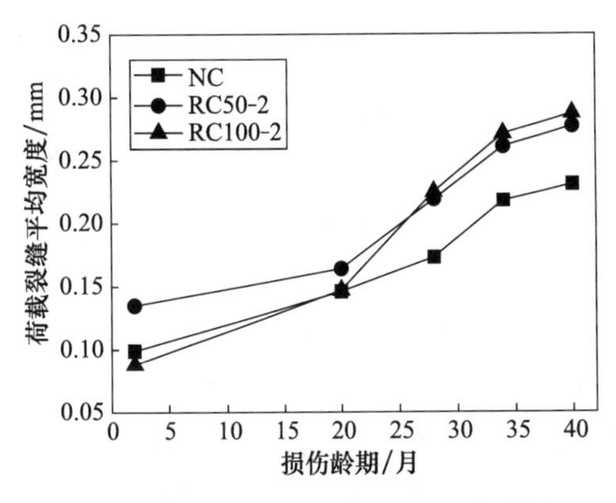

图 8.2.5　梁表面荷载裂缝平均宽度随损伤龄期的发展曲线

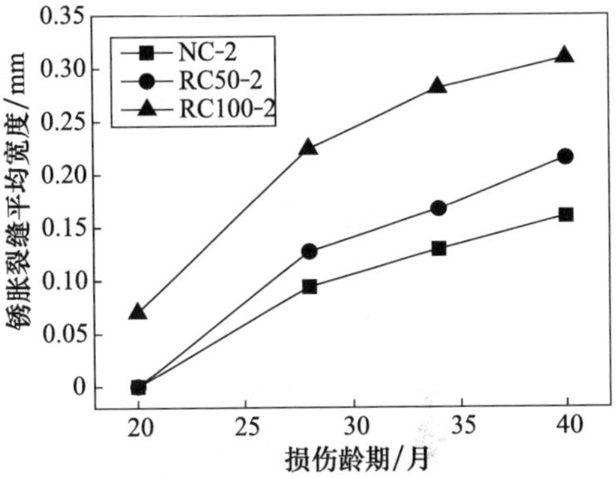

图 8.2.6　梁表面锈胀裂缝平均宽度随损伤龄期的发展曲线

由图 8.2.6 可以看出，随着再生粗骨料取代率的增加，损伤 2 组梁表面锈胀裂缝平均宽度均增大。这一方面是因为再生粗骨料取代率越高，氯离子更容易侵入混凝土内部，另一方面再生粗骨料取代率增加会使混凝土的力学性能变差，使得相同钢筋锈蚀水平下，再生粗骨料混凝土梁的保护层更容易开裂。在锈胀裂缝产生之后，锈胀裂缝平均宽度的增长速度随损伤龄期而降低，产生这一现象的原因与荷载裂缝宽度发展趋势的原因一致。

因此，在相同的损伤条件下，当氯盐侵蚀作用耦合到荷载上时，随再生粗骨料混凝土取代率的增加，混凝土梁产生的锈胀裂缝宽度更大，其抵抗钢筋锈胀作用而开裂的性能更差，说明再生梁试件在耦合损伤下的耐久性能更差。

5）综合损伤参数

此外，梁表面荷载裂缝平均宽度不能准确反映损伤梁的荷载损伤程度，而锈胀裂缝平均宽度无法反映荷载所引起的损伤，因此本节统计了损伤 2 组梁在不同损伤龄期三个开裂表面所有荷载裂缝的面积之和 $\sum A_1$ 及所有锈胀裂缝的面积之和 $\sum A_c$。为了对比各组损伤梁在荷载与环境耦合作用下的损伤程度，本节定义了荷载损伤面积比 δ_1 及锈胀损伤面积比 δ_c 两个参数，分别用于表征在长期荷载与环境耦合作用下梁表面由荷载引起的开裂及由钢筋锈蚀引起的开裂所导致的梁损伤程度。为了综合考虑长期荷载与环境的耦合作用对梁造成的综合损伤，本节还定义了一个综合损伤参数，即耦合损伤面积比 δ_{1+c}，用于表征在长期荷载与环境耦合作用下，钢筋混凝土梁表面荷载裂缝与锈胀裂缝开展对梁造成的综合损伤。δ_1、δ_c、

δ_{1+c}的表达式为

$$\delta_1=\frac{\sum A_1}{A_{正}+A_{背}+A_{顶}} \tag{8.2.1}$$

$$\delta_c=\frac{\sum A_c}{A_{正}+A_{背}+A_{顶}} \tag{8.2.2}$$

$$\delta_{1+c}=\frac{\sum A_1+\sum A_c}{A_{正}+A_{背}+A_{顶}} \tag{8.2.3}$$

三根损伤梁在损伤监测龄期下的 δ_1、δ_c、δ_{1+c} 随损伤龄期的变化曲线如图 8.2.7 所示。

由图 8.2.7(a)可以看出，损伤 2 组梁荷载损伤面积比 δ_1 都随着损伤龄期的增加而增大，但 δ_1 初期增长比较慢，随后在损伤龄期 20～34 个月时飞速增长，最后增长速度又趋于平缓。此外，随着再生粗骨料取代率的增加，梁荷载损伤面积比也增加，说明再生粗骨料混凝土梁受到荷载损伤的程度更大。

由图 8.2.7(b)可以看出，损伤 2 组梁锈胀损伤面积比 δ_c 的增长速度在损伤早期较快，随着损伤龄期的发展，增长速度逐渐变缓，这与锈胀裂缝宽度随损伤龄期发展规律的原因相同。此外，随着再生粗骨料取代率的增加，再生粗骨料混凝土梁表面的锈胀损伤面积比越大，即钢筋锈蚀对梁产生的损伤更大。

当对梁表面所有裂缝进行综合统计时，由图 8.2.7(c)可以看出，损伤 2 组梁的耦合损伤面积比 δ_{1+c}初期增长比较慢，随后在损伤龄期 20～34 个月时飞速增长，最后增长速度又趋于平缓。此外，在梁上同时施加恒载与氯盐侵蚀作用时，梁的耦合损伤面积比 δ_{1+c}随损伤梁再生粗骨料取代率的增加而增加。这一结果表明，当梁上同时耦合荷载与环境作用时，再生混凝土梁与普通混凝土梁相比，综合损伤程度更高。因此，当梁承受长期荷载与环境耦合损伤作用时，综合考虑荷载裂缝与锈胀裂缝的开展情况，再生粗骨料混凝土梁的综合抗裂能力要低于天然粗骨料混凝土梁，这会影响到再生粗骨料混凝土梁在长期服役过程中的服役性能，有可能缩短其服役寿命。

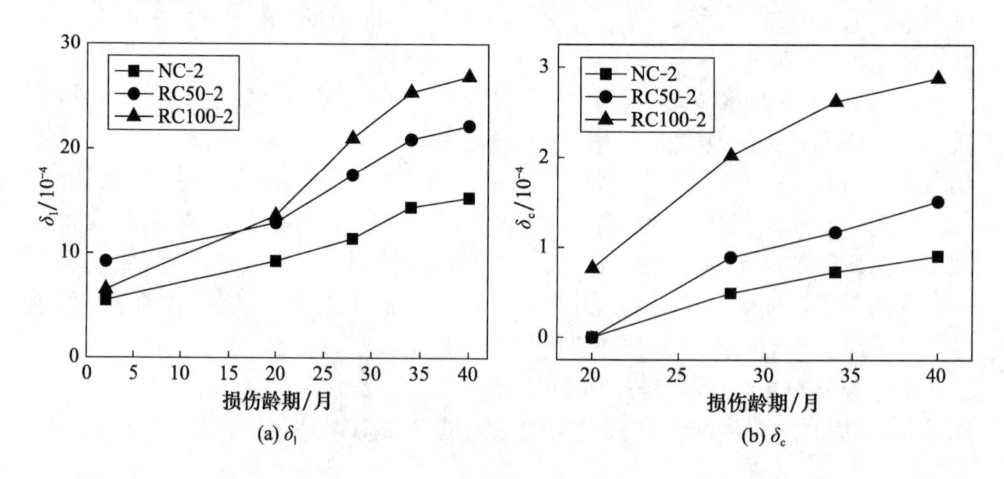

(a) δ_1　　(b) δ_c

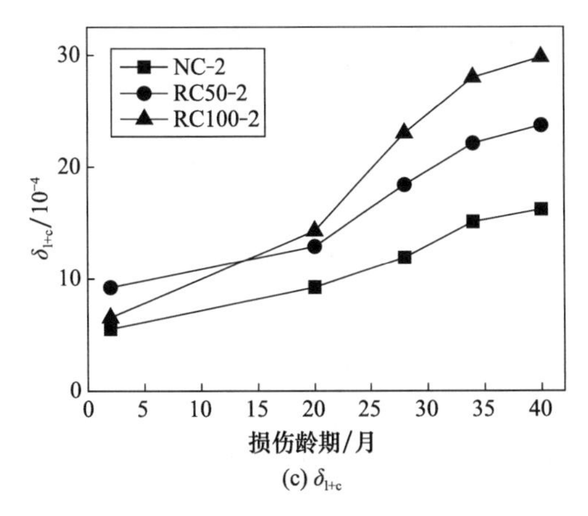

(c) δ_{l+c}

图 8.2.7　损伤梁表面开裂损伤参数在不同损伤龄期下的变化曲线

2. 长期耦合损伤梁内部荷载裂缝开展

损伤 1 组上梁的荷载裂缝在混凝土内部的开裂形态如图 8.2.8 所示。可以看出，在天然粗骨料混凝土梁中，荷载裂缝的开展主要是沿天然粗骨料与砂浆界面开展；在再生粗骨料混凝土中，荷载裂缝不仅会沿天然粗骨料与新砂浆间的界面开展，还会沿新、老砂浆间的界面开展，而沿老骨料和老砂浆间界面开展的情况较少。此外，在再生粗骨料混凝土中，荷载裂缝可沿着两类新界面开展，因此在梁受力时，荷载裂缝有更多可能的破坏路径，这进一步导致了再生粗骨料混凝土梁中荷载裂缝数目更多。

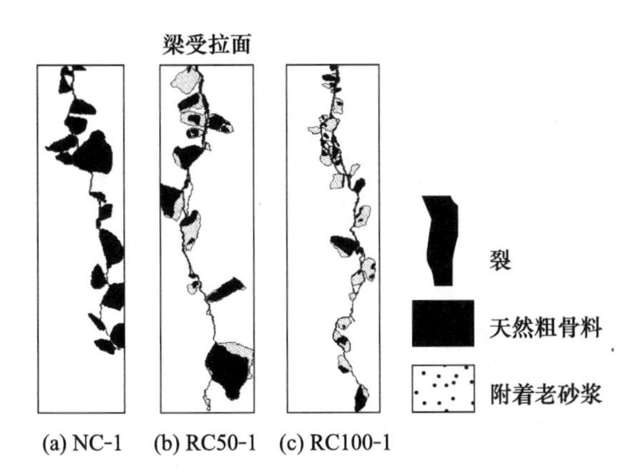

(a) NC-1　(b) RC50-1　(c) RC100-1

图 8.2.8　纯弯段荷载裂缝在混凝土内部的开裂形态

研究参照 Bear[23] 对裂缝曲折度的定义，引入荷载裂缝曲折度 τ_1 这一参数，以表征荷载裂缝在混凝土内部开展的曲折度。τ_1 定义为裂缝实际开展路径长度 $\sum l_k$

与裂缝起点和终点之间直线距离 X_1 的比值，即

$$\tau_1 = \frac{\sum l_k}{X_1} \tag{8.2.4}$$

式中，$\sum l_k$ 为在 AutoCAD 中以小步距多段线勾勒荷载裂缝路径而得到的多段线总长度；X_1 为该条荷载裂缝起点与终点间连线的直线长度。τ_1 越大，则裂缝开展路径越曲折。

以图 8.2.8 中三根损伤梁中荷载裂缝内部开展路径为例，由式(8.2.4)计算出的三根梁的荷载裂缝开展曲折度如图 8.2.9 所示。可以看出，混凝土梁再生粗骨料取代率越高，荷载裂缝在混凝土内部开展路径曲折度越大。这主要是再生粗骨料的引入使单位面积混凝土中界面过渡区的总量更多，因而各界面过渡区的连线容易曲折。

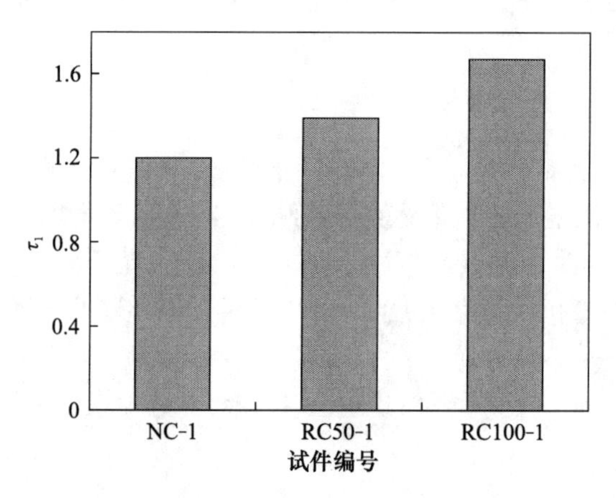

图 8.2.9 损伤梁的荷载裂缝开展曲折度

8.2.4 结论与建议

本节对长期荷载与氯盐侵蚀环境耦合作用下的不同再生粗骨料取代率的钢筋混凝土梁进行了长期损伤监测，观测了其表面裂缝和内部裂缝的开展状态，得到以下结论：

(1) 对梁表面的损伤裂缝进行观测，与天然粗骨料混凝土梁相比，再生粗骨料混凝土梁产生的表面荷载裂缝更多、更密集；而损伤梁表面产生的锈胀裂缝也更多、更宽。

(2) 定义耦合损伤面积比描述梁表面的锈裂损伤程度，与天然粗骨料混凝土梁相比，再生粗骨料混凝土梁的耦合损伤面积比的值更大，表明再生梁构件抵抗锈胀开裂的能力比普通梁更弱，构件抵抗不良环境影响的耐久性能更差。

(3) 对损伤梁切割处理，观测其内部裂缝开展情况，与天然粗骨料混凝土梁相

比，再生粗骨料混凝土梁内部荷载裂缝的开展路径更加复杂，曲折度更大。

（4）当服役环境恶劣（如沿海氯盐侵蚀环境）、构件承受长期荷载与环境耦合作用时，由于再生粗骨料混凝土构件抵抗锈裂的耐久性能较差，这可能会对结构构件长期服役性能及服役寿命造成不良影响，因此在进行实际应用时需要慎重考虑。

参考文献

[1] Topçu I B, Günçan N F. Using waste concrete as aggregate[J]. Cement and Concrete Research, 1995, 25(7): 1385-1390.

[2] 肖建庄. 再生混凝土[M]. 北京：中国建筑工业出版社，2008.

[3] 李秋义，全洪珠，秦原. 混凝土再生骨料[M]. 北京：中国建筑工业出版社，2011.

[4] 郑建岚，陈欣，王雅思. 高性能再生骨料混凝土收缩性能试验研究[C]//第九届全国高强与高性能混凝土学术交流会，福州，2014：11-29.

[5] Topçu I B. Physical and mechanical properties of concretes produced with waste concrete [J]. Cement and Concrete Research, 1997, 27(12): 1817-1823.

[6] Padmini A K, Ramamurthy K, Mathews M S. Influence of parent concrete on the properties of recycled aggregate concrete[J]. Construction and Building Materials, 2009, 23(2): 829-836.

[7] Tabsh S W, Abdelfatah A S. Influence of recycled concrete aggregates on strength properties of concrete[J]. Construction and Building Materials, 2009, 23(2): 1163-1167.

[8] Topçu I B, Şengel S. Properties of concretes produced with waste concrete aggregate[J]. Cement and Concrete Research, 2004, 34(8): 1307-1312.

[9] Levy S M, Helene P. Durability of recycled aggregates concrete: A safe way to sustainable development[J]. Cement and Concrete Research, 2004, 34(11): 1975-1980.

[10] Ajdukiewicz A B, Kliszczewicz A T. Comparative tests of beams and columns made of recycled aggregate concrete and natural aggregate concrete[J]. Journal of Advanced Concrete Technology, 2007, 5(2): 259-273.

[11] Arezoumandi M, Smith A, Volz J S, et al. An experimental study on flexural strength of reinforced concrete beams with 100% recycled concrete aggregate[J]. Engineering Structures, 2015, 88: 154-162.

[12] 肖建庄，兰阳. 再生混凝土梁抗剪性能试验研究[J]. 结构工程师，2004, 20(6): 54-58.

[13] 曹万林，徐泰光，刘强，等. 再生混凝土高剪力墙抗震性能试验研究[J]. 世界地震工程，2009, 25(2): 18-23.

[14] 张亚齐，曹万林，张建伟，等. 再生混凝土短柱抗震性能试验研究[J]. 震灾防御技术，2010, 5(1): 89-98.

[15] 刘丰，白国良，柴园园，等. 再生骨料混凝土抗拉强度和抗剪强度试验研究[J]. 工业建筑，2010, 40(12): 70-74.

[16] Sato R, Maruyama I, Sogabe T, et al. Flexural behavior of reinforced recycled concrete Beams[J]. Journal of Advanced Concrete Technology, 2007, 5(1): 43-61.

[17] Bai W, Sun B. Experimental study on flexural behavior of recycled coarse aggregate concrete beam[J]. Applied Mechanics and Materials, 2010, 29-32: 543-548.

[18] Kang H, Kim W, Kwak Y K, et al. Flexural testing of reinforced concrete beams with recycled concrete aggregates[J]. ACI Structural Journal, 2014, 111(3): 607-616.

[19] Bentur A, Diamond S, Berke N S. Steel Corrosion in Concrete: Fundamentals and Civil Engineering Practice[M]. London: E & FN Spon, 1997.

[20] Zhao Y X, Dong J F, Wu Y Y, et al. Steel corrosion and corrosion-induced cracking in recycled aggregate concrete[J]. Corrosion Science, 2014, 85: 241-250.

[21] Wil V S. Stochastic service-life modeling of chloride-induced corrosion in recycled-aggregate concrete[J]. Cement and Concrete Composites, 2015, 55: 103-111.

[22] Zhang H R, Zhao Y X. Integrated interface parameters of recycled aggregate concrete[J]. Construction and Building Materials, 2015, 101: 861-877.

[23] Bear J. Dynamics of Fluids in Porous Media[M]. New York: American Elsevier Publishing Co., 2013.

8.3　长期荷载作用下再生混凝土梁变形计算方法

刘超*，白国良，张玉，肖建庄

通过对再生粗骨料取代率为0、30%、50%、80%、100%的再生混凝土梁进行短期变形试验以及对取代率为0、50%、100%的再生混凝土梁1200d的长期变形试验研究，对比分析普通混凝土梁与再生混凝土梁、不同取代率再生混凝土梁之间的变形发展机理。研究结果表明，再生混凝土梁短期刚度比普通混凝土梁小，长期加载阶段再生混凝土相对于普通混凝土、高取代率再生混凝土梁相对于低取代率再生混凝土梁，呈现出变形前期增长缓慢、后期增长加速、长期变形曲线收敛时间较长的"后延性"特点。同时以短期变形试验数据为基础，拟合内力臂系数、钢筋应变不均匀系数、截面弹塑性抵抗矩系数，提出再生混凝土梁短期刚度计算方法；基于长期附加变形数据，提出挠度增大影响系数并建立适用于不同取代率再生混凝土梁长期刚度的计算方法。本节建议公式计算值与试验值及国内其他学者试验值吻合较好，满足计算精度要求，可为再生混凝土结构长期变形设计提供参考。

8.3.1　国内外研究现状

肖建庄等[1]对3根不同取代率再生混凝土梁进行了短期抗弯试验。试验结果表明，相同条件下再生混凝土梁开裂弯矩要小于普通混凝土梁，而相同条件下普通混凝土梁裂缝宽度比再生混凝土梁小。李平先等[2]通过不同取代率、不同配筋率的再生混凝土梁试验研究，发现根据普通混凝土规范计算再生混凝土梁的挠度偏于不安全，相同荷载作用下再生混凝土梁的挠度要比普通混凝土梁大10%左右，随着再生混凝土梁取代率的增加，梁挠度也逐渐增大。胡琼等[3]对相同条件下15根不同取代率的再生粗骨料混凝土梁进行了短期抗弯试验研究。研究结果表明，与普通混凝土梁相比，再生粗骨料混凝土梁挠度大、刚度小。再生混凝土梁的短期刚度约为普通混凝土梁的65%。杨桂新等[4]进行了24根不同配筋率、不同强度及不同保护层厚度的再生混凝土梁抗弯试验，试验中再生粗骨料取代率仅为0和100%两种。试验结果表明，跨中挠度随着纵向钢筋配筋率和弹性模量的增大而减小。再生混凝土梁实测挠度比普通混凝土结构设计规范计算值大10%左右，普通混凝土结构设计规范挠度计算公式不适用于再生混凝土梁。

国外学者对再生混凝土构件变形进行了研究[5,6]，同时预测了长期荷载作用下

---

* 第一作者：刘超(1982—)，男，博士，教授，主要研究方向为再生混凝土及其结构。

基金项目：国家自然科学基金面上项目(51878546)。

再生混凝土梁变形的影响因素，但这些研究都是建立在短期荷载试验研究的基础上，虽然认识到长期荷载效应对再生混凝土变形具有重要影响[7~9]，但并未在长期荷载试验的基础上提出其变形时变规律，缺少准确具体的技术指标与设计参数。因此，开展长期变形试验研究、明确关键影响因素、建立长期变形计算方法对完善再生混凝土结构设计计算体系具有重要的科学研究价值和工程推广意义。

8.3.2 试验概况

1. 试件设计

试验制作了15个短期梁试件(试件编号为RACB-X-Y)用于再生混凝土短期刚度试验研究，取代率分别为0、30%、50%、80%、100%，截面尺寸均为200mm×300mm，梁总长2300mm，保护层厚度为25mm，架立筋为2Φ8，箍筋配箍率为0.3%。同时还设计了3个长期试件(试件编号为RB-Y)用于再生混凝土梁长期刚度研究，取代率分别为0、50%、100%，截面尺寸为130mm×260mm，梁总长2000mm，保护层厚度为25mm，架立筋为2Φ8。各试件具体设计参数如表8.3.1所示，试件几何尺寸和配筋图如图8.3.1所示。

表8.3.1 试验梁设计参数

试件编号	取代率/%	宽度/mm	高度/mm	梁长/mm	受拉筋类型	保护层厚度/mm
RACB-1-0	0	200	300	2300	2Φ12	25
RACB-1-30	30	200	300	2300	2Φ12	25
RACB-1-50	50	200	300	2300	2Φ12	25
RACB-1-80	80	200	300	2300	2Φ12	25
RACB-1-100	100	200	300	2300	2Φ12	25
RACB-2-0	0	200	300	2300	2Φ14	25
RACB-2-30	30	200	300	2300	2Φ14	25
RACB-2-50	50	200	300	2300	2Φ14	25
RACB-2-80	80	200	300	2300	2Φ14	25
RACB-2-100	100	200	300	2300	2Φ14	25
RACB-3-0	0	200	300	2300	2Φ16	25
RACB-3-30	30	200	300	2300	2Φ16	25
RACB-3-50	50	200	300	2300	2Φ16	25
RACB-3-80	80	200	300	2300	2Φ16	25
RACB-3-100	100	200	300	2300	2Φ16	25
RB-0	0	130	260	2000	2Φ14	25
RB-50	50	130	260	2000	2Φ14	25
RB-100	100	130	260	2000	2Φ14	25

注：试件编号RACB-X-Y中RACB表示再生混凝土梁，X表示受拉钢筋直径，Y表示再生粗骨料取代率。

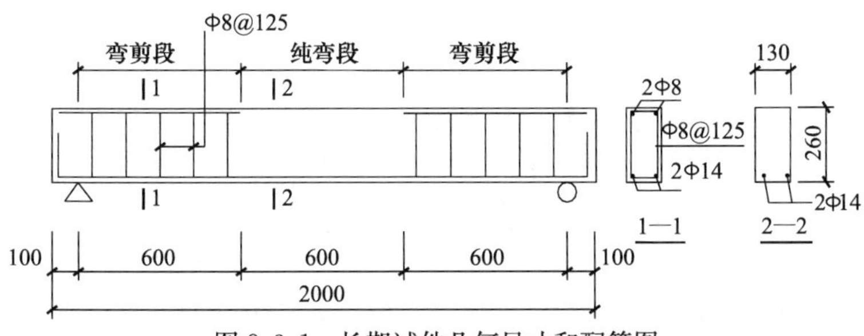

图 8.3.1　长期试件几何尺寸和配筋图

2. 再生混凝土原材料

试验所用再生粗骨料来源于某旧建筑拆除物，再生粗骨料采用颚式破碎-反击破碎加工而成，其他材料为普通碎石、P·O32.5 复合硅酸盐水泥、普通河砂以及自来水，材料组分与性能指标见表 8.3.2～表 8.3.5。

表 8.3.2　再生粗骨料组成成分

原状石子/%	次生骨料/%	砂浆块/%	杂质/%
35	56	7	2

表 8.3.3　再生粗骨料与天然粗骨料材性指标对比

骨料类型	表观密度/(kg/m^3)	堆积密度/(kg/m^3)	紧密密度/(kg/m^3)	压碎指标/%	吸水率/%	含水率/%	
						实测最大	实测最小
再生粗骨料	2601	1314	1459	18.3	4.67	5.86	2.53
天然粗骨料	2658	1438	1593	10.6	0.69	0.94	0.35

表 8.3.4　再生混凝土配合比及力学性能

取代率/%	水灰比	掺和粗骨料吸水率/%	坍落度/mm	再生混凝土材料用量/(kg/m^3)					立方体抗压强度/MPa
				水	水泥	砂	天然粗骨料	再生粗骨料	
0	0.46	1.5	67	190	380	633	1232	—	34
30	0.46	2.0	62	202	380	633	862	370	30.6
50	0.46	3.5	48	239	380	633	616	616	31.7
80	0.46	4.5	44	264	380	633	246	986	32.9
100	0.46	5	39	276	380	633	—	1232	31.7

表 8.3.5　钢筋力学性能

种类	直径 d/mm	屈服强度 f_y/MPa	抗拉强度 f_u/MPa	弹性模量 E_s/MPa
HPB235	8	321	486	2.1×10^5
HRB335	12	406	574	2.0×10^5
	14	408	592	
	18	393	582	

3. 加载方案与测点布置

短期加载试验采用液压千斤顶。长期加载采用课题组自主研发的自平衡加载系统,为保证加载长期稳定,系统利用杠杆进行重力式加载,加载所用配重块为废弃2年以上的混凝土块。参照《混凝土结构试验方法标准》(GB/T 50152—2012)[10]的要求,试验时先预加载,预加载共分三级,每级加载值为预估总加载值的5%,设备调试正常后卸载,然后分级正式加载。其中短期试件加载阶段采用逐级加载,直至试件破坏后停止加载。长期试件加载分两部分,短期加载阶段为逐级加载直至裂缝最大宽度达到0.2mm,认为试件进入正常使用极限状态,之后荷载大小保持不变进行持荷,进入1200d的长期加载阶段,按计划分时间点进行量测。

短、长期试验主要测量内容均为混凝土应变、钢筋应变及跨中、支座、纯弯段挠度变形,另外,为了考虑温、湿度对构件长期性能的影响,还增加了对加载区温、湿度的测量。钢筋应变片沿钢筋长度方向间隔100mm均匀布置,其他测点布置如图8.3.2所示。

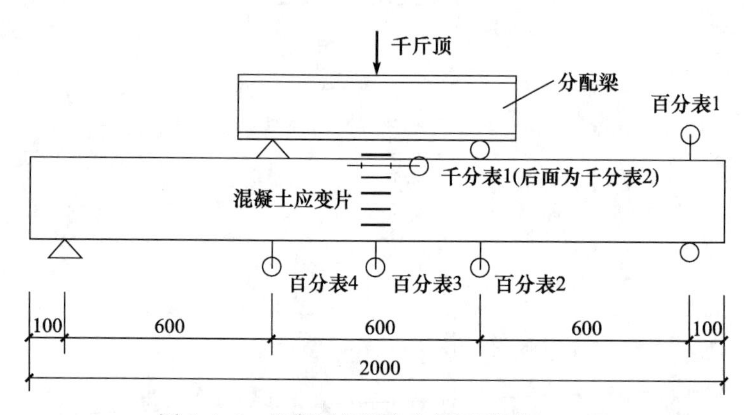

图8.3.2　长期试件测点布置图(单位:mm)

8.3.3　试验结果及分析

1. 试验现象

试验荷载加载至试件表面裂缝最大宽度为0.2mm时,认为试件达到正常使用极限状态,该阶段为短期加载阶段,试件RB-0、RB-50、RB-100的外加荷载分别为57.0kN、54.9kN、51.0kN,跨中挠度分别为2.757mm、3.039mm、3.180mm。短期试验阶段,再生混凝土梁裂缝分布形态与普通混凝土梁相似(见图8.3.3),挠度发展趋势相同,但再生混凝土梁的初始挠度要大于普通混凝土梁,说明再生混凝土梁的刚度小于普通混凝土梁,这与文献[2]、[4]～[6]、[11]的研究结论基本一致。长期试验加载阶段，再生混凝土收缩和徐变增量逐渐减小，梁变形速率逐渐降低，变形增量微小，长期变形趋于稳定。

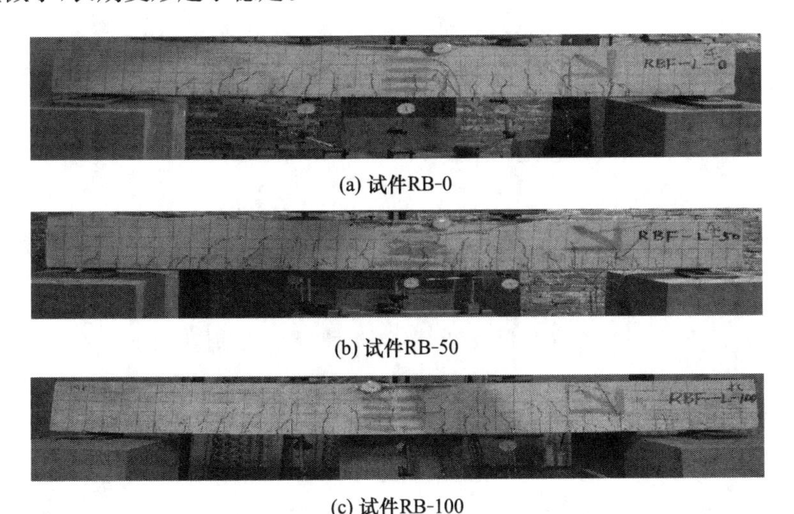

(a) 试件RB-0

(b) 试件RB-50

(c) 试件RB-100

图 8.3.3 长期试件短期加载阶段试验现象

2. 长期试件荷载-挠度曲线

长期试件试验 1200d 时，试件 RB-0、RB-50、RB-100 跨中挠度分别为 5.130mm、5.682mm、6.025mm。不同取代率下再生混凝土梁跨中挠度和跨中附加挠度随时间的变化曲线如图 8.3.4 所示，附加挠度为总挠度与初始挠度之差，初始挠度为长期试件短期加载阶段所产生的挠度。由图 8.3.4(a)可以看出，同一时间相同观测点上，普通混凝土梁的跨中变形小于再生混凝土梁，且跨中变形随着取代率的增大而增大。加载初期(0～200d)，试件 RB-50 与试件 RB-100 的跨中挠度基本相同，加载至 200d 以后，试件 RB-100 的跨中挠度比试件 RB-50 大。当进入稳定发展阶段(400d)后，试件 RB-0 和试件 RB-50 的跨中挠度发展平缓，相比之下，试件 RB-100 的跨中挠度发展速率较大且曲线波动较大。截至第 1200d 时，试件 RB-50 与试件 RB-100 的最终跨中挠度比试件 RB-0 分别增大 11%和 17.5%，试件 RB-100 的最终跨中挠度比试件 RB-50 增大约 6%。

由图 8.3.4(b)可以看出，加载初期(0～200d)，普通混凝土梁的跨中附加挠度及增长速率比再生混凝土梁大，加载 200d 后再生混凝土梁的跨中附加挠度增长速率显著，特别是取代率为 100%的再生混凝土梁的跨中附加挠度尤为明显。与普通混凝土梁相比，再生混凝土梁在长期加载过程中表现出加载前期变形增长速率比普通混凝土梁小、后期变形增长速率比普通混凝土梁大，变形曲线收敛慢，需要更长的时间才能达到稳定的变形滞后效应。

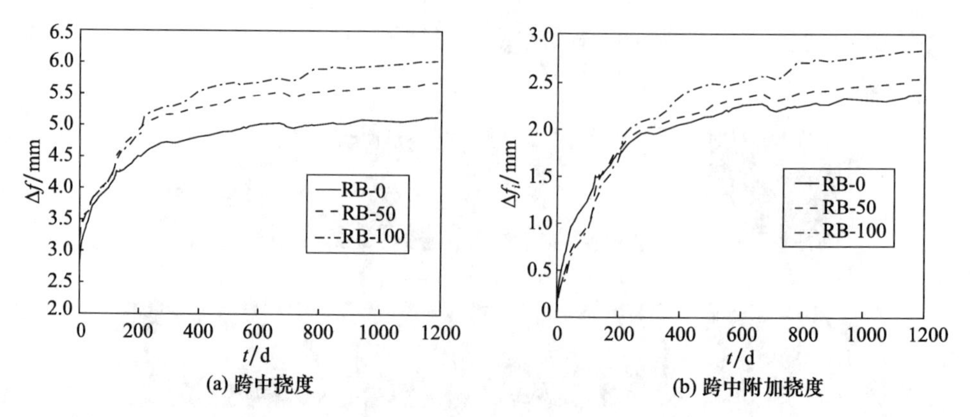

图 8.3.4　不同取代率下再生混凝土梁跨中挠度和跨中附加挠度随时间的变化曲线

3. 相对附加挠度曲线

图 8.3.5 给出了不同取代率下再生混凝土梁相对附加挠度 $\Delta f_i/\Delta f$ 曲线，其中 Δf_i 为第 i 天的附加挠度，Δf 为 1200d 时总附加挠度。可以看出，普通混凝土梁与再生混凝土梁相对附加挠度随时间的发展规律基本相同；在 $\Delta f_i/\Delta f$ 为定值时，普通混凝土梁所用时间小于再生混凝土梁，其中 100%取代率下再生混凝土梁所需时间最长。这说明在变形随时间发展的过程中，与普通混凝土梁相比，再生混凝土梁需要更长的时间达到变形稳定阶段，且随着取代率的增大，这一现象更明显。

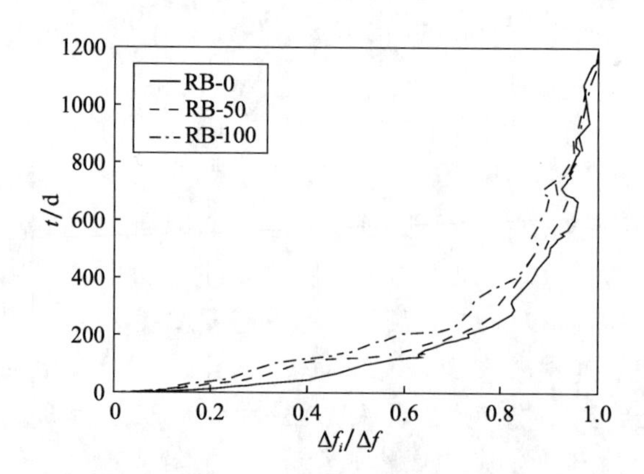

图 8.3.5　不同取代率下再生混凝土梁相对附加挠度曲线

4. 环境相对湿度对再生混凝土梁长期变形的影响

为了探究环境相对湿度对再生混凝土梁长期变形的影响，将相对湿度曲线与附加变形曲线显示在同一张图中，如图 8.3.6 所示。需要说明的是，为了对比明显，将实测的相对湿度值缩小 30 倍，并画在坐标轴的负侧。由图 8.3.6 可以看出：

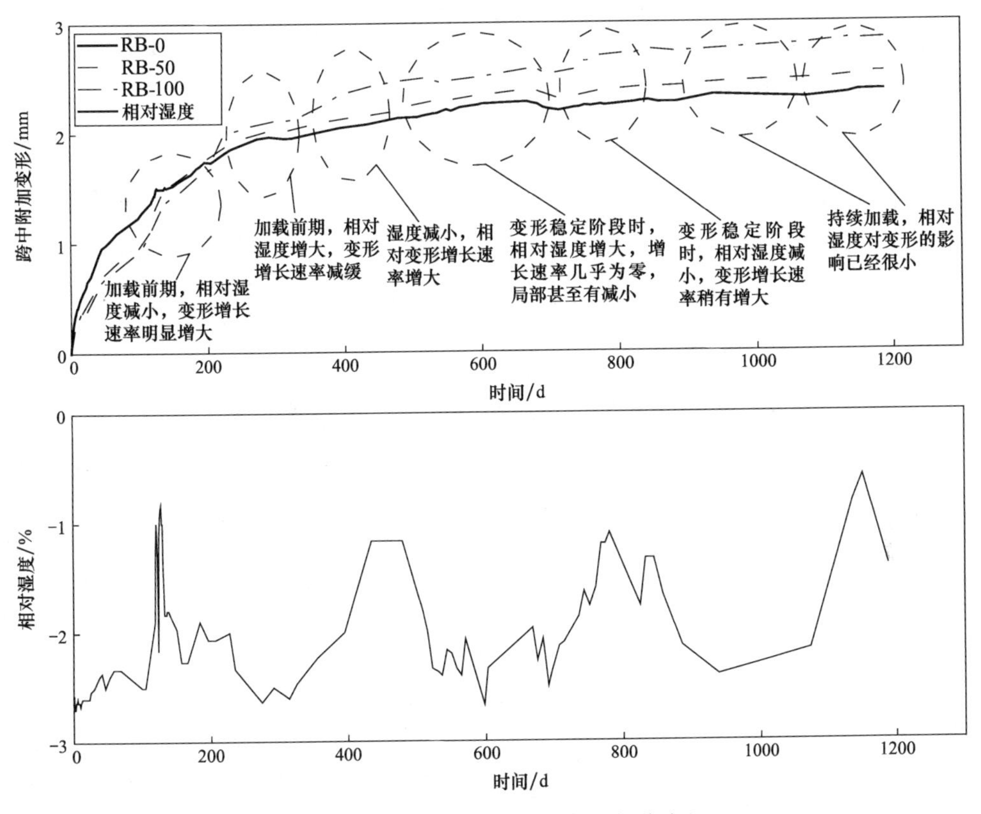

图 8.3.6 环境相对湿度与附加变形对比

(1) 在 0～300d 时，相对湿度变化对变形影响显著。相对湿度减小时，变形增长速率明显增大；相对湿度增大时，变形增长速率相对减缓。

(2) 在 300～800d 时，相对湿度变化对变形增长的影响稍微减弱。相对湿度减小时，变形增长速率也有增大，但幅度比加载初期显著减小；相对湿度增大时，变形增长速率比加载初期更为缓慢，几乎为零，局部竟出现负值(当然变化值是很小的)。

(3) 加载至 800d 以后，相对湿度变化对变形增长的影响很小，几乎可以忽略不计。

(4) 在加载初期，相对湿度变化是影响再生混凝土梁变形发展的主要因素；随后，这种影响逐渐减弱；当试件变形进入稳定期时，这种影响几乎可以忽略不计。

(5) 相对湿度对变形的影响从宏观上表现为变形曲线的波动。从图中可以看出，再生混凝土梁的变形曲线波动幅度要比普通混凝土梁大，并且在取代率为 100%的再生混凝土梁变形曲线中表现得尤为明显。因此，环境相对湿度的变化对再生混凝土梁长期变形的影响要大于普通混凝土梁，且随着取代率的提高，影响越明显。这是因为再生粗骨料中含有相当数量的附着砂浆，导致再生混凝土中的砂浆总量增大，收缩和徐变值相应增大，所以对环境相对湿度的变化更为敏感。

8.3.4 短期刚度和长期刚度计算方法确定

1. 混凝土结构短期刚度和长期刚度计算方法

基于《混凝土结构设计规范》(GB 50010—2010)[12]，再生混凝土受弯构件的长期刚度 B_r 计算公式如下。

(1) 按荷载标准组合，有

$$B_r = \frac{M_k}{M_q(\theta - 1) + M_k} B_{s,r} \tag{8.3.1}$$

式中，M_q 为按荷载效应的准永久组合计算的弯矩，取计算区段内的最大弯矩值；M_k 为按荷载效应的标准组合计算的弯矩，取计算区段内的最大弯矩值；$B_{s,r}$ 为荷载效应的标准组合作用下再生混凝土受弯构件的短期刚度；θ 为考虑荷载长期作用对挠度增大的影响系数。

$$B_{s,r} = \frac{E_s A_s h_0^2}{\dfrac{\Psi}{\eta} + \dfrac{\alpha_E \rho}{\zeta}} \tag{8.3.2}$$

式中，E_s 为钢筋的弹性模量；A_s 为受拉区纵向钢筋截面面积；h_0 为截面有效高度；Ψ 为钢筋应变不均匀系数；η 为内力臂系数；$\alpha_E \rho/\zeta$ 为换算配筋率与截面弹塑性抵抗矩系数比值，α_E 为钢筋弹性模量与混凝土弹性模量的比值，ρ 为纵向受力钢筋的配筋率，ζ 为截面弹塑性抵抗矩系数。

(2) 按荷载准永久组合，则有

$$B_r = \frac{B_{s,r}}{\theta} \tag{8.3.3}$$

由于普通混凝土设计方法不再适用于再生混凝土构件，因此对钢筋应变不均匀系数、内力臂系数、截面弹塑性抵抗矩系数、挠度增大的影响系数进行试验数据拟合。

2. 短期刚度各系数计算方法

1) 内力臂系数 η

试验中对钢筋采用间隔 100mm 布置应变片的方法以测量应变，并依据所测得的应变计算钢筋应力，按照计算公式(式中 M 为纯弯段弯矩)计算得到对应的内力臂系数 η，并将计算所得的内力臂系数进行数据拟合，如图 8.3.7 所示。

由图 8.3.7 可以看出，再生混凝土内力臂系数与普通混凝土有一定区别，该系数和钢筋与再生混凝土弹性模量之比 α_E 及纵筋配筋率 ρ 有关。拟合得到再生混凝土梁内力臂系数计算公式为

$$\eta = 0.93 - 0.56\sqrt{\alpha_E \rho} \tag{8.3.4}$$

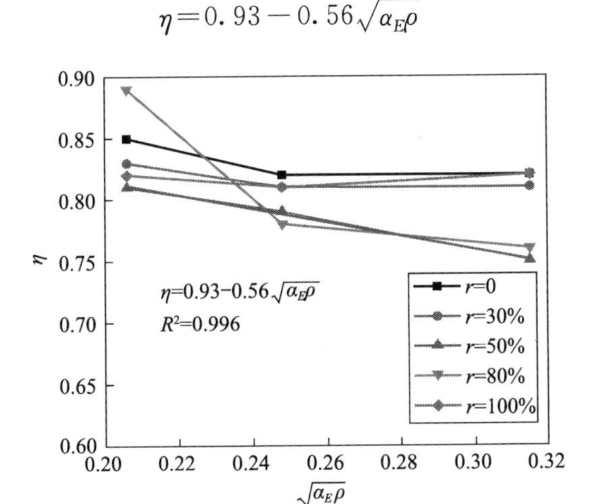

图 8.3.7　内力臂系数拟合

对于不同配筋率，内力臂系数最终会稳定在一个固定数值，本节建议内力臂系数取 0.8。

2）钢筋应变不均匀系数 Ψ

钢筋应变不均匀系数为裂缝间钢筋应力平均值与裂缝截面处钢筋应力的比值，由于开裂截面处再生混凝土退出工作，原先承担的应力全部由钢筋承担，因此裂缝截面处的钢筋应力值比其应力平均值大。在本节试验中，纯弯段布置 15 个钢筋应变测点，当荷载一定时，以测点中最大值为裂缝截面处钢筋应力值，全部测点值的平均值作为钢筋应力平均值，且该荷载值较小，可认为钢筋处于弹性变形阶段，则由实测数据可得钢筋应变不均匀系数 Ψ 计算公式为

$$\Psi = \frac{\bar{\varepsilon}_s}{\varepsilon_s} = \frac{\bar{\sigma}_s / E_s}{\sigma_s / E_s} \leqslant 1.0 \tag{8.3.5}$$

再生混凝土钢筋应变不均匀系数 Ψ 与再生混凝土抗拉强度 $f_{t,r}$、按有效受拉混凝土截面面积计算的纵向受拉钢筋配筋率 ρ_{te}、纵向受拉钢筋等效应力 σ_s 的关系如图 8.3.8 所示。拟合可得钢筋应变不均匀系数 Ψ 可表示为

$$\Psi = 1 - 0.45\frac{f_{t,r}}{\rho_{te}\sigma_s} \tag{8.3.6}$$

3）截面弹塑性抵抗矩系数 ζ

截面弹塑性抵抗矩系数 ζ 用来综合反映 ω、η、λ、ξ 和 ψ_c 这五个系数对刚度的影响[13]，通过试验得到的 ζ 与 $\alpha_E\rho$ 的关系如图 8.3.9 所示，两者的关系可表示为 $\alpha_E\rho_s/\zeta = \vartheta + \zeta\alpha_E\rho$（其中 ϑ、ζ 为待定系数）。依据试验数据回归得到截面弹塑性抵抗矩系数 ζ 计算公式为

$$\frac{\alpha_E\rho_s}{\zeta}=0.27+6.6\alpha_E\rho_s \tag{8.3.7}$$

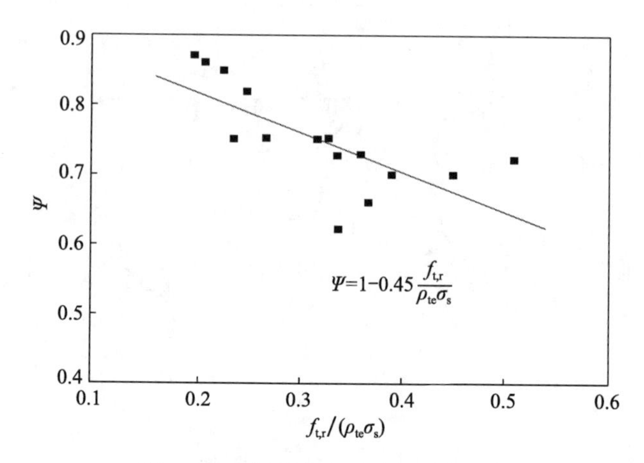

图 8.3.8　钢筋应变不均匀系数拟合

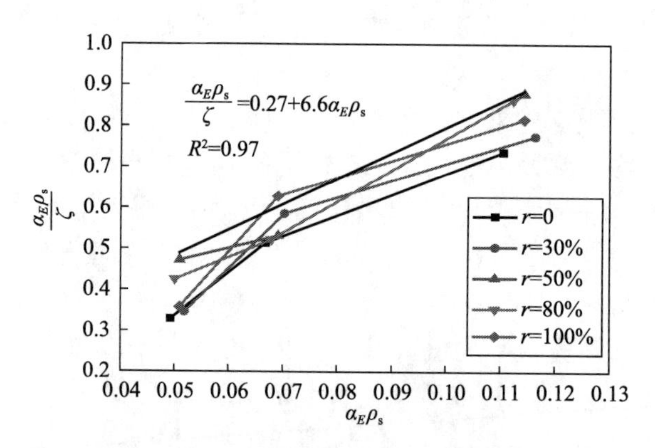

图 8.3.9　截面弹塑性抵抗矩系数拟合

4) 短期刚度计算方法验证

基于上述各系数拟合关系，可以将再生混凝土梁短期刚度表示为

$$B_{s,r}=\frac{E_sA_sh_0^2}{1.2\Psi+0.27+6.6\alpha_E\rho_s} \tag{8.3.8}$$

采用式(8.3.8)计算的刚度值如表 8.3.6 所示，将刚度计算值确定的挠度计算值与本节试验以及文献[1]、[4]中挠度实测值进行对比分析，如表 8.3.6 所示，以实测结果与理论计算值的比值为统计样本，可得均值为 1.056，标准差 0.087，变异系数为 0.082。可见，式(8.3.8)计算结果满足精度要求，可以按照式(8.3.8)对再生混凝土梁的短期刚度进行计算，进而计算试件挠度值。

表 8.3.6　实测结果与建议公式计算值比较

来源	试件编号	弯矩 $M/(kN\cdot m)$	截面宽度 b/mm	截面高度 h/mm	配筋面积 A/mm^2	刚度计算值 $B_{s,r}$ $/(10^{12}N\cdot mm^2)$	挠度计算值 f_{cal}/mm	挠度实测值 f_{test}/mm	实测值/计算值
本节	RBF-1-0	23.42	200	300	339	3.35	3.20	3.04	0.95
	RBF-1-30	20.72	200	300	339	3.34	2.84	3.18	1.12
	RBF-1-50	20.04	200	300	339	3.4	2.70	2.90	1.08
	RBF-1-80	23.15	200	300	339	3.33	3.18	2.87	0.90
	RBF-1-100	20.08	200	300	339	3.4	2.70	3.13	1.16
	RBF-2-0	34.50	200	300	461	3.78	4.18	3.69	0.88
	RBF-2-30	30.55	200	300	461	3.75	3.73	3.66	0.98
	RBF-2-50	33.70	200	300	461	3.74	4.13	4.19	1.01
	RBF-2-80	35.21	200	300	461	3.75	4.30	3.88	0.90
	RBF-2-100	33.65	200	300	461	3.74	4.12	3.84	0.93
	RBF-3-0	38.00	200	300	763	5.57	3.13	3.47	1.11
	RBF-3-30	43.50	200	300	763	5.35	3.73	3.66	0.98
	RBF-3-50	45.30	200	300	763	5.38	3.86	4.38	1.13
	RBF-3-80	45.00	200	300	763	5.43	3.80	3.56	0.94
	RBF-3-100	42.30	200	300	763	5.4	3.59	3.48	0.97
肖建庄等[1]	BF0	27.90	150	300	308	2.12	4.55	4.50	0.99
	BF50	27.90	150	300	308	2.08	4.62	5.40	1.17
	BF100	27.90	150	300	308	1.93	5.00	5.50	1.10
胡琼等[4]	B11	15.02	150	300	226	2.9	2.52	2.80	1.11
	B12	15.93	150	300	226	2.7	2.82	2.83	1.00
	B13	14.22	150	300	226	3	2.27	2.54	1.12
	B21	22.75	150	300	402	3.78	2.89	3.27	1.13
	B22	22.75	150	300	402	3.76	2.90	3.31	1.14
	B23	28.44	150	300	402	3.54	3.85	4.24	1.10
	B31	38.68	150	300	628	4.45	4.17	4.33	1.04
	B41	77.35	150	300	982	5.5	6.75	7.46	1.11
	B42	72.80	150	300	982	5.62	6.21	7.44	1.20
	B43	77.35	150	300	982	5.5	6.75	7.79	1.15

3. 长期刚度系数计算方法

1）挠度增大的影响系数 θ

表 8.3.7 为各试件跨中挠度实测值。在加载至 1200d 时，相较于加载初期，普通

混凝土梁挠度增大 1.86 倍，取代率为 50%的试件挠度增大 1.87 倍，取代率为 100%的试件挠度增大 1.89 倍。按现有规范[7]取值，普通混凝土构件长期挠度增大影响系数取值为 2.0，虽然本次试验中普通混凝土试件变形曲线已收敛但仍然未达到最终情况，因此增大倍数取值属于合理情况，以普通混凝土试件增大倍数为基础，可以反算出取代率不大于 50%时，θ 取值为 2.1；当取代率大于 50%时，θ 取值为 2.3。

表 8.3.7 各试件跨中挠度实测值

取代率/%	跨中挠度/mm									
	0d	10d	40d	98d	205d	394d	508d	706d	885d	1200d
0	2.757	3.172	3.641	3.991	4.496	4.807	4.900	4.960	5.026	5.130
50	3.039	3.427	3.784	4.099	4.933	5.272	5.412	5.457	5.557	5.682
100	3.180	3.471	3.766	4.101	4.861	5.53	5.671	5.721	5.913	6.025

2) 长期刚度计算方法验证

采用本节长期刚度计算式(8.3.1)对本次试验数据进行校核，如表 8.3.8 所示。可以看出，式(8.3.1)的计算精度较好。

表 8.3.8 梁挠度实测值与建议公式计算值比较

取代率/%	B_r/(N·mm²)	f_{cal}/mm	f_{test}/mm	f_{cal}/f_{test}
0	1.64	5.70	5.130	1.11
50	1.63	6.24	5.682	1.10
100	1.47	6.91	6.025	1.15

注：f_{cal}为跨中挠度计算值；f_{test}为跨中挠度实测值。

8.3.5 结论

(1) 长期加载过程中，再生混凝土梁附加变形值比普通混凝土梁大，且在发展过程中呈现出前期发展速率慢、后期不断加速、变形曲线收敛缓慢的特点，随着再生粗骨料取代率的不断增加，这种现象更加明显。1200d 加载后最终再生混凝土梁长期变形挠度值比普通混凝土梁增大 17.5%。

(2) 长期试验过程中，再生混凝土梁变形曲线表现出了明显的"滞后效应"，即加载初期变形值及增长速率小于普通混凝土梁，其后变形值及增长速率逐渐超过普通混凝梁，长期附加变形超过普通混凝土梁且需要更长的时间达到变形稳定。再生粗骨料取代率越大，这种"滞后效应"越明显。

(3) 环境相对湿度的变化对再生混凝土梁长期变形的影响规律与对普通混凝土梁相似，即在加载初期变形增长阶段，相对湿度减小，变形增长速率显著增加；相对湿度增大，变形增长速率减缓；但对再生混凝土梁变形影响的特点更为明显，即随着再生粗骨料取代率的增大，变形增长速率对相对湿度变化表现得越敏感，主要原因是由于再生粗骨料表面包裹无法剥离的胶凝体材料，导致再生混凝土附着砂浆含量比普通混凝土增加，从而影响了再生混凝土长期徐变收缩特性，进而影响了其长期变形。

(4) 通过试验数据拟合，提出了再生混凝土梁内力臂系数、钢筋应变不均匀系数、截面弹塑性抵抗矩系数，建立了再生混凝土梁短期刚度计算方法并通过国内学者试验数据校核分析，计算结果满足精度要求；采用挠度增大的影响系数建立了再生混凝土梁长期刚度计算方法，解决了长期变形计算的设计问题。

参考文献

[1] 肖建庄，兰阳. 再生粗骨料混凝土梁抗弯性能试验研究[J]. 特种结构，2006，23(1)：9-12.

[2] 李平先，宋新伟，夏成. 钢筋再生混凝土简支梁的使用性能研究[J]. 建筑结构学报，2008，(s1)：71-75.

[3] 胡琼，黄清，邹超英. 部分再生混凝土梁的试验[J]. 哈尔滨工业大学学报，2009，41(6)：38-42.

[4] 杨桂新，吴瑾，叶强. 再生混凝土梁挠度计算方法研究[J]. 工程力学，2011，28(2)：147-151.

[5] Arezoumandi M, Smith A, Volz J S, et al. An experimental study on flexural strength of reinforced concrete beams with 100% recycled concrete aggregate[J]. Engineering Structures, 2015, 88: 154-162.

[6] Kang T H K, Kim W, Kwak Y K, et al. Flexural testing of reinforced concrete beams with recycled concrete aggregates[J]. ACI Structural Journal, 2014, 111: 607-616.

[7] Choi W C, Yun H D. Long-term deflection and flexural behavior of reinforced concrete beams with recycled aggregate[J]. Materials and Design, 2013, 51: 742-750.

[8] Fathifazl G, Razaqpur A G. Creep rheological models for recycled aggregate concrete[J]. ACI Materials Journal, 2013, 110(2): 115-125.

[9] Seara-Paz S, González-Fonteboa B, Martínez-Abella F, et al. Long-term flexural performance of reinforced concrete beams with recycled coarse aggregates[J]. Construction and Building Materials, 2018, 176: 593-607.

[10] 中华人民共和国国家标准. 混凝土结构试验方法标准(GB/T 50152—2012)[S]. 北京：中国建筑工业出版社，2012.

[11] 肖建庄. 再生混凝土[M]. 上海：中国建筑工业出版社，2008.

[12] 中华人民共和国国家标准. 混凝土结构设计规范(GB 50010—2010)[S]. 北京：中国标准出版社，2011.

[13] 丁大钧. 钢筋混凝土构件抗裂度裂缝和刚度[M]. 南京：南京工学院出版社，1986：39-40.

8.4 FRP加固纤维再生混凝土梁的力学性能研究与分析

董江峰*,袁书成,何东,王清远

针对四川汶川地震和庐山地震中倒塌的建筑结构,研究如何合理利用震后巨量的建筑废弃物,结合再生粗骨料由于制备或使用过程使其性能退化的问题,开展纤维增强再生混凝土材料基本物理和力学性能研究,建立基于优化的纤维再生混凝土配合比设计,确定不同配合比下纤维再生混凝土坍落度、龄期强度、轴心抗压强度、抗弯强度和劈裂强度,以及密度和强度随龄期的发展关系。梁是混凝土结构中的重要受力构件,对再生混凝土梁性能的研究具有重要的意义,因此针对再生混凝土和纤维再生混凝土梁的抗弯性能和疲劳性能进行研究,验证纤维再生混凝土梁静态和疲劳过程中的平截面假定是否成立,开展FRP加固后的疲劳裂纹萌生及扩展试验研究,建立再生混凝土梁加固疲劳后的极限承载力预测模型,通过有限元分析和理论探索,建立再生混凝土梁的有限元预测模型,通过损伤变量描述再生混凝土抗弯过程中的刚度退化,分析再生粗骨料取代率和FRP加固后对其力学性能的影响,为再生混凝土的工程应用和技术推广提供参考。

8.4.1 国内外研究现状

再生混凝土是将废弃混凝土经过清洗破碎、分级和筛选后得到再生粗骨料,然后使其部分或全部代替天然粗骨料,按基本组分和一定比例配制所得到的一种新型建筑材料。然而,再生粗骨料在使用过程和生产过程中的原始损伤致使其物理和力学性能较差,无法满足工程中主要承重结构的性能要求,限制了再生混凝土的工程应用范围。纤维再生混凝土及其FRP加固组合结构从材料内部和外部有效地限制了再生混凝土的裂缝萌生和发展,提高了再生混凝土及其结构的力学性能,具有重要的科学意义和研究价值。

Yagishita等[1]研究了钢筋再生混凝土梁的抗弯性能,结果表明再生混凝土梁的荷载-变形关系曲线与普通混凝土梁基本保持一致,其开裂弯矩除Ⅱ级再生粗骨料比普通混凝土梁大外,其他梁均小于普通混凝土梁。Ajdukiewicz等[2]研究了高强再生混凝土梁的受弯性能,结果表明高强再生混凝土梁比普通混凝土梁的变形能力强,在正常使用状态下其挠度比普通混凝土梁大10%~25%,在极限状态下其挠度比普通混凝土梁大30%~50%。Corinaldesi等[3]针对高层建筑或房屋结

* 第一作者:董江峰(1982—),男,博士,副研究员,主要研究方向为再生混凝土性能。
基金项目:国家自然科学基金青年科学基金项目(51408382)。

构中的节点，研究了再生混凝土梁柱节点的耗能能力，结果表明再生混凝土节点耗能能力比普通混凝土稍低，但通过增加粉煤灰等添加材料可以提高其延性和耗能能力。此外，Knaack 等[4]研究了再生混凝土梁的抗剪性能，结果表明再生粗骨料取代率对混凝土梁的破坏模式和抗剪承载力均无显著影响，但却极大降低了再生混凝土梁的初始刚度，增加了梁破坏时的挠度。Evangelista 等[5]研究了再生混凝土梁抗弯性能时发现这主要是由于再生粗骨料的存在增加了混凝土各组分间的变形能力。Katkhuda 等[6]研究再生混凝土梁的抗剪性能时发现可通过改善再生粗骨料性能来提高再生混凝土梁的抗剪受力性能。

此外，周静海等[7]、杜朝华等[8]、胡琼等[9]、刘超等[10]、张伟平等[11]针对再生混凝土梁等基本构件的受力性能、裂缝扩展规律及其理论计算模型等方面进行了基础研究，分析了再生粗骨料取代率、配筋率和混凝土强度等级等对再生混凝土梁在加载过程中变形、裂缝、开裂荷载和极限承载力等方面的影响。对于 FRP 加固混凝土梁疲劳性能方面的研究主要集中在分析 FRP 类型、加固层数、粘贴方式、梁的状态和加载历史对加固梁的疲劳寿命和裂缝宽度的影响[12~16]，研究结果表明：混凝土梁加固后箍筋应变和裂缝宽度减小，梁的开裂荷荷载和极限荷载提高，GFRP 较 CFRP 可更好的约束混凝土梁疲劳刚度，且可通过锚固措施避免加固梁的 FRP 剥离破坏。同时，高丹盈等[17]对纤维混凝土梁疲劳性能的研究发现，掺入纤维可减少混凝土的初始缺陷，抑制混凝土在损伤积累过程中裂缝的形成和发展，有效控制疲劳斜裂缝的萌生和扩展，从而提高混凝土梁的疲劳性能；吴瑾等[18]对再生混凝土梁疲劳性能的研究结果表明，再生混凝土梁的疲劳行为与普通混凝土梁相似，无明显差别，但是再生混凝土梁的疲劳寿命比普通混凝土梁低，但在疲劳过程中再生混凝土梁仍满足平截面假定，且其疲劳破坏模式与普通混凝土梁相似。

目前，对于混凝土梁疲劳方面的性能研究较少，特别是对于再生混凝土梁和 FRP 约束后的疲劳性能和微观损伤破坏机理的研究更少，对于纤维再生混凝土梁的疲劳行为有待进一步的研究。对再生混凝土及其加固梁的疲劳行为进行完整性评估，现有的研究成果还不足，尤其是预裂纤维再生混凝土梁的加固疲劳裂纹萌生及扩展机理与材料内部结构、组成成分和损伤积累演化规律等方面的系统研究。

因此，本节研究了纤维再生混凝土及其加固梁的疲劳性能。同时，针对地震后大量受损加固的建筑结构，结合实际结构往往承受动态循环荷载作用，研究了 FRP 加固预裂纤维再生混凝土梁的疲劳性能和损伤破坏机理，研究将弥补国内外纤维再生混凝土及其预裂加固梁疲劳行为研究的不足，为震后巨量建筑垃圾的资源化利用和纤维再生混凝土构件的试验研究提供全面可靠的理论基础。

8.4.2 研究方案

1. 试验材料

试验用水泥采用 P·O32.5 普通硅酸盐水泥，细骨料为天然砂，混凝土拌合物用水为自来水。再生粗骨料由废弃混凝土经破碎和筛分而成，天然粗骨料为破碎的连续级配碎石，粒径均在 2.36～19mm 之间。试验前对天然粗骨料和再生粗骨料采用同一筛网进行筛分，其基本性能指标如表 8.4.1 所示。

表 8.4.1 试验用骨料性能指标

骨料	堆积密度/(kg/m^3)	表观密度/(kg/m^3)	吸水率/%	压碎指标/%
天然粗骨料	1508	2800	0.31	10.5
再生粗骨料	1314	2553	2.56	13.1

由于粗骨料的级配对混凝土的工作性能以及硬化后的强度和耐久性等都有比较大的影响，《混凝土用再生粗骨料》(GB/T 25177—2010)[19]要求粗骨料必须满足一定要求才可用于配制混凝土。同时，按照再生粗骨料的质量分数，浇筑取代率为 0、50%和 100%的再生混凝土，制作 150mm×150mm×150mm 的立方体试件和 150mm×150mm×550mm 的棱柱体试件，并测得龄期为 28d 时，再生粗骨料取代率为 0、50%和 100%的再生混凝土抗压强度、劈裂抗拉强度、轴心抗压强度、弹性模量和泊松比，如表 8.4.2 所示。

表 8.4.2 再生混凝土物理和力学指标

骨料取代率/%	密度/(kg/m^3)	坍落度/mm	立方体强度/MPa	棱柱体强度/MPa	泊松比	劈裂强度/MPa		弹性模量/GPa	
						试验值	式(8.4.1)	试验值	式(8.4.2)
0	2390.4	39.68	32.90	28.28	0.20	2.57	2.61	24.02	26.28
50	2384.4	41.37	34.77	29.86	0.19	2.50	2.51	23.90	23.77
100	2344.2	45.34	31.44	27.04	0.21	2.04	2.12	20.40	20.93

由于根据《混凝土结构设计规范》(GB 50010—2010)[20]建议的劈裂抗拉强度计算值与试验值偏差较大，引入再生粗骨料取代率 r 的影响，即

$$f_{ts}=(0.19-0.03r)f_{cu}^{0.75} \tag{8.4.1}$$

式中，f_{ts}为混凝土劈裂强度；f_{cu}为混凝土立方体抗压强度。

同样地，根据《再生混凝土应用技术规程》(DG/T J08—2018—2007)[21]，考虑再生粗骨料取代率的影响，通过拟合得到再生混凝土弹性模量计算式，即

$$E_c=(1-0.2r)\frac{10^5}{3.45+11.7/f_{cu}} \tag{8.4.2}$$

试验梁上部纵向架立筋为 HPB235 级热轧钢筋，直径为 8mm；下部纵向受拉

钢筋为 HRB335 级热轧钢筋，直径分别为 10mm 和 14mm；箍筋为 HPB235 级热轧钢筋，直径为 6mm，钢筋的力学性能及碳纤维布(CFRP)的主要力学性能参数如表 8.4.3 所示。

表 8.4.3　试验用钢筋和 CFRP 的主要力学性能指标

钢筋和 CFRP 类型	直径/mm	屈服强度/MPa	极限强度/MPa	延伸率/%
HPB235	6	238	416	13.1
HPB235	8	244	410	16
HRB335	10	365	526	21.4
FRB335	14	369	538	22.6
CFRP	0.111	3400	3467	1.7

为了与再生混凝土进行对比研究，研究了直径为 13μm、长度为 15～19mm、密度为 2600kg/m^3、伸长率为 3.1%、抗拉强度和弹性模量分别为 2GPa 和 93GPa 的玄武岩纤维短切丝，在纤维掺量为 2kg/m^3 和 4kg/m^3 时的玄武岩纤维再生混凝土的基本物理和力学性能指标，结果如表 8.4.4 所示。

表 8.4.4　纤维再生混凝土的基本物理和力学性能指标

试件编号	骨料取代率/%	掺量/(kg/m^3)	密度/(kg/m^3)	坍落度/mm	立方体强度/MPa						棱柱体强度/MPa	劈裂强度/MPa	弹性模量/GPa	泊松比
					3d	7d	14d	21d	28d	90d				
B2R0	0	2	2398.5	34.6	13.8	19.9	25.3	26.8	29.8	39.5	17.5	1.7	22.1	0.22
B2R50	50	2	2408.2	35.4	12.0	18.2	25.5	28.1	33.2	40.8	20.1	1.6	25.7	0.23
B2R100	100	2	2358.2	33.7	16.2	23.8	28.2	35.3	35.7	43.9	23.2	1.5	20.1	0.24
B4R0	0	4	2410.6	31.9	13.0	19.9	24.5	28.4	30.5	39.0	19.0	1.2	27.8	0.19
B4R50	50	4	2417.5	32.7	11.6	18.4	24.7	29.3	30.6	39.8	19.2	1.9	26.3	0.23
B4R100	100	4	2357.3	30.1	14.1	22.0	25.1	32.2	32.4	41.5	18.9	1.7	20.8	0.22

2. 试验方案

1)静载试验

本组试验共制作了 14 根再生混凝土梁，包括 7 根抗弯加固梁和 7 根抗剪加固梁。对于再生混凝土抗弯加固梁，其中 3 根为 0、50%和 100%再生粗骨料替代率的对照梁，4 根为直接加固梁；对于 7 根再生混凝土剪切加固梁，其中 3 根为 0、50%和 100%再生粗骨料替代率的对照梁，4 根为 U 形和 L 形加固梁。所有试验梁的截面宽度为 150mm，截面高度为 250mm，试验梁全长 1500mm，加载时净跨 1300mm，混凝土保护层厚度为 20mm。抗弯加固梁的配筋情况为：上部受压钢筋为直径 8mm 的螺纹钢，底部受拉钢筋为 10mm 的螺纹钢，箍筋为直径 6mm 的圆钢,间距 100mm;抗剪加固梁的配筋情况为:上部受压钢筋为直径 8mm 的螺纹钢,底部受拉钢筋为 14mm 的螺纹钢,箍筋为直径 6mm 的圆钢,间距 200mm。对于再生混凝土梁,主要研究不同再生粗骨料替代率对抗弯加固梁的影响,具体的加固方式及测点布置如图 8.4.1 所示。

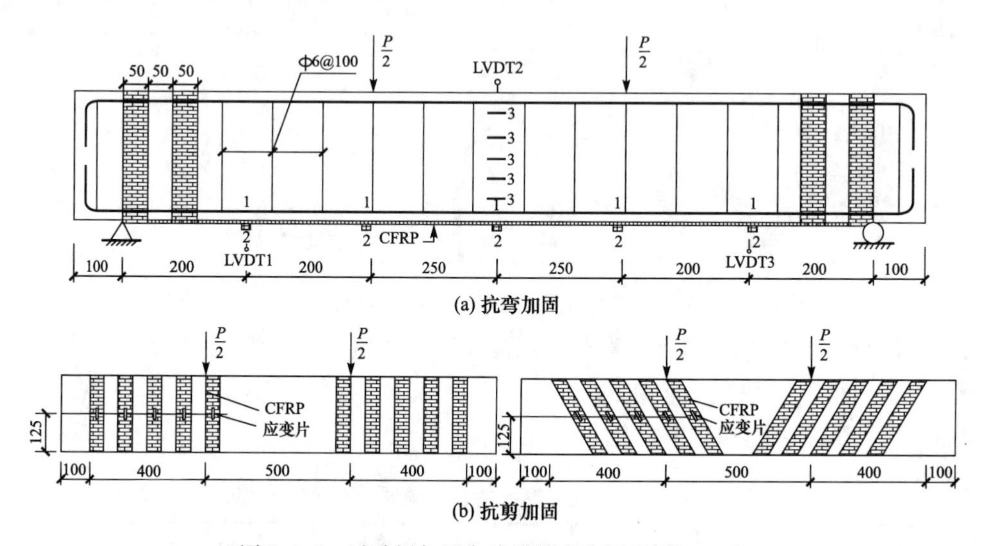

图 8.4.1 试验梁加固方式及测点布置(单位:mm)

2)疲劳实验

本组试验制作了 7 根再生混凝土梁,研究再生粗骨料取代率和 FRP 抗弯加固对其静态性能和疲劳性能的影响,试验梁的设计参数、试件编号和主要设计参数如表 8.4.5 所示。

表 8.4.5 再生混凝土梁试件编号和主要设计参数

试件编号	截面宽度/mm	截面高度/mm	保护层/mm	取代率/%	主筋/mm	架立筋/mm	箍筋/mm	加固情况	加载设置
BF1-1	150	250	20	0	2Φ10	2Φ8	Φ6@100	对照	静载
BF1-2	150	250	20	0	2Φ10	2Φ8	Φ6@100	对照	疲劳
BF1-3	150	250	20	0	2Φ10	2Φ8	Φ6@100	2 层	疲劳
BF2-1	150	250	20	50	2Φ10	2Φ8	Φ6@100	对照	静载
BF2-2	150	250	20	50	2Φ10	2Φ8	Φ6@100	2 层	静载
BF2-3	150	250	20	50	2Φ10	2Φ8	Φ6@100	对照	疲劳
BF2-4	150	250	20	50	2Φ10	2Φ8	Φ6@100	2 层	疲劳

对于疲劳试验梁,其抗弯加固方式参照图 8.4.2(a),同时,为了防止梁底粘贴的碳纤维布发生端部脱离,影响碳纤维布的有效利用率,在梁端部各设置两条宽 50mm,间距 50mm 的 CFRP 压条。

3. 试验方法

静载试验在500T液压试验机上进行四点弯曲，加载初期进行5个循环的预加载，待各项测量仪器数值稳定后，实行分级加载，每级5kN，达到极限荷载的40%后即开裂时以每级2kN加载，并且稳载3min。加载时，除了实时记录各项仪表的数值，同时观察裂缝的开展情况和试件破坏过程并进行记录。疲劳试验在20T液压试验机上进行，疲劳加载时最小荷载 P_{min} 和最大荷载 P_{max} 分别为静载试验梁15%和40%的极限荷载 P_u，加载频率为2.5Hz。疲劳试验前首先进行从0kN到 P_{max} 的5次循环静载试验，加载到100万次后，进行变幅加载，加载荷载上限 P_{max} 调整为60%的极限荷载，继续加载50万次后静载至破坏。对于所有疲劳加载试验，加载速度均保持为0.2kN/s。加载到一定循环次数后进行6次循环的静载试验，测量试验梁的钢筋应变、混凝土应变、纤维应变、跨中和加载点挠度，以及主要裂缝的扩展情况。每疲劳加载20次静载至200次，每循环200次静载至2000次，每循环2000次静载至2万次，每循环2万次静载至20万次，每循环20万次静载至100万次，静载破坏或每循环25万次静载至150万次，然后静载破坏，疲劳试验的梁加载过程如图8.4.2所示。

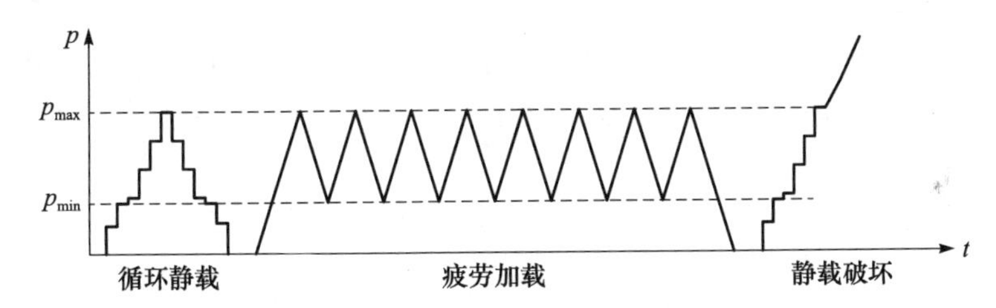

图8.4.2　疲劳试验的梁加载过程

8.4.3　研究结果

1. 试验现象

试验梁的主要破坏模式如图8.4.3所示。对于抗弯加固对照试件，梁底混凝土首先开裂(27kN)，此时钢筋应变突然增大，随后在45kN、64kN和70kN时在跨中和加载点位置出现三条新裂缝，紧接着裂缝宽度迅速增大，出现多条新裂缝，直至裂缝扩展至梁顶，上部混凝土压碎，随后下部纵筋拉断，试件破坏(74kN)；对于CFRP抗弯加固试件，首先在压条处或加载点处被拉断，引起较大的竖向变形和钢筋拉断，导致上部混凝土压碎破坏，同时出现纤维布的剥离破坏(加固两层)，如图8.4.3(a)所示。

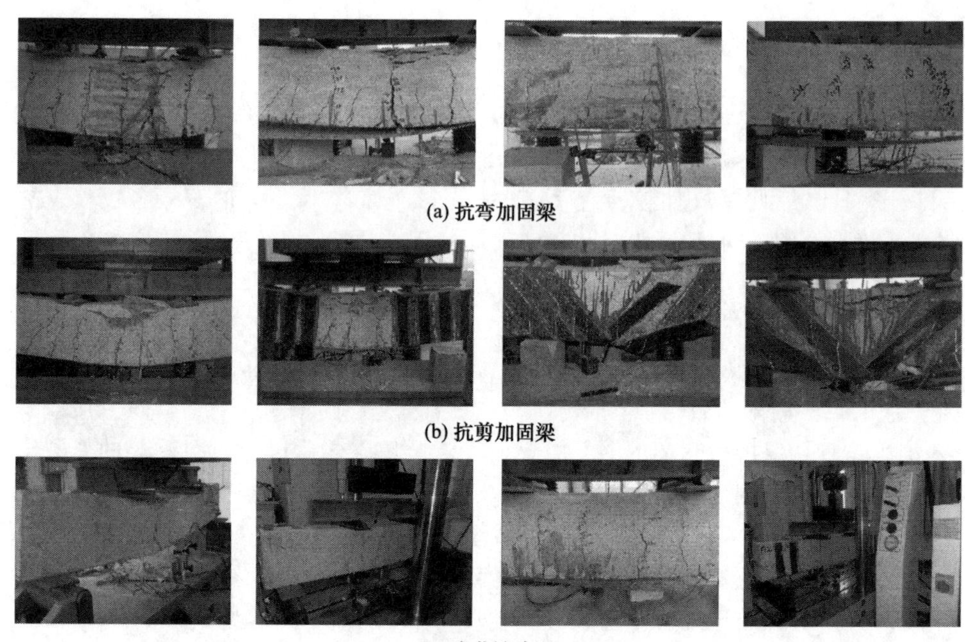

(a) 抗弯加固梁

(b) 抗剪加固梁

(c) 疲劳试验梁

图 8.4.3 试验梁的主要破坏模式

对于抗剪加固对照试件，跨中处首先出现弯曲裂缝，接着在剪跨区出现斜裂缝，接着斜裂缝向加载点延伸，伴随着裂缝宽度的增大，出现多条斜裂缝(100kN)，钢筋屈服后，跨中挠度迅速增大(124kN)，最后上部混凝土压碎破坏，但没有出现斜裂缝扩展成主裂缝引起破坏的现象，这主要与再生混凝土梁的剪跨比较小有关；抗剪加固后，试件的裂缝数量明显较少，同时出现 CFRP 剥离破坏，最后纤维布条带剥离导致上部混凝土压碎破坏，如图 8.4.3(b)所示。

对于疲劳对照试件，首先在纯弯区出现裂缝，伴随着裂缝数量的增加和扩展后，最后钢筋屈服后被拉断，上部混凝土压碎破坏(BF1-1 和 BF2-1)，然而，梁 BF1-2 由于前期 100 万次的疲劳荷载影响，在疲劳过程中产生大量的弯曲裂缝，使其在静载破坏试验中没有出现明显的弯曲主裂缝而破坏；加固后的疲劳试件均是由于梁底纤维发生剥离导致卸载而停止试验，且其在 100 万次疲劳循环后，出现较多的弯曲裂缝，最终均为弯曲破坏，如图 8.4.3(c)所示。结果发现，由于再生混凝土的强度较低，试件破坏时梁底主筋均被拉断，同时上部混凝土被压碎破坏，同时，试验梁经过 100 万次疲劳循环导致钢筋出现疲劳损伤，其强度明显降低，静载破坏试验中往往底部钢筋被拉断导致试件破坏。

28d 时对再生混凝土和纤维再生混凝土立方体试件的断裂面进行电镜扫描和 EDX 成分分析，结果如图 8.4.4 所示。可以看出，再生混凝土内部存在明显的破坏裂缝，且随着再生粗骨料取代率的增加，其内部空洞和缺陷增多，使再生粗骨料的堆积密度和表观密度比天然粗骨料低(见表 8.4.1),再生混凝土的密度比普通混凝土低(见表 8.4.2)。同时,由于再生混凝土中新旧砂浆间存在薄弱的界面过渡区(见图 8.4.4(c)),再生混凝土破坏时的形态更为凌乱(见图 8.4.3),且纤维再生混凝土的性能受纤维分布的影响较大。

图 8.4.4　混凝土破坏断面微观测试

2. 试验结果

1) 静载试验

图 8.4.5 为静载试验梁的荷载-挠度曲线。可以看出,再生混凝土梁的承载力

明显低于普通混凝土梁。抗弯加固梁可显著提高再生混凝土梁的初始刚度,降低了加固梁的挠度,但抗剪加固后其承载力和变形能力可得到有效改善;同时,再生粗骨料取代率越高,刚度越低,然而极限承载力随再生粗骨料取代率的增加而提高,且其变形能力也可得到提高,这主要是由于再生粗骨料吸水率大,后期的进一步水化对其后期强度的影响较大,同时抗弯加固一层 CFRP,并不能显著提高加固梁的刚度,但其极限承载力却显著增加。

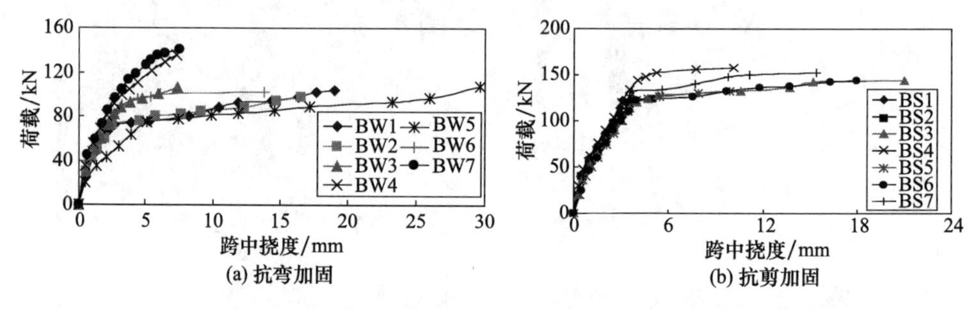

图 8.4.5 静载试验梁的荷载-挠度曲线

2) 疲劳试验

随着疲劳循环次数的增加,加载梁的挠度不断增大,表现在其荷载-挠度曲线不断向右移动,如图 8.4.6 所示。

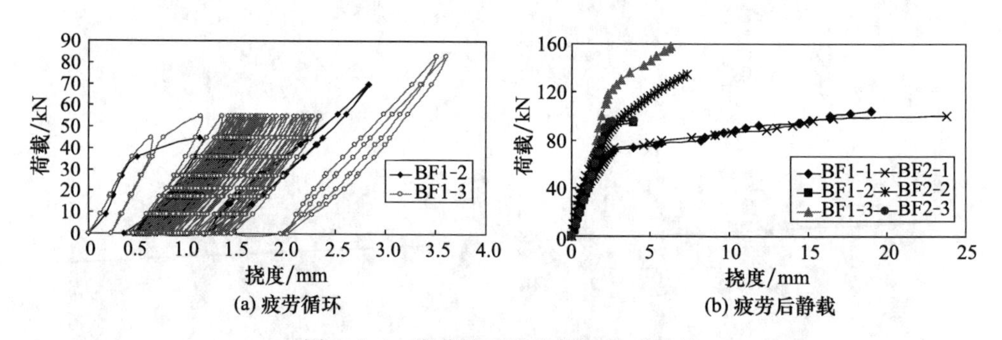

图 8.4.6 疲劳试验梁的荷载-挠度曲线

由图 8.4.6(a)可以看出,由于对照梁 BF1-2 与抗弯加固梁的疲劳上限 P_{max} 和下限 P_{min} 不同,在初期加载时,其荷载-挠度曲线差别不大,但在 4000 次循环后由于加固梁的加载荷载较大,其挠度逐渐增大,在达到 100 万次循环时,其挠度已达到对照梁 BF1-2 疲劳 150 万次时的挠度,因此,在疲劳过程中,无论加固与否,其挠度均会随着荷载的增大而增大,但加固梁的加载-卸载曲线更饱满,连续性更好,因此加固后其变形能力明显提高。同时,所有疲劳试验梁在经过 150 万次疲劳荷载后,单调加载至破坏,加载速度为 0.2kN/s,分级加载,每级 5kN,保持荷载 3min,记录试验数据后再进行下一步加载,测得试验梁的荷载与挠度的关系如图 8.4.6

(b)所示。由图 8.4.6(b)可以看出,试验梁加固后其极限承载力显著提高,但与静态对照梁相比,疲劳试验梁静载时的极限承载力显著降低,可见疲劳对再生混凝土和钢筋强度均有影响,这与普通混凝土梁的疲劳试验相同。同时,与静态对照梁相比,疲劳试验梁的刚度显著提高,这与普通混凝土梁的疲劳试验有所不同。

3. 结果分析

1) 应变分析

试验梁典型的应变随荷载变化曲线如图 8.4.7 所示。可以看出,试件加固后由于纤维应变随着裂缝扩展而增加,极大地降低了梁底混凝土的应变,且纤维应变和混凝土应变发展趋势一致,可见在加载过程中,纤维布可有效地约束梁的变形,提高试件承载力;同时,随着再生粗骨料取代率的增加,钢筋变形逐渐增大,且与试件整体变形基本相同,可见钢筋承受了主要拉力,由于 CFRP 的约束极大地降低了钢筋应变,此时试件的挠度最小(见图 8.4.5)。疲劳试验过程中,混凝土应变随着疲劳次数的增加而逐渐增大,这主要与梁的裂缝数量增加和竖向变形逐渐增大有关,增加疲劳荷载,竖向变形增大(见图 8.4.6),梁底混凝土应变也随之增大,纤维应变虽没有较大突变,但也随之增大,可见纤维可有效约束疲劳过程中的竖向变形,从而有效降低混凝土的应变。

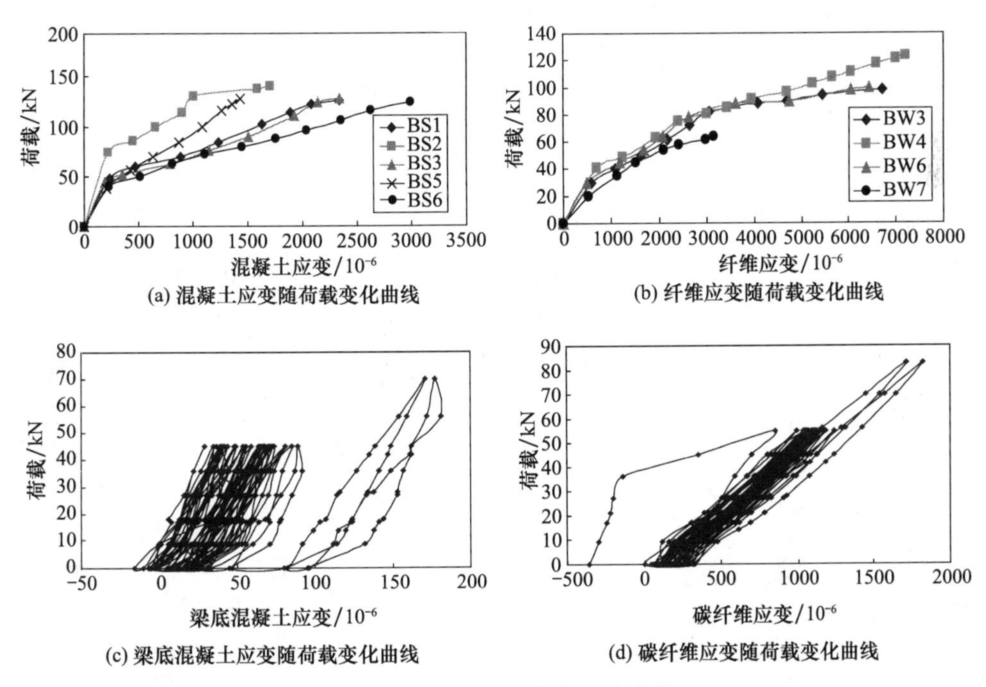

图 8.4.7　试验梁的荷载-应变曲线

2）裂缝扩展分析

加载过程中，试验梁的最大混凝土裂缝宽度扩展曲线如图 8.4.8 所示。可以看出，三种再生粗骨料取代率梁 BW1(0)、BW2(50%)和 BW5(100%)在加载初期由于混凝土强度不同，裂缝发展速度也不同，试验梁开裂后，不同再生粗骨料取代率对其裂缝开展没有显著影响，CFRP 加固后混凝土裂缝开展得到有效抑制，其中取代率为 100%的再生混凝土梁加固 2 层 CFRP 时抑制裂缝效果最明显，前期加固刚度也最大。然而，对于配筋率较低的梁 BS1、BS2 和 BS5，随着再生粗骨料取代率的增加，其裂缝宽度也随之增大，且经 CFRP 加固后可有效约束其变形，降低最大裂缝宽度，可见与普通混凝土梁相似，再生混凝土梁的裂缝扩展主要与混凝土强度和配筋率有关，通过 CFRP 加固均可提高其承载力和变形能力，同时裂缝开展情况都可以得到有效改善。

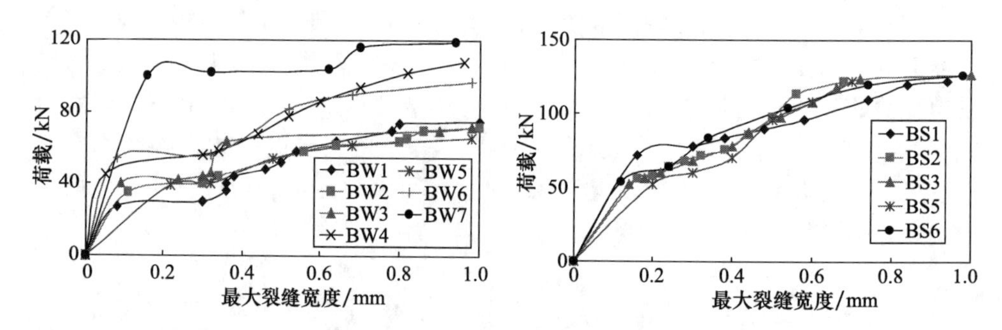

图 8.4.8 试验梁的最大裂缝宽度扩展曲线

3）平截面分析

平截面假定适用于再生混凝土梁的变形条件和承载力计算。图 8.4.9 为试验梁的跨中截面在不同荷载下的侧面混凝土应变随截面高度的变化情况。可以看出，再生混凝土梁及其 CFRP 加固试件在加载过程中跨中截面仍基本满足平截面假定，为进一步开展再生混凝土梁的理论分析和有限元研究提供重要的研究基础。同时，在 100 万次的疲劳过程中，再生混凝土及其约束试件在变形过程中同样满足平截面假定。

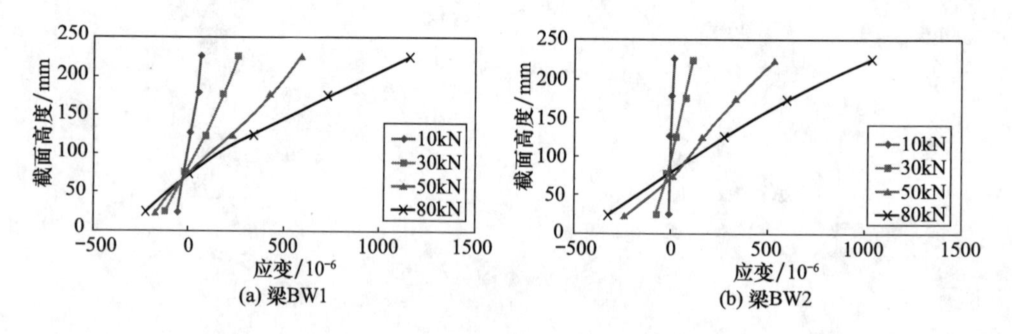

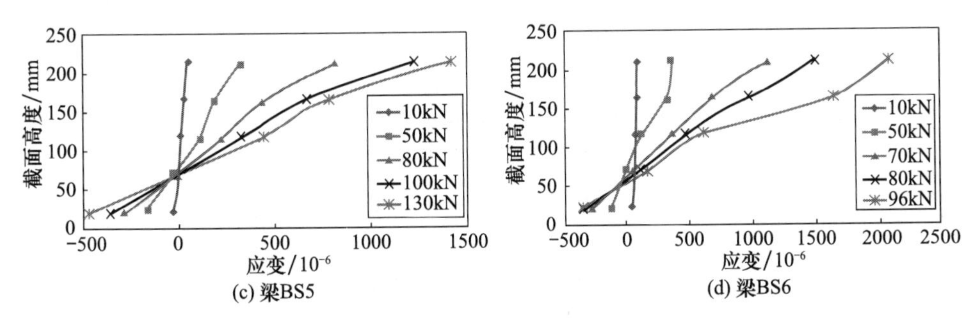

图 8.4.9　试验梁侧面混凝土应变随截面高度的变化

8.4.4　对比与分析

1. 级配影响分析

级配是再生粗骨料的一项基本指标，它是指骨料中不同颗粒尺寸占总骨料的质量比。试验用再生粗骨料由混凝土块经颚式破碎机破碎后筛分出需要得到。其中骨料 1 和骨料 2 的粒径范围为 2.36～19mm，骨料 3 的粒径范围为 2.36～31mm，三种骨料级配曲线如图 8.4.10 所示。

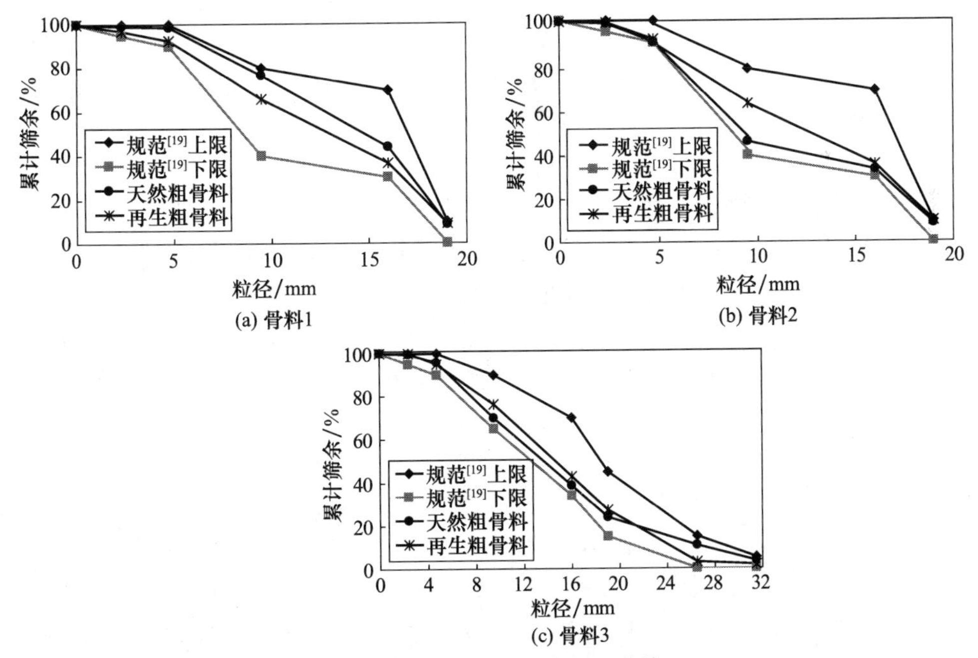

图 8.4.10　试件用骨料级配曲线

混凝土抗压强度分为立方体抗压强度和棱柱体抗压强度，并以 28d 强度平均值作为参考值，实测三种骨料混凝土的强度值如表 8.4.6 所示。对于三种骨料浇筑混凝土，劈裂抗拉强度均随着再生粗骨料取代率的增加而减小，当再生粗骨料取代率为 100%时，三种骨料浇筑混凝土的劈裂抗拉强度分别减小 23%、33%和 24%。

表 8.4.6 三种骨料混凝土 28d 混凝土强度实测值

骨料种类	不同取代率混凝土立方体抗压强度/MPa			不同取代率混凝土棱柱体抗压强度/MPa			不同取代率混凝土劈裂抗拉强度/MPa			不同取代率混凝土弹性模量/GPa		
	0	50%	100%	0	50%	100%	0	50%	100%	0	50%	100%
骨料 1	32.9	34.8	31.4	28.3	29.9	27.0	2.6	2.5	2.0	24.9	22.5	19.7
骨料 2	29.6	34.4	32.2	24.2	24.2	29.0	2.7	2.4	1.8	24.1	22.4	19.8
骨料 3	41.8	38.4	34.7	31.8	29.2	26.37	2.5	2.0	1.9	26.6	23.0	20.2

2. 文献对比分析

大量研究表明，配合比是影响再生混凝土强度的关键因素之一，其中，水灰比是配合比设计中的重要参数。已有结果表明，与普通混凝土相似，水灰比越大，混凝土强度越低。由于再生粗骨料的吸水率较大，按照普通混凝土的配合比设计方法，往往会降低实际水灰比而提高混凝土强度，因此配合比设计时要优先考虑再生粗骨料吸水率的影响。

混凝土立方体抗压强度与水灰比之间的对应关系为

$$f_{cu}=Af_{ce}(C/W-B) \tag{8.4.3}$$

式中，A 和 B 为回归系数，与所使用的水泥和骨料有关；C/W 为水灰比；f_{ce}为水泥 28d 时的抗压强度，MPa，且可通过式(8.4.4)来进行计算：

$$f_{ce}=r_c f_{ce,k} \tag{8.4.4}$$

式中，r_c 为水泥强度等级富裕系数，一般取 1.0～1.13；$f_{ce,k}$为水泥的强度等级，MPa。

本节利用文献[22]的研究数据进行拟合，得到 100%再生粗骨料取代率下，再生混凝土立方体强度与水灰比之间的关系为

$$f_{cu}=13.43(C/W+0.14) \tag{8.4.5}$$

式中，相关性系数为 0.948，且假设所有试验均采用 P·O32.5 普通硅酸盐水泥配制而成。

3. 仿真分析

基于对称性及平截面假定，利用 ABAQUS 有限元方法，建立 1/4 钢筋再生混凝土梁模型及有限元分析模型，如图 8.4.11 所示。其中，钢筋采用 T3D2 桁架单元，混凝土、垫块采用 C3D4 单元，分离式建模后，采用 embeded 实现自由度耦合。为了防止加载点处和支座处的应力集中，分别设置了两块弹性刚度很大的垫片。研究表明，对于 CFRP 采用线弹性各向同性材料模型，与混凝土的界面采用类似于钢筋的绑定连接可较好地模拟 CFRP 加固混凝土试件。以 BW5 和 BW7 为例，得到对照梁和加固梁的破坏模式对比，如图 8.4.11 所示。

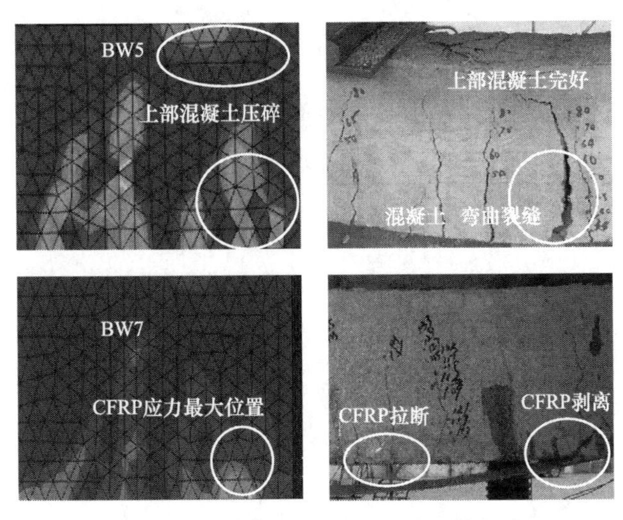

图 8.4.11　对照梁和加固梁的破坏模式对比

图 8.4.11 为通过最大塑性应变显示的裂缝开展情况，与试验结果吻合较好；模拟结果表明，梁 BW7 跨中位置纤维布拉应力达到了最大值，产生拉断，而试验中的纤维布拉断则是出现在支座附近，因此其破坏可能是由于混凝土变形过大先引起 CFRP 剥离，最后导致支座处 CFRP 被拉断破坏。

图 8.4.12 为荷载-位移曲线模拟结果与试验结果对比。由图 8.4.12(a)可以看出，有限元模拟结果在前半段与试验结果符合较好，后半段比试验结果低，这可能与钢筋在实际强化过程中的值略大于模型中的定义值有关。由图 8.4.12(b)可以看出，前期刚度(曲线斜率)与试验结果基本吻合，当裂缝出现后，模拟结果略大于试验结果，主要是由于模型没有考虑混凝土与 CFRP 之间的黏结滑移，试件屈服后，由于模型采用完全黏结，继续加载使 CFRP 被拉断，试件迅速丧失承载能力，与试件实际破坏模式相同，因此采用正交同性的完全黏结模型可有效地模拟试验破坏过程，且大大节约运行时间。

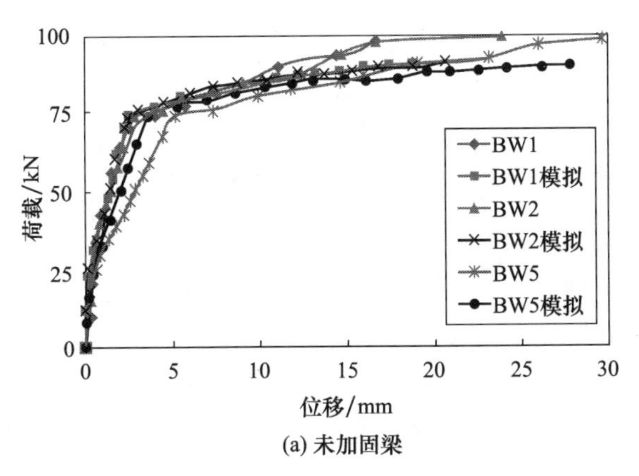

(a) 未加固梁

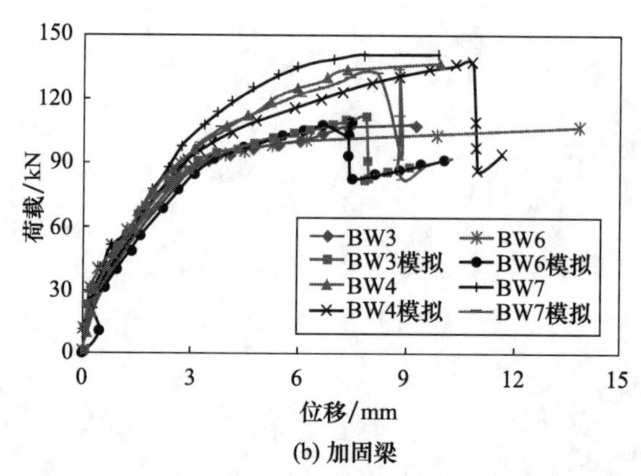

(b) 加固梁

图 8.4.12　荷载-位移曲线模拟结果与试验结果对比

8.4.5　结论

通过再生混凝土和纤维再生混凝土材料及梁构件性能的研究，分析了再生粗骨料取代率和纤维掺量对再生混凝土性能的影响，开展了 FRP 抗弯和抗剪加固再生混凝土梁的静态和疲劳性能，结果表明，再生混凝土由于自身制作或生产过程中的损伤，其内部含有大量裂缝或孔洞，降低了再生混凝土性能，可通过掺入纤维与骨料-空洞-砂浆-水泥之间建立有效连接，改善再生混凝土界面过渡区的性能，提高再生混凝土的力学性能，然而其提高幅度受纤维长度和排列的影响较大；对于再生混凝土梁，可通过外部 FRP 约束，有效提高其承载力、变形能力和疲劳性能，其中100％取代率的试件约束效果最明显，这主要是由于 CFRP 加固后有效地限制了加固梁的变形，提高了加固梁的刚度，纤维应变在加载过程中迅速响应，虽然使再生混凝土梁的强度和变形能力低于普通混凝土，但通过 FRP 外部约束后可显著改善裂缝的扩展情况，提高再生混凝土梁在疲劳过程中的位移响应能力，但与静态对照梁相比，其疲劳后的极限承载力显著降低。

参 考 文 献

[1] Yagishita F, Sano M, Yamada M. Behaviour of reinforced concrete beams containing recycled aggregate[C]//Proceedings of the 3rd International RILEM Symposium on Demolition and Reuse of Concrete and Masonry, Odense, 1993: 331.

[2] Ajdukiewicz A B, Kliszczewicz A T. Comparative tests of beams and columns made of recycled aggregate concrete and natural aggregate concrete[J]. Journal of Advanced Concrete Technology, 2007, 5(2): 259-273.

[3] Corinaldesi V, Moriconi G. Behavior of beam-column joints made of sustainable concrete under cyclic loading[J]. Journal of Materials in Civil Engineering, 2006, 18(5): 650-658.

[4] Knaack A M, Kurama Y C, ASCE M. Behavior of reinforced concrete beams with recycled concrete coarse aggregates[J]. Journal of Structural Engineering, 2015, 141: B4014009-1-12.

[5] Evangelista L, de Brito J. Flexural behavior of reinforced concrete beams made with fine recycled concrete aggregates[J]. KSCE Journal of Civil Engineering, 2017, 21(1): 353-363.

[6] Katkhuda H, Shatarat N. Shear behavior of reinforced concrete beams using treated recycled concrete aggregate[J]. Construction and Building Materials, 2016, 125: 63-71.

[7] 周静海，岳秀杰，白姝君. 废弃纤维再生混凝土的氯离子抗渗性能[J]. 济南大学学报(自然科学版)，2013，27(3)：320-324.

[8] 杜朝华，刘立新，付俊飞. 500MPa 级钢筋再生混凝土梁受弯性能试验研究[J]. 广西大学学报：自然科学版，2012，37(1)：190-195.

[9] 胡琼，黄清，邹超英. 部分再生混凝土梁的试验[J]. 哈尔滨工业大学学报，2009，41(6)：38-42.

[10] 刘超，白国良，冯向东，等. 再生混凝土梁抗弯承载力计算适用性研究[J]. 工业建筑，2012，42(4)：25-30.

[11] 张伟平，宋力，顾祥林. 碳纤维布加固锈蚀钢筋混凝土梁疲劳性能试验研究[J]. 土木工程学报，2010，43(7)：43-50.

[12] 邓宗才，张鹏飞，李建辉，等. 预应力 AFRP 加固混凝土梁的疲劳与静载特性[J]. 中国公路学报，2007，20(6)：49-55.

[13] Deng Z. The reacture and fatigue performance in flexural of carbon fiber reinforced concrete[J]. Cement and Concrete Composite, 2005, 27: 131-140.

[14] 刘沐宇，骆志红，刘其卓. 碳纤维加固损伤混凝土梁的抗剪疲劳试验[J]. 武汉理工大学学报，2005，27(7)：54-57.

[15] 刘沐宇，李开兵. 碳纤维布加固混凝土梁的疲劳性能试验研究[J]. 土木工程学报，2005，38(9)：32-36.

[16] Dong J F, Wang Q Y, Guan Z W. Structural behaviour of RC beams externally strengthened with FRP sheets under fatigue and monotonic loading[J]. Engineering Structures, 2012, 41: 24-33.

[17] 高丹盈，张明，朱海堂. 钢筋钢纤维高强混凝土梁疲劳试验研究及刚度计算[J]. 建筑结构学报，2013，34(8)：142-149.

[18] 吴瑾，郭兴陈. 再生粗骨料钢筋混凝土梁疲劳性能试验研究[J]. 建筑结构，2008，38(5)：22-24.

[19] 中华人民共和国国家标准. 混凝土用再生粗骨料(GB/T 25177—2010)[S]. 北京：中国标准出版社，2010.

[20] 中华人民共和国国家标准. 混凝土结构设计规范(GB 50010—2010)[S]. 北京：中国建筑工业出版社，2010.

[21] 上海市工程建设规范. 再生混凝土应用技术规程(DG/TJ 08—2018—2007)[S]. 上海：上海市新闻出版局，2007.

[22] Obaidat Y T, Heyden S, Dahlblom O. The effect of CFRP and CFRP/concrete interface models when modelling retrofitted RC beams with FEM[J]. Composite Structures, 2010, 92(6): 1391-1398.

第9章　再生混凝土柱

9.1　FRP-再生混凝土-钢组合柱轴压性能试验

李丽娟*，曾岚，苏志，陈亮

本节将纤维增强复合材料(FRP)-混凝土-钢双壁空心组合柱(DSTC)中的普通混凝土替换成再生混凝土(RAC)，提出了一种新型的FRP-RAC-钢双壁空心组合柱(FRSC)。FRSC不仅继续发挥了DSTC中各组分材料的性能优势，还解决了废弃混凝土的环境污染问题，提升了再生混凝土的应用层次。为了解FRSC的轴压性能和检验DSTC的承载力预测公式对FRSC的适用性，本节对15根玄武岩纤维FRSC短柱和12根玻璃纤维FRSC长柱进行了单调轴压试验。结果表明，FRSC的荷载-应变曲线发展趋势与DSTC的类似。FRSC短柱的轴压性能随着钢管径厚比的减小有所提高，再生粗骨料取代率为30%和70%的FRSC短柱轴压性能较好。FRSC长柱在全截面加载下的极限承载力随着再生粗骨料取代率和试件长径比的增加而呈现增长趋势，且普遍高于核心截面加载的情况。

9.1.1　国内外研究现状

随着城市化进程的加快，在建筑物的拆除和新建过程中会产生大量建筑废弃物；或在地震灾害发生后，会在短期内出现集中的建筑废弃物处理问题，而其中以废弃混凝土量占比最高。再生粗骨料混凝土是将废弃混凝土进行破碎、筛选、分级、清洗等系列处理后，重新应用到建筑工程中。这种资源化的处理方式，能缓解以往废弃混凝土处理过程中对环境产生的不良影响，而且能有效节约天然砂石资源，实现社会可持续发展，值得大力推广使用。然而，再生粗骨料由于初次服役及后续处理，产生了一定程度的性能退化，从而限制了再生混凝土的应用范围和层次。同时，随着新型材料和结构的发展，纤维增强复合材料由于具有轻质高强、耐腐蚀、可设计性强等特点，在建筑工程中，尤其是约束混凝土结构中，具有良好的应用前景。由Teng等[1]提出的FRP-混凝土-钢双壁空心组合柱(Hybrid

---

* 第一作者：李丽娟(1966—)，女，博士，教授，主要研究方向为结构优化设计理论及方法、绿色高性能混凝土材料、新材料及新型结构。

基金项目：国家自然科学基金面上项目(11472084)。

FRP-concrete-steel double-skin tubular column,DSTC),通过外置 FRP 管,内置钢管,以及两管中填充混凝土的组合,充分发挥 FRP 和传统建筑材料的优势,使该组合结构具有良好的力学和耐久性能。近几十年来,国内外关于 RAC 和 DSTC 力学性能的试验和理论研究正迅速开展,并取得了大量研究成果。

相比于普通混凝土,再生混凝土普遍存在强度和弹性模量较低、收缩徐变较大、耐久耐候性较差、性能稳定性较弱等问题[2~4],这可以从再生混凝土的微观结构中得到解释,尤其是再生粗骨料与新水泥石基体之间存在的界面过渡区的影响[5]。为弥补再生混凝土的性能不足,可对再生混凝土进行材料强化[6]或与其他材料组合成构件[7]。不少学者对再生混凝土运用于钢管或 FRP 约束混凝土构件进行研究,在钢管约束再生混凝土柱[8~11]、FRP 约束再生混凝土柱[12~14]及 FRP 约束钢管再生混凝土柱[15]的静力和抗震性能上取得一系列成果,表明再生混凝土作为主要结构构件应用于实际工程的可行性。因而,研究热点开始逐渐转向再生混凝土结构技术的研究。

对 DSTC 的静力性能研究包括:短柱的轴心和偏心受压试验[16,17];短柱的单调轴压和循环轴压试验[18,19];方管和圆管的组合约束效果[20~22];长柱的轴压和偏压性能[23];柱的压弯截面分析方法[24,25];柱的受压应力-应变关系[26];柱极限承载力的设计计算方法[27~30];柱的轴压性能有限元分析[31,32]等。对 DSTC 抗震性能的研究包括较小尺寸柱(构件外径小于 300mm)含高强混凝土在定轴力和往复侧向力作用下的拟静力试验研究[33~36]。试验结果均表明,该组合构件具有良好的承载能力和变形性能,尤其在海滨工程的桥梁柱墩和大型建筑纵向受力构件中有良好的应用前景。

本节将再生混凝土与 DSTC 结合,将 DSTC 中的原生混凝土替换成再生混凝土,提出了一种新型的 FRP-再生混凝土-钢双壁空心组合柱(FRP-RAC-steel column,FRSC),即由外 FRP 管、内钢管及双管内填充再生混凝土构成[37]。其截面形式如图 9.1.1 所示。FRSC 不仅发挥了 DSTC 中各组分材料的性能优势,还解决了废弃混凝土的环境污染问题,实现了资源的可持续发展,扩大和提升了再生混凝土的应用范围和层次,也为工程应用提供了一种新的可供选择的结构体系。而且,由于再生混凝土比原生混凝土具有更好的变形性能,FRSC 具有良好的延性,实现了使用地震破坏后的废弃混凝土制造出更有利于抗震的结构构件。

为了解 FRSC 的主要力学性能,促进该新型组合柱在实际工程中的推广应用,本节对 FRSC 短柱和 FRSC 长柱进行了单调轴压性能试验,分析各参数对 FRSC 轴压性能的影响,并检验关于 DSTC 轴压极限承载力计算公式是否适用于 FRSC,为后续其他参数影响的各截面类型 FRSC 的循环轴压和抗震力学性能研究提供基础数据支持。

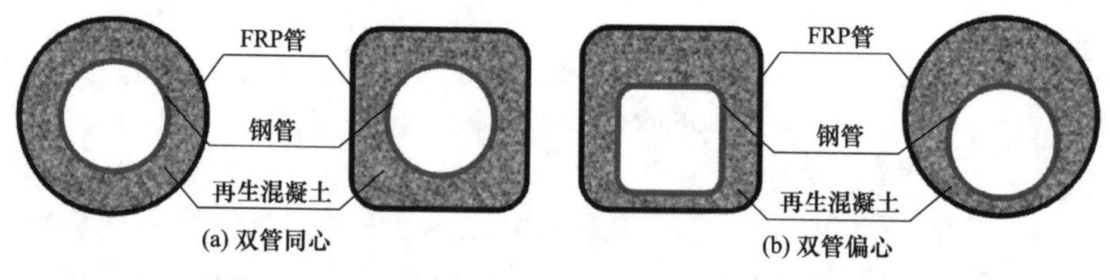

图 9.1.1 FRP-再生混凝土-钢双壁空心组合柱截面形式

9.1.2 研究方案

1. 试验材料

1) FRP 管

本节试验采用工厂预制 FRP 管，这既能保证纤维的缠绕质量，又能直接充当组合试件的模板，使施工便捷。FRP 管采用 40%纤维配合环氧树脂缠绕而成，缠绕角度与管轴向成 80°。根据《纤维缠绕增强塑料环形试样力学性能试验方法》(GB/T 1458—2008)[38]，在万能材料拉力机上进行分离盘拉伸试验(见图 9.1.2)，测试 FRP 管的材料性能(见表 9.1.1)。FRSC 短柱轴压试验使用玄武岩纤维增强复合材料(BFRP)，FRSC 长柱轴压试验使用玻璃纤维增强复合材料(GFRP)。

(a) 预制FRP管

(b) BFRP圆环拉伸

(c) BFRP圆环破坏形态

图 9.1.2 FRP 圆环拉伸试验

表 9.1.1 FRP 圆环基本力学性能

FRP 类型	内径 D_0 /mm	厚度 t_{frp} /mm	环向极限抗拉强度 $f_{t,frp}$ /MPa	环向弹性模量 E_f /GPa
BFRP	300	2.2	690	60.7
GFRP	200	4	652	42

2) 再生混凝土

再生混凝土按《普通混凝土配合比设计规程》(JGJ 55—2011)[39]进行实验室配

合比设计,强度等级选用C40。本节试验再生混凝土为再生粗骨料混凝土,选择五种再生粗骨料取代率对天然粗骨料进行等质量替代。每组试件对应的再生混凝土理论配合比如表9.1.2所示。混凝土采用进料60mL自落式混凝土搅拌机进行拌制。考虑粗细骨料的含水率,适当减少用水量;并根据试验测得的再生粗骨料吸水率添加附加水。其中,试验水泥采用P·O42.5普通硅酸盐水泥;细骨料为级配良好的普通河砂,细度模数为2.4的中砂;由于试件两管间隙较小,为保证再生混凝土浇捣质量,粗骨料粒径选用5～10mm,天然粗骨料为级配均匀的碎石,再生粗骨料为工业成品,主要由服役了20多年的民用住宅建筑原标号为C40的混凝土处理而来。

为测试再生混凝土材料性能,每种再生粗骨料取代率组合柱试件在浇筑组合试件的同时,浇筑3个标准立方体(300mm×300mm×300mm)和3个标准圆柱体(ϕ150mm×300mm)再生混凝土试件,并在同条件下进行养护。采用4000kN量程的高性能材料试验机对再生混凝土立方体及圆柱体试件进行抗压试验,加载前对混凝土圆柱体两端面进行高强石膏找平。试验加载选用位移控制,加载速率为0.18mm/min,试件抗压试验的加载过程如图9.1.3所示。再生混凝土立方体轴压强度f_{cu}、圆柱体轴压强度f_c和弹性模量E_c如表9.1.2所示。随着再生粗骨料

(a) 再生混凝土立方体试块

(b) 再生混凝土圆柱体试块

图9.1.3　再生混凝土试件抗压试验

表9.1.2　再生混凝土实验室配合比及再生混凝土试件基本力学性能

再生混凝土试件	材料用量/(kg/m³)					短柱轴压			长柱轴压		
	水泥	水	砂	天然粗骨料	再生粗骨料	f_{cu1}/MPa	f_{c1}/MPa	E_{c1}/GPa	f_{cu2}/MPa	f_{c2}/MPa	E_{c2}/GPa
RC-0	480	235	736	900	0	54.3	47.9	2.97	51.8	47.2	2.97
RC-30	480	235	736	630	270	55.7	49.1	2.93	58.5	49.2	2.82
RC-50	480	235	736	450	450	59.1	50.1	2.76	55.0	44.0	2.54
RC-70	480	235	736	270	630	59.5	50.3	2.66	54.7	45.4	2.76
RC-100	480	235	736	0	900	59.4	50.2	2.51	59.7	47.8	2.81

注:RC-r表示再生粗骨料取代率为r%的再生混凝土试件。

取代率的增大，再生混凝土的弹性模量呈现下降的趋势，但抗压强度大致呈现上升趋势，且具有一定离散性。虽然再生粗骨料二次使用，粗骨料自身强度有所损失，但由于再生粗骨料孔隙率高，孔隙结构复杂，具有较大吸水性，可能会导致再生混凝土水灰比大于理论值而降低再生混凝土强度。

图 9.1.4 钢骨试样拉伸试验

3）钢管

FRSC 短柱轴压试验中使用的钢管采用不同厚度钢板冷弯焊接成型，钢板厚度包括 4mm、5mm 和 6mm，成型钢管内径为 180mm。FRSC 长柱轴压试验中采用 Q345 无缝型钢管，钢管厚度为 5mm，外径为 121mm。根据《金属材料 拉伸试验 第 1 部分：室温试验方法》（GB/T 228.1—2010）[40]，对钢骨试件在万能材料拉力机上进行拉伸试验（见图 9.1.4）。钢骨试件的屈服强度 f_y、极限强度 f_{sk} 和弹性模量 E_s 见表 9.1.3。

表 9.1.3 钢骨试件基本力学性能

钢骨试件	外径 D_s /mm	厚度 t_s /mm	屈服强度 f_y /MPa	极限强度 f_{sk} /MPa	弹性模量 E_s /GPa
S180-4	180	4	313	371	208
S180-5	180	5	271	342	211
S180-6	180	6	269	339	208
S121-5	121	5	365	544	180

注：SD_s-t_s 表示成型钢管外径为 D_s、厚度为 t_s 的钢骨试件。

2. 试验方案

试验共设计了 15 根 FRSC 短柱和 12 根 FRSC 长柱，如表 9.1.4 和表 9.1.5 所示。试件截面均为双管同心圆截面，FRSC 短柱（柱高 600mm）的试验参数包括再生粗骨料取代率和钢管径厚比，FRSC 长柱的试验参数包括截面轴向加载方式、再生粗骨料取代率和试件长细比。其中，钢管的径厚比变化由钢管厚度控制，长细比变化由试件高度控制。为研究外 FRP 管的轴向影响，试验中设计了两种截面加载方式：全截面加载和核心截面加载，其中，核心截面加载方式仅对钢管及再生混凝土截面区域进行轴向加载，而不对外 FRP 管截面区域进行加载。

3. 试验方法

1）试件制作

首先在钢管表面粘贴应变片，并使用密封胶和环氧树脂进行绝缘防水和防撞

表 9.1.4　FRSC 短柱试验设计及主要试验结果

FRSC 短柱试件	再生粗骨料取代率/%	钢管径厚比 D_s/t_s	P_c/kN	P_s/kN	P_{co}/kN	$P_c/(P_s+P_{co})$	Δ_c/mm	平均 $\bar{P}_c$/kN	平均 $\bar{\Delta}_c$/mm
C1-NC-30	0	180/6(30)	3519	883	2166	1.15	10.02		
C1-NC-36	0	180/5(36)	2935	745	2166	1.01	9.43	3138	9.73
C1-NC-45	0	180/4(45)	2961	692	2166	1.04	9.74		
C2-0.3-30	30	180/6(30)	3535	883	2220	1.14	11.77		
C2-0.3-36	30	180/5(36)	3272	745	2220	1.10	11.56	3257	11.36
C2-0.3-45	30	180/4(45)	2965	692	2220	1.02	10.75		
C3-0.5-30	50	180/6(30)	3397	883	2265	1.08	8.10		
C3-0.5-36	50	180/5(36)	3192	745	2265	1.06	9.53	3188	8.68
C3-0.5-45	50	180/4(45)	2974	692	2265	1.01	8.42		
C4-0.7-30	70	180/6(30)	3346	883	2274	1.06	9.29		
C4-0.7-36	70	180/5(36)	3346	745	2274	1.11	10.23	3314	9.13
C4-0.7-45	70	180/4(45)	3251	692	2274	1.10	7.87		
C5-RC-30	100	180/6(30)	3239	883	2270	1.03	8.94		
C5-RC-36	100	180/5(36)	3172	745	2270	1.05	9.11	3150	8.97
C5-RC-45	100	180/4(45)	3038	692	2270	1.03	8.85		

注：(1) C*a*-*b*-*c* 表示第 a 组 FRSC 短柱试件，其再生粗骨料取代率为 b，钢管径厚比为 c。当 b 为 NC 时，表示普通混凝土组合试件；当 b 为 RC 时，表示再生粗骨料取代率为 100%的组合试件。

(2) P_c 为短柱极限承载力，Δ_c 为短柱极限压缩量，P_s 为钢管的计算承载力，由钢管的平均屈服强度乘以钢管截面积计算而来；P_{co} 为再生混凝土的计算承载力，由再生混凝土圆柱体平均极限抗压强度乘以试件中环形再生混凝土截面积计算而来。

表 9.1.5　FRSC 长柱试验设计及主要试验结果

FRSC 长柱试件	截面加载方式	再生粗骨料取代率/%	柱高 L/mm	长细比 L/i	P_k/kN	δ_u/mm	δ_{max}/mm	δ_{max}/δ_u
Cw-0-1200	全截面	0	1200	20.4	3128	4.46	4.52	1.01
Cw-30-1200	全截面	30	1200	20.4	3638	5.30	5.48	1.03
Cw-50-1200	全截面	50	1200	20.4	3709	8.78	10.88	1.24
Cw-70-1200	全截面	70	1200	20.4	3429	6.30	9.10	1.44
Cw-100-1200	全截面	100	1200	20.4	3685	7.02	7.20	1.03
Cw-100-900	全截面	100	900	15.3	3204	0.92	0.98	1.07
Cw-100-1500	全截面	100	1500	25.5	3259	23.42	24.28	1.04
Co-0-1200	核心截面	0	1200	20.4	2635	4.66	5.66	1.21
Co-50-1200	核心截面	50	1200	20.4	3393	3.44	3.58	1.04
Co-100-1200	核心截面	100	1200	20.4	2177	8.14	8.38	1.03
Co-100-900	核心截面	100	900	15.3	2974	0.60	0.74	1.23
Co-100-1500	核心截面	100	1500	25.5	2907	12.86	13.36	1.04

注：(1) C*x*-*r*-*L* 表示再生粗骨料取代率为 r%、柱高为 L 的 FRSC 长柱试件。当 x 为 w 时，表示全截面加载方式；当 x 为 o 时，表示核心截面加载方式。

(2) P_k 为长柱极限承载力，δ_u 为长柱跨中极限侧向位移，δ_{max} 为长柱跨中破坏侧向位移。

处理。接着将内钢管和外 FRP 管置于平板上，调整双管对中。为保证 FRSC 长柱的轴心受力，将其钢管焊接于平整钢板（尺寸为 300mm×300mm×20mm）上，使钢管轴向与钢板平面垂直。然后在双管之间同批次浇筑再生混凝土，室温浇水养护 28d。试件制作过程如图 9.1.5 所示。

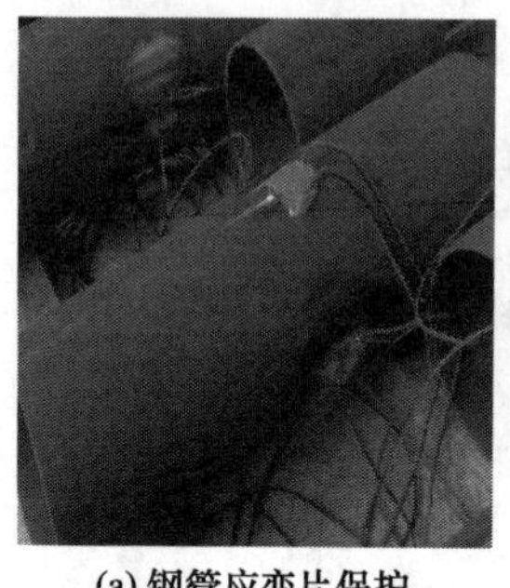
(a) 钢管应变片保护

(b) 双管对中

(c) 再生混凝土浇筑

图 9.1.5　试件制作过程

2）测点布置

试件的测点布置如图 9.1.6 所示。对于 FRSC 短柱，在钢管和 FRP 管外表面的柱中部沿截面等间隔 90°设置四组轴向和环向应变片，并在 FRP 管各相邻两组应变片之间分别增设一个环向应变片。同时，在试件全柱高范围内沿截面等间隔 90°布置四个位移计。对于 FRSC 长柱，在钢管外表面沿柱高四等分点的三个截面处（截面 A、B 和 C）沿截面等间隔 180°设置两组轴向和环向应变片，在 FRP 管外表面截面 A、B 和 C 处沿截面等间隔 120°设置三组轴向和环向应变片。同时在截面 A、B 和 C 处同侧各设置一个水平位移计，并在截面 B 处对面一侧附加设置一个水平位移计。另外，在柱顶设置一个轴向位移计，观测全柱轴向变形。

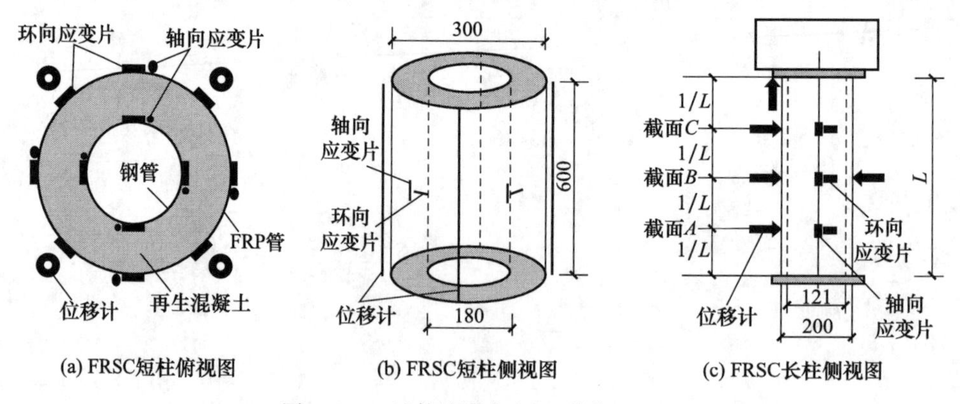

(a) FRSC短柱俯视图　　(b) FRSC短柱侧视图　　(c) FRSC长柱侧视图

图 9.1.6　试件的测点布置（单位：mm）

3）试验加载

试件在 10000kN 电液压伺服压力机上加载，加载全程由位移控制，加载速率为 0.36mm/min。位移、应变及荷载数据由数据采集仪记录。实际加载前进行预加荷载至 30%预测极限承载力，试验加载至极限承载力 80%以下停止加载。试件加载装置如图 9.1.7 所示。

(a) FRSC短柱

(b) FRSC长柱

图 9.1.7　试件加载装置

9.1.3　研究结果

1. 试验现象

试件的破坏形态如图 9.1.8 所示。短柱的破坏形态总体上表现为：FRP 管在柱中部稍偏上 100mm 处出现明显纤维断裂，而且 FRP 管裂纹发展方向基本与纤维缠绕方向一致，这说明强度较低的树脂基体首先开裂。大部分纤维在拉断时成水平角度，说明树脂开裂纤维仍然发挥明显约束作用。再生混凝土组合短柱的混凝土破碎大多发生在水泥浆层，而普通混凝土组合短柱的混凝土破碎也存在于骨料之间，破碎更明显。随着再生粗骨料取代率的增加，试验中再生混凝土的强度有所增加，弹性模量减小，因而 FRP 管的约束应力减小，FRP 管环向应变增加减缓，使得纤维断裂减缓，树脂开裂更充分，FRP 管出现更多细小的环向裂纹。随着钢管径厚比的增加，钢管屈曲更明显，钢管中部向内凸起数量更多、高度更大的小波纹，导致再生混凝土应力分布更不均匀，因而 FRP 管裂纹发展不充分，裂缝分布区域变窄。

对于 FRSC 长柱，各试件破坏形态基本相似。由于试件同时承受轴力和弯矩，表现出轴向压缩和水平侧移。当荷载达到极限荷载的 50%～60%时，试件的承载力增加减缓，而水平侧移明显增加，FRP 管中部出现数条环向白色裂纹，随后裂纹迅速发展延伸，裂纹区域沿柱身扩大；随着荷载增加至接近试件极限荷载时，裂纹

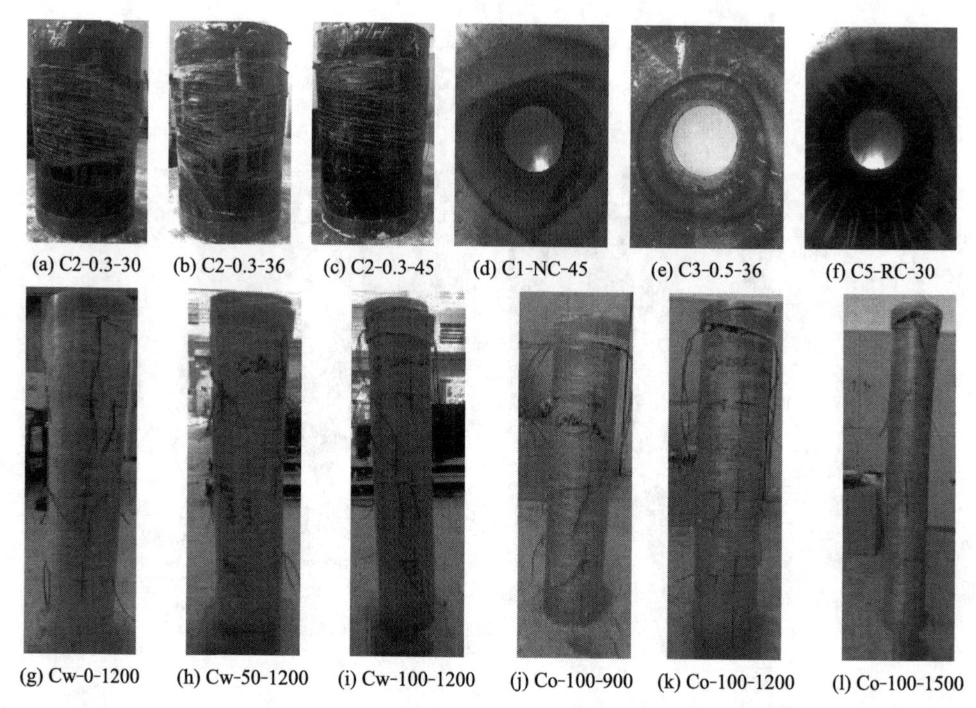

(a) C2-0.3-30　(b) C2-0.3-36　(c) C2-0.3-45　(d) C1-NC-45　(e) C3-0.5-36　(f) C5-RC-30

(g) Cw-0-1200　(h) Cw-50-1200　(i) Cw-100-1200　(j) Co-100-900　(k) Co-100-1200　(l) Co-100-1500

图 9.1.8　试件破坏形态

宽度明显加大,并不断发出纤维断裂声响;当荷载达到极限荷载时,伴随着巨大声响,柱顶端 FRP 管明显开裂,纤维破碎,裸露再生混凝土被压碎,试件承载力急剧下降,侧向位移持续增加,随后试件难以继续承受荷载,宣告破坏,钢管无明显屈曲现象。相比于全截面加载试件,核心截面加载试件的 FRP 管裂缝开展区域更大,顶端纤维拉裂和再生混凝土破碎更明显,但水平侧移更小。随着再生粗骨料取代率的增加,FRP 管顶端破坏更加明显,裂缝开展区域更大,但柱身裂纹更细,裂纹间隔更密。随着长细比的增加,试件水平侧移更大,FRP 管水平裂缝发展减少,但斜向裂缝发展更明显。另外,试件 Co-100-1200 端部一边破坏严重,这可能与试件加载时存在偏心有关。

2. 试验结果

1) FRSC 短柱

试验测得短柱的极限承载力 P_c 及极限压缩量 Δ_c 见表 9.1.4。其中,从 $P_c/(P_s+P_{co})$ 的比值看来,组合试件的极限承载力均大于钢管和再生混凝土的计算承载力之和,说明外 FRP 管的约束作用提高了试件承载力。这个比值基本随着钢管径厚比的减小而增加,这主要是由于径厚比较小的钢管屈服程度更小,其承载力更高,对再生混凝土的约束效果更好。

在相同再生粗骨料取代率时，试件极限承载力基本随着钢管径厚比的增加而减小，且这种差别在再生粗骨料取代率小于 50%时更加明显。这可能是由于试验中再生混凝土强度随着再生粗骨料取代率的减小而有所降低，其钢管发挥更明显的轴向受力作用。随着再生粗骨料取代率的增加，对于钢管径厚比较大的试件，其极限承载力呈现增长趋势；而对于钢管径厚比较小的试件，其极限承载力呈现降低趋势。这主要是由于钢管径厚比较大的试件，其再生混凝土和 FRP 管需要承担更多的轴向压力，而且再生混凝土的膨胀引起更大的 FRP 环向变形，导致 FRP 管过早开裂，因而加强外 FRP 管的约束，对提高钢管径厚比较大试件的极限承载力有明显的积极作用。从五组不同再生粗骨料取代率试件中看出，再生粗骨料取代率为 30%和 70%的试件平均极限承载力较好。试件的极限压缩量是其极限承载力对应的位移，由于无约束再生混凝土的极限压缩量很小且基本相同，为简单起见，在此用极限压缩量来衡量试件的延性。随着钢管径厚比的减小，试件的极限压缩量呈增长趋势，但再生粗骨料取代率对试件延性的影响比对钢管径厚比的影响更明显。再生粗骨料取代率为 30%的试件的平均极限压缩量较大，而取代率为 50%和 100%的试件的平均极限压缩量较小。

2) FRSC 长柱

试验测得 FRSC 长柱的极限承载力 P_k、跨中极限侧向位移 δ_u 和跨中破坏侧向位移 δ_{max} 见表 9.1.5。从 δ_{max}/δ_u 的比值看来，试件从达到极限承载力至破坏的过程中，跨中侧向位移变化基本不足 10%，这可能是由于试件破坏时钢管无明显屈曲，虽然 FRP 管由于混凝土的压碎膨胀而产生较为密集的裂缝，但 FRP 管仍保持良好的完整性，能与钢管共同对再生混凝土起到较好的套箍作用，致使试件的侧向发展并不大，试件荷载达到极限承载力后依然有较好的稳定性。

图 9.1.9 为各参数对 FRSE 长柱极限承载力的影响。由图 9.1.9(a)可以看出，对于全截面受压试件，再生混凝土组合柱均比天然组合柱的极限承载力提高 10%～20%，这一方面是由于再生混凝土强度的影响；另一方面是由于再生粗骨料表面较粗糙，减少了再生混凝土与双管间的滑移，提高了约束效果。随着再生粗骨料取代率的增加，组合柱的承载力呈现波动上升的趋势，且再生粗骨料取代率较小时，试件承载力提升更明显。由图 9.1.9(b)可以看出，相同再生粗骨料取代率情况下，随着长细比的增加，全截面受压试件的极限承载力呈现提升趋势；而核心截面受压试件的极限承载力有降低趋势。可见，长细比对试件极限承载力的影响较大。关于不同截面加载方式的影响，由图 9.1.9(a)可以看出，在相同长细比和再生粗骨料取代率的情况下，核心加载试件的极限承载力比全截面加载试件低 10%左右。这主要由于核心加载试件内钢管的轴向压缩速度较快，这将影响再生混凝土与钢管管壁的黏结情况，加速和加剧了再生混凝土开裂，而且再生混凝土开裂附近的双管套箍作用明显减弱，使得试件的承载力进一步下降。

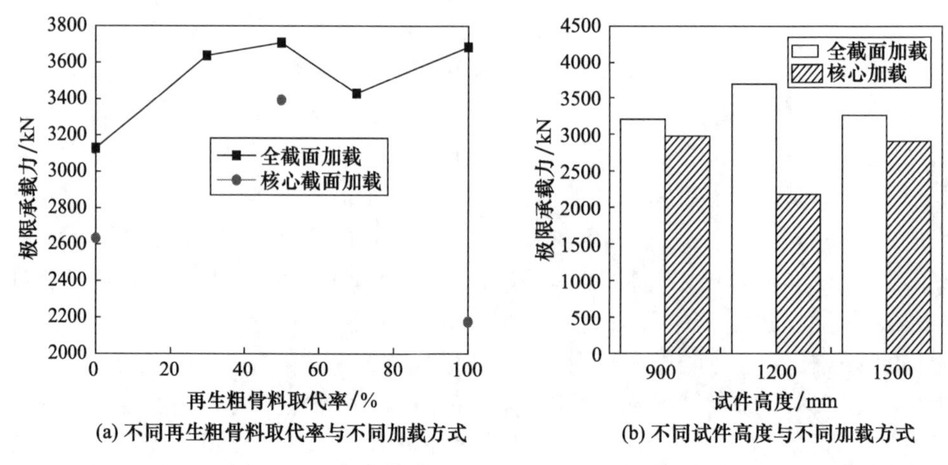

图 9.1.9　各参数对 FRSC 长柱极限承载力的影响

3. 试验分析

1) FRSC 短柱

(1) 轴向应变。

图 9.1.10 为 FRSC 短柱的荷载-FRP 轴向应变曲线。曲线发展大致分为两部分，如图 9.1.10(a)所示，两段的交接大约在再生混凝土的极限强度处，第二段斜率更小。对于不同钢管径厚比试件，曲线第一段基本重合，说明在加载初期再生混凝土主要承受轴力作用。随着径厚比的减小，组合结构的极限承载力和延性大多有所提高。径厚比为 30 的组合柱曲线出现一个拐点，荷载基本保持不变，甚至略有降低，而应变却持续增长，说明内钢管开始取代混凝土发挥主要轴向承载作用，当钢管与受约束混凝土轴向形变相同时，两者又重新共同承受轴力，在此期间，钢管容易出现屈服，但开始屈服的钢管具有很长的延性发展。在图 9.1.10(b)中，径厚比为 36 的试件极限轴向应变比径厚比为 30 的试件更大，这主要是径厚比为 36 的试件曲线有更早且更显著的钢管屈曲段，表明钢管对提高试件轴压性能发挥着重要作用。关于再生粗骨料取代率的影响，当钢管径厚比较大时(见图 9.1.10(c))，再生混凝土短柱的曲线斜率比天然混凝土短柱大，说明再生混凝土改善试件延性在这里有所体现。但在钢管径厚比较小的情况下(见图 9.1.10(d))，天然混凝土短柱的曲线斜率与再生混凝土短柱的相当，这可能由于再生粗骨料外包裹旧水泥砂浆，使得再生混凝土与钢管的黏结效果受到影响，且这种不良影响在钢管径厚比较小时更加明显。这也说明钢管的存在能有效弥补普通混凝土强度和延性的不足。

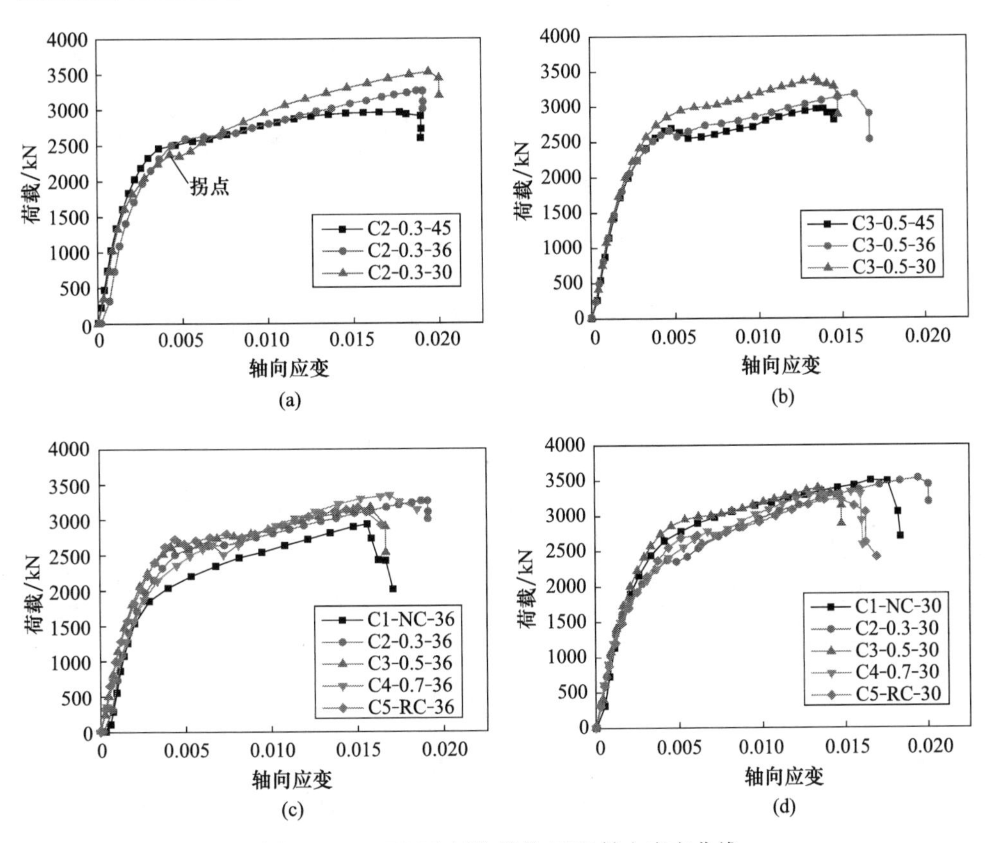

图 9.1.10　FRSC 短柱荷载-FRP 轴向应变曲线

为进一步研究钢管对试件轴压性能的影响，将其荷载-钢管轴向应变曲线绘制于图 9.1.11 中。对于再生粗骨料取代率为 50%的短柱，当钢管轴向应变达到钢管屈服应变(0.002)左右时，钢管的轴向应变增长加快，但对试件轴压承载力贡献不大，曲线斜率非常平缓。而对于再生粗骨料取代率为 30%的短柱，在钢管轴向应变达到屈服应变后，试件承载力仍有较大增长，曲线斜率继续上升，促进试件轴压性能提高，且在钢管径厚比较小时表现更为明显。

(2) 环向应变。

图 9.1.12 为 FRSC 短柱荷载-FRP 环向应变曲线，其发展规律与荷载-轴向应变曲线类似，呈双线性变化趋势。在加载初期，混凝土横向变形较小，FRP 管约束效果不明显，FRP 环向应变增加幅度较小。在加载中后期，曲线第二段斜率比第一段小，原因在于当曲线出现拐点时，再生混凝土受力接近峰值荷载，外 FRP 管由于受再生混凝土的横向膨胀而产生被动约束，使得环向应变迅速变大。曲线第二段斜率总体上随着钢管径厚比的减小而增大，试件承载力和变形能力提高更明显。但对于天然混凝土短柱，第二段斜率随钢管径厚比变化不大，这可能由于天然混凝

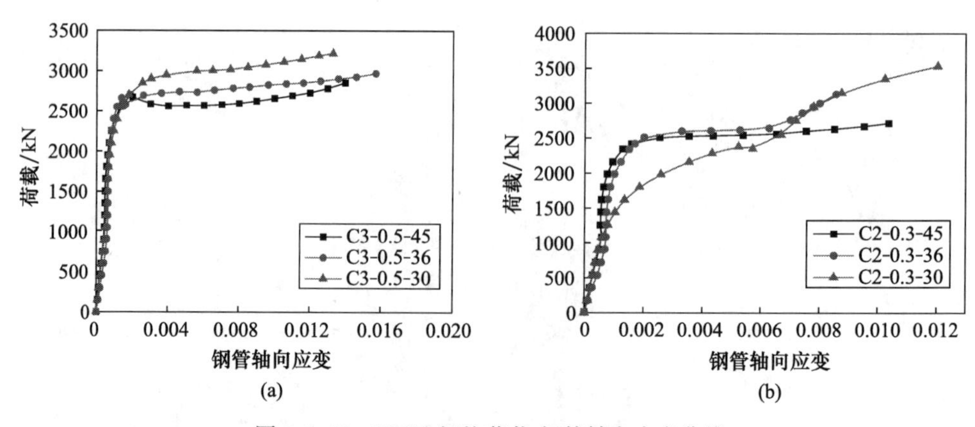

图 9.1.11　FRSC 短柱荷载-钢管轴向应变曲线

土脆性大，裂缝发展较快，使钢管在试件破坏前承载力未能充分发挥。在内钢管径厚比相同的情况下，再生粗骨料取代率对 FRP 管的环向初始刚度影响很小。试验的五组再生粗骨料取代率中，取代率为 30%的试件环向峰值应变较大，而取代率为 50%的试件环向峰值应变较小。

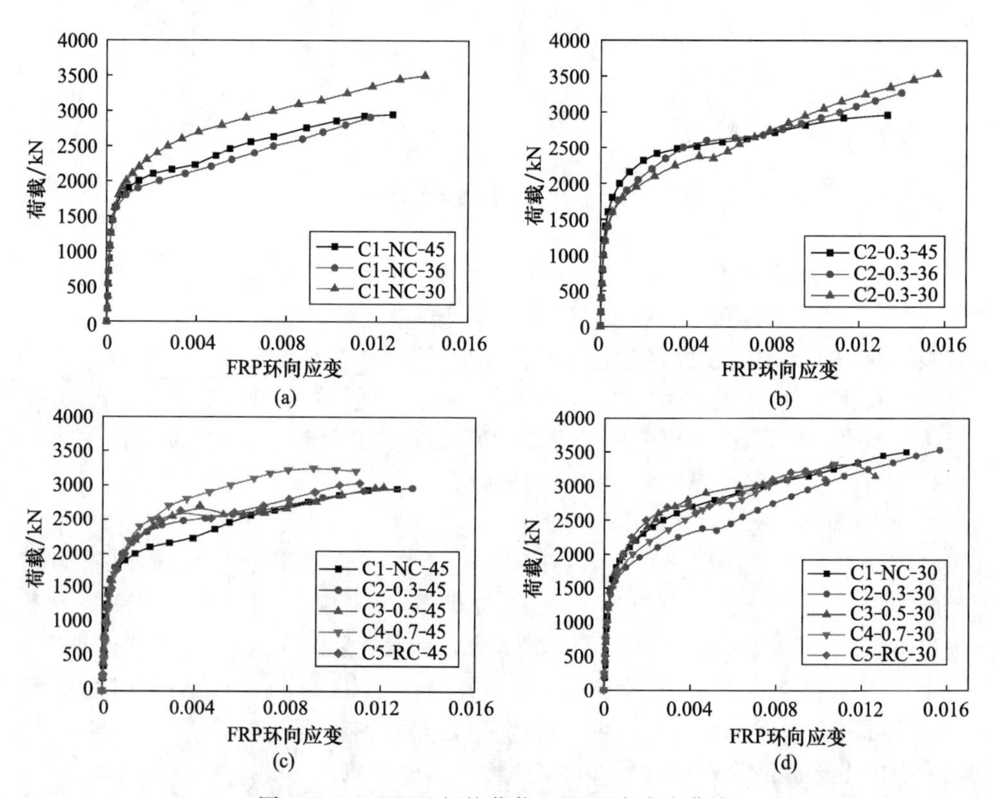

图 9.1.12　FRSC 短柱荷载-FRP 环向应变曲线

(3) 轴向应变与环向应变关系。

FRSC 短柱 FRP 轴向应变-环向应变曲线如图 9.1.13 所示。在加载初期,各试件曲线基本重合,且 FRP 管的轴向应变比环向应变发展快;随着荷载的增加,环向应变发展加快,到后期大于轴向应变。对于不同的钢管径厚比,径厚比较小的试件表现在后期曲线斜率较小,说明其环向应变发展较快;对于不同的再生粗骨料取代率,普通混凝土试件轴向应变和环向应变发展变化较小,而再生混凝土试件在轴向应变为 0.004 以后,轴向应变增加减缓,环向应变明显增大。

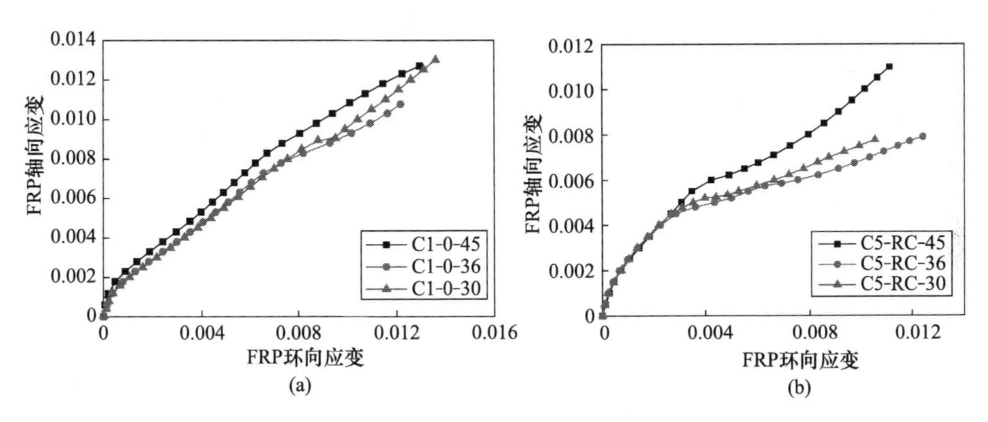

图 9.1.13　FRSC 短柱 FRP 轴向应变-环向应变曲线

2) FRSC 长柱

(1) 荷载-跨中侧向位移曲线。

图 9.1.14 为 FRSC 长柱荷载-跨中侧向位移曲线。随着荷载增加,试件侧向位移不断增大。曲线呈现双线性,第一段荷载增加明显,表现在图中曲线斜率较大;第二段侧向位移增加明显,表现在图中曲线斜率较小,且有较长的延伸,说明试件在接近破坏荷载时表现良好。

在图 9.1.14(a)中,对于全截面加载的情况,相比于天然混凝土长柱,再生混凝土长柱初始刚度普遍较高,在达到极限荷载后,再生混凝土长柱侧向位移增加明显。在图 9.1.14(b)中,长细比对全截面加载试件的初始刚度影响较小,长细比较小的试件在达到极限荷载的 80%之前,其荷载-侧向位移曲线呈线性,并且侧向位移增长缓慢,直到试件破坏侧向位移并不明显,而长细比较大的试件侧向位移后期增长速度加快,曲线较为平缓。在图 9.1.14(c)中,与核心截面加载试件相比,全截面加载试件极限侧向位移和承载力较大,表现为曲线第二段斜率较大,延伸较长。

(2) 荷载-FRP 跨中应变曲线。

图 9.1.15 为 FRSC 长柱荷载-FRP 跨中应变曲线。曲线基本呈现双线性,FRP 环向应变和轴向应变随着荷载的增长趋势基本相同。在图 9.1.15(a)中,相

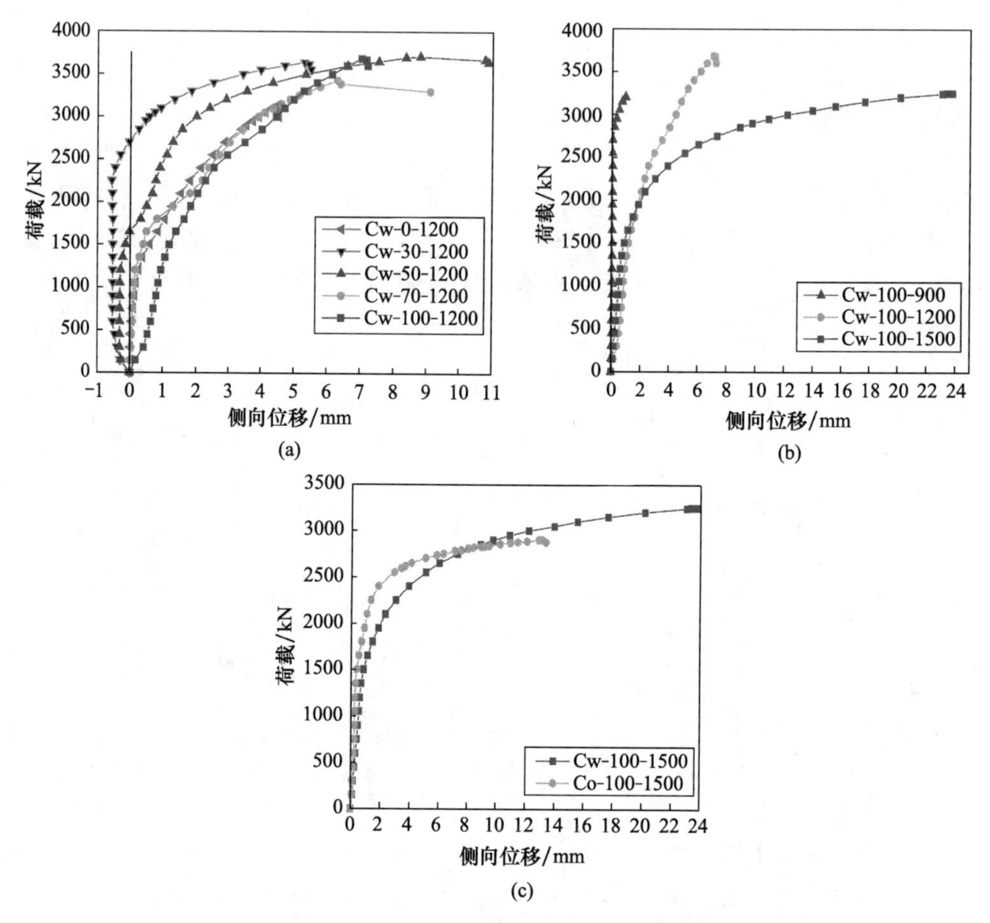

图 9.1.14 FRSC 长柱荷载-跨中侧向位移曲线

比原生混凝土试件，再生混凝土试件普遍有较长且斜率较大的曲线增强段，说明再生混凝土试件的 FRP 管约束效果发挥更好。而在不同的再生粗骨料取代率试件中，各试件增强段的斜率基本相同，尤其是在全截面受压的情况下。在图 9.1.15(b)中，相比长细比大的试件，长细比较小的试件初始刚度较大，环向应变和轴向应变增长较小，曲线第二段斜率较大，但增强段发展不充分。在图 9.1.15(c)中，相比核心截面加载，全截面加载试件荷载和 GFRP 管应变发展普遍更充分，有较长和斜率较高的增强段。但在长细比较小的情况下，试件轴向刚度较大，全截面加载试件刚度提高并不明显，有时甚至影响其本身环向约束力的发挥，因而在试件刚度较小的情况下，外 FRP 管刚度作用能更好地发挥出来。

(3) 荷载-钢管跨中应变曲线。

图 9.1.16 为 FRSC 长柱荷载-钢管跨中应变曲线。荷载-钢管轴向应变曲线呈现双线性，而且呈三折线变化趋势，如图 9.1.16(a)所示。其中，荷载-钢管环向应变

曲线比荷载-钢管轴向应变曲线更早进入第二段，且其第二段曲线很短，斜率较小，表明钢管开始屈服；随后进入第三段，此时钢管重新发挥约束作用，第三段斜率比第二段明显提升，且比荷载-轴向应变第二段斜率大，但仍小于其自身第一段的斜率。

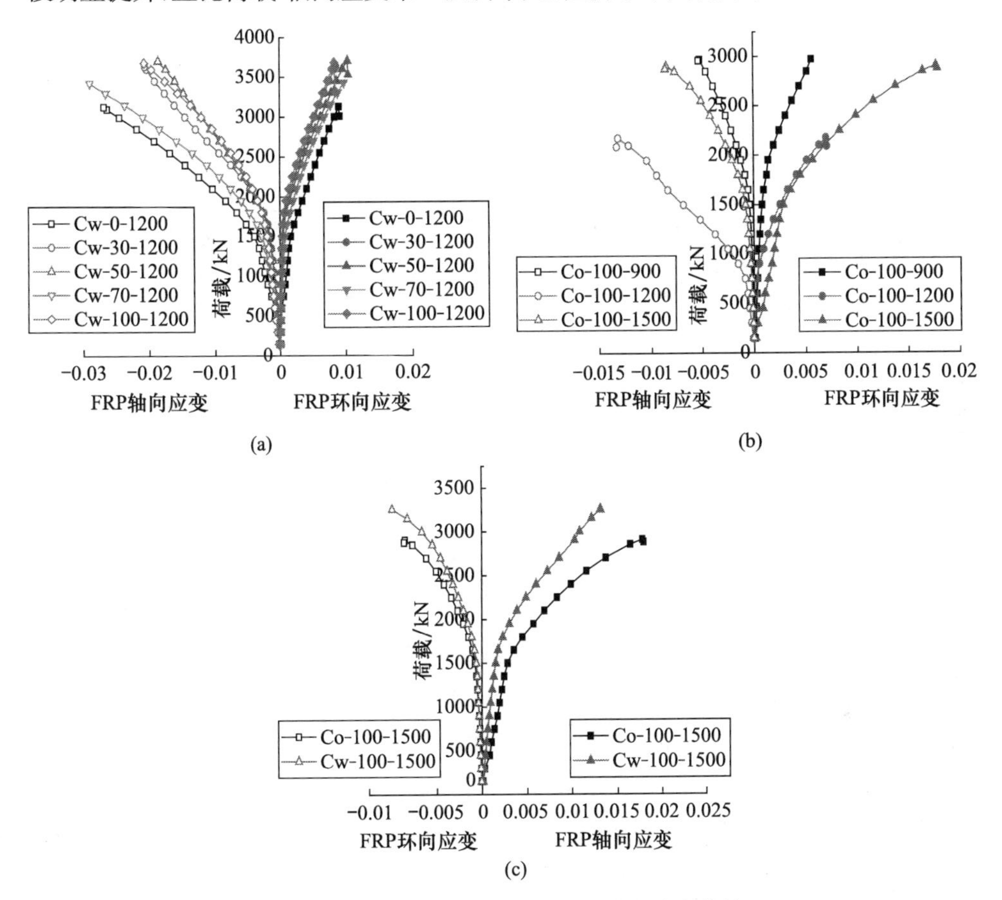

图 9.1.15　FRSC 长柱荷载-FRP 跨中应变曲线

在图 9.1.16(a)中，各荷载-钢管环向应变曲线进入第二段的位置基本相同，说明取代率对钢管屈服的影响不大。然而，随着再生粗骨料取代率的变化，各试件曲线第二段斜率和拐点位置略有变化，且轴向应变的变化比环向应变更明显。在全截面加载时，含较大弹性模量的再生混凝土试件后期钢管环向刚度减弱，其原因是跨中截面的再生混凝土过早压碎导致钢管套箍作用减弱，随后钢管变形增加到与再生混凝土再次同步，受 FRP 管和钢管约束的试件荷载进一步提升。钢管应变随长细比增加而发展减缓。对长细比较大的试件(见图 9.1.16(b))，全截面加载能显著提高试件刚度，促进钢管的承载力和应变发展；而对于长细比较小的试件(见图 9.1.16(c))，外 FRP 管的轴向刚度贡献相应减小，核心加载能更好地发挥其约束作用。因此,全截面加载方式更适宜长细比较大的试件,而核心截面加载方式更适宜长细比较小的试件。

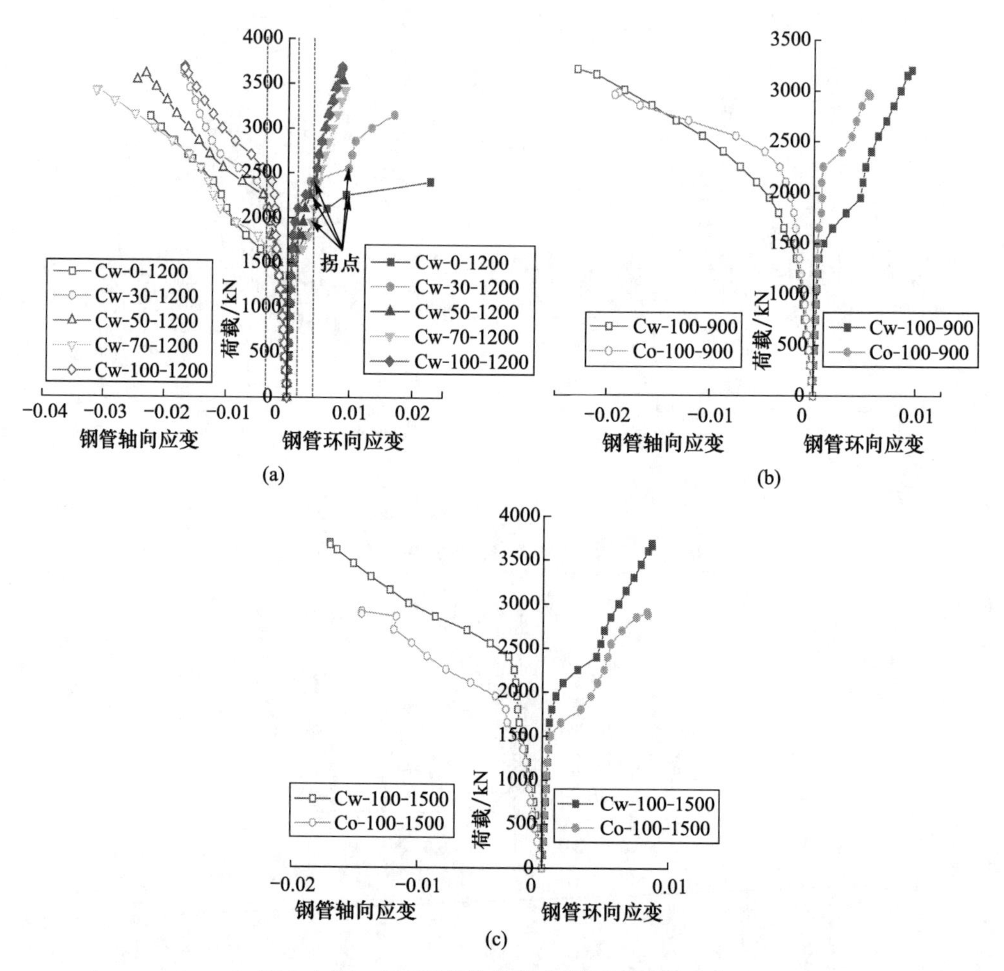

图 9.1.16　FRSC 长柱荷载-钢管跨中应变曲线

(4) 侧向位移沿柱高分布情况。

图 9.1.17 为由位移计测得的试件侧向位移沿柱高分布曲线。试件在 60% 极限荷载之前,侧向位移较小;随着荷载的增加,各截面侧向位移增加,且增加幅度加大,其中柱中部侧向位移增加明显。两边侧向位移基本呈现关于中部对称发展,这种对称趋势在加载后期更加明显,在靠近极限荷载时侧向位移沿柱高分布曲线接近正弦半波曲线。试件加载至相同荷载时,随着再生粗骨料取代率的增加,试件各截面侧向位移有增加趋势,尤其在加载的后期。长细比较大的试件中部侧向位移明显比两边大,在加载后期两边截面对称性更明显。相比全截面

加载试件，核心加载试件在加载初期侧向位移较小，且更不稳定，各截面容易发生不同方向的侧向位移，但在加载后期增加迅速，部分试件甚至比全截面加载的侧向位移大。

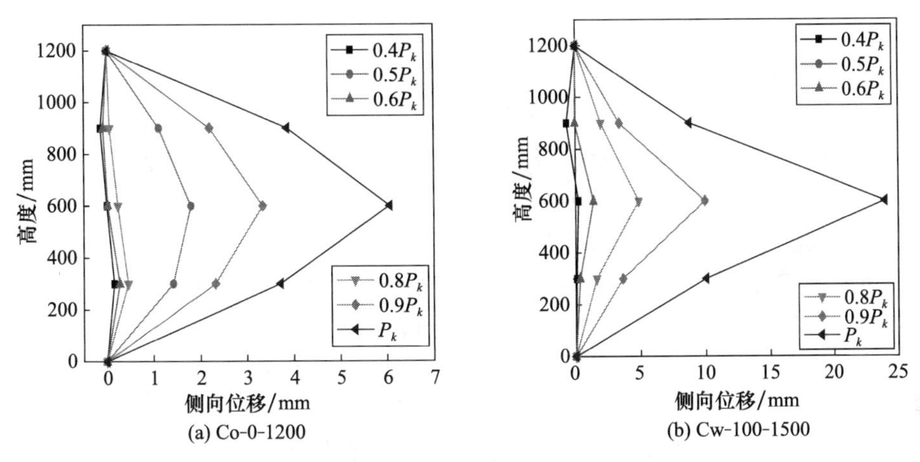

图 9.1.17　FRSC 长柱侧向位移沿柱高分布曲线

(5) FRP 管截面轴向应变分布。

图 9.1.18 为试件 Cw-100-1200 在不同荷载状态下截面 B 的 FRP 管轴向应变分布情况。在加载初期，试件各截面不同测点的轴向应变增长很小；随着荷载的增加，轴向应变增长加大，且同截面各测点轴向应变增幅几乎相同，截面变形符合平截面假定。

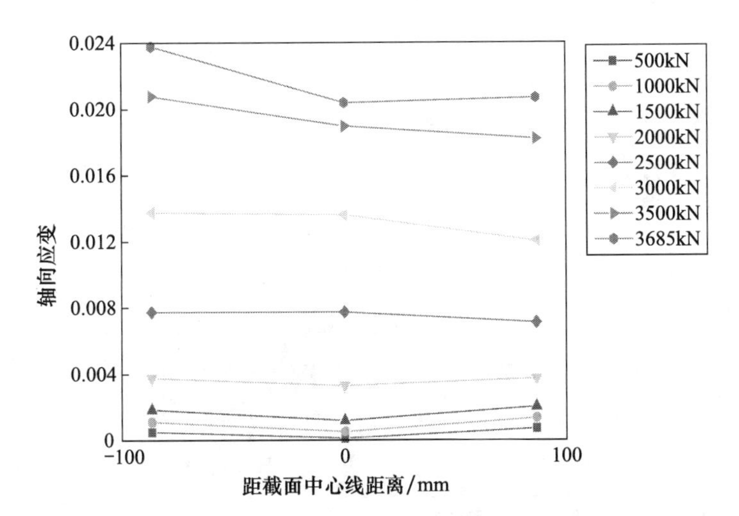

图 9.1.18　试件 Cw-100-1200 截面 B 的 FRP 管轴向应变分布曲线

9.1.4 对比与分析

1. 短柱

从试件的荷载-应变曲线可以看出，FRSC 的单调轴压性能与 DSTC 的类似，然而，由于再生混凝土与普通混凝土的性能差异，DSTC 极限承载力公式是否能直接应用于 FRSC 还需要验证。本节挑选了关于 DSTC 短柱的三种基于不同理论的计算模型，对 FRSC 短柱的极限承载力进行计算，并与本节试验数据对比，考察其适用性。

王(2011)模型[27]采用双剪统一强度理论，对 DSTC 短柱轴压极限承载力进行计算。该模型考虑中间主应力和对应面上正应力的影响，而忽略 FRP 管对短柱轴向的贡献。王(2012)模型[28]采用极限平衡法，将钢管简化为纵向受压和环向受拉的双向应力状态，并假设 FRP 管和钢管所受到的径向应力相等。余(2010)模型[26]在 FRP 管约束混凝土计算模型[41,42]基础上引入空心率的影响，而不考虑混凝土和钢管的相互作用。

三种模型计算结果对 FRSC 短柱轴压极限承载力的预测效果如图 9.1.19(a)所示。王(2011)模型的计算高估了 FRP 管的刚度，因而其计算结果在钢管径厚比较大时普遍高于试验结果 30%～40%，在钢管径厚比较小时普遍高于试验结果 20%～30%。王(2012)模型明显高估了短柱轴压极限承载力，甚至高达到 53%。试件中再生粗骨料取代率对预测效果有一定影响，对于钢管径厚比较大的试件，随着再生粗骨料取代率的增加，该模型计算的极限承载力与试验结果偏离更多。余(2010)模型对试验结果的预测效果良好，尤其是在钢管径厚比较小的情况下，预测值低于试验值 5%以内。

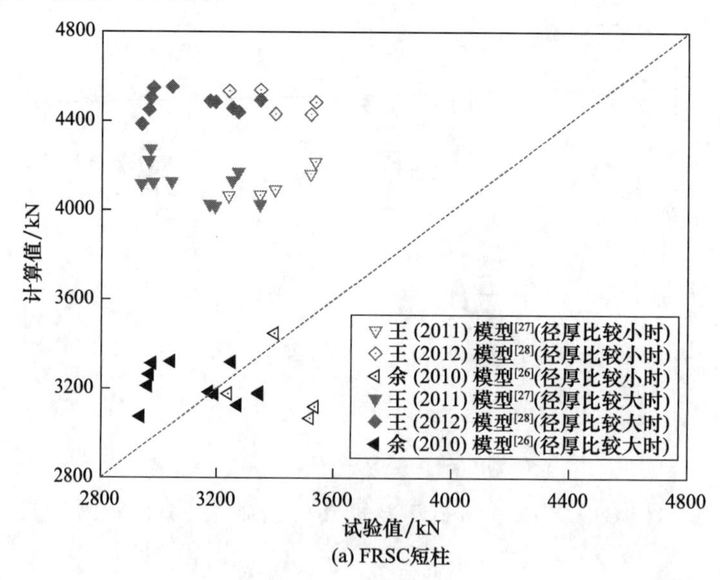

(a) FRSC短柱

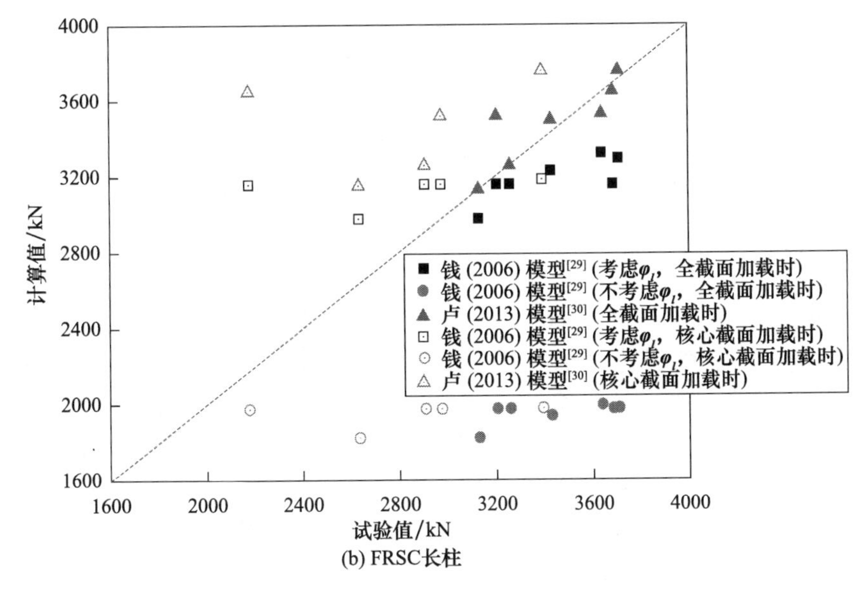

(b) FRSC长柱

图 9.1.19　FRSC 极限承载力计算结果与试验结果对比

2. 长柱

为验证关于 DSTC 长柱的极限承载力计算公式是否适用于 FRSC 长柱，本节挑选了如下两种模型的计算结果与试验结果进行对比。其中，钱(2006)模型[29]在 DSTC 短柱极限承载力计算的基础上引入长细比折减系数 φ_l，对 DSTC 长柱的极限承载力进行计算。它不考虑 FRP 管的轴向承载力，同时假设纤维全部水平缠绕。卢(2013)模型[30]是在余(2010)模型[26]的基础上，根据设计规范采用放大一阶弯矩，利用名义曲率法提出了 DSTC 长柱偏心承载力公式，当偏心距为 0 时，该公式适用于 DSTC 轴压长柱的极限承载力计算。

计算结果对 FRSC 长柱轴压极限承载力的预测效果如图 9.1.19(b)所示。钱(2006)模型在考虑 φ_l 时，对 FRSC 长柱的极限承载力普遍低估 35%～45%，尤其是在全截面加载的情况下，可见，此折减系数对 FRSC 长柱的轴压极限承载力计算并不准确，完全忽略 FRP 管轴向刚度和承载力贡献的计算方式，不能很好地预测 FRSC 长柱的极限承载力。而且在不同再生粗骨料取代率和长细比变化的试件中，这种方式的预测效果大致相同，对这两种参数引起的极限承载力变化的影响不敏感。在不考虑 φ_l 的情况下，钱(2006)模型的计算结果更接近试验结果，约低于试验值 15%，其中对全截面加载试件的预测效果更好，约低于试验值 10%。说明 FRSC 长柱在长细比较小(小于 25.5)的情况下，全截面加载的长柱极限承载力计算忽略长细比的影响。然而在核心截面加载的情况下，由于 FRP 管的轴向贡献很小，计算结果甚至高于试验值 45%，对长柱的极限承载力估计过高。卢(2013)模型对长柱在全截面加载方式下的极限承载力计算值偏离试验值10%以内，由于卢(2013)模型计算时考虑了FRP管的轴向贡献，对全截面加载长柱的极限承载力预测效果比钱(2006)模型更好。但在核心截面加载情况下，FRP管仅提供环向约束作用，卢(2013)模型的预测值普遍比试验值高10%～20%。对卢(2013)模型引入一个关于FRP在核心加载方式下的刚度变化折减系数，能对试验结果进行更好的预测。

9.1.5 结论

本节将再生混凝土应用于DSTC中，提出了新型FRSC。FRSC能有效实现废弃混凝土的资源化处理，提升再生混凝土的应用层次。通过对FRSC短柱和长柱的单调轴压试验，得到以下结论：

(1) FRSC短柱的破坏形态表现为FRP管沿纤维缠绕角度开裂，柱中部纤维拉断，再生混凝土沿纵向开裂，钢管有屈曲现象。FRSC长柱的破坏形态表现为FRP管沿柱身出现环向裂纹，柱顶纤维拉断，柱顶再生混凝土破碎严重，钢管无明显屈曲。

(2) FRSC短柱的极限承载力均大于再生混凝土和钢管计算极限承载力之和，FRSC短柱的荷载-应变曲线与DSTC短柱相似，FRSC短柱极限承载力和延性随着钢管径厚比的增加而减小。在试验设计各再生粗骨料取代率试件中，取代率为30%和70%的FRSC轴压性能较好，取代率为50%的FRSC轴压性能较差。余(2010)模型对FRSC短柱的极限承载力有很好的预测效果，尤其是在钢管径厚比较小的情况下，其预测值低于试验值5%以内。

(3) FRSC长柱在全截面加载时，极限承载力随再生粗骨料取代率和长细比的增加而呈现增长趋势；而在核心截面加载时，极限承载力随长细比的增加呈现减小趋势，且该承载力普遍比全截面加载时低10%。FRSC长柱的侧向位移关于柱中部呈对称发展，侧向位移沿柱高分布曲线在加载后期呈现类似半波正弦曲线，各截面变形符合平截面假定。在FRSC长柱荷载-FRP跨中应变曲线中，再生粗骨料取代率的影响较小，而长细比的减小能提升试件初始刚度，减小试件侧向位移；FRP管应变和承载力在全截面加载方式下发展更充分。FRSC长柱的荷载-钢管跨中环向应变曲线呈三折线型，其中第二段承载力发展很小。卢(2013)模型对FRSC长柱在全截面加载时的极限承载力预测效果较好，与试验结果的偏差小于10%。

(4) 单调轴压性能的研究仅仅是FRSC应用的开始，对FRSC其他力学性能需要有全面的认识，尤其是关于FRSC抗震性能的研究，对推广其工程应用至关重要。而建立准确的双壁空心管中约束再生混凝土在循环轴压下的应力-应变关系模型，是定性分析FRSC抗震性能的关键问题。

参考文献

[1] Teng J G, Yu T, Wong Y L, et al. Hybrid FRP-concrete-steel tubular columns: Concept and

behavior[J]. Construction and Building Materials,2007,21(4):846-854.

[2] Xiao J Z,Li W G,Fan Y H,et al. An overview of study on recycled aggregate concrete in China(1996—2011)[J]. Construction and Building Materials,2012,31(6):364-383.

[3] Silva R V,de Brito J,Dhir R K. Establishing a relationship between modulus of elasticity and compressive strength of recycled aggregate concrete[J]. Journal of Cleaner Production, 2016,112:2171-2186.

[4] Thomas C,Setién J,Polanco J A,et al. Durability of recycled aggregate concrete[J]. Construction and Building Materials,2013,40:1054-1065.

[5] Li T,Xiao J Z,Zhu C. Hydration process modeling of ITZ between new and old cement paste[J]. Construction and Building Materials,2016,109:120-127.

[6] Kou S C,Poon C S,Agrela F. Comparisons of natural and recycled aggregate concretes prepared with the addition of different mineral admixtures[J]. Cement and Concrete Composites,2011,33(8):788-795.

[7] Xiao J Z,Huang Y J,Yang J,et al. Mechanical properties of confined recycled aggregate concrete under axial compression[J]. Construction and Building Materials,2012,26(1):591-603.

[8] 吴波,刘琼祥,刘伟,等. 钢管再生混合构件初探[J]. 工程抗震与加固改造,2008,30(4):120-124.

[9] Yang Y F,Han L H. Experimental behaviour of recycled aggregate concrete filled steel tubular columns[J]. Journal of Constructional Steel Research,2006,62(12):1310-1324.

[10] 张向冈,陈宗平,薛建阳,等. 钢管再生混凝土轴压长柱试验研究及力学性能分析[J]. 建筑结构学报,2012,3(9):12-20.

[11] Tang Y C,Li L J,Feng W X,et al. Seismic performance of recycled aggregate concrete-filled steel tube columns[J]. Journal of Constructional Steel Research,2017,133:112-124.

[12] Teng J G,Zhao J L,Yu T,et al. Behavior of FRP-confined compound concrete containing recycled concrete lumps[J]. Journal of Composites for Construction, 2015, 20(1): 04015038.

[13] Xie T Y,Ozbakkaloglu T. Behavior of recycled aggregate concrete-filled basalt and carbon FRP tubes[J]. Construction and Building Materials,2016,105:132-143.

[14] Xu J J,Chen Z P,Xiao Y,et al. Recycled aggregate concrete in FRP-confined columns:A review of experimental results[J]. Composite Structures,2017,174:277-291.

[15] 梁炯丰,郭立湘. FRP 钢管再生混凝土柱的性能与分析[M]. 武汉:武汉大学出版社,2014.

[16] Ozbakkaloglu T,Fanggi B L. Axial compressive behavior of FRP-concrete-steel double-skin tubular columns made of normal-and high-strength concrete[J]. Journal of Composites for Construction,2014,18(1):04013027.

[17] Yu T,Wong Y,Teng J G. Behavior of hybrid FRP-concrete-steel double-skin tubular columns subjected to eccentric compression[J]. Advances in Structural Engineering,2010,13(5):961-974.

[18] Abdelkarim O I, ElGawady M A. Behavior of hollow FRP-concrete-steel columns under static cyclic axial compressive loading[J]. Engineering Structures, 2016, 123: 77-88.

[19] Yu T, Zhang B, Cao Y B, et al. Behavior of hybrid FRP-concrete-steel double-skin tubular columns subjected to cyclic axial compression[J]. Thin-Walled Structures, 2012, 61(6): 196-203.

[20] 高丹盈，王代. FRP-混凝土-钢管组合方柱轴压性能及承载力计算模型. 中国公路学报，2015，28(2)：43-52.

[21] Yu T, Teng J G. Behavior of hybrid FRP-concrete-steel double-skin tubular columns with a square outer tube and a circular inner tube subjected to axial compression[J]. Journal of Composites for Construction, 2012, 17(2): 271-279.

[22] Feng P, Cheng S, Bai Y, et al. Mechanical behavior of concrete-filled square steel tube with FRP-confined concrete core subjected to axial compression[J]. Composite Structures, 2015, 123: 312-324.

[23] Yao J, Jiang T, Xu P, et al. Experimental investigation on large-scale slender FRP-concrete-steel double-skin tubular columns subjected to eccentric compression[J]. Advances in Structural Engineering, 2015, 18(10): 1737-1746.

[24] 王志滨，陶忠. FRP-混凝土-钢管组合受弯构件力学性能试验研究[J]. 工业建筑，2009，39(4)：5-8，27.

[25] 刘明学，钱稼茹. FRP-混凝土-钢双壁空心管的截面弯矩-曲率全曲线[J]. 清华大学学报（自然科学版），2007，47(12)：2105-2110.

[26] Yu T, Teng J G, Wong Y L. Stress-strain behavior of concrete in hybrid double-skin tubular columns[J]. Journal of Structural Engineering, 2010, 136(4): 379-389.

[27] 王娟，赵均海，朱倩，等. 纤维增强复合材料-混凝土-钢双壁空心管短柱的轴压承载力[J]. 工业建筑，2011，41(11)：130-133.

[28] 王俊，刘伟庆，方海，等. GFRP管-钢管双壁约束混凝土组合柱轴压性能与承载力实用计算方法研究[J]. 建筑结构，2012，(2)：133-138.

[29] 钱稼茹，刘明学. FRP-混凝土-钢双壁空心管长柱轴心抗压试验研究[J]. 混凝土，2006，(9)：31-34.

[30] 卢哲刚. FRP-混凝土-钢双管柱的设计方法研究[D]. 杭州：浙江大学，2012.

[31] Yu T, Teng J G, Wong Y L, et al. Finite element modeling of confined concrete-Ⅰ: Drucker-Prager type plasticity model[J]. Engineering Structures, 2010, 32(3): 665-679.

[32] Omar A, Elgawady M A. Analytical and finite-element modeling of FRP-concrete-steel double-skin tubular columns[J]. Journal of Bridge Engineering, 2015, 20(8): 1-12.

[33] Zhang B, Teng J G, Yu T. Experimental behavior of hybrid FRP-concrete-steel double-skin tubular columns under combined axial compression and cyclic lateral loading[J]. Engineering Structures, 2015, 99: 214-231.

[34] Ozbakkaloglu T, Idris Y. Seismic behavior of FRP-high-strength concrete-steel double-skin tubular columns[J]. Journal of Structural Engineering, 2014, 140(6): 04014019.

[35] 钱稼茹,刘明学. FRP-混凝土-钢双壁空心管柱抗震性能试验[J]. 土木工程学报,2008,41(3):29-36.

[36] Han L H,Tao Z,Liao F Y,et al. Tests on cyclic performance of FRP-concrete-steel double-skin tubular columns[J]. Thin-Walled Structures,2010,48(6):430-439.

[37] 曾岚,李丽娟,陈光明,等. GFRP-再生混凝土-钢管组合柱轴压力学性能试验研究[J]. 土木工程学报,2014,47(s2):21-27.

[38] 中华人民共和国国家标准. 纤维缠绕增强塑料环形试样力学性能试验方法(GB/T 1458—2008)[S]. 北京:中国建筑工业出版社,2009.

[39] 中华人民共和国行业标准. 普通混凝土配合比设计规程(JGJ 55—2011)[S]. 北京:中国建筑工业出版社,2011.

[40] 中华人民共和国国家标准. 金属材料 拉伸试验 第 1 部分:室温试验方法(GB/T 228.1—2010)[S]. 北京:中国标准出版社,2011.

[41] Lam L,Teng J G. Design-oriented stress-strain model for FRP-confined concrete[J]. Construction and Building Materials,2003,17(6-7):471-489.

[42] Teng J G,Jiang T,Lam L,et al. Refinement of a design-oriented stress-strain model for FRP-confined concrete[J]. Journal of Composites for Construction,2009,13(4):269-278.

9.2 长期荷载作用下钢管再生混凝土柱力学性能

王玉银*，耿悦，陈杰

钢管再生混凝土克服了再生混凝土抗压强度低、收缩徐变大等缺点，兼有钢管混凝土承载力高、施工方便和再生混凝土节约资源、绿色环保的优点，是将废弃混凝土资源化的有效途径之一，应用前景广阔。由于再生混凝土弹性模量低、徐变大，在长期荷载作用下，截面内力发生重分布，使得钢管纵向应力显著增大；同时，钢管兼作施工骨架普遍存在较大初应力；两者再与使用荷载作用下的应力相叠加，则可能导致钢管提前进入塑性，甚至发生局部屈曲，从而降低构件承载力。因此，长期荷载对钢管再生混凝土柱力学性能的影响不容忽视。本节对圆钢管再生混凝土长期性能进行深入研究，建立再生混凝土徐变计算模型，验证所提出的再生混凝土徐变模型的可靠性。

9.2.1 研究现状

再生粗骨料内部存在机械破碎所产生的裂纹，且再生粗骨料中的天然粗骨料表面附着有残余砂浆，造成再生粗骨料与天然粗骨料相比具有表观密度低、孔隙率高、吸水率高、强度低等特点。这导致与普通混凝土相比，再生混凝土的抗压强度与弹性模量较低，收缩、徐变变形较大，耐久性较差，且各种力学性能的离散性较大[1]。将再生混凝土灌入钢管形成钢管再生混凝土，可以利用组合结构力学性能的优势有效弥补再生混凝土的力学缺陷，是对再生混凝土在结构层次上的改善[2]。具体而言，钢管再生混凝土构件在承受压力作用时，钢管对核心混凝土产生约束作用，使混凝土处于三向受压状态，提高了再生混凝土的抗压承载力及延性；钢管为核心混凝土提供了一个封闭的空间，使再生混凝土的收缩、徐变变形减小，现有研究表明，密闭条件下的混凝土长期变形仅为外露环境下的1/3～1/2[3]；此外，钢管的存在也减小了再生粗骨料对组合构件刚度及力学性能离散性的影响。综上所述，钢管再生混凝土这一结构形式为拓展再生混凝土在结构工程中的应用范围开辟了新的途径，作为主要竖向承重构件在多层及小高层建筑中具有较为广阔的应用前景。但是，再生粗骨料对钢管混凝土长期静力性能的影响仍不可忽略。已有研究表明，掺入再生粗骨料可使钢管混凝土变形增加20%～30%[4,5]，钢管再生混凝土柱长期变形占总变形的

---

* 王玉银(1975—)，男，博士，教授，主要研究方向为钢-混凝土组合结构。

基金项目：国家自然科学基金面上项目(51178146、51678195)。

40%[6,7]，需予以重视。钢管再生混凝土柱长期性能的研究尚处于起步阶段，具体研究现状如下。

1. 钢管混凝土长期静力性能研究

可靠的混凝土收缩徐变模型与时效性能分析理论是进行钢管混凝土构件长期静力性能分析的基础。目前，应用较为广泛的混凝土收缩与线性徐变预测模型包括欧洲混凝土委员会-国际预应力混凝土协会（CEB-FIP）提出的MC90模型[8]、欧洲混凝土规范中提供的EC2模型[9]及Bažant和Baweja提出的B3模型[10]等。钢管混凝土在长期持荷过程中，构件长期变形增加的同时，核心混凝土的应力随时间变化逐渐降低。变应力荷载作用下的混凝土长期静力响应可基于叠加原理采用逐步积分法进行较为精确的预测，也可采用相关简化计算方法进行代数近似计算。

王玉银等[11~14]采用逐步积分法研究了各典型混凝土收缩徐变模型在预测钢管混凝土长期变形时的适用性，将预测结果与81组试件的长期试验结果进行对比。研究结果表明，在预测钢管混凝土试件的长期变形时，仍可沿用密闭混凝土的收缩徐变模型，当模型未区分干燥徐变（干燥收缩）与基本徐变（自生收缩）时，提出采用混凝土体积无穷大假设，近似得到密闭混凝土的收缩徐变预测结果。分析结果表明，EC2模型[9]在预测钢管普通混凝土构件收缩徐变方面具有较高的精度，基于逐步积分法的徐变模型预测钢管混凝土长期总变形与实测钢管混凝土长期总变形相差不超过±10%。

2. 钢管再生混凝土长期静力性能研究

目前，针对钢管再生混凝土长期静力性能的试验研究相对较少。Yang等[4,15]进行了6个内填C30混凝土的圆形和方形钢管再生混凝土柱的长期变形试验，考虑的参数包括再生粗骨料取代率（0和50%）和轴压比（0.3和0.6）；基于试验结果，以再生粗骨料取代率为参数，提出了再生粗骨料徐变影响系数$\varphi_{RAC}/\varphi_{NAC}$的计算表达式。王海洋等[5]进行了3个钢管膨胀再生混凝土构件的长期变形试验研究，该试验主要考虑了膨胀剂掺量（0、5%和10%）对试件徐变变形的影响，试件的再生粗骨料取代率为100%。研究表明，当再生粗骨料取代率为50%时，试件的徐变变形比相应的钢管普通混凝土试件大20%左右。钢管再生混凝土徐变试验研究的试件数量较少，现有钢管再生混凝土长期试验仅考虑了单一取代率时不同参数对构件长期性能的影响，没有考虑加载龄期对钢管再生混凝土长期性能的影响。因此，需要扩大参数范围，进一步研究钢管再生混凝土的长期性能。

对于钢管再生混凝土徐变模型，仍可沿用钢管混凝土徐变模型的提出方法，即沿用再生混凝土徐变模型,只需取核心混凝土表面积为零即可。现有再生混凝土徐变模型包括 Fathifazl 模型[16]及 de Brito 等[17]提出的 Brito(D)模型与 Brito(W)模型,各模型本质上均考虑了再生粗骨料表面旧水泥砂浆含量这一影响因素[18]。但研究 Ravindrarajah 等[19]的试验结果发现当采用较低强度基体混凝土破碎得到的再生粗骨料配制较高强度再生混凝土时,再生粗骨料对试件徐变性能的影响比采用较高强度基体混凝土破碎得到的再生粗骨料配制较低强度再生混凝土时显著。Nishibayashi 等[20]的试验结果也发现单位体积混凝土水泥用量越高,再生粗骨料对试件徐变性能的影响越显著。综上所述,基体混凝土水灰比和目标混凝土水灰比均可能影响再生混凝土的徐变性能,因此需考虑基体混凝土水灰比和目标混凝土水灰比的影响,确定更为合理可靠的再生混凝土徐变模型,为钢管再生混凝土徐变分析奠定基础。

3. 主要研究内容

本节以钢管再生混凝土柱为研究对象,主要内容为:进行 8 组 40 个再生混凝土和 12 组 24 个钢管再生混凝土试件长期持荷试验,实测试件的长期变形,主要参数包括再生混凝土强度等级(C30 和 C50)、再生粗骨料取代率(0、50%和 100%)、基体混凝土水灰比(0.30、0.45 和 0.60)、目标混凝土水灰比(0.30、0.45 和 0.60)和加载龄期(7d、14d、28d 和 55d)。根据试验结果,考虑基体混凝土水灰比与目标混凝土水灰比对再生混凝土徐变性能的影响,提出修正的再生混凝土徐变模型;将模型预测结果与现有再生混凝土和钢管再生混凝土长期试验结果进行对比,验证徐变模型的可靠性。

9.2.2 研究方案

1. 试件设计与制作

1) 试件设计

本节进行了 8 组 40 个再生混凝土棱柱体长期变形试验,试件底面正方形边长 a 为 100mm,高度 h 为 400mm。在长期荷载作用下,试件内的初始应力水平 n_c 为 0.25 且加载龄期 t_0 为 28d。试件的具体参数如表 9.2.1 所示,其中 f_{cm} 为换算得到的混凝土标准圆柱体(150mm×300mm)抗压强度,E_c 为混凝土的弹性模量,N_L 为试件所承担的长期荷载。

试验设计制作了 12 组 24 个钢管再生混凝土短柱试件,在轴向荷载作用下进行长期试验。试件核心混凝土的初始应力水平 n_c 为 0.30;试件的名义截面含钢率 α 约为 8%,为工程常用含钢率;试件钢管直径 D 为 140mm,钢管壁厚 t_s 为 2.75mm,长度 L 为 380mm。试件具体参数如表 9.2.2 所示。

表 9.2.1　再生混凝土试件基本参数

试件编号	骨料类型	r /%	$\frac{W}{C}$	$\frac{W_{or}}{C_{or}}$	f_{cm} /MPa	E_c /(10^4N/mm^2)	N_L /kN	n_c
NAC-0.30	Ⅰ	0	0.30	—	53.2	3.39	157	0.29
NAC-0.45	Ⅰ	0	0.45	—	38.4	3.57	100	0.26
NAC-0.60	Ⅰ	0	0.60	—	33.5	3.17	90	0.27
RAC-0.45-0.30	Ⅱ	100	0.45	0.30	36.6	2.90	95	0.26
RAC-0.45-0.45	Ⅲ	100	0.45	0.45	37.8	2.74	97	0.26
RAC-0.45-0.60	Ⅳ	100	0.45	0.60	35.3	2.51	93	0.26
RAC-0.30-0.45	Ⅲ	100	0.30	0.45	47.2	2.94	127	0.27
RAC-0.60-0.45	Ⅲ	100	0.60	0.45	30.6	2.60	79	0.26

注：试件命名规则分为两类，对于普通混凝土试件，以 NAC-0.30 为例，NAC 表示普通混凝土，0.30 表示水灰比 W/C（对应再生混凝土中的目标水灰比）；对于再生混凝土试件，以 RAC-0.45-0.30 为例，RAC 表示再生混凝土，0.45 表示目标水灰比 W/C，0.30 表示基体混凝土水灰比 W_{or}/C_{or}。

表 9.2.2　钢管再生混凝土试件基本参数

试件编号	r /%	骨料类型	f_{cm28} /MPa	t_0 /d	$f_{cm}(t_0)$ /MPa	E_c /(10^4N/mm^2)	Dt_s /mm	α /%	N_L /kN
RACFT-C30-R100-T6-a	100	Ⅴ	27.6	6	23.6	2.13	139.8×2.69	8.2	187
RACFT-C30-R100-T6-b	100	Ⅴ	27.6	6	23.6	2.13	139.2×2.70	8.2	187
RACFT-C30-R100-T14-a	100	Ⅴ	27.6	14	26.6	2.34	139.2×2.69	8.2	202
RACFT-C30-R100-T14-b	100	Ⅴ	27.6	14	26.6	2.34	139.4×2.70	8.2	202
RACFT-C30-R100-T26-a	100	Ⅴ	27.6	26	27.6	3.06	138.7×2.60	7.9	205
RACFT-C30-R100-T26-b	100	Ⅴ	27.6	26	27.6	3.06	139.1×2.74	8.4	205
RACFT-C30-R50-T27-a	50	Ⅴ	25.9	27	25.9	2.56	139.5×2.69	8.2	195
RACFT-C30-R50-T27-b	50	Ⅴ	25.9	27	25.9	2.56	138.8×2.52	7.7	195
RACFT-C30-R0-T26-a	0	Ⅴ	32.4	26	32.4	2.26	138.9×2.69	8.2	210
RACFT-C30-R0-T26-b	0	Ⅴ	32.4	26	32.4	2.26	139.3×2.66	8.1	210
RACFT-C30-R100-T56-a	100	Ⅴ	27.6	56	33.2	2.92	139.0×2.56	8.1	230
RACFT-C30-R100-T56-b	100	Ⅴ	27.6	56	33.2	2.92	139.3×2.67	7.8	230
RACFT-C50-R100-T7-a	100	Ⅵ	47.8	7	42.3	2.69	138.0×2.58	7.9	278
RACFT-C50-R100-T7-b	100	Ⅵ	47.8	7	42.3	2.69	137.9×2.65	8.2	278
RACFT-C50-R100-T14-a	100	Ⅵ	47.8	14	46.8	2.78	138.0×2.70	8.3	308
RACFT-C50-R100-T14-b	100	Ⅵ	47.8	14	46.8	2.78	137.6×2.63	8.0	308
RACFT-C50-R100-T27-a	100	Ⅵ	47.8	27	47.8	3.71	137.6×2.66	8.2	308
RACFT-C50-R100-T27-b	100	Ⅵ	47.8	27	47.8	3.71	138.1×2.63	8.1	308
RACFT-C50-R50-T28-a	50	Ⅵ	52.0	28	52.0	2.96	137.3×2.64	8.0	323
RACFT-C50-R50-T28-b	50	Ⅵ	52.0	28	52.0	2.96	137.9×2.66	8.1	323
RACFT-C50-R0-T29-a	0	Ⅵ	50.1	29	50.1	2.82	137.4×2.55	7.9	300
RACFT-C50-R0-T29-b	0	Ⅵ	50.1	29	50.1	2.82	137.6×2.55	7.9	300

续表

试件编号	r /%	骨料类型	f_{cm28} /MPa	t_0 /d	$f_{cm}(t_0)$ /MPa	E_c /(10^4N/mm^2)	Dt_s /mm	α /%	N_L /kN
RACFT-C50-R100-T55-a	100	Ⅵ	47.8	55	55.6	3.93	137.9×2.62	8.1	360
RACFT-C50-R100-T55-b	100	Ⅵ	47.8	55	55.6	3.93	137.5×2.61	8.1	360

注:以 RACFT-C30-R100-T28-a 为例说明钢管再生混凝土试件的命名规则,RACFT 表示钢管再生混凝土柱,C30 表示核心再生混凝土强度为 30MPa,R100 表示再生粗骨料取代率为 100%,T28 表示加载龄期为 28d,a 表示同一组试件内的编号,每组 2 个试件。

2) 骨料基本性质

试验采用 P·O42.5 普通硅酸盐水泥;天然粗骨料(NCA)和细骨料分别为花岗岩和河砂,其中河砂的细度模数为 2.58。再生粗骨料(RCA)由废弃混凝土生产,龄期为 3 年,骨料的基本性质如表 9.2.3 所示。

表 9.2.3 骨料基本性质

骨料类型	粒径范围 /mm	表观密度 /(kg/m^3)	吸水率 /%	压碎指标 /%	残余砂浆含量 C_{RM}/%
Ⅰ	4.75~25	2880.0	0.50	3.12	—
Ⅱ	4.75~25	2708.1	5.18	8.87	43
Ⅲ	4.75~25	2713.2	5.07	9.97	35
Ⅳ	4.75~25	2719.7	4.43	13.0	30
Ⅴ	4.75~25	2629.0	7.16	8.80	36
Ⅵ	4.75~25	2602.0	7.07	9.00	41

3) 混凝土配合比

试验所采用的基体混凝土为商品混凝土,其配合比如表 9.2.4 所示。

采用质量取代方法进行不同再生粗骨料取代率的再生混凝土配制,参考《再生混凝土应用技术规程》(附条文说明)(DG/TJ 08-2018—2007)[21]配制不同目标水灰比,各组混凝土的配合比如表 9.2.5 所示,其中粗骨料为干重,水灰比为有效水灰比,即表中的用水量不包含再生粗骨料的附加用水量。

表 9.2.4 基体混凝土配合比

试件类别	$\frac{W_{or}}{C_{or}}$	单位体积含量/(kg/m^3)					
		水	水泥	粉煤灰	粗骨料	细骨料	减水剂
RAC	0.30	180	600	0	1080	610	6.0
	0.45	180	400	0	1180	670	2.0
	0.60	180	300	0	1240	710	0
RACFT	0.46	185	325	75	1030	740	10.4

表 9.2.5　试验混凝土配合比

试件类别	试件编号	r /%	$\frac{W}{C}$	材料用量/(kg/m³)					减水剂/(kg/m³)
				水	水泥	天然粗骨料	再生粗骨料	天然细骨料	
RAC	NAC-0.30	0	0.30	180	600	1080	0	610	6.0
	NAC-0.45	0	0.45	180	400	1180	0	670	2.0
	NAC-0.60	0	0.60	180	300	1240	0	710	0
	RAC-0.45-0.30	100	0.45	180	400	0	1130	640	2.0
	RAC-0.45-0.45	100	0.45	180	400	0	1130	640	2.0
	RAC-0.45-0.60	100	0.45	180	400	0	1130	640	2.0
	RAC-0.30-0.45	100	0.30	180	600	0	1030	580	6.0
	RAC-0.60-0.45	100	0.60	180	300	0	1200	680	0
RACFT	RACFT-C30-R100	100	0.47	195	419	0	1199	659	0
	RACFT-C30-R50	50	0.47	195	419	599	599	659	0
	RACFT-C30-R0	0	0.47	195	419	1199	0	659	0
	RACFT-C50-R100	100	0.31	186	597	0	1081	634	7.2
	RACFT-C50-R50	50	0.31	186	597	540	540	634	7.2
	RACFT-C50-R0	0	0.31	186	597	1081	0	634	7.2

2. 材料性能

1) 钢材力学性能

标准拉伸试验测定钢材力学性能指标，试验结果如表 9.2.6 所示，其中 f_y 为屈服强度，f_u 为极限强度，E_s 为弹性模量，μ_s 为泊松比。

表 9.2.6　钢材力学性能指标

试件编号	f_y/MPa	f_u/MPa	E_s/(10^5N/mm²)	μ_s
RACFT-C30	287.9	363.6	1.87	0.281
RACFT-C50	300.3	347.2	1.92	0.275

2) 混凝土力学性能

按照《普通混凝土力学性能试验方法标准》(GB/T 50081—2002)[22]的规定，测定再生混凝土试件和钢管再生混凝土试件核心混凝土的抗压强度和弹性模量，分别如表 9.2.1 及表 9.2.2 所示。

3. 试验装置和加载制度

1) 长期持荷试验装置与测量系统

采用自行设计加工的混凝土徐变仪和自平衡加载装置(见图 9.2.1)进行再生混凝土试件和钢管再生混凝土试件的长期持荷试验。再生混凝土试件每个面中部布置标距为 200mm 的不锈钢测量端子，每个钢管再生混凝土试件中部间隔 90°对称布置 4 组标距为 200mm 的不锈钢测量端子，采用手持式应变仪(DEMEC)测量端子之间的长期变形。在长期试验过程中，再生混凝土试件在 97%持荷时间内的湿度均控制在 77%±5%的范围内，室内平均温度为 11.5℃±5℃；钢管再生混凝土试件室内平均温度为 28℃。

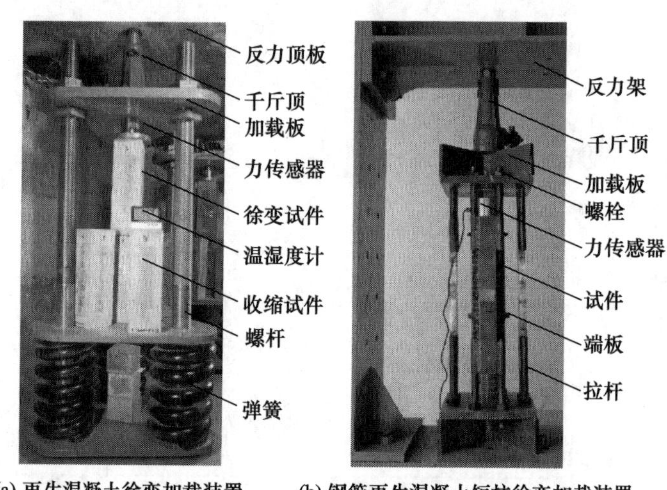

(a) 再生混凝土徐变加载装置　(b) 钢管再生混凝土短柱徐变加载装置

图 9.2.1　长期荷载试验加载装置图

2) 加载制度

采用分级加载的制度施加荷载，每级荷载为预计荷载的 1/4 或 1/5。加载过程中，监测试件表面应变片的读数，通过调节螺栓保证试件始终处于轴心受压状态。持荷过程中，需对试件进行补载。补载的频率由变形增长速率决定，加载初期，一日补载 3 次；持荷 2 个月后，每周补载 1 次。该补载频率可保证施加于试件上的荷载保持在初始荷载的±2%范围内，满足《普通混凝土长期性能和耐久性能试验方法标准》(GB/T 50082—2009)[23]中关于混凝土徐变试验持荷荷载的要求。

9.2.3　研究结果

1. 再生粗骨料掺入对徐变的影响

试验测得的再生混凝土和钢管再生混凝土长期变形随时间的变化曲线如图 9.2.2 和图 9.2.3 所示，其中徐变度 $C(t,t_0)$为单位应力下的徐变变形。可以看出，各试件长期变形在加载初期(前 1～2 周)发展较快，随后变形的增加速率随持荷时间的增加逐渐降低，再生混凝土和钢管再生混凝土试件分别持荷 180d 和 90d 时长期变形可达到持荷结束时徐变变形的 90%，此后持荷 1 个月试件的徐变变形不超过持荷结束时徐变变形的 10%，因此分别在 240d 和 120d 时停止再生混凝土和钢管再生混凝土长期性能试验。持荷结束时，时效作用使各再生混凝土试件长期变形增加 160％以上，再生粗骨料取代率为 100％的钢管再生混凝土试件的长期变形比试件的初始变形增加了 27.7％～51.1％。因此，时效作用对再生混凝土和钢管再生混凝土长期变形的影响不容忽视。

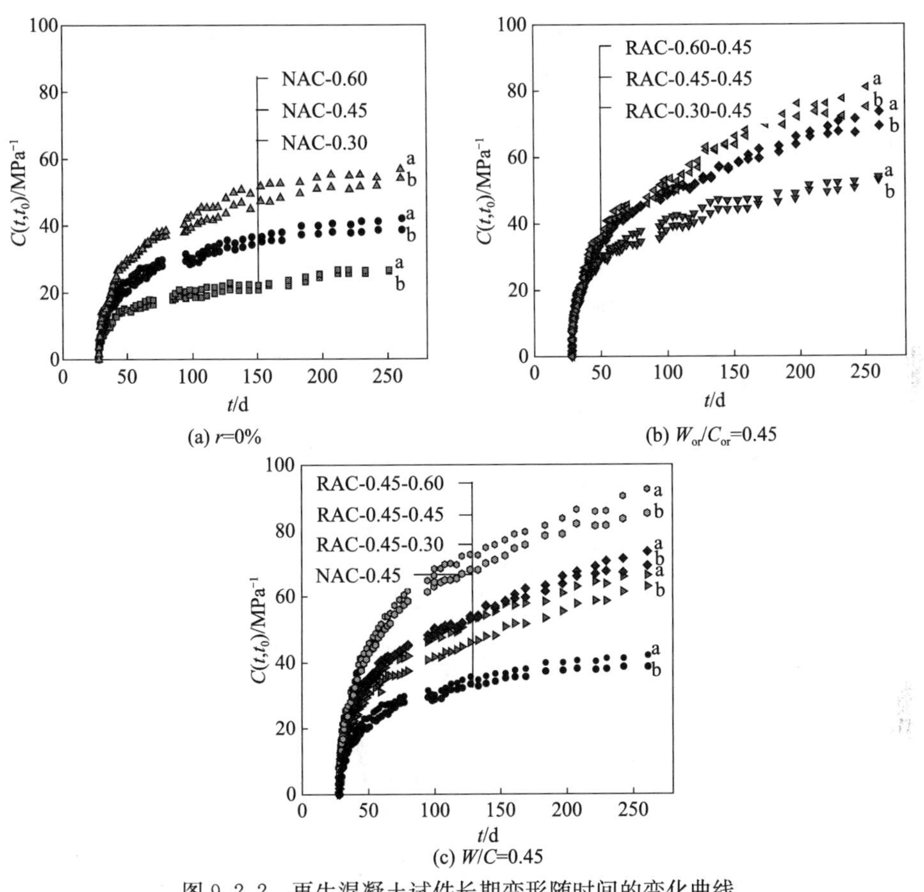

(a) r=0%　(b) W_{or}/C_{or}=0.45
(c) W/C=0.45

图 9.2.2　再生混凝土试件长期变形随时间的变化曲线

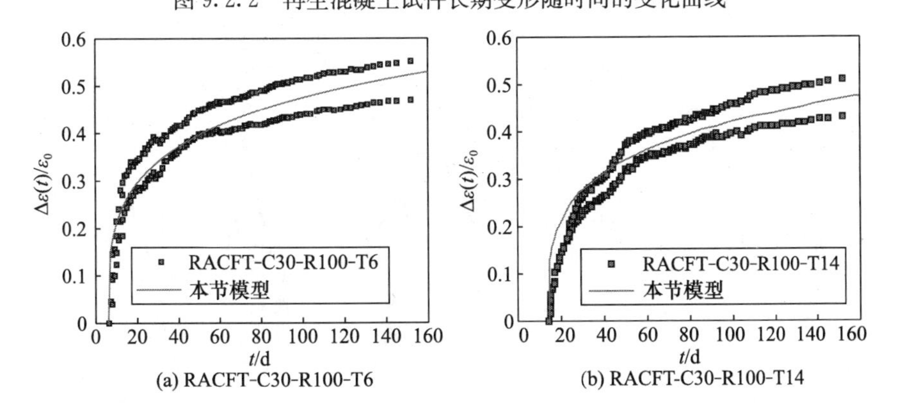

(a) RACFT-C30-R100-T6　(b) RACFT-C30-R100-T14

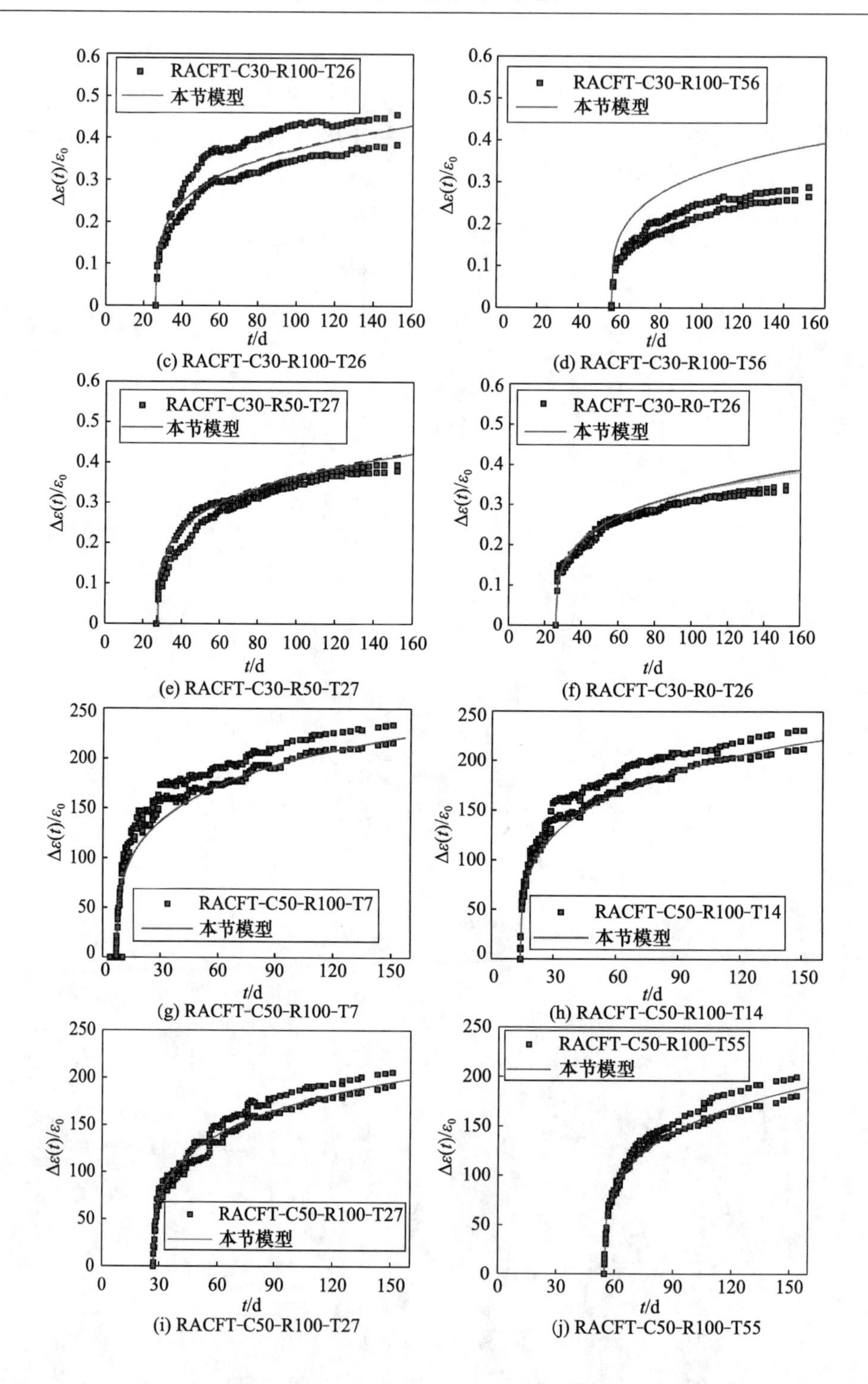

(c) RACFT-C30-R100-T26

(d) RACFT-C30-R100-T56

(e) RACFT-C30-R50-T27

(f) RACFT-C30-R0-T26

(g) RACFT-C50-R100-T7

(h) RACFT-C50-R100-T14

(i) RACFT-C50-R100-T27

(j) RACFT-C50-R100-T55

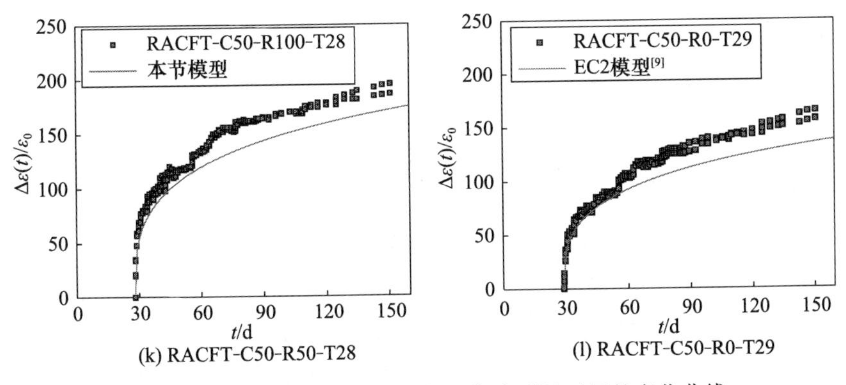

图 9.2.3　钢管再生混凝土试件长期变形随时间的变化曲线

2. 徐变随时间发展规律的影响

为比较再生粗骨料取代率 r、基体混凝土水灰比 W_{or}/C_{or}、目标水灰比 W/C 对再生混凝土徐变变形随时间发展规律的影响，将再生混凝土试件和钢管再生混凝土试件加载过程中的徐变变形进行归一化处理，如图 9.2.4 所示，图中同时给出了相同条件下 EC2 模型[9]的预测结果。总体看来，所有试件的徐变变形随时间的发展规律基本相似，且与 EC2 模型[9]的计算结果相近；再生粗骨料取代率 r、基体混凝土水灰比 W_{or}/C_{or}、目标水灰比 W/C、外部湿度条件(即是否密闭)对再生混凝土徐变变形发展趋势的影响均较小。

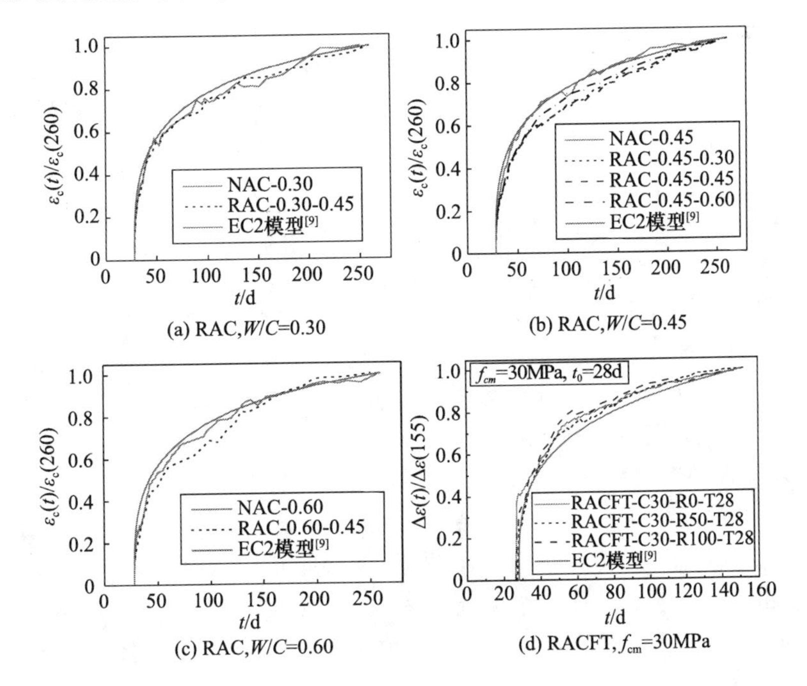

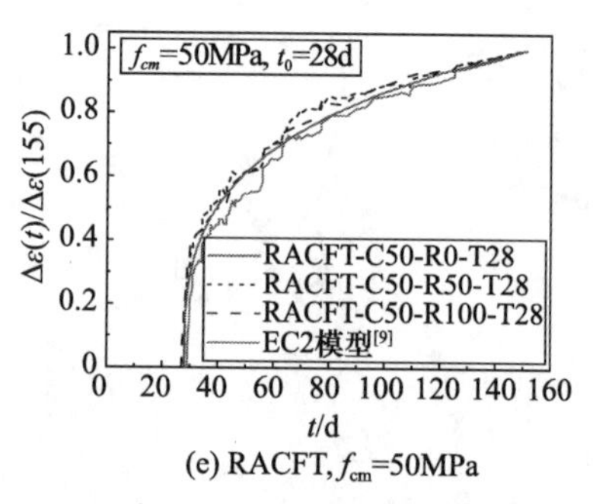

(e) RACFT, f_{cm}=50MPa

图 9.2.4　试件徐变变形随时间发展规律的影响

3. 不同参数对徐变变形的影响

为消除混凝土初始应力水平的影响，采用试件长期变形增幅 $\Delta\varepsilon(t)/\varepsilon_0$（$\varepsilon_0$ 为初始变形）评价不同加载龄期 t_0 的持荷荷载所引起的时效作用对不同再生粗骨料取代率的钢管再生混凝土试件静力性能的影响。

1) 加载龄期

图 9.2.5 反映了加载龄期 t_0 对钢管再生混凝土试件长期变形的影响，其中试件的再生粗骨料取代率为 100%且持荷时间均为 96d。可以看出，加载龄期 t_0 越早，时效作用对试件变形的影响越显著。例如，混凝土加载龄期 t_0 为 7d 的试件在持荷 96d 后，试件的长期变形增加了 41.9%，该比例比加载龄期 t_0 为 14d、28d 和 55d 的试件分别大 13.6%、20.5%和 37.9%。此外，采用 EC2 模型[9]计算不同加载龄期 t_0 的钢管普通混凝土试件的长期变形，各试件计算参数与 C50 钢管再生混凝土试件取值相同。将预测结果与 C50 和 C30 钢管再生混凝土试件的试验结果进行对比，可以发现加载龄期 t_0 对钢管再生混凝土试件长期静力性能的影响与 EC2 模型[9]的预测结果相似。

2) 目标水灰比和核心混凝土强度

由图 9.2.2(a)和(b)可以看出，随着目标水灰比 W/C 的增大，普通混凝土和再生混凝土试件的徐变度均增加。与普通混凝土试件相比，目标水灰比对再生混凝土试件徐变度的影响较小。例如，当目标水灰比由 0.30 增加至 0.60 时，普通混凝土试件的徐变度提高了 109%，而再生混凝土试件的徐变度仅提高 44%。图 9.2.6 分析了再生粗骨料徐变影响系数 $\varphi_{RAC}/\varphi_{NAC}$ 随目标水灰比 W/C 的变化规律，其中再生粗骨料徐变影响系数 $\varphi_{RAC}/\varphi_{NAC}$ 反映了再生粗骨料对再生混凝土徐变性能的影响，而现有再生混凝土徐变模型主要将该比值引入普通混凝土徐变模型进行修正。由图 9.2.6 可以看出，再生粗骨料徐变影响系数 $\varphi_{RAC}/\varphi_{NAC}$ 随目标水灰比 W/C 的提高而降低，且二者呈二次函数关系。当目标水灰比 W/C 为 0.30 时，再生混凝土试件的徐变影响系数比普通混凝土高 46%，而当目标水灰比 W/C 增加至 0.45 和 0.60 时，再生混凝土试件的徐变影响系数比普通混凝土试件分别高 34%和 13%。

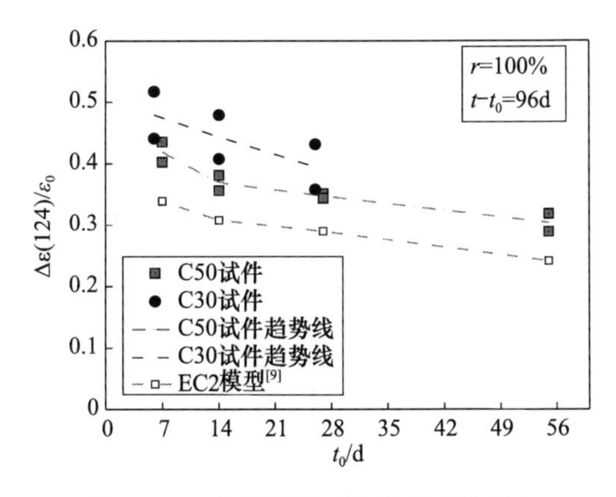

图 9.2.5　加载龄期对钢管再生混凝土试件长期变形的影响

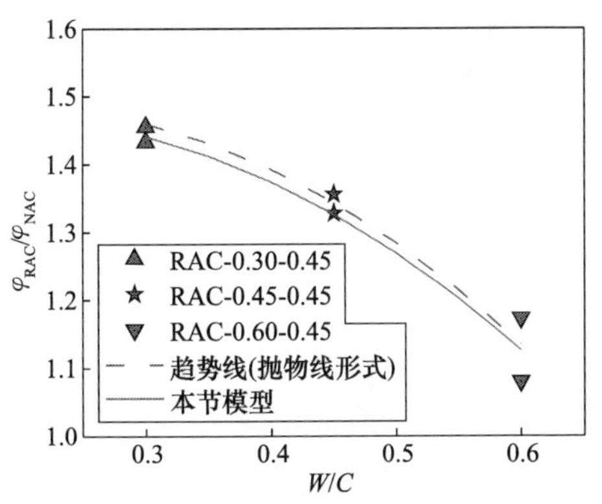

图 9.2.6　目标水灰比 W/C 对徐变影响系数的影响

图 9.2.7 给出了加载龄期为 28d 时，内填 C30 和 C50 再生混凝土的组合试件徐变试验结果。可以看出，试件长期变形增幅 $\Delta\varepsilon(154)/\varepsilon_0$ 随再生粗骨料取代率的增加近似线性增大，例如，试件 R50-T28 和试件 R100-T27 的长期变形增幅比试件 R0-T29 分别提高了 17.2%和 22.8%；核心混凝土强度等级越低，时效作用对钢管再生混凝土长期变形的影响越显著，该影响与相应的钢管普通混凝土试件的试验结果相似。当钢管再生混凝土试件目标水灰比 W/C 从 0.31 增加至 0.47 时，即核心混凝土强度由 C50 降至 C30，试件的长期变形增幅降低，这与再生混凝土试件的变化趋势一致，但是由于钢管的约束作用，C30 试件的长期变形增幅比例与 C50 试件的试验结果仅相差 1.84%。

3）基体混凝土水灰比

由图 9.2.2(c)可以看出，再生粗骨料对再生混凝土徐变度的影响随基体混凝土水灰比 W_{or}/C_{or} 的增大而提高，且提高幅度随着基体混凝土水灰比 W_{or}/C_{or} 的增加而增大。例如，与试件 NAC-0.45 相比，试件 RAC-0.45-0.45 的徐变度提高了 77%，而试件 RAC-0.45-0.60 的徐变度则提高了 120%。图 9.2.8 给出了基体混凝土水灰比对徐变影响系数的影响。可以看出，再生粗骨料徐变影响系数 $\varphi_{RAC}/\varphi_{NAC}$ 随基体混凝土水灰比 W_{or}/C_{or} 的提高而增大，且二者呈二次函数关系。当基体混凝土水灰比 W_{or}/C_{or} 由 0.30 增加至 0.45 和 0.60 时，试件的再生粗骨料徐变影响系数 $\varphi_{RAC}/\varphi_{NAC}$ 分别提高 16%和 36%。

9.2.4　徐变模型修正与验证

根据试验结果可知，再生混凝土和钢管再生混凝土徐变变形随时间的发展规律基本相似；再生粗骨料取代率 r、基体混凝土水灰比 W_{or}/C_{or} 和目标水灰比 W/C 对再生混凝土徐变变形发展趋势的影响较小，加载龄期对钢管再生混凝土试件长

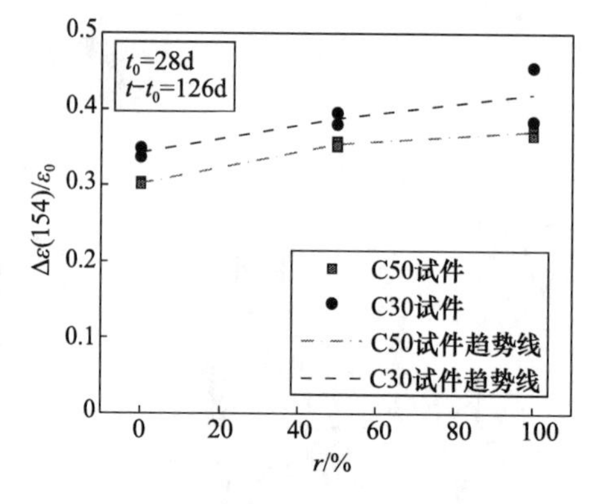

图 9.2.7　核心混凝土强度对长期变形的影响

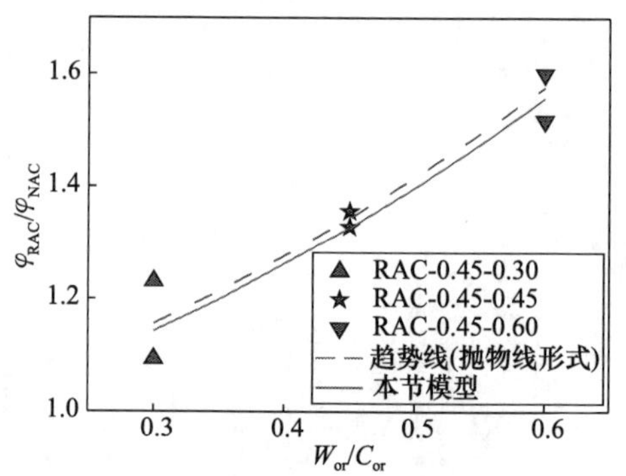

图 9.2.8　基体混凝土水灰比 W_{or}/C_{or} 对徐变影响系数的影响

期静力性能的影响与钢管普通混凝土试件相近。因此，在已有徐变模型中引入再生粗骨料徐变影响系数考虑再生粗骨料取代率的影响是合理的，且该影响系数需考虑残余砂浆含量、取代率、基体混凝土水灰比和目标水灰比这四个关键参数。

1. 修正的再生混凝土徐变模型

考虑基体混凝土水灰比 W_{or}/C_{or} 和目标水灰比 W/C 对再生混凝土徐变的影响，在 Fathifazl 再生混凝土徐变模型[16]的基础上引入水灰比影响系数 $k_{W/C}$。

由图 9.2.6 和图 9.2.8 可以看出，再生粗骨料徐变影响系数 $\varphi_{RAC}/\varphi_{NAC}$ 与基体混凝土水灰比 W_{or}/C_{or} 和目标水灰比 W/C 均满足二次函数关系。Neville 等[24]试验结果表明，混凝土的徐变变形与水灰比呈二次函数关系。本节的试验表明，再生粗骨料徐变影响系数 $\varphi_{RAC}/\varphi_{NAC}$ 随基体混凝土水灰比 W_{or}/C_{or} 的增大而增大，且随目标水灰比 W/C 的增大而减小，因此将基体混凝土水灰比 W_{or}/C_{or} 和目标水灰比 W/C 对再生混凝土徐变的影响分别置于分子和分母，建立再生混凝土徐变模型，即

$$\frac{\varphi_{RAC}}{\varphi_{NAC}}=\left(1+\frac{k_{W/C}rC_{RM}V_{CA}^{RAC}}{1-V_{CA}^{RAC}}\right)^{1.33}K_{RC} \tag{9.2.1}$$

$$k_{W/C}=\ln\left[\frac{2.12\,(W_{or}/C_{or})^2-0.52(W_{or}/C_{or})+0.16}{2.13\,(W/C)^2-1.28(W/C)+0.31}\right] \tag{9.2.2}$$

$$K_{RC}=1-\beta\frac{t^{0.6}}{10+t^{0.6}}\left[\frac{C_{RM}V_{RCA}^{RAC}}{1-V_{RCA}^{RAC}(2-r)}\right]^{1.33} \tag{9.2.3}$$

式中，V_{CA}^{RAC} 为普通混凝土中天然粗骨料的体积含量；V_{RCA}^{RAC} 为再生混凝土中再生粗骨料的体积含量；K_{RC} 为不可恢复徐变影响系数。

由于本节再生混凝土的再生粗骨料均源自先期准备的实验室混凝土，这些基体混凝土未经历长期荷载作用，再生粗骨料残余砂浆可产生与新砂浆相同的徐变，因此建议在再生混凝土徐变模型中引入 Fathifazl(2013)模型[25]中的 K_{RC} 考虑该

影响。

本节提出的再生混凝土徐变模型需要再生粗骨料基体混凝土水灰比 W_{or}/C_{or} 的信息。当骨料来源于拆迁工程而基体混凝土水灰比未知时，可采用《普通混凝土配合比设计规程》(JGJ 55—2011)[26]所推荐的设计水灰比计算公式和欧洲混凝土结构设计规范(EC2)[9]所推荐的混凝土强度随时间发展的计算公式估算 W_{or}/C_{or}。

2. 再生混凝土徐变模型验证

1) 再生混凝土验证

采用本节提出的模型计算本节试件和文献[19]、[27]、[28]中 14 组试件在试验结束时的再生粗骨料徐变影响系数 $\varphi_{RAC}/\varphi_{NAC}$，计算结果与试验结果的对比如图 9.2.9 所示。可以看出，计算结果与试验结果吻合良好，相差均不超过 15%，本节提出的再生混凝土徐变模型计算所得再生粗骨料徐变影响系数 $\varphi_{RAC}/\varphi_{NAC}$ 与试验结果比值的平均值与变异系数分别为 1.006 和 0.080，具有较高的预测精度。

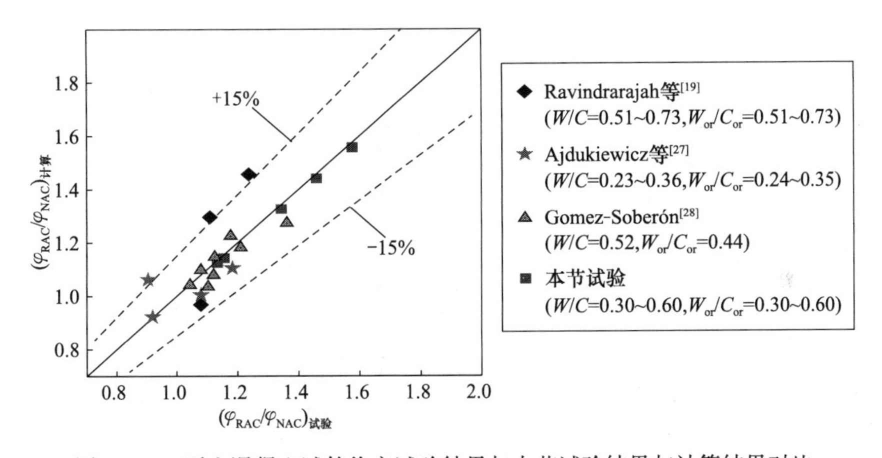

图 9.2.9　再生混凝土试件徐变试验结果与本节试验结果与计算结果对比

2) 钢管再生混凝土验证

钢管再生混凝土试件中的混凝土处于密闭环境中，与外界不发生水分交换，在再生混凝土徐变模型中取核心混凝土表面积为零考虑该影响。徐变模型仅适用于恒定应力下的混凝土徐变分析，钢管再生混凝土构件在长期荷载作用下，核心混凝土内的应力会随时间发展不断降低。当钢管与核心混凝土均处于线弹性范围内时，可采用逐步积分法考虑该影响。

考虑核心混凝土时效效应，采用截面分析方法分析钢管再生混凝土构件变形随时间的变化。计算过程中假设：①构件截面在长期持荷过程中符合平截面假设；②钢管与核心再生混凝土为线弹性材料；③核心再生混凝土受压或受拉时，混凝土发生线性徐变。持荷过程中构件截面在任一时刻 t_k 的变形可由矩阵 $\boldsymbol{\varepsilon}_k$ 表示，根据内力平衡条件计算可得

$$\boldsymbol{\varepsilon}_k=\boldsymbol{F}_k(\boldsymbol{r}_{ek}-\boldsymbol{f}_{ck}+\boldsymbol{f}_{shk}) \tag{9.2.4}$$

式中，

$$\boldsymbol{\varepsilon}_k=\begin{bmatrix}\varepsilon_{xk}\\ \boldsymbol{\kappa}_k\end{bmatrix} \tag{9.2.5}$$

$$\boldsymbol{F}_k=\frac{1}{AE_k\,IE_k-BE_k^2}\begin{bmatrix}IE_k & -BE_k\\ -BE_k & AE_k\end{bmatrix} \tag{9.2.6}$$

$$\boldsymbol{r}_{ek}=\begin{bmatrix}N_e(t_k)\\ M_e(t_k)\end{bmatrix} \tag{9.2.7}$$

$$\boldsymbol{f}_{ck}=\sum_{j=0}^{k-1}E_{c2kj}\boldsymbol{r}_{cj} \tag{9.2.8}$$

$$\boldsymbol{f}_{shk}=\begin{bmatrix}A_cE_{c1k}\\ B_cE_{c1k}\end{bmatrix}\varepsilon_{shk} \tag{9.2.9}$$

式中，

$$E_{c1k}=\frac{2}{J(t_k,t_k)+J(t_k,t_{k-1})} \tag{9.2.10}$$

$$E_{c2kj}=\begin{cases}\dfrac{J(t_k,t_1)-J(t_k,t_0)}{J(t_k,t_k)+J(t_k,t_{k-1})}, & j=0\\[2ex] \dfrac{J(t_k,t_{j+1})-J(t_k,t_{j-1})}{J(t_k,t_k)+J(t_k,t_{k-1})}, & j=1,\cdots,k-1\end{cases} \tag{9.2.11}$$

$$AE_k=\int_{A_c}E_{c1k}\mathrm{d}A+\int_{A_s}E_s\mathrm{d}A=A_cE_{c1k}+A_sE_s \tag{9.2.12}$$

$$BE_k=\int_{A_c}yE_{c1k}\mathrm{d}A+\int_{A_s}yE_s\mathrm{d}A=B_cE_{c1k}+B_sE_s \tag{9.2.13}$$

$$IE_j=\int_{A_c}y^2E_{c1k}\mathrm{d}A+\int_{A_s}y^2E_s\mathrm{d}A=I_cE_{c1k}+I_sE_s \tag{9.2.14}$$

式中，$\boldsymbol{\varepsilon}_k$ 为 t_j 时刻的应变 ε_{xk} 和斜率 $\boldsymbol{\kappa}_k$；$\boldsymbol{r}_{ek}$ 为 t_k 时刻构件外力矩阵；$N_e(t_k)$为 t_k 时刻构件的外轴力，N；$M_e(t_k)$为 t_k 时刻构件的外弯矩，N · mm；$\boldsymbol{f}_{ck}$为 t_k 时刻混凝土徐变的影响向量；$\boldsymbol{f}_{shk}$ 为 t_k 时刻混凝土收缩的影响向量；A 为钢管或混凝土的面积，mm^2；B 为钢管或混凝土的面积矩，mm^3；I 为钢管或混凝土的惯性矩，mm^4；$J(t_k,t_j)$为再生混凝土的徐变函数，表示 t_j 时刻施加在再生混凝土上的单位应力加载至 t_k 时刻所引起的徐变变形，1/MPa。

将本节修正的再生混凝土徐变模型引入 EC2 模型[9]分析本节试验与文献[4]试验的钢管再生混凝土试件的长期变形，预测结果与试验结果的对比如图 9.2.10

所示。可以看出，本节修正的徐变模型可以较好地反映钢管再生混凝土试件的徐变特性，与试验结果吻合良好。

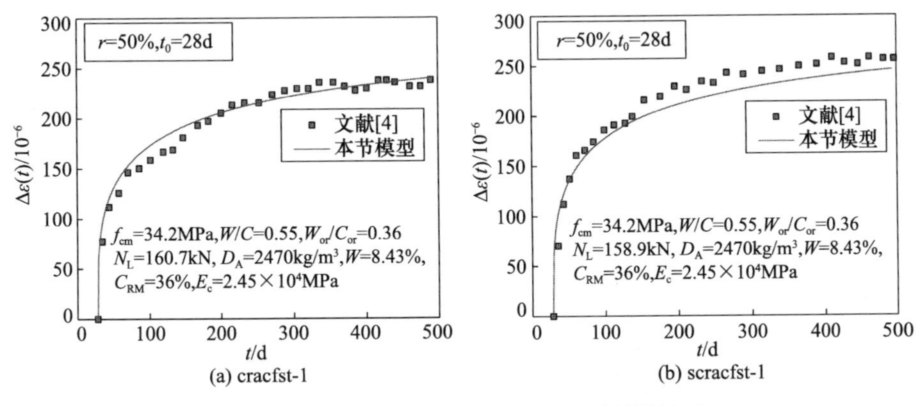

图 9.2.10　文献[4]试验结果与本节预测结果的对比

9.2.5　结论

本节进行了 8 组 40 个再生混凝土及 12 组 24 个钢管再生混凝土试件长期试验研究，考察了基体混凝土水灰比与目标水灰比对再生混凝土徐变性能的影响，在试验研究的基础上修正了再生混凝土徐变预测模型。进行了混凝土强度等级、再生粗骨料取代率和加载龄期对钢管再生混凝土长期静力性能的影响。根据现有再生混凝土与钢管再生混凝土长期变形试验数据，验证所提出的再生混凝土徐变模型的可靠性。基于上述研究，得到以下结论：

(1) 时效作用对再生混凝土及钢管再生混凝土长期变形的影响较大，可使再生混凝土试件的长期变形增加 160％以上，可使钢管再生混凝土试件的长期变形增加 50％以上；掺入再生粗骨料可显著增加构件长期变形，与普通混凝土相比，再生混凝土的徐变变形提高了 50％～120％，钢管再生混凝土的徐变变形提高了 17％～23％。

(2) 加载龄期对钢管再生混凝土试件长期静力性能的影响与钢管普通混凝土试件相近；采用再生粗骨料替代天然粗骨料并不影响再生混凝土和钢管再生混凝土试件长期变形随时间的发展规律。因此，在已有徐变模型中引入再生粗骨料徐变影响系数考虑再生粗骨料取代率的影响是合理的。该影响系数需考虑残余砂浆含量、取代率、基体混凝土水灰比和目标水灰比四个关键参数。

(3) 考虑以上关键参数的影响，提出了再生混凝土徐变模型。该模型预测结果与 22 组再生混凝土、18 组钢管再生混凝土试件的试验结果吻合良好，验证了模型的可靠性。

参 考 文 献

[1] 肖建庄. 再生混凝土[M]. 北京：中国建筑工业出版社，2008.

[2] 中华人民共和国行业标准. 再生骨料应用技术规程(JGJ/T 240—2011)[S]. 北京：中国建筑工业出版社，2011.

[3] 杨洁，肖建庄. 约束作用对再生混凝土性能改善研究[C]//全国再生混凝土研究与应用学术交流会，上海，2008：465-471.

[4] Yang Y F，Han L H，Wu X. Concrete shrinkage and creep in recycled aggregate concrete-filled steel tubes[J]. Advances in Structural Engineering，2008，11(4)：383-396.

[5] 王海洋，查晓雄，黄豪春，等. 钢管膨胀和再生混凝土结构施工时徐变影响的试验研究[J]. 工业建筑，2011，41(6)：43-66.

[6] Geng Y，Wang Y Y，Chen J. Time-dependent behavior of recycled aggregate concrete-filled steel tubular columns[J]. Journal of Structural Engineering，2015，141(10)：04015011.

[7] Geng Y，Wang Y Y，Chen J. Time-dependent behaviour of steel tubular columns filled with recycled coarse aggregate concrete[J]. Journal of Constructional Steel Research，2016，122：455-468.

[8] Comité Euro-International du Béton(CEB). CEB-FIP Model Code 1990(MC90)[S]. London：Thomas Telford，1993.

[9] European Committee for Standardization(CEN). EN-1992-1-1(EC2)：Design of Concrete Structures-Part 1-1：General Rules and Rules for Buildings[S]. Brussels：CEN，2004.

[10] Bažant Z P，Baweja S. Creep and shrinkage prediction model for analysis and design of concrete structures：Model B_3[J]. Materials Structures，1995，28(6)：357-365.

[11] Geng Y，Ranzi G，Wang Y Y，et al. Time-dependent behaviour of concrete filled steel tubular columns：Analytical and coMParative study[J]. Magazine of Concrete Research，2012，64(1)：55-69.

[12] 王玉银，耿悦，张素梅. 钢管混凝土收缩徐变模型及计算方法对比分析[J]. 天津大学学报，2011，44(12)：1075-1082.

[13] Wang Y Y，Geng Y，Ranzi G，et al. Time dependent behaviour of expansive concrete-filled steel tubular columns[J]. Journal of Constructional Steel Research，2011，67(3)：471-483.

[14] Geng Y，Wang Y Y，Ranzi G，et al. Time-Dependent Analysis of Long-Span，Concrete-Filled Steel Tubular Arch Bridges[J]. Journal of Bridge Engineering，2014，19(4)：111-122.

[15] Yang Y F. Behavior of recycled aggregate concrete-filled steel tubular columns under long-term sustained loads[J]. Advances in Structural Engineering，2011，14(2)：189-206.

[16] Fathifazl G，Razaqpur A G，Isgor O B，et al. Creep and drying shrinkage characteristics of concrete produced with coarse recycled concrete aggregate[J]. Cement and Concrete Composites，2011，33(10)：1026-1037.

[17] de Brito J，Robles R. Recycled aggregate concrete(RAC) methodology for estimating its

long-term properties[J]. Indian Journal of Engineering & Materials Sciences,2010,17(6):449-462.

[18] Geng Y,Wang Y Y,Chen J. Creep behaviour of concrete using recycled coarse aggregates obtained from source concrete with different strengths[J]. Construction and Building Materials,2016,128:199-213.

[19] Ravindrarajah R S,Tam C T. Properties of concrete made with crushed concrete as coarse aggregate[J]. Magazine of Concrete Research,1985,37(130):29-38.

[20] Nishibayashi S,Yamura K. Mechanical properties and durability of concrete from recycled coarse aggregate prepared by crushing concrete[C]//Proceedings of the 2nd International RILEM Symposium on Demolition and Reuse of Concrete and Masonry,Tokyo,1988:652-659.

[21] 上海市工程建设规范. 再生混凝土应用技术规程(DG/TJ 08-2018—2007)[S]. 上海:上海市建设与交通委员会,2007.

[22] 中华人民共和国国家标准. 普通混凝土力学性能试验方法标准(GB/T 50081—2002)[S]. 北京:中国建筑工业出版社,2003.

[23] 中华人民共和国国家标准. 普通混凝土长期性能和耐久性能试验方法标准(GB/T 50082—2009)[S]. 北京:中国建筑工业出版社,2009.

[24] Neville A M,Dilger W H,Brooks J J. Creep of Plain and Structural Concrete[M]. New York:Construction Press,1983.

[25] Fathifazl G,Razaqpur A G. Creep rheological models for recycled aggregate concrete[J]. ACI Materials Journal,2013,110(2):115-125.

[26] 中华人民共和国行业标准. 普通混凝土配合比设计规程(JGJ 55—2011)[S]. 北京:中国建筑工业出版社,2011.

[27] Ajdukiewicz A,Kliszczewicz A. Influence of recycled aggregates on mechanical properties of HS/HPC[J]. Cement and Concrete Composites,2002,24(2):269-279.

[28] Gómez-Soberón J M. Creep of concrete with substitution of normal aggregate by recycled concrete aggregate[J]. ACI Special Publications,2002,209:461-474.

9.3 FRP约束再生粗骨料混凝土的应力-应变关系

周英武*,邢锋,隋莉莉,杨天琪,李马力

本节开展了CFRP约束再生粗骨料混凝土的力学性能试验研究,并结合现有GFRP约束再生混凝土试验数据,构建了FRP约束再生混凝土柱力学性能的数据库,从破坏模式、FRP环向断裂应变、极限强度、极限应变及应力-应变关系曲线等方面分析了FRP约束再生混凝土的力学性能,揭示了FRP种类(GFRP/CFRP)、FRP约束应力水平、再生粗骨料替代率对FRP约束再生粗骨料混凝土力学性能(FRP约束再生粗骨料混凝土极限抗压强度、极限应变以及应力-应变关系曲线)的影响。本节选取性能较优的10个FRP约束普通混凝土极限强度与极限应变模型预测FRP约束再生混凝土力学性能,均获得了预测精度较高的极限强度模型和极限应变模型,说明了FRP约束对提升再生混凝土与普通混凝土力学性能的相似性。在此基础上,本节建立了FRP约束再生粗骨料混凝土的应力-应变关系模型。

9.3.1 国内外研究现状

伴随城镇化进程的加快,砂石等天然粗骨料的用量越来越大,同时在建筑施工、旧房改造和道路翻新工程等过程中产生大量的建筑垃圾,如废混凝土、废砂、砖石碎料等固体废弃物,给自然资源和自然环境带来双重压力。为解决天然粗骨料日益匮乏,避免混凝土废弃物造成生态环境恶化,实现建筑垃圾的循环再生利用,可将废弃混凝土经过处理后作为再生粗骨料部分或者全部代替天然粗骨料拌制而成的混凝土称为再生粗骨料混凝土(RAC)。通过建筑垃圾的合理再生利用,既能解决废旧混凝土引起的环境压力,又能节省天然砂石以缓解对自然资源的压力,推进建筑材料绿色化进程,实现建筑行业可持续发展。

然而,由于再生粗骨料自身的孔隙率大、吸水率大、堆积密度小、压碎值高等缺点,再生混凝土强度低、弹性模量低,尤其抗渗性、抗冻性、抗碳化能力、收缩、徐变和抗氯离子渗透性等耐久性能均低于普通混凝土。在安全性、耐久性和可持续性之间形成明显矛盾,限制了再生粗骨料混凝土的推广和运用。纤维增强复合材料(FRP)具有轻质高强、耐腐蚀、抗疲劳性能优异等优点,可以在酸、碱、氯盐和潮湿的环境中长期使用,利用外裹FRP约束混凝土可显著提高结构的力学性能。FRP的环向约束作用使核心混凝土处于三向受压应力状态,可有效地提升混凝土的极

---

* 第一作者:周英武(1978—),男,博士,教授,主要研究方向为再生混凝土。

基金项目:国家自然科学基金面上项目(51578338)。

限强度和极限应变，是解决再生混凝土性能缺陷的有效途径[1]。围绕 FRP 约束混凝土在不同混凝土初始强度[2~5]、FRP 厚度和种类[2~4]、截面尺寸和形状[6~9]、混凝土初始劣化损伤[10~13]、长细比[12]和偏心距[13]等变量下的力学性能开展了大量试验研究与分析，建立了大量 FRP 约束混凝土极限强度模型与应力-应变模型[2~4,14~21]。Xiao 等[22]研究了再生粗骨料取代率和膨胀剂对 GFRP 约束再生粗骨料混凝土的轴心受压和偏心受压力学性能的影响，研究结果表明，再生粗骨料混凝土强度和变形随着膨胀剂的增加明显提升，并且发现随着再生粗骨料取代率的增加，GFRP 约束再生粗骨料混凝土的峰值强度降低，同时相应的应变增加。Xiao 等[23]比较了 GFRP 约束再生混凝土与钢管约束再生混凝土之间的性能差异，发现在参数相同的条件下钢管约束再生混凝土的力学性能比 GFRP 约束再生混凝土要好，并基于试验数据和有限元模拟给出了以管厚和核心区混凝土强度为参量的应力-应变模型。Zhao 等[24]通过 18 个共计三组不同取代率的 GFRP 约束再生粗骨料混凝土轴心抗压试验，建立了 GFRP 约束再生粗骨料混凝土应力-应变模型。

本节拓展了 CFRP 约束再生粗骨料混凝土力学性能的试验研究，并结合现有文献中 GFRP 约束再生粗骨料混凝土的试验数据，系统地分析了再生粗骨料取代率(0、20%、30%、50%和 100%)、再生混凝土基体强度和 FRP 种类对 FRP 约束再生混凝土力学性能的影响，通过对已有 FRP 取约束普通混凝土力学性能模型的评估分析，建立了 FRP 约束再生粗骨料混凝土应力-应变关系模型。

9.3.2　研究方案

本节采用轴心受压试验的方法研究 CFRP 约束再生粗骨料混凝土的基本力学性能。

1. 再生粗骨料基本性能

试验所用的再生粗骨料是由当地建筑废弃混凝土经破碎、清洁、分级后，按特定比例混合而成。由于再生粗骨料的性能不同于天然粗骨料，本节针对其颗粒级配、表观密度、堆积密度、吸水率和压碎指标进行测定并对结果进行分析，如表 9.3.1 和表 9.3.2 所示。

表 9.3.1　粗骨料性能参数对比

骨料名称	粒径范围/mm	表观密度/(kg/m^3)	吸水率/%	堆积密度/(kg/m^3)	压碎指标/%
再生粗骨料	5~31.5	2476.9	6.31	1158.2	18.61
天然粗骨料	5~31.5	2650	1.35	1515.3	11.2

表 9.3.2　粗骨料累计筛余

骨料类别	不同方孔筛孔径对应的累计筛余/%								筛底
	31.5mm	26.5mm	19.0mm	16.0mm	9.5mm	7.5mm	4.75mm	2.36mm	
再生粗骨料	0.0	21.2	64.2	90.4	97.3	97.8	97.9	98.0	100
天然粗骨料	2.8	20.3	65.8	89.8	97.3	97.8	97.9	98.0	100

2. 试件设计

试验制作了 48 个直径 150mm、高 300mm 的圆形截面再生粗骨料混凝土柱，依据混凝土强度、再生粗骨料取代率和外包 CFRP 层数的不同分为三组，如表 9.3.3 所示。表中 C1、C2、C3 对应三种不同配合比与强度等级的再生混凝土，如表 9.3.4 所示。30 个试件详细信息如表 9.3.5 所示。

表 9.3.3　试件设计方案

配合比编号	再生粗骨料取代率/%	FRP 约束层数	每组试件数	试件数小计
C1	0、30、50、100	0、1、3	3	33
C2	100	0、1、3	3	9
C3	100	0、3	3	6

表 9.3.4　试验用再生粗骨料混凝土配合比

配合比编号	再生粗骨料取代率/%	水灰比	水泥/(kg/m³)	水/(kg/m³)	再生粗骨料/(kg/m³)	天然粗骨料/(kg/m³)	砂/(kg/m³)	减水剂掺量/%	混凝土强度/MPa
C1	0	0.35	5.63	1.90	0	8.38	12.75	1.80	48.41
C1	30	0.35	5.63	1.90	2.51	5.87	12.75	1.80	42.74
C1	50	0.35	5.63	1.90	4.19	4.19	12.75	1.80	43.06
C1	100	0.35	5.63	1.90	8.38	0	12.75	3.50	37.21
C2	100	0.45	5.00	2.19	8.80	0	12.59	2.50	40.54
C3	100	0.30	6.25	1.79	8.38	0	12.53	3.00	56.34

3. CFRP 及黏结剂的力学性能

本节所采用的 CFRP 单层厚度为 0.167mm，其实测的力学性能如下：CFRP 的极限抗拉强度为 3931.5MPa，弹性模量为 272.7GPa，极限伸长率为 1.6%。

黏结剂为双组分的碳纤维专用浸渍胶，其极限抗拉强度为 55.5MPa，抗压强度为 78.4MPa，抗弯强度为 94MPa，弹性模量为 3.215GPa，极限伸长率为 2.2%。

表 9.3.5 FRP 约束再生粗骨料混凝土柱抗压试验结果

试件编号	r /%	FRP 类型	E_{FRP} /GPa	f_{FRP} /GPa	t_{FRP} /mm	FRP 层数	f_{co} /MPa	ε_{co} /10^{-2}	$\varepsilon_{h,rup}$ /10^{-2}	k	ε_{cu} /10^{-2}	f_{cc} /MPa	ρ_k	$\frac{f_1}{f'_{co}}$	E_c /GPa	f_0 /MPa
C1R0E1N1	0	CFRP	272.73	3.93	0.167	1	48.41	0.2	1.096	0.685	0.65a	65.14	0.025	0.12	30.3	55.08
C1R0E1N2	0	CFRP	272.73	3.93	0.167	1	48.41	0.2	1.096	0.685	1.09	77.28	0.025	0.12	30.3	55.08
C1R0E1N3	0	CFRP	272.73	3.93	0.167	1	48.41	0.2	1.096	0.685	1.00	76.32	0.025	0.12	30.3	55.08
C1R0E3N1	0	CFRP	272.73	3.93	0.167	3	48.41	0.2	1.347	0.842	1.90	129.80	0.075	0.36	30.3	75.39
C1R0E3N2	0	CFRP	272.73	3.93	0.167	3	48.41	0.2	1.347	0.842	1.96	134.76	0.075	0.36	30.3	75.39
C1R0E3N3	0	CFRP	272.73	3.93	0.167	3	48.41	0.2	1.347	0.842	1.76	125.76	0.075	0.36	30.3	75.39
C1R30E1N1	30	CFRP	272.73	3.93	0.167	1	42.74	0.2	1.285	0.803	0.70	67.04	0.028	0.18	31.8	42.63
C1R30E1N2	30	CFRP	272.73	3.93	0.167	1	42.74	0.2	1.285	0.803	0.73	54.26	0.028	0.18	31.8	42.63
C1R30E1N3	30	CFRP	272.73	3.93	0.167	1	42.74	0.2	1.285	0.803	0.66	64.04	0.028	0.18	31.8	42.63
C1R30E3N1	30	CFRP	272.73	3.93	0.167	3	42.74	0.2	0.954	0.596	1.58	96.12	0.085	0.39	31.8	62.93
C1R30E3N2	30	CFRP	272.73	3.93	0.167	3	42.74	0.2	0.954	0.596	0.96	89.03	0.085	0.39	31.8	62.93
C1R30E3N3	30	CFRP	272.73	3.93	0.167	3	42.74	0.2	0.954	0.596	1.18	95.78	0.085	0.39	31.8	62.93
C1R50E1N1	50	CFRP	272.73	3.93	0.167	1	43.06	0.2	1.103	0.689	0.82	61.87	0.028	0.14	30.8	50.65
C1R50E1N2	50	CFRP	272.73	3.93	0.167	1	43.06	0.2	1.103	0.689	0.90	62.23	0.028	0.14	30.8	50.65
C1R50E1N3	50	CFRP	272.73	3.93	0.167	1	43.06	0.2	1.103	0.689	0.51a	55.09	0.028	0.14	30.8	50.65
C1R50E3N1	50	CFRP	272.73	3.93	0.167	3	43.06	0.2	1.197	0.748	1.49	119.59	0.085	0.46	30.8	70.95

续表

试件编号	r /%	FRP 类型	E_{FRP} /GPa	f_{FRP} /GPa	t_{FRP} /mm	FRP 层数	f_{co} /MPa	ε_{co} /10^{-2}	$\varepsilon_{h,rup}$ /10^{-2}	k	ε_{cu} /10^{-2}	f_{cc} /MPa	ρ_k	$\frac{f_1}{f'_{co}}$	E_c /GPa	f_0 /MPa
C1R50E3N2	50	CFRP	272.73	3.93	0.167	3	43.06	0.2	1.197	0.748	1.35	111.36	0.085	0.46	30.8	70.95
C1R50E3N3	50	CFRP	272.73	3.93	0.167	3	43.06	0.2	1.197	0.748	1.46	113.40	0.085	0.46	30.8	70.95
C1R100E3N1	100	CFRP	272.73	3.93	0.167	3	37.21	0.2	0.988	0.618	1.42	102.19	0.098	0.48	30.3	65.26
C1R100E3N2	100	CFRP	272.73	3.93	0.167	3	37.21	0.2	0.988	0.618	1.77	94.04	0.098	0.48	30.3	65.26
C1R100E3N3	100	CFRP	272.73	3.93	0.167	3	37.21	0.2	0.988	0.618	1.42	95.01	0.098	0.48	31.3	65.26
C2R100E1N1	100	CFRP	272.73	3.93	0.167	1	40.54	0.2	1.148	0.718	0.92	58.10	0.030	0.15	31.3	37.82
C2R100E1N2	100	CFRP	272.73	3.93	0.167	1	40.54	0.2	1.148	0.718	0.97	57.80	0.030	0.15	31.3	37.82
C2R100E1N3	100	CFRP	272.73	3.93	0.167	1	40.54	0.2	1.148	0.718	1.04	60.92	0.030	0.15	31.3	37.82
C2R100E3N1	100	CFRP	272.73	3.93	0.167	3	40.54	0.2	1.021	0.638	2.25	101.00	0.090	0.40	31.3	58.12
C2R100E3N2	100	CFRP	272.73	3.93	0.167	3	40.54	0.2	1.021	0.638	2.20	93.78	0.090	0.40	31.3	58.12
C2R100E3N3	100	CFRP	272.73	3.93	0.167	3	40.54	0.2	1.021	0.638	—	—	0.090	0.40	31.3	58.12
C3R100E3N1	100	CFRP	272.73	3.93	0.167	3	56.34	0.2	1.203	0.752	1.61	124.77	0.065	0.31	33.0	72.23
C3R100E3N2	100	CFRP	272.73	3.93	0.167	3	56.34	0.2	1.203	0.752	1.58	125.15	0.065	0.31	33.0	72.23
C3R100E3N3	100	CFRP	272.73	3.93	0.167	3	56.34	0.2	1.203	0.752	1.41	117.89	0.065	0.31	33.0	72.23

注：试件命名 CxRxExNx，Cx 表示基础配合比编号，Rx 表示再生粗骨料取代率，Ex 表示 CFRP 约束层数，Nx 表示同组试件编号。f_{co}为 CFRP 约束柱体抗压强度；ε_{co}为未约束柱轴向峰值应变；ε_{cu}为 CFRP 约束柱轴向峰值应变；$\varepsilon_{h,rup}$为 CFRP 环向断裂应变；ρ_k 为约束刚度比；f_1 为 FRP 环向约束应力；f'_{co}为混凝土抗压强度；E_c 为混凝土柱初始弹性模量；f_0 为未约束柱体抗压强度；k 为有效应变系数，$k=\varepsilon_{h,rup}/\varepsilon_{frp}$；“—”表示由于值偏差超过 15%，视为无效值，后续分析将不再采用。

4. 加载装置及测点布置

所有试件在 3000kN 的微机控制电液压伺服压力试验机上加载，加载速率为 0.2mm/min。加载装置及测点布置如图 9.3.1 所示。图 9.3.1(b)中，H1～H8 为柱中环向应变片以获得 CFRP 环向应变，V1～V2 为轴向应变片，L1～L2 为轴向 LVDT，用于测试混凝土的轴向变形以间接获得混凝土平均轴向应变。

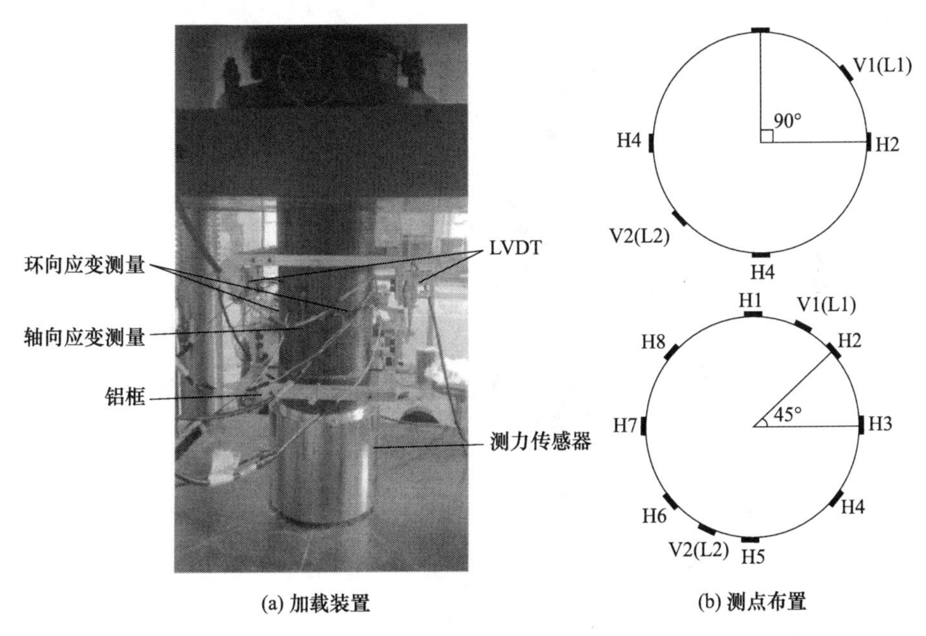

图 9.3.1　加载装置及测点布置

9.3.3　研究结果

1. 破坏模式

未约束再生粗骨料混凝土试件呈现脆性破坏，达到峰值荷载时突然压溃，柱中再生粗骨料被劈裂，混凝土出现多条纵向裂缝，如图 9.3.2(a)所示。CFRP 约束再生粗骨料混凝土试件的破坏是 CFRP 断裂造成的，如图 9.3.2(b)所示。从破坏模式上看，CFRP 约束再生粗骨料混凝土与 FRP 约束普通混凝土的破坏模式相似，试件中部 CFRP 断裂引发混凝土的压溃。

2. 应力-应变曲线

试验测得的 CFRP 约束再生混凝土抗压强度与峰值应变如表 9.3.5 所示。

图 9.3.3 给出了 CFRP 约束再生粗骨料混凝土柱轴向应力-应变曲线与环向膨胀应力-应变曲线。可以看出，在加载前期 CFRP 约束对应力-应变曲线的影响不大，当应力加载超过对应素混凝土的峰值应力后，CFRP 发挥环向约束作用，再生混凝土强度和延性显著增加；CFRP 约束再生粗骨料混凝土的应力-应变曲线呈双线性特征，与 FRP 约束普通混凝土相似；且 CFRP 约束再生粗骨料混凝土的强度与变形随着 CFRP 约束层数与混凝土基体强度的增加而增加，力学性能与 FRP 约束普通混凝土相似。

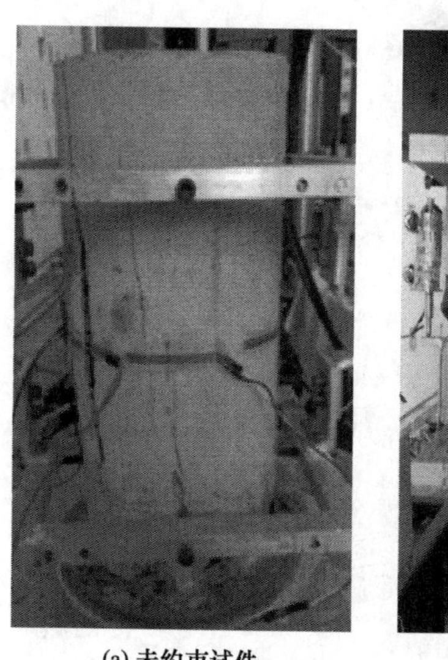

(a) 未约束试件

(b) 约束试件

图 9.3.2 破坏模式

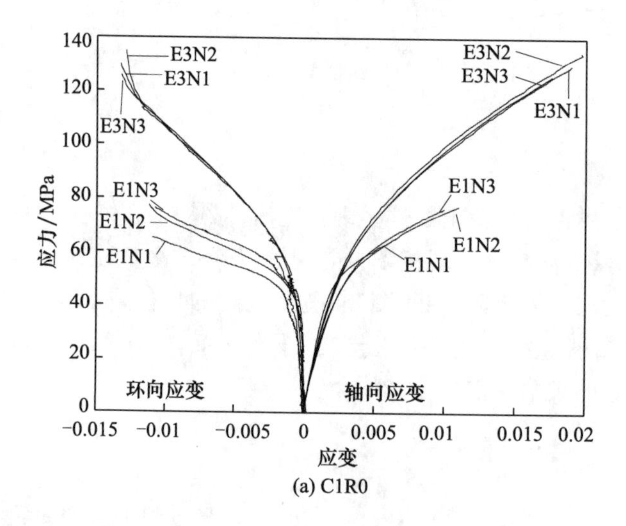

(a) C1R0

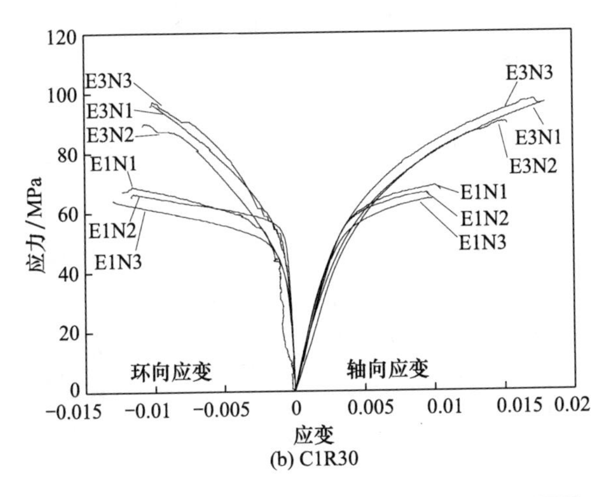

(b) C1R30

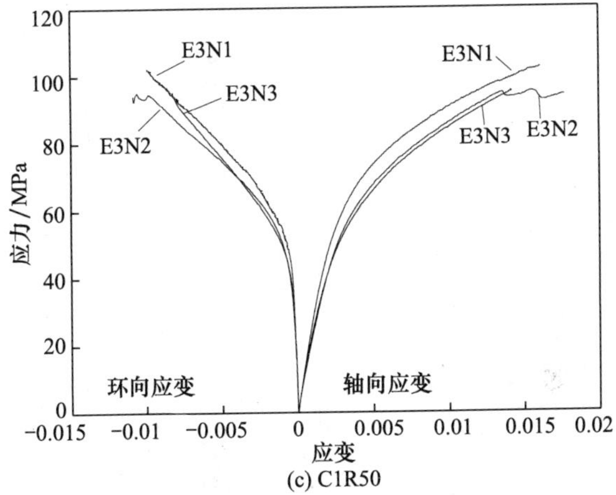

(c) C1R50

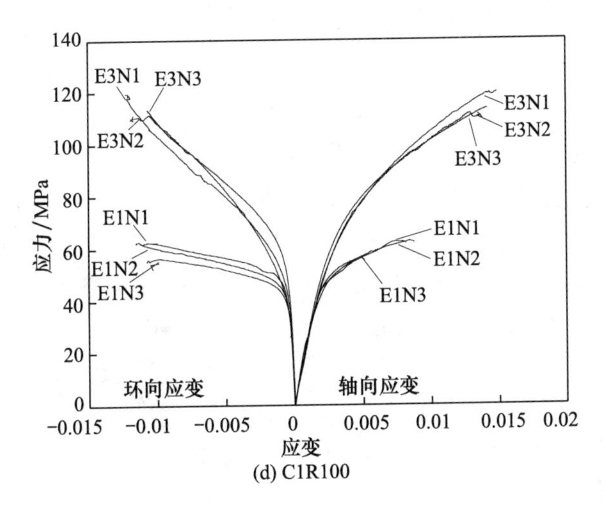

(d) C1R100

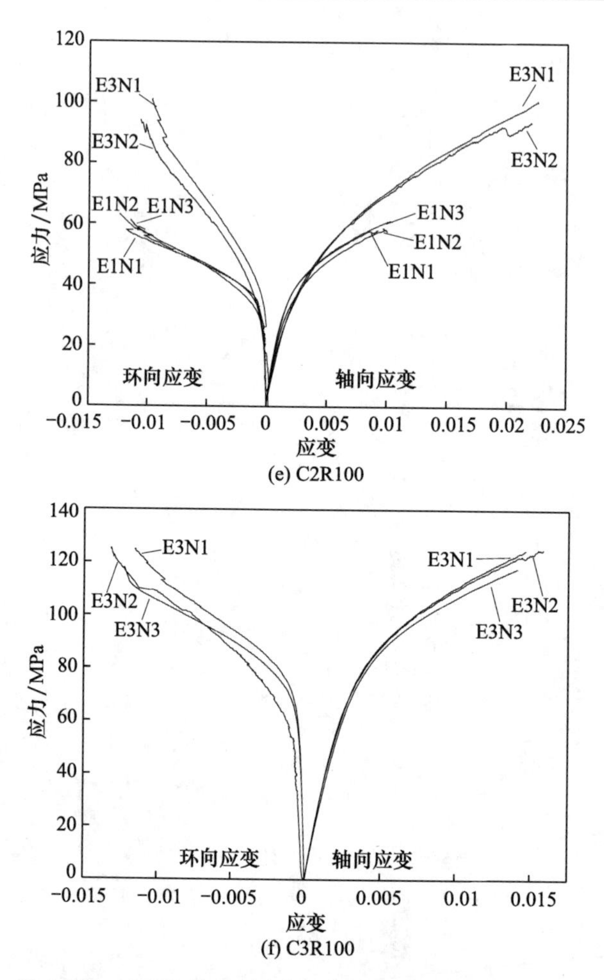

(e) C2R100

(f) C3R100

图 9.3.3 CFRP 约束再生粗骨料混凝土柱应力-应变曲线

3. CFRP 环向断裂应变

试验结果表明,CFRP 约束再生混凝土破坏时 CFRP 断裂应变远小于 CFRP 单轴拉伸的断裂应变 ε_f,这点与 FRP 约束普通混凝土相同。试验通过图 9.3.1(b)中 8 个环向应变片获得了试件破坏时的 CFRP 断裂应变 $\varepsilon_{h,rup}$,将断裂应变的平均值列入表 9.3.5 中。与现有 FRP 约束普通混凝土的研究相似,本节采用 FRP 环向断裂应变与 FRP 单轴拉伸应变的比值 k,即 CFRP 有效应变系数来衡量环向断裂应变,并列入表 9.3.5 中。由表 9.3.5 可以看出,不同试件的 CFRP 有效应变系数略有不同,变化范围是 0.596～0.842,平均值为 0.709;这与 Ozbakkaloglu 等[21]通过 FRP 约束普通混凝土数据库得到 CFRP 约束普通混凝土的有效应变系数平均值 0.680 相似。因此,CFRP 约束再生粗骨料混凝土与 CFRP 约束普通混凝土的纤维有效应变系数基本一致，说明对于再生混凝土和普通混凝土，CFRP 管约束效果相当。

9.3.4　影响 FRP 约束再生粗骨料混凝土的因素分析

现有有关 FRP 约束再生粗骨料混凝土的研究较少，本节将结合文献[24]中 18 组 GFRP 约束再生粗骨料混凝土的试验数据，系统地分析 FRP 种类(或者说 FRP 约束刚度)及再生粗骨料取代率对 FRP 约束再生粗骨料混凝土力学性能的影响。文献[24]的试验数据按表 9.3.5 的格式整理列入表 9.3.6 中。

1. FRP 类型的影响(CFRP/GFRP)

对比图 9.3.3 及文献[24]中的应力-应变关系曲线可知，FRP 约束再生混凝土应力-应变关系曲线与 FRP 约束普通混凝土的相似，均呈现明显的双线性关系，且 CFRP 与 GFRP 约束再生混凝土的应力-应变曲线特征无本质的差异。CFRP 与 GFRP 两种材料对混凝土的约束强度不同，大量的研究通过约束强度比 f_l/f_{co}，即 FRP 环向约束应力与混凝土抗压强度的比值，来量化这两种材料对约束混凝土的增强作用[2,3,14~21]。图 9.3.4 揭示了 FRP 约束再生粗骨料混凝土的极限性能与约束强度比的关系。可以看出，随着约束强度比的增加，CFRP 与 GFRP 约束再生混凝土的极限强度与极限应变的提升幅度变化趋势一致，近似线性增长，这充分说明了 FRP 约束再生粗骨料混凝土的力学性能显著地依赖约束强度而与 FRP 材料类型无显著相关性，这也与 FRP 约束普通混凝土的性能一致[2,3,14~18]。

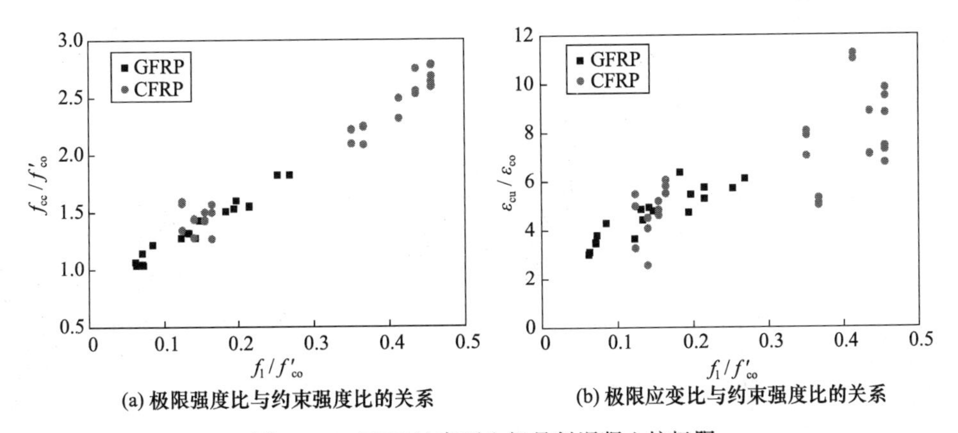

图 9.3.4　FRP 约束再生粗骨料混凝土柱极限性能与约束强度比的关系

表 9.3.6 计算了 GFRP 约束再生粗骨料混凝土的有效应变系数 k，其范围为 0.686～0.895，平均值为 0.794，这与 Ozbakkaloglu 等[21]通过 FRP 约束普通混凝土数据库得到 GFRP 约束普通混凝土圆柱的有效应变系数平均值 0.793 相似，GFRP 对再生粗骨料混凝土和普通混凝土的约束效率相同。

2. 再生粗骨料取代率的影响

由于 FRP 种类对再生粗骨料混凝土约束性能的影响不显著，在分析再生粗骨料取代率对 FRP 约束再生粗骨料混凝土强度的影响时将 CFRP 与 GFRP 的数据综合在一起以拓展分析的样本空间和获得更为一般性的结论。本节将表 9.3.5 与表 9.3.6 中约束强度比 f_l/f_{co} 相近、再生粗骨料取代率不同的数据归为一组，共划分出三组数据，每组数据近似认为约束强度比相同，以分析再生粗骨料取代率对约束再生混凝土极限强度与极限应变的影响，如图 9.3.5 所示。可以看出，在约束强度比相近时，不同再生粗骨料的取代率下（0、20%、30%、50%、100%）极限强度和极限应变的提升幅度基本相同，在均值线上下轻微波动（图中水平线为每组数据的极限强度提升幅度或极限应变提升幅度的平均值）。进一步统计图 9.3.5 中约束强度比相近时不同再生粗骨料取代率下极限强度比与极限应变比的平均值、标准差和变异系数，列入表 9.3.7 中。表 9.3.7 中 6 组数据的变异系数均很小，表明随着再生粗骨料取代率的增加，FRP 约束再生混凝土性能变化不显著，FRP 约束强度比是影响 FRP 约束再生粗骨料混凝土力学性能的主要因素。

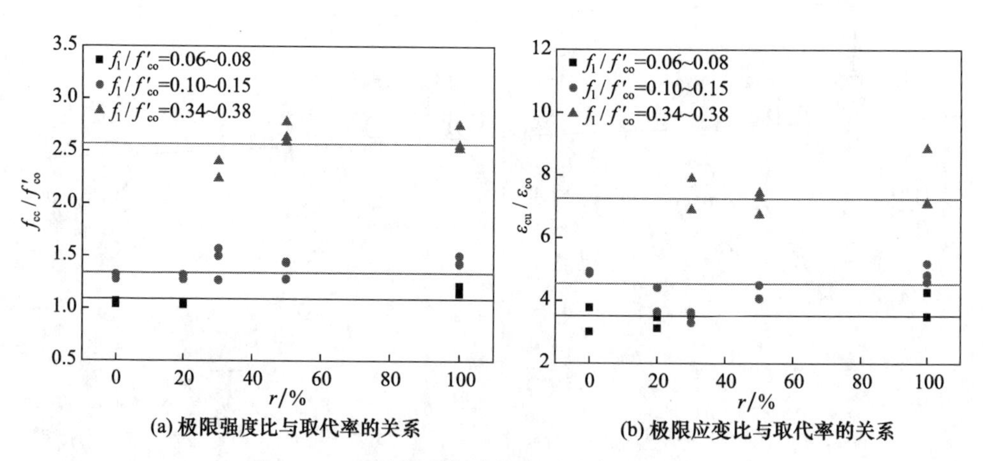

(a) 极限强度比与取代率的关系　　(b) 极限应变比与取代率的关系

图 9.3.5　再生粗骨料取代率对约束再生混凝土约束性能的影响

表 9.3.6 GFRP 约束再生粗骨料混凝土柱数据

试件编号	r /%	FRP类型	E_{FRP} /GPa	f_{FRP} /GPa	t_{FRP} /mm	FRP层数	f_{co} /MPa	ε_{co} /%	$\varepsilon_{h,rup}$ /%	k	ε_{cu} /%	f_{cc} /MPa	ρ_k	$\frac{f_l}{f_{co}}$	E_c /GPa	f_0 /MPa
R0-G1-1	0	GFRP	98.7	1.72	0.17	1	45	0.28	1.46	0.849	1.06	46.70	0.014	0.07	30.7	48.67
R0-G1-2	0	GFRP	98.7	1.72	0.17	1	45	0.28	1.24	0.721	0.84	48.00	0.014	0.06	30.7	48.67
R0-G2-1	0	GFRP	98.7	1.72	0.17	2	45	0.28	1.33	0.773	1.36	59.50	0.027	0.13	30.7	52.33
R0-G2-2	0	GFRP	98.7	1.72	0.17	2	45	0.28	1.44	0.837	1.38	57.40	0.027	0.14	30.7	52.33
R0-G3-1	0	GFRP	98.7	1.72	0.17	3	45	0.28	1.45	0.843	1.61	69.60	0.041	0.21	30.7	56.00
R0-G3-2	0	GFRP	98.7	1.72	0.17	3	45	0.28	1.45	0.843	1.48	70.00	0.041	0.21	30.7	56.00
R20-G1-1	20	GFRP	98.7	1.72	0.17	1	44.9	0.26	1.26	0.733	0.81	46.50	0.013	0.06	31.6	48.30
R20-G1-2	20	GFRP	98.7	1.72	0.17	1	44.9	0.26	1.43	0.831	0.90	47.10	0.013	0.07	31.6	48.30
R20-G2-1	20	GFRP	98.7	1.72	0.17	2	44.9	0.26	1.24	0.721	0.95	57.30	0.025	0.12	31.6	51.71
R20-G2-2	20	GFRP	98.7	1.72	0.17	2	44.9	0.26	1.35	0.785	1.15	59.20	0.025	0.13	31.6	51.71
R20-G3-1	20	GFRP	98.7	1.72	0.17	3	44.9	0.26	1.33	0.773	1.42	71.90	0.038	0.19	31.6	55.11
R20-G3-2	20	GFRP	98.7	1.72	0.17	3	44.9	0.26	1.31	0.762	1.23	68.70	0.038	0.19	31.6	55.11
R100-G1-1	100	GFRP	98.7	1.72	0.17	1	37.3	0.28	1.18	0.686	0.98	42.70	0.016	0.07	27.0	40.97
R100-G1-2	100	GFRP	98.7	1.72	0.17	1	37.3	0.28	1.42	0.826	1.20	45.40	0.016	0.08	27.0	40.97
R100-G2-1	100	GFRP	98.7	1.72	0.17	2	37.3	0.28	1.24	0.721	1.34	53.30	0.033	0.15	27.0	44.63
R100-G2-2	100	GFRP	98.7	1.72	0.17	2	37.3	0.28	1.54	0.895	1.78	56.20	0.033	0.18	27.0	44.63
R100-G3-1	100	GFRP	98.7	1.72	0.17	3	37.3	0.28	1.50	0.872	1.71	68.00	0.049	0.26	27.0	48.30
R100-G3-2	100	GFRP	98.7	1.72	0.17	3	37.3	0.28	1.41	0.820	1.60	68.00	0.049	0.25	27.0	48.30

表 9.3.7　约束强度比相近时不同再生粗骨料取代率下极限强度比与极限应变比的统计数据

类别	f_l/f_{co}=0.06～0.08			f_l/f_{co}=0.10～0.15			f_l/f_{co}=0.34～0.38		
	平均值	标准差	变异系数	平均值	标准差	变异系数	平均值	标准差	变异系数
f_{cc}/f_{co}	1.092	0.074	0.005	1.342	0.099	0.007	2.650	0.095	0.003
$\varepsilon_{cu}/\varepsilon_{co}$	3.525	0.468	0.062	4.544	0.627	0.086	7.254	0.680	0.064

9.3.5　现有极限强度和应变模型的评估

本节试验结果表明，FRP 约束再生粗骨料混凝土与 FRP 约束普通混凝土具有相似的力学性能。本节选取了具有较好预测精度的 10 个 FRP 约束普通混凝土极限强度与极限应变模型(见表 9.3.8)来预测 FRP 约束再生粗骨料混凝土的力学性能，并采用四个统计学指标来评估 10 个模型的预测精度：均方差(MSE)、平均绝对误差(AAE)、标准差(SD)和变异系数(COV)，如式(9.3.1)～式(9.3.4)所示。其中，均方差、平均绝对误差用来评价模型预测的整体准确性，标准差、变异系数用来反映每个模型预测误差的离散程度。各个模型对极限强度和极限应变的评估指标分别如表 9.3.9、表 9.3.10 和图 9.3.6 所示。

$$\mathrm{MSE}=\frac{\sum_{i=1}^{N}(\mathrm{mod}_i-\mathrm{exp}_i)^2}{N} \tag{9.3.1}$$

$$\mathrm{AAE}=\frac{\sum_{i=1}^{N}\left|\frac{\mathrm{mod}_i-\mathrm{exp}_i}{\mathrm{exp}_i}\right|}{N} \tag{9.3.2}$$

$$\mathrm{SD}=\sqrt{\frac{\sum_{i=1}^{N}\left(\frac{\mathrm{mod}_i}{\mathrm{exp}_i}-\frac{\mathrm{mod}_{\mathrm{avg}}}{\mathrm{exp}_{\mathrm{avg}}}\right)^2}{N-1}} \tag{9.3.3}$$

$$\mathrm{COV}=\frac{\sqrt{\frac{\sum_{i=1}^{N}\left(\frac{\mathrm{mod}_i}{\mathrm{exp}_i}-\frac{\mathrm{mod}_{\mathrm{avg}}}{\mathrm{exp}_{\mathrm{avg}}}\right)^2}{N-1}}}{\frac{\mathrm{mod}_{\mathrm{avg}}}{\mathrm{exp}_{\mathrm{avg}}}} \tag{9.3.4}$$

式中，mod 为模型预测值；exp 为试验值；N 为试验数据总数；下标 avg 表示平均值。

表 9.3.8 现有极限强度和极限应变模型统计表

序号	文献	应力模型	应变模型	参数
1	Xiao 等[14]	$\frac{f_{cc}}{f_{co}}=1+k_1\frac{f_1}{f_{co}}$	$\varepsilon_{cu}=\frac{\varepsilon_{h,rup}+\varepsilon_0}{\mu_{tu}}$	$k_1=4.1-0.75\left(\frac{E_1}{f'_{co}}\right)^{-1}$，$E_l=\frac{2E_{frp}t}{D}$，$\mu_{tu}=7\left(\frac{E_1}{f'_{co}}\right)^{-0.8}$，$\varepsilon_0=-0.0005$
2	Lam 等[3]	$\frac{f_{cc}}{f_{co}}=1+3.3\frac{f_1}{f_{co}}$	$\frac{\varepsilon_{cu}}{\varepsilon_{co}}=1.75+12\frac{f_1}{f_{co}}\left(\frac{\varepsilon_{h,rup}}{\varepsilon_{co}}\right)^{0.45}$	
3	Bisby 等[15]	$\frac{f_{cc}}{f_{co}}=1+2.425\frac{f_1}{f_{co}}$	$\varepsilon_{cu}=\varepsilon_{co}+k_2\frac{f_1}{f_{co}}$	$k_2=\begin{cases}0.0240, & \text{CFRP 约束再生混凝土}\\0.0137, & \text{GFRP 约束再生混凝土}\end{cases}$
4	Tamuzs 等[16,17]	$\frac{f_{cc}}{f'_{co}}=1+4.2\frac{f_1}{f'_{co}}$	$\varepsilon_{cu}=\varepsilon_{co}+\frac{\varepsilon_{h,rup}-\nu_c\varepsilon_{co}}{\mu_{tu}}$	$\mu_{tu}=5.9\left(\frac{E_1}{f'_{co}}\right)^{-0.65}$
5	Berthet 等[18]	$f_{cc}=f'_{co}+k_1f_1$	$\varepsilon_{cu}=\varepsilon_{co}+\frac{\varepsilon_{h,rup}-\nu_c\varepsilon_{co}}{\mu_{tu}}$	$k_1=\begin{cases}3.45, & 20\text{MPa}\leqslant f'_{co}\leqslant 50\text{MPa}\\\frac{9.5}{(f'_{co})^{0.25}}, & 50\text{MPa}\leqslant f'_{co}\leqslant 200\text{MPa}\end{cases}$；$\mu_{tu}=\frac{1}{\sqrt{2}}\left(\frac{E_1}{f'^{2}_{co}}\right)^{-\frac{2}{3}}$
6	Youssef 等[19]	$\frac{f_{cc}}{f'_{co}}=1+2.25\frac{f_1}{f'_{co}}^{1.25}$	$\varepsilon_{cu}=0.003368+0.2590\frac{f_1}{f'_{co}}\left(\frac{f_{frp}}{E_{frp}}\right)^{0.5}$	

续表

序号	文献	应力模型	应变模型	参数
7	Jian 等[2]	$\frac{f_{cc}}{f'_{co}}=1+3.5\frac{f_l}{f'_{co}}$	$\frac{\varepsilon_{cu}}{\varepsilon_{co}}=1+17.5\left(\frac{f_l}{f'_{co}}\right)^{1.2}$	
8	Teng 等[4]	$\frac{f_{cc}}{f'_{co}}=1+3.5(\rho_k-0.01)\rho_\varepsilon$	$\frac{\varepsilon_{cu}}{\varepsilon_{co}}=1.75+6.5\rho_k^{0.8}\rho_\varepsilon^{1.45}$	$\rho_k=\frac{2E_{frp}t}{(f'_{co}/\varepsilon_{co})D}$，$\rho_\varepsilon=\frac{\varepsilon_{h,rup}}{\varepsilon_{co}}$
9	Zhou 等[20]	$\frac{f_{cc}}{f_{co}}=\frac{f_l}{f'_{co}}+\sqrt{\left(\frac{16.7}{f'_{co}}-\frac{f_{co}}{16.7}\right)\frac{f_l}{f_{co}}+1}$		
10	Ozbakkaloglu 等[21]	$f_{cc}=c_1f_{co}+3.26(f_l-f'_{co})$	$\varepsilon_{cu}=c_2\varepsilon_{co}+0.266\left(\frac{K_1}{f'_{co}}\right)^{0.9}\varepsilon_{h,rup}^{1.35}$	$c_1=\frac{f'_{c1}}{f'_{co}}=1+0.0058\frac{K_1}{f'_{co}}$， $c_2=2-\frac{f'_{co}-20}{100}$ 且 $c_2\geqslant1$，$f_{co}=K_1\varepsilon_{l1}$， $\varepsilon_{l1}=\left(0.43+0.009\frac{K_1}{f'_{co}}\right)\varepsilon_{co}$， $K_1=\frac{2E_{frp}t}{D}$ 且 $K_1\geqslant f'^{1.65}_{co}$

表 9.3.9　极限强度模型评估表

序号	AEE			MSE			SD			COV		
	GFRP	CFRP	All FRP	GFRP	CFRP	All FRP	GFRP	CFRP	All FRP	GFRP	CFRP	All FRP
1	0.083	0.062	0.070	0.012	0.021	0.018	0.038	0.079	0.079	0.030	0.039	0.046
2	0.093	0.057	0.071	0.016	0.020	0.018	0.054	0.074	0.094	0.036	0.037	0.052
3	0.056	0.142	0.109	0.009	0.143	0.092	0.073	0.087	0.124	0.054	0.050	0.077
4	0.184	0.124	0.147	0.065	0.068	0.067	0.044	0.074	0.075	0.027	0.033	0.037
5	0.108	0.052	0.074	0.022	0.015	0.018	0.051	0.073	0.090	0.034	0.036	0.049
6	0.112	0.236	0.189	0.042	0.340	0.226	0.086	0.081	0.125	0.071	0.053	0.089
7	0.113	0.052	0.076	0.024	0.015	0.018	0.050	0.073	0.089	0.033	0.035	0.048
8	0.029	0.058	0.047	0.002	0.019	0.012	0.036	0.076	0.067	0.027	0.037	0.037
9	0.057	0.161	0.121	0.010	0.190	0.121	0.075	0.100	0.141	0.055	0.059	0.090
10	0.096	0.060	0.074	0.018	0.020	0.019	0.055	0.079	0.096	0.037	0.039	0.053

表 9.3.10　极限应变模型评估表

序号	AEE			MSE			SD			COV		
	GFRP	CFRP	All FRP	GFRP	CFRP	All FRP	GFRP	CFRP	All FRP	GFRP	CFRP	All FRP
1	0.184	0.758	0.538	0.789	32.524	20.370	0.204	0.466	0.642	0.046	0.040	0.072
2	0.168	0.497	0.371	1.342	15.341	9.980	0.169	0.381	0.380	0.031	0.039	0.047
3	0.621	0.295	0.420	8.913	5.685	6.921	0.040	0.189	0.257	0.023	0.040	0.072
4	0.086	0.442	0.306	0.242	9.030	5.664	0.107	0.323	0.358	0.023	0.035	0.048
5	0.218	0.199	0.206	1.175	2.161	1.784	0.074	0.256	0.259	0.020	0.038	0.046
6	0.341	0.209	0.260	2.712	2.248	2.426	0.086	0.253	0.288	0.028	0.039	0.056
7	0.411	0.271	0.324	3.609	3.954	3.822	0.103	0.247	0.247	0.037	0.046	0.056
8	0.211	0.563	0.428	1.516	15.824	10.345	0.132	0.348	0.348	0.023	0.035	0.041
10	0.104	0.328	0.242	0.354	6.140	3.924	0.092	0.306	0.335	0.022	0.036	0.049

表 9.3.9 及图 9.3.6(a)表明，所选取的极限强度模型对 FRP 约束再生粗骨料混凝土极限强度均具有很好的预测精度。综合考虑各种指标发现，Teng 等[4]、Xiao 等[14]、Lam 等[3]是预测性能较好的极限强度模型，其 AAE、MSE、SD 和 COV 分别在 0.071、0.018、0.094 和 0.052 以内，各极限强度模型预测精度如图 9.3.6(a)所示。表 9.3.10 及图 9.3.6(b)表明，所选取的极限应变模型对 FRP 约束再生粗骨料混凝土极限应变均具有很好的预测精度，综合各评估指标发现，Ozbakkaloglu 等[21]、Youssef 等[19]、Brethet 等[18]是预测性能较好的极限应变模型，其 AAE、MSE、SD 和 COV 分别低于 0.225、2.512、0.358 和 0.05，各极限应变模型预测精度如图 9.3.6(b)所示。因此，可以直接采用 FRP 约束普通混凝土力学模型预测 FRP 约束再生混凝土力学性能。

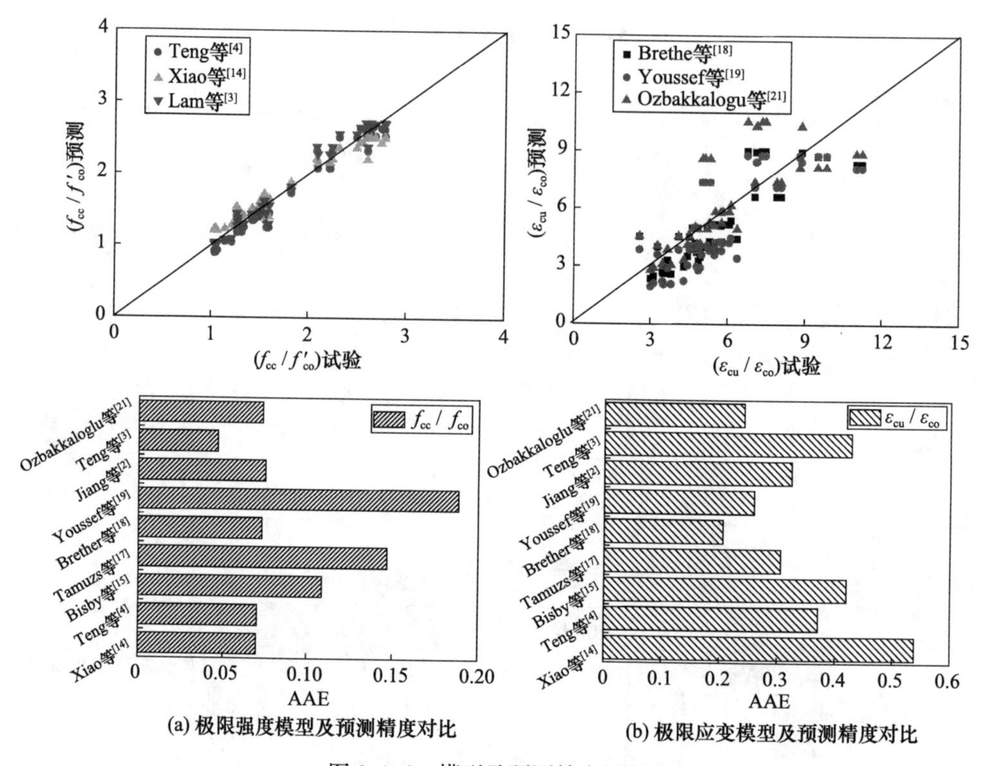

(a) 极限强度模型及预测精度对比　(b) 极限应变模型及预测精度对比

图 9.3.6　模型及预测精度对比

9.3.6　FRP 约束再生粗骨料混凝土柱的应力-应变关系模型

近年来,大量学者基于试验研究和理论分析提出了有关 FRP 约束普通混凝土应力-应变关系模型。整合现有文献中引用率较高的共计 6 个代表性的应力-应变模型(见表 9.3.11),发现这些模型中或采用抛物线与直线的分段连续函数[2~4,25,26](见图 9.3.7(a)),或采用复杂单一的非线性函数(见图 9.3.7(b))[26]去描述 FRP 约束混凝土柱的应力-应变曲线。目前较为广泛采用的是以抛物线[2~4,25,26]衔接直线的近似双线性模型,如图 9.3.7(a)所示。双线性应力-应变模型具有较好的预测精度和合理性,也因此获得了较大发展并被不断地改进,如 Youssef 等[19]双线性模型采用了 n 次幂函数去描述第一个上升段。Samaan 等[27]在 Richard 的基础上提出了单一表达式的幂函数模型,因其模型有四个物理参数,也被称为四参数模型,如图 9.3.7(b)所示,该模型虽为单一函数,但因形式十分复杂而无法积分。在最新的研究中,Zhou 等[28,29]提出了另一种四参数单一函数模型,如式(9.3.5)所示,该模型曲线形式与图 9.3.7(b)一致。与现有模型相比,Zhou 模型[28]有如下优势:①与 Lam 等[3]为代表的分段式函数模型相比,该模型采

表 9.3.11 FRP 约束混凝土应力-应变模型统计

模型名称	应力-应变模型表达式	模型参数
Samaan 等[27]	$f_c=\dfrac{(E_1-E_2)\varepsilon_c}{\left\{1+\left[\dfrac{(E_1-E_2)\varepsilon_c}{f_0}\right]^n\right\}^{\frac{1}{n}}}+E_2\varepsilon_c$	$f_0=f_{cc}-E_2\varepsilon_{cu},n=1+\dfrac{1}{\dfrac{E_1}{E_2}-1}$
Lam 等[3]	$f_c=\begin{cases}E_c\varepsilon_c-\dfrac{(E_c-E_2)^2}{4f'_{co}}\varepsilon_c^2, & 0\leqslant\varepsilon_c<\varepsilon_0\\ f'_{co}+E_2\varepsilon_c, & \varepsilon_0\leqslant\varepsilon_c\leqslant\varepsilon_{cu}\end{cases}$	
Harajli 等[25]	$f_c=\begin{cases}f_{c1}\left[\dfrac{2\varepsilon_c}{\varepsilon_{c1}}-\left(\dfrac{\varepsilon_c}{\varepsilon_{c1}}\right)^2\right], & 0\leqslant\varepsilon_c<\varepsilon_{c1}\\ \sqrt{(k_0^2-k)}-k_0, & \varepsilon_{c1}\leqslant\varepsilon_c\leqslant\varepsilon_{cu}\end{cases}$	$k_0=0.0031k_1E_{lf}-f_{co}$ $k_1=1.25\left(\dfrac{f_1}{f_{co}}\right)^{-0.5}$ $k=f_{co}^2-0.0032k_1E_{lf}f_{co}\left(\dfrac{\varepsilon_c}{\varepsilon_{co}}+0.9\right)$
Youssef 等[19]	$f_c=\begin{cases}E_c\varepsilon_c\left[1-\dfrac{1}{n}\left(1-\dfrac{E_2}{E_c}\right)\left(\dfrac{\varepsilon_c}{\varepsilon_{c1}}\right)^{n-1}\right], & 0\leqslant\varepsilon_c<\varepsilon_{c1}\text{ 且 }E_2>0\\ E_c\varepsilon_c\left[1-\dfrac{1}{n}\left(\dfrac{\varepsilon_c}{\varepsilon_{c1}}\right)^{n-1}\right], & 0\leqslant\varepsilon_c<\varepsilon_{c1}\text{ 且 }E_2<0\\ f_{c1}+E_2(\varepsilon_c-\varepsilon_{c1}), & \varepsilon_{c1}\leqslant\varepsilon_c\leqslant\varepsilon_{cu}\end{cases}$	$n=\begin{cases}\dfrac{(E_c-E_2)\varepsilon_{c1}}{E_c\varepsilon_{c1}-f_{c1}}, & E_2\geqslant 0\\ \dfrac{E_c\varepsilon_{c1}}{E_c\varepsilon_{c1}-f_{c1}}, & E_2<0\end{cases}$
Teng 等[4]	$f_c=\begin{cases}E_c\varepsilon_c-\dfrac{(E_c-E_2)^2}{4f'_{co}}\varepsilon_c^2, & 0\leqslant\varepsilon_c<\varepsilon_0\\ f'_{co}+E_2\varepsilon_c, & \varepsilon_0\leqslant\varepsilon_c\leqslant\varepsilon_{cu},\quad\rho_k\geqslant 0.01\\ f'_{co}-\dfrac{f'_{co}-f_{cu}}{\varepsilon_{cu}-\varepsilon_{co}}(\varepsilon_c-\varepsilon_{co}), & \varepsilon_0\leqslant\varepsilon_c\leqslant\varepsilon_{cu},\quad\rho_k\leqslant 0.01\end{cases}$	
Wei 等[26]	$f_c=\begin{cases}E_c\varepsilon_c+\dfrac{f_{c1}-E_c\varepsilon_{c1}}{\varepsilon_{c1}^2}\varepsilon_c^2, & 0\leqslant\varepsilon_c<\varepsilon_{c1}\\ f_{c1}+E_2(\varepsilon_c-\varepsilon_{c1}), & \varepsilon_{c1}\leqslant\varepsilon_c\leqslant\varepsilon_{cu}\end{cases}$	$E_2=\dfrac{f_{cu}-f_{c1}}{\varepsilon_{cu}-\varepsilon_{c1}}$

用单一连续函数表达，且四个参数都有具体的物理意义；②与 Samaan 等[27]单一函数模型相比，Zhou 等[28]函数形式简单、可积分可求导，可轻易地实现对压弯构件受压应力应变的积分以求解截面内力。因此，Zhou 模型已成功应用于描述 FRP 约束劣化混凝土应力-应变关系[10,11]。

$$\sigma=\left[(E_1\varepsilon_n-f_0)\mathrm{e}^{-\frac{\varepsilon}{\varepsilon_n}}+f_0+E_2\varepsilon\right](1-\mathrm{e}^{-\frac{\varepsilon}{\varepsilon_n}}) \tag{9.3.5}$$

式中，f_0 为强化段直线反向延长与纵轴交点的坐标值；E_1 为 FRP 约束混凝土的初始弹性模量；E_2 为 FRP 约束混凝土强化段直线的斜率；n 为曲线形状参数，反映图 9.3.7 中两段曲线圆滑过度的程度。

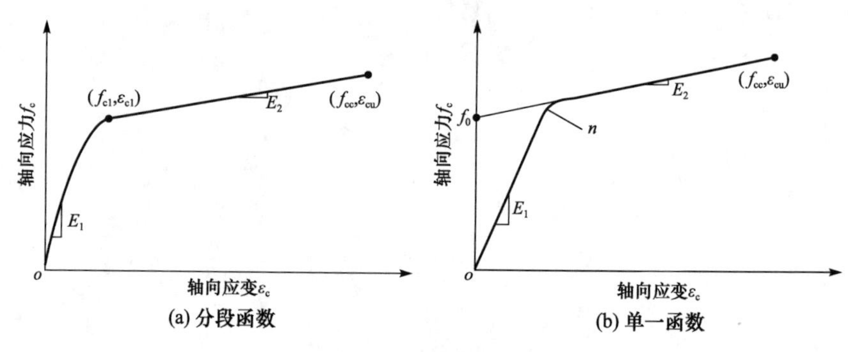

图 9.3.7 曲线模型类别

本节将采用 Zhou 模型[28]描述 FRP 约束再生粗骨料混凝土应力-应变曲线，下面将结合前述评估模型确定上述四个模型参数。

1. E_1、n、E_2 的确定

FRP 对混凝土是被动约束，在混凝土达到非约束混凝土强度前，混凝土未发生显著的横向膨胀，FRP 约束微弱，应力-应变的第一曲线段与无约束混凝土类似，故取

$$E_1=E_c \tag{9.3.6}$$

曲线形状参数 n 对应力-应变曲线形状影响不大，通过实测曲线拟合，可取

$$n=1.0 \tag{9.3.7}$$

E_2 可由近似直线的两端点(ε_0，f_0)和(ε_{cu}，f_{cu})所连直线斜率计算得到，即

$$E_2=\frac{f_{cc}-f_0}{\varepsilon_{cu}} \tag{9.3.8}$$

式中，f_{cc}和 ε_{cu}可直接由前面推荐的预测精度较好的三个模型计算得到，如 Lam 等[3]（式(9.3.9)）和 Ozbakkaloglu 等[21]（式(9.3.10)）。

$$\frac{f_{cc}}{f_{co}}=1+3.5(\rho_k-0.01)\rho_\varepsilon \tag{9.3.9}$$

$$\varepsilon_{cu}=c_2\varepsilon_{co}+0.266\left(\frac{K_1}{f'_{co}}\right)^{0.9}\varepsilon_{h,rup}^{1.35} \tag{9.3.10}$$

2. f_0 的确定

第二直线段与应力轴的交点 f_0 是确定 FRP 约束再生粗骨料混凝土双直线型应力-应变曲线的一个参数。基于 Samaan 等[27] 的研究成果，本节建议采用式(9.3.11)作为预测 f_0 的表达式：

$$\frac{f_0}{f_{co}}=1+1.32\frac{f_1}{f_{co}} \tag{9.3.11}$$

对本节的实测数据进行拟合，如图 9.3.8(a)所示，相关系数 $R_2=0.998$，平均相对误差为 3.54%。理论值与试验值的误差如图 9.3.8(b)所示。

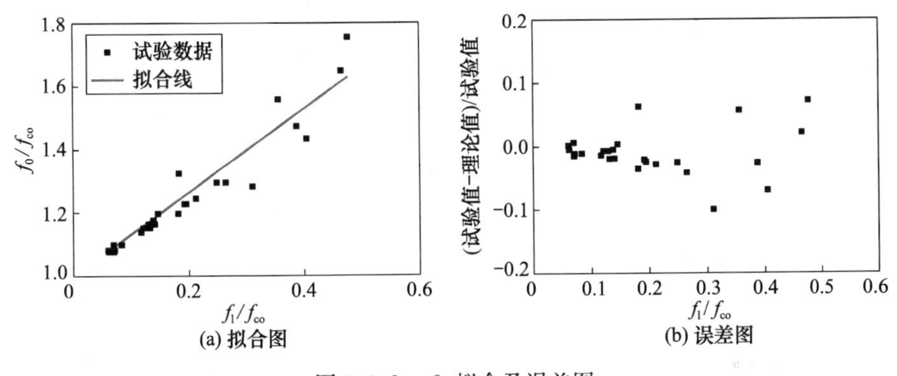

(a) 拟合图　(b) 误差图

图 9.3.8　f_0 拟合及误差图

3. 应力-应变模型及验证

至此，联立式(9.3.5)～式(9.3.11)，本节提出了 CFRP 约束再生粗骨料混凝土柱的应力-应变模型，模型的预测曲线与试验曲线对比如图 9.3.9 所示。图 9.3.9

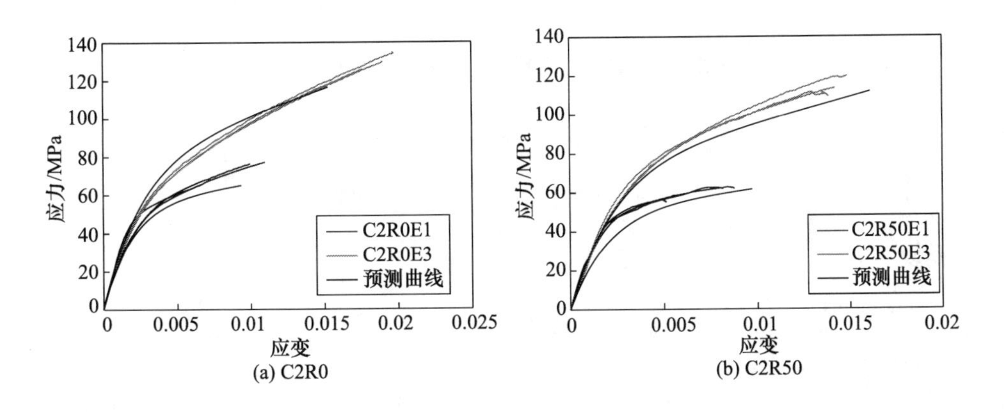

(a) C2R0　(b) C2R50

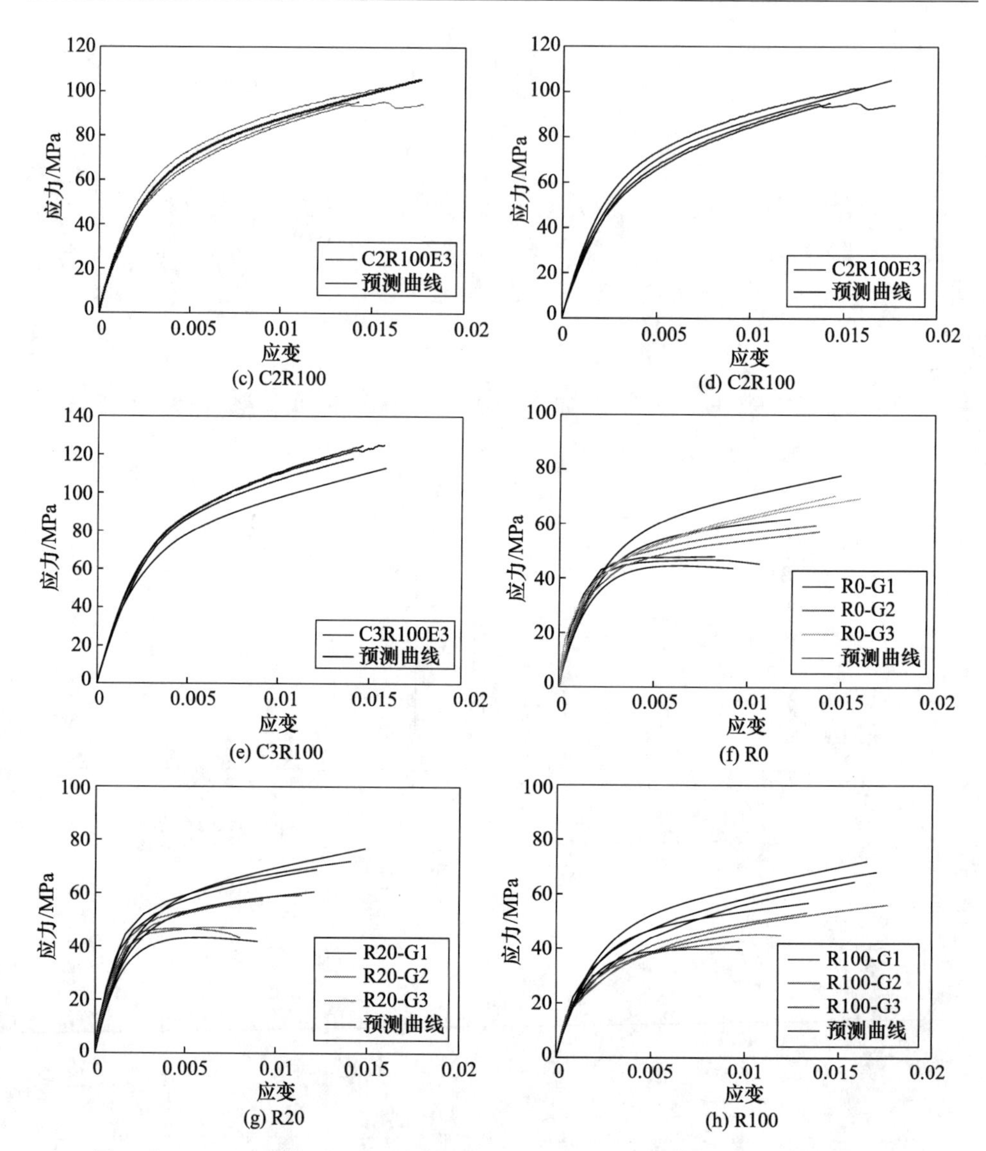

图 9.3.9　CFRP 约束再生粗骨料混凝土柱应力-应变的理论曲线与试验曲线对比

表明，本节建议的 CFRP 约束再生粗骨料混凝土应力-应变模型与试验结果吻合良好，可用于分析 FRP 再生粗骨料混凝土结构的力学性能。

9.3.7　结论

本节试验研究了 CFRP 约束再生粗骨料混凝土的力学性能，结合文献中 GFRP 约束再生粗骨料混凝土的数据，从破坏模式、应力-应变曲线形状、FRP 种类、环向断裂应变和再生粗骨料取代率等方面分析了 FRP 约束再生粗骨料混凝土极限抗压强度、极限应变和应力-应变关系曲线与 FRP 约束普通混凝土的异同，得到以下结论：

(1) FRP 约束再生粗骨料混凝土力学性能与 FRP 约束普通混凝土类似，FRP 约束可以显著提升再生粗骨料混凝土的极限强度和极限应变。

(2) 建立了 FRP 约束再生粗骨料混凝土力学性能数据库，经过分析发现，FRP 类型(GFRP/CFRP)、再生粗骨料取代率对 FRP 约束再生粗骨料混凝土柱力学性能的影响不显著。

(3) 通过对 10 个精度较高的 FRP 约束普通混凝土极限强度和极限应变模型性能的评估，得出 Teng 模型和 Ozbakkaloglu 模型分别是预测 FRP 约束再生粗骨料混凝土极限强度与极限应变精度最高的模型，并在 Zhou 模型[28]基础上建议了 FRP 约束再生粗骨料混凝土应力-应变模型。

参考文献

[1] 滕锦光. FRP 加固混凝土结构[M]. 北京：中国建筑工业出版社，2005.

[2] Jiang T, Teng J G. Analysis-oriented stress-strain models for FRP-confined concrete[J]. Engineering Structures, 2007, 29(11): 2968-2986.

[3] Lam L, Teng J G. Design-oriented stress-strain model for FRP-confined concrete[J]. Construction and Building Materials, 2003, 17(6-7): 471-489.

[4] Teng J G, Jiang T, Lam L, et al. Refinement of a design-oriented stress-strain model for FRP-confined concrete[J]. Journal of Composites for Construction, 2009, 13(4): 269-278.

[5] Wu Y F, Jiang J F. Effective strain of FRP for confined circular concrete columns[J]. Composite Structtures, 2013, 95: 479-491.

[6] Xiao Y, Wu H. Compressive behavior of concrete confined by various types of FRP composite jackets[J]. Journal of Reinforced Plastics and Composites, 2003, 22(13): 1187-1201.

[7] Ma R, Xiao Y, Lik N. Full-scale testing of a parking structure column reinforced with carbon fiber reinforced composites[J]. Construction and Building Materials, 2000, 14(2): 63-71.

[8] Teng J G, Lam L. Compressive behaviour of carbon fiber reinforced polymer-confined concrete in elliptical columns[J]. Journal of Structural Engineering, 2002, 128: 1535-1543.

[9] Zhou Y W, Wu Y F. Unified strength model based on Hoek-Brown failure criterion for circular and square concrete columns confined by FRP[J]. Journal of Composites for Construction, 2010, 26(4): 817-829.

[10] Wu Y F, Yun Y C, Wei Y Y, et al. Effect of predamage on the stress-Strain relationship of confined concrete under monotonic loading[J]. Journal of Structural Engineering, 2000, 140(12): 139-146.

[11] Zhou Y W, Li M L, Sui L L, et al. Effect of sulfate attack on the stress-strain relationship

of FRP-confined concrete[J]. Construction and Building Materials,2016,110:235-250.

[12] Mirmiran A,Shahawy M,Samaan M et al. Effect of column parameters on FRP-confined concrete[J]. Journal of Composites for Construction,1998,2(4):175-185.

[13] Zohrevand P,Mirmiran A. Behavior of ultrahigh-performance concrete confined by fiber-reinforced polymers[J]. Journal of Materials in Civil Engineering,2011,23(12):1727-1734.

[14] Xiao Y,Wu H. Compressive behavior of concrete confined by carbon fiber composite jackets[J]. Journal of Materials in Civil Engineering,2000,12(2):139-146.

[15] Bisby L A,Dent A J S. Comparison of confinement models for fiber-reinforced polymer-wrapped concrete[J]. ACI Journal of Structure,2005,102(1):62-72.

[16] Tamuzs V,Tepfers R,Sparnins E. Behavior of concrete cylinders confined by carbon composite Ⅱ:Prediction of strength[J]. Mechanics of Composite Materials,2006,42(2):109-118.

[17] Tamuzs V,Tepfers R,Zile E,et al. Behavior of concrete cylinders confined by a carbon composite Ⅲ:Deformability and the ultimate axial strain[J]. Mechanics of Composite Materials,2006,42(4):303-314.

[18] Berthet J F,Ferrier E,Hamelin P. Compressive behavior of concrete externally confined by composite jackets. Part B: model[J]. Construction and Building Materials,2006,20(5):338-347.

[19] Youssef M N,Feng M Q,Mosallam A S. Stress-strain model for concrete confined by FRP composites[J]. Composites Part B:Engineering,2007,38(5-6):614-628.

[20] Wu Y F,Zhou Y W. Unified strength model based on Hoek-Brown failure criterion for circular and square concrete columns confined by FRP[J]. Journal for Composites for Construction,2010,14(2):175-184.

[21] Ozbakkaloglu T,Jian C L. Axial compressive behavior of FRP-confined concrete:Experimental test database and a new design-oriented model[J]. Composites:Part B,2013,55:607-634.

[22] Xiao J Z,Tresserras J,Tam V W Y. GFRP-tube confined RAC under axial and eccentric loading with and without expansive agent[J]. Construction and Building Materials,2014,(73):575-585.

[23] Xiao J Z,Huang Y J,Yang J. Mechanical properties of confined recycled aggregate concrete under axial compression[J]. Construction and Building Materials,2012,(26):591-603.

[24] Zhao J,Yu T,Teng J. Stress-strain behavior of FRP-confined recycled aggregate concrete [J]. Journal of Composites for Construction,2015,19(3):04014054.

[25] Harajli M H. Axial stress-strain relationship for FRP confined circular and rectangular concrete columns[J]. Cement and Concrete Composites,2006,28(10):938-948.

[26] Wei Y Y,Wu Y F. Unified stress-strain model of concrete for FRP-confined columns[J]. Construction and Building Materials,2012,26(1):381-392.

[27] Samaan M,Mirmiran A,Shahawy M. Model of concrete confined by fiber composites[J]. Journal of Structural Engineering,1998,124(9):1025-1031.

[28] Zhou Y W,Wu Y F. General model for constitutive relationships of concrete and its composites structures[J]. Journal of Composites for Construction,2012,94:580-592.

[29] Zhou Y W,Liu X,Xing F,et al. Axial compressive behavior of FRP-confined lightweight aggregate concrete:An experimental study and stress-strain relation model[J]. Construction and Building Materials,2016,119:1-15.

9.4 钢管约束型钢再生混凝土组合结构研究进展

刘坚*,毛捷,黄襄云,于志伟,陈原,任达,江进,周观根

再生混凝土作为一种绿色环保材料,符合可持续发展的重要理念,其在工程结构中的应用,为灾后重建和城市资源循环利用做出巨大贡献。本节主要针对钢管约束型钢再生混凝土组合结构的抗震性能展开研究。首先,在构件层次上,在相同含钢率情况下,分别以不同骨架支撑形式为变化参数,建立了H型钢、内圆钢管、十字型钢、约束钢筋笼、钢管壁增厚和无骨架支撑六种支撑形式的钢管约束再生混凝土柱有限元模型,通过对这些模型进行低周循环加载,分析了各种构件模型的抗震性能。其次,在节点形式方面,为提高核心区再生混凝土的整体性,减少节点域穿柱构件,建立了外加强环全焊接连接、新型外套管式单边螺栓端板连接和顶底角钢全螺栓连接三种节点形式的方钢管约束型钢再生混凝土柱-钢梁节点有限元模型,分析了各种模型的抗震性能。在此基础上,对钢管约束型钢再生混凝土组合结构的抗震性能进行了分析。

9.4.1 国内外研究现状

1. 钢管再生混凝土构件研究现状

再生混凝土作为可循环利用材料,可以实现对废弃混凝土的回收利用,从源头上解决建筑垃圾带来的各种问题,不仅节约了天然粗骨料,缓解粗骨料的供求矛盾,还减轻了城市环境的污染,具有显著的环境效益、经济效益和社会效益。目前改善再生混凝土工作性能的研究工作主要分为两方面:一是材料方面,从微观入手来提高再生粗骨料的材料性能;二是构件方面,通过钢管使混凝土产生三面围压来改善再生混凝土的工作性能。

钢管混凝土结构是广泛采用的一种结构形式。将再生混凝土浇筑于钢管内形成的钢管再生混凝土利用了钢管对核心区再生混凝土的约束作用,改善了核心区再生混凝土的力学性能。对于钢管再生混凝土的研究,最早始于Konno等[1]通过对钢管再生混凝土构件的刚度、强度和变形能力的研究发现,钢管对再生混凝土的约束作用能够提高其力学性能,钢管再生混凝土构件力学性能与普通钢管混凝土构件类似,但承载能力要低于普通钢管混凝土结构,这是由于再生混凝土的强度和弹性模量比普通混凝土低。但Mohanraj等[2]的研究表明,在含钢率相同的情况

---

* 第一作者:刘坚(1964—),男,博士,教授,主要研究方向为组合结构、钢结构。

基金项目:国家自然科学基金面上项目(51678168)。

下，针对不同粗骨料取代率下不同径厚比、长细比的钢管再生混凝土柱的轴压性能进行试验，结果显示钢管再生混凝土构件的承载力比普通钢筋混凝土构件及相同粗骨料取代率的再生混凝土构件要高。

1）轴压性能

肖建庄等[3]、杨有福[4]、Chen 等[5～7]、邱慈长等[8]、支正东等[9]、吴波等[10,11]、陈梦成等[12,13]和牛海成等[14,15]相继对各种钢管再生混凝土柱以及钢管再生组合柱进行了轴压性能试验和数值模拟分析，揭示了钢管再生混凝土在轴压状态下的受力破坏形态，提取了不同粗骨料取代率下的荷载-位移曲线，对含钢量、再生粗骨料取代率和截面形状等参数对钢管再生混凝土试件的破坏形态、承载力、变形影响和耗能延性等方面进行了分析，基本认为钢管再生混凝土柱与普通钢管混凝土柱的破坏形态和轴心受压力学性能相似，再生粗骨料取代率对钢管再生混凝土轴压承载力影响不大；但是在钢管再生混凝土柱的极限承载力方面的结论存在偏差，主要原因可能是不同研究人员对再生粗骨料的吸水率大这一特性考虑不一致，而混凝土强度与水灰比密切相关，导致在其他条件相同的情况下，出现水灰比差异大，对再生混凝土强度的影响明显，从而影响钢管再生混凝土的极限承载力。

Yang 等[16]测试并分析了不同粗骨料取代率下钢管再生混凝土柱在长期轴压下 18 个月内核心区再生混凝土的收缩和徐变状况，认为再生混凝土的收缩、徐变应力均比普通混凝土高，并对核心区混凝土收缩徐变的变化模型给出了建议。

2）偏压性能

与轴压性能相比，钢管再生混凝土柱的长柱偏压性能更倾向于工程实际，研究结果更具有说服力。陈宗平等[17～19]对不同截面形式以及高温后的钢管再生混凝土偏压长柱展开了研究，对比分析了破坏形态及极限承载力的变化。研究结果表明，圆形钢管再生混凝土偏压柱主要因为长柱整体屈曲而发生弹塑性失稳破坏，方形钢管再生混凝土偏压长柱主要表现为弹塑性失稳破坏；在相同长细比和偏心距的情况下，再生粗骨料取代率对钢管再生混凝土长柱偏压的极限承载力有一定影响，但并非显著，无明显的统一规律；在相同取代率和偏心距的条件下，极限承载力随长细比的增加而降低；在取代率和长细比相同的情况下，极限承载力随偏心距的增大而下降；相对于长细比，极限承载力对偏心距更加敏感，即偏心距是影响极限承载力的主要因素。长细比对高温后钢管再生混凝土长柱偏压性能影响并不明显。

曹万林等[20]以偏心距和核心混凝土材料为变化对四个圆钢管高强再生混凝土柱、圆钢管普通混凝土柱进行了偏心单调重复加载试验，得到了不同偏心距下的荷载-竖向位移曲线、骨架曲线和荷载-应变曲线，获取了应变沿截面高度的分布情况，分析了试件的破坏特征、承载力、刚度和延性等性能指标。研究结果显示，圆钢管高强再生混凝土偏心受压的损伤过程与普通钢管混凝土类似，承载力和变形能力得到加强，随着偏心距的增加，试件承载力降低，刚度退化加剧，变形能力增强。

总体上钢管再生混凝土柱的轴压受力过程和破坏模式与普通钢管混凝土相似，由于核心区再生混凝土的强度和弹性模量低于同配比的普通混凝土，再生粗骨料取代率对试件的极限承载力和变形能力有一定影响，但并不显著。钢管再生混凝土柱具有良好的承载能力和变形性能。

3) 抗震性能

影响钢管再生混凝土柱抗震性能的主要因素有承载能力、变形能力、耗能能力和破坏形态，由于再生混凝土的延性比普通混凝土低，研究钢管再生混凝土构件和结构的抗震性能显得尤为重要。黄一杰等[21]对六个钢管再生混凝土短柱试件进行了低周反复试验，试验结果表明，钢管再生混凝土柱具有良好的抗震性能，考虑黏结滑移与否对试件抗震性能的影响很小，再生粗骨料取代率与混凝土强度的改变对试件的耗能能力、延性和滞回特性的影响并不明显。

刘锋等[22]和张向冈等[23]分别以再生粗骨料取代率为基本参数，对圆钢管再生粗骨料混凝土柱进行拟静力试验，分别从滞回曲线、耗能能力、骨架曲线及延性、刚度退化等抗震性能指标对钢管再生混凝土柱的抗震性能进行了研究。研究结果表明，试件破坏过程和破坏形态均与普通钢管混凝土柱相似，主要体现为底部的鼓曲破坏；含钢率相同的条件下，再生粗骨料的使用对试件的滞回性能影响不大，骨架曲线在峰值后下降较快，低程度影响到试件的刚度退化曲线，但并未降低试件的抗侧刚度，再生粗骨料取代率与试件的水平承载力没有直接的联系。

吴波等[24]通过 15 根薄壁方钢管再生混合柱在定常轴力和水平往复荷载作用下的拟静力试验，研究了废弃混凝土取代率、钢管壁厚、轴压比等参数对试件抗震性能的影响，并对试件的水平承载力进行了分析计算。研究结果表明，废弃混凝土取代率在 0～40％变化对试件的初始抗侧刚度、钢管局部屈曲、破坏位移、负刚度段行为、等效黏滞阻尼系数和滞回曲线形状的影响有限，但再生组合柱的水平承载力总体上比全现浇柱有所降低。采用现行标准分析计算了薄壁方钢管再生组合柱水平承载力的安全性，可以获得与同条件下全现浇柱相当的结果；当含钢率相同时，薄壁方钢管再生组合柱的抗震性能要优于钢筋混凝土柱。

李兵等[25]以研究方钢管再生混凝土柱在不同参数变化下的结构抗震性能为目的，以再生粗骨料取代率、截面含钢率、轴压比、长细比为参数进行了有限元计算模拟分析。结果表明，再生粗骨料取代率的增加能略微降低试件的水平承载力和塑性变形能力；截面含钢率对试件的水平承载力和塑性变形能力有所提高；随着轴压比的增加，试件的水平承载力提高，但塑性变形能力有所降低；随着长细比的增加，试件的水平承载力和塑性变形能力均有所降低。结论认为构件的含钢率、轴压比、长细比控制对钢管再生混凝土柱的抗震性能影响较大，应控制在合理的范围之内，而骨料取代率的影响效果并不明显。

从钢管再生混凝土构件的抗震性能分析研究来看，钢管再生混凝土柱的各项性能指标均与普通混凝土类似，能够达到建筑结构的抗震要求，但是目前对钢管再生混凝土抗震性能的分析方法还普遍属于构件的拟静力试验和相应的数值模拟，针对节点和整体结构抗震性能的较少，还需要多方面进行针对性的研究。

2. 再生混凝土节点及结构研究现状

1）再生混凝土节点研究现状

相较构件而言，节点的抗震性能在结构的抗震安全性中影响很大，国内外学者对普通钢管混凝土节点的抗震性能展开了大量的研究。普通钢管混凝土节点的力学性能研究对钢管再生混凝土节点的研究有着借鉴作用，但是节点形式多变，受力情况复杂，目前的定量研究和分析尚不充分，规范所建议的节点构造在性能、施工和造价等方面仍难以实现协调，更难以直接应用到钢管再生混凝土结构中，所以对再生混凝土节点的力学性能研究有着相当的必要性。

Corinaldesi 等[26]对再生粗骨料混凝土梁柱连接节点在反复荷载作用下的抗震性能进行了初步试验研究，研究结果表明，恒定轴压比情况下随着再生粗骨料取代率的增加，再生混凝土节点抗震性能有降低的趋势，表现为抗剪承载能力降低、耗能能力降低、延性减小等特征，再生混凝土节点与普通混凝土节点加载过程中的力学性能表现相似，破坏形态接近。

Valeria 等[27]进行了再生混凝土框架梁柱连接边节点的拟静力试验，试验结果表明，通过两种配合比混凝土的受力性能试验可知，再生粗骨料取代率为 30%的混凝土的受力性能接近普通混凝土。与相同抗压强度下的再生混凝土相比，普通混凝土的抗拉强度、抗弯强度和弹性模量降低。此外，钢筋与再生混凝土之间的黏结性能与普通混凝土接近。通过低周反复荷载试验可知，再生混凝土构件的破坏模式、耗能性能、延性等满足结构要求。在进行再生混凝土节点设计时，要充分考虑再生混凝土的实际抗剪强度和刚度，对再生混凝土节点进行合理设计，以达到安全可靠的结构性能。

吴波等[28]提出一种连接薄壁圆钢管再生组合柱与钢筋混凝土梁的加强环筋节点，开展了六个加强环筋节点和两个内加强环节点的抗震试验。研究结果表明，废弃混凝土在钢管内的填筑区域改变对加强环筋节点力学性能的影响有限；在设置四根加强环筋的情况下，加强环筋节点的初始刚度不低于内加强环节点；加强环筋节点为半刚性节点，厚壁钢管厚度和加强环筋直径对节点刚度的影响较大。研究发现，钢管局部加厚的加强环筋节点是一种有效的节点形式，有利于促进薄壁圆钢管再生混合柱在中低层建筑中的应用。

薛建阳等[29]进行了四榀不同再生粗骨料取代率的型钢再生混凝土框架梁柱连接节点的试验研究，分析了节点的破坏形态、滞回性能和承载能力等力学性能。

研究结果表明，随着再生粗骨料取代率的增加，型钢再生混凝土框架节点的抗剪承载力和耗能能力有所降低，延性减小，但是相对于普通型钢混凝土框架节点，抗震性能降低不大，该试验研究为型钢再生混凝土框架中梁柱连接节点的受力性能分析和设计提供了参考。

柳炳康等[30]通过三个再生混凝土框架梁柱节点试件在低周反复荷载下的加载试验，对其破坏形态、滞回性能、延性特征和刚度退化等进行了研究，为再生混凝土结构的工程应用提供试验依据和理论基础。研究结果表明，再生混凝土试件具有一定的延性和耗能能力，通过合理的设计可以用在抗震设防地区。

2) 再生混凝土框架结构研究现状

钢管混凝土作为广泛采用的组合结构形式，被大量应用到高层及超高层建筑结构中，为钢管再生混凝土的工程应用提供了广阔的平台。框架结构、框架-剪力墙结构、框架-核心筒结构是目前广泛使用的建筑结构形式，再生混凝土结构的研究也大都集中于此。

陈宗平等[31~33]对钢管再生混凝土柱-钢筋再生混凝土梁框架结构的抗震性能开展了研究，进行了一榀框架的拟静力试验，观察了框架的破坏机制，实测了滞回曲线、延性、耗能能力、强度衰减和刚度退化等抗震性能指标，探讨了层间受剪承载力和刚度设计方法。同时建立了钢管再生混凝土框架的恢复力模型，用于此类结构的弹塑性地震反应分析。

曹万林等[34]通过工程实例指出了再生混凝土结构发展需深化研究的若干关键技术问题。为了建筑材料循环利用和建筑垃圾资源化的重大需求，提出了再生混凝土结构可用于有抗震设防要求的建筑结构。

刘坚等[35~40]对钢管约束型钢再生混凝土构件、钢管约束型钢再生混凝土梁柱节点连接形式、钢管约束型钢再生混凝土框架-混凝土核心筒混合结构体系、钢管约束型钢再生混凝土框架-混凝土核心筒混合结构抗震性能等方面开展了研究。对钢管约束型钢再生混凝土柱分别以相同含钢率下不同骨架支撑形式为变化参数，建立了 H 型钢、内圆钢管、十字型钢、约束钢筋笼、钢管壁增厚和无骨架支撑六种不同支撑形式的钢管约束再生混凝土柱有限元模型，通过对模型进行低周循环加载，分析各种模型构件的抗震性能。为了提高核心区再生混凝土的整体性，在减少节点域穿柱部件的情况下，建立了外加强环全焊接连接、新型外套管式单边螺栓端板连接和顶底角钢全螺栓连接三种形式的方钢管约束型钢再生混凝土柱-钢梁节点有限元模型，分析各种模型的抗震性能。在此基础上，对新型钢管约束型钢再生混凝土组合结构的抗震性能进行了分析。

钢管再生混凝土构件外围钢管对核心区再生混凝土的约束能力能够有效地提高再生混凝土的性能，尤其是对轴心受压构件的性能提升明显。但对水平抗侧力而言，外围钢管的约束效应作用相对较小，增加型钢骨架支撑后，能够更有效提升再生混凝土的水平承载力。现有的钢管再生混凝土研究主要集中在构件层次，局限于钢管再生混凝土形式，对于增加型钢骨架支撑的构件、钢管再生混凝土节点和结构的研究相对较少，钢管约束型钢混凝土框架-混凝土核心筒混合结构的抗震性能也有待研究。

9.4.2　不同骨架支撑形式的钢管再生混凝土柱抗震性能分析

1. 钢管约束型钢再生混凝土柱试件模型设计[35]

为更深入地研究钢管再生混凝土柱内核心区混凝土在增设骨架后的抗震性能，通过建立分析模型，与现有的钢管再生混凝土柱试验进行对比，确保建模数值分析的有效性后，分别建立了相同含钢率下的不同支撑形式(H 型钢、十字型钢、内圆钢管和钢筋笼)的钢管约束再生混凝土柱分析模型，其编号分别为 C1、C2、C3、C4，以及增加了外围钢管壁厚的模型 C5，同时建立了未增设构件的钢管再生混凝土柱模型 C6，与上述模型进行对比，分析增设支撑骨架和增加钢管壁厚后对钢管再生混凝土抗震性能的影响。分析模型中核心区再生混凝土采用考虑损伤因子的混凝土塑性损伤模型。构件分析模型中钢管再生混凝土柱截面形式为圆形截面，直径为 240mm，柱高 1200mm，模型的主要设计参数如表 9.4.1 所示。

表 9.4.1　钢管约束型钢再生混凝土柱模型参数

模型编号	外钢管厚度/mm	内置构件截面尺寸/mm	含钢率/%	套箍系数
C1	6	(H 型钢)150×100×6	14.2	0.69
C2	6	(十字型钢)130×130×8	14.2	0.69
C3	6	(内钢管)D110×6	14.1	0.69
C4	6	(钢筋笼)D12@70	14.1	0.69
C5	9	无	14.3	1.08
C6	6	无	9.80	0.69

2. 钢管约束型钢再生混凝土柱模型的骨架曲线

图 9.4.1 为水平循环加载后各模型的骨架曲线对比，在钢管再生混凝土柱内增设不同内部支撑的 C1、C2、C3、C4 模型的骨架曲线刚度退化较为接近，但在峰值荷载上存在差异，在相同含钢率情况下，C1 模型钢管约束 H 型钢再生混凝土柱的水平极限承载力高于其余模型，滞回环面积最大，耗能能力更强。而与无内部支撑的 C5、C6 模型相比，有内部支撑的模型骨架曲线下降段明显较缓，延性更好。

3. 钢管约束型钢再生混凝土柱模型的延性系数和耗能分析

表 9.4.2 和表 9.4.3 给出了六个钢管约束型钢再生混凝土柱模型通过滞回骨架曲线计算分析所得的正负两个方向上的位移延性系数和滞回耗能能力。

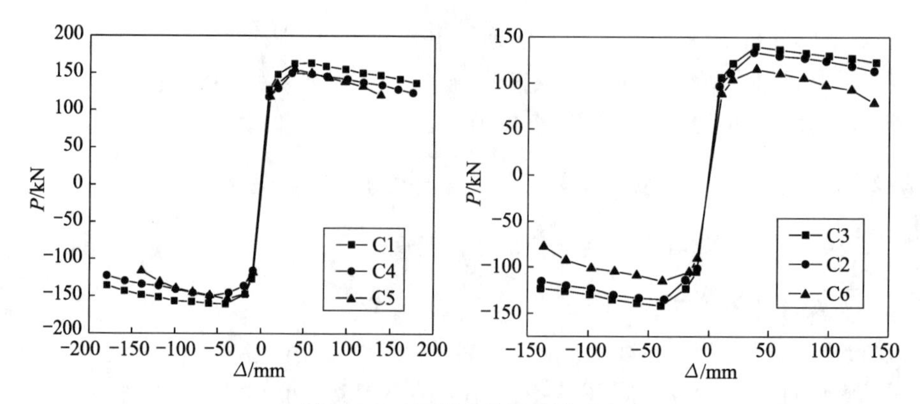

图 9.4.1　各模型骨架曲线对比

表 9.4.2　各种柱模型荷载-位移值与位移延性系数

模型编号	加载方向	屈服荷载 P_y/kN	屈服位移 Δ_y/mm	峰值荷载 P/kN	破坏荷载 P_u/kN	破坏位移 Δ_u/mm	平均位移延性系数 μ
C1	正向	140.47	14.79	163.33	138.83	168.34	10.83
	负向	−142.98	−15.78	−160.58	−136.49	−162.36	
C2	正向	109.72	14.93	133.55	113.52	138.47	9.73
	负向	−111.84	−13.51	−135.11	−114.85	−137.62	
C3	正向	115.02	15.35	139.91	118.92	138.86	9.11
	负向	−114.12	−15.21	−141.74	−120.65	−139.76	
C4	正向	126.35	17.62	149.92	127.43	156.51	9.15
	负向	−134.74	−16.79	−149.92	−127.43	−158.41	
C5	正向	127.53	14.78	155.03	131.78	115.27	7.41
	负向	−131.21	−16.75	−153.98	130.88	−117.32	
C6	正向	103.38	17.28	115.21	97.93	101.08	6.08
	负向	−104.42	−16.51	−115.09	97.83	−104.16	

表 9.4.3　模型的耗能指标

模型编号	能量耗散系数 E_d	等效黏滞阻尼系数 h_e	累积耗能 E_{total}/(MN·mm)
C1	3.6	0.57	525.06
C2	3.4	0.54	451.2
C3	3.4	0.54	474.04
C4	3.5	0.56	464.44
C5	2.9	0.46	422.52
C6	3.1	0.49	361.96

由图 9.4.1、表 9.4.2 和表 9.4.3 可以看出：

(1) 与 C6 模型相比，增加钢管壁厚 C5 模型的钢管再生混凝土柱的水平极限承载力提升较高，但延性系数加强不大，滞回累积耗能能力提升相对带骨架支撑的模型较低，且能量耗散系数和等效黏滞阻尼系数反而有所降低。单纯通过增加钢管壁厚的方法来提升钢管再生混凝土柱的抗震性能作用并不十分明显。

(2) 表 9.4.2 中 C1～C5 模型显示，在相同体积含钢量的情况下，与增加壁厚的钢管再生混凝土柱 C5 相比，含有内部支撑的 C1 模型在极限水平承载力上有所提升，C2～C4 模型则有所下降，但是延性方面却一致明显提高。一方面，由于内置支撑构件在核心区再生混凝土的包裹中，不易发生屈曲变形破坏和黏结失效，能更好地发挥材料的力学性能；另一方面，在外围钢管鼓曲变形的情况下，有内部骨架的核心区再生混凝土抗压强度和刚度得到提高，延性更好。

(3) 在含有内置支撑的 C1～C4 模型中，与 C2、C3、C4 模型相比，C1 模型钢管型钢再生混凝土极限水平承载力和滞回耗能能力更高，有更优的延性。这是因为在水平加载方向，与十字型钢和内圆钢管相比而言，H 型钢的截面抵抗矩更大，承受弯矩的能力更强。

(4) 与无骨架支撑的 C5、C6 模型相比，带支撑骨架的 C1～C4 模型抗震延性系数和滞回耗能能力明显提高，有利于再生混凝土在工程实际中的应用。带 H 型钢骨架支撑的 C1 模型在抗侧刚度、极限承载力滞回耗能和延性等方面都表现良好。

4. 钢管约束型钢再生混凝土柱荷载-位移曲线影响因素分析

经过有限元模型的非线性分析，钢管 H 型钢再生混凝土在抗侧刚度、极限水平承载力、抗震延性和滞回耗能上都具备一定的优势，是一种有效提升再生混凝土工作性能的组合形式。为了更深一步地研究钢管约束型钢再生混凝土柱的抗震性能，分别从轴压比、长细比、钢材屈服强度和截面形式四个方面对钢管型钢再生混凝土柱及钢管再生混凝土柱进行了参数分析对比。

1) 轴压比的影响

钢管约束型钢再生混凝土柱和钢管再生混凝土柱在不同轴压比下的荷载-位移曲线如图 9.4.2 所示。结果表明，在不同轴压比情况下，钢管型钢再生混凝土柱的弹性刚度趋于一致，峰值荷载相差不大。但进入塑性强化阶段后，考虑二阶效应的影响，随着轴压比的增大，其刚度退化较快。钢管再生混凝土柱在弹性阶段与钢管约束型钢再生混凝土柱类似，但峰值荷载与增加型钢支撑相比下降了 37%，且下降段趋势更陡，刚度退化更快。

2) 长细比的影响

钢管约束型钢再生混凝土柱和钢管再生混凝土柱在不同长细比下的荷载-位移曲线如图 9.4.3 所示。可以看出，随着模型长细比的增加，两种类型的模型发展规律相差不大，弹性阶段的刚度变小，同时模型的极限水平承载力逐渐降低。但是荷载-位移曲线在强化阶段下降段几乎平行，长细比对模型刚度退化的影响不大。

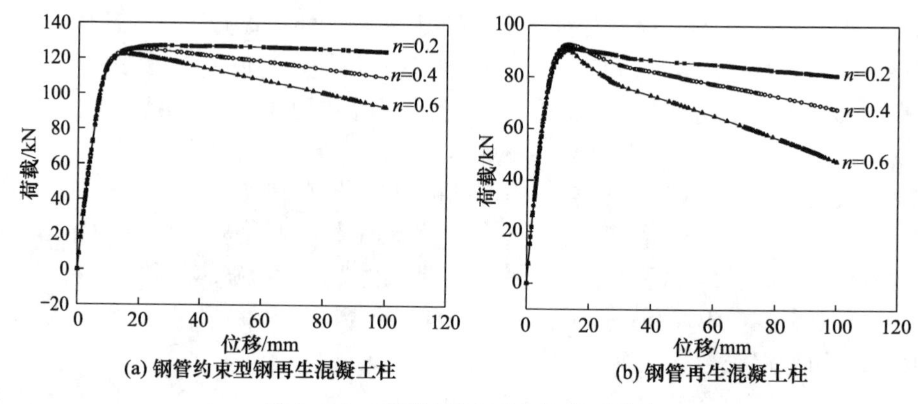

图 9.4.2 不同轴压比下荷载-位移曲线

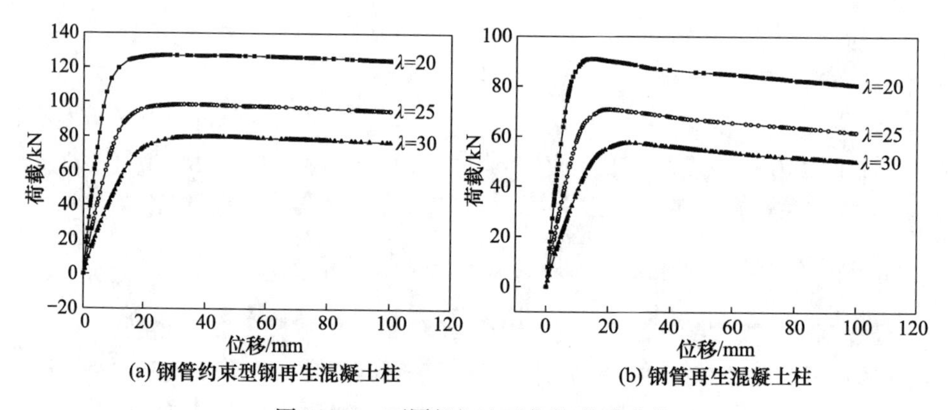

图 9.4.3 不同长细比下荷载-位移曲线

3) 钢材屈服强度的影响

为了充分考虑钢材屈服强度对核心混凝土约束作用的影响，轴压比计算只考虑柱截面核心区混凝土，在钢材屈服强度分别为 235MPa、345MPa、420MPa 时，对钢管约束型钢再生混凝土柱和钢管再生混凝土柱进行了荷载-位移曲线对比分析，如图 9.4.4 所示。可以看出，随着钢材屈服强度的增加，柱的弹性刚度无明显变化，屈服荷载、屈服位移和极限水平承载力显著提高，而在塑性强化阶段的延性和刚度退化上的影响不明显。

4) 截面形式的影响

在柱横截面积和外钢管壁厚相等的情况下，分别采用圆形和方形两种截面形式进行了荷载-位移曲线分析，由图 9.4.5 所示。由图 9.4.5(b)可以看出，无内支撑的方钢管再生混凝土与圆截面形式相比，弹性阶段无明显变化，由于面积相等时方钢管的周长比圆钢管要长，方钢管的含钢率比圆钢管要大，峰值荷载有所提升，但是随着钢管再生混凝土柱进入塑性强化阶段，由于方钢管的约束能力比圆钢管差，核心区再生混凝土的承载力下降较快，模型的延性明显降低。由图 9.4.5(a)可以看出，在增加了内部支撑后，相对于圆形截面，方钢管约束型钢再生混凝土的极限水平承载力提高。由于有了内部骨架的支撑，强化阶段核心区再生混凝土仍然具有一定的强度，延性与圆钢管相比略有下降，但是与无内部支撑的柱相比并不明显，展现出了良好的延性。

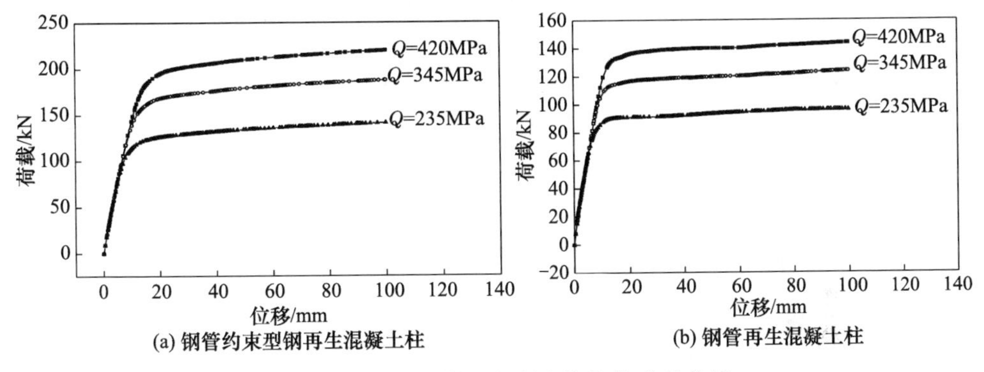

图 9.4.4　不同钢材屈服强度的荷载-位移曲线

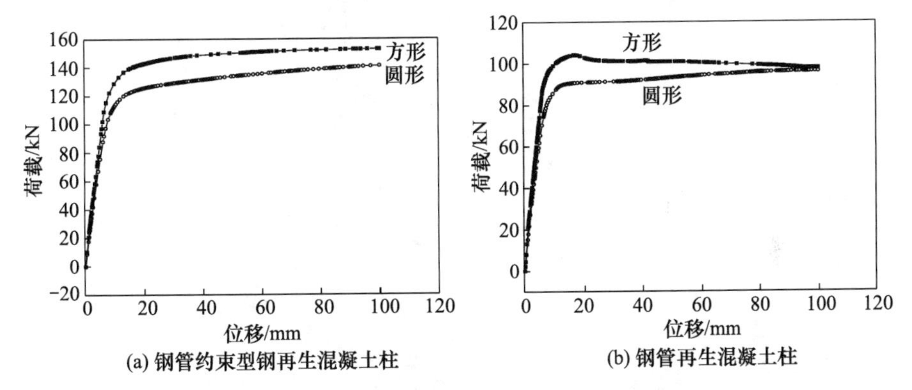

图 9.4.5　方钢管和圆钢管荷载-位移曲线对比

9.4.3　钢管约束型钢再生混凝土柱-钢梁连接节点的抗震性能分析

1. 钢管约束型钢再生混凝土柱-钢梁连接节点的模型参数设计[36]

考虑到构件增设型钢骨架后，节点域穿柱施工较为困难，且穿柱螺杆等构件让核心区再生混凝土受力更为复杂，基于构件核心区再生混凝土的整体性和传力简单，分别建立了相同轴压比和梁柱线刚度比情况下的外加强环全焊接刚性连接节点 JD-1 模型、外套管式单边螺栓端板连接半刚性连接节点 JD-2 模型和顶底角钢全螺栓连接半刚性连接节点 JD-3 模型，三类节点都属于无穿柱构件节点。节点模型参数如表 9.4.4 所示。

表 9.4.4　方钢管型钢再生混凝土柱-钢梁连接节点模型参数

模型编号	连接类型	连接构件尺寸/mm	高强螺栓
JD-1	全焊接连接	(外加强环)D600×T12	无
JD-2	焊接+螺栓连接	(外套管)L300×300×H420×T18 (端板)L180×H420×T20	M24
JD-3	全螺栓连接	(外套管)L300×300×H420×T18 (角钢)L85×172×H180×T12	M24

注:D 表示为圆环直径;L 表示边长;H 表示高度;T 表示钢板厚度;高强螺栓等级为 10.9 级。

图 9.4.6 为 JD-1、JD-2、JD-3 三种节点形式的有限元模型示意图及外套管式单边螺栓端板连接的剖面示意图。

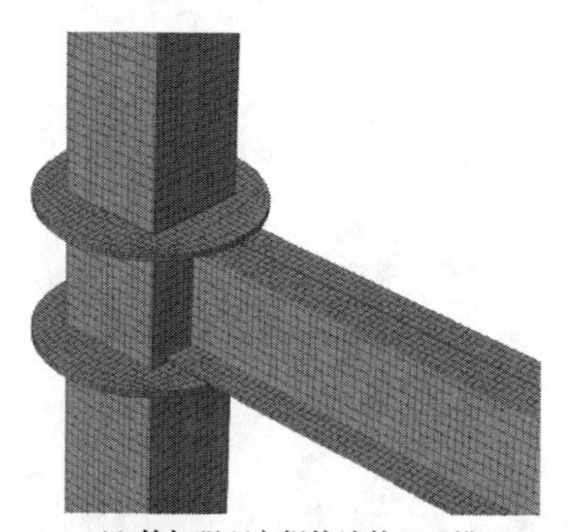

(a) 外加强环主焊接连接JD-1模型

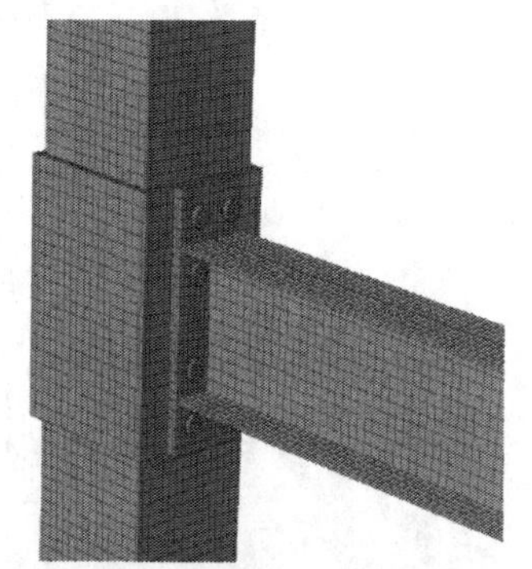

(b) 外套管式单边螺栓端板连接JD-2模型

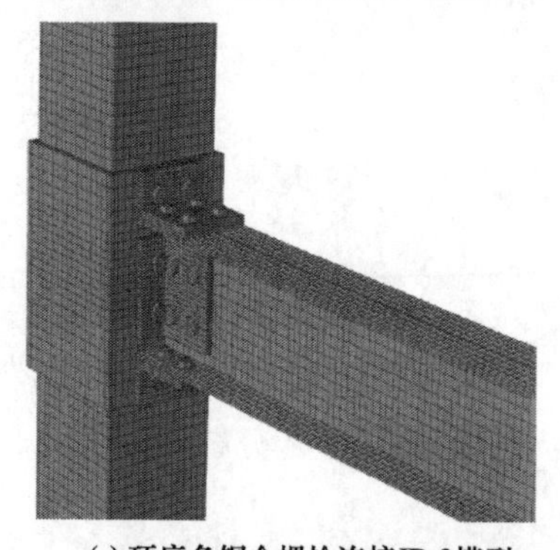

(c) 顶底角钢全螺栓连接JD-3模型

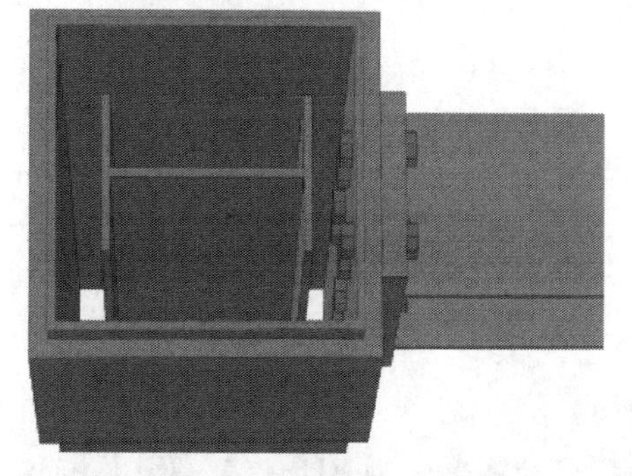

(d) 外套管式单边螺栓端板连接JD-2剖面构造示意图

图 9.4.6　各节点有限元模型及外套管式单边螺栓端板连接剖面示意图

2. 滞回曲线与骨架曲线

图 9.4.7 为三个有限元模型非线性分析的滞回曲线和各种模型的骨架曲线对比。

由图 9.4.7(a)可以看出，在不考虑焊缝脆性断裂的情况下，外加强环 JD-1 模型的滞回环面积最大，承载力最高，吸收能量大。但是破坏位移值较低，伴随梁端塑性铰出现较快，模型承载力迅速下降。由图 9.4.7(b)可以看出，外套管式单边螺栓端板连接 JD-2 模型的滞回环面积和承载力较大，由于外套管和端板的变形吸收了部分能量，梁端出现塑性铰的时间较晚，破坏位移值和延性相对较高。由图 9.4.7(c)可以看出，全螺栓角钢连接 JD-3 模型的承载力和滞回环面积明显小于 JD-1 模型和 JD-2 模型，但破坏位移值最大，刚度退化较慢，展现了良好的延性。

JD-1、JD-2、JD-3 模型的骨架曲线对比如图 9.4.7(d)所示。可以看出，在弹性阶段，外加强环全焊接连接节点 JD-1 模型的抗侧刚度最大，外套管式单边螺栓端板连接节点 JD-2 模型的抗侧刚度次之，顶底角钢全螺栓连接节点 JD-3 模型的抗侧刚度最小；极限水平承载力方面，外加强环全焊接连接节点 JD-1 模型为 149.53kN，比 JD-2 和 JD-3 模型分别提高了 21.04kN 和 39.65kN，但是 JD-1 模型的破坏位移比 JD-2 和 JD-3 模型分别减小了 28.11mm、37.66mm。可见，JD-1 节点模型刚度退化较快，延性较差，抗震性能比其他两类节点低。

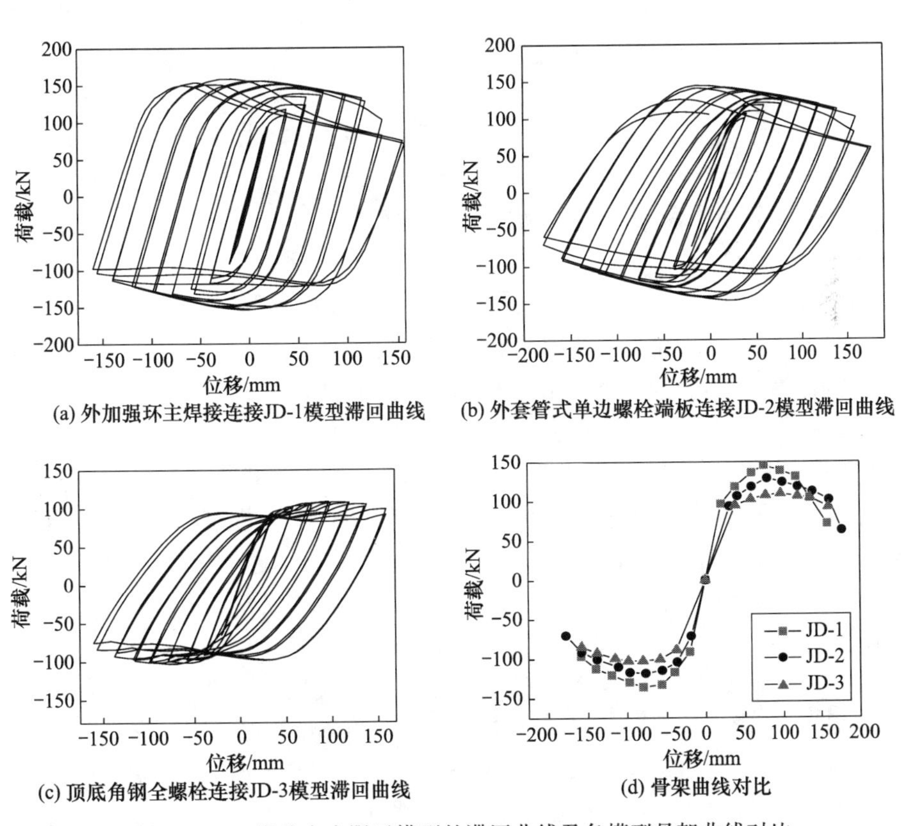

(a) 外加强环主焊接连接JD-1模型滞回曲线

(b) 外套管式单边螺栓端板连接JD-2模型滞回曲线

(c) 顶底角钢全螺栓连接JD-3模型滞回曲线

(d) 骨架曲线对比

图 9.4.7　三类节点有限元模型的滞回曲线及各模型骨架曲线对比

3. 钢管约束型钢再生混凝土柱-钢梁连接节点的延性系数及耗能能力分析

表 9.4.5 给出了节点 JD-1～JD-3 模型在正负两个方向上的平均位移延性系数。节点模型的耗能指标如表 9.4.6 所示。

表 9.4.5 各种节点模型荷载-位移值及位移延性系数

模型编号	加载方向	屈服荷载 P_y/kN	屈服位移 Δ_y/mm	峰值荷载 P/kN	破坏荷载 P_u/kN	破坏位移 Δ_u/mm	平均位移延性系数 μ
JD-1	正向	118.02	41.21	149.53	127.1	119.51	3.08
	负向	−115.68	−39.42	−135.46	−115.14	−129.05	
JD-2	正向	107.56	44.27	128.49	109.22	147.62	3.35
	负向	−107.56	−43.06	−118.02	−96.77	−145.26	
JD-3	正向	98.26	47.91	109.88	93.40	157.17	3.43
	负向	−90.17	−41.84	−102.91	−87.47	−149.86	

表 9.4.6 梁柱连接节点模型的耗能指标

模型编号	能量耗散系数 E_d	等效黏滞阻尼系数 h_e	累积耗能 E_{total}/(MN · mm)
JD-1	3.5	0.58	590.43
JD-2	3.3	0.53	502.73
JD-3	2.8	0.45	351.87

对不同方钢管约束型钢再生混凝土柱-钢梁连接节点的滞回性能和抗震性能进行了研究,结果表明:

(1) 由于柱内型钢提高了钢管再生混凝土的抗侧能力和整体刚度,外围约束降低了柱的横向变形,节点域无穿柱构件使核心区再生混凝土受力相对简单,在轴压比不高的情形下,各模型的核心区再生混凝土应力较小,节点破坏时,核心区再生混凝土仍然具有较高的承载能力。

(2) 通过低周循环加载得出的三个模型滞回曲线均呈现饱满的弓形,其中 JD-1 模型滞回环面积和承载力最大,JD-2 模型略有减小,JD-3 模型相对较小。但是随着位移的增加,JD-1 模型梁端塑性铰出现较早,承载力迅速下降;JD-2 模型由于端板提供了一定的变形能力,梁端塑性铰出现较晚,继而承载力下降;JD-3 节点域连接构件变形较大,无明显塑性铰,承载力下降不明显。

(3) 骨架曲线对比显示,JD-1 模型的弹性刚度最大,极限抗侧承载力最高,进入强化阶段后,刚度退化较快;JD-2 和 JD-3 模型的弹性刚度相对较小,属于半刚性连接范围,塑性强化阶段在正向上的刚度退化速率比 JD-1 模型明显降低。

(4) 从表 9.4.5 可以看出,JD-2 和 JD-3 节点模型的平均延性系数分别比 JD-1 节点模型提高了 9%和 11%,正向破坏位移值分别提高了 24%和 31%,负向破坏位移值分别提高了 13%和 16%，半刚性连接的位移延性相对于刚性连接提升较大。由表 9.4.6 可以看出，JD-1、JD-2 节点模型的滞回环面积较大，滞回耗能能力明显强于 JD-3 模型，分别提高了 41%和 30%。

4. 外套管式单边螺栓端板梁柱连接节点的荷载曲线影响因素分析

外套管式单边螺栓端板连接钢管约束型钢再生混凝土柱-钢梁节点在抗侧刚度、极限水平承载力和抗震延性上都较强，节点域内核心区再生混凝土受力相对简单，整体性好，是一种适用于钢管型钢再生混凝土-钢梁连接的节点形式。为了更深一步地研究影响其抗震性能的参数变化，以下分别从轴压比、梁与柱线刚度比、钢材屈服强度、再生粗骨料取代率和外套管、端板厚度六个方面进行参数分析。

1）轴压比的影响

图 9.4.8(a)为外套管式单边螺栓端板连接钢管约束型钢再生混凝土柱-钢梁节点在不同轴压比情况下的荷载-位移曲线。可以看出，随着轴压比的增加，节点的弹性刚度有下降的趋势，极限抗侧承载力明显下降。在进入塑性强化阶段后，考虑二阶效应的影响，随着轴压比的增大，表现出刚度退化较快。轴压比对节点极限承载力和刚度退化的影响较大，弹性阶段效果不明显。

2）梁柱线刚度比的影响

图 9.4.8(b)为外套管式单边螺栓端板连接钢管约束型钢再生混凝土柱-钢梁节点在不同线刚度比情况下的荷载-位移曲线。线刚度比 k 为梁线刚度和柱线刚度比值。可以看出，随着梁柱线刚度比的增加，节点弹性阶段的刚度下降，极限水平承载力降低。但是荷载-位移曲线在强化阶段几乎平行，梁柱线刚度比对节点模型的刚度退化规律没有影响。

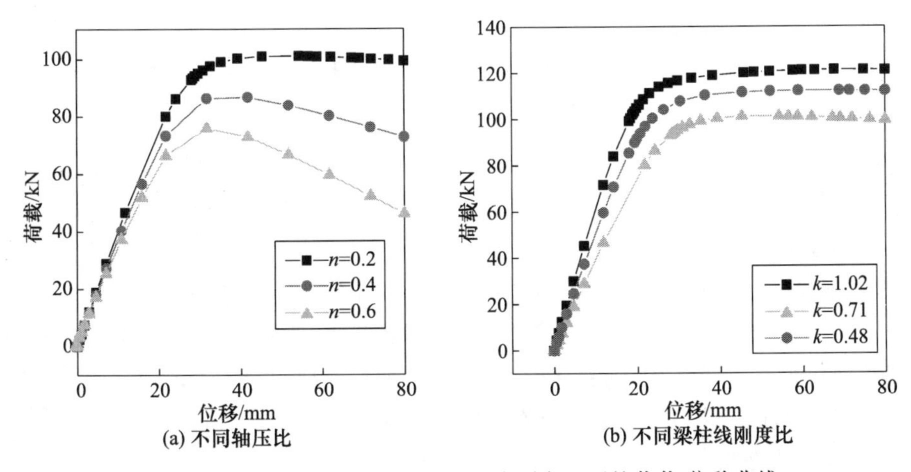

图 9.4.8　不同轴压比和不同梁柱线刚度比下的荷载-位移曲线

3）钢材屈服强度的影响

分别取钢材屈服强度为235MPa、345MPa和420MPa，对节点模型进行了荷载-位移曲线对比分析，如图9.4.9(a)所示。可以看出，随着钢材屈服强度的增加，模型分析的弹性刚度基本一致，屈服位移和极限水平承载力显著提升，而在塑性强化阶段的延性、刚度退化规律上的影响不明显。参数变化影响的规律与纯钢柱-钢梁节点[41]类似，说明了通过单边螺栓和外套管的形式，节点域的受力主要集中于外围套管、高强螺栓和端板等部件钢材上。

4）再生粗骨料取代率的影响

图9.4.9(b)为外套管式单边螺栓端板连接钢管约束型钢再生混凝土柱-钢梁节点在不同再生粗骨料取代率下的荷载-位移曲线。可以看出，外围约束降低了柱的横向变形，柱内型钢增加了核心区再生混凝土的整体刚度，节点域无穿柱构件的情况下，再生粗骨料取代率对外套管式单边螺栓端板连接半刚性节点的抗震性能影响不大。弹性刚度和屈服位移无明显变化，但刚度退化有减小的趋势。总体上，再生混凝土在此类节点的抗震性能与普通混凝土基本类似。

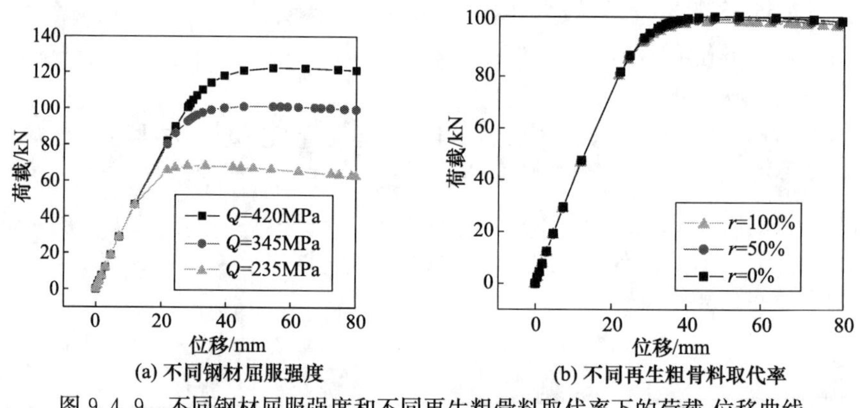

(a) 不同钢材屈服强度　　(b) 不同再生粗骨料取代率

图9.4.9　不同钢材屈服强度和不同再生粗骨料取代率下的荷载-位移曲线

5）端板厚度的影响

图9.4.10(a)为外套管式单边螺栓端板连接钢管约束型钢再生混凝土柱-钢梁节点在不同端板厚度下的荷载-位移曲线。可以看出，不同端板厚度的节点在塑性强化阶段的曲线基本平行，端板厚度对节点位移延性的影响不大；而随着端板厚度的增大，端板抵抗变形的能力增强，节点的抗弯刚度有所增大，根据对应的荷载-位移曲线可以看出，端板厚度的增加能够提升节点的弹性刚度和极限水平承载力，但提升的幅度随着端板厚度的继续增大而越变越小，从对比18mm和24mm端板厚度的节点荷载-位移曲线可以发现，两者趋于一致，继续增大端板厚度对节点的性能影响甚微。

6）外套管厚度的影响

图9.4.10(b)为外套管式单边螺栓端板连接钢管约束型钢再生混凝土柱-钢梁

节点在不同外套管厚度下的荷载-位移曲线。可以看出,外套管厚度影响的变化规律和端板参数影响的变化规律相似,增加外套管厚度有助于提高节点的弹性刚度和极限水平承载力,但增幅比端板厚度变化低,且随着厚度的继续变大而越来越小。

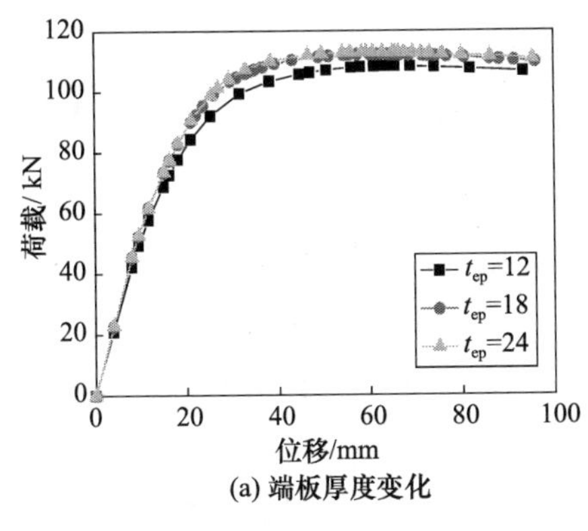

(a) 端板厚度变化

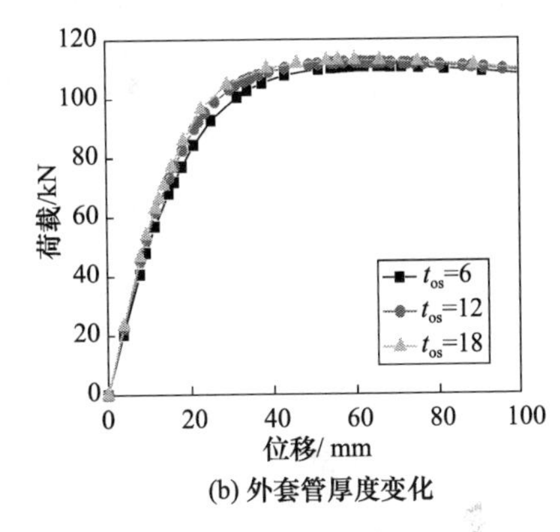

(b) 外套管厚度变化

图 9.4.10　不同端板厚度和不同外套管厚度下的荷载-位移曲线

9.4.4　钢管约束型钢再生混凝土混合结构的抗震性能

钢管型钢再生混凝土框架是钢管混凝土框架-核心筒结构的重要组成部分,主要承担竖向传递的荷载,但是在大震作用下,钢管型钢再生混凝土框架也需要抵抗一部分的水平荷载,其抗震性能在整体结构的抗震性能中起着很大的作用。因此,为了更加系统地分析钢管型钢再生混凝土框架-混凝土核心筒结构的抗震性能,首先从平面结构上分别对一榀钢管型钢约束再生混凝土框架以及增加核心筒剪力墙的一榀框架-剪力墙结构进行抗震性能研究。

1. 钢管约束型钢再生混凝土结构模型设计[39]

共设计了两榀结构模型,一榀为钢管型钢再生混凝土柱-钢梁框架结构,另一榀为钢管型钢再生混凝土框架-混凝土核心筒剪力墙结构,编号分别为 KJ-1、KJ-W。两个结构模型的框架结构部分参数均相同,采用方钢管型钢再生混凝土,KJ-W 在框架结构旁通过钢连梁与混凝土剪力墙连接。柱高 1500mm,钢梁计算跨度为 2100mm,其余相关的模型参数如表 9.4.7 所示。有限元模型示意图如图 9.4.11 所示。

表 9.4.7　结构模型的相关参数取值

模型编号	钢梁及型钢尺寸/mm	方钢管柱/mm	柱轴压比	剪力墙尺寸/mm	墙轴压比
KJ-W	196×150×6×9	250×250	0.25	1500×800×10	0.25
KJ-1	196×150×6×9	250×250	0.25	无	无

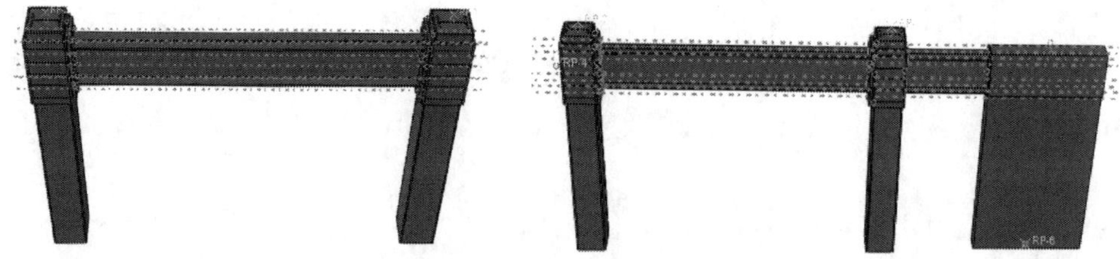

图 9.4.11　有限元模型

2. 钢管约束型钢再生混凝土结构模型滞回曲线

通过低周水平循环加载后，两个结构模型的滞回曲线如图 9.4.12 所示。可以看出：

(1) 在荷载控制阶段，两个结构模型滞回环的面积小，吸收地震能力不多，模型的加载和卸载刚度基本一致，残余变形量不大，结构基本上还是处于弹性阶段。

(2) 当进入位移控制阶段后，随着位移的增加，荷载有所提高，当荷载变为零时，位移不再为零，说明在位移控制阶段，模型开始出现残余变形。在达到峰值荷载后，承载力开始下降，三级加载的曲线逐渐向位移轴倾斜，体现了在加载过程中，模型的强度和刚度逐级退化，模型的损伤逐级加深。但是滞回环面积有所增加，模型的耗能能力加强。

(3) 在剪力墙存在的情况下，KJ-W 模型弹性阶段的水平极限承载力远大于 KJ-1 模型，当进入位移控制的塑性强化节点后，随着混凝土剪力墙应力的开展，模型的承载力发生突变，混凝土剪力墙损伤变量接近 1.0，剪力墙的作用逐步降低，但下降段与 KJ-1 模型相比较缓，更为均匀，且承载力仍然高于 KJ-1 模型，剪力墙在一定程度上仍然与框架协同作用。

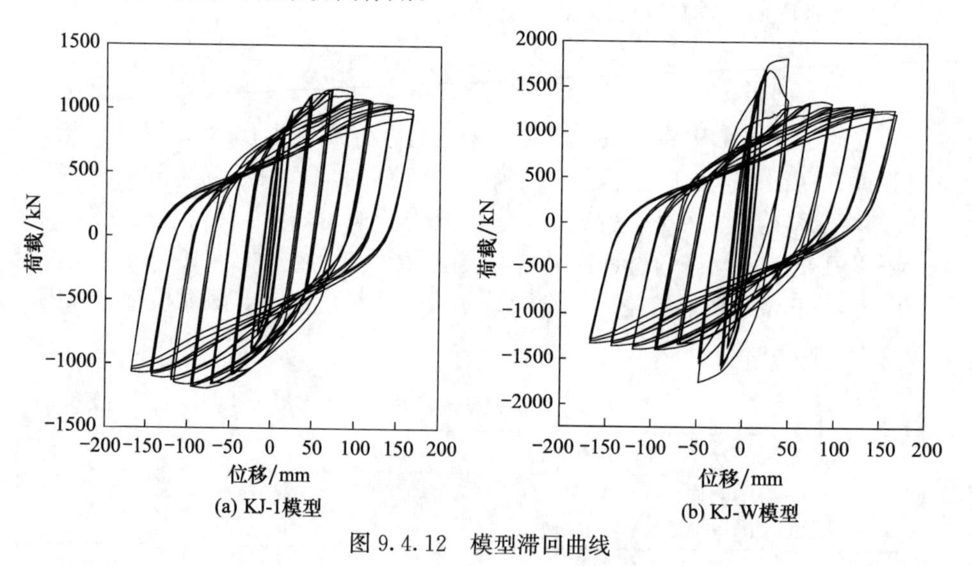

(a) KJ-1模型　　(b) KJ-W模型

图 9.4.12　模型滞回曲线

(4) KJ-1模型和KJ-W模型的滞回曲线均为饱满的弓形，表现出良好的耗能能力。除了塑性阶段剪力墙承载力突变外，KJ-1模型和KJ-W模型的滞回曲线下降段较缓，变化比较均匀，说明外围钢管约束和内部型钢支撑的情况下，核心区再生混凝土的承载能力得到了保证，延性提高，没有急速破坏的现象出现。

3. 钢管约束型钢再生混凝土结构模型骨架曲线

KJ-1、KJ-W模型的骨架曲线对比如图9.4.13所示。可以看出：

(1) 两个模型的骨架曲线均完整，有上升段、峰值点和下降段，且对称性良好，在弹性阶段结构的骨架曲线基本呈一条直线，进入弹塑性阶段，曲线斜率逐渐降低，到达峰值荷载时，梁端出现塑性铰，承载力不断下降，但下降段平缓均匀，框架结构部分没有发生结构失稳的现象。表明核心区再生混凝土损伤变形没有发生急剧的变化，通过外围钢管约束和内部型钢支撑能够有效提高核心区再生混凝土的刚度和变形能力。钢管、核心区再生混凝土和型钢支撑之间的协同互补，保证了钢与混凝土两种材料的力学性能能够得到充分的发挥。

(2) KJ-W模型因为剪力墙的存在，弹性刚度和水平极限承载力均大于KJ-1模型。KJ-W模型的屈服位移小于KJ-1模型，但是屈服荷载远大于KJ-1模型，KJ-W模型有着更大的抗侧刚度。

(3) 在塑性强化阶段，随着进一步的加载，剪力墙混凝土损伤变量接近1，剪力墙的承载力迅速下降，结构破坏，KJ-W模型的主要抗侧承载力转移向第二道抗震防线-钢管型钢再生混凝土框架。但是与纯框架KJ-1模型相比，KJ-W模型的抗侧承载力仍然有提高，且下降段更为平缓，刚度退化较慢，延性更好。

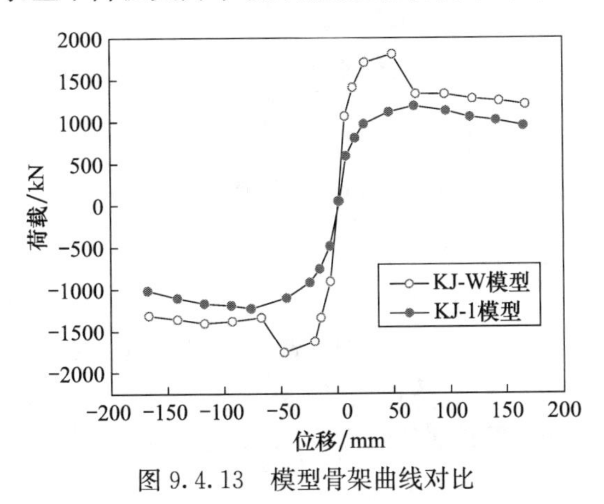

图9.4.13　模型骨架曲线对比

4. 钢管约束型钢再生混凝土结构模型的位移延性系数

结构或构件位移延性系数通常用来衡量其延性的大小，根据以上构件和节点分析中所采用的计算延性的方法，用破坏荷载所对应的破坏位移除以屈服荷载对应的屈服位移，即算得结构的简化延性系数。两个结构试件的延性系数及相关取值详见表 9.4.8。

表 9.4.8 结构模型荷载-位移值及延性系数

模型编号	加载方向	屈服荷载 P_y/kN	屈服位移 Δ_y/mm	峰值荷载 P/kN	破坏荷载 P_u/kN	破坏位移 Δ_u/mm	平均位移延性系数 μ
KJ-1	正向	975.13	23.16	1157.69	984.04	167.60	6.81
	负向	−943.77	−24.12	−1194.26	−1012.58	−154.261	
KJ-W	正向	1300.93	14.53	1828.77	1554.45	62.57	4.49
	负向	−1246.03	−13.14	−1751.89	−1489.1	−61.24	

从表 9.4.8 可以看出，钢管型钢再生混凝土框架-混凝土剪力墙结构 KJ-W 模型的屈服荷载大于钢管型钢再生混凝土框架结构 KJ-1 模型，混凝土剪力墙的存在能够为钢管型钢再生混凝土框架提供更大的抗侧刚度，峰值荷载远大于纯框架结构，正向上提高了 58%，负向上提高了 46%，但自身变形能力不强，屈服位移和破坏位移降低，KJ-W 模型的延性系数比 KJ-1 模型要小，主要原因是剪力墙抗侧刚度大，但变形小，破坏后承载力急剧降低，但是其框架部分仍然具有较强的抵抗地震作用的能力。

KJ-1、KJ-W 两个结构模型的延性系数分别为 6.81 和 4.49，均大于 3，最大破坏位移分别达到 167.6mm 和 62.57mm，有着良好的抗震延性。采用钢管约束和型钢支撑的钢管型钢再生混凝土结构能够满足延性结构的要求。两个结构试件模型的破坏位移转角 Δ_u/L 分别为 1/11 和 1/43，均远大于《建筑抗震设计规范》(GB 50011—2010)[42]规定限值，钢管型钢再生混凝土框架-混凝土核心筒结构的抗倒塌能力较强。

5. 钢管约束型钢再生混凝土结构模型耗能能力

表 9.4.9 给出了在各级加载位移下的等效黏滞阻尼系数和耗能系数指标，为结构模型的耗能能力提供判定依据。由表 9.4.9 可以看出，随着循环位移的增加，等效黏滞阻尼系数逐步增加，表明滞回环越来越饱满，耗散的能量越来越多，KJ-1 和 KJ-W 的最大等效黏滞阻尼系数分别为 0.365、0.420，均大于 0.3，表现出了良好的耗能能力，之后随着模型刚度的降低，等效黏滞阻尼系数有所降低，但差别不大，滞回环面积有所提高。

从结构模型的滞回环耗能来看，模型的耗能能力随着循环位移的增加而增加，滞回环面积越来越大，吸收的能量越来越多，其中框架-剪力墙单榀平面结构 KJ-W 的累积总耗能约为单榀平面框架结构 KJ-1 的 1.18 倍，有更好的耗能能力，在剪力墙退出工作后，单个的滞回环耗能也比纯框架结构 KJ-1 模型有所提高，说明了剪力墙与框架之间的工作协同性较好。

表 9.4.9　结构模型的耗能指标

模型编号	加载位移	等效黏滞阻尼系数 h_e	单滞回环耗能/(MN·mm)	累积总耗能 E_{total}/(MN·mm)
KJ-1	$1\Delta_y$	0.095	11.05	1964.17
	$2\Delta_y$	0.220	34.88	
	$3\Delta_y$	0.320	133.27	
	$4\Delta_y$	0.354	222.49	
	$5\Delta_y$	0.365	331.82	
	$6\Delta_y$	0.343	359.95	
	$7\Delta_y$	0.314	409.48	
	$8\Delta_y$	0.313	461.23	
KJ-W	$1\Delta_y$	0.154	29.10	2311.19
	$2\Delta_y$	0.230	61.53	
	$3\Delta_y$	0.354	217.23	
	$4\Delta_y$	0.420	260.29	
	$5\Delta_y$	0.401	370.04	
	$6\Delta_y$	0.376	420.37	
	$7\Delta_y$	0.365	449.25	
	$8\Delta_y$	0.358	503.38	

6. 钢管约束型钢再生混凝土结构模型的强度退化

在各级位移三次循环荷载的情况下，KJ-1 模型、KJ-W 模型的强度退化曲线对比如图 9.4.14 所示。可以看出，钢管型钢再生混凝土框架结构 KJ-1 模型强度退化较为平缓，除了破坏位移处强度退化略大，其他加载位移阶段都在 0.95 以上，总体上看，随着加载位移的增加，模型的强度退化逐渐提高，结构损伤量变大，模型的强度衰减大致经历了一个由少到多的过程，但是衰减幅度并不大，侧面反映出核心区再生混凝土的损伤发展得到了很好的约束。

钢管型钢再生混凝土框架-混凝土剪力墙结构 KJ-W 模型的强度衰减规律与 KJ-1 模型类似，衰减幅度略小于 KJ-1 模型，主要变化发生在 $\pm 3\Delta_y$ 处，因为剪力墙应力急剧变化，模型的承载力快速下降，强度衰减幅度大，发生突变。在剪力墙基本退出工作后，主要受力向框架部分转移，其后强度衰减规律趋于平缓。

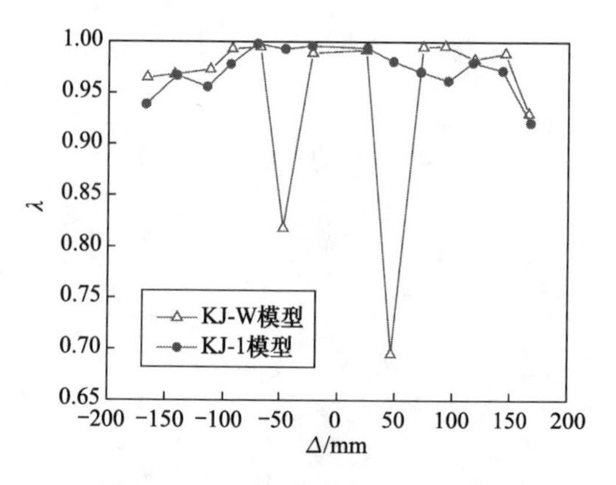

图 9.4.14　模型强度退化曲线对比

7. 钢管约束型钢再生混凝土结构模型的刚度退化

刚度退化常采用相对刚度-相对位移曲线来表示，钢管约束型钢再生混凝土结构模型的割线刚度及刚度退化曲线对比如图 9.4.15 和图 9.4.16 所示。

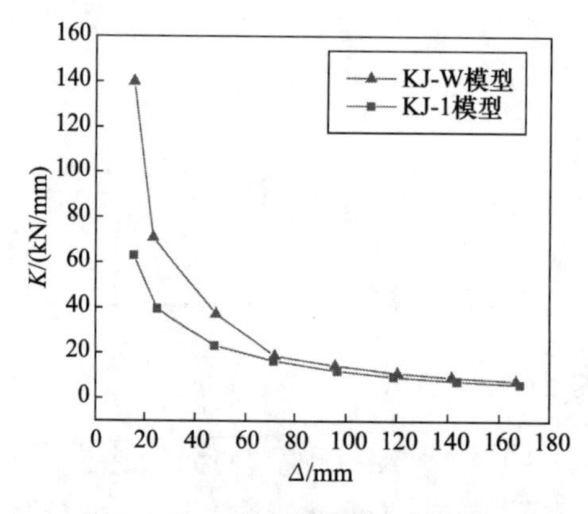

图 9.4.15　模型割线刚度曲线对比

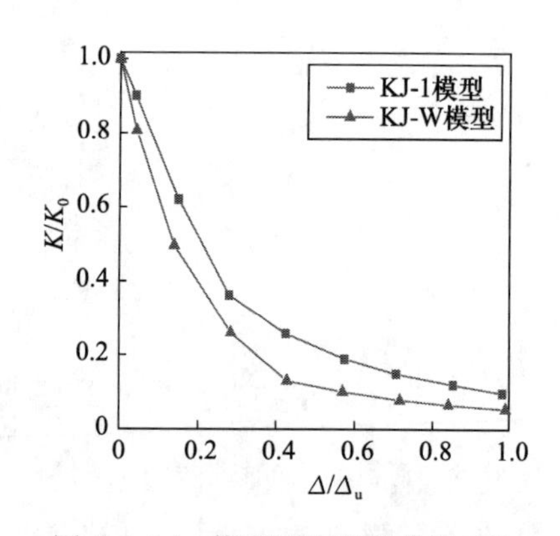

图 9.4.16　模型刚度退化曲线对比

由图 9.4.15 可以看出，随着荷载和位移的逐渐增大，两个模型的割线刚度均呈现出下降的趋势，在弹性阶段峰值点接近屈服时，割线刚度下降较快，然后趋于平缓。框架-剪力墙结构 KJ-W 模型的割线刚度明显大于框架结构 KJ-1 模型，当剪力墙退出工作后，两者的刚度逐渐趋于一致，主要抗侧力都由钢管型钢再生混凝土框架来承担，在塑性强化至结构破坏阶段，框架部分的刚度退化平缓均匀，可见由外围钢管约束、内部型钢支撑及核心区再生混凝土形成的组合构件在破坏阶段仍然具有较好的承载力。

由图 9.4.16 可以看出，在刚进入屈服阶段时，KJ-W 模型的刚度退化明显快于 KJ-1 模型，主要原因是剪力墙的抗侧刚度大，但是变形能力不强，随着应变的发展，模型刚度快速下降。在剪力墙退出工作的加载后期，KJ-W 模型刚度退化逐步变小，刚度退化比 KJ-1 模型还慢，说明剪力墙破坏后不再承担主要的抗侧力，但是仍然能够在一定程度上缓解框架部分的刚度退化现象。

9.4.5　结论

(1) 在钢管再生混凝土构件内增设支撑骨架，可以有效地防止核心区再生混凝土在外围约束钢管鼓曲破坏后承载力快速下降的情况，同时支撑骨架在核心区再生混凝土的包裹中不易发生变形，此类组合形式对钢管再生混凝土构件的工作性能提升明显。在相同截面含钢率的条件下，带 H 型钢支撑骨架的钢管型钢再生混凝土构件相对于带十字型钢、内圆钢管和钢筋笼的构件，在极限水平承载力、破坏位移、延性系数和滞回耗能等性能指标上提升的幅度更大，效果最为明显，其内部核心区再生混凝土抗压强度也提升最高，是一种良好的组合形式。对钢管型钢再生混凝土参数进行了分析，为此类构件设计提供了一定的计算依据。

(2) 对外加强环全焊接连接、外套管式单边螺栓端板连接和顶底角钢全螺栓连接三类节点的有限元模拟分析表明，在节点域内无穿柱部件的情况下，核心区再生混凝土整体性良好，受力相对简单，有利于核心区再生混凝土耐久性的提高，且节点域无穿柱螺杆有利于梁的设计布置。外套管对节点的进一步约束和保护能够减小节点域的横向变形，防止核心区再生混凝土和钢管柱壁脱离，从而黏结失效，有效地降低了核心区再生混凝土的破坏进程。在抗震性能方面，外加强环全焊接连接节点的极限水平承载力和滞回耗能最高，但是梁端塑性铰出现较快，与其他两类节点相比，破坏位移较低，延性较差；顶底角钢全螺栓连接节点的刚性最低，极限水平承载力和滞回耗能能力较小，但是变形能力较强，延性最好；外套管式单边螺栓端板连接节点相对而言没有明显的缺陷，极限水平承载力、滞回耗能能力和延性都表现良好。端板和钢梁的焊接在构件加工制作时即可完成，相对外加强环节点需要现场高空施焊而言，焊缝的质量能够得到保证，便于检测，降低了焊缝在地震作用下发生脆性断裂的风险，现场将端板和钢管柱螺栓连接即可完成安装，施工简捷。对其进行参数化分析，为此类节点设计奠定了一定的基础。

(3) 对钢管型钢再生混凝土框架及框架-核心筒剪力墙的模拟研究表明，结构试件的破坏模式符合“强节点、弱构件，强柱弱梁”的抗震设防理念，两榀结构试件的等效黏滞阻尼系数、延性系数和破坏位移转角都远大于《建筑抗震设计规范》(GB 50011—2010)[42]要求，其各项抗震性能指标都大于抗震设防要求。采用内部型钢支撑和新型外套管式单边螺栓端板连接节点的框架结构部分强度和刚度退化平缓均匀，有效地提高了核心区再生混凝土的整体性和耐久性。混凝土剪力墙能为钢管型钢再生混凝土框架提供更大的抗侧刚度和极限承载力，在墙体损伤退出工作后与框架部分仍然具有一定的工作协同性，一定程度上缓解了框架结构的刚度退化现象，为钢管型钢再生混凝土框架的抗震性能提供了进一步的可靠保障。

参考文献

[1] Konno K, Sato Y, Kakuta Y, et al. Property of recycled concrete column encased by steel tube subjected to axial compression[J]. Transactions of the Japan Concrete Institute, 1997, 19(2): 231-238.

[2] Mohanraj E K, Kandasamy S, Malathy R. Behavior of steel tubular stub and slender columns filled with concrete using recycled aggregates[J]. Journal of the South African Institution of Civil Engineering, 2011, 53(2): 31-38.

[3] 肖建庄，杨洁，黄一杰，等. 钢管约束再生混凝土轴压试验研究[J]. 建筑结构学报，2011，32(6): 92-98.

[4] 杨有福. 钢管再生混凝土构件受力机理研究[J]. 工业建筑，2007，37(12): 7-12.

[5] Chen Z P, Liu F, Zheng H H, et al. Research on the bearing capacity of recycled aggregate concrete-filled circle steel tube column under axial compression loading[C]//IEEE 2010 International Conference on Mechanic Automation and Control Engineering, Wuhan, 2010: 1198-1201.

[6] Chen Z P, Chen X H, Ke X J, et al. Experimental study on the mechanical behavior of recycled aggregate coarse concrete-filled square steel tube column[C]//IEEE 2010 International Conference on Mechanic Automation and Control Engineering, Wuhan, 2010: 1113-1116.

[7] 张向冈，陈宗平，薛建阳，等. 钢管再生混凝土轴压长柱试验研究及力学性能分析[J]. 建筑结构学报，2012，33(9): 12-20.

[8] 邱慈长，王清远，石宵爽，等. 薄壁钢管再生混凝土轴压实验研究[J]. 实验力学，2011，26(1): 8-15.

[9] 支正东，张大长，徐恩祥. 钢管再生混凝土短柱轴压性能试验研究[J]. 工业建筑，2012，42(12): 91-95.

[10] 吴波，刘伟，刘琼祥，等. 钢管再生混合短柱的轴压性能试验[J]. 土木工程学报，2010，43(2): 32-38.

[11] 吴波，赵新宇，张金锁. 薄壁圆钢管再生混合中长柱的轴压与偏压试验研究[J]. 土木工程学报，2012，45(5): 65-77.

[12] 陈梦成，刘京剑，黄宏. 钢管再生矿渣混凝土轴压短柱试验研究[J]. 建筑结构学报，2013，(s1): 281-287.

[13] 陈梦成，刘京剑，黄宏. 方钢管再生混凝土轴压短柱研究[J]. 广西大学学报(自然科学版)，2014，39(4): 693-700.

[14] 牛海成，曹万林，周中一，等. 足尺方钢管高强再生混凝土柱轴压试验[J]. 北京工业大学学报，2015，41(3): 395-402.

[15] 牛海成，曹万林，董宏英，等. 钢管高强再生混凝土柱轴压性能试验研究[J]. 建筑结构学报，2015，36(6): 128-136.

[16] Yang Y F, Han L H, Wu X X. Concrete shrinkage and creep in recycled aggregate concrete-filled steel tubes[J]. Advances in Structural Engineering, 2008, 11(4): 383-396.

[17] 张向冈，陈宗平，薛建阳，等. 钢管再生混凝土长柱偏压性能研究[J]. 工程力学，2013, 30(3): 331-340.

[18] 陈宗平，李启良，张向冈，等. 钢管再生混凝土偏压柱受力性能及承载力计算[J]. 土木工程学报，2012, 45(10): 72-80.

[19] 陈宗平，经承贵，薛建阳，等. 高温后圆钢管再生混凝土偏压柱力学性能研究[J]. 工业建筑，2014, 44(11): 19-24, 181.

[20] 曹万林，牛海成，周中一，等. 圆钢管高强再生混凝土柱重复加载偏压试验[J]. 哈尔滨工业大学学报，2015, 47(12): 31-37.

[21] 黄一杰，肖建庄. 钢管再生混凝土柱抗震性能与损伤评价[J]. 同济大学学报(自然科学版)，2013, 41(3): 330-335.

[22] 刘锋，余银银，李丽娟. 钢管再生骨料混凝土柱抗震性能研究[J]. 土木工程学报，2013, 46(s2): 178-184.

[23] 张向冈，陈宗平，薛建阳，等. 钢管再生混凝土柱抗震性能试验研究[J]. 土木工程学报，2014, 47(9): 45-56.

[24] 吴波，张金锁，赵新宇. 薄壁方钢管再生混合短柱轴压性能试验研究[J]. 建筑结构学报，2012, 33(9): 30-37.

[25] 李兵，孟爽，杨永生. 不同参数变化对方钢管再生混凝土柱抗震性能的影响[J]. 沈阳建筑大学学报(自然科学版)，2015, 31(6): 1066-1074.

[26] Corinaldesi V, Moriconi G. Behavior of beam-column joints made of sustainable concrete under cyclic loading[J]. Journal of Materials in Civil Engineering, 2006, 18(5): 650-658.

[27] Valeria C, Viviana L, Giacomo M. Behavior of beam-column joints made of recycled-aggregate concrete under cyclic loading[J]. Construction and Building Materials, 2011, 25(4): 1877-1882.

[28] 吴波，赵新宇，杨勇，等. 薄壁圆钢管再生混合柱-钢筋混凝土梁节点的抗震试验与数值模拟[J]. 土木工程学报，2013, 46(3): 60-69.

[29] 薛建阳，鲍雨泽，任瑞，等. 低周反复荷载下型钢再生混凝土框架中节点抗震性能试验研究[J]. 土木工程学报，2014, 25(2): 31-33.

[30] 柳炳康，陈丽华，周安，等. 再生混凝土框架梁柱中节点抗震性能试验研究[J]. 建筑结构学报，2011, 32(11): 109-115.

[31] 陈宗平，张向冈，薛建阳，等. 钢管再生混凝土柱-钢筋再生混凝土梁框架抗震性能试验研究[J]. 土木工程学报，2014, 47(10): 22-31.

[32] 张向冈，陈宗平，薛建阳. 钢管再生混凝土框架抗震强度与刚度试验研究[J]. 防灾减灾工程学报，2015, 35(6): 799-806.

[33] 张向冈，陈宗平，薛建阳，等. 钢管再生混凝土框架的恢复力模型研究[J]. 世界地震工程，2016, 32(1): 277-283.

[34] 曹万林，张勇波，董宏英，等. 再生混凝土结构抗震性能研究进展与评述[J]. 地震工程与工

程振动,2013,33(6):63-73.

[35] 刘坚,毛捷,于志伟,等.钢管约束型钢再生混凝土柱的抗震性能分析[J].混凝土,2018,(3):1-7.

[36] 刘坚,毛捷,陈原,等.方钢管约束型钢再生混凝土柱-钢梁节点抗震性能分析[J].建筑科学与工程学报,2018,35(3):25-34.

[37] 刘坚,高奎,周观根,等.采用外套管式单边螺栓端板连接钢管混凝土框架滞回性能研究[J].建筑科学,2017,33(1):88-95.

[38] 刘坚,潘澎,李东伦,等.考虑楼板刚度贡献的梁柱节点半刚性连接弯矩-转角神经网络模型[J].建筑科学与工程学报,2016,33(1):100-105.

[39] 刘坚,吴城斌,毛捷,等.钢管型钢再生混凝土柱钢梁框架-混凝土核心筒结构抗震性能研究[J].混凝土,2018,346(8):6-10.

[40] 周观根,刘坚,王永梅,等.用于混凝土核心筒结构的钢框架一体化构件[P]:中国,ZL201520615623.X.2015-12-30.

[41] 刘坚.钢结构高等分析的二阶非弹性理论及应用[M].北京:科学出版社,2012.

[42] 中华人民共和国国家标准.建筑抗震设计规范(GB 50011—2010)[S].北京:中国建筑工业出版社,2010.

第10章　再生混凝土结构

10.1　钢框架组合再生混凝土墙板结构抗震性能

郭宏超*，孙立建，刘云贺

通过构建钢框架与再生混凝土墙板组合结构，将由再生粗骨料制作的墙板引入钢结构住宅体系中。对6榀钢框架与再生混凝土墙板组合结构试件及1榀纯钢框架进行了拟静力试验，分析了钢框架内填现浇、内填预制和外挂预制三种组合形式下结构的破坏模式、传力机理、承载力、刚度退化、延性及耗能能力等，并考虑了梁柱节点连接刚度的影响。研究结果表明，再生混凝土墙在增加结构承载力与抗侧刚度的同时，能缓解梁柱节点的转动变形，改善节点受力。内填现浇墙体后，墙体裂缝主要沿对角线方向扩展，混凝土脱落严重，钢筋裸露。内填预制墙体后，不同梁柱连接形式下，峰值荷载仅相差4%，说明梁柱节点刚度对内填预制墙体试件的影响很小。外挂预制墙体后，墙板与钢框架产生较大的滑移，裂缝主要集中在墙板挂点处。

10.1.1　国内外研究现状

再生混凝土能够从根本上解决废弃混凝土的出路问题，既能减轻废弃混凝土对环境的污染，又能节省天然粗骨料资源，减少自然资源和能源的消耗，是发展循环经济、绿色建筑的主要途径之一。Puthussery等[1]对废弃混凝土回收利用，作为建设项目骨料的适用性进行了研究，为废弃混凝土的循环利用提供了思路。

在材料力学性能方面，Tabsh等[2]、Koenders等[3]和Silva等[4]对不同来源、不同强度粗骨料再生混凝土的抗压强度和抗拉强度进行了研究，发现采用较低强度粗骨料配置的再生混凝土，其强度降低程度比采用高强度粗骨料配置的更加明显。Bairagia等[5]和Okionomou等[6]给出了不同粗骨料取代率下再生混凝土的应力-应变曲线，指出不同粗骨料取代率的再生混凝土本构关系相似，但下降段有所不同。

在基本构件方面，Arezoumandi等[7]和Choi等[8]对再生混凝土梁在短期和长

---

* 第一作者：郭宏超(1981—)，男，博士，教授，主要研究方向为钢结构和再生混凝土结构。

基金项目：国家自然科学基金青年科学基金项目(51308454)。

期荷载作用下的抗剪强度进行了试验，讨论了设计规范的梁抗剪强度计算方法对再生混凝土梁的适用性。Choi 等[9]研究了再生混凝土柱的轴压性能，发现再生混凝土柱的最大轴压承载力随再生粗骨料取代率的增加而略有降低，认为再生混凝土柱可以用于结构承重构件。

再生混凝土的应用主要集中在路基路面及非承重构件方面[10,11]。在材料力学性能方面，肖建庄等[12]系统研究了再生混凝土抗压强度与再生粗骨料取代率、水灰比、龄期及表观密度之间的关系。崔正龙等[13]通过对比性强度试验和碳化试验评价了再生混凝土内部存在的界面过渡区与混凝土性能的关系。

在组合构件方面，肖建庄等[14]进行了钢管约束再生混凝土圆柱轴压试验，分析了试件的破坏特性及约束再生混凝土的横向变形系数变化规律。吴波等[15,16]针对大尺度废弃混凝土块循环利用技术，提出再生组合构件概念，对薄壁钢管再生组合柱、U 型外包钢再生组合梁及外包薄钢板再生组合墙等构件进行了系统研究。陈宗平等[17]对方钢管再生混凝土柱进行了系列试验，对其主要影响因素进行了深入研究。薛建阳等[18]对型钢再生混凝土柱的破坏形态和抗震性能进行了试验研究。

在结构体系方面，孙跃东等[19]对再生混凝土框架进行了拟静力试验，对比评价了再生混凝土框架结构的抗震性能。姚谦峰等[20]对再生混凝土密肋复合墙体的破坏机制和抗震性能进行了试验研究。张建伟等[21]分析了各种形式再生混凝土剪力墙体的抗震性能及耗能机理，明确了再生混凝土剪力墙的适用范围和受力特点。

再生混凝土已得到多方面推广，然而在钢结构中的应用却鲜见报道。若能将其应用于钢结构体系中，为钢结构提供一定的侧向刚度并发挥围护功能，可以起到减轻废弃混凝土排放对环境污染的有益效果。本节将再生混凝土墙板应用于钢框架结构中，考虑装配化的理念，构建钢框架与再生混凝土墙板组合结构体系[22~24]。通过对钢框架内填现浇、内填预制及外挂预制再生混凝土墙板试件的拟静力试验，深入分析了钢框架与再生混凝土墙板组合结构的破坏模式和传力机理，以及墙板和梁柱节点刚度对组合结构的承载力、抗侧刚度、延性及耗能能力的影响，为钢框架与再生混凝土墙板组合结构的设计及实际应用提供了科学依据。

10.1.2 研究方案

1. 试件设计

试验设计了 4 组共 7 个单层单跨 1∶3 缩尺的试件。第一组为钢框架内填现浇再生混凝土墙试件(见图 10.1.1(a))，试件编号为 SPE-1、SPE-2；墙体在现场浇筑，厚度为 90mm，与钢框架之间通过焊接在钢框架上的 M16 抗剪栓钉连接，栓钉间距为 110mm。第二组为钢框架内填预制再生混凝土墙试件(见图 10.1.1(b))，试件编号为 SPE-3、SPE-4；墙体在工厂预制，宽×高×厚为 860mm×925mm×

90mm，在墙体中设置预埋T型件，与钢框架之间通过耳板连接件、T型件和高强螺栓连接，螺栓间距为100mm，可实现与钢框架的快速安装；耳板焊接在钢梁翼缘，并设有加劲肋，加劲肋间距为200mm；T型件预埋在混凝土墙板中，与墙板内钢筋焊接。第三组为钢框架外挂预制再生混凝土墙试件(见图10.1.1(c))，试件编号为SPE-5、SPE-6；墙板宽×高×厚为1050mm×1075mm×90mm，通过在钢柱的内翼缘焊接4个长80mm的∟63×8等边角钢作为墙板与钢框架的连接件，连接角钢、高强螺栓与外墙挂点组成结构的外挂节点。试件SPE-7为纯钢框架，作为对比试件。

试件跨度和高度分别为1050mm、1200mm，钢梁、钢柱均为热轧H型钢，其中钢柱截面为HW150×150×7×10，钢梁截面为HN150×100×5×8。为考察梁柱节点刚度对结构性能的影响，梁柱节点采用栓焊组合刚性连接和平齐端板半刚性连接两种形式，连接螺栓为10.9级M16高强螺栓，螺栓孔径为18mm。试件SPE-1、SPE-3、SPE-5、SPE-7为刚性梁柱节点，试件SPE-2、SPE-4、SPE-6为半刚性梁柱节点，试件构造如图10.1.1所示。

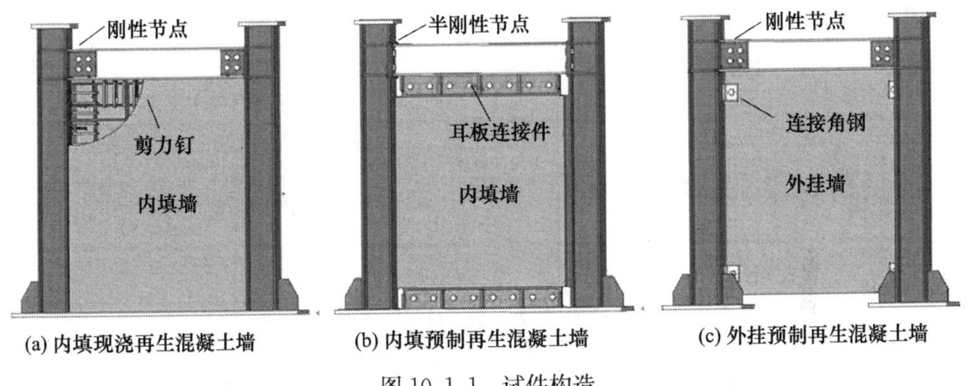

(a) 内填现浇再生混凝土墙　(b) 内填预制再生混凝土墙　(c) 外挂预制再生混凝土墙

图10.1.1　试件构造

墙体内布置双层双向钢筋网，水平和竖向钢筋直径为6mm，内填墙板间距为120mm，外挂墙板间距为150mm，两层钢筋网片采用直径6mm的拉结筋连接；在内填墙体四周设置暗梁、暗柱，暗梁、暗柱内配置4根Φ8钢筋，箍筋直径为6mm，间距为50mm，所有钢筋等级均为HPB300。试件主要设计参数如表10.1.1所示。

表10.1.1　试件主要设计参数

试件编号	梁柱节点形式	连接件	墙板配筋/mm
SPE-1	栓焊组合	内置栓钉	4Φ8＋双层双向Φ6@120
SPE-2	平齐端板		

续表

试件编号	梁柱节点形式	连接件	墙板配筋/mm
SPE-3	栓焊组合	耳板、T型件和高强螺栓	4Φ8+双层双向Φ6@120
SPE-4	平齐端板		
SPE-5	栓焊组合	角钢和高强螺栓	双层双向Φ6@150
SPE-6	平齐端板		
SPE-7	栓焊组合	—	—

2. 试验材料

钢梁、钢柱、连接板等均采用Q235B钢材，根据《金属材料 拉伸试验 第1部分：室温试验方法》(GB/T 228.1—2010)[25]的有关规定进行强度拉伸试验，钢板和钢筋的力学性能见表10.1.2。再生粗骨料取自实验室废弃的混凝土试件，人工破碎成尺寸为10～30mm的混凝土块体，再生粗骨料取代率为100%，混凝土设计强度等级为C30。在浇筑试件的同时，制作100mm×100mm×100mm的立方体试件，与试件同条件养护，根据《普通混凝土力学性能试验方法标准》(GB/T 50081—2002)[26]实测混凝土立方体抗压强度为32.8MPa。

表10.1.2 钢板和钢筋的力学性能

截取位置	t/mm	f_y/MPa	f_u/MPa	E/GPa	δ/%
梁翼缘	8	270.20	402.30	209	31.95
梁腹板	5	302.60	413.10	264	35.15
柱翼缘	10	268.30	447.05	234	34.40
柱腹板	7	283.75	452.00	252	34.00
角钢	8	260.20	386.35	200	37.15
加劲肋	8	281.55	403.95	180	32.85
Φ6筋	—	217.30	345.50	250	32.70
Φ8筋	—	348.34	482.37	262	37.65

3. 试验方案

试验加载装置如图10.1.2所示。试件与作动器通过4根直径36mm的长锚杆连接，水平荷载由1000kN液压伺服作动器施加，竖向荷载由液压千斤顶施加，通过分配梁施加在钢柱端部。试件底部与地梁上翼缘通过12个10.9级M30高强螺栓连接。为防止试验过程中试件滑移或倾覆，在地梁两端分别设置压梁，同时在地梁两端设置水平限位梁，以限制地梁的水平移动。为防止试件发生平面外失稳，在作动器加载端设置了侧向支撑。

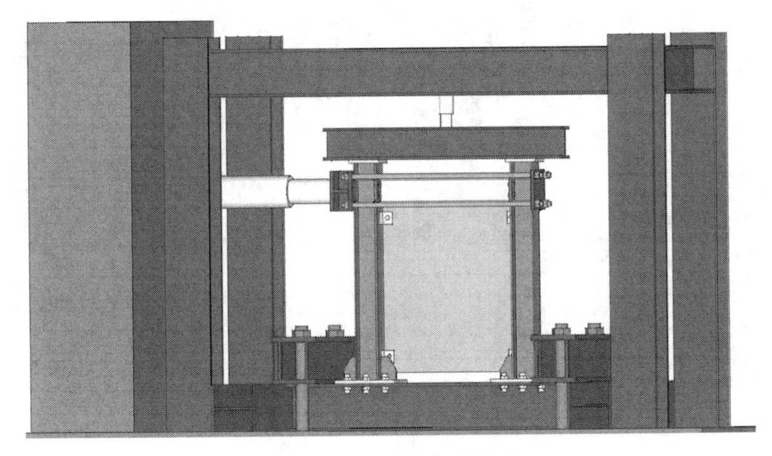

图 10.1.2　试验加载装置

正式加载之前，首先进行预加载，检查所有仪表正常工作后，开始正式加载。首先在钢柱顶施加 250kN 的竖向荷载(按轴压比 0.3 计算)，水平荷载按荷载与位移联合控制方法施加：试件屈服前，按力控制加载，每级荷载循环 1 次，每级增量为 20kN；试件屈服后，按位移控制加载，每级循环 3 次，每级增量为 $0.5\delta_y$，δ_y 为试件预估屈服位移，直到试件水平荷载下降到峰值荷载的 85%或者试件明显丧失承载能力，停止加载。

10.1.3　研究结果

1. 试验现象

1) 试件 SPE-1

荷载低于 140kN 时，试件基本处于弹性状态，无明显现象。加载至 160kN 时，在墙板下侧出现一条轻微裂纹。加载至 280kN 时，墙板裂缝持续扩展，试件局部屈服，此后按位移控制加载。

在位移控制阶段，加载至 $1.5\delta_y$ 时，墙板出现数条沿 45°方向、长 100cm 左右的斜裂纹(见图 10.1.3(a))。加载至 $2.0\delta_y$ 时，墙板裂缝持续扩展，并延伸至墙体边缘，形成三条沿对角线方向的贯通主裂缝。加载至 $3.5\delta_y$ 时，对角主裂缝交汇处局部混凝土鼓胀、脱落(见图 10.1.3(b))，缝宽 4～5mm。加载至 $4.5\delta_y$ 时，墙板上部大面积混凝土脱落，并沿主裂缝向下延伸，形成两条长约 50cm 的脱落带，局部钢筋裸露。加载至 $5.5\delta_y$ 时，钢筋大面积裸露，墙体局部形成孔洞，梁端翼缘向上鼓曲(见图 10.1.3(c))，柱脚屈曲(见图 10.1.3(d))。荷载下降超过 15%时，试件基本丧失承载能力，停止加载。

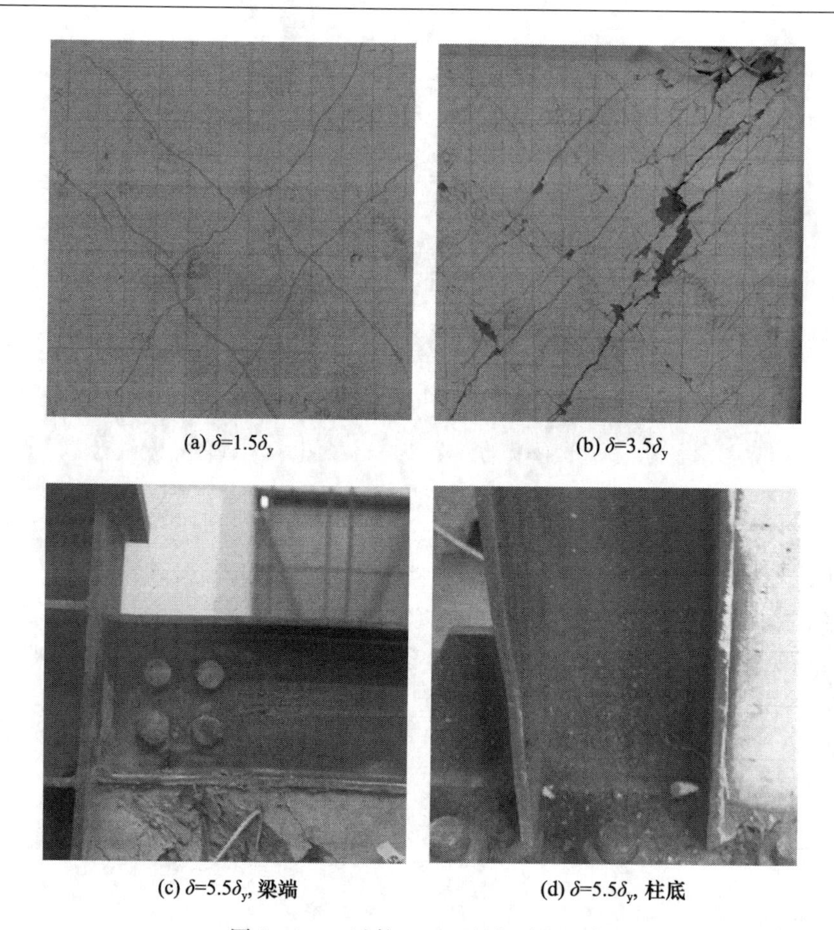

(a) δ=1.5δ_y　　(b) δ=3.5δ_y

(c) δ=5.5δ_y, 梁端　　(d) δ=5.5δ_y, 柱底

图 10.1.3　试件 SPE-1 局部破坏现象

2）试件 SPE-2

荷载低于 180kN 时，试件基本处于弹性状态，无明显现象。加载至 200kN 时，墙板右侧出现数条微小斜裂纹。加载至 280kN 时，裂缝继续延伸发展，试件局部屈服，此后按位移控制加载。

在位移控制阶段，加载至 δ_y～3.0δ_y 时，裂缝持续发展，并延伸至墙板边缘，形成沿对角线方向的贯通裂缝，缝宽 2～3mm（见图 10.1.4(a)）。加载至 4.0δ_y 时，对角主裂缝两侧混凝土局部脱落，缝宽 4～5mm（见图 10.1.4(b)）。加载至 4.5δ_y 时，沿对角方向裂缝相交处大量混凝土脱落，局部钢筋裸露，梁端翼缘上鼓。加载至 5.5δ_y 时，墙板混凝土大面积脱落，大量钢筋裸露，多处形成孔洞，墙体破损严重，端板翘曲（见图 10.1.4(c)），梁端形成塑性铰，钢柱中部外鼓，柱脚屈曲（见图 10.1.4(d)）。荷载下降超过 15%时，试件基本丧失承载能力，停止加载。

(a) $\delta=3\delta_y$　(b) $\delta=4\delta_y$

(c) $\delta=5.5\delta_y$, 端板　(d) $\delta=5.5\delta_y$, 柱底

图 10.1.4　试件 SPE-2 局部破坏现象

3）试件 SPE-3

荷载低于 120kN 时，试件基本处于弹性状态，无明显现象。加载至 140kN 时，墙板右下角出现初裂纹。加载至 220kN 时，墙板中部新增多条细小斜裂缝，并不断扩展延伸，试件局部屈服，此后按位移控制加载。

在位移控制阶段，加载至 $1.5\delta_y$ 时，沿墙体对角方向增加多条宽约 1mm 的短裂缝，墙板右下角混凝土局部开始脱落，水平裂缝逐渐增多(见图 10.1.5(a))。加载至 $2.5\delta_y$ 时，墙板底部形成水平向贯通裂缝(见图 10.1.5(b))；上部耳板与 T 型件发生相对滑移，滑移量约 10mm(见图 10.1.5(c))，并伴随钢板间的摩擦声。加载至 $4.5\delta_y$ 时，墙板产生弯曲变形，角部混凝土脱落严重，钢筋裸露。加载至 $5.0\delta_y$ 时，钢梁上翼缘脆性断裂(见图 10.1.5(d))；柱脚屈曲，形成塑性铰。荷载下降超过 15%时，试件基本丧失承载能力，停止加载。

4）试件 SPE-4

荷载低于 60kN 时，试件基本处于弹性状态，无明显现象。加载至 80kN 时，墙板沿对角方向出现斜向下的细微裂纹。加载至 120kN 时，细小裂纹逐渐增多，并不断扩展，试件局部屈服，此后按位移控制加载。

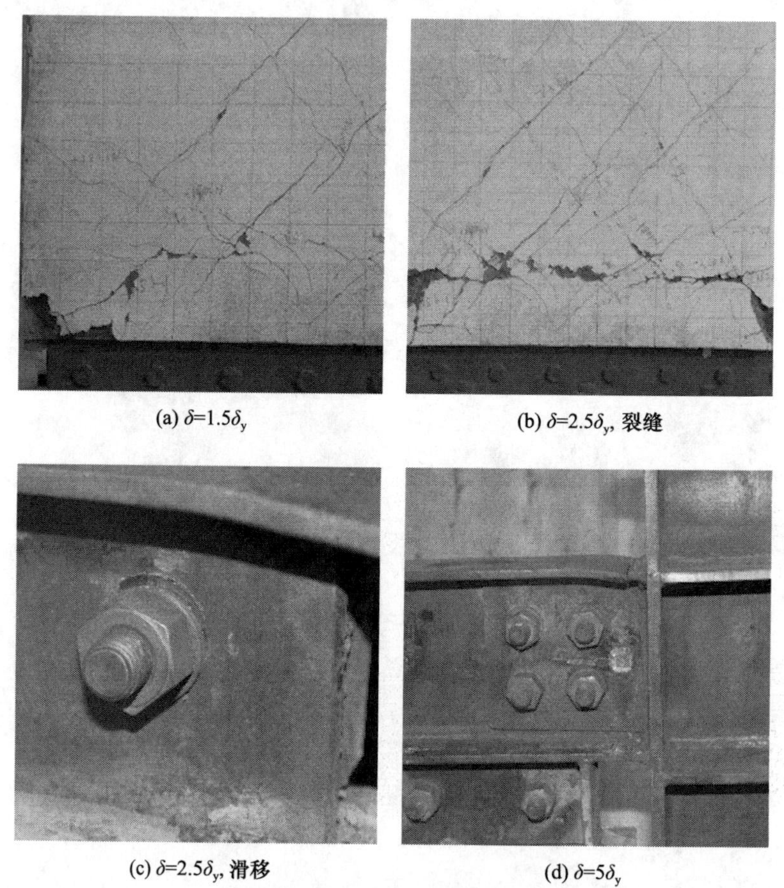

(a) δ=1.5δ_y (b) δ=2.5δ_y, 裂缝

(c) δ=2.5δ_y, 滑移 (d) δ=5δ_y

图 10.1.5 试件 SPE-3 局部破坏现象

在位移控制阶段，加载至 2.5δ_y 时，沿墙板对角线方向形成交叉的裂缝，主裂缝基本贯通(见图 10.1.6(a))。加载至 3.5δ_y 时，墙板右下角混凝土局部压碎、脱落，钢筋裸露；预埋 T 型件底部出现多条水平向裂缝，缝宽 2～3mm，自右向左扩展(见图 10.1.6(b))。加载至 4.0δ_y 时，钢梁左下翼缘向上明显鼓曲；上部耳板与 T 型件发生相对滑移，滑移量约 10mm，并伴有摩擦声。加载至 6.0δ_y 时，墙板混凝土大面积脱落，钢筋裸露，墙体底部形成水平向通缝(见图 10.1.6(c))，端板翘曲(见图 10.1.6(d))，柱脚屈曲，形成塑性铰。荷载下降超过 15%时，试件基本丧失承载能力，停止加载。

5）试件 SPE-5

荷载低于 120kN 时，试件处于弹性阶段，无明显现象。加载至 120kN 时，墙板左上角挂点处出现初裂纹。加载至 160kN 时，裂缝扩展，加载曲线出现明显转折点，试件局部屈服，进入位移控制加载阶段。

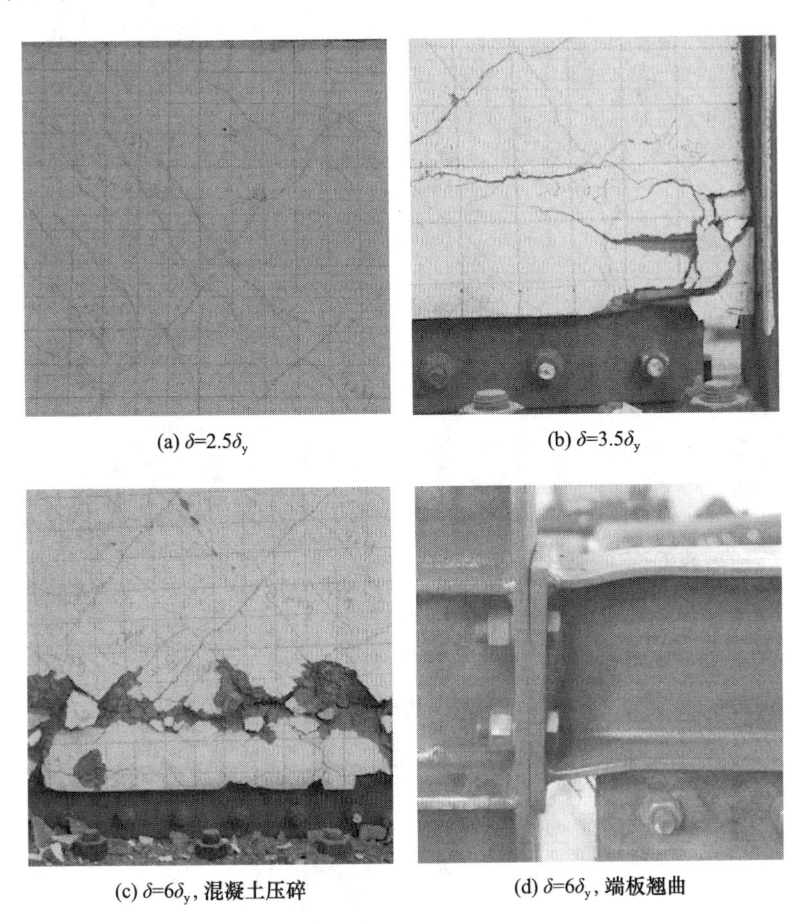

(a) $\delta=2.5\delta_y$　(b) $\delta=3.5\delta_y$

(c) $\delta=6\delta_y$，混凝土压碎　(d) $\delta=6\delta_y$，端板翘曲

图 10.1.6　试件 SPE-4 局部破坏现象

在位移控制阶段，加载至 $1.5\delta_y$ 时，钢梁下翼缘局部鼓曲，有少量漆皮脱落。加载至 $2.5\delta_y$ 时，墙板右上角挂点出现数条宽约 1mm 的斜向短裂缝(见图 10.1.7(a))。加载至 $3.5\delta_y$ 时，墙板右上角挂点处裂缝贯通(见图 10.1.7(b))，左下角挂点处也出现宽 3～4mm 的裂缝；2 根钢柱根部均有明显鼓曲，翼缘外侧焊缝开裂。加载至 $4.5\delta_y$ 时，墙板与钢框架出现明显的相对滑移，下部两挂点处混凝土压碎脱落，钢梁右端下翼缘出现明显弯曲。加载至 $5.5\delta_y$ 时，试件正向位移达到 58.3mm，负向位移达到 49.5mm，墙板上部两挂点处混凝土严重脱落(见图 10.1.7(c))，钢框架两柱根部屈曲严重，外翼缘及加劲肋焊缝断裂(见图 10.1.7(d))，试件承载力持续下降，结构丧失承载能力，试验结束。

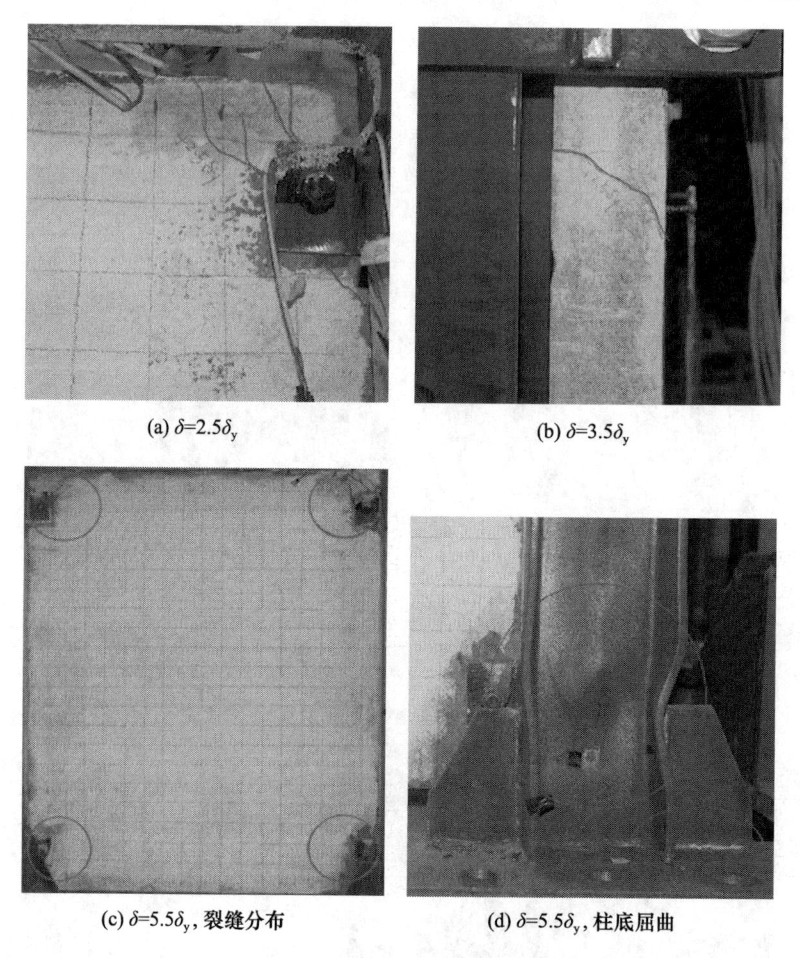

(a) $\delta=2.5\delta_y$　(b) $\delta=3.5\delta_y$

(c) $\delta=5.5\delta_y$，裂缝分布　(d) $\delta=5.5\delta_y$，柱底屈曲

图 10.1.7　试件 SPE-5 局部破坏现象

6）试件 SPE-6

加载至 100kN 时，墙板左下角挂点出现裂纹。加载至 160kN 时，加载曲线出现明显转折点，试件局部进入屈服阶段，试验改为由位移控制加载。

在位移控制阶段，加载至 $2\delta_y$ 时，墙板下部挂点出现新裂缝（见图 10.1.8(a)），钢梁右侧端板略微翘起。加载至 $3.5\delta_y$ 时，墙板右上角挂点处裂缝贯通，下部两挂点出现多条新裂缝，墙板与钢框架出现 10mm 左右的相对滑移（见图 10.1.8(b)），两钢柱根部翼缘均有明显的鼓曲现象。加载至 $4\delta_y$ 时，墙板右上角挂点处混凝土压碎脱落，墙板背面沿斜对角线产生一条贯穿裂缝，墙板与钢框架的相对滑移量增至 20mm 左右。加载至 $5\delta_y$ 时，试件正向位移达到 60mm，负向位移达到 50mm，墙板上部两挂点处混凝土破坏严重，墙板与钢框架严重分离并有少量钢筋外露（见图 10.1.8(c)），右端板翘曲严重（见图 10.1.8(d)），钢柱根部形成塑性铰，试件失去承载力，试验结束。

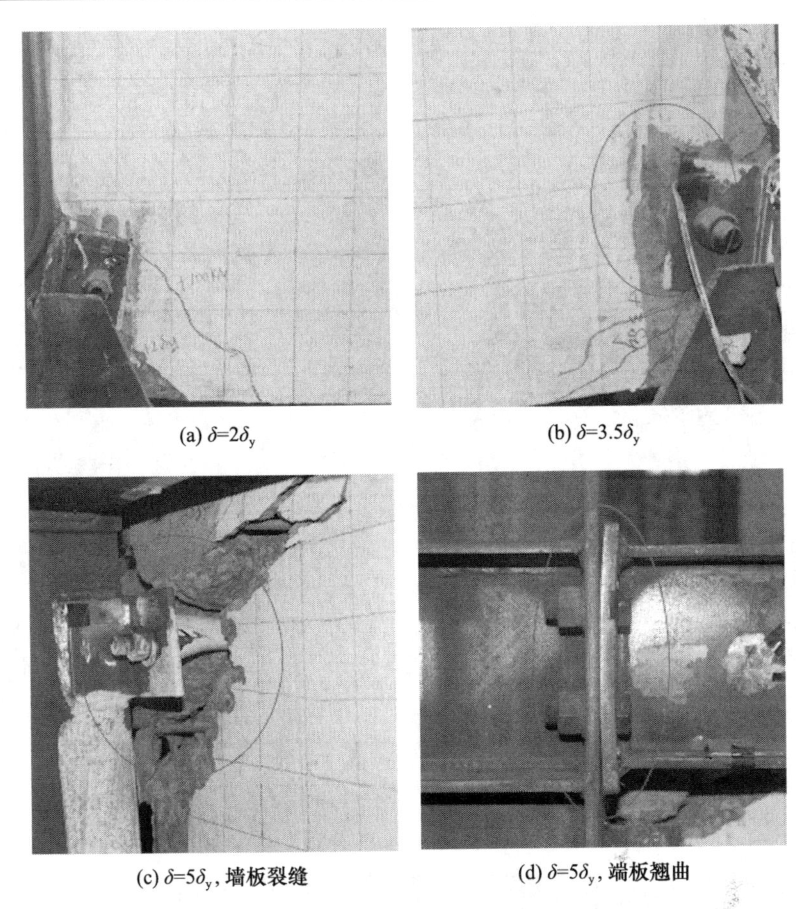

(a) $\delta=2\delta_y$

(b) $\delta=3.5\delta_y$

(c) $\delta=5\delta_y$，墙板裂缝

(d) $\delta=5\delta_y$，端板翘曲

图 10.1.8　试件 SPE-6 局部破坏现象

2. 破坏模式

根据试验现象，可将试件受力分为弹性、混凝土开裂、屈服和破坏四个阶段。

1）内填墙体

（1）在弹性阶段，钢框架与内填剪力墙协同工作，结构初始刚度较大，无明显现象，荷载-位移曲线呈线性变化。

（2）在混凝土开裂和屈服阶段，内填现浇剪力墙试件的水平荷载由抗剪栓钉传给墙体，沿墙体对角线方向形成初裂纹，墙板开裂后，试件刚度略有降低。随着水平荷载的增加，墙板裂缝逐渐发展、贯通，最终形成 3 条沿对角线方向宽 4～5mm 的主裂缝，主裂缝交汇处局部混凝土压碎、脱落，依靠开裂面粗骨料的咬合、摩擦耗散能量，钢梁端部和柱脚产生轻微鼓曲变形。峰值荷载后，试件进入破坏阶段，主裂缝两侧混凝土大面积脱落，钢筋裸露，局部形成孔洞；柱脚及梁端屈曲，形成塑性铰。试件承载力与抗侧刚度急剧下降,破坏形态如图 10.1.9(a)所示。

(3) 在混凝土开裂和屈服阶段,内填预制剪力墙试件的水平荷载通过耳板、T 型件传递给墙体,沿墙体对角线方向形成初裂缝,由于水平剪力作用,在预埋 T 型件底部形成横向裂缝。随着水平荷载的增加,预埋 T 型件处的水平向裂缝不断延伸,形成宽 3~5mm 的主裂缝,角部混凝土被压碎,开始脱落,耳板与 T 型件发生相对滑移。峰值荷载后,混凝土大量脱落,钢筋裸露,墙体底部形成水平通缝;半刚性节点端板翘曲,刚性节点钢梁翼缘断裂;柱脚屈曲,形成塑性铰。试件承载力与抗侧刚度退化较快,破坏形态如图 10.1.9(b)所示。

2) 外挂墙体

(1) 在弹性阶段,由于墙板与钢框架存在安装间隙,结构位移较小,水平荷载主要由钢框架承担,外挂墙板受力较小,没有出现裂缝,荷载与位移呈线性变化。

(2) 在混凝土开裂和屈服阶段,荷载通过外墙挂点传递至墙板,墙板在挂点附近产生斜向初始裂纹,之后试件的刚度开始降低,外挂墙板与钢框架共同承担水平荷载。钢柱根部鼓曲变形逐渐增大,钢梁端腹板漆皮大面积脱落,端板产生不可恢复的翘曲变形;外挂墙板的裂缝逐渐发展贯通,形成若干条宽 5~8mm 的裂缝带,沿墙体正面延伸至侧面,依靠开裂面骨料的摩擦、咬合来耗散能量,挂点处混凝土局部有脱落。峰值荷载后,钢柱根部形成明显塑性铰,连接角钢焊点处钢柱翼缘屈曲严重,角钢与墙板产生轻微扭转,连接强度降低;半刚性节点的破坏模式为端板翘曲严重,节点刚度退化明显;墙板与框架产生较大滑移,裂缝处混凝土压碎、脱落,钢筋裸露,试件基本丧失承载力,最终破坏形态如图 10.1.9(c)所示。

(a) 内填现浇墙体试件

(b) 内填预制墙体试件

(c) 外挂预制墙体试件

图 10.1.9 试件破坏形态

3. 传力机理

由试件的破坏形态可知,钢框架与再生混凝土墙板组合结构的水平荷载由钢框架与再生混凝土墙板共同承担。

(1) 钢框架内填现浇再生混凝土剪力墙结构的传力机理如图 10.1.10(a)所

示。加载初期，在钢框架挤压力和栓钉传递的水平剪力作用下，水平荷载主要依靠墙板沿对角线方向的斜压板带承担；随着水平荷载的增大，墙体被分割为多条斜压板带，斜压板带处的混凝土逐渐被压碎，墙体逐步失效，此后水平荷载主要由钢框架承担，试件承载力与抗侧刚度急剧下降，结构体系满足双道抗震设防要求。

(2) 钢框架内填预制再生混凝土剪力墙结构的传力机理如图 10.1.10(b)所示。加载初期，水平荷载通过耳板、T 型件传递给墙体，墙体主要承担水平剪力；随着水平荷载的增大，墙体除承受水平剪力外，同时承担沿对角线方向的斜向压力、拉力，当应力达到混凝土抗拉强度时，开始出现裂纹。加载后期，墙体被分割为多条斜压板带，在预埋 T 型件底部形成水平向贯通裂缝后，混凝土大面积脱落，墙体逐步失效，此后水平荷载主要由钢框架承担，试件承载力与抗侧刚度退化较快。

(3) 钢框架外挂预制再生混凝土墙板结构的传力机理如图 10.1.10(c)所示。加载初期，水平位移较小，由于外挂墙板与钢框架存在安装间隙，水平剪力主要由钢框架承担。随着水平位移的增加，挂点处螺栓杆与墙板紧密接触，产生挤压力，外墙挂点之间相互约束，沿对角线方向的斜压板带承担部分水平力，在垂直墙板对角线方向首先出现斜裂纹，并逐渐延伸至墙板侧面，最终沿墙板厚度方向贯穿。

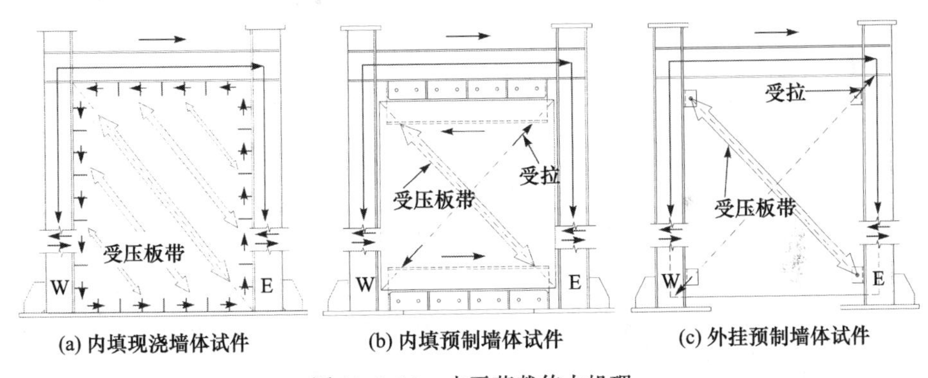

图 10.1.10　水平荷载传力机理

4. 试验分析

1) 滞回曲线

各试件的滞回曲线如图 10.1.11 所示。

(1) 由图 10.1.11(a)、(b)可以看出，加载初期，试件处于弹性阶段，滞回曲线基本为线性发展，环体狭长。随着现浇剪力墙裂缝的发展、贯通，滞回环整体呈梭形，环体逐渐打开，零点处存在明显“捏缩”现象。峰值荷载后，由于斜压板带处混凝土大面积脱落，钢梁、柱形成塑性铰等，滞回曲线趋于饱满，环体包围面积较大，曲线呈反 S 形，同级荷载下试件承载力明显下降。试件 SPE-1 与 SPE-2 的滞回曲线比较接近，表明梁柱节点连接刚度对内填现浇剪力墙试件的滞回性能

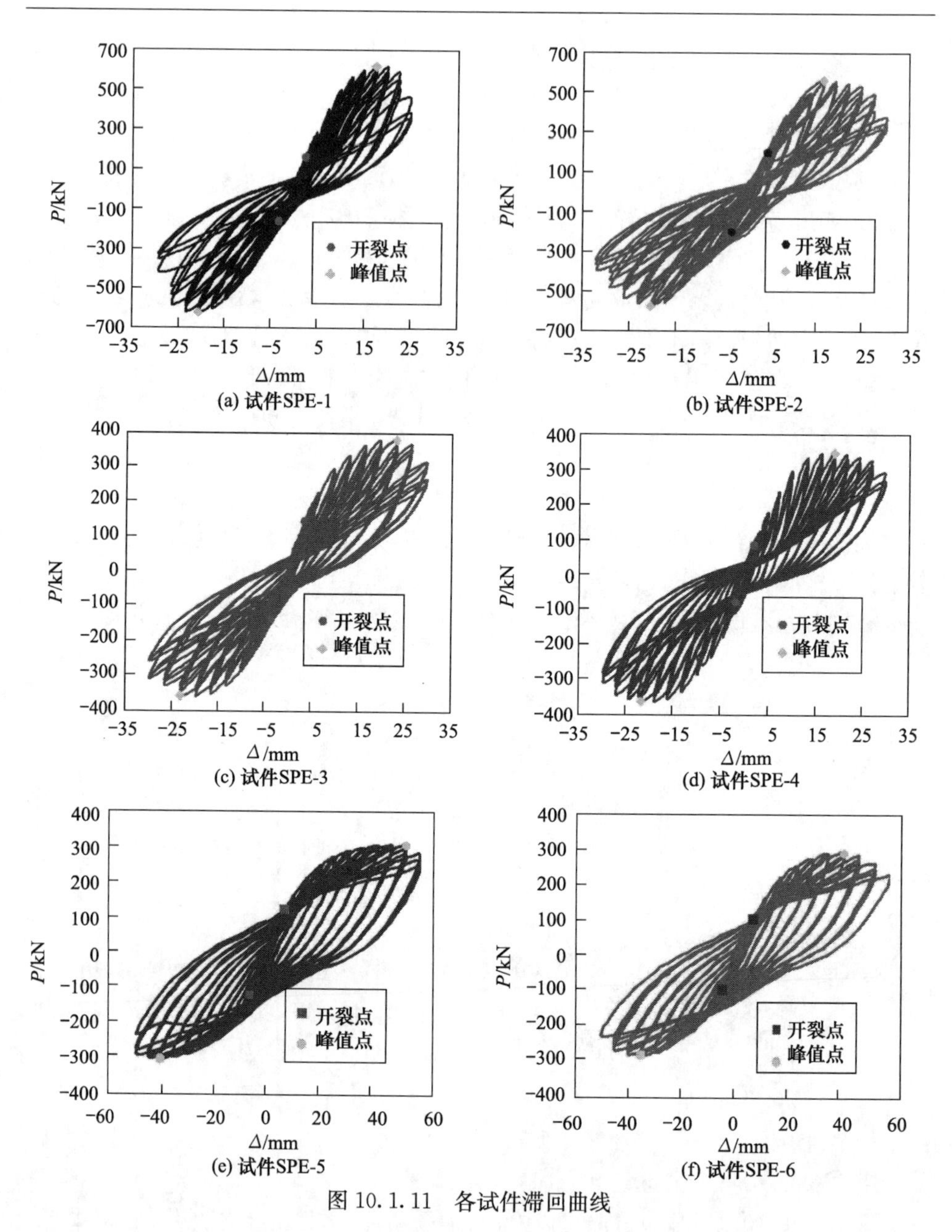

图 10.1.11　各试件滞回曲线

影响较小。

(2) 由图 10.1.11(c)、(d)可以看出，加载初期，结构刚度较大，滞回曲线基本为线性发展，卸载后无残余变形。随着预制剪力墙裂缝的逐渐发展、贯通，结构刚度开始下降，环体逐渐打开，零点处存在明显“捏缩”现象。由于墙体角部混凝土压碎脱落、钢框架局部屈曲、连接件之间相对滑移等，结构耗能能力增加，环体包围面积较大，滞回环呈梭形，卸载后有残余变形。峰值荷载后，滞回曲线趋于饱满，由于连接件间相对滑移量较大，滞回环沿水平轴明显倾斜，同级荷载下试件承载力明显下降。试件 SPE-3 与 SPE-4 的滞回曲线几乎重合，表明梁柱节点刚度对内填预制剪力墙试件的滞回性能影响很小。

(3) 由图 10.1.11(c)、(d)可以看出，在加载初期，试件刚度较大，滞回曲线为直线，滞回环包围的面积很小。随着荷载的增加，混凝土局部开裂，试件刚度略有下降，同级荷载下的滞回环基本重合，承载力退化不明显。屈服阶段，由于混凝土的持续开裂及钢柱根部的局部屈曲，试件刚度持续下降，同级荷载下试件承载力出现明显降低，滞回环呈梭形，其包围的面积逐渐增大，往返加载至零点位移处，试件有残余变形。峰值荷载后，试件承载力下降较为缓慢，滞回环中部存在明显的捏缩现象，曲线呈反 S 形，滞回环包围的面积较大，由于外挂墙板裂缝的张开、闭合，依靠混凝土开裂面的骨料摩擦和咬合来耗散能量。挂点处混凝土局部压碎、脱落，墙板与框架之间产生较大相对滑移，试件承载力逐渐降低，但降幅较稳定。

2) 骨架曲线

试件的骨架曲线如图 10.1.12 所示。其中骨架曲线各特征点的试验结果如表 10.1.3 所示。

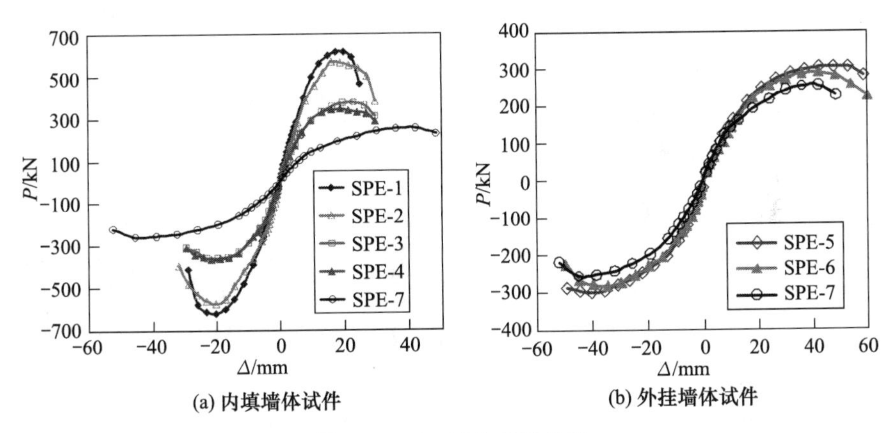

图 10.1.12　试件骨架曲线

表 10.1.3　骨架曲线各特征点试验结果

试件编号	加载方向	开裂点		屈服点		峰值点		破坏点	
		P_{cr}/kN	Δ_{cr}/mm	P_y/kN	Δ_y/mm	P_{max}/kN	Δ_{max}/mm	P_u/kN	Δ_u/mm
SPE-1	正向	160.15	2.64	446.50	8.78	614.32	17.51	522.17	23.80
	反向	160.44	3.14	500.08	12.41	620.37	20.31	527.31	27.02
SPE-2	正向	200.44	4.15	437.20	10.30	566.38	16.20	481.42	27.41
	反向	200.56	3.41	399.01	10.48	576.57	20.30	490.08	28.42

续表

试件编号	加载方向	开裂点		屈服点		峰值点		破坏点	
		P_{cr}/kN	Δ_{cr}/mm	P_y/kN	Δ_y/mm	P_{max}/kN	Δ_{max}/mm	P_u/kN	Δ_u/mm
SPE-3	正向	140.12	3.55	272.60	8.92	374.62	23.06	318.43	29.03
	反向	139.72	3.56	260.85	8.59	360.74	23.02	306.63	29.11
SPE-4	正向	80.76	1.76	265.42	8.59	343.48	18.83	291.96	29.13
	反向	80.33	2.12	262.38	8.68	364.47	21.56	309.80	29.50
SPE-5	正向	120.52	7.30	213.07	15.56	302.13	53.01	277.38	58.32
	反向	121.54	6.20	232.49	15.39	302.70	40.53	289.47	49.53
SPE-6	正向	100.64	7.20	205.21	15.39	286.69	42.02	243.68	56.00
	反向	100.14	4.40	231.69	15.28	284.80	35.01	242.08	48.34
SPE-7	正向	—	—	157.64	14.15	252.10	42.00	225.21	48.28
	反向	—	—	183.33	14.88	258.03	45.51	220.72	52.41

注：Δ_{cr}、Δ_y、Δ_{max}、Δ_u 分别为试件的开裂位移、屈服位移、峰值荷载点位移和破坏点位移；P_{cr}、P_y、P_{max}和P_u 分别为试件的开裂荷载、屈服荷载、峰值荷载和破坏荷载，取 $P_u=0.85P_{max}$。

试件骨架曲线主要经历了弹性、开裂、屈服和破坏四个阶段。

(1) 纯钢框架的骨架曲线比较平滑，内填现浇剪力墙后，试件的骨架曲线呈明显 S 形，试件 SPE-1 的承载力为纯钢框架的 2.4 倍；峰值荷载后，试件 SPE-1、SPE-2 的承载力下降快于纯钢框架，表明内填现浇剪力墙试件延性略有降低。对比试件 SPE-1 和 SPE-2 可知，端板连接节点的墙体开裂荷载约为栓焊混接节点的 1.25 倍，而屈服荷载、峰值荷载仅降低 13%和 8%，表明节点连接刚度对内填现浇剪力墙试件的承载力影响较小。

(2) 内填预制剪力墙后，试件 SPE-3 的承载力是纯钢框架的 1.44 倍，表明预制墙板能够有效提高结构的承载力。试件 SPE-3 与 SPE-4 的骨架曲线在加载初期基本重合，试件 SPE-4 的峰值荷载比试件 SPE-3 仅降低 4%，表明梁柱节点刚度对内填预制剪力墙试件的承载力影响很小。峰值荷载后，试件 SPE-3、SPE-4 的荷载下降平缓，表明结构具有较好的安全储备。

(3) 试件 SPE-5 与 SPE-7 在屈服前骨架曲线基本重合，随着位移的增加，二者承载能力产生明显差异。设置外挂墙板后，其承载力是纯钢框架的 1.19 倍，说明外挂墙板能有效提高结构的承载力。试件 SPE-5 与 SPE-6 的骨架曲线在峰值荷载前基本一致，承载力仅相差 6%，说明梁柱节点刚度对结构承载力的影响较小。峰值荷载后，试件 SPE-5 的承载力下降缓慢，试件 SPE-6 由于端板翘曲变形严重，节点连接刚度明显退化，结构承载力下降较快。总体上，试件 SPE-5、SPE-6 在达到峰值荷载后，承载力下降平缓，没有突降。在破坏阶段，墙板混凝土开裂，整体性能退化严重，基本丧失承载力，主要依靠钢框架的柔性变形吸收能量，梁柱连接刚度对试件后期性能影响较大。

3) 刚度退化

为反映试件在循环荷载作用下的刚度退化规律，采用同级荷载下第 1 次循环的点对点割线刚度进行计算，计算公式为

$$K=\frac{|P^{+}|+|P^{-}|}{|\Delta^{+}|+|\Delta^{-}|} \tag{10.1.1}$$

式中，P^{+}、P^{-}为试件在同级荷载循环顶点的正、负向水平荷载；Δ^{+}、Δ^{-}为试件在同级荷载循环顶点的正、负向水平位移。

试件的刚度退化曲线如图 10.1.13 所示，其中 θ 为试件层间位移角。可以看出：

(1) 纯钢框架的刚度退化曲线较为平缓。内填现浇剪力墙后，试件 SPE-1 的初始刚度为纯钢框架的 4.3 倍。对比试件 SPE-1 与 SPE-2 可知，端板连接节点的初始刚度比栓焊混接节点降低约 13%，两试件刚度退化趋势基本一致。加载初期，试件刚度退化较快；随着水平荷载的增加，墙体出现裂缝并不断发展，梁柱节点发生轻微转动，试件刚度退化速率变缓；峰值荷载后，墙体破损严重，逐渐失效，梁柱节点转角增大，钢框架作为第二道防线，消耗地震能量，试件刚度退化趋于稳定。

(2) 内填预制剪力墙后，试件 SPE-3 的初始刚度为纯钢框架的 2.8 倍。试件 SPE-3、SPE-4 的刚度退化规律基本一致，表明梁柱节点刚度对内填预制剪力墙试件刚度的影响较小。加载初期，试件刚度退化较快；随着墙板混凝土裂缝的发展、贯通，试件刚度退化速率变缓，结构刚度平稳降低。

(3) 试件 SPE-5 的初始刚度明显高于试件 SPE-7，随着层间位移角的增加，由于混凝土裂缝产生，钢框架外挂墙板结构的割线刚度为纯钢框架的 1.3 倍左右，说明外挂墙板能明显增加结构的刚度。试件 SPE-6 的初始刚度略高于试件 SPE-5，两个试件的刚度退化曲线基本重合，在峰值荷载之前差值不足 10%，且结构破坏时的刚度均为初始刚度的 20%左右，说明梁柱节点刚度对钢框架外挂墙板结构的抗侧刚度影响不大。

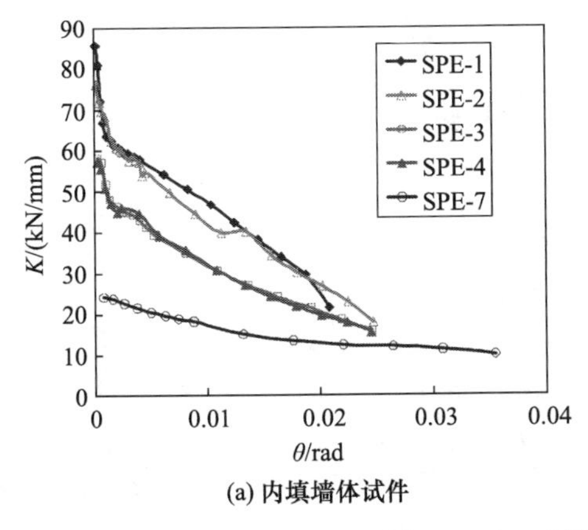

(a) 内填墙体试件

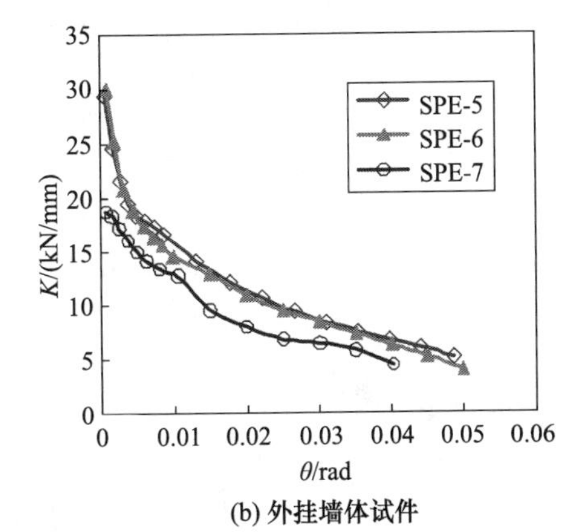

(b) 外挂墙体试件

图 10.1.13　试件刚度退化曲线

4）承载力退化

同级荷载下承载力退化系数 η 为该级加载最后一次循环的峰值荷载与该级第一次循环峰值荷载的比值。试件的承载力退化曲线如图 10.1.14 所示，可以看出：

（1）钢框架是典型柔性结构，具有良好的变形能力，在峰值荷载前，试件承载力退化并不明显。在钢框架内填再生混凝土剪力墙结构中，墙板作为第一道抗震防线，承担了大部分水平荷载。随着墙体裂缝的持续扩展，斜压板带处混凝土逐渐压碎、脱落，结构承载力急剧下降。

（2）试件 SPE-1、SPE-2 在层间位移角为 0.01rad 前，承载力退化系数均大于 0.97；在层间位移角为 0.02rad 时，退化系数大于 0.80，表明内填现浇剪力墙试件具有较高的安全储备。试件 SPE-3、SPE-4 的承载力退化系数接近，退化规律基本相同，说明相同位移角下，结构的承载力退化和损伤程度基本相同，梁柱节点刚度对内填预制剪力墙试件承载力退化的影响较小。内填预制剪力墙试件的承载力退化系数均在 0.85 以上。

（3）纯钢框架的承载力退化速率明显快于试件 SPE-5，在峰值荷载时二者的承载力退化系数相差约 9%，说明外挂墙板的设置能有效维持结构的承载能力。试件 SPE-5 与 SPE-6 在相同层间位移角下的承载力退化系数基本相等，最大差值仅 5%，说明相同层间位移角下，承载力退化和损伤程度基本相同，梁柱节点刚度对承载力退化的影响有限。

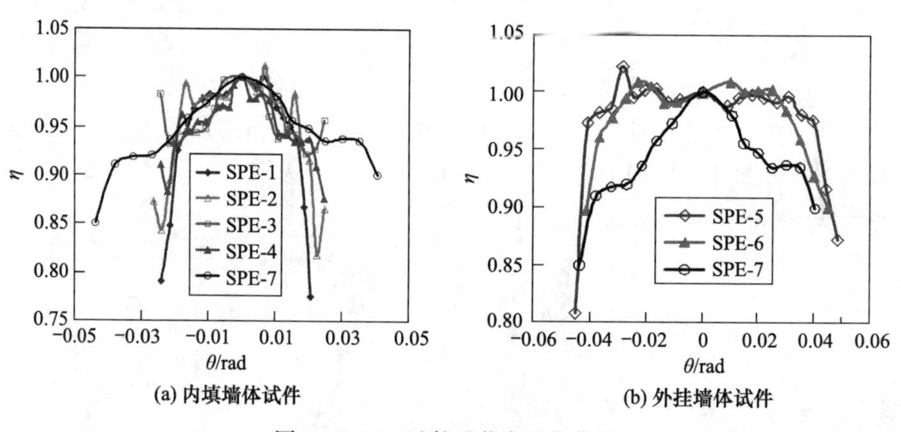

图 10.1.14　试件承载力退化曲线

5）延性分析

位移延性系数 μ 为破坏位移 Δ_u 与屈服位移 Δ_y 之比。试件主要阶段的层间位移角及位移延性系数如表 10.1.4 所示。可以看出：

（1）纯钢框架的位移延性系数为 3.47，内填现浇剪力墙后，试件的位移延性系数在 2.45～2.69，墙板的设置在提高结构承载力和初始刚度的同时，减小了结构的屈服位移和破坏位移，从而降低了结构的延性。混凝土开裂阶段的层间位移角为 1/415～1/317，屈服阶段的层间位移角为 1/116～1/114；在峰值荷载点，层间位移角为 1/66～1/64，结构具有较好的变形能力。试件 SPE-2 的位移延性系数比试件 SPE-1 提高约 10%，说明端板连接节点的变形能力好，节点构造简单，结构的延性优于栓焊混接节点。

(2) 内填预制剪力墙后，试件的位移延性系数在 3.32～3.40，结构承载力与抗侧刚度虽明显增大，但整体变形受墙体约束，各阶段水平位移均小于纯钢框架，结构的位移延性系数比纯钢框架略有降低。混凝土开裂阶段的层间位移角为 1/619～1/337，屈服阶段的层间位移角为 1/139～1/137；在峰值荷载点，层间位移角为 1/60～1/52。

(3) 外挂预制墙板后，试件的位移延性系数在 3.40～3.48，说明钢框架外挂墙板结构具有良好的变形能力。两试件屈服时的层间位移角为 1/78，最大层间位移角在 1/27～1/21，表明钢框架外挂墙板结构具有良好的抗倒塌能力。

表 10.1.4　试件各阶段层间位移角及位移延性系数

试件编号	方向	θ_{cr}/rad	θ_y/rad	θ_{max}/rad	θ_u/rad	μ
SPE-1	正	1/454	1/137	1/69	1/50	2.45
	反	1/382	1/97	1/59	1/44	
SPE-2	正	1/289	1/117	1/74	1/44	2.69
	反	1/352	1/115	1/59	1/42	
SPE-3	正	1/338	1/135	1/52	1/41	3.32
	反	1/337	1/140	1/52	1/41	
SPE-4	正	1/682	1/140	1/64	1/41	3.40
	反	1/566	1/138	1/56	1/41	
SPE-5	正	1/164	1/77	1/23	1/21	3.48
	反	1/194	1/78	1/30	1/24	
SPE-6	正	1/167	1/78	1/29	1/21	3.40
	反	1/273	1/79	1/34	1/25	
SPE-7	正	—	1/85	1/29	1/25	3.47
	反	—	1/81	1/26	1/23	

注：θ_{cr}、θ_y、θ_{max}、θ_u 分别为试件的开裂位移角、屈服位移角、峰值荷载点位移角和破坏点位移角。

6) 耗能能力

通过计算每一个滞回环包围的面积来反映试件耗散能量的能力。试件耗能曲线如图 10.1.15 所示。可以看出：

(1) 当 θ=0.005rad 时，内填现浇剪力墙试件的耗能值是纯钢框架的 3.25 倍；

当 θ=0.02rad 时,试件 SPE-1 的耗能值为纯钢框架的 2.6 倍。在 θ=0.005rad 时,试件 SPE-2 的耗能值比试件 SPE-1 提高约 13%;在 θ=0.02rad 时,试件 SPE-2 的耗能值比试件 SPE-1 提高约 28%,表明端板节点在加载过程中变形充分,耗能效果优异。

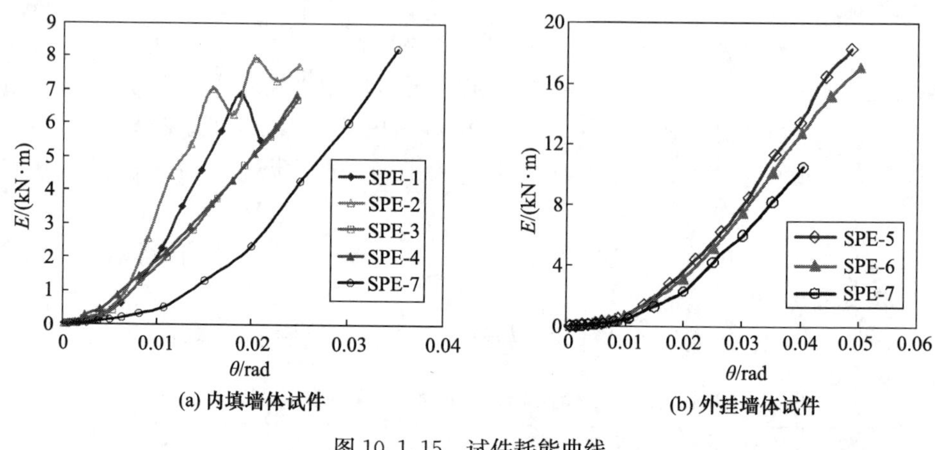

图 10.1.15 试件耗能曲线

(2) 在加载初期,试件 SPE-4 墙板出现裂缝较早,开裂荷载较低,耗能值略高于试件 SPE-3。随着层间位移角逐渐增大,两试件的耗能值趋于相同。内填预制剪力墙试件主要依靠墙板裂缝的骨料咬合、摩擦和连接件之间的摩擦滑移等耗散能量,耗能能力比纯钢框架提高约 2 倍。

(3) 当 θ<0.035rad 时,试件 SPE-5 与 SPE-6 的耗能曲线基本重合,耗能值相差小于 15%;当 θ=0.045rad 时,试件 SPE-5 的最大耗能值是试件 SPE-6 的 1.11 倍,说明在峰值荷载前,梁柱节点刚度对结构的耗能性影响不大;峰值荷载后,半刚性节点变形较大,具有良好的耗能性。总体上,钢框架具有良好的变形能力,设置墙板后结构的耗能能力提高了 29%~60%。

10.1.4 结论

在钢框架与再生混凝土墙板组合结构试验的基础上,得到以下结论:

(1) 钢框架内填现浇再生混凝土剪力墙结构的承载力为纯钢框架的 2.4 倍,初始刚度为纯钢框架的 4.3 倍,位移延性系数在 2.45~2.69。层间位移角为 0.02rad 时,退化系数大于 0.80,表明该结构具有较高的安全储备。当梁柱节点采用端板连接时,试件的屈服荷载、峰值荷载比刚性连接试件仅降低 13%和 8%,初始刚度降低约 13%,可见内填现浇剪力墙能缓解半刚性节点自身的转动变形,弱化节点连接刚度对内填现浇剪力墙结构承载力的影响。

(2) 钢框架内填预制再生混凝土剪力墙结构的承载力为纯钢框架的 1.44 倍,

初始刚度为纯钢框架的2.8倍，位移延性系数在3.32～3.40。试验过程中，钢框架与预制墙板间的连接件未发生破坏，剪力传递良好。在预埋T型件与墙体连接处形成水平贯通裂缝，发生剪切破坏，设计中预埋T型件的连接构造应引起足够重视。栓焊混接试件的承载力与平齐端板连接试件仅相差4%，半刚性节点具有更好的转动能力，结构的延性优于栓焊混接试件。

(3) 钢框架外挂预制再生混凝土墙结构的承载力为纯钢框架的1.19倍，割线刚度为纯钢框架的1.3倍左右，位移延性系数在3.40～3.48，说明该结构具有良好的延性；结构屈服时层间位移角在1/79～1/77，最大层间位移角在1/25～1/21，表明结构具有良好的抗倒塌性能。梁柱节点连接刚度对钢框架外挂再生混凝土墙板结构的整体性能影响不大，栓焊连接节点与平齐端板节点的极限承载力仅相差6%，建议在实际工程中优选半刚性连接。

(4) 相关研究表明，原混凝土的服役时间和不同骨料来源直接影响再生混凝土的力学性能，将由再生粗骨料制作的砌体、墙板、楼板在冷弯薄壁轻型钢结构、多高层钢结构住宅体系中推广应用，具有较大的工程应用前景。

参考文献

[1] Puthussery J V, Kumar R, Garg A. Evaluation of recycled concrete aggregates for their suitability in construction activities: An experimental study[J]. Waste Management, 2017, 60: 270-276.

[2] Tabsh S W, Abdelfatah A S. Influence of recycled concrete aggregates on strength properties of concrete[J]. Construction and Building Materials, 2009, 23(2): 1163-1167.

[3] Koenders E A B, Pepe M, Martinelli E. Compressive strength and hydration processes of concrete with recycled aggregates[J]. Cement and Concrete Research, 2014, 56(2): 203-212.

[4] Silva R V, de Brito J, Dhir R K. Tensile strength behaviour of recycled aggregate concrete [J]. Construction and Building Materials, 2015, 83: 108-118.

[5] Bairagia N K, Ravandeb K, Pareekc V K. Behaviour of concrete with different proportions of natural and recycled aggregates resource[J]. Resources, Conservation and Recycling, 1993, 9(1-2): 109-126.

[6] Okionomou N D. Recycled concrete aggregates[J]. Cement and Concrete Composites, 2005, 27(2): 315-318.

[7] Arezoumandi M, Smith A, Volz J S, et al. An experimental study on shear strength of reinforced concrete beams with 100% recycled concrete aggregate[J]. Construction and Building Materials, 2014, 53(2): 612-620.

[8] Choi W C, Yun H D. Long-term deflection and flexural behavior of reinforced concrete beams with recycled aggregate[J]. Materials & Design, 2013, 51(5): 742-750.

[9] Choi W C, Yun H D. Compressive behavior of reinforced concrete columns with recycled ag-

gregate under uniaxial loading[J]. Engineering Structures,2012,41(3):285-293.

[10] 肖建庄. 再生混凝土[M]. 上海:中国建筑工业出版社,2008.

[11] 刘庆涛,岑国平,蔡良才,等. 机场道面再生混凝土的性能与应用[J]. 中南大学学报(自然科学版),2012,43(8):3263-3269.

[12] 肖建庄,雷斌,袁飚. 不同来源再生混凝土抗压强度分布特征研究[J]. 建筑结构学报,2008,29(5):94-100.

[13] 崔正龙,路沙沙,汪振双. 再生骨料特性对再生混凝土强度和碳化性能的影响[J]. 建筑材料学报,2012,15(2):264-267.

[14] 肖建庄,杨洁,黄一杰,等. 钢管约束再生混凝土轴压试验研究[J]. 建筑结构学报,2011,32(6):92-98.

[15] 吴波,刘伟,刘琼祥,等. 薄壁钢管再生组合短柱轴压性能试验研究[J]. 建筑结构学报,2010,31(8):22-28.

[16] 吴波,刘春晖,赵新宇,等. 外置薄钢板再生组合墙抗震性能试验研究[J]. 建筑结构学报,2011,32(11):116-125.

[17] 陈宗平,郑述芳,李启良,等. 方钢管再生混凝土长柱偏心受压承载性能试验研究[J]. 建筑结构学报,2012,33(9):21-29.

[18] 薛建阳,马辉,刘义. 反复荷载下型钢再生混凝土柱抗震性能试验研究[J]. 土木工程学报,2014,47(1):36-46.

[19] 孙跃东,肖建庄,周德源,等. 再生混凝土框架抗震性能的试验研究[J]. 土木工程学报,2006,39(5):10-15.

[20] 姚谦峰,余晓峰,张荫,等. 低周反复荷载下再生混凝土密肋复合墙体抗震性能试验研究[J]. 建筑结构学报,2009,(s2):1-6.

[21] 张建伟,曹万林,董宏英,等. 再生骨料掺量对中高剪力墙抗震性能影响试验研究[J]. 土木工程学报,2010,43(s2):55-61.

[22] Sun L J,Guo H C,Liu Y H. Study on seismic behavior of steel frame with external hanging concrete walls containing recycled aggregates[J]. Construction and Building Materials,2017,157:790-808.

[23] 郭宏超,孙立建,刘云贺,等. 内填再生混凝土墙的柔性钢框架结构抗震性能试验研究[J]. 建筑结构学报,2017,38(7):103-112.

[24] 郭宏超,孙立建,刘云贺,等. 柔性钢框架外挂再生混凝土墙结构抗震性能试验研究[J]. 建筑结构学报,2017,38(2):63-73.

[25] 中华人民共和国国家标准. 金属材料 拉伸试验 第1部分:室温试验方法(GB/T 228.1—2010)[S]. 北京:中国标准出版社,2011.

[26] 中华人民共和国国家标准. 普通混凝土力学性能试验方法标准(GB/T 50081—2002)[S]. 北京:中国建筑工业出版社,2003.

10.2　型钢再生混凝土柱-钢梁组合框架边节点抗震性能试验及非线性有限元分析

马辉*，孙书伟，董静，薛建阳，刘云贺

通过对型钢再生混凝土柱-钢梁组合框架边节点进行低周反复荷载下的抗震试验研究，对不同轴压比下试件的破坏形态、滞回曲线及延性进行对比分析，结果表明，组合框架边节点破坏特征为节点核心区发生明显的剪切斜压破坏，荷载-位移滞回曲线呈梭形且较为饱满，试件延性随着轴压比的增加不断降低。在试验基础上，利用 ABAQUS 进行非线性分析，获取试件各组成部分应力云图及荷载-位移骨架曲线，并对再生混凝土强度、型钢强度及配箍率进行参数分析，结果表明，计算与试验骨架曲线重合较好，说明采用 ABAQUS 模拟是可行的；再生混凝土强度对型钢再生混凝土柱-钢梁组合框架节点承载力及延性的影响较小；型钢可以有效提高框架节点承载力，对节点变形能力的影响较小；增加体积配箍率可以有效地改善节点延性，但对节点承载力的影响不明显，本节结果为型钢再生混凝土柱-钢梁组合框架节点应用及研究提供依据。

10.2.1　国内外研究现状

1. 国外研究情况

国外学者在早期研究中主要针对再生混凝土材料性能试验[1,2]。在此基础上，许多学者进行了再生混凝土构件包括一些再生混凝土柱和梁的试验研究。其中 Kang 等[3]、Arezoumandi 等[4]对再生混凝土梁进行了试验研究，结果表明，再生混凝土梁与普通混凝土梁的破坏形态相似；较小的再生粗骨料取代率试件对梁的受弯性能影响不明显。Tam 等[5]进行了再生混凝土填充的不锈钢管短柱试验，发现再生混凝土替代普通混凝土对不锈钢管柱的承载力影响较大。Mohamad 等[6]的研究表明，再生粗骨料取代率对再生混凝土力学性能的影响较小，对预制再生混凝土板受弯性能的影响显著，预制再生混凝土板强度随着再生粗骨料取代率的提高而减小。Francesconi 等[7]进行的试验研究表明，不同再生粗骨料取代率的再生混凝土板与普通再生混凝土板的冲切强度相近，取代率的降低对再生混凝土板冲切强度影响不大。

节点是连接梁和柱的关键部位，在地震作用下，节点受到压、弯、剪的复合作用，为平衡梁、柱端的外部荷载，节点内部需承受数倍于梁柱的剪力，因此节点的抗

* 第一作者：马辉(1985—)，男，博士，副教授，主要研究方向为钢与混凝土组合结构及再生混凝土结构研究。

基金项目：国家自然科学基金青年科学基金项目(51408485)。

剪设计在结构设计中显得十分重要。因此，有研究者进行了组合框架节点抗震性能分析，其中，Corinaldesi 等[8]通过试验研究发现，100%再生粗骨料取代率的再生混凝土节点耗能能力比普通混凝土节点略有降低，但降低幅度很小。在再生混凝土中掺加粉煤灰不仅能提高再生混凝土材料的强度、弹性模量与钢筋的黏结强度，而且能提高节点的延性，增大节点的耗能能力。Corinaldesi 等[9]的研究结果表明，再生混凝土节点的耗能能力比普通混凝土节点略有降低，再生混凝土节点显示了很好的结构性能。而 Pacheco 等[10]进行了 4 个不同掺量足尺再生混凝土框架结构抗震性能试验，研究结果表明，再生混凝土框架同样具有较好的延性，且不同的再生粗骨料含量对混凝土的延性没有明显影响。

综上所述，国外对再生混凝土材料的基本力学性能均进行了相应的研究，并且进行了再生混凝土柱、梁及节点的力学性能试验并对普通混凝土结构进行对比，表现为抗拉强度、抗压强度、抗折强度、抗劈裂承载力、弹性模量及耐久性均有不同程度的降低；在静载和动载作用下，再生混凝土与钢筋之间的黏结性能与普通混凝土相差不大；再生混凝土构件及结构的破坏形态和特征和普通混凝土构件及结构的相似，随再生粗骨料取代率的增大，构件及结构的承载力、刚度、延性及耗能等表现出不同程度的降低，而再生混凝土节点的抗震性能与普通混凝土差距较小。

2. 国内研究情况

肖建庄等[11]对再生混凝土柱轴心和偏心受压试验的研究表明，再生混凝土柱与普通混凝土柱的受力过程和破坏机理基本相同；再生混凝土受压轴力-弯矩相关曲线与普通混凝土类似；再生混凝土柱的承载力随着再生粗骨料掺量的增加逐渐降低，达到极限荷载时，最大裂缝宽度明显增大。白国良等[12]通过不同再生粗骨料取代率下再生混凝土框架柱的低周反复荷载试验研究发现，再生混凝土结构在延性、耗能等方面都能满足抗震要求，但比普通混凝土结构有所降低，在实际使用中不推荐使用普通混凝土结构的设计方法进行设计。曹万林等[13]研究圆钢管高强再生混凝土柱进行重复加载偏压试验发现，圆钢管高强再生混凝土偏心受压柱的承载能力和变形性能比普通混凝土柱有所提高。

节点是结构的传力枢纽机制，因此节点问题的研究同样是国内学者的热点研究问题。对于再生混凝土节点的研究主要包括钢筋再生混凝土节点、钢管再生混凝土节点、型钢再生混凝土节点，而钢筋再生混凝土节点中又包括普通再生混凝土节点和改性再生混凝土节点，其中柳炳康等[14]对 3 榀再生混凝土节点的试验研究表明，节点核心区剪切破坏时，混凝土多沿再生粗骨料新老砂浆界面呈酥松状破坏，表现出明显的脆性性质；增加箍筋数量，可以提高节点核心区的受剪承载力；在核心区发生剪切破坏前，梁根部纵筋能够充分发挥变形能力，滞回曲线较为丰满；施加轴向压力，可延缓节点裂缝的开展，抑制梁纵筋黏结滑移，有助于提高试件的抗震性能。肖建庄等[15]设计了3根不同取代率的试件，研究发现再生混凝土框架节点的破坏过程与普通混凝土节点类似，均有初裂、通裂、梁屈服、极限、破坏5个阶段。杜园芳等[16]通过增加纤维或者粉煤灰等材料克服了再生混凝土节点受力和破坏多沿再生粗骨料新老砂浆界面呈酥松状破坏的情况，即脆性破坏的弊端。对于钢管再生混凝土节点。庞训鹏等[17]进行了抗震性能试验，研究结果表明，废弃混凝土取代率为33.3%时，试件的破坏形态和滞回曲线形状等与全现浇试件差别很小，但前者的初始刚度比后者略低；废弃混凝土在钢管内的填筑区域改变对加强环筋节点力学性能的影响有限。薛建阳等[18]研究了不同取代率下型钢再生混凝土节点的抗震性能，研究结果也表明，型钢再生混凝土框架中节点的典型破坏形态是节点核心区剪切斜压破坏；荷载-位移滞回曲线饱满，表现出较好的耗能能力；而随着再生粗骨料取代率的增加，型钢再生混凝土框架中节点的抗剪承载力和耗能能力有所降低，延性减小。但相对于普通型钢混凝土框架中节点而言，抗震性能降低不大。

综上所述，国内对再生混凝土构件的力学性能进行了深入研究，发现再生混凝土构件与普通混凝土构件在承载力和延性上存在一定的差距，但差异较小，均满足混凝土设计规范要求；再生混凝土节点的抗震性能弱于普通混凝土节点，但其抗震性能指标均满足建筑抗震规范要求；通过改善再生混凝土性能以及利用组合结构优势，再生混凝土节点抗震性能得到大幅提高；目前对反复荷载作用下的钢筋混凝土柱-钢梁组合框架节点和型钢混凝土柱-钢梁组合节点等进行了相应的研究，但总体研究较少，考虑到试验参数有限，对组合框边节点及角节点的研究未见报道，同时，对于与钢梁连接的型钢再生混凝土组合框架节点，如型钢再生混凝土柱-钢梁组合框架节点的研究还尚属空白。

3. 国内外研究小结

鉴于目前的研究现状，再生混凝土的提出与应用不但可以减少天然不可再生资源的过度开采，还能消耗大量的建筑垃圾和废弃物，符合环境可持续发展的人类共同目标。然而，与普通混凝土相比，再生混凝土强度及耐久性等方面均有不同程度的降低，因此为了能够有效地改善和提高再生混凝土构件及结构的受力性能，本节考虑将再生混凝土应用于组合结构中，希望对再生混凝土的应用和推广具有积极作用。相较于传统的钢筋混凝土结构和钢结构，本节提出的型钢再生混凝土柱-钢梁组合框架结构具有承载力高、抗震性能好、耐久性和耐火性好、节约钢材等优点，同时又具有再生混凝土绿色环保的显著特征，符合我国可持续发展的要求，具有广阔的发展应用前景。

10.2.2　研究方案

1. 试验方案

为研究型钢再生混凝土柱-钢梁组合框架边节点抗震性能，设计制作了3榀边节点试件,试件编号为 CFJ-6、CFJ-7 和 CFJ-8。本次试验主要以轴压比为变参数,研究不同轴压比下组合框架边节点承载力及延性等抗震性能变化,各试件设计参数如表 10.2.1 所示。各试件尺寸及截面尺寸如图 10.2.1 所示。

表 10.2.1 试验试件设计参数

试件编号	柱截面 $(h\times b)$/mm	梁截面 $(h\times b\times t_w\times t_f)$/mm	再生混凝土强度	再生粗骨料取代率 r/%	轴压比 n	配钢率 ρ_a/%	体积配箍率 ρ_{sv}/%
CFJ-6	260×260	260×140×10×14	C40	100	0.18	4.8	1.26
CFJ-7	260×260	260×140×10×14	C40	100	0.36	4.8	1.26
CFJ-8	260×260	260×140×10×14	C40	100	0.54	4.8	1.26

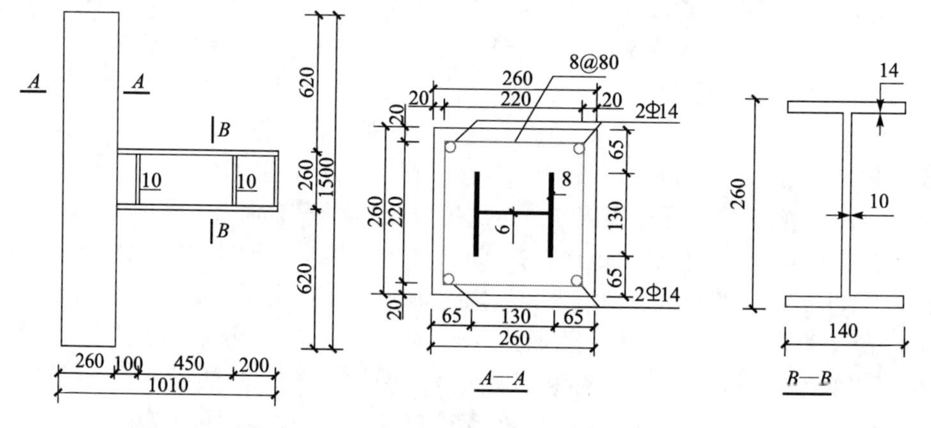

图 10.2.1 试件尺寸及截面尺寸(单位:mm)

2. 试验材料

1) 型钢和钢筋

试验中 3 榀组合框架边节点所使用型钢梁及型钢柱钢材选用 Q235 钢,并通过焊接形成工字型钢,其中型钢柱截面高度为 130mm,宽度为 130mm,腹板厚度为 6mm,翼缘厚度为 10mm;型钢梁截面高度为 260mm,宽度为 140mm,腹板厚度为 10mm,翼缘厚度为 14mm。箍筋采用 HRB335 级钢筋,直径为 8mm,上下柱箍筋间距为 40mm,核心区箍筋间距为 80mm。箍筋保护层厚度为 20mm,型钢保护层厚度为 50mm。试件加工制作所用钢材及钢筋均按我国现行规范《金属材料 拉伸试验 第 1 部分:室温试验方法》(GB/T 228.1—2010)[19]预留相应材性试验试件。钢材及钢筋的材料力学性能指标如表 10.2.2 所示。

2) 再生混凝土

本次试验再生混凝土配合比为 464 : 585 : 1187 : 195(水泥 : 水 : 砂子 : 再生粗骨料),再生粗骨料取代率为 100%,实测立方体抗压强度 f_{rcu}=40.65MPa。

表 10.2.2　钢材及钢筋材料力学性能指标

钢材类型		屈服强度 f_y/MPa	极限强度 f_u/MPa	弹性模量 E_s/MPa	屈服应变/$\mu\varepsilon$
柱型钢	翼缘	329.8	465.8	2.02×10^5	1632
	腹板	391.5	503.1	1.99×10^5	1967
梁型钢	翼缘	268.3	443.6	1.93×10^5	1390
	腹板	329.8	465.8	2.02×10^5	1632
纵筋	B14	446.3	523.8	2.15×10^5	2075
箍筋	B8	418.9	491.6	2.12×10^5	1976

3. 试验加载装置及测点布置

型钢再生混凝土柱-钢梁组合框架边节点抗震性能试验采用拟静力加载方式加载。试验加载装置示意图及加载现场如图 10.2.2 和图 10.2.3 所示，试验过程由电液伺服加载系统控制完成，柱端竖向荷载由液压千斤顶施加。

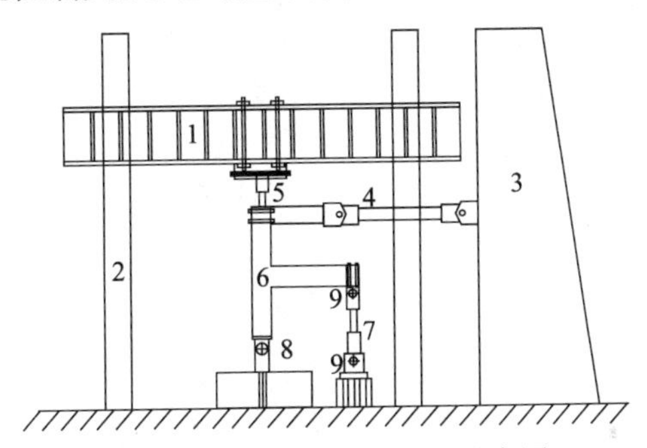

图 10.2.2　试验加载装置示意图

1. 反力梁；2. 反力架；3. 反力墙；4. MTS 伺服液压作动器；5. 油压千斤顶；6. 型钢再生混凝土柱-钢梁框架节点试件；7. 力传感器；8. 柱底固定铰支座；9. 梁端固定铰支座

图 10.2.3　试验加载现场

试验加载根据《建筑抗震试验规程》(JGJ/T 101—2015)[20]中的荷载-位移混合分级加载制度，首先在柱顶由液压千斤顶施加竖向荷载至设计轴压比，以避免柱内部产生初始内力，然后由电压伺服作动器在柱顶加载点处施加水平反复荷载，循环荷载由荷载-位移混合控制。试件屈服前采用荷载分级加载，每级荷载增量约10kN并循环1次；出现裂缝后，将荷载增量调整为20kN并循环1次；以试件屈服为荷载-位移控制转折点，试件屈服后，按等幅位移增量控制，以屈服时水平位移的倍数增加，每1级位移下循环3次。在试件水平承载力下降到极限承载力的85%或试件完全破坏时结束试验。

为研究组合框架边节点核心区在试验过程中的剪力分布情况，在节点核心区内部型钢腹、箍筋及纵筋板粘贴应变花和应变片，同时为观测节点的变形情况，在型钢梁翼缘及腹板粘贴应变片，在柱端部及中部分别布置位移计，在试件核心区布置交叉位移计，在型钢梁端部布置位移计，以观测试件的水平及竖向位移。试件具体测点布置如图10.2.4所示。

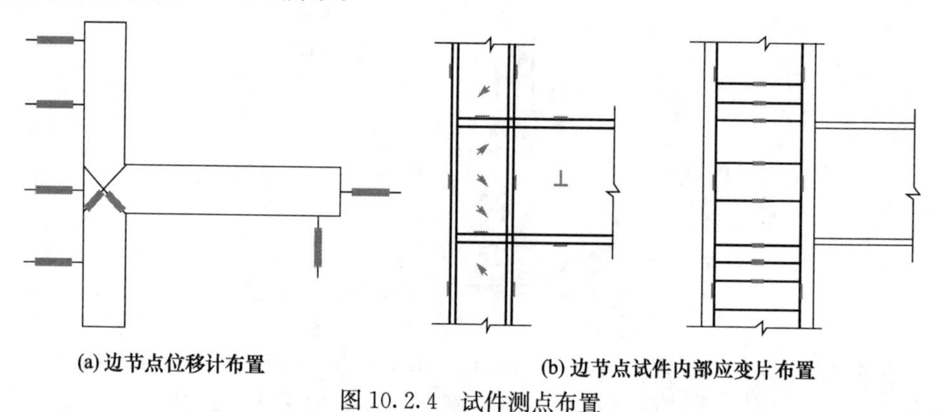

(a) 边节点位移计布置　　(b) 边节点试件内部应变片布置

图10.2.4　试件测点布置

10.2.3　试验结果

1. 试验现象及破坏形态

在低周往复荷载作用下，型钢再生混凝土柱-钢梁组合框架边节点核心区均发生明显的剪切斜压破坏，且3榀组合框架边节点试验过程中，节点核心区混凝土破坏均经历了开裂、通裂、极限、破坏四个阶段，说明不同轴压比不会改变节点的破坏形态。本节以典型试件CFJ-7为例说明试验现象，图10.2.5为试件CFJ-7边节点各阶段破坏现象。图10.2.6为3榀组合框架边节点试件破坏形态。

由图10.2.5可以看出，加载初期，试件处于弹性阶段，此时再生混凝土、型钢和钢筋受力较小，节点核心区未出现裂缝，同时荷载-位移呈线性变化；当荷载增加至40kN时，右侧梁底与柱连接处出现竖向裂缝，大约加载至峰值荷载的40%时，节点核心区中部出现第一条斜裂缝，此时的荷载称为开裂荷载，在该阶段节点区型

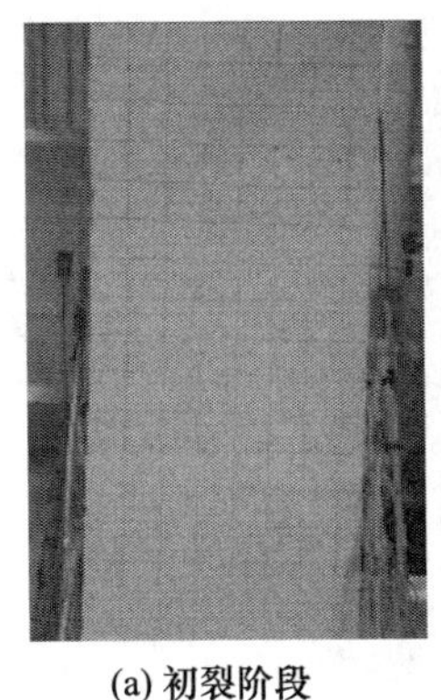

(a) 初裂阶段　(b) 通裂阶段　(c) 极限阶段　(d) 破坏阶段

图 10.2.5　试件 CFJ-7 边节点各阶段破坏现象

钢及钢筋应变很小，节点剪力主要由再生混凝土承担。随着荷载的增加，节点区出现大量裂缝，且不断延伸，同时原有裂缝宽度增加。随着荷载的继续增大，试件节点区域被交叉斜裂缝分割成许多菱形的再生混凝土块，试件进入通裂阶段，同时轴压比越小，试件进入通裂阶段的速度越快；此阶段型钢腹板开始屈服，箍筋应力增长迅速，表明节点剪力逐渐由型钢腹板和箍筋承担。当试件屈服时，采用位移循环加载，随着位移的增大，节点区基本无新裂缝出现，原有斜裂缝不断延伸变宽，节点区出现明显的交叉贯通斜裂缝，此时，节点区型钢和箍筋基本屈服；当达到峰值荷载时，节点区的裂缝宽度明显增大并伴有再生混凝土劈裂的声音，节点核心区剪切变形增大。此时大部分剪力由型钢和箍筋承担；峰值荷载后，节点核心区再生混凝土逐渐开始剥落，节点区腹板和翼缘应变急剧增大；随着循环位移的增加，节点区上部和下部柱角出现再生混凝土脱落；当位移循环达到 32mm 时，节点核心区大块再生混凝土脱落且箍筋外露；当荷载降低至峰值荷载的 85%时，认为试件丧失承载力，发生破坏。加载后期，边节点区随着大块再生混凝土脱落，其承载力逐渐降低。但后期由于型钢和箍筋的强化作用及对内部再生混凝土的约束作用，该节点仍具有一定的承载力和较好的延性，充分体现出组合结构的力学优势。

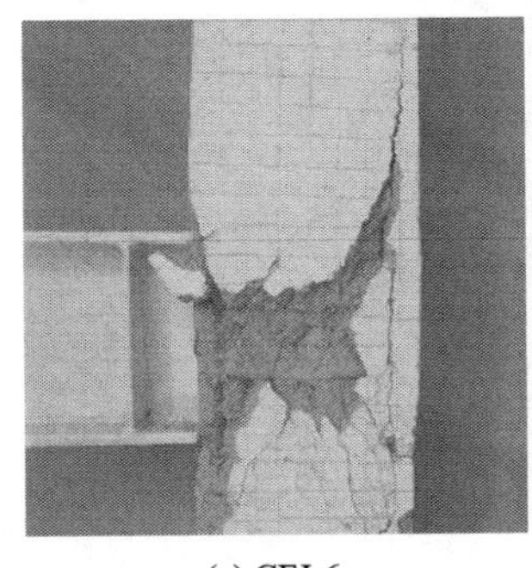

(a) CFJ-6　(b) CFJ-7　(c) CFJ-8

图 10.2.6　3 榀组合框架边节点试件破坏形态

2. 滞回曲线

结构或构件在往复循环荷载作用下形成的荷载-位移曲线称为滞回曲线。通过滞回曲线可以反映出节点承载力、刚度退化、强度衰减、延性及耗能能力等抗震性能指标。试验中获得的3榀组合框架边节点荷载-位移滞回曲线如图10.2.7所示。

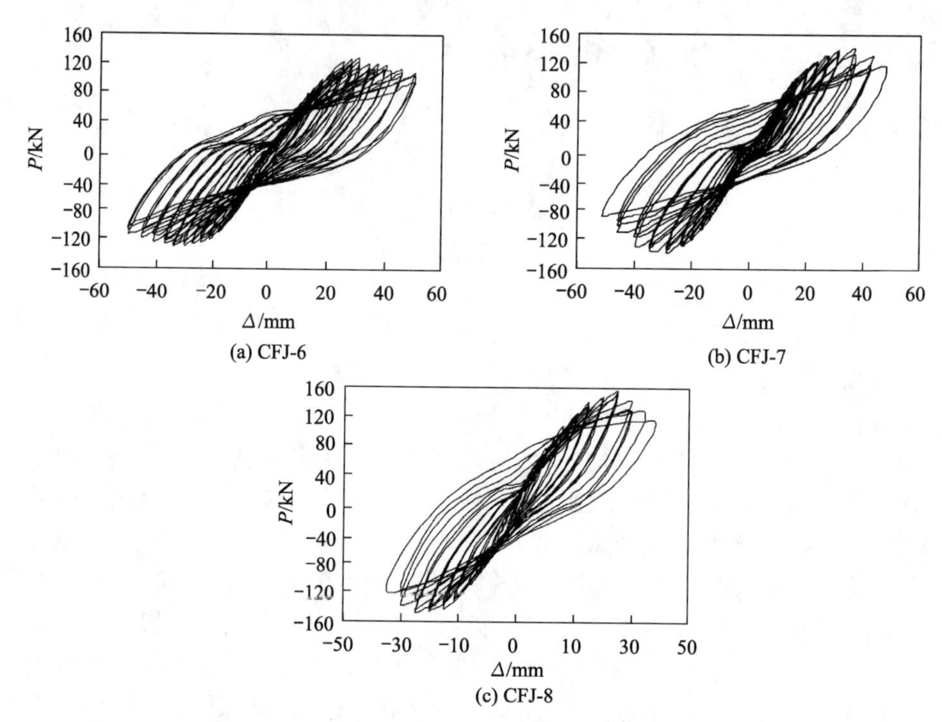

图10.2.7　3榀组合框架边节点荷载-位移滞回曲线

由图10.2.7可以看出，3榀组合框架边节点试件的滞回曲线形状基本一致，均呈现为梭形且较为饱满，表明该节点具有较好的抗震性能。加载初期，3榀组合框架边节点受力较小，再生混凝土未开裂，此时试件处于弹性阶段，同时卸载后试件没有出现残余变形，说明加载初期边节点刚度退化较小；随着荷载的增加，滞回环所包围的面积开始增大，说明试件耗能增加，同时节点核心区再生混凝土在力的作用下出现裂缝，滞回曲线斜率逐渐降低，说明试件开始出现刚度退化；随后荷载增大至20kN，裂缝逐渐增多，原有裂缝不断延伸，直至试件屈服；试件屈服后，加载方式由荷载控制循环改为位移控制循环，而在同一位移循环中峰值荷载开始降低，说明试件存在强度退化现象；随着荷载的增加，此时试件变形增加较快，试件残余变形明显；峰值荷载后，试件荷载降低，滞回曲线明显向位移轴倾斜，说明此时试件强度和刚度退化加剧；接近破坏时，型钢腹板和箍筋完全屈服，节点核心区再生混凝土严重脱落，认为试件丧失承载力。

通过对比 3 榀组合框架边节点的滞回曲线发现，与试件 CFJ-7 和 CFJ-8 相比，试件 CFJ-6 的滞回曲线较为饱满，说明低轴压比试件具有较好的抗震性能，同时随着试件轴压比的增大，滞回曲线包围的面积逐渐减小，说明随着轴压比的增大，试件耗能能力逐渐降低。

3. 骨架曲线

图 10.2.8 为 3 榀组合框架边节点试件的骨架曲线，通过将试件滞回曲线中每级加载第一循环的峰值点连接形成的曲线称为骨架曲线。可以看出，3 榀组合框架边节点试件在加载过程中的骨架曲线变化趋势一致，且试件初始刚度随着轴压比的增大逐渐增加，在加载初期，荷载与位移呈线性关系，试件无裂缝产生，说明试件处于弹性工作状态，此时试件骨架曲线基本重合；随着荷载的增加，节点核心区再生混凝土出现裂缝，同时试件骨架曲线斜率逐渐降低，说明试件进入弹塑性工作状态，此时各试件骨架曲线开始出现差异；当荷载达到峰值荷载后，不同轴压比试件的骨架曲线差异较大，特别是对曲线下降段的影响较为明显，随着轴压比的增大，骨架曲线下降段更加陡峭，轴压比为 0.54 的试件 CFJ-8 骨架曲线下降最为明显，试件刚度退化速率加快，表现出较差的延性，而轴压比为 0.18 的试件 CFJ-6 骨架曲线下降较为缓慢，表现出较好的延性；此外，随着轴压比的增大，试件水平承载力逐渐增大，说明提高轴压比在一定程度上对提高试件水平承载力是有利的。

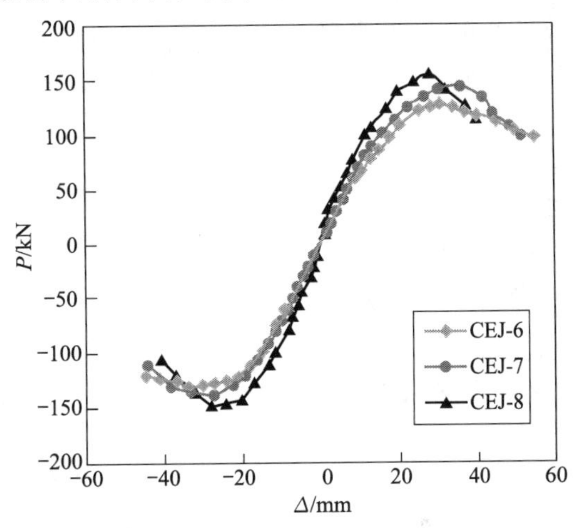

图 10.2.8　3 榀组合框架边节点试件的骨架曲线

10.2.4　型钢再生混凝土柱-钢梁组合框架边节点有限元非线性分析

本节利用 ABAQUS 软件对型钢再生混凝土柱-钢梁组合框架边节点进行变参数受力性能分析。

1. 本构关系

在非线性分析中，本构关系将直接影响到计算结果的准确性，合理的本构关系会使模拟结果更加切合实际，故在模拟中本构关系的选取是最主要的问题之一。

1) 再生混凝土本构

ABAQUS软件中自带的三种混凝土模型为混凝土塑性损伤模型、混凝土弥散开裂模型和混凝土脆性开裂模型。混凝土塑性损伤模型是利用各向弹性损伤理论和塑性理论来体现塑性行为，主要应用在钢筋混凝土结构受力分析中，故本次试验采用ABAQUS中自带的塑性损伤模型[21,22]，其中的材参数则采用试验实测值。

由于再生混凝土和普通混凝土存在一定差距，模拟中无法直接使用普通混凝土本构关系，目前使用的再生混凝土本构关系基本均采用肖建庄[23]提出的再生混凝土本构关系，其单轴受压应力-应变曲线方程为

$$y=\begin{cases}ax+(3-2a)x^2+(a-2)x^3, & 0\leqslant x<1\\ \dfrac{x}{b(x-1)^2+x}, & x\geqslant 1\end{cases} \tag{10.2.1}$$

式中，$x=\varepsilon/\varepsilon_0$，$y=\sigma/f_c$，$\varepsilon$、$\sigma$为应变和应力，$\varepsilon_0$、$f_c$分别为再生混凝土的峰值应变和轴心抗压强度；$a$、$b$为相应参数。

参数a为无量纲曲线初始切线的斜率，反映了再生混凝土的初始弹性模量，a值越小，表示再生混凝土脆性越大；b值越大，表示再生混凝土延性越差。a、b取值与再生粗骨料取代率r有关，即

$$\begin{cases}a=2.2(0.748r^2-1.231r+0.975)\\ b-0.8(7.6483r+1.142)\end{cases} \tag{10.2.2}$$

本次试验中再生粗骨料取代率均为100%，由式(10.2.2)可知，a和b取值分别为1.04和7.5。

在再生混凝土受拉应力-应变关系中，肖建庄[23]提出了再生混凝土受拉应力-应变关系上升段曲线，故本次模拟中采用再生混凝土单轴拉伸本构，上升段也是采取肖建庄提出的再生混凝土应力-应变关系，由于再生混凝土与普通混凝土在受拉时下降段差别较小，在模拟时下降段则参考《混凝土结构设计规范》(GB/T 50010—2010)[24]中应力-应变曲线下降段，具体受拉本构方程为

$$y=\begin{cases}cx-(c-1)x^6, & 0\leqslant x<1\\ \dfrac{x}{d(x-1)^{1.7}+x}, & x\geqslant 1\end{cases} \tag{10.2.3}$$

式中，$x=\varepsilon/\varepsilon_t^r$，$y=\sigma/f_t^r$，$\varepsilon_t^r$为再生混凝土的峰值拉应变，$f_t^r$为再生混凝土的轴心抗拉强度；参数$c$为再生混凝土原点切线模量与峰值割线模量的比值，$c$值越大则再生混凝土受拉过程中刚度降低越快；参数$d$为单轴受拉应力-应变曲线下降段的参数值，参考《混凝土结构设计规范》(GB/T 50010—2010)，本次模拟中取值为0.31。本次模拟中上升段参数c取值与再生粗骨料取代率r有关，当再生粗骨料取代率

为 100%时，c 取值为 1.26。

2）型钢及钢筋本构

型钢再生混凝土结构中的型钢和钢筋均可视为理想的弹塑性材料，其本构关系选用理想弹塑性模型。因此，本次型钢再生混凝土柱-钢梁组合框架节点非线性分析中，型钢和钢筋采用经典的 von Mises 屈服准则，采用理想弹塑性强化本构关系，相关数值均由试验得到。型钢及钢筋应力-应变曲线方程为

$$\sigma_{\mathrm{p}}=\begin{cases}E_{\mathrm{s}}\varepsilon_{\mathrm{s}}, & \varepsilon_{\mathrm{s}}\leqslant\varepsilon_{\mathrm{y}}\\ f_{\mathrm{y}}+k(\varepsilon_{\mathrm{s}}-\varepsilon_{\mathrm{y}}), & \varepsilon_{\mathrm{y}}<\varepsilon_{\mathrm{s}}\leqslant\varepsilon_{\mathrm{u}}\end{cases} \tag{10.2.4}$$

式中，E_{s} 为弹性段的弹性模量；k 为强化段的弹性模量；f_{y}、ε_{y} 分别为屈服应力和屈服应变。

2. 材料之间的相互作用

在有限元模拟中，由于各个材料属性不同，其力学性能存在一定差异，故两种不同材料之间存在相互作用，ABAQUS 软件在相互作用中提供约束和接触来定义不同材料之间的相互作用。本节采用 Embed 来定义型钢和钢筋与再生混凝土之间的相互作用，不考虑其黏结滑移的影响。

3. 网格划分

在有限元模拟中，网格划分的尺寸直接影响到计算结果的精度。经过多次有限元试算后，混凝土全尺寸为 50mm，型钢节点核心区取 20mm，其余部分取 50mm，钢筋取 20mm。这样划分网格的计算结果与试验结果吻合较好。

4. 非线性结果分析

1）试件变形及应力云图

通过有限元模拟得到试件变形及应力云图，如图 10.2.9～图 10.2.12 所示。

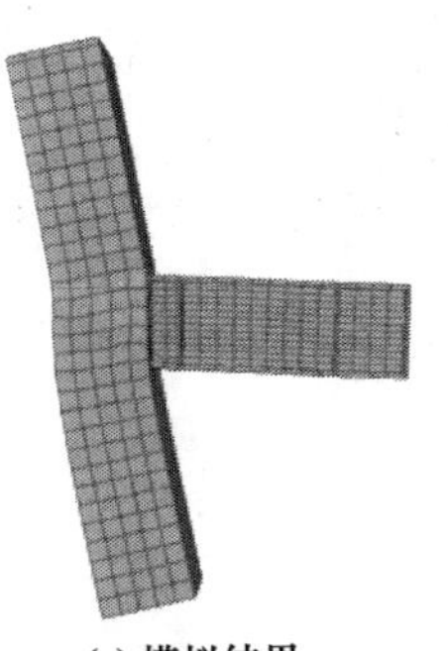

(a) 模拟结果

(b) 试验结果

图 10.2.9　试件变形模拟结果与试验结果对比

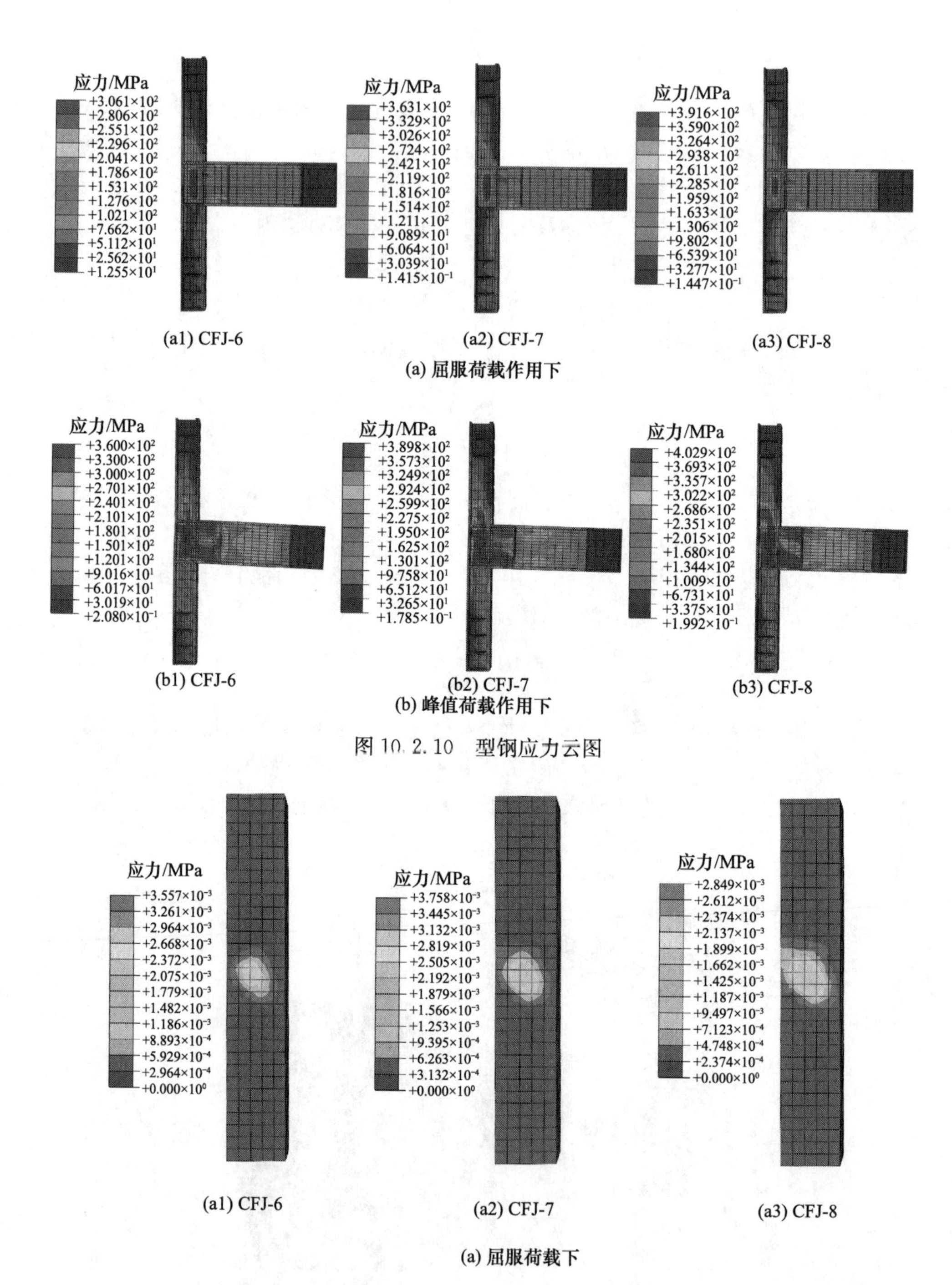

图 10.2.10 型钢应力云图

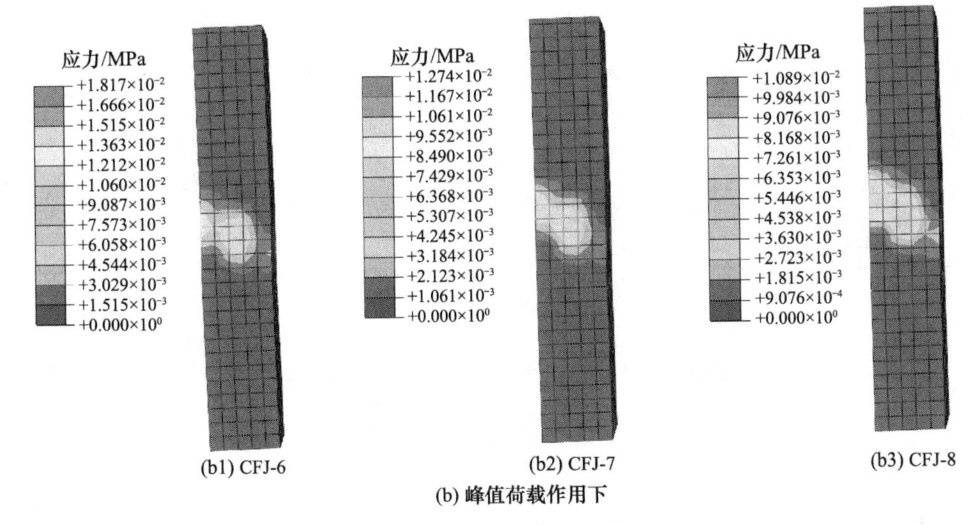

(b1) CFJ-6　　(b2) CFJ-7　　(b3) CFJ-8

(b) 峰值荷载作用下

图 10.2.11　再生混凝土应力云图

由图 10.2.9 可以看出，在达到最大位移破坏时，模拟与试验变形基本一致，节点核心区均发生明显的斜压破坏，这也证明了模型的合理性。

由图 10.2.10～图 10.2.12 可以看出，在屈服荷载和峰值荷载时，节点核心区再生混凝土及型钢受压区域呈沿对角线方向的带状分布，符合节点斜压杆受压机理。加载初期，试件处于弹性阶段，应力与荷载曲线近似呈线性变化；随着水平荷载的增加，试件各组成部分应力逐渐增大，节点核心区型钢、钢筋及再生混凝土应

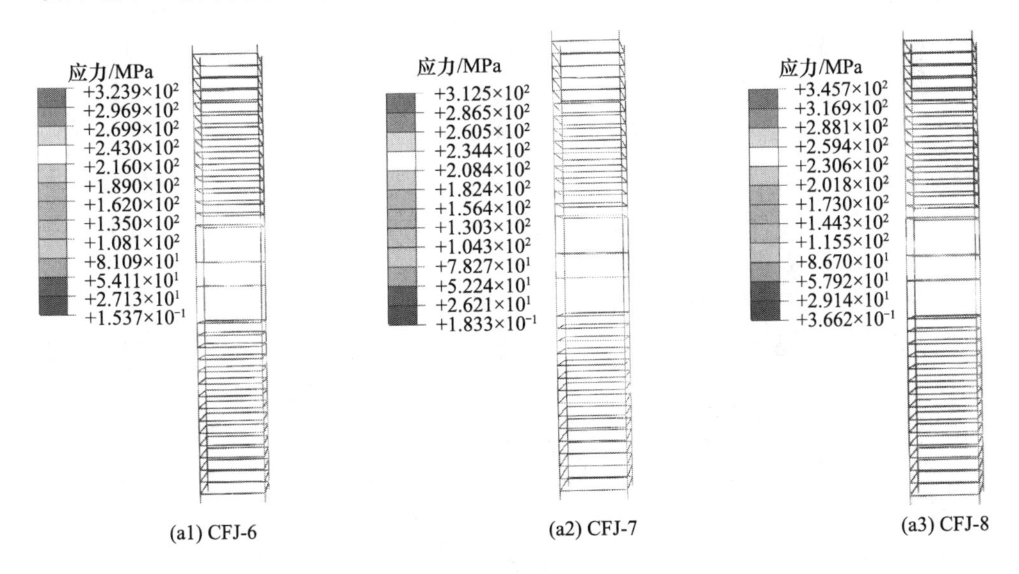

(a1) CFJ-6　　(a2) CFJ-7　　(a3) CFJ-8

(a) 屈服荷载作用下

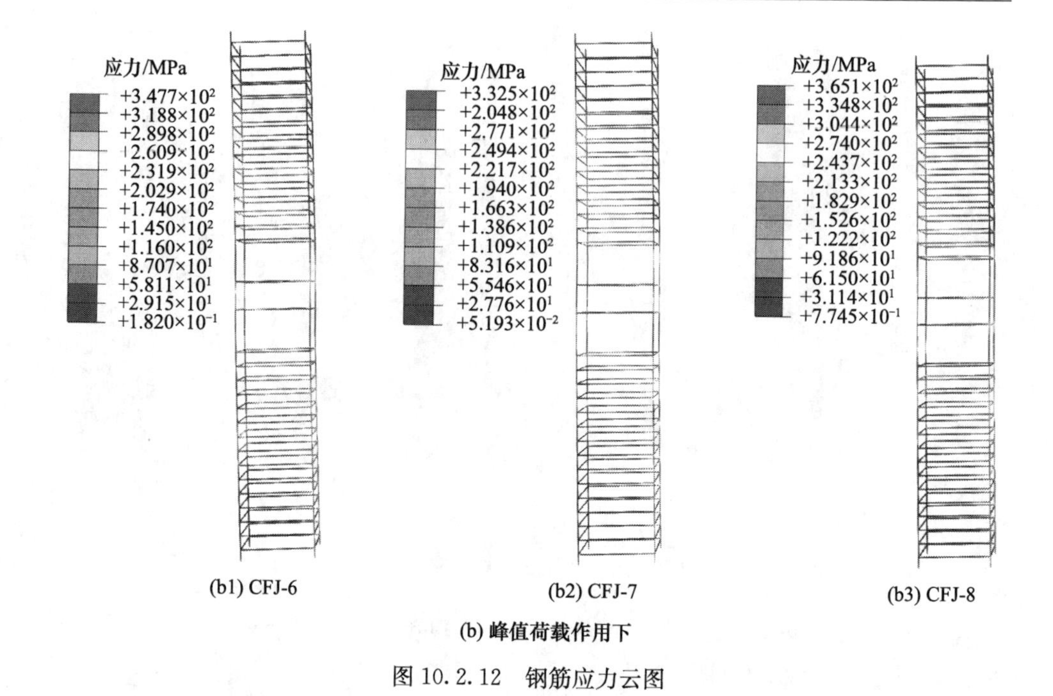

(b1) CFJ-6　(b2) CFJ-7　(b3) CFJ-8

(b) 峰值荷载作用下

图 10.2.12　钢筋应力云图

力增长较快，同时核心区再生混凝土开始出现裂缝；当达到屈服荷载时，节点核心区型钢腹板和箍筋先后进入屈服，此时节点核心区混凝土裂缝增多，已有裂缝不断延伸扩展，且裂缝宽度不断增加；与此同时，随着荷载进一步增大，节点核心区开始出现混凝土块脱落，但由于型钢腹板和箍筋对再生混凝土的约束作用，使组合框架节点能够进一步承受荷载，此过程中型钢及钢筋应力增长较快，随着荷载增加，型钢柱翼缘与纵筋逐渐屈服，此时型钢腹板及箍筋已经进入强化阶段，当达到峰值荷载时，节点核心区再生混凝土等效塑性应变呈斜向带状分布，此时节点核心区再生混凝土被压碎，峰值荷载后，随着位移继续增加，核心区有再生混凝土块脱落，此时箍筋和型钢对再生混凝土的约束作用逐渐减小，致使节点承载力逐渐降低，最终试件丧失承载力而破坏。

2）试验结果与模拟结果对比分析

本次通过有限元分析获取了 3 榀框架边节点的骨架曲线，并与试验骨架曲线进行对比，如图 10.2.13 所示。表 10.2.3 为试件各阶段计算值与试验值的比较。

由图 10.2.13 和表 10.2.3 可以看出，计算荷载-位移曲线骨架曲线与试验骨架曲线在弹性阶段吻合较好，发展趋势基本相似，且计算结果与试验结果误差在 11％以内，总体而言，计算结果与试验结果误差满足精度要求。同时计算刚度与试验骨架曲线刚度有一定差距，这是由于有限元采用单向加载的方式，相较于试验再生混凝土损伤较轻，故计算刚度偏大。峰值荷载后，模拟骨架曲线下降段较为平缓

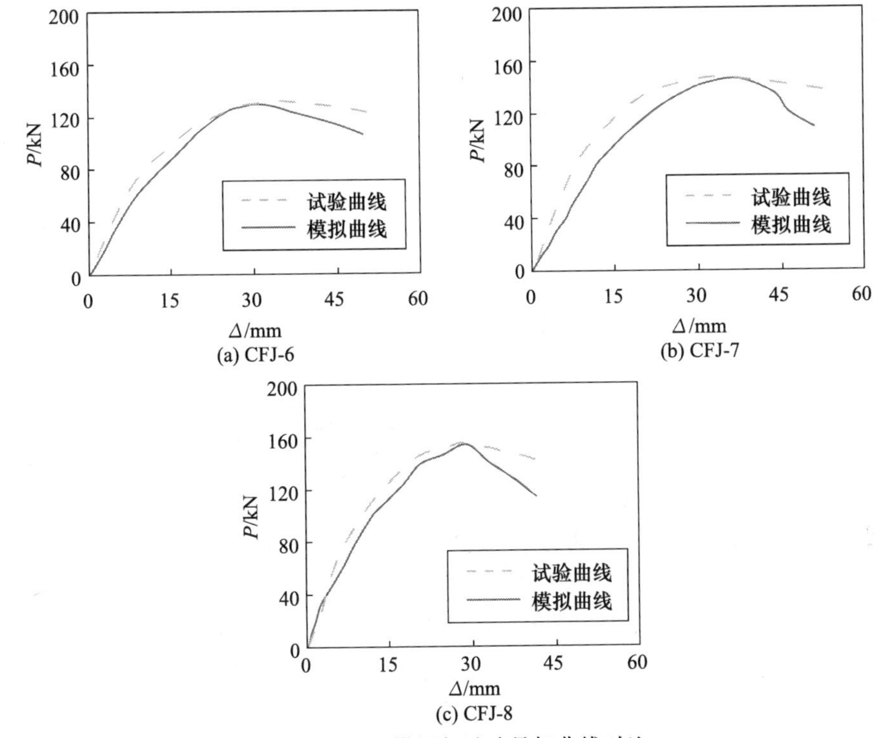

图 10.2.13　模拟与试验骨架曲线对比

表 10.2.3　试件各阶段计算值与试验值对比

试件编号		屈服荷载 P_y/kN	屈服位移 Δ_y/mm	峰值荷载 P_m/kN	峰值位移 Δ_m/mm	破坏荷载 P_u/kN
CFJ-6	试验值	82.37	13.67	127.14	30.79	108.07
	计算值	91.37	12.38	128.39	32.16	127.47
	δ_1/%	10.92	9.43	0.98	4.44	15.22
CFJ-7	试验值	94.31	14.29	143.91	34.97	122.32
	计算值	101.58	11.81	145.07	30.71	138.61
	δ_1/%	7.71	17.35	0.81	12.18	13.31
CFJ-8	试验值	108.26	13.64	154.40	27.89	131.24
	计算值	110.78	11.47	155.83	27.17	142.38
	δ_1/%	2.33	15.91	0.91	2.58	8.49

(没有明显的下降段)，这是由于再生混凝土塑性损伤和本构关系与实际情况存在差异，且再生混凝土的塑性损伤及脆性比普通混凝土更加明显，难以真实模拟再生混凝土从加载至压溃的完整过程。总体来说，有限元计算结果与试验结果相差不大，因此采用 Abaqus 软件模拟型钢再生混凝土柱-钢梁组合框架边节点是可行的。

5. *有限元参数分析*

由于试验条件等原因，试验中无法充分考虑不同参变量情况下组合框架边节点的抗震性能，故本节在试件 CFJ-7 基础上进行有限元参数分析，主要考虑型钢强度、再生混凝土强度及配箍率，模拟设计参数如表 10.2.4 所示。

表 10.2.4 模拟设计参数

试件编号	柱截面 $(h\times b)$/mm	梁截面 $(h\times b\times t_w\times t_f)$/mm	再生混凝土强度/MPa	再生粗骨料取代率 r/%	轴压比 n	型钢强度/MPa	体积配箍率 ρ_{sv}/%
CFJ-7	260×260	260×140×10×14	C40	100	0.36	Q235	1.26
CFJ-7-1	260×260	260×140×10×14	C30	100	0.36	Q235	1.26
CFJ-7-2	260×260	260×140×10×14	C50	100	0.36	Q235	1.26
CFJ-7-3	260×260	260×140×10×14	C40	100	0.36	Q345	1.26
CFJ-7-4	260×260	260×140×10×14	C40	100	0.36	Q390	1.26
CFJ-7-5	260×260	260×140×10×14	C40	100	0.36	Q235	0.64
CFJ-7-6	260×260	260×140×10×14	C40	100	0.36	Q235	1.78

图 10.2.14 为混凝土强度对节点骨架曲线的影响，表 10.2.5 为试件各阶段荷载及位移对比。由图 10.2.14(a)与表 10.2.5 可以看出，随着再生混凝土强度等级的提高，节点的水平承载力有一定的提高，C50 再生混凝土节点试件极限承载力分别比 C40 和 C30 提高了 4.59%和 11.18%，说明提高再生混凝土强度对节点的承载力是有利的。此外，随着再生混凝土强度的增加，曲线下降段更加陡峭，延性变差。

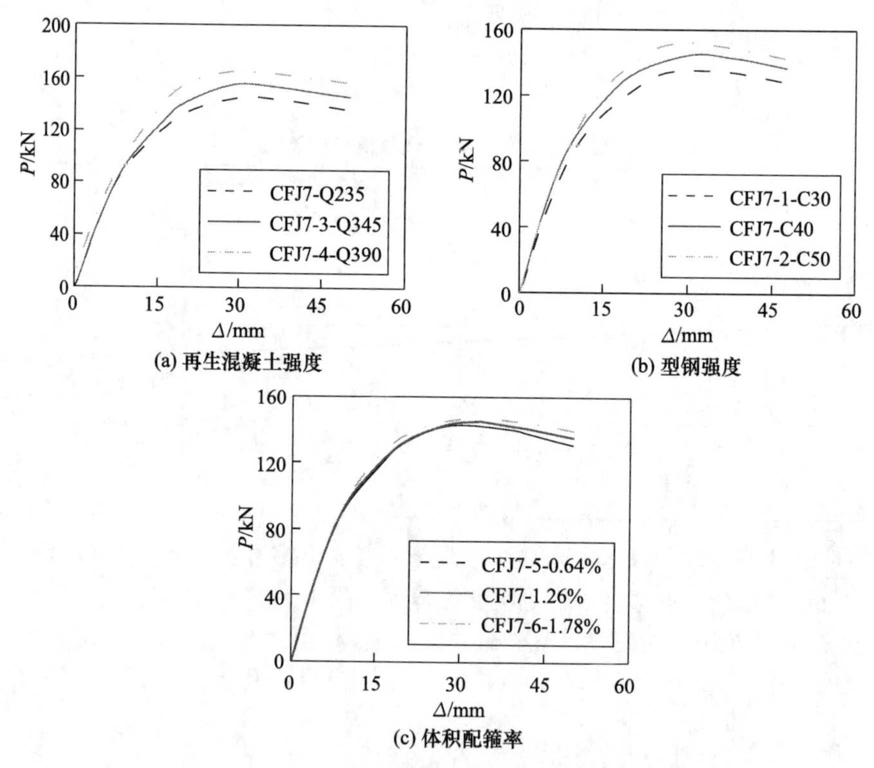

图 10.2.14 混凝土强度对节点骨架曲线的影响

表 10.2.5　试件各阶段荷载及位移对比

试件编号	屈服荷载 P_y /kN	屈服位移 Δ_y /mm	峰值荷载 P_m /kN	峰值位移 Δ_m /mm	破坏荷载 P_u /kN
CFJ7	105.61	10.89	145.62	31.83	135.51
CFJ7-1	83.04	9.17	135.05	28.01	126.83
CFJ7-2	111.96	12.91	152.04	29.57	141.34
CFJ7-3	92.05	9.17	154.74	28.92	145.52
CFJ7-4	115.64	13.29	161.61	28.87	153.83
CFJ7-5	89.34	9.01	142.68	31.82	131.02
CFJ7-6	115.02	11.51	145.07	28.75	139.67

由图 10.2.14(b)与表 10.2.5 可以看出，型钢强度对组合框架承载力的影响较为明显，随着型钢强度的提高，试件水平承载力逐渐增大，Q390 试件承载力分别比 Q345 和 Q235 提高了 10.23%、4.25%。在加载前期，不同型钢屈服强度的试件骨架曲线前期基本重合，随着型钢强度的增加，试件骨架曲线逐渐向荷载轴倾斜，说明随着型钢强度的增加，试件刚度逐渐增大，峰值荷载后，曲线下降段趋势基本一致，但随着型钢强度的增加，下降段斜率逐渐减小，说明试件延性随着型钢强度逐渐增大，但影响较小。

由图 10.2.14(c)与表 10.2.5 可以看出，体积配箍率对试件承载力的影响较小，随着配箍率的增大，各试件承载力增幅不明显，但对组合框架节点延性的影响较大。随着体积配箍率的增大，试件骨架曲线下降段斜率逐渐减小，表明提高体积配箍率对改善型钢再生混凝土柱-钢梁组合框架边节点的受力性能是有利的。

10.2.5　结论

(1) 型钢再生混凝土柱-钢梁组合框架边节点在低周反复荷载下的节点核心区均发生剪切破坏，破坏时核心区剪切明显；核心区再生混凝土、型钢腹板及箍筋起主要抵抗剪力作用。

(2) 组合框架边节点滞回曲线近似呈梭形且较为饱满，表明该边节点具有较好的抗震性能；随着轴压比的增加，试件滞回曲线所包围的面积减小，延性及耗能能力明显降低。

(3) 建立的有限元模型计算结果和试验结果吻合相对较好，说明利用 ABAQUS 软件模拟型钢再生混凝土柱-钢梁组合框架节点的受力性能及非线性行为是可行的。

(4) 型钢再生混凝土节点承载力随着再生混凝土强度的增加而提高，但延性有所降低；提高型钢强度可以有效提高其承载力，但对试件变形能力的影响较小；

另外，增大配箍率可以有效改善节点的变形能力，但抗剪承载力提高幅度较小。

(5) 总体上看，型钢再生混凝土柱-钢梁组合框架节点抗震性能较好，具有较高的承载力和刚度，具有应用情景，可为再生混凝土的推广应用提供新的途径。

参考文献

[1] Shelburne W M, Degroot D J. The use of waste and recycled materials in highway construction[J]. Civil Engineering Practice, 1998, 13(1): 5-26.

[2] Bairagi N K, Vidyadhara H S, Ravande K. Mix design procedure for recycled aggregate concrete[J]. Construction and Building Materials, 1990, 4(4): 188-193.

[3] Kang T H K, Kim W, Kwak Y K, et al. Flexural testing of reinforced concrete beams with recycled concrete aggregates[J]. ACI Structural Journal, 2014, 111(3): 607-616.

[4] Arezoumandi M, Drury J, Volz J S, et al. Effect of recycled concrete aggregate replacement level on shear strength of reinforced concrete beams[J]. ACI Materials Journal, 2015, 112(4): 559-567.

[5] Tam V W Y, Wang Z B, Zhong T. Behaviour of recycled aggregate concrete filled stainless steel stub columns[J]. Materials and Structures, 2014, 47(1-2): 293-310.

[6] Mohamad N, Khalifa H, Samad A A A. Structural performance of recycled aggregate in CSP slab subjected to flexure load[J]. Construction and Building Materials, 2016, 115(7): 669-680.

[7] Francesconi L, Pani L, Stochino F. Punching shear strength of reinforced recycled concrete slabs[J]. Construction and Building Materials, 2016, 127(11): 248-263.

[8] Corinaldesi V, Moriconi G. Behavior of beam-column joints made of sustainable concrete under cyclic loading[J]. Journal of Materials in Civil Engineering, 2006, 18(5): 650-658.

[9] Corinaldesi V, Letelier V, Moriconi G. Behaviour of beam-column joints made of recycled-aggregate concrete under cyclic loading[J]. Construction and Building Materials, 2011, 25(4): 1877-1882.

[10] Pacheco J, de Brito J, Ferreira J. Destructive horizontal load tests of full-scale recycled-aggregate concrete structures[J]. ACI Structural Journal, 2015, 112(6): 815-826.

[11] 肖建庄，沈宏波，黄运标. 再生混凝土柱受压性能试验[J]. 结构工程师，2006，22(6)：73-77.

[12] 白国良，刘超，赵洪金，等. 再生混凝土框架柱抗震性能试验研究[J]. 地震工程与工程振动，2011，31(1)：61-66.

[13] 曹万林，牛海成，周中一，等. 圆钢管高强再生混凝土柱重复加载偏压试验[J]. 哈尔滨工业大学学报，2015，47(12)：31-37.

[14] 柳炳康，陈丽华，周安，等. 再生混凝土框架梁柱中节点抗震性能试验研究[J]. 建筑结构学报，2011，32(11)：109-115.

[15] 肖建庄，朱晓晖. 再生混凝土框架节点抗震性能研究[J]. 同济大学学报(自然科学版)，2005，33(4)：436-440.

[16] 杜园芳,王社良.纤维复合增强再生混凝土框架节点抗震承载性能试验研究[J].建筑结构学报,2016,37(4):40-46.

[17] 庞训鹏,李凯.矩形钢管再生混凝土柱-工字形钢梁框架边节点的抗震性能试验[J].长江大学学报(自科版),2016,13(13):57-61.

[18] 薛建阳,鲍雨泽,任瑞,等.低周反复荷载下型钢再生混凝土框架中节点抗震性能试验研究[J].土木工程学报,2014,47(10):1-8.

[19] 中华人民共和国国家标准.金属材料 拉伸试验 第1部分:室温试验方法(GB/T 228.1—2010)[S].北京:中国标准出版社,2001.

[20] 中华人民共和国行业标准.建筑抗震试验规程(JGJ/T 101—2015)[S].北京:中国建筑工业出版社,2015.

[21] 江见鲸.钢筋混凝土结构非线性有限元分析[M].陕西:陕西科学技术出版社,1995.

[22] 过镇海.混凝土的强度和变形——试验基础和本构关系[M].北京:清华大学出版社,1997.

[23] 肖建庄.再生混凝土[M].北京:中国建筑工业出版社,2008.

[24] 中华人民共和国国家标准.混凝土结构设计规范(GB/T 50010—2010)[S].北京:中国建筑工业出版社,2011.

10.3　型钢再生混凝土组合结构受力性能

薛建阳*,陈宗平,徐金俊,马辉,任瑞,张新,陈宇良

型钢再生混凝土结构在性能优良的型钢混凝土结构基础上融合了绿色环保型再生混凝土,将二者的优势组合,克服再生混凝土的天然缺陷,扩大型钢混凝土结构与再生混凝土结构的适用范围。本节进行了型钢与再生混凝土界面黏结滑移性能的研究,发现再生粗骨料取代率对型钢与再生混凝土界面的起滑黏结强度和极限黏结强度的影响不明显;增加型钢保护层厚度和提高配箍率均可提高型钢与再生混凝土界面极限黏结强度和残余黏结强度;完成了型钢再生混凝土梁受弯及受剪性能研究,结果表明,梁的承载能力随再生混凝土强度的提高而增大,其变形随再生粗骨料取代率的增大而增大;研究了型钢再生混凝土柱的压弯性能,表明随再生混凝土强度的提高,其承载力也增大;开展了型钢再生混凝土柱及节点的抗震性能研究,结果表明,这类构件及节点的延性和耗能能力受再生粗骨料初始缺陷的影响,随再生粗骨料取代率的增大而降低;研究了型钢再生混凝土框架-再生砌块填充墙结构的地震破坏机理,发现填充墙对这类结构能起到两道抗震防线的作用。

10.3.1　国内外研究现状

建筑垃圾资源化已经成为国内外处理建筑废弃物的重要实现途径,也是发展绿色建筑和可持续建筑的重要组成部分,而再生混凝土已然成为建筑垃圾资源化的核心内容。作为一种新旧混合的建材制品,再生混凝土中的再生粗骨料在破碎过程中产生的微细裂缝和附着的老水泥基体,严重影响再生混凝土的力学性能、耐久性能及长期性能。就本质而言,再生粗骨料带有的微细裂缝不仅可引起材料内部的结构强度降低,也诱发了材料各相之间的相对变形,由此导致既不利于强度也不利于抗变形能力的双重局面;另外,老水泥基体的存在可使再生粗骨料的吸水能力明显增强,引起有效水灰比的降低,在保持设计水灰比不变的前提下可使混凝土强度得以增长,而考虑再生粗骨料吸水率影响的扩大型水灰比设计下,则引起混凝土强度的降低,但为了保证施工时混凝土具有一定的工作性能,一般采用后者作为再生混凝土水灰比的设计依据。由此可见,再生混凝土的相关性能比天然粗骨料混凝土低,这也是限制再生混凝土进一步推广使用的技术障碍。

Katkhuda 等[1]提出了采用酸洗再生粗骨料的办法用以消除其附着的老水泥基体,这种技术措施虽然能提高再生混凝土的强度,但十分不经济,也直接增加了

---

* 第一作者:薛建阳(1970—),男,博士,教授,主要研究方向为型钢再生混凝土组合结构。

基金项目:国家自然科学基金面上项目(51178384)。

施工工艺，对于大量应用还有待改进。Xiao 等[2]、Tam 等[3]、Chen 等[4]、Xu 等[5,6]、Xie 等[7]和 Zheng 等[8]提出了钢管约束再生混凝土和 FRP 约束再生混凝土的概念，而大量的试验研究也表明，这类约束再生混凝土在提高材料承载力的同时也改善了相应的变形性能、耗能能力及抗震性能等指标。

钢管约束再生混凝土和 FRP 约束再生混凝土在约束机理上具有十分相似的特点，可以认为是全约束再生混凝土。型钢混凝土结构是在传统钢筋混凝土结构构件中埋入型钢，内置的型钢一方面能发挥钢结构的性能优势，另一方面也能有效约束周边的混凝土，从而提高混凝土强度，如图 10.3.1 所示。将再生混凝土与型钢混凝土相结合，提出型钢再生混凝土组合结构体系，融合了两者的环保优势和性能优势，克服了再生混凝土的天然缺陷，实现部分约束再生混凝土的技术特点，形成一种性能优良的组合结构。陈宗平等[9~13]、薛建阳等[14~18]相继开展了型钢与再生混凝土界面黏结滑移机理、型钢再生混凝土梁的受弯与受剪性能、型钢再生混凝土柱压弯受力性能和抗震性能、型钢再生混凝土节点及其框架抗震性能等研究。研究结果表明，型钢再生混凝土结构具有良好的力学性能，再生混凝土对其各类性能指标的影响不大，通过合理设计完全能满足现行规范的要求。

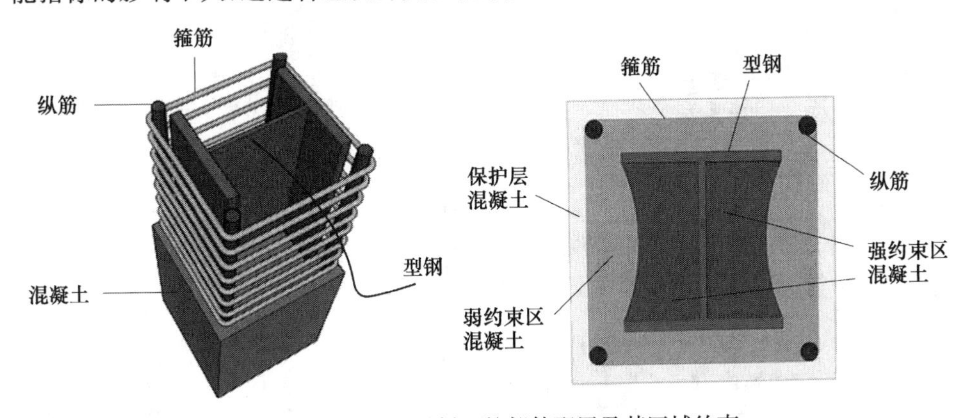

图 10.3.1　型钢混凝土的部件配置及其区域约束

10.3.2　型钢与再生混凝土界面黏结滑移性能研究

型钢与再生混凝土界面间的黏结力传递机制是型钢再生混凝土组合结构工作的基础和保证，这类传力现象普遍存在于柱脚、梁柱节点区等关键部位，若不能保证两类材料可靠的黏结，则必将限制型钢再生混凝土结构的推广应用。陈宗平等[9,10]完成了起滑黏结强度、极限黏结强度、残余黏结强度等试验，揭示了型钢与再生混凝土界面黏结传力的失效过程及性能演变机制。

1. 试验概况

试验设计了 22 个型钢再生混凝土试件，考虑再生粗骨料取代率、保护层厚度和横向配箍率等参数的影响。再生混凝土的配制以取代率 0 为基准，按混凝土强度等级 C30 进行配制，具体配合比为 1∶0.41∶1.05∶2.34(水泥∶水∶细骨料∶粗骨料)。当取代率不同时，仅改变再生粗骨料和天然粗骨料的比例，粗骨料总量不变，其他含量保持不变。以再生粗骨料取代率为研究对象，其值为 0～100%，级差为 10%；型钢采用 I10 钢，以型钢翼缘外侧的混凝土保护层厚度为研究对象，其值在 40～70mm 变化，级差为 10mm；考虑横向配箍率时，取箍筋间距为 80mm、100mm 和 140mm 为研究对象。

2. 试验结果与分析

图 10.3.2 为型钢与再生混凝土界面黏结应力与滑移特征曲线。可以看出，型钢再生混凝土界面黏结具有三个特征强度，即起滑黏结强度、极限黏结强度、残余黏结强度，它们也是界面黏结损伤破坏的具体体现。通过归纳总结，三个特征点黏结强度与再生粗骨料取代率、型钢保护层厚度、配箍率等影响参数之间的关系如图 10.3.3 所示。

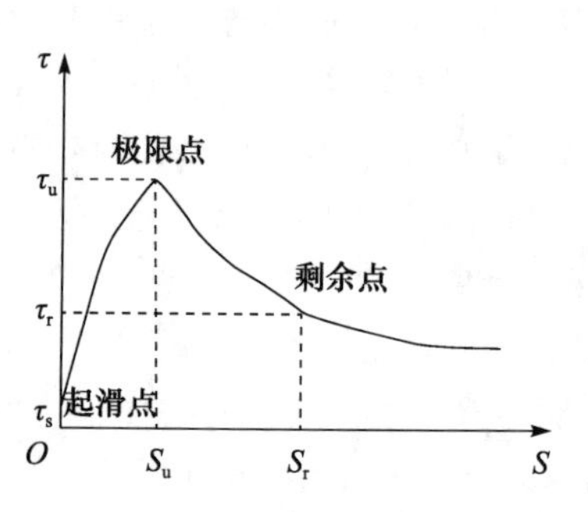

图 10.3.2　型钢与再生混凝土界面黏结应力与滑移特征曲线

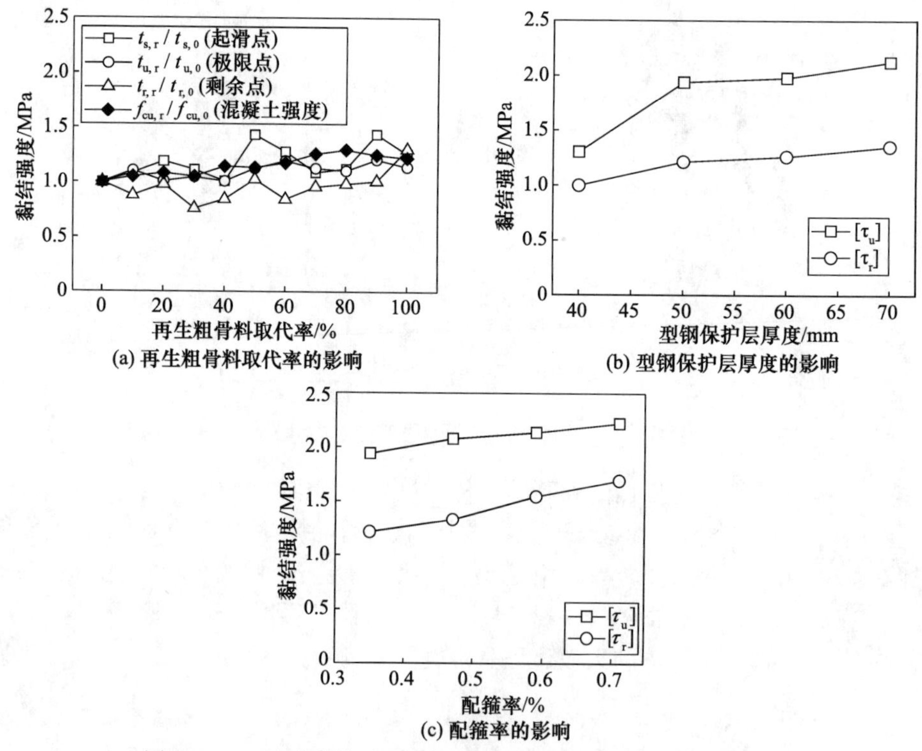

图 10.3.3　试验参数对型钢与再生混凝土界面黏结强度的影响

由图 10.3.3(a)可以看出，型钢与再生混凝土界面的起滑黏结强度和极限黏结强度总体上随着再生粗骨料取代率的增加而增长，这与对应的再生混凝土立方体抗压强度随再生粗骨料取代率的变化规律颇为一致，其原因在于黏结强度达到最大值之前，界面的滑移程度并不明显，即化学胶着力和接触摩擦力起主导作用阶段，再生混凝土的材料力学性能决定了两者界面之间的传力性能。试验中设计水灰比一致，考虑到再生粗骨料的吸水能力，可认为有效水灰比会随着再生粗骨料取代率的增加而降低，相应地增加了再生混凝土的力学强度，故导致界面黏结强度增加。从残余黏结强度的角度来看，再生粗骨料取代率的增加并不能改善其黏结强度，这是由于残余黏结强度的贡献主要是由机械咬合力提供，骨料之间的咬合强度决定了相应的黏结强度，再生粗骨料表面附着性质较脆的老水泥基体，很难对残余黏结强度做到持续贡献。

由图 10.3.3(b)和(c)可以看出，增加保护层厚度及提高配箍率均可提高型钢与再生混凝土界面的极限黏结强度和残余黏结强度。无论保护层厚度增加还是配箍率提高，其效果均是加强了对其内再生混凝土的约束，约束能力增加使型钢与再生混凝土界面的接触面更加紧致，以致接触摩擦力和机械咬合力相应地提高。

10.3.3　型钢再生混凝土梁受弯和受剪性能研究

型钢再生混凝土梁的受弯性能和受剪性能是保证梁正截面承载力及斜截面承载力的关键。陈宗平等[11,12]研究了剪跨比和再生粗骨料取代率对其受力性能的影响。

1. 试验概况

型钢再生混凝土梁受弯性能试验研究的试件设计考虑了再生粗骨料取代率和再生混凝土强度等级两个变化参数。型钢再生混凝土梁高 240mm，宽 180mm；再生粗骨料粒径为 14～28mm，连续级配；型钢采用 I14 热轧型钢，纵筋为Φ14 的 HRB335 级钢筋，箍筋采用Φ6 的 HPB235 级钢筋。试验设计参数：混凝土强度等级取 C35 和 C50 两种，再生粗骨料取代率取 0、30％、70％和 100％四种。型钢和纵向钢筋的保护层厚度分别取 50mm 和 25mm。

型钢再生混凝土梁受剪性能试验研究的试件设计考虑了再生粗骨料取代率、剪跨比和再生混凝土强度三个变化参数。型钢再生混凝土梁的截面尺寸为 240mm×180mm；型钢采用 I14、Q345 级热轧普通工字钢，截面配钢率为 5％；纵筋采用Φ18 的 HRB335 级钢筋；箍筋选用Φ6 的 HPB235 级钢筋并沿梁全长等间距布置，配箍率为 0.32％。试验设计参数：再生混凝土取代率取 0、30％、70％和 100％，剪跨比取 1.0、1.4 和 1.8，再生混凝土强度取 C35 和 C50 两种。型钢和纵向钢筋的保护层厚度分别取 50mm 和 20mm。

2. 试验结果与分析

图 10.3.4 为再生粗骨料取代率对型钢再生混凝土梁受弯和受剪性能的影响。可以看出，随着再生粗骨料取代率的增加，型钢再生混凝土梁受弯承载力变化不太明显，但梁跨中截面最大弯矩对应的挠度不断增大。而随着再生粗骨料取代率的增加，型钢再生混凝土梁的受剪承载力和最大剪力对应的跨中截面挠度均比普通型钢混凝土梁大，这与相应的再生混凝土立方体抗压强度具有一致的变化规律，这是由于再生混凝土的强度直接影响到构件的承载能力。型钢再生混凝土梁的挠度随再生粗骨料取代率的增加而变大，其主要原因在于再生粗骨料在破碎过程中存在初始缺陷和裂缝，从而导致附加变形增大。

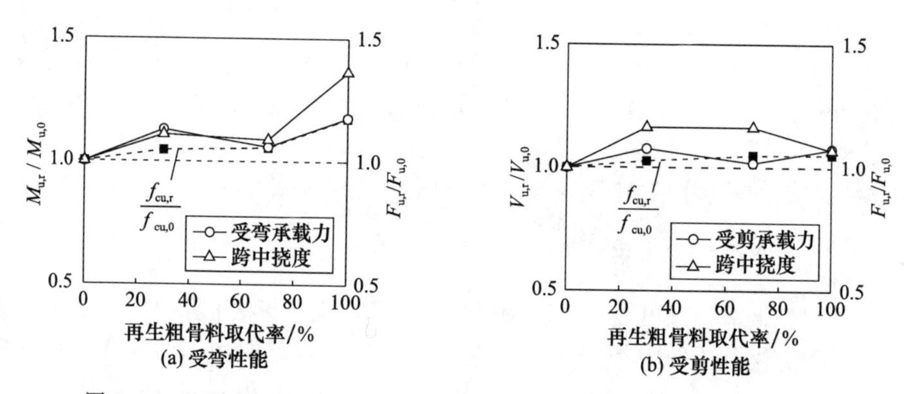

图 10.3.4 再生粗骨料取代率对型钢再生混凝土梁受弯和受剪性能的影响

3. 设计方法研究

采用型钢混凝土结构计算理论并结合再生混凝土强度性能指标，本节提出了型钢再生混凝土梁正截面受弯和斜截面受剪承载力计算公式。

受弯承载力计算公式为

$$M_u = f_{cr}bx\left(a'_s - \frac{x}{2}\right) + f_yA_s(h - a'_s - a_r) + f'_yA'_s(a'_s - a'_r) + f_aA_{ss}\frac{h_s}{2} \tag{10.3.1}$$

式中，$f_{cr}=0.67f_{cu,r}$；h 为梁截面高度；h_s 为型钢截面高度；a_r、a'_r 分别为受拉钢筋重心至受拉区边缘、受压钢筋重心至受压区边缘的距离；a_s、a'_s分别为型钢下翼缘至受拉区边缘、型钢上翼缘至受压区边缘的距离；A_s、A'_s分别为受拉、受压钢筋的截面面积；f_y、f'_y分别为受拉、受压钢筋的强度设计值；f_a 为型钢的抗拉(压)强度设计值。

受剪承载力计算公式为

$$V_u = \frac{20}{20+a}\frac{1.5}{\lambda-0.1}f_{tr}bh_0 + \frac{1.6}{\lambda+0.1}f_{yv}\frac{A_{sv}}{s}h_0 + 0.58\frac{f_a t_w h_w}{\lambda} \tag{10.3.2}$$

式中，λ 为剪跨比；f_{tr} 为再生混凝土抗拉强度设计值，取 $f_{tr}=0.12f_{cu,r}$；f_{yv} 和 f_a 分别为箍筋和型钢的强度设计值；t_w 和 h_w 分别为型钢腹板厚度和腹板高度；b 和 h_0 分别为截面宽度和有效高度，$h_0=h-a_s$，h 为梁截面高度，a_s 为纵向受力钢筋保护层厚度；A_{sv} 为配置在同一截面内箍筋各肢的全部截面面积；s 为沿构件长度方向上箍筋的间距。

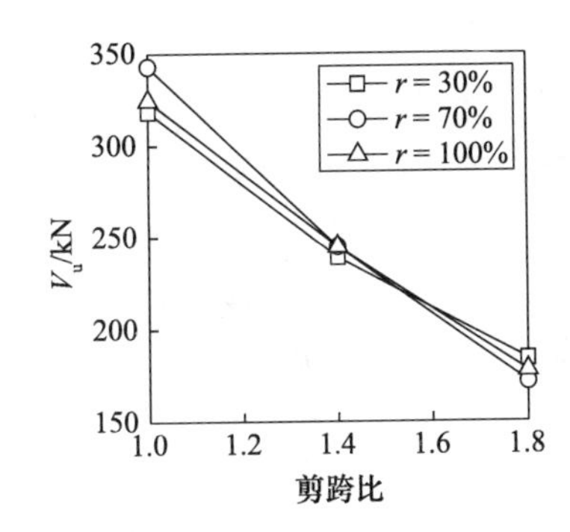

图 10.3.5　剪跨比对型钢再生混凝土梁受剪性能的影响

图 10.3.5 为剪跨比对型钢再生混凝土梁受剪性能的影响。可以看出，型钢再生混凝土梁的受剪承载力随着剪跨比的增长而降低，这主要是梁中剪跨段内弯剪相互作用的关系发生改变所致。

此外，在型钢再生混凝土梁受剪承载力试验结果的基础上，依据《建筑结构可靠性设计统一标准》(GB 50068—2018)[22]采用 Monte-Carlo 法对型钢再生混凝土梁受剪承载力进行可靠度分析，主要分析剪跨比、再生粗骨料取代率、配箍率、型钢腹板配钢率、再生混凝土强度等级及钢材强度对型钢再生混凝土梁受剪承载力可靠指标的影响。得到以下结论：

(1) 各参数下可靠指标平均值为 4.552，计算结果满足规范对发生脆性破坏的结构可靠指标 β 不小于 3.7 的要求，型钢再生混凝土梁用于实际工程中是可行的。

(2) 在其他因素相同的情况下，型钢再生混凝土梁受剪承载力可靠指标随着再生粗骨料取代率和剪跨比的增大而减小。

10.3.4　型钢再生混凝土柱压弯性能研究

型钢再生混凝土柱作为压弯构件，其不仅需承受来自纵向的轴向压力，还需抵抗因各类偏心造成的弯矩作用，因而具有较为复杂的受力机理。型钢再生混凝土柱压弯受力性能也就成为研究的焦点，其性能的好坏直接影响构件竖向承载能力和变形能力的发挥。陈宗平等[13~14]进行了轴心受压构件的试验，之后研究了偏心受压型钢再生混凝土柱的受力性能，对其承载能力和变形能力进行了分析。

1. 试验概况

对型钢再生混凝土柱轴心受压性能的研究共进行了两批试验。第一批试验主要以再生粗骨料取代率和长细比为考虑参数。试件配钢选用 Q235B 级 I10 型钢，配钢率 ρ_{ss} 为 3.6%；纵筋采用 4Φ14 钢筋，配筋率 ρ_s 为 1.48%，箍筋配置为Φ6@100，

配箍率 ρ_{sv} 为 0.57%。再生混凝土柱截面尺寸为 200mm×200mm，再生粗骨料取代率取 0、30%、70%和 100%四个值；长细比 l_0/b 取 6、9、12 三个变化值。第二批试验主要以再生粗骨料取代率和箍筋体积配箍率为变化参数。其中再生粗骨料取代率为 0～100%，中间级差为 10%，箍筋体积配箍率按照箍筋间距来表示，取 70mm、100mm、150mm 和 200mm。试件高度均为 600mm，试件截面尺寸为 200mm×200mm。再生粗骨料和天然粗骨料均为粒径 5～25mm 的良好连续级配。再生混凝土的设计水灰比为 0.42。试件采用 I10 型钢和部分构造钢筋，即Φ14 的 HRB335 级纵筋和Φ6、Φ8 的 HPB235 箍筋。

偏心受压型钢再生混凝土柱试件设计以再生粗骨料取代率和相对偏心距(e_0/h)为变化参数，其中再生粗骨料取代率为 0、30%、70%和 100%，相对偏心距 e_0/h 为 0.2、0.4 和 0.6。试件的形状和截面尺寸及配钢均相同，截面($b\times h$)为 200mm×200mm。再生粗骨料和天然粗骨料均为粒径 5～25mm 良好连续级配。再生混凝土的设计水灰比为 0.42。试件采用 I10 型钢和构造钢筋，纵筋采用Φ14 的 HRB335 级钢筋，箍筋采用直径为Φ6 的 HPB235 级钢筋。

2. 试验结果与分析

图 10.3.6 为再生粗骨料取代率和长细比对型钢再生混凝土柱轴压承载力的影响。由 10.3.6(a)可以看出，在长细比不变的情况下，型钢再生混凝土柱的轴心受压承载力随着再生粗骨料取代率的增加上下波动，但变化幅度不大。这表明再生粗骨料取代率对型钢再生混凝土柱的轴心受压承载力影响不大。由 10.3.6(b)可以看出，长细比的变化对型钢再生混凝土柱的轴心受压承载力影响显著，再生粗骨料取代率相同时，型钢再生混凝土轴心受压极载力随着长细比的减小逐渐降低。

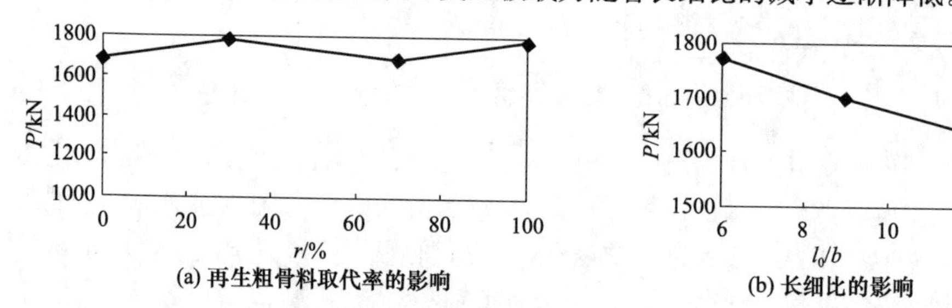

图 10.3.6 再生粗骨料取代率和长细比对型钢再生混凝土柱轴心受压承载力的影响

图 10.3.7 为再生粗骨料取代率和箍筋间距对型钢再生混凝土柱轴心受压承载力的影响。由图 10.3.7(a)可以看出，随着再生粗骨料取代率的增加，型钢再生混凝土柱轴心受压承载力总体上保持增长的趋势，这与立方体抗压强度值随再生粗骨料取代率的变化规律一致。在取代率小于 50%时，再生混凝土立方体抗压强度值比天然骨料混凝土低，但超过 50%后，再生混凝土的立方体抗压强度值总体

比天然骨料混凝土高。就再生粗骨料特性而言，不考虑再生粗骨料吸水能力的设计水灰比会引起再生混凝土有效水灰比的降低，从而增强再生混凝土的强度，但另一方面也存在骨料在破碎过程中产生的初始缺陷，这些缺陷主要是再生粗骨料的微裂缝，可导致骨料强度降低。因此，这两方面的影响交替作用于再生混凝土，当然，在取代率低于 50%时，再生粗骨料的初始缺陷会表现得更加明显，因此再生混凝土立方体抗压强度值有所降低，而在取代率高于 50%时，再生粗骨料的吸水能力会表现得更加明显，从而提高其立方体抗压强度。相比材料方面的变化趋势，型钢再生混凝土短柱构件在承载能力方面表现得更加稳定，这主要是由于型钢的约束消除了再生粗骨料的一些初始缺陷，以致再生粗骨料的吸水能力在各级取代率下表现得较为显著。

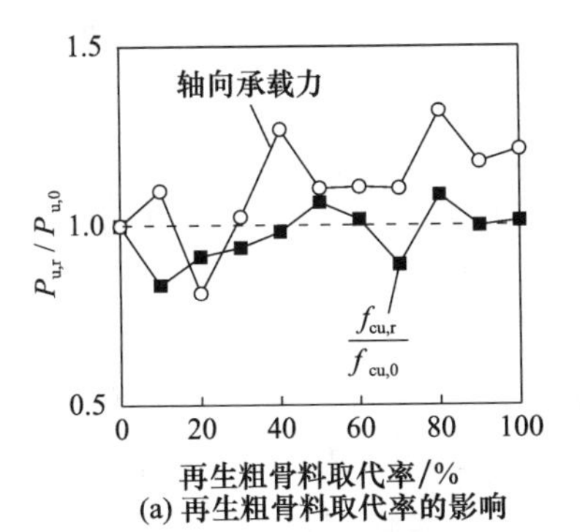

(a) 再生粗骨料取代率的影响

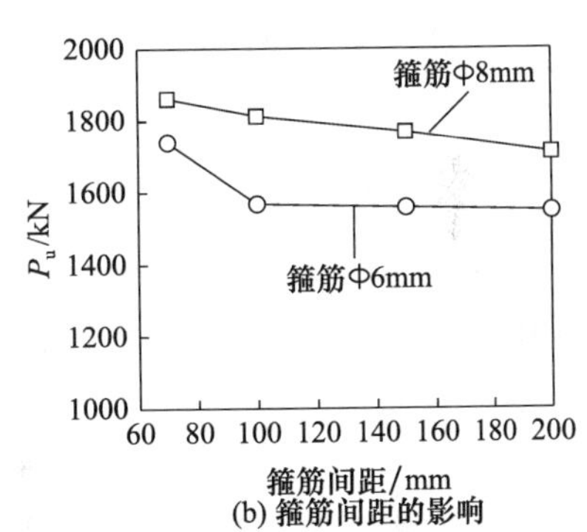

(b) 箍筋间距的影响

图 10.3.7　再生粗骨料取代率和箍筋间距对柱轴心受压承载力的影响

由图 10.3.7(b)可以看出，增加箍筋间距显著降低了型钢再生混凝土柱轴心受压承载力；在同一箍筋间距下，箍筋直径越大则越能提高型钢再生混凝土柱轴心受压承载力。箍筋提供的约束能力与配箍率有关，配箍率则由箍筋直径和箍筋间距决定。增大箍筋直径和减小箍筋间距可有效提高配箍率，从而增大构件的承载能力。

图 10.3.8 为再生粗骨料取代率对型钢再生混凝土柱偏心受压承载力和最大

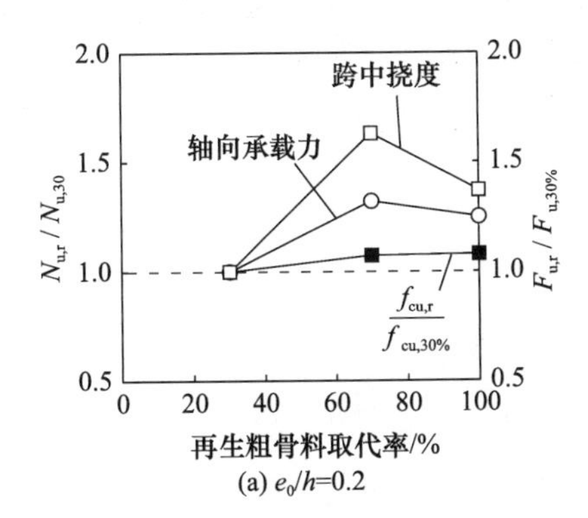

(a) e_0/h=0.2

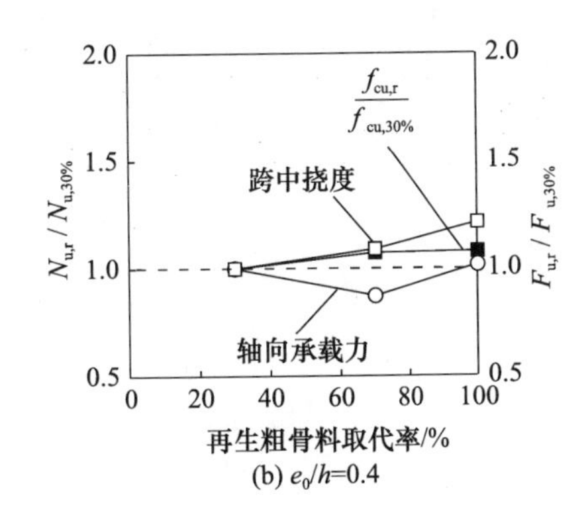

(b) e_0/h=0.4

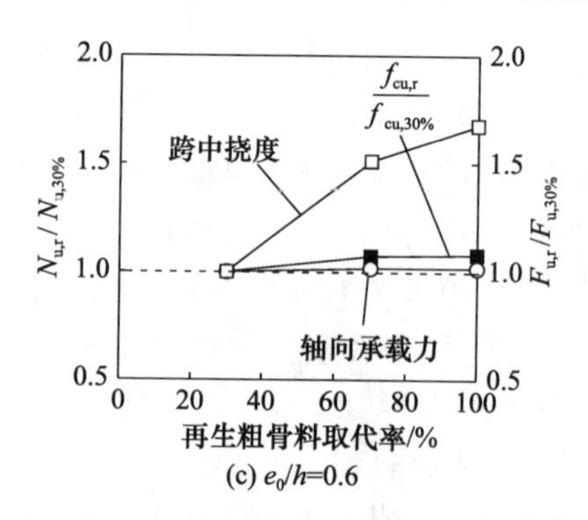

(c) e_0/h=0.6

图 10.3.8 再生粗骨料取代率对柱偏心受压承载力和柱中部侧向挠度的影响

荷载对应的柱中部侧向挠度的影响，本节不考虑再生粗骨料取代率为 0 的工况。可以看出，随着再生粗骨料取代率的增长，型钢再生混凝土柱的竖向承载能力呈上下波动，总体变化不大。最大竖向承载力对应的柱中挠度随再生粗骨料取代率的增加而增长。当然，在偏心率为 0.2 时，取代率为 100％的型钢再生混凝土柱竖向承载力和侧向挠曲变形会有所减小，但总的来说，比取代率为 30％时大得多；另外，在偏心率为 0.4 时，取代率为 70％的型钢再生混凝土柱竖向承载力比取代率为 30％时略有降低。型钢再生混凝土柱的竖向承载力随再生粗骨料取代率的变化趋势也对应了再生混凝土立方体抗压强度与再生粗骨料取代率之间的关系；此外，再生粗骨料的一些缺陷会导致同条件下取代率较高的结构变形会比取代率较低的结构要大，材料性能决定结构性能显而易见。

图 10.3.9 为偏心率对型钢再生混凝土偏心受压承载力和最大荷载对应的柱中部侧向挠度的影响。显然，随着偏心率的增加，型钢再生混凝土柱偏心受压承载力降低，但增大了柱中部侧向挠度。这类现象与普通型钢混凝土柱偏心受压性能是一致的。

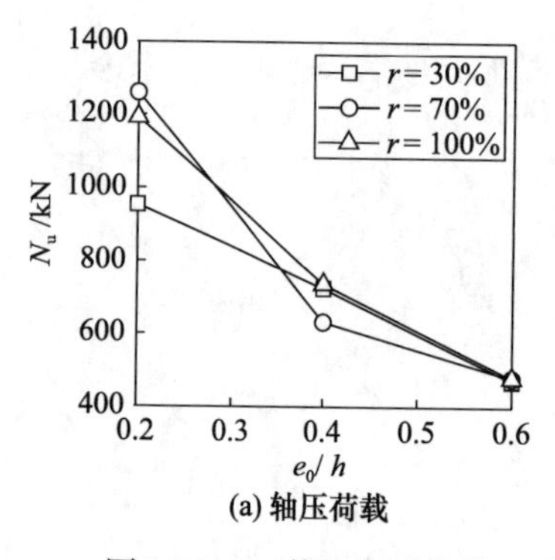

(a) 轴压荷载

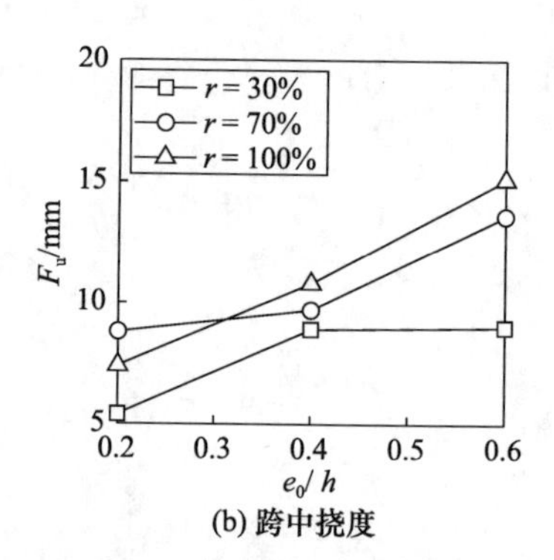

(b) 跨中挠度

图 10.3.9 偏心率对柱偏心受压承载力和柱中部侧向挠度的影响

10.3.5　型钢再生混凝土柱及其节点抗震性能研究

作为一种绿色环保型的新型结构，型钢再生混凝土结构能否适用于抗震设防高烈度区或者重要等级的结构物还需弄清其抗震性能演变规律，并能给出相应的设计指导和计算理论。薛建阳等[15~18]从构件及框架节点等方面进行了模型试件的低周反复荷载试验，揭示了型钢再生混凝土柱和型钢再生混凝土节点的破坏机理，建立了相应的抗震性能指标数据。

1. 试验概况

共设计制作了 17 个型钢再生混凝土柱试件，其变化参数有剪跨比(1.4、1.85、2.35、3.25)、再生粗骨料取代率(0、30%、70%、100%)、设计轴压比(0.3、0.6、0.9)及体积配箍率(1.02%、1.36%、2.04%)，再生粗骨料取代率对应的水灰比设计值分别为 0.44、0.44、0.43、0.42。型钢采用实腹式普通热轧工字钢，型号为 I14，材质等级为 Q235；柱截面尺寸为 240mm×180mm，型钢截面相对于柱截面的含钢量为 4.98%；纵筋采用 4⌀14 的 HRB335 级钢筋，纵筋配筋率为 1.423%；箍筋采用⌀8 的 HRB335 级钢筋。型钢再生混凝土保护层厚度为 50mm，箍筋保护层厚度为 20mm。型钢及钢筋骨架均焊接在柱底钢板处以固定其在再生混凝土柱中的位置。

另外，按“弱节点、强构件”的设计原则共设计了 4 榀型钢再生混凝土框架中节点，以 1∶2.5 的缩尺比制作节点试件，柱之间的反弯点距离为 1200mm，梁反弯点到柱截面形心之间的距离为 1200mm。节点的梁柱中分别配置实腹式工字钢和少量的纵筋，其中柱中型钢采用钢板焊接组装形式，框架节点中柱型钢贯通，而节点中梁型钢在柱两侧断开的同时和柱翼缘进行焊接，位于型钢梁上下翼缘高度处的柱型钢腹板两侧分别焊接一道加劲肋。型钢再生混凝土节点中再生粗骨料取代率和相应的设计水灰比同前述型钢再生混凝土柱。

2. 试验结果与分析

根据剪跨比的不同，型钢再生混凝土柱在低周反复荷载下的破坏分为剪切破坏和弯曲破坏。图 10.3.10 为再生粗骨料取代率对型钢再生混凝土柱受剪承载力和延性系数的影响。可以看出，再生粗骨料取代率对型钢再生混凝土柱受剪承载力及相应的再生混凝土立方体抗压强度具有相似的变化规律，即其强度指标在取代率小于 70%前呈增长之势，在取代率大于 70%后大致降低至天然粗骨料混凝土和型钢混凝土柱的强度水平，这主要是一方面设计水灰比随再生粗骨料取代率的增加而减小，另一方面再生粗骨料极强的吸水能力又会引起有效水灰比的降低，因此从材料层面而言，其强度是增长的，当然，强度指标的波动是再生粗骨料的一些缺陷所致。由图中还可以看出，型钢再生混凝土柱的延性系数随再生粗骨料取代率的增加而降低，此类现象是由于再生粗骨料的老水泥基体性质较脆、再生粗骨料有较多的微细裂缝所致。

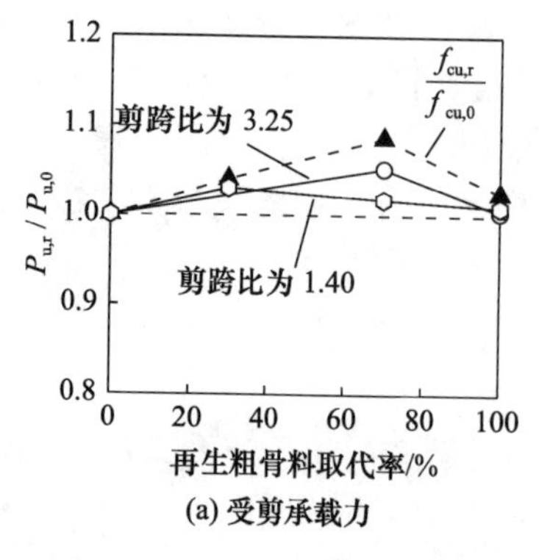

(a) 受剪承载力

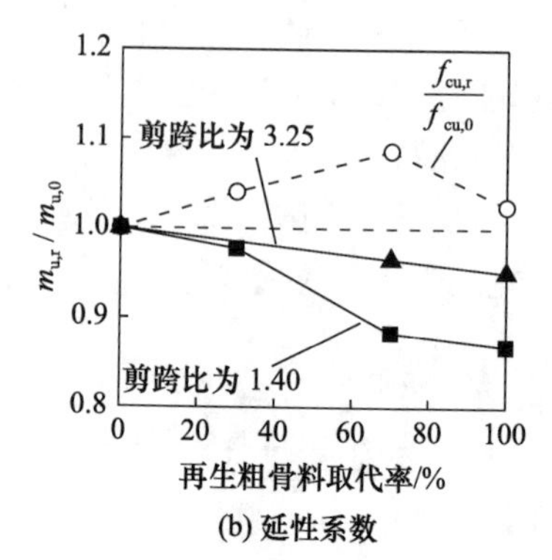

(b) 延性系数

图 10.3.10　再生粗骨料取代率对型钢再生混凝土柱受剪承载力和延性系数的影响

图 10.3.11～图 10.3.13 为轴压比、配箍率和剪跨比对型钢再生混凝土柱受剪承载力和延性系数的影响。可以看出，在一定程度上，增大轴压比可增大型钢再生混凝土柱的受剪承载力，但显著降低其延性系数；配箍率可同时增大型钢再生混凝土柱的受剪承载力和延性系数；增大剪跨比降低了型钢再生混凝土柱的受剪承载力，但增大了相应的延性系数。

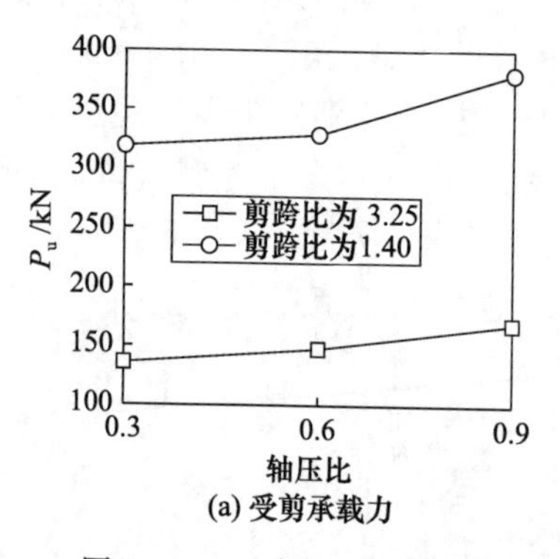

(a) 受剪承载力

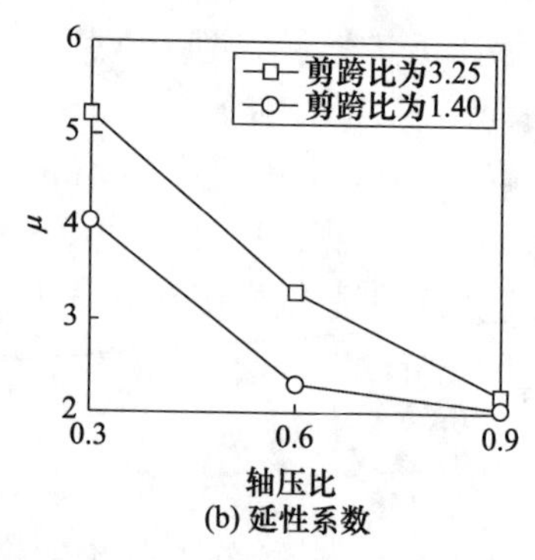

(b) 延性系数

图 10.3.11　轴压比对型钢再生混凝土柱受剪承载力和延性系数的影响

型钢再生混凝土节点的破坏均为核心区的剪切破坏。图 10.3.14 为再生粗骨料取代率对型钢再生混凝土框架节点抗震性能的影响。可以看出，再生粗骨料取代率的增加引起型钢再生混凝土框架节点抗震性能指标的降低，包括核心区受剪承载力、延性系数、耗能能力。当然，节点核心区受剪承载力的降低也与再生混凝土材料立方体抗压强度相关，这是由于材料的强度决定了节点子结构的受剪承载力。另外，型钢再生混凝土框架节点延性系数和耗能能力的降低与前述构件层面的成因相似，也是由于再生粗骨料的缺陷引起的。

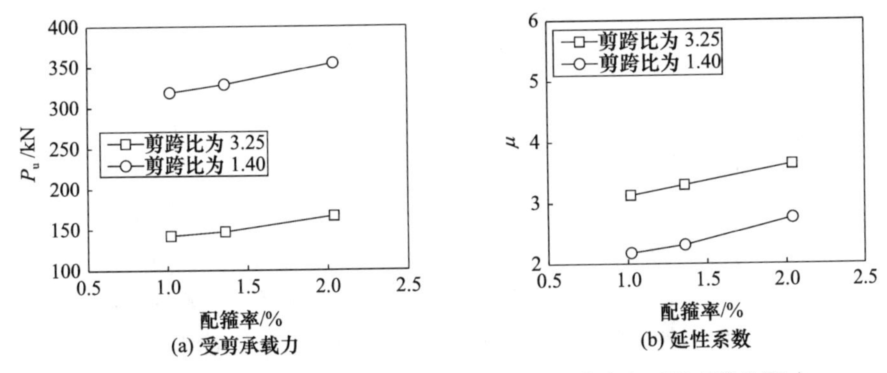

(a) 受剪承载力　　　　　　(b) 延性系数

图 10.3.12　配箍率对型钢再生混凝土柱受剪承载力和延性系数的影响

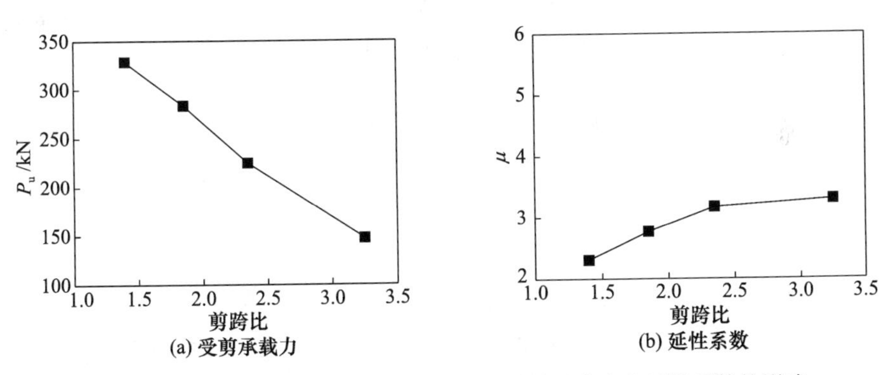

(a) 受剪承载力　　　　　　(b) 延性系数

图 10.3.13　剪跨比对型钢再生混凝土柱受剪承载力和延性系数的影响

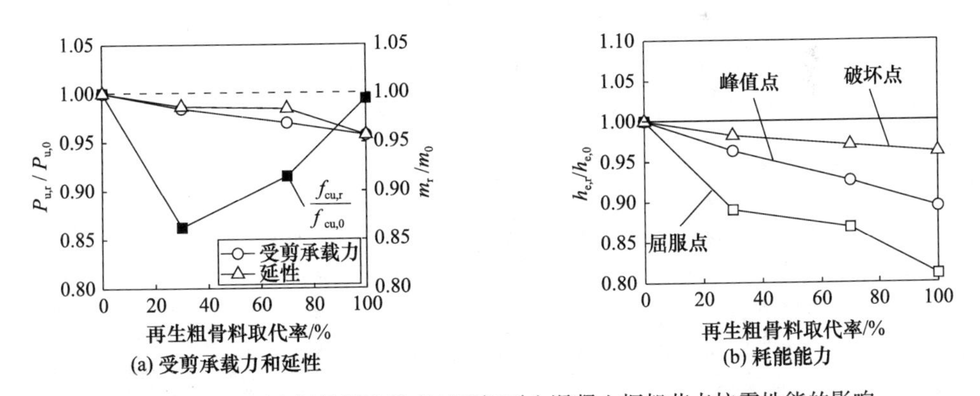

(a) 受剪承载力和延性　　　　　　(b) 耗能能力

图 10.3.14　再生粗骨料取代率对型钢再生混凝土框架节点抗震性能的影响

3. 设计方法研究

本节提出了型钢再生混凝土柱不同破坏模式承载力的设计方法。

对于剪切破坏：

$$V=\alpha\frac{1.65}{\lambda+1.0}f_{tr}+f_{yv}\frac{A_{sv}}{s}h_0+0.58\frac{f_a t_w h_w}{\lambda}+0.07N \tag{10.3.3}$$

对于弯曲破坏：

$$V=\alpha\frac{1.4}{\lambda+1.0}f_{tr}+\frac{1.2}{\lambda+0.5}f_{yv}\frac{A_{sv}}{s}h_0+0.58\frac{f_a t_w h_w}{\lambda}+0.07N \tag{10.3.4}$$

式中，α 为再生混凝土强度折减系数，可取 0.95；λ 为柱构件的计算剪跨比，$\lambda=H/(2h_0)$，H 为柱高，对于剪切斜压破坏构件，当 $\lambda<1$ 时取 $\lambda=1$，对于弯曲型破坏构件，当 $\lambda>3$ 时取 $\lambda=3$；f_{tr} 为再生混凝土轴心抗拉强度；b 为柱截面宽度；h 为柱截面高度；h_0 为柱截面有效高度；f_{yv} 为箍筋屈服强度；A_{sv} 为配置在截面内箍筋各肢的全部截面面积；s 为箍筋间距；f_a 为型钢屈服强度；t_w 为型钢腹板厚度；h_w 为型钢腹板高度；N 为型钢再生混凝土柱的轴力设计值，当 $N\geqslant 0.3(f_{cr}A_c+f_aA_a)$ 时取 $N=0.3(f_{cr}A_c+f_aA_a)$，$A_c=A-A_a$，A 为柱截面面积，A_c 为再生混凝土截面面积，A_a 为型钢截面面积。

此外，型钢再生混凝土节点核心剪切开裂破坏极限承载力的计算模型为

$$V=\frac{9}{9+r}(0.35-0.04n)\varphi\eta f_{cr}b_jh_j+f_{yv}\frac{A_{sv}}{s}(h_0-a_s')+\frac{f_a t_w h_w}{\sqrt{3}}+\frac{f_a t_f^2 b_f}{h_{bw}} \tag{10.3.5}$$

式中，η 为梁对节点的约束系数，对两个正交方向有梁约束的中间节点，当梁的截面宽度均大于柱截面宽度的 1/2，且框架次梁的截面高度不小于主梁截面高度的 3/4 时可取 $\eta=1.5$，其他情况可取 $\eta=1$；φ 为节点位置影响系数，对中节点取 1.0；r 为再生粗骨料取代率；b_j 和 h_j 分别为节点核心区宽度和高度；h_0 为梁截面的有效高度；a_s'为梁受压纵筋的合力点距邻近截面边缘的距离；b_f 和 t_f 分别为节点核心区型钢翼缘宽度和翼缘厚度；h_{bw}为梁中型钢腹板截面高度；其余符号同前。

10.3.6 型钢再生混凝土框架-再生砌块填充墙结构抗震性能研究

框架-填充墙结构是目前应用较为广泛的一类结构体系，型钢再生混凝土框架-再生砌块填充墙结构既是这类结构体系的一部分，也是一种新材料与新型组合结构相结合的结构类型。薛建阳等[19~21]对型钢再生混凝土框架-再生砌块填充墙结构的抗震性能开展了试验研究，采用多种构造手段用以揭示其破坏机理和性能演化特征，抗震性能指标的对比分析表明了型钢再生混凝土框架-再生砌块填充墙结构在地震区及抗震设防高烈度区是可行的。

1. 试验概况

型钢再生混凝土框架-再生砌块填充墙结构按缩尺比 1：2.5 设计，试件由型钢再生混凝土柱和钢筋再生混凝土梁组成，框架柱与梁的截面尺寸分别为 240mm×

180mm 和 240mm×150mm，层高 1440mm，跨度为 2280mm。框架柱中所用型钢为 Q235B 级 I14 薄壁工字钢，纵筋采用Φ14HRB400 级钢筋，配钢率与配筋率分别为 4.98%与 1.43%，柱中箍筋采用Φ8HRB335 级钢筋，在节点核心区及柱端 455mm 加密区范围内配置Φ8@50，非加密区配置Φ8@100；梁中纵筋采用Φ14 钢筋，两侧的纵筋从柱中型钢翼缘两侧通过，并按规范要求的锚固长度伸入节点核心区，中间的纵筋与焊接在型钢上的连接板通过角焊缝进行连接，并在节点核心区对应高度处焊接加劲肋，箍筋采用直径为 6mm 的 HRB300 级光圆钢筋，在梁端 500mm 加密区范围内配置Φ6@40，非加密区配置Φ6@80；再生砌块墙体的拉筋伸入相应高度处柱箍筋内侧并向下弯折 90°，弯折长度为 200mm，同一高度处设置两道拉筋。混凝土采用全再生粗骨料，即取代率为 100%。

2. 试验结果与分析

图 10.3.15 和图 10.3.16 分别为再生混凝土砌块填充率对型钢再生混凝土框架破坏形态及骨架曲线的影响。由图 10.3.15 可以看出，对于填充率为 0 的框架，其破坏为框架梁、柱端出现明显的塑性铰；对于填充率为 50%的框架，框架首先于底部填充墙破坏，破坏始于填充砌块竖向砂浆的锯齿状通缝和水平砂浆的通缝，并

(a) 0%填充率

(b) 50%填充率

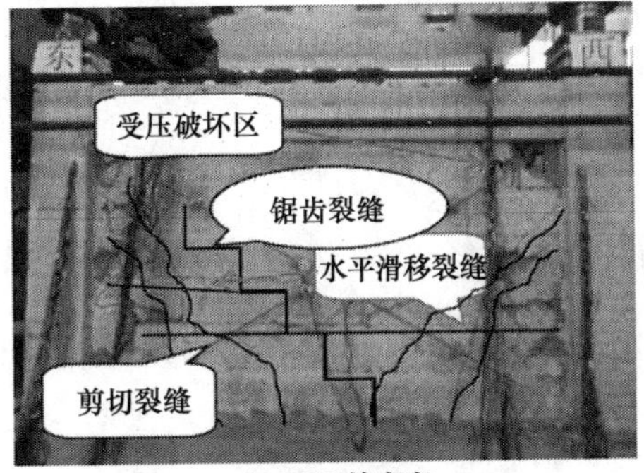

(c) 100%填充率

图 10.3.15　再生混凝土砌块填充率对型钢再生混凝土框架破坏形态的影响

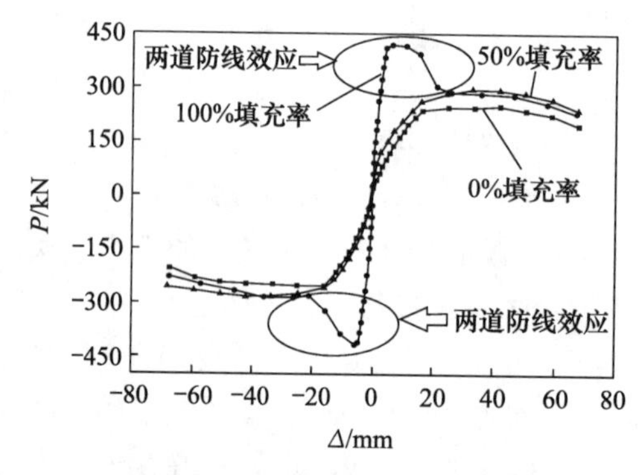

图 10.3.16　再生混凝土砌块填充率对型钢再生混凝土框架骨架曲线的影响

且墙体与框架柱之前具有黏脱破坏的竖向裂缝，之后在框架梁端出现相应的塑性铰；对于填充率为 100％的框架，填充墙的破坏主要为角部的砌块被压碎，并产生沿着竖向砂浆的锯齿状和水平砂浆的通缝，另外在砌块之间具有明显的剪切斜裂缝，框架梁、柱端塑性铰不明显。由图 10.3.16 可以看出，型钢再生混凝土框架在填充墙的协同作用下具有明显不同的骨架曲线，填充率为 100％的框架水平承载力最大，其次为填充率为 50％的框架，填充率为 0 的框架水平承载力最小；填充率为 100％的框架出现明显的峰值点，之后骨架曲线快速下降，在降低至一定程度后，其骨架曲线的总体趋势和数值走势与填充率为 50％的框架相似，这表明在抗震防线中，前期起主要贡献的是框架内部的填充墙，当填充墙破坏后，框架才真正发挥其第二道防线的作用。

此外，由图 10.3.17 可以看出，填充率为 50％的框架和填充率为 0 的框架对抗震防线的贡献基本相似，有无填充墙仅在承载力方面有差异，对框架的延性并无显著的改变。当然，对于抗侧刚度而言，填充墙的存在还是能显著提高型钢再生混凝土框架的抗侧能力。

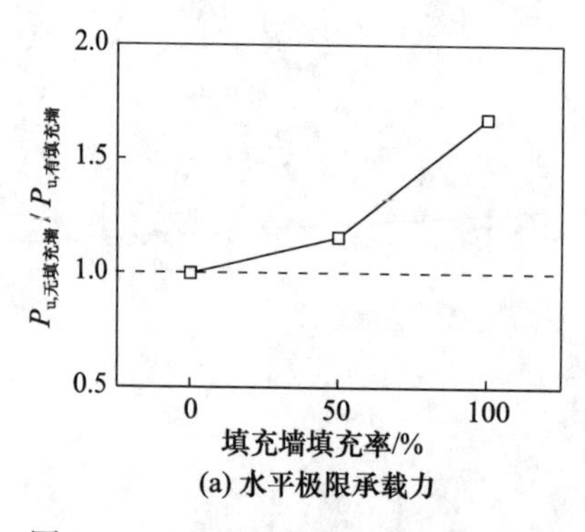

(a) 水平极限承载力

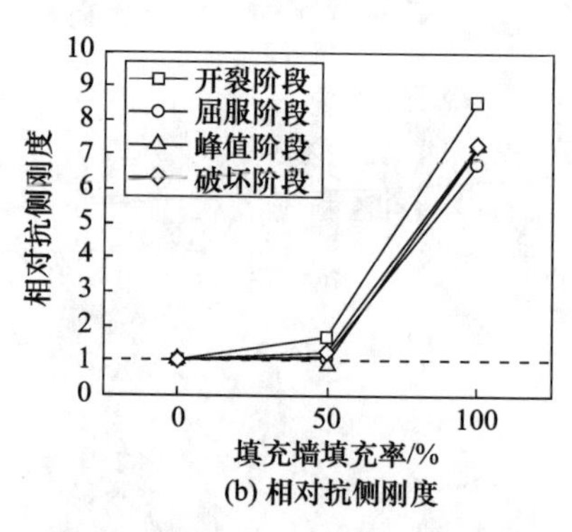

(b) 相对抗侧刚度

图 10.3.17　再生混凝土砌块填充墙填充率对型钢再生混凝土框架抗震性能的影响

图 10.3.18 为轴压比对型钢再生混凝土框架抗震性能的影响。可以看出，在一定范围内，增加轴压比能提高型钢再生混凝土框架结构的水平抗剪承载力，但不利于延性和耗能能力的发挥，这主要是由于轴压比增大后提高了再生混凝土的三向应力水平，对其破坏阶段的脆性较为不利，同时骨料摩擦行为减小并导致内能消耗过低。

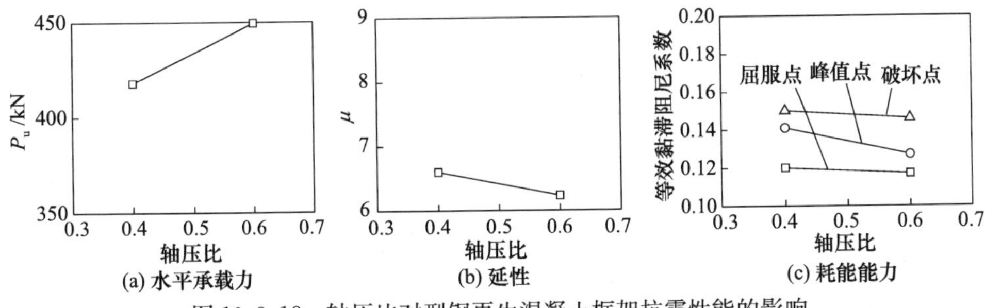

图 10.3.18　轴压比对型钢再生混凝土框架抗震性能的影响

图 10.3.19 为填充墙拉结钢筋间距对型钢再生混凝土框架抗震性能的影响。可以看出,增大填充墙拉结钢筋间距降低了型钢再生混凝土框架结构的水平抗剪承载力、延性系数及耗能能力,这是由于拉结钢筋间距增大后,减少了对填充墙的约束能力,导致在第一道抗震防线中发挥功能的能力削弱,空心砌块因拉结钢筋约束能力的削弱而破坏呈酥松状,引发延性的降低和内部摩擦耗能的减小。

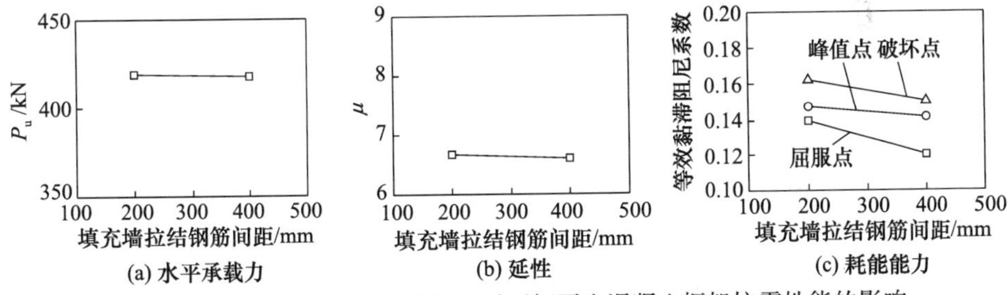

图 10.3.19　填充墙拉结钢筋间距对型钢再生混凝土框架抗震性能的影响

图 10.3.20 为再生砌块强度对型钢再生混凝土框架抗震性能的影响。可以看出,提高再生混凝土空心砌块的抗压强度能有效提高型钢再生混凝土框架结构的水平抗剪承载力和耗能能力,但明显降低了结构的延性系数。由于填充墙在参与第一道抗震防线时主要是填充墙的承载能力起作用,再生混凝土砌块的强度越高越有利于抵抗水平地震剪力,但强度的提高也意味着脆性的增强,这与普通高强混凝土的性质是类似的;此外,由于砌块混凝土强度提高导致其内骨料的密实度提高,在砌块略有损坏的过程中,破碎骨料界面间的摩擦行为也将增加,从而增加了耗能能力。

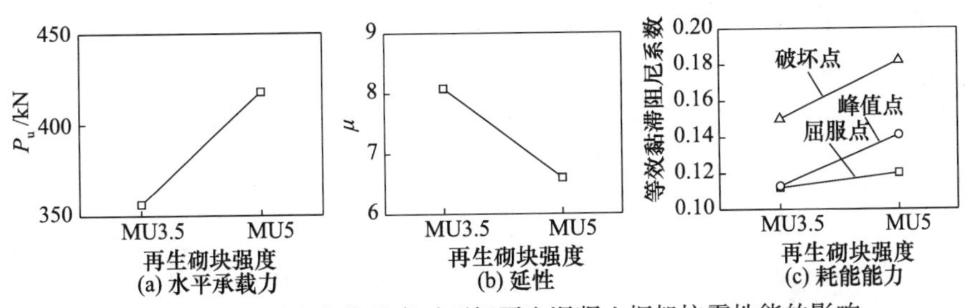

图 10.3.20　再生砌块强度对型钢再生混凝土框架抗震性能的影响

10.3.7　结论

(1) 再生粗骨料取代率对型钢再生混凝土界面黏结强度、型钢再生混凝土梁的受弯与受剪承载力、型钢再生混凝土柱的压弯承载力、型钢再生混凝土柱的受剪承载力以及型钢再生混凝土框架节点核心区受剪承载力的影响在本质上受制于再生混凝土材料的强度,而其根本又在于是否考虑再生粗骨料吸水性能的设计水灰比:若设计水灰比不考虑再生粗骨料的吸水能力,则有利于提高再生混凝土和相应型钢再生混凝土结构的强度指标;反之,则会降低再生混凝土及其结构的强度指标。

(2) 再生粗骨料取代率对型钢再生混凝土结构的变形能力较为不利,增加再生粗骨料取代率可引起梁跨中挠度和柱中侧向挠度的增长;此外,再生粗骨料取代率可降低型钢再生混凝土柱及其节点的延性和耗能能力。这些不利影响主要取决于再生粗骨料的自身缺陷,如再生粗骨料附着的老水泥基体和破碎过程中产生的微裂缝。

(3) 除与再生混凝土性能有关的因素外,其余对型钢混凝土结构产生影响的变化因素同样适合于型钢再生混凝土结构的受力性能。

(4) 型钢再生混凝土框架内填充再生砌块墙体对结构抗震防线的贡献较大,具有两道防线的作用,同时填充墙内拉结钢筋有利于提高型钢再生混凝土框架的抗震性能;填充率为50%的框架和填充率为0的框架对抗震防线的贡献基本相似。

(5) 考虑到再生粗骨料取代率的影响,提出了型钢再生混凝土组合结构的设计计算方法,丰富和完善了型钢再生混凝土结构设计理论。

(6) 总体而言,型钢再生混凝土组合结构具有较大的刚度和承载力、良好的抗震性能,经过合理设计的型钢再生混凝土组合结构可以应用于结构工程中。

参考文献

[1] Katkhuda H,Shatarat N. Shear behavior of reinforced concrete beams using treated recycled concrete aggregate[J]. Construction and Building Materials,2016,125:63-71.

[2] Xiao J Z,Huang Y J,Yang J,et al. Mechanical properties of confined recycled aggregate concrete under axial compression[J]. Construction and Building Materials,2012,26(1):591-603.

[3] Tam V W Y,Wang Z B,Tao Z. Behavior of recycled aggregate concrete filled stainless steel stub columns[J]. Materials and Structures,2014,47(1-2):293-310.

[4] Chen Z P,Xu J J,Chen Y L,et al. Recycling and reuse of construction and demolition waste in concrete-filled steel tubes:A review[J]. Construction and Building Materials,2016,126:641-660.

[5] Xu J J,Chen Z P,Xue J Y,et al. Simulation of seismic behavior of square recycled aggregate concrete-filled steel tubular columns[J]. Construction and Building Materials,2017,149:553-566.

[6] Xu J J, Chen Z P, Xiao Y, et al. Recycled Aggregate Concrete in FRP-confined columns: A review of experimental results[J]. Composite Structures, 2017, 174: 277-291.

[7] Xie T Y, Ozbakkaloglu T. Behavior of recycled aggregate concrete-filled basalt and carbon FRP tubes[J]. Construction and Building Materials, 2016, 105: 132-143.

[8] Zheng J A, Ozbakkaloglu T. Sustainable FRP-recycled aggregate concrete-steel composite columns: Behavior of circular and square columns under axial compression[J]. Thin-Walled Structures, 2017, 120: 60-69.

[9] Chen Z P, Xu J J, Liang Y, et al. Bond behaviors of shape steel embedded in recycled aggregate concrete and recycled aggregate concrete filled in steel tubes[J]. Steel and Composite Structures, 2014, 17(6): 929-949.

[10] Zheng H H, Chen Z P, Xu J J. Bond behavior of H-shaped steel embedded in recycled aggregate concrete under push-out loads[J]. International Journal of Steel Structures, 2016, 16(2): 347-360.

[11] 陈宗平，陈宇良，覃文月，等. 型钢再生混凝土梁受弯性能试验及承载力计算[J]. 工业建筑，2013，43(9)：11-16，29.

[12] 陈宗平，陈宇良，钟铭. 型钢再生混凝土梁的受剪性能试验及承载力计算[J]. 实验力学，2014，29(1)：97-104.

[13] 陈宗平，钟铭，陈宇良，等. 型钢再生混凝土偏压柱受力性能试验及承载力计算[J]. 工程力学，2014，31(4)：160-170.

[14] 薛建阳，崔卫光，陈宗平，等. 型钢再生混凝土组合柱轴压性能试验研究[J]. 建筑结构，2013，43(7)：73-76.

[15] 薛建阳，马辉. 低周反复荷载下型钢再生混凝土短柱抗震性能试验研究[J]. 工程力学，2013，30(12)：123-131.

[16] Ma H, Xue J Y, Zhang X C, et al. Seismic performance of steel-reinforced concrete columns under low cyclic loads[J]. Construction and Building Materials, 2013, 48(19): 229-237.

[17] Ma H, Xue J Y, Liu Y H, et al. Cyclic loading tests and shear strength of steel reinforced recycled concrete short columns[J]. Engineering Structures, 2015, 92: 55-68.

[18] 薛建阳，鲍雨泽，任瑞，等. 低周反复荷载下型钢再生混凝土框架中节点抗震性能试验研究[J]. 土木工程学报，2014，47(10)：1-8.

[19] 薛建阳，雷思维，高亮，等. 型钢再生混凝土框架-空心砌块墙抗侧刚度试验研究[J]. 工程力学，2015，32(3)：73-81.

[20] 高亮，薛建阳，汪锦林. 型钢再生混凝土框架-再生砌块填充墙结构恢复力模型试验研究[J]. 工程力学，2016，33(9)：85-93.

[21] Xue J Y, Huang X, Luo Z, et al. Experimental and numerical studies on the frame-infill interaction in steel reinforced recycled concrete frames[J]. Steel and Composite Structures, 2016, 20(6): 1391-1409.

[22] 中华人民共和国国家标准. 建筑结构可靠性设计统一标准(GB 50068—2018)[S]. 北京：中国建筑工业出版社，2018.

10.4 再生混凝土时变性能及其结构时变可靠性

肖建庄*,张凯建,王春晖,张鹏,李标

将时间维度引入对再生混凝土性能的研究是充分了解再生混凝土性能机理、再生混凝土结构安全设计的前提。由于再生骨料来源和性质的随机性,再生混凝土长期性能及其离散性不同于普通混凝土。本节从再生混凝土材料性能、本构关系、构件性能和结构行为四个方面介绍再生混凝土时变性能的研究。首先总结了再生混凝土在材料层次上的时变性能,包括时变强度、收缩徐变、碳化性能、氯离子扩散性能等研究;其次,从单轴受压本构关系、单轴受拉本构关系、黏结滑移本构关系介绍了再生混凝土与普通混凝土内在的统一关系;再次,给出了考虑收缩应变、徐变系数和龄期系数的再生混凝土梁时变挠度计算模型;最后从再生混凝土结构的时不变可靠度、时变可靠度和工程监测三个角度给出了再生混凝土结构设计的基本参数和结构评价方法。

10.4.1 引言

由于再生骨料复杂的物理性质及来源的不确定性,再生混凝土通常表现出广泛的力学性能变异性,再生骨料通常来源于建设与拆迁废弃物,其基本的物理性能,包括骨料的外形与纹理、相对密度、吸水率、含水率、强度值、冻融性能等都会表现出很大的变异性[1]。再生骨料的来源会直接影响原始混凝土强度、老砂浆含量、化学成分和杂物含量,老砂浆含量还会受到原始混凝土强度和破碎程序的影响[2]。老砂浆含量越高,再生骨料的孔隙率就会越高,进而导致再生骨料吸水率的提高和密度的降低。再生骨料的尺寸和形状主要取决于破碎程序。另外,杂物含量的变异性会引起再生混凝土的基本力学性能和时变性能的变异性。综上所述,再生骨料性能和杂物含量会影响到包括强度、弹性模量、收缩、徐变、强度发展,碳化性能和氯离子扩散性能等在内的再生混凝土短期和长期性能,而且由于再生骨料的来源复杂,再生骨料性能和杂物含量会表现出很高的变异性,最终引起再生混凝土材料性能有"时变"和"离散"两大基本趋势。

通过对再生混凝土时变性能的研究,可以从根本上控制再生混凝土的长期性能。在以往重点研究再生混凝土短期性能基础上,进一步考虑时变影响,从再生骨料混凝土(简称再生混凝土)与天然骨料混凝土(简称天然混凝土)不同的根源入

---

* 第一作者:肖建庄(1968—)男,博士,教授,主要研究方向为再生混凝土。
基金项目:国家自然科学基金国家杰出青年科学基金项目(51325802)。

手,找出它们在材料性能和结构行为上的主要时变规律,创建再生混凝土结构和天然混凝土结构统一设计方法。

10.4.2　再生混凝土材料时变性能

1. 再生混凝土时变强度

关于再生混凝土的长龄期强度发展,已有学者对其进行了研究。Sagoe-Crentsil 等[3]研究了不同水灰比的再生混凝土的长期强度,其抗压强度如图 10.4.1 所示,劈裂抗拉强度如图 10.4.2 所示。与普通混凝土类似,再生混凝土强度随龄期的增长先上升,当龄期超过 100d 时,抗压强度与劈裂抗拉强度保持稳定。

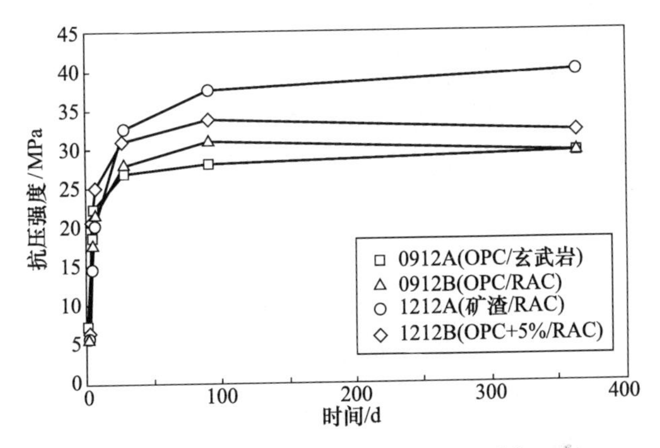

图 10.4.1　再生混凝土抗压强度[3]

OPC. 普通硅酸盐水泥;RCA. 再生粗骨料

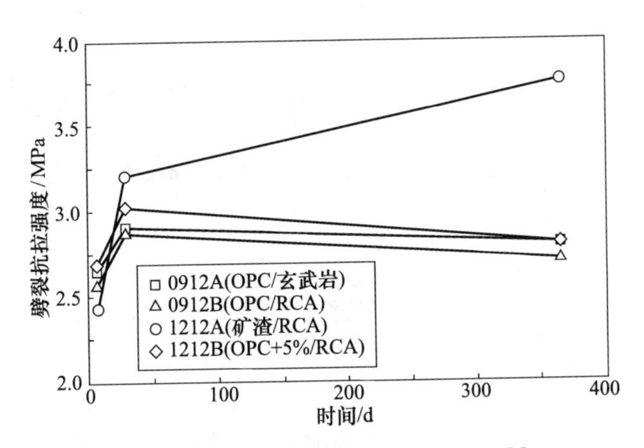

图 10.4.2　再生混凝土劈裂抗拉强度[3]

OPC. 普通硅酸盐水泥;RCA. 再生粗骨料

Kou 等[4]研究了相同配合比设计下再生混凝土的 28d、1 年和 5 年的强度。研究结果发现，各龄期的再生混凝土抗压强度均低于普通混凝土，各龄期的再生混凝土劈裂抗拉强度与普通混凝土相近。另外，再生混凝土的抗压强度、劈裂抗拉强度从 28d 到 5 年的强度增长率均大于普通混凝土(见图 10.4.3 和图 10.4.4)，这是由于老砂浆的自身水化作用和新老砂浆交界处的内部作用导致了再生混凝土强度增长率的提高。

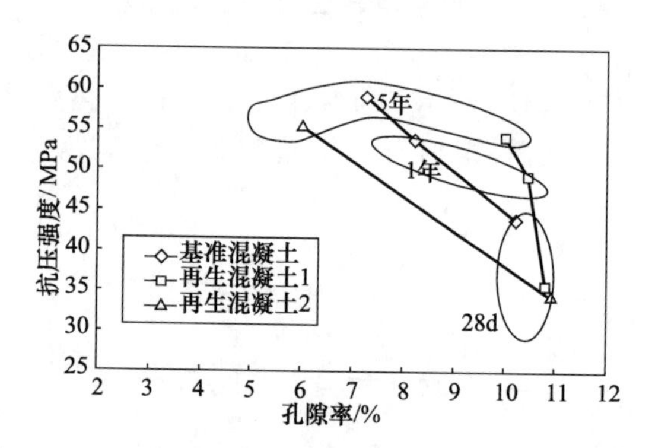

图 10.4.3　不同龄期的混凝土抗压强度与孔隙率的关系[4]

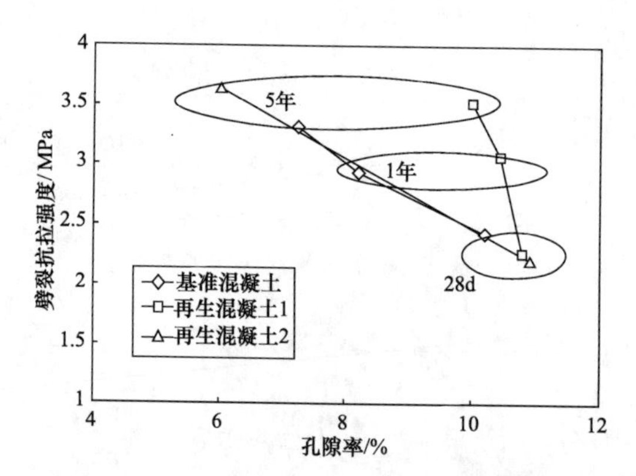

图 10.4.4　不同龄期的混凝土劈裂抗拉强度与孔隙率的关系[4]

Kwan 等[5]通过试验得到了再生混凝土 7d、14d、28d 和 56d 的强度数据，试件采用同水灰比(0.58)设计，再生粗骨料取代率分别为 0、15%、30%、60%和 80%。试验结果表明，随再生粗骨料取代率的增加，再生混凝土强度降低；再生混凝土的强度增长曲线与普通混凝土一致。

Kou 等[6]研究了再生混凝土的长期性能和耐久性能，养护条件为水养护和空气养护，时间跨度为 10 年。再生粗骨料取代率为 0、50%和 100%，每种取代率包含 0、25%、35%和 55%共 4 种粉煤灰掺量，保持相同的水胶比(0.55)。时变抗压强度和劈裂抗拉强度的试验结果如表 10.4.1 和表 10.4.2 所示。试验结果表明，不同龄期下，再生粗骨料取代率越大，抗压强度越低；28d 时，100%取代率的再生混凝土劈裂抗拉强度最低，但是经过 1 年养护后，其强度变为最高。

表 10.4.1　再生混凝土抗压强度[6]

试件编号	粉煤灰掺量/%	再生粗骨料取代率/%	抗压强度/MPa									
			28d		1年		3年		5年		10年	
			水养护	空气养护	水养护	空气养护	水养护	空气养护	水养护	空气养护	水养护	空气养护
R0	0	0	48.6	46.7	56.5	53.3	60.8	55.9	64.2	58.4	67.5	61.3
R50	0	50	42.5	41.3	51.2	47.1	55.6	50.6	61.4	55.1	65.3	57.5
R100	0	100	38.1	36.5	46.6	43.1	51.1	46.2	56.3	50.8	62.7	52.2
R0F25	25	0	43.6	42.3	60.3	57.5	64.5	61.2	68.4	63.4	71.1	65.9
R50F25	25	50	41.7	39.8	55.2	52.4	59.2	56.8	65.8	59.4	70.2	63.1
R100F25	25	100	36.8	35.2	51.2	47.6	55.3	52.6	60.3	55.5	68.5	59.1
R0F35	35	0	40.7	38.9	50.3	46.6	61.2	55.9	66.5	59.8	69.2	63.4
R50F35	35	50	37.1	35.9	47.6	42.3	57.2	51.1	62.3	56.7	67.5	58.8
R100F35	35	100	32.2	29.7	42.4	37.5	53.1	48.3	59.3	52.3	65.9	56.3
R0F55	55	0	36.2	34.9	48.6	41.2	57.6	52.2	62.3	55.1	67.1	60.4
R50F55	55	50	31.4	29.9	43.9	38.6	52.1	46.4	57.6	50.3	62.9	54.8
R100F55	55	100	26.6	25.6	35.1	32.5	43.9	41.1	50.8	45.8	55.6	49.4

注：R0F25 表示再生粗骨料取代率为 0，粉煤灰掺量为 25%，余同。

表 10.4.2　再生混凝土劈裂抗拉强度[6]

试件编号	粉煤灰掺量/%	再生粗骨料取代率/%	劈裂抗拉强度/MPa									
			28d		1年		3年		5年		10年	
			水养护	空气养护	水养护	空气养护	水养护	空气养护	水养护	空气养护	水养护	空气养护
R0	0	0	3.32	3.21	3.45	3.31	3.76	3.54	4.23	4.01	4.61	4.25
R50	0	50	3.16	2.08	3.51	3.41	3.92	3.62	4.41	4.14	4.71	4.32
R100	0	100	3.06	2.98	3.56	3.44	4.12	3.78	4.45	4.18	4.83	4.41
R0F25	25	0	3.28	3.14	3.65	3.42	3.89	3.58	4.25	3.92	4.69	4.27
R50F25	25	50	3.09	3.01	3.62	3.46	3.94	3.85	4.41	4.15	4.75	4.32
R100F25	25	100	2.96	2.91	3.75	3.54	4.12	3.91	4.40	4.21	4.81	4.49
R0F35	35	0	2.90	2.81	3.14	3.02	3.36	3.18	3.68	3.42	4.18	3.77
R50F35	35	50	2.78	2.72	3.24	3.11	3.38	3.21	3.72	3.53	4.24	3.88
R100F35	35	100	2.56	2.48	3.31	3.12	3.47	3.26	3.77	3.55	4.28	3.91
R0F55	55	0	2.66	2.58	2.98	2.73	3.04	2.91	3.22	3.01	3.72	3.30
R50F55	55	50	2.42	2.36	2.93	2.80	3.12	2.96	3.28	3.05	3.75	3.36
R100F55	55	100	2.23	2.19	3.01	2.98	3.24	3.11	3.41	3.14	3.81	3.48

本节对不同再生粗骨料取代率下的再生混凝土长期强度也进行了试验研究，发现再生混凝土抗压强度随龄期的增长而增加，如图 10.4.5 所示。可以看出，长龄期再生混凝土的立方体抗压强度变化规律和普通混凝土基本一致；45d 龄期时，再生粗骨料取代率为 50%、70%、100%的再生混凝土抗压强度分别降低了 7.95%、13.81%、10.71%；180d 龄期时，再生粗骨料取代率为 70%、100%的再生混凝土抗压强度分别降低了 4.67%、2.29%；在 90d 龄期以后，再生粗骨料取代率为 50%的再生混凝土出现抗压强度高于同龄期普通混凝土的变异现象。在 28d 龄期以前，再生混凝土抗压强度的发展比普通混凝土快，超过 45d 龄期以后，再生混凝土的抗压强度比普通混凝土更早地达到稳定。根据试验结果，考虑再生粗骨料取代率的影响，给出了再生混凝土长龄期下抗压强度的推算公式。该推算公式计算的强度值与试验结果吻合较好且优于欧洲 CEB-FIP Model Code 1990 规范[7]的建议公式。

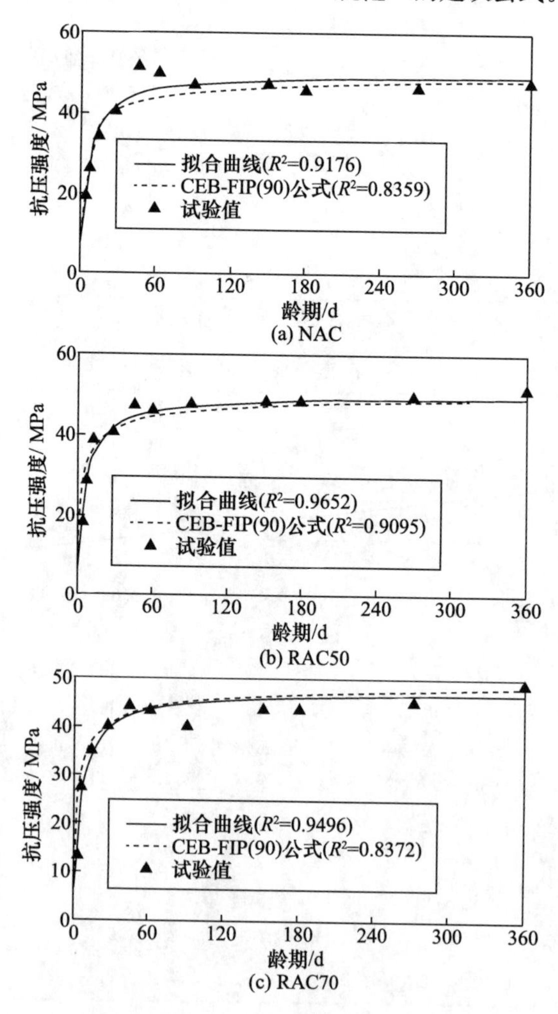

(a) NAC

(b) RAC50

(c) RAC70

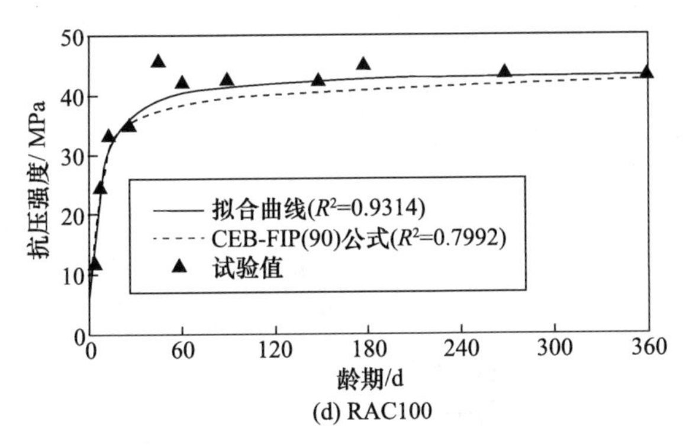

(d) RAC100

图 10.4.5　再生混凝土抗压强度随龄期的发展规律

2. 再生混凝土收缩徐变性能

关于再生混凝土的收缩徐变性能，肖建庄等[8]在研究再生混凝土收缩徐变性能时，发现试件养护 3d 后进行收缩试验，再生粗骨料取代率为 0、50%、100%的再生混凝土从试验开始至龄期 t 时的收缩变形如图 10.4.6 所示。可以看出，再生混凝土的收缩变形发展规律与普通混凝土比较接近；随着再生粗骨料取代率的提高，混凝土试件收缩发展加快，收缩变形增加。再生混凝土的收缩变形在 28d 龄期之前发展较快，此后随混凝土与外界的湿度逐渐平衡而趋于平缓，90d 龄期时试件 RAC50、RAC100 的收缩总变形值比试件 NAC 分别增加了 6%、11%。

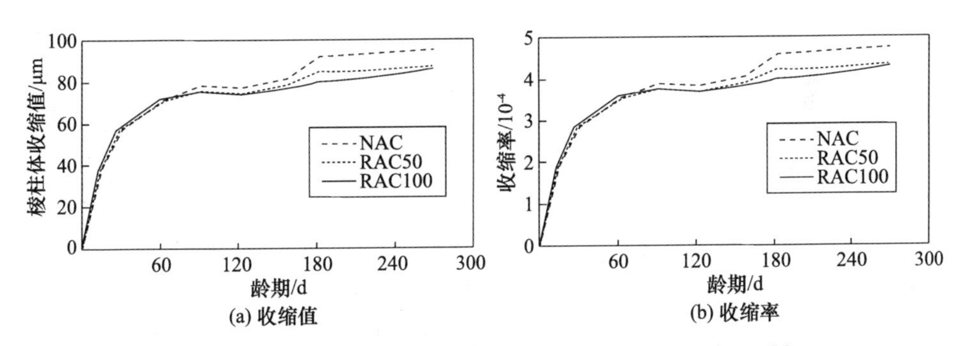

图 10.4.6　不同再生粗骨料取代率的再生混凝土收缩变形[8]

图 10.4.7 为不同再生粗骨料取代率的再生混凝土收缩率对比。可以看出，普通混凝土收缩率与文献所得结果基本一致；再生粗骨料取代率为 50%的再生混凝土收缩率略小于文献[4]、[5]的研究结果；再生粗骨料取代率为 100%的再生混凝土收缩率与文献[4]、[5]的研究结果比较接近，但是小于文献[4]、[5]的研究结果。对于本次收缩率试验结果小于文献[4]、[5]的研究结果，可以解释为此次试验的再生混凝土中掺入了粉煤灰，由于粉煤灰颗粒的弹性模量明显高于水泥颗粒，能通过

微骨料效应抑制再生混凝土的收缩。同时，矿粉和粉煤灰的掺入会显著改善再生混凝土的微观结构，使水泥浆体的孔隙率明显下降，强化了骨料界面，提高了混凝土密实度，使再生混凝土的收缩率减小。

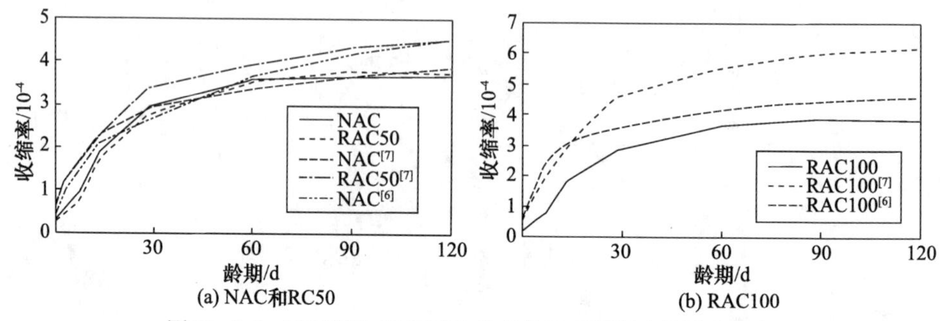

图 10.4.7　不同再生粗骨料取代率的再生混凝土收缩率对比

利用 BP 神经网络预测再生混凝土收缩徐变性能，结果如图 10.4.8 所示。发现龄期为 120d 时，再生粗骨料取代率为 50%、100% 的再生混凝土 RAC50、RAC100 的收缩总变形值比普通混凝土分别增加 17%、59%；徐变持荷 90d 时，再生混凝土 RAC50、RAC100 的徐变变形值较普通混凝土分别增加了 12%、76%。将徐变试验数据与 RILEM B3、ACI 209R-92、CEB-FIP(90)等徐变预测模型进行对比，并结合试验结果对 RILEM B3 模型进行了修正。

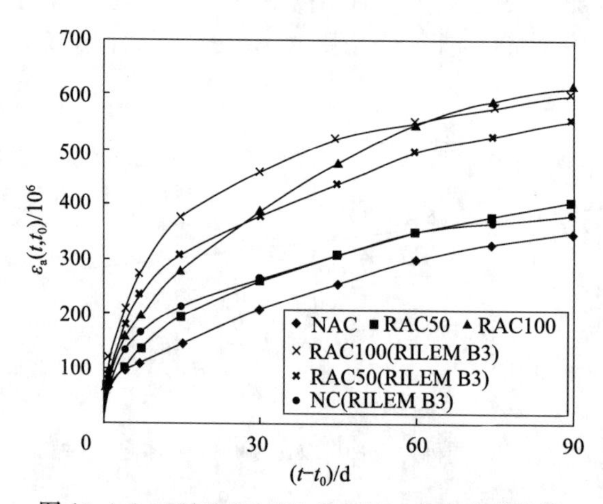

图 10.4.8　NAC、RAC50、RAC100 徐变变形曲线

采用 BP 神经网络方法对再生混凝土徐变进行了预测，研究再生粗骨料取代率、水灰比等对再生混凝土徐变的影响，结果如图 10.4.9 和图 10.4.10 所示。由图 10.4.9 可以看出，再生混凝土的徐变度随再生粗骨料取代率的增加而增大，当取代率为 30%～70%时，徐变度的增长率较大。由图 10.4.10 可以看出，随着水灰比的提高，再生混凝土的徐变度近似线性增加。

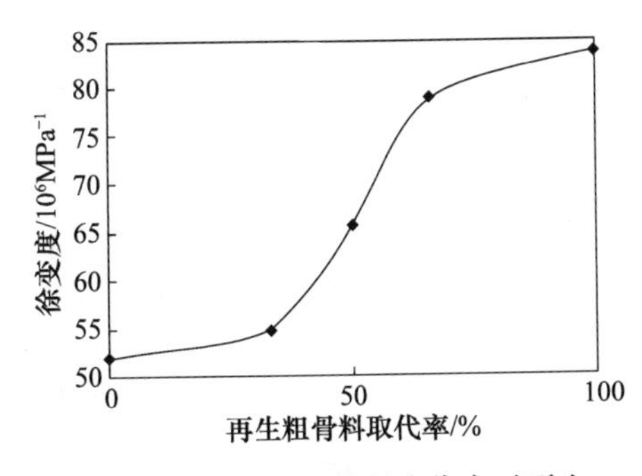

图 10.4.9　再生粗骨料取代率对再生混凝土徐变的影响

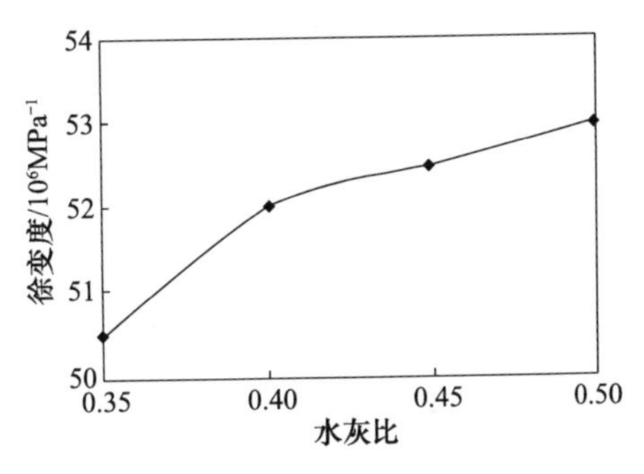

图 10.4.10　水灰比对再生混凝土徐变的影响

综上所述，再生混凝土的收缩随再生粗骨料取代率的增加而增加，添加粉煤灰、矿粉等矿物外掺料可以使再生混凝土的收缩降低；加载龄期对再生混凝土徐变值有影响，加载龄期越早，再生混凝土徐变值越大。

3. 再生混凝土碳化性能

1）再生混凝土碳化性能研究现状

再生混凝土中含有再生粗骨料，骨料表面附着有老砂浆，这是其区别于天然混凝土的最显著特点。针对再生混凝土的碳化性能，Otsuki 等[9]的研究结果表明，当水灰比相同时，再生混凝土的抗碳化性能要略弱于普通混凝土。Silva 等[10]的研究结果表明，当再生粗骨料取代率为 100%时，再生混凝土的碳化深度为普通混凝土的 2.15 倍，这与 BCSJ[11]提出的范围（再生混凝土的碳化深度为普通混凝土的 1.2～2 倍）基本一致。肖建庄等[18]研究了再生粗骨料来源及原始混凝土的强度对碳化行为的影响，研究结果表明，原始混凝土强度越高，由其破碎制备的再生混凝土的碳化深度越小。Kou 等[6,12]通过试验研究了粉煤灰掺入后对再生混凝土碳化行为的影响。

影响再生混凝土碳化性能的因素可以分为两类：一类是环境因素，另一类是内部因素。环境因素包括相对湿度、CO_2 浓度、温度、服役时间等，内部因素主要包括关于混凝土的孔隙结构和可碳化物质的量。由于再生粗骨料具有较高的吸水率，在相同水灰比下，再生混凝土的孔隙率要高于普通混凝土，另外，再生粗骨料较高的吸水率会影响再生混凝土水化过程中或水化后水的转移，因此在分析再生混凝土碳化行为时，除了要考虑配合比和环境因素，再生粗骨料的性能也需要考虑。

2）再生混凝土碳化深度预测模型

本节提出了修正后的再生混凝土碳化深度预测模型，如式(10.4.1)所示，模型中考虑了粗骨料吸水率、温度、相对湿度、养护时间、水灰比、28d 抗压强度、CO_2 浓度和碳化时间。在建立模型的过程中，并没有区分再生混凝土和普通混凝土，因此该模型是通用模型。

$$x_c(t)=104k_A\sqrt[4]{T}k_e\sqrt{\frac{k_cW}{f_c^3C}}k_{CO_2}\sqrt{t} \tag{10.4.1}$$

式中，k_A 为粗骨料吸水率参数；$k_A=e^{-0.07A_{wa}}$，由拟合得到；k_e 为环境函数，$k_e=RH^{1.5}(1-RH)$；k_c 为转换系数；k_{CO_2} 为 CO_2 浓度系数；T 为温度；W/C 为水灰比；t 为时间；f_c 为混凝土轴心抗压强度，MPa。

为了验证修正模型的准确性，选取了具有 10 年碳化数据的案例[6]，图 10.4.11 给出了碳化深度的试验结果和模型预测结果对比，图中 R100-5 表示再生混凝土试件，取代率为 100%，碳化时间为 5 年，其他试件的命名规则与此相同。

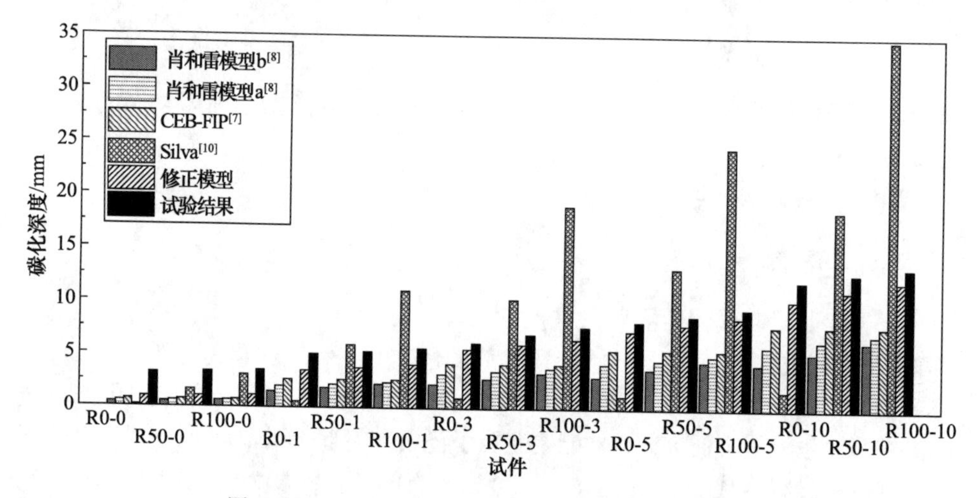

图 10.4.11 碳化深度试验结果与模型预测结果对比

由图 10.4.11 可以看出，除 Silva 等模型[10]外，其他模型的预测结果都要低于试验结果，修正模型预测结果的绝对误差（试验值与预测值之差）最低，肖-雷模型 b[8]的预测结果最小，其次是肖-雷模型 a[8]和 CEB-FIP(90)模型[7]。总体来看，在相同碳化时间下，修正模型、肖-雷模型、Silva 模型[10]的预测结果随再生粗骨料取代率的增加而增加。图 10.4.11 中的横坐标是按照碳化深度由小到大排列的，可以看出，只有修正模型的预测结果与试验结果的排序是一致的。

考虑修正模型的模型误差（试验值与预测值的比值）平均值为 1.07，利用修正模型预测了 10 年案例中碳化深度的发展趋势，预测时间为 100 年，如图 10.4.12 所示。可以看出，所有试件的碳化深度随时间的增长逐渐增大，再生粗骨料取代率越高，碳化深度越大。若假定再生混凝土保护层厚度为 25mm，对于 RAC-0、RAC-50 和 RAC-100，分别经过 49.3 年、41.9 年和 35.7 年后，混凝土碳化深度就会超过保护层厚度到达钢筋表面，实际上混凝土的碳化深度可以视为一个变量，那么混凝土抗碳化能力消失时对应的时间就需要基于可靠度分析来确定。

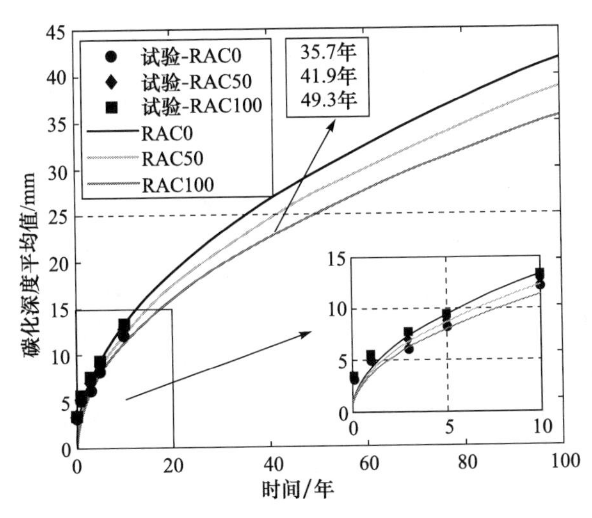

图 10.4.12　碳化深度随时间的发展趋势

3）基于伽马过程的时变可靠度分析

伽马过程是具有独立、增量非负、变量服从伽马分布等特点的随机过程，其参数包括尺度参数、与时间相关的形状参数。假定 $d(t)$ 为伽马随机过程，$t\geqslant 0$，则 $d(t)$ 的概率密度函数为

$$f_{d(t)}(d)=Ga[d\mid\alpha(t),\lambda]=\frac{\lambda^{\alpha(t)}}{\Gamma[\alpha(t)]}d^{\alpha(t)-1}\mathrm{e}^{-\lambda d} \tag{10.4.2}$$

式中，$\alpha(t)$ 为形状参数（$t\geqslant 0$），为递增，右连续，是具有实数值的时间的函数，且 $\alpha(0)=0$。

碳化深度可靠度分析时的极限状态为

$$F(t)=c_0-d(t)=0 \tag{10.4.3}$$

当再生混凝土碳化深度 $d(t)$ 超过保护层厚度 c_0 时，再生混凝土的抗碳化能力失效。在分析中，混凝土保护层厚度视为确定值，抗碳化能力消失时的时间设为 T_a，则再生混凝土的抗碳化能力失效概率可表示为

$$P_{\mathrm{f}}=P(T_{\mathrm{a}}\leqslant t)=P[d(t)\geqslant c_0]=\int_{c_0}^{\infty}f_{d(t)}(d)\mathrm{d}d$$
$$=\int_{c_0}^{\infty}\frac{\lambda^{\alpha(t)}}{\Gamma[\alpha(t)]}d^{\alpha(t)-1}\mathrm{e}^{-\lambda d}\mathrm{d}d=\frac{\Gamma[\alpha(t),c_0\lambda]}{\Gamma[\alpha(t)]} \tag{10.4.4}$$

式中，$\Gamma(a,x)=\int_x^{\infty}t^{a-1}\mathrm{e}^{-t}\mathrm{d}t$ 为非完全伽马函数，其中 $x\geqslant 0$，$a>0$。

4）案例分析

利用伽马过程分析再生混凝土碳化能力的时变可靠度，通过四个案例，分析了再生粗骨料取代率、水灰比、骨料破碎程序和混凝土保护层厚度对时变可靠度的影响。

随着再生粗骨料取代率的增加，碳化深度平均值增加，变异系数降低，在失效

概率为 0.1 时，RAC0，RAC50 和 RAC100 的抗碳化能力失效时间分别为 23.7 年、25.3 年和 26.7 年；再生粗骨料经过二次破碎后，相比一次破碎程序，可提高再生粗骨料的质量，进而提高再生混凝土抗碳化能力的可靠度。

降低水灰比和提高混凝土保护层厚度可显著提高再生混凝土的抗碳化能力，案例分析结果表明，对于100%取代率的再生混凝土，当水灰比为 0.35 和 0.40 时，抗碳化能力失效时间约为 80 年，而当水灰比为 0.60 时，抗碳化能力失效时间降低为 42 年，当水灰比为 0.70 时，抗碳化能力失效时间降低为 24 年；当保护层厚度为 20mm 时，抗碳化能力失效时间为 14.4 年，而当保护层厚度增加 50%达到 30mm 时，失效时间延长至 35.3 年，对应的增长率为 144%。基于伽马过程得到的失效概率可以方便地得到需求的再生混凝土水灰比和保护层厚度，进而指导再生混凝土结构的耐久性设计。

目前，对于含有再生细骨料和外掺料（如粉煤灰、硅粉和矿渣等）的混凝土，其碳化性能现在还主要集中在试验研究；另外，统计数据主要来自试验结果，实际环境中，构件表面会有涂层并施加有荷载，因此预测模型和伽马过程方法还需要更多的实际工程检测数据进行验证。

4. 再生混凝土氯离子扩散性能

再生混凝土的抗氯离子扩散性能略低于或明显低于同配合比的普通混凝土。考虑粗骨料分布的随机性及氯离子结合的非线性对氯离子扩散性的影响，对再生混凝土中氯离子扩散进行数值建模与细观仿真分析，并将数值模拟结果与已有试验数据进行对比。通过改变老硬化砂浆扩散系数、新硬化砂浆扩散系数、老界面过渡区扩散系数及浸泡时间，对比研究不同情况下再生混凝土中氯离子的扩散特性。

图 10.4.13 为不同新硬化砂浆氯离子含量曲线。可以看出，随着扩散深度 h 的增加，氯离子含量曲线呈波浪式减小。当遇到粗骨料时，氯离子含量急剧减小。在同一深度处，随着新砂浆(ND)扩散系数的增加，再生混凝土中氯离子的含量增大。并且随着扩散深度的加深，新砂浆扩散系数对氯离子含量的影响越大。

图 10.4.14 为不同老硬化砂浆氯离子含量曲线。可以看出，再生混凝土中氯离子侵入程度受老砂浆(OD)扩散系数的影响。氯离子含量沿扩散深度方向呈现波浪式下降，老硬化砂浆扩散系数越大，再生混凝土中氯离子扩散性越强，相同深度处的氯离子含量越高。随着扩散深度的增加，老砂浆对氯离子含量的影响也增大。

再生混凝土不同于普通混凝土的一个重要特性是再生混凝土中粗骨料和老砂浆中间存在老界面过渡区(OZD)。图 10.4.15 显示了老界面过渡区扩散系数对氯离子含量分布的影响。可以看出，界面过渡区扩散系数越大，再生混凝土中氯离子扩散性越强。但与再生混凝土新、老硬化砂浆扩散系数对氯离子扩散的影响相比，老界面过渡区的影响稍小。

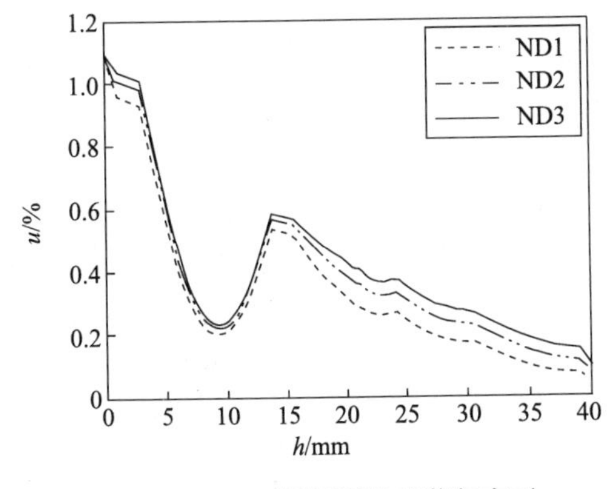

图 10.4.13　不同新硬化砂浆氯离子含量曲线

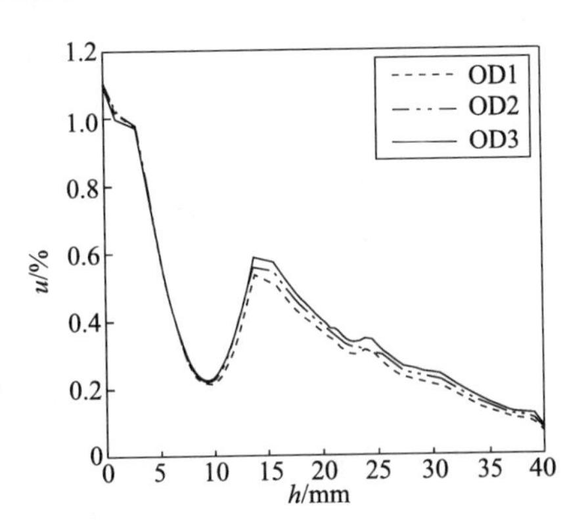

图 10.4.14　不同老硬化砂浆氯离子含量曲线

研究再生混凝土在氯离子暴露环境下，浸泡时间对其内部氯离子含量的影响。图 10.4.16 为浸泡时间为 135d、235d、352.5d 时，$y=30\text{mm}$ 处轴线上再生混凝土中氯离子含量沿扩散深度的变化情况。可以看出，浸泡时间对再生混凝土中氯离子含量的影响较大。氯离子含量沿扩散深度方向呈现波浪式下降，遇到骨料时氯离子含量会急剧减小。在同一扩散深度处，浸泡时间越长，再生混凝土中氯离子含量越大。

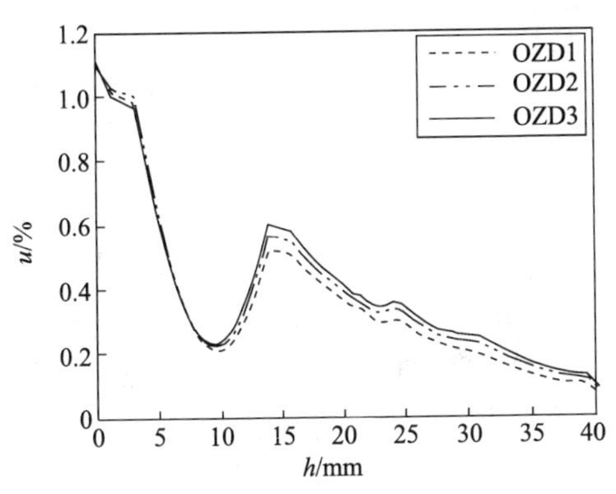

图 10.4.15　不同老界面过渡区氯离子含量曲线

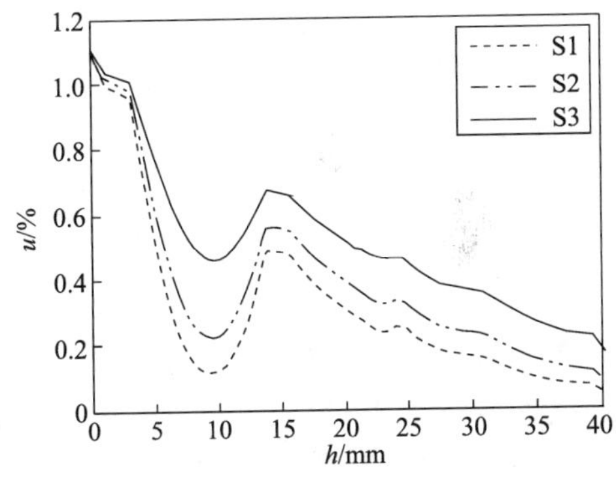

图 10.4.16　不同浸泡时间氯离子含量曲线

为比较不同随机分布模型中氯离子含量的一致性，给出了扩散深度为 0～40mm 处截面上氯离子含量的最大值。图 10.4.17 为扩散深度为 10mm 和 30mm 处氯离子含量沿 y 轴的变化情况。可以看出，受粗骨料随机分布的影响，相同扩散深度处氯离子含量沿 y 轴变化明显。随扩散深度增大，同一深度处氯离子含量变化减小。图 10.4.18 为各扩散深度处氯离子含量最大值。可以看出，三个随机模型在相同扩散深度处氯离子含量的最大值接近，说明该随机骨料模型计算结果具有较好的稳定性。

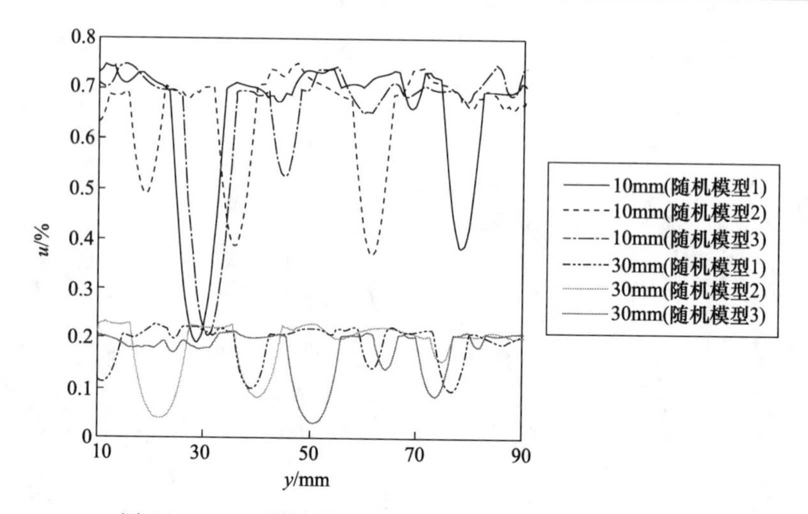

图 10.4.17 不同扩散深度处氯离子含量沿 y 轴变化情况

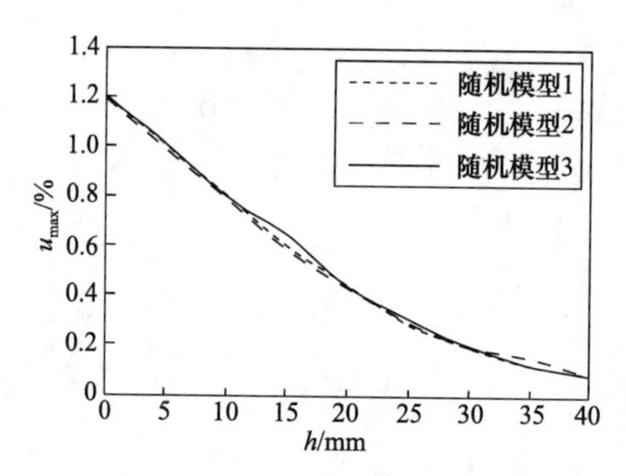

图 10.4.18 各扩散深度处氯离子含量最大值

结果表明，再生混凝土中氯离子含量沿扩散深度方向呈波浪式下降；随着扩散系数的增大及浸泡时间的增长，氯离子扩散速度加快；随着再生粗骨料取代率的增加，氯离子扩散速度也增加；相同扩散深度处，不同随机骨料模型中氯离子含量最大值接近。

再生混凝土的抗氯离子扩散性能低于普通混凝土。再生混凝土抗氯离子扩散性能的基本规律是：随再生粗骨料取代率的增加，再生混凝土抗氯离子扩散性能降低，再生细骨料对再生混凝土抗氯离子扩散性能的影响大于再生粗骨料；减小水灰比、掺加适量矿物掺合料（如粉煤灰、矿渣粉、硅粉等）及外加剂（减水剂、界面改性剂等）、对再生粗骨料进行改性处理以及采用蒸汽养护等均可以提高再生混凝土抗渗性能，达到甚至超过普通混凝土的抗渗水平。

10.4.3 再生混凝土随机本构关系

1. 再生混凝土受压本构关系

1）再生混凝土受压本构关系研究进展

关于再生混凝土的应力-应变曲线，早在 20 世纪 80 年代，Herinchsen 等[13]已经开始对再生混凝土应力-应变关系进行研究，发现再生混凝土应力-应变曲线的形状与普通混凝土类似。Bairagi 等[14]的试验结果也表明，再生混凝土应力-应变曲线的形状与普通混凝土类似，但是随着再生粗骨料取代率的增加，应力-应变曲线的曲率增加。Rqhl 等[15]的试验结果表明，随着再生粗骨料取代率的增加，再生混凝土的峰值应变增加，当再生粗骨料取代率为 100%时，与普通混凝土相比，再生混凝土的峰值应变增加 20%。肖建庄等[16,17]的研究结果表明，来源不同的再生粗骨料对应力-应变曲线的下降段和弹性模量影响显著，原始混凝土的强度等级越低，再生混凝土的峰值应变和极限应变越大。单一来源时，随着再生粗骨料取代率的增加，应力-应变曲线上升段的曲率逐渐增加，导致混凝土的弹性模量降低；同时下降段越陡，表明再生混凝土比普通混凝土要脆。Belén 等[18]的研究结果表明，再生粗骨料的存在会增大再生混凝土的峰值应变和极限应变，当取代率为 100%时，峰值应变和极限应变分别增加 20.5%和 22%。

上述研究主要是基于再生混凝土的水灰比与普通混凝土相同这一条件进行的，当相同水灰比时，再生混凝土试件的强度会低于普通混凝土，因此应力-应变曲线中的峰值应力会比普通混凝土低。通过适当降低再生混凝土的水灰比，进行配合比优化后，再生混凝土可以做到与普通混凝土等强。上述试验中均没有给出再生混凝土的随机本构关系，考虑到再生混凝土强度的离散性和可靠度的要求，本节在统计的基础上，对不同再生粗骨料取代率下同强度再生混凝土的随机本构关系进行研究，建立再生混凝土的单轴受压应力-应变模型，并对其变异性进行分析。

2) 再生混凝土单轴受压本构试验

试件采用标准棱柱体(150mm×150mm×300mm)。再生混凝土的每一种配合比设计 10 个棱柱体，天然混凝土为 6 个棱柱体，因此试件总数为 46 个棱柱体。RAC30-02 表示再生粗骨料取代率为 30%的配合比内的第二个试件，NAC-03 表示普通混凝土配合比内的第三个试件。

将所有试件放入标准养护室内进行养护：温度为(20±2)℃，相对湿度为 95%。标准养护结束后，按照《混凝土结构设计规范》(GB/T 50010—2010)[19]和《普通混凝土力学性能试验方法标准》(GB/T 50081—2002)[20]的要求进行试验，立方体试件用于强度测试，棱柱体试件用于本构试验测试。试件破坏模式如图 10.4.19 所示。

由图 10.4.19 可以看出，再生混凝土与普通混凝土的破坏模式是类似的，最终破坏时的斜裂缝基本沿着试件的对角线。需要指出的是，从宏观裂缝角度来分析，再生混凝土与普通混凝土的破坏过程是类似的，但是如果从细微观裂缝角度分析，两者的差别是巨大的[21]。

3) 再生混凝土单轴受压本构模型

利用现有的三种模型来预测再生混凝土本构曲线，模型分别来自欧洲规范[22]、过镇海模型[23]和我国《混凝土结构设计规范》(GB 50010—2010)[19]。结果

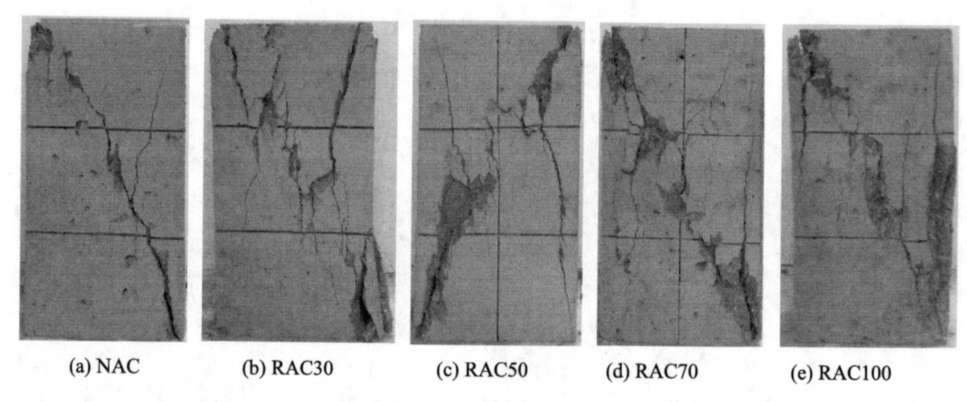

图 10.4.19　试件破坏模式

显示，三种模型对应力-应变曲线上升段的描述较为准确，与上升段相比，基于模型计算的曲线下降段与试验结果有较大差距，有必要对现有模型进行修正以提高模型的精确度。

(1) 单轴受压曲线上特征点之间的关系。

在我国规范模型[19]中，峰值应力与峰值应变之间的关系由式(10.4.5)确定：

$$\varepsilon_{cp}=m\sqrt{\sigma_{cp}}+n \tag{10.4.5}$$

式中，m 和 n 为常系数，对于普通混凝土，m、n 的取值分别为 0.7 和 0.172；ε_{cp}的数量级为 10^{-3}。

弹性模量与立方体抗压强度标准值之间的关系由式(10.4.6)确定：

$$E_c=\frac{10}{p+\dfrac{q}{f_{cu,k}}} \tag{10.4.6}$$

式中，p 和 q 为常系数，对于普通混凝土，p、q 的取值分别为 2.2 和 34.7；E_c 的单位为 10^4 MPa；$f_{cu,k}$为立方体抗压强度标准值。

关于峰值应力与形状系数之间的关系，首先要计算形状系数，计算公式为

$$\alpha_c=\frac{\eta/0.85-\eta}{(\eta-1)^2} \tag{10.4.7}$$

式中，η 为极限应变与峰值应变之间的比值。

峰值应力与形状系数之间的关系由式(10.4.8)确定：

$$\alpha_c=u\sigma_{cp}^{0.785}-v \tag{10.4.8}$$

式中，u 和 v 为常系数。

利用本次试验和收集的数据，可以建立再生混凝土特征点之间的关系，需要指出的是，在建立关系的过程中，试验条件、试件的类型和尺寸、加载速率、再生粗骨料取代率没有直接考虑。

表 10.4.3 给出了确定特征点之间关系的拟合系数，其中 m、n、p 和 q 给出了置信区间为 95%的上下限值，u 和 v 给出了置信区间为 70%的上下限值。

表 10.4.3　拟合系数

拟合系数	下限	拟合值	上限	R^2
m	0.1215	0.1842	0.2469	0.1964
n	0.6790	1.0315	1.3840	
p	1.9372	2.6340	3.3308	0.3210
q	23.0373	42.1862	61.3351	
u	0.1004	0.1511	0.2018	0.1298
v	−0.8482	−0.1818	0.4846	

(2) 再生混凝土单轴受压本构模型的提出。

基于建立的特征点之间的关系，对我国规范模型[19]进行修正得到再生混凝土本构模型。图 10.4.20 给出了不同强度等级的再生混凝土与普通混凝土应力-应变曲线对比。由图 10.4.20(a)可以看出，随着强度的增高，再生混凝土峰值应变和弹性模量增大，曲线的下降段变陡。与普通混凝土相比，当强度从 14MPa 增大到 50MPa 时，再生混凝土的下降段范围更大，曲率更大，表明再生混凝土的脆性增加，归一化后的应力-应变曲线如图 10.4.20(b)所示，可以看出再生混凝土脆性增加。当峰值应力为 40MPa 时，再生混凝土的峰值应变为 0.0022，比普通混凝土增加约 23%；再生混凝土弹性模量为 27110MPa，比普通混凝土降低 17%；下降段形状系数为 2.489，而普通混凝土为 1.936。在建立再生混凝土本构模型的过程中，采用的强度数据为 15～55MPa，这也是再生混凝土单轴受压本构模型的适用范围。

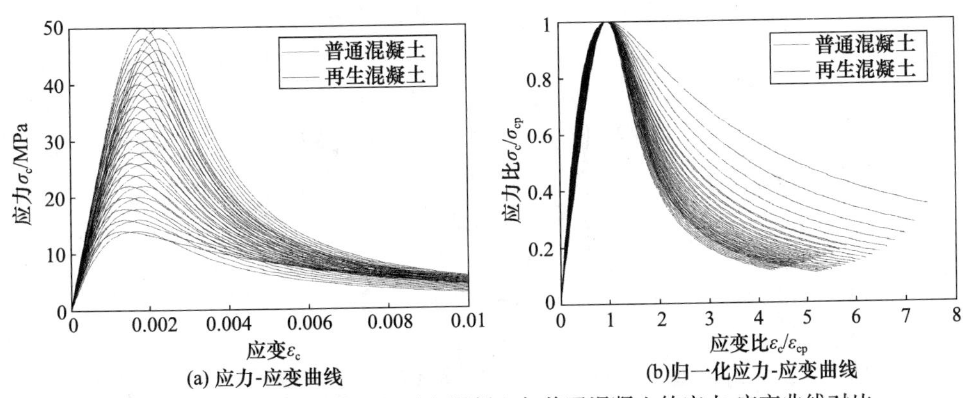

图 10.4.20　不同强度等级的再生混凝土与普通混凝土的应力-应变曲线对比

4) 再生混凝土单轴受压本构模型的变异性评价

为了评价再生混凝土本构模型的变异性，根据再生混凝土峰值应力分布检测结果，即正态分布，假定均值为40MPa，强度变异系数为0.18，生成随机峰值应力，同时随机生成m、n、p和q以及u和v，然后利用建立的特征点之间的关系，就可以得到随机的峰值应变、弹性模量和形状系数，进而得到随机曲线，进行统计分析。m、n、p和q的取值具有95%的置信区间，由于u和v的95%置信区间太宽，其取值具有70%的置信区间。生成了1000个峰值应力的随机数及各为30个的m、n、p、q、u和v的随机数，共计得到的应力-应变曲线样本数为30000，统计分析结果如图10.4.21所示。

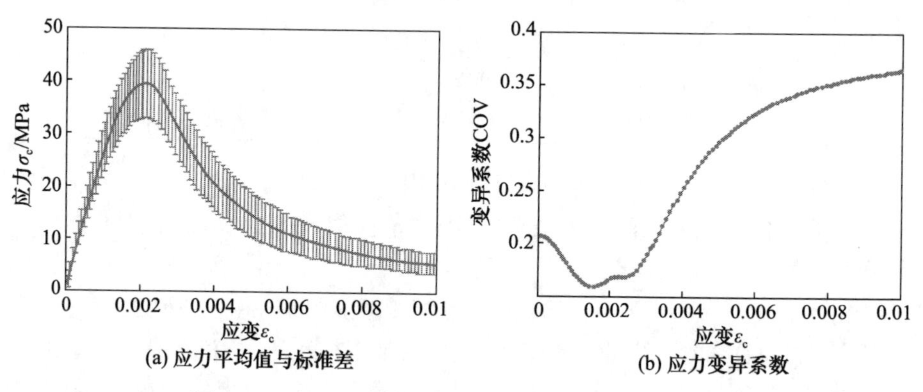

图10.4.21　再生混凝土应力-应变曲线统计分析结果

由图10.4.21(a)可以看出，再生混凝土强度标准差随应力的增大而增大，在峰值应力处达到最大值，在曲线的下降段，标准差随应变的增大而降低。由图10.4.21(b)可以看出，应力变异系数随应变的增大首先显著下降，当应变为0.0012时达到最低点，然后随着应变的增加，变异系数持续增加，当应变为0.01时，应力变异系数约为0.36。在给定应变处，对应的应力服从正态分布。

至此，再生混凝土的单轴受压本构模型已经建立完成，其与普通混凝土具有相似的数学表达形式，此外，d_c、ρ_c、m_c的含义和表达式都是相同的。不同的是，在建立再生混凝土的模型中，基于试验数据给出了特征点之间的关系，并给出了拟合系数的取值范围，列于表10.4.3中。

2. 再生混凝土受拉本构关系

肖建庄等[24,25]对再生混凝土的受拉性能进行了试验研究，试验结果如图10.4.22所示。

由图10.4.22可以看出，再生混凝土的峰值抗拉强度要低于普通混凝土，峰值拉应变比普通混凝土略高。随着再生粗骨料取代率的增加，上升段曲线斜率降低，表明再生混凝土弹性模量降低。基于试验结果，提出了再生混凝土受拉应力-应变曲线上升段函数：

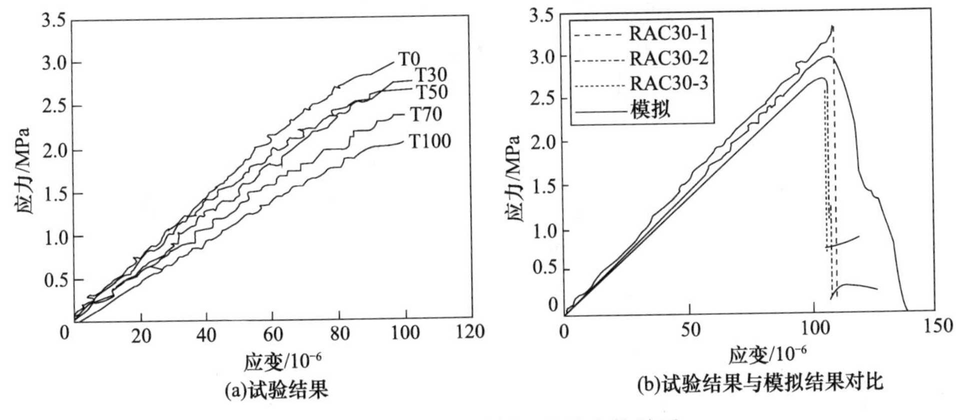

图 10.4.22　再生混凝土受拉本构关系

$$y = ax - (a-1)x^6 \tag{10.4.9}$$

式中，$y=\sigma/\sigma_t^r$，σ_t^r 为混凝土单轴受拉峰值应力；$x=\varepsilon/\varepsilon_t^r$，$\varepsilon_t^r$ 为混凝土单轴受拉峰值应变；a 为参数，随再生粗骨料取代率而变化，如表 10.4.4 所示。

表 10.4.4　参数 a 取值

再生粗骨料取代率/%	a
0	1.19
30	1.21
50	1.23
70	1.24
100	1.26

通过上述分析可以发现，受拉本构的试验研究较少，现有研究表明，再生混凝土受拉时，其峰值应力降低，峰值应变增加，弹性模量降低。

3. 再生混凝土黏结滑移本构关系

本节以再生粗骨料取代率和钢筋类型为主要试验参数，研究再生混凝土与钢筋之间的黏结性能，建议钢筋在再生粗骨料取代率为 100%的再生混凝土中的锚固长度与普通混凝土取值相同。

采用通过电化学加速锈蚀方法，制作了 7 组不同钢筋锈蚀率(0～7.62%)的 C30 再生混凝土拔出试件。得到不同钢筋锈蚀率下再生混凝土与钢筋之间的荷载-滑移曲线，分析了钢筋锈蚀率对再生混凝土与钢筋黏结滑移性能的影响。各组试件在不同锈蚀率下的荷载-滑移(加载端和自由端的滑移平均值)曲线如图 10.4.23 所示。可以看出，随钢筋锈蚀率的增大，下降段越陡，残余强度越小(7 组中第 3 个试件的钢筋在界面处拉断，只有两条曲线)。试验结果表明，锈蚀钢筋与再生混凝土之间的黏结破坏过程可以大致分为五个阶段，依次为微滑移阶段、内裂滑移阶段、拔出阶段、下降阶段和残余阶段。

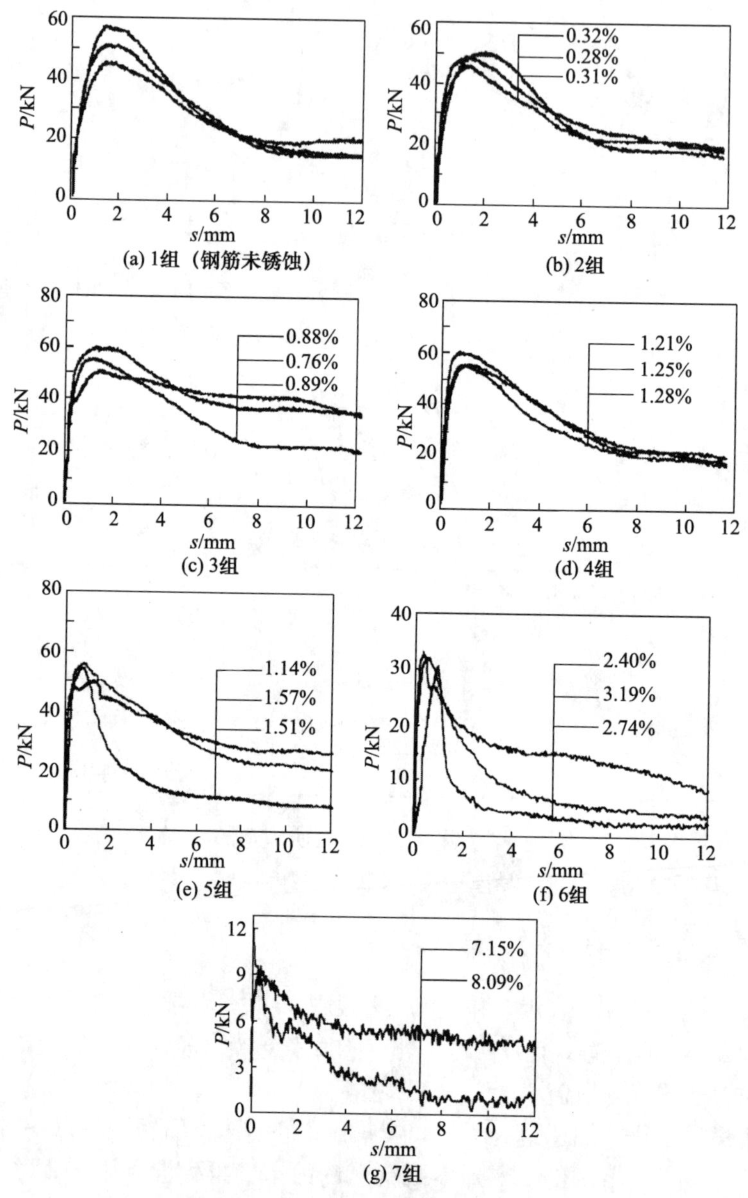

图 10.4.23 各组试件在不同锈蚀率下的荷载-滑移曲线

再生混凝土与锈蚀钢筋间平均黏结应力-应变曲线采用式(10.4.10)进行拟合：

$$\frac{\tau}{\tau_u}=\begin{cases}\left(\dfrac{s}{s_{\mathrm{u}}}\right)^{a}, & 0\leqslant\dfrac{s}{s_{\mathrm{u}}}<1\\ \dfrac{s/s_{\mathrm{u}}}{b(s/s_{\mathrm{u}}-1)^{2}+s/s_{\mathrm{u}}}, & \dfrac{s}{s_{\mathrm{u}}}\geqslant 1\end{cases}\tag{10.4.10}$$

各组试件黏结-滑移曲线试验平均值和计算值曲线对比如图 10.4.24 所示，可以看出二者吻合较好，说明式(10.4.10)可以用来模拟再生混凝土和锈蚀钢筋之间的黏结滑移全过程。可以看出，在钢筋锈蚀率较小时，再生混凝土黏结试件发生拔出破坏；当钢筋锈蚀率超过 1.4%时，黏结破坏形式转变为再生混凝土劈裂破坏；再生混凝土与钢筋之间的黏结强度退化规律与普通混凝土的黏结性能退化规律有相似之处，均有一个先上升后快速下降的过程；根据试验结果，建立了再生混凝土与锈蚀钢筋间黏结-滑移本构方程。

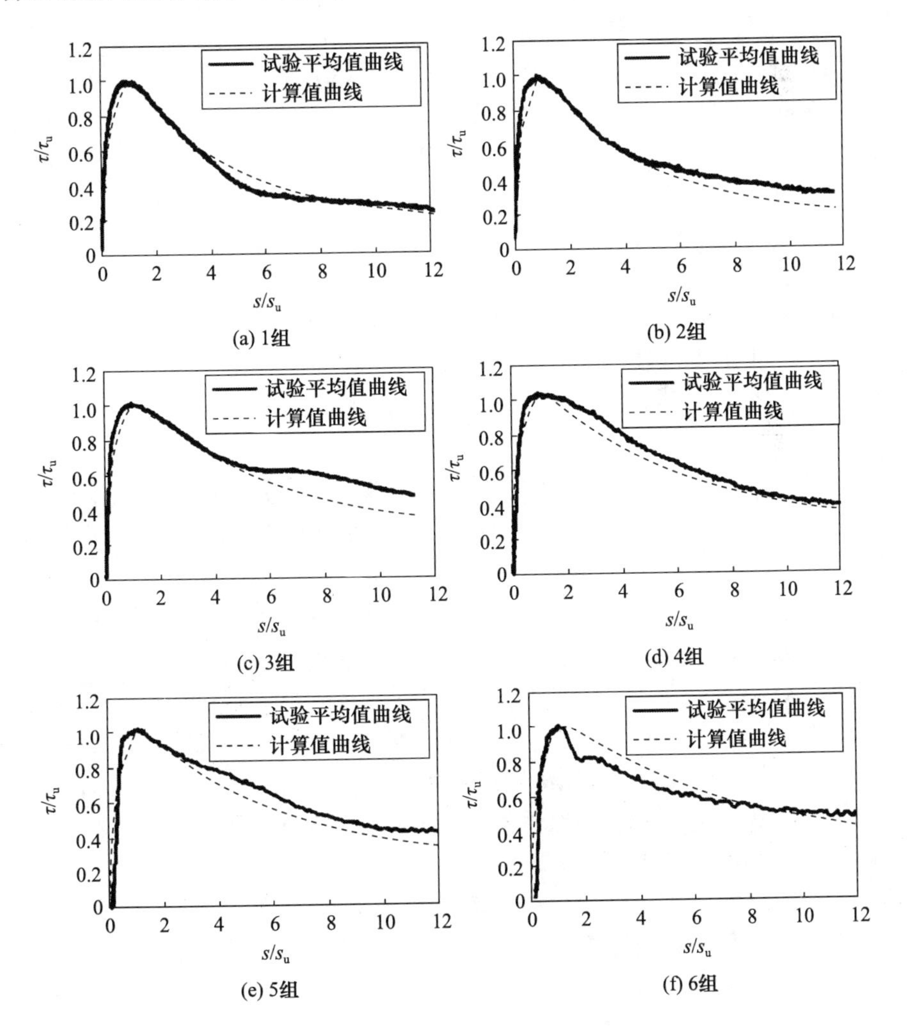

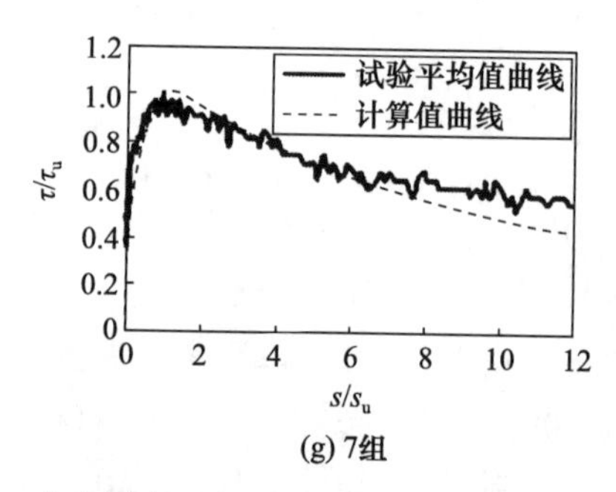

(g) 7组

图 10.4.24　各组试件黏结-滑移曲线试验平均值与计算值比较

通过本节进行的再生混凝土与钢筋间黏结性能试验可知：再生混凝土与钢筋之间的荷载-滑移曲线的总体形状与普通混凝土的相似，再生混凝土与钢筋之间的黏结强度与钢筋外形有很大的关系；抗压强度（f_{cu}）、保护层厚度（c）、锚固长度（l_a）、钢筋直径（d）等锚固条件对再生混凝土和普通混凝土黏结锚固极限强度的影响规律基本相同；使用带肋钢筋时，大部分再生混凝土的黏结锚固性能要比同水灰比、同砂率的普通混凝土好；使用光圆钢筋时，再生混凝土和普通混凝土与钢筋间的黏结锚固强度都很低。

10.4.4　再生混凝土构件长期变形性能

钢筋混凝土梁承受长期荷载，由于混凝土收缩和徐变的存在，梁截面应力应变会不断变化。此时梁的挠度随时间不断增大，这称为梁的时变挠度。梁的时变挠度可以分为三个组成部分：短期变形、徐变效应和收缩效应。一般考虑时变挠度时将收缩效应和徐变效应分开考虑，在此不考虑它们之间的相互影响。

再生混凝土梁由于弹性模量比普通混凝土梁低，时变性能对它的影响同时也更大，这会导致再生混凝土梁的时变挠度增大。在结构设计时需要找到一种不同于普通混凝土梁挠度计算的方法进行计算。

为了简化计算方法，在探讨再生混凝土梁的时变挠度时，可以做出如下假设：

(1) 平截面假定：再生混凝土梁在短期荷载作用下满足平截面假定；在长期荷载作用下，认为平截面假定仍然成立。

(2) 在长期荷载作用下，梁截面受拉区已经开裂且外部弯矩保持不变。

(3) 钢筋与再生混凝土之间黏结可靠，不会发生黏结滑移。

(4) 采用基于龄期调整的有效模量法来考虑在时变应力历史作用下再生混凝土的徐变。

(5) 在长期荷载作用下，纵向受拉钢筋的应力基本保持不变。

对于短期荷载作用，通过开裂后钢筋混凝土梁截面的分析简图可以计算得到截面相对受压区高度：

$$\xi=\sqrt{[\alpha_E(\rho+\rho')]^2+2\alpha_E\left(\rho+\frac{a_s'}{h_0}\rho'\right)}-\alpha_E(\rho+\rho') \tag{10.4.11}$$

式中，h_0 为截面有效高度；a_s'为纵向受力钢筋合力作用点到受压区边缘的距离；ρ 为受拉钢筋配筋率；ρ' 为受压钢筋配筋率；α_E 为钢筋弹性模量与混凝土弹性模量的比值。

对于徐变效应，根据基于龄期调整的有效模量法，计算不考虑收缩时，长期荷载作用下任意时刻 t 截面最外缘混凝土应变为

$$\varepsilon(t)=\frac{\sigma_{c0}}{E_{c0}}[1+\varphi(t,t_0)]+\frac{\Delta\sigma(t)}{E_{c0}}[1+\chi(t,t_0)\varphi(t,t_0)] \tag{10.4.12}$$

式中，$\varphi(t,t_0)$为徐变系数；$\chi(t,t_0)$为龄期系数；$\Delta\sigma(t)$为应力变化量。

根据轴力平衡和几何相容关系，相对截面受压区高度为

$$\xi_t=\sqrt{\left[E_s\frac{\varepsilon_c}{\sigma_c}(\rho+\rho')\right]^2+2E_s\frac{\varepsilon_c}{\sigma_c}\left(\rho+\frac{a_s'}{h_0}\rho'\right)}-E_s\frac{\varepsilon_c}{\sigma_c}(\rho+\rho') \tag{10.4.13}$$

求解 ξ_t 之前需要先假设 σ_c 的值，以截面弯矩平衡作为判断条件，经过多次迭代可以得到准确结果。通过以上计算的相对受压区高度可得到截面的平均曲率。

对于收缩引起的附加曲率，收缩附加曲率为[26]

$$\phi_{sh}=\begin{cases}\dfrac{\varepsilon_{sh}}{h}, & \rho-\rho'>0.03\\ 0.7(\rho-\rho')^{\frac{1}{3}}\sqrt{(\rho-\rho')/\rho}\,\dfrac{\varepsilon_{sh}}{h}, & \rho-\rho'\leqslant 0.03\end{cases} \tag{10.4.14}$$

式中，ε_{sh}为收缩应变；h 为截面高度；ρ、ρ'为受拉、受压钢筋配筋率。

根据材料力学的理论可以分别得到短期荷载、徐变效应和收缩效应下梁的挠度。

再生粗骨料取代率是区别再生混凝土与普通混凝土的关键因素。该因素在挠度计算公式中对挠度的影响主要体现在弹性模量、徐变系数 $\varphi(t,t_0)$、龄期系数 $\chi(t,t_0)$和收缩应变 ε_{sh}等材料参数上。

以 CEB-FIP(90)规范[7]为基准，乘以放大系数来确定收缩应变；龄期系数采用逐步积分法计算；再生粗骨料徐变系数采用“附着砂浆系数”：

$$\frac{C_{RAC}}{C_{NAC}}=\frac{(1-V_{NA}^{RAC})\alpha_{RAC}}{(1-V_{NA}^{NAC})\alpha_{NAC}} \tag{10.4.15}$$

式中，C_{RAC}为再生混凝土的徐变；C_{NAC}为普通混凝土的徐变；V_{NA}^{RAC}为再生混凝土中天然粗骨料的体积含量；V_{NA}^{NAC}为普通混凝土中天然粗骨料的体积含量；α_{RAC}为再生混凝土修正系数，$\alpha_{RAC}=2.4/\left(1.20+0.6\dfrac{E_{RAC}}{E_{NAC}}\right)$，其中 E_{RAC}和 E_{NAC}分别为再生混凝

土和普通混凝土的弹性模量；α_{NAC}为天然混凝土修正系数，取 4/3。

10.4.5 再生混凝土结构时变可靠性

1. 时不变可靠度

考虑到再生粗骨料来源的不确定性会导致粗骨料的力学性能变异性比天然粗骨料大，用再生粗骨料制作的试件就会表现出较大的力学性能变异性。强度的离散性在构件层次上会导致构件承载力的变异性，就会影响到再生混凝土构件的安全可靠度。因此，为推动再生混凝土应用于实际结构，除了材料性能和结构性能研究外，还需要进行再生混凝土可靠度研究。为方便运用设计公式对再生混凝土构件进行设计，需要确定再生混凝土的材料分项系数。关于材料分项系数的研究，李欣等[27]采用基于一次二阶矩理论的验算点法对钢拉杆和钢绞线进行了可靠度分析，分别给出了适于工程应用的钢拉杆与钢绞线的抗力分项系数。何政等[28]对配有 FRP 筋的普通混凝土梁正截面受弯进行了分析，并给出了 FRP 筋的材料分项系数。Breccolotti 等[29]对作用不同偏心矩的再生混凝土柱的受压可靠度进行了分析，给出了材料分项系数与再生粗骨料取代率的关系。本节以再生混凝土受弯梁为研究对象，基于可靠度理论对再生混凝土的材料分项系数进行了分析。

文献[17]、[30]～[32]认为，再生混凝土强度比普通混凝土要低，这主要是基于相同水灰比情况下，以再生粗骨料取代率为变量进行试验得到的结论。实际上，通过合理的配合比设计，再生混凝土的强度可以达到与普通混凝土相同的水平。

以普通混凝土受弯梁为参照，保持目标可靠指标不变，分别设定再生混凝土的强度均值、标准值和设计值与普通混凝土相同，分析了三种情况下再生混凝土的材料分项系数和强度设计值的取值。分析结果表明，上述三种情况下，当再生混凝土的强度变异系数(COV_{f_c})大于普通混凝土强度变异系数时，为保证再生混凝土梁受弯时的可靠指标达到现行规范目标可靠指标，其所需配筋率依次降低，所需再生混凝土配合比设计强度依次增加。当再生混凝土的强度变异系数小于等于 0.15 时，强度均值相同时 C30、C40 再生混凝土的材料分项系数(γ_{RAC})为 1.41 和 1.35，标准值相同时为 1.43 和 1.41，设计值相同时为 1.45 和 1.41，都可以保证再生混凝土梁的受弯可靠指标达到现行规范的要求，材料分项系数的计算结果如图 10.4.25 所示。

综合上述提高再生混凝土梁可靠度的方法，强度均值相同的情况下，通过提高配筋率来提高再生混凝土梁的可靠度，对再生混凝土的配合比强度要求较低；强度标准值相同的情况下，在变异系数较小时，需要提高配筋率来提高可靠度。基于经济成本和设计方便的考虑，提高混凝土的配合比强度(再生混凝土与普通混凝土设计强度相同)这一方法是合理的。

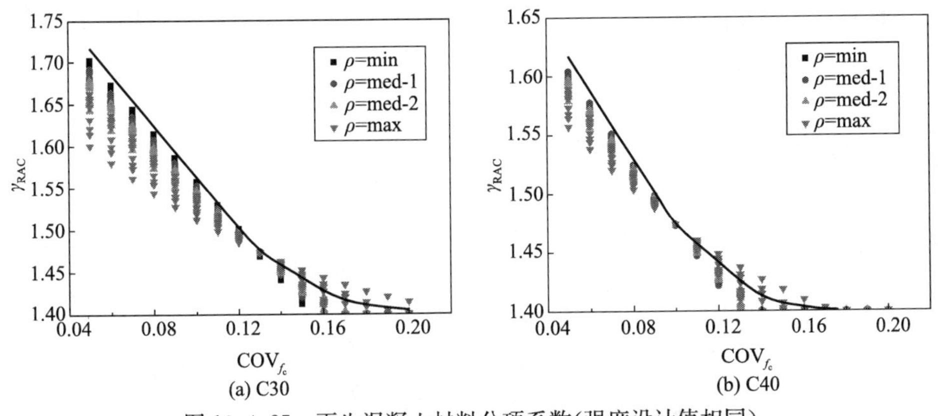

图 10.4.25 再生混凝土材料分项系数(强度设计值相同)

本节建议再生混凝土的强度变异系数控制在 0.15 以内,表 10.4.5 给出了再生混凝土与普通混凝土设计强度相同时所需配合比强度及分项系数取值。

表 10.4.5 再生混凝土所需配合比强度及分项系数取值

强度等级	COV	$f_{cu,m}$/MPa	$f_{cu,k}$/MPa	f_c/MPa	γ_{RAC}
C30	<0.15	41.09	30.95	14.30	1.45
C40	<0.15	53.36	40.20	19.10	1.41

在保证变异系数小于 0.15 时,对应的再生混凝土配合比强度达到要求后(C30 和 C40 对应的配合比强度为 41.09MPa 和 53.36MPa),就可以按照与普通混凝土梁相同的设计方法进行再生混凝土梁的设计。

2. 时变可靠度

结构时变可靠度定义为在规定继续使用期内,在正常使用和正常维护条件下,考虑环境和结构抗力衰减等因素的影响,结构服役的某一时刻后,在后续服役期内完成预定功能的能力。

结构在使用过程中,由于长期受力、环境干扰、腐蚀及材料性能蜕变等因素作用,其内部状态随着时间的变化将发生材料老化与结构损伤,这种损伤累积将导致结构承载力下降、耐久性能降低、可靠度减小。共同作用主要表现为混凝土的碳化、钢筋的锈蚀等。对作用有静力荷载的构件,混凝土腐蚀和钢筋锈蚀是结构抗力衰减的主要因素,将导致混凝土强度和钢筋强度降低、截面减小、钢筋与混凝土之间的黏结性能劣化,随时间逐步积累,结构的材料性能和几何参数都将随时间劣化,结构抗力随时间衰减。但现行结构设计规范都基于时不变结构可靠度理论对混凝土构件进行设计,虽然有相应的耐久性设计要求,但时不变可靠度理论无法充分考虑结构抗力的衰减,结构服役一定时间后,抗力的衰减必然会降低结构的可靠度,结构的失效概率变高,这必然会影响结构的正常使用性能甚至会出现安全问题。因此,对结构进行时变可靠度分析是必要的,通过时变可靠度分析,可以时时把握结构的可靠度,为结构的检查维修提供依据,并保证结构的安全性。

时变可靠度与时不变可靠度最大的区别就是考虑时间因素,这样结构抗力随时间的变化就是非平稳随机过程。在非平稳随机过程层次上,进行结构时变可靠度分析在理论上是非常合理的,但由于基于随机过程的结构可靠度理论目前尚不够成熟,有许多方面需深入探讨,特别是计算过程复杂,不便于工程应用。因此,可以先将非平稳随机过程平稳化,再对结构进行时变可靠度分析。

1) 时变抗力模型

当考虑结构荷载效应与抗力的时变性时,功能函数可以表示为

$$Z(t)=R(t)-S(t) \tag{10.4.16}$$

将非平稳随机过程 $R(t)$转化为平稳随机过程:

$$R(t)=\alpha(t)R_0(t) \tag{10.4.17}$$

式中,$\alpha(t)$为结构抗力的确定性衰减函数,随不同的结构、不同的环境而改变,需要根据实际情况选用不同的模型;$R_0(t)$为抗力平稳过程;$R(t)$为非平稳随机过程,平稳随机过程模型常用的有幂函数模型和指数型模型。

2) 计算方法

求解时变可靠度的方法主要有按串联系统计算的近似算法和按串联系统计算的变量变换法。

(1) 按串联系统计算的近似算法。

将结构的整个服役期 T 分为 n 个时段,时段长为 $\tau=T/n$,抗力随机过程 $R(t)$和可变荷载效应 $Q(t)$可离散为 n 个随机变量 $R(t_i)$和 $Q(t_i)$,其中 $R(t_i)$可取第 i 个 τ 中的抗力平均值或取 $t_i=(i-0.5)\tau$ 的抗力值,$Q(t_i)$为 τ 内的荷载效应最大值。其原理如图 10.4.26 所示。

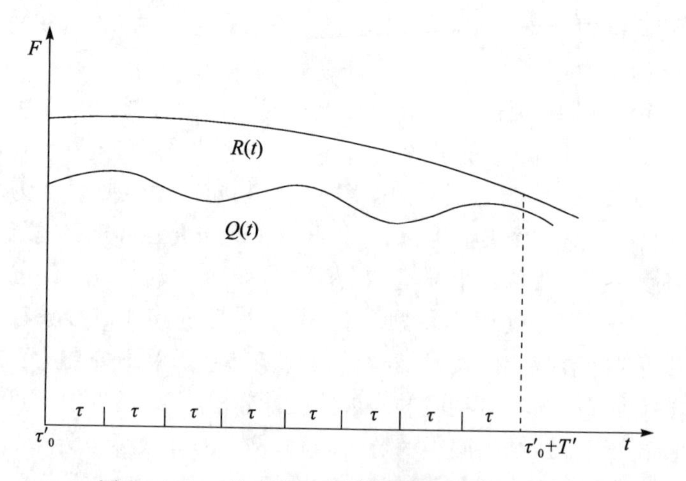

图 10.4.26 抗力与可变荷载效应的等时段离散

在服役期[0,T]内,结构的累积失效概率通常可以表示为

$$P_{\mathrm{f}}(T)=1-P_{\mathrm{s}}\{Z(T)>0\}=1-P_{\mathrm{s}}\left\{\bigcap_{i=1}^{n}[Z(\tau)>0]\right\}\approx 1-\Phi_{n}(\bar{\boldsymbol{\beta}},\bar{\boldsymbol{\rho}}) \tag{10.4.18}$$

则相应的可靠度为

$$P_{\mathrm{s}}(T)=\Phi_{n}(\bar{\boldsymbol{\beta}},\bar{\boldsymbol{\rho}}) \tag{10.4.19}$$

式中,$\bar{\boldsymbol{\beta}}$ 为由各等时段的可靠指标形成的向量;$\bar{\boldsymbol{\rho}}$ 为各等时段功能函数之间的相关系数矩阵;$\Phi_{n}(\cdot,\cdot)$为 n 维标准正态累积分布函数。

$$\bar{\boldsymbol{\beta}}=[\beta(t_1),\beta(t_2),\cdots,\beta(t_n)]^{\mathrm{T}}$$

$$\bar{\beta}(t_i)=\Phi^{-1}\{P_{\mathrm{s}}[R(t_i)-G-Q(t_i)>0]\}$$

$$\bar{\boldsymbol{\rho}}=[\rho(Z_i,Z_j)]_{n\times n},\quad i=1,2,\cdots,n;j=1,2,\cdots,n$$

式中,$\Phi^{-1}(\cdot,\cdot)$为$\Phi(\cdot,\cdot)$的反函数。

上述计算方法的思想是将服役期 T 内各时段的串联系统失效概率计算近似转化为 n 维标准正态分布函数计算,假定各时段内的可变荷载与偶然荷载相互独立,永久荷载完全相关,$R(t_i)$和 $Q(t_i)$相互独立,按抗力独立增量过程可得某一时段的功能函数之间的相关系数,若按独立增量过程分析 $\rho[R(t_i),R(t_j)]$,则其相关系数相差不大。此时,引入平均相关系数:

$$\bar{\bar{\rho}}=\frac{1}{n(n-1)}\sum_{i,j=1,i\neq j}^{n}\rho(Z_i,Z_j) \tag{10.4.20}$$

则结构的可靠度为

$$P_{\mathrm{s}}(T)\approx\int_{-\infty}^{+\infty}\varphi(t)\prod_{i=1}^{n}\left\{\Phi\left[\frac{\beta(t_i)-\sqrt{\bar{\bar{\rho}}}t}{\sqrt{1-\bar{\bar{\rho}}}}\right]\right\}\mathrm{d}t \tag{10.4.21}$$

式中,$\varphi(t)$为标准正态分布的密度函数。

(2) 按串联系统计算的变量变换法。

该方法是由贡金鑫等[33]提出的一种实用的时变可靠度分析方法。结构的时变抗力为 $R(t)$,永久荷载效应为 G,可变荷载效应为 $Q(t)$,则在某一基本组合下结构某一状态的功能函数为

$$Z(t)=R(t)-G-Q(t) \tag{10.4.22}$$

在设计基准期 T 内,结构的失效概率为

$$\begin{aligned}P_{\mathrm{f}}(T)&=P\{R(t_i)-G-Q(t_i)<0,t_i\in[0,T]\}\\&=P\{\min[R(t)-G-Q(t)]<0,t\in[0,T]\}\end{aligned} \tag{10.4.23}$$

Q_i 相互独立,最后得到功能函数为

$$g(R_1,R_2,\cdots,R_m,G,Q_T)=-\frac{1}{\alpha_T}\ln\left[\frac{1}{m}\sum_{i=1}^{m}\exp(-\alpha_T R_i)\right]-G-Q_T \tag{10.4.24}$$

式中，Q_T 为设计基准期内最大荷载效应，服从极值Ⅰ型分布；α_T 为分布参数。

利用该功能函数，即可将结构的时变可靠度问题转化为传统的时不变可靠度问题，可以利用JC法进行求解。

其他计算时变可靠度的方法还有Monte Carlo法，应力组合法、Bayes法、拟对数正态分布验算点法等，具体可参见文献[34]和[35]。

为分析再生混凝土结构的时变可靠度，基于再生混凝土的时变性能，建立了再生混凝土的时变强度模型，同时考虑碳化引起的钢筋锈蚀模型，最终得到再生混凝土梁的时变抗力模型，进而采用上述计算时变可靠度的方法对再生混凝土梁进行时变可靠度分析。

3. 案例分析与监测

某商业办公用房包含两栋12层框架-剪力墙结构，A座为再生混凝土结构，B座为普通混凝土结构，如图10.4.27所示。A座的再生粗骨料取代率如图10.4.28所示。为进一步了解再生混凝土高层结构在实际荷载作用下的结构静力响应和动力特征参数，对两栋结构进行现场监测。

图10.4.27　某商业办公用房

1）数据获取及处理

在2016年9月至2017年3月，对两栋结构进行多次现场检测，每次检测时间约5h，采样频率为50Hz，以记录结构加速度、梁的倾角及梁底跨中应变信号，并通过梁的倾角信号计算梁的挠度。使用滤波器过滤小于0.1Hz的加速度信号，并对加速度时域信号进行傅里叶变换，以估计结构的自振频率。

<table>
<tr><th rowspan="2">层号</th><th rowspan="2">标高/m</th><th rowspan="2">层高/m</th><th colspan="2">墙、柱</th><th colspan="2">梁、板</th></tr>
<tr><th>混凝土等级</th><th>再生粗骨料取代率</th><th>混凝土等级</th><th>再生粗骨料取代率</th></tr>
<tr><td>屋面层</td><td>49.200</td><td></td><td></td><td></td><td rowspan="12">RC30</td><td rowspan="12">30%</td></tr>
<tr><td>12</td><td>45.600</td><td>3.650</td><td>RC40</td><td>30%</td></tr>
<tr><td>11</td><td>41.650</td><td>3.950</td><td>RC40</td><td>30%</td></tr>
<tr><td>10</td><td>37.750</td><td>3.900</td><td>RC40</td><td>30%</td></tr>
<tr><td>9</td><td>33.850</td><td>3.900</td><td>RC40</td><td>30%</td></tr>
<tr><td>8</td><td>29.950</td><td>3.900</td><td>RC40</td><td>30%</td></tr>
<tr><td>7</td><td>26.050</td><td>3.900</td><td>RC40</td><td>30%</td></tr>
<tr><td>6</td><td>22.150</td><td>3.900</td><td>RC50</td><td>10%</td></tr>
<tr><td>5</td><td>18.250</td><td>3.900</td><td>RC50</td><td>10%</td></tr>
<tr><td>4</td><td>14.350</td><td>3.900</td><td>RC50</td><td>10%</td></tr>
<tr><td>3</td><td>9.850</td><td>4.500</td><td>RC50</td><td>10%</td></tr>
<tr><td>2</td><td>5.350</td><td>4.500</td><td>C50</td><td rowspan="4"></td></tr>
<tr><td>1</td><td>-0.050</td><td>5.400</td><td>C50</td><td>C35</td><td rowspan="3"></td></tr>
<tr><td>地下一层</td><td>-5.500</td><td>5.450</td><td>C50</td><td>C30</td></tr>
<tr><td>地下二层</td><td>-9.000</td><td>3.500</td><td>C50</td><td>C35</td></tr>
</table>

图 10.4.28　结构标高及再生粗骨料取代率

2）梁的挠度与跨中应变

图 10.4.29 比较了再生混凝土与普通混凝土梁挠度随龄期的变化规律。可以看出，再生混凝土与普通混凝土梁的应变均随龄期的增长而显著增大，这可能是由于在此期间填充墙的填筑而增大了梁上部荷载，且与混凝土在荷载持续作用下的徐变有关。再生混凝土梁的应变增长明显快于普通混凝土梁，这可能是由于再生混凝土的弹性模量小于普通混凝土，导致再生混凝土梁的刚度较小，在相同荷载作用下再生混凝土梁的变形更加明显。然而，再生混凝土梁的挠度仍符合我国规范对梁最大容许挠度的要求。

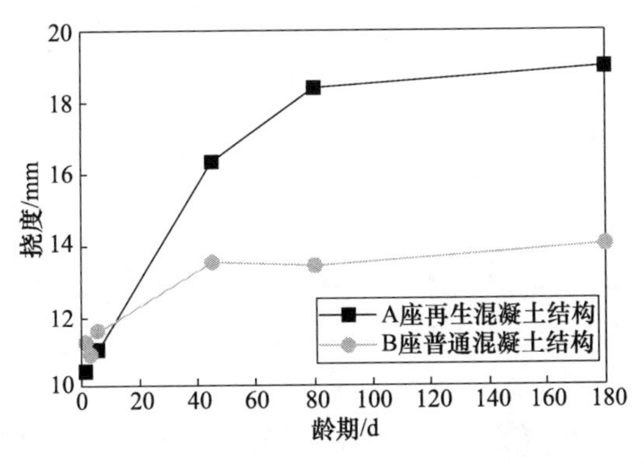

图 10.4.29　再生混凝土与普通混凝土梁挠度随龄期的变化规律

以第一次梁底的应变测量数据作为基准，测量再生混凝土和普通混凝土梁跨中梁底应变随龄期的变化规律，如图 10.4.30 所示。与挠度类似，随着龄期的增长，再生混凝土和普通混凝土跨中梁底应变均有所增长，再生混凝土梁的跨中梁底应变的增长快于普通混凝土梁。且再生混凝土梁的应变变化量已超过 0.0001，即超过再生混凝土极限抗拉应变，表明再生混凝土梁已进入带裂缝工作阶段。

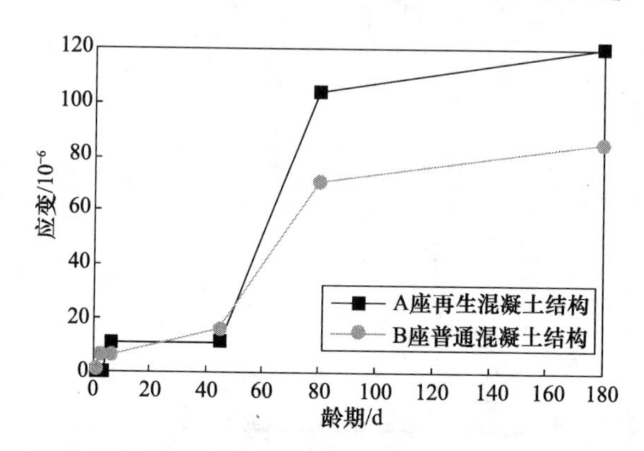

图 10.4.30　再生混凝土与普通混凝土跨中梁底应变随龄期的变化规律

3）自振频率

2016 年 9 月 19 日结构加速度响应傅里叶频谱如图 10.4.31 所示。傅里叶频谱的峰值处所对应的频率即为结构的自振频率。两栋结构的自振频率均随龄期的增长有所变化，如表 10.4.6 所示。其中，A 座再生混凝土结构的自振频率低于 B 座普通混凝土结构，在两栋结构荷载相近的前提下，表明再生混凝土结构的刚度小于普通混凝土结构。

假定荷载相同的前提下，结构刚度比与自振频率比之间的关系为

$$\frac{K_A}{K_B}=\left(\frac{f_A}{f_B}\right)^2 \tag{10.4.25}$$

由表 10.4.8 中所示监测结果，再生混凝土结构与普通混凝土结构自振频率比（$f_{1A\text{-}trans}/f_{1B\text{-}trans}$）约为 0.93，则其结构刚度比约为 0.87。因此，在该高层结构中使用再生混凝土导致结构的整体刚度约下降 13%。

10.4.6　结论

对再生混凝土性能的研究，需要从过去的时不变性能向时变性能、从单一性能指标向考虑结构在复杂荷载作用下的综合性能、从确定性的试验现象描述到对结构性能不确定性的科学描述转变。

针对再生混凝土的时变性能，分析了时变强度、收缩徐变、碳化性能、氯离子扩散性能等；基于再生混凝土的时变性能研究，建立了单轴受压本构关系、单轴受拉

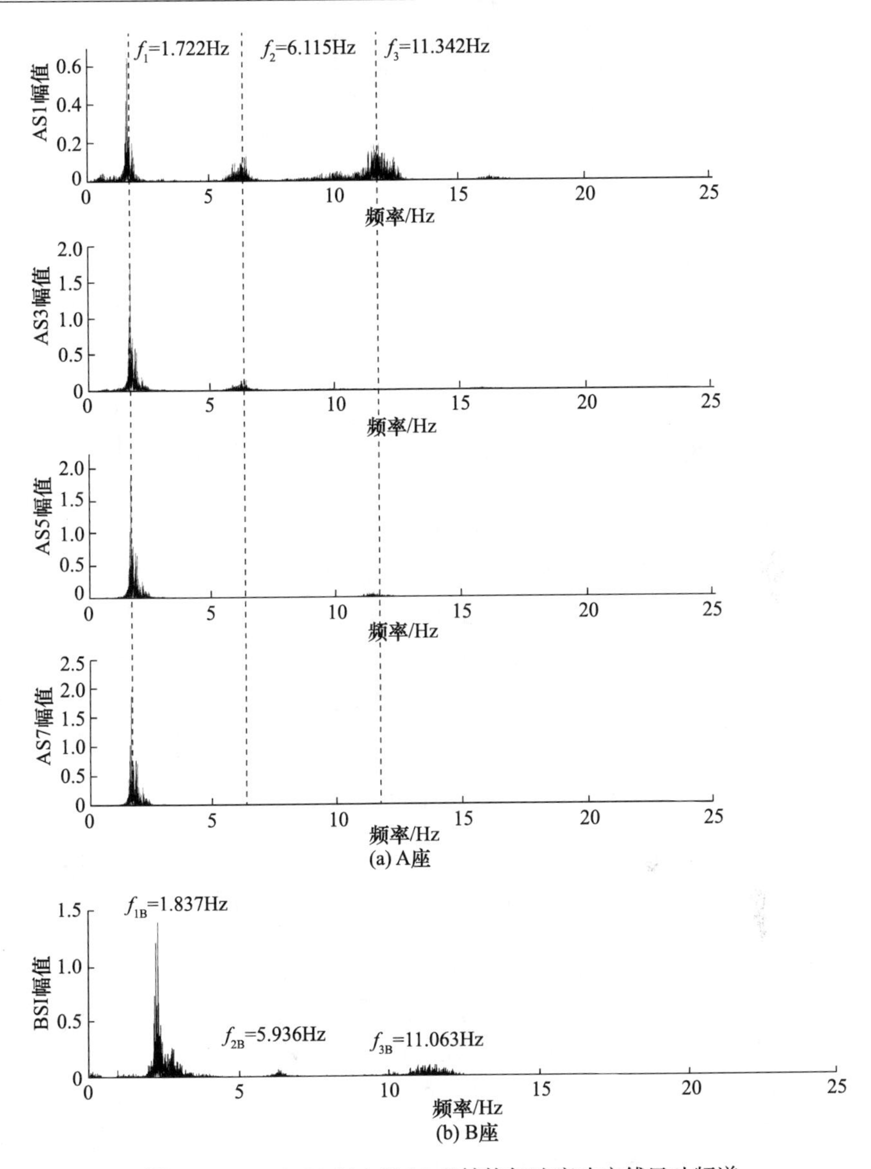

图 10.4.31　2016 年 9 月 19 日结构加速度响应傅里叶频谱

表 10.4.6　结构横向自振频率

日期	自振频率/Hz					
	A 座再生混凝土			B 座普通混凝土		
	1 阶	2 阶	3 阶	1 阶	2 阶	3 阶
2016 年 9 月 8 日	1.711	6.229	—	1.837	5.936	—
2016 年 9 月 12 日	1.730	6.091	11.282	1.852	5.848	10.769

续表

日期	自振频率/Hz					
	A座再生混凝土			B座普通混凝土		
	1阶	2阶	3阶	1阶	2阶	3阶
2016年9月14日	1.743	6.150	11.920	1.851	5.957	10.835
2016年9月19日	1.722	6.115	11.342	1.837	5.936	11.063
2016年10月20日	1.677	6.077	11.604	1.821	5.982	11.143
2016年11月29日	1.808	6.281	11.880	1.955	6.018	11.261
2017年3月7日	1.749	6.339	11.927	1.869	5.978	11.527

本构关系、黏结滑移本构关系，明确了再生混凝土时变性能的内在机理；其后，在再生混凝土结构性能可靠度分析中引入时变参数，对再生混凝土构件和结构进行了时变可靠度分析，初步实现了再生混凝土性能的可知、可控、可靠，为再生混凝土在结构工程中的推广奠定了理论基础。

然而，目前的研究尚未建立再生混凝土基本力学性能指标的数据库，缺少统一的参数描述；缺少从细微观角度分析再生混凝土变异性来源机理的方法；限于当前对再生混凝土实际工程研究的不足，无法对再生混凝土受力全过程、生命周期全过程的结构整体性能进行分析。

参考文献

[1] Lin Y H, Tyan Y Y, Chang T P, et al. An assessment of optimal mixture for concrete made with recycled concrete aggregates[J]. Cement and Concrete Research. 2004, 34(8): 1373-1380.

[2] Manzi S, Mazzotti C, Bignozzi M C. Short and long-term behavior of structural concrete with recycled concrete aggregate[J]. Cement and Concrete Composites, 2013, 37: 312-318.

[3] Sagoe-Crentsil K K, Brown T, Taylor A H. Performance of concrete made with commercially produced coarse recycled concrete aggregate[J]. Cement and Concrete Research, 2001, 31(5): 707-712.

[4] Kou S C, Poon C S, Etxeberria M. Influence of recycled aggregates on long term mechanical properties and pore size distribution of concrete[J]. Cement and Concrete Composites, 2011, 33(2): 286-291.

[5] Kwan W H, Ramli M, Kam K J, et al. Influence of the amount of recycled coarse aggregate in concrete design and durability properties[J]. Construction and Building Materials, 2011, 26(1): 565-573.

[6] Kou S C, Poon C S. Long-term mechanical and durability properties of recycled aggregate concrete prepared with the incorporation of fly ash[J]. Cement and Concrete Composites, 2013, 37: 12-19.

[7] Comité Euro-International du BétonCEB-FIP Model Code[S]Lausanne, Switzerland: Thomas Telford, 1990.

[8] 肖建庄,雷斌. 再生混凝土碳化模型与结构耐久性设计[J]. 建筑科学与工程学报, 2008, 25(3): 66-72.

[9] Otsuki N, Miyazato S, Yodsudjai W. Influence of recycled aggregate on interfacial transition zone, strength, chloride penetration and carbonation of concrete[J]. Journal of Materials in Civil Engineering, 2003, 15(5): 443-451.

[10] Silva R V, Neves R, de Brito J, et al. Carbonation behaviour of recycled aggregate concrete [J]. Cement and Concrete Composites, 2015, 62: 22-32.

[11] BCSJ. Proposed standard for the use of recycled aggregate and recycled aggregate concrete [S]. Japan: Committee on Disposal and Reuse of Construction, 1977.

[12] Kou S C, Poon C S. Enhancing the durability properties of concrete prepared with coarse recycled aggregate[J]. Construction and Building Materials, 2012, 35: 69-76.

[13] Herinchsen A, Jensen B. Styrkeegenskaber for beton med genanvendelsesmaterialer[R]. Internal report, only available in Danish, 1989.

[14] Bairagi N K, Ravande K, Pareek V K. Behaviour of concrete with different proportions of natural and recycled aggregates[J]. Resources, Conservation and Recycling, 1993, 9(1-2): 109-126.

[15] Rqhl M, Atkinson G. The influence of recycled aggregate concrete on the stress-strain relation of concrete[J]. Darmstadt Concrete, 1999, 26(14): 36-52.

[16] 肖建庄,杜江涛. 不同再生粗集料混凝土单轴受压应力-应变全曲线[J]. 建筑材料学报, 2008, 11(1): 111-115.

[17] Xiao J Z, Li J B, Zhang C. Mechanical properties of recycled aggregate concrete under uniaxial loading[J]. Cement and Concrete Research, 2005, 35(6): 1187-1194.

[18] Belén G F, Fernando M A, Diego C L, et al. Stress-strain relationship in axial compression for concrete using recycled saturated coarse aggregate[J]. Construction and Building Materials, 2011, 25(5): 2335-2342.

[19] 中华人民共和国国家标准. 混凝土结构设计规范(GB/T 50010—2010)[S]. 北京:中国建筑工业出版社, 2011.

[20] 中华人民共和国国家标准. 普通混凝土力学性能试验方法标准(GB/T 50081—2002)[S]. 北京:中国建筑工业出版社, 2003.

[21] Xiao J Z, Li W G, Corr D J, et al. Effects of interfacial transition zones on the stress-strain behavior of modeled recycled aggregate concrete[J]. Cement and Concrete Research, 2013, 52: 82-99.

[22] British Standards Institution. Eurocode 2: Design of Concrete Structures: Part 1: General Rules and Rules for Buildings[M]. New York: McGraw-Hill Company, 2004.

[23] 过镇海. 混凝土的强度和本构关系[M]. 北京:中国建筑工业出版社, 2004.

[24] 肖建庄,兰阳. 再生混凝土单轴受拉性能试验研究[J]. 建筑材料学报, 2006, 9(2): 154-

158.

[25] 刘琼,肖建庄,李文贵. 再生混凝土轴心受拉性能试验与格构数值模拟[J]. 四川大学学报(工程科学版),2010,42(s1):119-124.

[26] Miller A L. Warping of reinforced concrete due to shrinkage[J]. ACI Journal Proceedings, 1958,54(5):939-950.

[27] 李欣,武岳,沈世钊. 钢拉杆与钢绞线的抗力分项系数研究[J]. 土木工程学报,2008, 41(9):8-13.

[28] 何政,李光. 基于可靠度的 FRP 筋材料分项系数的确定[J]. 工程力学,2008,25(9):214-223.

[29] Breccolotti M, Materazzi A L. Structural reliability of eccentrically-loaded sections in RC columns made of recycled aggregate concrete[J]. Engineering Structures, 2010, 32(11): 3704-3712.

[30] Watanabe T, Nishibata S, Hashimoto C, et al. Compressive failure in concrete of recycled aggregate by acoustic emission[J]. Construction and Building Materials, 2007, 21(3):470-476.

[31] Tabsh S W, Abdelfatah A S. Influence of recycled concrete aggregates on strength properties of concrete[J]. Construction and Building Materials, 2009, 23(2):1163-1167.

[32] Rahal K. Mechanical properties of concrete with recycled coarse aggregate[J]. Building and Environment, 2007, 42(1):407-415.

[33] 贡金鑫,赵国藩. 考虑抗力随时间变化的结构可靠度分析[J]. 建筑结构学报,1998,(5): 43-51.

[34] 裴永刚,谭文辉. 工程结构时变可靠度理论的发展与应用[J]. 工业建筑,2005,35(s1): 135-138.

[35] 张俊芝. 服役工程结构可靠性理论及其应用[M]. 北京:中国水利水电出版社,2007.